国家科学技术学术著作出版基金资助出版

解耦热化学转化基础与技术

许光文　高士秋　余剑　曾玺　著

科学出版社
北京

内 容 简 介

热化学转化是利用煤、生物质、废弃物等各种含碳燃料生产能源、燃油、化学品的主要技术方法，宏观上表现为热解、气化、燃烧等任何燃料热化学转化过程，实质上包含了众多相互耦合、相互作用的化学反应。通过解除某些热化学反应间的耦合，即反应“解耦”，可实现对特定反应间相互作用的强化、抑制或利用，创新煤、生物质等燃料的热转化技术与工艺。本书对燃料热化学转化过程的反应解耦原理、方法和应用进行了较详细的论述和分析，总结了反应解耦思想方法的发展与针对煤、生物质形成的几种典型解耦热转化技术的原理、基础研究和技术开发成果，如拔头多联产、双流化床气化、低焦油两段气化、低 NO_x 解耦燃烧，以及利用微型流化床反应器的等温微分反应分析等。

本书采用的方法与理论创新性明显，基础与技术紧密结合，内容丰富、实用性强，可供能源、化工、热工、环境等领域的学生、研究人员和工程师的使用，为他们开阔创新思路、构建创新方法提供有价值的借鉴和参考。

图书在版编目(CIP)数据

解耦热化学转化基础与技术/许光文等著. —北京:科学出版社，2016

ISBN 978-7-03-047341-7

Ⅰ.①解…　Ⅱ.①许…　Ⅲ.①热化学-研究　Ⅳ.①O642.3

中国版本图书馆 CIP 数据核字(2016)第 028366 号

责任编辑:陈　婕 / 责任校对:桂伟利

责任印制:张　伟 / 封面设计:迷底书装

科 学 出 版 社 出版

北京东黄城根北街 16 号

邮政编码: 100717

http://www.sciencep.com

北京建宏印刷有限公司 印刷

科学出版社发行　各地新华书店经销

*

2016 年 3 月第　一　版　　开本:720×1000 1/16

2023 年 8 月第四次印刷　　印张:43　插面:4

字数:850 000

定价:265.00 元

(如有印装质量问题，我社负责调换)

前　言

燃料热化学转化，又称燃料热转化，是利用煤炭、石油、天然气、生物质、有机废弃物等碳氢基燃料的主要技术途径，表观表现为燃烧、气化、热解/碳化、重整/裂解等不同的转化过程，如锅炉、气化炉、焦炉和延迟焦化炉分别代表典型的燃烧、气化、热解和裂解过程。在化学本质上，热转化泛指在热的作用下，有时借助催化作用，使碳氢基燃料的化学结构发生断裂而生成较小分子产物，并同时发生能量转移的物质分子转变过程。因此，表观不同的热转化过程蕴含了类似的化学过程。在这一化学过程中，碳氢基燃料分子在不同温度、不同反应气氛的作用下发生一系列化学反应，如燃料大分子本身热解、热解生成的固体产物半焦气化、热解气相产品进一步裂解/重整、较大分子热裂解产物重聚和二次裂解、气固可燃产物与反应气氛中氧作用发生燃烧、气相产物水蒸气变换等。通过这些反应使转化过程中的不同中间产物及最终产物相互关联，不但互为反应物、生成物或提供反应热，而且有的中间产物和最终产物还对发生于其他中间及最终产物的化学反应产生催化或抑制作用。同时，燃料热转化过程中的众多化学反应首尾相连、分阶段进行，反应进程苛刻度与反应温度紧密相关。例如，燃料在热作用下必然首先发生燃料脱水干燥，进而燃料脱除挥发分即燃料热解，再次才可能发生半焦气化、热解气相产品裂解和重整等反应。因此，在燃烧、气化、热解、裂解等宏观热转化过程中发生了类似的一系列化学反应，这些反应通过对温度等反应条件的依存性链接形成燃料热转化的反应链，同时通过中间及最终产物与反应间相互作用，形成复杂的燃料热转化反应网络。该反应链和反应网络中发生的各种相互作用，有的促进宏观转化进程、提高转化效率和降低污染物排放，有的则可能阻碍反应进行、消耗高价值产物组分并增加污染物排放。因此，优化燃料热转化过程中的反应链关系、调控反应网络中发生的中间及最终产物对转化过程中各种化学反应及物理变化的作用，可为优化热转化过程效率、调控产品品质与价值、抑制污染物排放提供本质性方法和途径。

以燃烧、气化、热解/碳化、裂解等为代表的现有典型热转化过程通常通过唯一的进料、反应器和排料而实现，使得转化过程发生的所有化学反应耦合在同一时空进行。因此，燃料热转化各阶段发生的各种化学反应完全耦合，使得反应链的各反应自然首尾相连，中间及最终产物对各化学反应的促进或抑制作用完全混合，无法针对任何单一阶段的反应、单个或几个反应间的相互作用进行调控，以实现对整体转化过程的优化；也极大地限制了对转化效率、转化过程污染物排放以及转化过程对燃料适应性等方面的提升。实质上,热转化过程发生的燃料热解或裂解、半焦气化、各种可燃物燃烧等反应的产物代表了对原始燃料中不同组分的分别转化,其产物具有不同的利用价值。例如,燃料热解/裂解代表了提取燃料中富氢组分的反应,利用该反应的转化过程可以生产富氢燃气和热解液体(如煤焦油)产品。利用这种富氢气体制备甲烷合成气(SNG)、化肥等要求高含氢原料气的下游能源及化工产品比基于完全气化生产的合成气原料可明显提高产品的生产效率,减少生产过程能量消耗。而热解/裂解反应的液体产品,如煤焦油、渣油裂解油则是生产高价值含芳香环的化学品和燃料油的原料。如果热转化过程将燃料热解、半焦气化、可燃物燃烧等反应完全耦合,则无法分别利用不同化学反应所产生的产物,难以同时实现燃料热转化过程的高效率化和高价值化。

解耦思想与方法广泛存在于电子、自控、社会经济等领域,以消除系统中各子过程、零部件间的关联和协同变化。在社会经济学领域,目前的工作热点就是研究实现经济增长与资源消耗增加、环境污染加剧之间的解耦方法和模式。以优化调控燃料热转化过程涉及的复杂化学网络中发生的中间及最终产物与各化学反应之间的相互作用为目的,我们提出了应用于燃料热化学转化领域的解耦思想并归纳了实施解耦的基本方法或模式,即通过断裂反应网络中的某种链接关系而分离相互关联和作用的化学反应,进而对被分离的化学反应通过“隔离”和“分级”两种模式进行重组。这里的“隔离”和“分级”是指对化学反应的隔离和分级,不同于在燃料热转化技术领域已经普遍认知的针对燃料、反应剂等物质向反应器的隔离或分级供给,如燃料燃烧、气化中普遍采用的“燃料分级”和“氧气/空气分级”等。因此,燃料热转化中的解耦指“反应解耦”,必须以把握其复杂反应网络中发生的中间及最终产物与各化学反应间的相互作用规律为化学基础,以强化有益的、抑制无益的相互作用为目标,通过在反应网络中打断某个或某些反应与其他反应之间的链接关系,根据调控相互作用实现的解耦效果,按照隔离或分级两种模式而重新组合被解耦的化学反应,对应形成被通常称为“双床转化”和“分级转化”的两类解耦热转化技术。这里,双床转化也包括利用两个以上反应器的多床转化技术。解耦热转化技术可促成诸多技术升级效果,包括热转化过程的联产、提高产品品质、降低污染物排放、减少过程消耗、提高转化效率和增强技术的燃料适应性等。

对燃料热转化过程的优化调控具有多种手段,包括从整体系统尺度改变反应器类型、反应压力、温度、介质和外场环境的宏观调控和通过使用催化剂、改变反应物形态(如粒度)的微观作用调控。通过对化学反应解耦而调控燃料热转化过程中发生的各种中间及最终产物与化学反应间的相互作用,实质上代表了介于上述宏观与微观尺度之间的一种调控手段。因此,燃料热转化领域的反应解耦调控代表了对热转化反应过程的介观调控，是介观尺度上调控热转化学转化反应行为的一种思路和方法。

虽然解耦作为调控热转化反应相互作用的思想和方法于2008年才普遍使用，但国内外已开展了大量有关中间及最终产物与热转化各化学反应之间相互作用的基础研究，极大地支撑了基于反应解耦的众多新型热转化技术的研发。通过对燃料热转化过程发生的化学反应的隔离或分级，国内外已研发了系列新型热转化技术，这里通称为解耦热转化技术。本书第1章在分析解耦的原理方法和蕴含的反应调控本质的基础上，针对燃料热解(含焦化)、气化和燃烧三类转化过程归纳了世界各国已研发建立的典型解耦热转化技术，确定了第2～9章所详细描述的具体解耦热转化技术。本书共分11章，第1章总体分析燃料热转化过程通过解耦实施反应调控的原理方法，并简要汇总典型的解耦热转化技术；第2～9章分别对具体的解耦热转化技术的原理、针对其开展的基础研究和技术开发成果进行详细论述；第10章论述为支撑解耦热转化基础研究和技术开发而研发了国内外首台微型流化床等温微分气固反应分析的方法、仪器及其应用；第11章对第2～9章未能涉及的重要燃料解耦热转化技术进行简要概述，并展望解耦热转化方法与技术研发的重点。第2～9章依次涉及的具体解耦热转化技术分别是：分级焦化的煤分级调湿预处理，煤炭拔头工艺及其多联产，工业纤维素残渣多孔炭一体化制备，煤与生物质双流化床气化，煤炭双流化床热解气化，煤与生物质低焦油两段气化，煤炭低NO_x解耦燃烧和生物质低NO_x解耦燃烧。在具体技术的描述中，首先简要综述了国内外相关基础和技术研发及应用现状，进而详细描述了中国科学院过程工程研究所提出的新技术工艺或改进方案，分析其机理，总结讨论了研究所的基础研究和技术开发工作，包括中试或示范工程所取得的成果。

本书的出版汇集了中国科学院过程工程研究所众多研究人员的工作，由他们分别撰写了相应的章节。具体是：第1章由许光文、张聚伟、郭凤撰写，第2章由武荣成、刘周恩、许光文撰写，第3章由郝丽芳、李松庚、宋文立、林伟刚、赖登国撰写，第4章由李强、杨娟、汪印、张光义撰写，第5章由张聚伟、许光文、张光义、张美菊撰写，第6章由汪印、张玉明、张纯、周琦撰写，第7章由曾玺、钟梅、刘姣、王芳撰写，第8章由高士秋、何京东、郝江平、谢建军、杨学民撰写，第9章由姚常斌、董利、高士秋、韩江则撰写，第10章由余剑、岳君容、刘晓星、彭翠娜撰写，第11章由许光文、张聚伟、战金辉撰写。本书论及的各著者的大部分相关工作是在同所李静海院士的直接指导下完成的，中国科学院已故资深院士郭慕孙先生、中国科学院过程工程研究所李洪钟院士和姚建中研究员也对本书的相关研发工作在方向把握、技术选择、难题攻关等方面提供了指导和支持。相关研究工作的开展和成果的获得还包括了除上述所列人员以外的许多实验人员、研究生、临时雇用人员的心血，如杨帆、杨娟、张建岭、许光毅、许启程、李望良、李红玲、姚梅琴、黄斌斌、刘远新、何丹妮、尚校、蔡连国、林兰忻、耿淑君、王思宇、肇巍、宋扬、朱剑虹、焦永山、尹翔、尤园江、王敬明、朱庆凯、张晓芳、熊燃等。本书在撰写过程中，得到了中国科学院过程工程研究所李洪钟院士、清华大学化工系金涌院士和北京化工大学的刘振宇教授的指导和大力支持，获得了国家科学技术学术著作出版基金的支持。在此，著者向他们表示真诚的感谢。

目　录

第 1 章　解耦热化学转化方法

本章旨在对燃料热化学转化中的反应解耦原理、方法、蕴含的反应调控本质和基于反应解耦而研发建立的典型技术进行全局性的分析和描述。本章通过简述燃料热化学转化方法与技术的特点，将热解、气化和燃烧归纳为燃料热化学转化的代表过程，进而详细分析这些热转化过程中存在的反应链和反应网络，提出应用于热化学转化反应调控的解耦思想，归纳反应隔离和反应分级两种基本的解耦方法或模式，回顾解耦思想和方法在中国科学院过程工程研究所的形成历程，并从多尺度反应调控角度定位实施热化学反应解耦的介尺度反应调控本质，最后基于解耦的方法原理，对国内外形成的双床和分级燃料热转化技术进行简要分析和归纳，确定本书第 2～11 章将详细论述的具体对象和内容。

1.1　热化学转化方法与技术概述

对于碳氢基燃料，如煤炭、生物质、渣油、有机废弃物等的利用，一般采用热化学转化（以下简称热转化）方式，使燃料分子中蕴含的化学能转化为可被生产和生活使用的其他形式的能量，包括热能、电能和机械能等，或者使燃料中含有的碳、氢及氧元素转化为可直接服务于生产和生活的更洁净燃料或化学品，如燃气、芳香烃、燃料油等。从应用形式和行业分析来看，热转化方法宏观上主要表现为燃料转化生产能源和原料的过程和装备系统（如锅炉、气化炉、焦化炉、裂解炉等），同时存在于许多其他需要能量和碳氢原料的工业过程中，如钢铁、有色金属、水泥、陶瓷、玻璃行业等的工业过程。这些行业中的生产过程均涉及碳氢基燃料的热转化过程。但根据燃料转化的目标和形成的产品属性分析，众多的热化学转化过程可归纳为三类，分别是燃料不完全转化生产气液固原料的热解过程、燃料完全转化生产气体原料的气化过程，以及完全转化生产能源并将碳氢元素转变为 CO_2 和 H_2O 的燃烧过程。

1.1.1　燃料热解

燃料热解是指在隔绝空气的条件下通过加热碳氢基燃料而引发的在不同温度下发生的一系列物理变化和化学反应过程，它可以使燃料转化生成气体、液体（即焦油、代表可凝性气体）和固体（半焦或焦炭）产品。燃料热解反应可在很宽的温度范围内发生，是燃料气化和燃烧过程必须伴随发生的反应过程，但只有单独的燃料热解或炭化过程才能同时生产上述气、液、固多种产品。针对单独热解过程，国内外开展了大量的技术研发工作，形成了许多文献报道的典型技术及其示范工程，尤其是针对煤炭热解提升低阶煤品质及联产热解油和热解气的技术。生物质单独热解的主要发展方向包括生物质快速热解液化和生物质烘焙制备半焦两方面。前者以闪速快速裂解生物质大分子制备液体生物油为特点，后者则在温和的低温热作用下慢速抽提生物质中的易挥发组分，它要求具有尽量高的半焦收率。但是，目前已经形成一定工业应用前景的热解技术过程至今仍以煤炭热解(包括炭化)为主，生物质热解制油或烘焙制半焦仍没有国际上公认的产业化技术过程，处于分散的小试或中试阶段。

最广泛应用的煤炭热解技术是煤炭焦化，它是一种慢速高温煤炭炭化过程。针对非焦化应用的褐煤和长焰煤等低阶煤的热解提质及油气联产，国内外均形成了许多技术及其工业中试或工业示范工程[1]。国外研发的代表性技术包括：美国的回转炉热解工艺 Toscoal、采用多级流化床处理粉煤的 COED 工艺及温和气化 Encoal 工艺等，德国的鲁奇-鲁尔(Lurgi-Ruhr)移动床，苏联的粉煤快速热解工艺 ETCH 等。国内，大连理工大学于 20 世纪 80 年代初研发了 DG(Da Gong)工艺，并于 1993 年在内蒙古平庄建成了处理能力为 150t/d 的褐煤固体热载体热解工业试验装置；煤炭科学研究总院北京煤化工分院研发了多段回转炉(MRF)热解技术；浙江大学和中国科学院过程工程研究所、中国科学院山西煤炭化学研究所、中国科学院工程热物理研究所分别研发了集成半焦燃烧的循环流化床热、电、气、焦油多联产技术工艺。但是，国内外至今仍无大规模煤热解提质及油气联产的商业化运行工程，国内技术还停留于工业性中试阶段，有待进一步技术突破和工业放大，以实现连续稳定的工业运行。低阶煤热解提质及联产技术存在的核心问题是：热解过程的气液产品分配及品质调控技术未能突破。许多中试及工业性试验结果表明：现有大部分热解技术所产生的热解油沥青含量高达 50%～80%，这些重质组分不仅降低煤基焦油的品位和可利用的价值，而且难以实现高黏性焦油与夹带粉尘的分离，造成了一系列连续运行问题，阻碍了热解技术的工业应用。解决煤热解提质及油气联产技术大规模产业化中的热解反应调控与油气品质控制问题，可以抑制重质组分生成，提高轻质油气产品收率，实现系统的连续稳定运行。

1.1.2 燃料气化

燃料气化是指碳氢基燃料在高温下与含氧及水蒸气气化剂作用，通过化学反应将碳氢基燃料的 C、H、O 元素转化为可燃性气体(包括 CO、H_2 及少量 CH_4 和碳氢化合物)的过程。生产的可燃性气体可用作工业燃气、民用煤气、化工合成原料气、冶金还原气、联合循环发电燃气、燃料电池燃气、制氢原料气等，满足众多工业应用的燃料或原料需求。在气化过程中，燃料和氧气相互作用的燃烧反应所释放的热量仅用于维持气化反应器本身的温度，并为各种吸热反应提供其所需的反应热，设计上应根据所需热量确定所需要的氧气量。如果具有外部热源全部或部分提供各种吸热反应(包括半焦气化)所需的反应热，可以减少氧气用量，使用更多蒸汽作为气化剂，提高燃气热值。相对于直接燃烧，气化生产的燃气及合成气体积小，易于实现 CO_2 分离，从而使煤气化联合循环发电 (IGCC)系统在考虑 CO_2 的分离捕集时具有竞争力[2,3]，其效率与目前先进的超超临界发电技术相当。我国是目前世界上气化技术应用最多的国家，其中应用于甲醇和氨合成的年气化煤炭总量达到数千万吨，而大量工业燃烧设备使用的工业煤气仍基于消耗高反应性块煤的固定床气化炉技术，年耗煤在1亿t左右。

根据反应器类型的不同，现存气化技术通常分为固定床/移动床气化、流化床气化和气流床气化三大类。固定床/移动床气化，是指煤在与生成气逆向逐渐下移过程中被从气化炉底部供入的气化剂气化的一种技术，它的生成气的显热被有效利用，生成气的出口温度低，如果从气化炉底部排出的渣含碳量低，则固定床气化将代表了至今开发的效率最高的气化技术。但是，它的气化产品中含有热解产品，一方面使生成气中富含 CH_4 等碳氢化合物、副产高价值焦油，另一方面使气化过程废水含酚，而酚水处理的成本高。典型的固定床气化技术装备包括加压 Lurgi 炉和常压两段气化炉，它们都被广泛应用。我国拥有数千台常压两段气化炉用于生产工业煤气，但这种常压固定床气化炉只适用于块煤(粒径大于 20mm)，其单台煤处理能力通常低于 100t/d，而加压 Lurgi 炉的气化能力可以达到每天数百吨至数千吨。目前，国内外已产业化的大规模气化技术以高温气流床气化为主，包括国外的德士古、壳牌、GSP 气化炉和我国自主研发的华东理工大学四喷嘴水煤浆气化炉 OMB、干煤粉气化航天炉 HTL、两段供氧水煤浆清华炉、西安热工研究院有限公司两段干粉并流上行 TPRI 炉等。各种气流床气化炉已在我国应用上百套，主要应用于甲醇和氨合成。然而，高温气流床气化技术并不能完全满足我国未来对煤炭气化技术的需求。这类气化炉必须使用低灰熔点(低于 1350℃)和低灰含量(＜10%)的煤，但我国动力煤灰含量平均达 23%(质量分数)，灰熔点较高(软化温度＞1400℃)的煤占 50%以上，并不适合气流床气化炉。特别是劣质褐煤高含水、含灰的特殊性使其在气化方面的利用受到一定限制，造成了我国煤炭资源利用布局不合理的问题。因此，在优化高温气流床气化技术的同时，各国(包括美国、英国、德国、澳大利亚、印度、中国等)均在大力开发中温流化床气化技术。中温流化床工作温度为 1000℃左右，采用干法进碎煤(粒径小于 10mm)，干法排渣，煤种适应性强，且投资和成本较低。流化床提供强烈的传热和传质能力，使物料在床中均匀分布，致使排放的底渣中含有一定量的未转化碳。流化床反应器不能避免飞灰夹带，飞灰中含未转化碳的量通常较高，也会降低煤炭的气化转化效率。因此，如何降低底渣和飞灰碳含量是流化床气化需要升级的关键技术，而高压流化床气化有待长时间的运行考验。流化床气化最适合于高挥发分和高活性燃料，包括褐煤和生物质。

1.1.3 燃料燃烧

燃料燃烧是指碳氢基燃料在充足 O_2 的作用下将含有的C、H及O元素完全转化为稳定的 CO_2 和 H_2O，将燃料分子中蕴含的化学能释放为热量的热化学转化过程。燃烧过程同时将燃料中含有的几乎全部的S元素氧化为 SO_x，部分N元素转化为 NO_x，将燃料中的部分碱金属、Hg等转化为气相金属污染物，而燃料中的大部分金属则转化为氧化物进入燃烧灰渣，包括底灰和飞灰。相对于燃料热解和气化过程，燃料燃烧过程形成的 CO_2 排放量最大。工业燃烧（锅炉、窑炉）一般使用空气氧化剂，致使燃烧烟气中的 CO_2 含量只有15%（体积分数）左右，难以进行 CO_2 分离捕集。因此，碳氧燃烧（以 CO_2-O_2 代替 N_2-O_2）近年来在国内外被大量研究，旨在建立产生高纯度 CO_2 的新型燃烧技术。燃烧是目前最广泛应用的燃料热转化过程。我国80%以上的煤被直接或间接燃烧，为我国电力、工业热、工业蒸汽提供了保障。燃料燃烧也是我国 SO_x、NO_x、重金属及粉尘污染的主要来源，因此燃烧烟气污染控制构成了我国大气污染控制的主要任务。

锅炉是最常见的燃烧设备，燃料在锅炉中燃烧产生的热量使水蒸发为高温高压水蒸气，从而用于发电、供暖或用为工业蒸汽。燃烧技术的分类与气化技术一样，也可以分为固定床（层燃炉）、流化床和气流床燃烧。典型的固定床燃烧装备是利用链条炉排和往复炉排的工业锅炉，一般应用于中小规模蒸汽供给、采暖及热电联产。流化床燃烧包括鼓泡流化床燃烧和循环流化床燃烧。由于鼓泡流化床燃烧锅炉的碳转化率低、烟气污染物排放大等，实际的应用已经很少。循环流化床燃烧是尤其适用于低劣燃料的先进燃烧技术，其燃烧温度较低（800～900℃），NO_x 生成量少，并通过在燃烧中添加钙基脱硫剂（$CaCO_3$）类物料实现床内脱硫。因此循环流化床燃烧属于清洁燃烧技术，可燃烧煤炭（如煤矸石、高灰煤、褐煤）、石油焦、垃圾等多种燃料，在供暖和电力生产中已获得很好的应用。气流床燃烧是粉煤锅炉的燃烧技术，使用粉煤，燃烧温度在1200℃以上，因此效率高，更容易放大，通常应用于大型电站，是目前最广泛使用的发电锅炉燃烧技术。由于气流床燃烧要求煤颗粒小（粒径小于100μm），燃烧温度高（大于1200℃），粉尘、SO_x 和 NO_x 等污染物的排放量大，需要配备磨煤、除尘、脱硫和脱硝等烟气污染物脱除设备，系统造价较高。

1.2 热化学转化中的化学反应网络

1.2.1 热转化过程中的化学反应

综上所述，宏观上表现为燃烧、气化和热解（含炭化）的热转化过程中提供了燃料转化与利用的主要技术途径,但在每一种技术的转化过程中发生的不仅仅是一个化学反应,而是包括众多按顺序或同时发生的化学反应。图 1.1 显示了伴随煤、生物质等燃料热转化过程中发生的化学行为。燃料进入转化反应器后,在热的作用下依次发生燃料干燥①,燃料大分子本身热解②,热解产物本身的二次反应及其与供入的反应剂通过相互作用发生的一系列反应(包括固体产物半焦气化)③,气相产物的较大分子热分解/裂解④,重整⑤,加氢⑥,热裂解产物聚合⑦,以及气相产物组分的水蒸气变换⑧等。同时,如果反应剂中含有氧气,所有可燃物质,包括固相半焦和可燃性气体(含可凝性的焦油组分),将同时发生燃烧反应⑨,为反应系统的所有吸热反应提供反应热,维持反应系统温度。宏观上,燃料热转化表现为热解、气化和燃烧三类过程,但在反应本质上都将经历类似如图 1.1[4] 所示的物理变化和化学反应。但是,化学本质上,图 1.1 所列的各种化学反应的发生程度则随宏观转化过程(热解、气化、燃烧)的不同而不同,有的化学反应在特定的转化过程中发生程度很小,实质上可以忽略,如燃料燃烧过程可以忽略重整、加氢、聚合等化学反应。忽略不等于不存在或不发生,在化学本质上,热解、气化、燃烧等热转化过程对应了类似的一簇化学反应。

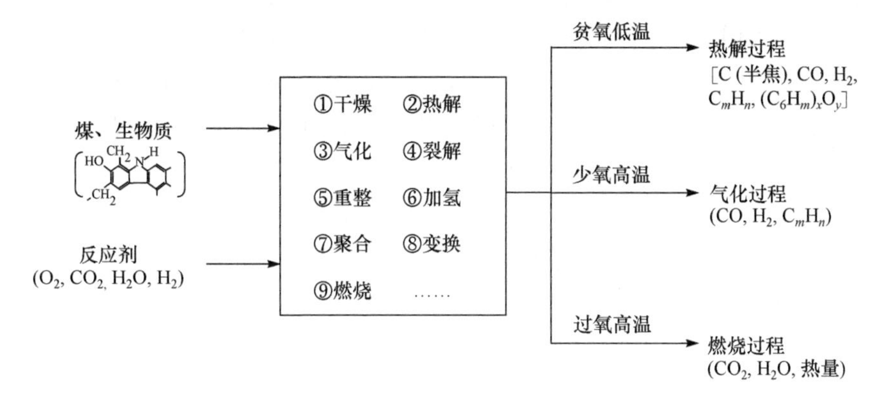

图 1.1 燃料热转化过程中的化学行为[4]

热化学转化表现为热解、气化和燃烧三种宏观过程的根源在于对上述反应系统的调控差异。热解指在无氧气氛、相对低温条件下形成的燃料不完全热转化过程;燃烧是指这些反应在充足(过量)氧气气氛和高温条件下形成的燃料完全热转化过程;气化是指介于热解和燃烧过程之间的燃料热转化过程,发生于有氧但氧气量不足和高温条件下的热转化。因此,在燃料的碳、氢、氧主要元素转化形成最终产物方面,热解过程产生固体残余物半焦和未完全分解、未被氧化的气相产物,包括碳氢化合物 C_mH_n(含 CH_4)、含芳香环的焦油[图 1.1 中用$(C_6H_m)_xO_y$ 表示],以及由煤分子断裂及其形成的中间大分子化合物断裂等二次反应生成的 CO、H_2 和 CO_2 等简单分子气体。在过量氧气气氛下,燃烧则将燃料的碳、氢、氧元素完全转化形成它们最稳定、不含可利用化学能的 CO_2 和 H_2O 分子。介于热解和燃烧转化过程之间，气化过程将燃料的碳、氢、氧元素完全转化为比热解产物分子更小的单纯气相产品，包括 CO、CO_2、H_2 等，这些气体分子中仍含有可利用的化学能。因此，从燃料分子转化的深度分析，按照热解、气化、燃烧过程依次加深，释放的化学能量依次增大。实际上，热解和气化过程涉及的燃烧仅为发生分子断裂或碳氢元素转化为气体分子的各种化学反应提供其必需的反应热。热解过程的燃烧与热解两反应通常隔离发生，如利用燃烧反应热加热的固体或气体热载体而加热燃料，或通过燃烧烟气加热反应器而间接加热燃料。由于热解过程分子断裂程度最低，需要克服的反应热最少，因而具有最高的能量转化效率，而燃烧过程需要耗散或消耗的能量则最大。在热解、气化、燃烧这三种典型燃料热转化过程中，燃料所含其他非主体元素，包括 S、N、碱金属、重金属的转移行为也各不相同，这里不再展开分析，仅以如上所述的碳、氢、氧的转化和转移行为说明典型热转化过程中实际上发生了类似但又不完全相同的化学行为。

表观上，仅观察到以热解、气化和燃烧过程为代表的宏观燃料热转化过程，无法直接感知图 1.1 所示的系列化学反应及物理变化。因此，本书定义“转化过程”代表将图 1.1 的中间框所列化学反应视为“黑匣子”、经过不同的总体控制方式和条件(氧气量、温度等)而形成的热解、气化和燃烧等宏观物质转化过程，其本质上体现了黑匣子中一系列化学反应的综合表现，不关心具体的单个化学反应的行为。同时，定义图 1.1 中间框内的每个具体的物质转化关系为“化学反应”，如包括图中①～⑨的燃料干燥和热解，热解半焦气化，热解气相产品裂解、聚合和重整，以及所有可燃物燃烧等反应，以区分与表观的热解、气化和燃烧转化过程的不同。由于这些反应实际上代表了宏观反应过程中具有某一类属性的子反应过程，如干燥、热解、半焦气化等，因此，也可将它们称为“属性反应(attribution reaction)”[4]。值得提及的是，图 1.1 中间框内的属性反应不同于发生于分子、离子或表面微观活性位上的“基元反应(elementary reaction)”。在本书后面章节的论述中将以“过程”和“反应”两个层次区别燃料的宏观热转化技术和该转化技术中发生的具体(属性)化学反应(非微观基元反应)。

1.2.2 热转化中反应链与反应网络

在煤炭、生物质、有机废弃物等碳氢基燃料的热转化过程中发生了一系列化学反应，这些化学反应不是孤立进行的，而是相互关联、相互作用、相互影响的(图 1.1)。首先，燃料热转化过程中的众多化学反应按顺序、分阶段进行，很多反应首尾相连，发生顺序代表与反应温度、反应进程苛刻度的关联关系。任何气氛下的热转化过程中，燃料在热作用下必然首先发生燃料脱水干燥，进而燃料脱除挥发分即发生燃料热解反应,其次才可能发生半焦气化,热解气相产品裂解、重整和加氢,以及各可燃物质燃烧等反应。因此,在燃烧、气化、热解/裂解等宏观热转化过程中发生的系列化学反应根据对温度等反应条件的依存性不同形成燃料热转化过程的化学反应链。图1.2形象地概括了热转化过程中主要反应的发生顺序、首尾关联关系和由此形成的反应链,图中,横线上文字表示流动的物质,各框中文字表示物质发生的化学反应。可见,裂解、重整、聚合和变换反应发生于热解反应的下游,半焦气化的生成气也会发生水蒸气变换反应。若在同一反应时空,燃烧反应必然针对热解气相产品(含可凝组分焦油),热解半焦和半焦气化生成气等所有可燃组分同时发生,其生成热维持了转化系统的反应温度,提供了吸热反应的反应热。图1.2中所示反应链表明:在热转化过程中,反应条件的苛刻度(如温度高低)和物质分子的断裂深度也按燃料干燥、燃料热解、半焦气化和可燃物燃烧的顺序递增。该顺序也对应了热转化反应中分子断裂消耗的能量从小至大的演变过程,即热解对应最低的反应分子断裂度和最小的分子断裂能量消耗,燃烧则代表最深度的分子断裂和最高的分子断裂能量消耗。

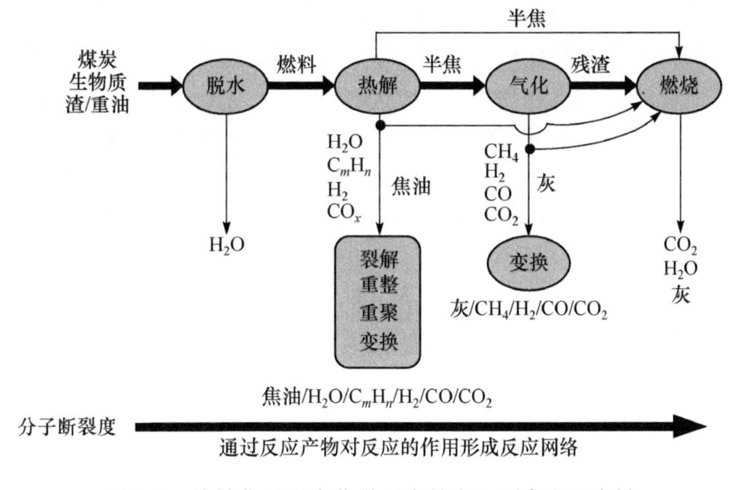

图1.2　热转化过程中化学反应的发生顺序和反应链

图1.2中的燃料热转化反应链还揭示了:各种化学反应使热转化过程中的不同中间产物及最终产物相互关联,不但互为反应物、生成物或提供反应热,而且有的中间产物和最终产物还必然对其他中间及最终产物发生的化学反应产生作用和影响。这些相互作用和影响使得热转化过程中的化学反应相互关联,构成了燃料热转化过程的复杂反应网络。以煤炭、生物质、有机废弃物等固体含碳燃料的气化过程为例,图1.3再现了由主要化学反应(指属性反应、不考虑基元反应)及其中间和最终产物对其他(属性)化学反应的相互作用而交织形成的气化过程反应网络。

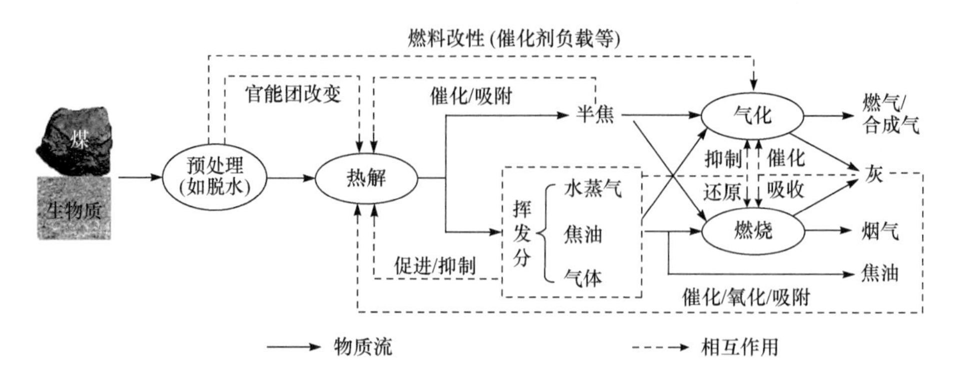

图 1.3　燃料气化过程主要化学反应交织形成的复杂反应网络

图 1.3 中的椭圆框表示化学反应,实线箭头表示物质流(末端为物质),虚线箭头表示中间及最终产物对反应的主要相互作用(旁侧文字标注具体的作用)。由图可见,燃料首先发生干燥/热解,为其他化学反应提供反应物,包括焦油和热解气重整与裂解、半焦气化,同时产生的水蒸气可以作为半焦气化和焦油/热解气重整的气化剂。热解产生的半焦包括其中含有的金属元素可为焦油及热解气中的碳氢化合物重整与裂解提供催化作用。由热解、半焦气化、重整/裂解等反应产生的中间及最终产物中的可燃性气体成分,包括 H_2、CO、碳氢化合物 C_mH_n 等可形成反应气氛,作用于半焦气化、焦油/热解气的重整/裂解以及燃料热解本身等各反应,如可显著抑制半焦气化的反应进程[3]、改变燃料热解的产物分布和焦油组成特性等。半焦气化、焦油和热解气重整/裂解等吸热反应所需要的反应热通常通过燃烧反应系统中存在的可燃成分,包括半焦和各种可燃气来提供。燃烧产生的 CO_2(使用空气时含大量 N_2)则严重稀释由燃料热解、半焦气化等产生的可燃气体,由此降低生成气作为燃气的品质和热值。同时,燃烧半焦产生的灰渣可对燃料热解及其他反应发生作用,如灰渣可同时降低热解反应的焦油和热解气的产率[4]。当然,在燃料气化过程中,燃烧反应与半焦气化(与 CO_2、H_2O 反应)实际上可能协同耦合,形成半焦与 O_2 作用的 Boudouard 气化反应,即 $2C+O_2 \longrightarrow 2CO$ 反应,但不违背上述针对气化和燃烧两单元反应及其影响因素的分析。基于类似原理,在有氧气氛中焦油和碳氢化合物的重整及燃烧反应实质上可协同耦合形成焦油和碳氢化合物的自热重整反应(autothermal reforming),如 $2CH_4+3O_2 \longrightarrow 2CO+4H_2O$。

因此,燃料热转化过程中存在各种中间产物和最终产物与其他(属性)化学反应间的相互作用,有的通过催化、吸收和提供自由基等促进宏观转化进程、提高产率、增加转化效率和降低污染物排放,有的则可能通过分解、还原和提供反应气氛等作用阻碍反应的进行、消耗高价值产物组分、降低目标产品产率并增加污染物排放。因此,优化燃料热转化反应网络中发生的中间及最终产物对转化过程中各种化学反应及物理变化的作用可能构成调控热转化过程效率、产品品质、产品价值、污染物排放的本质性方法和途径。为实施有效的反应调控，深入认识和挖掘热转化过程中各种中间及最终产物与各种化学反应间的相互作用和影响是关键，这构成了热化学反应调控和热转化过程优化的化学基础。

1.2.3　热转化中产物与反应相互作用

上述分析表明，在煤炭、生物质、渣油、有机废弃物等各种碳氢基燃料的热解、气化和燃烧热转化过程中发生了一系列化学反应，虽然有的反应程度较弱，甚至可以忽略，但本质上都将发生或存在发生化学反应的趋势。这些反应产生中间及最终产物，其同时对系统中很多化学反应发生影响和作用，如成为其他反应的反应物、提供特定的反应气氛、对有的反应产生催化或抑制作用等。这些相互作用使热转化过程发生的系列化学反应相互关联，构成了复杂的反应链和反应网络。认识和把握燃料热转化复杂反应网络中存在的中间及最终产物对各种化学反应甚至物理变化的作用规律构成了调控燃料热转化反应行为、优化热转化过程的核心和关键课题。目前已针对热解气、半焦、灰渣、气化生成气等热转化过程的典型中间及最终产物对燃料热解产物分布与油气产品品质、半焦气化动力学、气化生成气中焦油脱除、燃烧过程 NO_x 形成和 SO_x 吸收等开展了较多研究。总结文献研究结果并结合对燃料热转化过程可能发生的产物与化学反应间相互作用的认识，将燃料热转化过程中主要中间及最终产物对典型的热转化化学反应及物理变化可能形成的作用汇总于表1.1。

表1.1　燃料热转化中间及最终产物对化学反应的作用

中间及最终产物	物理变化及化学反应	可能的作用及影响	文献
水蒸气	燃料预处理与热解	水蒸气预处理(温度大于250℃)使煤热解焦油产率明显提高，半焦产率降低	[5],[6]
	半焦气化、焦油和 C_mH_n 重整等	直接作为反应剂，若半焦气化无水蒸气参加，则要求更高O/C值才能实现其完全转化	[7],[8]
热解气	燃料热解	与 N_2 气氛中的煤热解相比，热解气中含有的 H_2 和 CO_2 可降低焦油产率，CO和 CH_4 增加焦油产率，但模拟热解气组成形成的反应气氛中煤热解的焦油产率较 N_2 气氛热解有少许增加，含有更多羧酸、醇和酚。模拟热解气单个组分的气氛中生物质热解生成的生物质热解油品质顺序为 $CO< CO_2<H_2<N_2<CH_4$	[9],[10]
	焦油重整/裂解	作为反应气氛可能形成影响，但有待进一步研究揭示	
	半焦气化	各组分气体，特别是CO和 H_2 明显抑制半焦气化反应	[11],[12]
	燃烧(NO_x 生成)	组分气体CO、H_2 和 CH_4 还原 NO_x，抑制 NO_x 生成	[13]～[15]

续表

中间及最终产物	物理变化及化学反应	可能的作用及影响	文献
焦油	燃料热解	焦油气化形成的气氛可能作用于燃料热解，但有待研究证实	
	半焦气化	焦油气化形成的气氛可能抑制半焦气化反应，但有待研究证实	
	燃烧（NO_x 生成）	其碳氢化合物可能有效还原 NO_x，抑制 NO_x 生成，已经获得初步证实，但有待进一步深入研究	[16]
半焦	半焦燃烧及气化（作为反应物）	作为反应物，燃料气化和燃烧过程的速率决定反应，有关半焦燃烧、气化动力学的研究很多，是开发适合半焦燃料的燃烧器或气化烧嘴的关键研究	[17]
	燃料热解（焦油提质）	半焦催化焦油二次裂解可能提高焦油品质，但降低焦油收率，已有美国 COED 等技术利用这种作用展示效果，但基础方面有待进一步研究，揭示其作用机理	[18]
	燃料热解（炭化）	热解半焦进一步炭化形成焦炭、碳基材料，其产品品质和下游炭化过程的效率与上游热解形成的中间半焦的特性紧密相关，虽有日本 SCOPE21 展示分级炭化比直接炭化具有好的技术效果，但相关基础有待进一步研究	[19]
	燃料气化（焦油脱除）	对焦油裂解和重整等焦油脱除反应有催化作用	[20]～[22]
	半焦气化（黏结性）	热解产生半焦不但影响下游气化反应动力学，而且改变燃料的黏结性，可通过解耦热解与半焦气化，优化各自反应条件而升级气化技术，包括改善燃料适应性，但相关基础研究和技术研发均有待进一步工作	
	燃烧（NO_x 生成）	半焦作为还原剂还原 NO_x，抑制燃烧中 NO_x 生成	[23]～[25]
	热解气/焦油重整裂解	对焦油、碳氢化合物的裂解、重整等反应必定发生作用，但相关报道少，有待开展研究揭示具体影响和机理	
烟气	燃料预处理与热解	利用烟气对煤预热脱湿，如焦煤预热调湿，可显著提高煤焦化过程效率和焦炭质量，直接利用烟气的燃料预热干燥也可影响热解过程的产品分布及品质，但有待研究证实和揭示作用机理	[26]，[27]
	燃烧（NO_x 生成）	烟气循环是控制燃烧过程 NO_x 生成的主要技术之一	[28]，[29]
	半焦/气体燃烧	不同烟气气氛中的 C 及气体的燃烧动力学必定不同，且氮氧（空气）和碳氧（纯氧）燃烧烟气的影响不同，有大量相关研究，但需深化认识	

续表

中间及最终产物	物理变化及化学反应	可能的作用及影响	文献
合成气	燃料热解 焦油重整/裂解 半焦气化 燃烧(NO_x 生成)	类似热解气的作用，其中含有的 H_2、CO、CO_2 必定对燃料热解、焦油和碳氢化合物裂解/重整/聚合、半焦气化、燃烧中 NO_x 生成等反应发生作用，已有一些有关单个气体组分对热解、半焦气化等反应的作用研究，对其他反应以及模拟合成气气氛的作用研究仍有待开展	[9]～[15]
灰渣	燃料热解	灰中金属氧化物组分可催化促进热解反应的进行，而硅酸盐抑制热解反应的进程；脱除矿物质的灰能减少热解挥发分的产率；而灰中金属氧化物组分还可同时降低热解中炭黑和焦油的产率等	[30]～[32]
	半焦气化	灰中金属氧化物组分的催化作用可促进半焦气化反应的进程，但还有待进一步深入研究，揭示机理	[33]～[35]
	燃烧(SO_x、NO_x 生成及 Hg 捕集)	在大量灰渣中燃烧或气化燃料，包括半焦、灰渣及其含有的金属氧化物可能明显影响 SO_x、NO_x 的排放特性，至少 SO_x 会更多被吸附，同时也可能改变 Hg 等重金属元素的迁移和形成的化合物形态，有待深入研究揭示	[36]～[39]

燃料热转化过程中可以被分离或隔离的主要中间及最终产物包括燃料干燥产生的水蒸气、燃料热解产生的半焦、焦油和热解气(不可凝)、气化和燃烧产生的灰渣(指非熔融灰渣)、燃烧产生的烟气($CO_2+H_2O+N_2$)和气化产生的合成气。表1.1中针对这些产物分别列举了它们可能影响的反应和可能发生的作用，但应注意到，表中燃料热解代表可以发生在不同条件，如不同温度、不同气氛的热解反应，其形成的不同特性的中间产物也是改变热解产物对各反应作用的重要因素。表1.1中明确标明文献报道的说明所列作用和影响已有充分的文献研究证明，而没有列出参考文献的为著者基于理论分析推测的可能相互作用，需要进一步研究证实。下面仅对所列各种作用进行简单描述，本书后续章节将对大部分已经研究验证的作用进行更详细的论述。

由表1.1可知，燃料脱水干燥产生的水蒸气可能应用于燃料的预处理，影响预处理后燃料的热解产品分布。同时，该燃料干燥水蒸气也可直接作为反应剂作用于半焦气化及焦油和碳氢化合物的重整、裂解、聚合等反应。不可凝性热解气中含 H_2、CO、CO_2、CH_4 及少量低碳烃，这些气体组分可单独或协同其他组分作用于燃料热解、焦油重整/裂解、半焦气化和燃烧中 NO_x 生成等反应。例如，相比 N_2、Ar 等惰性气氛，模拟热解气组成的反应气氛可提高热解焦油收率并显著影响焦油的组成特性(即品质),而热解气对燃烧反应中生成 NO_x 的还原作用已被普遍认知。半焦气化生成气含有 H_2、CO 和 CO_2,在燃料热转化中对各种化学反应将类似热解气产生相关作用。焦油是可凝性的热解气相产品,主要为含芳香环的化合物,气化后可能对热转化中燃料热解、半焦气化和燃烧中 NO_x 生成等反应发生作用。半焦的性质随燃料热解条件而显著变化,同时极大地改变其作为燃料的转化动力学、黏结性等特性,因此充分利用这些性质变化可能创新出燃料的分级燃烧和气化技术,包括工艺、烧嘴和反应器。例如,利用含氧气氛热解可以破除黏结性煤的黏结性能,通过将气化分级为有氧热解和半焦气化即可增强流化床气化对黏结性燃料的适应性,使其可处理黏结性煤。半焦是含碳材料,具有催化作用,因此对燃料热解中焦油提质、燃料气化中焦油脱除、固体或气体燃烧中 NO_x 生成和热解气/焦油重整与裂解等反应均具有显著的作用,其中利用半焦脱除生物质气化焦油和还原燃烧 NO_x 两种相互作用已被大量文献研究所揭示。燃料燃烧过程产生的烟气被用于焦煤预热脱湿可显著提高焦化过程效率和焦炭质量,而循环燃烧烟气降低 NO_x 排放也已成为主要的低 NO_x 燃烧技术之一。同时,在燃烧烟气气氛中燃烧碳及可燃气的动力学和排放特性必定与在单纯空气中不同,还没有相关文献报道。燃料燃烧及气化过程产生的底渣及飞灰富含各种金属氧化物,因此会对燃料热解、半焦气化等反应发挥一定程度的催化或抑制作用。同时,大量文献研究已证明增加燃烧器中的灰渣量可以强化燃烧中 SO_x 的床内吸收脱除能力,著者也推测在高灰床中燃烧煤炭、生物质、有机废弃物等燃料可能降低 NO_x 排放,改变 Hg 等重金属的迁移规律等,但有待进一步研究。

对比表 1.1 和图 1.3 可更清楚地看到,后者仅示意了燃料气化过程涉及的主体反应和主要的中间及最终产物与反应之间的相互作用。表中所列各种相互作用中,有的有利于宏观热转化过程,提高转化效率、改善产品品质和降低污染物排放,有的则可能导致相反的效果。因此,深入研究燃料热转化过程的中间及最终产物与各种化学反应间的相互作用特性和发生各种作用的条件和途径是实施有效化学反应调控和转化过程优化的基础和关键。

1.3 热转化中的解耦原理与方法

燃料热转化过程的效率、生产产品的种类和品质、形成的污染物排放等不但与在给定条件下发生的系列化学反应有关,还极大地受其反应网络中存在的中间及最终产物与各反应间的相互作用的影响。对各反应采取不同的控制可能形成完全不同品质、不同价值的产品,产生差异极大的污染物排放,或造成显著不同的燃料适应性等。因此,有针对性地调控燃料热转化过程中存在的如表 1.1 所列中间及最终产物与各化学反应之间的相互作用对于优化热转化过程十分必要和重要,而且也十分有效。

具体操作是:通过强化和利用有益的相互作用,或抑制或避免无益的相互作用而实现对燃料热转化技术的优化升级,甚至建立全新的热转化技术。传统的热解、气化、燃烧等热转化过程通常发生于同一反应空间,使得所有化学反应耦合一体,无法对单一反应及其与中间或最终产物间的相互作用进行调控,因而可能造成产品单一、品质低、转化效率低、污染严重等问题。例如,所有反应耦合一体的高温燃烧必将形成高 NO_x 排放,而将所有化学反应耦合的一般流化床气化很难利用具有黏结性的煤,使用空气气化剂仅能生产有效气体浓度和热值较低的燃气。这些问题都可通过调控燃烧和气化过程中燃料热解、半焦气化及燃烧等属性反应之间的相互作用和关系而完全或部分解决。再例如,没有对焦煤实施预处理时,煤炭的焦化过程需耗时 20h,而集成对原料煤轻度热解和焦化过程,其中焦化过程分为轻度预热解和深度炭化两个阶段,可缩短焦化时间 50%左右,大大提高了生产效率。

为了调控如图 1.3 所示反应网络中的中间及最终产物对相关化学反应间的相互作用,先决条件是解除反应网络中有的产物及反应与其他反应间的耦联关系,即解除反应耦合或称反应解耦。没有对反应网络的解耦,就无法实现对某个反应或某个中间及最终产物与反应间相互作用的调控。因此,燃料热转化中的"解耦(decoupling)"以其化学反应网络(图 1.3)或化学反应链(图 1.2)为对象,通过断裂两个相邻反应间的关联关系而实现。图 1.4[4]通过由热解、气化、燃烧三个属性反应构成的简单反应网络示意了对反应网络如何实施解耦的方法。

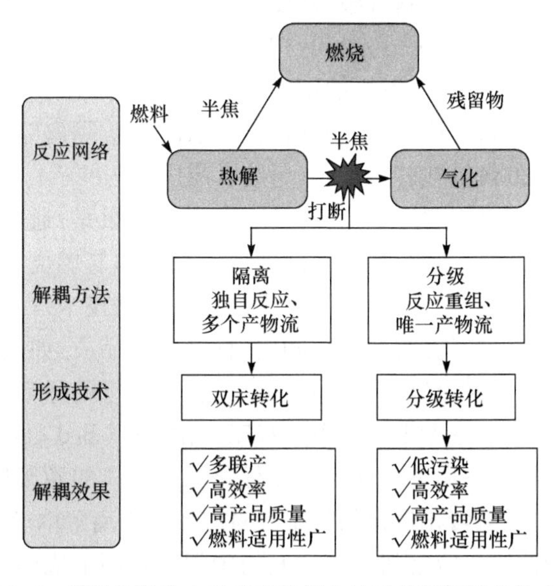

图 1.4　燃料热转化中的典型解耦方法及其解耦转化技术[4]

首先,通过切断相邻反应的关联或链接,在解除耦合作用的同时将原始反应网络中的系列反应分离为两个反应簇。其次,这种被分离或解耦形成的两簇反应需要根据反应调控的目的和需求进行重组,以实现预期的反应和过程调控目标,并完成燃料的热转化过程。如图 1.4 所示,被解耦反应的重组可以归纳为两种方法或两种模式。第一种,被解耦反应可以独立进行,使得两簇反应的发生过程和产物相互隔离,形成至少两种产物流。这种反应重组方式定义为"反应隔离(reaction isolating)",对应的解耦方法或模式因此称为"反应隔离解耦(reaction-isolating decoupling)",形成的转化技术由于至少需要两个反应器,对应了通常被称为"双床转化(dual bed conversion)"的热转化技术。第二种,被解耦形成的两簇化学反应根据调控产物与反应之间的相互作用所需达到的目标进行重组,以强化利用或抑制避免某个或某类中间及最终产物与其他化学反应间的相互作用。重组后的转化过程仍只有一个主要的目标产品,虽然可能利用多个反应器(也可能在唯一的反应器中),但被解耦的反应必须于不同空间或时间分别发生,其中一簇反应的产物必然组织进入另一簇反应中,实现对产物与反应间相互作用的调控目标,建立新的转化技术。因此,这类反应重组的共同特性是"反应分级(reaction staging)",对应的解耦方法或模式因此定义为"反应分级解耦(reaction-staging decoupling)",形成的转化技术由于以反应分级为特点,代表"分级转化(staged conversion)"类技术。不过,这里针对热转化解耦的"分级"对象是化学反应,不同于已在燃料气化、燃烧等热转化过程广泛应用的"燃料分级"、"反应剂分级"(如空气分级、氧气分级)等针对特定物质的"供给分级(staged supply)",而是指使复杂反应系统中多个或多阶段化学反应按分级模式(方式)发生的调控方法。

当然,实际热转化过程中也可能同时运用上述"反应隔离"和"反应分级"两种解耦方法,形成复合的解耦热转化技术(后续有应用实例展示)。图 1.4 还表明,通过反应隔离形成的双床转化技术可实现的主要解耦效果是:通过独立获得两簇反应的产物而实现联产和燃料的高价值分级利用,如热解与燃烧的反应隔离可形成热解产品和热能的联产技术(参考 1.6 节中的拔头燃烧技术);或避免一簇反应的生成物对另一簇反应的产物的稀释以提升目标产物的品质,如热解气化与空气燃烧的反应隔离可以有效避免燃烧烟气对热解气化生成气的稀释,仅利用空气就能生产高品质气化生成气(参考 1.6 节中的双床气化(dual bed gasification,DBG)技术)。同时,基于反应的隔离可有针对性地优化相互隔离的两簇反应的条件,包括反应器类型,有望提高热转化过程的效率。对应反应隔离解耦,反应分级解耦以强化或抑制被解耦的两簇反应之间通过它们的中间产物而形成的相互作用为目标,通过这种相互作用的优化调控来实现如提高目标产品品质、增加转化过程效率、减少转化过程污染物排放、改善转化过程燃料适应性等一系列解耦效果。例如,通过将煤气化反应分级为煤的有氧热解和半焦气化两个反应阶段，可以使流化床气化技术适合处理黏结性煤、同时最小化热解气对半焦气化进程的抑制作用（参考 1.6 节中的煤射流预氧化流化床气化技术）。再如，将生物质的燃烧分级为生物质热解与半焦/热解气混合燃烧两阶段，可以利用半焦、焦油等对 NO_x 还原的协同作用降低 NO_x 排放 50%以上，并适合处理更高水分生物质燃料（参考 1.6 节中的循环流化床解耦燃烧技术）。

综上所述，热转化过程中的解耦通过解除其化学反应网络中由中间及最终产物与反应间相互作用形成的耦联关系，并经过对被解耦的化学反应按“隔离”和“分级”两种模式重组，可实现被解耦反应的独立进行、或强化或抑制某些中间及最终产物与反应间的相互作用，形成“双床转化”和“分级转化”两大类基于反应解耦的热转化技术，以期实现高效率、低污染、低物耗、高产品品质及高价值联产等解耦效果。相对将所有化学反应耦合于同一反应时空的完全耦合热转化，这种通过解除某些反应间的耦合并经过反应重组而优化宏观转化过程的热转化方法被称为“解耦热化学转化（decoupled thermochemical conversion）”或简称为“解耦热转化（decoupled thermal conversion）”。因此，热化学转化中的解耦实质上代表了一种对热化学转化过程中的反应实施调控的方法和手段，其化学基础是热转化过程中形成的中间及最终产物与各化学反应间的相互作用。通过合理控制热化学转化过程中的各化学反应及其通过中间及最终产物形成的相互作用，可以形成一系列新型煤、生物质、渣油等燃料的热转化过程与技术，促成碳氢基燃料资源的洁净、高效梯级转化。

1.4　反应解耦与多尺度反应调控

以上论述表明，对于类似燃料热转化这种涉及复杂反应网络的过程，解耦提供了一种有效的思路和方法调控反应系统中通过中间及最终产物相互关联的各反应之间的相互作用。但是，解耦并不是唯一的调控化学反应过程的方法和手段。实际上，前述反应解耦只是代表调控热化学转化过程反应网络中各化学反应之间通过中间及最终产物而发生的相互作用的方法。与一个化学反应系统的相互作用还必然发生于反应物、催化剂的微观界面和反应与环境之间的宏观界面。因此，对反应的调控同样可以通过控制这些微观和宏观界面上发生的相互作用而实现，即对复杂反应的调控存在于不同尺度上，可从不同尺度实施。

图 1.5 示意了仅由三个相互作用的化学反应构成的反应系统（转化过程）中存在的不同尺度界面和对应的反应相互作用及反应调控的含义。这里所列举的反应（CR1～CR3）实际上对应于前述热化学转化过程中的属性反应。反应系统与反应

器间形成宏观尺度的作用界面，所有作用于反应器的条件变化，如反应器类型、温度、压力、电磁场等都将通过反应器界面作用于整体反应系统，因此构成了宏观尺度的反应作用，而改变温度、外场等条件则等价于实施了宏观反应调控。另一方面，对反应系统中的单个反应，在由反应物、催化剂和溶剂介质等提供的均相和非均相微观活性位上必然发生分子间相互作用，代表微观尺度界面上对反应的作用，对应的调控因此为微观反应调控。反应系统中的单个反应之间，如图 1.5 中所示 CR1、CR2 和 CR3 间虽然不存在明显的作用界面，但通过它们的产物对其他反应发生作用而相互关联、相互影响。相对于上述发生于反应器宏观界面和由反应物和催化剂等提供的微观界面上的相互作用，这种发生于反应之间的相互作用介于宏观与微观之间的尺度(可以认为存在于反应间的界面)，是一种介尺度的相互作用，对其调控代表介尺度反应调控。

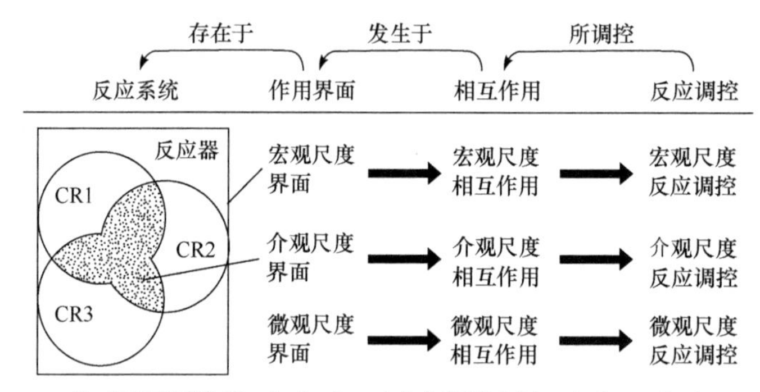

注：CRi 表示第 i(=1, 2, 3, …)个化学反应(chemical reaction)

图 1.5 多尺度反应调控含义及介尺度反应调控与反应解耦的对应关系

如前所述，实际的宏观反应调控手段包括选用不同的反应器和整体反应条件，如温度、压力和外场环境。通过宏观反应调控，热转化领域的科学家成功地研发了几大类热转化技术，如使用不同反应器的回转窑热解与气流床热解、流化床气化与气流床气化、流化床燃烧与粉煤燃烧技术等。近年来，包括微波和等离子体的各种电磁场被广泛用于强化反应、传热和其他物理化学作用，也代表了一种宏观反应调控的方式。典型的微观反应调控手段包括使用催化剂和优化反应物特性等。催化剂通过影响在其微观作用位(活性位)上对反应物和产物的吸附、活化、脱附等微元过程而作用于基元反应，而变化固体反应物的颗粒粒度、表面性质以及气体/液体反应物的流变性能等也能代表从调控微观反应行为而影响宏观转化过程的典型技术方法。不同于前述宏观和介尺度的反应控制，这些微观反应调控的效果只能通过变化局部作用位甚至分子界面上的一些性质和特征才能实现。在过去十多年，很多科学家尝试使用纳米反应物或纳米催化剂强化化学反应，这也代表了一种微观反应调控技术。

1.5 解耦思想及方法的发展历程

解耦概念已广泛存在于各种学科领域，包括社会经济、电子工程、自动控制和复杂系统模拟等。其基本含义是指通过分离部件(如内燃机的各种部件)和子过程(如多相反应的流动和反应)而解除部件之间和子过程之间的相互作用和相互影响，实现对部件及子过程的操作和控制的简化。例如，在社会经济领域，解耦目前被普遍用于表述发展经济的子过程，要求摆脱对资源能源消耗和对环境破坏两个子过程的依存[40]。针对流动与反应耦合的理论模拟，解耦已成为经常采用的技术方法，如通过分离颗粒相与气相[41]、传热与流动[42]、流动与反应[43, 44]而简化理论模型和计算复杂度。在自动控制领域，解耦控制已被定义为一种专业的控制技术[45]。前述针对燃料热转化过程的解耦则指分离复杂反应网络中的某个或某些(属性)化学反应，代表化学意义上的分离。通过ISI的Web of Science数据库在2011年年底检索在论文题目和论文摘要中出现decoupling或decoupled单词且同时在论文题目中出现pyrolysis、gasification及combustion单词的索引条目，得到的总条目数小于50，但绝大部分是有关燃烧模拟方法中的解耦和内燃机中的零部件物理分离。在燃料热解、气化和燃烧过程利用解耦表述"化学反应分离"含义的最早论文出现在1998年左右[46]。除中国科学院过程工程研究所的研究人员以外，至今仅有为数不多其他研究者利用解耦概念表述对热转化过程化学反应及其相互作用的分离和对反应耦合关系的解除[47-49]。

中国科学院过程工程研究所于1997年通过创新解耦燃烧(decoupling combustion)首次提出了燃料热转化中"解耦"的概念[50, 51]，但研究所运用解耦的思想和方法开展燃料热化学转化基础研究和技术开发的工作可以追溯到20世纪80年代。图1.6系统总结了解耦思想方法在中国科学院过程工程研究所的形成历程。早在20世纪80年代，研究所的前身中国科学院化工冶金研究所的郭慕孙先生就提出了在煤炭燃烧之前通过热解提取煤中固含的化学结构(主要芳香烃)生产高价值化学品及燃料油的煤拔头(coal topping)技术思想[52]，它实质代表了对煤炭燃烧过程所涉及的干燥/热解反应的解耦，以利用被解耦的热解反应生产富含芳香环的化学品以及对热解油加氢生产燃料油。后来，在90年代初，中国科学院化工冶金研究所的姚建中研究员等较深入地开展了热载体循环生物质流化床气化的基础研究和技术开发工作[53, 54]。该气化技术相当于目前世界范围内广泛研究的双流化床气化技术，由此表明该研究所是世界上最早从事双流化床气化(dual fluidized bed gasification，DFBG)技术研发的单位之一。双流化床气化技术以分离生物质热解/气化和未反应残余半焦燃烧两簇反应为特点，并使两簇反应独立发生(即反应隔离解耦)，通过循环热载体颗粒将燃烧反应产生的反应热携带进入热解/气化反应器,提供反应热。因此,热解/气化反应可使用水蒸气或空气+水蒸气的混合气体作为气化剂,不需要空分就能生产较高热值的燃气,如中国科学院化工冶金研究所通过 24t/d 秸秆气化中试试验装置生产了热值高达 2800kcal①/Nm^3 的中热值生物质燃气。1993 年,中国科学院化工冶金研究所的有关研究人员进一步提出了煤炭层燃锅炉的无烟燃烧方法,仍然利用分离煤炭热解与半焦燃烧反应的解耦思想[55],以使煤炭热解产生的含可凝组分(焦油)热解气可通过反应重组而经过燃烧的高温半焦层,一方面实现热解气的充分燃烧,避免层燃锅炉排放未燃尽的黑烟;另一方面利用半焦的催化作用还原热解气燃烧形成的 NO_x,显著降低 NO_x 排放,实现低氮燃烧(即基于反应分级的解耦)。根据该煤炭无烟燃烧方法的基本原理,研究人员经过进一步科学提炼,于 1997 年首次利用"解耦燃烧"术语对该无烟燃烧方法的原理进行了概括[50,51],并扩展应用于循环流化床燃烧[51]和生物质燃料燃烧[56],至今持续开展了系列煤炭与生物质解耦燃烧机理研究与产品开发工作[57-59]。

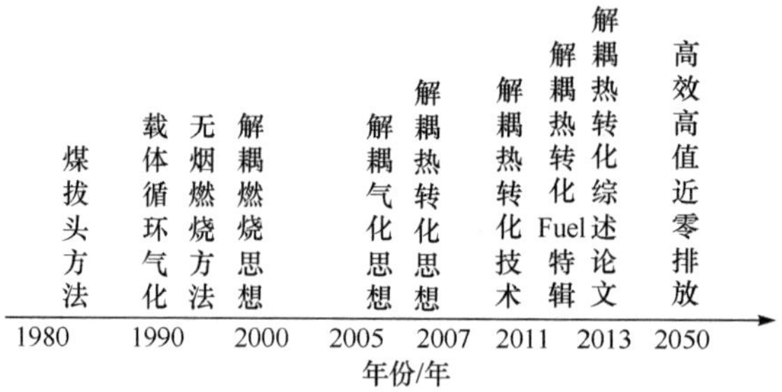

煤拔头方法
载体循环气化
无烟燃烧方法
解耦燃烧思想
解耦气化思想
解耦热转化思想
解耦热转化技术
解耦热转化Fuel特辑
解耦热转化综述论文
高效高值近零排放
1980　1990　2000　2005　2007　2011　2013　2050
年份/年

图 1.6　解耦方法与思想在中国科学院过程工程研究所的形成历程

2005 年,中国科学院过程工程研究所进一步提出了"解耦气化"技术思想,提炼出通过分离热解与气化利用半焦的催化功能脱除热解气中所含焦油、并利用燃料/干燥热解过程中产生的热蒸气作为一部分气化和重整反应的反应剂[60, 61]。2007 年,著者通过分析归纳过程工程研究所在过去 20 多年所开展的上述研发工作的共同科学思想和理论基础,总结形成了"解耦热转化"的一般思想[62],概括了针对煤、生物质等燃料的热化学转化过程存在的复杂反应网络,提出了解耦的内涵,即通过解除热转化反应网络中某个反应与其他各反应间的链接关系,实现中间及最终产物与化学反应间相互作用的优化调控而设计新型燃料热转化技术的思想方法,其实质是对热转化(属性)反应的解耦。因此,研究解耦热转化所依赖的化学基础是:热转化过程产生的中间及最终产物与各种热化学反应间的相互作用(参见表 1.1)。基于系统的总结提炼,Zhang 等于 2010 年提出了如图 1.4 所示的"反应隔离解耦"和"反应分级解耦"两种方法(模式),并以"解耦气化"为题在 *Energy & Fuels* 首次发表了综述论文[63],将对应反应隔离解耦和反应分级(协同)解耦的燃

① 1cal=4.184J。

料热转化技术分别概括为“双床转化”和“分级转化”技术(参见图 1.4)。

针对复杂的热转化反应系统利用解耦实现有效的反应调控和过程优化的思想在近年也得到了国内外同行的认可。如国内外很多单位建立的热转化技术实际上应用了前述两种解耦方法,并基于此实现了技术创新,不少还推动了技术示范及推广应用。而在学术上的提炼和发展较技术开发起步晚。基于 2010 年形成的学术思想,著者于 2011 年与澳大利亚 Curtin 大学能源技术中心 Chun-Zhu Li 教授合作,着手在能源领域主要杂志 *Fuel* 编辑了题为:“Decoupled thermochemical conversion”的特辑,于 2013 年 10 月出版(Vol. 112),刊登了来自于国内外主要从事燃料与能源研究单位的近 20 篇学术论文。2013 年,著者的研发团队在 *Energy & Fuels* 杂志上发表了题为“Technical review on thermochemical conversion based on decoupling for solid carbonaceous fuels”的综述论文[4],首次系统阐述了针对热转化的解耦方法及其对燃料热解、气化、燃烧技术创新的有效而又广泛的应用。所有这些表明:国内外科技界已对在燃料热转化中通过应用反应解耦方法实现转化技术的升级甚至完全创新的科学思路得到了认同。

近年来,中国科学院过程工程研究所在关注解耦热转化方法和理论基础发展的同时,也大力推动解耦热转化技术的研发和应用。例如,中国科学院过程工程研究所研发的煤炭解耦燃烧、利用燃烧烟气的焦煤分级预热调湿以及高氮生物质废弃物循环流化床解耦燃烧等技术在近年已开始放大和应用示范。基于解耦的原理,可以期待它的发展可为建立未来高效率、高价值近零排放燃料热转化技术提供支撑。

1.6　典型解耦热化学转化技术

虽然以“解耦”表述燃料热转化过程中调控其中间及最终产物与各反应之间的相互作用的思想于 2007 年才由中国科学院过程工程研究所的研究人员明确提出(请参考 1.5 节),但通过对化学反应的隔离和分级两种重组方式而调控热转化中各种化学反应及其相互作用、建立新型热转化技术(称为解耦转化技术)的工作在过去几十年从未停止,使得国内外已经形成了众多典型的解耦热转化技术。根据前述章节论述,这些解耦热转化技术对应于反应隔离和反应分级两种解耦方法或模式,对应的技术分别归纳为双床转化和分级转化两大类。这里,基于反应分级的解耦热转化技术不同于传统基于反应剂(如空气)分级或燃料分级的转化技术。表 1.2 汇总了文献报道的典型解耦热转化技术,分别按照热解(包括炭化)、气化和燃烧三类技术列于表中。同时,表中标示了各转化技术所采用的解耦方法(或模式)、实现的解耦效果和转化技术的目前研发及应用状况。其中,解耦方法除反应隔离和反应分级两种基本方法以外,有的技术还采用了组合隔离和分级的复合方法。

表 1.2　典型解耦热转化技术及其解耦效果

工艺	解耦方法	实现的解耦效果	被解耦反应	典型技术	研发进展	文献
热解	干燥隔离	利用烟气热量对煤中含水进行调节，将过程分级为预热调湿和热解/炭化两阶段进行，以提高热解效率、降低能耗，并提高产品（焦炭）品质和增加低劣煤用量	燃料干燥	CMC	商业化	[26]
	干燥隔离、反应分级	将过程分级为原料煤脱湿、快速轻度热解和半焦深度热解或炭化，更显著提高效率、降低能耗、改善产品（焦炭）品质，提高低劣煤（弱黏结性煤）使用量	燃料干燥和轻度热解	SCOPE21	工业示范	[64]
	干燥隔离、反应分级	使脱水后煤热解过程分级为多个不同温度的热解子过程，并利用各级产品间相互作用而抑制重质组分的生成	不同温度的燃料热解	COED	工业示范	[18]
	反应分级	利用半焦气化气形成煤炭热解或气化的气氛，实现煤热解或气化的部分加氢，半焦可部分（热解）或全部（气化）返回气化区	半焦气化	PHG	工业示范	[65]
气化	反应隔离	将过程隔离为燃料热解气化与半焦燃烧，避免燃烧空气的大量 N_2 和燃烧产生的 CO_2 稀释气化生成气，无需富氧生产合成气或中热值燃气	半焦燃烧	DBG	工业示范	[66]
	反应隔离	将过程隔离为燃料热解与半焦气化，并单独利用热解和气化两反应的产物，联产富氢热解气、热解油及半焦气化合成气	燃料热解	DBPG	技术中试	[7]
	反应分级	通过分离热解与半焦气化反应，利用半焦催化作用在半焦气化床中同时重整和裂解焦油和热解气，生产低焦油燃气或合成气	燃料热解	TSG	技术中试	[67]
	反应分级	通过对原料煤进行有氧热解，破除煤的黏结性，提高气化技术（流化床气化）对原料煤的适用性	燃料热解	POG	工业示范	[68]
	反应隔离/反应分级	在双床气化的基础上进一步解耦热解气化和生成气重整裂解，以降低双床气化中热值生成气焦油含量	燃烧/重整	T-DBG	技术中试	[69]

续表

工艺	解耦方法	实现的解耦效果	被解耦反应	典型技术	研发进展	文献
燃烧	反应隔离	通过分离热解与燃烧反应，并利用热解的产物，实现热解焦油，热解气和热/电联产	燃料热解	TC	完成中试	[70]
	反应分级	分级为热解和燃烧，使热解气通过半焦层燃烧，利用半焦及热解气还原作用降低 NO_x 和 CO 的排放	燃料热解	GSDC	商业化	[50]
	反应分级	基于双床隔离干燥/热解与半焦燃烧，干燥/热解气相产品送入提升管上部燃烧区，形成再燃并利用半焦和热解气还原显著降低 NO_x 排放	热解	CFBDC	正在示范	[71]

注：CMC 为煤预热调湿(焦化应用)，SCOPE21 为轻度热解分级焦化(日本代表技术)，COED 为多级床热解(美国代表技术)，DBG 为双床气化，DBPG 为双床热解气化，TSG 为两段气化，POG 为预氧化气化，PHG 为部分加氢热解气化(日本代表技术 ECOPRO)，T-DBG 为两段双床气化，TC 为拔头燃烧(中国科学院过程工程研究所提出)，GSDC 为解耦层燃(煤)，CFBDC 为循环流化床(CFB)解耦燃烧。

煤焦化是一种特殊的煤热解过程，一般焦化技术将焦煤原料粉碎至所要求的尺寸(粒径小于 3mm)后直接供入焦化炉。通过对焦煤预热调湿(coal moisture control，CMC)后再供入焦炉的分级焦化技术可以显著缩短焦化时间，提高产率10%左右，减少能量消耗约 8%，并提高焦炭的密度、降低废水排放约 5%，同时增加成本低、资源储量大的弱黏结性煤用量 15%左右。早在 20 世纪 80 年代日本就成功研发了基于预热调湿的分级焦化技术——第一代煤预热调湿技术，并实现了产业化，但预热调湿技术本身经历了基于回转炉反应器的间接换热技术和利用焦炉烟气直接换热的流化床技术。我国的最新发展集中在将焦煤分级(尺寸分级)和预热调湿集成一体的分级预热调湿新技术的研发和产业化方面(参见第 2 章)。较通过焦煤预热调湿的分级焦化具有更高效率的另一种分级焦化技术是将煤焦化过程分为焦煤调湿、快速轻度热解和热解半焦炭化制备焦炭三阶段进行的技术。目前世界上唯一成功研发并应用该先进焦化技术的只有日本新日铁公司的SCOPE21(super coke oven for productivity and environmental enhancement toward the 21st century)，其中试和应用示范表明该分级焦化技术可以提高弱黏结性煤用量 50%，将焦化时间降低到 10h 左右，缩短焦化时间达到 50%左右，增加产率达到 100%(参见第 11 章)。通过将煤热解提质低阶煤、并联产热解气和热解油的过程分成不同温度的多段进行，并将各段按固体产物和气体产物逆向流动的模式重组，形成的多级流化床煤热解技术通过利用在不同温度热解产生的半焦与热解气相产品(含可凝的焦油组分)间的相互作用，可以显著抑制热解过程类似沥青的重质组分的生成。例如，美国 FMC(Food Machinery Corporation)和 OCR(Office of Coal Research)公司研发的 COED(char oil energy development)就是这类技术的代表，利用四个操作在不同温度下的流化床反应器实现了分级热解，该技术已经实施工业示范(参见第 11 章)。使燃料热解在半焦气化产生的热解气气氛中进行，实际上实现热解反应的部分加氢。根据该方法可开发底部半焦气化、上部部分加氢热解、半焦返回底部气化区的部分加氢热解气化技术(partial hydropyrolysis gasification，PHG)。日本新日铁公司利用这一原理形成的粉煤部分加氢热解气化技术 ECOPRO，其底部气化采用了高温熔渣方式，既可利用煤，也可利用半焦，上部热解采用气流床，它的出口可操作的高温使得无焦油产品，或操作在低温、联产部分加氢焦油和富 CH_4 合成气(参见第 11 章)。作为热解技术的拓展应用，活性炭或多孔炭的制备过程本身由原料炭化和炭化料(半焦)活化，即半焦部分气化两个工段构成，代表最传统的解耦热转化技术。但是，现有技术都基于对两工段的完全分离，通过分别建立炭化厂(车间)和活化厂(车间)而形成整体生产工艺，无疑能量与物质利用效率低、物料转化成本和物料消耗高、污染排放(特别与焦油相关)高，因此通常被定位为高污染传统产业。但是，针对颗粒原料的炭化和活化一直缺乏有效的技术。最新发展是通过有效利用炭化与活化子过程在能量上的匹配关系，构建了物理法连续炭化与活化一体化新型生产技术，并针对颗粒状工业、林业富含纤维素生物质废弃物实现了放大应用(参见第 4 章)。

显然，表 1.2 中所述几种将煤热解或焦化(炭化)过程分为两段或多段进行的目的就是利用被分级的各反应段之间的化学(反应)相互作用，但转化过程的产品与未实施反应解耦的传统过程一样，所采用的解耦方法总体上属于分级解耦。同时，其中的大部分热解/焦化(炭化)技术都最大限度地使原料的脱水或干燥预处理过程单独运行，一方面降低进入转化过程的燃料水分，另一方面利用预处理后原料的特性而影响转化过程。因此，表 1.2 所列大部分基于反应解耦的典型热解或焦化技术所涉及的解耦方法或模式同时包括了“隔离”(使干燥与后续反应单独进行)和“分级”(针对反应)。

国内外研发了大量基于反应解耦的气化技术，表 1.2 选择了 5 个典型代表。将燃料气化过程的燃烧反应与燃料通过热解和部分气化生产产品气的反应相互隔离，利用循环热载体颗粒将燃烧热带入热解/气化反应器而提供全部或部分反应热，由此形成的气化技术由于需要使用至少两个相互隔离的反应器，因此被称为双床气化。该技术通常使用流化床反应器，又称为双流化床气化，由于其不需要空分即可生产 N_2 含量低的高品质燃气，成为近年生物质燃料气化技术的研发热点之一(参见第 5 章)。基于对燃料热解和半焦气化反应的隔离，可同时生产热解气、热解油(焦油)和半焦气化合成气，实现气化过程的分级联产，特别是适合于煤炭气化的同时制备燃气和煤焦油(参见第 6 章)。构建该技术系统也至少需要两个反应器，因此被称为双床热解气化(dual bed pyrolysis gasification，DBPG)技术。对于中小型气化生产燃气的技术过程，最小化焦油生成是技术的关键之一。焦油产生于燃料热解过程，通过将气化过程分解为燃料热解和半焦气化两阶段，并使热解气相产物(含焦油)通过高温的气化半焦层，利用高温半焦的吸附和催化作用，可有效降低最终生成气中的焦油含量。针对该气化技术分两步进行但仅有一个最终产品的特点，通常称其为两段气化(two-stage gasification，TSG)，属于反应分级解耦模式(参见第7章)。在燃料热解过程使用 O_2 可以有效降低焦油产率，同时显著破除燃料颗粒本身的黏结性。将该方法应用于气化技术的设计，可形成表1.2所列的燃料首先经过预氧化热解、进而实施半焦气化的预氧化气化(pre-oxidation gasification，POG)技术，组合射流预氧化和流化床气化即构成射流预氧化流化床气化新技术(参见第11章)，拓展流化床气化，使其可处理具有一定黏结性的燃料，如黏结性烟煤。因为分离了燃料热解和半焦气化，该解耦技术还最小化热解气对半焦气化的抑制作用，从而强化半焦气化反应。表1.2中所示两段双床气化(two-stage dual bed gasification，T-DBG)指在双床气化系统中，利用两段流化床作为热解/气化反应器，形成来自燃烧器的高温颗粒，首先进入两段流化床的上段，再通过溢流进入其下段的热载体颗粒循环流程。燃料颗粒供入两段流化床的下段中，使生成气可在反应器内通过上段流化床的作用而净化和提质。因此，该技术联合了反应隔离和反应分级两种解耦，即隔离了燃烧与热解/气化反应，同时通过两段流化床将焦油重整/裂解与燃料的热解气化解耦。相对于常规双床气化，其可显著降低生成气焦油含量，实现更高效率转化(参见第5章)。

煤的拔头燃烧(topping combustion，TC)又称煤拔头(coal topping)，是中国科学院早在20世纪80年代初就提出的一种通过隔离煤热解与半焦燃烧反应而实现煤燃烧过程联产的一种技术。通过其同时生产热解产品和能量(热)，可以应用于锅炉的技术升级，即在煤燃料进入锅炉前热解提取其富 H_2 组分，生产高价值焦油和热解气产品，锅炉则燃烧富碳半焦，实现煤的分级利用。我国针对煤的循环流化床热解燃烧开展了大量工作，包括技术的工业性中试，获得了很多数据和经验(参见第3章)，但至今仍未产业化应用。将燃烧过程分离为燃料热解和半焦燃烧两个阶段，并使热解产生的气相生成物(含焦油)通过燃烧的半焦层，或在含有燃烧半焦的气流中燃烧，利用半焦及热解气对 NO_x 的还原作用可有效降低 NO_x 的生成，同时实现热解气在燃烧半焦层中的完全燃烧。该技术以解除燃烧过程热解与燃烧两反应的耦合为特征，因此被冠名为解耦燃烧(decoupling combustion，DC)。解耦燃烧技术可通过层燃锅炉和循环流化床锅炉分别实现，其中前者已成功应用于中小型层燃锅炉，生产蒸汽及热水，证实了其相对于传统燃烧至少可降低 NO_x 排放30%的技术效果(参见第8章)。针对循环流化床锅炉的应用，也即循环流化床解耦燃烧已经完成中试，展示了其对高含N生物质废弃物燃料的适应性，NO_x 生成率可降低70%(参见第9章)。显然,DC中蕴含的解耦方法(或模式)属于分级解耦。

当然,表1.2所列为基于对燃料热解、半焦气化或燃烧等主要属性反应的解耦而形成的几种典型的燃料解耦热转化技术。基于同样原理,通过解耦热转化过程的其他化学反应或以不同方法和模式对热解、燃烧等主要属性反应实施解耦,可以构建更多的新型热转化技术。针对表1.2所列举的典型解耦热转化技术,本书将在第2~9章对这些有代表性且作者已开展相关工作的技术从理论分析、国内外相关研发现状、著者有关基础研究和技术中试及示范等几方面进行较全面的分析和总结;同时,在第10章将论述为支撑解耦热转化基础研究及技术开发而研发的微型流化床等温微分反应分析的方法、仪器和应用特性,最后在第11章简要介绍在第2~9章未能涉及的其他几种重要的解耦热转化技术,进一步展示通过解耦形成的技术创新和实现的技术效果。

综合以上对表1.2中各解耦热转化技术的简述和表中所列各技术实现的解耦效果可知,通过对热转化过程化学反应的解耦和重组,不但形成了鲜明的技术特色与创新性,而且实现了传统热转化技术难以实现的过程联产和低污染化、产品高值化和高品质化、原料适应性宽广化等系列效果,代表了对煤炭、生物质等燃料利用技术的发展趋势,也表明了解耦热转化在技术上的先进性和前瞻性。

1.7 本章小结

解耦的含义是:解除已经存在于某体系中的耦合关系或耦合作用。对于燃料热转化所涉及的"解耦"体系指以热解、气化、燃烧、炭化(焦化)等为代表的热转化过程中所发生的复杂化学反应网络或体系,被解耦的关系或作用则指各种"属性反应"间的关联和相互作用,因此又称为"反应解耦",其实施意味着分离热转化过程中发生的某些化学反应。另外,解耦热转化同时要求最大限度地利用有利于转化过程高效化、高品质化、洁净化以及联产等效果的反应间相互作用。因此,分离化学反应后的"反应重组"同样是针对热转化过程实施解耦调控的重要内容。本质上,反应重组是通过改变现有的属性反应之间的"耦合"方式,定向优化涉及的属性反应之间相互作用与解耦热转化的先进技术效果。这种反应重组与反应间相互作用的定向优化,同解除完全耦合型热转化体系中某种或某些耦合作用或关系同等重要。但是,无论如何通过反应重组改变或更新升级反应之间的耦合作用关系,本质上均为对原始耦合作用关系的解除,因此将这种以解除原始耦合作用关系为基础的调控方法称为"解耦"方法,应用于燃料热转化即形成燃料"解耦热转化",以区别于没有任何外来干预,且所有反应发生于同一反应空间的完全耦合型传统热转化,如传统燃烧与传统气化。

参 考 文 献

[1] 周琦. 多层流化床低阶煤分级热解提高产物品质研究. 北京:中国科学院过程工程研究所博士学位论文,2013.

[2] Prabir B. Combustion and Gasification in Fluidized Beds. London: Taylor & Francis Group, 2006.

[3] 王俊有，李太兴，刘振刚,等. IGCC 环保特性的研究. 燃气轮机技术，2007，20(2)：15-17.

[4] Zhang J W, Wu R C, Zhang G Y, et al. Technical review on thermochemical conversion based on decoupling for solid carbonaceous fuels. Energy & Fuels, 2013,(27): 1951-1966.

[5] Zeng C, Wu H W, Hayashi J I, et al. Effects of thermal pretreatment in helium on the pyrolysis behaviour of Loy Yang brown coal. Fuel, 2005, 84(12-13): 1586-1592.

[6] Zeng C, Favas G, Wu H W, et al. Effects of pretreatment in steam on the pyrolysis behavior of Loy Yang brown coal. Energy & Fuels, 2006, 20(1): 281-286.

[7] Zhang Y M, Wang Y, Cai L G, et al. Dual bed pyrolysis gasification of coal: Process analysis and pilot test. Fuel, 2013, 112: 624-634.

[8] Matthew M Y, Whitney S J, Kimberly A M. Review of catalytic conditioning of biomass-derived syngas. Energy & Fuels, 2009, 23(4): 1874-1887.

[9] Zhang X F, Dong L, Zhang J W, et al. Coal pyrolysis in a fluidized bed reactor simulating the process conditions of coal topping in CFB boiler. Journal of Analytical and Applied Pyrolysis, 2011, 91(1): 241-250.

[10] Zhang H Y, Xiao R, Wang D H, et al. Biomass fast pyrolysis in a fluidized bed reactor under N_2, CO_2, CO, CH_4 and H_2 atmospheres. Bioresource Technology, 2011, 102(5): 4258-4264.

[11] Moulijn J A, Kapteijn F. Towards a unified theory of reactions of carbon with oxygen-containing molecules. Carbon, 1995, 33(8): 1155-1165.

[12] Huang Z M, Zhang J S, Zhao Y, et al. Kinetic studies of char gasification by steam and CO_2 in the presence of H_2 and CO. Fuel Processing Technology, 2010, 91(8): 843-847.

[13] Glarborg P, Alzueta M U, Dam-Johansen K, et al. Kinetic modeling of hydrocarbon/nitric oxide interactions in a flow reactor. Combustion and Flame, 1998, 115(1-2): 1-27.

[14] Glarborg P, Kristensen P G, Dam-Johansen K, et al. Nitric oxide reduction by non-hydrocarbon fuels: Implications for reburning with gasification gases. Energy & Fuels, 2000, 14(4): 828-838.

[15] Dagaut P, Lecomte F. Experiments and kinetic modeling study of NO-reburning by gases from biomass pyrolysis in a JSR. Energy & Fuels, 2003, 17(3): 608-613.

[16] Duan J, Luo Y H, Yan N Q, et al. Effect of biomass gasification tar on NO reduction by biogas reburning. Energy & Fuels, 2007, 21(3): 1511-1516.

[17] Heil P, Toporov D, Stadler H, et al. Development of an oxycoal swirl burner operating at low O_2 concentrations. Fuel, 2009, 88(7): 1269-1274.

[18] Strom A H, Eddinger R T. COED plant for coal conversion. Chemical Engineering Progress, 1971, 67(3):75-80.

[19] Taketomi H, Nishioka K, Nakashima Y, et al. Research on coal pretreatment process of SCOPE21. The 4th European Coke and Ironmaking Congress Proceedings, Paris, 2000: 640-645.

[20] AbuEl-Rub Z, Bramer E A, Brem G. Review of catalysts for tar elimination in biomass gasification processes. Industrial Engineering Chemistry Research, 2004, 43(22): 6911-6919.

[21] Abu El-Rub Z, Bramer E A, Brem G. Experimental comparison of biomass chars with other catalysts for tar reduction. Industrial Engineering Chemistry Research, 2008, 87(10-11): 2243-2252.

[22] Gilbert P, Ryu C, Sharifi V, et. al. Tar reduction in pyrolysis vapours from biomass over a hot char bed. Bioresource Technology, 2009,(100): 6045-6051.

[23] Aarna I, Suuberg E M. A review of the kinetics of the nitric oxide-carbon reaction. Fuel, 1997, 76(6): 475-491.

[24] Dong L, Gao S Q, Song W L, et al. Experimental study of NO reduction over biomass char. Fuel Processing Technology, 2007, 88(7): 707-715.

[25] Sun S Z, Zhang J W, Hu X D, et al. Studies of the NO-char reaction kinetics obtained from drop tube furnace and thermo gravimetric experiments. Energy & Fuels, 2009, 23(1): 74-80.

[26] Kenji K, Seiji N. Coal pre-treating technologies for improving coke quality. Proceeding of the 5th International Congress on the Science and Technology of Ironmaking, Shanghai, 2009: 361-366.

[27] 董鹏伟,岳君容,高士秋, 等. 热预处理影响褐煤热解行为研究. 燃料化学学报, 2012, (40): 897-905.

[28] Hosoda H, Hirama T, Azuma N, et al. NO_x and N_2O emission in bubbling fluidized-bed coal combustion with oxygen and recycled flue gas: Macroscopic characteristics of their formation and reduction. Energy & Fuels, 1998,(12):102-108.

[29] Duan F, Chyang C S, Lin C W, et al. Experimental study on rice husk combustion in a vortexing fluidized-bed with flue gas recirculation(FGR). Bioresource Technology, 2013, (134): 204-211.

[30] Öztaş N A, Yürüm Y. Pyrolysis of turkish zonguldak bituminous coal. part 1. Effect of mineral matter. Fuel, 2000, 79(10): 1221-1227.

[31] Ahmad T, Awan I A, Nisar J, et al. Influence of inherent minerals and pyrolysis temperature on the yield of pyrolysates of some Pakistani coals. Energy Conversion and Management, 2009, 50(5): 1163-1171.

[32] Hayashi J I, Iwatsuki M, Morishita K, et al. Roles of inherent metallic species in secondary reactions of tar and char during rapid pyrolysis of brown coals in a drop-tube reactor.

Fuel, 2002, 81(15): 1977-1987.

[33] Otto K, Bartosiewicz L, Schelef M. Catalysis of carbon-steam gasification by ash components from two lignites. Fuel, 1979, 58(2): 85-91.

[34] Leonhardt P, Sulimma A, van Heek K H. Steam gasification of German hard coal using alkaline catalysts: Effects of carbon burn-off and ash content. Fuel, 1983, 62(2): 200-204.

[35] Brown R C, Liu Q, Norton G. Catalytic effects observed during the co-gasification of coal and switchgrass. Biomass and Bioenergy, 2000, 18(6): 499-506.

[36] Jozewicz W, Rochelle G T. Fly ash recycle in dry scrubbing. Environmental Progress, 1986, 5(4): 219-223.

[37] Tsuchiai H, Ishizuka T, Nakamura H, et al. Study of flue gas desulfurization absorbent prepared from coal fly ash: Effects of the composition of the absorbent on the activity. Industrial & Engineering Chemistry Research, 1996, 35(7): 2322-2326.

[38] Hassett D J, Eylands K E. Mercury capture on coal combustion fly ash. Fuel, 1999, 78(2): 243-248.

[39] Serre S D, Silcox G D. Adsorption of elemental mercury on the residual carbon in coal fly ash. Industrial & Engineering Chemistry Research, 2000, 39(6): 1723-1730.

[40] United Nations Industrial Development Organization. Annual Report 2009, Thirty-eighth Session, Progress Report on Regional Programmes. Vienna: United Nations Industrial Development Organization, 2010.

[41] Shamim T, Xia C M, Mohanty P. Modeling and analysis of combustion assisted thermal spray processes. International Journal of Thermal Sciences, 2007, 46(8): 755-767.

[42] Yamamoto K, He X Y, Doolen G D, et al. Simulation of combustion field with lattice Boltzmann method. Journal of Statistical Physics, 2002, 107(1-2): 367-383.

[43] Petrov C, Ghoniem A. A uniform strain model of elemental flames in turbulent combustion simulations. Combustion and Flame, 1997, 111(1-2): 47-64.

[44] Dekena M, Peters N. Combustion modeling with the G-equation. Oil & Gas Science and Technology, 1999, 54(2): 265-270.

[45] Shaver G M, Roelle M, Gerdes J C, et al. Decoupled control of combustion timing and work output in residual-affected HCCI engines. Proceedings of the American Control Conference, 2005: 3871-3876.

[46] Pedersen L S, Glarborg P, Dam-Johansen K, et al. A reduced reaction scheme for volatile nitrogen conversion in coal combustion. Combustion Science and Technology, 1998, 131(1-6): 193-223.

[47] Mantzaras J. Catalytic combustion of syngas. Combustion Science and Technology, 2008, 180(6): 1137-1168.

[48] You X Q, Egolfopoulos F N, Wang H. Detailed and simplified kinetic models of n-dodecane oxidation: The role of fuel cracking in aliphatic hydrocarbon combustion. Proceedings of the Combustion Institute, 2009, 32(1): 403-410.

[49] Ghermay Y, Mantzaras J, Bombach R. Experimental and numerical investigation of hetero-/homogeneous combustion of $CO/H_2/O_2/N_2$ mixtures over platinum at pressures up to 5 bar. Proceedings of the Combustion Institute, 2011, 33(2): 1827-1835.

[50] Li J H, Bai Y R, Song W L. NO_x-suppressed smokeless coal combustion technique. Proceedings of International Symposium on Clean Coal Technology, Xiamen, 1997: 344-349.

[51] 李静海,郭慕孙,白蕴茹, 等. 解耦循环流化床燃烧系统及其脱硫与脱硝方法: 中国发明专利,申请号:97112562.7.1997.

[52] 姚建中,郭慕孙. 煤炭拔头提取液体燃料新工艺. 化学进展, 1995, (7): 205-208.

[53] 姚建中,王风鸣,李佑楚, 等. 载体循环生物质热解气化装置: 中国实用新型专利,申请号: 96209381.5.1996.

[54] Yao J Z, Wang F M, Li Y C, et al. A new equipment for producing medium-Btu gas from sawdust. Proceedings of the Fifth International Conference on Circulating Fluidized Beds, Beijing, 1996: 615-620.

[55] 李静海,许光文,杨励丹,等. 一种抑制氮氧化物发生的无烟燃煤方法及燃煤炉:中国发明专利,申请号:95102081.1.1995.

[56] 董利,高士秋,郝江平, 等. 生物质成型燃料解耦燃烧装置及其燃烧方法:中国发明专利,申请号:200710064531.7.2007.

[57] He J D, Song W L, Gao S Q, et al. Experimental study of the reduction mechanisms of NO emission in decoupling combustion of coal. Fuel Processing Technology, 2006, 87(9): 803-810.

[58] Dong L, Gao S Q, Song W L, et al. Experimental study of NO reduction over biomass char. Fuel Processing Technology, 2007, 88(7): 707-715.

[59] Cai L G, Shang X, Gao S Q, et al. Low-NO_x coal combustion via combining decoupling combustion and gas reburning. Fuel, 2013, 112: 695-703.

[60] 刘新华,许光文. 生物质解耦流化床气化研究(2006 年国家自然科学基金申请书). 项目批准号 20606034.2006.

[61] 许光文,刘新华,须田俊之,等. 固体燃料解耦流化床气化方法及气化装置:中国发明专利,申请号:200610113063.3.2006.

[62] 许光文. 煤/生物质热耦热化学转化基础研究(国家自然科学基金申请书 (国家杰出青年科学基金申请). 2008.

[63] Zhang J W, Wang Y, Dong L, et al. Decoupling gasification: Approach principle and technology justification. Energy & Fuels, 2010, 24(12):6223-6232.

[64] Taketomi H, Nishioka K, Nakashima Y, et al. Research on coal pretreatment process of SCOPE21. The 4th European Coke and Ironmaking Congress Proceedings, Paris, 2000: 640-645.

[65] Yabe H, Kawamura T, Kozuru H, et al. Development of coal partial hydropyrolysis process. Nippon Steel Technical Report, 2005, 92: 8-15.

[66] Xu G W, Murakami T, Suda T, et al. Gasification of coffee grounds in dual fluidized bed per-

formance evaluation and parameter influence. Energy & Fuels, 2006, 20(6): 2695-2704.

[67] Henriksen U, Ahrenfeldt J, Jensen T K, et al. The design, construction and operation of a 75kW two-stage gasifier. Energy, 2006, 31(10-11): 1542-1553.

[68] Zhang J W, Zhao Z G, Zhang G Y, et al. Pilot study on jetting pre-oxidation fluidized bed gasification adapting to caking coal. Applied Energy, 2013, 110: 276-284.

[69] Xu G W, Murakami T, Suda T, et al. Two-stage dual fluidized bed gasification: Its conception and application to biomass. Fuel Processing Technology, 2009, 90(1): 137-144.

[70] Wang J G, Lu X S, Yao J Z, et al. Experimental study of coal topping process in a downer reactor. Industrial & Engineering Chemistry Research, 2005, 44(3): 463-470.

[71] Yao C B, Dong L, Wang Y, et al. Fluidized bed pyrolysis of distilled spirits lees for adapting to its circulating fluidized bed decoupling combustion. Fuel Processing Technology, 2011, 92(12): 2312-2319.

第 2 章　焦煤分级调湿预处理

煤焦化是一定粒度分布的炼焦煤在无氧条件下高温热解或炭化，生成焦炭、焦油和煤气的过程。焦化工艺要求炼焦煤粒径小于 3.0mm 的质量占比为 80%左右，因此，一般需将原料煤粉碎、分级达到所要求的粒度分布后再供入焦炉。焦化过程还伴随着大量的能量消耗，其中入炉煤水分高低对炼焦能耗和焦炉生产效率均有较明显影响。通过对焦煤预热调湿将高含水焦煤在入焦炉炼焦前脱除一部分水，可以显著缩短焦化时间，提高产率 10%左右，减少能量消耗约 8%，并提高焦炭的密度，降低废水排放约 5%，同时提高成本低、资源储量大的弱黏结性煤用量 15%左右。预热调湿技术经历了基于回转炉反应器的间接换热调湿技术到利用焦炉烟气直接换热的流化床调湿技术，并引入分级功能减少进入焦煤破碎工艺的煤量，降低破碎能耗。焦煤预热调湿技术的发展趋势是将焦煤分级(粒度分级)和预热调湿集成一体，实现分级和调湿过程的高效和节能。本章首先概述了煤焦化工艺流程和焦煤预处理技术方法，随后介绍焦煤预热调湿技术的现状，进而重点论述了中科院过程工程研究所的相关研究成果和技术进展。

2.1　煤焦化工艺流程与过程特性

2.1.1　煤焦化工艺流程简介

典型炼焦的工艺流程主要包括输煤(A)、备煤(B)、干馏焦化(C)、熄焦(D)、煤气处理与化产品回收(E)等五部分，如图 2.1 所示。将煤从煤矿运到焦化厂储煤场后进入备煤工段，经处理使其达到炼焦的要求。备煤工段包括洗煤、配煤、粉碎、混合等工序，其中配煤就是将不同种类的煤按炼焦要求、按一定比例进行配制的过程。通过配煤，不仅能够保证焦炭的质量，还能合理利用煤炭资源，减少主焦煤使用量，降低原料煤成本，缓解焦煤资源供应不足的问题，因此是炼焦过程中至关重要的一环。配合煤再通过粉碎，使入炉煤中粒径小于 3.0mm 的煤颗粒占比不低于 80.0%(质量分数)，有利于提高和稳定焦炭产品的质量。

完成备煤后即可进行装炉和干馏焦化，这是焦炭生产过程中最重要的核心工段。煤在焦炉中发生高温干馏(1000～1200℃)并生成焦炭、焦油和焦炉煤气，焦油和煤气以气态形式排出焦炉，而高温焦炭则通过推焦车推出，经进一步熄焦处理形成焦炭产品。熄焦主要有两种方式:湿法熄焦和干法熄焦。湿法熄焦就是用运焦车将红焦输送到熄焦塔中，从塔顶向焦炭上喷洒大量水，通过蒸发水的方式使焦炭

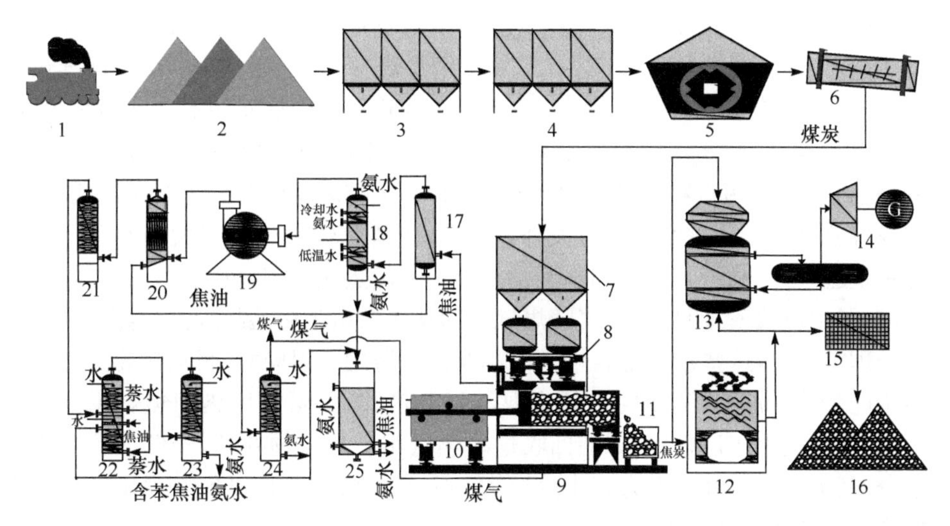

1. 运煤车；2. 煤料场；3. 洗煤机；4. 配煤机；5. 粉碎机；6. 混合器；7. 煤塔；8. 装煤车；9. 焦化炉；10. 推焦车；11. 运焦车；12. 湿熄焦塔；13. 干熄焦塔；14. 发电机；15. 筛分机；16. 储焦场；17. 气液分离塔；18. 初冷塔；19. 鼓风机；20. 焦油捕集器；21. 脱硫塔；22. 终冷塔；23. 洗氨塔；24. 洗苯塔；25. 焦油氨水分离塔

图 2.1　炼焦工艺的一般流程[1]

冷却降温，以达到熄焦目的。干熄焦法采用的冷却介质是惰性气体，如氮气，将焦炭冷却降温，熄焦后的热气体进入换热器中生产蒸汽用于发电回收能量。冷却后的焦炭经过粒径筛选后送往储焦场储存，煤干馏产生的气态产物经冷却、净化处理与化产品回收工段，生产焦炉煤气和液态焦油、粗苯等产品。其工艺主要是：煤焦化产生的煤气经过上升管、桥管进入集气管，约 700℃的煤气在桥管内被喷洒氨水冷却至 90℃左右，使煤气中的大部分焦油被冷凝回收。煤气和冷凝收集的焦油及氨水等被送入煤气净化车间，经过包括冷却、回收、净化等一系列工序，得到符合要求的焦油、焦炉煤气、苯、萘等化工产品。氨水经蒸氨处理后，一部分回用于冷却煤气，剩余部分则送污水处理厂进行水处理。

2.1.2　节能与减排潜力分析

上述炼焦生产中，所涉及的能量转换和物质转化的量都十分巨大，而入炉煤性状对原材料成本、生产能耗、产品质量和污染物排放等关键指标影响极大。其中入炉煤含水量对生产能耗和污染物排放影响显著，水分高，则升温慢、结焦时间长、能耗高，而且剩余氨水排放量大，也增加处理费用。另外，入炉煤粒度也必须符合炼焦工艺的要求，从而获得高质量的焦炭产品，目前焦化企业大多采用对宽粒度分布煤料先配煤，再一起破碎的工艺，由于焦煤总量很大，在我国每年要消耗 5 亿 t 以上，因此其破碎工艺也是高能耗环节。

焦化行业是典型的高物耗、高能耗、高污染行业，存在巨大的节能减排潜力。通常每生产 1.0t 焦炭消耗 1.33～1.35t 洗精焦煤，同时消耗 0.1～0.2t 标准煤能耗。按我国 2012 年 4.43 亿 t 焦炭产量计，每年至少要消耗 5.89 亿 t 洗精焦煤、约 0.45 亿 t 标准煤、近 8.0 亿 m^3 水，同时排放约 1800 亿 m^3 焦炉烟气、1.14～1.56 亿 m^3 的高氮含酚污水和大量粉尘及硫、氮氧化物等有害物质。这些高能耗、高物耗和高排放除与行业生产特性有关外，还与我国炼焦煤含水普遍偏高有关。过高的含水量进入焦炉后，其升温和水蒸发消耗了大量热能，同时也大大延长了结焦时间，降低了生产效率，而且水蒸气随煤气一起从焦炉出来后，要经冷凝、蒸氨及剩余氨水处理等工序，这些过程都要增加能耗及处理费用。但同时，目前焦化行业却有很多余能余热未被利用，主要包括高温红焦显热、高温煤气显热和焦炉废烟气显热，因此在焦炭生产过程中，如能回收这些热量用于焦煤预处理、降低或脱除入炉煤水分，其节能减排降耗潜力将十分巨大。本书仅从焦煤脱湿预处理角度讨论由此可产生的节能减排效果。

通过对入炉前焦煤的脱湿预处理，改变焦煤物性或焦煤配比，可以实现显著的节能减排效果，提高经济效益。根据计算及实际生产经验，利用废热烟气的煤调湿技术，入炉煤料含水量每降低 1%，炼焦耗热量就降低 62.0 MJ/t(干煤)[2]。当入炉煤料水分从 11%降至 6%时，炼焦耗热量节省 310 MJ/t(干煤)，并可减少 1/3 的剩余氨水量，相应减少剩余氨水蒸氨用蒸汽 1/3，同时也减轻了废水处理装置的生产负荷，还可减少温室气体排放，平均每吨入炉煤可减少约 35.8kg 的 CO_2 排放量。装炉煤水分的降低，使装炉煤堆密度提高，干馏时间缩短，焦炉生产能力可提高 7%～11%。煤调湿后，还可改善焦炭质量，其 M40 可提高 1%～5%，M10 可提高 2%～5%，焦炭反应后强度 CSR 提高 1%～3%。如果在保证焦炭质量不变的情况下，可多配弱黏结煤 8%～10%。按全国 2012 年 4.43 亿 t 焦炭产量的一半采用煤调湿技术，入炉煤水分降低 5%，可年节约 285 万 t 标准煤，减少焦化含酚废水约 1200 万 t，减排 CO_2 约 1300 万 t。因此，通过利用废热烟气，在装炉前降低焦煤湿度，即可显著降低炼焦热耗，缩短炼焦时间，增加弱黏煤配比，提高焦炉产量和产品品质，降低含氮废水及 CO_2 排放量。另外，煤料水分的稳定可保持焦炉操作的稳定，有利于延长焦炉寿命。

2.2 焦煤预处理技术方法概述

焦煤入炉前的预处理技术除洗煤、配煤、粉碎、筛分等基本环节外，还有捣固、型煤、调湿和热预处理等技术。其中，焦煤调湿热预处理技术不仅能降低炼焦能耗，提高焦炭产量与质量，减少污染物排放，而且还能增加弱黏煤配比，拓展焦煤来源，对解决目前焦化行业面临的环境与资源两大难题有重要意义。

2.2.1　焦煤预热轻解(热预处理)技术

焦煤预热轻解技术是指焦煤在装炉炼焦前先加热到一定温度(一般低于煤的软化温度),在该温度下焦煤被完全干燥并发生轻度热解,然后再将其装炉炼焦。该技术研究起始于20世纪20年代,50～60年代世界各地开展了大量半工业试验,70～80年代获得了工业应用。通过热预处理,大幅提升了弱黏煤配比、焦炭产能和产品质量,引发了各国焦化企业的投资、改造热情,开发出多种焦煤热预处理工艺形式,其中典型的技术主要有西姆卡(Simcar)技术、普列卡邦(Precarbon)技术和考泰克(Coaltak)技术[3],数十家焦化厂采用了上述几种热预处理工艺。但随后的生产过程发现:经预热轻解处理的焦煤装炉后在焦化过程中煤的内膨胀压力显著增大,对焦炉损坏严重,且装炉过程粉尘大、生产操作条件差,从而使以轻解为代表的热预处理技术逐渐被抛弃,大多数厂家停止使用。21世纪以来,随着焦化行业面临的环境和焦煤资源问题日益突出,焦煤的热预处理技术再次引起重视,以日本新近开发的SCOPE21[4]为代表的炼焦新技术中就包含了热预处理技术,现已完成工业化试验,并在新日铁公司大分工厂建成100万t/a的炼焦新工艺,运行良好,在提高焦炉产能、增加弱黏煤配比和实现节能减排等方面都取得了显著成效。但SCOPE21工艺复杂、投资高,目前还没有更多的企业采用。

2.2.2　焦煤调湿技术

在炼焦生产过程中,入炉煤水含量对炼焦能耗影响显著。而焦化行业入炉煤含水普遍偏高,多数在9%～14%间波动,不仅消耗大量煤气燃烧热,而且使结焦时间延长,废水废气排放量增加。但同时,焦化厂还有大量余热没有获得很好利用。煤调湿技术就是利用其中部分余热,采用不同形式的设备、工艺,将入炉前焦煤脱除一部分水分,即将焦煤含水量调到某一预定范围再装炉炼焦,以达到提高生产效率、实现节能减排降耗以及增加弱黏煤配比等目的[4-6]。

针对轻解热预处理技术在应用中出现的炼焦膨胀压力过大、损坏炉墙或推焦困难以及粉尘污染等问题,焦煤预热调湿技术将炼焦煤料在装炉前加热去除一部分水分,同时煤的温度也有所提高,然后装炉炼焦。因此,相对于煤的干燥,煤调湿有严格的水分控制目标和措施,能确保入炉煤水分稳定,不但可避免焦煤完全干燥并轻解引起的上述炼焦过程中的系列问题,炼焦工艺综合指标也较湿煤直接炼焦有明显提高。因此,煤调湿以其工艺简单、投资省,又具显著的节能、环保和经济效益受到普遍重视。美国、苏联和日本等国都进行过不同形式的煤调湿试验或应用,尤其在日本的发展最为迅速。截至2010年年底,日本现有的16个焦化厂51组(座)焦炉中,有36组(座)焦炉配置了焦煤调湿装置,占焦炉总数的70.5%。我国焦化行业发展焦煤煤调湿技术起步较晚,目前仅有宝钢集团有限公司、济钢集团有限公司、太原钢铁集团有限公司、马钢(集团)控股有限公司和昆明等地的少数焦化企业采用了该技术,但已引起业界重视,国家工信部也在积极推进焦煤调湿技术在炼焦企业的应用实施。

焦煤预热调湿技术在日本的成功应用促进了该技术的不断创新、升级,先后已有三代技术开发成功并获得工业化应用。技术革新主要体现在回收热源及载热介质和调湿装置结构形式方面的不同,由早期的导热油换热回收煤气热量、多管转筒式煤调湿设备,到回收低压蒸汽为加热介质的多管转筒式煤调湿设备,再到目前以废热烟气为热载体的流化床调湿主流技术。相比之下,作为世界焦炭第一生产和消费大国,我国目前还缺乏自主开发的、成熟的相关技术,虽然近几年国内企业也逐渐开展了这方面的开发研制工作,并取得了一定的进展,但基本处于仿制阶段,技术上还不够成熟和稳定,竞争力不强。开发具有自主知识产权的焦煤预热调湿技术,并在核心技术上有所突破,对实现我国焦化行业可持续发展、提升炼焦技术水平、实现节能降耗目标有重要意义。

近几年来,中国科学院过程工程研究所组织、开展了针对煤分级调湿技术的创新攻关,取得了一系列成果,特别是提出并成功开发集成流化床、移动床和输送床于一体的复合床煤分级调湿技术,以利用焦炉热烟气对焦煤同时进行分级和预热调湿。该技术同时实现焦煤的分级和预热调湿,且传质传热速率快、生产效率高、能耗低和运行稳定、易维护,还具有投资低、节约用地等优点。

2.3　焦煤预热调湿技术现状

焦煤预热调湿技术于 20 世纪 80 年代首先在日本成功开发并获得广泛应用,又经过不断改进创新,先后发展出多种形式的焦煤调湿技术与工艺。按照时间顺序和技术特点,可分为三种:间接换热型煤调湿技术、流化床直接换热型煤调湿技术和功能复合型煤调湿技术。

2.3.1　间接换热型煤调湿技术

在间接换热型煤调湿技术中,热载体与湿煤料不直接接触,而是间接通过金属管壁与煤料换热来提供水分蒸发所需热量。按照热载体不同又可分为导热油型和过热蒸汽型两种。

以导热油为热载体、在多管回转式干燥机中进行焦煤预热调湿[4-8],该技术是日本在 20 世纪 80 年代开发成功的,被称为第一代焦煤调湿技术,其第一套装置于 1983 年 9 月在日本新日铁大分厂投产使用,工艺流程如图 2.2 所示[6]。采用导热油回收焦炉煤气上升管的显热,其自身温度升至 195℃,并通过多管回转干燥机将煤加热到 80℃,同时煤湿度降至 6.0%(质量分数)左右,然后装炉炼焦。干燥后热油温度降至 100℃，送至换热器升至 148℃，然后再通过焦炉上升管与煤气换热升温至 195℃，循环利用。该技术可有效回收利用煤气热量并用于煤调湿，调湿效果较好；但由于采用间接换热方式，传质传热速率慢、效率低、装置庞大、占地面积大，且维护维修复杂、油介质成本高，目前已被淘汰。

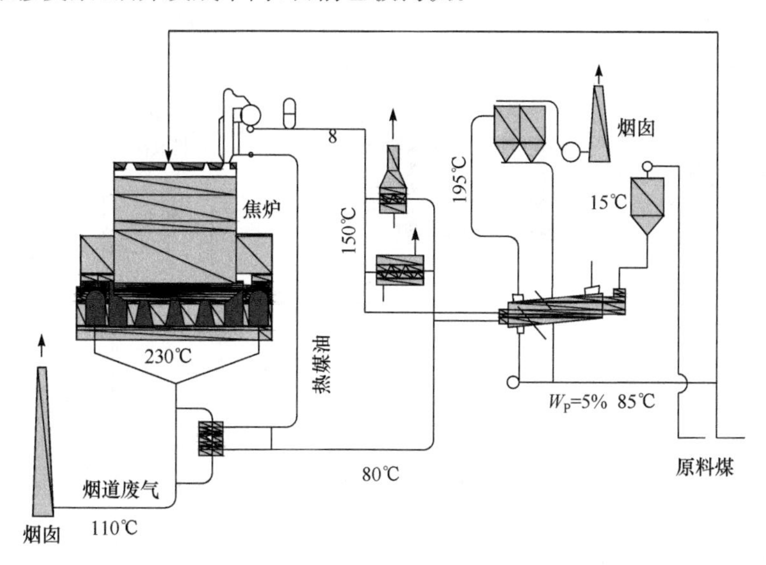

图 2.2　导热油回转干燥炉煤调湿技术工艺流程图[6]

以低压蒸汽为热载体的多管回转式干燥机焦煤预热调湿[6-10]，是在上述第一代焦煤调湿技术基础上的进一步改进，主要利用干熄焦装置发电后的背压蒸汽或其他低压蒸汽作为热源，通过多管回转干燥机进行焦煤预热调湿，称为第二代煤调湿技术，其工艺流程如图 2.3 所示[6]。其工艺流程与第一代相似，但直接利用温度较高的低压过热蒸汽，简化了工艺，调湿效果较好，并提高了产能，是目前为止利用较多的焦煤调湿技术。但是，与第一代煤调湿技术相似，间接换热的传质传热效率低、装置庞大、投资高、占地面积大且维护费用高，目前正被以直接换热方式的流化床煤调湿技术所替代。

2.3.2　流化床直接换热型煤调湿技术

1996 年，日本室兰焦化厂开发出第三代煤调湿技术——流化床煤调湿技术[5,6]。该技术采用流化床作为核心调湿装置，利用带废热的焦炉烟气直接与煤料接触换热并带出水分实现调湿目的，其工艺流程如图 2.4 所示[5]。热烟气(200～300℃)被送入流化床风室，通过气体分布板均匀地进入流化床，湿煤由加料口加入到流化床内，与热烟气接触形成流化操作，进行热质直接交换，实现煤调湿并同时被加热升温。大粒径粗煤经过下部螺旋卸料口流出，极小粒径煤随气流由流化床上部排出，

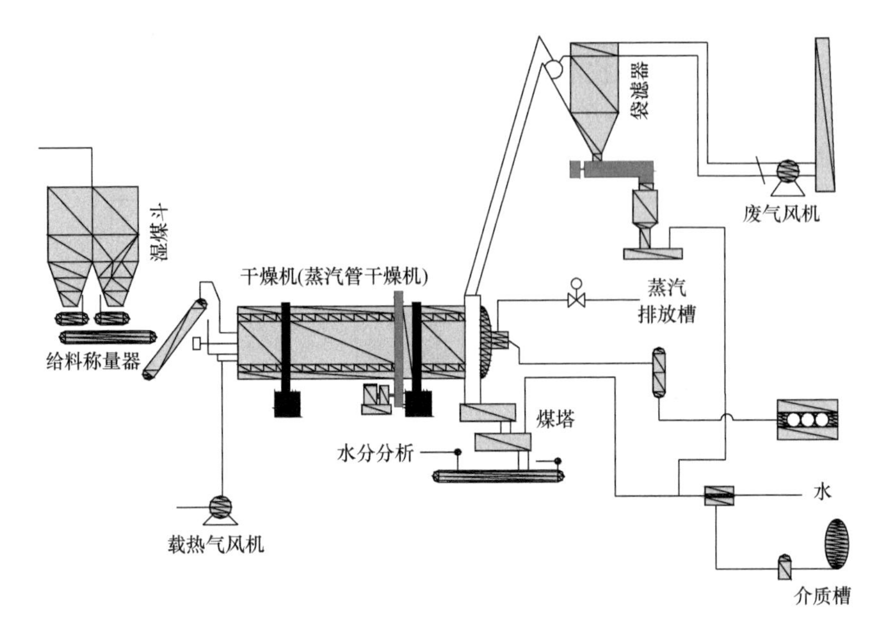

图 2.3　低压蒸汽回转干燥炉煤调湿技术工艺流程图[6]

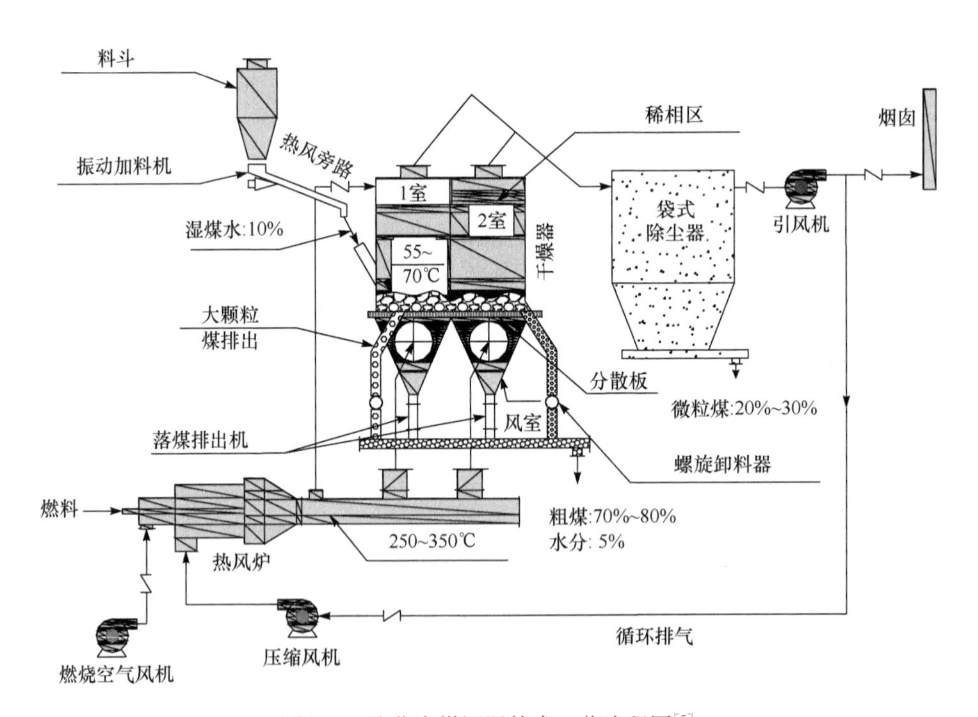

图 2.4　流化床煤调湿技术工艺流程图[5]

经除尘器捕集后回收。根据要求，煤湿度一般调整到6.0%（质量分数）左右，煤粒温度可上升至50～60℃。调湿后，由所有出料口卸出的煤料混合后送入焦炉。

流化床调湿技术以热烟气为介质，对粉碎后的焦煤在流化状态下进行调湿，物料与加热介质直接接触，传质传热快、生产效率高、操作简单。但由于采用先粉碎、后调湿的工艺，没有发挥流化床的分级功能，破碎机负荷大、能耗高，而且容易产生粉碎过度。另外，该技术将全部宽粒度分布的煤料混合在一个流化床中调湿，没有考虑到不同粒度煤的流化特性及含水量存在显著差异，同时脱水动力学也不相同，大颗粒煤含水少但不易流化，使得脱水停留时间过长，而小颗粒煤含水高但易于流化输送，脱水停留时间反而过短，因此调湿效果不均匀，容易一部分煤调湿过度或不足。

2.3.3 功能复合型煤调湿技术

焦煤破碎前的粒度分布范围很宽，根据来煤不同，有30%～50%的煤粒度在3mm以上，需要在入炉前破碎，剩余大部分煤则满足炼焦粒度要求，可直接装炉炼焦。但目前工艺通常对包括小颗粒煤在内的所有煤一起破碎，既浪费电能，又使部分煤破碎过细。同时，著者研究发现，不同粒度煤的含湿量及脱湿动力学也有很大差异，宽粒度分布煤料的水分主要存在于小颗粒煤中，调湿的对象应主要是小粒径细煤，不加区分的混合调湿难以达到预期效果，因此提出了应利用热烟气先将焦煤主要分级，再根据不同粒径煤的不同含湿及脱湿特性进行分别调湿的技术思想，以此达到较佳调湿效果，并且通过分级可以选择性地只对大颗粒煤实施粉碎，实现节能。

基于以上技术思想，中科院过程工程研究所开展了焦煤分级预热调湿新技术的研究，开发出利用焦炉热烟气，在集成流化床、移动床与输送床一体化复合床装置中实现同时进行焦煤分级与预热调湿的功能复合型调湿新技术，强化了分级功能和调湿效果，大大提高了生产效率。目前，他们已完成了5t/h处理量的中试，验证了该技术的先进性和可行性，并具有高效节能的特点。

2.4 流化床分级预热调湿原理与基础

2.4.1 流化床分级调湿原理与新工艺

对于宽粒度分布煤料，煤颗粒的湿度随粒度大小而显著变化，粒度越小含水量越高。而不同粒度、湿度的煤，在热气流中其脱湿动力学也不相同。炼焦煤属于宽粒度分布原料，其调湿主要针对高含水的小颗粒煤，大颗粒煤需脱除的水分相对较少，甚至不需要脱湿。因此，在对炼焦煤进行调湿处理时，应具体考虑不同粒度煤的含湿量和脱湿特性，采取相应的脱湿过程，才能根据要求，达到均匀、稳定、适量、适度的调湿效果。

新型复合床分级预热调湿技术通过将固体物料气力分级和预热调湿过程集成，两者耦合达到煤颗粒同时分级和预热调湿效果，进而通过气固分离设备将分级调湿后的气固混合物进行分离，得到粒度和湿度满足要求的焦化原料。

因此，湿煤颗粒物料气力分级和预热调湿的技术工作原理如图 2.5 所示。从位于复合床调湿装置的下部流化床(即下部大颗粒预热调湿段)通入热风介质，经上部气流床(上部小颗粒预热调湿段)出口排出，上部气流床的气速大于下部流化床的气速。湿煤颗粒物料从上部气流床加入气力分级预热调湿装置中，根据分级要求控制上部气流床气速，使得小于某个粒径的煤颗粒被夹带进入上部气流床形成上部小颗粒预热调湿段层，而大于该粒径的煤颗粒因不能被夹带而进入下部流化床，形成下部大颗粒预热调湿段层，由此对加入的煤颗粒物料实现分级并分别调湿。

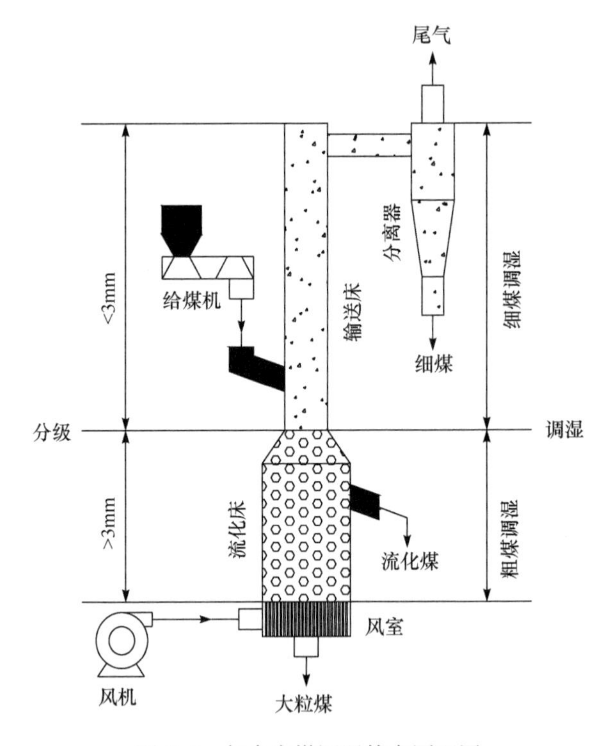

图 2.5　复合床煤调湿技术原理图

基于上述复合床煤调湿技术的原理，新型的焦煤调湿工艺可如图 2.6 所示。热烟气经流化床底侧部进风口首先进入气速较低的流化床，再向上进入气速较高的输送床内。湿煤通过加料口向装置内连续加料，在输送床段气流作用下，小粒径细煤被分出、夹带进入输送床上部，而大粒径粗煤由于不能被夹带而向下落入流化床内。由此,煤按一定的切割粒径被分级成细煤和粗煤,实现了初次分级(输送床内分级)。进入输送床的细煤颗粒随尾气流经连接输送床顶端的气固分离器与气流分离形成细煤组分,而落入流化床的大粒径粗煤及其黏附的小颗粒煤在气流作用下大部分处于流化状态,在流化中再次进行分级,上层可流化较小颗粒经溢流口排出,下层难流化大颗粒粗煤向下沉积,凭重力经下料口排出。即进入流化床的粗煤再次被分成较小粒径细煤和大粒径粗煤,实现了二次分级(流化床内分级)。在上述分级的同时,热气流作用使细煤和粗煤分别在输送床和流化床内被干燥脱湿和加热升温,实现不同粒径煤的分级预热调湿。

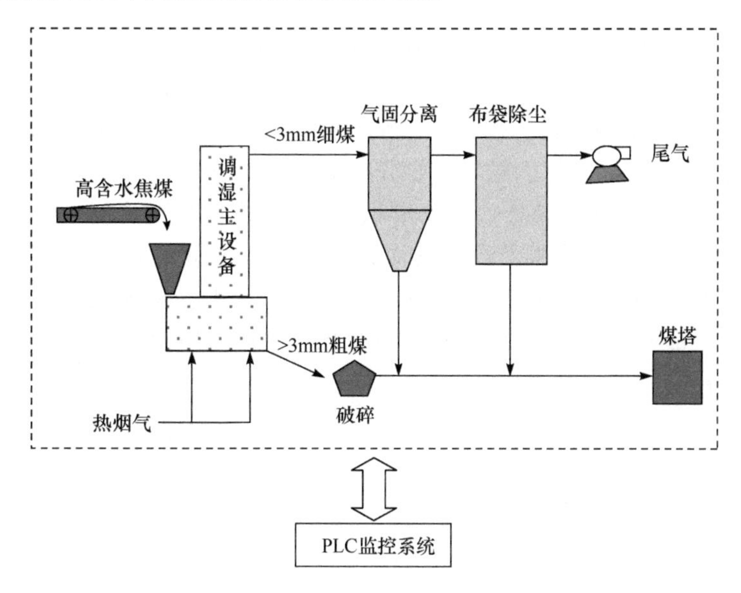

图 2.6　复合床煤预热调湿技术工艺流程图

如图 2.6 所示,自流化床溢流口和下料口收集的粗煤需经过焦化过程所采用的粉碎工段调控粒径,而由输送床收集的细煤可直接装炉焦化。即通过与上部气流床相连的气固分离装置将热风介质输送的小颗粒煤回收,同时将从下部流化床底部排出的大颗粒煤输送到焦化过程的破碎机进行粉碎,达到焦化对煤粒度的要求,进而将顶部收集细煤与该粉碎后的煤混合,送入焦炉的煤塔。

通过优化匹配流化床和输送床的结构尺寸,可有效调控流化床和输送床中的操作气速,实现在一定范围内变化的不同湿度和粒度分布的煤原料分级预热脱湿,可望获得均匀稳定的分级和调湿效果。由于采用高气速操作,在输送床内强化了气固作用,可显著提高装备的处理能力,降低系统能耗。在破碎工序,由于小颗粒物料已被分离,仅粉碎了分级后的大颗粒物料,降低了粉碎机的物料负荷,也可显著节约操作费用和能耗,同时避免小颗粒物料的过度粉碎。

2.4.2 宽粒度分布焦煤的分级特性

结合上述复合床分级预热调湿的技术原理,著者首先较系统地研究了煤颗粒在输送床中的分级行为[10],研究了原料焦煤粒度分布与湿度特性、流化与输送条件,复合床进风方法、溢流口参数、流化床尺寸等参素对煤颗粒流化和分级行为的影响,为根据分级要求优化复合床结构设计进而确定操作参数提供基础。

1. 宽粒度分布焦煤物性特征

以取自河南顺城焦化公司的破碎前焦煤为例,其平均含水 11.2%(质量分数),首先对其粒径分布和含水率分布进行了研究,结果如图 2.7 所示[1]。图中,AF 为一定粒径以下煤料占总煤量的累积百分比,SF 为某一粒度范围内煤料占总煤量的百分比。可见,焦煤的粒径主要分布于 0~12.0mm,其中小于 3.0mm 的煤约占总煤量的 60.0%(质量分数)(见累积比曲线 AF),其平均粒径约为 1.0mm。相对地,大于 3.0mm 的煤颗粒约占煤总量的 40.0%(质量分数),其平均粒径约为 6.0mm,表明大部分原料煤实际上不需要粉碎即可满足炼焦对力度的要求,可以通过分级将这部分煤分离,进而仅对约占总煤量 40%的大颗粒煤进行粉碎,显著降低粉碎能耗。

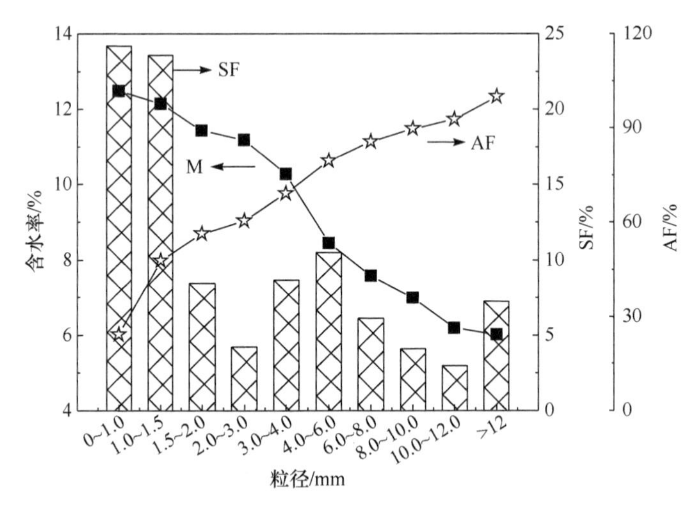

图 2.7 实验用焦煤的粒度与含水率(质量分数)分布特性[1]

图 2.7 还清楚表明,焦煤含水率随着粒径的增大而逐渐减小,对于上述表观含水为 11.2%(质量分数)的宽粒度分布煤料,其中粒度小于 3.0mm 的煤料的湿度为 10.5%~13.0%,而大于 3.0mm 的煤颗粒的含水率在 6.5%~10.5%变化。因此,煤的粒度越大,其含水越低,因此大粒径粗煤只需小幅度调湿或无需调湿,焦煤

的调湿应主要针对小于 4.0mm 的煤颗粒，尤其是小于 3.0mm 的细煤。

前述分级预热调湿技术的分级和预热调湿是在气流输送或流化的状态下发生的。因此，煤颗粒的最小夹带速率(U_t)和最小流化速率(U_{mf})的准确测定或计算对设计装备和操作十分重要。不同粒径的煤颗粒的最小夹带速率和最小流化速率可分别通过式(2.1)和式(2.2)计算获得，也可通过实验测得。

$$U_t=\begin{cases}\dfrac{d_p^2(\rho_p-\rho_f)g}{18\mu}, & Re_t<0.4\\ \sqrt{\dfrac{2d_p(\rho_p-\rho_f)gRe_t^{0.5}}{15\rho_f}}, & 0.4<Re_t<500\\ \sqrt{\dfrac{4}{3}\dfrac{d_p(\rho_p-\rho_f)g}{0.43\rho_f}}, & Re_t>500\end{cases} \tag{2.1}$$

$$U_{mf}=\left[\left(C_1^2+C_2\frac{d_p^3\rho_f(\rho_p-\rho_f)g}{\mu^2}\right)^{\frac{1}{2}}-C_1\right]\frac{\mu}{d_p\rho_f} \tag{2.2}$$

针对图 2.7 所示粒度煤料(干基)，对 U_t 和 U_{mf} 分别进行理论计算和实验测定，计算值和实验值对比于图 2.8 中[11]。由图可见，计算值和实验值能很好吻合。对于 3.0mm 的煤颗粒，其 $U_{mf}=1.0$m/s 和 $U_t=9$m/s，而使粒径为 10mm 的煤颗粒流化所要求的最小流化速率约为 2m/s。这些说明，对于分级粒度为 3mm 的煤料，复合床的操作条件应满足：输送床内的操作气速在 9m/s 左右，流化床内的操作气速应不低于 2m/s，以保证装置内的物料处于正常的流化和输运状态。

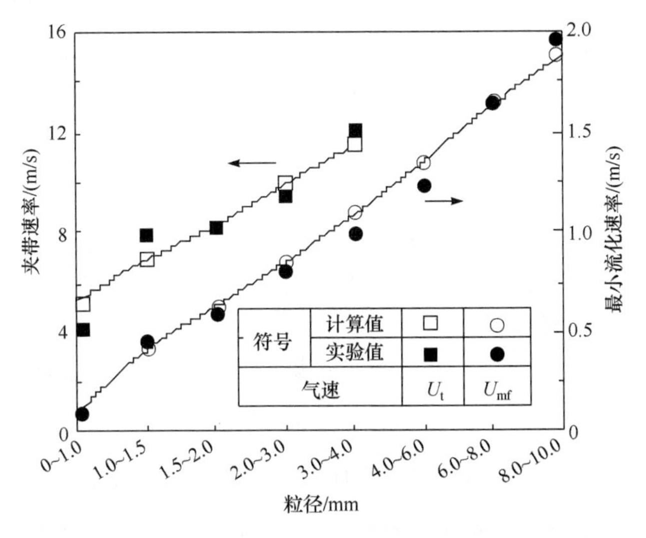

图 2.8　不同粒径煤的最小夹带速率和最小流化速率[1]

2. 连续进出料条件的宽粒度分布煤分级特性

图 2.8 所示不同粒径煤颗粒的最小夹带速率 U_t 和最小流化速率 U_{mf} 是针对单颗粒条件的数值，对于实际装置中的宽粒度分布煤料，这些气速一定随气固两相流动的条件，如床层空隙率和空间均匀性等明显变化。因此十分必要针对实际煤料研究宽粒度分布煤料的分级行为，并且模拟实际的操作模式具有连续的颗粒进料和排料。该研究所采用的实验装置如图 2.9 所示[1]。其中图 2.9(a)装置由上部输送床和下部流化床构成，流化床设三个不同高度的溢流口。图 2.9(b) 装置的不同之处在于底部设计成更小截面(直径 80mm 对应 50mm)，以强化大颗粒在底部床中的流化效果。两个流化床装置均设有两个进气口：二次进风口和一次进风口，可以研究调控一次、二次风比例对分级的影响。这里，二次风供入底部流化床的上部空间，仅对输送床内的流动发生作用，而一次风供入流化床的底部。煤料由流化床的密相流化段以上但输送床的底部加入。小颗粒细煤由输送床顶部排出经旋风分离器收集，大颗粒粗煤由流化床底部排出，二者分别收集、计量，并基于二者的质量和粒度分布评价分级效果。实验装置的详细尺寸可参考图 2.9 所示。

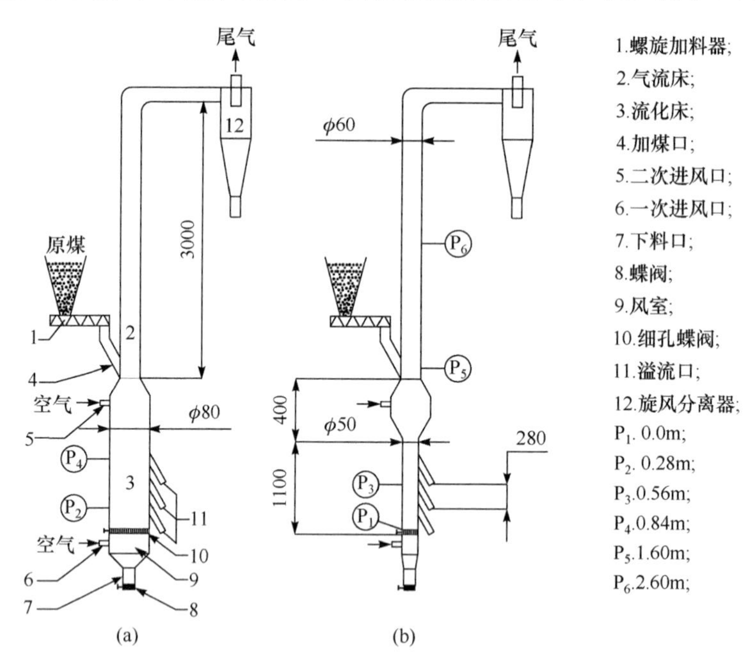

图 2.9 连续操作条件下的分级特性研究装置示意图[11]

在装置(a)上获得的典型结果如图 2.10 所示[1]，其中(a)和(b)分别表示粒度分布特性和著者定义的分级效率。随着气速不断增加，图 2.10(a)表明颗粒夹带

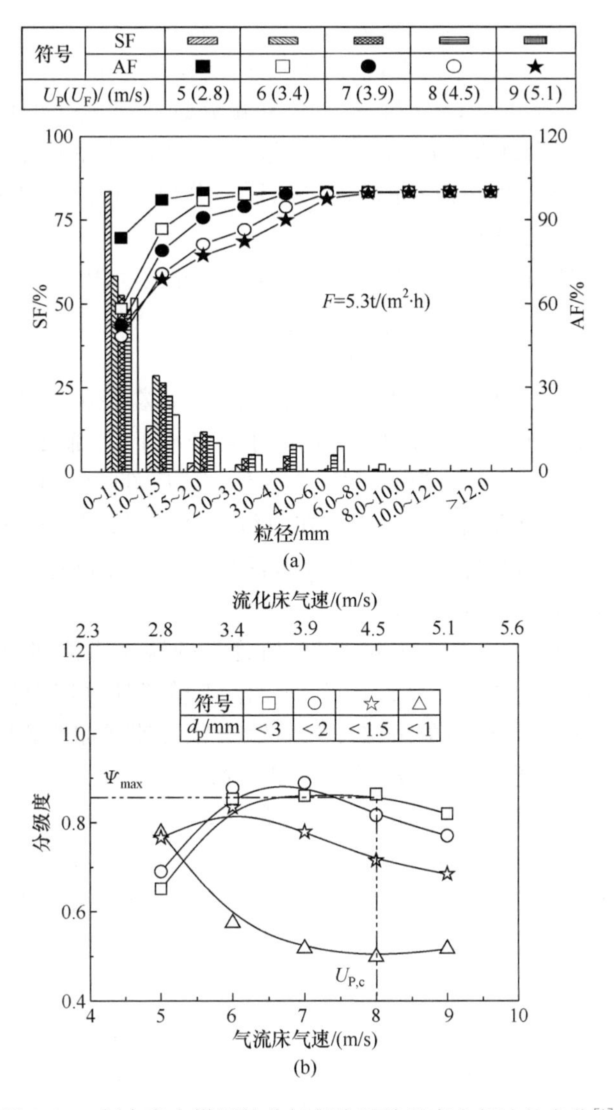

图 2.10　复合床中煤颗粒分级行为随输送床中气速的变化[1]

量(M_{fP})不断增大,输送床顶部产品中小粒径煤的筛分分率(SF)和累积分率(AF)逐渐变小,而进入输送床内的煤量却越来越多、粒径越来越大。当输送床表观气速 U_P 由 5.0m/s 增加到 9.0m/s、底部流化床气速 U_F 由 2.8m/s 增加到 5.1m/s 时,由输送床顶部出口排出的煤料量占比由 45.0%(质量分数) 增加到 85.0%(质量分数)。其中,U_P=5m/s 时 2.0～3.0mm 筛分粒度的煤料占比和 3.0mm 以下粒度煤料的累积量占比分别为 0.1%和 99.8%(质量分数),说明此时顶部出口收集的几乎都是 2.0mm 以下小粒度煤。U_P=8m/s 时,上述两参数分别变为 5.2%和

86.5%(质量分数),使筛分粒度2.0~3.0mm的煤料明显增多。进一步分析 U_P 分别为5m/s和8m/s时的结果发现,被夹带出的3.0mm以下粒度煤料分别占原煤中3.0mm以下总量的77.0%和96.2%(质量分数)。这些证明输送床气速达到8m/s时几乎可以将全部3.0mm以下煤料带出,而在此条件下,粒度大于3.0mm的煤料则占被夹带输送的煤总量的13.5%(质量分数),相当于进料中3.0mm以上煤料总量的20%(质量分数)。

为更好评价实现的煤颗粒分级行为,本章定义分级度(Ψ)表征分级效果:

$$\Psi=\frac{W_{i,Pr}}{W_{i,Fs}}\times\frac{W_{i,Pr}}{W_{Pr}} \tag{2.3}$$

式中,Ψ为分级度;$W_{i,Fs}$ 为原料中粒径小于或大于目标粒径 d_i 的煤颗粒的质量,单位为kg;$W_{i,Pr}$ 为在床顶部或底部收集的产品中粒径小于(顶部)或大于(底部)目标粒径 d_i 的煤颗粒的质量,单位为kg;W_{Pr} 为在顶部或底部收集的产品质量,单位为kg。分级度的物理意义是目标粒径组分在原料中分率与其在产品中分率的乘积,这表明分级效果不但与目标产品量有关,而且与其粒度分布有关,该参数值介于0~1.0,该值越大,表明分级效果越好。

针对图2.10(a)所示分级实验的数据,所计算的输送床顶部细煤产品中小于3.0mm的各粒径煤的分级度如图2.10(b)所示。在输送床气速变化范围内(5.0~9.0m/s),小于1.0mm煤颗粒的分级度随着输送床气速增加逐渐降低(△),而其他各部分粒径煤的分级度(■○★)随气速呈抛物线形变化,在气速达到某一临界气速($U_{P,c}$)时分级度达到最大峰值(Ψ_{max})。例如,小于1.5mm、2.0mm和3.0mm煤颗粒的分级度最大峰值对应的临界气速分别为6.0m/s(★)、7.0m/s(○)和8.0m/s(■)。当气速低于此 $U_{P,c}$ 时,由于较小颗粒的不完全夹带,分级度较低。反之,当气速高于此 $U_{P,c}$ 时,由于较大颗粒煤的夹带量增加较多,也使得分级度较低。因此,临界气速 $U_{P,c}$ 代表实现最佳粒度分级的气速。例如,当选定分级临界粒径是3.0mm时,操作中 $U_{P,c}$ 应为8.0m/s以确保最高分级度。

图2.11表示 U_P=8.0m/s时测得的煤颗粒分级行为随煤加料速率的变化特性[1]。与前图中输送床气速对颗粒分级的影响相比,加料速率的影响显著小些。当加料速率由1.8t/(m^2·h)增加到5.3t/(m^2·h)时,由床顶出口排出的煤料只由87.5%降到84.0%(质量分数),图中几条AF曲线几乎重叠、而Ψ曲线接近水平状也证明了顶部出料的粒度分布变化不大的特点。因此,决定分级效果和颗粒输送的主要因素是输送气速而不是煤的加料速率。

进一步比较图2.10与图2.8可以发现,连续处理宽粒度分布煤料的实验所测得的最高分级度 Ψ_{max} 对应的临界气速 $U_{P,c}$ 比单颗粒理论夹带速率 U_t 低1.0~2.0m/s,这反映了宽粒度颗粒混合物对某一粒径颗粒输送的影响。出现这种现象的原因是:①单测某粒径煤颗粒的最小夹带速率 U_t 时,原料是间歇性一次加入到

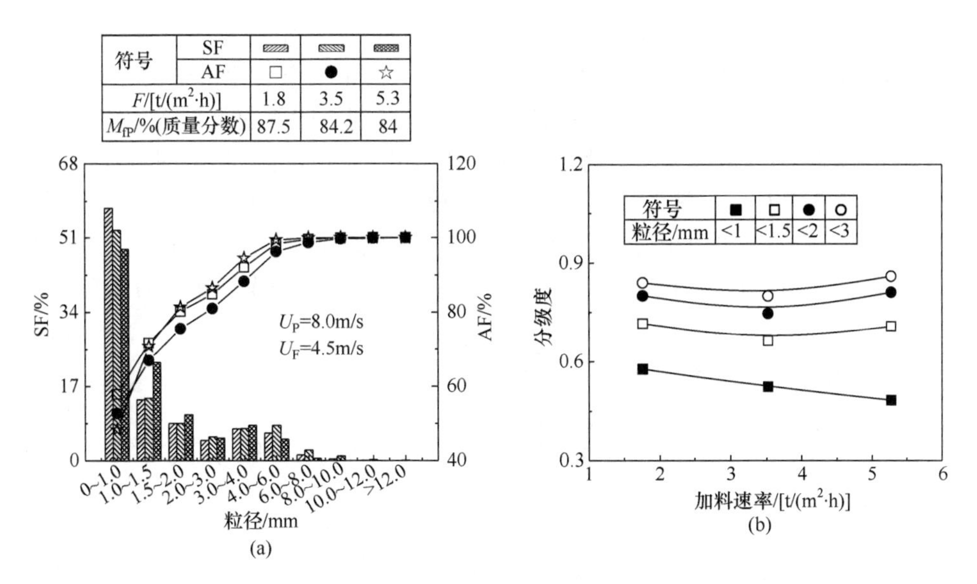

图 2.11　复合床中煤颗粒分级行为随加料速率的变化[11]

输送床的底部的，夹带瞬时完成，单位床层截面内颗粒量比较少，煤颗粒对气体通过的有效截面面积影响较小，颗粒表面的气速几乎等于输送床表观气速。而进行连续分级实验时，原料煤连续不断加入分级反应器中，大量煤进入到输送床中，单位床层内煤颗粒增多，气体通过的有效空间变小，对气体通过的有效截面面积影响增大，颗粒表面气速大于床层的表观气速。②每个煤颗粒都处在周围颗粒形成的“颗粒云”之间，除了气-固作用外，还存在固-固作用。在单测颗粒最小夹带速率时，物料较少，颗粒之间空间距离较大，“颗粒云”密度较小，固-固相互携带作用较小；当进行连续分级实验时，物料密度增加，颗粒之间空间距离变小，“颗粒云”密度较大，固-固相互携带作用较大。综合这两个因素对分级所要求气速的影响，主要体现在对颗粒所处的空间的影响上。根据 Fayed 和 Otten 等的报道，这些影响可由 Richardson-Zaki 公式来预测计算[1,11]：

$$\begin{cases} U_{\mathrm{t,a}} = U_{\mathrm{t}} \times \varepsilon_{i\text{-}j}^{n} \\ \varepsilon_{i\text{-}j} = 1 - \dfrac{-\Delta P_{i\text{-}j}}{\rho_{\mathrm{p}} \times g \times \Delta H_{i\text{-}j}} \end{cases} \tag{2.4}$$

式中，$U_{\mathrm{t,a}}$为连续供料时的实际最小夹带气速，单位为 m/s；U_{t} 为间歇供料时单颗粒最小夹带气速，单位为 m/s；$\varepsilon_{i\text{-}j}$ 为床层中 i，j 两点之间的空隙率，无量纲参数；n 为指数系数；$\Delta P_{i\text{-}j}$ 为床层中 i，j 两点之间压降，单位为 Pa；$\Delta H_{i\text{-}j}$ 为床层中 i，j 两点之间高度差，单位为 m；i，j 为测压点标示；ρ_{p} 为颗粒密度，单位为 kg/m^3；g 为重力加速度，单位为 N/kg。

装置(a)连续运行时床层内压力随输送床中气速的变化特性如图 2.12(a)所

示[1]。可见，试验的复合床的床层压降主要来自底部流化床，即流化床内压降较大，输送床内压降较小。根据输送床内 P_5 和 P_6 之间压力变化得到的压差 $\Delta P_{5\text{-}6}$ 随气速 U_P 的变化[图 2.12(a)，图例为□]，可以得到不同气速下输送床内的空隙率 $\varepsilon_{5\text{-}6}$[图 2.12(b)，图例为○]，将该空隙率代入式(2.4)，可得到不同粒径煤的实际最小夹带气速 $U_{t,a}$。图 2.13 显示计算值(●)与实验测得值 $U_{P,c}$(○)吻合得很好[1]，表明上述公式可以很好预测以上因素对颗粒最小夹带气速的影响。由实验值和计算值可知，当切割粒径为 3.0mm 时，输送床内最佳操作气速约为 8.0m/s。

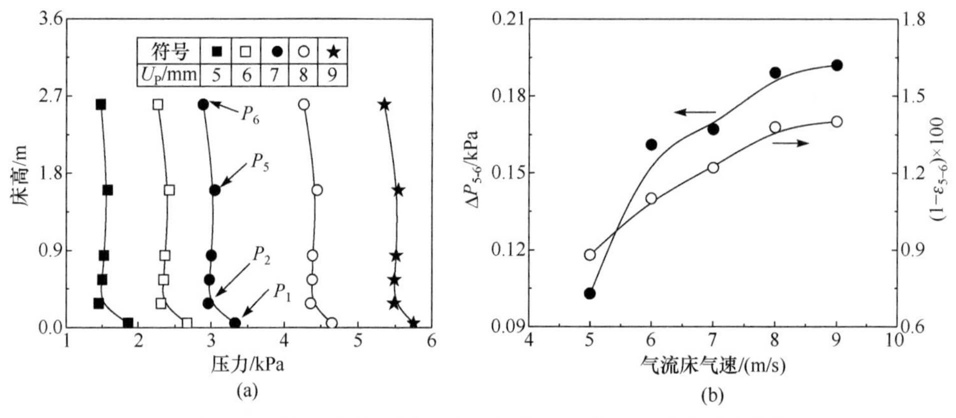

图 2.12　输送床中不同气速下的床层压降和空隙率分布[11]

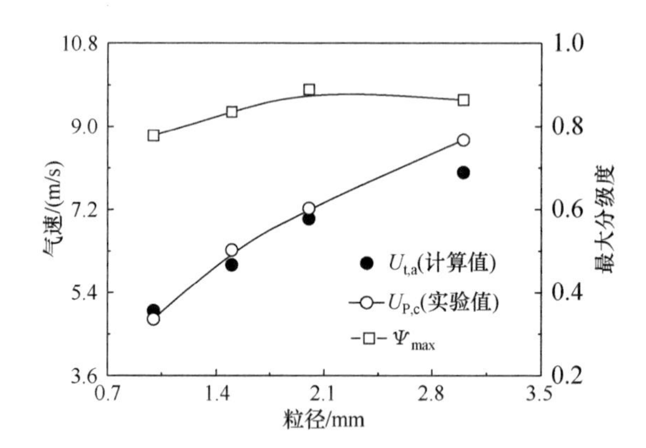

图 2.13　切割粒径为 1.0～3.0mm 时的实测 $U_{P,c}$ 与计算 $U_{t,a}$ 值的比较[11]

3. 复合床结构优化

为了在达到良好分级效果的同时又能过程节能、方便调控，需进一步优化复合床的结构参数。上述研究探明了连续进、出料条件下宽粒度分布煤料的分级特性、复合床运行状态特点以及操作条件作用特性，为进一步优化复合床结构提供了参考依据。图 2.14 给出了 U_P=8.0m/s、F=5.3t/(m^2·h)时从底部流化床不同溢

流口高度 H_0 所收集颗粒的 SF、AF 和 Ψ 值[1]。当 H_0 由 0.28m 变为 0.84m 时，由床顶夹带出的颗粒量只由 84.0%(质量分数)略微增加到 90.6%(质量分数)，表明随着 H_0 的增加有更大颗粒被夹带到床顶部。图中 SF 值的变化表明，H_0 越高则小颗粒(<3.0mm)分率 SF 值越低，而大颗粒(>3.0mm)分率 SF 变高，即底部流化床的溢流口越高则实现的颗粒分级度越差。图 2.14 中，当 H_0 由 0.28m 提高到 0.84m 时，Ψ 由 0.86 降到 0.78。因此，从分级角度分析溢流口位置应尽可能低，虽然这样会稍稍降低气流夹带能力。溢流口位置降低还有利于降低流化床区域的压降，进而减少风机能耗。

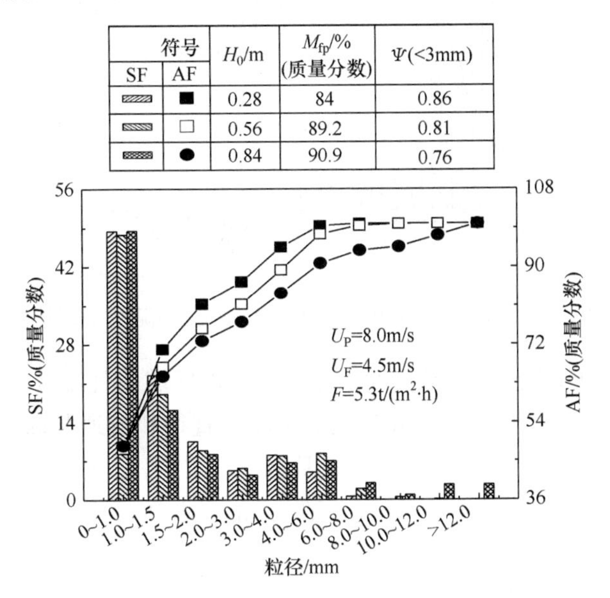

图 2.14　复合床中煤颗粒分级行为随流化物料层高的变化特性[11]

在流化床区域实行热气流的分级供应是调节气-固作用的有效方法。图 2.15 显示了在保持输送床气速 U_P=8.0m/s 不变的情况下，一次进气流量与总气流量之比 R_{QP} 对分级行为的影响[1]。一次进风口位置见图 2.9。正如所预期的那样，当分级供气(或采用二次供气)比例 R_{QP} 由 1.0 变到 0.63 时，颗粒夹带量由 84.0%(质量分数)降低到 77.0%(质量分数)，而粒度分布随 R_{QP} 变化不大，表明在本实验装置及操作条件下，底部流化状态对气流夹带粒度的影响不大。事实上，在流化气速 U_F=2.8~4.5m/s 的范围内，2.0mm 以下煤颗粒均可很好流化(图 2.8)，使得被夹带的颗粒中 80%以上在 0~2.0mm，并且在图 2.15 的实验条件范围内这一特征几乎不随 R_{QP} 而变化。然而，一次进气流量比例由 1.0 降到 0.63 并由此引起夹带颗粒量降低时，可实现的颗粒分级度 Ψ 也由 0.86 降到了 0.75，而 R_{QP}=0.76 与 R_{QP}=1.0 时的分级度变化却不大。因此，实际应用中分出 25%左右的风量到输送床中作为二次进风是比较合理，可行的。

符号		R_{QP}	U_F/(m/s)	M_{fP}/%(质量分数)	Ψ(<3mm)
SF	AF				
▨	□	0.63	2.8	77	0.81
▧	○	0.76	3.4	80.8	0.85
▩	☆	1	4.5	84	0.86

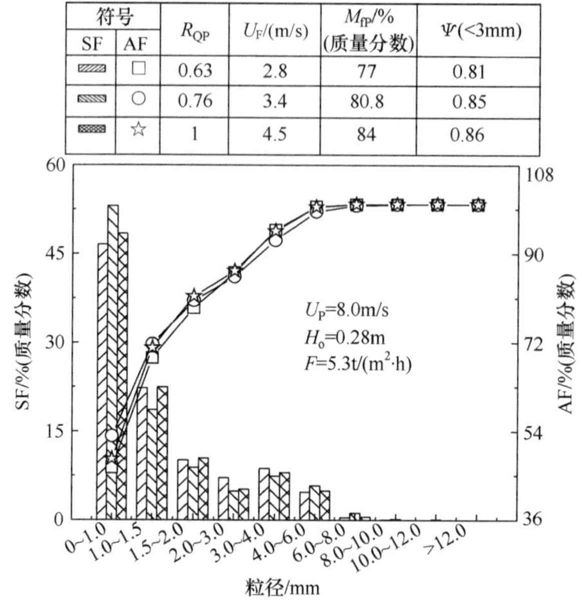

图 2.15　复合床颗粒分级中采用二次进气方式后的分级特性[1]

基于以上分析，为进一步减少通入流化床底部区域的气流量，对复合床结构做了如图 2.9(b)的改进，即底部流化床具有更小的直径和流通截面。改进装置的输送床操作气速维持 U_P=8.0m/s，中间膨胀段气速为 4.5m/s，只有 50%的气量从一次进气口供入以保证 U_F=2.8m/s。图 2.16 列出和对比了复合床改进前后的

符号		I.D./mm	R_{QP}	M_{fP}/%(质量分数)	Ψ(<3mm)
SF	AF				
▨	●	80	0.56	0.81	0.75
▧	○	50	0.83	0.85	0.74

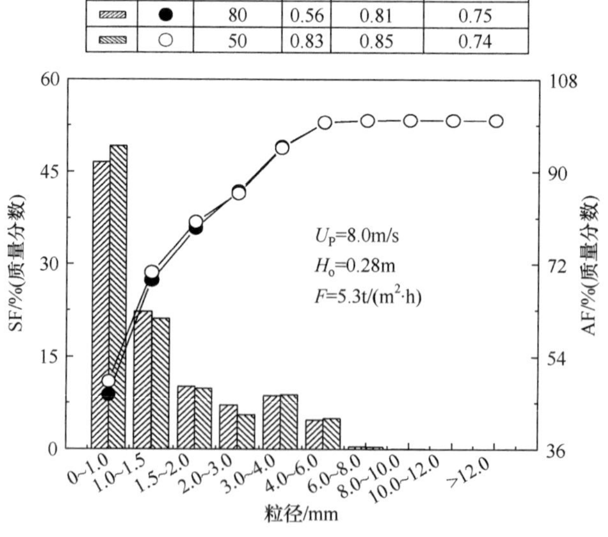

图 2.16　两种结构的复合床中的煤颗粒分级行为对比[11]

实验结果[1]，表明二者的分级行为区别不大。分级度 Ψ 都保持在 0.85 左右，而夹带输送颗粒量占总进料量的 80.0%左右（质量分数）。因此，为保证颗粒分级效果而采用一种集成较小底部截面的流化床、特定尺寸的上部输送床和连接两段的中部膨胀扩大段的复合床结构是合理可行的。这种新的复合床结构将引起更为激烈湍动的底部流化，由此强化对细颗粒的夹带分级，但同时又可降低对底部区域的供气量而减少动力消耗。

2.4.3　煤预热调湿动力学

炼焦生产要求煤调湿工艺段将入炉煤含湿量调节到某一稳定区间内的某个值，调湿过度或不足对炼焦生产都会产生不利影响。而宽粒度分布煤料中，不同粒度煤的含水量及其脱湿动力学均不相同，这就要求调湿装置设计中要综合考虑分级和调湿效果。因此，在研究宽粒度分布焦煤分级特性、创新分级技术的同时，掌握焦煤的脱湿动力学特性对调湿工艺设计同样至关重要。为此，通过构建模拟复合床流动特性的热气流实验装置，研究了不同条件下焦煤预热调湿行为特性，考察了时间、气温、气速、煤颗粒粒径等因素对焦煤预热调湿行为的影响，并利用干燥模型和热传递模型描述了不同工况下预热调湿行为特性。

为便于研究并获得准确结果，以图 2.17 所示实验装置[1]进行焦煤预热调湿行为特性的研究，图中底部为流化区域，上部为气流区（模拟输送床段）。流化床中装填有一定粒径的细砂以提供实验煤粒径所需要的最小流化气速运行环境。一定粒径的煤预先置于不锈钢丝网制作的提篮中，待装置中气速和温度等操作参数达到

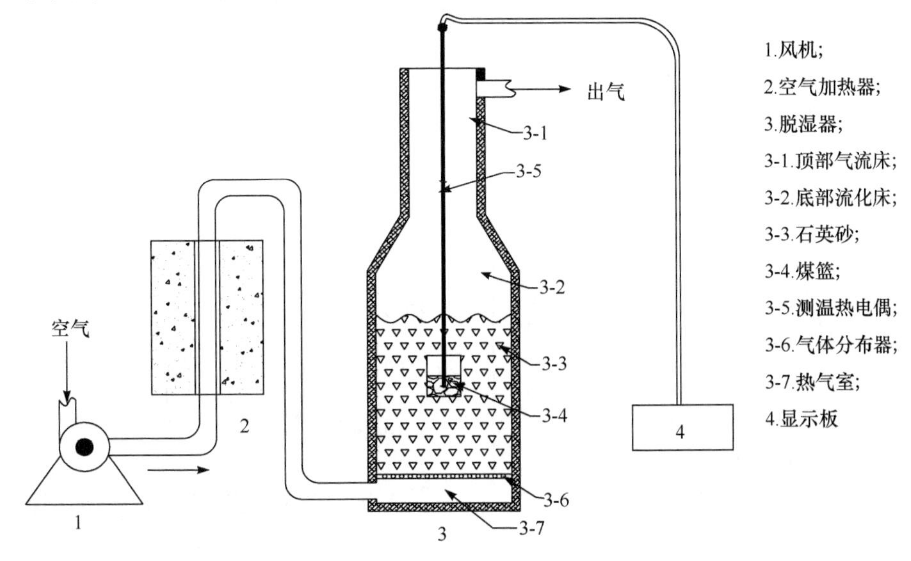

图 2.17　模拟复合床流动特性的煤颗粒调湿动力学实验装置示意图[1]

设计参数要求后，再快速将提篮放入流化床或热气流床区以模拟煤颗粒在复合床的底部流化状态或上部气流输送状态下的脱湿行为。

1. 热气流中焦煤预热调湿行为特性

热气流中的焦煤颗粒预热调湿行为特性如图 2.18 所示[1]。为模拟复合床上部输送床的运行条件，实验选择的热气流温度为 423～473K，气速为 7～8m/s，煤粒径为 0～3mm。由图可见，煤料脱湿速率初始很快，总的趋势是随时间延长而变慢；煤的温度逐渐升高，其变化幅度则是越来越慢。热气流中煤的快速脱湿主要发生在前 5s，而颗粒升温则延长至前 100s。

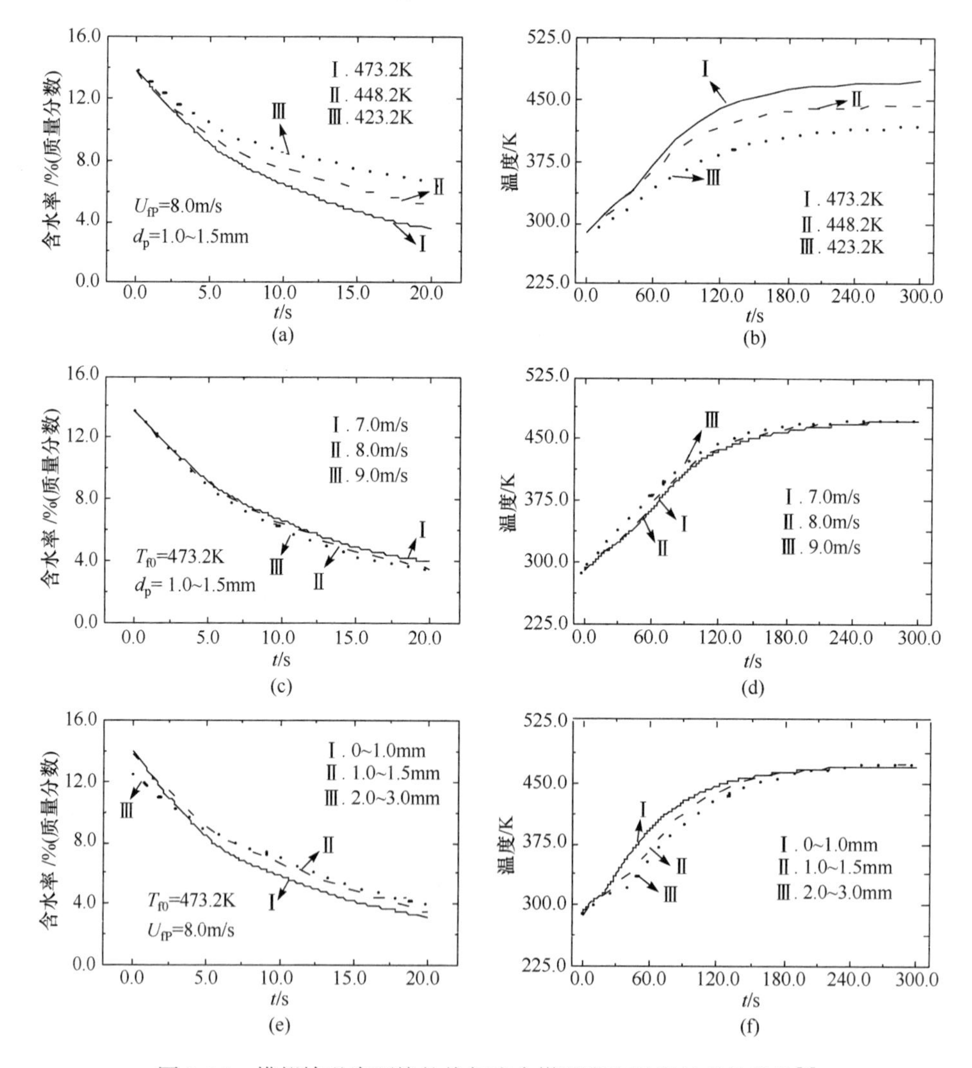

图 2.18 模拟输送床环境的热气流中煤湿度和温度的变化特性[1]

热气流温度和流速对煤颗粒预热脱湿影响显著，提高热气温度和流速相应提高了脱湿速率和煤升温速率。在热气流温度为423～473K、气速为7～8m/s、煤粒径为0～3mm条件下，煤的含水量可在3～5s内由原始的13%（质量分数）降到约7.5%（质量分数），达到炼焦工艺要求，煤的升温只有10～20℃。因此，在相对应的本书所提出的复合床煤调湿技术中，0～3mm细颗粒煤在上部输送床中的停留时间应该是3～5s，这为设计中试装置提供了一个重要参数。

2. 流化床内焦煤预热调湿行为特性

在流化床中，煤湿度和温度随时间的变化特性如图2.19所示[1]。其中流化床

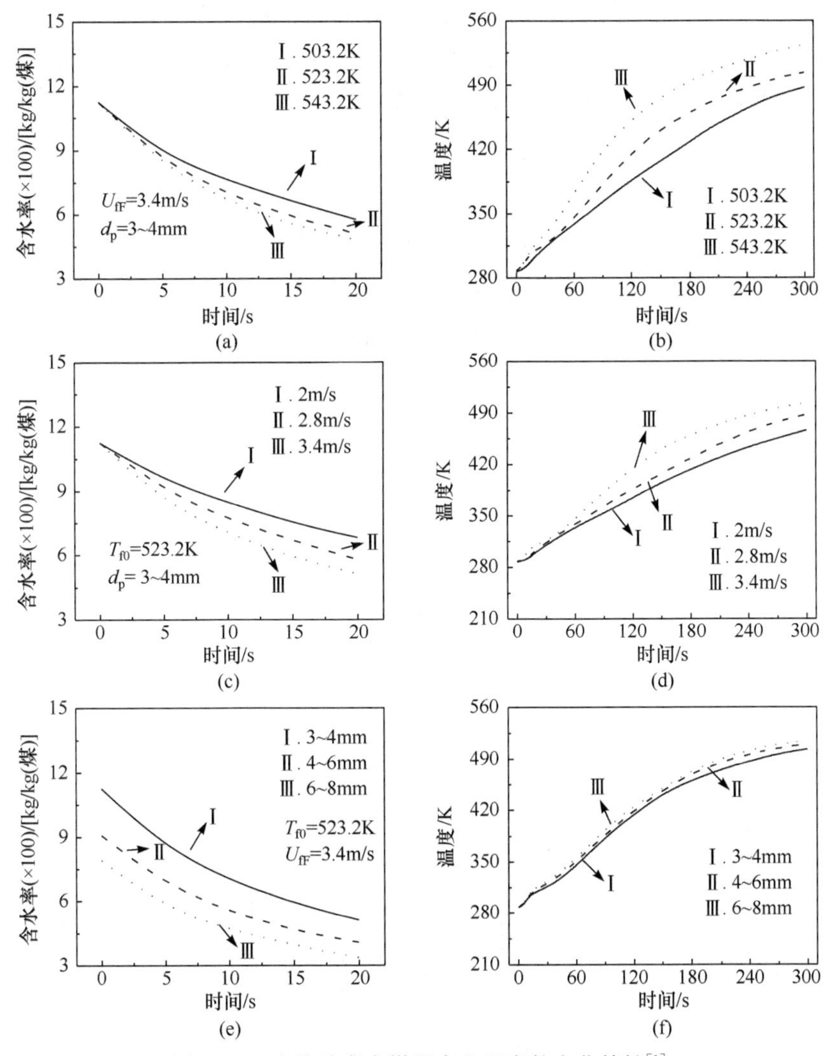

图2.19　流化砂床内煤湿度和温度的变化特性[1]

气速为 2～4m/s，煤粒径为 3～8mm。结果表明，流化床内焦煤预热调湿行为变化趋势与热气流中类似，气温、气速和粒径均对调湿效果与煤升温有影响，煤脱湿速率和升温速率均随着流化床内气温的升高而显著增大。不同之处在于，流化床内煤粒度对其升温的影响要小些。总的来看，流化状态下煤颗粒脱湿也主要发生在前 3～5s，而煤温则在前 200s 呈线性增加。这也为中试复合床装置的流化床的设计提供了参考依据。

值得注意的是，上述测得的数据是来自于煤篮实验，此条件下的气-固颗粒相互作用强度可能低于复合床调湿技术中实际发生的气-固直接作用，所实现的煤颗粒脱湿效果和升温速率可能低于实际过程。对于实际的分级调湿工艺，其中 3mm 以下煤颗粒所需停留时间将小于 5s，实际的煤升温将超过 20℃，而 3mm 以上的粗颗粒煤由于其原始湿度一般不超过 9%～10%（质量分数），并不需要进一步降低含湿量。而且，实际的分级调湿工艺对煤处理后的升温也没有任何硬性要求。

3. 焦煤预热调湿行为的理论模型

颗粒物的脱湿和升温通常分别由亨德森（Henderson）干燥模型和牛顿（Newton）热传递模型描述[12,13]，表达公式分别为

$$\begin{cases} -\dfrac{\mathrm{d}M}{\mathrm{d}t}=K_{\mathrm{M}}\times M \\ \dfrac{\mathrm{d}T_{\mathrm{p}}}{\mathrm{d}t}=\dfrac{K_{\mathrm{T}}\times(T_{\mathrm{f}}-T_{\mathrm{p}})}{C_{\mathrm{pp}}} \end{cases} \tag{2.5}$$

$$\begin{cases} K_{\mathrm{M}}=\alpha_{\mathrm{M}}\times \mathrm{e}^{\left(-\frac{E}{R\times T_{\mathrm{f}}}\right)}\times Ar^{\frac{\gamma_{\mathrm{M}}-\pi_{\mathrm{M}}}{3}}\times Pr^{\vartheta_{\mathrm{M}}}\times Re^{\pi_{\mathrm{M}}} \\ K_{\mathrm{T}}=\alpha_{\mathrm{T}}\times T_{\mathrm{f}}^{\beta_{\mathrm{T}}}\times Ar^{\frac{\gamma_{\mathrm{T}}-\pi_{\mathrm{T}}}{3}}\times Pr^{\vartheta_{\mathrm{T}}}\times Re^{\pi_{\mathrm{T}}} \end{cases} \tag{2.6}$$

为检验上述实验所得数据是否与这两个模型相符，式(2.5)和式(2.6)转换为

$$\begin{cases} \ln\left(\ln\dfrac{M_0}{M}\right)=\ln K_{\mathrm{M}}+\ln t \\ f(T_{\mathrm{p}})=\ln K_{\mathrm{T}}+f(t) \\ f(T_{\mathrm{p}})=\ln\left[\ln\left(\dfrac{T_{\mathrm{f}}-T_{\mathrm{p0}}}{T_{\mathrm{f}}-T_{\mathrm{p}}}\right)\right] \\ f(t)=-\ln\left\{\left[\dfrac{(C_{\mathrm{pm}}-C_{\mathrm{pc}})}{K_{\mathrm{M}}\times C_{\mathrm{pm}}\times C_{\mathrm{pc}}}\right]\times\ln\left[\dfrac{\dfrac{C_{\mathrm{pc}}}{C_{\mathrm{pm}}}+M_0}{\dfrac{C_{\mathrm{pc}}}{C_{\mathrm{pm}}}\times\mathrm{e}^{(K_{\mathrm{M}}t)}+M_0}\right]-\dfrac{t}{C_{\mathrm{pm}}}\right\} \end{cases} \tag{2.7}$$

上述各式所涉及的变量参数的物理意义参见本章符号表。式(2.7)中 ln[ln(M_0/

$M)]$和 $f(T_p)$分别代表脱湿函数和颗粒温升函数。

图 2.20 表示分别关联 $\ln[\ln(M_0/M)]$与 $\ln t$ 和 $f(T_p)$与 $f(t)$所得到的曲线[1]。其中,(a)和(b)是上述热气流中实验所获得的典型数据的关联曲线,而(c)和(d)是热砂流化床中实验所得典型数据的关联曲线。图中所示数据来自 4 组实验条件,包括不同的温度(Ⅰ与Ⅱ),气速(Ⅱ与Ⅲ)和煤样粒度(Ⅲ与Ⅳ)。图 2.20 表明,所有实验数据均具有良好的线性关联关系,揭示亨德森(Henderson) 干燥模型和牛顿(Newton)热传递模型可以分别很好地描述本研究所用实验装置内的煤颗粒脱湿和升温行为特性。另外,这也说明所使用的实验装置及方法能够获得合理的动力学数据,而且图 2.20 所示关联曲线也为获得煤颗粒脱湿和升温动力学数据提供了一种可能的方法。

符号		图(a)和(b)			图(c)和(d)		
实验	拟合	T_{fp}/K	U_{fP}/(m/s)	d_p/mm	T_{fF}/K	U_{fF}/(m/s)	d_p/mm
□	Ⅰ	448.2	8	1~1.5	503.2	3.4	3~4
○	Ⅱ	473.2	8	1~1.5	523.2	3.4	3~4
☆	Ⅲ	473.2	7	1~1.5	523.2	2.8	3~4
△	Ⅳ	473.2	8	2~3	523.2	3.4	4~6

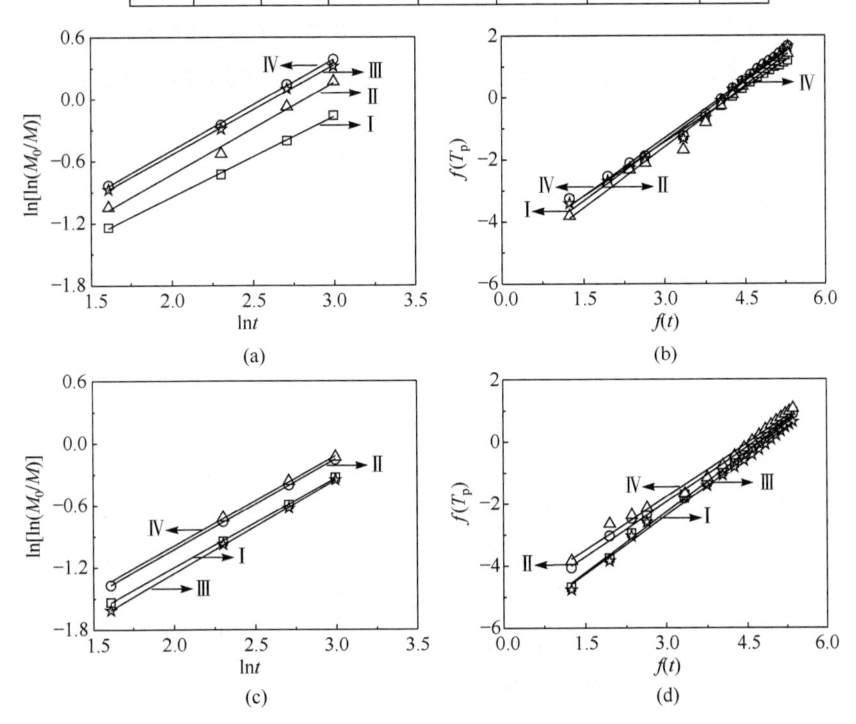

图 2.20　热气流及流化热颗粒中所得实验数据 $\ln[\ln(M_0/M)]$与 $\ln t$ 和 $f(T_p)$与 $f(t)$的关联[1]

2.5 复合床分级预热调湿技术中试与放大

前述工作针对宽粒度分布湿煤料的分级和脱湿特性分别开展了基础研究，为设计中试装置所需确定的结构和操作参数提供了依据。即对于切割粒度小于3mm的煤颗粒，其上部输送床的分级输送气速应为8m/s左右、底部流化气速应高于2m/s，煤颗粒停留时间为3～5s，同时还应考虑二次进风及输送床与流化床的高度及截面积间的比例关系。据此，开展了复合床分级预热调湿技术中试装置的设计、安装和调试运行，以探明复合床分级预热调湿技术的运行特性并校正其中可能的偏差，为进一步的工业应用放大和设计奠定可靠的基础和依据。

2.5.1 5t/h复合床分级预热调湿中试技术

根据基础实验研究结果，设计建立了煤处理量5t/h复合床分级预热调湿中试装置，工艺流程及现场照片如图2.21所示[1]。该中试装置主要由以下部分构成：①热风输送系统，可为装置提供约200℃(473K)的热烟气流；②原煤加料系统；③复合床分级预热调湿主体装置；④气固分离设备，包括沉降室和旋风分离器；⑤布袋除尘设备；⑥监测控制系统。其中，复合床分级预热调湿主装置由下部的流化床和上部的输送床构成，流化床直径1000mm、高27000mm，输送床直径610mm、高20m。加料口位于输送床底部1.5m高处。为强化煤料分散效果，输送床内部设置若干Z形折流栅板。沿输送床高度方向设有5个取样口(T_4到T_8)，流化床上部设有溢流口(T_2)，最下部是粗颗粒煤出料口。

中试热气来自于焦炉废热烟气，湿煤通过螺旋加料机送入，排料口处由星形阀排料，螺旋加料机和星形阀均通过变频器控制进、出料量。投料前，首先通过鼓风机将高温焦炉热烟气从调湿装置底部鼓入，将反应器预热到一定温度。然后，由螺旋给料系统从输送床加料口位置连续给煤，在热烟气的作用下，在装置内同时完成焦煤的分级和预热调湿。小粒径细煤被热气流从上部带出输送床，经沉降室和旋风分离器进行分离捕集，气体再经过除尘后排放于大气中。大粒径煤进入到底部流化床内，分别由最底部下料口或侧面溢流口排出并被收集。针对中试装置处理后得到的细煤和粗煤样品分别分析其含湿量和粒度分布，在连续实验中每5min取一次样。运行过程中压力和温度由监控系统记录，中试用焦煤的粒度分布及湿度见表2.1，热烟气主要物性参数见表2.2。

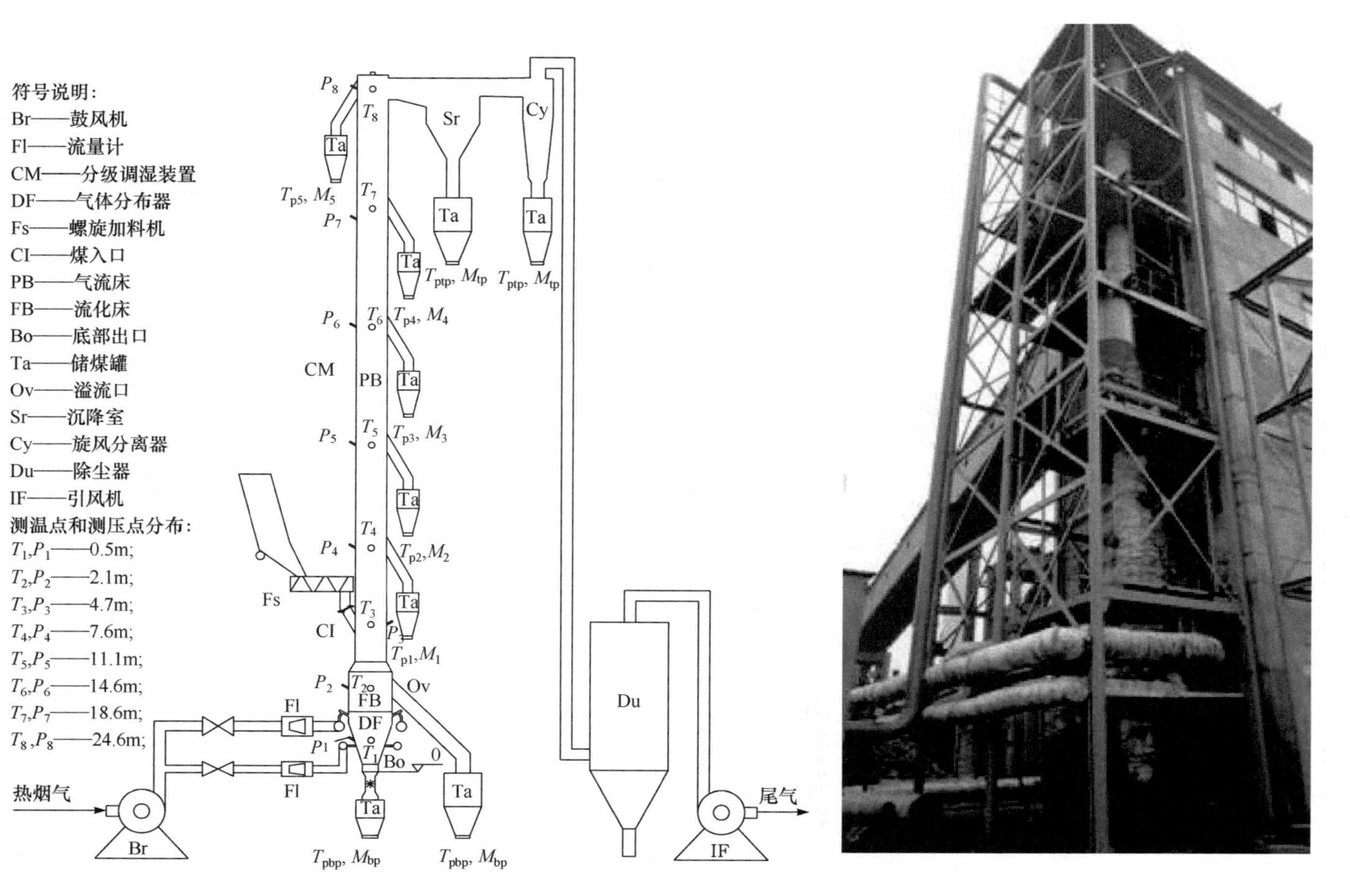

图 2.21 焦煤分级预热调湿复合床技术中试工艺流程示意图及装置照片

表 2.1 中试装置调湿前焦煤粒度分布及湿度

项目	数值									
含水/%(质量分数)	11.4									
粒度/mm	>12	10~12	8~10	6~8	4~6	3~4	2~3	1.5~2	1~1.5	0~1
分布/%(质量分数)	5.2	4.5	3.8	6.6	10.4	3.0	14.6	2.9	4.9	43.9

表 2.2 中试试验用焦炉废热烟气主要物性参数

X/%(体积分数)				T_{f0}/K	M_0	ρ_{f0} /(kg/m³)	C_{pf0} /[kJ/(kg·K)]	μ_f /(10^{-6}Pa·s)
N_2	CO_2	H_2O	O_2					
69.4	7.0	20.2	3.2	453	28.2	0.6	1.1	2.2

注:X为烟气组成;T_{f0}为烟气初温;M_0 为相对分子质量;ρ_{f0}为在 543.2K 时烟气密度;C_{pf0}为 543.2K 时烟气比热容;μ_f 为 543.2K 时黏度。

2.5.2 典型运行结果

1. 运行过程中气流温度和压力变化

图 2.22 是中试装置运行过程中的监控界面图,图 2.23 和图 2.24 是中试装置的一组典型运行结果(两图条件相同)。图 2.23(a)表示不同高度位置的烟气温度和床层压降随运行时间的变化。当运行条件为:进气口热烟气温度 T_{f0} 约为 470K,煤的投加量为 7.2t/(m² · h),底部流化床气速和顶部气流床气速分别为 2.4m/s 和 6.4m/s 时,复合床内各高度处的气流温度最开始均随运行时间的延长而增加,但在 45min 后趋于稳定,且复合床顶部(上料出口)的气流温度(T_8)稳定在 360K 左右,底部温度(T_1)稳定在 470K 左右。在床层高度 4.7m 以上(T_3)区域的气流温度几乎没有变化,说明脱湿的热交换主要发生在 5m 以下的底部流化床区域内。对比这些温度和压力可见,图 2.22 所示监控界面正好验证了图 2.23 所示结果。

上述气流温度变化反映了不同高度位置的传热状况,而图 2.23(b)所示装置内压力变化则反映了投料期间装置的运行状况或内部物料的流动状态。在前 45min,运行过程中同一床层位置的绝对压力随时间是下降的,然后逐渐趋于稳定。这是因为初期气流温度较低而供气量较大,随着气温和气速的渐趋稳定,装置内部压力趋向稳定,达到稳定运行状态。图 2.23(b)还显示,设于底部流化床内的 P_2 测压点的压力明显高于其上部的各点的压力,说明在约 2m 以上部分的床层内的气固流动属于稀相流动区,而低于此位置则属于底部密相流化区。这种稀密共存的流动也是复合床中试装置稳定运行的保证。

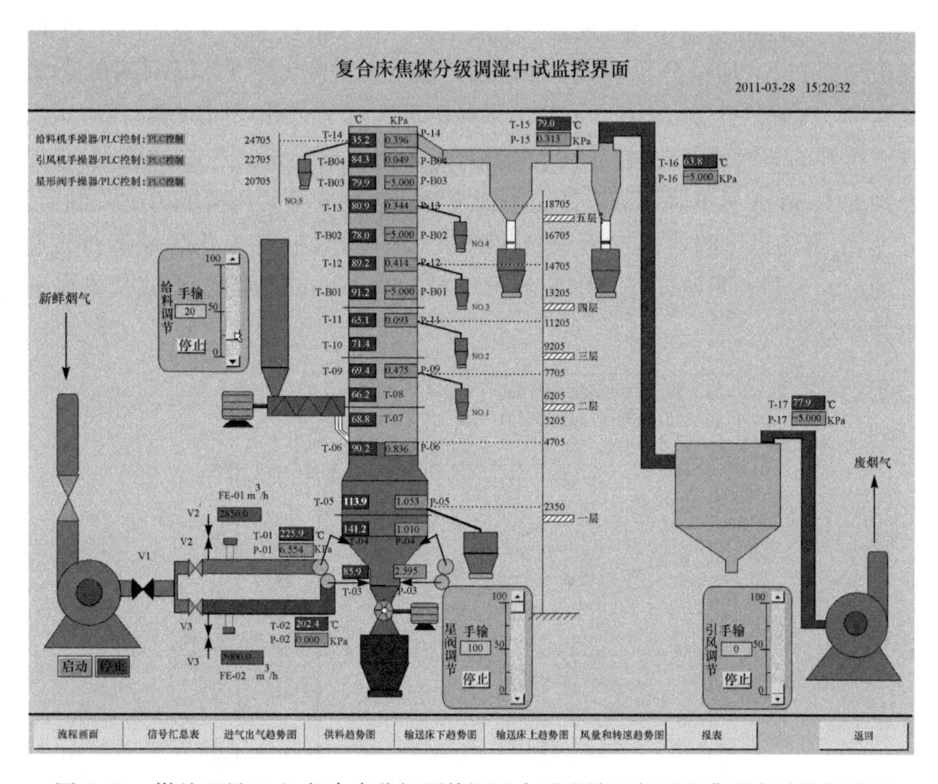

图 2.22　煤处理量 5t/h 复合床分级预热调湿中试连续运行过程典型实时监控界面

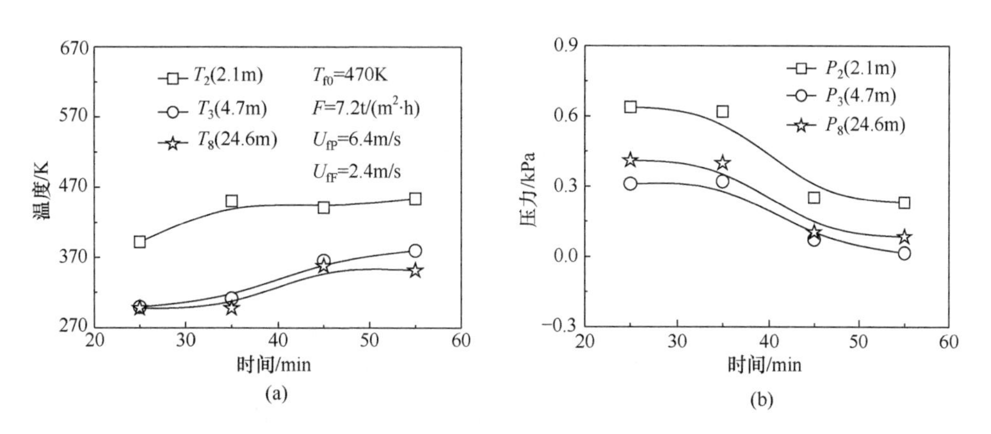

图 2.23　分级预热调湿中试连续运行的典型气体流动特性[1]

2. 中试装置的分级调湿效果

图 2.24 为对应图 2.23 的煤料产品特性随连续运行时间的变化。图 2.24 表示从复合床顶部和底部出口所收集的调湿煤料中粒度分别在 1.5mm 以下细煤和

1.5mm 以上粗煤的累积质量分数。顶部所得产品煤中粒度小于 1.5mm(图例□)的煤占比在 95%(质量分数)以上,而底部产品煤中粒度大于 1.5mm(图例○)的煤占比在 75%(质量分数)以上。这些结果显示了针对 1.5mm 的切割粒径中试试验实现了很好的分级效果,并在 1h 的连续运行期间效果稳定。在本试验中,临界切割粒径为 1.5mm 而不是 3mm,是受中试装置针对该试验的风机能力的限制所致。实际上,上部输送床的运行气速只能达到 6.4m/s 以及底部流化区域运行气速只有 2.4m/s,正好表明该气速下的临界分级粒径(1.5mm)与前述小试基础研究的结论相一致。

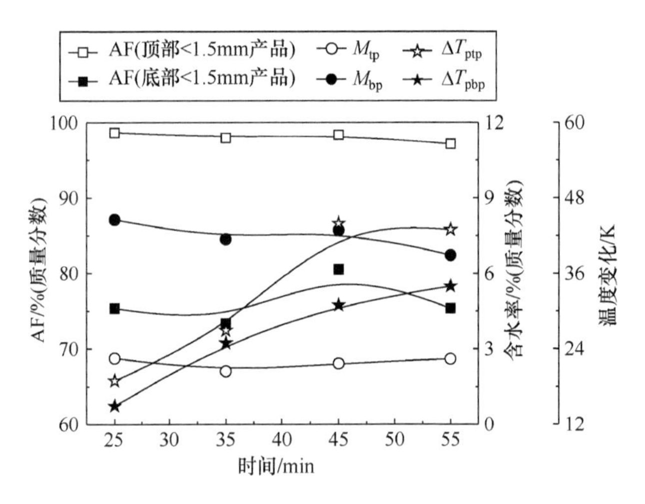

图 2.24　中试装置连续运行试验的典型产品煤特征(对应图 2.23 试验)

图 2.24 显示,在启动运行装置约 20min 后,分别由复合床顶部和底部出口得到的产品煤的含湿量都可以达到稳定状态。但是,只有底部出口的产品煤含湿量[7.2%(质量分数)]达到了焦化的最佳要求,顶部产品煤的含湿量过低,达到 2.5%,远低于设计值 7%,说明针对这部分煤的脱湿过度了。该试验工况下输送床中发生细煤过度脱湿的原因是:现场条件限制使得输送床气速小于设计值,致使设计分离粒径中的 1.5~3mm 煤料无法进入气流床,输送床内的煤量低于设计值,煤料流量与热量流不匹配,热量过多而发生煤颗粒过度脱湿。

经中试装置处理后的煤料升温情况如图 2.24 所示。相对于气流温度变化,煤颗粒温度在 45min 后即达到最高值并随之趋于稳定。复合床的顶部出口和底部出口所收集煤料的升温幅度分别约为 40℃和 30℃,均高于实验室提篮实验的结果,说明中试条件下发生的气-固传热效率更高些,应该缩短煤料停留时间。正如基础实验分析中所述,提篮中的煤颗粒与热气流及流化砂颗粒的热交换必然小于实际输送床及流化床中的气固热传递,因此中试结果获得了更高的颗粒升温,这也是造成输送床细颗粒煤过度调湿的原因之一。

综合图 2.23 和图 2.24 结果，可以证明：根据新的复合床调湿技术构建的中试装置的脱湿操作在运行 45min 后即可达到稳定。图 2.25 进一步表示了对应图 2.23和图 2.24 的沿复合床高度方向各参数的变化。图 2.25(c)展示了明显的顶部产品对细煤组分的富集效果，其几乎不含 3.0mm 以上的煤颗粒，95%(质量分数)以上为小于 1.5mm 的颗粒；表明了底部收集的煤产品对 3.0mm 以上煤颗粒的富集，但仍然含有不足 10%(质量分数)的 3mm 以下小颗粒。这些粒度分布数据证明了在所采用的条件下颗粒分级针对 1.5mm 的煤颗粒，并非 3.0mm。

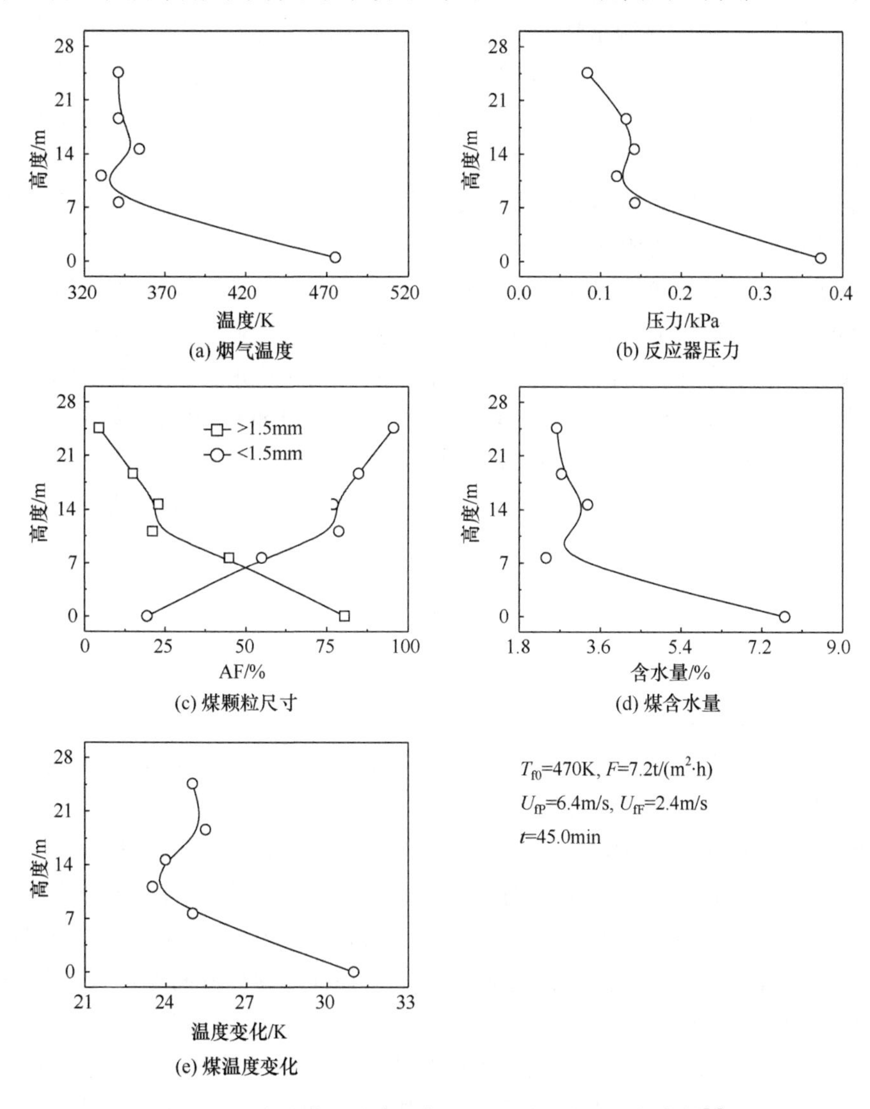

图 2.25　中试典型稳定运行 45min 时的主要运行参数[1]

对应上述中试试验，图 2.25 表示了主要性能参数在运行时间 45min 时(供料后时间)的轴向分曲线，从(a)至(e)分别为气流(烟气)温度、床内压力、煤料中小于和大于 1.5mm 的分率、煤料颗粒平均含水率和煤颗粒的升温。实际所需的上部输送床高度应该远低于 20m。由图 2.25(a)和图 2.25(b)可知，气流温度和床层压降在床高 10m 以下区域变化明显，在此之上趋于稳定。同时，图 2.25(c)表明沿床高煤料中的细颗粒(<1.5mm，图例○)随床高的增加其所占比例越来越大，在 10m 床高处占比到达 80%(质量分数)，而 24m 的床顶处所占比例已超过 95%(质量分数)。相对地，不同床高处煤料中的粗颗粒煤所占比例的变化趋势正好相反。图 2.25(d)表明：煤的含湿量在 7m 床高处达到稳定之后随床高的进一步增加变化不明显，在图示中达到 3%(质量分数)左右。图 2.25(e)揭示了底部流化床的煤颗粒的升温速率高，最大为 31.6K，在 10m 床高以上煤颗粒温度的升高幅度已基本稳定在 25K 左右。所有这些轴向参数的变化特性揭示了：约 10m 的输送床高应该足够满足通常含水量的焦煤脱湿和分级要求，为设计实际的复合床分级预热调湿装置的结构提供了重要依据。

由于上述中试试验的输送床气速过低，达不到输送 1.5～3mm 的煤颗粒所要求的 8m/s 的气速，而且气流输送床也过高，造成了分级粒径为 1.5mm 且顶部细颗粒煤发生过度脱湿。为此，对图 2.21 所示的中试装置进行了结构改造，包括更换了大流量风机以确保中试装置的输送床气速可达到 8m/s 以上，降低了复合床的输送床段高度，优化增强了内部 Z 字形折流板布置方式等，以强化供入复合床的煤料的分散、提高分级和热传递效果，并使顶部细煤产品收集点选在输送床高约 8m 处，防止过度调湿。

装置改进后在顶部输送床的气速为 8m/s、底部流化床气速为 4m/s、进气温度为 205℃，原煤投加量为 9t/(m^2 · h)和 15t/(m^2 · h)等条件下开展了系列分级与调湿的试验。针对相同的原料煤所实现的煤颗粒分级效果如图 2.26 所示。显然，利用改造后中试装置的在输送床气速为 8m/s 条件下，分级后获得的床顶细颗粒产品中 95%(质量分数)以上煤颗粒粒径小于 3mm，粒径大于 3mm 的煤占比不超过 5%。同时，底部收集的粗煤产品主要由粒径大于 3mm 的组分构成，其中只夹杂 8% 左右的粒径小于 3mm 的细煤。针对改造后的中试装置，9t/(m^2 · h)到 15t/(m^2 · h)的范围为变化煤的处理量，发现对分级造成的影响不大，说明经优化的复合床分级预热调湿中试装置很好地实现了以 3.0mm 为临界粒径的煤颗粒分级。而且，装置对煤处理量的变化具有较强的适应性，展示了该技术单位截面煤处理量大、负荷调控范围较宽等特点。

对应图 2.26 所示中试试验所获得的焦煤调湿效果总结于表 2.3 中。在原煤投加量为 9t/(m^2 · h)条件下出现了顶部细颗粒过度脱湿现象，顶部收集的细煤产

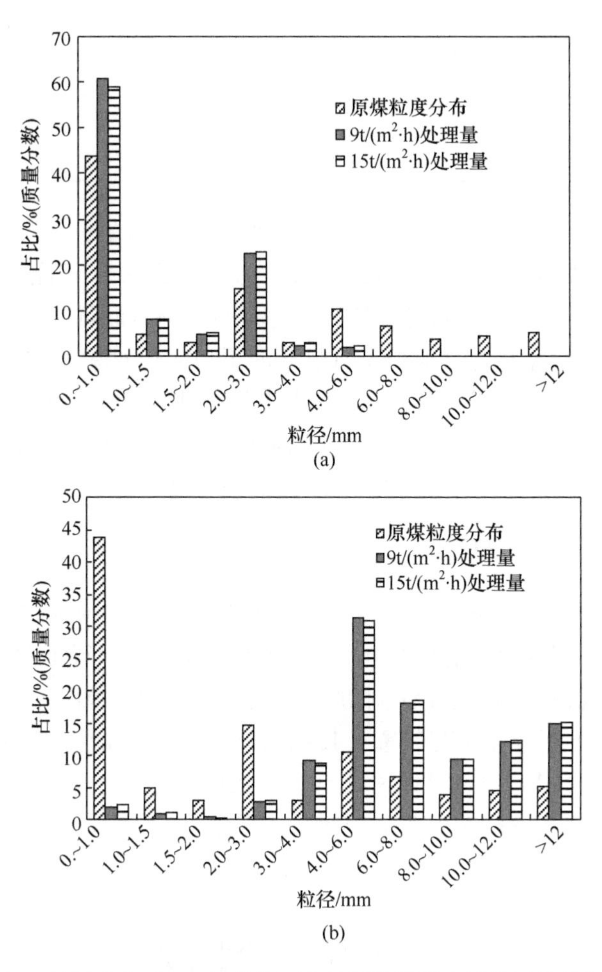

图 2.26　输送床气速 8m/s 条件下分级预热调湿中试装置的分级效果

品含水过度降低到 2.8%(质量分数)、粗煤产品含水 3.3%(质量分数)。但是,在煤供料量为 15t/(m² · h)时,煤料过度调湿现象获得明显改进,顶部细煤产品含水为 5.9%(质量分数)、底部粗煤产品含水为 6.4%(质量分数),都较好地接近了对焦煤的调湿要求。这些结果说明,在原煤投加量为 9t/(m² · h)条件下,相对于湿煤脱水所需热量,热气携带热量过高,而气-固物料间传质传热速率又远快于常规密相流化床,因此造成煤料的严重过度脱湿。当原煤投加量增加到 15t/(m² · h),相对于湿煤脱水所需的热量,热气流温度及其携带热量较好地匹配了需求,而提高床内气速、减小输送床高度后煤颗粒在反应器内的停留时间也控制在较为合理的范围内,从而使煤获得了恰当的调湿。

表 2.3　原煤处理量为 9t/(m^2 · h)和 15t/(m^2 · h)条件下的调湿效果

处理量/[t/(m^2 · h)]	粗颗粒产品含水/%	细颗粒产品含水/%
9	3.3	2.8
15	6.4	5.9

图 2.26 及表 2.3 所示中试运行结果表明，改造后的复合床分级预热调湿中试装置由于采用了接近设计值的较高操作气速，且具有合理优化的气-固作用时间，不仅使床内部气-固物料间传质传热快、生产效率高，而且有效降低了设备体积(高度)，比常规流化床型煤调湿设备有显著的更高的热效率和负荷能力，是新一代高效、节能型分级调湿技术。实际上，中试结果表明本章所述新型复合床煤分级预热调湿技术的单位界面处理能力是常规流化床焦煤预热调湿技术的 3 倍左右，而且通过分级调湿很好地控制了调湿后煤的湿度和粒度。

3. 工业化优化放大研究

在上述中试基础上，进一步开展了复合床煤分级预热调湿技术的优化放大研究，与青岛利物浦环保科技有限公司合作，在青岛建立并运行了 50t/h 的半工业示范装置，在更大规模上验证了该技术的可行性和先进性。图 2.27 和图 2.28 分别为处理量 50t/h 半工业化示范装置及其在线监控系统，而表 2.4 和表 2.5 通过实测的数据分别汇总了利用该煤处理量 50t/h 半工业示范装置在典型运行条件下开展分级调湿试验所实现的调湿与分级效果。根据上述 5t/h 的试验结果进行优化，该装置总高度在 10m 以内，而且针对大型化在供料、排料、细粉收集等部件进行了创新设计。从表示运行结果可见，试验的煤处理量最大达到了 52t/h，原料煤水分

图 2.27　进一步放大建立的煤处理量 50t/h 的半工业化示范装置照片

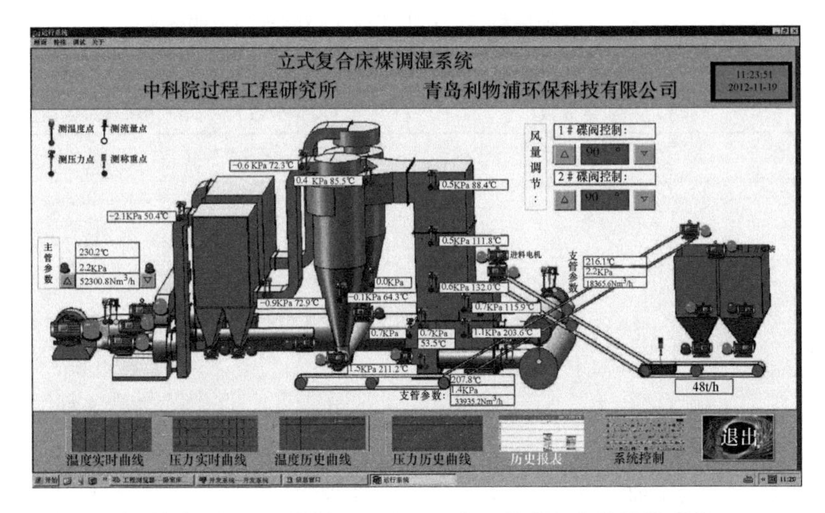

图 2.28　煤处理量 50t/h 半工业化示范装置在线监控系统

在 11%～14.2%(质量分数)变化。调试后顶部和顶部收集的煤的水分均能达到 7%(质量分数)左右,满足焦化对煤水分的要求。同时,表 2.5 进一步表明,底部收集的粗颗粒产品中大于 3mm 的煤达到 85%(质量分数)以上,而顶部收集细颗粒煤产品中小于 3mm 的煤占比约 88%(质量分数),而且顶部煤的最大粒径小于 6mm。因此,顶部煤可以直接用为焦炉原料煤,而底部粗颗粒煤应经过进一步粉碎,达到了原始设计的分级预热调湿所期待的效果和目标。而且,表 2.4 表明,底部和顶部煤的温度通常分别在 30℃和 40℃,温升比前述中试结果低。

表 2.4　煤处理量 50t/h 半工业示范装置的调湿效果汇总

实验编号	热风量/(Nm³/h)	热风温度/℃	处理量/(t/h)	出风口温度/℃	进料原煤特性		底部粗颗粒产品		顶部细颗粒产品	
					水分/%	温度/℃	水分/%	温度/℃	水分/%	温度/℃
1	48 426	194	52	50	10.72	18	7.2	32	6.6	41
2	50 169	204	51	55	11.7	17	7.8	33	6.5	43
3	51 648	195	49	49	12.45	15	8.06	31	6	42
4	47 059	198	51	49	13	11	9.0	29	7.2	38
5	51 148	205	43	46	14.2	9	9.4	32	8.2	42

表 2.5 原煤处理量 50t/h 半工业示范装置的分级效果

粒度/mm	处理前后煤粒度分布对比		
	原煤/%(质量分数)	粗颗粒煤/%(质量分数)	细颗粒煤/%(质量分数)
>13	7.5	27.38	0
6～13	8.48	29.47	0.34
3～6	19	28.92	11.86
1～3	34.74	8.91	40
0.5～1	14.94	0.59	24.24
0.2～0.5	10.33	1.82	16.78
<0.2	5.01	2.91	6.78
>3 占比	34.98	85.77	12.2
<3 占比	65.02	14.23	87.8

综合上述技术中试和半工业化试验的结果，可归纳利用复合流化床开发的焦煤分级预热调湿技术不仅技术可行，而且具有以下技术特点或优点：

(1) 根据煤颗粒含水量与颗粒粒度的关系，利用快速输送床仅对小颗粒煤调湿，大颗粒主要通过分级而与 3mm 以下的颗粒分离，使得脱湿负荷和碎煤负荷都显著降低。

(2) 快速输送床中气固传质传热更快，颗粒输送能力大，因此具有更高的装置处理能力和生产效率，使得单位截面的处理能力达到 12～18t/m^2，是传统的普通流化床调湿装备的 3 倍左右，显著降低设备成本和减少占地。

(3) 烟气热量的有效利用率更高，单位吨煤要求的热烟气量为 900～1100Nm^3/t (温度 470K)，煤的升温幅度小，仅为 10～30K，特别是粗颗粒，使得更多热烟气热量用于煤颗粒脱水。

(4) 通过复合流化床结构，显著降低系统的阻力，半工业示范装置的运行结果表明，分级调湿的主体装置在正常运行时的压降低于 1.5kPa，从而降低系统动力消耗。

(5) 复合流化床分级调湿技术对原煤湿度和粒度适应性强，调控灵活，如原煤含水 15%(质量分数)以下均在半工业化装置实现了正常运行，而且耦合分级使得系统适合宽粒度分布煤。

(6) 通过耦合颗粒分级和预热调湿功能，降低了焦煤粉碎的负荷，减少粉碎电耗，并通过在 3mm 上下分级，较传统流化床调湿降低 100μm 以下细粉发生量。

(7) 相对于传统流化床调湿，设备简单，易于操作调控和维护，模块化技术放大风险小。

2.6 本章小结

中国焦炭产能占世界总量的 60%以上，但焦化是典型的高能耗、高物耗和高排放行业，在节能减排已确定为我国的一项长期基本国策的情况下，环境和焦煤资源问题已日益成为国内焦化行业实现可持续发展的瓶颈。焦煤分级预热调湿作为具有显著节能减排效果、兼具拓宽焦化用煤来源和提高焦炭质量效果的焦煤预处理技术，对推动解决我国焦化行业所面临的严峻挑战具有重要意义。目前该技术在我国推广缓慢，一个重要因素就是国内自主研发的焦煤预热调湿技术不够先进、成熟，而从国外引进技术不仅成本高，而且难以适合我国焦化的化产系统。中国科学院过程工程研究所从基础研究着手，发现宽粒度分布煤料的水分主要存在于细小颗粒的特性，创新了复合床煤分级预热调湿技术，同时实现分级和对调湿过程的强化。通过中试，验证了该技术的先进性和可行性，并具有结构紧凑、易操作维护、装置效率高、节能空间大等特点，可有效解决国内现有技术存在的问题。相关成果主要包括：

(1) 研究焦煤物性发现：宽粒度分布煤料的含水率随粒径的减小而逐渐增大，表明调湿应主要针对粒径小于 3.0mm 的细煤组分，而粒径大于 3.0 的粗煤的预处理主要任务是分级，这为结合分级与调湿、通过同时减少焦煤粉碎能耗和焦化能耗而更大限度节能提供了技术基础。

(2) 分别研究煤颗粒分级和脱湿行为确定了粗、细煤颗粒分别在底部流化床与上部输送床的气速与停留时间，明确了操作气速与分级切割粒径间的量化关系。即实现 3mm 临界粒径分级，输送床气速应为 8～9m/s。影响焦煤颗粒脱湿行为的关键因素是烟气温度和煤料与烟气的作用时间。对应 200℃的烟气，3～5s 的作用时间即可使原煤湿度由 13%降到 7%～8%(质量分数)。这些为设计和优化焦煤分级预热调湿技术工艺和装置提供了基础数据。

(3) 设计和建设了针对宽粒度分布煤料的 5t/h 复合床分级预热调湿中试装置，并建立了通过二次进风减少流经底部流化床的热气流量、从而防止底部流化床内粗颗粒过调湿的技术方法。中试结果展示了所研发技术的先进性和可行性，发现复合流化床分级预热调湿装置的单位截面煤处理能力达到 $15t/(m^2 \cdot h)$以上，是传统流化床预热调湿技术的 3 倍以上。

(4) 基于小试、中试结果，针对技术工业应用，进一步开展了复合流化床煤分级预热调湿技术与成套装备的优化放大研究，与青岛利物浦环保科技有限公司合作开发建立和运行了煤处理量 50t/h 的半工业示范装置，在煤颗粒分级、煤水分调湿两方面均达到了技术设计的先进指标，满足焦化过程的要求，并验证了在处理负荷、能耗等方面的技术先进性。该技术已形成了 200t/h 的工业化设计，具备了产业化应用条件。

参 考 文 献

[1] 刘周恩. 复合床焦煤分级预热调湿技术研究. 北京:中国科学院研究生院博士学位论文,2011.

[2] 郑文华,史正岩. 焦化企业的主要节能减排措施. 山东冶金,2008,30(6):17-21.

[3] 廖汉湘. 现代煤炭转化与煤化工新技术新工艺实用全书. 合肥:安徽文化音像出版社,2004:650.

[4] 张国富. SCOPE21炼焦技术的研发与实用. 燃料与化工, 2010,41(2):1-5.

[5] 郑文华. 日本室兰焦化厂的煤预热和煤调湿. 燃料与化工, 2002, 33(1): 1-3.

[6] 谭绍栋, 施沛润. 煤调湿技术在柳钢应用的思考. 柳钢科技, 2009,(2): 11-14.

[7] 李久林. 煤调湿技术开发及在焦化厂的应用. 煤化工, 2005,(1): 34-36.

[8] Kawasaki Heavy Industries Ltd. Coal-in-tube dryer. http://www. khi. co. jp/ english/kplant/business/industry_infra/industry/charcoal. html. 2010.

[9] Hosomi K, Honma M. Moisture control method of coking coal raw material. Fuel and Energy Abstracts, 1998, 39(3): 175.

[10] 李帅俊, 谭凤娟, 兰瑞勃. 环管分体式蒸汽回转干燥机在煤调湿技术上的应用. 干燥技术与设备, 2010, 8(1): 16-19.

[11] Liu Z E, Xie Y M, Wang Y, et al. Tandem fluidized bed elutriator-pneumatic classification of coal particles in a fluidized conveyer. Particuology, 2012, 10: 600-606.

[12] Fayed M, Otten L. Handbook of Powder Science and Technology. 2nd edition. New York: Chapman & Hall, 1997: 864.

[13] Innocentini M D M, Barizan W S, Alves M N O J, et al. Pneumatic separation of hulls and meats from cracked soybeans. Food and Bioproducts Processing, 2009, 87(4): 1-10.

符 号 说 明

$Ar=gd_p^3(\rho_f-\rho_p)/\mu_f^2$	阿基米德数;
AF	累积分率,%,质量分数;
C_{pc}	干煤比热容,kJ/(kg·K);
C_{pf}	流化气体介质比热容,kJ/(kg·K);
C_{pm}	水比热容,kJ/(kg·K);
C_{pp}	原煤比热容,kJ/(kg·K);
d_p	煤的粒径,mm;
E	脱湿活化能,kJ/(kmol);
F	气流床单位面积上供料量,t/(m^2·h);
N	筛网总目数;
K_M	脱湿速率常数,s^{-1};
K_T	升温速率常数,kJ/(kg·K·s);

M　煤的湿度,kg/kg;
M_0　进煤平均湿度,kg/kg;
M_{bp}　底部产品煤平均湿度,kg/kg;
M_{tp}　顶部产品煤平均湿度,kg/kg;
$Pr=C_{pf}\mu_f/\lambda_f$　普朗特数;
R　摩尔气体常量,8.3kJ/(kmol · K);
$Re=\rho_f U_f d_p/\mu_f$　雷诺数;
SF　某一粒径筛分分率,%,质量分数;
T_f　流化床气流温度,K;
T_{f0}　流化床进口气流温度,K;
T_p　颗粒温度,K;
T_{p0}　颗粒初温,K;
T_{pbp}　底部产品煤温,K;
T_{ptp}　顶部产品煤温,K;
U_{fF}　底部表观气速,m/s;
U_{fP}　顶部表观气速,m/s;
ρ_f　流化气体密度,kg/m^3;
α_M　干燥模型指前系数,s^{-1};
α_T　热传递模型指前系数,kJ/(kg · K · s);
γ_M,θ_M,π_M,β_T,γ_T,θ_T,π_T　指数系数;
ρ_p　颗粒密度,kg/m^3;
μ_f　流化气体黏度,Pa · s;
λ_f　导热系数,W/(m^2 · K);
ΔT_{ptp}　顶部颗粒温升,K;
ΔT_{pbp}　底部颗粒温升,K。

第3章　煤炭拔头工艺及其多联产系统

煤宏观上富碳，但又含有富氢低碳的结构，特别是中低阶煤（褐煤和高挥发分烟煤），其挥发分可达40%以上，含简单芳香环结构和多种含氧官能团结构等。这些低碳组分可在远低于煤燃烧气化温度（大于900℃）条件下与富碳组分“分离”，直接生成低碳液/气燃料和芳烃、酚类等化学品，而且这些化学品的附加值显著高于燃料本身。因此，煤转化技术已逐步向生成燃料与化学品的联产路线转变。煤热解是煤热转化过程的第一步，是煤洁净利用技术的基础过程，由其生产燃料并联产化学品的路线是充分利用煤组成结构的不均匀性的典型分级转化。

煤热解（pyrolysis）指煤在隔绝空气或在惰性气体中持续加热升温且无催化作用条件下发生的一系列物理和化学变化。传统的煤慢速热解也称煤干馏，是为获得焦炭的一种方法；而煤快速热解则指在非常短的时间内将煤粉加热至较高温度，在反应化学平衡之前快速降低初级产物温度而获得液气产物。通过快速热解，煤的复杂结构成分被分解为活泼的片段，代表由解聚反应形成的非平衡产物，通过其选择性调控，可尽量多地获得高价值化学中间体、轻质有机液体及特殊化学品等，减少低价值固体（半焦）和重质有机液体的生成。

本章概述煤的快速热解技术研究现状和煤拔头工艺提出背景，总结已开展的煤拔头工艺基础研究及其重要结果，包括工艺参数影响、焦油加工与精制、半焦燃烧特性、基于煤拔头多联产系统分析、煤拔头技术中试等，并在最后简述对固体热载体热解反应器的进一步创新及其效果验证。

3.1　煤热解联产技术现状

3.1.1　煤分级利用的意义

油品短缺将是我国能源领域长期面临的问题，也是涉及国家能源安全的战略问题。我国虽有相对丰富的煤炭资源，但煤炭利用效率低下、污染严重，特别是电力和煤焦两大行业的很大一部分企业依然以较传统、单一和粗放的形式进行煤炭的燃烧和焦化生产，尚未对煤炭的高效、洁净综合利用予以足够重视。纵观我国近年煤炭工业的发展趋势，虽然煤炭的消耗量逐年增长，煤炭资源的利用效率却并没有明显改善。电力行业把富含高值结构的高挥发分煤简单地燃烧，没有考虑煤中高价值成分及结构的有效利用。焦化行业根据焦炭和焦油市场的变动生产焦炭产品，未考虑国家整体能源格局与战略需求对其形成的挑战和要求。焦化过程热效率低，污染严重，每年仍有大量煤焦油和焦炉燃气未能完全有效利用。另外，即使完全回收焦化过程产生的焦油，对弥补国内原油不足方面的影响力度仍然有限，因为炼焦的焦油收率仅为煤炭原料的 3%～5%，按每年焦化煤耗 3 亿～4 亿 t，年产焦化焦油则局限于 1000 万 t 左右，而且所产高温焦油以含多环芳香烃为主，无法用于轻质油和单环酚类(PCX)及苯类(BTX)的大量生产。

在化石能源中，煤相对富碳，石油和天然气相对低碳，而中国的能源特征是“富煤、缺油、少气”。煤作为我国能源的主体，分别占一次能源生产和消费总量的 76%和 69%左右，且在未来相当长时期内仍将占有一次能源的主导地位。中国原煤产量已由 2002 年的 13.8 亿 t 增加到 2012 年的 36.5 亿 t，增长了 1.64 倍[1]；发电量由 2002 年的 16 540 亿 kW · h 增加到 2012 年的 49 377.7 亿 kW · h，增长了 1.99 倍，其中火力发电量达 38 554.5 亿 kW · h，比上年增长 0.6%，占发电总量的 78.1%。2012 年煤炭消费量已达 36 亿 t，主要利用方式仍为燃烧发电，预计到 2020 年将达 50 亿 t 左右。据专家预测，未来的 30～50 年内煤炭在我国能源结构中的比例仍将超过 50%，2010～2050 年的总耗煤量在 1000 亿 t 标准煤以上，且发电耗煤量在逐年增长[1,2]。我国已探明的化石能源储量中，石油和天然气分别占 5.4%和 0.6%。2003 年原油进口量为 0.82 亿 t，占消耗总量的 32.5%[1]；2012 年原油进口量已达 2.71 亿 t，占消耗总量的 56.7%(比上年增长幅度高 1.2%)，远超 40%的国际能源安全警戒线，预计到 2020 年中国石油对外依存度将超过 60%。另外，近年来我国对天然气的需求量也大幅增长，2012 年天然气产量为 1072.2 亿 m^3，而消费量为 1293.5 亿 m^3，供需缺口达 221.3 亿 m^3[1]，预计 2020 年的缺口将增至 900 亿 m^3，对外依存度达 40%[2]。随着我国经济的快速发展，石油、天然气供应缺口逐年加大，势必影响我国经济的可持续发展，也将造成能源供给的安全隐患。

因此，我国十分重视石油和天然气的安全供给问题，从全局考虑制定了能源发展战略，采取积极措施确保国家能源安全。目前已在增加原油和天然气储备、提升原油生产和加工水平方面取得了积极成效。由于缺口巨大，还需采用替代方式缓解油、气燃料的进口压力。经研究表明，在多种替代石油和天然气的方案中，煤炭转化的量级最大，且已有较好的技术基础，可行性较高[3]。但是，煤炭的使用量以及使用过程中污染物和 CO_2 的排放远大于石油和天然气，致使煤炭的高效清洁利用成为我国化石能源利用中最受重视的问题。

煤的直接燃烧是世界范围内应用最广的煤炭利用模式。目前我国用于直接燃烧的煤约占总煤耗量的 80%，而直接燃烧的煤量中一半左右用于中小型燃煤设备，热效率较低，如工业窑炉的热效率仅为 40%，工业及供暖锅炉的热效率也仅为 60%，而且环境污染严重，由于小型燃煤设备没有有效的污染排放控制手段，其污染物排放量远大于大型燃煤设备。大型燃煤设备如电站锅炉的热转换效率虽比小型设备高，但总的发电效率仍比先进技术低，而且污染物如 SO_2、NO_x、CO_2 等的治理有待严格加强。煤的结构单元主要包括稳定、反应性低的缩合芳香环，反应活性高、易于转化的烷基侧链、官能团及非化学键力结合的低分子化合物。对于年轻煤种，其单元结构中的低分子化合物、侧链及官能团的含量高。煤的直接燃烧气化甚至焦化浪费了年轻煤中潜在的高附加值油、气和化学品成分。如果在利用年轻煤前，首先将煤炭经过简单且条件温和的工艺处理，获得液体和气体产品，剩余的固体半焦再进行燃烧，则可大大提高年轻煤综合利用效率，同时得到急需的液体和气体产品。在我国煤炭资源中，挥发分较高的年轻煤所占比例较大，干燥基挥发分含量在28%以上的年轻煤约占全国煤炭储量的3/4左右，干燥基挥发分含量在35%以上的年轻煤约占全国煤炭储量的50%。因此，若能充分考虑煤炭分子结构组成的不均一性以及不同组分的转化特性差异，实施煤炭的分级转化和利用对于提高我国煤炭综合利用效率和价值具有重要意义。

3.1.2 煤热解技术发展现状

煤低温热解技术的应用始于19世纪，当时主要用于制取灯油和蜡。19世纪末因电灯的发明，煤低温热解技术趋于衰落。第二次世界大战期间，德国建立了大型低温干馏厂，用褐煤为原料生产低温干馏煤焦油，并在高压加氢条件下制取了汽油和柴油。第二次世界大战后由于石油的大量开采，低温干馏工业再次陷入停滞状态。20世纪70年代初，世界范围内的石油危机才再度引起世界各国对煤热解工艺的重视，并广泛深入地开展了理论研究和技术开发工作。70年代以后，煤化学的基础理论得到迅速发展，同时也相继出现了各种类型的煤热解技术工艺。

自20世纪70年代以来，国内外已开展了大量煤热解技术的研发工作，典型代表有回转炉热解、移动床热解、流化床热解、气流床热解及振动床热解。

1. 回转炉热解工艺

回转炉热解工艺的典型代表有北京煤化所MRF工艺[4]、美国的Toscoal工艺[5]和Encoal工艺[6]、波兰的KNC和PNC工艺[7]以及加拿大的ATP技术[8]。

MRF(multistage rotary furnace)热解工艺由煤炭科学研究总院北京煤化所开发，利用褐煤、长焰煤、不黏结煤、弱黏结煤、气煤等低变质程度煤在回转炉中热解获得半焦、焦油和煤气产物，工艺流程如图3.1所示[4]。该工艺于20世纪90年代初在内蒙古海拉尔市完成了2万t/a规模工业示范的装置建立和工业性试验。其运行时间达3500h，处理褐煤3000多吨，产半焦1300余吨，焦油30多吨。MRF工艺[4]的主体由3台串联的卧式回转炉组成，分别为内热式回转干燥炉、外热式回转热解炉和熄焦炉。煤在600～700℃条件下热解，外部加热可燃烧煤或煤气。该工艺适用于高水分煤的干馏，由于热解前脱除煤中大部分水分，极大地减少了含酚废水的发生量，且酚水与净水掺混后用于熄焦，避免了建立耗资较大的污水处理系统。回转炉工艺适用于粒度为 6～30mm 的煤，能直接生产 3～20mm 的半焦颗粒。煤气热值在 15～25MJ/m³，为中热值煤气；焦油产率为葛金焦油产率的 60%～70%，试验不同煤种均在 550～600℃范围内获得约 6%的最大焦油产率。焦油中含酚量较高，是制取酚类产品、燃料油、苯类化合物的理想原料，馏分大于 360℃的重质焦油占焦油比例的 40%左右。

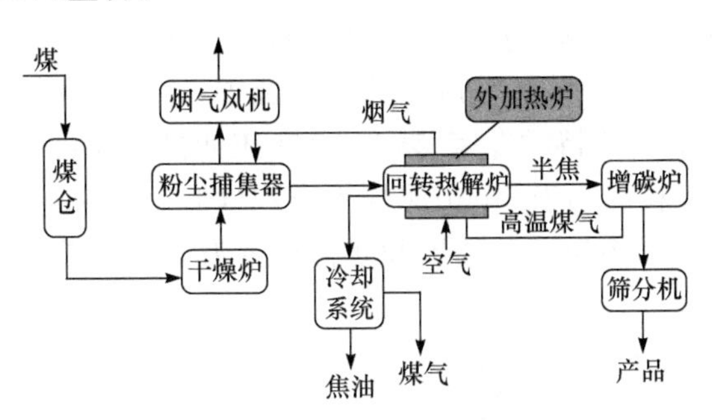

图 3.1　MRF 流程示意图[4]

美国的 Toscoal 技术[5]和 Encoal 技术[6]已进行了 1000t/d 的工业示范，主要针对低阶煤提质，目标产品是固体半焦燃料，加热所需燃料为该工艺自产的煤气和燃料油。波兰煤化学加工研究所开发的 KNC 和 PNC 工艺[7]大体相似，都是在回转炉中热解，差异在于前者使用热半焦作为固体热载体，后者利用循环灰作为热载体。加拿大的 ATP 技术[8]针对小颗粒油页岩干馏建成了 6000t/d 的工业示范厂，核心设备是一个多间隔、卧式回转窑，但其设备庞大，颗粒流动途径复杂、反应空间利用率较低、操作复杂，而且投资极高。我国抚顺油页岩干馏企业高投入引进了该技术，但至今未能实现连续运行。

2. 移动床热解工艺

移动床热解工艺的典型代表有美国 LFC 工艺、德国 Lurgi-Ruhr(L-R)工艺、苏联 ETCH 工艺[7]和大连理工大学煤化工研究所固体热载体热解工艺[9]。

LFC 工艺[7]采用三段式处理，即干燥、热解和固体产品精整。该工艺的热源为自产煤气，得到的半焦经钝化后性质稳定。1992 年美国能源部洁净煤计划资助建立了 1000t/d 的工业示范装置。我国大唐华银电力股份有限公司引进 LFC 技术，并投资建设了 1×1000t/d＋2×5000t/d 褐煤提质生产线，一期日处理褐煤 1000t 示范工程于 2009 年 6 月 7 日开工建设，2010 年竣工投产。L-R 工艺[7]采用半焦热载体的机械搅拌重力移动床热解器，曾建立煤处理能力为 260t/d 的中试装置和 800t/d 的工业装置。L-R 工艺的优点为油收率高、能耗低(系统能效为 83.6%～89%)、设备结构简单，但采用该工艺所得焦油含尘量较大，排料系统易堵塞，由于采用机械搅拌装置，磨损较严重。ETCH 工艺[7]采用热粉焦为热载体，已建有处理能力为 96～144t/d 的中试装置和 175t/h 的工业试验装置，系统能效达到 83%～87%。利用 ETCH 工艺焦油收率较高，但焦油中重质组分也比较高。

大连理工大学开发的固体热载体热解技术，工艺流程如图 3.2 所示[9]。该工艺采用固体热载体加热，用于褐煤等年轻煤和油页岩热解，所得煤气发热量高、CO 含量较低；而且焦油中富含酚类化合物。大连理工大学于 1984 年承担项目“内蒙古平庄褐煤固体热载体热解新技术工业性试验”，于 1992 年在平庄建成一套处理量为 150t/d 的褐煤固体热载体热解工业试验装置，并于 1994 年 5 月通过原煤炭工业部和国家教委联合主持的专家鉴定。平庄工业试验条件[9]为：处理能力为干煤 72～144t/d，褐煤粒度小于 6mm；干燥褐煤水分低于 5%；热载体半焦与褐煤比为 3～4；干褐煤煤气产率为 200m^3/t；煤焦油产率为 3%；半焦产率为 40%。

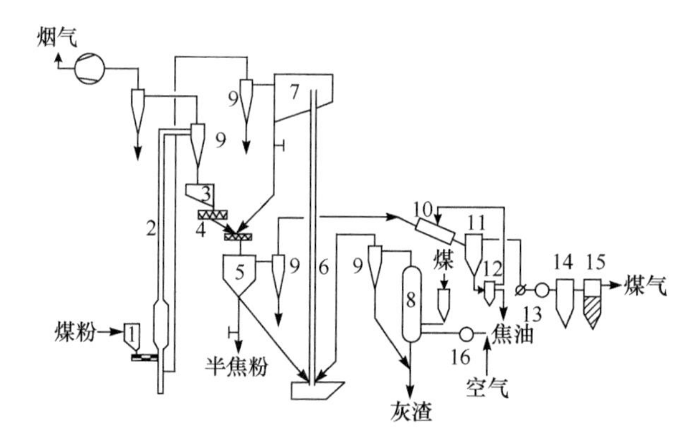

1. 原煤储槽；2. 干燥提升管；3. 干煤储槽；4. 混合器；5. 反应器；6. 加热提升管；7. 热半焦储槽；8. 流化燃烧炉；9. 旋风分离器；10. 洗气管；11. 气液分离器；12. 焦渣分离器；13. 煤气间冷器；14. 机除焦油器；15. 脱硫箱；16. 空气鼓风机

图 3.2 大连理工大学固体热载体热解工艺流程[9]

3. 流化床热解工艺

流化床热解工艺的典型代表有美国的 COED 工艺[6,10]、澳大利亚联邦科学与工业研究院(CSIRO)的流化床热解工艺[9]。

COED 工艺由美国 FMC(Food Machinery Corporation)和 OCR(Office of Coal Research)联合开发，工艺流程如图 3.3 所示[6]。该工艺采用低压、多级流化床，过程中用于加热和流化的气体来自最后一级流化床中部分半焦燃烧产生的气体，已在新泽西州建成 36t/d 的中试装置，对 6 种不同变质程度的煤进行了试验，并在此基础上又建立了 550t/d 的示范装置。其工艺过程[6]是将原料煤碎至 3.2mm 以下干燥后，在第一级流化床(煤干燥器)中利用不含氧废气加热至 320℃，以脱除煤中大部分内在水分，并析出部分热解气和约 10%的焦油，焦油经冷凝回收，未冷凝气体经再热后返回煤干燥器。经干燥器初步热解后的煤粒被送入第二级流化床，并利用来自第三级流化床的热煤气和部分循环焦加热至 450℃，煤进一步热解析出焦油和热解气，热解产物经冷却、洗涤、过滤后得到焦油和热解气，焦油经加氢处理去除杂原子制得合成油，热解气经净化、水蒸气处理得到气体产物。由第二级流化床得到的半焦进入第三级流化床，再利用来自第四级流化床(气化反应器)的热解气和部分循环焦加热至 540℃，析出大部分热解气和残余焦油，作为第二级流化床的热载体，生成的半焦部分返回二级流化床，大部分进入第四级流化床，在此供入空气或水蒸气，使半焦流化并部分燃烧，同时产生整个工艺所需热量和流化气。在第四级流化床中，要求保持高温但又要求低于煤灰熔点，一般为 870℃左右。半焦在第四级流化床中消耗量为 5%，其余半焦约 60%从第四级流化床排出，经冷却或脱硫后得到半焦产品。该工艺的半焦收率为 50%～60%(质量分数)，焦油为 20%～25%(质量分数)，热解气为 15%～30%(质量分数)。液体产物产率较高的原因为：工艺采用分段快速加热；热解过程在无氧气氛中进行，提高了油气收率；大部分焦油蒸汽产生于低温区，降低了二次热解。气体产物中含有 40%～50%的 H_2(可用于焦油加氢处理)。该工艺对煤种的适应性强，热效率高，半焦产品的有效利用对该工艺的经济性至关重要。

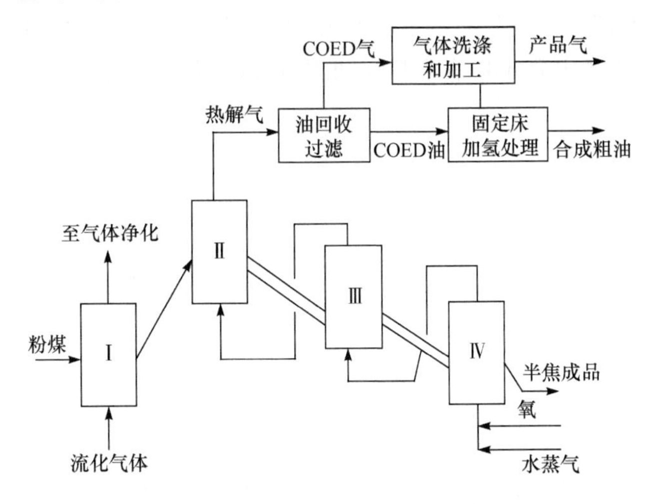

图 3.3 COED 流程示意图[6]

澳大利亚 CSIRO 自 20 世纪 70 年代开始研究并开发了流化床快速热解工艺[9]，对多种烟煤、褐煤进行热解试验研究。该工艺采用低温或中温热解，反应时间小于 1s，利用固体和气体热载体加热，建立了 20kg/h 的试验装置。以 Loy Yang 褐煤为原料，煤粒径低于 0.074mm，焦油产率达 23%，是该煤葛金干馏实验结果的 150%。近年来，CSIRO 在开发新的有更高液体产率的工艺方法，主要是采用较细煤粉，尽可能减少二次反应。

4. 气流床热解工艺

气流床热解工艺的典型代表有美国 ORC 工艺[6,7]、Garrett 技术[11]和日本粉煤快速热解技术[12]。

美国西方研究公司(The Occidental Research Corporation)开发了 ORC 工艺，并在加利福尼亚建立 3.8t/d 的中试装置，主要目的是生产液体和气体燃料以及适用于动力锅炉的燃料，其工艺流程如图 3.4 所示[6,7]。该工艺[6]将煤粉碎至 200 目以下并与高温半焦一起进入反应炉，约 1s 内快速升至 280℃，反应压力最高达 344kPa。由于在炉内停留时间不到 2s，可抑制焦油的二次分解；非凝结性煤气将煤送入炉内循环使用；旋流器捕集的半焦与燃烧煤气热交换使其在极短时间内被加热；因此，该过程最大限度抑制了 CO 的生成，有利于降低热损失和实现过程的热平衡。二次加热半焦返回反应器为热解提供热量，且循环半焦通常保持在 650～870℃。利用该工艺得到的主要实验结果为：温度为 510℃时，干热解气、热解水、焦油和半焦产率分别为 7.1%、9.0%、13.5%、70.7%；温度为 593℃时，其产率分别为 11.8%、11.9%、16.3%、60%。该工艺的主要特点为：煤粉被快速加热，半焦快速分离，从而减少焦油的二次热解，提高了焦油收率；采用半焦作为热载体，并在气流床中进行循环。该工艺的主要缺点为：生成的焦油和粉尘半焦会附着在旋风器和管路内壁；由于循环半焦和入料煤间的接触，以及充分进行的热交换会加剧煤的微粉碎，增加了半焦循环量，限制了煤的处理能力。

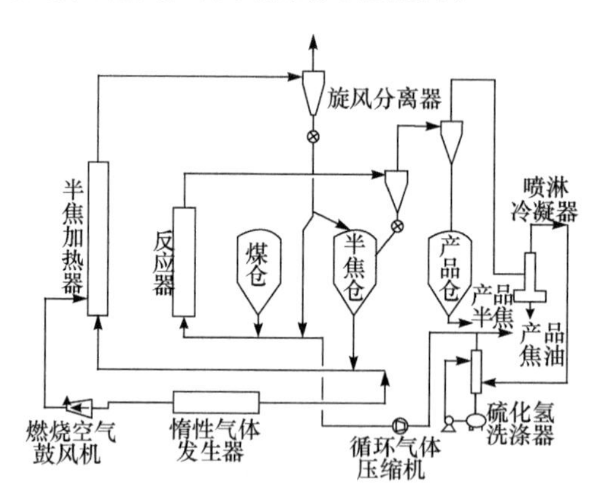

图 3.4　ORC 流程示意图[6,7]

西方石油公司开发了 Garrett 工艺[11]，并于 1972 年建成煤处理量为 3.8t/d 的中试装置。采用高温半焦(650～870℃)为热载体，与粉碎至 0.1mm 以下的煤粉一起进入气流床反应器中，煤粉在 2s 内升至 500℃以上并发生热解反应，半焦与空气燃烧为热解器供热。该工艺优点为：短时间快速加热，防止焦油的二次分解，提高了焦油收率；缺点为生成的焦油和粉尘半焦会附着在旋流器和管路内壁，长时间运行会堵塞管道。

日本粉煤快速热解技术[12]是由日本煤炭能源中心（Japan Coal Energy Center）与多家钢铁企业合作开发的气流床煤炭快速热解技术，于 1999～2000 年建成 100t/d 中试装置。以此技术为基础，他们开发了一种粒径小于 0.05mm 的粉煤快速部分加氢热解的联产化学品技术（efficient co-production with coal flash partial hydro-pyrolysis technology，ECOPRO），于 2003 年开始建立 20t/d 中试装置，于 2008 年 6 月完成试验工作。该技术将煤的气化和热解结合，反应器为两段气流床形式，上段用于煤粉热解，下段用于半焦气化，热解段煤粉被来自下段半焦气化产生的高温气体快速加热，在 600～950℃、0.3MPa 条件下，几秒内快速热解，产生气态（煤气）、液态产物（焦油和苯类）以及固体半焦。在此基础上先后建立了原料煤处理量分别为 7t/d 和 100t/d 的小试和中试装置。

5. 振动床热解工艺

Fraas 等[12]提出一种 PAI 工艺，利用振动床反应器以实现煤粒快速热解。振动流化床反应器如图 3.5 所示[12]，它是根据正弦曲线在垂直方向振动颗粒床原理设计的，震动频率约 25Hz，垂直方向上的振动幅度约几毫米，使颗粒在垂直方向上的加速度较大，大量颗粒沿振动方向以较大速度向上运动，在颗粒层表面返回，再在壁面附近潜入颗粒层下面沿相反方向运动，来自常压流化床燃烧炉（AFBC）的

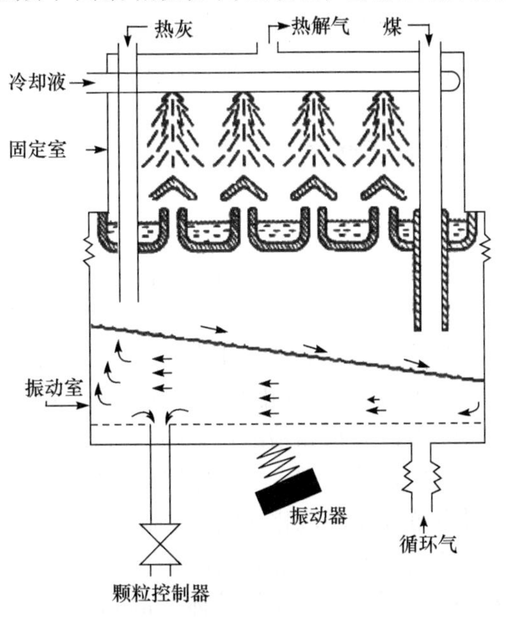

图 3.5　振动流化床反应器[12]

热灰下落到壁面附近的床层表面与壁面附近下落到床层的煤颗粒进行振动混合，使床层中温度均匀分布。热解产生的气体在高度隔离的碟型空间中经提升管向上流出，经冷液喷淋冷却，得到液体产品。PAI 工艺的关键技术是实现煤粒的快速加热，热解油气和半焦快速分离以及快速冷却。设计使用的烟煤颗粒粒径小于0.5mm，操作温度为550～600℃时，预计得到的油产率为30%，气体为4.4%。此外，还提出振动流化床反应器(CVB)结合循环流化床(CFB)技术的概念流程[13]（如图3.6所示）。但该工艺的缺点是反应器加工、操作和安装复杂，导致费用较高。

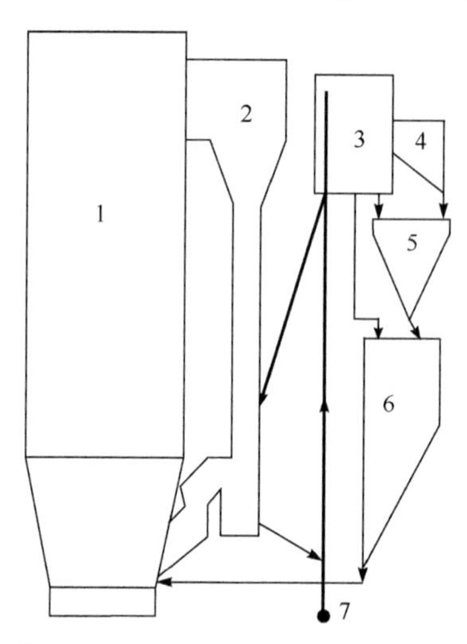

1. 燃烧室；2. 旋风分离器；3. 热载体料仓；4. 原煤料仓；5. 预热器；6. 热解室；7. 提升气

图 3.6　振动流化床反应器与循环流化床锅炉匹配的概念流程[13]

3.1.3　煤拔头工艺的提出及关键技术

1. 煤拔头工艺的提出

基于目前资源利用和热解技术现状，中国科学院郭慕孙院士于20世纪80年代提出以年轻煤快速热解为基础的油、气、热、电四联产的煤拔头工艺[14]，其工艺思路如图3.7所示。“拔头”原是石油加工工业中术语，是指从原油中蒸出轻油组分。煤拔头，是指在常压、中低温、无催化剂和氢气条件下，利用温和热解方式提取煤中有价成分，得到气体、液体燃料和精细化学品，并借此工艺达到脱硫、脱硝的目的，从而实现油、煤气、热、电的多联产。煤的拔头工艺可与循环流化床锅炉相结合，即煤粉预热后，通过设置在循环流化床锅炉料腿的快速热解反应器与锅炉产生的热灰迅速混合、升温，脱出挥发分；气固混合物随即快速分离，经除尘的气态挥发分采用循环液体骤冷，使气液分离后，获得液体产品和中热值煤气；气固分离后得到的固体半焦和冷灰返回循环流化床锅炉，半焦燃烧并用于加热冷灰。调节循环床分流的热灰量可改变煤拔头的反应条件和处理量。这种组合方式使拔头工艺有较宽的操作范围，也是适合我国国情较合理的选择。

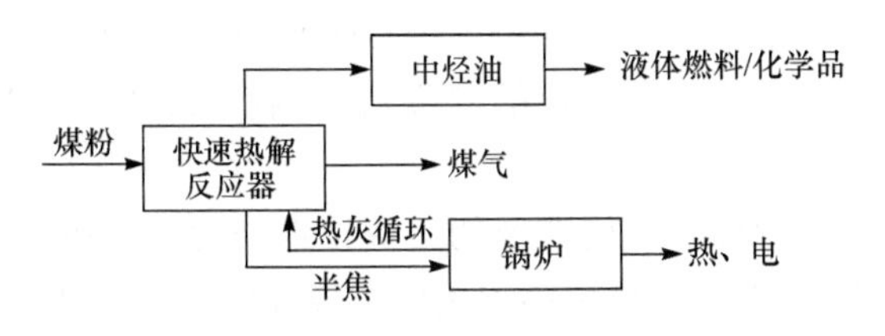

图 3.7　煤拔头工艺思路

煤拔头工艺考虑了煤的结构特点，根据综合利用、分级转化、污染治理、品位提高的原则，对烟煤、褐煤等年轻煤进行加工，在常压、中低温、无催化剂和氢气条件下，借助快速加热、快速分离、快速冷却技术，将煤作为燃料进行燃烧或作为原料进行气化之前，通过热解将其中的高值富氢结构成分转化为富含高价值酚、脂肪烃油、BTX(三苯，即苯、甲苯、二甲苯)和多环芳香烃等碳数在 7～20 的液体产品。拔头后半焦与热解气可通过燃烧或气化/重整生成合成气，或将获得的中热值煤气经处理后作为洁净的民用燃料，具有重大的经济效益。因此，基于热解拔头技术可形成如图 3.8 所示的煤梯级转化与综合加工的新型工艺。

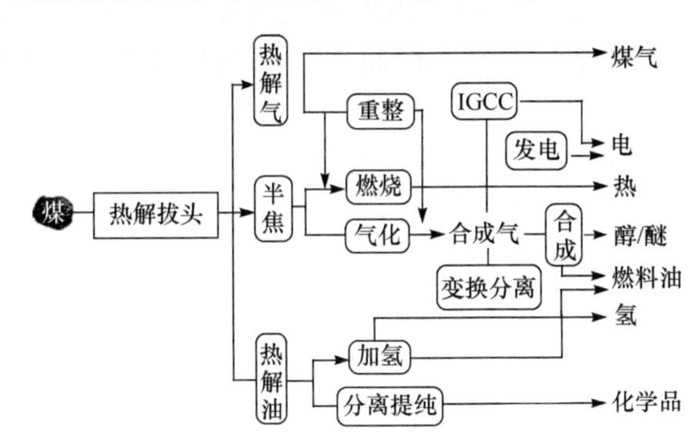

图 3.8　基于热解拔头的煤梯级转化与加工工艺示意图

通过热解拔头实施的上述煤高值化、洁净与综合转化利用不仅是国家能源战略的需求，其技术路线本身也符合我国煤炭资源的特征。在我国的煤炭资源中，中高挥发分煤占 80%以上，尤其适合通过热解实现煤作为资源与能源双重价值的梯级转化与综合加工。

2. 煤拔头工艺中的关键技术

通过煤拔头技术使煤在燃烧和气化之前先提取热解油，分离加工后获得高价值化学品或经加氢生产燃料油，可实现煤的高值转化。而且，热解拔头过程还将煤中的部分硫、氮等污染元素富集于热解油和煤气中，可实施更有效的低成本脱除，通过降低半焦燃料中的污染元素含量而减少燃烧过程中硫、氮氧化物的排放。因此，新型工艺同时实现了煤的洁净利用。经过热解拔头得到的半焦、煤气同样是高热值燃料，可使产生单位能量所消耗的碳降低，有利于减少 CO_2 排放，而且可实施 CO_2 的隔离与储存等。

因此，煤拔头工艺的综合应用涉及的关键技术问题主要包括：

(1) 热解拔头技术路线。与循环流化床燃烧及气化装置集成的热解拔头工艺可以应用不同形式的反应器。不同的反应器代表不同的热解拔头技术，研发热解拔头技术必须首先揭示哪种方式最佳。因此，可从热解油收率、油品品质(低沸、轻组分含量及含灰量)、工艺操作控制难易度、流程放大可能性等方面比较并评价不同的热解拔头技术，确定最佳技术路线。

(2) 热解过程中的关键技术。①大型反应器中快速固固混合技术。在固体热载体热解工艺中，固固混合是实现快速热解的关键环节，通过研究颗粒在高循环速率条件下煤和固体热载体的混合规律及传热机制，开发可实现大规模固固快速混合的技术，优化混合反应器的结构和参数并通过中试平台予以验证。②气固快速分离技术。固体热载体颗粒热解产生的气相产物携带大量半焦和灰尘，在反应器下游发生传热、传质，使热解产物的二次反应更易发生，因此，开发建立快速高效的分离器、缩短产物与携带颗粒的接触时间、抑制二次反应等是固体热载体热解技术的核心，该技术可同时降低热解油液固分离的难度。③热解气快速冷却技术。长时间停留会使热解产物发生连续的深度热解及聚合反应，导致产物中重质组分和水含量明显提高，不利于轻质油的生成，因此必须对热解气进行快速冷凝以实现热解反应的终止并抑制二次反应。

(3) 热解拔头产品净化分离方法。拔头技术以生产热解油为主要目的，而所产生的热解油通常含较高的微尘及水分。热解油的利用途径包括：替代原油用于石油炼制过程，以及经分离精制生产各种高价值化学品。而拔头技术生成的热解油属中低温油品，富含高价值的轻质油与酚类化合物等，需优先分离这些高价值成分。因此，对拔头工艺产物的研究将针对热解油净化，降低含灰、含水量，有效控制硫及残碳含量，建立表征组成和物化特性的方法，并进一步开发分离提取高价值轻质成分的技术工艺，突破热解油高值转化与利用的技术瓶颈。

为解决上述关键技术问题，煤拔头工艺研究的关键主要包括：

(1) 对不同反应器热解拔头工艺技术的比较与评价；

(2) 热解油净化技术与品质的表征；

(3) 热解油分离提取轻质油及酚类化合物等高值产品的工艺；

(4) 热解半焦燃烧/气化特性及与热解条件的匹配；

(5) 热解过程 S、N 元素对热解油的定向迁移规律。

因此，建立了如图 3.9 所示的集成热解油净化、典型高值成分分离提取，并可灵活实施不同技术方法(移动床/下行床/流化床)的热解拔头耦合循环流化床燃烧/气化的关键技术研究平台，以自热方式及对供给煤实施全量热解拔头为特点，模拟实际的拔头过程，进行“燃烧＋热解拔头＋油品净化＋油品分离”的整体技术工艺研发，评价不同热解拔头方法，研究“热解拔头＋气化”技术可行性和能实现的技术指标，并探索控制 S、N 元素对热解油定向分配的技术方法。

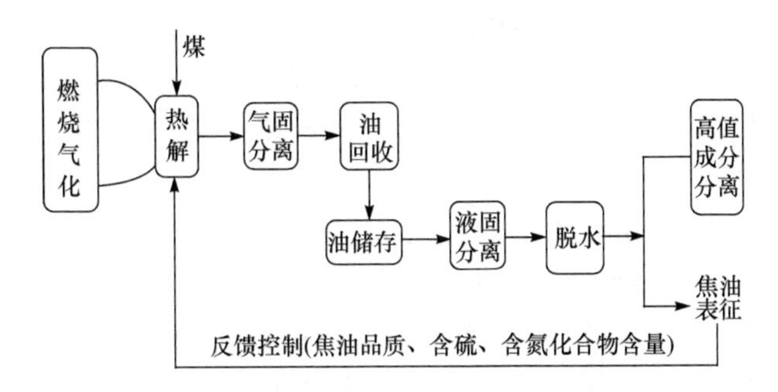

图 3.9　煤拔头工艺过程中的关键技术

另外，任何技术只有在经济可行的前提下才具有快速发展并得以应用的可能性、必要性和原动力。因此，需要建立热解拔头＋燃烧/气化系统集成放大方法及经济性评价工具，针对循环流化床燃烧/气化过程全面分析热解拔头工艺的投入、运行成本和综合效益，并分析其随煤种等条件的变化，揭示热解拔头技术是否经济可行和维持经济可行性所必需的条件。

3.2　煤拔头工艺的基础研究

3.2.1　煤拔头工艺参数对产物分配的影响

煤拔头技术中产物的产率和性质受多种因素影响，主要有：原料性质，如煤种、煤的粒径和煤中矿物质组成及含量等；热解反应条件，如加热速率、停留时间、热解终温和热解压力等；反应器形式、加热方式、原料加热温度场的均匀性以及气态产物的二次热解深度等。

1. 原料性质

1) 煤种

煤种的煤化程度是影响煤热解特性的重要因素之一，不同煤化程度煤在组成、结构和性质方面有明显不同。因此，原料煤性质直接影响煤的热解起始温度、热解产物分布及产率、热解反应活性等。基本规律是随煤变质程度加深，煤中碳含量逐渐增加，氧含量、内在水分和挥发分含量逐渐降低；表征煤核心结构特征的参数碳、氢芳香度也随煤化程度增加而增加，煤结构单元的外围官能团及侧链随变质程度加深而减少。对于年轻煤，含氧官能团随变质程度的加深变化较大，呈现一定规律性；同时，煤的表面性质和空间结构性质随煤化程度加深也发生明显变化。因此，年轻煤热解产物中煤气和焦油产率比老年煤要高。另外，煤种对热解产物的影响是由不同煤种所具有不同结构特征和碳、氢、氧元素组成造成的。随着煤阶的升高，氧含量降低，热解生成的水和氮氧化物的含量降低，氢气产率随之增加。

为了深入研究煤本身结构与热解产物之间的关系，按照煤化程度，选用了霍林河褐煤、义马煤、平朔煤和神华煤四种变质程度依次升高的煤种进行热解实验[15]。实验中四种煤的颗粒粒径均为0.125～0.18mm，热解温度为650℃，载气和流化气总量为0.44m^3/h。

由图3.10结果[15]可知，煤化程度提高，热解产物中气体产率单调降低，固体半焦产率先升高再下降，液体产率则先下降后稍有升高。这是因为当煤化程度较低时，煤中侧链和一些支链较多，交联程度不深，热解时气体含量较高；随煤化程度升高，煤中碳含量增加，氢和氧含量减少，挥发分降低，导致气体和液体的总逸出量降低。碳含量为82.8%的神华煤热解半焦产率下降和液体产率升高可能与煤中某些特定官能团含量不同有关。

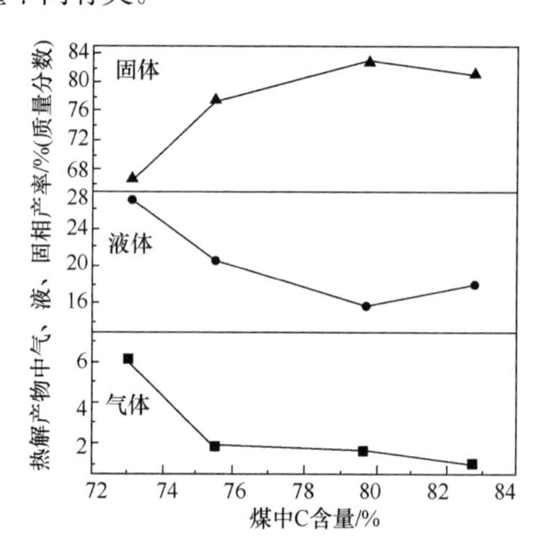

图3.10 热解产物随煤化程度的变化[15]

通常情况下，热解产物分布与煤结构中烷基侧链、含氧官能团等密切相关。一般认为，热解产物中的脂肪烃类由煤结构中脂肪烃侧链分解而产生，无机气体中的CO、CO_2和H_2O来源于含氧官能团分解，而H_2由芳环缩合而产生。另外，高阶煤热解时，焦油的产生与次甲基键（—CH_2—CH_2—）断裂有关；低阶煤热解时，次甲基醚键（—CH_2—O—）分解是焦油生成的主要原因。实验详细考察了煤化程度不同对热解产物中气体组成的影响。

图3.11和图3.12分别显示了煤热解气体产物随煤化程度的变化规律[15]。由结果可知，H_2、CO、CO_2均随碳含量增加而降低；碳氢化合物气体中，随碳含量增加，除丙烷以外的其他碳氢化合物气体产率均先降低然后保持某一水平。这主要是因为热解气体中CH_4、C2、CO和CO_2的生成通常与煤中特定官能团热分解有关。随煤化程度提高，高阶煤中某些特定官能团显著减少，导致高阶煤的CH_4产率降低，CO和CO_2产率显著减少。CO_2与煤中所含羧基含量有关，CO与煤中所含羰基含量有关，随煤化程度升高煤中氧含量降低，直接导致含氧官能团含量降低。由结果可知，所有气体的含量在碳含量为72％～76％时变化较为明显，即从褐煤向烟煤转变时其变化较为突出。

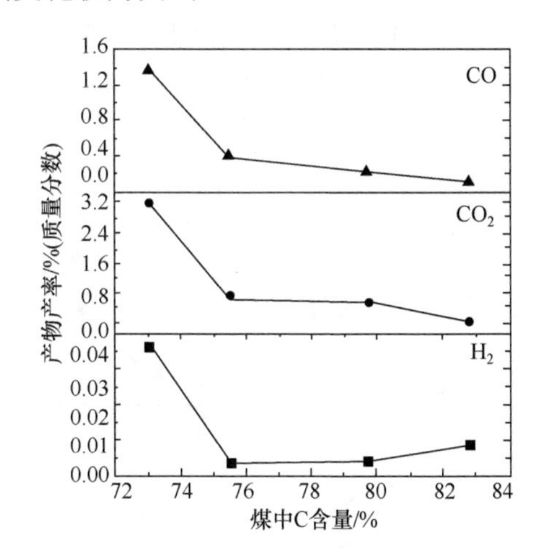

图3.11　无机气体产物随煤化程度的变化[15]

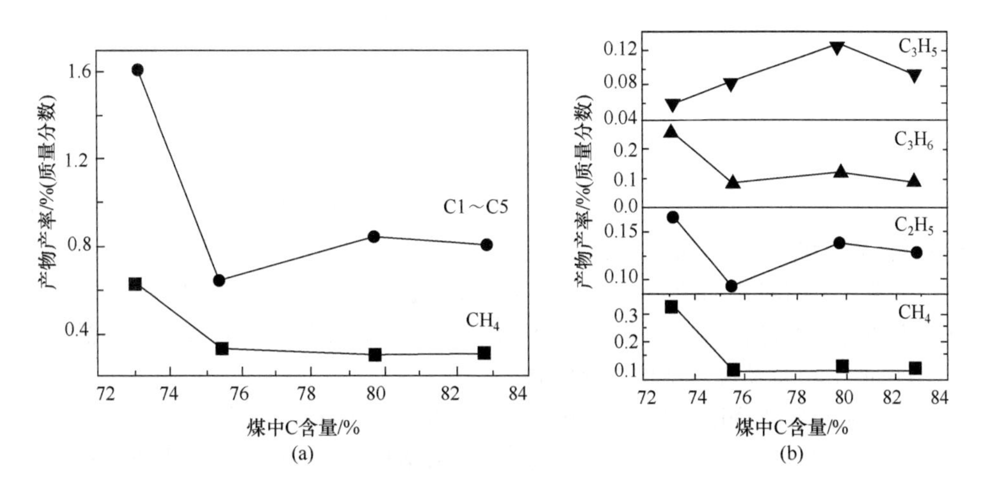

图3.12　气体产物中碳氢化合物含量随煤化程度的变化[15]

霍林河褐煤、义马煤、平朔煤和神华煤四种煤热解液体产物和正己烷可溶物中各类组分的产率如图 3.13 所示[15]。煤化程度对热解液体产物的影响主要是因为煤的胶质体状态以及发生裂解时二次反应的程度不同。随 C 含量升高，焦油产率呈先下降后升高趋势，C 含量为 75.5%时出现最低点，至 C 含量达 82.8%（神华煤）时焦油产率高于褐煤。正己烷可溶物的变化规律与焦油产率变化趋势相同，但其产率最低点出现在 C 含量为 79.7%时。热解液体中水是由煤中羧基和酚羟基官能团断裂而成，随煤化程度降低，酚羟基变化不明显，但煤中羧基含量明显增加。因此，低阶煤热解产物中水含量较多，与含氧气体 CO、CO_2的变化规律相似。沥青质含量也呈先降后升趋势。正己烷可溶物中四种组分产率随煤化程度增加无明显变化，极性和碱性组分产率随煤化程度升高而降低，而酚类组分产率则呈先升后降趋势，脂肪族组分产率呈上升趋势。上述组分随 C 含量增加其变化趋势不明显，主要是与煤中元素组成，以及原煤来源、产地、显微组分不同等因素有关。

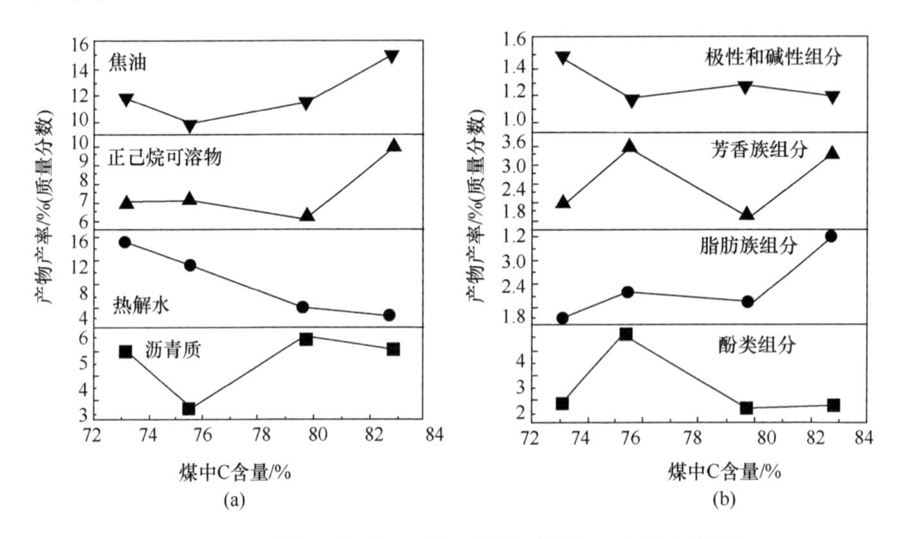

图 3.13　液相组成及正己烷可溶物随煤化程度的变化[15]

煤中显微组分组成不同也会影响热解产物的组成和性质。煤的显微组分有镜质组、惰质组和壳质组，通常挥发分含量的次序是：壳质组>镜质组>惰质组。煤中壳质组含量高时焦油产率高，而且壳质组的氢含量较高，可作为供氢体，因而能改善焦油流动度；惰质组组分高时得到的中性油较多；镜质组含量较高时焦油产率低，但焦油中轻质及含酚结构组分较高。

对于相同变质程度煤种，其热解产物也不同。以两种烟煤为考察对象，表 3.1 为热解温度 520℃时煤热解产物的组成[16]。由结果可知，煤种对焦油产率和组成的影响都较明显。将实验所得焦油定量后，进行蒸馏处理，煤种 2 的热解焦油中低于 340℃的馏分含量高于煤种 1。采用 GC-MS 对两种煤的热解焦油进行分析，可得到:甲苯含量为 1%～1.5%,三酚含量为 23%左右,萘及其衍生物含量约为 10%,C6～C22 脂肪烃类化合物约为 10%以上,由此结果表明,热解获得的焦油可用于提取具有较高附加值的 PCX、萘及脂肪烃类等化学产品。

表 3.1　热解温度为 520℃时各相产物产率[16]

煤种	气相	水相	油相	固相
煤种 1	3.40	3.13	4.69	88.78
煤种 2	6.80	4.63	7.40	81.17

2）煤颗粒粒径

煤颗粒粒径会影响初始热解产物向颗粒表面的扩散过程及颗粒内部的传热过程,并对热解产物分布也有一定影响。热解时,小粒径煤颗粒在很短时间内就可达到均匀温度,热解产生的挥发物从颗粒内部向外导出时途径较短,停留时间也短,有利于提高焦油产率;当颗粒粒径较大时,热解过程由煤粒内部热量传递控制,热解产生的挥发物由内部向外导出经过较高温度的煤粒外表面时,会加剧焦油的二次反应;但当粒径足够小时,粒径对热解可能无明显影响。

实验在喷动-载流床中考察了粒径为 0.125～0.28mm 霍林河褐煤颗粒对煤热解过程的影响[15]。由图 3.14 所示结果可知,随颗粒粒径增大,半焦产率略有增大;气体总产率增大,H_2、CO、CO_2、CH_4、乙烷和丙烷都呈现上升趋势;液体产率减

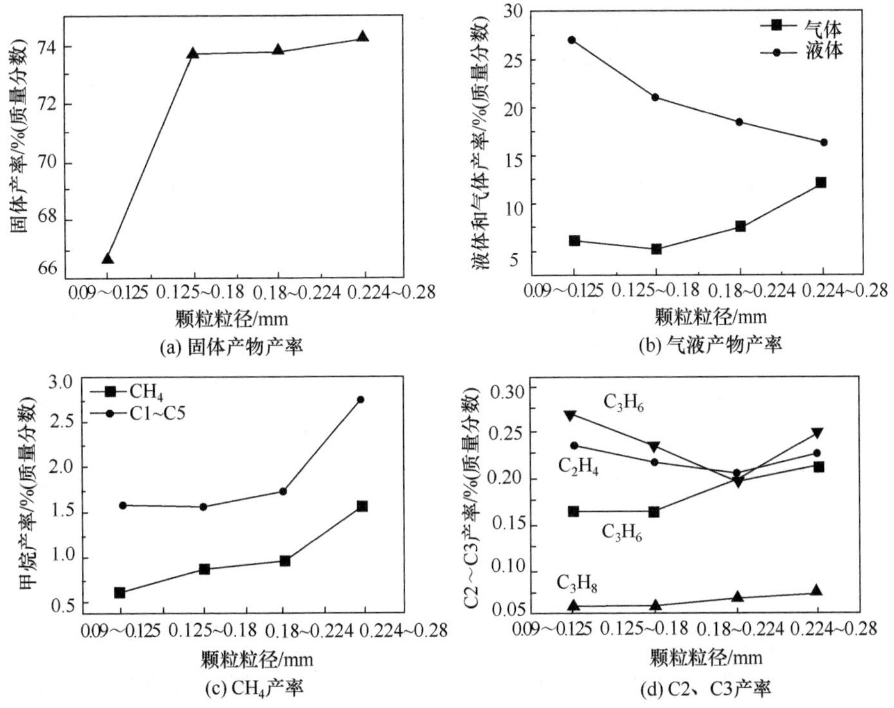

(a) 固体产物产率

(b) 气液产物产率

(c) CH_4产率

(d) C2、C3产率

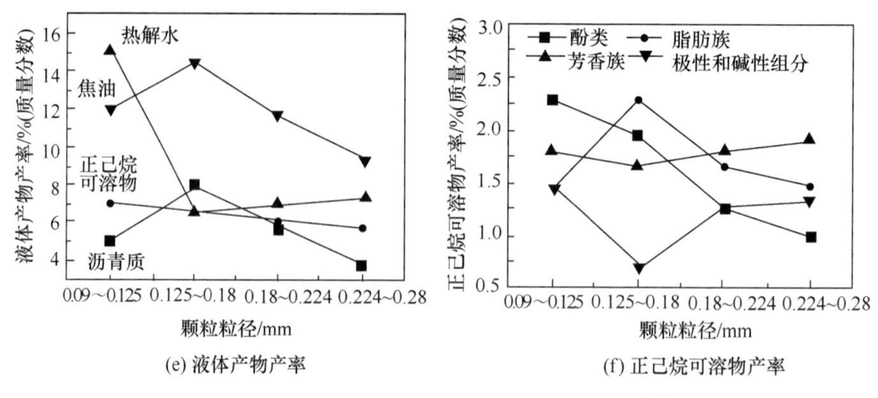

图 3.14　颗粒粒径对热解产物产率的影响[15]

小，其中沥青质含量显著降低，正己烷可溶物产率略微减小，热解水产率增大。颗粒粒径对正己烷可溶物成分组成也有影响：随颗粒粒径增大，酚类和脂肪烃类含量减少，芳香烃含量增加，而极性和碱性组分则先增加后减少。但由于煤的结构较复杂，颗粒粒径对热解过程的影响还需要大量的实验进行验证。

3）煤中矿物质

煤中最为常见的矿物质分为以下几类：黏土类矿物质，如高岭土（kaolinite）、伊利石（illite）、蒙脱石（smectite）、长石（feldspars）等；碳酸盐类化合物，如菱铁矿（siderite）、方解石（calcite）、白云石（dolomite）、石灰石（limestone）等；氧化物矿物，如石英、赤铁矿等；硫化物矿物，主要是黄铁矿；少量的硫酸盐、磷酸盐和微量的其他矿物质。煤中矿物质含量和组成是对由煤完全氧化后生成灰的分析得到，而且不同煤种的灰含量变化很大，但一般在 25% 以下，其中 SiO_2、Al_2O_3、Fe_2O_3、CaO、MgO、Na_2O、K_2O 等组分总含量占煤中灰分的 94%（质量分数）以上。

煤中矿物质的催化热解活性研究通常采用的方法是酸洗脱除煤中矿物质，再比较酸洗煤与原煤的热解反应性。经研究发现，煤中矿物质的种类和含量对热解过程有影响，而且对热解反应具有一定的催化作用[17]，可提高煤的转化率和转化速率，并促进初级热解产物的裂解反应，降低焦油产率。煤中矿物质可吸收热解气体产物中的硫含量，降低焦油中硫含量，但会导致半焦中硫含量增加。通过对煤中特定矿物质离子的催化作用研究发现：Fe、Ca 离子不仅对热解生成的焦油有催化重整作用，还可促进半焦的气化反应[18]；煤中碱金属离子和碱土金属离子改变了产物中 CO、CO_2 和 H_2O 的产率分布，对焦油产率和总挥发分产率也有较大影响[19]。

2. 热解反应条件

1）热解温度

温度是影响热解产物组成的最重要参数之一，不仅影响煤的初始热解和初级分解产物的产率、组成以及性质，而且对挥发分的二次反应也有影响。二次反应程度较低时，由于煤热解为吸热反应，提高温度可促进分解反应使挥发分产率随温度升高而增大。二次反应比较剧烈时，升高温度使一部分热解产物产率增大而另外一些组分产率下降，而对产物组成的影响则较复杂。对于不同种类的煤，其初始热解温度不同，煤化程度较低的煤初始热解温度也较低[20]，例如，泥炭为 100～160℃，褐煤为 200～290℃，长焰煤约为 320℃，气煤约为 320℃，肥煤约为 350℃，焦煤约为 360℃。由于煤初始热解温度较难确定，而且同一变质程度煤的分子结构和生成条件也有较大差异，因此上述初始热解温度仅仅是参考值。

实验选用两种烟煤为原料，考察了温度对其热解产物的影响，图 3.15[16] 显示了两种煤样在不同热解温度条件下气-液-固三相产物的变化。实验温度范围内，随热解温度升高，煤裂解程度加深，有机质分解加剧，气、液产物收率不断提高，总挥发分收率随热解温度升高而增加，半焦收率降低。当热解温度达 520℃时，煤种 2 热解液体产物收率达 12%。其中，煤气收率的提高一部分来源于焦油在高温下的二次热解反应，另一部分来源于半焦中挥发分的析出。煤热解生成焦油包括两次裂解：即煤的裂解和裂解生成有机质的二次裂解。煤焦油主要来源于煤裂解，当煤裂解占主导地位时，焦油收率随热解温度升高而增加。因此，液体收率是否出现最高点也是判断焦油是否发生剧烈二次反应的标志。

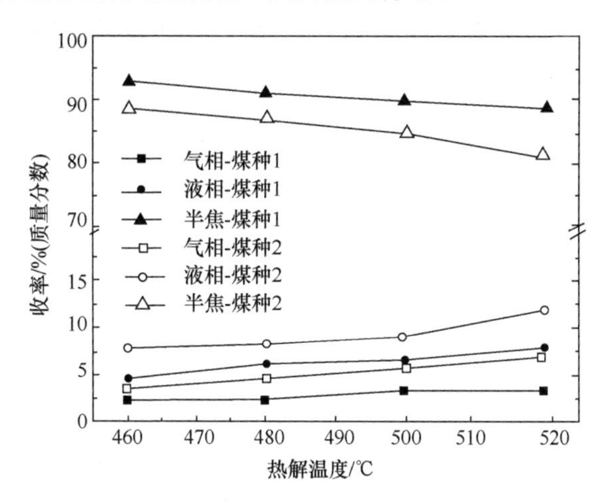

图 3.15　温度对气-液-固三相产物收率的影响[16]

以煤种 1 为例，考察了热解温度对产物中无机气体的影响。由图 3.16 所示结果可知[16]，热解气中 CO_2 收率随热解温度升高而增加。一般认为，H_2 主要来源于煤中有机物的缩合和烃类的环化、芳构化及裂解反应；CO_2 主要由煤中羧基官能团断裂产生；CO 主要来源于羰基官能团的裂解。当热解温度达 400℃时，羰基即可发生裂解反应生成 CO，500℃以上含氧杂环也可裂解生成 CO。

又以煤种 1 为例，考察了热解温度对气体产物中烃类气体的影响规律。C1～C3 烃类气体的主要来源为煤中脂肪结构的低分子化合物受热裂解以及脂肪侧链的断裂。由图 3.17 所示结果[16]可知，CH_4是烃类气体产物中含量最高的气体，并随热解温度升高而增加，C_2H_6 和 C_3H_8 的收率在 500℃左右达最大，而 C_2H_4 和 C_3H_6 的收率则随热解温度升高而单调增加。这是因为烯烃的热稳定性高于相应的烷烃，在较高热解温度下烷烃更容易分解、脱氢形成相应的烯烃，同时也使氢气收率增加。

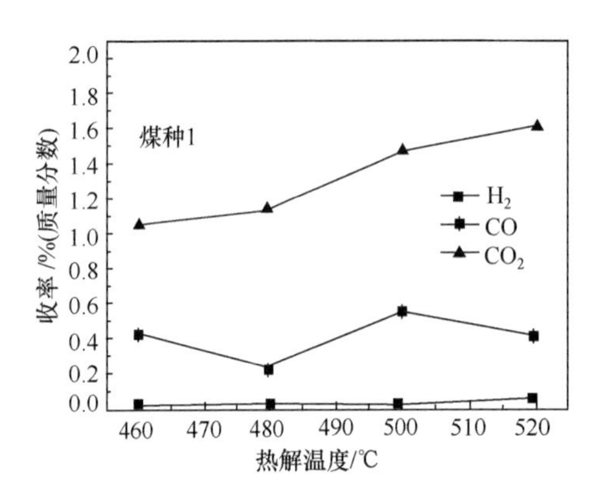

图3.16　热解温度对产物中无机气体的影响[16]

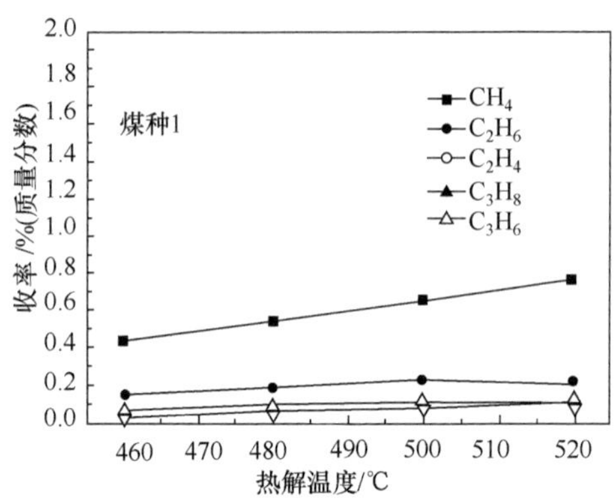

图 3.17　热解温度对烃类气体的影响[16]

由于热解气中富含氢气与烃类气体，尤其是甲烷体积分数占气体总量的 1/3，其热值较高。煤种 1 的热解气热值可达 23～27MJ/m^3，大大高于我国城市煤气的热值(13.8～16.3MJ/m^3)。

2) 加热速率

按加热速率快慢，一般分为慢速加热(<5℃/s)、中速加热(5～100℃/s)、快速加热(100～10^6℃/s)和闪激加热(>10^6℃/s)。煤热解为吸热反应，而煤的导热性差，因此反应进行和产物析出需要一定时间。提高加热速率，一定时间内液体产物的生成速率显著高于挥发和分解速率，而且可增加总挥发分和焦油产率，提高产品中烯烃、苯和乙炔的含量。这是由于较高升温速率条件下，煤结构受到较强热冲击，煤大分子侧链和芳香稠环断裂速度加快，而热解产物的缩合相对减弱。此外快速加热时还使侧链断裂深度加强。因此，采用快速热解可获得较多的气、液相产物，而且由于减弱了一次浓相产物(焦油)的二次裂解，故热解产物中气体产率降低而焦油产率提高。

Li 等[21]经实验发现：升温速率由 300K/min 降至 5K/min，转化率和焦油产率均增加 5%～15%(质量分数，干燥无灰基)。降低升温速率可改善焦油质量，这主要是因为降低升温速率可使煤热解自由基生成速率与加氢反应速率相匹配，减少由于升温过快而导致的煤热解过程中自由基之间相互聚合的二次反应。在较低升温速率范围内，煤的转化率、气体收率、焦油组分中 BTX（苯、甲苯、二甲苯）和 PCX（苯酚、甲酚、二甲酚）的实际收率均随升温速率降低而增加。

表 3.2 是利用 Netzsch Proteus-Thermal analysis 软件确定的不同升温速率条件下的煤热解特性参数[16]。图 3.18 给出了定义热解特性参数的方法[16]。其中，定义剧烈热解开始温度为热解起始温度（onset temperature），最大失重速率为 DTG 曲线的峰值，可表示热解发生的剧烈程度，对应的温度即为最大失重时的温度，残渣百分率是达到热解终温时半焦质量占原煤质量的百分比。

表 3.2　不同升温速率下煤热解的特性参数[16]

样品	升温速率/(℃/min)	起始温度/℃	最大失重时的温度/℃	最大失重速率/(%/min)	残渣质量分数/%
煤种 1	5	384.5	447.2	−0.47	75.39
	10	395.7	450.5	−1.06	75.36
	20	402.7	468.5	−2.04	76.05
	40	417.5	476.4	−4.07	75.38
煤种 2	5	384.1	431.4	−0.92	64.77
	10	394.0	444.4	−1.78	67.31
	20	404.9	460.3	−3.78	66.31
	40	414.1	469.0	−7.47	64.79

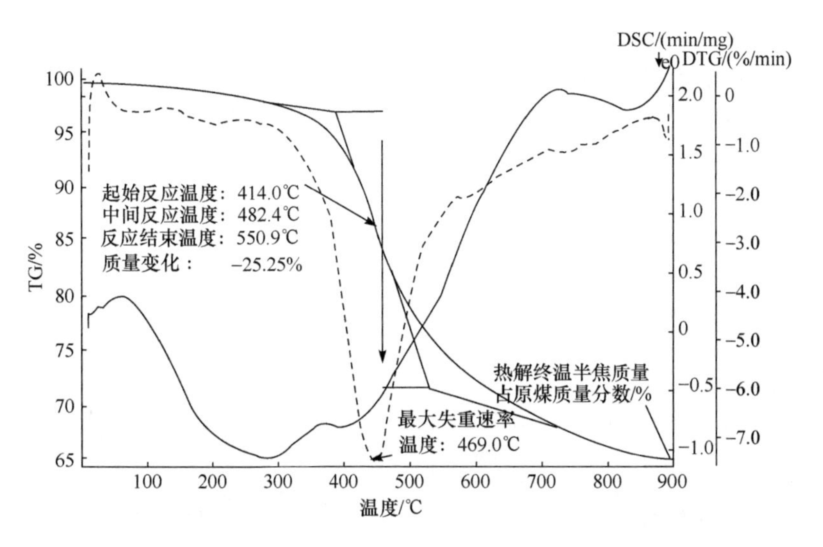

图 3.18　热解特征参数的确定方法[16]

由表 3.2 结果可知,两种烟煤的热解起始反应温度较接近,这是由于两种烟煤的干燥无灰基挥发分(V_{daf})相近,煤种 1 为 37.7%,而煤种 2 为 36.6%,当V_{daf}相近时煤的变质程度相近,煤中官能团断裂难易程度相近,因此两者的热解起始温度接近[16]。同时还发现,升温速率越低,两种烟煤的热解起始温度越相近,这是因为热解升温速率低,不同煤种的传热性差别对热解滞后的影响降低,降低了传热传质等因素对热解起始温度的影响。由结果还可得到:随升温速率增大,热解反应的起始温度和最大失重速率都向高温区移动,且热解反应温度区间也增大。而煤的挥发分含量会影响煤热解析出的挥发分总量和煤的最大失重速率,且最大失重速率随升温速率而提高。

3) 停留时间

热解时产物在反应器中停留时间的长短会直接影响初始热解产物的二次反应过程,从而影响最终热解产物(焦油、热解气和半焦)的产率及其组成。一般来说,停留时间越长,热解气产率越高,半焦产率越低。随停留时间延长,一部分焦油蒸汽会发生裂解或缩聚等反应,生成气体和重油,初始热解气体产物中的烃类也会发生裂解生成更简单的组分,从而使焦油产量下降,而气体产率尤其是无机气体产率会随停留时间的延长而提高。

以霍林河褐煤为原料,热解温度为 650℃,考察停留时间对热解的影响。图 3.19显示了不同固相产物停留时间条件下热解三相产物的分布[15],结果表明 3.3s 前气体产率随固相产物停留时间的增加而提高,液体产率在固相产物停留时间约 1.9s 时达最大;半焦产率则随固相产物停留时间的延长先降低后增加。产物产率的这种变化趋势是由于煤的初始热解反应和蒸汽相产物的二次反应相互作用引起的。当固相产物停留时间较短时,煤中挥发分的脱除不充分,因此挥发分产率较低,半焦产率较高。随固相产物停留时间的延长,挥发分脱除充分,此时煤的初始热解占主导地位,气体和液体产率增加,半焦产率降低。待继续延长固相产物停

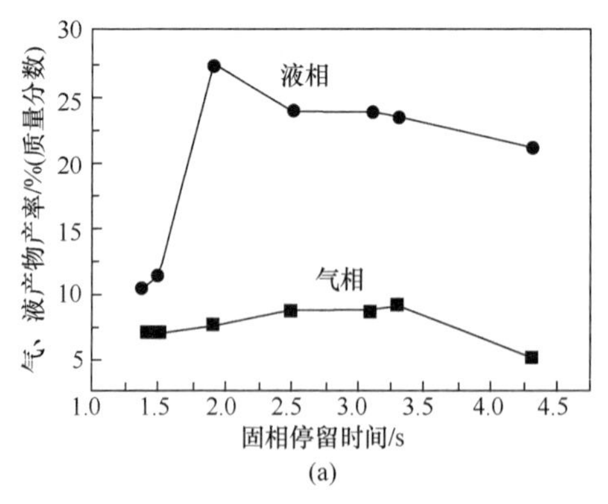

(a)

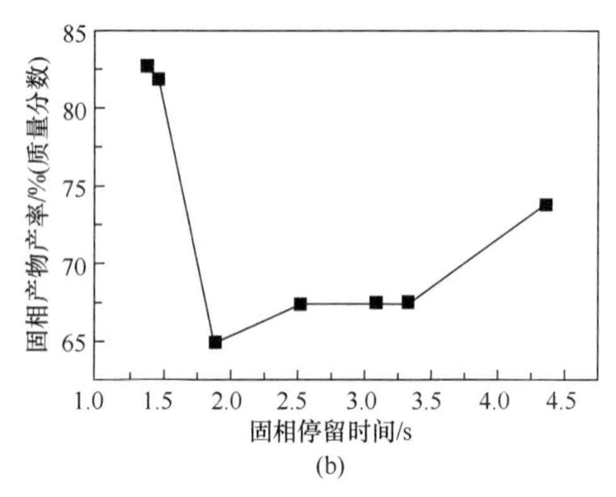

(b)

图 3.19 固相产物停留时间对气、液、固体产率的影响[15]

留时间时，蒸汽相产物的停留时间也会增加，热解产生的焦油和部分轻质气体发生进一步反应，导致最终的气体、液体产率降低。由于二次反应达一定程度时，继续发生缩聚反应，导致积炭生成，因此半焦产率反而会升高。

图 3.20 和图 3.21 分别显示了无机气体组分和碳氢化合物含量随气相产物停留时间的变化情况[15]。结果表明，CO_2 和 CO 的产率随气相产物停留时间延长而逐渐升高，其中 CO_2 主要来源于煤中羧基裂解，因此其产率取决于煤中羧基的含量，随蒸汽相产物停留时间延长，羧基转换为 CO_2 的程度加深。CH_4 是碳氢化合物中含量最多的产物，其主要是由煤和焦油中甲基侧链断裂并加氢以及煤的大分子交联反应生成的，因此当气相产物停留时间较长时，CH_4 产率呈增加趋势。而 C1～C5 的总产率总体上随停留时间延长而增大，C_2H_6 和 C_2H_4 在停留时间约 1.8s 时达最大，而 C_3H_8 和 C_3H_6 产率在 2.1s 左右最大。当气相产物停留时间较短时，碳氢化合物产率随气相产物停留时间延长而增大，主要原因是焦油成分以及 C4 以上长链烃的裂解是这些烃类产物的主要来源。但是在蒸汽相产物停留时间较长时可能发生 $C_2H_6 \longrightarrow C_2H_4 + H_2$，$C_2H_4 \longrightarrow CH_4 + C$，导致 C2 和 C3 烃类产率下降。

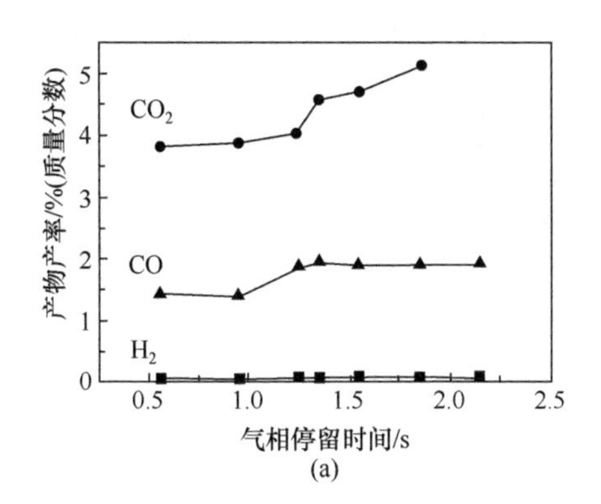

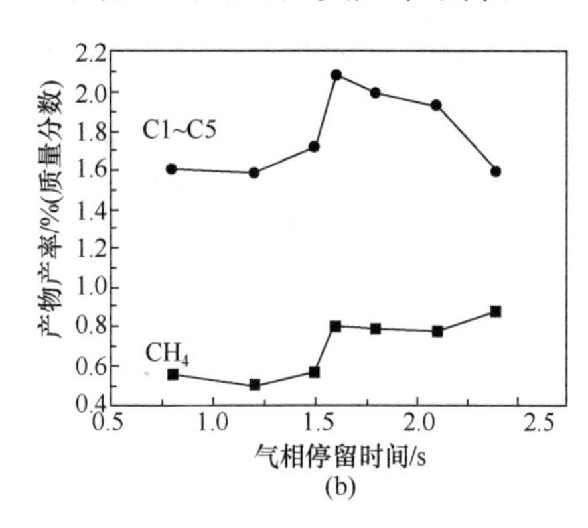

图 3.20　气相产物停留时间对无机气体和 CH_4、C1～C5 产物组成的影响[15]

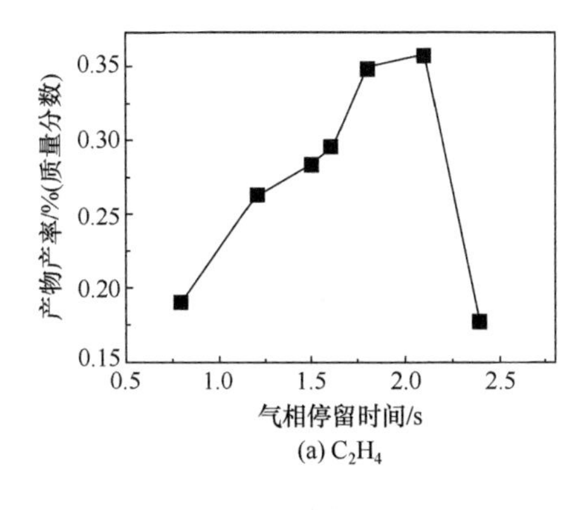

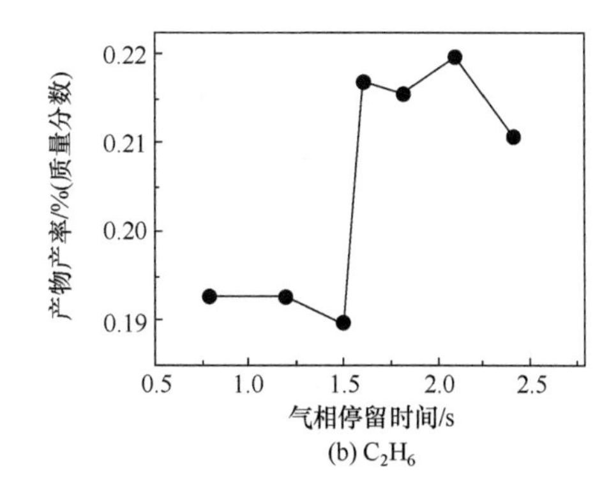

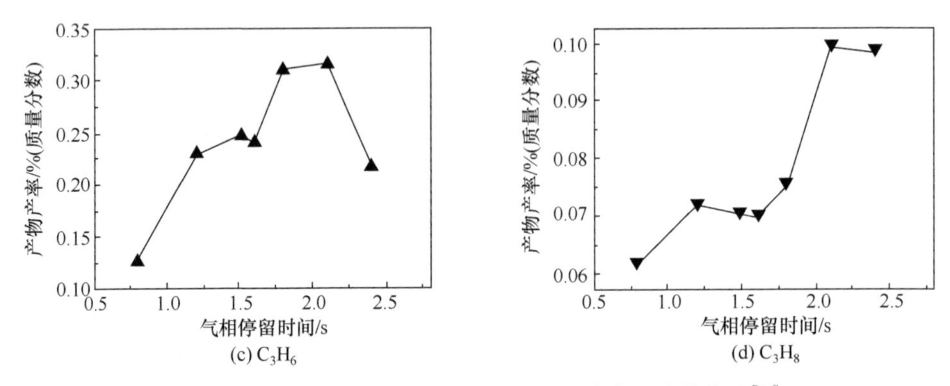

图 3.21 气相产物停留时间对 C2 和 C3 产物组成的影响[15]

图 3.22 显示了气相产物停留时间对液体产物组成的影响[15]。热解水产率随气相产物停留时间延长先升高后降低。热解水的生成首先是由内部水分释放和一些桥键断裂生成自由基,自由基的重新组合生成热解水。此外,羟基的聚合反应也可以生成热解水。热解水的生成主要来源于如下所列反应式(3.1)~式(3.5),但气相产物停留时间延长时,反应式(3.6)和式(3.7)可能发生,使热解水产率下降。

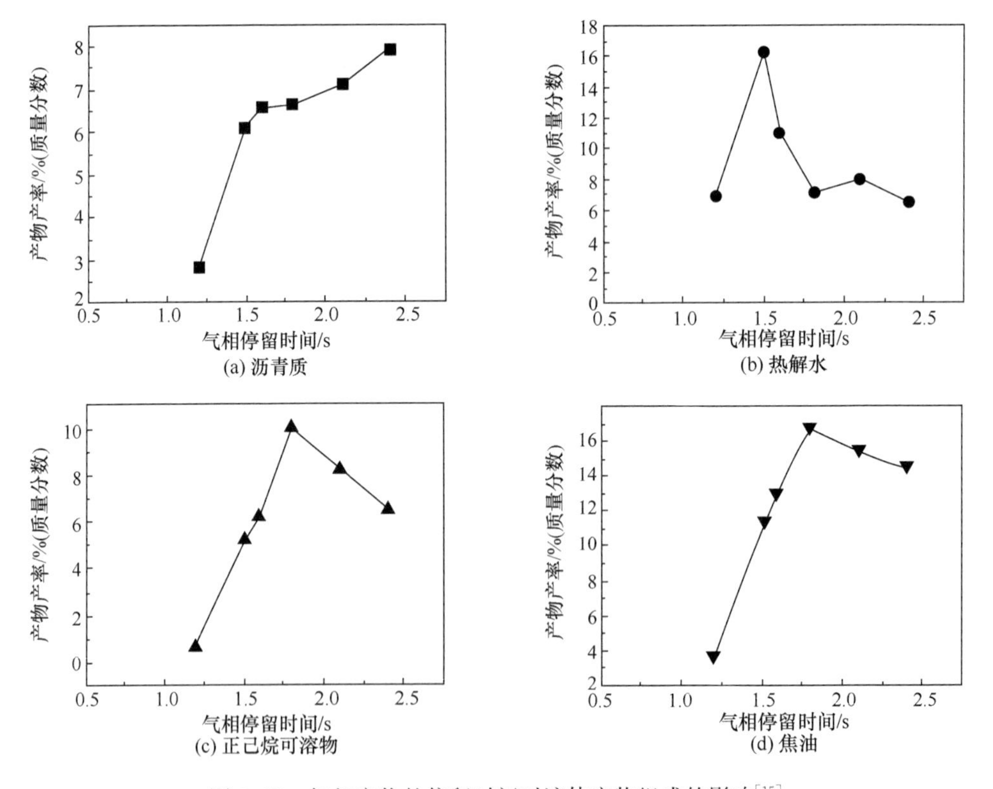

图 3.22 气相产物的停留时间对液体产物组成的影响[15]

焦油产率的变化趋势与热解水产率变化趋势相近，其产率最大值出现在 1.8s。焦油的生成主要来源于反应式(3.8)～式(3.11)，随气相产物停留时间延长，热解程度加深，焦油产率提高；但当停留时间进一步延长可引起二次反应，导致焦油产率反而降低。

$$C_6H_5{-}OH + C_6H_6 \longrightarrow C_6H_5{-}C_6H_5 + H_2O \tag{3.1}$$

$$C_6H_5{-}COOH \longrightarrow C_6H_5{-}\underset{\underset{\displaystyle O}{\|}}{C}{}^{+} + OH^- \;[+C_6H_6] \xrightarrow{-H_2O} C_6H_5{-}\underset{\underset{\displaystyle O}{\|}}{C}{-}C_6H_5 \tag{3.2}$$

$$HO{-}C_6H_5 + H_2 \longrightarrow C_6H_6 + H_2O \tag{3.3}$$

$$-OH + H^* \longrightarrow H_2O \tag{3.4}$$

$$R{-}OH + H{-}R \longrightarrow R{-}R + H_2O \tag{3.5}$$

$$C(s) + H_2O(g) \longrightarrow CO(g) + H_2(g) \tag{3.6}$$

$$CO(g) + H_2O(g) \longrightarrow CO_2(g) + H_2(g) \tag{3.7}$$

$$R{-}OH + H{-}R \longrightarrow R{-}R + H_2O \tag{3.8}$$

$$\text{不饱和烃(气)} \xrightarrow{\text{聚合作用}} \text{高级烃(气)或(液)} \tag{3.9}$$

$$\text{不饱和烃(气)} + H_2 \longrightarrow \text{饱和烃(气)} \tag{3.10}$$

$$-R{-}CH_2 + H^* \longrightarrow R{-}CH_3 \tag{3.11}$$

图 3.23 显示了气相产物停留时间对正己烷可溶物的影响[15]。结果表明，热解产物中正己烷可溶物在 1.8s 时其产率达最大；沥青质随气相产物停留时间延长而增加，这是热解和焦油聚合共同作用的结果。图中给出正己烷可溶物族组分的百分组成，除酚类组分外，其他族组成都呈现相同的变化趋势，在 1.8～2.1s 其产率达最大；因酚类的裂解温度为 700℃，因此当热解温度为 650℃时，酚类组分的产率不随气相产物停留时间的延长而降低，但更长的停留时间使酚类组分裂解而导致产率降低。

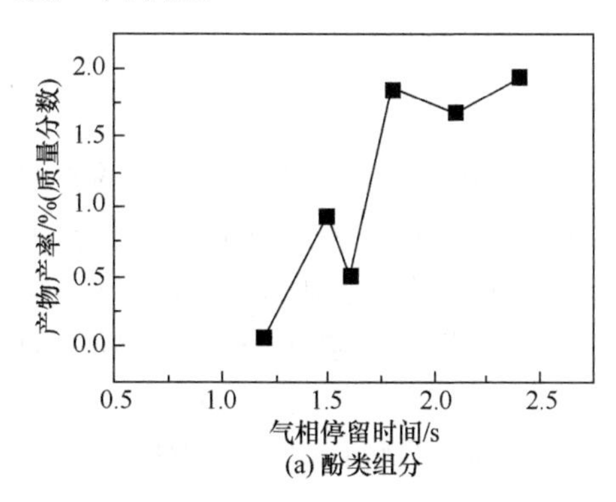

(a) 酚类组分

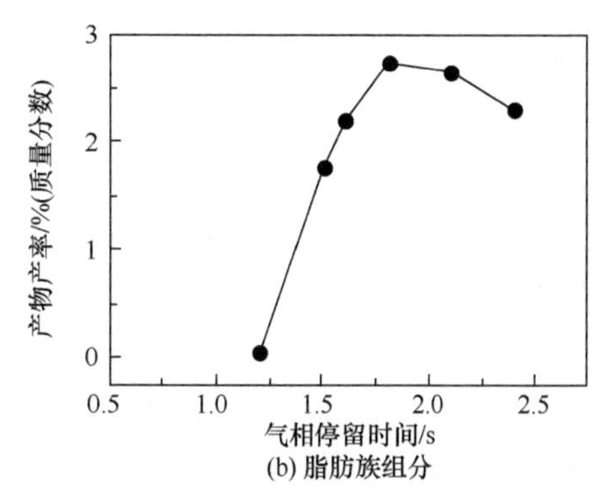

(b) 脂肪族组分

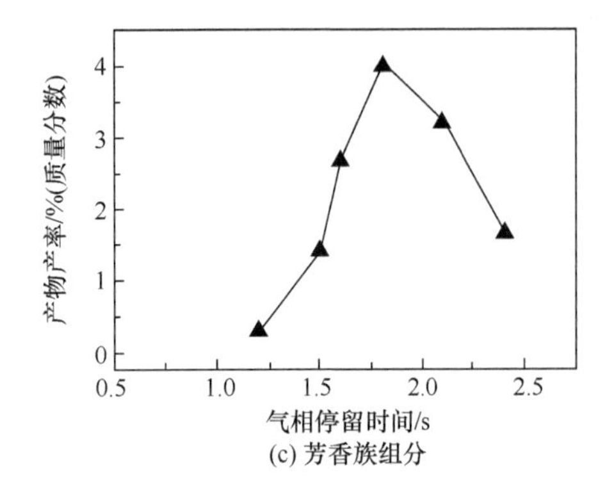

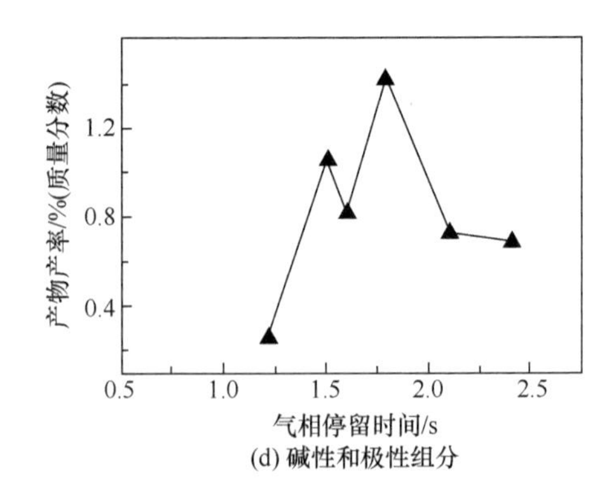

图 3.23　气相产物停留时间对正己烷可溶物组分的影响[15]

4）热解气氛

热解气氛直接影响热解产物的产率和组成。Howard 等[22]经研究发现，He 气氛条件下热解，压力增加时焦油量减少，而甲烷量增加。金海华等[23]以内蒙古扎赉诺尔褐煤为原料，研究了分别以氢气和氮气为载气气氛对苯、二甲苯和 PCX 等液态和甲烷等气态产物产率的影响。结果显示，温度较低（500℃）时褐煤在氢气气氛中热解较温和，当温度达 700℃以上时热解反应剧烈；气相产物产率变化有相同趋势。在氮气气氛中，液态产物产率随温度的变化趋势与在氢气气氛中相似，不同点在于产物产率明显降低。很多学者认为，将煤快速加热至较高温度时，分子间的桥键断裂形成自由基。自由基极不稳定，在扩散过程中可能结合生成焦油或半焦；也可与氢结合，生成分子量较小的烷烃和单环芳烃，氢作为自由基的稳定剂，减少了自由基之间的聚合。因此，氢气气氛条件下的热解生成的甲烷和轻质芳烃产率较高，而且在氢气气氛下煤中的含氧基团等很容易与之结合生成水，因此煤加氢热解生成的水量比氮气氛中热解水量要高。王鹏等[24]通过研究表明，与惰性气氛相比，CO_2和水蒸气气氛下热解半焦产率下降，气产率增加；油产率在 CO_2气氛下下降，而在水蒸气气氛下增加；在 CO_2气氛下热解气中 H_2和 CH_4产率降低，CO 大幅度增加；而在水蒸气气氛中 H_2和 CO_2产率增加，CH_4和 CO 产率降低；产生的煤气热值分别以在 N_2、CO_2和水蒸气气氛条件下逐次降低。

5）压力

压力对热解的影响不是独立发挥作用的。不同热解气氛下压力对热解的影响不同，而提高压力更有利于加氢热解[23]。氢气气氛中，提高氢压可促进氢与自由基的反应，从而促进轻质芳烃和气态烃类等小分子物质生成。此外，加压条件使氢更易与半焦结合生成甲烷；而在氮气氛中，提高压力则减弱了挥发分从煤颗粒中的扩散，从而促进了自由基间的聚合作用。

需指出的是，在煤的热解过程中，各影响因素是相互制约、相互作用的。

3.2.2 煤拔头焦油加工与精制

1. 煤拔头焦油性质

焦油是煤炭在热解过程中得到的液体产品，按照热解温度和过程方法的不同，煤焦油可分为高温煤焦油(900～1000℃)、中温煤焦油(650～900℃)和低温煤焦油(450～650℃)。煤拔头工艺产生的焦油属于中低温煤焦油，主要组分为脂肪烃、烯烃、酚属烃、环烷烃、碱类、芳香族和类树脂物，其中以脂肪烃、酚属烃为主，而芳香烃很少，酚属烃中以高级酚为主。从外观上看，煤拔头工艺产生的中低温煤焦油呈黑色黏稠液体，密度为 1g/cm^{3}左右，黏度大，具有特殊气味，其组成与原煤性质密切相关，且非常复杂，有机化合物的种类有上万种。与原油相比，中低温煤焦油的优势在于其酚类含量远远高于原油；与高温煤焦油相比，其酚类和油品类都占绝对优势；而且中低温煤焦油中 H/C(原子比为 1.24～1.49)相对于煤有很大提高，其比例更接近于石油。中低温煤焦油的性质和组成又取决于煤种和热解工艺[25]，而低温煤焦油的初馏点较高，几乎不含轻质馏分，中性油组成含量较高，以芳烃和脂肪烃为主。在低温煤焦油的组成中，酚类含量超过 15%，低级酚类主要是苯酚、甲酚、二甲酚、三甲酚和乙酚等，酚类化合物主要分布在 200～250℃。低温煤焦油经过蒸馏脱除高附加值产品后，通过加氢催化裂化可得到符合石油产品规格的汽油、柴油和燃料油等产品，是一种价值较高的化工原料。

以某烟煤为例，在不同温度条件下对其进行热解实验，分别得到 460℃与 500℃热解拔头焦油，其 GC-MS 分析曲线和分析结果分别如图 3.24 和表 3.3 所示[16]。由结果表明，460℃和 500℃热解温度下所得的焦油成分整体近似，含量最高的组分为苯酚衍生物，稠环烃、非苯酚衍生物的含氧组分、苯衍生物、脂肪烃含量也较高。其中，甲苯含量为 1%～1.5%，三酚含量为 23%左右，萘及其衍生物含量

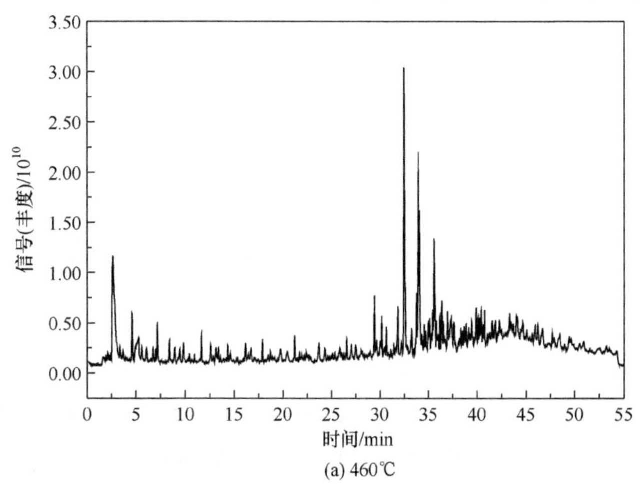

(a) 460℃

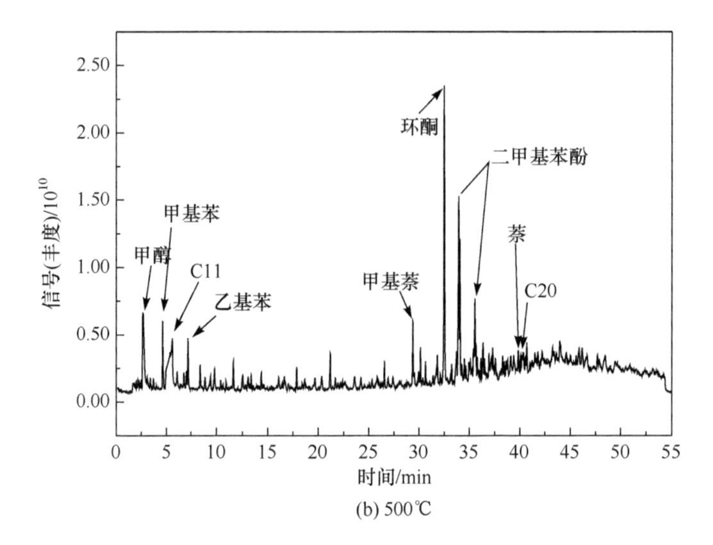

图 3.24 某烟煤在 460℃和 500℃热解焦油的 GC-MS 分析曲线[16]

表 3.3 某烟煤在热解温度为 460℃和 500℃条件下的热解焦油组成[16]

组分	500℃	460℃
苯酚衍生物	34.20	36.70
非苯酚衍生物的含氧组分	13.65	14.21
苯的衍生物	13.07	10.48
稠环芳烃	20.68	20.39
链烃	14.50	14.55
杂环和其他化合物	3.90	3.67
总计	100.00	100.00

约为 10%,C6~C22 脂肪烃类化合物占 10%以上,由此可知,热解获得的焦油可用于提取具有较高附加值的 PCX、萘及脂肪烃类等化学产品。由图 3.24 可知,460℃条件下焦油组分中含氧组分总量(尤其是苯酚衍生物含量)比 500℃条件下相应组分的含量高。

2. 中低温煤焦油加工技术研究进展

目前,中低温煤焦油的加工利用方式主要有[25]精细化工路线、延迟焦化路线和加氢转化路线。

1) 精细化工路线

精细化工路线是将低温煤焦油所含组分逐个分离成为单体的过程。目前,主要有法国马里诺(Marienau)的洛林厂从事低温煤焦油的精细化工路线。其主要产品(质量分数)有[26]:①酚、甲酚和二甲酚等,占焦油的 10%,用于制造消毒剂、杀虫剂、燃料中间体、药品及树脂等;②酚油,占焦油的8%,含有高烷苯酚和萘酚等,用作木材浸渍和皂液乳化的消毒剂;③邻苯二酚和甲基间苯二酚,用于化学工业;④脱酚油,占焦油的1%,用作筑路添加剂或生化杀虫剂和农用杀菌剂的溶剂;⑤脱萘洗油,占焦油的5%;⑥重油,占焦油的32%,可作燃料油,也可作筑路油的添加油;⑦沥青,占焦油的31%,性能与石油沥青相似,用于防水和密封及配置筑路油。

但是,低温煤焦油精细化工路线发展比较缓慢,主要原因有:①研究低温煤焦油的科研机构较少,第二次世界大战后由于廉价的石油冲击,煤低温干馏处于停滞状态,对其副产物低温煤焦油的相关研究也处于停滞状态;②低温煤焦油除酚类外其余单体组分含量超过1%的组分比较少,大部分在0.5%以下,进行单体分离的经济效益不佳;③低温煤焦油单体分离不产生汽柴油,无法替代石油燃料。

2) 延迟焦化路线

延迟焦化是以贫氢重质油(如减压渣油、裂化渣油、煤焦油和沥青等)为原料,在400~500℃下进行的深度热裂解反应。通过裂解反应,渣油中部分成分转化为气态烃和轻质油品;同时,由于缩合反应渣油的另一部分转化为焦炭。延迟焦化技术是石油化工比较成熟的技术,该技术投资少,工艺简单,在石油工业中主要处理各类含沥青质、硫以及金属的重质渣油。低温煤焦油的密度大,黏度、残碳和灰分都比较高,属于重质油,因此将石油工业中的延迟焦化技术应用于煤焦油中是可行的。但目前国内将延迟焦化工艺应用于低温煤焦油中的研究寥寥无几,仅辽宁石油化工大学的研究进展情况有资料可参考。其工艺过程是将低温煤焦油进行延迟焦化实验后,获得适宜的操作参数,得到焦化气体、液体产物和焦炭,具体工艺如图3.25所示[25]。

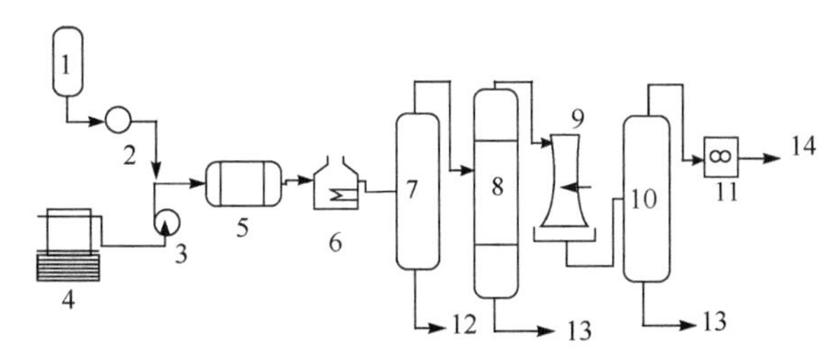

1. 气缸;2. 气泵;3. 原料泵;4. 原料存储罐;5. 预热炉;6. 加热炉;7. 焦炭塔;
8. 分馏塔;9. 冷却器;10. 分离器;11. 气体流量计;12. 焦炭;13. 液体产物;14. 气体产物

图3.25 延迟焦化工艺流程[25]

具体的工艺路线是通过水泵给预热炉、加热炉和焦炭塔升温,达设定值时,开启原料泵按规定的水油比例进料。焦化完成后得到相应产物,该工艺可获得气体约7.8%(其中,气3.2%,液化气4.6%),液体燃料约81.2%,焦炭约10%。经该工艺处理后的液体燃料中H/C原子比大幅提高,并将低温煤焦油中绝大多数灰分和杂质转移到焦炭中。但是由该工艺得到的液体组分并没有形成产品,还需后续处理。如果将其作为加氢处理前的主工序,其投资将增加。

3) 加氢工艺路线

加氢工艺路线是目前处理低温煤焦油的主要手段,其目的是使焦油中大量的芳烃、胶质和沥青质加氢饱和,裂解开环加氢分解获得更多低分子量饱和烃,同时脱除 S、N、O 和金属等杂原子;另外还可以生产用于提高柴油十六烷值的添加剂。对于低温煤焦油加氢工艺,众多科研机构和相关企业已开展大量的研究工作,但大部分低温煤焦油只是作为液体燃料,如汽油、柴油、燃料油和化学品的生产原料。由褐煤低温煤焦油加工后可得到各种液体燃料、石蜡、沥青、电极焦、润滑油、酚和防腐油等,加工流程如图 3.26 所示[25]。烟煤低温煤焦油经加工后可得到液体燃料、沥青、酚等。加工方式有先蒸馏后提酚或先碱洗脱酚后蒸馏等,其工艺流程分别如图 3.27和图 3.28 所示[25]。

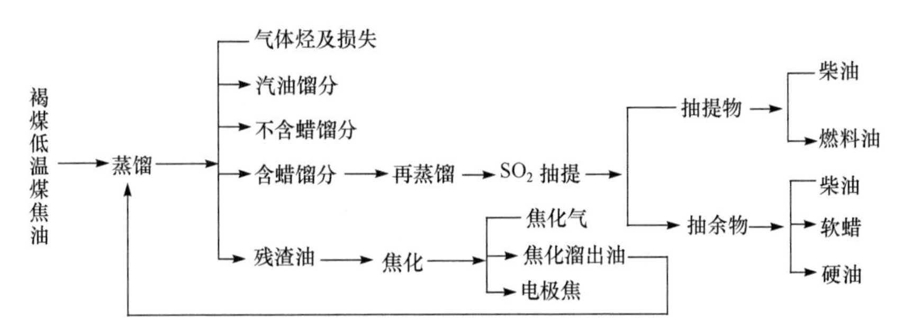

图 3.26 褐煤低温焦油加工工艺流程[25]

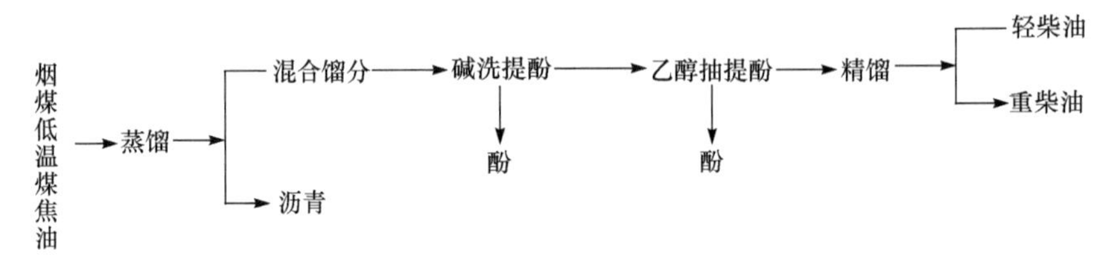

图 3.27 先蒸馏后提酚加工工艺流程[25]

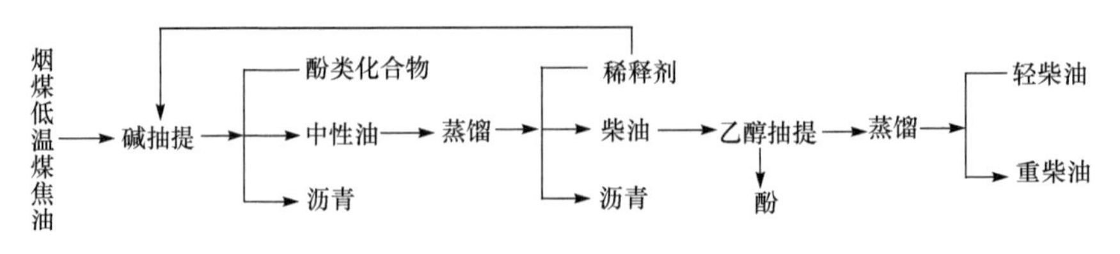

图 3.28 先脱酚后蒸馏加工工艺流程[25]

目前,低温煤焦油加氢工艺路线根据产品不同,主要分为燃料型、燃料-化工型和燃料-润滑油型三种工艺。经工艺发展以及技术耦合,燃料-润滑油-化工型工艺将是未来发展的方向[26]。

(1) 燃料型。燃料型工艺路线以生产汽油、煤油和柴油为主。国外目前没有专门从事单一燃料型路线的工厂，而国内仅有的几个低温煤焦油加工厂均走燃料型路线。国内许多研究机构对燃料型工艺也进行了相应研究，主要是以低温煤焦油为原料，通过过滤器和预处理器脱出水分和部分轻油及残渣后，进入精馏塔进行馏分切割；然后将馏分小于360℃的产品全部进行加氢精制，分离后得到石脑油和柴油；馏分大于360℃的产品为沥青组分。

(2) 燃料-化工型。燃料-化工型工艺路线的特点是除生产汽柴油等油品外，还生产酚类化合物，或还可以从石脑油中将芳烃组分抽提，综合利用原料资源。英国波尔索威尔厂(Bolsover)就采用这种工艺路线。此工艺的初级产品主要有：①汽油(沸点为42～175℃)，占焦油的3%，主要用于航空燃料；②柴油，占焦油的22%，主要用于市内公共汽车；③燃料油，占焦油的20%，用于加热燃料；④酚和甲酚以及高沸点焦油酸，占焦油的13%，用于生产消毒剂、杀虫剂、防腐剂和酚醛树脂等；⑤邻苯二酚及同系物和间苯二酚及同系物，用于制造抗氧化剂、药品、人造胶水和制革等；⑥沥青，占焦油的25%，用于筑路油、黏结剂、橡胶和填充剂等；⑦杂酚油，用于木材防腐；⑧浮选油，主要用于选煤厂选煤；⑨橡胶溶剂，用于特效橡胶溶剂。

(3) 燃料-润滑油型。燃料-润滑油型工艺路线的特点是除了生产轻质和重质燃料油类外，还生产润滑油基础油。润滑油基础油要求低温煤焦油中的蜡油含量要高，而目前国内的低温煤焦油中蜡油含量为0.4%～10%，因此，选择燃料-润滑油型对原料低温煤焦油有一定要求。目前，国内外对燃料-润滑油型路线的研究进展还较少。

国内已经开展了众多中低温煤焦油加工工艺的相关研究[25]。研究领域从基础理论、反应机理到工艺研发、工程化开发，试验规模也从实验室小试到中试直至工业性试验。张军民等[25]对低温煤焦油中的酚类物质从生成机理、酚类回收至分离利用进行了系统研究，并提出了低温煤焦油中酚类化合物分离与利用方面的发展趋势和研究方向。抚顺石油化工研究院利用碱性液体对低温煤焦油中的酚类物质进行抽提[27]，酚类产量可达44%，酚及酚系物含量达99%。沈和平等[28]开发了一种中低温煤焦油深加工工艺，该技术既能得到汽油和柴油馏分，又能得到酚、苯、甲苯以及溶剂油等高附加值化工产品，是典型的燃料-化工型加氢工艺路线。另外，煤炭科学研究总院北京煤化工研究分院开发的中低温煤焦油加氢工艺具有原料适应性强、流程简单、燃料油收率高、无沥青副产物、催化剂活性高等优点[29]。张秋民等[30]开发了煤焦油重馏分加氢裂化沸腾床反应器及加氢裂化方法，该反应器不仅成品油收率高，而且有效解决了固定床催化剂床层容易阻塞的问题。张晔等[31]利用独立开发的催化剂对460℃前的馏分进行了加氢实验，得到的汽油和柴油均达到国家标准中93号汽油和0号柴油的各项技术指标。另外，李冬、黎大鹏、孟广军、牟艳春等[32-35]对中低温煤焦油的加氢方法、工艺流程和产品精制进行了深入研究，并申请了多项发明专利。付晓东[36]、李增文[37]等对煤气化副产的中低温煤焦油的加氢工艺和技术进行了深入研究。李春山[38]、何巨堂等[39]在煤焦油加氢催化剂的催化机理和活性方面进行了深入研究，并开发出多种性能优良的催化剂。

3. 中低温煤焦油技术工业化发展现状

近年来，低阶煤的干馏和煤制天然气已成为国内研究和投资的热点，与此伴随着大量中低温煤焦油的生产，有力促进了煤焦油加氢产业的发展。

云南解化集团 1 万 t/a 煤焦油加氢装置于 1997 年建成投产，是中国最早建成的煤焦油加氢装置[40]。该装置是以褐煤气化低温煤焦油为原料加氢生产燃料油，后经扩建，现已达到 6 万 t/a 的规模。中煤龙化哈尔滨煤制油公司的 5 万 t/a 煤焦油加氢项目以哈尔滨气化厂的副产焦油为原料，2003 年建成投产，至今运转良好；公司还增建了 1 套 4 万 t/a 重质煤焦油加氢裂化装置。辽宁博达化工公司的 5 万 t/a煤气化副产焦油加氢装置于 2009 年建成投产。陕西神木天元化工公司 2×25 万 t/a煤焦油加氢装置已顺利投产，该项目以低阶煤干馏中低温煤焦油为原料，生产轻质化燃料油 40 万 t、石油焦 8 万 t 及液化气 0.8 万 t 等产品。河南鑫海新能源公司的年产 5 万 t 煤焦油加氢改质项目于 2009 年年底开工建设。陕西东鑫垣化工 50 万 t/a 中低温煤焦油加氢项目于 2010 年开工建设。内蒙古赤峰国能化工 45 万 t/a 煤焦油加氢项目以煤制天然气项目副产中低温煤焦油为原料，分三期建设，一期工程规模为 15 万 t/a，于 2010 年 6 月开工建设。开滦集团在内蒙古鄂尔多斯 40 万 t 煤焦油加氢项目于 2009 年 10 月开工建设，该项目以长焰煤干馏煤焦油为原料进行加氢制取燃料油。神木富油能源公司(12 万 t/a)中低温煤焦油全馏分加氢综合利用工程加氢系统于 2012 年 7 月 16 日开始投料试车，连续安全运行 171h，累计生产石脑油 138.14t、柴油 725.26t，煤焦油转化率达到 100%，石脑油、柴油分收率达到 96.31%，试生产负荷达到 81.3%。榆林市基泰能源化工公司(20 万 t/a)、神木安源化工建设的 125 万 t/a 煤焦油预处理和 100 万 t/a 焦油加氢裂化装置的一期 50 万 t/a 煤焦油加氢项目已于 2012 年 4 月开工建设；二期 50 万 t/a 建设项目，将于 2015 年投产。神华煤制油化工公司以褐煤热解煤焦油为原料在呼伦贝尔建设 30 万 t/a 煤焦油加氢项目。新疆爱迪新能源公司建设了 20 万 t/a 煤焦油加氢示范工程，以生产汽油、柴油、粗酚及改质沥青等产品。预计到 2015 年，中国的中低温煤焦油加氢处理能力能达到 700 万 t/a[41]。

3.2.3 煤拔头半焦的燃烧特性

1. 原煤性质对拔头半焦燃烧特性的影响

热解条件对煤拔头半焦结构和活性的影响与原煤性质有很大关系，原煤煤化程度、不同显微组分含量、热塑性和化学组成等对煤的热解过程和半焦的反应活性都有明显影响。

1）煤种

煤质对半焦反应活性的影响较复杂，随变质程度增加，煤内部碳基质有序度增加，碳微晶尺寸增大，半焦表面活性位减少，导致半焦的反应性下降。另外，随变质程度增加，与半焦反应活性有密切关系的煤比表面积、孔隙率和孔结构变化出现了两头高、中间低的凹形分布，使半焦反应活性随煤阶变化的规律更加复杂。其他影响因素，如煤的岩相组成、煤中矿物质含量及组成的无规律性等也增加了复杂性。

Alvarez 等[42]指出，不同煤阶煤经相同热解过程所得半焦的孔结构明显不同。Cai[43]等对五种半焦燃烧反应活性的研究表明，半焦燃烧反应活性与热解温度有关，反应活性随热解温度的变化关系为

$$\ln R_{max}=a-bT \tag{3.12}$$

式中，R_{max}为热处理后半焦在 500℃下的最大反应速率；T 为热解温度；a、b 为常数，与煤种有关，低阶煤含碳量低，但氢、氧含量高，则 a、b 值高。

2）显微组分

煤是由有机显微组分和少量矿物质组成的有机岩石，煤的岩相显微组成是确定煤类型的重要特征，因此研究煤的反应性时应考察煤的岩相显微组成。近年来，对显微组分热解半焦燃烧反应性的研究已有报道。

Cai 等[43]对南非煤进行了研究，结果表明，700℃条件下所得热解半焦的燃烧反应性随原煤镜质组（vitrinite）含量增加而升高，随丝质组（inertinite）含量增加而降低。但对同一煤种，1500℃条件下所得热解半焦的燃烧反应性正好相反，而南非煤半焦的燃烧反应性随丝质组含量不同其变化却不大。

孙庆雷等[44]以神木煤的镜质组和丝质组为研究对象，利用热重法考察了热解半焦的燃烧行为，并比较了其燃烧反应性。以半焦的最大燃烧失重速率 R'_{max}作为判断半焦燃烧反应性的参数，结果表明，随热解温度升高，镜质组和丝质组半焦燃烧失重和最大失重速率对应的峰值向高温区移动，说明所得半焦的燃烧反应性变差，同时半焦的着火点也大幅度增加。而在相同热解温度条件下，镜质组半焦的燃烧反应性高于丝质组半焦。随热解温度升高，镜质组和丝质组半焦的最大燃烧速率均降低。700℃和 500℃条件下所得半焦的燃烧反应性变化不大，而热解温度为 900℃时半焦的反应性急剧下降。由实验结果还表明，相同 C、H 含量及 H/C 比和（H+O）/C 比条件下，镜质组半焦的燃烧反应性高于丝质组半焦；随镜质组和丝质组半焦中 H 含量的增加、C 含量的减少，半焦中 H/C 比和（H+O）/C 比增加，相对应半焦的燃烧反应性均增大。相同升温速率条件下，镜质组半焦的最大燃烧速率高于丝质组半焦。随热解升温速率增大，镜质组和丝质组半焦的最大燃烧速率均增大。相同热解压力条件下得到的半焦，镜质组半焦的最大燃烧速率高于丝质

组半焦，随热解压力增加，镜质组和丝质组半焦的最大燃烧速率均减小；而随热解压力增加所得丝质组半焦最大燃烧速率下降的程度高于镜质组半焦。

3）矿物质

煤中矿物质对半焦反应活性有一定的催化作用，但这些组分只有在半焦中充分分散才会发挥其催化作用。当制焦温度较低且低于煤的软化温度时，煤中矿物质的分散尺度和状态改变很小；当制焦温度高于相应灰熔融温度时，半焦中矿物质分散尺度和状态明显变化，煤中矿物质微粒随温度升高从分散发展到团聚，温度越高，聚集态的矿物质颗粒尺寸越大，其催化作用也越弱。

赵宗彬等[45]利用固定床反应器，在常压、400～950℃考察了热解制得的半焦对 NO 的还原反应性，并探讨了煤中矿物质对 NO-半焦还原反应机理和反应动力学特性。结果表明，煤中矿物质对 NO-半焦反应有催化作用，作用大小与矿物质含量、组成有关，含惰性组分高的矿物质对 NO-半焦反应有抑制作用；半焦还原 NO 反应存在双温区现象，低温和高温反应的机理不同，反应的活化能值有较大差异。

许多学者实验还发现，中低温条件下，Ca 对半焦燃烧反应的催化作用显著。在低变质程度煤中与有机质结合的 Ca、Mg、K、Na 和 Fe 等元素含量高，则会大大促进中低温条件所得半焦的燃烧速率[46]，Ca 促进了 CO 和 CO_2 的非均相反应，使反应速率加快。Floess 等[47]认为 Ca 会降低半焦表面化学吸附氧的活化能，使氧与碳的反应速率提高 2 个数量级。但 Mitchell[48]发现当颗粒燃烧温度超过 1500K 后，矿物质对燃烧反应的催化作用非常小，这是因为颗粒温度高导致半焦中矿物质烧结或熔融而使其催化能力下降甚至丧失。

循环流化床锅炉内燃烧温度通常维持在 850～900℃，但半焦颗粒温度会超过环境温度，温差达 150～300℃，导致半焦的实际燃烧温度达 1000～1200℃。由于颗粒燃烧温度较高可能导致半焦颗粒内部的灰熔融或烧结，堵塞内部空隙，使反应可接触面积减少，所以最终引起反应速率降低。因此，许多学者认为半焦反应活性降低的一个重要原因是，由于半焦中矿物质在热处理过程中熔化或烧结等原因导致其弥散程度降低或某些催化组分的挥发而失去催化性能[49]。煤种不同，煤的灰熔点不同，热处理过程中半焦中矿物质的存在形式亦不同。对于灰熔点较低的煤，高温热处理会使煤中矿物质的分散程度降低，聚集程度增加，使矿物质对半焦反应的催化能力下降。

4）原煤粒度对拔头半焦组成的影响

在煤拔头工艺条件下，原煤粒度对煤热解过程的影响主要包括三方面：

（1）原煤粒度影响颗粒的升温速率，进而影响挥发分的析出程度；原煤粒度减小，相同热解条件下煤颗粒升温速率增加，挥发分含量下降。

（2）原煤粒度越小，颗粒煤越容易被流化气带出反应器，导致其在反应器内停留时间短，挥发分含量比较高。

(3) 影响挥发分在颗粒内部的停留时间，从而影响颗粒内部的二次反应程度。原煤粒度减小，生成的挥发分在颗粒内部停留时间降低，从而降低颗粒内部的二次反应程度，挥发分含量下降。

在煤或半焦的燃烧过程中，挥发分的含量会对着火情况产生影响，而燃料比，也即原料中固定碳质量分数与干基挥发分质量分数的比值，则会影响其燃烧和燃尽性。

图 3.29 为不同热解温度条件下不同粒度大同烟煤热解半焦(DTC)燃料比 I 值[50]，以及与原煤(DT)、阳泉无烟煤(YQ)比较的结果。燃料比定义为：$I=w_{FC}/w_{Vd}$，这里 w 指质量分数。由结果可知，各粒度原煤热解半焦的燃料比均高于大同烟煤，而低于阳泉无烟煤。四种热解温度条件下，DT60 系列半焦的燃料比最高，DT100 系列半焦次之，而 DT80 系列半焦最低。随热解温度升高，各粒度原煤热解半焦的燃料比增加，逐渐接近阳泉无烟煤的燃料比。热解温度为 850℃ 时，DT60 的燃料比甚至高于阳泉无烟煤的燃料比。

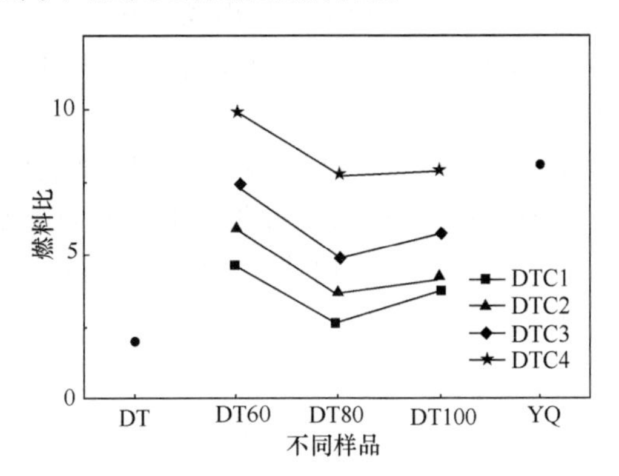

图 3.29　原煤粒度对拔头半焦燃料比的影响[50]

2. 热解条件对煤拔头半焦燃烧特性的影响

1) 热解温度对拔头半焦组成的影响

热解温度是影响煤拔头工艺热解产物分布及组成的主要因素之一。图 3.30 显示了热解温度对拔头半焦挥发分和燃料比的影响[50]。结果表明，就同一种粒度原煤而言，随热解温度升高，拔头半焦的挥发分含量降低，燃料比增加。随热解温度升高，三种粒度拔头半焦的挥发分含量差别缩小。各粒度原煤拔头半焦的挥发分含量均低于原煤而高于无烟煤。除 DT60 系列拔头半焦之 DTC4 的燃料比高于 YQ 外，其他半焦的燃料比均高于 DT 而低于 YQ 原煤。

2) 热解条件对半焦有机组成的影响

煤主要是由 C、H、O 三种元素构成的各种有机官能团的集合，煤中有机物含

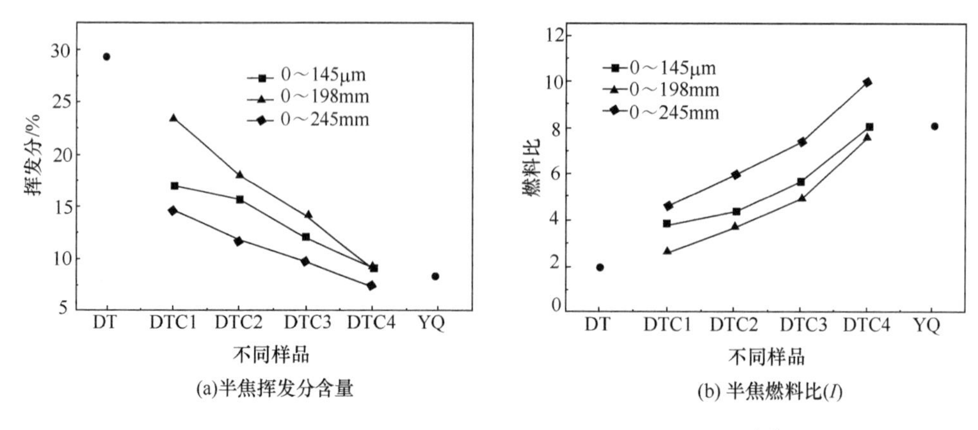

图 3.30　热解温度对拔头半焦挥发分和燃料比的影响[50]

量以及热解过程中产物释放的不同规律都可从 H/C 和 O/C 含量比得到宏观反映。随热解程度的加深，煤中的氢由于裂解放出烃类和发生缩聚反应而脱出，氧主要形成热解气体和热解水；煤中的氢、氧含量逐渐下降，H/C 和 O/C 原子比的变化可以反映热解的程度。

煤热解过程中，煤的有机质中含氧结构、芳香结构及脂肪结构会发生相应的变化。而红外光谱是分子中成键原子振动能级跃迁引起的分子振动吸收光谱，其吸收峰的位置和强度取决于分子中各基团的振动吸收形式和相邻基团的影响。

利用 Bruker EQUINOX55 型红外光谱仪对煤及拔头半焦进行解析。大同烟煤及 DT80 系列拔头半焦的红外光谱图如图 3.31 所示[50]。半焦的透射红外光谱对高波数的脂肪 C—H 和芳香 C—H 分辨效果较差，而在 2000cm^{-1}以下具有较好的分辨效果。煤及拔头半焦的特征吸收峰主要包括 1000～1800cm^{-1}的含氧结构区和 600～950cm^{-1}的 C—H 的面外摇摆吸收区。拔头半焦结构中的含氧官能团、烷基侧链及芳环结构发生了变化。随热解温度升高，半焦中—C—O—C—伸缩振动结构在 950～1250cm^{-1}附近的吸收峰变弱，酸、酮、芳香酯和酚等—C═O 伸缩振动位于 1700cm^{-1}处的吸收峰随热解程度的加深而逐渐减弱，1600cm^{-1}处的—C═O 和—O—吸收峰亦减弱。芳香环位于 1450cm^{-1}的不对称变形振动和位于 1580cm^{-1}的环振动和伸缩振动也显著减弱，同时芳环结构上 C—H 面外弯曲振动位于 750cm^{-1}、810cm^{-1}和 880cm^{-1}处的吸收峰变弱，表明煤中含氧结构的脱除程度增强，同时芳香环的缩聚程度变大。随热解温度升高，—CH_3和—CH_2对称弯曲振动位于 1380cm^{-1}处吸收峰有增强的趋势，这与大分子碎片之间的聚合反应生成芳香性更高的半焦结构有关。

图 3.32 显示了大同烟煤 DT80 系列拔头半焦的 H/C 值[50]。半焦的 H/C 值随原煤热解温度升高而降低，且低于原煤 H/C 值。半焦中 H 主要分布在官能团

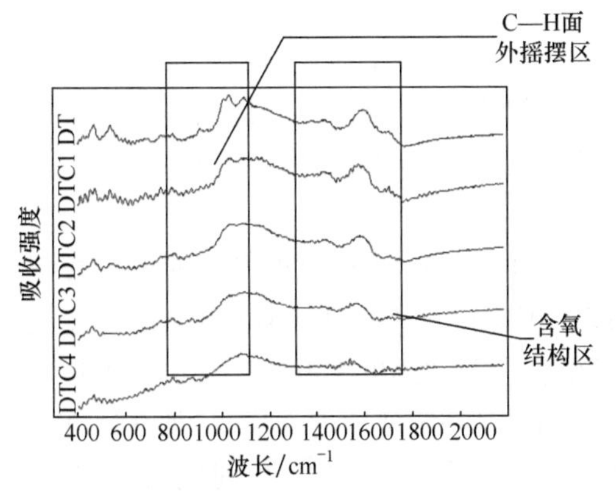

图 3.31　大同烟煤及 DT80 系列拔头半焦的红外光谱分析[50]

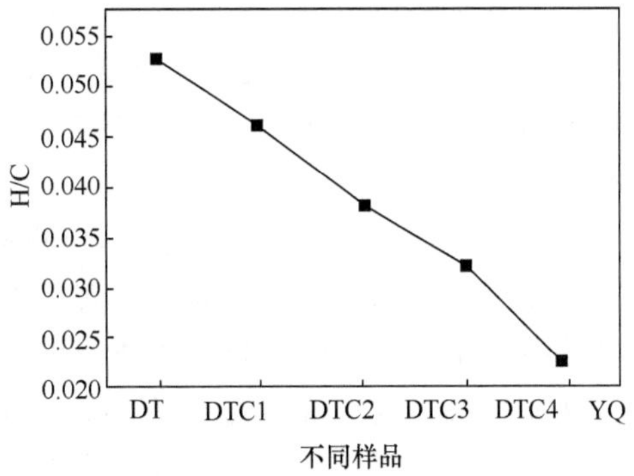

图 3.32　DT 及 DT80 系列拔头半焦的 H/C 值[50]

与脂肪烃支链或以芳香氢的形式存在。H/C 值降低表明:随热解温度升高,热解半焦中含氢官能团和烃类支链的脱除程度增强,同时芳烃结构和芳香结构的缩聚程度显著增加,与上述红外光谱分析结果一致。

3. 煤拔头半焦的燃烧特性及无量纲综合燃烧指数

1) 半焦的燃烧特性

利用 STA-449C 型综合热重分析仪(德国 Netzsch),对大同烟煤(DT)及其系列半焦和阳泉无烟煤(YQ)两种典型煤种的燃烧特性进行比较[51]。图 3.33 是升温速率为 2℃/min 条件下的燃烧热失重曲线(TG 与 DTG 曲线)[51]。结果表明,随半焦制备温度的升高,半焦的燃烧失重曲线与原煤相差变大,更趋近于阳泉无烟煤的燃烧曲线;不同升温速率下煤样的 TG 与 DTG 曲线的变化趋势相同。

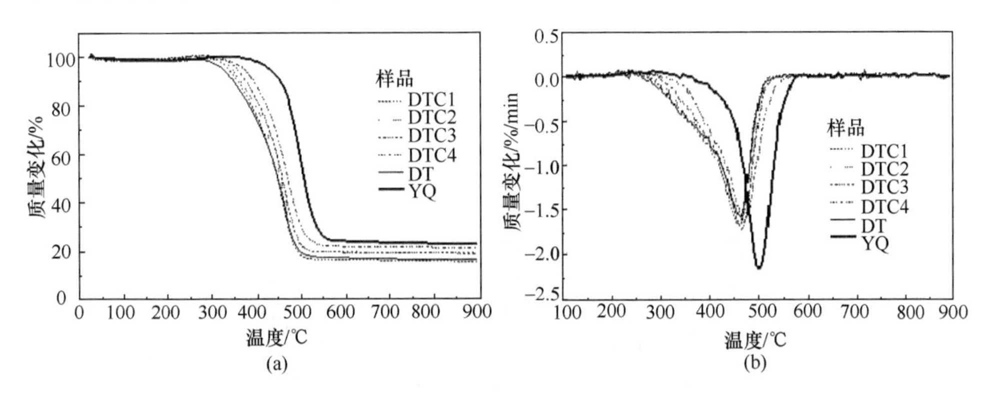

图 3.33　DT 及其系列半焦与 YQ 的 TG 与 DTG 曲线[51]

煤的燃烧特性研究中着火性能是重要的参数之一，因为煤的着火性能关系着锅炉的安全经济运行。按国家标准规定(GB/T18500—2001)，煤的着火温度定义为：煤样放出足够的挥发分与周围大气形成可燃混合物的最低燃烧温度。在实验测试过程中可以理解为：煤样在足够空气供给条件下受热升温到开始着火(燃烧)时刻的温度点。

测定煤着火温度的方法很多，可将氧化剂通入煤中加热使煤发生明显的爆燃或急剧升温的临界温度作为煤的着火温度。国家标准 GB/T18511—2001 规定的方法按使用仪器不同可分为两种，即“体积膨胀法”和“温度实升法”。其中，温度实升法是把煤样放入特制玻璃仪器或铝制容器中，以一定速度通入氧气，加热。在此条件下，煤被氧化而发生自热，而且温度越高，氧化越快。经过一定时间后，煤开始自燃，放出大量的热，使煤的温度明显升高，煤样内部的温度上升速率超过对煤样的加热速率，在实验中记录加热速率和煤样的升温速率，以加热曲线和升温曲线的交点表示煤的着火点。该方法的测定值通常被作为标准值。

目前，煤的热重分析法已被广泛应用于着火性能的评价以及对整个燃烧过程的研究，尤其是煤粉燃烧着火温度的确定。采用热天平研究煤粉着火温度时，常用的方法有：①TG 切线法；②固定失重率法；③TG 曲线分界点法；④DTG 曲线分界点法；⑤TG-DTG 曲线分界点法。在热天平里煤粉缓慢加热过程中，由于设定了升温速率，且样品量很少，认为对煤样的加热速率即为煤样内部的温度上升速率，此时，煤样的失重变化反映了着火情况。因此，定义煤样的失重速率突然急剧变化点对应的温度为煤样的着火温度。按此定义，采用修正后的 TG-DTG 切线法以求着火温度。

(1) 原 TG-DTG 切线法 。TG-DTG 切线法原理如图 3.34 所示[51]，是采用手工作图法确定着火温度：在温度为横轴的 TG、DTG 曲线图，过 DTG 曲线峰值点 P 作温度轴的垂线，与 TG 曲线交于点 O，过点 O 作 TG 曲线的切线，与 TG 曲线的初始水平线交于点 A，点 A 对应的温度即为着火温度。但该法采用手工作图，随意性较大，导致误差较大。

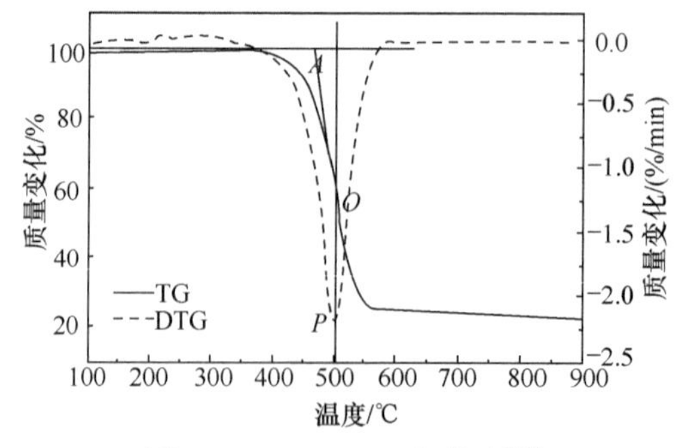

图 3.34　TG-DTG 切线法[51]

(2) 修正的 TG-DTG 切线法。修正的 TG-DTG 切线法(图 3.35)与 TG-DTG 切线法的不同点在于:一是采用时间轴为 TG-DTG 曲线的横轴,由于 DTG 曲线是 TG 曲线对时间的一阶导数,采用时间轴作横轴更为合理;二是利用热重曲线结果直接确定 O 点的坐标和切线斜率,并采用解析几何方法确定着火温度。

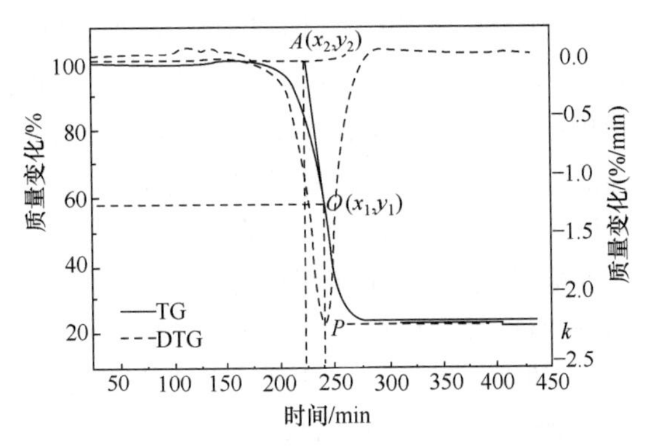

图 3.35　修正的 TG-DTG 切线法原理图[51]

具体方法如下:

直线 AB:　　$y=y_2$　(TG 曲线初始水平线)　　(3.13)

直线 OA:　　$y=k(x-x_1)-y_1$　　(3.14)

此处,k 为 DTG 曲线上 P 点所对应的 $\mathrm{d}w/\mathrm{d}t$ 值(失重速率峰值);x_1、y_1是 TG 曲线上的 O 点(x_1,y_1)(失重速率峰值对应的 w,t 值)。A 点的纵横坐标就是式(3.13)和式(3.14)组成的二元一次方程组的解,此解的横坐标即为着火点对应的时间值,该值确定后,即可确定着火温度。

图 3.36 给出了由修正的 TG-DTG 切线法得到的大同烟煤及其系列半焦以及阳泉无烟煤在不同升温速率下的着火温度[51]。利用该法得到的着火温度在不同升温速率条件下有相同趋势:大同烟煤系列半焦的着火温度均高于原煤的着火温度,但均低于阳泉无烟煤;而且,着火温度随制焦温度升高而升高。

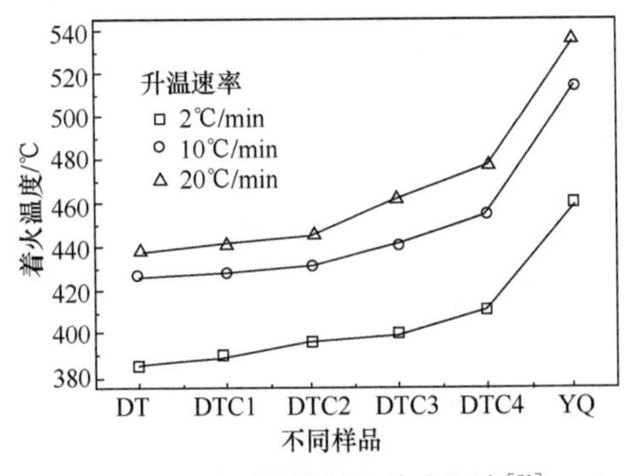

图 3.36　不同煤样的着火温度[51]

此外，挥发分含量是判别煤粉着火性能的另一重要参数。一般情况，挥发分含量越高，试样的着火温度越低。

2）无量纲综合燃烧指数

至今为止，已有较多判别指标用于评价煤或半焦的燃烧特性。例如，陈建原等[52]提出挥发分释放特性指数 D 和综合燃烧指数 S；西安热工研究所[53]提出可燃性指数 C；谢峻林等[54]提出可燃尽指标 D_f；高正阳等[55]提出描述煤样着火后燃烧速率与燃尽性能的指数 H_F；韩洪樵等[56]提出煤综合可燃性指标 S；魏兆龙等[57]提出煤种燃烧稳定性的判别指数 G；方立军等[58]提出用混煤综合判别指数 H_j 来判别两煤种混煤煤粉燃烧的燃尽特性，等等。在已提出的指数中，指数 D、G 侧重评价煤或焦样的着火性能；D_f、H_j 侧重于煤或焦样的燃尽性能；H_f 针对着火和燃尽两方面性能进行综合评价；综合可燃性指标 S 用于评价煤或焦样的燃烧和燃尽性能。其中，陈建原提出的综合燃烧指数 S 可综合评价着火、燃烧、燃尽三方面性能，但该指数受单位制影响，数据的处理结果不能很好地表现其规律性。因此，基于前人的研究，仝晓波[51]提出了一个新的综合燃烧指数 Z 以综合评价煤或焦样着火、燃烧和燃尽三方面的性能，且该指数为无量纲指数，不受单位制的影响，适用性较广。

无量纲综合燃烧指数 Z 的定义过程如下：

对于缓慢加热的燃烧过程，燃烧反应初期即着火阶段可认为动力区，即化学动力学因素控制反应速度，并可近似用阿伦尼乌斯定律表达燃烧速率，即

$$\frac{\mathrm{d}w}{\mathrm{d}\tau}=A\exp\left(\frac{E}{PT}\right) \tag{3.15}$$

将式(3.15)对时间求导，并整理得

$$\frac{R}{\beta E}\frac{\mathrm{d}}{\mathrm{d}\tau}\left(\frac{\mathrm{d}w}{\mathrm{d}\tau}\right)=\frac{\mathrm{d}w}{\mathrm{d}\tau}\frac{1}{T^2} \tag{3.16}$$

则着火点有

$$\frac{R}{\beta E}\frac{\mathrm{d}}{\mathrm{d}\tau}\left(\frac{\mathrm{d}w}{\mathrm{d}\tau}\right)_{T=T_i}=\left(\frac{\mathrm{d}w}{\mathrm{d}\tau}\right)_{T=T_i}\frac{1}{T_i^2} \tag{3.17}$$

整理得

$$\frac{RT_0^2}{\beta E}\frac{\frac{\mathrm{d}}{\mathrm{d}\tau}\left(\frac{\mathrm{d}w}{\mathrm{d}\tau}\right)_{T=T_i}}{\left(\frac{\mathrm{d}w}{\mathrm{d}\tau}\right)_{T=T_i}}\frac{\Delta\tau_q}{\Delta\tau_h}=\frac{T_0^2}{T_i^2}\frac{\Delta\tau_q}{\Delta\tau_h} \tag{3.18}$$

上式中，E 为活化能，表示煤样或焦样的活性，其值越小，活性越大；$\frac{\Delta\tau_q}{\Delta\tau_h}$ 表示煤或焦样在前期燃烧所用时间和后期燃尽所用时间的相对比值。设

$$A=\frac{\frac{\mathrm{d}}{\mathrm{d}\tau}\left(\frac{\mathrm{d}w}{\mathrm{d}\tau}\right)_{T=T_i}}{\left(\frac{\mathrm{d}w}{\mathrm{d}\tau}\right)_{T=T_i}},\qquad B=\frac{\Delta\tau_q}{\Delta\tau_h}$$

其中,A 表示煤或半焦在着火点处的燃烧速率变化率与燃烧速率之比,其值越大,表示煤样或焦样着火越猛烈;B 表示煤样或半焦前期燃烧所用时间和后期燃尽所用时间的相对比值,其值越大,说明试样中可燃质集中在前期燃烧,越易燃尽。由此得到,上述几项乘积综合反映了煤样或焦样的着火、燃烧和燃尽特性,令

$$Z=\frac{RT_0^2}{\beta E}\frac{\frac{\mathrm{d}}{\mathrm{d}\tau}\left(\frac{\mathrm{d}w}{\mathrm{d}\tau}\right)_{T=T_i}}{\left(\frac{\mathrm{d}w}{\mathrm{d}\tau}\right)_{T=T_i}}\frac{\Delta\tau_q}{\Delta\tau_h}\tag{3.19}$$

则 Z 值可表示为

$$Z=\left(\frac{T_0}{T_i}^2\right)\frac{\Delta\tau_q}{\Delta\tau_h}\tag{3.20}$$

由式(3.20)可知,Z 为一无量纲量。Z 可综合表征煤样或焦样的着火、燃烧和燃尽三方面的特性,其值越大,表示煤样或焦样的综合燃烧性能越好。

对大同烟煤及其系列拔头半焦、阳泉无烟煤的热重数据进行分析,并根据式(3.20)对图 3.36 中结果处理,可得到综合燃烧指数 Z 值,结果如图 3.37 所示[51]。

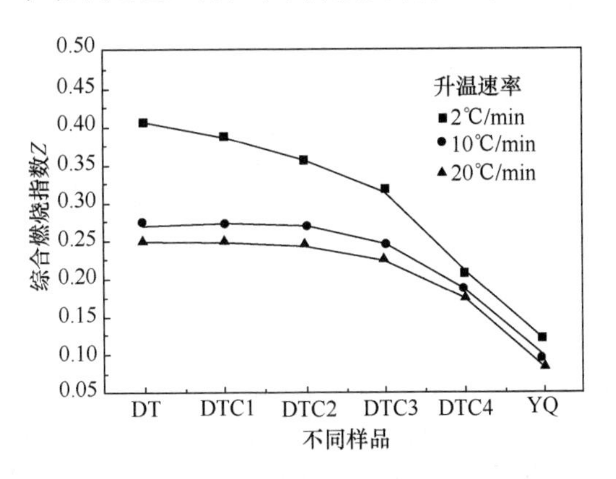

图 3.37　不同煤样在三种升温速率下的综合燃烧指数 Z[51]

由图 3.37 结果可知,大同烟煤系列半焦的综合燃烧指数 Z 值随制焦温度升高而降低,且均低于原煤而高于无烟煤。综合着火温度的变化,随制焦温度升高,拔头半焦的综合燃烧性能(着火、燃烧和燃尽性)均下降,且低于原煤,但高于无烟煤。由此结果表明,该无量纲综合燃烧指数在评价煤或焦样综合燃烧性能时有较好的规律性。

3.3　基于煤拔头工艺的多联产系统

煤拔头工艺旨在实现热电联产的同时尽可能获得轻质液体油品和精细化学品，因此，适合煤拔头的反应器应当符合下列条件：

拔头工艺中煤粉需被快速加热，这不仅需要大量的固体热载体，而且要求在反应器入口处实现粉煤和固体热载体的强烈混合；为减少生成焦油发生二次反应以提高焦油产率，需缩短气固相停留时间且返混程度小，接近平推流的反应器较为理想。为减少热解油气的二次反应，使热解挥发分和固体半焦快速分离，且分离后的挥发分需快速冷却，这就需要合适的气固快速分离器和急冷器。

对于煤拔头工艺，寻求一种结构简单、适宜与循环流化床锅炉结合、易规模放大、能适应多种煤种、又具有平推流特性的反应器是非常必要的。结合上述要求，选择了下行床热解反应器用于含碳固体燃料的快速热解，以制取液体产品及其他化学品。

3.3.1　下行床煤拔头小试研究

在实验室先后建立了处理煤量分别为 8kg/h 和 30kg/h 下行循环流化床热解-燃烧实验装置。

1. 实验装置

图 3.38 为实验装置的示意图和实物照片。该装置的煤处理量为 30kg/h，装置总高约 12m，主要包括燃烧室(提升管)、热解室(下行床)、旋风分离器、热载体料仓、高温固体料阀、快速混合器、气固快速分离器、U 阀返料装置、油气急冷系统、煤粉加料系统等。其中，在旋风分离器与热载体料仓之间、固固混合器与下行管之间以及气固快速分离器与 U 阀立管之间垂直方向上分别设置一高温膨胀节。

工艺过程为：煤样(生物质)经粉碎分级、干燥后，经一正压加料装置加入到固固混合器，在混合器中，煤粉与来自燃烧室(提升管)的循环热灰(砂)迅速混合，煤粉被加热升温后送入下行床(热解室)。煤粉和热灰的混合物在下行床中下行的同时，煤粉发生热解；热解析出挥发分，热解产物送入气固快速分离器；分离出的油气和燃气经高温过滤器后，快速进入急冷器；可冷凝油气被循环冷却液迅速冷却，得到液体产品，不可冷凝油气经冷却液降温后得到气相气体；分离出的半焦和循环灰(砂)继续下行，通过一固体返料装置进入到燃烧室(锅炉)下部，半焦燃烧，重新加热循环灰(砂)；燃烧升温后的循环热灰(砂)被燃烧烟气夹带到炉顶，进行气固分离，收集到的热灰(砂)进入热载体料仓，然后经过高温固体料阀加入到固固混合器中，重新进入新一轮循环。

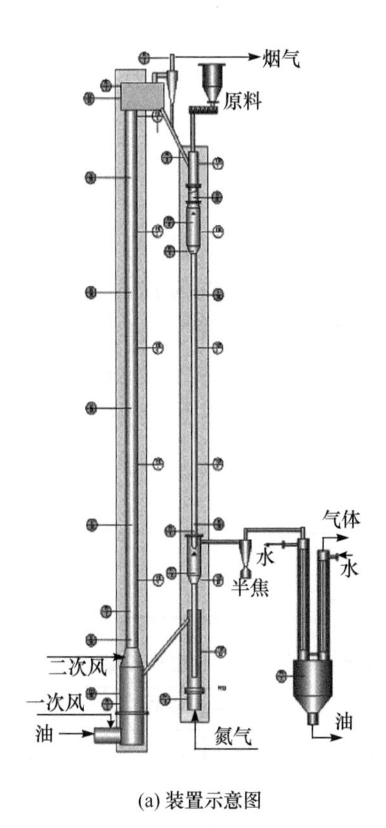

(a) 装置示意图

(b) 实物照片

图 3.38　30kg/h 实验装置的示意图和实物照片

2. 实验条件

利用 30kg/h 下行床热解装置进行实验，具体的条件如表 3.4 所示，即热解温度在 550～750℃变化，而燃烧温度稳定控制在 850℃，热解气氛为 N_2。

表 3.4　下行循环流化床热解-燃烧实验条件

试样加料率/(kg/h)	热解温度/℃	半焦燃烧温度/℃	系统操作压力	热解气氛
30	550～750	850	常压	N_2

3. 实验步骤

当反应器达到设定温度后加入河砂，在此期间，对提升管($17Nm^3/h$)、进样管($0.8Nm^3/h$)和下行床连接提升管的 V 阀($0.2Nm^3/h$)供给空气。待物料循环、温度稳定，将进样管和 V 阀的空气切换成氮气后，加样。然后升高燃烧室(提升管)温度，加样 5min 后开始定时取气样。液体产物从冷凝器下部的容器中取出，进行分析;实验结束后取出固体半焦进行分析,以确定煤在热解过程中的脱挥发分程度。实验过程中,提升管、进样管、下行床和V阀各部分的温度和压降由热电偶和U形管连续监测、记录。

4. 运行结果

利用30kg/h装置进行探索性实验,设备连续运转。热解温度为650℃,利用高挥发分府谷煤为原料,普通河砂和循环灰为固体热载体,氮气为载气。由实验得到,热解半焦产率为70.7%;液体产率为18.3%,其中焦油产率为10.3%;气体产率为11.0%(表3.5)。由热解气组成可知,煤气中H_2和CH_4量较多;由热解液相产物组成可知,轻质组分(包括链烃、芳烃、酚及含氧组分)占总液相的70.17%(表3.6)。

表3.5 热解温度为650℃,加料率为16.5kg/h时热解产物产率 (单位:质量分数%)

热解气	半焦	全液体	焦油
11.0	70.7	18.3	10.3

表3.6 热解温度为650℃,加料率为16.5kg/h时煤气组成和液相产物组成

煤气成分(体积分数/%)								拔头焦油成分/area%			
CH_4	C_2H_4	C_2H_6	C_3H_6	C_3H_8	H_2	CO	CO_2	链烃	芳烃	稠环烃	酚及含氧组分
33.25	4.29	4.15	2.39	1.07	34.65	14.66	5.53	27.49	10.79	17.71	31.89

注:表中area%表示色谱图中峰面积百分比。

3.3.2 循环流化床锅炉耦合煤拔头工艺的中试研究

基于实验室小型实验装置的理论研究,中国科学院过程工程研究所对一个75t/h循环流化床锅炉进行改造,在其侧线设计、建造了热解煤量2万t/a煤拔头热解装置。该中试装置是利用锅炉循环热灰为热载体,与煤粉快速混合,在下行床反应器内快速热解,热解产生的半焦与热灰一起返回锅炉燃烧。热解气经急冷及净化得到焦油和净煤气,净煤气返回锅炉炉膛燃烧;焦油经沉降分离得到轻油和重油,分别送入轻油和重油储罐储存。该热解装置与锅炉耦合示意图如图3.39所示。

1. 主要工艺参数

1) 锅炉主要技术参数

额定蒸发量:75t/h;

额定蒸汽压力:3.82MPa;

额定蒸汽温度:450℃;

排烟温度:150℃;

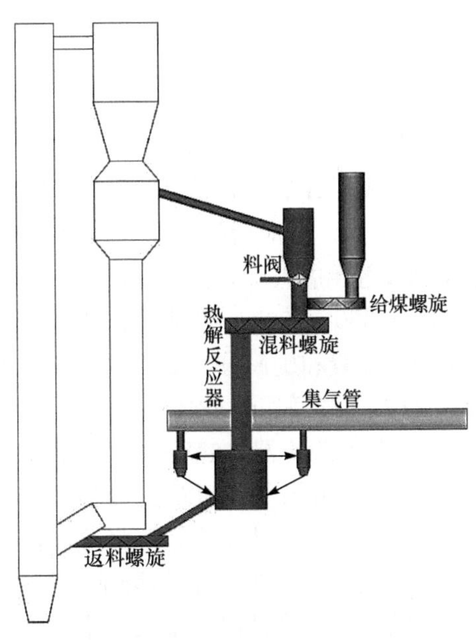

图3.39　与75t/h循环流化床锅炉耦合煤拔头热解装置示意图

设计燃料：23MJ/kg；

热效率：85％；

燃料消耗量：10t/h；

燃料的颗粒度要求：≤13mm。

2）热解系统主要技术参数

设计热解煤量：5t/h；

热解温度：650℃；

循环灰温度：800℃；

所需循环灰量：45t/h；

热解产物分布：如表3.7所示。

表3.7　热解产物分布数据

热解产物	焦油	煤气	热解水	半焦
质量分数/％	7.3	7.7	12.8	72.2
质量/(kg/h)	364	388	638	3610
体积(650℃)/(m^3/h)	84.8	853.3(252Nm^3/h)	1684.3	—

2. 系统布置及主要结构部件

热解装置主要包括热解煤仓、固体料阀、下行床反应器、气固分离器、取灰装置、物料回送装置。

3. 主要运行步骤

在循环流化床分离器料腿取出部分热灰,进入汇料仓。汇料仓底部装有固体料阀以调节热灰流量;热灰与煤粉在混合螺旋快速混合,达到热解温度,在下行床反应器中进行低温快速热解反应。反应后的气固混合物首先经过快速分离装置将颗粒比较大的固体分离出来,之后进入旋风分离器进一步分离,经分离后得到洁净的气体产品(该热解气温度在 550~650℃,此时焦油以气态存在,而且还含有一些细小的固体颗粒)。快速分离装置和旋风分离器分离后的固体颗粒物料(半焦与热灰的混合物),通过螺旋给料器连续回送到循环流化床料腿下部,以保持床内物料平衡。热解气体经工艺管道进入急冷器,在急冷器中,热解气中一部分冷凝为液体,另一部分为可燃煤气;煤气经由煤气风机从急冷器顶部引出,送回炉膛燃烧。含有固体颗粒和"油"的冷却水,在沉降池中进行沉降分离,一部分为轻质油浮于沉降池水的表面,另一部分为重油在沉降池底部;沉降池上层漂浮的轻质油被轻质油泵抽出到轻质油罐,底部重油被重油泵抽出到重油油罐。

4. 运行结果

采用高挥发分烟煤时(挥发分为 37%),对改造后的系统进行了连续运行。结果表明,热解焦油产率为 11.9%,其中轻质油产率为 6%,煤气产率为 9%。煤气组成和拔头焦油如表 3.8 所示。值得注意的是煤气中甲烷含量较高(28.7%),充分体现了煤低温快速热解煤气成分特点。因此,可通过变压吸附将甲烷分离,以弥补我国天然气资源匮乏的现状。

表 3.8　煤气成分和拔头焦油成分

煤气成分(体积分数/%)								拔头焦油成分/area%			
CH_4	C_2H_4	C_2H_6	C_3H_6	C_3H_8	H_2	CO	CO_2	链烃	芳烃	稠环烃	酚及含氧组分
28.70	2.98	3.35	1.53	0.77	17.65	16.41	28.61	9.51	29.86	34.36	14.94

注:表中 area%表示色谱图中峰面积百分比。

3.3.3　煤拔头多联产系统的发展

多联产系统是煤转化为热、电及燃料等洁净二次能源的过程,是实现热-电-化学能优化利用的集成系统。

单一的燃煤发电是依靠煤的燃烧产生热能,利用热能推动蒸汽透平发电,是将煤的化学能转换为热能,再转换为电能,最高能效达 40%。煤气化联合循环发电(IGCC)是煤经气化后燃烧可燃气体推动燃气轮机发电,利用燃烧放出的热量及可燃气体的余热回收推动蒸汽轮机发电，是将煤的化学能转换为化学能及热能，再转换为电能，最高能效达45%。先进的多联产系统是将煤部分气化(高挥发分煤，提取其中轻质油品和化学品)或全部气化(低挥发分煤)制得合成气/可燃气体，合成气经催化转化制得液体燃料，可燃气体经燃气轮机和燃料电池发电，同时将可燃气体的余热回收推动蒸汽轮机发电，是将煤的化学能转换为化学能，然后再转换为电能，能效可达50%。由此可见，煤中化学能经由高能级化学能转换为电能比经由低能级热能转换为电能有更高的能源转换效率。

同样，单一合成过程难以实现煤的高效转化。标准煤的热值为7000kcal/kg，汽油的热值为11 000kcal/kg，即1.5kg的煤与1kg的汽油热值相当。煤经气化合成汽油(FT合成)过程中，需要约4.5kg煤才能转变为1kg汽油，其中3kg的煤除能源转换过程必需的效率损失外，大部分用于过程的热能和未转化合成气的分离/循环机械能，转化率和选择性越低的过程，未转化合成气及副产物所需的分离/循环能耗就越高。多联产系统，其过程的热能可由其他系统的余热来提供，未转化合成气可不经分离/循环而直接用于燃气轮机发电(此过程的实现取决于合成气的净化成本)。因此，多联产使煤的能源利用更具科学合理性，因而提高了过程的能源利用效率。

因此，煤的多联产是针对单一过程存在的问题及煤结构组成的复杂性而提出的。煤是一种种类多样，结构复杂，组成极不均匀，含有多种有机、无机化合物及污染前驱体的矿物质。另外，多联产系统是多种化工、能源和动力过程的有机耦合和高度集成，它并不苛求每个单元技术都有最高转化率，而是要求各个单元技术协同匹配，达到整个系统的稳定性、经济性和环境影响最小。

基于我国能源结构特征及国家能源需求、煤炭资源的分布特征、多联产系统在能源转换效率、经济效益和环境效益方面的优势，煤的多联产系统要实现大规模油电联产及高效、低污染的煤炭资源化利用，系统必须满足：

(1) 煤种适应性(可使用高硫、高灰煤，不受区域和煤种限制)；

(2) 可实现富氢组分的提取和富碳组分的转化；

(3) 合成燃料技术满足多元化、多功能的能源供给体系的要求；

(4) 合成燃料技术、合成气制备技术与燃气发电相协调；

(5) 系统满足电网变负荷的要求；

(6) 通过系统优化实现最高总体效率及最佳总体经济性。

褐煤和烟煤占我国煤炭储量的80%，这类煤中含有较丰富的接近石油组成及性质的液相富氢组分(热解油、化学品)，每年若将褐煤和烟煤总消费量中6%～10%的热解油在气化或燃烧前提取，可获得与我国石油缺口相当量级的烃类产品。

图3.40显示了煤拔头多联产系统原理图，锅炉中煤和半焦燃烧得到的高温热灰(600～800℃)作为原煤的热载体以实现整个工艺技术路线的实施。将煤在“煤

拔头"装置内以小于1s时间内快速热解、快速分离,经冷却后提取中烃煤焦油与煤气,然后再对煤焦油进行液化燃料与化工原料的深加工,产生的半焦直接进入锅炉内进行燃烧发电供热。

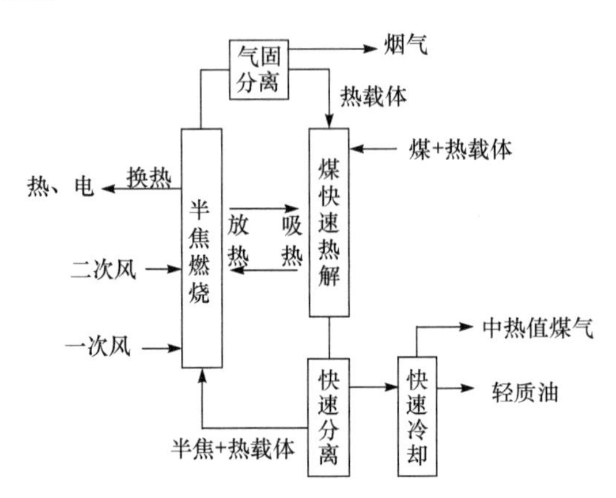

图3.40　煤拔头多联产系统原理图

这项技术的工艺特点是:条件温和,工艺简单,在常压与中温条件下提取煤焦油;系统集成,使目前循环流化床的快速床与热解装置有机结合应用在一起;能够最优地转化煤中有效组分,实现高价值产品的加工。关键技术主要体现在快速热解、快速分离与快速冷却三方面,提高热解温度、加热速率,降低停留时间,实现液体产品的轻质化与气固快速分离。

循环流化床锅炉与煤热解联产技术主要工艺特点是利用循环流化床锅炉的循环热灰作为煤热解和部分气化的热源,在热解装置中与循环热灰混合热解,部分气化产生焦油和煤气,气化炉中半焦与放热后的循环灰一起送入循环流化床锅炉,半焦燃烧放出热量产生过热蒸汽用于发电、供热。循环流化床多联产技术的特点有:①循环流化床可以很好地燃烧半焦等低挥发分燃料;②循环灰热量可被再利用;③集煤的热解、气化、燃烧分级转化于一体,同时产生热、电和煤气。多联产技术降低了产生中热值煤气的成本,可实现流化床内煤热解、部分气化预脱硫脱氮,降低污染物排放。另外,采用流化床燃烧气化技术,工艺所需燃料适应性较广。

浙江大学、中国科学院工程热物理研究所、山西煤炭化学研究所以及中国科学院过程工程研究所分别研发了集成半焦燃烧的循环流化床热、电、气、焦油多联产技术。

浙江大学以循环流化床固体热载体供热的流化床热解为基础,开发了热、电、气、焦油多联产技术[59]。在实验室建立了一套1MW气化热态实验装置,与淮南矿业集团合作开发的12MW煤的热、电、气、焦油多联产示范工程于2007年8月完成72h试运行,获得了工业试验数据。该工艺的热解器为常压流化床,利用水蒸气和再循环煤气为流化介质，运行温度为 540～700℃。粒度为 0～8mm 的煤经给煤机送入热解气化室，热解所需热量由循环流化床锅炉产生的高温循环灰提供。热解后的半焦随循环灰送入循环流化床锅炉燃烧，燃烧温度为 900～950℃。12MW 工业示范装置的典型结果为：加煤量为 10.4t/h 时，焦油产量为 1.17t/h，煤气产量为 1910Nm^3/h，煤气热值为 23.11MJ/Nm^3。热解温度为 540～700℃时，所得焦油中沥青质含量为 53.53%～57.31%。

中国科学院工程热物理研究所开发的基于流化床热解的热电气多联供工艺流程为[60]：煤在干燥器中利用锅炉烟气加热除去水分，经分离器分离后的煤进入混合器，与来自锅炉的热灰混合一起进入反应器。在分离器中将固体与气体分离，气体净化后为供民用的干馏煤气，半焦与灰的混合物进入锅炉作为燃料继续燃烧发电。该技术的关键是混合器的设计和运行。热解气化热载体来自高温循环灰与半焦，热解后的半焦可直接冷却排出，也可返回燃烧炉部分燃烧。2009 年 5 月工程热物理研究所与陕西省神木县煤化工产业发展领导小组办公室共同确定并在神木建立了 10t/h 固体热载体快速热解粉煤提油中试装置，该装置采用循环流化床双床技术，以神木煤为原料，集粉煤的热解和气化于一体，同时生产焦油、热解煤气和半焦。目前该中试装置已经投入试验运行，其设计能力为粉煤年处理量为 7 万 t，生产低温热解焦油 4900t/a，粉状半焦 3.9 万 t/a，热解煤气 1050 万 Nm^3/a。

中国科学院山西煤炭化学研究所开发的基于移动床热解的多联供技术[61]，实现了热、电、气、焦油在一套系统中联合生产。该工艺集循环流化床燃烧和移动床热解工艺于一体，主要特征在于：来自 CFB（循环流化床）锅炉旋风分离器的热灰通过组合式 U 形返料器完成热灰的分配；热灰与煤依靠重力在固固混合器内快速混合均匀后在移动床热解反应器内发生反应；使用移动颗粒床过滤器实现气固分离；热解后的半焦和热灰由半焦返送阀控制返回燃烧室内，如图 3.41 所示。为了

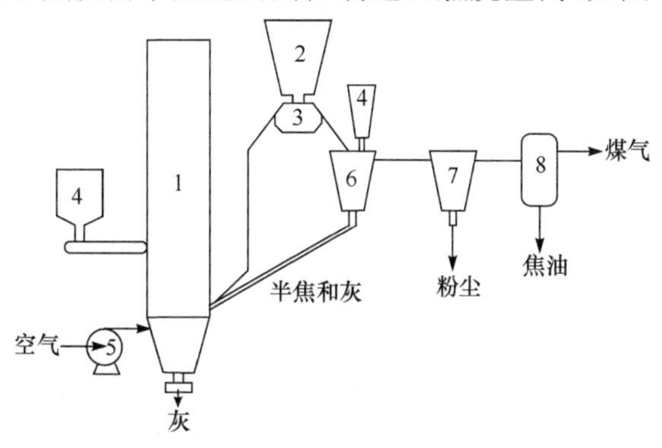

1. 循环流化床锅炉；2. 旋风分离器；3. 分灰器；4. 煤斗；5. 罗茨鼓风机；
6. 热解反应器；7. 过滤器；8. 气液分离器

图 3.41　CFB 燃烧/煤热解多联产工艺流程示意图[61]

解燃烧-热解双反应器中流体的流动特性，在实验室建立的冷态试验装置上分别考察了提升管内的表观气速、系统循环量、热解室松动风量、初始装料量以及热解室内压力等操作参数的变化对系统内流动特性的影响；在固体热载体煤热解热态实验装置上对多种烟煤、褐煤的热解特性进行了考察，并针对该工艺过程中的关键技术问题，如煤与热载体混合方式、热解煤气除尘、气液分离以及U形返料阀的返料特性等进行了大量研究工作。2006年，陕西省府谷县恒源煤焦电化有限责任公司建成了与蒸发量为75.2t/h循环流化床锅炉匹配的中试装置，移动床热解器的处理能力为5t/h。采用高挥发分烟煤(挥发分含量为37.14%)，600℃V条件下热解得到的产物分布中[62](质量分数)，焦油产率约为6%，其中轻质焦油(<210℃)约占20%；煤气产率约为8%，其热值达26MJ/m³。

中国科学院过程工程研究所开发了基于下行床热解的循环流化态碳氢固体燃料的四联产工艺，如图3.42所示[63]。粉状固体燃料在固固混合器中与来自循环流化床的高温循环灰迅速混合升温，通过下行床，边下行边热解，析出可挥发分。将热解后的气固混合物送入气固分离器快速分离，气相产物经快速冷凝器降温后得到焦油和燃气，分离出的固相半焦和循环热灰继续下行，返送回循环流化床锅炉内燃烧以供热，锅炉内的传热面吸收的热量以产生蒸汽供热/发电，高温热灰返送

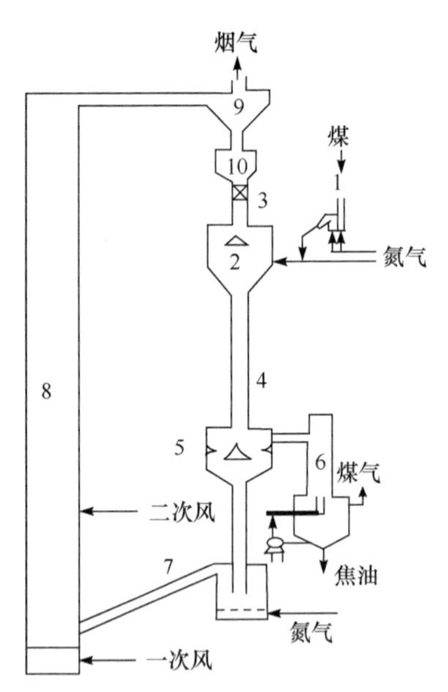

1. 煤仓；2. 混合器；3. 料阀；4. 下行床反应器；5. 快速气固反应器；6. 快速冷凝器；7. 返料阀；8. 流化床燃烧室；9. 旋风分离器；10. 灰仓；11. 焦油泵

图3.42　循环流化态碳氢固体燃料的四联产工艺[63]

入固固混合器，重新参与循环实现油、气、热、电四联产。该工艺的主要特点为：①采用下行床作为热解反应器，粉状固体燃料经快速混合、快速加热、气固快速分离及气相产物快速冷凝的过程，从而获得较高的油品收率及中热值燃气；②煤种适应性强，可用于高挥发分煤，对煤种的黏结性和结焦性没有特殊要求；③煤气质量较高。

中国科学院过程工程研究所自20世纪90年代开始，对煤热解技术的基础理论、工艺和设备等方面进行了系统研究，先后获得国家科技部“863”、“973”项目以及中科院知识创新工程方向项目的支持，研究的核心技术已获得多项国家发明专利。他采用下行床热解反应器与循环流化床耦合以实现工艺系统的集成，先后建立了煤处理量为8kg/h和30kg/h的耦合提升管燃烧的下行床热解拔头实验装置[64]，并建立了与75t/h循环流化床锅炉耦合的煤处理量为5t/h的中试装置，并进行了热态实验，对高挥发分的烟煤，焦油产率为11.9%，其中轻质油产率为6%，煤气产率为9%，值得注意的是，煤气中甲烷含量较高(28.7%)，充分体现了煤低温快速热解后煤气成分的特点。之后，他又在廊坊基地配套建成10t/d的下行床热解器中试平台和700kg/d的煤焦油分离加氢精制中试平台，并于2013年12月成功实现了10天连续运转，热解煤累计投入运行90h，热解煤处理量达到200kg/h；每吨煤(干燥基)中提取焦油11.0%(葛金焦油收率的95%)，热解煤气10.7%，煤气热值高达27.8MJ/m^3(6640kcal/m^3)，煤气中含甲烷34%，氢气20%，一氧化碳18%，以及少量低碳烷烃和烯烃等。

在前期技术研究的基础上，中国科学院过程工程研究所还提出基于煤热解的分级混合发电技术[65]，利用低温热解技术对煤进行分级提取并利用。其工艺过程为，将产生的焦油提纯精制生成高品位化学品和液体燃料，产生的热解气用于燃气轮机发电，将热解半焦作为高品位清洁燃料在锅炉内燃烧，产生的蒸汽用于汽轮机发电。该技术是一种利用煤炭本身组成与结构特征实现燃料分级转化、煤清洁高效利用的最佳方式之一。虽然煤热解的油气产率远低于液化和气化过程，但煤热解工艺转化条件温和、工艺流程短、煤种适应性宽、能效高、水耗低、油和气的热值较高。据估算，利用煤热解的混合发电效率为47%～50%，高于IGCC(46%)和超超临界(45%)的发电技术，而成本和复杂性较IGCC大大降低。另外，目前国内存在的很多中小型热电厂主要采用锅炉燃烧蒸汽发电系统，效率较低，发电效率仅为36%。因此，可通过热解为基础的分级混合发电技术，利用热解半焦进入原系统发电，油气产品用于燃气-蒸汽联合循环发电，其系统效率可达42%。总之，该技术不仅可用于大型发电厂，达到目前现有煤炭发电系统的最高效率，还可用于采用中、高压参数的小型发电机组，且对小型机组发电效率提高的幅度更大，可实现节能减排的效果。

3.4　新型固体热载体反应器研究

上述利用固体热载体热解的拔头工艺可处理碎煤和小颗粒页岩，获得较高的油收率，同时副产高热值热解气。但是，现存工艺大都产生大量粉尘，被热解油气携带，所得油品含有大量粉尘，煤热解时容易造成管路堵塞，影响系统稳定运行。同时，现存固体热载体工艺获得的焦油产品通常含有较多重质组分，品质差，下游利用难度大、经济性较差。因此，开发适合于碎煤和小颗粒页岩的新型固体热载体热解制热解油气技术，获得高收率、低尘含量、少重质组分的热解油对于实现固体热载体热解技术和拔头工艺产业化具有重要意义。

中国科学院过程工程研究所在前述工作基础上，通过归纳分析，提出了在移动床中利用特殊形式内构件的碎煤/油页岩热解新型反应器，借此改变热解产物流向、调控热解反应与热解产物同反应器内流动传递特性的匹配关系，实现热解油气产品的定向调控。同时，通过内构件实现反应器内颗粒层自身对热解油气产品的过滤作用，减少粉尘夹带[66, 67]。该新型反应器可应用于外热式和固体热载体热解两种工艺。其中，外热式工艺获得了成功的小试和中试验证，实现的指标达到了预期的先进水平，利用碎煤和小颗粒油页岩制备高品质和低尘含量的热解油气产品[68, 69]。结合拔头技术工艺特点，本节初步试验采用高温灰作为热载体的内构件移动床热解技术可行性和特点，以形成新型固体热载体热解反应器[70]。

3.4.1　内构件移动床固体热载体工艺

移动床反应器可以最大限度地抑制颗粒运动，有效抑制粉尘夹带。通过内构件调控反应器内颗粒与气相热解产物的流动和传递，可使移动床使用小颗粒原料，定向优化热解反应及其产物，同时实现对热解油气粉尘的床内过滤，并快速导出热解产物，以保证提高油气产率与品质、降低油气产物粉尘携带等技术效果。图 3.43 为内构件移动床固体热载体热解工艺示意图[70]，该系统耦合了热解和燃烧过程，主要包括提升管燃烧器、旋风分离器、热灰和原料储仓、原料进料器、固体颗粒混合器、内构件移动床反应器、物料回送和排出装置等。显然，其类似前述的煤拔头技术工艺，只是反应器被内构件移动床所代替。

由提升管燃烧器顶部分离收集的热灰储存于灰仓内，灰仓内高温固体热载体颗粒与供料系统中小颗粒煤/油页岩在固体颗粒混合器中充分混合后进入内构件移动床干馏或热解反应器。固体物料在热解反应器内利用固体热载体的热量升温并释放气相热解产物。该气相产物穿过物料层进入内构件中，然后从中心的气相产物出口排出反应器，进入后续处理及产物收集系统。热解反应后的固体物料，包

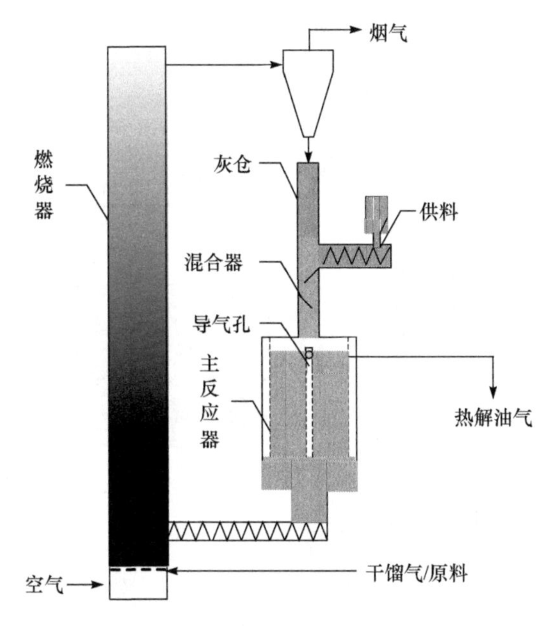

图3.43　内构件移动床固体热载体热解工艺示意图

括半焦和热载体，从物料反应器的底部出口排出，被再循环送入提升管燃烧器，与从燃烧器底部供入的空气或氧气反应，燃烧半焦形成高温烟气、加热固体热载体。燃烧器的高温气固混合物经旋风分离器分离，被分离的高温固体颗粒作为高温热载体颗粒再次送入灰仓内储存，烟气被排空或后续处理。燃烧器内热量不足时，可以加入部分干馏气或者通过添加适量的原料补充。

3.4.2　可行性研究实验装置和方法

1. 实验装置

为验证上述内构件移动床固体热载体热解反应器的特性，在实验室建立了小型内构件移动床固体热载体热解实验装置，处理粒径为13mm以下碎煤和小颗粒油页岩。该实验装置的原料处理量为6kg/h。图3.44为实验装置示意图，图3.45展示实际装置的照片。该装置总高6.0m，主要包括热载体加热器、原料和高温热载体进料器、冷热固体颗粒混合器、移动床热解反应器和热解油气冷凝收集系统等。其中，特定设计的内构件安装于移动床反应器内，形成特定的热解产物通道。热解气体产物出口连接于中心内构件形成的通道，快速导出热解产物进入冷凝回收系统。热解温度由设置于反应器内的热电偶测定，取反应器中稳定段的温度为热解温度。

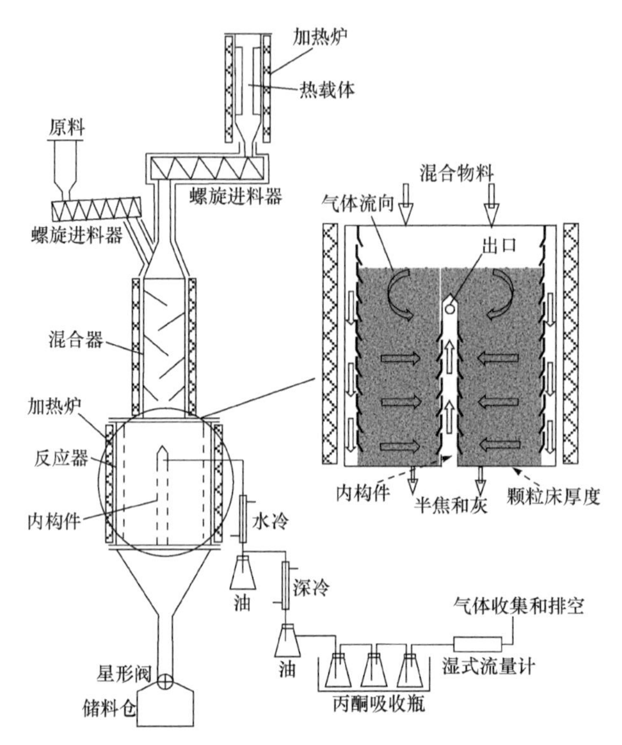

图 3.44　固体热载体内构件移动床热解实验装置示意图

图 3.45　内构件移动床固体热载体热解实验装置实物照片

2. 实验原料与方法

选用吉林桦甸油页岩，黑龙江依兰煤和山西王家沟煤（弱黏煤，黏结指数为5.46）作为实验原料，利用上述实验装置考查工艺可行性及技术优势。原料基本性质如表3.9所示，桦甸油页岩铝甑含油率为10.15%，依兰煤和王家沟煤格金含油率分别为6.96%和6.50%。表3.10所列为实验条件，桦甸油页岩热解在固体热载体温度为650～900℃和灰料混合比例为5∶1的条件下进行，对应的热解温度为435～585℃。王家沟煤和依兰煤热解在热载体温度为800℃下开展，对应热解温度为500℃，以验证新型内构件反应器处理次烟煤和弱黏煤的可行性。

表3.9　桦甸油页岩、王家沟煤和依兰煤的工业分析

样品	工业分析/%（质量分数，干基）			理论含油率
	灰分	挥发分	固定碳	
桦甸油页岩	73.07	25.84	1.09	10.15（铝甑）
依兰煤	34.97	30.70	34.33	6.96（格金）
山西王家沟煤	31.50	26.78	41.72	6.50（格金）

表3.10　内构件移动床固体热载体热解实验条件

实验条件	原料加料速率/(kg/h)	热解温度/℃	固体热载体温度/℃	灰料质量比
桦甸油页岩	6	435～585	650～900	5∶1
依兰煤	6	500	800	5∶1
山西王家沟煤	6	500	800	5∶1

实验前，将4～6kg粒径为13mm以下的碎煤或小颗粒油页岩和25～30kg页岩灰分别放入原料仓和热载体仓，在反应器内放入一定量的底灰（半焦）获得希望的料位高度。反应器内颗粒床高度高于内构件顶部，保证热解油气通过颗粒床后由内构件中心通道导出。实验开始时，将热载体颗粒提前加热到指定温度，反应器内的底灰加热至热解反应温度，以防止生成的重质焦油在热解开始初期被颗粒床层冷凝吸附。当灰和反应器达到各自的温度并稳定时，开启原料和高温热载体的进料螺旋，并且两者按灰料质量比5∶1进料。物料经过颗粒挡板在混合器内混合后连续落入内构件移动床热解反应器内，生成半焦和热载体灰的混合物通过排料螺旋连续地从反应器内排出，落入熄焦槽内，以保持反应器内的料位高度。在混合器和反应器内生成的热解油气经过颗粒床过滤后，由中心内构件通道导出反应器。

由反应器内导出的热解油气产物，通过水冷和深冷收集大部分可冷凝热解油，剩余热解气分别通过放置于冰水浴内的丙酮吸收瓶进行进一步吸收，保证最后一个丙酮吸收瓶内不变色，确保几乎完全收集热解液体产物。经过过滤器后的热解气通过湿式流量计计量后排空。需要收集气体进行组成测量时，打开过滤器后的旁路，用气袋收集热解气样品。系统降温后用丙酮清洗反应器出口及管路，得到的液体经过滤除尘后用旋转蒸发器蒸出丙酮溶剂，旋蒸获得的液体产物和冷凝下来的液体产物合并，计算热解油收率并进一步分析其特性。

3.4.3 结果与讨论

利用上述内构件移动床固体热载体实验装置，针对典型油页岩和煤开展了实验研究。桦甸油页岩热解实验结果表明，油页岩热解的最高页岩油收率可接近铝甑油收率的 90%。利用内构件在反应器内形成的移动颗粒床的过滤作用，热解油气粉尘含量低，页岩油的尘含量(质量)小于 0.5%。图 3.46 为桦甸油页岩热解的油气收率随固体热载体，也即热解温度的变化。在一定的灰料混合比例(5∶1)下，随着固体热载体温度的升高，热解温度随之增加，但页岩油的收率随热解温度先升高后降低。在热解温度为 495℃或热载体温度为 750℃时的页岩油收率最高，达到铝甑油收率的 88%。热解温度为 460～530℃时，桦甸油页岩的热解页岩油收率可以保持为铝甑油收率的 80%以上，说明内构件移动床固体热载体热解技术可以在较宽的温度范围内获得较高的页岩油收率。随着热解温度的增高，气体收率呈现直线增加趋势。分析页岩油的含尘量(甲苯不溶物)发现，实际的含尘量低于 0.2 %(质量分数)，有利于油品的后续加工。热解气产物组成的分析结果如表 3.11 所示，表明油页岩热解气中的 C2～C3(C_2H_4，C_2H_6，C_3H_6和 C_3H_8)组分含量较高(体积分数约为 15%)，使得产品气热值超过 20MJ/Nm³。页岩油的组成分析结果如

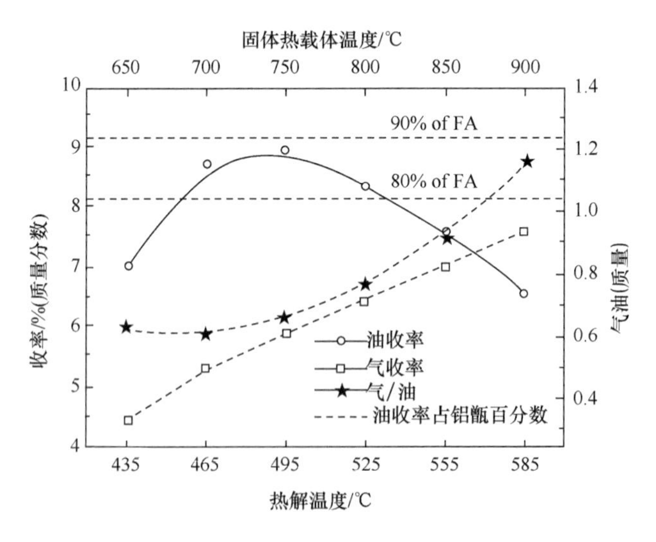

图 3.46 桦甸油页岩热解油气收率随热载体温度或热解温度的变化

表3.12所示，采用内构件固体热载体工艺热解桦甸油页岩，页岩油中汽油和柴油含量（<350℃）达到70%，相比于铝甑热解所得页岩油的轻质油含量提高了20%。同时，随着热解温度的增高，页岩油的品质提升，表明馏分油和重油组分被转化为轻质组分。

表3.11　热解温度500℃时桦甸油页岩热解气组成

热解气成分/%								HHV /(MJ/Nm³)
H_2	CH_4	CO	CO_2	C_2H_4	C_2H_6	C_3H_6	C_3H_8	
31.20	14.66	4.88	32.19	5.18	5.50	3.83	2.57	23.76

表3.12　桦甸油页岩铝甑分析和固体热载体热解的页岩油产品馏程分析

热解温度	馏程分布/%			
	汽油(IBP～180℃)	柴油(180～350℃)	馏分油(350～500℃)	重油(> 500℃)
铝甑	5.78	42.16	47.21	4.85
465℃	16.81	47.35	34.34	1.50
495℃	19.46	49.45	30.12	0.97
525℃	20.86	49.87	28.42	0.85

利用相同的内构件固体热载体热解实验装置，对依兰煤和王家沟煤测试了其对固体热载体热解技术的适应性。在固体热载体温度为800℃、灰煤混合比例为5∶1时，热解温度约为500℃。结果表明，所试验的次烟煤和弱黏煤可通过如图3.44所示移动床热解工艺连续稳定热解。其中针对弱黏煤的应用还需要进行一定的结构改进和操作优化，如调整灰料比、改进进口煤灰和方式等。因为利用高温热灰分散了热解生成的半焦，可减少半焦颗粒之间及半焦与管壁之间的黏结，提高了所研发技术的运行稳定性和对黏结性煤的适应性。热解产物分布结果如表3.13所示，依兰煤热解液体产品收率为11.42%，其中焦油产率为5.72%，达到格金分析的82%，展示了很好的适应性和获得希望产品的性能优势。热解气产率达到6.08%，由表3.14所示的气体组成可知，依兰煤热解气中H_2、CH_4和CO含量较多，热值高于28MJ/Nm³。针对弱黏结性的王家沟煤的热解焦油产率为5.11%，达格金收率的79%(质量)。热解气产率达到7.87%，煤气中H_2和CH_4含量较多，气体热值也达到28MJ/Nm³。两个煤种的热解焦油中含尘量都较低，尘含量不到0.40%(质量)，远远低于报道的其他固体热载体热解技术所产焦油的含尘量。表3.14同时表示了通过GC-MS分析的热解焦油的组成，这里的组成比例为面积百分比。可见，由链烃、芳烃、酚及含氧组分构成的热解焦油轻质组分的占比分别为依兰煤和王家沟煤总液体收率(含稠环芳烃重质组分)的83%和74%。通

过模拟精馏分析得到的热解焦油馏程数据如表 3.15 所示，依兰煤和王家沟煤在经新发明的固体热载体反应器内热解的焦油含沸点 360℃以内的轻质组分分别达 83%和 75%，360℃以上的偏沥青组分低于 25%，焦油品质较好，有利于加工利用。

表 3.13　热解温度为 500℃时依兰煤和王家沟煤热解产物分布（质量分数）

（单位：%）

煤样	热解气	半焦	液体产物	焦油
依兰煤	6.08	85.50	11.42	5.72
王家沟煤	7.87	82.98	9.15	5.11

表 3.14　热解温度为 500℃时依兰煤和王家沟煤热解气及热解焦油组成

煤样	煤气成分/%								HHV /(MJ/Nm³)	焦油成分/(area%)			
	H_2	CH_4	CO	CO_2	C_2H_4	C_2H_6	C_3H_6	C_3H_8		链烃	芳烃	稠环烃	酚及含氧组分
依兰煤	16.42	32.08	10.82	25.71	2.26	7.52	2.43	2.76	28.02	37.28	18.23	8.73	27.82
王家沟煤	20.50	33.13	8.75	23.21	2.13	7.95	1.88	2.45	28.09	21.10	16.12	18.41	36.74

注：表中 area%表示色谱图中峰面积的百分比。

表 3.15　依兰煤和王家沟煤热解焦油的馏程分析结果

煤样	焦油馏程分布（质量分数/%）					
	轻油（<170℃）	酚油（170～210℃）	萘油（210～230℃）	洗油（230～300℃）	蒽油（300～360℃）	沥青质（>360℃）
依兰煤	10	18	9	27	19	17
王家沟煤	13	14	8	22	18	25

总结上述结果，应用新发明的内构件移动床固体热载体热解反应器，可以很好解决目前利用其他所有类型反应器，包括传统移动床、流化床、回转窑等现存固体热载体热解所存在的热解焦油重质组分含量高、粉尘携带严重、连续稳定运行差等技术难题，获得高收率、高品质的热解焦油或页岩油产品，同时副产热值高、富 H_2 和 CH_4 的热解气。显然，由于液体产物重质组分含量低、含尘低，热解系统的连续稳定性将得到保障，而且油气产物的利用价值高。例如，热解气可以被分离纯化制氢，用于焦油/页岩油加工生产高价值化学品或燃料油。该新发明的热解反应器可以集成到前述热解拔头的工艺中，替代传统利用的其他固体热载体热解反应器。因此，基于该新型热解反应器开发新型的固体热载体热解集成技术工艺，从而形成可实现产业化的固体热载体热解技术。

3.5 本章小结

根据国家战略需求和能源格局特征而发展改变我国煤利用模式的技术势在必行。我国对煤利用有三方面战略要求:作为能源而高效、洁净生产电力和热量,作为C/H原料生产合成气与合成产品,以及作为富含高值化学结构的资源生产芳香烃类化工原料。因此,迫切需要依据煤炭资源的特征,制定最大限度发挥其作为能源和资源价值的技术路线和应用策略。本章介绍的“煤拔头工艺”就是响应国家这一需求的新型煤利用路线。旨在将占我国煤炭资源80%以上富含挥发分的烟煤与褐煤作为燃料或原料,在其燃烧和气化之前,通过热解拔头先将其中的高价值结构和成分以液体产品形式抽提出来,作为可替代原油的原料进行燃料油加工和PCX、BTX、稠环芳烃等化工产品的分离提纯。热解拔头过程中所产生的半焦和煤气(即热解气)则可分别类似原煤和天然气用于能源生产和作为C/H原料应用于其他合成过程。

因此,基于热解拔头的煤利用技术路线可以克服目前热电生产中浪费煤的高值结构和高值成分的弊端,实现煤的高值化梯级利用,是一种充分反映国家战略需求的新型煤炭利用模式,而且我国对该技术思想拥有完整的自主知识产权。该技术可推广应用于我国的大部分热电及合成气生产过程,实现燃烧和气化用煤的高值与综合转化,其产品正好弥补国家在油品资源上的不足与紧张。因此,研发技术的市场广,需求大,推广应用可产生重大效益和深远影响。实际上,我国现在每年用于电力生产及大型燃烧设备的耗煤已超过12亿t,可将其中的80%,即9.6亿t中高挥发分煤实施热解拔头,可获得7000万t以上的热解油。将其等价为原油,相当于我国目前3亿t原油消耗的25%,成为我国原油供应的重要补充。更重要的是,通过以煤热解拔头的多联产技术不只在量上增加了液体油的生产,还使生成油中富含PCX、BTX等大宗基本化工产品,这些产品目前国内供不应求,主要依赖石油通过合成和化学转换而生产。随着石油供应的不断紧张,从煤制酚及苯化合物对我国经济持续发展和社会稳定进步无疑具有十分重要的意义。另外,针对我国的能源特征,发展以热解为先导的煤炭资源化清洁高效综合利用技术路线,可形成以煤热解为基础的分级混合发电新集成技术,不仅能高效利用高挥发分褐煤资源,而且通过热解析出挥发分生成液态焦油以提取高价值化学品,利用生成的气体和半焦通过蒸汽-燃气轮机联合发电,可对国内现有中小型发电厂进行改造,实现显著节能减排。因此,力求解决制约热解技术应用的关键科学和技术问题,研发煤炭热解定向分级转化制备油气产品以及混合发电成套技术,包括本章最后论及的新型反应器,对于实现我国煤炭的资源化清洁高效利用,带动煤热解制油气和联产发电的战略性新兴产业的发展具有重要作用。

参考文献

[1] 中华人民共和国国家统计局. 中华人民共和国 2002—2012 年国民经济和社会发展统计公报. http://www. stats. gov. cn/tjgb/ndtjgb/qgndtjgb/ t20130221_402874525. htm. 2013-02-22.
[2] 严陆光，陈俊武. 中国能源可持续发展若干重大问题研究. 北京:科学出版社，2007.
[3] 姚建中，郭慕孙. 煤炭拔头提取液体燃料新工艺. 化学进展，1995，7(3)：205-208.
[4] 曲思建. 我国煤温和气化(热解)焦油性质及其加工利用现状与进展. 煤炭转化，1998，(1):15-20.
[5] Carlson F B. Toscoal process for low temperature pyrolysis of coal. Transactions and Society of Mining Engineering of AIME,1974,255(2):128-131.
[6] de Malherbe R, Doswell S J, Mamalis A G, et al. Synthetic Fuels from Coal. Dusseldorf: VDI-Verlag, 1983.
[7] 赵跃民. 煤炭资源综合利用手册. 北京：科学出版社，2004.
[8] 刘光启，邓蜀平，蒋云峰，等. ATP 技术用于褐煤热解提质的技术经济分析. 洁净煤技术，2007，13(6)：25-28.
[9] 戴和武，谢可玉. 褐煤利用技术. 北京:煤炭工业出版社，1999.
[10] Strom A H, Eddinger R T. COED(char oil energy development) plant for coal conversion. Chemical Engineering Science, 1971, 67(3):75-800.
[11] Sass A. Garrett coal pyrolysis process. Chemical Engineering Science, 1974, 70(1): 72,73.
[12] Fraas A P, Squires A M, Thomas B. PAI Process for Flash Mild Gasification of Coal. New York: John Wiley & Sons, 1989.
[13] Reh L. Challenges ofcirculating fluid-bed reactors in energy and raw materials industries. Chemical Engineering Science, 1999, 54:5359-5368.
[14] 郭慕孙. 煤拔头工艺. 中国科学院第九次院士大会报告汇编. 北京：科学出版社，1998.
[15] 崔丽杰. 煤热解过程中产物组成和官能团转化的研究. 中国科学院过程工程研究所博士学位论文，2005.
[16] 张梦蝶. 螺旋混合反应器热解工艺研究. 北京：中国科学院过程工程研究所硕士学位论文，2010.
[17] Chen H, Li B, Zhang B. Effects of mineral matter on products and sulfur distributions in hydropyrolysis. Fuel, 1999, 78(6): 713-719.
[18] Hayashi J I, Takahashi H, Iwatsuki M, et al. Rapid conversion of tar and char from pyrolysis of a brown coal by reactions with steam in a drop-tube reactor. Fuel, 2000, 79 (3-4): 439-447.
[19] Quyn D M, Wu H, Li C-Z. Volatilisation and catalytic effects of alkali and alkaline earth metallic species during the pyrolysis and gasification of Victorian brown coal. Part I. Volatilisation of Na and Cl from a set of NaCl-loaded samples. Fuel, 2002, 81(2): 143-149.
[20] 郭树才. 煤化工工艺学. 北京：化学工业出版社，2006.

[21] Li B, Stuart C M, Colin E S. Effect of heating rate on normal and catalytic fixed-bed hydropyrolysis of coals. Fuel, 1996, 75(12):1393-1396.

[22] Howard J B, Elliot M A. Chemistry of Coal Utilization. Second suppl. New York: John Wiley, 1981:665.

[23] 金海华，朱子彬，马智华，等. 煤快速热解获得液态烃和气态烃的研究(Ⅰ)气氛影响的考察. 化工学报，1992，43(6):719-725.

[24] 王鹏，文芳，步学朋，等. 煤热解特性研究. 煤炭转化，2005，28(1)：8-13.

[25] 胡发亭，张晓静，李培霖. 煤焦油加工技术进展及工业化现状. 洁净煤技术，2010，17(5)：31-35.

[26] 水恒福，张德祥，张超群. 煤焦油分离与精制. 北京:化学工业出版社，2008.

[27] 刘巧霞. 陕北中低温煤焦油重酚类化合物的提取研究. 西安：西北大学硕士学位论文，2010.

[28] 沈和平，杨承强. 一种中低温煤焦油深加工方法:中国专利,CN200910048881.3. 2009-09-23.

[29] 张晓静，李文博. 一种复合型煤焦油加氢催化剂及其制备方法:中国专利,CN201010217361.3. 2010-12-29.

[30] 张秋民，马宝岐，关瑶，等. 煤焦油重馏分沸腾床加氢裂化方法及系统:中国专利，CN201010525147.4. 2011-02-02.

[31] 张晔，王刚，尹泽群，等. 酸性组分对 LCO 改质催化剂反应性能的影响. 当代化工，2008，37(6):561-563.

[32] 李冬，李稳宏，高新，等. 中低温煤焦油加氢改质工艺研究. 煤炭转化，2009，32(4)：81-84.

[33] 黎大鹏，李根忠，李代玉，等. 一种煤焦油加氢改质的方法:中国专利,CN201010159638.1，2010-10-20.

[34] 孟广军，曲延涛，刘军海，等. 中低温煤焦油制取高清洁燃料油的方法:中国专利，CN200910077529.2，2010-07-21.

[35] 牟艳春. 中低温煤焦油加氢生产轻重质燃料油和优质沥青的工艺:中国专利，CN200810064451.6. 2009-11-11.

[36] 付晓东. 煤气化副产品焦油的加氢转化. 化学工程师，2005，115(4):52-54.

[37] 李增文. 煤焦油加氢工艺技术. 化学工程师，2009，169(10):57-60.

[38] 李春山，王红岩，张香平，等. 一种煤焦油加氢生产清洁燃料油的组合工艺及其催化剂:中国专利，CN201010228569.5. 2010-11-17.

[39] 何巨堂. 一种含重馏分的煤焦油的加氢改质方法:中国专利,CN200810166208.5，2010-01-20.

[40] 郭少冉. 煤焦油加氢采用二段工艺的必要性. 广东化工，2009，36(11)：77-79.

[41] 马宝岐，任沛建，杨占彪，等. 煤焦油制燃料油品. 北京:化学工业出版社，2010.

[42] Alvarez T, Antonio B. Influence of coal oxidation upon char gasification reactivity. Fuel, 1995, 74: 729-735.

[43] Cai H Y. Pyrolysis of coal maceral concentrates under Pf-combustion conditions (I): Changes in volatile release and char combustibility as a function of rank. Fuel, 1998, 70(12): 1273-1282.
[44] 孙庆雷，李支，李保庆. 神木煤显微组分半焦燃烧特性. 化工学报，2002，53(1)：92-95.
[45] 赵宗彬，李保庆. 煤中矿物质对NO-半焦还原反应的影响. 燃料化学学报，2001，29(2)：129-134.
[46] Takarada T, Tammai Y, Tomitta A. Reactivities of 34 coals under steam gasification. Fuel, 1985, 64(10): 1438-1442.
[47] Floess J K, Longwell J P, Sarofim A F. Intrinsic reaction kinetics of microporous carbons 1:Noncatalyzed chars. Energy & Fuels, 1988, 2(5): 756-764.
[48] Mitchell R E. Variations in the temperatures of coal-char particles during combustion: A consequence of particle-to-particle variations in ash-content. The 23rd International Symposium on Combustion, Pittsburgh PA, 1990:1297-1304.
[49] 张守玉，吕俊复，岳光溪. 半焦氧化过程中反应活化能的变迁. 热能动力工程，2004，19(4)：398-401.
[50] 申春梅. 煤拔头半焦燃烧反应特性的基础研究. 哈尔滨：哈尔滨工业大学博士学位论文，2010.
[51] 仝晓波. 煤拔头燃烧反应特性的研究. 北京：中国科学院过程工程研究所硕士学位论文，2004.
[52] 陈建原，孙学信. 煤的挥发分释放特性指数和燃烧特性指数的确定. 动力工程，1987，(5)：13-18.
[53] 西安热工研究所. 我国79种动力用煤的燃烧分布曲线图解. 西安：西安热工研究所，1983.
[54] 谢峻林，何峰. 水泥分解炉工况下煤焦的燃尽动力学过程研究. 燃料化学学报，2002，(3)：223-228.
[55] 高正阳，方立军. 混煤燃烧特性的热重试验研究. 动力工程，2002，(3)：1764-1767，1749.
[56] 韩洪樵，王涤非. 用快速加热热天平研究煤的可燃性指标. 工程热物理学报，1990，(3)：342-345.
[57] 魏兆龙，郭朝令. 煤种燃烧稳定性试验研究. 锅炉技术，1999，(10)：6-9.
[58] 方立军，高正阳. 利用热天平对电厂混煤燃尽特性的实验研究. 华北电力技术，2001，(1)：7-9，24.
[59] 王勤辉，方梦祥，岑建孟，等. 循环流化床热电气焦油多联产技术的研究与开发//第一届中国循环流化床燃烧理论与技术学术会议暨全国电力行业CFB机组技术交流服务协作网第六届年会论文集，2007：91-96.
[60] 吕清刚，刘琦，那永洁，等. 双流化床低温煤热解工艺探索. 中国煤炭，2009，35(6)：71-76.
[61] 梁鹏，曲璇，毕继诚. 炉前煤低温干馏的工艺研究. 燃料化学学报，2008，36(4)：401-405.
[62] Qu X, Liang P, Wang Z F, et al. Pilot development of a polygeneration process of circulating fluidized bed combustion combined with coal pyrolysis. Chemical Engineering & Tech-

nology, 2011, 34 (1): 61-68.

[63] 郭慕孙，姚建中，林伟刚，等. 循环流态化碳氢固体燃料的四联产工艺及装置:中国专利，CN 1377938A. 2002-01-30.

[64] 王杰广. 下行循环流化床煤拔头工艺研究. 北京:中国科学院过程工程研究所博士学位论文，2004.

[65] 宋文立，李俊峰，李静海，等. 基于固体燃料热解和半焦燃烧的分级混合发电系统及方法：中国专利，CN 201110144144.0. 2011-11-30.

[66] 许光文，韩江则，武荣成. 一种用于宽粒径分布煤的干馏装置及方法:中国专利申请，PCT/CN2012/000331. 2014-09-24.

[67] 许光文，武荣成，汪印. 一种含碳物质热解的强化方法及热解装置：中国专利，CN 102212378A. 2011-04-20.

[68] Zhang C, Wu R C, Xu G W. Coal pyrolysis for high-quality tar in a fixed-bed pyrolyzer enhanced with internals . Energy & Fuels, 2013, 28(1): 236-244.

[69] Zhang C, Wu R C, Hu E F, et al. Coal pyrolysis for high-quality tar and gas in 100kg fixed bed enhanced with internals . Energy & Fuels, 2014, 28(11): 7294-7302.

[70] 许光文，武荣成，高士秋，等. 碳氢原料固体热载体干馏反应器与干馏方法:中国专利申请，PCT/CN2013/081446. 2015-02-18.

第 4 章　工业纤维素残渣多孔炭一体化制备

生物质通常指农林和草本植物，其中针对果实类生物质资源，如淀粉和三酸甘油酯，已有相对成熟的转化技术，包括生产生物乙醇和生物柴油，被称为第一代生物质资源利用技术。而植物躯干、枝叶等纤维素类生物质资源，是目前国内外集中研究的方向，包括纤维素生物质燃烧发电、热解制燃料油、气化制合成气或氢、炭化制备功能材料等多种途径，被称为第二代生物质资源利用技术。值得关注的一类生物质资源是以农林产品为原料的粮食、木材、食品、饮料、中药、添加剂、调味料和造纸等轻工业生产加工过程中副产的大量固体残渣，如稻壳、废木屑、白酒糟、酒精糟、醋糟、甘蔗渣、中药渣、咖啡渣、茶渣、油粕、酱渣、菌渣和造纸黑液等，它们可以统称为工业生物质残渣，其显著特点是产量大、来源集中、富含木质纤维素或蛋白质，具有深度转化利用的潜在价值。富含纤维素的工业生物质残渣也可称为工业纤维素残渣，是工业生物质残渣的主要组成部分。然而，大多这类残渣含水达50%以上，呈一定的酸性或碱性，易腐烂变质，是潜在的环境污染源。因此，寻求合理的工业纤维残渣转化利用途径，对于优化轻工生产过程的资源配置和节能减排具有重要意义。本章论述针对以白酒糟等为代表的工业纤维素残渣，通过热解炭化和活化制备多孔炭的反应基础研究与集成化连续工艺开发的结果。

4.1　工业纤维素残渣资源及利用现状

4.1.1　工业纤维素残渣资源

生物质能是太阳能通过光合作用转化而成的自然能源，其主要组成元素是 C、H 和 O，几乎不含 S、N 元素，热转化过程具有 CO_2 零净增排放的特点。我国是农业大国，生物质资源极其丰富，目前农作物秸秆、林木生物质中可用作能源的资源总量约折合标准煤 6.5 亿 t，2020～2050 年预期达到 9 亿～12 亿 t，其开发利用的潜力非常巨大[1]。目前农林等有机废弃物的年产出实物量为 20.29 亿 t，其中可用于生物质生产的实物量为 13.24 亿 t(折算为 3.82 亿 t 标准煤)，主要有农作物秸秆、林业剩余物、畜禽粪便、能源作物(植物)、工业有机废水、城市生活污水和垃圾等。另外，包括食品、饮料、造纸、制药等代表性轻工生产过程均以农产品或生物质物料为原料，是典型的流程工业，在将原料转化为目标产品的同时伴生大量有机废液和过程残渣。这种工业生物质残渣的排放数量多达 5 亿 t/a 以上，其中一半以上富含纤维素，表明工业纤维素生物质残渣数量巨大。此外，利用纤维素原料如秸秆等生产生物乙醇的纤维素发酵过程的普及将产生数亿吨纤维素酒精渣，即数量巨大的潜在工业生物质残渣，对其规模化深度转化利用的潜力巨大。

工业纤维素残渣富含木质纤维素，难以通过生物方法降解或降解速度非常缓慢，但其中含有丰富的有机碳，是一类可作为能源或其他高价值产品原料的潜在资源。表4.1列出了我国主要轻工行业副产的工业纤维素残渣的数量[2]。可以看出，目前的产出总量达3亿t以上，而且没有包括纤维素乙醇生产过程可能副产的纤维素残渣，其潜在数量也达亿吨以上。因此，该类生物质资源覆盖的轻工行业多，研究其共性特征和规模化利用途径具有重要意义。

表4.1 我国主要轻工行业副产的工业纤维素残渣量统计

行业	类别	数量/(万 t/a)	备注
食品	稻壳	3600	干基
	甘蔗渣	3000	湿基
饮料	果蔬加工残渣	17 000	湿基
	白酒糟	1500	湿基
	醋糟	800	湿基
	茶/咖啡渣	500	湿基
医药	中药渣	1200	湿基
化学品	糠醛渣	450	湿基
加工	剑麻渣	200	湿基
	木材加工废弃物	3000	干基
合计		3.125亿t	

工业纤维素残渣的另一特点是排放地域集中，这为其规模化转化利用提供了有利条件。以发酵工业为例，我国发酵工业产生的发酵糟渣种类多、数量大。目前总发酵体积已达到1000万m^3，已有发酵行业生产企业超过5000家，主要工业发酵相关的产业产值超过2万亿元，涉及农业、食品、医药、饲料、化工、纺织、环保、能源等多个领域，众多发酵产品长期在世界上占有举足轻重的地位。发酵是典型的生物资源加工过程，通常仅利用原料中的某些有效成分，如酒精、啤酒生产过程利用糖类成分，酱油生产过程利用蛋白质成分等。由此导致发酵过程必然产生发酵糟渣，包含不能被发酵利用的成分，如酒糟、醋糟、糠醛渣等，以及由发酵反应过程本身产生的剩余物，如发酵菌体、酵母等。同时，有的发酵过程本身要求添加辅料，进一步增加了发酵糟渣的数量，并使成分更加复杂，如白酒、食醋生产过程通过添加稻壳等辅料致使发酵料层疏松，提供氧气或原料层载体，致使白酒糟、醋糟的40%～50%由辅料构成。发酵糟渣是已经集中的生物资源，富含纤维素(如白酒糟、醋渣)、蛋白质/菌丝体蛋白(如酱渣、菌渣)、酵母(如酒精糟、啤酒糟)、木质素(如纤维素酒精)等，具有较高的利用价值。

4.1.2 工业纤维素残渣利用技术现状

工业纤维素残渣代表一种被集中、量大、产生于特定工业过程的特定“生物质资源”，适合于因地制宜和因材利导的集中转化利用，在减排污染物、提高原料利用率的同时，扩大企业盈利空间。随着当前能源、资源和环境问题的日渐显现，各级部门对轻工行业环境污染治理强度不断加大，使得众多轻工企业具有较高的积极性开展工业纤维素残渣的高值化利用，为工业生物质废弃物的转化利用提供了有利时机。不过，针对数量巨大的工业纤维素残渣我国还未能建成系统有效的先进高值化利用技术与管理体系，虽在很多行业中已有一定程度的重视，但着手实际行动的依然有限。最简单的工业纤维素残渣利用方法为饲料生产，但饲性差、生产能耗高、效益低，而且有中毒危险。虽然近年我国对工业生物质残渣的转化利用的技术研发也相对活跃，但处于单一分散状态，绝大部分针对某一种糟渣的单一成分的提取、分离与转化。另外，大部分实验室的研发成果未能工程化和产业化，关键技术和设备水平仍然较落后。

国际上从 20 世纪 90 年代开始，针对工业生物质残渣富含纤维素、蛋白质等成分的特点，其资源化利用技术逐渐实现了工业生物质残渣高值化利用的发展过程，如日本 KIRIN、Asahi 等大型饮料制造公司在 1990 年前后通过生产饲料、堆肥和焚烧实现了副产物及废弃物的近 100%的再利用目标。到 20 世纪末，利用工业生物质残渣高水分特点而进行的甲烷发酵（沼气）技术得以快速发展，但沼气发酵仅能回收残渣 30%～40%的能源，且存在发酵残剩液处理问题。利用各种工业过程副产糟渣富含的高蛋白菌，通过混合和追加发酵生产高蛋白饲料或添加剂已在很多国家普及。日本早年也着眼于酱渣的脱盐脱臭生产饲料[3]，近年逐渐转向为高值化产品生产，如提取大豆异黄酮[4]等。近年来日本 Asahi 公司通过 NEDO 资助开展了高水分生物质的高效转化技术研究开发。利用一种在柴油中高效脱水的技术将茶渣、咖啡渣等饮料行业生物质过程残渣的水分降低到 20%左右[4]，并开发一种热解气化技术[5]，将脱水工业生物质残渣高效率转化为燃气。可口可乐公司自 2000 年到 2005 年的工厂内副产工业生物质残渣的利用率已经接近 100%[6]，从而确保了公司生产流程的绿色化、低耗化和高效化。对于制药、清酒生产等企业，日本各公司也各自对其产生的糟渣、废液进行了有效处理和循环利用，按照法律，企业将环境保护作为首要任务。发达国家的这些废弃物的近全量利用为我国发酵糟渣的高值化利用技术的研发与进一步推广应用提供了很好的范例。

工业纤维素残渣的有效转化和利用以热化学转化为主要手段。美国、巴西、印度等国通过燃烧发电的方式对甘蔗渣进行了有效规模利用，并开展了蔗渣气化热电联产与联合循环等先进技术的研发。日本饮料制造工业大量消费茶及咖啡，通过 NEDO 项目联合 Asahi、中央电力、IHI 等大型公司，近年研发了利用茶渣与咖啡渣制备高品质燃气的高水分生物质热解气化技术。奥地利技术大学联合工业企业，成功建立和运行了8MW的Gussen生物质残渣的双流化床热解气化技术，利用空气可生产热值高达4000kcal/Nm^3的中热值燃气。目前瑞典在启动GoBiGas商业项目，由林木残余物通过气化来生产合成天然气，2012年约80MW-SNG成套工艺将投入使用。椰壳、坚果壳、甘蔗渣和木竹材加工废弃物制备多孔炭材料的研究工作也被认为是很有前景的技术。

我国在工业纤维素残渣方面的利用目前只有甘蔗渣燃烧发电较为成熟，在广东形成了蔗渣乙醇与蔗渣气化发电的复合转化技术示范，其他的工业纤维素残渣的利用均停留在基础研究阶段。以白酒糟为例，我国是白酒产业大国，2014年全国白酒累计产量为1257万kL，由此副产的纤维素残渣(白酒糟)的数量接近3000万t。该类排放物的显著特征是产量大而集中，木质纤维素含量高，含水量高达50%以上，空气氧化略带酸性，容易腐烂变质，是发酵轻工行业副产工业纤维素残渣的典型代表，寻求其综合再利用途径，对于解决酿酒产业，甚至是整个发酵行业的生产过程优化、节能减排和循环经济等方面具有重要的现实意义。巴蜀地区是我国典型的酿酒产业基地，以泸州老窖有限公司为中心300km半径内的长江流域和赤水河流域，形成了泸州老窖、茅台、五粮液、剑南春、水井坊、郎酒、沱牌等著名的白酒产区。截至2014年年底，仅泸州市白酒累计产量为142万kL，占全国白酒产量的11.3 %。泸州市庞大的酿酒产业集群，副产的白酒糟量大且分布集中，集中体现了工业纤维素残渣共性特点，这为工业纤维素残渣资源化利用提供了原料保障和便利条件。

长期以来，对于以白酒糟为代表的工业纤维素发酵残渣提出的利用方法主要包括：制备化工原料、肥料、饲料以及燃烧无害化及回收能量。

(1) 化工原料。利用残渣中的复合氨基酸、微量元素、甘油、植酸生产化工产品，其工艺路线较长，综合成本较高，没有形成实际应用。

(2) 用为肥料。其一是由当地的农户自由使用。由于多数纤维素残渣具有酸性或碱性，直接作为肥料使用时，不利于农作物生长，只能混合其他肥料使用，需求量较小；其二是采用生物降解的方法制备复合有机肥，该方法得到的肥料肥效较好，但肥料制作周期长，成本较高，没有得到推广。

(3) 作为饲料。不经过严格处理的工业纤维素残渣的变质速率高，作为饲料可能影响家畜的生长发育，因此需要特殊的加工处理。目前，国外已有成熟的工艺将酒糟干燥后直接制成饲料，但要求酒糟含有较高蛋白质成分和其他具有营养价值的物质。国内部分规模化酿酒企业通过燃煤回转炉将其干燥后经粉碎作为饲料填充料售出，但是由于酒糟中的营养成分含量低，售价低廉，已达到了供过于求的程度，大量酒糟粉积压。

(4) 燃烧处理。直接将残渣露天焚烧曾经是工业纤维素残渣的传统处理方式之一，造成资源浪费和环境污染。近年来，利用酒糟作为燃料燃烧产生热、电、蒸汽成为白酒糟积极利用的方向之一，可解决环境污染问题，还可节省企业能耗。针对白酒糟，我国曾开发和示范应用了链条炉层燃技术，但由于单台规模小，高水分残渣着火困难、燃尽率低，且局部温度较高、氮氧化物排放高等问题，未能得到大量推广。基于流化床热解与燃烧，中国科学院过程工程研究所近年开发了循环流化床解耦燃烧技术，可显著降低高 N 发酵糟渣的燃烧 NO_x 排放，并且稳定燃烧含水30%(质量分数)左右的白酒糟。该技术已在泸州老窖形成了 4 万 t 白酒糟示范工程，运行结果显示了较好的推广前景。

同时，针对白酒糟等工业纤维素残渣富含纤维素、木质素的特点，作者提出了利用这类残渣作为原料，集成干燥、热解炭化和水蒸气活化的连续制备高性价比多孔炭材料的技术方法，开展了系统的实验室研究和技术中试研究，为工业纤维素残渣的高值化利用提供了新的思路。目前，该技术已完成万吨级原料处理量的生产中试装置的验证，并获得了一定的推广应用。本章将总结归纳作者利用白酒糟等原料在制备生物多孔炭方面的研究结果。

4.2 生物多孔炭制备技术与发展状况

4.2.1 典型生物多孔炭制备技术及装备

所谓多孔炭材料是指具有不同孔结构的碳素材料，其孔大小从具有相当于分子大小的纳米级超细微孔直到适于微生物增殖及活动的微米级细孔[7]。这种碳基材料具有良好的热稳定性和化学稳定性，是一种优良的功能材料，在化工、能源、国防、医药卫生和环保等领域具有广泛应用[8]。近年来，随着科技的快速发展，基于多孔炭的研究也逐渐从宏观的性能研究转向微观的定向功能化设计，进而开发多孔炭的先进制备技术，其中，构建孔径梯级分布的有序孔结构多孔炭材料能够从分子层次赋予材料传递和择形等诸多功能，成为近年来多孔炭材料的重要研究方向[9,10]。但是，从行业应用来看，有序多孔炭材料仍然需要攻克一系列技术和工程化的问题，近期难以形成规模应用。而另一类多孔炭材料是具有发达的不规则孔道结构的碳基材料，在制备技术上相对成熟，性价比高，目前已经形成规模化应用，如活性炭就是多孔炭材料的典型代表，它们在气体和液体精制、分离、催化、水处理和空气净化等方面已得到广泛应用[11]。纤维素是富含碳元素的可再生资源，是制备无序多孔炭材料，即活性炭可选的优良原料，开发其先进的多孔炭材料制备技术具有重要意义。

一般认为，无序多孔炭是由类似石墨的碳微晶按“螺旋层状结构”排列、通过微晶间强烈交联作用形成的孔隙结构发达、比表面积大，并赋予其许多优异性能的材料[12]。根据 Atkinson[13]提出并被认定的国际理论与应用化学协会(IUPAC)分类法,依据孔隙尺寸 ω 大小,将多孔炭材料分为三类,即 $\omega>50$nm 为大孔炭材料,2nm$<\omega<$50nm 为中孔炭材料,$\omega<$2nm 为微孔炭材料。

无序多孔炭的种类繁多,制备技术也不尽相同。根据其生产原料、制备方法、外观形状及应用目的的不同具有不同的分类方法[14]。以活性炭为例,根据生产原料不同,可分为矿物质原料活性炭,如煤基活性炭、石油焦活性炭等各种矿物质及其加工产物为原料制成的活性炭[15];木质活性炭,如竹质活性炭、木屑活性炭和椰壳活性炭等;合成活性炭,如聚氯乙烯、聚丙烯、呋喃树脂等作为制备活性炭的原料以及其他废弃物为原料制得的活性炭,如废橡胶、剩余污泥等制成的活性炭。按制备方法的不同,活性炭可分为化学法活性炭和物理法活性炭。将含碳原料与某些化学药品混合后进行热处理制取活性炭的方法叫化学活化法。按所用化学药品即活化剂的不同,又可细分为氯化锌活化法、磷酸活化法、氢氧化钾活化法[16]等。物理活化法是将原料炭化后与活化气体反应,生成具有众多微孔结构的活性炭的方法。常用活化气体有水蒸气和二氧化碳。

按活性炭的外观形状,又可分为粉状活性炭、颗粒活性炭及其他形状的活性炭。一般将 90%以上通过 80 目标准筛或粒度小于 0.175mm 的活性炭称为粉状活性炭。粉状炭具有吸附速度快、吸附能力强等优点,但需要专门的分离技术。近年来,随着分离技术的发展和某些应用要求的出现,粉状活性炭的应用范围越来越广,其粒度也有细化的倾向。通常把粒度大于 0.175mm 的活性炭称为颗粒活性炭。除了粉状活性炭和颗粒活性炭外,还有其他形状的活性炭,如椰壳活性炭、煤基活性炭等因破碎而具有棱角的破碎状炭,以碳纤维、碳纤维毯为代表的纤维状活性炭,以及挤压成型的蜂窝状活性炭[17]等。

多孔炭的制备技术通常经过炭化和活化两步。炭化是以木材、果壳、煤等为原料制备活性炭的必经工艺过程,得到的炭化料具有初始孔隙和一定的机械强度。炭化的实质是原材料中有机物进行热解的过程,发生热分解和缩聚反应。研究表明,炭化料的结构特点直接影响活性炭产品性能的优劣。目前,炭化工艺的研究主要集中在如何制得活性点多、初始孔隙发达的难石墨化炭[16]。活化过程是活性炭制备过程中最关键的工艺过程,也是在活化剂与炭化料之间进行复杂化学反应的过程。通过活化阶段,可得到比表面积更大、孔径分布更合理的多孔炭产品。具体的多孔炭活化技术主要有物理活化法和化学活化法。

物理活化法是指在一定温度下,炭化料与水蒸气、二氧化碳、空气或它们的混合气体进行氧化反应,使炭化料形成发达微孔结构的过程。物理活化反应的实质是碳的氧化反应[18],但碳的氧化反应并不是在炭的整个表面均匀地进行,而仅仅发生在“活性点”上,即与活化剂亲和力较大的部位才发生反应,如在微晶的边角和具有缺陷的位置上的碳原子[19]。物理活化法制备微孔炭的工艺已比较成熟,特别是针对制备价格较低的煤质活性炭,已大量产业化,但是,国内外仍没有十分有效的小颗粒炭化料(如颗粒尺寸小于10mm)活化技术。物理活化制备多孔炭的生产工艺简单、清洁,不存在设备腐蚀和环境污染的问题,生产出的活性炭不需要清洗可直接使用,越来越多的学者开始投入到物理法制备高比表面积多孔炭以及小颗粒炭化料活化的基础研究与技术开发中。

化学活化法是将化学试剂以一定比例与原料混合,在惰性气体介质中加热同时进行炭化和活化制备多孔炭,最后将加入的化学药剂予以回收的过程[20]。其实质是:化学试剂镶嵌入炭颗粒内部结构中从而创造丰富的微孔结构。常用的活化剂有碱金属、碱土金属的氢氧化物和一些酸,最具有代表性的活化剂有 KOH、$ZnCl_2$、H_3PO_4 等。但是,化学活化对设备腐蚀性大、环境污染严重,且制得的多孔炭中常常残留化学活化剂,在应用方面也受到限制。

KOH 活化法是目前制备高性能多孔炭的主要方法,其制得的碳基材料比表面积高,微孔分布均匀,吸附性能优异。KOH 活化机理非常复杂,国内外尚无明确定论,但普遍认为 KOH 至少有两个作用[21]:一方面碱与原料中的硅铝化合物(如高岭石、石英等)发生碱熔反应生成可溶性的 K_2SiO_3 或 $KAlO_2$,它们在后处理中被洗去,留下低灰分的炭骨架;另一方面在焙烧过程中 KOH 刻蚀煤中的碳,形成多孔炭结构。$ZnCl_2$ 活化生产多孔炭材料的历史悠久,是比较成熟的制备工艺。但由于 $ZnCl_2$ 活化过程中易挥发氯化氢和氯化锌气体,对环境造成严重的污染,影响工人身体健康,同时试剂回收率低、锌耗和能耗大,导致产品成本提高。在国外氯化锌法已被淘汰,取代的是磷酸法。磷酸(H_3PO_4)作为活化剂,主要促进原料的热解反应,形成基于层错石墨结构的初始孔隙,同时避免焦油形成,反应后清洗除去活化剂可得到孔隙结构发达的多孔炭。

目前,世界上多孔炭的规模化生产主要是生产具有无序孔道结构的多孔炭,也即活性炭。随着世界工业的发展以及环境保护要求逐步提高,世界范围内活性炭的生产量和消费量逐年增加。2009 年,全世界活性炭总消耗量达到 83.3 万 t,2014 年,全世界活性炭消费量估计约 138.8 万 t。我国活性炭生产企业已由 20 世纪 80 年代初的几十家增加到目前的 300 余家,总生产能力达到 50 万 t,居世界首位,其次是美国,其生产能力为 18 万 t。在其余主要活性炭生产国家或地区中,西欧国家总计年产量约 6 万 t,日本年产量为 10 万 t。美国是目前世界上最大的活性炭消费国,日本是第二大活性炭消费国[22]。近年来,欧美等发达国家特别注重发展无公害化多孔炭材料制造技术,实现了大型化、自动化、连续化、无公害化多孔炭制造体系,主要生产价值 3000 美元/t 的中高端产品,如美国的卡尔岗公司、维斯特维公司、荷兰的诺力特公司等。它们同时大力开发新工艺、研究多孔炭微孔结构与表面化学基团的关系,使多孔炭品种专用化、多样化。我国多孔炭生产和出口规模不断扩大,已成为世界上最大的多孔炭生产国和出口国。到 2007 年多孔活性炭年产量达37万t,出口量达25万t,但主要出口中、低档产品。虽然近年来我国多孔炭制备产业有了很大发展,但同欧美发达国家相比,我国活性炭在产品质量、制造技术方面还有待提高。日本用氯化锌生产多孔活性炭,其活化剂消耗很低,每吨产品消耗氯化锌50kg,而国内企业每吨产品的平均氯化锌消耗量为300kg左右。美国磷酸法生产每吨多孔活性炭的磷酸消耗量为0.1~0.15t,我国国内企业平均为0.35t[23]。由此可见,我国的多孔炭产业仍需进一步优化制备工艺,展示较大科研开发空间。

在生产工艺发面,目前我国煤基多孔活性炭生产采用的生产装置主要是20世纪50年代从苏联引进的斯列普炉。后经多次改进,炉体性能有很大提高。该炉型具有投资低、产品调整方便等特点,在我国活性炭厂得到广泛应用。20世纪80年代初,我国从英国引进了斯特克炉,用于生产廉价的原煤破碎多孔活性炭,并在大同地区的部分活性炭厂推广应用。但这种炉型生产的炭材料质量低,使得目前大同地区的活性炭厂仍以斯列普炉为主。近年来,随国内生产厂规模的扩大,上诉两种炉型因规模小、自动化程度低和产品质量不稳定等原因,已不能满足煤基多孔活性炭规模化生产的发展需要。国内多孔炭材料生产厂家已逐渐开始从美国引进生产能力大、自动化程度高、产品质量高的耙式炉(多膛炉),建设年产量超万t的大型煤质活性炭厂[24]。但是,这些引进技术仍然只能针对大粒径炭化料,缺乏小颗粒炭化料活化生产多孔活性炭技术。总体来看,我国活性炭生产工艺的自动化程度和产能与发达国家仍有较大的差距,尤其是在具有可再生特性的生物质基多孔炭材料的制备方面,目前还没有形成可规模化生产的先进工艺技术,需进一步开发更加优异的多孔炭材料生产工艺。

4.2.2 一体化连续制备多孔炭工艺

多孔炭材料的生产以煤[25-27]、竹[28]、木材[29]等大宗含碳资源和坚果类外壳[30]等稀缺资源为原料,严重限制了活性炭生产的原料来源。近年来,社会经济发展对环境保护提出了更加严格的要求,清洁生产和节能减排的理念逐渐深入到社会的各种工矿企业,多孔炭材料作为一种净化和吸附材料在环保领域的需求不断增长。另外,多孔炭本身的制备工艺也在不断革新,具有廉价和可再生的生物质基多孔炭制备技术逐渐受到广泛关注和持续研发,如大量开展了采用农作物副产的稻壳[31-33]、甘蔗渣[34]、玉米秆[35]和棉秆[36]为原料制备活性炭的研究。另外,研究报道高含碳的固体废弃物如动物粪便[37]和有机聚合物[38,39]也可作为制备活性炭的原料。工业纤维素残渣具有高含水、富挥发分和呈小颗粒状的特点,其热解炭化产物富含碳质基材,可作为廉价多孔炭的制备原料。

中国科学院过程工程研究所针对具有代表性的典型工业纤维素残渣白酒糟的物化特性,提出了工业纤维素残渣热解活化制备多孔炭技术的思想。该技术的主体单元设备包括干燥、热解炭化和活化工段，其工艺本身蕴涵了将工业纤维素残渣的材料化转化解耦为热解炭化和炭化料活化两阶段。同时，在炭化阶段，将析出的挥发分燃烧供热与热解炭化两子过程分离，实现了对热解炭化过程的反应解耦。炭化挥发分燃烧释放的热量被用于原料的干燥，而炭化生成的燃气的显热被用于炭化炉内部的物料的预热，使得炭化排出的挥发分的温度较低。因此，通过基于过程与反应解耦的工艺设计，实现了原料干燥、热解炭化与炭化料活化的隔离和协同匹配，建立了连续的多孔炭制备新过程。

该新技术的工艺流程如图 4.1 所示，实现了木质纤维素工业生物质残渣的连续化批量处理，而且在技术上借鉴了竹、木材、椰壳以及煤炭制备多孔活性炭材料和煤气化制备工业燃气的技术思路，因此过程效率高，工程放大风险小，原料和生产成本低，产出的多孔炭材料附加值增高。

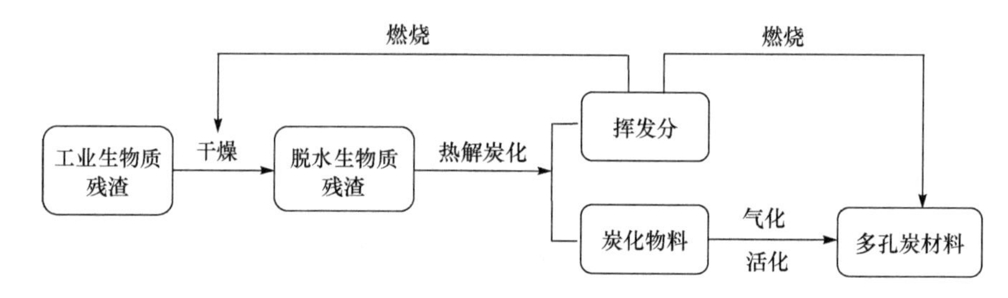

图 4.1 解耦制备活性炭技术路线图

4.3 工业纤维素残渣炭化活化基础

4.3.1 实验装置与研究方法

1. 原料特性

以白酒糟为代表的量大且分布集中的富含纤维素工业生物质残渣，为原料研究炭化活化基础。泸州老窖股份有限公司提供白酒糟原料，其工业分析、元素分析和灰分组成特性结果如表 4.2 所示[40]。白酒糟挥发分含量较高，可为实际多孔炭生产过程提供干燥和活化所需要的反应热。但白酒糟的灰分含量较高，绝大部分以硅的形式存在，可为后续活性炭的成型或扩孔提供有利条件。通过热重测试的原料白酒糟的热解特性如图 4.2 所示[41]。其在 200～450℃基本完成热解，340℃左右其热解速率最高。该曲线为控制原料酒糟热解速率和炭化物料中挥发分含量提供了实验依据。

表 4.2　白酒糟原料组成与灰分分析[40]

工业分析	V_d	A_d	FC_d		
/%(质量分数)	70.38	12.70	16.92		
元素分析	C_d	H_d	N_d	O_d+S_d	
/%(质量分数)	43.80	6.31	3.42	33.77	
灰分组成 /%(质量分数)	SiO_2	MgO	Al_2O_3	P_2O_5	K_2O
	77.15	1.12	4.56	8.47	4.78
	CaO	TiO_2	Fe_2O_3	MnO_2	其他
	1.49	0.19	2.15	0.07	0.03

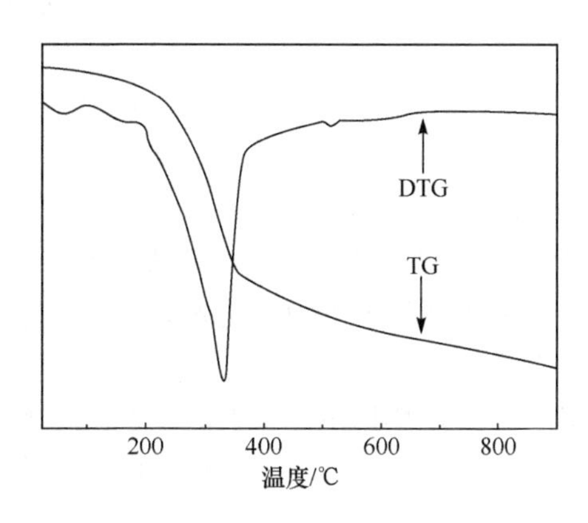

图 4.2　原料白酒糟的热解特性分析[41]

2. 多孔炭制备

1) 热解炭化

取干燥的白酒糟原料置于管式加热炉中，在 N_2 气氛下升温至指定的温度，并恒温 1h。炭化过程中用冰浴丙酮溶液吸收载气流中的焦油，获得焦油样品，炭化结束降温后所得产物即为炭化料。

2) 物理活化

取一定炭化料于反应管中，通入 N_2 吹扫置换其中的空气，之后切换为活化剂(CO_2 或水蒸气)，同时开始加热升温。温度达到设定值且保持恒定实施活化反应，完成反应后降温取出活化产物，即为制备的多孔炭。

3) 碱处理

称取预先制备的炭化料装入烧瓶，加入一定浓度的 NaOH 溶液，在一定温度下处理一段时间。反应后冷却，取出炭化料，用去离子水洗涤至 pH=7，烘干即得碱预处理产物。

4）化学活化

取一定量炭化料与活化剂按一定比例混合均匀，然后将混合物料移至带盖镍坩埚并置于马弗炉中，在一定温度下反应确定的一段时间，取出冷却。之后，以10%稀盐酸或热水洗涤，再用蒸馏水洗至 pH=7，在 110～120℃下烘干即得到多孔炭产品。

5）二次活化扩孔

利用白酒糟为原料通过水蒸气物理活化制备的多孔炭具有较大的中孔体积，但比表面积较低，而 KOH 化学活化制备的多孔炭具有较高的比表面积，但中孔体积较小。将上述物理和化学两种活化方法结合，进行二次活化，可制备获得中孔较多的高比表面积多孔炭材料，通常按以下三种方法进行二次活化的扩孔反应。

（1）物理活化-物理活化。利用水蒸气活化制备的初级多孔炭作为原料，采用 NaOH 溶液脱灰后，再采用水蒸气作为活化剂，考察二次物理活化温度对多孔炭材料的孔结构和吸附性能的影响。

（2）物理活化-化学活化。利用以水蒸气为活化剂制备的多孔炭作为原料，采用 NaOH 溶液脱灰后，再采用 KOH 作为活化剂，考察二次化学活化温度对炭材料孔结构和吸附性能的影响。

（3）化学活化-物理活化。利用以 KOH 为活化剂制备的化学法多孔炭作为原料，再采用水蒸气作为活化剂，考察二次物理活化温度对最终活性炭孔结构和吸附性能的影响。

6）多孔炭成型

通过物理或化学活化方法制备的粉状多孔炭，经研磨后与黏结剂混合成黏稠状，采用压片模具压片，慢速干燥后在适宜温度下焙烧，得到成型活性炭。按黏结剂的不同，可分为三种成型方法。

（1）以羧甲基纤维素（CMC）作为黏结剂。在研磨好的粉状多孔炭中加入 CMC，再加入适量水于室温下搅拌均匀，经压片模具压制成 DN13mm×8mm 圆柱形，然后置于烘箱内烘干和热处理后即得成型多孔炭。

（2）以煤焦油（Tar）作为黏结剂。在研磨好的粉状多孔炭中加入煤焦油，再加入少量水于室温下搅拌使其呈黏稠状，于室温下压制成 DN13mm×8mm 圆柱形，进一步经热处理后即得成型多孔炭。

（3）以高含灰粉末活性炭碱溶出液为黏结剂。该成型方法针对所制备的多孔炭中含有较高的灰分而特地设计，首先将高灰多孔炭粉末材料放入高压反应釜内，与 NaOH 溶液混合后水热处理，取出后混入铝溶胶，抽滤脱水后压片成型，焙烧热处理即得成型多孔炭。

3. 活性炭表征

吸附性能是评价多孔炭质量的最主要指标，它取决于炭材料的孔隙结构和比表面积。目前对活性炭的吸附性能已有国家标准，分别采用碘吸附值、亚甲基蓝吸附值、焦糖脱色率的高低来评价材料对应的微孔、中孔、大孔的发达程度。笔者主要利用碘吸附值和亚甲基蓝吸附值评价所制备的多孔炭对不同分子量大小分子的吸附性能，同时由此反映活性炭的孔结构发达程度和孔径大小。其中，碘值的测定方法参考 GB/T 12496. 8—1999，亚甲基蓝吸附值的测定方法参考 GB/T 12496. 10—1999。

多孔炭收率以制备的多孔炭产品质量占原料质量的比值评估，即

$$Y(\%)=\frac{w}{w_0}\times 100\% \tag{4.1}$$

式中，Y 为产物质量收率；w 为制得的活性炭质量，单位为 g ；w_0 为原料质量，单位为 g。多孔炭灰分测定按照国标 GB/T 7702. 15—1997 方法，计算公式为

$$A(\%)=\frac{m_2-m}{m_1-m}\times 100\% \tag{4.2}$$

式中，A 为灰分质量含量；m 为灰皿质量，单位为 g；m_1 为除去水分试样与灰皿总质量，单位为 g；m_2 为试样灼烧后与灰皿总质量，单位为 g。

4.3.2　白酒糟物理活化制备多孔炭

物理活化反应的实质是原料中碳元素在氧化性介质存在下发生部分氧化反应，即在一定温度下，炭化料与水蒸气或 CO_2 等氧化性气体进行反应，得到比表面积更大、孔隙结构更发达的多孔炭产品。物理活化生产工艺简单、清洁，不存在化学品污染，且活化产物不需要清洗就可直接利用。

以白酒糟为原料、水蒸气和 CO_2 为活化剂制备多孔炭，下面考察了活化剂用量、炭化温度、活化温度等工艺参数对制备产物的吸附性能的影响。

1. 活化反应条件考察

1）活化剂用量对制备多孔炭吸附性能的影响

物理活化法制备多孔炭常用的活化剂为水蒸气或 CO_2。图 4. 3[42] 为炭化温度为 650℃、活化温度为 850℃时，采用不同用量水蒸气为活化剂，反应 1h 制备的多孔炭吸附性能的变化趋势。图中显示，随着水蒸气用量增大，所得活性炭产物的碘值和亚甲基蓝值均呈现先增大后减小的变化趋势，当单位质量活化反应原料对应的水蒸气用量为 0. 1mol 时，所得活性炭样品的碘值和亚甲基蓝值均较大，是优选水蒸气活化反应计量值。

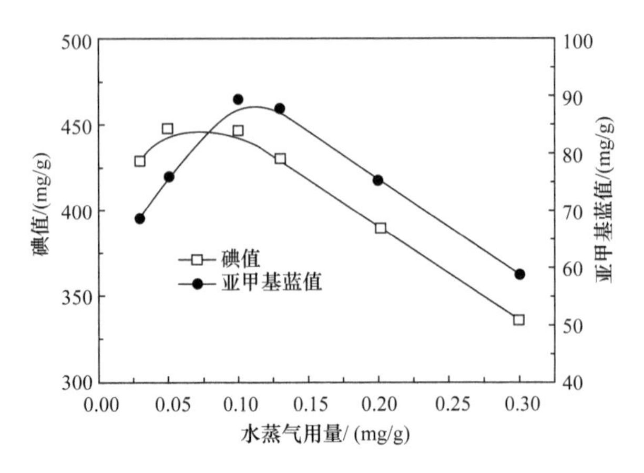

图 4.3　水蒸气用量对活性炭吸附性能的影响[42]

图 4.4[42]是相同条件下活化剂 CO_2 用量与多孔炭碘和亚甲基蓝吸附值的对应关系。随着 CO_2 流量的增大，所制备的活性炭的碘和亚甲基蓝吸附值同样具有先增加后减小的变化规律。当每克活化反应原料所需的 CO_2 为 0.03mol 时，其碘值和亚甲基蓝值均较高，是最优的操作条件。

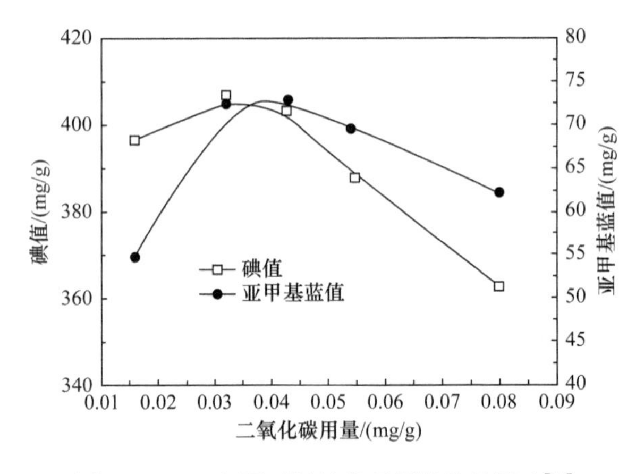

图 4.4　CO_2 用量对活性炭吸附性能的影响[42]

可见，物理活化采用水蒸气和 CO_2 两种活化剂，当活化剂用量逐渐增加时对多孔炭吸附性能的影响均表现为先增大后减小的规律，这由活化剂与炭化原料发生的活化反应历程决定。当活化剂用量较少时，活化剂主要与原料的活性位发生反应，形成初级的孔隙结构；增大活化剂用量，有利于孔隙的形成和深化，可使原始物料中的闭合孔隙相互连通，形成的孔隙尺寸较小，有利于小分子物质的吸附，表现为其碘值逐渐增大。提高活化剂的用量，其扩散到初始形成的孔隙结构中的活化剂增多，孔隙内部的活化反应增强，具有明显的扩孔作用，使得对分子量较大的亚甲基蓝的吸附性能增强。继续增大活化剂的用量，扩散到孔隙内部和炭化物料表面的活化剂浓度均较高，使得孔壁刻蚀和表面烧蚀的程度同时加深，导致孔隙结构坍塌，其吸附性能迅速降低。

值得注意的是，亚甲基蓝吸附值最大时对应的活化剂用量均高于碘值最大时对应的活化剂用量，也可间接说明活化反应过程中首先在活化剂水蒸气或 CO_2 的作用下形成小孔结构，进而扩孔为较大的孔隙结构，该规律对于通过控制活化剂用量而调变多孔炭的孔径具有指导意义。另外，对比水蒸气和 CO_2 分别作为活化剂的活化作用效果可以看出，水蒸气活化比 CO_2 活化制备的多孔炭产物具有更好的吸附性能。这一方面是由于水蒸气比 CO_2 具有更高的发生活化反应的性能，能够首先形成初始的孔隙结构，另一方面还因为水蒸气分子较小，有利于向初始产生的孔隙结构扩散，促进活化反应的发生。CO_2 活化剂的体积较大，向孔隙内的扩散易受阻，表面烧蚀作用增强，所以 CO_2 的用量较少，且其活化造孔的能力及生成大孔结构的能力较差。

2）温度对制备多孔炭吸附性能的影响

通常的多孔炭制备过程中，反应温度的作用包括原料炭化温度和炭化料活化温度两个阶段的作用。新鲜白酒糟中水的质量含量约为 60%，干基酒糟挥发分质量含量达 70%（表 4.2），在实际的规模化制备过程中，可将炭化反应析出的挥发分用于满足新鲜酒糟原料的干燥和炭化反应的能量需求。确定合适的反应温度不仅可以提高制备多孔炭的吸附性能，而且可为规模化制备活性炭过程中优化利用挥发分提供依据。

图 4.5[42]是水蒸气作为活化剂，用量为 0.1mol/g 炭化物料条件下考察不同反应温度对制备多孔炭的碘值影响。图中显示，随着炭化温度的升高，样品的碘值均降低，活化温度为 800℃时所得活性炭样品碘值最高。

图 4.6[42]是以 CO_2 为活化剂，用量为 0.03mol/g 炭化物料条件下控制不同炭化和活化温度下制备的多孔炭的碘值变化规律。从图中可以看出，CO_2 活化制备的多孔炭的碘吸附性能与水蒸气活化具有相近的变化趋势，所得多孔炭的碘值随着炭化温度的升高而降低，随活化温度的升高呈先增加后减小的规律。

图 4.7[42]和图 4.8[42]分别是以水蒸气和 CO_2 作为活化剂，在不同反应温度下制备得到的多孔炭样品的亚甲基蓝吸附值的变化规律。图中显示，随着炭化温度的升高，两种活化剂所活化制备的多孔炭的亚甲基蓝值均逐渐减小；随着活化温度的升高，样品的亚甲基蓝值逐渐增大。对于水蒸气活化，活化温度大于 800℃后其亚甲基蓝吸附值的变化趋缓；对于 CO_2 活化，活化温度达到 850℃以后其亚甲基蓝吸附值的变化较小。

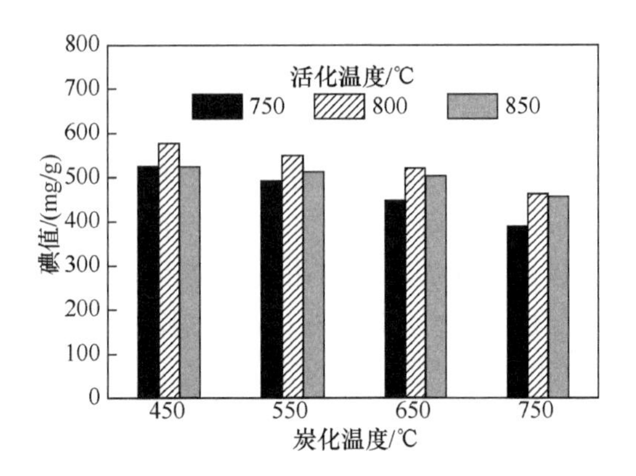

图 4.5　温度对水蒸气活化制备多孔炭的碘值影响[42]

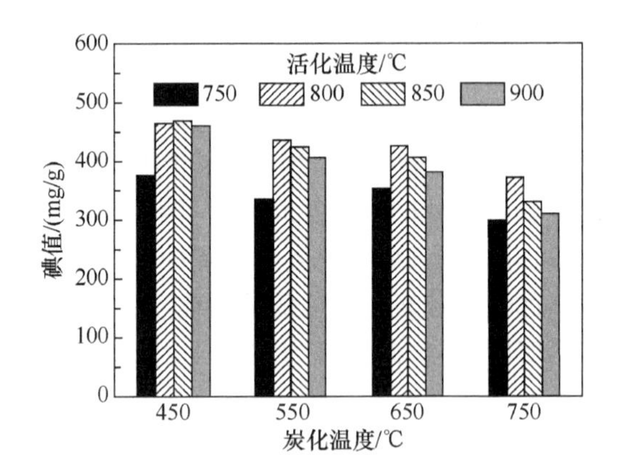

图 4.6　温度对 CO_2 活化制备多孔炭的碘值影响[42]

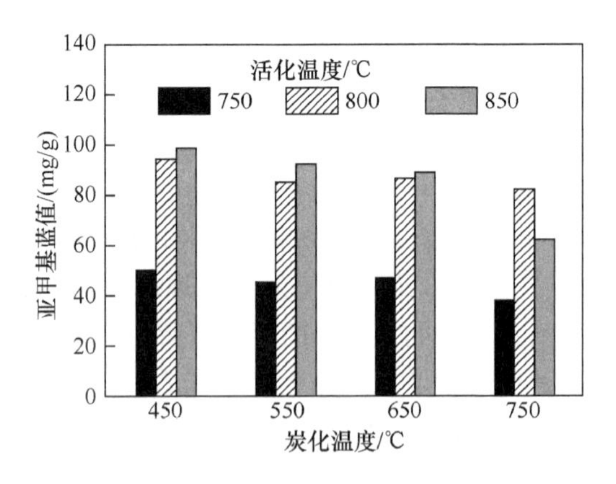

图 4.7　温度对水蒸气活化制备多孔炭的亚甲基蓝值影响[42]

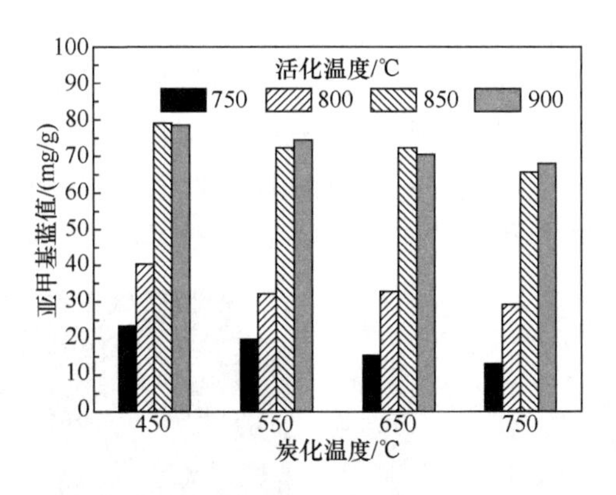

图 4.8　温度对 CO_2 活化制备多孔炭的亚甲基蓝值影响[42]

概括上述温度对制备多孔炭吸附性能的影响规律，当炭化温度为450℃、活化温度为800℃时，对应的水蒸气和 CO_2 活化产品的碘值达到最大值，分别为580mg/g和465mg/g，表明该条件下制备得到的多孔炭对小分子和非极性分子的吸附性能最强，其孔隙直径较小。当炭化温度为450℃、活化温度为850℃时，对应的水蒸气和 CO_2 活化制备的多孔炭亚甲基蓝值达到最大值，分别为98mg/g和79mg/g，由此得到的多孔炭对分子量较大的有机分子具有较好的吸附效果，其脱色效果明显，孔隙有所增大。对比两种活化剂可以发现，水蒸气活化比 CO_2 活化制备的多孔炭具有更好的碘和亚甲基蓝吸附性能。炭化温度对制备多孔炭吸附性能的影响较小，但变化规律一致，低温炭化有利于多孔炭吸附性能的提高。但从酒糟的热重分析曲线(图4.2)可以看出，当温度达450℃时，其重量损失才趋于平缓，表明此时酒糟炭化较充分。因此，研究中炭化下限温度控制为450℃。升高炭化温度，挥发分的释放彻底，可能会形成更加致密的炭化物料，在进一步的活化反应中影响了活性剂向纵深方向的扩散和反应，从而导致多孔炭产物的孔隙较少，吸附性能下降。活化温度对活化产物吸附性能的影响均表现为先增加后减少的变化趋势，这是由于升高温度，活化剂的扩散和反应速率加快，对炭化物料的刻蚀作用加强，导致更多的孔隙结构产生。进一步升高活化温度，使得形成的细小孔隙向更大的孔隙扩展。这也说明了800℃时的碘值较高，而对亚甲基蓝的吸附较差，在850℃活化时，亚甲基蓝的吸附值达到最大值。继续升高活化反应温度，炭化物料的孔壁变薄，表面烧蚀作用增强，其孔隙反而减少，吸附性能变差。

2. 产物分析表征

1) SEM表征

图4.9[42]是原料白酒糟(a)、炭化料(b)、水蒸气活化产物(c)和 CO_2 活化产物(d)的扫描电子显微镜(SEM)图片。初始的原料白酒糟是经发酵后产生的，为富

含纤维素的残渣，热解所得炭化物料含有大量孔径为 1～10μm 的大孔结构，这可能是植物的纤维结构经热解析出挥发分后形成的孔隙结构，这种孔结构对其表面积和吸附性能贡献较小。图中 c 和 d 是分别经水蒸气和 CO_2 活化后的产物，在原有的纤维结构孔的孔壁上形成了更多的细小孔隙，表明多孔炭更加发达，对气相或液相分子具有吸附性能的孔隙结构主要是在活化阶段形成的。

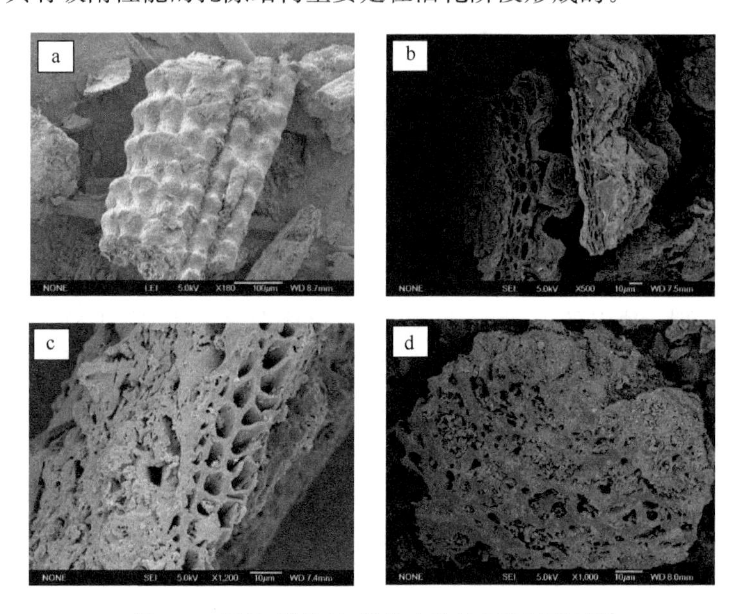

图 4.9　原料、炭化料、活化产物的 SEM 图片[42]

2) N_2 吸附表征

不同条件下物理活化制备多孔炭样品的 N_2 吸附表征数据列于表 4.3[42]。在相同的操作温度下采用水蒸气作为活化剂均比用 CO_2 活化剂具有更加优异的活化效果，所制备的多孔炭产物具有更大的比表面积和孔体积。随着活化温度的升高，两种活化剂制备的样品比表面积均呈现先增大后减小的变化趋势，并且产物中介孔含量逐渐增高。这种变化规律进一步说明，活化反应过程中首先是原料的纤维结构经炭化后形成具有活化活性的反应位点，然后在一定的活化温度下完成活化反应。当活化温度较低时，活化反应速率较低，在规定的时间内产生的孔隙少而小；升高活化温度后反应速率增大，产生的孔隙结构增多，从而使获得的产物表面积达到最大值；进一步升高反应温度，活化反应表现为形成小孔的扩孔作用增强，导致其介孔结构所占比例增多，平均孔径增大。炭化温度对产物孔结构的影响规律较显著，高温炭化后制备的产物表面积和孔体积均变小，这可能与高温炭化后样品的石墨化程度加深、保留的可参与活化反应的活性位点减少有关。总体上分析，不同操作条件下制备的样品的 N_2 吸附表征数据和样品对碘、亚甲基蓝吸附容量有较好的一致性。

表 4.3　不同反应条件下制备多孔炭的 N_2 吸附表征数据[42]

样品	活化剂	炭化温度/℃	活化温度/℃	比表面积/(m^2/g)	孔体积/(cm^3/g)	微孔体积/(cm^3/g)	平均孔径/nm
1	H_2O	450	750	348.4	0.26	0.12	2.99
2	H_2O	450	800	371.6	0.34	0.14	3.37
3	H_2O	450	850	323.8	0.32	0.11	3.97
4	H_2O	650	800	359.6	0.32	0.11	3.52
5	H_2O	750	800	320.8	0.32	0.10	3.94
6	CO_2	450	750	267.5	0.19	0.11	2.77
7	CO_2	450	800	327.1	0.22	0.10	2.92
8	CO_2	450	850	313.8	0.24	0.12	3.05
9	CO_2	450	900	298.1	0.27	0.12	3.54
10	CO_2	650	850	291.5	0.27	0.09	3.78
11	CO_2	750	850	286.5	0.28	0.09	3.92

图 4.10[43]和图 4.11[43]是分别以水蒸气和 CO_2 作为活化剂、在不同活化温度下制备的多孔炭产物的孔径分布曲线。两种活化方法下制备的样品在 3.8nm 附近有比较集中的孔径分布。活化反应温度较低时，随着活化温度的升高，在 3.8nm 附近的吸附量逐渐增大，表明产物的孔隙结构逐渐增多。进一步升高活化温度，3.8nm 处的吸附量有所降低，而大于 3.8nm 的孔径分布增多，表明样品的内部扩孔作用增强，导致高温活化产物的微孔孔隙烧蚀度变大，使得产物的中孔含量升高。

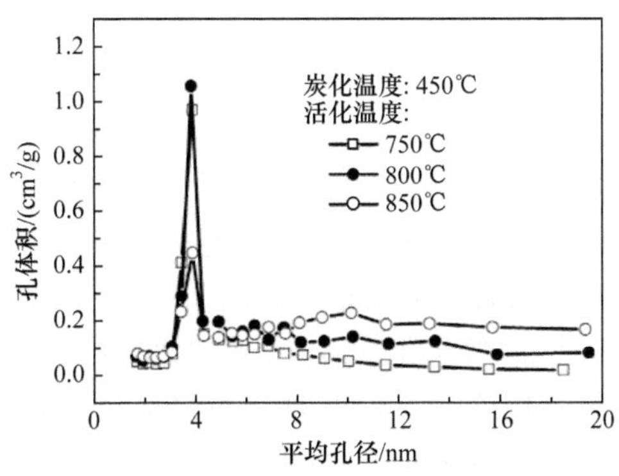

图 4.10　水蒸气活化制备的多孔炭孔径分布[43]

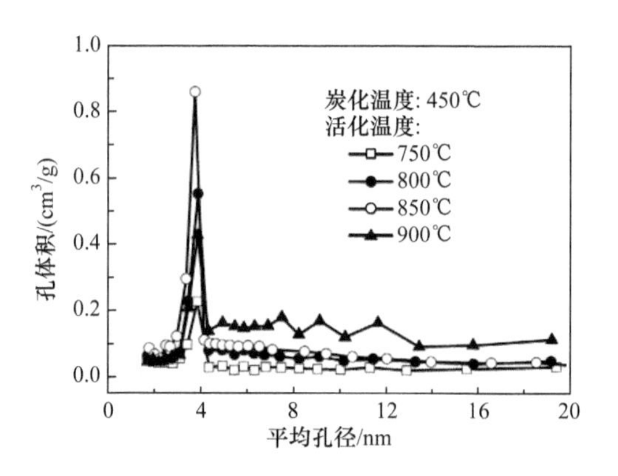

图 4.11 CO_2 活化制备的多孔炭孔径分布[43]

3) XRD 表征

图 4.12[42]是白酒糟原料(a)、经过 450℃炭化的炭化料(b)在 850℃下分别经水蒸气(c)和 CO_2(d)活化制得的活性炭 XRD 图谱。原料 XRD 图谱显示,在 2θ 值为 20°~30°的宽峰归属于纤维素结构的特征衍射峰,表明原料中含有丰富的纤维素结构单元[43]。对照文献中给出的石英[44]和石墨[45]的 XRD 谱图可知,图中显示的 2θ 值为 20.8°、26.6°、36.5°、39.4°、50.1°和 59.9°的一组衍射峰归属于石英相的特征衍射峰,而 2θ 值为 26.4°、44.5°和 54.5°的一组衍射峰归属于石墨晶相的特征衍射峰。由此可见,初始的白酒糟原料及其炭化料和活化产物中均包含了石英相的特征衍射峰,表明初始原料及其炭化和活化产物中的 Si 物种以石英相形式存在于碳基结构中。另外,归属于石墨晶相的 44.5°和 54.5°衍射峰强度随炭化和活化温度的升高而略有增强,但在原料中并未出现该衍射峰,表明在原料高温处理的炭化和活化反应过程中发生了原料碳的石墨化反应。需要指出的是,石英相和石墨相分别代表(0 1 1)和(0 0 2)晶面的最大衍射强度特征峰,由于其基本重叠在 26.5°附近,图谱中显示的该角度衍射峰同时包含了石英和石墨两种晶相的衍射峰。因此,谱图中 b 和 c 中归属于石英相的 20.8°衍射峰强度增大、26.5°衍射峰强度降低的可能原因是炭化料的活化反应过程消耗了碳物种,使得硅物种的含量增加,石英相的相对含量增高,致使活化产物在 20.8°特征峰的衍射强度增大、并在 26.5°的衍射峰包含了石英和石墨两种晶相。由此可见,以白酒糟为原料的物理活化制备活性炭的活化反应过程一方面是在高温作用下发生碳物种的石墨化过程,另一方面是在水蒸气或 CO_2 等氧化性活化介质的作用下破坏石墨片层状结构,同时产生多孔结构而完成活化反应。可见,活化过程对石墨晶相的破坏作用,也即产生众多晶相缺陷的作用占主导地位,由此明确了活化反应产物的 26.5°特征衍射峰有所降低的原因所在。

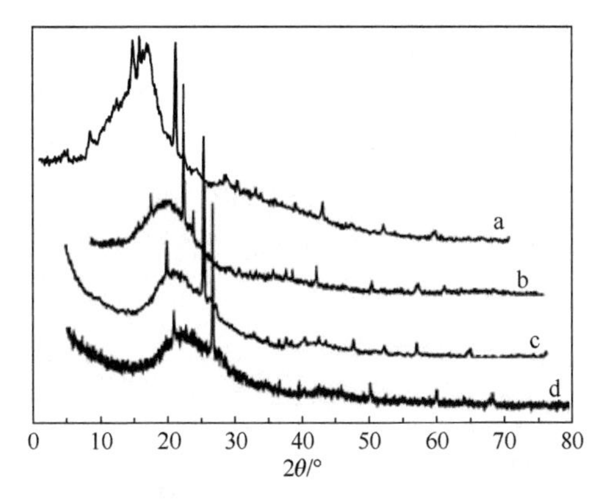

图 4.12　原料、炭化料和活化产物的 XRD 谱图[42]

3. 活化反应历程分析

多孔炭物理活化的制备工艺均是将原材料在 400～800℃下热解炭化，得到炭化物料和副产 H_2、CO、CO_2 和低碳烃以及焦油，然后将所得炭化物料在 600～950℃下通过与 CO_2 或水蒸气等弱氧化性活化剂发生氧化反应而实现活化，制得多孔炭材料，其活化过程的主要氧化反应包括[46]

$$C+H_2O=H_2+CO \tag{4.3}$$

$$C+CO_2=2CO \tag{4.4}$$

可见，物理活化制备多孔炭过程本质上可视为高温下炭化料被氧化性介质刻蚀而将部分固定碳以气相产物形式释放的过程。当氧化性介质只在炭化物料表面发生均匀的刻蚀作用，则反应产物并不会产生孔隙结构，其反应过程只是逐层烧蚀。氧化性介质在炭化物料的某一位置沿纵向的反应对产物孔隙结构的形成具有决定性作用，是活化反应的决定性过程。由此可见，对炭化物料中可参与活化反应的活性位及其活化反应本质的认识对于优化研究物理活化制备活性炭方法具有重要作用。如图 4.13[42]和图 4.14[42]所示，分别以水蒸气和 CO_2 作为活化剂，对 450℃下制备的炭化物料在 850℃下活化时原位监测其反应始末气相产物的组成变化特性，以资揭示物理活化制备多孔炭的反应历程。

从图 4.13 中可以看出，活化反应的气相产物以 H_2 和 CO 为主，证实了文献描述活化反应以水蒸气气化反应为主，气相产物的 CO_2 含量变化与炭化物料的脱羧反应、水汽变换反应有关，而少量的低碳烃类气体产物则由炭化物料的烃侧链断链所致。值得关注的是反应的初始阶段，气相产物的组成变化显著，其中 H_2、CO、CO_2 和产物 H/2O 值的变化存在明显的拐点，表明其活化反应历程在拐点前后具有较大的差异。进一步分析产物中 H、O 元素比例，假设活化反应只有 C 元素参与反应，则所得气体产物中的 H/2O 值应恒定为 1，而图中显示在前 15min 内的比值变化幅度较大，表明实际反应并非完全是 C 的气化反应，炭化物料中含 O 和 H

的官能团在初始阶段首先参与了活化反应。其可能历程是：首先，含 O 最多的羧基和酯基官能团参与反应生成 CO_2，导致初始 CO_2 含量较高，而 H/2O 值最小；其次，含有一定量 H 的羟基和羰基参与反应，其产物中同时包含了 H 和 O 元素，从而使得 H/2O 值逐渐增大；进一步是醚键和烃基类高含 H 基团的反应，导致H/2O 值达到最大；最后，随着含 O 和 H 元素的官能团逐渐完全反应，活化反应转为以 C 气化为主，H/2O 值趋近于 1。

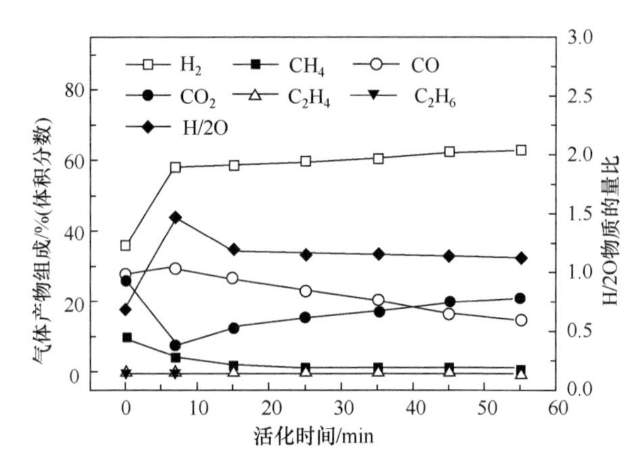

图 4.13　水蒸气活化反应的气相产物分布[42]

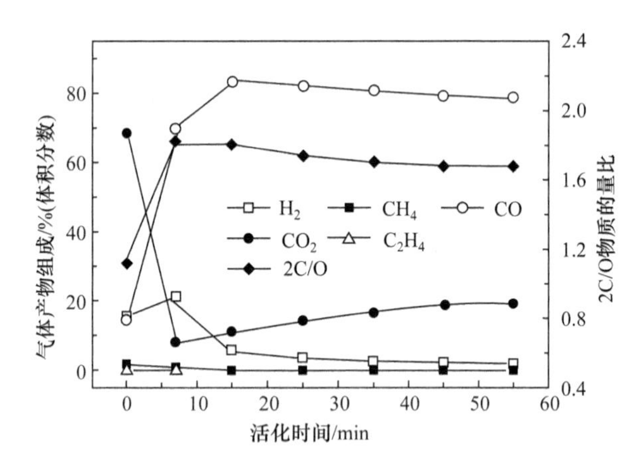

图 4.14　CO_2 活化反应的气相产物分布[42]

图 4.14 表明，CO_2 活化反应的初始阶段的气相产物组成变化明显，同样存在不同的反应历程。起始反应产物中 CO_2 含量较高，主要由脱羧基产物和未反应 CO_2 共同构成；此后的官能团反应涉及羟基脱水为液相产物、官能团中 C 元素参加反应等多种形式，不能单纯以 2C 与 O 的比值来确定其官能团发生反应的先后顺序，但从 H_2 在前 15min 的活化反应产物中占比较高、变化幅度较大的结构说

明，含 H 元素的官能团在该阶段活化中参与了反应；15min 后的活化反应中各产物的变化趋于平缓，表明以 C 与 CO_2 发生活化反应为主。

综合分析，物理活化制备多孔炭的过程首先是活化剂与炭化物料表面的活性位点即含 H 或 O 的官能团结构发生反应，形成初始孔隙结构，进而与碳质基材反应，使得孔隙结构向纵深和横向扩展，从而形成多孔结构。文献[47]报道随着炭化温度升高，制备的炭化物料结构趋向于类石墨的致密结构，其含 H 或 O 的官能团减少，可诱发活化反应的活性位点较少；升高炭化温度使得活化产物的吸附性能较差、比表面积和孔体积较小。这些表明上述活化反应历程与实验结论相一致。因此，物理活化制备多孔炭时，采用低温炭化和在活化反应升温阶段通入活化剂对于提高活化效果具有促进作用，可为实际生产提供参考。

4.3.3　白酒糟化学活化制备多孔炭

化学活化法实质是化学试剂迁移扩散到炭颗粒内部结构破坏有序层片结构并形成发达微孔结构的过程。常用的活化剂有 KOH、$ZnCl_2$、H_3PO_4 等。虽然化学活化对设备腐蚀性大，污染环境，但该法有利于形成孔隙更发达、吸附性能更好的多孔炭，并且目标产物的收率较高，是具有较好研究开发价值的多孔炭制备方法[20]。针对白酒糟灰分含量高的特点，KOH 是更为优异的活化剂，其用量和活化温度、活化时间以及活化产物后处理等操作条件对产物孔结构和吸附性能均具有较大的影响，是优化制备条件的重要方面。

1. 制备条件优化

1）活化剂选择

图 4.15[48] 和 4.16[48] 分别是采用水蒸气物理活化、脱灰处理后水蒸气活化及采用不同化学试剂作为活化剂制备的多孔炭碘吸附值和亚甲基蓝值对比图。可以

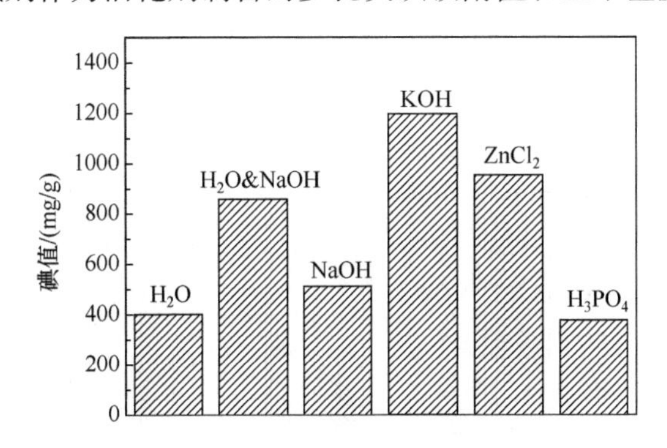

图 4.15　不同活化方法制备的多孔炭碘吸附值对比[48]

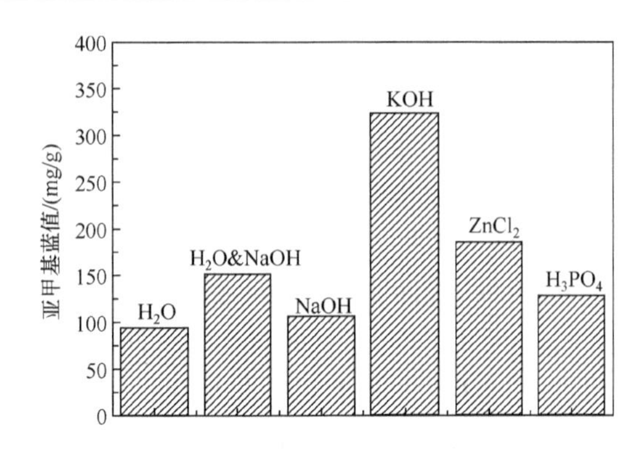

图 4.16 不同活化方法制备的多孔炭亚甲基蓝值对比[48]

看出，用不同方法制备的多孔炭对碘和亚甲基蓝的吸附性能存在明显差异。其中以 KOH 活化制备的活性炭的吸附能力最高，碘吸附值为 1130mg/g，亚甲基蓝吸附值为 326.5mg/g。H_3PO_4 活化和物理活化制备的多孔炭的吸附能力较低，脱灰处理后物理活化制得的多孔炭对碘和亚甲基蓝的吸附值分别为 760mg/g 和 162mg/g，略高于 NaOH 活化法多孔炭。

综上所述，采用 KOH 作为活化剂的化学活化法多孔炭对碘和亚甲基蓝的吸附能力明显高于其他活化方法制备的多孔炭。即针对白酒糟这类工业纤维素生物质残渣，采用 KOH 作为活化剂可以制备吸附性能更加优异的多孔炭。

2）活化产物酸洗的影响

利用 KOH 活化剂的活化反应过程，不仅是对碳质基材造孔的过程，同时也是脱灰的过程。但是，KOH 的脱灰过程只能溶解大部分硅铝酸盐，对于其他金属元素的脱除能力有限，酸洗过程可弥补 KOH 脱灰的不足，进一步提高灰脱除的程度。图 4.17[48] 和图 4.18[48] 分别考察了 KOH 活化制备的多孔炭产物经酸洗后对其碘和亚甲基蓝吸附性能的影响。

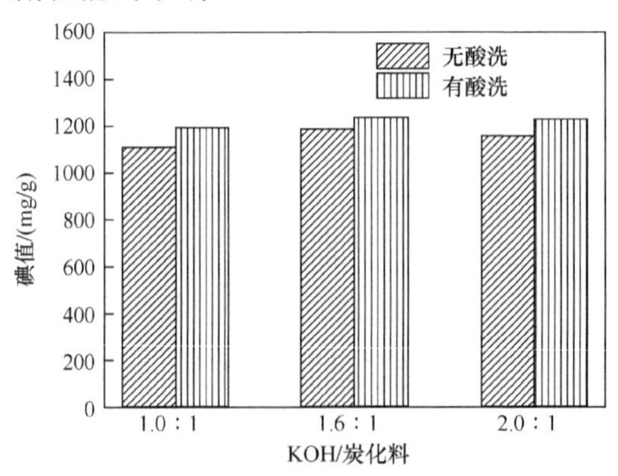

图 4.17 酸洗对 KOH 活化制备的多孔炭碘值影响[48]

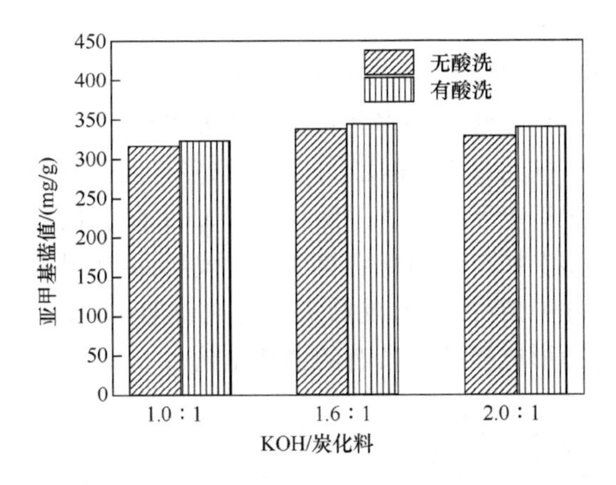

图 4.18　酸洗对 KOH 活化制备的多孔炭亚甲基蓝值影响[48]

图中显示，KOH 与炭化料按不同比例混合，所制得产物经酸洗后的碘和亚甲基蓝吸附能力均高于未酸洗时的多孔炭，但吸附能力的提高不显著。通过 KOH 活化反应制得的活性炭中存在金属氧化物杂质，盐酸溶液处理可脱除活性炭中的金属氧化物杂质。这些杂质的脱除一方面可以在碳质材料中形成孔隙结构，同时可以使多孔炭材料的相对含量增加，均有利于提高单位质量多孔炭对碘和亚甲基蓝的吸附容量。同时，该过程可有效降低多孔炭产物中金属元素的含量，提高产物的品质。

图 4.19 进一步对比了制得的多孔炭在酸洗前后灰分含量的变化[48]。活化产物经过酸洗后其灰分含量明显低于未经过酸洗的多孔炭，而且酸洗后的多孔炭灰分呈白色，而未经酸洗的灰分呈棕红色。这些结果表明：盐酸浸泡洗涤后将产物中的金属离子，如铁盐等溶入水相。经酸洗后，产物炭中灰分含量低于 5%，说明炭化料经 KOH 活化后再经酸处理，可有效去除炭化料中的无机成分，显著提升了多孔炭材料的品质。

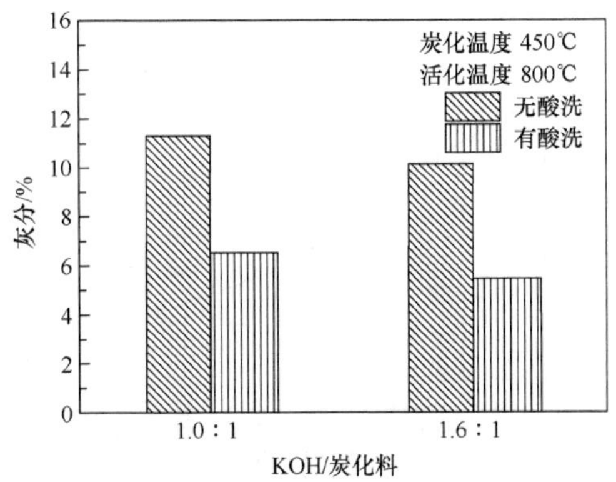

图 4.19　酸洗对 KOH 活化制备的多孔炭灰分含量影响[48]

3）活化剂用量的影响

活化剂 KOH 的用量对所制备多孔炭产物的孔结构具有重要影响，同时也直接关系到制备成本，是该方法制备多孔炭材料需要考察的重要因素。图 4.20[48] 显示，随着 KOH 与炭化料混合比例的增大，制备的多孔炭产物的碘吸附值和亚甲基蓝吸附值迅速提高，之后趋于平缓。一般认为，KOH 在活化过程中至少有两方面的作用：①KOH 与原料中的硅铝化合物发生碱熔反应生成可溶性的 K_2SiO_3 或 $KAlO_2$，它们在后处理中被洗去，形成低灰分的炭骨架；②在反应过程中活化并刻蚀炭化料中的碳，进而形成多孔炭特有的多孔结构。

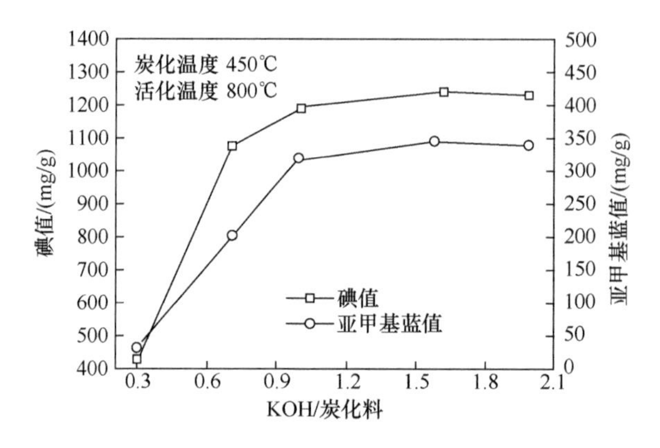

图 4.20 KOH 用量对制备的多孔炭碘值和亚甲基蓝值影响[48]

向炭化料中加入 KOH 活化剂后可产生大量微孔结构，比表面积迅速增加，但随着活化剂用量的加大，微孔、中孔的形成与孔隙的烧蚀作用同时存在，导致最终吸附性能趋于减少。图 4.21[48] 表明，伴随 KOH 用量的不断增大，所制得的多孔炭的收率下降，表明过量的 KOH 对原料中碳物种的烧蚀作用非常显著，影响多孔炭收率。

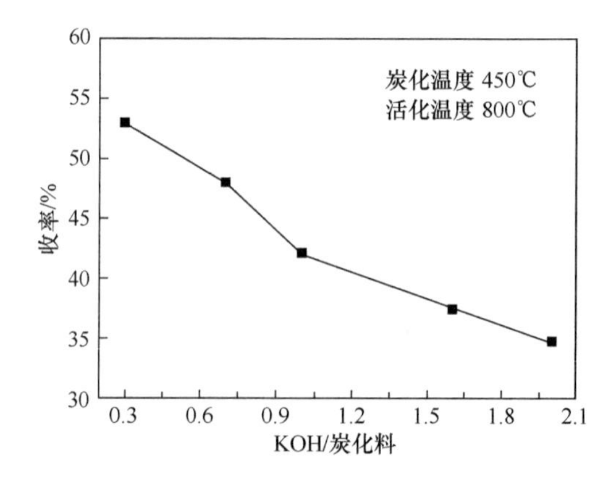

图 4.21 KOH 与炭化料的比例对制备多孔炭产物收率的影响[48]

结合图 4.20 和图 4.21 表明，KOH 与炭化料比例为 1∶1 时所制备的多孔炭含有丰富的孔隙结构，对碘和亚甲基蓝的吸附能力较强。进一步增大比例，碘和亚甲基蓝的吸附值没有明显增大，但产物的收率明显降低。

4）活化温度的影响

活化温度对 KOH 化学活化制备的多孔炭吸附性能也具有明显影响。图 4.22[48]显示，随着活化温度的升高，所制备多孔炭对碘和亚甲基蓝的吸附能力逐渐增大。当温度超过 600℃，其内部出现大量微孔，对碘和亚甲基蓝的吸附能力迅速提高；当温度达 800℃以上时，产物对碘的吸附值虽有增加，但增加速率放缓；进一步达到 900℃后，对亚甲基蓝的吸附值开始降低。这些说明温度升高可以使活化剂与炭化料剧烈反应，当温度过高时，加快了扩孔作用使新形成的孔结构被烧蚀破坏，导致其吸附性能下降。图 4.23[48]所示不同活化温度下制备的多孔炭产物收率的变化表明，随着活化温度的升高，KOH 活化剂对炭化料的刻蚀作用加剧，使得活化产物的收率线性下降。

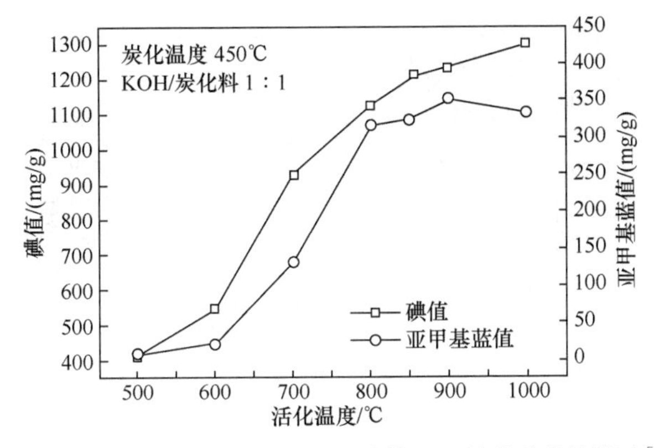

图 4.22　活化温度对制备多孔炭碘值和亚甲基蓝值的影响[48]

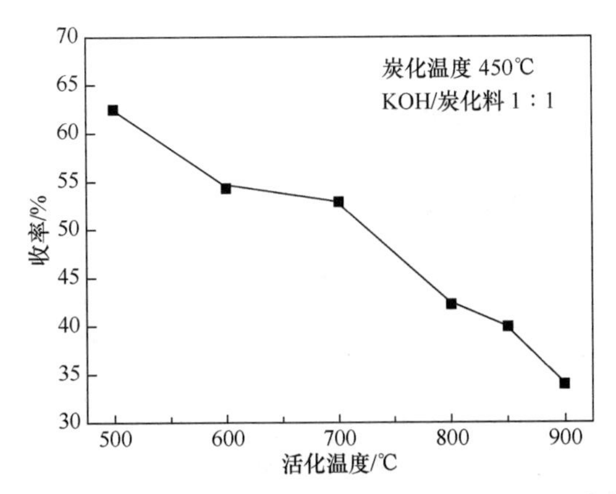

图 4.23　活化温度对制备多孔炭收率的影响[48]

概括而言，当活化温度高于800℃时，所得多孔炭产物具有较高的碘值和亚甲基蓝值，但进一步升高温度对多孔炭产物的碘和亚甲基蓝吸附性能的影响趋于缓和。当活化温度为1000℃时，制得的活性炭碘吸附值最高，而活化温度900℃时制得的多孔炭具有最高的亚甲基蓝吸附值。但是，活化温度过高，能量消耗较高且多孔炭产率较低。综合考虑较优选择活化温度为850℃左右。

5）活化时间的影响

在给定的活化温度和活化剂用量下，活化时间本质上反映了活化反应由活化造孔向表面烧蚀的过程转变，恰当的活化时间能最大限度地保证活化效果，同时获得较高的产物收率。图4.24[48]考察了活化时间对制备的多孔炭吸附性能的影响。当活化反应温度以20℃/min升温速率升至850℃时，迅速取出活化产物，隔绝空气冷却后测定其碘吸附值已达到1017.8mg/g，亚甲基蓝吸附值为158.3mg/g。随着反应时间的延长，吸附能力均有所增加，但反应时间超过1h后对碘和亚甲基蓝的吸附没有明显改善，收率却不断下降。结合图4.22可以看出，温度500℃左

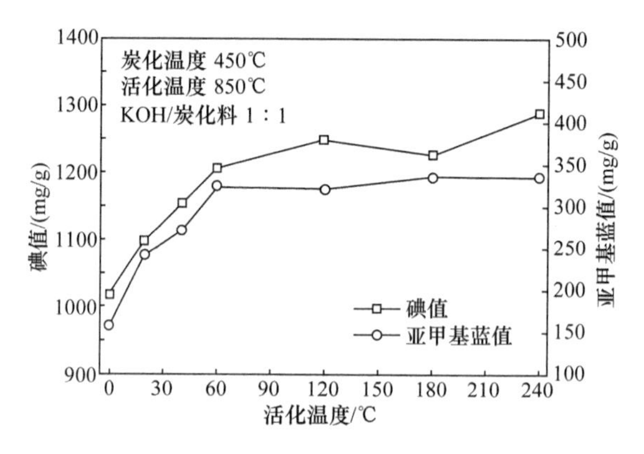

图4.24 活化时间对制备的多孔炭碘值和亚甲基蓝值影响[48]

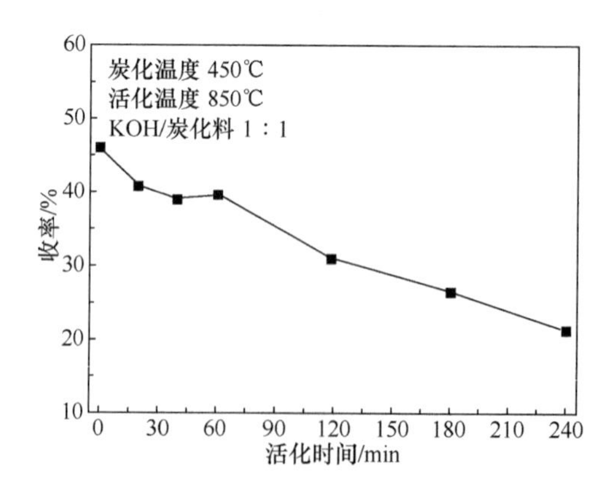

图4.25 活化时间对制备活性炭的收率影响[48]

右时 KOH 已经开始和炭化料反应，继续升温到 850℃，材料内部已形成大量的微孔结构。活化时间过长，材料吸附能力并没有显著增强，而多孔炭产率却逐渐降低（图 4.25[48]），可能因为进一步延长活化反应时间只对活化物料的表面发生烧蚀作用，而对初始产生的微孔及中孔的扩孔作用较小，使得吸附性能变化甚微，而活化产物的收率逐渐降低。

可见，反应时间为 1h 制备的多孔炭对碘和亚甲基蓝的吸附能力较强。进一步延长活化时间对制得的炭材料吸附能力没有明显的增高，但能耗增高且活化产率降低。综合考虑，优选的活化时间应为 1h 左右。

2. 产物分析表征

1）N_2 吸附表征

（1）不同活化剂制备活性炭的 N_2 吸附表征。分别采用 NaOH、KOH、$ZnCl_2$、H_3PO_4 活化剂制备多孔炭样品，其 N_2 吸附等温线和孔径分布曲线分别示于图 4.26[48]和图 4.27[48]。图 4.26 表明，KOH 活化产物在低压端的初始 N_2 吸附

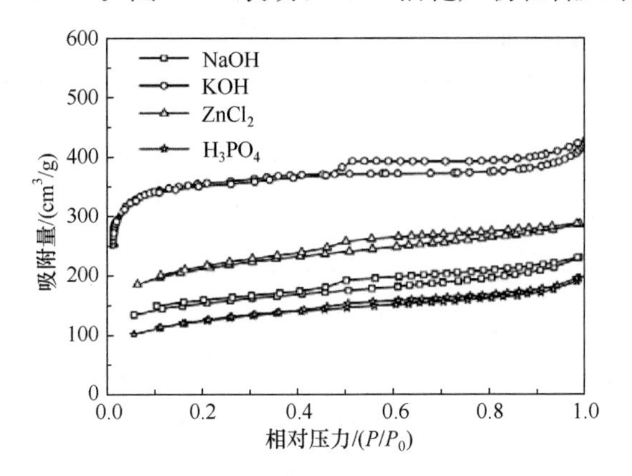

图 4.26　不同活化剂制备的多孔炭 N_2 吸附等温线[48]

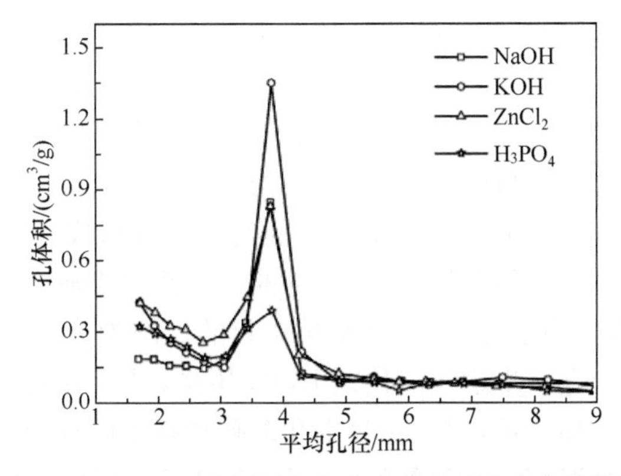

图 4.27　不同活化剂制备的多孔炭孔径分布曲线[48]

量达到 350cm³/g,而另外三种活化剂 NaOH、$ZnCl_2$ 和 H_3PO_4 活化制备的多孔炭产物的初始 N_2 吸附量均小于 200cm³/g,表明 KOH 活化制备的多孔炭具有更大的比表面积,其活化反应形成的微孔明显高于其他活化方法。当相对压力大于 0.5 时 N_2 吸附等温线所形成的“滞后环”较狭窄,说明样品中含有的中孔较少,该法制备的多孔炭为微孔炭材料。

图 4.27 所示孔径分布曲线表明,化学活化法制备的多孔炭样品在大于 2nm 的中孔范围内只有 3.8nm 处具有一个较为集中的孔径分布,进一步说明化学活化法制备的多孔炭的中孔含量较少。取表 4.4 中的 KOH 活化样为例,其总孔体积为 0.659cm³/g,微孔体积为 0.431cm³/g,平均孔径为 2.19nm,微孔体积占总孔体积的 65%以上。针对相同原料采用物理活化法制备的多孔炭样品的微孔含量通常小于 50%,对其碱处理脱灰具有扩孔作用,制得样品的平均孔径均大于 3nm,进而充分说明了化学活化法和物理活化法所制备的多孔炭的差别所在。

表 4.4　不同活化剂制备的多孔炭孔结构数据[48]

样品	活化剂	炭化温度/℃	活化温度/℃	比表面积/(m^2/g)	孔体积/(cm^3/g)	微孔体积/(cm^3/g)	平均孔径/nm
1	NaOH	450	800	509.4	0.354	0.194	2.776
2	KOH	450	800	1202.9	0.659	0.431	2.190
3	$ZnCl_2$	450	600	705.2	0.441	0.275	2.501
4	H_3PO_4	450	600	423.6	0.300	0.161	2.840

对比表 4.4 中不同活化剂所制备活化产物的 N_2 吸附数据可以看出,KOH 活化法制得的多孔炭比表面积、孔容、微孔都明显高于其他活化法,且平均孔径小于其他活化法制得的多孔炭。因此,针对工业纤维素残渣,选用 KOH 作为活化试剂,可制备微孔发达的高比表面多孔炭材料。

(2) 不同活化操作条件制备的产物 N_2 吸附表征。酸洗脱灰处理、KOH 活化剂用量、活化温度和活化时间等操作条件对多孔炭产物的孔结构形成和控制具有重要作用。表 4.5[48]给出了不同操作条件下所制备的多孔炭样品 N_2 吸附表征数据。经酸洗脱灰后,制备样品的比表面积和孔体积均增大,微孔体积占比升高,平均孔径变小,说明酸洗只对样品中的微孔结构产生了较大贡献,对样品的中孔含量并无明显改善。这表明伴随初级活化产物的脱灰过程形成了新的微小孔隙结构。随着活化剂用量的增大,所制备多孔炭产物的比表面积逐渐增大,微孔体积增加明显,平均孔径呈逐渐减小趋势。KOH 与炭化料的比例为 2∶1 时样品产物的比表面积达 1789.3m²/g,进一步增大活化剂 KOH 用量,尽管活化效果更佳,但伴随活化反应的表面烧蚀愈加严重,对产物收率和多孔炭制备成本产生较大影响。另外,活化反应时间和反应温度具有类似作用,延长活化反应时间、升高活化反应温度均可提高产物比表面积和孔体积，微孔的相对含量有所降低，表明具有一定的扩孔作用，使平均孔径随活化反应时间的延长呈逐渐增大的趋势。对比不同 KOH 用量和不同活化温度下的 N_2 吸附数据可以看出，KOH 用量对产物中微孔的形成具有主导作用，而温度对产物的微孔形成产生一定的效果，但其对微孔向中孔的扩孔作用更加明显。显然，认识这些变化规律对于 KOH 活化制备多孔炭的孔径控制具有很好的指导作用。

表 4.5　不同活化操作条件制备多孔炭的 N_2 吸附表征数据[48]

样品	KOH：炭化料	活化时间/min	活化温度/℃	比表面积/(m^2/g)	孔体积/(cm^3/g)	微孔体积/(cm^3/g)	平均孔径/nm
1	1：1	60	800	777.8	0.529	0.307	2.720
2	1：1	60	800	1202.9	0.659	0.431	2.190
3	2：1	60	800	1548.2	0.857	0.688	2.215
4	2：1	60	800	1789.3	0.930	0.831	2.080
5	0.7：1	60	800	1051.2	0.659	0.431	2.659
6	1：1	60	700	852.1	0.526	0.381	2.471
7	1：1	60	850	1248.2	0.753	0.558	2.412
8	1：1	60	900	1422.5	0.843	0.626	2.372
9	1：1	60	1000	1571.3	0.948	0.675	2.414
10	1：1	0	850	958.9	0.574	0.429	2.394
11	1：1	240	850	1674.4	1.005	0.706	2.457

注：样品 1 和 3 为直接活化制备的产物，其他样品均由活化后经酸洗脱灰处理制得。

图 4.28[48]所示孔径分布曲线表明，当 KOH 与炭化料的比例为 2：1 时，孔隙结构以小于 2nm 的微孔结构为主。当 KOH 与炭化料的比例为 1：1 时，在中孔范围内 3.5～4nm 具有一个较为集中的孔径分布。样品的酸洗脱灰处理可提高样品的比表面积和孔体积，提高微孔的相对含量，但孔径分布无明显变化。

图 4.29[48]是不同 KOH 用量下制备的多孔炭样品孔径分布曲线。图示表明，随着 KOH 活化剂用量的增加，趋于小孔方向的孔径分布逐渐增多；当 KOH 用量为原料炭化料的 2 倍时，孔径小于 2nm 的微孔分布迅速增多，而孔径大于 2nm 的中孔分布明显减少。而 KOH 用量较少时，产生的中孔孔径主要集中在 3.8nm 处。活化剂用量较低时，对样品的活化反应不足，表现为 N_2 吸附数据以产物中固有的粒间孔隙结构占较大份额，导致大于 2nm 的中孔结构较多。随着活化剂 KOH 用量的增大，活化反应更加彻底，活化反应的造孔占有更多份额，导致孔隙结构以微孔结构为主。

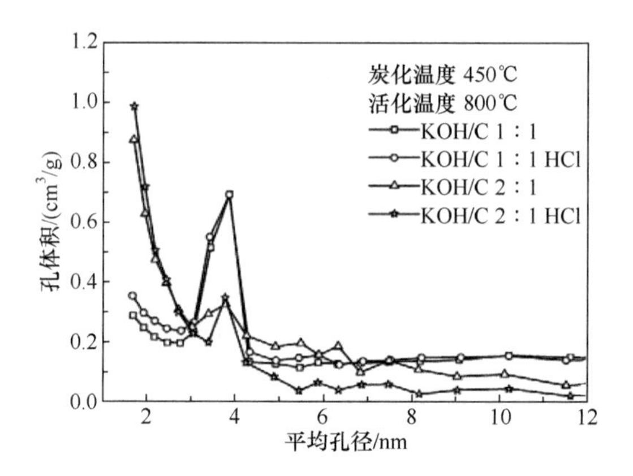

图 4.28 KOH 活化制备的多孔炭酸洗前后孔径分布曲线[48]

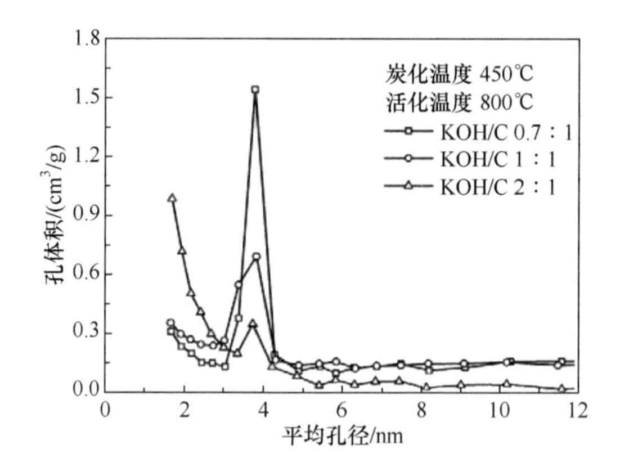

图 4.29 不同 KOH 用量制备的多孔炭的孔径分布曲线[48]

图 4.30[48]所示的孔径分布曲线表明，随着活化温度的升高，活化反应程度加深，产物中形成的微孔结构更加丰富。同时，温度升高加剧的扩孔作用使生成的微孔迅速变为中孔，使得中孔含量随着温度的升高而不断增多，制得的多孔炭样品的微孔和中孔含量不断增高。当活化温度为 1000℃时，样品中所含的微孔和中孔结构最多，而且在大于 2nm 的中孔范围内 3.8nm 处具有一个较为集中的孔径分布，这表明活化温度越高，活化反应越剧烈，形成的微孔结构越发达，同时扩孔作用越明显，炭材料的中孔含量变高。

图 4.31[48]所示孔径分布曲线表明，随着活化时间的延长，制得的多孔炭样品微孔和中孔含量均不断增高，小于 2nm 的微孔随活化时间的延长迅速增多，在中孔范围内 3.8nm 处的一个较集中的孔径分布中，延长活化时间，其孔径分布也呈一定程度增加。因此，延长活化反应时间，不仅使得反应生成的微孔结构增多，同时也具有明显的扩孔作用，升高多孔炭的中孔含量。

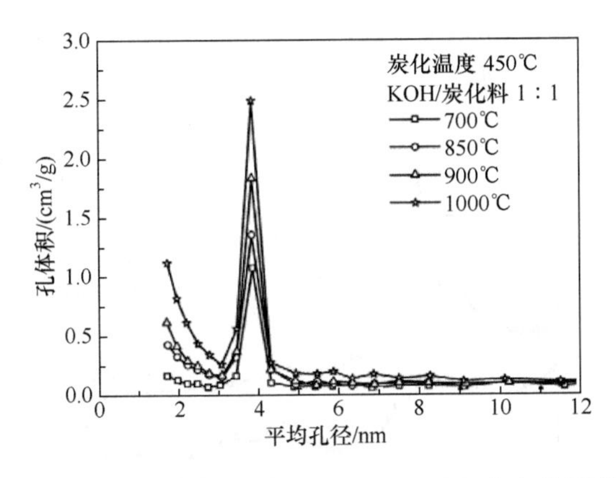

图 4.30　不同活化温度制备多孔炭的孔径分布曲线[48]

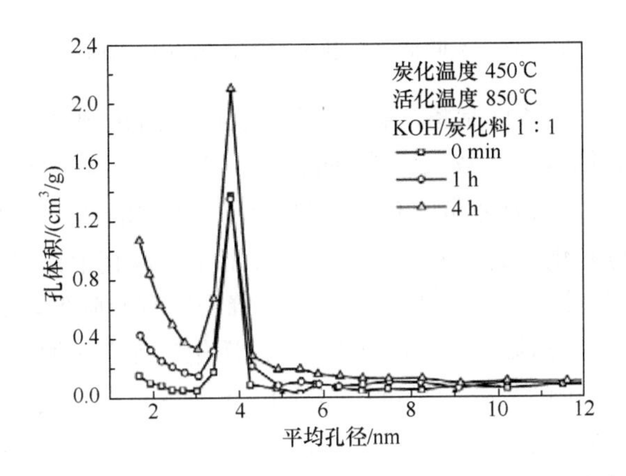

图 4.31　不同活化时间制备多孔炭的孔径分布曲线[48]

2）XRD 表征

（1）不同活化剂制备的多孔炭 XRD 表征。分别采用 $ZnCl_2$、NaOH 和 KOH 作为活化剂制备的多孔炭样品 XRD 表征如图 4.32[48]所示。谱线 a 为以 $ZnCl_2$ 为活化剂制备的多孔炭样品，具有明显的归属于石英晶相的特征衍射峰；以 NaOH 为活化剂制备的多孔炭样品谱线 b 中，归属于石英相的特征衍射峰明显减少；利用 KOH 活化制备的炭材料对应的 c 谱线中，基本没有石英相对应的特征衍射峰。这些表明，$ZnCl_2$ 在活化过程中并不能破坏碳质基材中灰分结构，其活化过程主要是和具有活性位的碳原子反应而造孔。而 NaOH 和 KOH 对炭化料中的石英相具有明显的破坏作用，形成可溶性物质随洗涤过程而转移到液相产物中，使所得固相活化产物的灰分含量明显降低，即其活化同时包含了灰分脱除造孔和对已有石墨微晶的造孔两个方面。对比谱线 b 和谱线 c 可以看出，KOH 对炭化料中灰分（主要是晶型和无定形 SiO_2）脱除能力更强，对类石墨微晶结构的破坏作用更大，这与前述针对 KOH 活化制备的多孔炭测试其碘和亚甲基蓝吸附性能、N_2 吸附表征其材料特性所获得的结果相吻合。

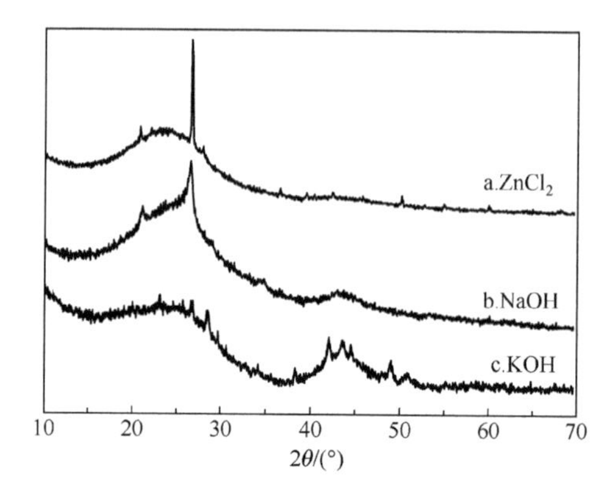

图 4.32　不同活化剂制备的多孔炭 XRD 图谱[48]

(2) 不同活化操作条件制备产物的 XRD 表征。活化剂 KOH 用量不同,不仅对活化产物的多孔结构具有较大影响,而且可以直接改变产物中灰分含量及结构存在形式。图 4.33[48]表示不同 KOH 用量下活化产物的 XRD 图谱。谱线 a、b、c 分别对应 KOH 与炭化料的比例 0.7∶1、1∶1 和 2∶1,其中谱线 a 具有明显的石英相特征衍射峰,谱线 b 归属于石英相的衍射峰强度有所降低,而谱图 c 中石英相衍射峰基本消失。可见,随着 KOH 用量增大,活化过程中对原料中石英相的脱除作用增强,活化产物中的灰分含量进一步降低,有利于活化产物品质的提高。随着活化剂 KOH 用量的增加,小角度区域内的弥散宽峰强度逐渐增大,可能与 KOH 活化对炭化料的类石墨微晶结构的破坏作用增强、使得碳物种内部结构产生更加发达的孔隙有关。这与前述 KOH 用量增大可改善活化产物吸附性能及其孔隙结构的分析表征结论相一致,表明多孔炭在低角度(小于 15°)的 XRD 弥散衍射宽峰强度与多孔炭的孔结构存在合理的关联。

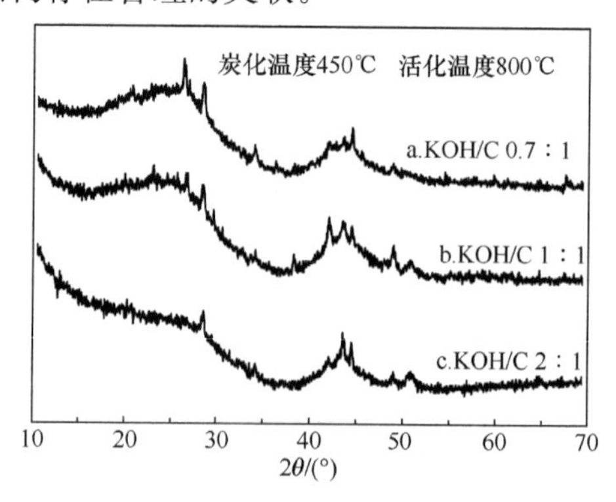

图 4.33　不同 KOH 用量制备的多孔炭 XRD 图谱[48]

不同温度下活化所制得的多孔炭样品XRD表征如图4.34[48]所示。谱线a为700℃下活化制备的多孔炭样品XRD谱图，具有明显的石英相特征衍射峰。谱线d为1000℃下活化制备的多孔炭XRD谱图，在$2\theta=20°\sim30°$范围内归属于石英相的特征衍射峰基本消失。对比谱线a、b、c和d可以看出，随着活化温度的升高，多孔炭产物中的石英相特征衍射峰逐渐减弱。在$2\theta=40°\sim50°$范围内，尤其44.5°左右出现的类石墨特征衍射峰随温度的升高其衍射峰强度不断增加，表明升高温度使活化反应更加剧烈，局部的碳微粒石墨化程度加深。同时，KOH参与反应生成的钾及其化合物可能进入碳层，对石墨层结构的破坏程度加深，形成颗粒更小的微晶颗粒。晶体颗粒越小，所产生的X射线衍射峰越宽化弥散，综合二者的作用结果表现为峰强度增加、峰形宽化。

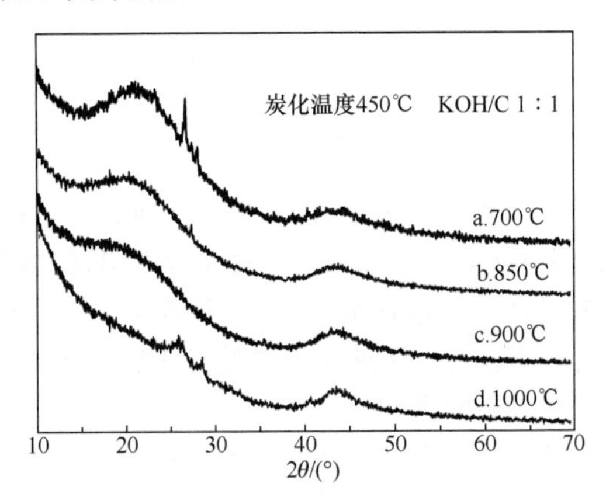

图4.34 不同活化温度制备的多孔炭XRD图谱[48]

不同活化反应时间所制备的多孔炭样品XRD表征结果如图4.35[48]所示。谱线a为温度升至850℃时立即停止反应所得样品的谱线，具有明显的石英相特征衍射峰。随着活化时间的延长，活性炭相应位置上的石英相特征衍射峰逐渐变弱，活化反应使炭化料中的石英相结构逐渐破坏。随着活化时间的延长，在2θ为40°～50°范围内存在的石墨特征衍射峰的强度不断增加，可能由延长反应时间使局部的炭微粒石墨化程度加深所致。

4.3.4 碱处理脱灰与扩孔

采用典型的工业纤维素残渣白酒糟为原料通过物理活化法制备的多孔炭灰分含量较高，而对于商业多孔炭材料来说，灰分含量是评价其质量的一个重要指标，灰分含量越低，其适用性越好。因此，为提高产物的品质，有必要研究炭化料和活化产物降低灰分含量的有效途径。通常的方法是碱处理除灰，其中，碱的种类、碱溶液浓度、处理时间以及活化前后碱处理等因素均对灰分含量及其活化产物吸附性能和微观结构变化具有影响。

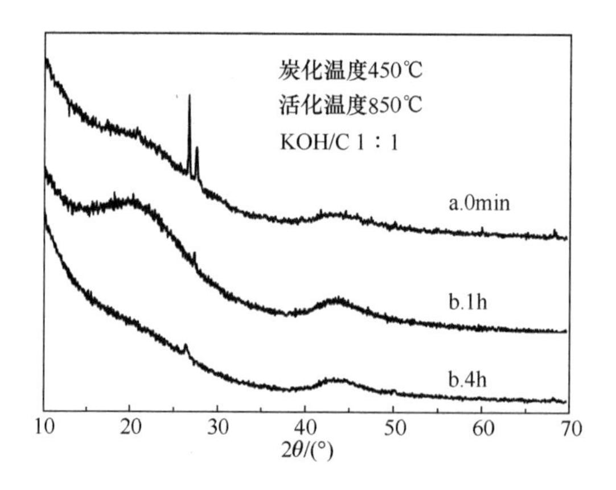

图 4.35　不同活化时间制备的多孔炭 XRD 谱图[48]

1. 碱处理对多孔炭灰分含量的影响

在多孔炭制备过程中，原料中灰分的存在及其独有的结构会影响活化效果。采用白酒糟作为多孔炭原料，由表 4.2 的组成分析表明，原料灰分质量含量高达 12.7%，折合为炭化料的灰分质量含量为 42.9%，其中又以硅的含量最高（以 SiO_2 计质量含量达 77.1%）。因此，采用碱液处理脱灰可望获得较好效果。

1）碱液浓度对脱灰效果的影响

图 4.36[40]表示用不同浓度的 NaOH 溶液处理炭化料，其产物灰分含量随碱液浓度的变化。用 NaOH 溶液处理炭化料能确实降低炭化料中的灰分，但是当 NaOH 浓度大于 2mol/L 后，炭化料灰分含量基本不再发生变化，NaOH 溶液未能完全脱除炭化料中的灰分。

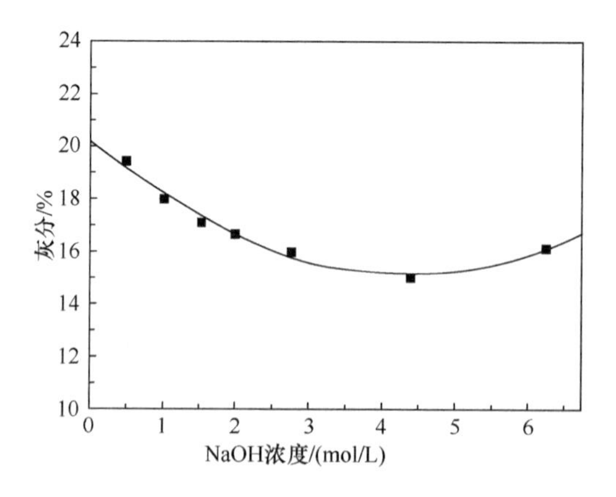

图 4.36　NaOH 浓度对炭化料脱灰效果的影响[40]

2）碱处理时间对脱灰效果的影响

考察 NaOH 溶液处理时间对炭化料灰分脱除能力的影响结果示于图 4.37[40]。10min 的处理时间即可将炭化料灰分质量含量降至 17%，进一步延长处理时间，灰分含量降低不明显，表明当 NaOH 溶液浓度一定时，延长处理时间并不能完全脱除物料中的灰分，处理 1h 后炭化料灰分不再明显变化。

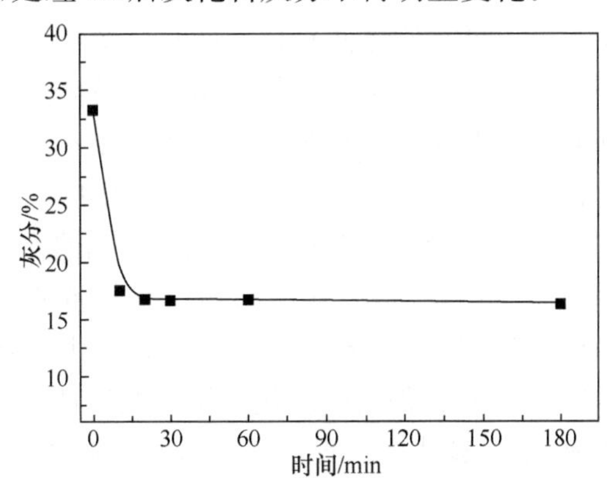

图 4.37　利用 NaOH 的处理时间对炭化料脱灰的影响[40]

3）不同种类碱对脱灰的影响

分别采用不同浓度的 NaOH 和 KOH 溶液处理炭化料，考察其对炭化料灰分脱除能力的影响，结果如图 4.38[48]所示。当溶液浓度为 2.0mol/L 时，KOH 脱除灰分的能力低于 NaOH，当浓度为 6.25mol/L 时，不同碱处理后的炭化料灰分含量相近，说明不同种类的碱对炭化料灰分脱除的能力无明显差别。

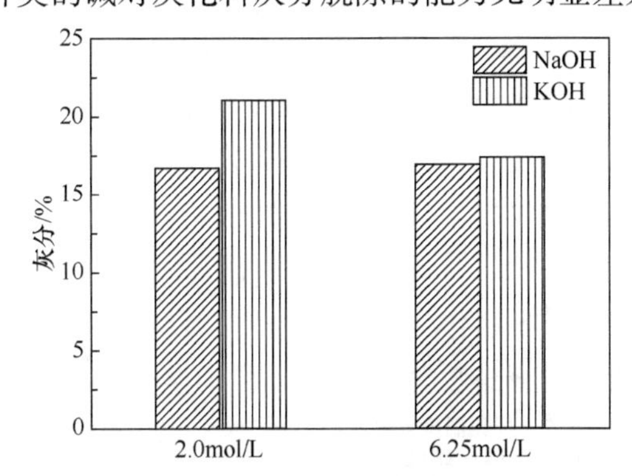

图 4.38　不同碱处理对炭化料灰分含量的影响[48]

因此，碱处理对炭化料的灰分有一定的脱除能力，但脱除能力仍有限。当持续增大 NaOH 溶液浓度、延长反应时间或改变碱的类型，均没有将炭化料的灰分完全脱除。可见，炭化料中硅的存在形式并不完全是以无定形的硅物种存在，难溶于强碱溶液的结晶硅物种也部分存在于炭化物料中，该结论在上节物理活化制备多孔炭的 XRD 表征中也得到了证实。

2. 碱处理对多孔炭吸附性能的影响

1）炭化料碱处理

炭化料碱处理脱灰过程可有效降低炭化料的灰分含量，脱灰过程使得初步形成的孔隙结构有利于发生进一步活化反应。脱灰产生的溶液的主要成分为硅酸钠，可通过调节 NaOH 溶液的浓度和处理方式制备工业水玻璃。前述研究表明，当白酒糟在 450℃炭化时得到的炭化料具有较高的活化反应性，但其碱处理液相呈现浅黄色，这是由于炭化温度为 450℃时的炭化料中仍然保留部分有机官能团，在碱处理过程中水解断裂后进入液相，从而影响后续制备的水玻璃色泽和纯度。因此，在炭化料的碱处理实验中，并没有选择具有更高活化性能的 450℃炭化料作为处理对象，而是选择 650℃炭化得到的炭化料作为碱处理原料，该炭化料有机官能团几乎全部发生热解，使得碱处理过程对后续制备工业水玻璃的影响较小，更有利于工艺的实际应用。

图 4.39[48]表示利用水蒸气活化剂，在不同温度下活化碱处理炭化料制得的多孔炭对碘和亚甲基蓝吸附性能及多孔炭收率的变化。随着活化温度的升高，产物对碘的吸附能力先增高后降低；当活化温度为 850℃时，所得多孔炭产物对碘的吸附值达到 854mg/g。因此，升高温度能加快活化反应，通过水蒸气与炭化料表面活性位的碳原子发生反应生成大量微孔。温度过高时，活化反应加剧，可使部分微孔结构遭到破坏，降低碘吸附值。多孔炭对亚甲基蓝的吸附随活化温度的升高而相对平缓增加，当温度达到 800℃时，亚甲基蓝吸附值达 116mg/g。温度的升高使炭材料对亚甲基蓝的吸附能力增高，但增幅不明显。这可能因为温度过高，活化形成的微孔在快速扩展为中孔和大孔的同时，发生了表面烧蚀。这种扩孔作用和

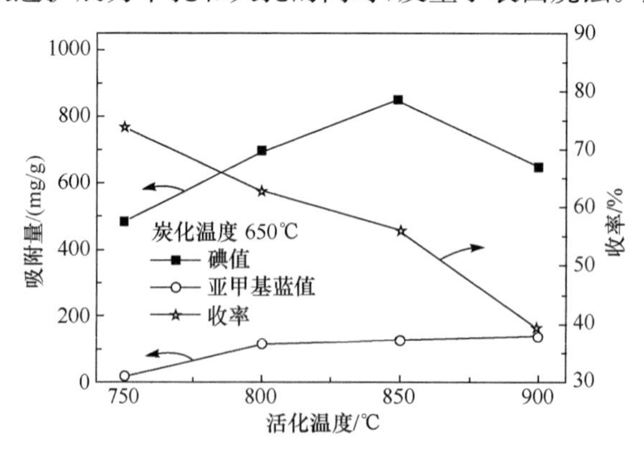

图 4.39 活化温度对产物收率及其吸附性能的影响（水蒸气活化）[48]

表面烧蚀作用的竞争使得产物对亚甲基蓝的吸附能力没有随温度升高明显增强。同时，由于水蒸气物理活化反应会消耗一定量的碳原子，升高温度也降低了产物收率。

图 4.40[48]表示以 CO_2 为活化剂，在不同活化温度下活化碱处理炭化料制备的多孔炭对碘和亚甲基蓝的吸附值及多孔炭收率的变化。随活化温度的升高，所得多孔炭产物对碘和亚甲基蓝的吸附值均呈现先增大后降低的变化规律。活化温度为 850℃时，碘吸附值最大达到 579.6mg/g，温度 900℃时的亚甲基蓝吸附值最大达 106.6mg/g。此外，随着活化温度的升高，产物收率呈下降趋势。因此，升高温度加快了活化反应速率，通过 CO_2 与活性点位上的碳原子反应生成大量微孔，850℃时达到最大碘吸附值。进一步升高温度，部分微孔发展成为中孔和大孔，中孔有利于吸附亚甲基蓝，在 900℃时亚甲基蓝吸附值达到最高。进一步升高活化温度，活化反应速度加快，部分孔道结构坍塌，导致其对亚甲基蓝的吸附性能下降，产物收率也明显降低。

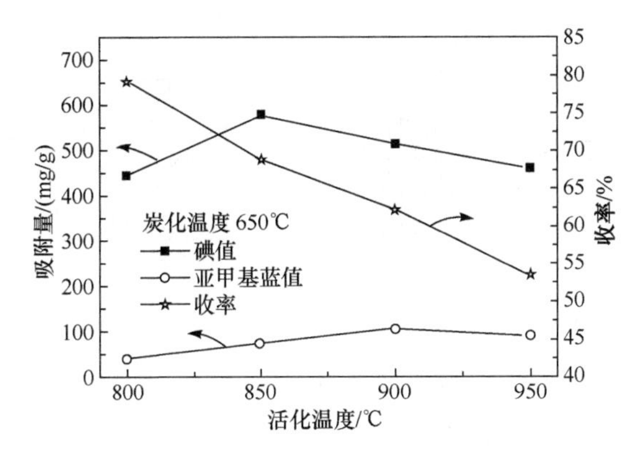

图 4.40　活化温度对产物收率及其吸附性能的影响（CO_2 活化）[48]

图 4.41[48]和图 4.42[48]对比了有无炭化料碱处理条件下制备的多孔炭的吸附性能。相同活化条件下，活化碱处理后的炭化料所制备的多孔炭比未作处理直接活化所制备的多孔炭显著提高了碘和亚甲基蓝吸附能力。这一方面由于炭化料经碱处理后脱除了妨碍活化造孔的灰分，使单位质量原料中具有孔隙结构的碳含量升高，贡献单位质量产品的吸附性能。另一方面，脱灰过程本身可能产生一些有利于活化反应的孔隙结构，在后续活化反应中生成更多的孔隙结构，提高吸附性能。从图中可以看出，水蒸气和 CO_2 作为活化剂的反应行为也明显不同，可能由于 H_2O 分子较 CO_2 分子小，前者在颗粒间的扩散速率大于后者的扩散速率，使水蒸气活化制备的多孔炭的碘值和亚甲基蓝吸附值均高于 CO_2 活化制备的多孔炭。

因此，碱处理过程尽管增加了操作步骤，但对目标活性产物的吸附性能提升具有显著的效果。而且，碱处理脱灰反应过程中所得到的液相产物可通过后续工艺

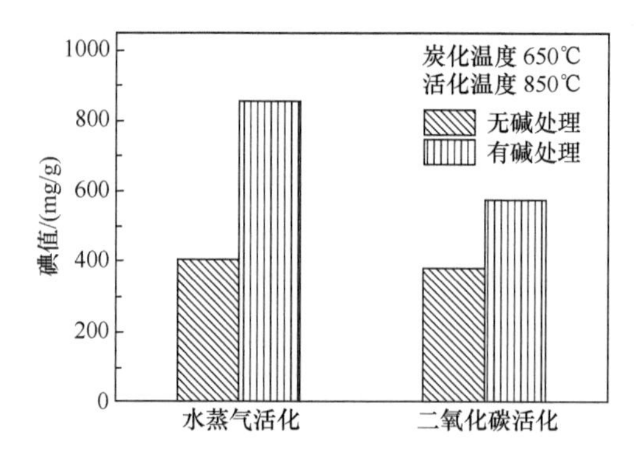

图 4.41　活化有无碱处理的炭化料制备的多孔炭碘吸附值对比[48]

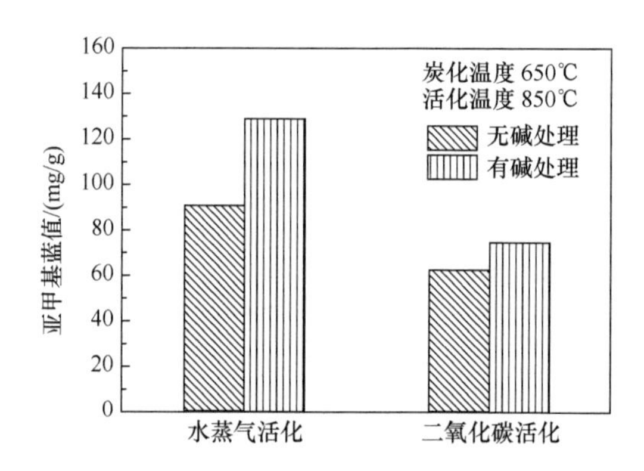

图 4.42　活化有无碱处理炭化料制备的多孔炭亚甲基蓝吸附值对比[48]

制备工业水玻璃、硅溶胶或白炭黑，对工业纤维素残渣的综合利用发挥降低成本、增加效益的作用，是一种具有潜在应用价值的技术方法。

2）活化产物碱处理

碱处理脱灰的另外一种方式是将制备得到的多孔炭产物进行碱处理，图 4.43[48]和图 4.44[48]对比了活化产物碱处理前后所得产物的吸附性能。活化产物经碱处理后碘值和亚甲基蓝值均明显提高，水蒸气活化后经碱处理后的多孔炭产物的碘值和亚甲基蓝吸附值均高于相同条件下 CO_2 活化制备的多孔炭产物。活化产物进行碱处理，一方面脱除了 SiO_2、Al_2O_3 等杂质成分，使单位质量活性炭中的多孔碳成分增加，同时也可能使初始物料中产生一些孔隙结构，二者均是导致其碘值和亚甲基蓝值升高的原因。

对比炭化料碱处理和活化产物碱处理两种方式制备的多孔炭，由于炭化料碱处理需要采用 650℃炭化制备的炭化料作为原料，其初始活化反应活性低于 450℃下所制备的炭化料，导致炭化料碱处理后制备的多孔炭对碘和亚甲基蓝的吸附性能均低于活化产物碱处理后所制备的多孔炭产物。另外，从制备工艺和碱处理液

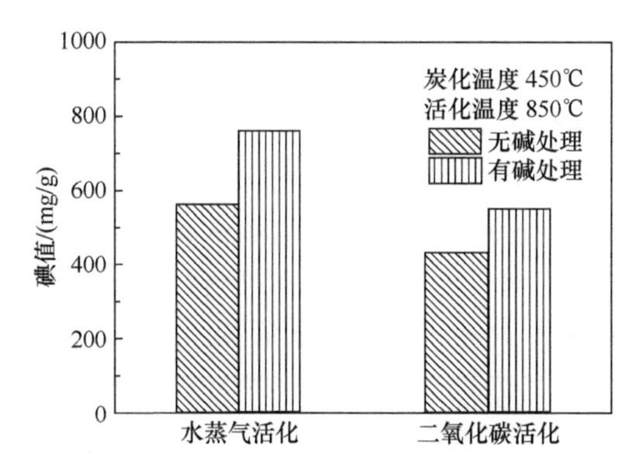

图 4.43　活化产物有无碱处理的碘吸附值对比[48]

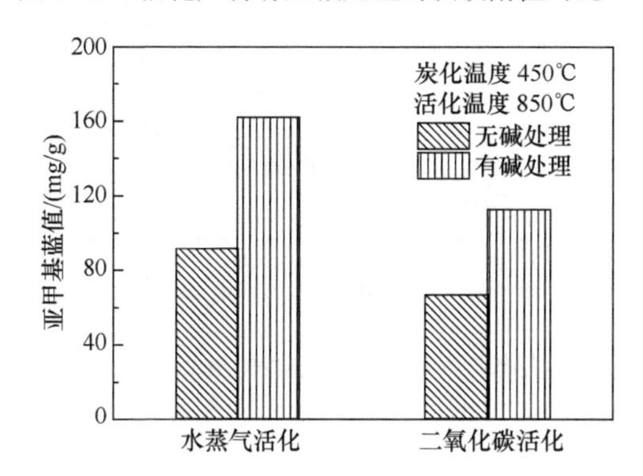

图 4.44　活化产物有无碱处理的亚甲基蓝吸附值对比[48]

相产物后续加工的经济性分析，活化产物碱处理对多孔炭制备工艺的完整性影响较小，易于实际操作。而且，活化产物中的灰分含量高于炭化料的灰分含量，基于活化产物碱处理可以获得模数更高的水玻璃初级产物。

3. 碱处理多孔炭的 N_2 吸附表征

1）碱处理炭化料制备多孔炭

取 650℃下制备的炭化料经 NaOH 溶液处理后，分别采用水蒸气和 CO_2 活化所制备的多孔炭产物的 N_2 吸附等温线和孔径分布示于图 4.45[48] 和图 4.46[48]。水蒸气活化制备的多孔炭产物的吸附等温线的初始吸附量明显高于 CO_2 活化产物，表明水蒸气活化产物具有更大的比表面积，形成的微孔多于 CO_2 活化制备的多孔炭，这与前述它们对碘和亚甲基蓝的吸附数据相吻合。另外，在相对压力大于 0.4 的区域，所有吸附等温线均有一个明显的“滞后环”，用水蒸气活化制备多孔炭的吸附等温线在更大吸附量范围内形成“滞后环”，表明水蒸气活化制备的样品中含有更多的中孔，这可能是由 H_2O 分子较 CO_2 分子小，H_2O 的扩散速率大于 CO_2

的速率所致。孔径分布曲线显示，采用水蒸气和 CO_2 活化制备的多孔炭产物在 3.8nm 处有集中分布的孔径，二者在小于 2nm 的微孔部分均无明显的孔径分布，在大于 4nm 的大孔部分水蒸气活化产物具有更加显著的扩孔作用，致使水蒸气活化的多孔炭具有更多的 4nm 以上大孔。活化反应温度 900℃时对产物孔结构的调控作用不是很强，与 850℃下的活化产物没有太大差异。表 4.6 汇总了相关的比表面积和孔结构参数[47]，与图 4.45 和图 4.46 所揭示变化和影响规律相一致，从而为制备孔径可控的多孔炭材料提供了方法借鉴。

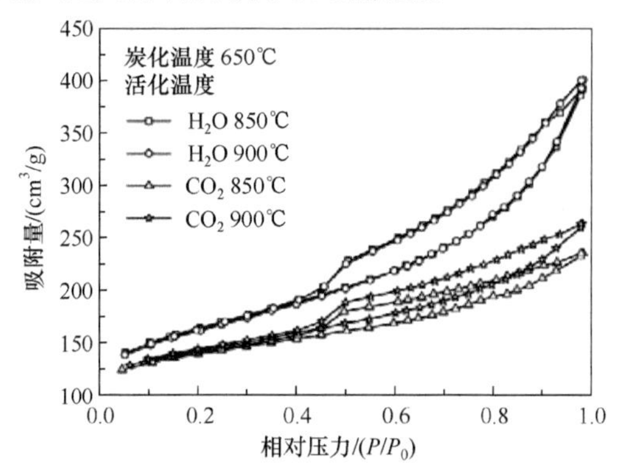

图 4.45　碱处理炭化料制备的多孔炭 N_2 吸附等温线[48]

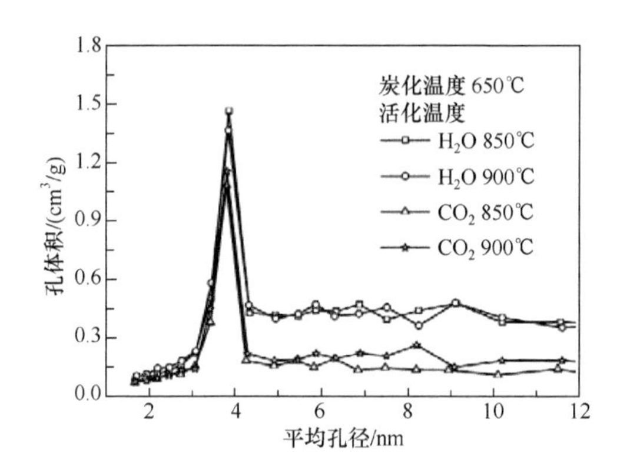

图 4.46　碱处理炭化料制备的多孔炭孔径分布曲线[48]

表 4.6　碱处理炭化料制备的多孔炭 N_2 吸附数据[48]

活化剂	炭化温度/℃	活化温度/℃	比表面积/(m^2/g)	孔体积/(cm^3/g)	微孔体积/(cm^3/g)	平均孔径/nm
H_2O	650	850	553.8	0.609	0.134	4.395
H_2O	650	900	549.2	0.622	0.127	4.528
CO_2	650	850	467.1	0.366	0.161	3.136
CO_2	650	900	475.8	0.411	0.153	3.451

2）活化产物碱处理制备多孔炭

图 4.47[48]和图 4.48[48]分别表示 450℃下的炭化料采用水蒸气和 CO_2 活化制备的多孔炭初级产物及其经 NaOH 溶液进一步处理所得产物的 N_2 吸附等温线和孔径分布曲线。水蒸气和 CO_2 活化制备的产物经 NaOH 处理后其吸附等温线的初始吸附量明显高于未经过碱处理的初级活化产物，表明活化产物经碱处理后具有更大的比表面积，形成的微孔明显多于未经处理的多孔炭，这与前述这些多孔炭产物对碘和亚甲基蓝的吸附性能相一致。另外，在相对压力大于 0.4 的区域，经碱处理的多孔炭较未经处理样品的 N_2 吸附脱附曲线具有更加明显的“滞后环”，表明多孔炭初级产物经碱处理后，其内部产生了更多的中孔结构。图 4.48 的孔径分布曲线显示，大于 2nm 的孔径分布显著增多。所制备初级多孔炭产物在碱处理前后的 N_2 吸附测得的比表面积、孔体积和平均孔径的数据列于表 4.7[48]中。水蒸气和 CO_2 活化制备的多孔炭初级产物经碱溶液处理后均提高了其比表面积、孔体积和平均孔径，证明碱处理提质对于利用高含灰工业纤维素残渣制备多孔炭具有现实意义。

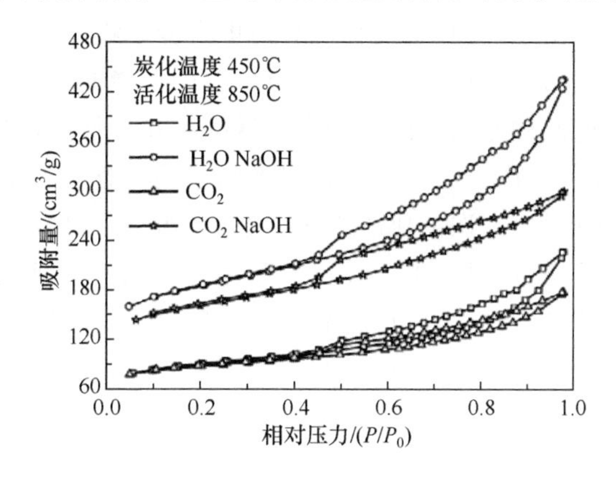

图 4.47　有无碱处理制备的多孔炭 N_2 吸附等温线[48]

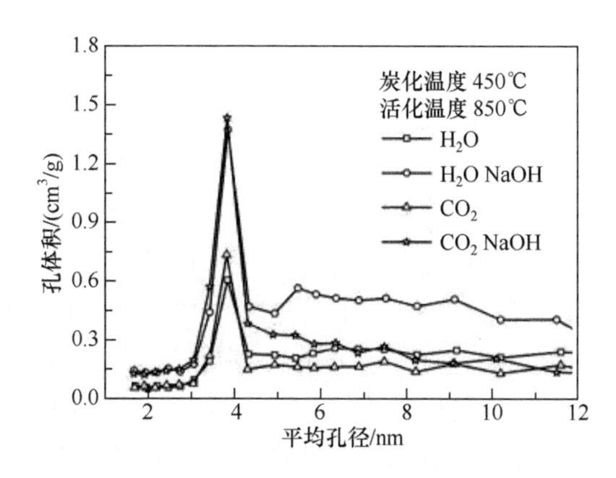

图 4.48　有无碱处理制备的多孔炭孔径分布曲线[48]

表 4.7 碱处理活化产物制备的多孔炭 N_2 吸附数据[48]

样品	活化剂	炭化温度/℃	活化温度/℃	NaOH处理	比表面积/(m^2/g)	孔体积/(cm^3/g)	微孔体积/(cm^3/g)	平均孔径/nm
1	H_2O	450	850	无	323.8	0.320	0.110	3.972
2	H_2O	450	850	有	622.9	0.674	0.163	4.330
3	CO_2	450	850	无	313.8	0.246	0.118	3.052
4	CO_2	450	850	有	534.3	0.465	0.147	3.478

4. 产物二次活化扩孔

通常的商业活性炭主要由微孔组成，中孔和大孔结构较少。用于吸附分离大分子物质、催化剂载体以及双电层电容器等应用时，都需要较多的中孔结构。中孔炭材料具有比表面积高、导电性好、利于大分子扩散等优点，作为电容器材料可显著提高电容器的电容量，作为吸附材料可吸附更大分子物质。然而，中孔炭的制备难度较大，其规模化制备一直是研究热点。目前，中孔炭的制备主要采用模板法和炭气凝胶法。尽管这两种方法可以得到高质量的中孔炭材料，但是制备工艺复杂、成本高，不易于工业化生产。对初级多孔炭产物进行二次活化也是经常使用的制备方法，与其他方法比较，二次活化的方法简单，产物不需要后处理，通过在一定条件范围内控制活化条件，可以获得孔径可控的中孔炭材料。前述以白酒糟为典型代表的工业纤维素残渣，在其碱处理脱灰过程中具有一定的扩孔作用，初级产物经物理和化学两种方法的二次活化过程均获得了较好的扩孔效果，可能代表一种较好的制备中孔炭材料的方法。

以白酒糟为原料，分别采用水蒸气和 KOH 作为活化剂，首先制备了初级多孔炭产物，水蒸气活化初级产物再采用 KOH 作为活化剂进行二次活化扩孔，KOH 活化初级产物再采用水蒸气作为活化剂进行二次活化扩孔，制备的两种初级产物和两种二级活化产物的孔结构数据及亚甲基蓝吸附值列于表 4.8[41]中。从表中数据可以看出，两种二次活化方式均可以对初级活化产物产生扩孔效果，经过二次活化后的产物比表面积、总孔容积、中孔容积和中孔比率均有所增加。水蒸气活化的初级产物再经过 KOH 二次活化，其产物比表面积和孔体积较单纯水蒸气活化的产物都显著增加，孔体积和中孔比率大幅度提升，且增大 KOH 用量这种增加趋势更加明显。KOH 活化的初级产物再经水蒸气二次活化，其产物的比表面积和孔体积均比单纯 KOH 活化的产物有显著增高，中孔比率显著增大。当 KOH/炭化料的比为 4∶1 时，产物比表面积高达 2834m^2/g，中孔比率高达 89.8 %，显示了优良的扩孔性能。分析上述二次活化扩孔产物相对于初级产物的亚甲基蓝吸附值可见，二次活化扩孔后的产物均有大幅度提高，KOH 活化后再经水蒸气二次活化的产物的亚甲基蓝吸附值最高达 431.3mg/g，表明二次活化的扩孔作用显著，可能成为较为实用的制备孔结构可调的多孔炭方法。

表 4.8　初级多孔炭与二次活化后多孔炭的孔结构参数及其吸附性能[41]

样品	活化温度/℃	比表面积/(m^2/g)	孔体积/(cm^3/g)	微孔体积/(cm^3/g)	中孔比率*/%	亚甲基蓝值/(mg/g)
水蒸气活化	850	363	0.32	0.11	0.21	65.6
水蒸气活化+KOH 二次活化						
KOH/C=1∶1	850	850	0.58	0.16	72.4	221
KOH/C=2∶1	850	1121	0.73	0.23	68.5	329
KOH 活化	850	1248	0.75	0.56	25.3	344
KOH 活化+水蒸气二次活化						
KOH/C=1∶1	850	1700	1.03	0.32	68.9	360
KOH/C=2∶1	850	2517	1.34	0.22	83.6	397
KOH/C=4∶1	850	2834	1.95	0.20	89.8	431

* 中孔比率为总孔体积减去微孔体积后占总孔体积的百分比。

4.3.5　利用高硅生物质灰的多孔炭成型

工业纤维素残渣大多呈细屑颗粒状，以此为原料可制备粉末状多孔炭，如白酒糟制备的多孔炭即典型的粉末多孔炭。该类型多孔炭虽然可以直接应用于废水处理等过程，但是粉末多孔炭颗粒较细，应用过程中容易造成粉尘污染和流失，经过成型处理更能满足工业应用要求，拓展其应用领域。

多孔炭的成型主要通过加入各种黏结剂，然后挤压成型。黏结剂的种类、添加量对成型多孔炭的比表面积、成型炭强度都有很大影响。添加黏结剂有利于粉状多孔炭产物的成型和提高其强度，但会在一定程度上降低其比表面积和孔容。研究发现，对于物理挤压的黏结成型，其比表面积和孔容损失主要与黏结剂的含量有关。黏结剂对微孔的损失主要缘于黏结剂对孔口和孔表面的涂覆作用，而对于中孔以上的孔结构的损失则主要由黏结剂的填充作用所致。黏结剂同时对粒间孔隙也具有填充作用，造成孔容损失。因此，选择合适的黏结剂是提高成型多孔炭整体性能的首要手段。

传统的成型黏结剂有羧甲基纤维素[49]、煤焦油[50,51]、酚醛树脂、高岭土等。考虑到白酒糟为原料制备的多孔炭灰分较多，灰分中的主要成分是 SiO_2，用 NaOH 溶液脱灰处理过程生成硅酸钠，在硅酸钠中添加少量铝溶胶后就会形成硅铝凝胶物质，利用该胶体物质作黏结剂不但可使灰分得到有效利用，也可提高多孔炭的品质，是多孔炭成型的一种可能技术途径[52]。

利用以白酒糟为原料制备的多孔炭为成型原料，分别采用传统的羧甲基纤维素(CMC)、煤焦油及碱处理多孔炭形成的高 Si 灰加入铝溶胶制备的硅铝溶胶作为黏结剂，考察了成型压力、黏结剂用量、成型温度等因素对多孔炭成型的影响规律。研究中以工业上常用为催化剂填料的拉西环侧压强度 120～130N/cm 作为成型多孔炭的目标强度，并对成型多孔炭吸附量进行测试。

1. CMC 作为黏结剂成型

影响成型效果最重要的两个因素是成型压力和黏结剂用量。在粉状多孔炭中添加 15 % 的 CMC，考察成型压力对成型多孔炭强度的影响，结果如图 4.49[52]曲线 a 所示。随成型压力增加，成型多孔炭的侧压强度几乎呈线性增加，如成型压力为 4.0MPa 和 8.0MPa 时的侧压强度分别为 284.6N/cm 和 460.8N/cm。考虑到 4.0MPa 下的侧压强度已远大于 120～130N/cm 的目标值，所以后续实验将成型压力设为 4.0MPa。进一步考察黏结剂添加量对成型多孔炭强度及其碘吸附能力的影响的结果如图 4.49 所示，分别为曲线 b 和 c。可以看出，CMC 添加量从 5% 增加到 15%，成型多孔炭的侧压强度从 147.8N/cm 增至 284.9N/cm，但碘吸附值却从 414.9mg/g 降至 355.6mg/g。碘吸附值降低是因为 CMC 量增加造成多孔炭内部堵孔现象加剧，为提高碘吸附值需进行二次活化处理，但会增加生产成本。

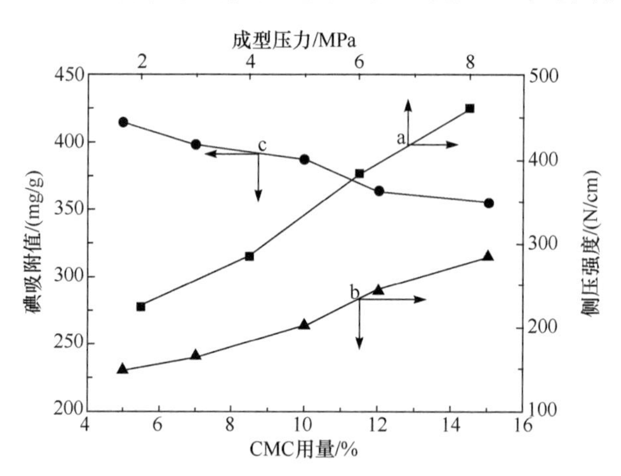

图 4.49 成型压力和 CMC 用量对成型多孔炭侧压强度及碘吸附值的影响[52]

2. 煤焦油作为黏结剂成型

研究表明，使用煤焦油作为黏结剂成型多孔炭经二次活化后比 CMC 作为黏结剂制备的成型炭具有更大的比表面积和更宽的孔径分布。粉状多孔炭中添加 50%煤焦油，考察成型压力对成型多孔炭强度的影响，结果如图 4.50[52]中曲线 a

所示。可以看出,随成型压力增加,成型多孔炭的侧压强度线性增加,成型压力为 4.0MPa 和 8.0MPa 时的侧压强度分别为 124.5N/cm 和 194.2N/cm,相比 CMC 作为黏结剂的情形,成型压力对煤焦油作为黏结剂制备的成型多孔炭的强度影响相对较小,但在 4.0MPa 时强度已达 120～130N/cm 的目标值。因此,以 4.0MPa 为成型压力,考察了煤焦油添加量对成型多孔炭强度及其碘吸附能力的影响,结果如图 4.50 中曲线 b 和 c 所示。与图 4.49 相似,随煤焦油添加量从 10%增至 50%,成型多孔炭的侧压强度从 45.5N/cm 增至 124.5N/cm,碘吸附值却从 326.8mg/g 降低到 251.7mg/g,且碘吸附值比 CMC 作为黏结剂时明显减小,如 15% CMC 作黏结剂时的成型多孔炭碘吸附值为 355.6mg/g,高于 50%煤焦油时的成型炭碘吸附值 251.7mg/g。因此,加入煤焦油对多孔炭内部孔隙造成了严重堵塞,需要二次活化。以 CMC 和煤焦油等传统黏结剂与粉状多孔炭混合时,黏结剂的用量过少不能成型,提高其用量成型强度能达到要求,但碘吸附值往往明显降低,主要是因为多孔炭内部仍含大量灰分,灰分对炭自身的性能和制造均造成不利影响。尤其是以酒糟为原料制备的多孔炭的灰分质量含量高达 76%,其应用将受到很大限制,需要寻求更加合理有效的成型方法。

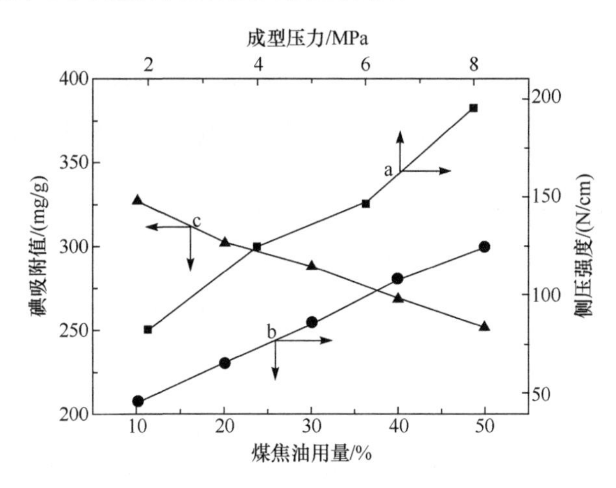

图 4.50　成型压力和煤焦油用量对成型多孔炭侧压强度及碘吸附值的影响[52]

3. 利用高 Si 灰多孔炭的碱溶出液成型

无机黏结剂的表面具有一定的极性,易与多孔炭结合,高温下仍能保持较高的机械强度,可作为有机黏结剂的替代物。白酒糟制备的多孔炭灰分较多,灰中的主要成分是 SiO_2,经 NaOH 溶脱后产生硅酸钠溶胶状物质。通常认为,Na_2SiO_3 在酸性溶液中发生水解反应,得到的硅酸无定形物种以胶体粒子形式分散在溶液中,即形成硅溶胶,其化学反应如式(4.5)所示。当加入铝溶胶后,可以使得上述碱溶

Na_2SiO_3 酸化，进而水解形成硅铝凝胶，其化学反应如式(4.6)所示。该硅铝凝胶具有良好的表面活性和耐高温性，在与多孔炭混合焙烧过程中可生成硅铝酸盐，对混合的有机物发生交联黏结作用，由此可实现利用白酒糟制备多孔炭的灰分作为无机黏结剂的多孔炭成型。

$$SiO_2 + 2NaOH \longrightarrow Na_2SiO_3 \downarrow + H_2O \quad (4.5)$$

$$2Al^{3+} + 3SiO_3^{2-} + 6H_2O \longrightarrow 2Al(OH)_3 \downarrow + 3H_2SiO_3 \downarrow \quad (4.6)$$

利用在溶出灰分中原位加入不同浓度铝溶胶后得到的硅铝溶胶作为黏结剂、在4.0MPa下压制成型的多孔炭的侧压强度见表4.9[52]。可见，硅铝溶胶作为黏结剂时的成型多孔炭侧压强度比CMC和煤焦油作为黏结剂时低许多，即使当铝溶胶浓度达20%时，其成型多孔炭的侧压强度也仅为52.9N/cm。为了进一步提高成型多孔炭强度，需再添加少量其他类型黏结剂。

表4.9 铝溶胶加入量对成型活性炭侧压强度的影响[52]

铝溶胶 /%(质量分数)	模具压力 /MPa	侧压强度 /(N/cm)	碘吸附值 /(mg/g)
10	4.0	24.7	690.5
15	4.0	38.6	674.7
20	4.0	52.9	620.6

为此，采用在硅铝溶胶中添加10%CMC，其制成的成型多孔炭的侧压强度见表4.10[52]。与表4.9相比，可以看出，加入CMC后，多孔炭强度有较大幅度提升，对应铝溶胶浓度的成型多孔炭强度几乎增加了3倍。原因是加入的CMC更好地使无机物黏结剂与碳原子结合，提高了强度，比煤焦油作为黏结剂时的强度更高。同时也可看出，所制备的成型多孔炭的吸附能力比以CMC和煤焦油为黏结剂时更高，如铝溶胶浓度为10%时的碘吸附值为690.5mg/g，单独添加10%的CMC或煤焦油作为黏结剂时的最高碘值分别只有387.7mg/g和326.8mg/g。表4.9还表明，铝溶胶中加入CMC后，成型炭的碘吸附值有所降低，但降低幅度很小，如添加10%的CMC后的碘吸附值仅由未添加时的690.5mg/g降到648.5mg/g，降幅为6.1%，这表明以硅铝溶胶为基础添加少量CMC作为多孔炭成型剂在技术上是可行的。

表4.10 加入CMC的硅铝溶胶对成型活性炭的侧压强度与碘吸附值的影响[52]

铝溶胶 /%(质量分数)	CMC /%(质量分数)	模具压力 /MPa	侧压强度 /(N/cm)	碘吸附值 /(mg/g)
10	10	4	93.6	648.5
15	10	4	120.6	624.7
20	10	4	142.2	580.6

为了考察成型多孔炭经高温热处理后的强度变化，将铝溶胶浓度为 20%、CMC 添加量为 10%、4.0MPa 下压制成型的多孔炭在 500～800℃下热处理，测量其强度变化的结果见表 4.11[52]。可以看出，热处理温度由 500℃升高至 800℃时，侧压强度由 142.2N/cm 降至 124.7N/cm，降幅仅有 12.3%。由此表明，在高温下这种黏结剂依然具有较好的黏结效果，且成型多孔炭的碘吸附能力还有少量提高，证明这种方法有利于后续成型多孔炭的再生及重复利用。

表 4.11　热处理温度对侧压强度的影响[52]

铝溶胶 /%(质量分数)	CMC /%(质量分数)	焙烧温度 /℃	模具压力 /MPa	侧压强度 /(N/cm)	碘吸附值 /(mg/g)
20	10	500	4.0	142.2	580.6
20	10	600	4.0	135.6	581.9
20	10	700	4.0	129.6	586.3
20	10	800	4.0	124.7	591.4

4. 不同成型方法多孔炭性能比较

对 4MPa 压力下添加 25%黏结剂制备的成型多孔炭进行强度、孔结构与碘吸附能力分析与比较，结果如表 4.12[52]、图 4.51[52]和图 4.52[52]所示。表中数据显示，利用高 Si 灰多孔炭碱溶出液制备的硅铝溶胶作为黏结剂的成型多孔炭的侧压强度高于以煤焦油作为黏结剂时的强度、低于以 CMC 作为黏结剂时的强度，但其比表面积和孔体积远高于利用 CMC 和煤焦油黏结剂的成型多孔炭，且成型炭的比表面积比粉状多孔炭有所增大。

表 4.12　不同黏结剂所制备的多孔炭性能比较[52]

黏结剂	比表面积 /(m^2/g)	孔体积 /(cm^3/g)	平均孔径 /nm	侧压强度 /(N/cm)	碘吸附值 /(mg/g)
CMC	79.3	0.05	3.0	362.4	309.4
煤焦油	56.8	0.02	2.2	77.2	293.8
硅铝溶胶+CMC	199.9	0.17	3.4	120.6	624.7

图 4.51 显示，利用溶出灰分作为黏结剂制备的成型多孔炭的吸附等温线的初始吸附量明显高于利用其他两种黏结剂制备的成型炭，表明溶出灰分作为黏结剂制备的成型多孔炭具有更多的微孔和更大的比表面积，这与前述该成型炭对碘值的吸附实验数据相吻合。此外，在相对压力大于 0.4 的区域，其吸附等温线滞后环更为明显，表明利用溶出灰分作为黏结剂制备的成型多孔炭中含有更多的中孔，这是由于溶出了灰分后，内部孔道得到了扩大。

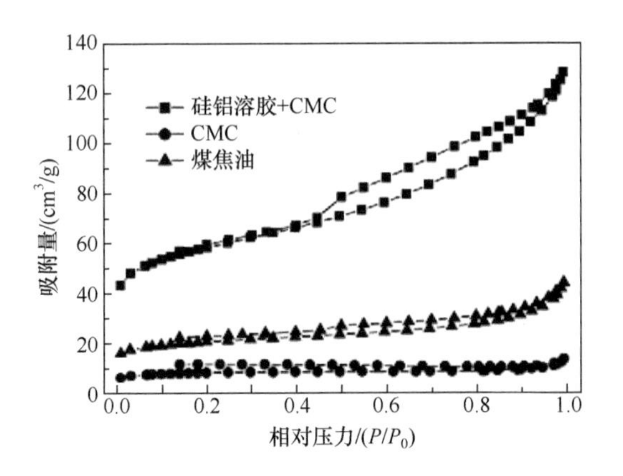

图 4.51　成型多孔炭的 N_2 吸附等温线[52]

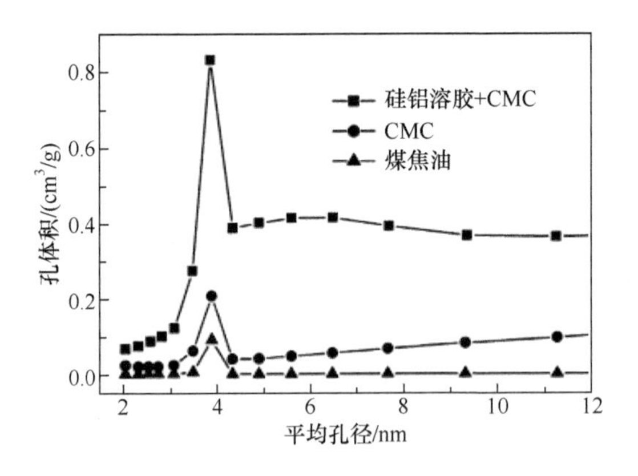

图 4.52　成型多孔炭的孔径分布[52]

图 4.52 是利用几种黏结剂制备的成型多孔炭的孔径分布曲线，三者在 3.8nm 附近均有较集中的孔径分布，以溶出灰分作为黏结剂制备的成型多孔炭在大于 3.8nm 后的孔径分布较多，进一步表明多孔炭样品溶出灰分形成的内部扩孔作用增强，导致成型产物微孔孔隙变大，产物的中孔增多。

综上所述，CMC 和煤焦油作黏结剂对多孔炭内部孔道的堵塞较严重，致使比表面积、碘吸附值均大幅度下降，而利用高灰多孔炭的碱溶出液制备的硅铝溶胶为黏结剂成型的多孔炭，由于内部灰分被脱除，孔容反而增大，利用其制备的成型多孔炭吸附能力最强，明显高于利用另外两种黏结剂的情形，且比粉状多孔炭的吸附量也稍有提高。这些表明，利用溶出灰分作为黏结剂在技术上是可行的，为高灰分多孔炭的应用做出了新的尝试。

据文献报道[53]，现有针对高性能成型多孔炭研究的结果并不理想，难以在具有高吸附性能的基础上保持较好的机械强度，反之亦然。对于同一种黏结剂，热处理温度越高，黏结剂的热解程度越高，对多孔炭微孔的堵塞则将越少。因此，随热处理的温度提高和时间延长，所制备的成型多孔炭的烧失率增大、密度降低、机械强度将下降。本研究结果表明：在提高热处理温度的条件下溶出灰分作为黏结剂仍保持了良好的成型性能，利用其制备的成型多孔炭保持较好的吸附性能同时具备了较好的机械强度，其侧压强度甚至高于工业上常用催化剂填料的拉西环(120～130N/cm)。因此，上述利用高灰多孔炭碱溶出液作为成型炭制备的黏结剂具有创新性和先进性，也可能具有很好的应用前景。

4.3.6　不同纤维素原料制备多孔炭

如上所述，我国每年有大量的纤维素废弃物产生，酒糟是其中具有代表性的纤维素残渣，因此前述研究工作大多采用了白酒糟原料。然而，对于不同种类的纤维素废弃物原料，由于其组成及物理性质的差异，由不同原料制备的多孔炭性能必将存在差异[54]。选取典型纤维素原料，本节将比较不同原料制备的多孔炭的过程与产物的差异，进而分析产生这些差异的原因。

1. 不同原料制备多孔炭的特性对比

表 4.13 汇总对比了用于试验的四种纤维素废弃物原料制备多孔炭的类似条件及产物的碘与亚甲基蓝吸附值，其中活化采用 0.04g/(min · g)的水蒸气活化剂。结果表明：利用樟松木和竹子制备的多孔炭的吸附性能最好，其次为木屑，而基于稻壳制备的多孔炭吸附性能最差，且其灰分含量很高，但经过脱灰处理后其吸附性能得到显著提高，达到了利用竹子原料的多孔炭的类似吸附性能。

表 4.13　利用不同纤维素废弃物原料制备的多孔炭性能

纤维素残渣种类	活化时间	活化温度/℃	碘值/(mg/g)	亚甲基蓝值/(mg/g)	灰分/%
稻壳	1h	850	733	95	13.75
脱灰稻壳	20min	850	1090	191	3.80
樟松木屑	1h	850	1127	207	4.00
木屑	1h	850	713	179	—
竹子	1h	900	1088	313	—

为了理解不同纤维素原料制备的多孔炭性能差异的根源，以及纤维素废弃物与煤原料之间的活化特性差异，研究选取了具有典型代表性的农业加工残渣稻壳、林业加工残渣樟松木屑和褐煤作为原料，比较了在相同炭化和活化温度条件下制备的多孔炭的吸附性能，分析了纤维素原料和煤质原料的物理和化学性质，初步揭示了造成其活化特性不同的原因。几种试验原料及其所得炭化料的工业分析和元素分析数据分别如表 4.14[54]和表 4.15[54]所示。

表 4.14 不同原料的元素分析和工业分析[54]

原料种类	元素分析/%(质量分数)					工业分析/%(质量分数)		
	C_d	H_d	O_d	N_d	S_d	A_d	V_d	FC_d
稻壳	49.40	6.20	43.70	0.30	0.40	13.78	69.80	16.42
樟松木屑	51.00	6.00	42.90	0.08	0.00	0.84	81.76	17.4
褐煤	75.16	4.82	11.96	1.73	0.62	5.71	35.73	58.56

表 4.15 不同原料的炭化料元素分析和工业分析[54]

炭化料种类	元素分析/%(质量分数)					工业分析/%(质量分数)			
	C_d	H_d	O_d	N_d	S_d	A_d	V_d	M_{ad}	FC_d
稻壳(a)	52.5	1.95	12.4	0.40	0.05	32.7	11.8	2.8	52.7
脱灰稻壳(b)	73.79	2.53	19.14	0.65	0.09	3.8	14.8	9.7	71.7
樟松木屑(c)	79.79	1.95	14.89	0.36	0.01	3.0	8.2	7.8	81.0
褐煤(d)	76.39	3.11	10.94	1.71	0.55	7.3	14.5	2.6	75.6

注:$O_d=100\%-C_d-H_d-N_d-S_d-A_d$。

图 4.53[54]和图 4.54[54]分别对比了四种炭化料在 850℃、水蒸气用量为 0.04g/(min·g)的条件下制备的多孔炭碘值和亚甲基蓝吸附值。脱灰稻壳炭化料活化 20min 后,其碘吸附值达最高 1090mg/g,而未脱灰稻壳炭化料需活化 2h 后其碘吸附值达最高,且仅 733mg/g。木屑炭化料活化 1.5h 后达到最高碘吸附值 1262mg/g,褐煤炭化料达到最大吸附值耗时最长,约 4.0h 后其碘吸附值最高达 1001mg/g。亚甲基蓝吸附曲线也表现出相似的变化趋势,即脱灰稻壳炭化料在活化 40min 后其亚甲基蓝吸附值最大达 211mg/g,稻壳炭化料活化 2h 后最高达 132mg/g,樟松木屑炭化料 1.5h 后达最高 309mg/g,而褐煤炭化料在 4h 后达最高 167mg/g。因此,相同活化条件下四种炭化料的活化活性顺序为:稻壳脱灰炭化料>樟松木屑炭化料>稻壳炭化料>褐煤炭化料。对于不同炭化料所表现的不同活化活性,下面将从其水蒸气气化活性、炭化料物理结构和化学结构等方面进行分析。

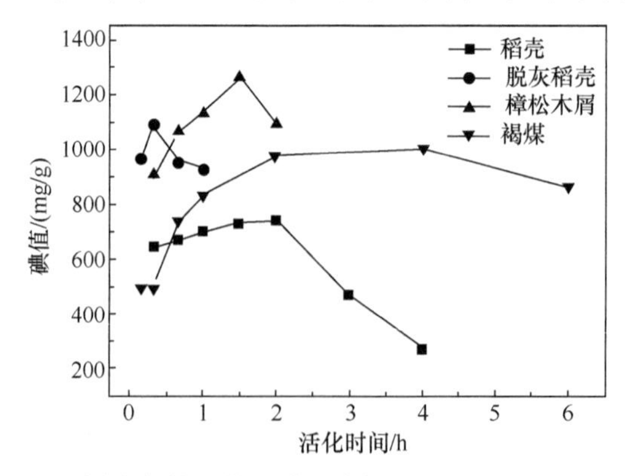

图 4.53 不同炭化料活化后碘吸附值随活化时间的变化曲线[54]

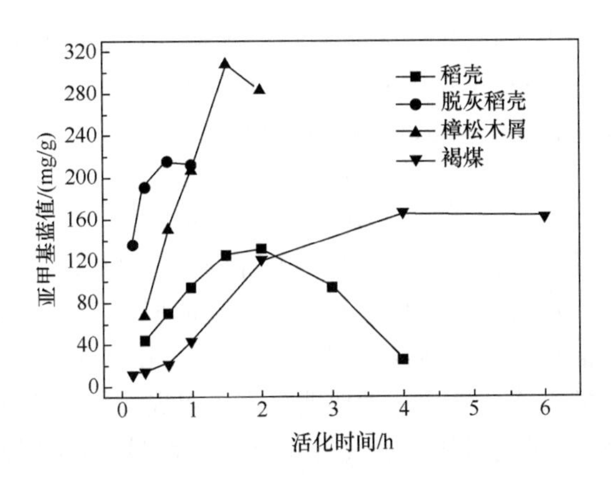

图 4.54　不同炭化料活化后亚甲基蓝吸附值随活化时间的变化曲线[54]

2. 不同原料炭化料的气化速率对比

为了考察不同炭化料的水蒸气活化活性存在差异的原因，使用中科院过程工程研究所自主研发的微型流化床反应分析仪（micro fluidized bed reaction analyzer，MFBRA）进行不同炭化料的水蒸气气化实验。实验用微型流化床反应分析仪主要由电加热炉、流化床反应器、脉冲进样系统、温度与压力传感器、气体净化系统、气体检测器以及数据采集与分析系统构成（详见第 10 章）。实验用流化介质为 100～200 目石英砂，每次实验用量约为 4g；气化剂由 0.2L/min 高纯氩气混合 0.2g/min 水蒸气构成；反应温度为 850℃。待微型流化床温度升至设定值后，利用脉冲瞬时进样将粒径 120 目的炭化料送入实验反应器。生成气体经净化处理后由在线质谱（Ametek，Dycorsystem 2000）检测其组分变化，并用气相色谱（Agilent 3000A）对收集气体进行标定。

炭化料在 MFBRA 中进行气化时的转化率由式(4.7)～式(4.9)计算：

$$W_i = \frac{12 \times L \times \int_0^i C_{CO(i)} + C_{CO_2(i)} + C_{CH_4(i)} \mathrm{d}t}{22.4} \tag{4.7}$$

$$W_t = \frac{12 \times L \times \int_0^i C_{CO(i)} + C_{CO_2(i)} + C_{CH_4(i)} \mathrm{d}t}{22.4} \tag{4.8}$$

$$X_i = \frac{W_i}{W_t} = \frac{\int_0^i C_{co(i)} + C_{CO_2(i)} + C_{CH_4(i)} \mathrm{d}t}{\int_o^t C_{co(i)} + C_{CO_2(i)} + C_{CH_4(i)} \mathrm{d}t} \times 100\% \tag{4.9}$$

式中，W_i 为从气化反应开始到反应时间 i 时生成的含碳气体中碳的质量，单位为 g；L 为气化剂的体积流速，单位为 L/min；$C_{CO(i)}$、$C_{CO_2(i)}$、$C_{CH_4(i)}$ 为反应时间为 i 时反应器出口处 CO、CO_2、CH_4 的体积分数；W_t 为从气化反应开始到反应结束生成的所有含碳气体的碳质量，单位为 g；X_i 为反应时间 i 时的转化率。

炭化料气化反应速率 R 由式(4.10)计算得出：

$$R=-\frac{1}{W_t}\frac{\mathrm{d}W_i}{\mathrm{d}t}=\frac{\mathrm{d}X_i}{\mathrm{d}t} \tag{4.10}$$

制备多孔炭的活化过程本质为炭化料的部分气化过程。通过考察不同炭化料水蒸气气化反应可以得出相应炭化料水蒸气活化时间与反应速率的关系，进而比较不同炭化料发生活化反应的活性。图 4.55[54]为炭化料转化率与时间的曲线，表明纤维素类炭化料的水蒸气气化活性要明显高于褐煤的气化活性。对于纤维素类炭化料，除灰后的稻壳炭化料的水蒸气气化反应活性最高，木屑次之，原始稻壳炭化料最差。图 4.56[54]汇总了反应速率曲线，可以更直观地看出反应速率的顺序为：脱灰稻壳炭化料＞樟松木屑炭化料＞稻壳炭化料＞褐煤炭化料。

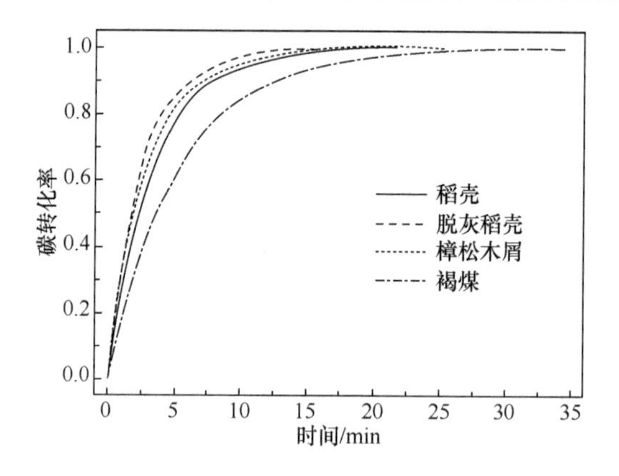

图 4.55　不同炭化料水蒸气气化碳转化率随时间的变化[54]

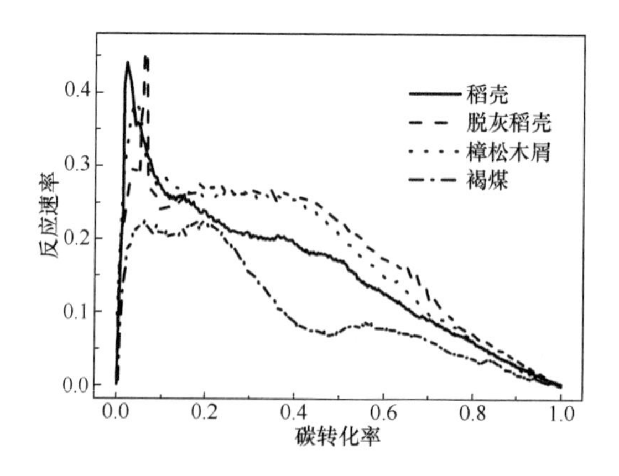

图 4.56　不同炭化料的水蒸气气化反应速率随碳转化率的变化[54]

炭化料的初始孔结构特性如孔体积、比表面积等对活化效果有着至关重要的作用。表 4.16[54]给出了四种炭化料的比表面积、孔体积和平均孔径。比表面积由大到小的顺序为：樟松木屑炭化料(276.0m^2/g)＞脱灰稻壳炭化料(235.7m^2/g)＞稻壳炭化料(189.5m^2/g)＞褐煤炭化料(0.4m^2/g)。炭化料比表面积越大，说明微孔结构越发达，微晶表面上的 C 原子与水蒸气分子接触发生氧化反应的机会就越多，因此更有利于活化反应进行，形成新孔道和扩展原孔道。这也验证了前述实验结果，即炭化料的气化活性顺序为：木材＞稻壳＞褐煤。对于稻壳脱灰炭化料，它的比表面积虽然略小于木材炭化料，但可以看出它的孔容和平均孔径均比木材炭化料的大。图 4.57[54]更直观地显示了各种炭化料的孔径分布。木材炭化料的孔径分布特征非常明显，只有 2nm 以下的丰富微孔和少量大孔，几乎没有中孔结构，孔道结构较为单一。而稻壳脱灰炭化料除了拥有丰富的微孔外，还拥有比较丰富的 2～50nm 的中孔结构和少量大孔结构，更有利于水蒸气分子进入炭化料内部与 C 原子接触发生反应，也有利于反应生成的 H_2 和 CO 分子向外扩散，导致稻壳脱灰炭化料气化活性最高，在较短活化时间内所制备的多孔炭就可达到很好的吸附效果。另外，稻壳脱灰炭化料中残留的微量 NaOH 对水蒸气与 C 原子反应的催化作用也是其活化速度高于木材炭化料的原因之一。图 4.57 也显示出褐煤几乎没有中微孔结构，与表 4.16 中比表面积几乎为零的结果相一致，因此其活化反应活性在四种原料中最差。

表 4.16　不同原料的炭化料孔结构特性参数比较[54]

样品	稻壳(a)	脱灰稻壳(b)	樟松木屑(c)	褐煤(d)
比表面积/(m^2/g)	189.5	235.7	276.1	0.4
孔体积/(cm^3/g)	0.097	0.135	0.131	4.27×10^{-4}
平均孔径/nm	2.06	2.30	1.90	4.73

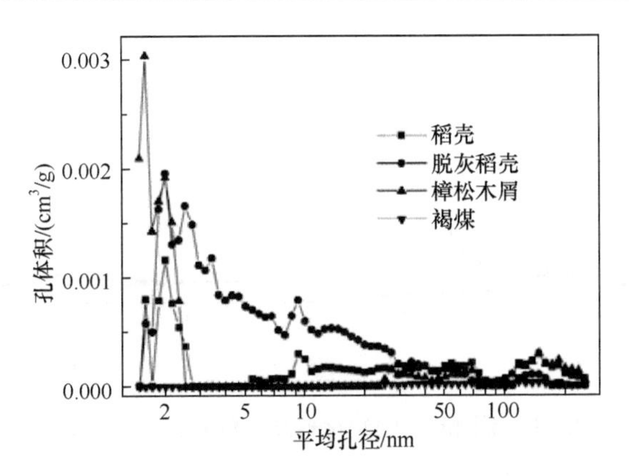

图 4.57　不同原料的炭化料孔径分布比较[54]

3. 不同原料炭化料的物化结构表征

对几种炭化料进行了 XPS 分析，其中 C_{1s} 谱图如图 4.58[54] 所示，O_{1s} 谱图如图 4.59所示[54]，表 4.17[54] 为对应总结的元素组成。表中数据表明，稻壳炭化料在碱处理后不易反应的硅含量大幅降低，并且在脱灰后炭化料表面存在大量的 Na 元素。NaOH 的存在对脱灰后稻壳炭化料的活化活性具有一定的催化作用，这也印证了前面的气化活性测试结果。关于氧元素，由于稻壳和煤的 Si 主要以 SiO_2 形式存在，由样品表面 Si 元素的原子摩尔浓度计算得到氧元素原子浓度，基于此进一步通过差减法得到炭化料中有机氧含量。从 XPS 结果可以看出，各原料的有机氧含量的大小顺序为：脱灰稻壳炭化料＞木屑炭化料＞稻壳炭化料＞褐煤炭化料，与表 4.15 所示各原料的炭化料的元素分析所得 O 元素含量相一致。因此可以推导，炭化料中有机氧含量越高的物质，越容易进行活化反应。

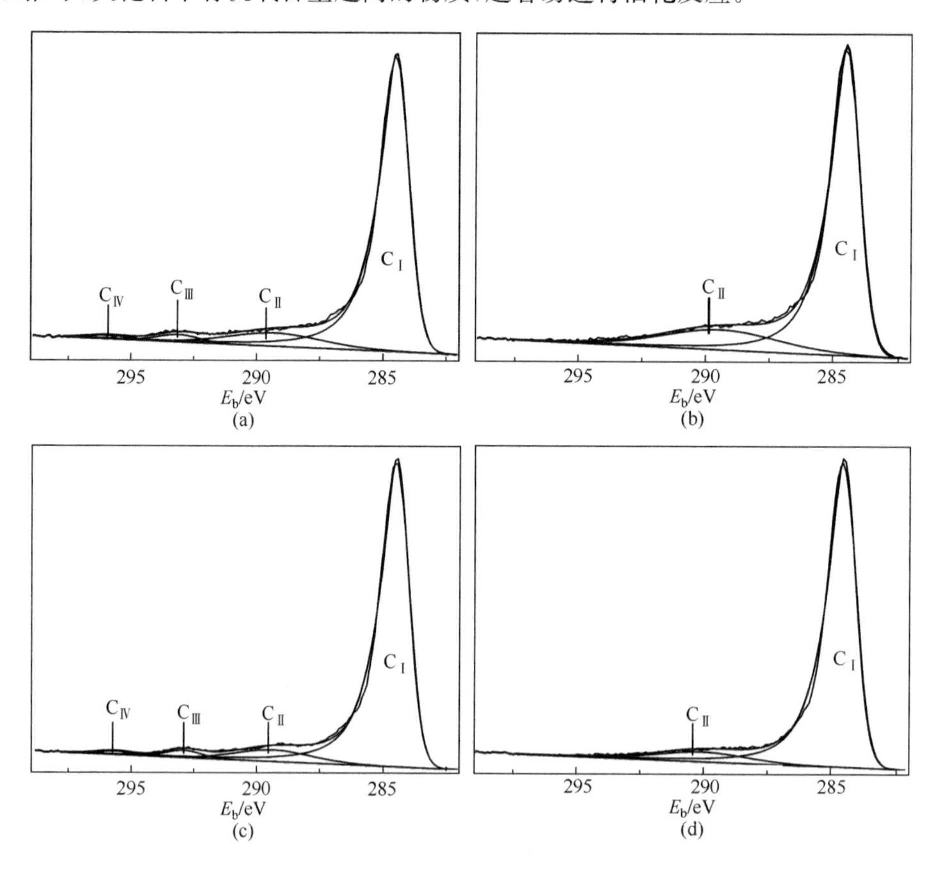

图 4.58　不同原料的炭化料高分辨 C_{1s} XPS 谱图[54]

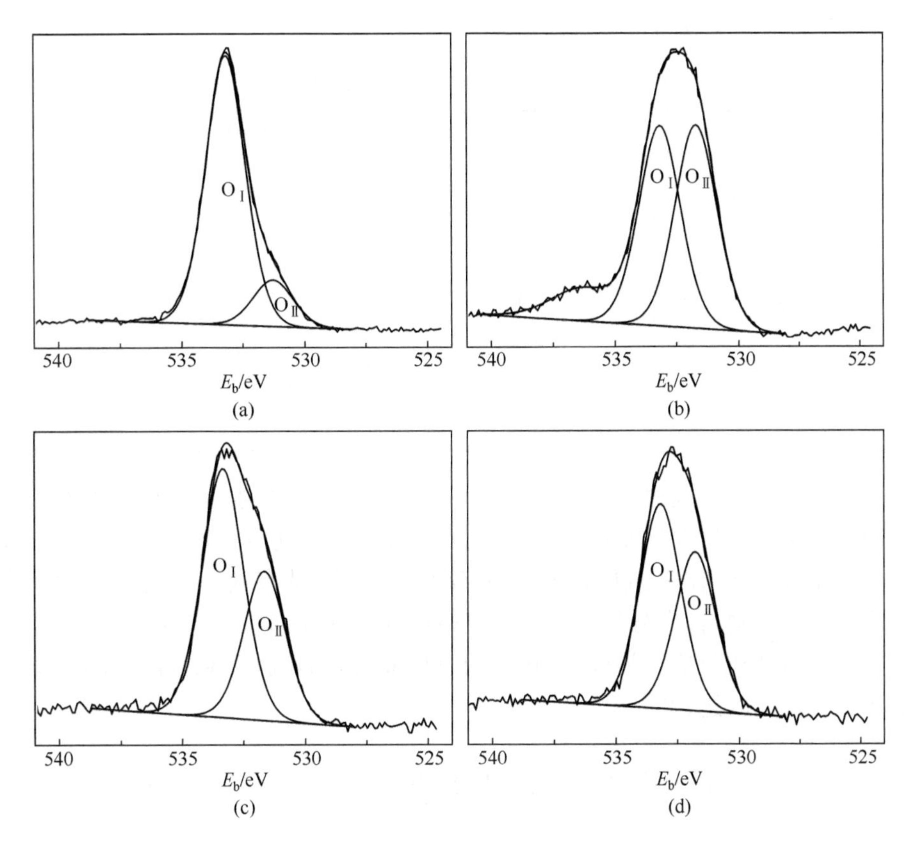

图 4.59　不同原料炭化料的高分辨 O_{1s} XPS 谱图[54]

表 4.17　不同原料的炭化料化学元素组成及相对含量[54]　（单位：%）

样品	C	O	N	Si	Na	有机氧
稻壳(a)	72.13	21.10	1.14	5.64	0	9.82
脱灰稻壳(b)	80.94	13.86	0.87	1.04	3.29	11.78
樟松木屑(c)	88.02	11.31	0.68	0	0	11.31
褐煤(d)	89.70	8.49	1.20	0.61	0	7.27

对图 4.58[54]和图 4.59[54]谱图的分峰拟合数据见表 4.18[54]。四种炭化料的 C_{1s}谱图在 284.5eV 处的吸收峰均为最大，此峰为芳烃或芳烃的取代烷烃的吸收峰，说明四种炭化料中芳烃的含量都最大。而对比稻壳炭化料脱灰前后可以看出，脱灰后炭化料的 $C_Ⅰ$ 峰明显降低，并且氧含量显著提高，从对应的 O_{1s}数据可以看出其 C═O 的含量明显上升，说明处理后的炭化料氧化态也升高，这些变化均有利于活化反应的进行。对于木屑炭化料，其和稻壳炭化料有类似的相对官能团组成及含量，但由于其氧的绝对含量高于稻壳炭化料，因此其反应活性也高于稻壳炭化

料。同理,褐煤炭化料的活化活性最差。

表 4.18　不同炭化料碳氧官能团数据[54]

原子		峰位置/eV	基团	比例/%			
				a	b	c	d
C_{1s}	$C_{Ⅰ}$	284.5	C—C、C—H	84.88	77.08	88.64	89.47
	$C_{Ⅱ}$	289.3	C—O	14.10	22.92	10.48	10.53
	$C_{Ⅲ}$	293.1	C═O	0.68	0	0.59	0
	$C_{Ⅳ}$	295.9	COO	0.34	0	0.29	0
O_{1s}	$O_{Ⅰ}$	533.2	C—O	85.33	49.62	62.48	56.26
	$O_{Ⅱ}$	531.3	C═O	14.67	50.38	37.52	43.74

通过上述对比不同原料在相同条件下制备多孔炭的实验及分析可以看出,纤维素原料的反应活性要优于煤;炭化料的比表面积以及孔道孔容、孔径分布等对活化反应有很大影响,比表面积越大,孔道结构越发达,越有利于活化反应的发生。制备多孔炭的原料,挥发分越高,炭化后越容易产生孔道丰富、结构疏松的炭化料,就越容易进行活化反应。另外,炭化料的有机氧含量越高,含氧官能团越丰富,越有利于活化反应的进行。

4.4　工业纤维素残渣多孔炭一体化工艺中试

针对典型的工业纤维素残渣,白酒糟制备多孔炭的实验室基础研究包括了如4.3节所述的物理活化法、物理活化-化学处理法和化学活化法,详细探讨了可行性,并对每种制备方法的操作条件和活化反应历程开展了优化与研究。其中,物理活化法对环境污染物排放少,操作运行费用低,但制备的多孔炭品质较差;物理活化-化学处理法能明显改善多孔炭产品的吸附性能和孔结构,但工艺相对复杂,同时涉及高温热转化和化学过程,设备投资高,其化学处理脱灰副产的硅基产物的综合成本和经济性仍需深入分析;化学活化法制备的多孔炭产物吸附性能和孔结构最优,是该类生物质残渣变废为宝的理想技术路线,但目前多孔炭生产工艺中以KOH为活化剂的制备技术未广泛工业化,可能原因是KOH成本较高及对反应设备腐蚀严重,且环境污染严重。采用物理活化法制备多孔炭最具工业放大可能,制备的多孔炭在工业废水处理和气体净化等方面具有广阔的应用[55]。为此,本节针对物理活化法进行了工业放大和中试研究。

4.4.1　中试流程设计

由于白酒糟原料质量含水达60%左右,对此连续加工首先要求进行脱水干燥。干基白酒糟挥发分质量含量接近70%，炭化产生的挥发分可供给脱水干燥要求的能量。因此，工艺技术的主体部分包括白酒糟干燥、干燥白酒糟热解炭化和炭化料活化三个核心单元。为进行工艺流程和装置的设计，首先考察上述三个核心单元过程的动力学特性。

1. 白酒糟制备多孔炭动力学研究

1）实验方法

考察酒糟干燥行为的实验装置如图4.60所示，其目的为测定白酒糟采用高温气体作为介质时干燥所需要的时间。用于干燥的顶端扩径的石英管，其下部内径为20mm、高为320mm，上部内径为32mm、高为100mm，通过电加热炉供热。实验中，首先将石英管下部装填的氧化铝小球预热到设定温度，由此加热由底部送入的 N_2 气体介质（钢瓶供给）。小球装填量高于电加热炉顶端电炉丝20mm，以减少由于上部炉膛辐射加热可能带来的影响。气体流量由质量流量计监控。

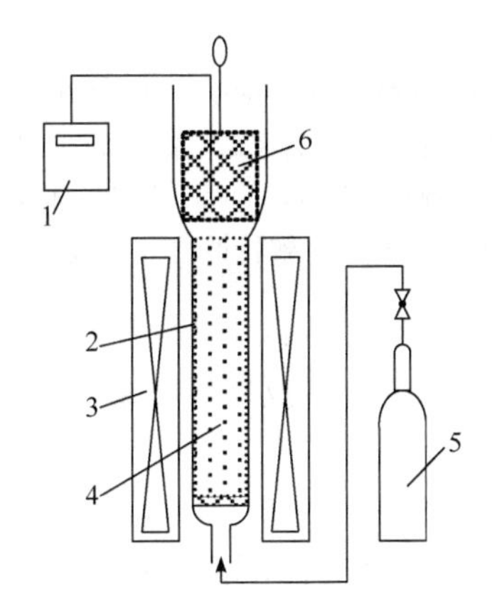

1. 测温显示表；2. 石英管；3. 电加热炉；4. 氧化铝填料；5. N_2 气瓶；6. 不锈钢网吊篮

图4.60　用于白酒糟气流干燥的实验系统

将一定质量的酒糟置于由80目不锈钢网制得的直径为26mm、高为80mm的吊篮中，待干燥介质 N_2 温度达到设定值后，将装有酒糟的吊篮快速置于石英管的上部扩径段。在吊篮中插有一只热电偶，实时记录其中的酒糟温度变化。装有酒糟的吊篮经过不同干燥时间后被快速提出，快速称量其质量减少，确定酒糟中水分随干燥温度和干燥时间的变化。酒糟干燥脱水率 X(%)按照式(4.11)计算：

$$X=\frac{M_{\text{water,raw}}-M_{\text{water,dry}}}{M_{\text{water,raw}}}\times 100\% \tag{4.11}$$

式中，$M_{\text{water,raw}}$ 为湿酒糟含水量，59.8%；$M_{\text{water,dry}}$ 为干燥后酒糟含水量。

酒糟的热解炭化特性研究在图4.61所示电加热小型流化床实验装置中进行。

流化床反应器为石英反应器，反应器内径为 35mm，高为 380mm。酒糟的热解炭化实验温度范围为 200～650℃。对应不同的反应温度，对反应器采用不同的流化气速，以保证反应器内原料的流化状态类似。使用的流化气体为 N_2，由钢瓶供给并通过质量流量计监控流量。

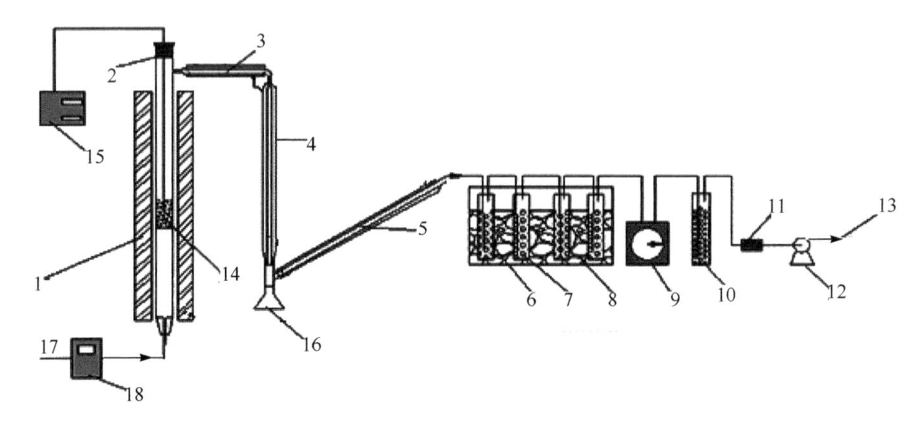

1. 加热炉；2. 反应器；3,4,5. 间冷换热管；6. 丙酮；7. 陶瓷填料；8. 冰水浴；9. 湿式气体流量计；10. 硅胶干燥剂；11. 纤维过滤器；12. 自吸式气泵；13. 不凝气采集口；14. 反应床层；15. 测温显示表；16. 冷凝液收集瓶；17. 氮气流化气体入口；18. 质量流量计

图 4.61　用于白酒糟热解特性研究的流化床反应装置

开展热解炭化特性实验时，首先通入 N_2 气升温至所需的反应温度，排出反应器中的 O_2，然后将 5.0g 酒糟从流化床反应器上部的加料口瞬间加入反应器内，使酒糟与流化气体相互作用，发生热解炭化反应。反应生成的热解产物从反应器的上部排出，先经过冷凝管使焦油在冷凝管中冷凝，收集于下部的锥形瓶中。气相产物进一步通过放置于冰水浴内的装有丙酮溶剂的洗气装置洗涤焦油，所得不凝气通过湿式体积流量计测量体积流量，并经过干燥和过滤后用气袋连续采集，进而用于气相色谱分析。被冷凝于冷却系统中的焦油及水分经丙酮溶剂洗涤收集，所得焦油－丙酮溶液采用卡尔费修法测定其中的水含量，然后通过减压蒸馏和真空干燥分离其中的丙酮溶剂，计量所得的焦油质量。热解实验结束后，反应管内剩余的固体物质冷却后收集得到炭化料产物，称重计量。

测定热解炭化速率时，首先将反应管的温度升至设定温度，再在 N_2 气氛中将称量好的装有原料白酒糟的吊篮快速放入反应器中部，反应指定时间后迅速取出后称重，获得不同反应时间的原料失重而计算原料的热解炭化转化率。炭化物料活化反应速率的实验装置如图 4.62[55] 所示，使用顶端扩径的电加热石英管反应器，置于电加热炉中的反应管内径为 20mm，高为 320mm。反应管中装填氧化铝小球填料用于预热活化剂。反应器上部的加热炉外部分内径为 32mm，高为 100mm，侧壁开一通路，用于连接快速冷却用 N_2。活化反应在 80 目不锈钢网制得的直径为20mm、高为80mm的吊篮中完成。

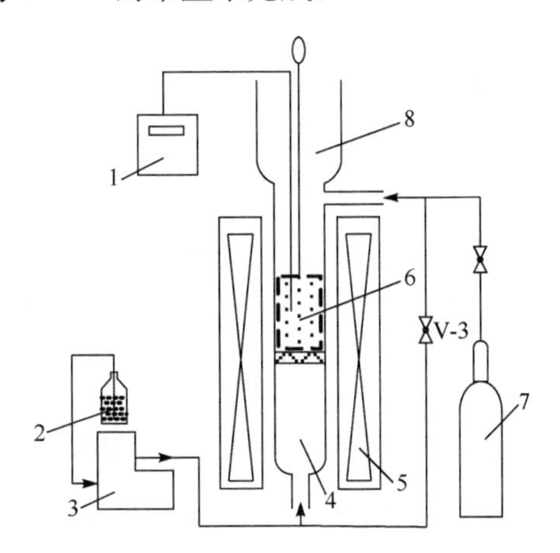

1. 测温显示表；2. 去离子水；3. 微量计量泵；4. 氧化铝小球填料；
5. 电加热炉；6. 不锈钢网吊篮；7. N_2 气瓶；8. 石英管冷却段

图 4.62 用于活化反应速率测定的反应装置[55]

活化实验采用水蒸气活化剂，其设定流量可满足反应物料在吊篮中呈流化状态。具体操作步骤为首先将石英管下部装填的氧化铝小球预热到设定温度，用 N_2 气吹扫至系统中无氧，然后开启微量计量泵，由活化反应器的底部供入并经床层填料层预热到设定温度。将一定质量的炭化料置于吊篮中，顶部放石英棉，以免反应和后续冷却过程中反应物料被气流严重夹带出反应器。将装有炭化料的吊篮迅速放入高温区，并开始计时，实时记录吊篮中反应区温度变化。反应一定时间后将吊篮快速提出至上部扩径区，使其处于事先开通的 N_2 流中快速冷却，同时停止供给活化剂。样品冷却后测定其碘值和亚甲基蓝值。

2）实验结果与讨论

图 4.63[55]为湿白酒糟原料在 N_2 气介质中测定的干燥脱水率随时间的变化。温度200℃以上时原料有可能热解，实验选取195℃的热气流介质。白酒糟原料的传热性能差，为提高其干燥速率，通过热气流介质使酒糟流化被加热。从图中可以看出，采用 N_2 气介质干燥白酒糟所需的干燥时间较长，加热10min后白酒糟的干燥脱水率仅有53.3%，当白酒糟脱水率达到80%时需要25min。实际应用中，采用白酒糟热解挥发分燃烧所得的高温烟气作为干燥气流介质，其温度远高于200℃，可缩短干燥时间。但是，由于水的比热容大，高温气流和高含水酒糟接触时，蒸发水量要求的热量多，可迅速降低烟气温度，表明热传递是限制白酒糟干燥速率的控制因素。对于实际过程的白酒糟干燥，将参考该实验数据结合理论计算保证物料在干燥管中的停留时间足够长。

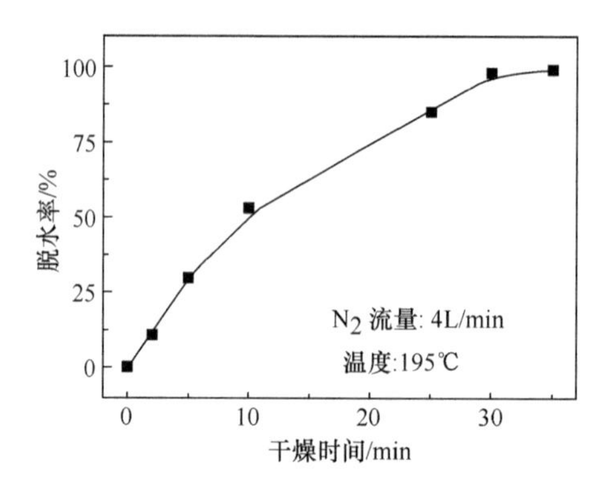

图 4.63　白酒糟在热气体介质中的干燥脱水率[55]

图 4.64 给出湿白酒糟在不同温度下的热解产物分布。随着热解温度的升高，热解炭化产生的水分和热解气的产量逐渐增加，而半焦产量逐渐下降。焦油产量呈先增加后减少的趋势，在 350～450℃附近焦油产量最高，质量含量约为 6.85%（湿基）。当热解温度较低时，白酒糟经过分解析出大量的焦油和气体，而升高热解温度使焦油中不稳定含氧基团发生二次裂解或大分子焦油发生聚合形成大量气体及碳沉积，使热解气产率逐渐增大，焦油产率显著下降。

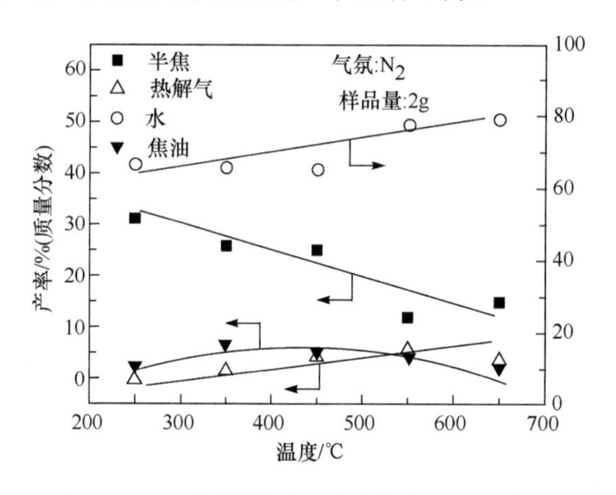

图 4.64　不同温度下白酒糟热解产物的分布

图 4.65[55]为在不同温度下白酒糟热解炭化产生的热解气组成及对应热值。热解炭化产生的气体主要成分为 H_2、CH_4、CO 和 CO_2，而碳氢化合物 C_2H_4、C_2H_6、C_3H_6 和 C_3H_8 的含量较低，图中未给出。在 350～650℃内，随着热解温度的增加，热解气中 CO、H_2 和 CH_4 含量都增高，CO_2 含量逐渐降低，相应的热解气热值随温度增高而增大，650℃时的热解气热值可达 17.69MJ/Nm^3。因此，从生产多孔炭的目的考虑，降低热解温度，有利于提高炭化料（即半焦）的收率，从而可提

高多孔炭的整体收率。

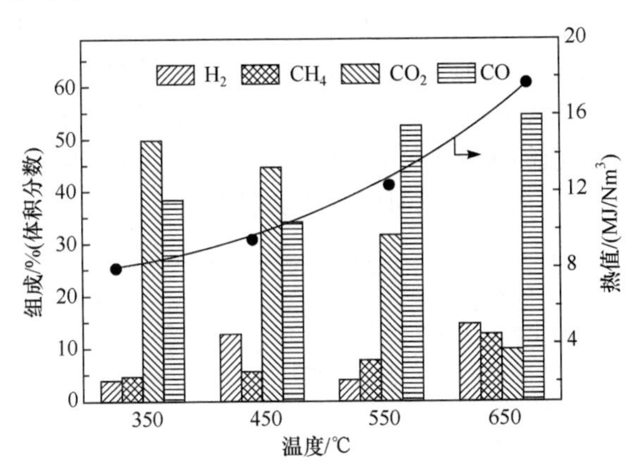

图 4.65　不同热解温度下白酒糟热解气的组成特性[55]

图 4.66[55]是经干燥后的白酒糟在不同温度下的热解炭化的转化率随时间的变化,这里转化率是通过测试剩余的固体物料质量而计算的。随着反应温度的升高,白酒糟的热解速率加快。当热解反应温度为 450℃时,大约需要 300s 才能完成反应,此时原料中有 80%的挥发分析出。反应温度为 650℃时,90s 即可完成反应,转化率最终可达 90%以上。升高温度可显著加速热解反应过程,但是本实验方法测的反应完成时间应该明显长于实际装置中所需要的热解反应时间。实验中将装有白酒糟的吊篮放入反应器中,物料升温到反应温度比实际热解反应器中更慢。同样,对原料的传热是热解炭化反应速率控制步骤,实际过程应该采用有利于提高对白酒糟传热的反应器。

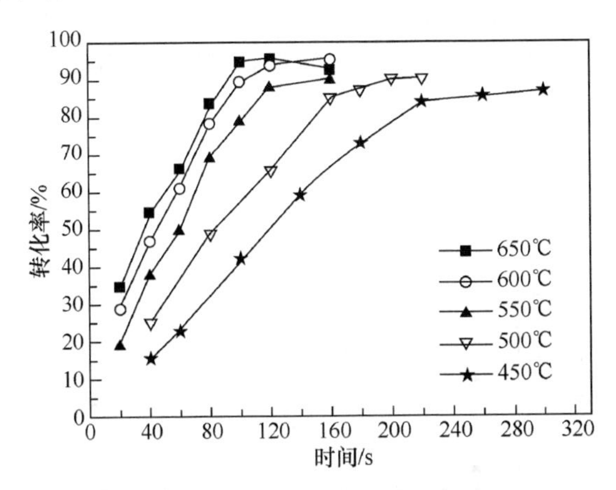

图 4.66　不同温度下白酒糟热解炭化转化率随时间的变化[55]

图 4.67[55]表示不同活化温度下所得针对相同白酒糟炭化料的多孔炭碘吸附

值随活化时间的变化。活化反应温度为 900℃时，随着反应时间的延长，所得多孔炭产物的碘吸附值逐渐增大，但进一步升高反应温度，多孔炭的碘吸附值反而随反应时间的延长而降低，表明反应温度过高后加快了材料的表面烧蚀作用。总结实验发现，反应温度在 950℃以上时，反应 40s 时已表现了由扩孔和表面烧蚀作用造成的过度活化现象。实验中炭化料置于活化反应器中升温所需时间约为 32s，因此针对实验炭化料，实际所需活化时间应为数秒程度。

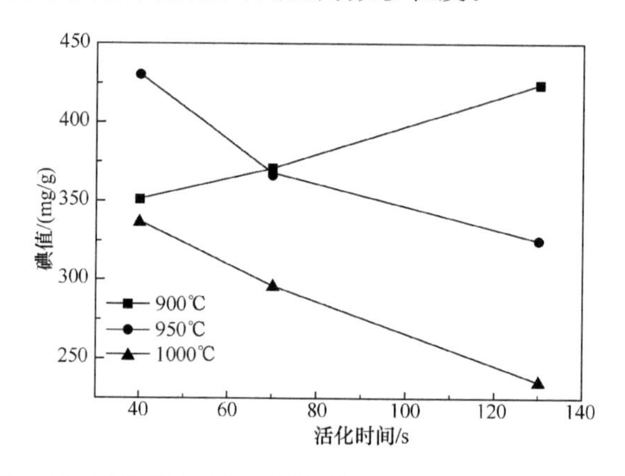

图 4.67 活化反应时间对制备的多孔炭碘吸附值的影响[55]

图 4.68[55]描述了活化反应时间对制备的多孔炭亚甲基蓝吸附值的影响。温度较低时，随着活化时间的延长，亚甲基蓝值逐渐升高，表明实验反应时间内为活化扩孔过程。当反应温度达 1000℃时，随反应时间的延长产物的亚甲基蓝吸附值逐渐降低，表明表面烧蚀现象严重。同样，扣除反应物放入反应器后的升温所需时间，在 1000℃下的活化反应实际所需时间也应在数秒程度。因此，粉碎后的白酒糟炭化料可以在快速活性装置中实现有效活化，从而为中试研究选择活化反应器提供了参考依据。

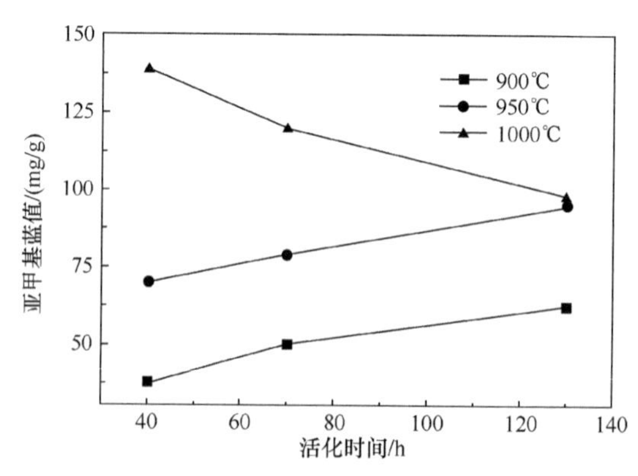

图 4.68 活化反应时间对制备的多孔炭亚甲基蓝值的影响[55]

2. 工业纤维素残渣多孔炭制备工艺流程

1）工艺流程简述

工艺流程如图4.69所示，充分反映了白酒糟干燥脱水速率低、热解炭化和活化反应速率高的动力学要求，可整体连续进料和生产产品。装置从进料到产品依次包括的单元设备有：热风炉、烘干机、一级气固分离器、炭化气体燃烧器、热解炭化反应器、活化反应器、余热锅炉、间壁换热器、二级气固分离器。另外，还包括实现装置正常运行的风机、电机、管道、阀门和连接法兰等器件，以及保温材料、整套装置重要部位温度/压力测量传感器和采集系统等。

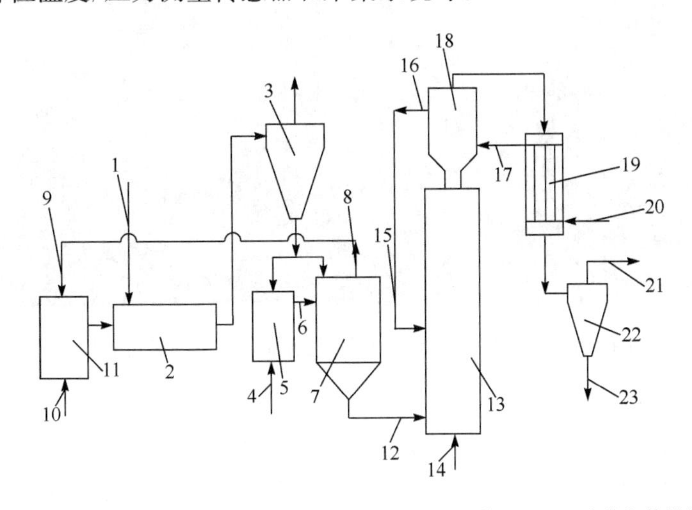

1. 原料入口；2. 烘干机；3. 一级气固分离器；4. 燃烧机鼓风口；5. 炭化气体燃烧器；6. 热解炭化反应器供热口；7. 热解炭化反应器；8. 挥发分出口；9. 燃气入口；10. 热风炉配风口；11. 热风炉；12. 活化反应器进料口；13. 活化反应器；14. 活化反应器氧化介质入口；15. 活化反应器蒸气入口；16. 余热锅炉蒸气出口；17. 锅炉给水入口；18. 余热锅炉；19. 间壁换热器；20. 冷却水入口；21. 气相产物出口；22. 二级气固分离器；23. 固相产物出口

图4.69　原料连续干燥、炭化和活化制备多孔炭工艺流程

装置运行流程如下：原料白酒糟首先由提升机送入烘干机，同时将炭化炉中产生的热烟气和酒糟热解产生的可燃挥发分通过回送管道导入热风炉内，并供入空气将上述混合气体充分燃烧，产生的高温烟气经配风调温后，在干燥机中与供入的白酒糟原料充分接触换热。干燥机输出的干酒糟自由水质量含量在20%以下，通过气力输送进入一级气固分离器，以将干燥的酒糟按比例分别送入炭化气体燃烧器和热解炭化反应器。其中，炭化气体燃烧器中燃烧供入其中的白酒糟的挥发分，产生炭化料，同时为热解炭化反应器中白酒糟热解炭化供热，完成热解炭化反应。热解炭化反应器中产生的热解挥发分经回气管导入烘干系统的热风炉，配风燃烧

的热烟气用于原料白酒糟干燥。炭化产物由输送器导入活化反应器，活化反应产生的高温产物和烟气首先进入余热锅炉生产活化所需蒸气，进一步导入间壁冷却器降温，最后进入气固分离器收集产物，烟气排空。整套装置连续运行，按照该工艺建成的中试装置实物照片如图 4.70 所示。

图 4.70　连续干燥、炭化和活化制备多孔炭中试装置图

2）热量与物料衡算

建设的白酒糟制备多孔炭中试装置的原料处理能力为 2000kg/h，系统自热运行，不要求外部提供能量(如上所述)。基于实验测定的物料组成核算中试装置的物料及热量平衡，每个单元操作的产物分布依据实验室小试数据，表 4.19 汇总了所利用的部分参数[55]。

表 4.19　热量与物料衡算使用的部分参数[55]

参数	单位	数值
白酒糟处理能力	kg/h	2000
湿白酒糟质量含水量	%	60
干燥白酒糟质量含水量	%	15
干燥器入口烟气温度	℃	1000
干燥器出口烟气温度	℃	130
湿白酒糟温度	℃	20
干燥器热利用效率	%	60
干燥白酒糟温度	℃	130
炭化温度	℃	550

续表

参数	单位	数值
活化温度	℃	900
多孔炭产率(相对炭化料)	kg/kg-CC	0.5
蒸气温度	℃	200
焦油热值	MJ/kg	17.1
裂解气热值	MJ/Nm^3	10.0

图 4.71[55] 给出了在白酒糟处理量为 2000kg/h 时的热量及物料衡算结果。湿白酒糟经干燥后，获得 953kg/h 干白酒糟，含水量为 15%。通过燃烧其中 13.75%的干白酒糟为炭化供热，得到 250kg/h 的炭化料。热解炭化反应器中产生的焦油和热解气混合通过燃烧产生 8230MJ/h 热量，其中 6183MJ/h 的显热用于干燥湿白酒糟，其余 2047MJ/h 热量通过烟气排出。活化过程中，所得炭化料部分燃烧产生活化所需热量，确保活化炉温度为 900℃。废热锅炉产生 300kg/h 的 200℃水蒸气用于活化反应。最终制得的多孔炭为 125kg/h。

为了更好地理解物料和能量衡算结果，图 4.72[55] 给出了更为简洁的能量流向示意图。输入能量最终分为 4 个部分，包括产生的多孔炭 2090MJ、干燥废气 5998MJ、活化废气 2137MJ、焦油与裂解气的燃烧废气 2047MJ。分析工艺过程的热量收支情况可以看出，依靠燃烧白酒糟热解产生的挥发分和炭化料活化产生的可燃气体释放的热量可以满足整个工艺系统的热量需求，由此证实开发的工艺流程和中试装置可完全实现能量自给，独立运行可行。

4.4.2　典型运行结果

上述白酒糟制备多孔炭中试装置的调试首先采用稻壳预热反应装置，由活化反应器底部点火，然后由活化反应器底部供料口连续向活化反应器供给稻壳，实现反应器预热升温。活化反应器燃烧稳定后，开启干燥热风炉的预热燃烧机，同样利用稻壳原料，并同时开启干燥滚筒，向其中供入白酒糟。当干燥系统运行稳定后，干燥的白酒糟直接送入活化反应器，直到锅炉所产蒸气达到 0.5MPa，向活化反应器供入蒸气，致使供入活化反应器的白酒糟的热解炭化料和水蒸气作用发生活化反应，其产物经换热降温收采得为初期的多孔炭。干燥系统和活化反应系统运行稳定后，开启热解炭化单元。首先启动炭化燃烧器，连续向热解炭化反应器供入前段干燥的白酒糟原料，发生热解炭化反应，产生的挥发分由回送管送入干燥单元的热风炉，在其入口处配风燃烧。由于前期预热已使热风炉具有一定的温度，热解挥发分进入热风炉内可自发燃烧，产生高温烟气送入滚筒，用为原料白酒糟的干燥热源。此时，热风炉的预热燃烧机停止工作，干燥用热量完全由热解炭化产生的挥发

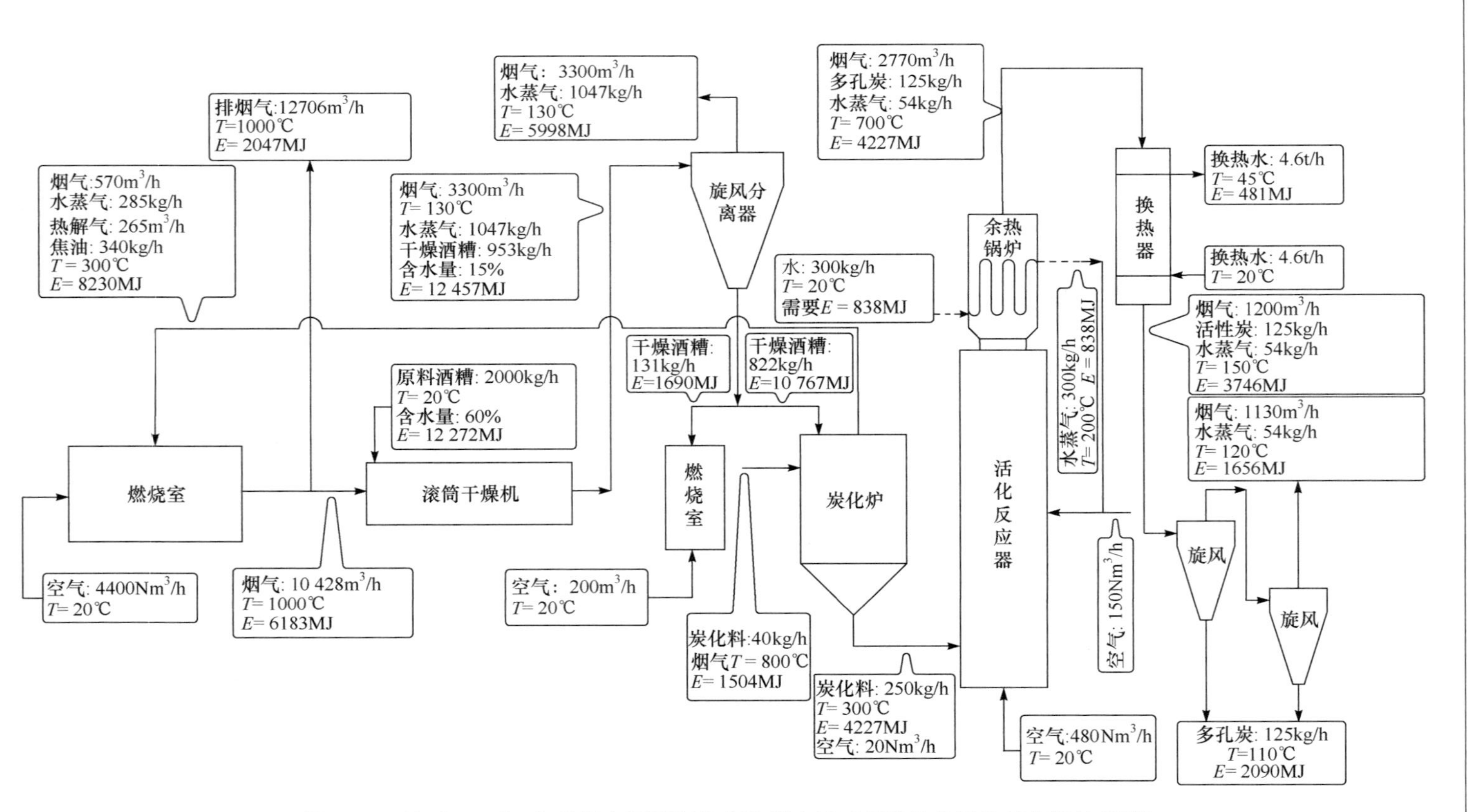

图 4.71 针对 2000kg/h 的湿白酒糟制备多孔炭中试过程的热量及物料衡算结果[55]

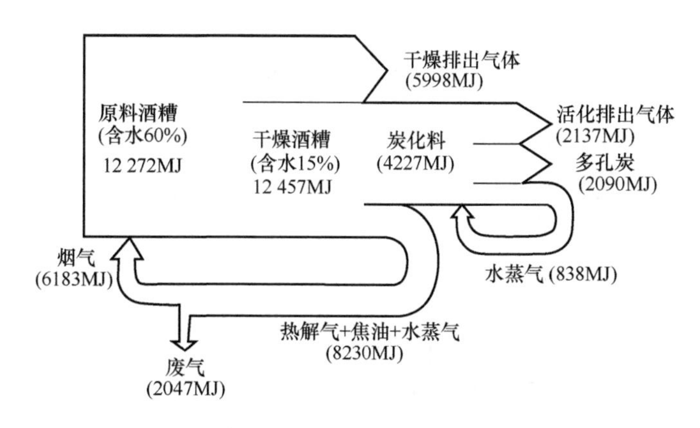

图 4.72　2000kg/h 白酒糟制备多孔炭中试过程能量流向示意图[55]

分在热风炉中燃烧提供。热解炭化的炭化料由螺旋送料器送入活化反应器，使得活化反应器中的原料由初始的干燥白酒糟逐步转变为炭化料。炭化料送入活化反应器后，一方面燃烧其中剩余的挥发分和部分碳物种而维持活化体系的温度，另一方面在通入水蒸气的作用下发生活化反应。产生的高温气固产物首先经余热锅炉制备本系统需要的活化用蒸汽，然后进一步经间壁水冷后，分离并收集固相产物，即本中试装置的目标产物。装置调试运行的典型实验数据详细分析如下。

1. 装置运行温度监测

图 4.73[55]为中试装置运行过程中的部分单元设备代表测点温度随运行时间的变化，其中时间 t_1 为开始向活化反应器供入稻壳的时刻。为图示数据的清晰，装置部分测点的数据在图中未给出。装置开始运行 6min 后(t_2)开启热风炉预热，干燥器和活化反应器中的温度逐渐升高；启动后 1h 时锅炉内水开始沸腾，对应的蒸汽温度为 100℃；继续加热 20min(t_3) 后蒸汽压力达到 0.5MPa，对应测试的蒸汽温度为 163～174℃。此时，可向活化反应器内供入蒸汽发生活化反应。活化反应器的温度稳定在 1100℃左右。开始运行的一段时间未开启炭化单元，炭化炉温度基本保持在室温。运行 130min 后(t_4)，干燥器和活化反应器的温度基本达到稳态，开启热解炭化单元。热解炭化反应器内的温度也逐渐升至 550℃，此温度下实现对供入的干燥白酒糟的快速热解和炭化。图 4.74 为对应的典型测点的压力数据变化，可见装置开始运行后干燥机的表压一直接近 0，即大气压，后期约为正压。活化反应器基本运行在稳定的－0.1kPa 条件下，而炭化炉内压力正常运行后约为 0.4kPa。这些运行温度及压力数据显示，装置连续运行中各单元设备基本达到了设计要求和目标，实现了连续稳定运行，从而证明了工艺和装置的可行性和可操作性。

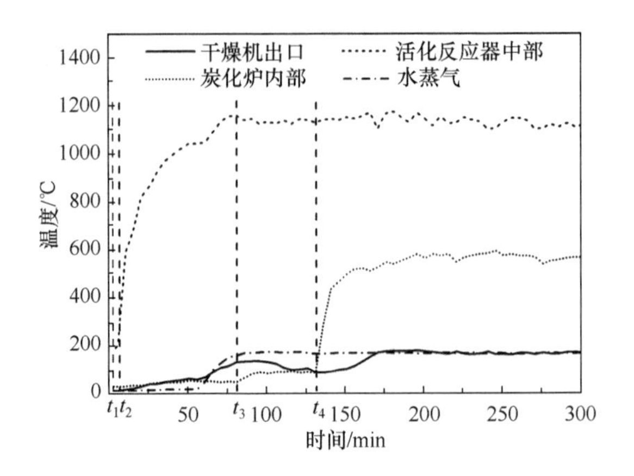

图 4.73 中试装置运行过程中典型测点温度数据变化[55]

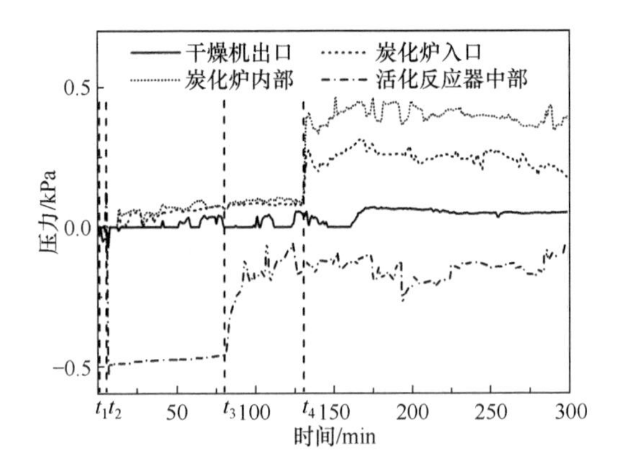

图 4.74 中试装置运行过程中典型测点压力数据变化[55]

2. 产物多孔炭分析与表征

前述中试装置的调试运行中可存在原料在活化炉中直接活化和炭化后进入活化炉的炭化活化两种形式。其中,1#样品为在装置初始预热时利用稻壳原料,活化反应器达到预定反应温度和压力后通过水蒸气实现稳定操作采集的样品;2#和3#样品分别为装置经稻壳预热稳定后切换为白酒糟原料、但尚未启动热解炭化反应器时通过活化反应器收集的样品;4#样品为启动炭化单元设备的初始阶段同时存在炭化料和直接物料作为活化原料经活化反应器活化后的样品(简称过渡态活化);5#和6#样品为白酒糟经干燥炭化后的炭化料进入活化反应器后经活化收集的样品。各种多孔炭样品的性能数据列于表 4.20。可以看出,以稻壳为原料制备的多孔炭的固定碳含量和吸附性能略高于以白酒糟为原料的活化产物,这可能与初始稻壳的灰分含量略低于白酒糟有关。在活化炉中直接活化和炭化后活化的二者区别不大，这说明原料直接送入活化反应器中首先发生热解炭化，然后在燃烧挥发分产生的烟气和供入的水蒸气的共同作用下进行活化反应的工艺方法也是可行的。热解炭化的反应速率较活化反应更快，以至于热解过程挥发分的析出对水蒸气活化反应过程不产生太大影响，如向炭化物料内部扩散对活化并不产生太大的影响。因此，两者活化方式均得到吸附性能相当的多孔炭产物。

表 4.20　中试装置加工白酒糟制备的多孔炭性能分析

样品	1#	2#	3#	4#	5#	6#
原料	稻壳	酒糟	酒糟	酒糟	酒糟	酒糟
制备工艺方法	直接活化	直接活化	直接活化	过渡态活化	炭化活化	炭化活化
挥发分含量/%	6.4	5.1	4.9	2.9	2.6	2.8
灰分含量/%	58.4	69.9	68.9	70.1	71.7	76.2
固定碳含量/%	35.2	25	26.2	27	25.7	21
碘值/(mg/g)	642.8	611.3	634.1	612.9	618.9	617.2
亚甲基蓝值/(mg/g)	45.8	24.4	31.3	21.0	30.9	23.9

但从加工白酒糟的整体工艺出发，热解炭化产生挥发分为其物料干燥提供所需的热量，炭化料作为活化反应原料，这种分级利用可提高生产效率和优化系统构成，更具有现实可行性。比较中试过程的产物与实验室水蒸气活化多孔炭发现，中试装置的样品碘值高于实验室优化条件下的产品的碘吸附值，亚甲基蓝吸附值却低于实验室样品。这可能因为中试装置活化反应停留时间较短，活化反应产生的初级孔道没有足够的反应时间继续扩孔，导致中试装置的多孔炭介孔较少、微孔较多，需在后续的工业化装置设计中予以关注。

4.5　工业纤维素残渣多孔炭应用

多孔炭最早被用作吸附剂，主要应用于气相和液相吸附分离和净化。气相吸附领域中，如利用多孔炭除臭及回收工厂尾气[56]，吸附 NH_3[57]、H_2S[58]和甲醛[59]等有毒有害气体并实现富集和分离。多孔炭在液相吸附中的应用主要集中在食品、医学、环保水处理中，以对食品工业尤其是糖液脱色领域的应用最为成熟。在医药方面，通过多孔炭对药物的吸附可控制药物浓度、提高药效并降低副作用；水处理中可利用多孔炭去除净化水中的余氯、TOC 与 VOC[60]，还可应用于煤和石油化工行业废水中酚类物质的脱除。

近年来，多孔炭在催化剂和催化剂载体中的应用得到较快的发展。多孔炭的微观结构是由石墨微晶的短程有序而长程无序的堆垛层错结构构成，提供了较大的比表面积，有利于物质传递与扩散，其中存在较多的不饱和键和类似晶体的缺陷位，其常常对应催化反应的活性位。而且，基于碳质材料的良好耐酸碱性和热稳定性，多孔炭普遍成为一种理想的催化材料。例如，煤质多孔炭负载 $HgCl_2$ 用作制取氯乙烯的催化剂[12]，负载 V[61]、Fe[62]和 Ti[63]的多孔炭催化剂对烟气低温脱硝具有明显的催化活性。

当前，高功能化和高附加值多孔炭制备技术成为多孔炭研究的主流发展方向，针对多孔炭孔隙发达、比表面积高、化学稳定性好等特点，其在双电层电容器[64,65]、气体存储[66]和变压吸附分离[67]方面的研究正逐渐深入。美国和日本已经将多孔炭用于双电层电容器和变压吸附分离的商业化生产，我国也正在积极开展相关研究，但仍需进一步加大攻关力度。基于工业纤维素残渣制备的多孔炭材料在吸附分离方面均表现了优异的性能，具有较好的开发潜力。

4.5.1 含酚废水吸附降低 COD 特性

煤化工废水的成分复杂，含大量有机物、氨氮和悬浮物，色泽呈褐色，呈碱性，有浓烈的刺激性气味，是非常难处理的工业废水，必须结合综合治理才能达到排放要求。煤化工废水中 COD 的主要贡献者以酚类有机化合物最多，被广泛应用于工业废水处理的生物降解技术对该类化合物的降解难，利用廉价的工业纤维素残渣基多孔炭可吸附脱除其中的有机酚，是高性价比的煤化工废水处理方案。本节内容首先以苯酚为模型化合物考察了物理法制备的白酒糟基多孔炭对苯酚的吸附特性，进一步采用典型的煤焦化废水验证了白酒糟基多孔炭对降低焦化废水 COD 的显著作用。

图 4.75[68]是取 200mg/L 苯酚溶液 20mL，分别加入 0.1g 和 0.2g 白酒糟基多孔炭，在 25℃下考察苯酚在多孔炭上达到吸附平衡所需要的时间。当多孔炭吸附剂量为 0.1g 时，吸附平衡所需时间为 12h；当多孔炭吸附剂量为 0.2g 时，只需 3h 即可达到吸附平衡，且其平衡吸附时对苯酚的脱除率达到 95%以上。

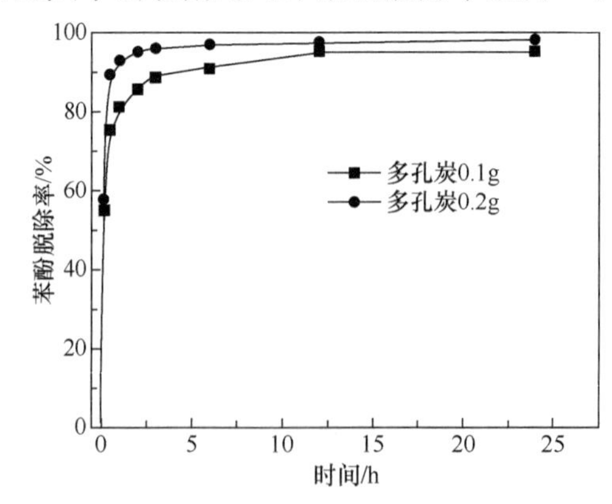

图 4.75 白酒糟基多孔炭对苯酚的吸附平衡曲线[68]

图 4.76 是取 200mg/L 苯酚溶液在 0.2g 多孔炭填充柱中的穿透曲线。实验在 25℃、pH 为 6.5 的优化条件下完成，C/C_0 为溶液中苯酚浓度与苯酚初始浓度的比值。由图可知，多孔炭填充柱在 14h 之后被苯酚穿透，对苯酚的最大吸附容量为 111.25mg/g。该结果表明以白酒糟为原料制备的多孔炭对苯酚具有较好的吸附作用，可用作含酚废水处理的吸附剂。

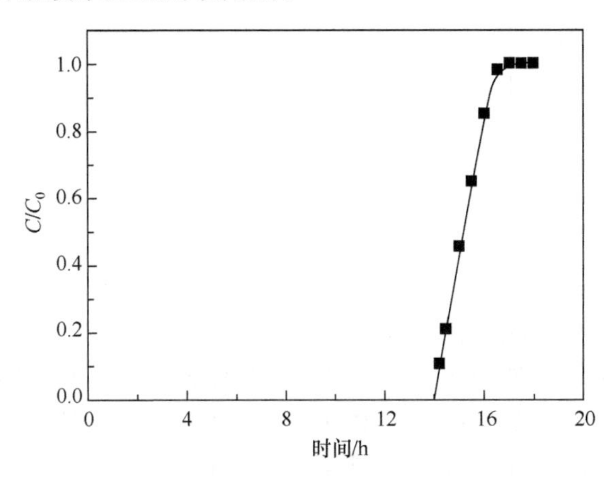

图 4.76　白酒糟基多孔炭吸附苯酚的穿透曲线

进一步采用市售椰壳多孔炭(CSAC)、煤基多孔炭(CAC)和三种方法制备的白酒糟基多孔炭(PC-1，PC-2 和 PC-3)对焦化废水进行吸附处理，考察了废水经吸附处理后的 COD 脱除率。其中，PC-1 至 PC-3 分别代表通过水蒸气活化、水蒸气活化产物碱处理和 KOH 活化方法制备的白酒糟基多孔炭，分别对应表 4.3、表 4.7和表 4.5 中样品 2 所示的表面性能。图 4.77[69] 的数据显示，白酒糟制备的多孔炭对焦化废水 COD 的脱除作用较为显著。进一步选择 PC-3 样品为研究对象，考察多孔炭用量对焦化废水 COD 脱除的作用。如图 4.78 所示，随着多孔炭用

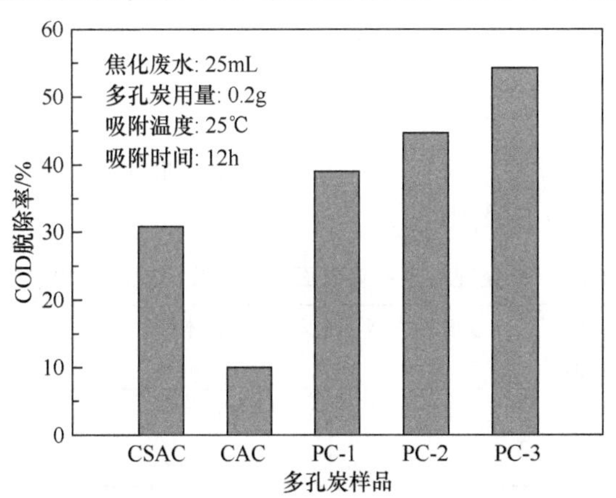

图 4.77　不同方法制备的白酒糟多孔炭对焦化废水 COD 脱除效果对比[69]

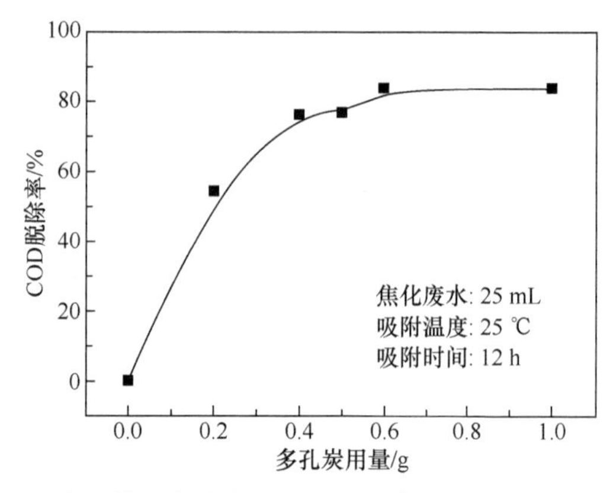

图 4.78 白酒糟基多孔炭用量对焦化废水 COD 脱除率的影响

量加大，COD 脱除率逐渐提高，但 COD 的极限脱除率约为 80%，表明白酒糟基多孔炭并不能完全实现脱除焦化废水中所有有机物的目的，含有的对多孔炭响应较差的组分需要其他综合处理办法才能达到处理要求。从多孔炭吸附有机物降低水体 COD 的效果分析，以廉价的白酒糟为原料制备的多孔炭具有较好的吸附功能，是煤化工废水处理具有竞争优势的 COD 脱除炭材料。

4.5.2 噻吩类化合物吸附特性

车用燃油中硫含量是重要控制指标，到 2018 年全国将推广执行车用燃油国五标准，要求车用燃油总硫含量由近期执行的国四标准的 50ppm 降低到 10ppm 以下，对车用燃油硫含量提出了新要求，必须依靠先进的脱硫技术达到指标要求。通常车用燃油中硫含量的 80%以上是噻吩类含硫化合物，而苯并噻吩(BT)和二苯并噻吩(DBT)又占到噻吩类的 70%以上，因此车用燃油中苯并噻吩和二苯并噻吩类硫化物的脱除成为国内外研究的重点。采用白酒糟制备的两种多孔炭 PCS(水蒸气活化制备的白酒糟基多孔炭)和 PCSN(PCS 样品经碱处理的白酒糟基多孔炭)对苯并噻吩和二苯并噻吩进行了吸附脱除实验，使用的多孔炭孔结构特性和脱除效果如表 4.21 所示。表中数据显示，多孔炭 PCS 经过碱处理制得的多孔炭样品 PCSN 对苯并噻吩和二苯并噻吩的脱除率明显提高，其原因是经过碱处理后的多孔炭的比表面积、平均孔径和孔容都有显著的增加，使其对较大分子的苯并噻吩和二苯并噻吩具有更强的吸附能力。

表 4.21 碱处理对多孔炭表面性质及吸附脱硫能力的影响

样品	活化剂	NaOH 处理	比表面积 /(m^2/g)	平均孔径 /nm	孔体积 /(cm^3/g)	苯并噻吩 吸附(BT)/%	二苯并噻吩 吸附(DBT)/%
PCS	H_2O	否	324	3.972	0.322	78.40	65.52
PCSN	H_2O	是	623	4.328	0.674	95.42	90.78

注：取 25mg 多孔炭置于 5mL 苯并噻吩和二苯并噻吩浓度为 200mg/L 的正己烷溶液中，室温下吸附 6h。

进一步考察了白酒糟基多孔炭对有机硫的吸附饱和时间，采用碱处理扩孔后的白酒糟基多孔炭(PCSN)对苯并噻吩和二苯并噻吩进行了吸附平衡实验。如图4.79所示，多孔炭样品PCSN对苯并噻吩和二苯并噻吩的吸附饱和时间几乎相同，即6h就能达到吸附平衡。

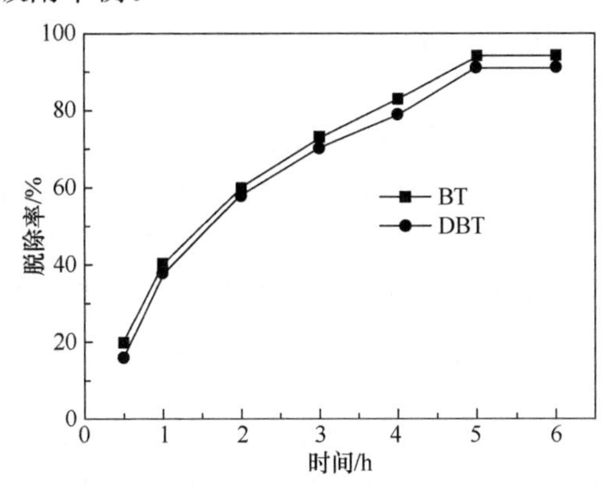

图4.79　碱处理白酒糟基多孔炭对噻吩类化合物的吸附平衡时间

进一步采用溶剂洗脱法对饱和吸附二苯并噻吩的白酒糟基多孔炭(PCSN)进行再生实验。实验方法为：将饱和吸附的多孔炭(PCSN)样品用速率为20mL/h的乙醇洗脱，洗脱曲线如图4.80所示。从图中可以看出，洗脱曲线的峰形尖锐，洗脱5h出现最高峰值，但曲线具有明显的拖尾现象，25h完成洗脱，表明乙醇可以作为饱和吸附二苯并噻吩的白酒糟基多孔炭的再生洗脱剂，但再生条件还有待进一步优化。

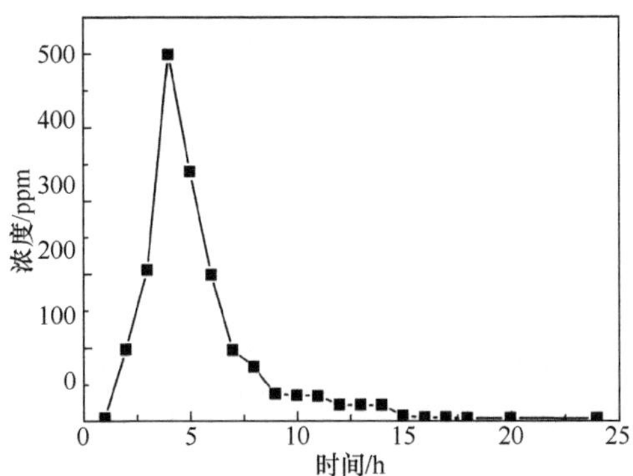

图4.80　乙醇对饱和吸附二苯并噻吩的白酒糟基多孔炭再生洗脱曲线

4.5.3　低浓度NO吸附脱除性能研究

氮氧化物(NO_x)是目前受关注、需要大力减排的大气污染物之一。随着机动车辆的逐渐增加及低速行驶，NO_x的排放量增大，在一些隧道、地下停车场等相对封闭的空间内，NO 的浓度可达数 10mg/m³ 以上，对人类健康危害极大。虽然选择性催化还原(SCR)和三效催化剂(TWC)可以有效控制 NO 的排放，然而这两种处理方法针对的氮氧化物浓度均较高，所需的操作温度在 300℃以上，并不适用于常温低浓度 NO 的脱除[70]。此外，NO 的浓度越低就越难被氧化或吸附，且由于 NO 在常温下的超临界性，更加大了其处理难度。常温下脱除低浓度 NO 已成为一个备受关注的难点。

以廉价易得的工业纤维素残渣白酒糟作为原料，首先制备了碳基多孔材料，进一步通过表面改性和负载活性组分可制备廉价的催化氧化吸附材料，在常温下实现低浓度 NO 的脱除。图 4.81[70]为使用强酸氧化处理的多孔炭对 NO 吸附性能的影响。图中显示，未经氧化处理的多孔炭(PC，KOH 化学活化法制备的白酒糟基多孔炭)的 NO 穿透时间为 0，而经过氧化处理之后，NO 的穿透时间和脱除量均显著提高。一般来讲，碳基材料的吸附容量主要由其比表面积、孔体积和表面官能团决定。由表 4.22[70]可知，经过硫酸铵或硝酸氧化处理的多孔炭，均可造成多孔炭的表面积和孔体积下降，而其吸附性能有明显改善。因此，经过氧化处理的多孔炭对 NO 的脱除能力增加并不是由多孔炭的比表面积变化而造成。

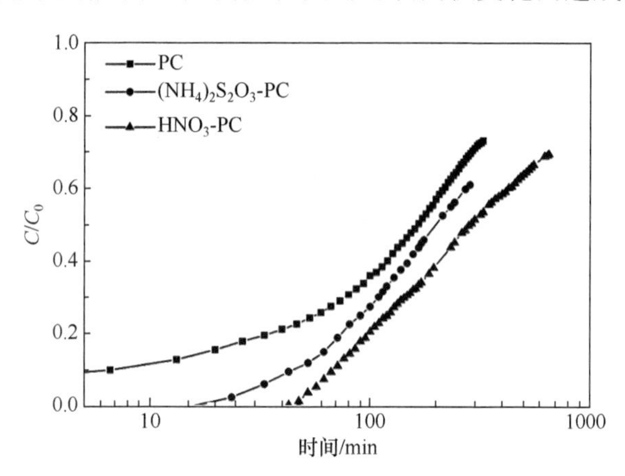

图 4.81 氧化处理对白酒糟基多孔炭的 NO 穿透曲线影响[70]

表 4.22 氧化处理对白酒糟基多孔炭的 NO 吸附性能影响[70]

样品	比表面积 /(m^2/g)	总孔体积 /(cm^3/g)	微孔体积 /(cm^3/g)	中孔体积 /(cm^3/g)	穿透时间 /min	100% NO 脱除量 /(mg/g)
PC	1210	0.983	0.192	0.791	0	0
$(NH_4)_2S_2O_3$-PC	796	0.688	0.176	0.512	5	0.067
HNO_3-PC	503	0.345	0.116	0.223	35	0.469

为了进一步提高NO的脱除率，本研究在硝酸处理后的多孔炭上负载了金属氧化物。氧化铈在脱硝中具有良好的低温活性，同时也是一种良好的储氧材料，因此对每个样品均负载了Ce和另一种金属，包括Mn、Pt、Fe、Cu和Co。负载金属氧化物后的各种样品的NO穿透曲线如图4.82所示[70]。负载Mn不能提高NO的脱除量；Pt作为一种良好的贵金属材料，在本实验中未能表现出良好的脱除NO活性，负载Pt的样品其NO的穿透时间增加不明显；当多孔炭负载了Ce和Fe、Cu或Co后，NO的穿透时间增长了5～8倍。在实验的5个样品中，Ce和Co负载的多孔炭具有最长的NO穿透时间和最大NO脱除量。

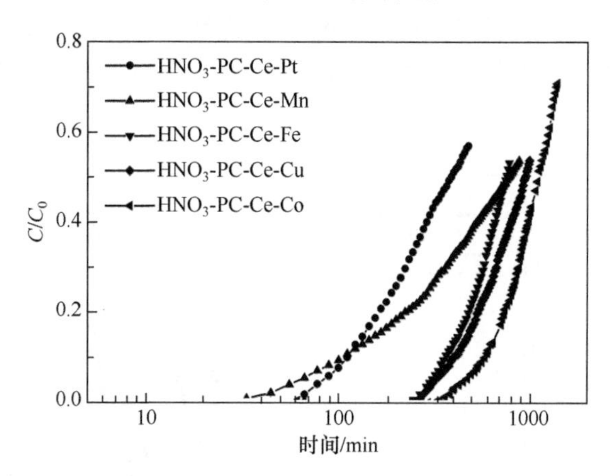

图4.82　负载金属的白酒糟基多孔炭对NO穿透曲线的影响[70]

针对负载Ce和Co的多孔炭，进一步研究了金属负载量对NO脱除的影响，如图4.83所示[70]。当总负载量从1.14%增加至11.4%，NO的穿透时间和脱除

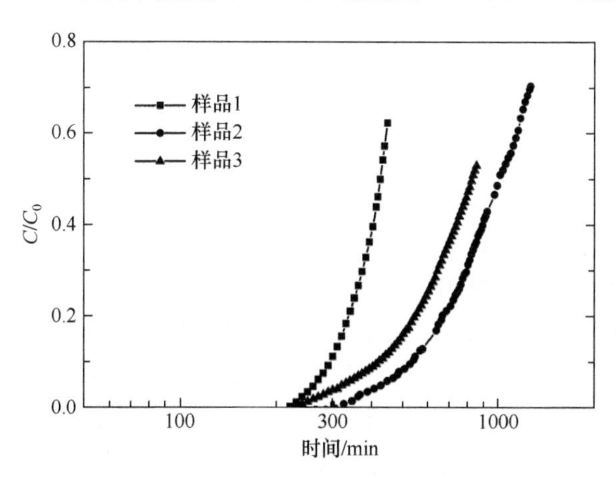

图4.83　金属附载白酒糟基多孔炭的金属负载量对NO穿透曲线影响[70]

样品1：Ce：1%，Co：0.14%；样品2：Ce：5%，Co：0.7%；样品3：Ce：10%，Co：1.4%

量呈先增加后减小的趋势；而当负载量为5.7%时，对NO的脱除效率最高。金属负载量较小时，增加负载量即增加了氧化吸附材料中活性组分的含量，从而提高了对NO的氧化吸附能力，对NO的穿透时间延长、脱除量增加。当金属负载量过高时，对NO的脱除能力反而下降，因为金属负载量过大时，容易造成活性组分的团聚，部分氧化吸附活性位被覆盖，从而影响对NO的脱除能力。

图4.84[70]为硝酸处理白酒糟基多孔炭对NO的穿透曲线随硝酸浓度的变化。图示表明，硝酸处理浓度明显影响所得的催化氧化吸附材料对NO的脱除能力。随着硝酸浓度的增加，穿透时间及脱除容量急剧下降，这说明对多孔炭的氧化处理，并不是氧化程度越高越好。10%硝酸处理后负载Ce和Co的优化结果表现出较好的低浓度NO吸附性能，其穿透时间达到490min，对应的NO脱除量达到6.6mg/g。

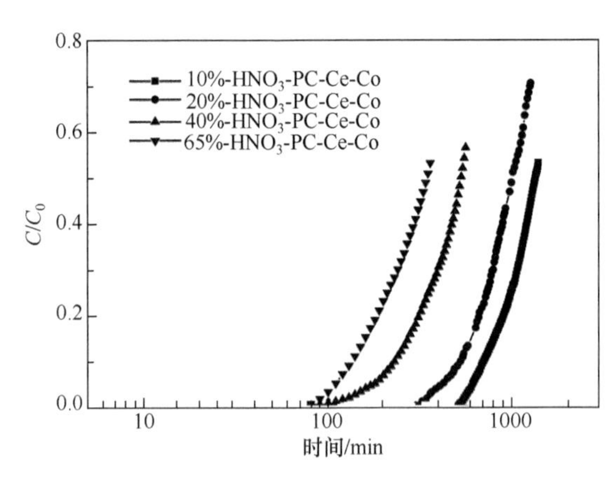

图4.84　硝酸处理浓度对穿透曲线的影响[70]

4.6　本章小结

本章论述了利用工业纤维素残渣制备多孔炭的一体化制备技术。首先综述了我国工业纤维素残渣的资源利用现状以及现有多孔炭制备技术的优缺点，进而以典型工业纤维素残渣白酒糟为例，汇总了不同活化方式的工艺特点及所制得的多孔炭的性能差异，介绍了多孔炭脱灰提质以及利用原料中灰分进行多孔炭成型等技术的效果，为富含纤维素工业生物质残渣的高值化利用提供了可行途径。在实验室研究的基础上，本章进一步介绍了集成干燥、热解炭化、活化为一体的连续化多孔炭制备工艺，该工艺经中试验证可实现连续稳定的供料和多孔炭生产。工艺利用原料热解挥发分和活化反应可燃性气体产物的燃烧热提供整体工艺系统的热量需求，无需外部热源，可适用于各种富含纤维素的原料。最后，本章简述了由工业纤维素残渣制备的多孔炭在含酚废水吸附脱酚、噻吩类化合物吸附脱硫以及氮氧化物室温吸附脱除等方面的应用特性。

参考文献

[1] 严陆光,陈俊武. 中国能源可持续发展若干重大问题研究. 北京:科学出版社,2007.
[2] 许光文,纪文峰,万印华,等. 轻工业纤维素生物质过程残渣能源化技术. 化学进展,2007,19(7-8):1164-1176.
[3] 吉川修司,太田智樹,大堀忠志,等. 醤油滓を利用した水産食品:日本,JP2003-325141. 2005-11-8.
[4] 小幡斉,河原秀久,芝田隼次,等. 醤油粕からの有用物質、塩の抽出分離方法及び醤油粕を原料として有用物質、塩、脱塩醤油粕を製造する装置:日本,JP2003-235498. 2005-8-26.
[5] 飯島幸夫. 白金粉末およびその製造方法:日本,JP2006-104511. 2006-4-20.
[6] 可口可乐(日本)公司网. 废弃物再资源化. http://www.cocacola.co.jp/environment/eko/data/05/. 2005-12-31.
[7] 郑经堂,张引枝,王茂章. 多孔炭材料的研究进展及前景. 化学进展,1996,8(3):241-250.
[8] Liyeh H,Hsisheng T. Influence of different chemical reagents on the preparation of activated carbons from bituminous coal. Fuel Processing Technology,2000,64(1):155-166.
[9] 吴永红,孟繁妍,于智学,等. 有序多孔炭材料的研究进展. 化工新型材料,2012,40(1):10-12.
[10] Zhai Y,Dou Y,Zhao D,et al. Carbon materials for chemical capacitive energy storage. Advanced Materials,2011,23(42):4828-4850.
[11] 赵丽媛,吕剑明,李庆利. 活性炭制备及应用研究进展. 科学技术与工程,2008,8(11):2914-2919.
[12] 沈曾民,张文辉,张学军. 活性炭材料的制备与应用. 北京:化学工业出版社,2006.
[13] Atkinson D,McLeod A I,Sing K S W. Physical adsorption and heat of immersion studies of microporous carbons. Carbon,1982,20(4):339-343.
[14] 崔静,赵乃勤,李家俊. 活性炭制备及不同品种活性炭的研究进展. 炭素技术,2005,24(1):26-31.
[15] 吴峻青. 纳米碳复合储氢材料制备及储氢机理的研究. 山东:山东科技大学博士学位论文,2008.
[16] 窦智峰,姚伯元. 高性能活性炭制备技术新进展. 海南大学学报自然科学版,2006,24(3):74-82.
[17] Basta A H,Fierro V,El-Saied H. 2-Steps KOH activation of rice straw:An efficient method for preparing high-performance activated carbons. Bioresource Technology,2009,100:3941-3947.
[18] Wigmans T. Industrial aspects of production and use of activated carbons. Carbon,1989,27(1):13-22.
[19] 孙家跃,杜海燕. 无机材料制造与应用. 北京:化学工业出版社,2001,245-246.

[20] 李永锋,凌军,刘燕珍,等. 高比表面积活性炭研究进展. 热带作物学报,2008,29(3):396-402.

[21] 张晓昕,郭树才,邓贻钊. 高比表面积活性炭的制备. 材料科学与工程,1996,14(4):34-37.

[22] 李艳芳,孙仲超. 国内外活性炭产业现状及我国活性炭产业的发展趋势. 新材料产业,2012,11:4-9.

[23] 孙康,蒋建春. 国内外活性炭的研究进展及发展趋势. 林产化学与工业,2009,29(12):98-104.

[24] 熊银伍. 中国煤基活性炭生产设备现状及发展趋势. 洁净煤技术,2014,20(3):39-48.

[25] Pis J J,Mahamud M,Pajares J A,et al. Preparation of active carbons from coal,Part Ⅰ. Fuel Processing Technology,1996,47:119-138.

[26] Pis J J,Mahamud M,Pajares J A,et al. Preparation of active carbons from coal,Part Ⅱ. Fuel Processing Technology,1997,50:149-161.

[27] Pis J J,Mahamud M,Pajares J A,et al. Preparation of active carbons from coal,Part Ⅲ. Fuel Processing Technology,1998,57:249-260.

[28] Choy K K H,Barford J P,McKay G. Production of activated carbon from bamboo scaffolding waste-process design,evaluation and sensitivity analysis. Chemical Engineering Journal,2005,109(1-3):147-165.

[29] SrinivasakannanC,Abu Bakar M Z. Production of activated carbon from rubber wood sawdust. Biomass and Bioenergy,2004,27(1):89-96.

[30] Chilton N,Marshall W E,Rao R M,et al. Activated carbon from pecan shell:process description and economic analysis. Industrial Crops and Products,2003,17(3):209-217.

[31] 郭玉鹏,杨少凤,赵敬哲,等. 由稻壳制备高比表面积活性炭. 高等学校化学学报,2000,21(3):335-338.

[32] 陈爱国. 稻壳制备活性炭的研究. 新型炭材料,1999,14(3):58-62.

[33] Kalderis D,Bethanis S,Paraskeva P,et al. Production of activated carbon from bagasse and rice husk by a single-stage chemical activation method at low retention times. Bioresource Technology,2008,99:6809-6816.

[34] Demiral H,Demiral I,Tumsek F,et al. Pore structure of activated carbon prepared from hazelnut bagasse by chemical activation. Surface and Interface Analysis,2008,40:616-619.

[35] Balathanigaimani M S,Shim W G,Kim C,et al. Surface structural characterization of highly porous activated carbon prepared from corn grain. Surface and Interface Analysis,2009,41:484-488.

[36] Badie S G,Edward S,Mamdouh M L,et al. Pilot production of activated carbon from cotton stalks using H_3PO_4. Journal of Analytical and Applied Pyrolysis,2009,86:180-184.

[37] Demiral H,Demiral I. Surface properties of activated carbon prepared from wastes. Surface and Interface Analysis,2008,40:612-615.

[38] Zabaniotou A,Madau P,Oudenne P D,et al. Active carbon production from used tire in two-stage procedure:Industrial pyrolysis and bench scale activation with H_2O-CO_2 mixture.

Journal of Analytical and Applied Pyrolysis,2004,72:289-297.

[39] Sych N V,Kartel N T,Tsyba N N,et al. Effect of combined activation on the preparation of high porous active carbons from granulated post-consumer polyethyleneterephthalate. Applied Surface Science,2006,252:8062-8066.

[40] Yang J,Yu J,Zhao W,et al. Upgrading ash-rich activated carbon from distilled spirit lees. Industrial & Engineering Chemistry Research,2012,51 (17):6037-6043.

[41] 肇巍. 纤维素工业生物质残渣制备活性炭研究. 沈阳:沈阳化工大学硕士学位论文,2012.

[42] 李强,汪印,余剑,等. 物理活化白酒糟制备多孔炭材料. 新型炭材料,2012,27(6):440-447.

[43] Bouchelta C,Medjram M S,Bertrand O,et al. Preparation and characterization of activated carbon from date stones by physical activation with steam. Journal of Analytical and Applied Pyrolysis,2008,82:70-77.

[44] Koukouzas N,Ward C R,Papanikolaou D,et al. Quantitative evaluation of minerals in fly ashes of biomass,coal and biomass-coal mixture derived from circulating fluidised bed combustion technology. Journal of Hazardous Materials,2009,169:100-107.

[45] Li Z Q,Lu C J,Xia Z P,et al. X-ray diffraction patterns of graphite and turbostratic carbon. Carbon,2007,45:1686-1695.

[46] Reinoso F R,Sabio M M,Gonzalez M T. The use of seam and CO_2 as activating agents in the prepatation of activated carbons. Carbon,1995,33(1):15-23.

[47] Kercher A K,Nagle D C. Microstructural evolution during charcoal carbonization by X-ray diffraction analysis. Carbon,2003,41:15-27.

[48] 王思宇. 白酒糟活性炭的制备及其吸附性能研究. 沈阳:东北大学硕士学位论文,2010.

[49] 李建刚,李开喜,凌立成,等. 成型活性炭的制备及其甲烷吸附性能的研究. 新型炭材料,2004,19(2):114-117.

[50] 袁爱军,查庆芳,李兆丰,等. 天然气储存用多孔炭的研究:Ⅰ. 高比表面积多孔炭的制备. 炭素技术,2003,(6):2-5.

[51] 袁爱军,查庆芳,李兆丰,等. 天然气储存用多孔炭的研究:Ⅱ. 粉状多孔炭的成型及其二次活化. 炭素技术,2004,23(1):2-5.

[52] 肇巍,汪印,李强,等. 高硅灰酒糟基粉状活性炭成型及性能. 过程工程学报,2011,11(6):1068-1074.

[53] 宋燕,凌立成,李开喜,等. 黏结剂添加量及后处理条件对成型活性炭甲烷吸附性能的影响. 新型炭材料,2000,15(2):6-9.

[54] 李栋,汪印,杨娟,等. 生物质和煤基活性炭的活化特性比较. 化工学报,2013,64(9):3338-3347.

[55] Wang Y,Li Q,Wang S,et al. Continuous production of activated carbon from distilled spirit lees:process design and semi-industrial pilot. Industrial & Engineering Chemistry Research,2013,52(20):6761-6769.

[56] 徐浩东,宁平,王学谦. 改性活性炭净化黄磷尾气实验. 四川化工,2007,10(1):47-49.

[57] Guo J,Xu W S,Chen Y L,et al. Adsorption of NH_3 onto activated carbon prepared from palm

shells impregnated with H_2SO_4. Journal of Colloid and Interface Science, 2005, 281(2): 285-290.

[58] Guo J, Lua A C. Adsorption of sulphur dioxide onto activated carbon prepared from oil-palm shells with and without pre-impregnation. Separation and Purification Technology, 2003, 30(3):265-273.

[59] Virote B, Srisuda S, Wiwut T. Preparation of activated carbons from coffee residue for the adsorption of formaldehyde. Separation and Purification Technology, 2005, 42(2):159-168.

[60] 吴贤格,徐显干,李宁湘,等. 粒状活性炭在管道分质供水口感改善中的作用研究. 给水排水,2005,31(8):37-40.

[61] Carabineiro S A, Fernandes F B, Ramos A M, et al. Vanadium as a catalyst for NO, N_2O and CO_2 reaction with activated carbon. Catalysis Today, 2000, 57:305-312.

[62] Carabineiro S A, Fernandes F B, Silva R J C, et al. N_2O reduction by activated carbon over iron bimetallic catalysts. Catalysis Today, 2008, 133-135:441-447.

[63] Tatsuda N, Itahara H, Setoyama N, et al. Preparation of titanium dioxide/activated carbon composites using supercritical carbon dioxide. Carbon, 2005, 43:2358-2365.

[64] 王秀芳. 高比表面积活性炭的制备、表征及应用. 广州:华南理工大学博士学位论文,2006.

[65] 杨娇萍. 超级电容器用多孔活性炭材料的研究. 北京:北京化工大学硕士学位论文,2005.

[66] Matranga K R, Myers A L, Glandt E D. Storage of nature gas by adsorption on activated carbon. Chemical Engineering Science, 1991, 47:1569-1573.

[67] Moon S H, Shim J W. A novel process for CO_2/CH_4 gas separation on activated carbon fibers-electric swing adsorption. Journal of Colloid and Interface Science, 2006, 298(2): 523-528.

[68] Zhong M, Wang Y, Yu J, et al. Porous carbon from lees of vinegar and its application to phenol adsorption. Particuology, 2012, 10(1):35-41.

[69] Li Q, Wang Y, Xu G W. Preparation of activated carbon from biomass residue rich in cellulose. ICBT, Beijing, 2010.

[70] 杨娟,汪印,余剑,等. 活性炭负载金属氧化物常温脱除低浓度 NO. 化工学报,2012,63:2538-2543.

第 5 章　煤与生物质双流化床气化

碳氢基固体燃料的气化反应的控制因素是碳的气化反应，包括 C-CO_2 及 C-H_2O反应，为强吸热反应，其所需热量通常由发生在同一反应空间的半焦、挥发分等反应系统中存在的可燃成分的燃烧反应所生成的反应热提供，因此由燃烧反应生成的产物 CO_2和随燃烧空气带入的 N_2不可避免地混入气化产物，即产品气中，由此稀释了产品气中可燃气体组分的浓度，显著降低产品气的品质和热值。双流化床气化(dual fluidized bed gasification，DFBG)旨在克服这种由燃烧烟气引起的产品气品质降低问题，通过利用由两个流化床组成的反应器系统，隔离生成反应热的半焦燃烧反应，避免燃烧烟气混入由燃料热解、半焦气化等反应产生的可燃气，实现利用空气作为反应剂生产高热值产品气的技术目标。本章首先概述双流化床气化技术的原理与进展，进而从气化技术工艺优化、生物质双流化床气化、煤双流化床气化和两段双流化床气化四方面总结相关技术的重要研究成果和进展，全面认识和把握碳氢基燃料双流化床气化技术及其基础在世界范围内的研究、验证及示范应用现状和进展趋势。

5.1　双流化床气化技术原理与进展

图 5.1 为双流化床气化技术的工作原理图。由图可以看出，DFBG 主要是基于对燃料热解、气化与半焦燃烧反应的解耦，使产生产品气的燃料热解/气化反应与半焦燃烧反应发生在相互隔离的两个不同反应器中。因此，DFBG 技术系统主要由一个气化炉、一个燃烧器以及实现热载体颗粒在两个反应器间循环的流动通道和系列部件构成。其发生气化反应的工艺过程是：固体燃料从气化炉，也即燃料反应器中供入系统，在此与从燃烧反应器循环而来的高温热载体颗粒及从该气化炉供入的水蒸气或其与空气的混合气等气化剂相互接触、相互作用，发生燃料热解及半焦部分气化等产生产品气的化学反应。气化炉中未完全反应的半焦、完全反应形成的灰渣和为燃料反应提供热量的固体热载体颗粒混合一体，从气化炉排出被送入燃烧器中，未反应半焦在燃烧器中与供入该反应器的空气相互作用发生燃烧反应，燃烧释放的热量部分传递给热载体颗粒升高其温度，通过再循环进入气化炉，将燃烧器的部分反应热带入气化炉，部分或全部提供气化炉中发生的燃料热解与半焦气化反应所需要的反应热。为了循环热载体颗粒，DFBG 使用流化床反应器，要求在两个反应器间循环热载体颗粒，但气体不能互相混入，以实现燃烧烟气

和热解/气化生成气的独立流动，避免燃烧烟气对产品气的稀释，即使不用富氧气化剂也可生产热值(品质)较高的气体产品。DFBG 的这些技术特点要求其利用特定的颗粒返料阀与料封，并根据两个反应器间的热平衡控制颗粒循环量和两个反应器的温度。

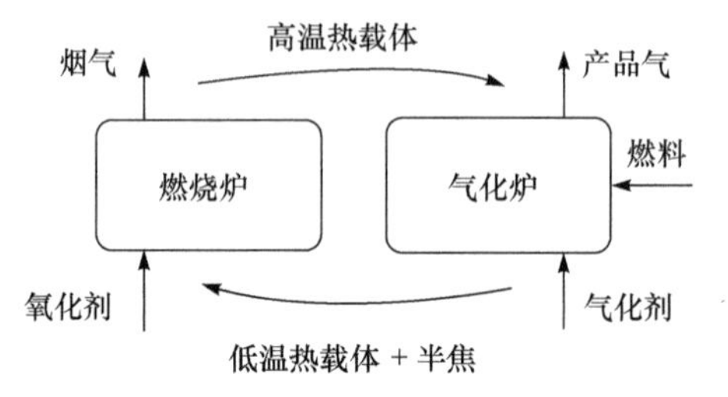

图 5.1 双流化床气化技术原理示意简图

迄今为止，欧美、日本和我国的许多学者对 DFBG 都进行了广泛的研究。在这些研究中，只有我国的中国科学院过程工程研究所和浙江大学开发的 DFBG 技术处理了煤炭燃料，其他均针对生物质燃料。在 20 世纪 70～80 年代，一些学者对 DFBG 进行了初步研究。1975 年，日本 Kunii 教授的研究小组[1,2]在日本宫城县建成了一个以垃圾为燃料的 DFBG 示范项目，然后 Lelan 等[3]、Paisley 等[4,5]、Italenergie 公司[6]和 Fonzi [7]也都开发了不同形式的 DFBG 技术工艺。这些早期的 DFBG 装置由于各种不同的原因，至今都已经被拆除或者停止运行，但它们都为 90 年代之后的 DFBG 研究积累了许多宝贵的经验。进入 90 年代后，关于 DFBG 研究的报道更加频繁。其中，最具代表性的是奥地利维也纳技术大学的 Hofbauer 等的研究。Hofbauer 等对 DFBG 进行了非常系统的研究，包括冷态流体动力学[8,9]、数值模拟[9-11]以及 100kW 中试实验[11-13]等，并已经分别在奥地利的盖星镇(Güessing)[14]和布尔根兰(Burgenland)州的 Oberwart 镇[15]成功建成了一座 8MW 级热电联产(CHP)示范工程。以 Hofbauer 为代表的奥地利研发团队的研究工作及成果可以容易地从文献中查到，图 5.2 示意了该团队建立的 8.0MW Güessing 示范工程的流程图，包括双流化床气化炉的反应流程[16]。

流化床气化炉采用水蒸气气化，使用具有床内焦油脱除能力的床料，如白云石。气化生成气经旋风除尘后，进入导热油作为传热介质的换热器，将生成气从 850～900℃冷却到 160～180℃，进入聚四氟乙烯滤管除尘器，除尘后由柴油洗涤脱除焦油，燃气温度同时降低到 40℃。经过柴油洗涤的气化生成气直接进入内燃机发电。提升管燃烧器的运行温度通常在 1000℃左右，但由于大量 C 循环，燃烧器的出口 CO 含量偏高，因为在燃烧器的旋风分离器下游设置气体燃尽室，进而采用与锅炉类似的流程制备气化所需要的蒸汽。由于示范装置主要处理木片(wood chips)及成型木屑(wood pellets)燃料，燃烧烟气不需要设置脱硫及脱硝装置进行

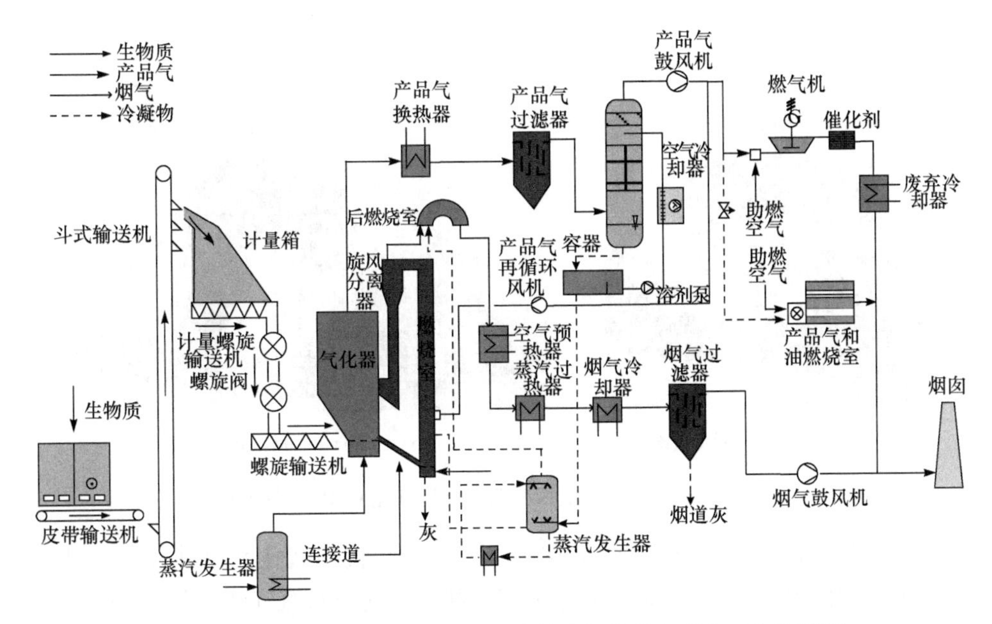

图 5.2　奥地利 Güessing 生物质双流化床气化热电联产工艺流程[16]

净化。除尘器收集的颗粒及吸附的焦油被返回气化炉再利用，而气体洗涤产生的柴油经油水分离后被循环利用，没有直接外排的洗涤柴油。整个流程产生的废水则用于与经过同气体换热形成的高温导热油进行热交换，生产气化所需要的蒸汽。理论上，系统没有大量废水外排。

Oberwart 的 CHP 示范工程的设计能力为 8.5MW，流程与 Güessing 示范工程基本相同，但总结 Güessing 装置的经验，在装备结构、过程集成、流程布置和精细控制等方面做了许多改进。例如，气化生成的冷却改为了三级导热油换热，分别将生成气冷却到 550℃、300℃和 150℃左右。同时在装置的料斗中结合了热烟气错流干燥措施，将进入气化炉的木片的水分严格控制到 10%（质量分数）左右。图 5.3为 Güessing 和 Oberwart 的 CHP 示范工程照片。目前这两个示范工程都在运行中，其中 Güessing 装置已经运行 80000 多小时，利用其生产的生成气开展了大量研究。这些表明奥地利已经成功开发和产业化了木片燃料的生物质双流化床气化技术，针对热电联产进行了成功的应用示范，验证了匹配气化技术的燃气净化技术和燃机发电技术。在技术上，存在的主要挑战仍然是焦油的高效、低成本脱除。目前使用的气化炉为传统的鼓泡流化床反应器，生成气与颗粒的接触机会有限，相互作用弱。因此，Hofbauer 的研发团队正在开发一种基于多段逆流而强化气固作用的新型流化床气化反应器和对应的双流化床系统[17]。作为双流化床气化技术产业化的典型代表案例，Güessing 和 Oberwart 的 CHP 装置在运行上遭遇的最大挑战是燃料（木片或成型木屑）的稳定供给，包括供应量和供应成本的稳定。

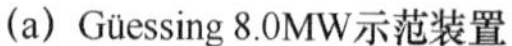

(a) Güessing 8.0MW示范装置

(b) Oberwart 8.5MW示范装置

图 5.3　奥地利 Güessing 生物质双流化床气化 CHP 示范工程照片

中国科学院过程工程研究所早在 20 世纪 90 年代初就在北京建立了 2.4t/h 的秸秆双流化床气化技术成套中试装置[18]，利用空气与水蒸气作为气化剂成功获得了热值为 2000kcal/Nm^3 的生物质燃气。本书著者许光文在日本 IHI 公司及自 2006 年回到中国科学院过程研究所工作以来，针对 DFBG 陆续开展了一系列基础研究和技术开发工作：以生产工业用燃气为目标，将双流化床气化的应用从生物质扩展低阶煤，并以双流化床热解气化技术为核心，发展了高 N 燃料的循环流化床解耦燃烧新技术，推动了其对工业生物质废弃物，如白酒糟的示范应用[19]，后者将在本书第 9 章“生物质解耦燃烧”中详细论述；在双流化床气化基础研究方面，从过程分析、反应器组合优化、反应器结构优化、反应强化等方面着手，获得了一系列具有创新性的结果[20]。关于 DFBG 基础研究和技术开发的工作，除奥地利维也纳技术大学的 Hofbauer 团队和本书著者团队的工作外还有许多：Corella 等[21]较全面地综述了世界上主要的 DFBG 研发工作；国内大连理工大学徐绍平等也开展了很好的工作[22,23]；Fushimi 和 Guan 等还提出了三床联合循环流化床气化（TBCF-BG），即把 DFBG 中的气化器分解成一个下降管热解器和一个鼓泡床半焦气化器，其目的是消除挥发分和焦油对半焦气化的抑制作用，即通过反应解耦促进半焦气化[24,25]。

本章将结合世界上主要相关工作及成果，通过 5.2～5.5 节分别从工艺及反应器基础、生物质 DFBG、煤 DFBG 和 DFBG 新工艺等方面归纳总结在双流化床气化基础研究和技术开发方面的最新进展，包括原理和效果验证，以展示 DFBG 技术研发的现状和发展趋势。

5.2　双流化床气化技术工艺优化

5.2.1　双床反应器组合方式选择

1. 理论分析

根据操作气速的高低不同，流化床可分为不同类型，代表不同的气固两相流动的流型(flow mode)。气速由小到大的变化严格上可区分最小流态化、鼓泡流态化、湍动流态化、快速流态化、气力输送等不同流型，也即流域(regime)[26]。根据两相流中颗粒浓度的大小，这些流型可粗分为低气速鼓泡或湍动流化和高气速输送床流动(实质上包括快速流化和气力输送)，对应的反应器可以总体上通称为低气速鼓泡/湍动流化床(low-velocity fluidized bed, LVFB)和高气速气力输送提升管(high-velocity pneumatic riser, HVPR)[27]。对于 DFBG 系统，其两个反应器(气化炉和燃烧器)应该采用哪种类型的流化床？操作气速较高的 HVPR 反应器内的颗粒浓度较低，但可以输送大量的固体颗粒；相对地，操作气速较低的 LVFB 反应器内颗粒浓度很高，没有高速气流大量从反应器带出颗粒。原则上，这两类流化床均可用作 DFBG 的反应器，因此在工艺上至少有如图 5.4 所示四种不同的组合方式[27]。

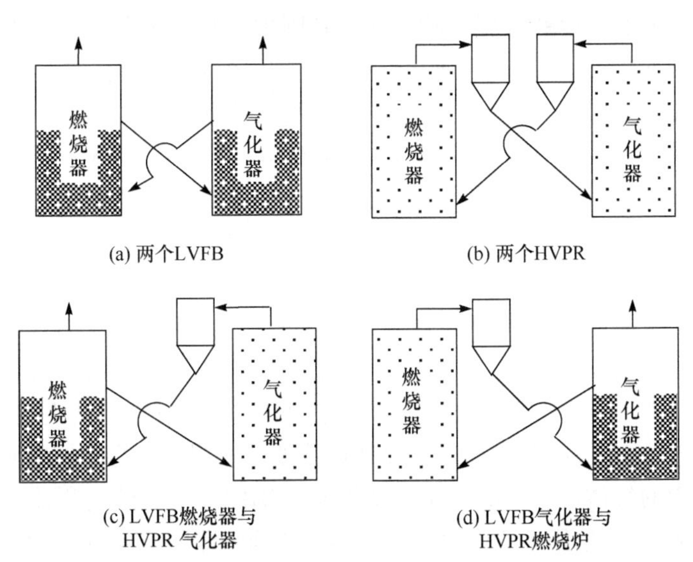

图 5.4　根据 LVFB 和 HVPR 的不同组合产生的 DFBG 的四种技术选择[27]

这四种流化床反应器的组合方式分别是：两个 LVFB[图 5.4(a)]，两个 HVPR[图 5.4(b)]，或一个 LVFB 耦合一个 HVPR[图 5.4(c)和图 5.2(d)]。其中,LVFB 与 HVPR 的组合有两种不同的选择,利用 LVFB 作为半焦燃烧器[图 5.4(c)]或燃料反应器,也即气化炉[图 5.4(d)],对应使 HVPR 作为气化炉[图 5.4(c)]或半焦燃烧器[图 5.4(d)]。这四种反应器组合方式大都在实际的 DFBG 技术研发中被使用。基于图 5.4(b),美国某公司于 20 世纪 70 年代开发了气化包括 RDF 的生物质燃料的 FERCO SilvaGas 过程[4,5],日本 Ebara 制作所公司在 2003 年申请了基于反应器组合图 5.4(c)的 DFBG 气化工艺专利[28];而图 5.4(d)所示的反应器组合在很多技术研发,如 20 世纪 90 年代奥地利研究开发的 FICFB 过程[29,30]和 1992 年后众多中国专利申请中被多次利用[31-33]。

从有利于颗粒循环的角度来看,图 5.4(a)是应该首先被排除的,因为图中的组合方式不仅难以控制两个床之间的颗粒运动,而且也不易获得高颗粒循环量。在 DFBG 中,循环颗粒(即高温热载体)用于给气化炉提供热量以维持燃料热解和气化反应的温度,所以必须要求一个适当高的颗粒循环量。最优的反应器组合应该从图 5.4(b)~(d)中选择,其中图(b)和图(c)都采用了 HVPR 作为气化反应器,而图(d)则采用了 LVFB 作为气化反应器。因此,应该首先判断气化反应器,即判断燃料反应器应该采用 HVPR 还是 LVFB。判断标准主要有两个:①是否有利于燃料热解和气化反应的进行,以实现高的气化效率;②是否有利于焦油的脱除。前者主要取决供入气化器的燃料颗粒与高温热载体颗粒间的接触(作用)时间和作用强度,即固固作用时间与强度;而后者则主要取决气化反应器内气固相互作用的强度以及作用时间的长短,通常越高的气固作用强度、越长的作用时间越有利于焦油在颗粒表面发生分解、重整以及吸附/吸收等反应。

表 5.1 比较了 HVPR 和 LVFB 的主要流体力学特点。LVFB 可以灵活控制颗粒停留时间的长短,具有强烈的颗粒间相互作用(颗粒浓度较大),而 HVPR 具有更强的气固相互作用,但却具有较弱的颗粒间相互作用,对应上述第一个判断标准 LVFB 更符合,对应第二个判断标准虽然 HVPR 具有更强烈的气固相互作用,但由于颗粒浓度非常小,对焦油的脱除效果可能较差。HVPR 与 LVFB 两种反应器的气固接触时间相差不大(数秒水平),综合考虑,颗粒浓度更大的 LVFB 可能更符合作为燃料反应器,即气化炉。实际上,HVPR 的特点使其更适合要求很高固体反应物转化率的应用,如循环流化床燃烧要求有尽可能高的燃料碳转化率,而对该燃烧器中的气体(空气)的转化率却没有特别的要求。综上所述,从理论分析的角度,DFBG 应该采用 LVFB 作为其气化反应器,即图 5.4(d)的组合方式要优于图(a)~(c)所示的其他三种方式。该推断和结论无疑需要实验研究或实际应用的验证,为此本章将分别把 LVFB 和 HVPR 作为气化反应器,基于实验研究比较实现的气化性能。

表 5.1　HVPR 和 LVFB 的主要流体力学特点比较[27]

类型	HVPR	LVFB
颗粒输运量	高	无
颗粒停留时间	3～10s	灵活控制
颗粒浓度	低	高
颗粒间相互作用	弱	强
气固间相互作用	强	弱
气固接触时间	数秒	3～10s

2. 实验装置

比较实验根据图 5.5 所示流程建造图 5.6 所示实际装置(建于日本 IHI)。图示 DFBG 实验系统由一个气力输送提升管(即 HVPR)和一个鼓泡/湍动流化床(即 LVFB)组成。HVPR 反应器的内径为 52.7mm，高 6400mm，LVFB 反应器为矩形横截面的两段结构，下段矩形截面为 370mm×80mm，高 980mm，而上部扩展段的矩形截面为 370mm×180mm，高 700mm(见图 5.5 右上角的 LVFB 侧视图)。HVPR 下游的旋风分离器与 LVFB 之间为下降管，具有与 HVPR 和 LVFB 的底部之间连接管相同的内径，52.7mm。装置在 LVFB 中设计特定的料封结构，以防止 HVPR 和 LVFB 之间的气体互窜，同时不阻碍热载体及半焦颗粒的循环[34]。实验装置的 HVPR 和 LVFB 反应器均采用了电加热，床体温度最高控制在 1173K 左右。

该实验装置的显著特点是：相互连接的 HVPR 和 LVFB 都可以作为气化反应器。因此，为两反应器都配备了燃料给料设备。HVPR 的给料口在气体分布板的上方 500mm 处，而 LVFB 采用在流化颗粒层之上给料的方式。空气分别供入 HVPR 和 LVFB 的底部。如果采用 HVPR 气化器，则在 HVPR 顶端直接采集产品气(气化生成气)的样品；如果利用 LVFB 作为气化反应器，则在其旋风分离器下游通过采样泵来收集产品气样品。在两种情形下样品气都同样通过焦油收集器和气体净化系统，焦油收集器前的所有气体管路均通过带式加热器使样品气的温度保持在 523K 以上，避免焦油大量沉积管路。脱除焦油后的样品气经过湿式流量计测体积流量(1～2NL/min)，最后经干燥脱水后采样进入气相色谱，测量生成气成分。

为 HVPR 和 LVFB 两反应器配备了相互独立的排气子系统。来自反应器的气体都需通过旋风气固分离、冷却器除水和布袋除尘器除尘后进入其各自的引风机。不过，在 LVFB 作为气化反应器的排气子系统中，于其气体冷凝器之前安装了气体燃烧管。由于大部分实验均利用 LVFB 作为气化反应器，该燃烧管可以降

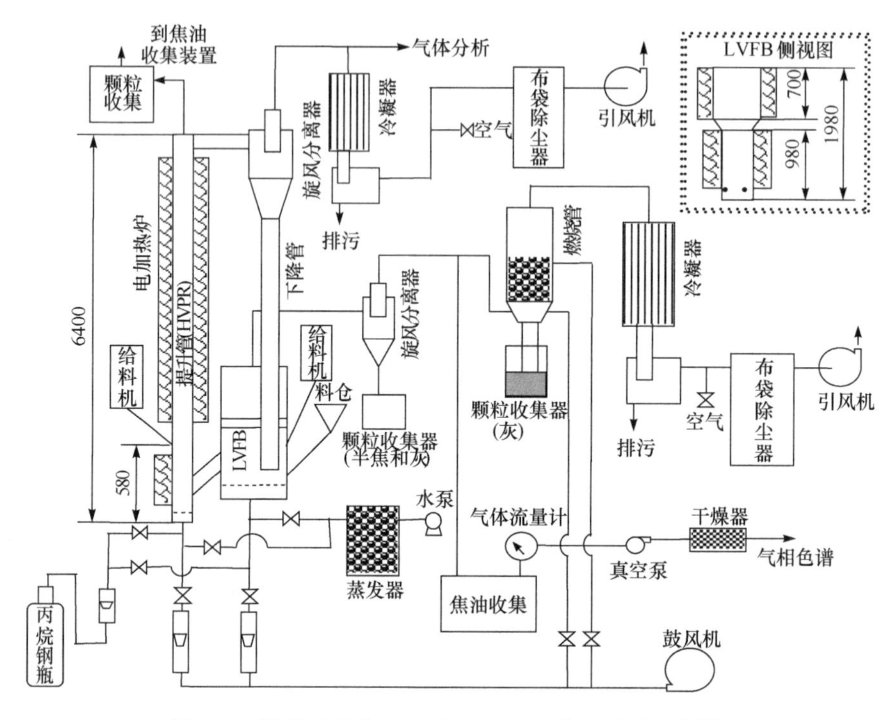

图 5.5　燃料处理量 10kg/h 级 DFBG 实验装置流程[27]

图 5.6　燃料处理量 10kg/h 级 DFBG 实验装置照片(建于 IHI 公司)[27]

低释放进入空气的废气中的 CO 含量。

实验采用的焦油收集装置由一个水冷凝器和三个浸入冰浴中的洗瓶组成。冷凝器的工作温度低于 278K,并同时通过控制气体流量使样品气在焦油收集装置中的停留时间超过 2min,从而实现最大限度地冷凝样品气携带的水蒸气和焦油,提高液体产品的收集效率。冷凝液体的收集及其中的焦油提取经过以下步骤处理:首先,收集含焦油、水的冷凝液体,并用丙酮洗涤冷凝器、洗瓶和连接用硅胶管,获得含焦油、水和丙酮的混合液体(包括收集到的冷凝液);其次,对该液体过滤除尘,在 333K 下真空蒸馏除尘后的混合液体,脱除液体中含有的大部分丙酮和水,浓缩焦油;最后,在 323K 的空气烘箱中对蒸馏后得到的浓缩焦油进行慢速干燥,测量其质量随干燥时间的变化曲线,直到快速质量降低趋势停止、剩余物质量趋于稳定,将该剩余物作为焦油,测量其质量、组成等特性。在后面讨论中,提及的产品气焦油含量均是相对于湿式体积流量计测得的湿气体总体积而言。

表 5.2 为实验所用的燃料——经脱水干燥的饮料厂咖啡渣的特性。其具有高的挥发分(大于 70%)且在脱水干燥中被粉碎,使用燃料的粒度小于 1.2mm。利用氩气通过圆盘式供料器连续、稳定地对气化反应器供给燃料。基于精确测量的氩气流量,该气体同时也用作计算生成气体积的示踪气体。实验气化剂为水蒸气,半焦燃烧氧化剂为空气,但在预热实验装置阶段 HVPR 和 LVFB 都采用空气作为流化气体。空气流量通过各自的转子流量计控制,气化剂水蒸气由专门制作的电加热蒸汽发生器产生,蒸汽的流量通过水泵精确测量进入发生器的水量而控制。实验装置使用电加热,启动时首先通过电加热升高 HVPR 和 LVFB 反应器的温度,达到一定温度,同时在两反应器通入丙烷燃气燃烧,加快实验装置的升温。

表 5.2　实验用咖啡渣的燃料特性[27]

工业分析 /%(质量分数,湿重)				元素分析 /%(质量分数,干基)					HHV /(kcal/kg,干基)	堆积密度 /(kg/m³)	粒径 /mm
M	V	FC	A	C	H	N	S	O			
10.5	71.8	16.7	1.0	52.9	6.51	2.80	0.05	36.62	4940	350	<1.2

表 5.3 为实验工况的设置,根据表中的数据及在实验温度下测量的颗粒循环量[35],可以算出颗粒和气体在 HVPR 气化反应器(即采用 HVPR 作为气化器)中的停留时间为 2~3s,而在 LVFB 气化反应器(即采用 LVFB 作为气化器)中颗粒的停留时间为 1000s。因为 LVFB 中的流化颗粒床的高度为 600mm,气体穿过其颗粒床层的停留时间为 3s 左右。

表 5.3 实验工况与条件参数设置[27]

燃料气化反应器	温度	约 1065K
	蒸汽量	4.0kg/h
	燃料量	约 3.6kg/h
	空气流① (O_2/C=0.6mol/mol)	12NL/min
	氩气流量②	12NL/min
半焦燃烧反应器	温度	约 1083K
	空气流量	70NL/min
高温热载体(石英砂)	Sauter 粒径	190μm
	密度	2600kg/m^3
	存量	约 24kg

① 在操作温度下,LVFB 作为气化和燃烧反应器的表观气速分别为 0.21m/s 和 0.16m/s,HVPR 作为气化和燃烧反应器的表观气速分别为 2.82m/s 和 2.12m/s;

② 相对燃料所含 C 实现其 30 %的转化率,过量空气系数为 1.2。

注:燃料气化器和半焦燃烧器的条件对 HVPR 和 LVFB 两种反应器都适用,取决于对反应器功能的设定。

3. 结果分析

在如下分析中涉及的燃料元素转化率 X_i(C 及 H)、冷煤气效率 η_e、焦油含量 T 及燃料颗粒在 LVFB 气化反应器中停留时间 t_r 等参数分别按以下公式计算得到:

$$X_i=\frac{M_{ig}\times P}{M_{if}\times F}\times 100\% \tag{5.1}$$

$$\eta_e=\frac{\mathrm{HHV}\times P}{\mathrm{HHV_f}\times F}\times 100\% \tag{5.2}$$

$$P=\frac{Q_{Ar}}{1-C_{Ar}} \tag{5.3}$$

$$T=\frac{M_t}{V(1-C_{Ar})} \tag{5.4}$$

$$t_r=\frac{Q}{G_s\times A} \tag{5.5}$$

图 5.7 比较了分别采用 LVFB 和 HVPR 作为气化反应器时的冷煤气效率、C 转化率和 H 转化率。为了确保实验结果的可靠性,每个工况的实验都进行了两次。与利用 LVFB 气化器的实验数据相比,在 HVPR 中气化时获得的数据具有更大的波动,说明从 HVPR 给料时实现的给料速率具有更大的波动。在整个实验时间内,LVFB 气化器表现了明显较高的冷煤气效率、C 转化率和 H 转化率,即使对应于其气化温度较低(1048K)的工况。当 LVFB 和 HVPR 气化反应器具有相似的反应温度时,LVFB 气化器实现的冷煤气效率、C 转化率和 H 转化率分别比 HVPR 气化器实现的值高 15%、13%和 24%左右。

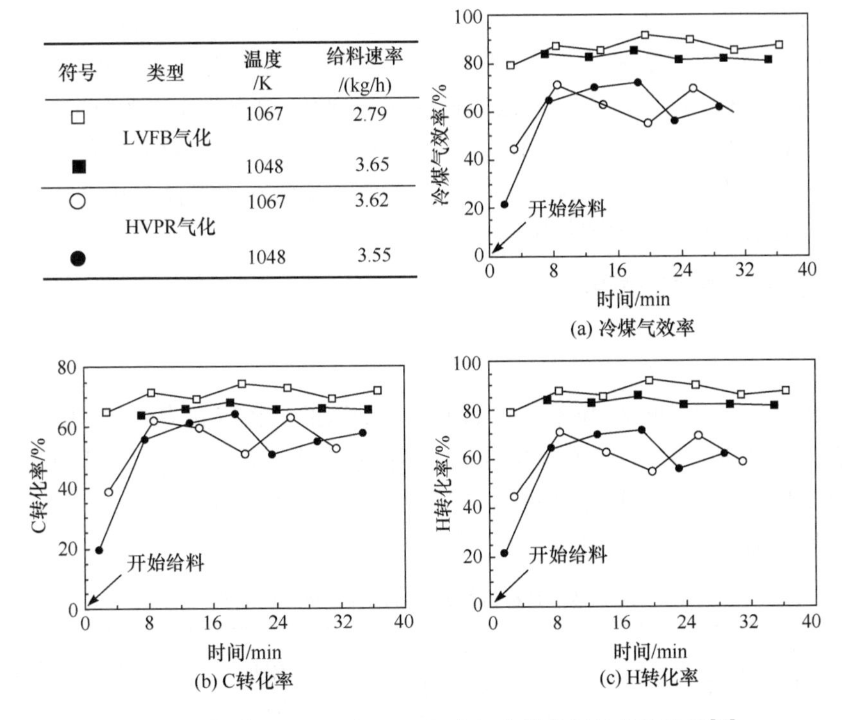

图 5.7　分别以 LVFB 和 HVPR 为气化器的气化参数比较[27]

图 5.8 进一步比较了分别采用 LVFB 和 HVPR 作为气化反应器时产品气中的焦油含量，其中，图示焦油含量指单位体积干燥基产品气（不包括氩气示踪剂）中所含的无水焦油的质量。尽管在两种情况下的产品气中都含有较多的焦油（由于咖啡渣燃料气化焦油生成量大），但源于 LVFB 气化器的产品气中的焦油含量明显要更低一些。该结果也验证了前述理论分析，即 LVFB 提供了更多颗粒表面促进焦油脱除反应，使其生成气具有较低焦油含量。

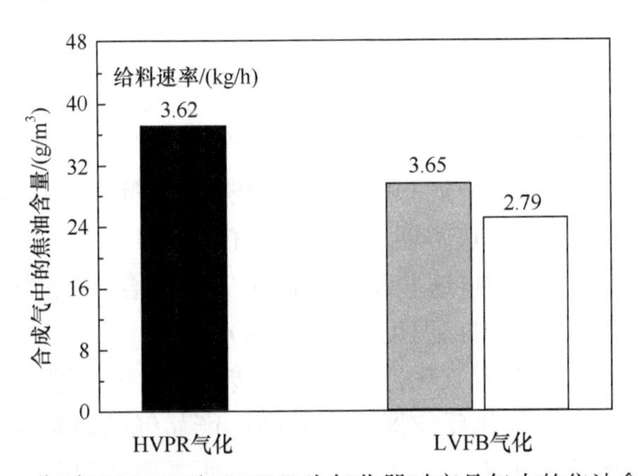

图 5.8　分别以 LVFB 和 HVPR 为气化器时产品气中的焦油含量[27]

图 5.7 和图 5.8 所示实验结果都清楚地验证了针对图 5.4 的理论分析。因此，对于 DFBG 工艺系统，从其实现的冷煤气效率、元素转化率以及产品气中焦油含量等方面分析，采用 LVFB，即低气速密相鼓泡/湍动流化床作为气化反应器比采用高气速稀相输送床 HVPR 作为气化反应器的综合气化效果更好。因此，图 5.4(d)所示以 LVFB 为气化器，以 HVPR 为燃烧器的双床组合方式要优于图 5.4(a)～(c)表示的其他三种流化床组合方式。

5.2.2 双流化床气化流程模拟

1. 模拟方法

如果采用一种 DFBG 技术气化如表 5.4 所示的生物废弃物燃料，由于该燃料水分含量大范围变动，如何才能知道对应不同水分含量的理论最大 DFBG 气化效率？又如何通过控制颗粒循环量等调控 DFBG 工艺系统达到这种理论效率？回答这些问题需要借助流程模拟。

表 5.4 流程模拟对应的生物质燃料特性

工业分析 /%(质量分数,湿重)				元素分析 /%(质量分数,干基)					HHV /(kcal/kg,干基)	堆积密度 /(kg/m³)	粒径 /mm
M	V	FC	A	C	H	N	S	O			
9.3	69.4	19.3	2.0	54.9	6.12	3.07	0.01	33.62	5682	350	<2.0

流程模拟通常采用 ASPEN plus 软件，其已经在石油化工的系统分析中获得了广泛应用。针对 DFBG 这种新的技术，还没有形成专业的过程模型和计算模块。为此，作者以高水分生物质燃料，如咖啡渣、茶渣、中药等工业生物质的 DFBG 为例，开展了流程模拟[36]，建立了具有一般性指导意义的模型和计算方法。图 5.9 表示了所建的 DFBG 过程模型，而在 DFBG 流程模拟中考虑的主要燃料化学反应如图 5.10 所示。

结合 DFBG 工艺的过程特点，图 5.9 所示过程模型主要由两个基本模块组成:燃料热解气化模块和半焦燃烧模块。其中，气化模块对应燃料反应器，其中的燃料发生的化学过程包括了干燥/热解、气化和热解气体的二次反应等。因此，燃料气化模块又包括一个燃料热解器、一个半焦气化器和一个气体/焦油重整器。在实际 DFBG 的燃料反应器中，这些反应实际上完全耦合，在燃料反应器中整合发生，它们的产物具有相同的出口温度(如 1073K)。

如图 5.9 所示，来自燃料气化器的未完全转化半焦全部被送入半焦燃烧器中。考虑到热量的综合利用，气化反应器产生的高温产品气的显热被用于预热燃烧空气，其被供入半焦燃烧器为未反应半焦燃烧提供所需要的氧气。热载体(石英砂)

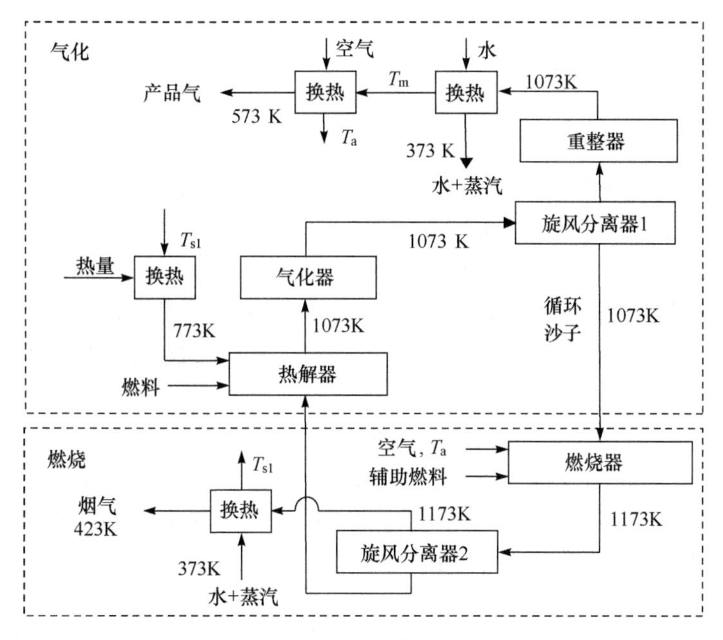

图 5.9　DFBG 流程模拟的过程模型例[36]

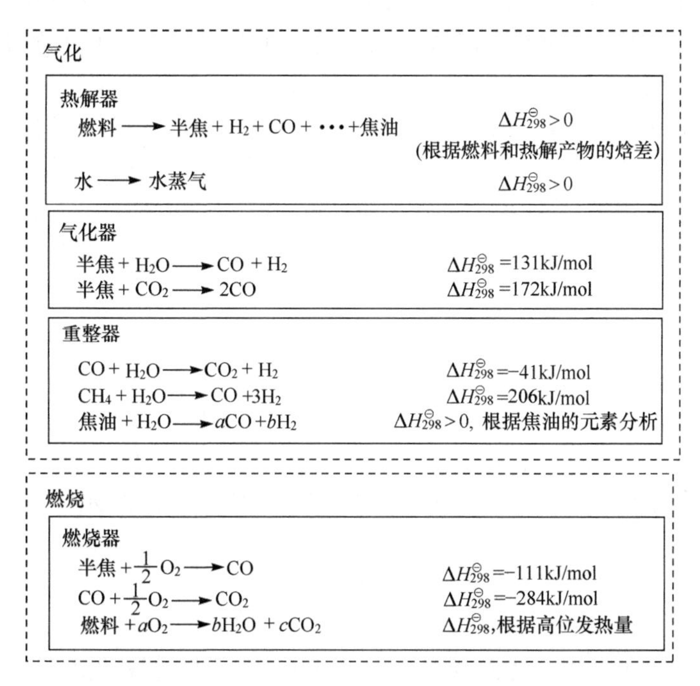

图 5.10　DFBG 过程模拟中涉及的主要化学反应[36]

在两个模块之间循环。重整器和燃烧器的产物相互隔离，避免燃烧烟气对气化产品气的稀释。在这个模型中，半焦燃烧和燃料气化模块的反应温度分别固定在1173K和1073K。

图5.9示意了热烟气(1173K)和热产品气(1073K)的热量利用方式。假设来自重整器的产品气先与水进行一次热交换，从而把气体的温度值降低到一个中等水平T_m(约773K)，同时也使水变成了温度为373K的水与水蒸气的混合物(压力低于1atm[①])，产品气中剩余的热量(即T_m和排出温度573K之间的焓差)进而用于加热供入燃烧器的空气，使燃烧空气温度升高到T_a。另外，来自燃烧器的高温烟气用于提升前述373K的"水+水蒸气"混合物，使其转化为温度为T_{s1}的水蒸气，并使烟气的最后排放温度为423K。如果T_{s1}低于773K，那就需要输入额外的热量把水蒸气再加热到773K。在这个热量网络中，T_a与T_m是两个相互关联的变量，另一个重要的相关变量是石英砂的循环量。由于半焦燃烧和燃料气化模块的温度差固定在100K，因此石英砂的循环量需随着供入气化器的燃料量和其成分而变化。在作者的模拟研究中只变化了燃料的水分，而供入的燃料量(湿基)保持不变。

图5.10列出了利用上述模型开展过程模拟必须考虑的一些重要化学反应及其焓值的变化。在半焦气化器中，同时考虑了半焦水蒸气和CO_2气化反应。焦油和CH_4(代表C_mH_n)的重整反应假设仅仅发生在重整器中。在重整器中，由于气化模块的温度超过973K，因此认为水汽变换反应处于平衡状态。半焦燃烧反应通过两个连续的步骤进行，先是转化为CO然后再被氧化为CO_2。模拟时假设燃料在供入热解器后全部热解为气体、焦油和半焦。因此，增加燃料的水分会减少干燥燃料和形成的半焦量，从而可能导致半焦燃烧释放的热量不足够维持系统的温度。一旦这种情况发生，就需将一定量的辅助燃料(与供入气化反应器的燃料具有相同的水分和组成)供入燃烧器，补偿热量的不足。模拟过程需要采用迭代方法计算被气化的半焦量(剩余的则被燃烧)或者需要的辅助燃料量。模拟假设99%的热解焦油被重整，而不考虑碳氢化合物C_mH_n的重整。还假设包括半焦燃烧、半焦气化的所有反应都没有动力学限制，即利用Aspen的过程模拟主要计算系统中热量和质量的热力学守恒变化。根据反应产物和反应物之间的焓差计算燃料热解和焦油重整反应过程中的焓变化，其中焦油的标准焓则依据焦油的元素分析数据计算求得。

2. 模拟结果

表5.5列出了利用上述模型和计算逻辑开展的模拟计算的具体工况和输入参

① $1atm=1.01325\times10^5Pa$。

数值(温度等数据已在上述模型描述中论及),而在模拟计算中需要的一些燃料(咖啡渣)的热解特性数据列于表5.6中。这些热解数据是通过一个小型流化热解实验获得的,详细实验装置和方法可参考文献[27]。燃料的水分含量变化为3.0%~45.0%(质量分数),湿基燃料处理量为250kg/h,供入气化反应器的水蒸气量按蒸汽/干燃料的质量比1.0计算,而半焦燃烧的过量空气系数固定为1.5。表5.6表明,模拟燃料反应器条件的焦油发生量仅为燃料的2.9%(质量分数),因为反应气氛中有蒸汽,温度高达1073K。表5.6所示气体体积组成由GC分析小型热解/气化实验数据获得,焦油元素组成为分析利用图5.5所示装置开展试验所收集的焦油样品而确定,最后根据元素守恒而计算确立了半焦元素组成。

表5.5 DFBG过程模拟物料和工况的输入参数设置

物料	燃料	咖啡渣250kg/h,其中水分3.0%~45.0%(质量分数)
	热载体颗粒	平均直径190μm;循环量G_s由热平衡决定
	热解特性	包括产物分配,气体和焦油组成,具体见表5.6
工况	气化炉	温度1073K;蒸汽/干燃料1.0(质量比);蒸汽温度773K
	燃烧器	温度1173K;过量空气系数1.5;空气温度:被热产品气加热到T_a(图5.9)
	排气温度	烟气排放温度423K;产品气排出温度573K

表5.6 模拟燃料(咖啡渣)热解中的C和H转化率、产物分布以及组成①[36]

产物分布/%(质量分数)	气体:75;半焦:22.1;焦油:2.9
摩尔分数/%② (体积分数不含示踪气体)	$19.3H_2+38.2CO+9.5CO_2+17.5CH_4+9.9C_2H_4+5.2C_2H_6+0.4C_3H_6$
半焦成分/%(质量分数)③	63.82C+0.0H+11.57N+14.33O+0.003S+0.36Cl+9.90Ash
焦油成分/%(质量分数)④	64.40C+6.23H+11.10N+15.10O+3.01S+0.11Cl

① 在一个小规模流化床反应器中获得,反应温度为1073K;

② 焦油的质量分数从图5.5所示试验装置的工艺试验中获得;

③ 基于元素的质量平衡而计算确定;

④ 通过测量图5.5所示试验装置的工艺试验而收集的焦油样品获得。

模拟结果如图5.11示,其中图(a)表示了理论上可达到的冷煤气效率和C、H转化率,图(b)则示意了与图(a)数据相对应的热载体循环量(图中表示为循环量和干燃料量的质量比)和所需要的辅助燃料量。图(a)和(b)的横坐标为燃料的水分含量。图中的数据都是在没有考虑到热损失的条件下计算得到的。如果考虑实际应用中无法避免的热损失,图(b)的热载体循环量和辅助燃料量都会一定增大,具体的变化示于图5.12中。

图5.11(a)揭示:可实现的冷煤气效率和C、H转化率随燃料中水分的提高而降低。燃料水分越高,蒸发水分和加热蒸汽(到气化温度1073K)所需要的热量就越多。为防止产品气中焦油冷凝,产品气的排出温度不能低于573K,这导致大部

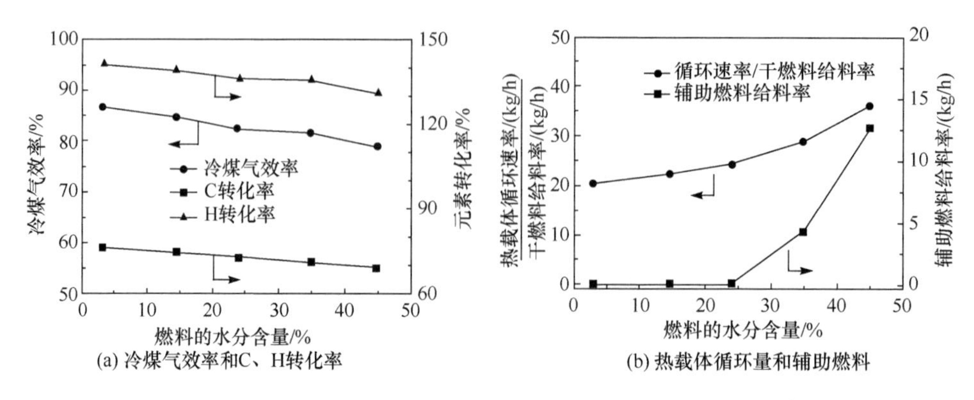

图 5.11　基于图 5.9 及图 5.10 模型模拟 DFBG 过程典型结果[36]

分消耗于燃料水分蒸发和加热的热量不能够在产品气显热利用中回收。因此,较高的水分意味着需要燃烧更多的 C 来维持燃烧器和气化器的温度,从而降低了用于生成产品气的 C 量。由于参与水蒸气气化反应的 C 减少,H 的转化量同样降低。根据设定的两个模拟工况,即 99%的焦油被重整以及被燃烧的半焦中几乎没有 H,可以推算 H 转化率应高于 100%。图示表明:当不考虑系统热损失时,对于水分含量低于 40%的燃料,其冷煤气效率理论上可以达到 80%以上;如果需要使冷煤气效率超过 85%,则燃料的水分含量必须低于 10%。

图 5.11(b)说明:为了确保图 5.11(a)中的气化效率,随着燃料中水分含量的提高,所需要的热载体循环量也越来越大。当燃料中水分含量低于 25%时,系统不需要任何辅助燃料,而进一步增加燃料水分则需要消耗更多的辅助燃料,以此补充由于提高燃料水分而导致的燃料焓和系统可用能量的降低。图 5.11(b)还表明,为维持含水 25%以下生物质燃料 DFBG 过程的稳定运行,在向燃料气化反应器不供入空气、仅按蒸汽/干燃料质量比 1.0 供入水蒸气的条件下,所需的热载体循环量与被气化的干基燃料量的质量比率应该维持在 25 左右,不需要向半焦燃烧器补给任何辅助燃料。即对于 DFBG 过程,循环的热载体颗粒量通常是处理的燃料量的 25 倍,因此要求 DFBG 循环系统具有实现高颗粒循环量的能力。

图 5.12 揭示了热损失如何影响 DFBG 的气化效率和气化工况,具体表示了所实现的冷煤气效率和相应的辅助燃料需求量随 DFBG 工艺系统热损失量的变化。这里仅考虑了燃料水分含量为 10 %的情形,而存在系统热损失时的冷煤气效率根据下式计算:

$$\text{实际冷煤气效率}=(\text{无热损失时效率})/(1+\text{热损失百分比}) \tag{5.6}$$

辅助燃料需求量的计算分两种情形:如果半焦燃烧释放热大于热损失,则需要的辅助燃料量为 0;否则,所需辅助燃料量根据热损失与半焦燃烧释放热的差具体计算。

正如分析所预测,增大系统热损失导致冷煤气效率降低和辅助燃料需求量增加。图5.12表明,热损失在燃料供入热量的5%~10%变化时,可实现冷煤气效率(无动力学限制)仍然可达77%~81%,辅助燃料需求量也十分有限。该结果建议:为确保DFBG过程的冷煤气效率高于75%,生物质燃料(如计算对象咖啡渣)的水分应该控制在10%左右,并将此作为配套DFBG的燃料干燥器的设计和运行标准。

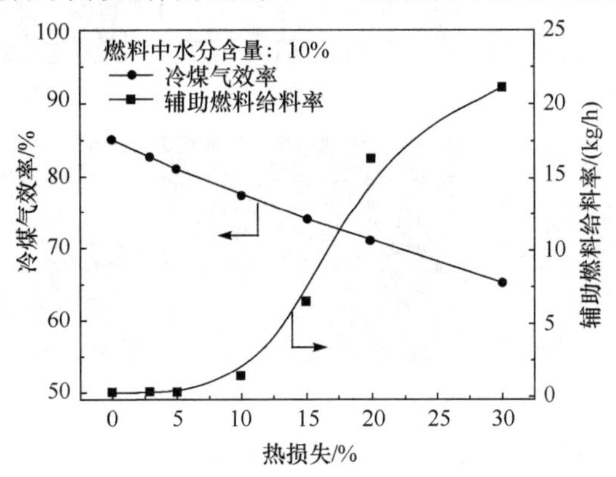

图5.12 DFBG过程理论冷煤气效率和辅助燃料需求量与系统热损失的关系[36]

5.3 生物质双流化床气化

5.3.1 高水分生物质脱水

1. 物料特性与工艺方法

生物质资源广泛,地球上的所有植物、微生物以及动物尸体和排泄物都是广义的生物质资源。作为气化、燃烧等热转化用的生物质燃料,通常指农林业废弃物及产品(如粮食酒精)、畜牧养殖业粪便、人类生活垃圾(城乡垃圾)和生物原料加工过程废弃物。其中,农林废弃物属于源于自然的生物质燃料,而畜牧养殖业粪便和生活垃圾是生物活动过程废弃物,又是重要的环境污染治理对象,它们的利用已被广泛关注。

我国具有世界上体量最大的轻工业,加工植物、动物类生物原料生产食品、饮料、医药、调味品、纸、各种用具等民用和工业用品,同时产生大量生产过程的废弃物,即工业生物质废弃物或称过程残渣。典型的代表有甘蔗渣、白酒糟、醋糟、啤酒糟、制药(抗生素)菌渣、有机酸菌渣、酱渣、中药渣、茶/咖啡渣,甚至造纸黑液、活性污泥等,覆盖了酿造、发酵、造纸、制药、皮革、食品加工、饮料制造等多行业,因此工业生物质废弃物种类繁多,形态多样。图5.13展示了几种有代表性的工业生物质废弃物的形态特征。由图可见,几乎所有这类生物质都高含水(40%~90%,质量分数),很多呈泥状、浆料状,且大都高含N,因为产生于生物发酵过程,有的含酸、含碱或多含Cl(因为加盐酸调pH)。因此,工业生物质代表了轻工行业的固体废弃物和部分水(高含水)和空气污染(堆积易腐烂变质)。

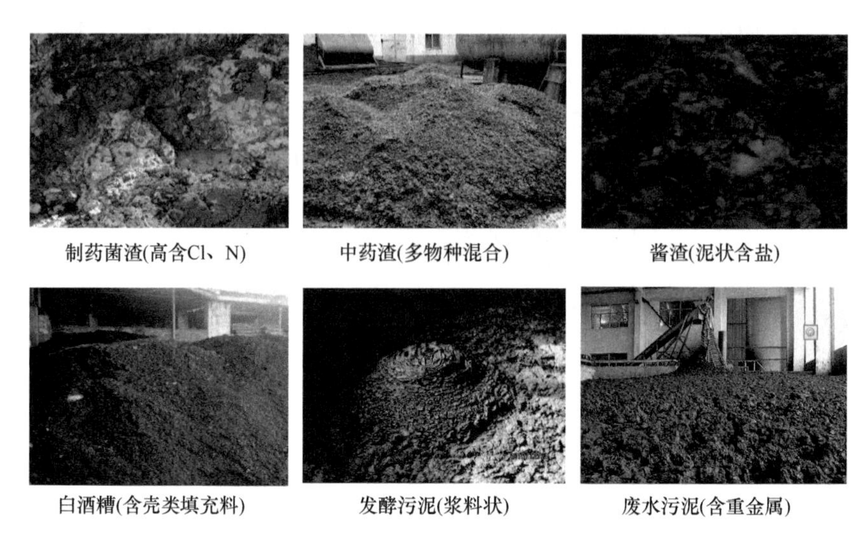

图 5.13 几种典型工业生物质废弃物的形态特征

从主要的生物组分特点分析,各种工业生物质废弃物可分为富含纤维素(白酒糟、醋糟、中药渣)、蛋白质(渣、酱渣、啤酒糟)、木质素(黑液、纤维素酒精渣)三大类[37]。而且,这些废弃物已经集中,同一种渣或糟的性质特点相对均一稳定,数量巨大,如白酒糟达 1800 万 t/a,甘蔗渣 3000 万 t/a、黑液 7000 万 t/a。据不完全统计,我国每年产生各类生物原料加工业废弃物达到 3 亿 t 以上,而富含纤维素、蛋白质和木质素的各达到 1 亿 t 左右。因此,工业生物质废弃物又是我国的重要生物质资源,其利用不仅是开发生物质资源的需要,又是保护轻工业和城市环境的任务。

上述工业生物质废弃物通过燃烧、气化的能源化利用必须要求脱水预处理。一方面水分含量超过 50%的燃料很难直接用于燃烧与气化,另一方面,即使直接能处理(假如直接气化),燃料中的水分需要在转化过程中先转化为蒸汽并与气化生成气混合。由于产品气中焦油的露点高于 373K,从燃料水分的蒸汽中只能回收部分显热,蒸汽的潜热将在下游洗涤设备中被完全浪费,造成低的能源转化和利用效率。在气化、燃烧之前对燃料进行脱水干燥,可从蒸汽中回收更多热量,整体上提高系统能效,同时使针对低含水燃料的转化过程容易控制。

物料及产品脱水代表重要的工业耗能过程,低能耗高效率脱水技术一直是关键的工业技术之一。针对工业生物质废弃物含水高达 40%～90%(质量分数),且呈现如图 5.13 所枚举的纤维质或浆料状形态特征,本节提出如图 5.14 所示的复合脱水工艺,即改变水的结合方式、改善脱水性能、降低原料水分,如采用物理挤压、水热脱水等,通常可将含水率降到 40%～60%(质量分数),进而针对该中间原料实施蒸发或改性离心脱水和干燥,如依据废弃物的物料形状,可采用直接蒸发

(多对纤维素类废弃物)、水热改性离心(如针对浆料类菌渣)或其他蒸发脱水技术。压榨脱水技术的选择同样也与物料性状紧密相关。

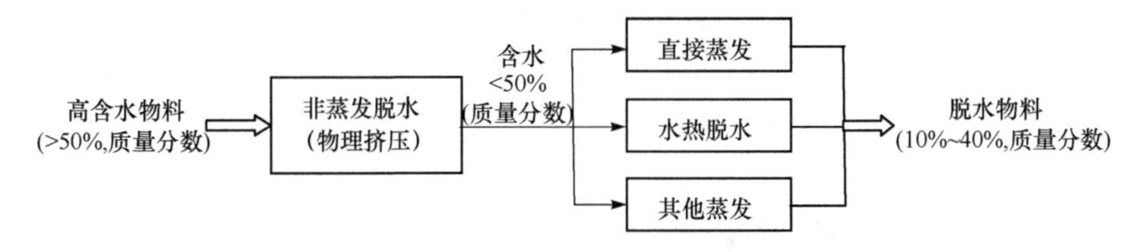

图5.14　几种典型工业生物质废弃物的形态特征

2. 非蒸发挤压脱水

通过挤压而非蒸发方式脱水已经在很多过程中使用,如各种板框压滤、带式压榨等。在机理上,物理挤压只能脱除大部分游离水和部分间隙水,极少量表面吸附水和毛细水不能脱除结合水。工业生物质废弃物中水分的存在与结合状态根据废弃物种类的不同而存在不同程度的差异,具体有待详细的基础研究,但总体上可以判断工业生物质废弃物中的含水大部分属于物理水,大体分为游离水、物料颗粒间包裹的间隙水、物料颗粒表面吸附水以及物料颗粒内部的毛细孔道内水,它们脱除的难度依次加大。工业生物质废弃物的物料性状与各大类废弃物中水分的存在状态有关。物料粒度较大的富含纤维素的工业生物质废弃物,如白酒糟、醋糟中以游离水和间隙水较多,而菌渣、酱渣等由极细物料颗粒形成的浆料状工业生物质废弃物所含水分中大部分应为间隙水、表面吸附水和毛细水。物理挤压脱水效果不仅与物料形状、特性相关,同时还受物料承受挤压强度的限制,因为后者确定了可选的挤压设备。如果物料在挤压中流变性差(能致密挤压),则更容易挤压脱水,可以选择挤压强度大、无外形框架限制的挤压设备。反之,类似于泥状物料的工业生物质废弃物,由于挤压中易流变,难以承受强力挤压,只能使用具有外形框架限制的挤压设备。

基于上述认识,可认为:类似于白酒糟、醋糟等壳类工业生物质废弃物的含水更容易挤压脱除,而且可选用螺旋式强力挤压设备;而针对菌渣、酱渣等类泥状废弃物,只能使用具有外形限制的板框型挤压设备,可一定程度降低其原始含水;而已经经过蒸煮的中药渣等茎类工业生物质废弃物,虽然具有丰富的纤维,但蒸煮后的纤维强度低,在挤压中易形变,不能类似白酒糟承受强力挤压,但又没有菌渣类物料的流变特性,可以选用带式挤压设备。

图5.15再现了根据上述思路开展的白酒糟与中药渣挤压脱水试验的视观效果,而脱水效果总结于表5.7中。示于图5.12(a)的白酒糟挤压脱水采用了某公司研发的强力螺旋挤压(也称挤榨)试验机,其最大处理能力为固体物料2.0t/h。

所使用的白酒糟原料由泸州老窖提供，原始含水 57%（质量分数）。可见，该螺旋挤压机实现了有效的白酒糟挤压初步脱水，挤压前后物料的形态变化不大，挤出物料仍呈散料状，但平均粒径有所降低，表面明显为润湿状，展示水分被挤出而吸附于物料颗粒表面。挤压后的白酒糟含水量通常为 45%（质量分数），优化挤压条件可达 42%（质量分数）左右，相对于原始物料的 57%（质量分数）含水，挤压脱除了原料的 1/3 含水。

(a) 白酒糟螺旋挤压　　(b) 中药渣带式挤压

图 5.15　白酒糟螺旋挤压与中药渣带式挤压物理脱水特性展示

表 5.7　白酒糟与中药渣物理挤压脱水效果

原料	挤压方式	挤压前		挤压后	
		水分含量（质量分数）	特征粒径	水分含量（质量分数）	特征粒径
白酒糟	强力螺旋	55%～60%	60%大于 4mm	40%～45%	50%小于 3mm
中药渣	带式挤压	75%～80%	小于 30 mm	60%～65%	70%小于 5mm

针对由河南宛西制药公司提供的中药渣（原始含水 75%，质量分数），首先利用上述同样的螺旋挤压机试验了挤压脱水性能，发现蒸煮后的中药渣通过螺旋挤压后极大程度地被挤碎，变形为泥状物料，未能有效脱除物料水分。因此，利用了图 5.15(b)所示的带式挤压机开展了中药渣的挤压脱水，结果显示，虽然带式挤压后中药渣趋于形成原料块，但结构疏松，极易破碎。经过带式挤压将药渣的水含量

降低到了 60%(质量分数),进一步干燥后测量其粒径发现药渣由原来最大数十毫米的尺寸变为粒径数毫米的小颗粒和大量细粉末。因此,中药渣的带式挤压不但脱除原始药渣的约 50%含水,同时实现了药渣的粉碎,表明带式挤压中药渣是可行和有效的。由此可推断,利用该带式挤压机处理白酒糟浆难以获得有效脱水,而且白酒糟本身的粒度也将很难发生大的变化。

菌渣、酱渣类工业生物质废弃物的原始含水可能高达 80%(质量分数),其物料性状决定了其挤压只能使用板框类挤压机,类似下水污泥的挤压脱水过程,已经拥有大量工业实践,因此这里不再进行分析。可以认为菌渣、酱渣的挤压脱水可在很大空间变化,因为它本身的脱水和改变物料物理性状的能力较弱,重点是合理选择板框下游的脱水技术和途径。

3. 直接蒸发脱水

生物质物料的直接蒸发脱水是成熟的工业技术,但其对于工业生物质废弃物应用和技术选择需要明确以下问题。首先,直接脱水适用的物料应该存在经济可行的最高含水量,如 50%(质量分数),否则直接脱水的能耗和成本将很大;如类似菌渣、酱渣的浆料状工业生物质废弃物,通过板框挤压实现的脱水程度较低,含水可能仍在 70%左右(质量分数),利用直接蒸发脱水干燥不是最优选择。其次,直接蒸发脱水方式最适应的物料应该在干燥过程中不结块、呈颗粒散料状,也说明类似菌渣、酱渣、污泥等由细小粉末构成的易结块物料不适合直接蒸发脱水。最后,直接蒸发脱水应该耦合有效的非蒸发(如挤压)脱水,以降低直接蒸发脱水的能耗和成本。为此,白酒糟在螺旋挤压、中药渣在带式挤压后可以应用直接蒸发脱水,进一步降低物料水分,同时打散形成分散的颗粒物料,以便于脱水干燥后对物料实施气化、燃烧等。

直接蒸发脱水所面临的另一个问题是蒸发脱水的温度选择和脱水动力学。温度过高将导致物料挥发分析出,不但损失燃料,而且形成水污染。为此,以白酒糟原料为代表,开展了在不同温度下干燥脱水的速度比较和生成水的表征。生物质物料的直接蒸发脱水是成熟的工业技术,但其对于工业生物质废弃物应用和技术选择需要明确以下问题。首先,直接脱水适用的物料应该存在经济可行的最高含水量,如 50%(质量分数),否则直接脱水的能耗和成本将很大;如类似菌渣、酱渣的浆料状工业生物质废弃物,对其板框挤压后的含水可能仍在 70%(质量分数)以上,利用直接蒸发脱水干燥不是最优选择。其次,直接蒸发脱水方式最适应的物料应该在干燥过程中不结块、呈颗粒散料状,也说明类似菌渣、酱渣、污泥等由细小粉末构成的易结块物料不适合直接蒸发脱水。最后,直接蒸发脱水应该耦合有效的物理挤压脱水,以降低直接蒸发脱水的能耗和成本。为此,前述白酒糟在螺旋挤压后、中药渣在带式挤压下游可以应用直接蒸发脱水,进一步降低物料水分,同时打散形成分散的颗粒物料，以便于脱水干燥后通过气化、燃烧等利用被干燥物料。

直接蒸发脱水装置设计的核心问题是脱水温度和时间的选择。温度过高将导致物料挥发分析出，不但导致燃料热值下降，而且形成富含焦油的难以处理的污水，脱水时间过长将导致脱水效率下降和脱水设备能耗过高。为此，以白酒糟原料为工业生物质的典型代表，在流化床中采用吊篮方式测定了白酒糟的干燥效率曲线，同时利用小型流化床测定了不同温度下的干燥废水中的有机物含量，确定了适合白酒糟的直接蒸发脱水（干燥）温度，为流化床干燥白酒糟装置提供了基础数据，为直接蒸发脱水装置设计提供了一种方法。

1）白酒糟干燥时间

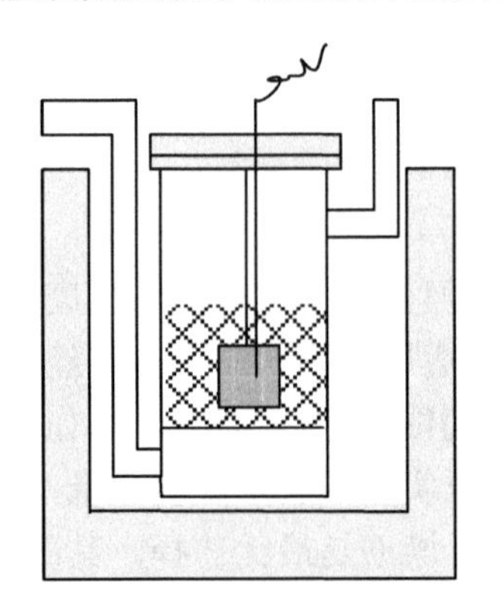

图 5.16　白酒糟干燥实验装置简图

（1）实验装置和方法。实验装置如图 5.16 所示。流化床反应器内径 100mm，高 330mm，反应器外壁设有 U 形气体预热段，气体出口位于反应器的上侧面。反应器顶部用法兰密封，其温度用电阻丝加热炉控制。氮气由气瓶提供，采用质量流量计进行控制测量。被干燥样品放入不锈钢丝网编制的吊篮中，吊篮悬吊于反应器顶端的密封法兰上，吊篮高度由悬吊的钢丝长度调节。样品温度由置于吊篮中的热电偶测量，流化床料为 0.12～0.2mm 的石英砂粒。具体实验步骤如下：

① 将反应器加热到指定温度形成恒温，调节气量使石英砂完全流化；

② 定量样品并袋入吊篮，将热电偶插于样品中；

③ 将样品快速放入流化床中，吊篮完全埋入流化的石英砂中，与热载体充分接触；

④ 开始计时，在不同时刻取出吊篮，在氮气中冷却，称量冷却后的样品质量。

（2）实验结果与讨论。图 5.17 表示白酒糟在 200℃干燥时按下式定义的脱水率 $X\%$随时间的变化：

$$X\%=\frac{W_{\mathrm{i}}-W_t}{W_{\mathrm{i}}}\times 100\% \tag{5.7}$$

式中，W_{i}为初始白酒糟质量；W_t为干燥过程中 t 时刻酒糟样品的质量。

随着干燥时间的增加，白酒糟含水量逐渐下降，脱水率逐渐升高。干燥时间为 80s 时，白酒糟脱水率可达 20%（质量分数），白酒糟中的含水量降低为 45%（质量分数）。通过热力学计算和中试验证，含水 45%（质量分数）的白酒糟可以实现稳定燃烧[38]。图 5.17 中还给出了白酒糟在 200℃的流化石英砂中的升温速率。可以看出，前 80s 白酒糟样品温度迅速上升，表面很快就达到 150℃，说明白酒糟的表面吸附水容易脱除。80s后，由于白酒糟颗粒孔道中吸附水很难脱除，其缓慢蒸发和扩散脱除是造成白酒糟温度变化缓慢的主要原因。因此，从干燥动力学和降低设备能耗两方面考虑，白酒糟在200℃下的干燥时间定为80s较合理。

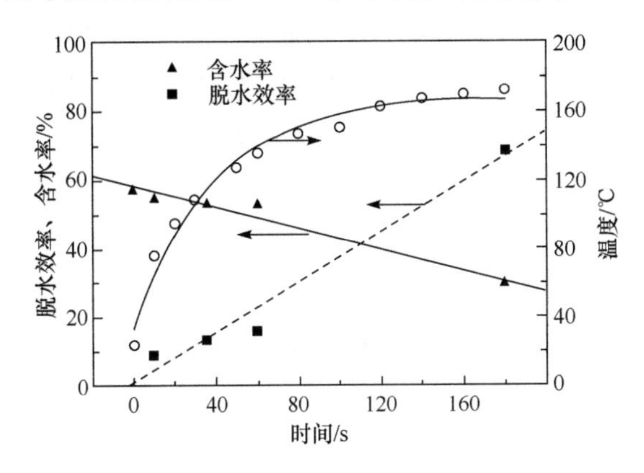

图5.17　干燥时间对白酒糟脱水率的影响

2）白酒糟干燥温度确定

通过小型流化床实验收集干燥所产的废水，分析其COD并用GC-MS分析其中含有的化学成分，希望最高的适宜干燥温度应该防止大量有机组分生成。图5.18和图5.19分别表示了白酒糟在100℃、150℃、200℃和250℃下完全干燥所收集的废水的COD和GC-MS分析谱图。

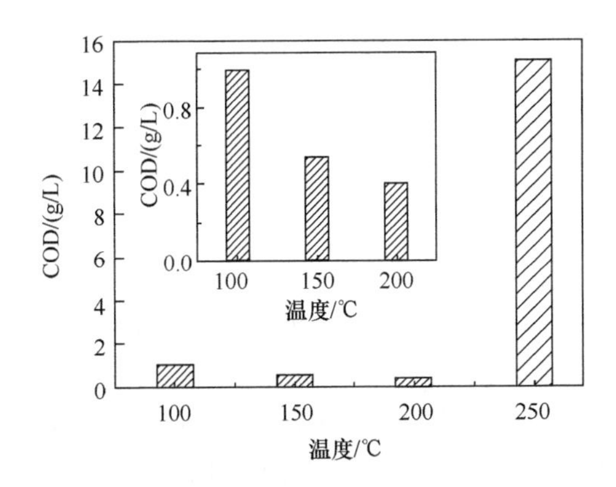

图5.18　不同温度小型流化床干燥白酒糟生成废水的COD变化

在废水COD图中，200℃以前干燥所收集废水的COD都在1100mg/L以下，而250℃时迅速增大，达到15 000mg/L。GC-MS分析所产废水表明，200℃以下产生的废水中的有机物含量很低，除水分峰以外，没有明显可以识别的组分，也说明在200℃以下干燥未造成白酒糟的明显热解，使收集的废水主要来自白酒糟所含物理水，不含有热解形成的有机组分。这些低温条件件的废水 COD 很低，主要源于白酒糟本身夹带的有机物，如乙醇、脂类等。250℃干燥时废水中含有的可识别有机物种类和浓度大大增加，说明白酒糟已开始热解，析出的可溶性挥发是收集废水 COD 迅速增加的主要原因。因此，为防止干燥中物料热解，形成高污染废水，同时确保较高的干燥效率，白酒糟类生物质的热干燥温度应在 200℃以下。

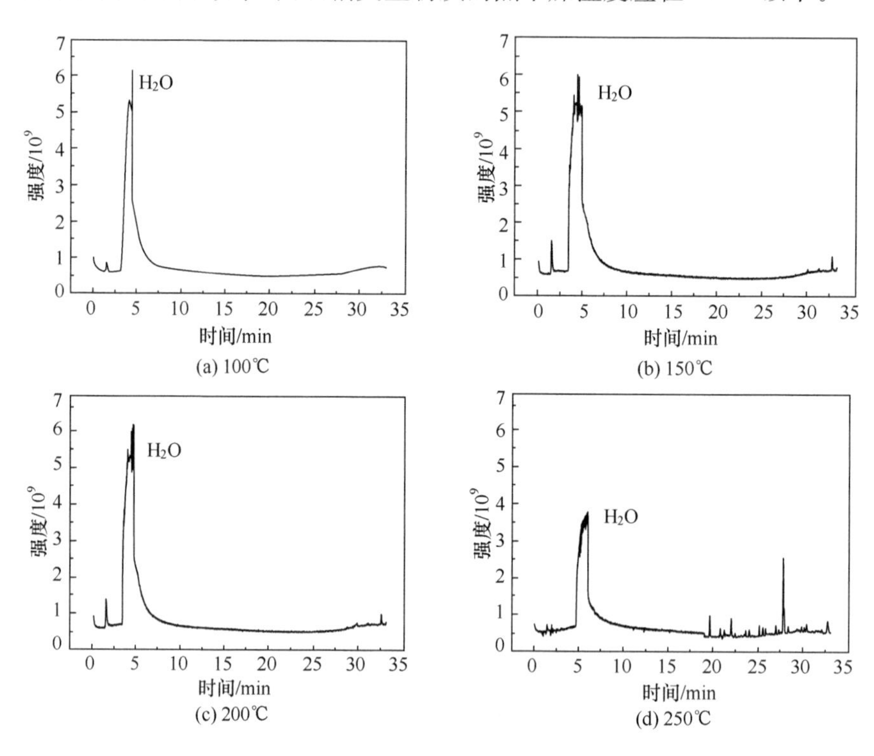

图 5.19　不同温度小型流化床干燥白酒糟生成废水的 GC-MS 分析图

综上所述，严格选定生物质物料的直接蒸发干燥脱水温度十分重要。温度过高导致挥发分析出，一方面增加废水中有机物浓度，造成废水污染；另一方面损失物料，如上述白酒糟中的挥发分，降低干燥物料中的有机物含量。因此，从可能形成的污染废水和有效保持原料有效成分两方面考虑，类似白酒糟的生物物料的直接蒸发干燥温度应为 200℃左右。在流化床中快速脱除含水高达 50%～60%（质量分数）的物料的表面水所需的时间为 80s 左右，但实际过程的气固接触较图 5.16所示的吊篮高很多，所需的作用时间也可能大大缩短。

4. 水热改性脱水

如上所述，类似酱渣、医药菌渣、污泥、活性酵泥等浆料状工业生物质物料（参见图 5.13）不适合利用上述强力挤压完成深度脱水，经板框挤压后含水仍在 70%

(质量分数)以上。这类以表面吸附水和物料内部毛细水为主的高含水物料的脱水必然依靠对水与物料的结合状态的破坏,如物料颗粒或粉末的表面改性、毛细管内部通道的疏通等。这也是直接蒸发法难以适应这类物料的重要原因。因此,作者提出利用水热处理方法改善酱渣、医药菌渣等工业生物质废弃物脱水性能,进而获得较高品质的生物质燃料这一技术思路。虽然水热已被实验用于下水污泥的脱水,但污泥水热脱水仍未大规模工业化应用。针对酱渣、医药菌渣等工业生物质废弃物,还未见有关水热处理的研究报道。医药菌渣含抗生素、有机酸,由于是发酵废弃物其 N 含量极高(干基达 8%,质量分数),在发酵过程中调解 pH 还可能引入 Cl(如盐酸)。因此,利用医药菌渣作为生物质燃料也要求预处理和改性,如降低其中的 N 和 Cl 含量,以减轻脱水菌渣在燃烧、气化过程中的 N、Cl 污染物排放威胁。酱渣大量含盐和大豆蛋白,具有深加工生产高价值产品的潜力,其综合利用也需要高效率脱水技术。

针对生产头孢素 C 的剩余菌渣[原始性状见图 5.20(a)]试验研究了对其的不同方式脱水性能。结果表明,经反渗透(20MPa)提取头孢素 C 后的菌渣含水 80%～90%(质量分数),基本没有进一步挤压脱水的可能。直接在 102℃下恒温干燥 24h,所得干燥样本呈一定程度的透明状,如图 5.20(b)所示,表明物料中仍存

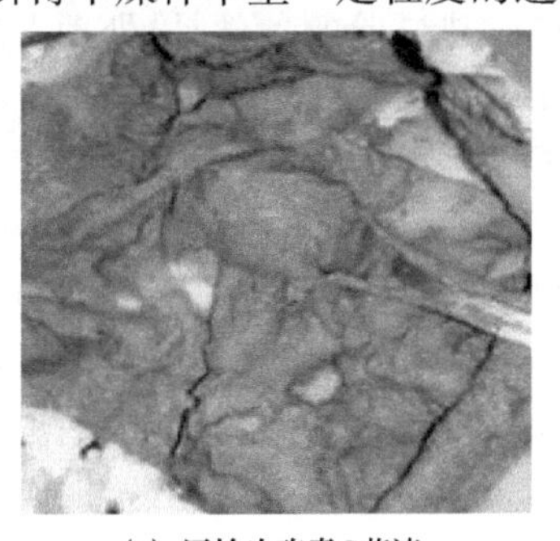

(a) 原始头孢素C菌渣

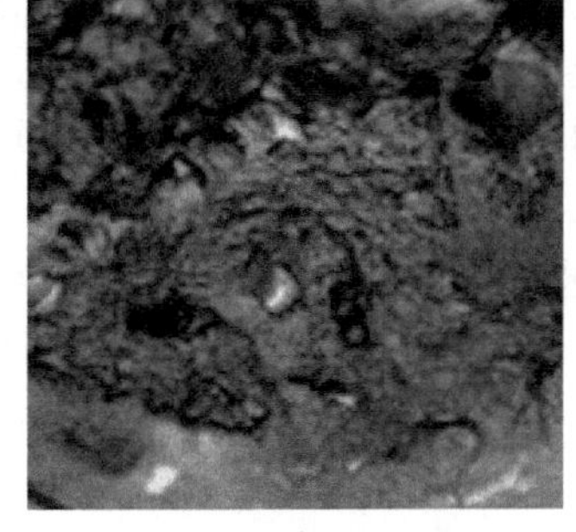

(b) 菌渣恒温脱水后物料

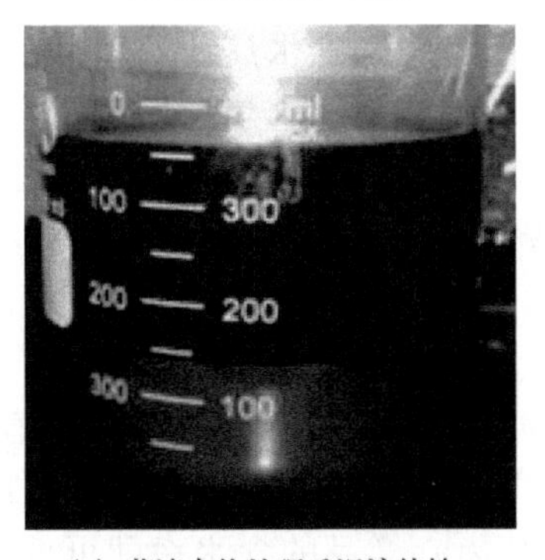

(c) 菌渣水热处理后沉淀特性

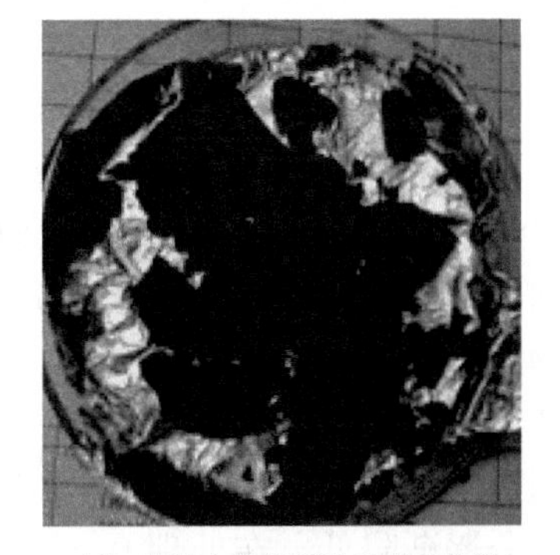

(d) 菌渣水热处理并干燥后物料

图 5.20　医药菌渣及对其不同方式脱水后形成的物料形态照片

有大量细胞内水。一般认为，由于细胞表面黏性物质与细胞膜的存在，以细胞结构为主体的发酵残渣在性状上为胶体，具有较高的黏度和较好的流变性，表面吸附水及细胞内水极难转化或溢出为自由水，从而导致挤压脱水困难。因此，改变颗粒表面性能和结构，即去除黏性物质、破坏颗粒胶体结构和细胞膜是实现这类高水分物料脱水的关键所在。

改变颗粒表面性状和结构的有效方法之一是热预处理，但要达到较好的效果，热预处理温度通常必须高于水的沸点。由于水的潜热大，常规方法热预处理高含水医药菌渣必将造成高能耗。在超过某一温度所对应的饱和蒸气压的加压条件下可使水维持为液态，形成水热条件，从而避免蒸发导致的巨大耗能。因此，水热预处理较直接蒸发具有更低能耗，适合处理高含水物料。利用 1.0L 反应釜试验头孢素 C 菌渣的水热处理。反应釜为电加热，最高试验温度为 350℃、压力为 22.0MPa，其内的物料（浆料）通过磁力传动搅拌器混合。水热试验过程为：首先将一定量菌渣和去离子水混合加入一不锈钢开口容器；然后将该容器放入加压反应釜并密封；开启电加热器提升反应釜温度至设定值，并停留所设定的作用时间；进而停止电加热，快速取出反应釜，将其风冷到设定的低温，打开釜盖，抽取水热处理后的混合物样本倒入尼龙滤袋（200 目孔），置入一离心机以分离因素 500 的强度离心脱水，测定离心后物料的含水率。开展水热试验的条件是：处理温度为 160～240℃，对应的饱和蒸气压力为 0.6～3.4MPa，包括升温的水热处理时间为 0～2h，针对试验的菌渣物料的加水率为 0～60%（质量分数）。

图 5.20(c)显示了典型水热条件处理后的样本在静置 1h 时后的形态，表明得到的液相混合物清晰分层，下层固体物料的体积从原始样品的 300mL 减少至 150mL 以下，即超过 150mL 的水分从原始菌渣转变为游离的自由水，通过离心等可简单脱除，从而表明水热处理菌渣的可行性。另外，离心之后的菌渣样本经在 102℃干燥 24h 后呈现为黑色块状物，如图 5.20(d)所示，表明物料中已不存在大量细胞内水，与 5.17(b)所示样本完全不同。

图 5.21(a)表示了加水率 30%、处理时间 0.5h 的水热预处理，进而通过离心得到的样本的含水率随水热处理温度的变化趋势。随水热处理温度增高，离心后样本的含水率显著降低。当温度高于 200℃时，脱水后样本的含水率低于 50%（质量分数）。尽管更高温度可进一步降低物料含水率，但在高温下物料容易炭化，产生大量焦油，且物料本身趋于融化。为此，建议水热处理头孢素 C 菌渣类工业生物质废弃物的温度不要超过 200℃。

图 5.21(b)表示了加水率 30%、处理温度为 200℃时的头孢素 C 菌渣经水热处理、再离心脱水后的样本含水率随水热处理时间的变化。水热时间的加长使获得物料的水分逐渐降低。在处理 0.5h 后其离心样品的含水率即可低于 50%，之后含水率的降低趋势减缓。同时，水热处理时间过长将使固体颗粒溶解过多，降低固体物料的回收率。因此，建议水热处理时间不超过 1h。实验结果还表明，对于

高含水的菌渣原料，水热处理的加水率、搅拌强度等对处理效果影响不大，即水热处理温度和处理时间是影响脱水效果的两个主要因素。

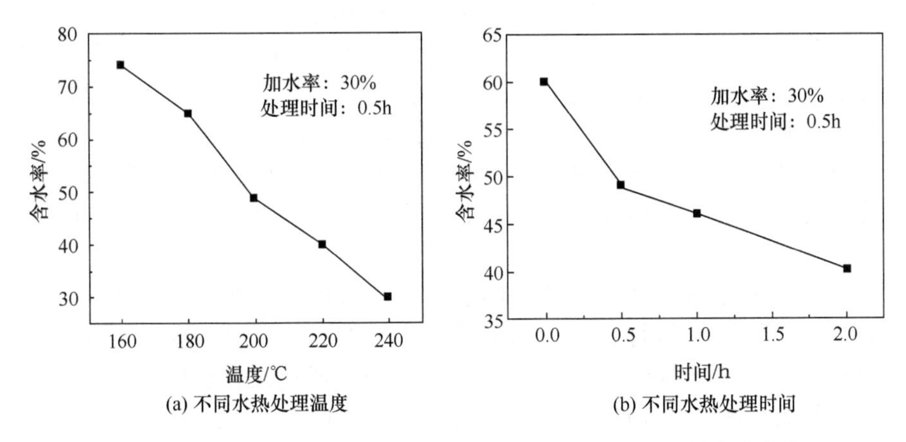

(a) 不同水热处理温度　(b) 不同水热处理时间

图 5.21　不同水热处理温度和时间的头孢素 C 菌渣离心样本含水率

综上所述，水热处理大大改善了难处理医药菌渣的脱水性能，有利于后续的物理法脱水操作并可获得理想的脱水率。水热处理改善细胞类生物质发酵残渣(如医药菌渣)脱水性能的作用机制主要体现在：在一定温度和压力的高温水中，物料中的黏性有机物被水解，胶体结构被破坏，从而使细胞的束缚水(包括间隙水、吸附水及毛细水)转变为可简单脱除的自由水。随水热反应温度和压力的增加，物料颗粒的相互碰撞概率增大，可加速胶体结构的破坏和束缚水与固体颗粒的剥离。另外，加热可使细胞膜中的磷脂质、蛋白质类物质分解，促进细胞发生破裂，释放胞内的水分。因此，经过水热处理的污泥在不添加絮凝剂的情况下，机械脱水可使含水率大幅度降低。其中，水解过程和细胞膜的破裂宏观上均致使挥发性悬浮固体物浓度减少，液相 COD 及氨氮浓度增加。此外，水热处理还可改善溶于脱除水中的有机物的厌氧消化性能，为菌渣的能源化利用提供有利条件。

5. 油浆蒸发脱水

基于水分蒸发的物料脱水必须克服水的蒸发潜热，要求向物料传递大量热量。该热量传递过程的效率和速率对脱水过程的综合能耗和成本具有决定性作用。针对固体物料，蒸发脱水一般基于热气体与物料的直接接触传热，气相与固相间的传热是关键环节。以强化对固体颗粒物料的传热为目的，不同的技术方式被提出、试验，有的得到了应用。例如，利用流化床干燥替代回转窑干燥、回转窑干燥替代移动床干燥都代表了通过改变干燥器类型，实质上改变其中的气固流动和接触方式，从而强化热气体对被干燥物料颗粒的传热的有效技术。另外，液相对固相的传热系数远远高于气相对固相的传热，因此，将传统的气固脱水干燥转变为液固脱水干燥可能明显提高过程效率，降低脱水能耗。基于该思路，许多液体被用于脱除固体颗粒和物件表面的水分，如利用溶剂二甲醚脱除高价值金属构件表面水的方法已普遍采用。针对高水分燃料的脱水，日本的神户制钢公司（Kobe steel Co.，Ltd.）开发了一种被称为煤油中浆料脱水（slurry dewatering in kerosene）的新型蒸发型脱水技术，用于对褐煤、污泥等高水分燃料的脱水[39,40]。该技术同样也被试验用于高水分工业生物质废弃物的脱水。本书作者曾与日本研究者通过日本NEDO项目合作，具体开展了饮料公司所产生的高水分咖啡渣和茶渣的煤油浆料脱水技术试验。实际上，本章在后面的双床研究中所使用的咖啡渣燃料均是利用该脱水技术制备的。

图5.22示意了煤油浆料脱水技术的工艺流程，其中，在脱水过程中载Ca基添加剂的方法将在本节最后描述。具体流程为：首先将需要干燥的高水分物料粉碎成合适的粒度，分散于煤油中制成可以流动的浆料；通过浆料泵将浆料加压（通常3.0atm），使其经换热器在加压状态下被加热到443K左右；然后降压膨胀使热浆料的水分蒸发，但仍保持高沸点煤油为液体状态；降压后的浆料分别通过离心分离和管式脱油器使煤油与物料分离，其中离心分离实现游离的煤油与固体物料颗粒的分离，管式脱油器主要使吸附于物料表面的煤油蒸发，进而冷却回收。据技术开发者的报道，煤油的回收率可达99%以上，回收的煤油进而在该脱水系统中被循环使用。煤油回收率高的另一个原因被认为是，在加压升温过程中煤油可能溶脱燃料中的一些有机物，使其成为油剂，即被物料携带的溶剂可能通过溶脱固体燃料的有机物得到了一定程度的补充，但这一作用的效果随燃料特性的不同而不同。在减压膨胀中，物料水分蒸发（闪蒸）所形成的蒸汽经压缩升温后被作为加热浆料的初始热源，回收利用了所脱除水分的蒸汽潜热。

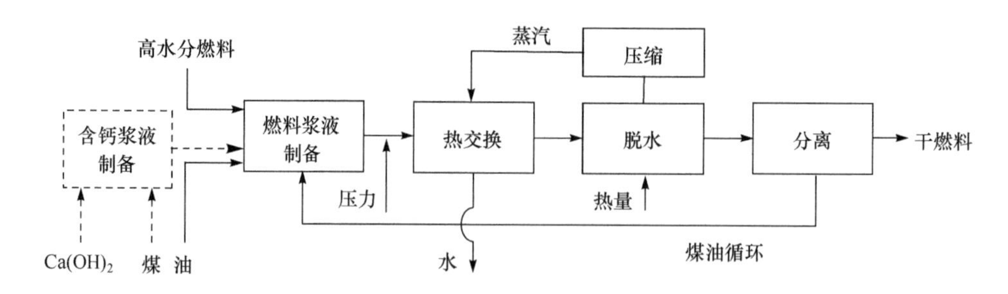

图5.22　煤油浆料脱水及脱水过程Ca催化剂的工艺流程示意图[40]

运用上述技术处理高水分褐煤、咖啡渣、茶渣等燃料的应用试验表明，通过热交换后排出的废水的BOD和COD值大致在2000～5000，可以混入一般的城市废水中进行处理[39,40]。该煤油浆料脱水可将褐煤、咖啡渣的含水量从60%（质量分数）最大降至10%（质量分数）左右。影响物料的脱水程度的主要因素包括：浆料被加热的温度、压力和膨胀蒸发器的结构等。温度、压力越高，脱水程度越大。由于加热被干燥物料是在煤油浆料中进行，较传统的高温气流直接对固态物料的传热系数大，加热器中蒸汽相与物料相的温差小（30～50℃），可有效防止管壁烧焦（气固传热中固相温度高，易烧焦）。同时，被蒸发的物料水分通过压缩回收利用其潜热，综合热效率高。图 5.23 比较了本技术与管束干燥器的热效率[41]，表明物料原始水分越高，该技术的节能效果越明显（因回收的蒸汽潜热所占的比例越大）。对于含水 60%（质量分数）的物料，煤油浆料脱水的综合热效率达 90%以上。同时，日本研发者的试验还发现：在加压条件下对煤油－物料的浆料加热，可使煤油与物料中的含氧官能团发生作用，溶出物料中的氧，一定程度上实现物料脱氧，降低其 O/C 比（433K 降低约 0.2），提高物料热值[39]。

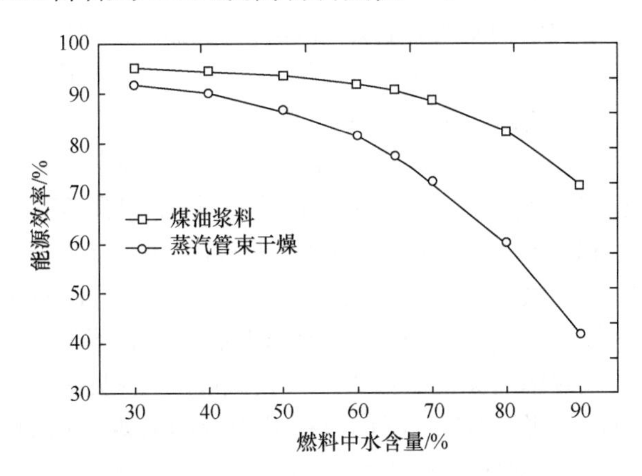

图 5.23　煤油浆料脱水技术与蒸汽管束干燥器的能源效率比较[41]

因此，煤油浆料脱水具有效率高、能耗低和同时改进物料（燃料）品质的优势。神户制钢已成功在印度尼西亚建立了 5t/d 的褐煤处理实验装置[42]，拟通过该技术在海外对褐煤实施预处理，生产高质量的褐煤燃料运往日本国内。但是，该技术要求制造流动性好的被处理物料的浆料，而且由于使用煤油溶剂，该技术方法仅能应用于燃料类物料的脱水。同时，通过该过程实施脱水的物料不可避免地会携带部分煤油，造成脱水过程成本较高，甚至经济上不可行。因此，该技术至今未实现产业化，但作为高能效的一种高水分燃料的新脱水技术，值得借鉴其创新的思路。

5.3.2　气化条件优化

1．实验装置和方法

双流化床气化 DFBG 最适合处理生物质燃料，不但包括农村秸秆，还包括在饮料、调料、食品、医药等轻工业生产过程中产生的生物质残渣，也称工业生物质废弃物或过程残渣，如白酒糟、醋糟、菌渣、咖啡渣、甘蔗渣等。据统计，我国每年产生各种工业生物质废弃物达 3 亿 t 左右[37]，与可以收集利用的农村秸秆相当，但工业生物质废弃物更为集中，性态相对均一，而且在其产生的工业过程具有对其能量的利用需求。因此，利用 DFBG 在一定规模上气化这些工业生物质废弃物，特别是难以通过生物方法利用的富含纤维素工业生物质废弃物，包括上述白酒糟、中药渣、醋糟、咖啡渣等，生产中热值工业燃气可以替代生产过程用天然气、煤基燃气等，用作锅炉和发动机的气体燃料，甚至合成为替代天然气 SNG，同时实现节能和控制生产过程固体废弃物污染两方面的效果，具有重要的现实意义。

因此，选定咖啡渣、白酒糟等富含纤维素工业生物质废弃物为燃料，较系统地研究生物质双流化床气化的条件影响，旨在优化过程条件[43]。研究所用的具体燃料为表 5.2 和表 5.4 所示的两种咖啡渣，为了方便，分别称其为燃料 1 和燃料 2。二者为不同时期准备的生物质废弃物燃料，虽同为咖啡渣，但燃料 1(表 5.2)在试验前被干燥到含水 10.5%(质量分数)，而燃料 2(表 5.4)被干燥到 9.3%(质量分数)，因此它们的工业分析结果多少有些差异。

实验所用的 DFBG 系统为图 5.5 所示的工艺实验装置，将其低速密相床 LVFB 作为气化反应器，使用 673K 水蒸气作为气化剂，借助 573K 空气燃烧半焦。在 LVFB(鼓泡床)和 HVPR(提升管)之间循环石英砂($d_{50}=190\mu m$，$\rho_p=2600kg/m^3$)作为热载体循环颗粒。根据本章前述公式(5.5)，热载体颗粒的循环量 G_s 实际上决定了燃料颗粒在鼓泡床气化反应器中的停留时间 t_r，而颗粒停留时间 t_r 又是决定燃料转化为产品气效率的关键参数之一。公式(5.5)表明：t_r 与 G_s 成反比。对于图 5.5 所示的 DFBG 实验系统，G_s 不仅与提升管内的表观气速 U_c 有关，而且与整个系统内的颗粒存量、鼓泡床和提升管之间的压差以及颗粒循环推动力有关[34]。在研究气化参数影响的实验中，保持后两个参数不变，所以 G_s 只由 U_c 决定。为了根据公式(5.5)计算 t_r，本研究利用特定设计的隔热切换阀[44]测量了真实高温条件下(1173K)的图 5.5 所示气化研究用循环流化床或双流化床的 G_s。测量结果表明：循环流化床系统的颗粒循环量受运行温度的影响不明显。图 5.24 表示了所测量的颗粒循环量 G_s 的平均值与提升管内表观气速 U_c 之间的关系。在测量过程中，实验系统内的总颗粒存量为 24.0kg。为了使鼓泡床(LVFB)和提升管(HVPR)之间的压差维持在一个相对稳定的值，鼓泡床和提升管顶部的压力约分别控制在 1600Pa 和 500Pa。根据鼓泡流化床中的压力降计算鼓泡床中的颗粒存量 Q，其大约为 20kg。由此求算的燃料颗粒在鼓泡流化床气化器 LVFB 中的停留时间 t_r 示于图 5.24 的右纵坐标。根据图 5.24，只需给出横坐标 U_c 便可从图中得到所使用实

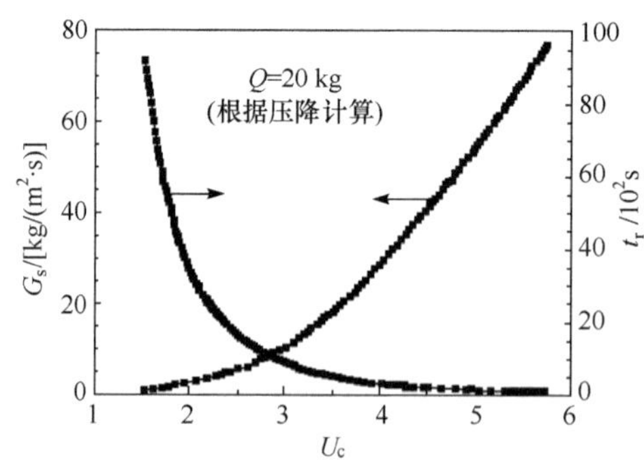

图 5.24　实验系统热载体循环量 G_s 和燃料气化器中停留时间 t_r 随提升管气速 U_c 的变化[44]

验 DFBG 系统(见图 5.5)的相应 G_s和 t_r值。

2. 基本气化特性

首先通过一组典型的气化试验初步考察咖啡渣燃料的 DFBG 气化特性。试验条件为:气化温度为 1073K,进入气化反应器的蒸汽流量为 3.4kg/h,燃料给料速率为 3.27kg/h,即蒸汽/燃料质量比 S/F 为 1.04,鼓泡床气化器在运行温度下的表观气速 0.16m/s,提升管燃烧器内表观气速 U_g为 5.1m/s。根据图 5.24,对应的燃料颗粒在气化反应器内的停留时间为 120s。实验持续 55min,而气化器和燃烧器的温度和压力在供料 15min 后就基本保持稳定(呈有规律的波动)[43]。图 5.25 和表 5.8 给出了代表性的实验结果,其中图 5.25 所示为气化器产品气和燃烧器烟气的主要成分的体积浓度随运行时间的变化特性,图 5.25(a)中右纵坐标还给出了产品气的高位热值(HHV)。图 5.25(a)表明:产品气中 CO 的浓度最高,占到包含示踪氩气在内的粗煤气的 28%(体积分数)左右,其他浓度从高到低依次是 H_2、CH_4、CO_2、C_2H_4以及 C_2H_6。总的碳氢化合物 C_mH_n浓度超过了 20%(体积分数),而且图中所示的所有可燃气体成分的浓度之和可达 74%(体积分数)左右,从而使产品气的 HHV 达 3800kcal/Nm³。这些结果充分说明了 DFBG 技术的特点,即能够有效避免燃烧过程中产生的 N_2和 CO_2对气化产品气的稀释,仅使用空气即能生产中热值产品气(燃气)。从图 5.25(b)中所示燃烧器的数据可以看出:O_2和 CO_2的体积浓度之和在不同的运行时刻都为 21%左右,说明燃烧器中被燃烧的可燃物质几乎都为 C,这也意味着进入燃烧器的半焦在气化器中几乎已经完全脱除了富含 H 的挥发分,展示所用的 DFBG 系统很好验证了双流化床气化技术的原理。

符号	△	◆	◇	■	□	●	○
气体	CO	H_2	CH_4	CO_2	C_2H_4	C_2H_6	C_3H_6

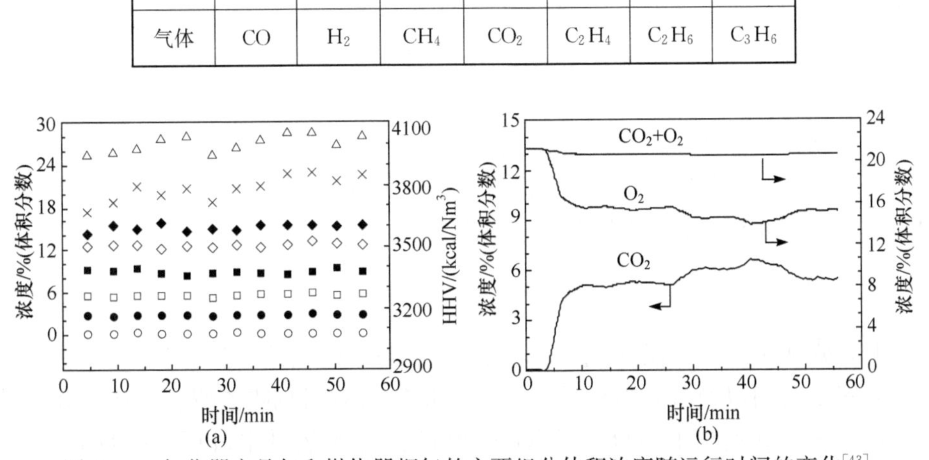

图 5.25　气化器产品气和燃烧器烟气的主要组分体积浓度随运行时间的变化[43]

表 5.8　DFBG 实验系统的主要性能评估结果[43]

项目	数值
产品气流量	48.2NL/min
产品气中焦油含量	35.2g/Nm^3(含氩气)
焦油组成/%(质量分数)	M:0.1，C:64.4，H:6.2，S:3.01，N:11.1，O:15.2，Cl:0.11
燃烧烟气流量	9.2Nm^3/h
烟气中 CO_2浓度(物质的量浓度)	8.5%
碳平衡(质量分数)	(97.3%)
进入产品气中的 C 转化率(质量分数)	66.1%
进入烟气中的 C 转化率(质量分数)	27.0%
焦油中 C 含量(质量分数)	4.2%

表 5.8 列出了其他一些所测量的参数，包括产品气(无示踪氩气)中的焦油含量、焦油元素分析以及气体流量等。粗煤气中的焦油含量高达 35.2g/Nm^3，造成这个高焦油含量的原因可能与两个因素有关：一是实验采用了易产生焦油的咖啡渣燃料，二是燃料供入气化器的位置在稀相区。Corella 等[45]的研究表明把生物质燃料供入流化床的密相区可极大地促进气化和破坏焦油的反应，从而提高气化效率，减少焦油产生量。把表 5.8 中的焦油与表 5.2 中的燃料元素分析数据进行比较，焦油中含有明显更多的 S 和 N、较少的 O，稍多的 C 和较少的 H。这说明在气化过程中，元素 S 和 N 更易富集于焦油中，同时焦油中可能含有更少的羧基。焦油中具有较高的 C 和较低的 H 元素含量意味着燃料中 H 的释放速度快于 C，这一点同样也可以从后述图 5.26 中的 C 和 H 转化率数据得到证实。表 5.8 还对系统的 C 平衡进行了分析。燃料中的元素 C 在 DFBG 气化系统中经过热转化进入产品气、烟气以及焦油中的转化率之和为 97.3%，说明了实验系统具有很好的碳平衡。C 转化率主要是根据气体流量、气体中 CO 和 CO_2的浓度值以及焦油中的 C 含量计算获得，具体方法可参考文献[34]。

3. 参数影响

下面分别研究气化温度、燃料颗粒尺寸、蒸汽/燃料质量比、气化器中表观燃料颗粒停留时间以及气化器中的空气供入量等参数对咖啡渣双流化床气化行为的影响。表 5.9 列出了实验工况 R1～R9 的条件参数设定，以及获得的产品气组成，而图 5.26 则比较了这些工况实现的 C 和 H 转化率、冷煤气效率以及产品气中的焦油含量。表 5.9 表明，所列实验既使用了燃料 1(No.1)，也使用了燃料 2(No.2)。

表 5.9　涉及的 DFBG 实验工况、条件参数和归一化的产品气组分浓度[43]

	项目	R1	R2	R3	R4	R5	R6	R7	R8	R9
试验工况和条件参数	燃料	No.1	No.1	No.1	No.2	No.1	No.1	No.1	No.1	No.1
	O_2/C	0.0	0.0	0.0	0.0	0.0	0.0	0.0	0.0	0.09
	F/(kg/h)	3.8	3.8	3.27	3.1	3.3	3.3	3.7	2.8	2.8
	S/F/(kg/kg)	1.04	1.04	1.04	1.10	0.84	1.45	0.92	1.21	1.21
	T_c/K	1008	1108	1085	1103	1105	1105	1103	1073	1073
	T_g/K	993	1093	1070	1085	1093	1093	1080	1053	1073
	U_c/(m/s)	2.6	2.9	5.1	4.8	2.9	2.9	2.9	2.9	2.9
	U_g(m/s)①	0.15	0.16	0.16	0.16	0.13	0.23	0.16	0.15	0.20
归一化的产品气组分浓度/%②(摩尔分数)	H_2	16.71	23.24	20.96	23.94	22.74	24.31	22.09	21.21	19.26
	CO	41.62	37.80	38.04	37.32	38.14	37.39	37.38	37.29	37.74
	CO_2	12.80	12.55	12.05	12.21	12.06	12.31	12.31	12.08	16.54
	CH_4	16.58	16.89	17.34	16.14	17.18	15.68	17.76	15.87	14.51
	C_2H_4	7.17	6.27	7.62	6.74	6.50	6.77	6.82	8.08	7.71
	C_2H_6	3.70	3.24	3.85	3.55	3.30	3.44	3.55	4.12	3.91
	C_3H_6	1.31	0.02	0.14	0.01	0.08	0.10	0.09	0.37	0.33
	C_3H_8	0.11	0.0	0.0	0.0	0.0	0.0	0.0	0.0	0.0

① 对于水蒸气流化石英砂颗粒，在温度为 1073K 时计算的 U_{mf} 约为 0.04m/s；

② 为使每种工况获得的产品气中的组分摩尔分数之和为 100%，对气体组分摩尔分数进行了归一化。

1) 气化温度

表 5.9 所示实验工况 R1 和 R2 的比较揭示了气化温度 T_g 的影响，获得的气化行为的相关数据示于图 5.26(a)中。两个工况具有相同的给料速率 F 和水蒸气/燃料质量比 S/F(表 5.9)。R1 和 R2 的燃烧器特征温度 T_c 约为 1000K 和 1110K，对应的气化反应器温度 T_g 通常比 T_c 低，分别为 993K 和 1093K。由于对两个实验固定了进入气化器和燃烧器的空气流量，气化器和燃烧器内的实际气体流速 U_g 和 U_c 在 R1 和 R2 两工况下略有差异，但总体上 U_g 约为 0.15m/s，U_c 稍低于 3.0m/s。比较表 5.9 中 R1 和 R2 工况下的气体成分看出，在较低的气化温度 T_g 下(即 R1 工况)，产品气(不包括示踪氩气)中含有较多的 CO 和 C_mH_n(C_2 和 C_3 组分)及较少的 H_2，这意味着在较低温度下产生的产品气具有较高的热值。然而，图 5.26(a)显示了在较低的气化温度 T_g 下，燃料中 C 和 H 元素的转化率(即 X_C 和 X_H)和冷煤气效率 η_e 较低，意味着处理单位质量的燃料产生的气体产品较少，而

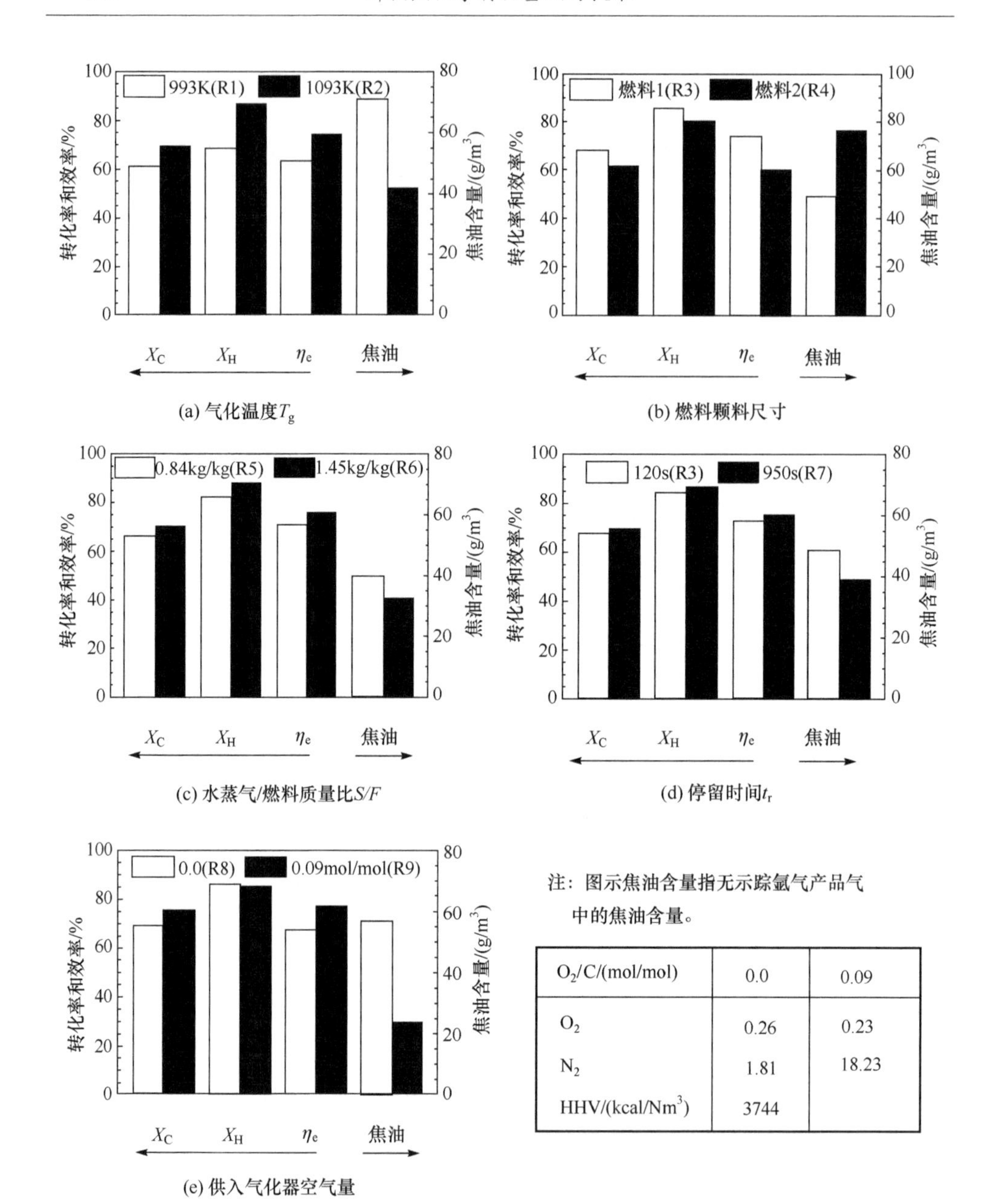

O_2/C/(mol/mol)	0.0	0.09
O_2	0.26	0.23
N_2	1.81	18.23
HHV/(kcal/Nm^3)	3744	

图 5.26　不同气化条件参数对 DFBG 气化效率和焦油生成量的影响[43]

且低气化温度下生成的产品气中含有的焦油量也较高。这些结果都说明了提高气化温度尽管会使产品气的热值略微降低，但有利于燃料向气体产品的转化（即高转化率）和焦油的。

2）燃料颗粒尺寸

燃料颗粒尺寸的影响可从比较表 5.9 和图 5.26(b)所示 R3 和 R4 实验工况的结果看出。实验中采用了粒径分别为小于 1.2mm 和小于 2mm 的两种燃料，即燃料 1(表 5.2)和燃料 2(表 5.4)。图 5.26(b)显示：粒径较大的燃料 2 的实验工况(R4)具有较高的 C 和 H 转化率和较低的冷煤气效率，但产品气中的焦油含量却明显较高，产品气的组成与 R3 对比没有大的差别。表 5.9 所示产品气的组成表明：细颗粒气化(R3)形成的产品气中 H_2浓度略低，CO 和 C_mH_n浓度略高，可能与细颗粒工况的气化温度较低有关。因此，燃料颗粒尺寸主要影响燃料元素的转化率、冷煤气效率以及焦油产率，而对产品气的组成影响不大。通常，燃料颗粒尺寸越大，气化初始阶段与气化剂的接触和作用面积较小，反应速度较慢，由此导致相同时间内实现的燃料转化率低、气化效率低，单位燃料量产生的燃气少。由于与气化剂接触更不充分，生成气中的焦油含量高。

3）水蒸气/燃料比

实验工况 R5 和 R6 的数据比较(表 5.9 和图 5.26)揭示了水蒸气/燃料质量比 S/F 对燃料气化行为的影响。图 5.26(c)比较了不同 S/F 比下的燃料气化特性。表 5.9 的数据表明：实验 R5 和 R6 除了 U_g和 S/F 不同以外，其他的反应条件参数几乎相同。燃料处理速率一定时，较高的 S/F(1.45)对应较高的 U_g，进而导致气化反应器内气体较短的停留时间。图 5.26(c)显示，提高 S/F 不仅有利于燃料元素和燃料能量的转化(X_C、X_H和 η_e)，同时也能多少降低产品气中的焦油含量。当 S/F 从 0.84 提高到 1.45 时，燃料元素和能量的转化率都提高了 5～10 个百分点，而产品气中的焦油含量大约降低了 7g/Nm^3。因此，采用较高的水蒸气/燃料比可以提高产品气的产量以及品质。然而，在实际的自热式气化过程中(本实验采用了电加热，如图 5.5 所示)，提高水蒸气/燃料比可能会降低能量的转化效率，因为供入较多的水蒸气需要更多的热量蒸发水和在气化器中提升水蒸气温度，但水蒸气的潜热在气化反应器的下游却很难完全回收。表 5.9 中的气体组成数据表明，实验 R5 和 R6 对应的产品气组成差异不大，只是较高的 S/F(R6)条件导致了较高的 H_2、CO_2和 C_mH_n(C_2以上)浓度和略低的 CO 和 CH_4浓度。这可能是由于增加水蒸气的供应会大大促进水气变换，同时大量减少床料颗粒表面的局部高温热点，减低了 C_mH_n的热裂解。对组分 CH_4来说，在两种实验工况下应该都很难被重整，产生的 CH_4总量因此大致相当，但较高的 S/F 会导致产品气总体积增大，进而使得其 CH_4摩尔浓度较低。

4）燃料停留时间

对比实验工况 R3 和 R7 的数据[表 5.9 和图 5.26(d)]可以说明燃料颗粒在气化反应器内的停留时间 t_r的影响。根据图 5.24，当 U_c为 5.1m/s(R3)和 2.9m/s

(R7)时，对应的停留时间t_r分别为120s和950s。尽管R7的停留时间要比R3高8倍左右，但图5.26(d)表明停留时间的延长对燃料元素和能量的转化的促进作用并不明显。这主要是因为在生物质气化过程中燃料C和H的转化都是在热解过程中完成的，而流化床中的热解在数十秒内就能全部完成[46,47]。因此，燃料的热解过程在两种实验工况下都已完成。实际上，使停留时间从120s延长到1000s仅仅能影响到半焦与水蒸气的气化反应，但由于这个反应在1083K时的动力学反应速率并不太快，所以对燃料元素和能量转化的提高并不显著。

然而，从图5.26(d)所示数据可以看出，实验工况R7下产生的产品气中的焦油含量比验R3降低了20％，这说明停留时间的延长会明显抑制焦油的生成。这可能是由于停留时间的延长，气化反应器中会含有更多的半焦，而半焦会对焦油的重整和分解反应发挥催化作用。表5.9所示数据表明：较长停留时间下产生的产品气具有较高的H_2、CO_2、CH_4浓度以及较低的CO、C_mH_n(C_2以上)浓度。这同样也显示了在延长停留时间后，半焦对焦油和C_mH_n的重整及分解反应的催化作用得以加强的效果。CH_4在实验工况下很难被重整，从而造成长停留时间下的产品气中CH_4浓度依然较高。不过，总体上分析各气体组分的浓度变化几乎可以忽略，这一点在图5.27中还会作进一步阐述。

5) 气化器供入空气

工况R8和R9的实验数据对比(表5.9和图5.26)显示了向气化器供入少量空气对气化行为的影响。在实验工况R8下，气化器中没有通入空气，而在工况R9下供入气化器的空气氧量和燃料C的质量比为0.09。工况R8和R9具有相同的燃料给料速率F、水蒸气/燃料质量比S/F以及相同的燃烧器气体速度U_c，但工况R9因向气化器供入了空气而导致气化温度T_g更高。由图5.26(e)可知，供入空气后提高了C转化率，但却降低了相应的H转化率。因此，表5.8中的数据表明，气化器供入空气后产品气中的H_2、CH_4以及C_mH_n浓度降低，CO_2浓度明显升高。另外，图5.26(e)右边表格数据显示，在工况R8和R9下的产品气(含示踪氩气)中含有相同的O_2量，但R9工况下的产品气中却有18.5％(体积分数)的N_2，这导致了产品气热值比工况R8要低800kcal/Nm^{3}左右。根据表5.9所示数据，工况R9时的产品气中含有较高浓度的CO_2，这说明气化器中发生了C的燃烧反应。当然，H也应该同时参与了这个燃烧反应，但在这个工况下，似乎H_2的产量并没有太受影响，所以图5.26(e)中表示的两个实验工况下的H转化率大致相当。在R9工况下，C的燃烧生成了CO_2和CO，从而使得产品气的总体积增大，导致CH_4和C_mH_n的浓度较低，而CO的浓度略增高。正如预料，空气供入气化反应器使得产品气中的焦油含量显著降低了60％。而且，供入指定量的空气提高了冷煤气效率η_e。因此可以推断，对气化器供入空气，达到O_2/C大约等于0.1时，对生物质的 DFBG 水蒸气气化是有益处的。即其在提高能源转化效率和抑制焦油产生的情况下，通过 DFBG 生成的产品气的热值还能维持在 3000kcal/Nm^3左右。

6）性能参数关联

图 5.27 关联了气化性能参数和产品气中主要组分的归一化摩尔浓度与 C 转化率的关系。该关联是仅针对水蒸气气化情形，因此工况 R9 下得到的 C 和 H 转化率及其归一化 H_2和 CO_2浓度并没有在图中表示（因其参数明显受供入气化器的空气量的影响）。图 5.27 表明：不同运行条件下的性能参数似乎仅仅与 C 转化率 X_C有关。这就意味着当使用水蒸气气化某种燃料时，只要 C 转化率已知，就可以根据图 5.27 算得其他参数的大致数值。根据图 5.27(a)可知，对于咖啡渣来说，随着 C 转化率的提高，产品气中的焦油含量逐渐降低，而 H 转化率 X_H和冷煤气效率 η_e则按比例升高。根据图 5.27(b)可知，随着 C 转化率的提高，归一化的 H_2浓度呈线性增高，而 CH_4和 C_mH_n（图中以 C_2H_4为代表）的浓度变化幅度却很小。归一化的 CO 浓度通常随着 C 转化率的提高而降低，但当 C 转化率提高到特定值后，CO 浓度的降低速率逐渐减小，这使得 CO 浓度在 X_C达到 60 %时几乎趋于一个常数。需要指出一点，尽管图 5.27 中揭示的这些规律可能仅对在水蒸气/燃料质量比为 1.0 时的咖啡渣水蒸气气化适用，但这种关联的方法可以应用于任意燃料和气化技术的分析中。

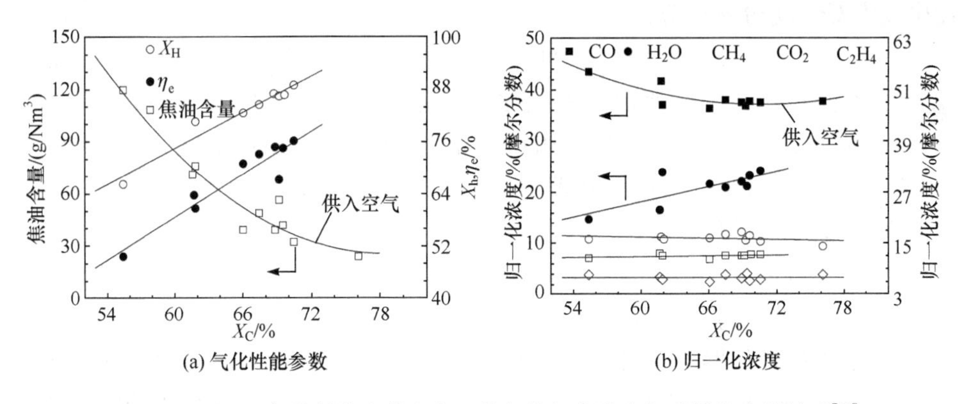

图 5.27　DFBG 气化性能参数和归一化气体组分浓度与碳转化率的关系[43]

5.3.3　Ca 基床料的作用

1. 作用原理

双流化床气化同其他气化技术一样，对技术先进性的要求是：实现高气化效率和低焦油生成。对应家用或工业用燃气应用，还要求具有合适的较高热值，而对于合成化学醇、醚、碳氢液体的应用则希望具有 1.0～3.0 的合理 H_2/CO 比。很多研究表明[46-51]，通过加入石灰石、白云石等形成的 Ca 基氧化物（通常同时含有 Mg、Fe 氧化物等）作为燃料气化过程的添加剂，可不同程度地实现对气化过程特性和气化产品品质的调控。Ca 基氧化物可以作为水气变换和焦油重整裂解反应的催化剂而提高气化效率和产品气的质量，即

$$CO+H_2O \xrightarrow{\text{氧化钙基材料}} H_2+CO_2, \quad \Delta H_0<0 \tag{5.8}$$

$$\text{焦油} \xrightarrow{\text{氧化钙基材料}} H_2+CO+CO_2+\cdots, \quad \Delta H_0<0 \tag{5.9}$$

这个效果已在很多常压生物质气化研究中得到了验证。使产品气通过一个装有 CaO 基颗粒（如煅烧的 $CaCO_3$ 和白云石等）的固定床[46,47]或添加 CaO 基颗粒作为气化反应器床料[48]，可以显著地减少产品气中的焦油含量并同时增加 H_2 含量和气体产量。CaO 在气化过程中的作用还可导致另外一个效果：CO_2 的吸收[49,50]。在这种情况下，CaO 通常可作为气化反应器的床料并通过以下反应原位捕捉 CO_2，降低产品气中的 CO_2 含量，使气体具有较高热值：

$$CaO+CO_2 \longrightarrow CaCO_3, \quad \Delta H_0<0 \tag{5.10}$$

可以通过耦合碳酸盐煅烧反应器和燃料气化器，在同一系统中使 $CaCO_3$ 再生为 CaO 而重新循环使用。由于反应(5.10)是一个体积缩小反应，通常需要提高压力以促进该反应的进行。此外，还需要确定适当低的气化反应温度，以阻止气化反应器中发生 $CaCO_3$ 分解反应：

$$CaCO_3 \longrightarrow CaO+CO_2, \quad \Delta H_0<0 \tag{5.11}$$

因此，具有 CO_2 原位吸收剂的气化过程通常要求温度在 1000～1100K 范围内，压力高于 20atm[49,50]。通过采用更高压力（大于 30atm）和更低反应温度（约 873K），Lin 等[51]实现了在煤气化器中 CO_2 的近乎完全吸收，建立了煤气化直接产高浓度 H_2 的原理过程。

然而，CaO 的 CO_2 吸收效果是否有可能运用到常压气化中？需要什么样的操作条件？由于较低的投资和运行费用，在一些生物质燃料的分散电力或合成气生产系统中，常压气化器的使用十分普遍。图 5.28 给出了反应(510)和(511)的热力平衡数据。这两个反应的发生完全取决于反应温度和 CO_2 分压的匹配组合。常压气化过程中产品气的 CO_2 分压通常低于 0.2atm，当反应温度高于 1078K 时，$CaCO_3$ 的煅烧必然发生。同时，在温度低于 1000K 时，CaO 必然会吸收 CO_2 并使其浓度降低到 5%（体积分数）左右。这意味着，在常压气化中，从热力学平衡角度分析，利用 CO_2 的吸收效果是有可能的。但从实际气化反应器中的动力学分析，这个效果是不是确实能实现以前尚无明确证明，需要通过实验验证。为此，开展了利用 CaO 作为床料的生物质流化床气化，在模拟 DFBG 可能的气化反应条件下研究 CaO 对反应的作用，以及这种作用随气化温度等反应条件的变化[52]。

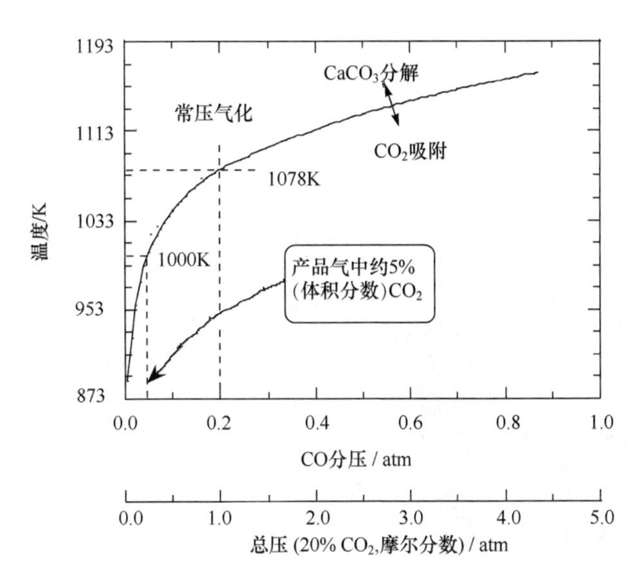

图5.28　常压气化器中不同反应温度下CaO和CO_2的热力学平衡反应[52]

2. 实验装置和方法

为了实验验证CaO在常压气化过程中的可能作用，针对干燥后咖啡渣燃料(特性分析见表5.10)在如图5.29所示的流化床气化反应装置中开展了实验研究[52]。详细实验工况和条件参数见表5.11。流化床气化反应器内径为80mm，顶部距离分布板高度为1200mm，分布板为10mm金属粉末的烧结板。实验采用了在距离布板高度200mm处(向上)的镀金炉加热气化反应器。实验过程中通过N_2流连续携带燃料颗粒进入反应器内，燃料给料速率为475g/h，携带N_2同时也作为测量生成的产品气体积的示踪气体。反应床料包括平均粒径为140mm、表观密度为1600kg/m^{3}的石英砂，平均粒径为70mm(小于1.0mm)、表观密度为1050kg/m^{3}的轻烧石灰石。模拟DFBG条件，气化剂为“水蒸气+O_2”，其中O_2/C和蒸汽/C的摩尔比维持在如表5.11所示的合理数值。在反应温度下的反应器中的表观气速为0.2m/s，气体通过颗粒床层的停留时间为2.5～3.5s，以使生成气可与CaO颗粒充分作用。

表5.10　实验用咖啡渣生物质燃料特性[52]

工业分析 /%(质量分数，湿重)				元素分析 /%(质量分数，干基)					堆积密度 /(kg/m^3)	粒径 /mm
M	V	FC	A	C	H	N	S	O		
3.1	70.4	24.3	2.2	54.9	6.12	3.07	0.01	33.61	350	<1.2

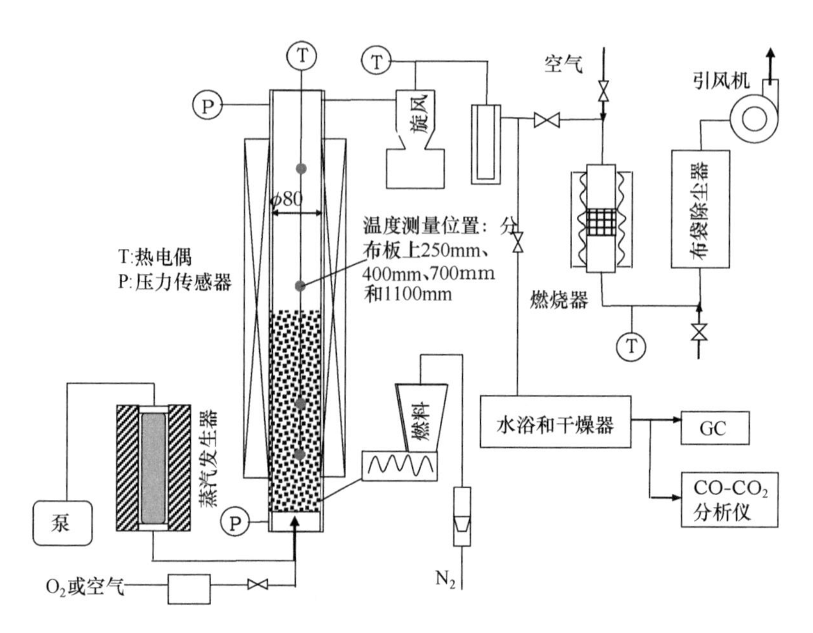

图 5.29　小型流化床气化实验装置示意图[52]

表 5.11　实验工况与条件参数设置[52]

项目	数值
燃料给料率	475g/h
燃料/CaO 质量比(使用 CaO①时)	50/50m/m
颗粒存料量②	
无 CaO (只有石英砂)	2.7kg
有 CaO	2.4kg 砂子＋0.4 kg CaO
气化剂	
N_2	4.5NL/min
纯 O_2	2.5NL/min
蒸汽	470g/h
O_2/C	0.32mol/mol
蒸汽/C	1.26mol/mol
表观气速 (N_2＋O_2＋蒸汽，1000K)	0.20m/s
气体停留时间	2.5～5s

① CaO：轻微煅烧，表观密度为 1050kg/m^3，Sauter 平均粒径为 70mm(全部小于 1.0 mm)，比表面积为 2.0～5.0m^2/kg，孔容为 0.01mL/g(孔径范围约为 0.02mm)。

② 石英砂：Sauter 平均粒径为 140mm，表观密度为 1600kg/m^3。

当测试 CaO 的作用效果时，把 CaO 颗粒同时加入燃料和石英砂中，与生物质燃料按 1∶1 的质量比，与石英砂的混合比例见表 5.11。每次实验时，首先把稳定流化的流化床反应器加热到要求的温度，然后连续供入燃料。氧气会燃烧掉部分燃料或者生成的可燃气和半焦，并释放热量提高床体温度。图 5.30 给出了 400mm 和 700mm 位置的温度变化。在给料后大约 20min，温度逐渐稳定，床高 400mm 处的稳定温度被认为是特征反应温度。实验采用微型气相色谱 GC(Agilent 3000A)测量生成气中的气体组分浓度，同时使用红外 CO/CO_2 分析仪(Shimadzu CGT102A)在线连续监测 CO 和 CO_2 的浓度变化。

3. 实验典型结果

图 5.30 给出了在连续给料过程中 CO 和 CO_2 在产品气中的浓度变化(反应温度为 1068K，加 CaO)。图中实线是在线 CO/CO_2 红外分析仪测量的数据，离散的数据点是使用微型 GC 测量的生成气浓度。可见，两种仪器测量的数据差异很小，图 5.31 和图 5.32 因此只表示了微型 GC 测量的数据。

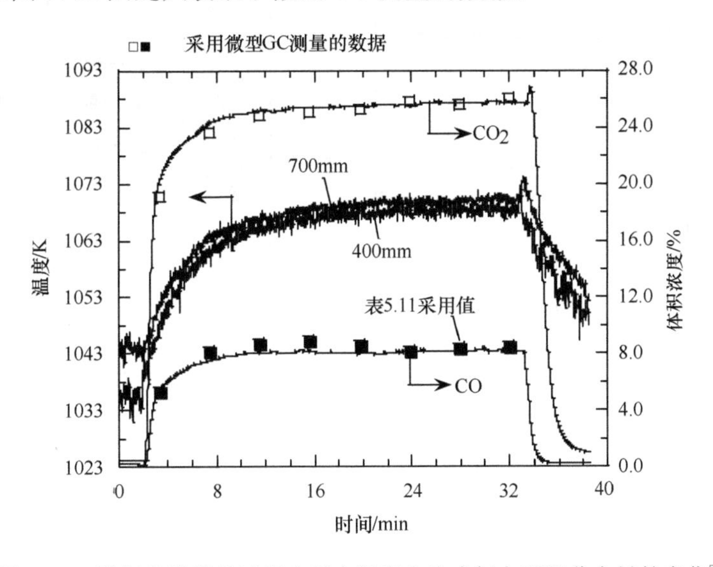

图 5.30　燃料连续供给过程中反应温度和生成气主要组分含量的变化[52]

表 5.12 给出了在准稳态条件下包含 N_2 在内的气化产品气中各组分的体积浓度(GC 测量)。在两个反应温度(990K 和 1068K 左右)下均试验了添加和不添加 CaO 的气化效果。图 5.28 表明：这两个温度分别代表了常压下 CaO 吸收 CO_2 与 $CaCO_3$ 分解的平衡。对应于表 5.12 的准稳态产品气组成，图 5.31 进一步给出了主要组分 H_2、CO 和 CO_2 的浓度随反应时间的变化，图 5.32 则给出了 C、H 转化率和产品气(不包括 N_2)高位热值 HHV 随时间的变化。在两个反应温度(990K 和

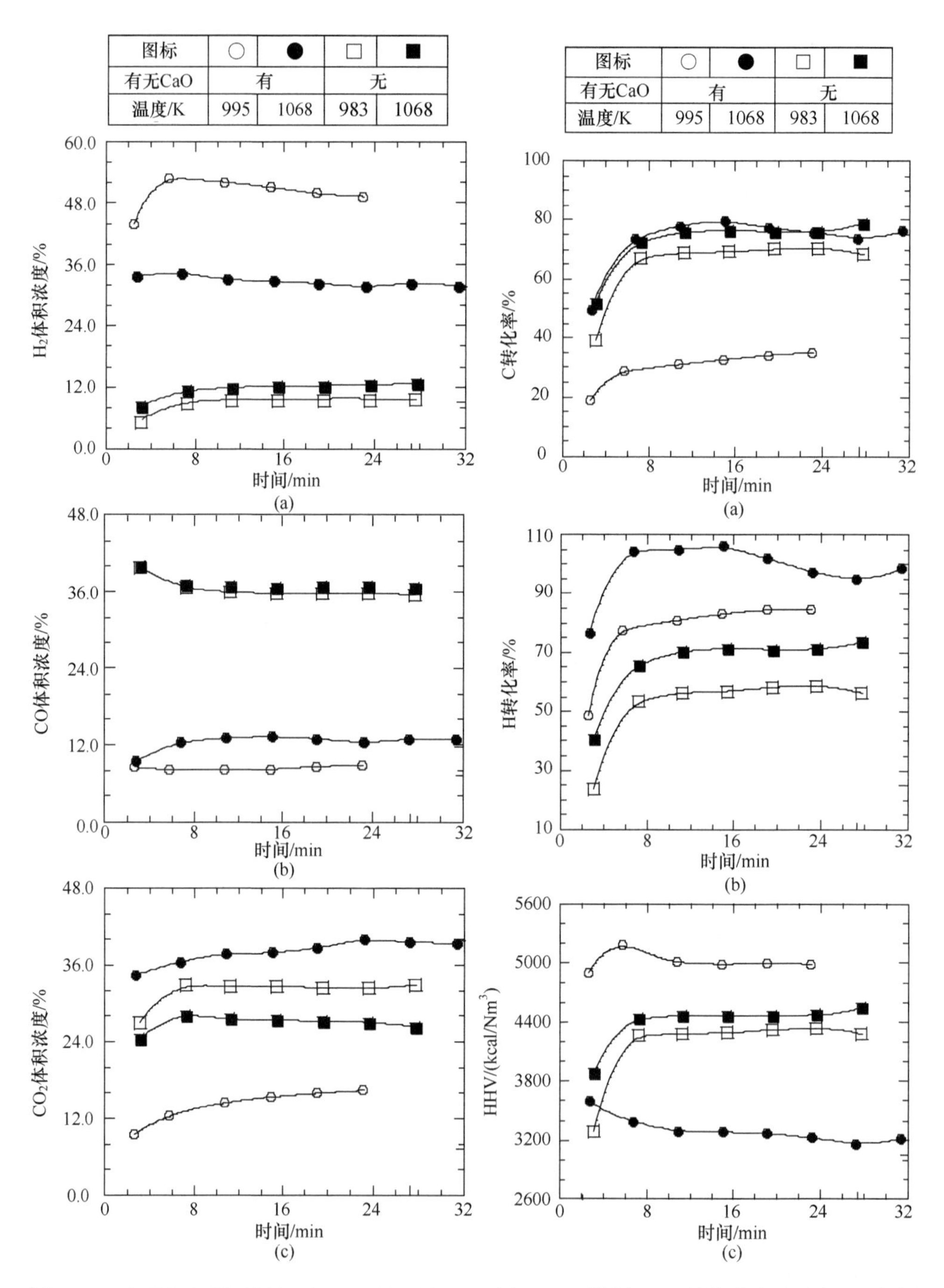

图 5.31 产品气(不包括 N_2)中 H_2、CO、CO_2 体积浓度随时间的变化[52]

图 5.32 燃料 C、H 转化率和产品气(不包括 N_2)高位热值随时间的变化[52]

1068K)添加 CaO 都大大提高了产品气中 H_2 的含量,同时明显降低了 CO 含量。这个规律不仅能从表 5.12 所示的准稳态产品气组分浓度看出,还可在图 5.31 所示整个给料过程中气体组分浓度的变化中展示。前面已经提到,CaO 基添加剂是通过促进 CO 变换和焦油重整/裂解反应而提高 H_2 含量的。实验中虽然没有定量测量产品气中焦油含量,但发现在添加 CaO 后,反应器后的管路上黏附的焦油量明显变少。图 5.32(b)说明添加 CaO 后大大提高了 H 的转化率,甚至使得 H 转化率超过了 100%。这是由于 CaO 促进 CO 变换和焦油重整/裂解反应,使得更多水中的 H 转化到产品气中,而通过公式(5.1)计算元素转化率时对于原料 H 未考虑水中的 H,致使 H 转化率可能超过 100%。另外,表 5.12 的数据还表明:添加 CaO 后会降低产品气中碳氢化合物气体(即 CH_4~C_3H_6)的含量,意味着添加剂的催化作用也促进了碳氢化合物气体的重整反应。

表 5.12　稳态条件下产品气中各气体组分的体积浓度[52]

条件	温度/K	图 5.30 中图标	体积浓度/%							
			H_2	CO	CO_2	CH_4	C_2H_4	C_2H_6	C_3H_6	O_2
有 CaO	983	□	5.5	20.1	18.2	4.9	4.1	2.1	0.9	0.04
	1068	■	8.7	25.3	18.6	6.9	5.6	2.8	0.2	0.04
无 CaO	995	○	25.0	4.6	8.5	6.4	3.6	1.8	0.7	0.05
	1068	●	21.7	8.9	25.1	5.5	3.0	1.5	0.0	0.05

从理论上讲,添加 CaO 在促进 CO 变换反应的同时也会提高产品气中 CO_2 的含量,但表 5.12 和图 5.31(c)说明:只有在较高温度(1068K)时才会出现产品气中 CO_2 含量升高的情况。在温度较低时(约 990K),添加 CaO 反而降低了产品气中 CO_2 的含量。基于表 5.12 数据可以看出,添加 CaO 后产品气的 CO_2 浓度为 8.5%(体积分数),远低于未添加 CaO 时的 CO_2 浓度 18.2%(体积分数)。对应于这个结果,在温度 990K 左右时,由公式 5.1 计算的碳转化率值较低;而在温度 1068K 时由于添加 CaO 导致了较高的 C 转化率。因此,在 995K 时必然发生了 CaO 对 CO_2 的原位捕捉(或吸收),从而降低了产品气中 CO_2 含量以及燃料 C 转化为气体 C 的转化率。理论上(图 5.28),只要产品气中 CO_2 浓度高于 5%(体积分数),在温度 995K 和常压下,CaO 就能吸收产品气中的 CO_2。实验获得的准稳态条件 CO_2 浓度为 8.5%(体积分数),这说明由于反应时间有限,气化器中发生的 CO_2 吸收还未达到化学平衡。

图 5.32(c)给出的产品气高位热值 HHV 的变化也符合以上分析。在温度 1068K 时,添加 CaO 会降低产品气热值,而在温度 990K 左右时添加 CaO 会提高

产品气热值。在 1068K 时，被促进的 CO 变换反应可以把 1mol CO 和 1mol H_2O 变换生成 1mol H_2 和 1mol CO_2，从而降低产品气的 HHV，但增加总的气体体积。在 990K 左右时，由于 CaO 对 CO_2 的吸收，不仅降低了 CO_2 含量，而且提高了产品气热值。图 5.32(c)中给出的较高 HHV 值说明了被吸收的 CO_2 量要多于 CaO 促进 CO 变换反应所生成的 CO_2 量。有许多关于生物质气化的研究[47,48]把产品气热值的提高归因于对焦油重整/裂解反应的促进。由图 5.32(a)的结果可以看到，在 990K 左右时，添加 CaO 会使 C 转化率降低，相应地，图 5.32(c)中由于添加 CaO 形成的产品气高热值就不能仅归因于 CaO 促进焦油重整/裂解反应的结果，而主要应该是 CaO 对 CO_2 的吸收作用所致。

5.3.4　负载 Ca 燃料气化特性

1. 作用原理

许多研究表明了 Ca 基添加剂对煤气化反应的催化作用[49-55]，并证明了燃料表面载高度分散的含 Ca 化合物有助于提高燃料活性[53,55]。对燃料负载 Ca 化合物往往通过离子交换[56,57]或浸渍[57,58]等方法，使得燃料成本提高。正是由于这个原因，自 20 世纪 60 年代发现含 Ca 组分对煤气化的催化作用以来，半个世纪后的今天还没有出现煤催化气化技术的真正应用。对于生物质气化，由 5.3.3 节的讨论可知，Ca 基添加剂在气化过程中有助于分解焦油甚至原位吸附 CO_2。Ca 基添加剂与燃料物理混合或在一个单独的下游反应器中作用于产品气，均能降低生产气焦油含量。由于添加剂不能在燃料表面分散，很难对半焦气化反应发挥催化作用。另外，对于一些富含纤维素的生物质，如木质材料和农业残渣，载添加剂也是非常困难的。气化高水分生物质燃料必然要求燃料脱水，如果在燃料脱水过程中同时载含 Ca 组分则既可有效提高燃料气化活性，还可以避免额外的操作费用。

前述图 5.22 给出了日本神户制钢公司研发的煤油浆料脱水技术的工艺原理[39,40]。在利用该技术脱水过程中作者与日本研究者合作尝试同时对生物质燃料载 Ca 化合物的可能性[59-61]。图 5.22 中的虚线框表示了在载 Ca 化合物时需要增加的工序，即首先将 Ca 化合物[图中所示为 $Ca(OH)_2$]与一定量的溶剂煤油混合，制成 Ca 化合物的油浆，该油浆进而与高水分燃料和需要追加的煤油溶剂混合，制备燃料的煤油料浆。对该料浆的处理完全与无 Ca 添加剂时一样，按图 5.22 所示工艺方法和对应的工艺条件进行，但最后可获得负载 Ca 添加剂的燃料。图 5.33 比较了有无添加含 Ca 组分[即 $Ca(OH)_2$]的咖啡渣料浆按照图 5.22所示工艺方法加热脱水时所实现的燃料含水量随油浆温度的变化特性，即两种情形下的燃料脱水特性[59,60]。可见，在该油浆蒸发脱水过程中同时对燃料载含 Ca 化合物几乎不影响可实现的燃料脱水性能，这实际上验证了在高水分燃料脱水过程中载金属化合物催化剂是可行的，可避免引入明显的额外成本。

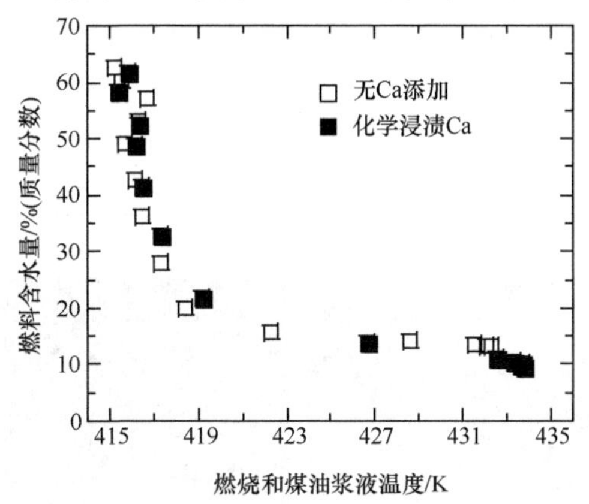

图 5.33　有无 Ca 基化合物情形的咖啡渣煤油浆料脱水特性比较[59]

2. 燃料特性

表 5.13 比较了有无含 Ca 组分的干咖啡渣燃料的主要特性。催化剂负载采用了纯度为 95%的 $Ca(OH)_2$，转换为 CaO 的用量相当于干燃料的 4%～5%(质量分数)。从表中可以看出，负载含 Ca 组分的咖啡渣具有明显较高的灰分，较低的 C、H、O、N、固定碳含量和较低的燃料热值。作为生物质燃料，负载含 Ca 组分的咖啡渣仍然具有足够高的挥发分(65%，质量分数)。图 5.34 比较了通过 SEM-EDX 图片测得的物理混合和上述负载方法获得的两种咖啡渣燃料中 Ca 组分在燃料表面的分散程度的差异。这里，物理混合 Ca 组分燃料指通过对表 5.13 所示无 Ca 咖啡渣燃料按 CaO 与燃料质量比 0.05 混入由轻烧 $Ca(CO_3)_2$ 制得的 CaO 而得的燃料。作为气化实验原料的一种，物理混合使用的 CaO 的性质示于表 5.13 中，其粒径小于 1000mm，比表面积为 2.0～5.0m^2/kg，孔体积约为 0.01L/kg。燃料与 CaO 的混合比例 0.05 保证了物理混合燃料和表 5.13 所示 Ca 组分负载燃料具有类似的 CaO 含量。通过 X 线荧光(XRF)分析物理混合 CaO 和在脱水过程中负载 $Ca(OH)_2$ 两种咖啡渣燃料的矿物组成，验证了它们的 CaO 含量非常类似，为 85%±1%(质量分数)，表明两燃料的 Ca 组分含量相同，差异仅存在于 Ca 组分本身形态及其在燃料颗粒中的分散度不同。

实际上，图 5.34(a)表明物理添加的 Ca 化合物独立存在于其聚集的位置(图中白点)，其本身没有很好的分散，也没有在燃料表面分散。对应地，图 5.34(b)所示的 Ca 组分负载燃料在其表面的 SEM 图像(左)中不能观察到 Ca 化合物的存在，但通过EDX发现在整个测量表面都明显地检测到Ca物种的存在(右)，显示

表 5.13　有无添加含 Ca 组分的咖啡渣燃料特性[59]

Ca 添加	工业分析 /%(质量分数,湿重)				元素分析 /%(质量分数,干基)					HHV /(kJ/kg,干基)	粒径 /mm
	M	V	FC	A	C	H	N	S	O		
否	10.5	71.8	16.7	1.0	52.97	6.51	2.80	0.05	36.62	21980	<1.2
是	14.8	64.9	15.8	4.5	50.17	6.07	2.78	0.08	35.78	20457	

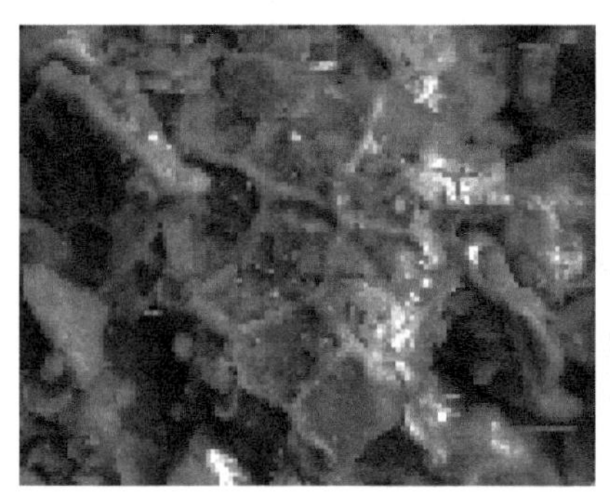
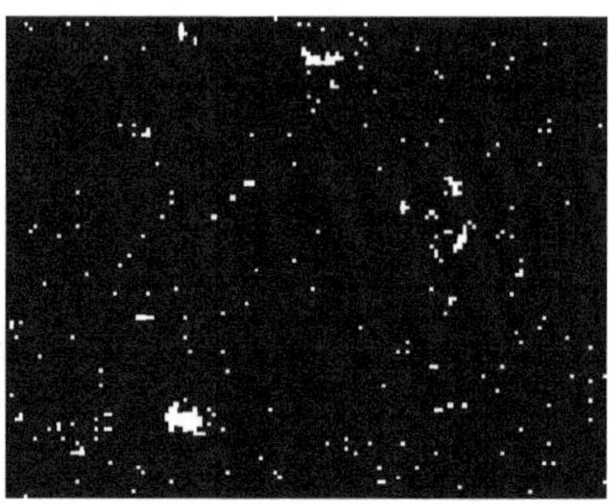

(a) 物理混合CaO燃料

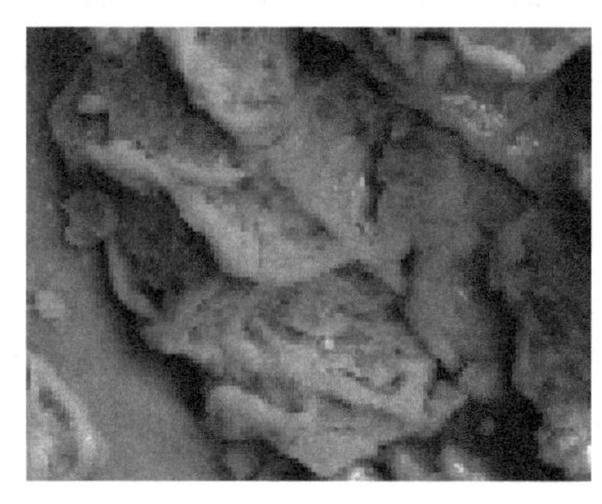
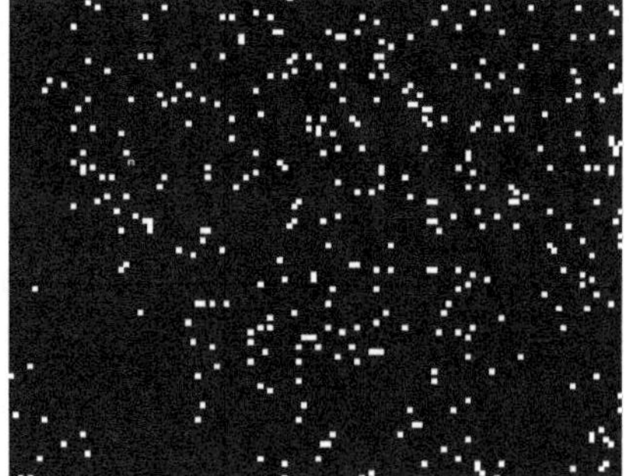

(b) 负载$Ca(OH)_2$燃料

图 5.34　物理混合和脱水中负载含 Ca 组分的咖啡渣燃料的 SEM-EDX 照片(×1000)[59]

了负载 Ca 化合物本身及其在燃料表面的高度分散。图 5.35 表示对两种燃料的 XRD 测试曲线,可见 CaO 物理混合燃料具有明显的 CaO、$Ca(OH)_2$和 $Ca(CO_3)_2$峰,但对 Ca 组分负载燃料没有检测到任何明显的 Ca 物种峰。这一结果更进一步证实了 $Ca(OH)_2$的负载和其在燃料颗粒表面的高度均匀分散特性。因此,不难推断,具有高度均匀分散 Ca 组分的上述 $Ca(OH)_2$负载燃料将具有更高的气化活性。即通过上述脱水过程负载催化剂 Ca 组分的技术方法将对气化反应产生更强的催化作用,下面的气化实验正好验证了这一推断。

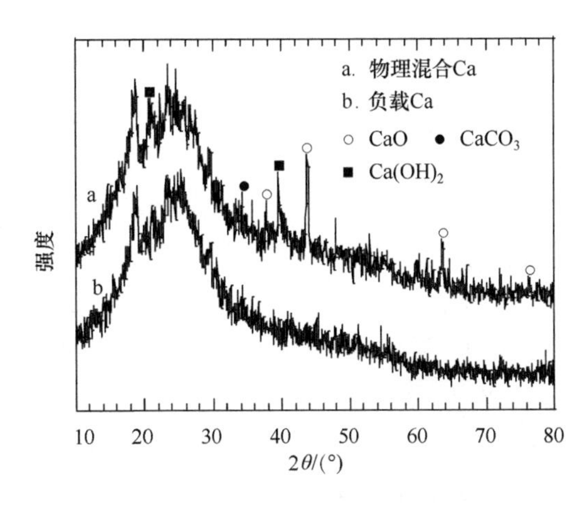

图 5.35　物理混合和脱水中负载含 Ca 组分咖啡渣燃料的 XRD 分析[59]

3. 气化实验

对上述不同方式添加或负载 Ca 组分的咖啡渣燃料的气化实验也利用图 5.5 所示的 DFBG 实验系统。实验条件参数与气化实验所使用的其他物料的特性如表 5.14 所示。气化实验涉及表 5.13 所示的无 Ca 咖啡渣、负载 Ca 组分咖啡渣以及物理添加 CaO 的无 Ca 咖啡渣三种燃料。如表 5.14 所示，热载体颗粒为粒径为 180mm 的石英砂，燃料处理量为 4.0kg/h，DFBG 的气化器和燃烧器温度分别控制在 1083K 和 1093K，供入气化反应器的水蒸气与燃料的质量比为 1∶1，而供入燃烧器中的空气按燃烧燃料所含 C 的 25%～30%所需要的量而确定(假定燃烧这些 C 就能供给气化反应热)。针对每种燃料的气化实验的持续供料时间为 1h 左右，系统的气化行为通常在 10min 左右稳定(如前述图 5.31 和图 5.32 所示)。

表 5.14　含 Ca 燃料双床气化实验工况以及物料特性[59]

项目		数值
燃料气化器	温度	约 1083K
	蒸汽量	约 4.0kg/h
	燃料量	约 4.0kg/h
	氩气量	10.6NL/min
半焦燃烧器	温度	约 1093K
	空气量	70NL/min [空气与 25%(质量分数)燃料 C 的比值:约 1.1]

续表

项目		数值
石英砂	Sauter 粒径	180μm
	堆积密度	1600kg/m^3
	存量	约 24kg
用于物理混合的 CaO	轻度煅烧的 $CaCO_3$矿石	
	堆积密度	1050kg/m^3
	Sauter 粒径	70μm(<1.0mm)
	比表面积	2.0～5.0 m^2/kg
	孔容	0.01L/kg

表 5.15 给出了气化三种燃料获得的产品气的组分浓度以及高位发热量，而图 5.36比较了对应实现的 C、H 转化率和产品气中的焦油含量，这里 W 指无 Ca 添加，Ph 代表物理混合 CaO，而 Im 对应负载 Ca 化合物。气化结果的参数均是通过平均在 40～50min 内的稳定运行实验数据而求得的。

表 5.15　不同方式添加或负载 Ca 组分的咖啡渣气化产品气的组成和热值[59]

燃料	温度/K	体积浓度/%								HHV /(kcal/Nm^3)
		H_2	CO	CO_2	CH_4	C_2H_4	C_2H_6	C_3H_6	Ar	
W	1083	18.6	29.3	10.5	13.2	4.79	2.47	0.03	18.7	3850
Ph	1083	21.7	11.6	26.3	13.2	4.90	2.50	0.03	17.8	3909
Im	1080	31.9	24.0	14.5	10.1	3.50	1.84	0.02	12.6	3540

表 5.15 中的气体浓度数据表明，对咖啡渣物理混合 CaO 和负载 $Ca(OH)_2$都能提高产品气中 H_2和 CO_2浓度，降低 CO 和碳氢化合物(CH_4～C_3H_6)含量，从而在一定程度上降低产品气的热值(因增大了产品气体积)，但负载 Ca 组分实现的效果十分明显，如物理混合 Ca 组分仅使 H_2浓度从 18.6%(体积分数)提高至 21.7%，而负载情形的 H_2浓度则高达 31.9%。物理混合 Ca 组分更明显降低了产品气中的 CO 含量，从 29.3%(体积分数)至 11.6%，但负载 $Ca(OH)_2$仅降低 CO 浓度到 24.0%。物理混合 Ca 组分使生成气中 CO_2含量明显增加，而负载 Ca 组分则使碳氢化合物浓度降低程度加强。所有这些结果表明，物理混合 CaO 的作用更多仅是促进了 CO 的变换反应，而负载的 Ca 组分却强化了燃料气化反应，使更多的燃料 C 转为生成气，其产品气相对于物理混合 CaO 情形具有显著高的 H_2和 CO 含量，且生成的气体量(体积)大。由于 CO 含量高，更多水蒸气消耗于 C 气化反应，受 CO 变换反应的平衡控制，其 CO_2浓度低。大量存在 H_2和 CO 的生成气具有更低的热值，但气体总量明显更大，这一点可从下面的效率比较进一步看出。

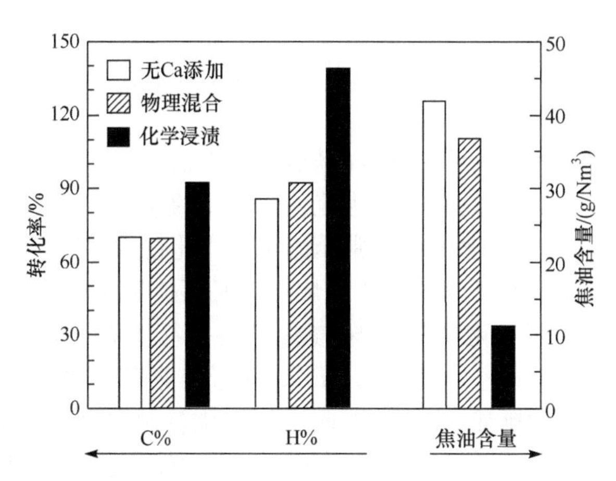

图 5.36 不同方式添加或负载 Ca 组分的咖啡渣气化的 C、H 转化率及产品气焦油含量[59]

图 5.36 的比较进一步证明:在相同气化条件下负载 Ca 组分的燃料显著提高了燃料 C、H 转化率,降低了产品气中焦油含量,而物理混合 CaO 发挥的效果却很微弱。Ca 组分负载燃料在气化器中的 C 转化率达 90%以上(不包括焦油),H 转化率高达 140%,而物理混合燃料的 C 和 H 转化率分别仅为 70%和 93%左右。这些结果表明,Ca 负载燃料在气化反应器内有效地转化为产品气,由于实验装置为电加热,实现的燃料制气效率可能高于由气化器与燃烧器的能量平衡所允许的效率。例如,C 转化率为 90%情形时,燃烧器中燃烧的未反应 C 肯定难以支持系统的热平衡,而高达 140%的 H 转化率表明大量 H 元素自水蒸气气化剂转化为产品气的 H_2,说明气化器中大量发生了 C 的水蒸气气化反应和 CO 水蒸气变换反应。同时,负载 Ca 组分将产品气的焦油含量从 $42g/Nm^3$ 降低到约 $11g/Nm^3$,而物理混合 CaO 仅降低焦油含量至 $38g/Nm^3$。所有这些结果都揭示了负载 Ca 组分较物理混合 CaO 对燃料气化、焦油脱除的重整与裂解反应具有显著的催化活性,明显高于物理混合 CaO。

综上所述,在高含水生物质燃料的脱水干燥过程中同时负载催化剂组分(这里为 Ca 组分)提供了一种经济可行的催化剂负载和燃料预处理方式。这种催化剂负载方式不但有效,而且不造成明显的额外成本。针对咖啡渣气化的上述结果还表明,对于生物质燃料,CaO 或 $Ca(OH)_2$ 是一种廉价有效的催化剂原料,在高度分散的前提下,添加不到 5%(质量分数)的 Ca 组分可以发挥其有效的催化性能。可以期望,这种通过在高水分燃料(特别是生物质燃料)的预处理过程中负载包括 Ca 化合物在内催化剂组分的技术方法将具有很好的应用前景。

5.4 煤双流化床气化

双流化床气化尤其适合反应性好的燃料，除生物质外，褐煤及部分年轻的长焰煤也具有不错的气化活性，适用于作为流化床气化的原料。另外，我国拥有巨大的工业煤气使用需求，一直以来依赖于常压固定床气化技术，特别是常压两段固定床气化炉，单台最大处理能力局限于70吨煤/天，必须使用价格高、产量有限的粒径20mm以上的优质块煤。两段固定床气化炉气化生产的工业煤气热值通常为1200kcal/Nm^{3}左右，最高达1500kcal/Nm^3。随着工业煤气站容量的扩大，块煤资源的可持续性供应受到挑战，我国的工业煤气气化急切需要建立可以使用碎煤资源的大规模气化技术，流化床气化是可能的选择。双流化床气化DFBG是流化床气化技术的一种，具有仅利用空气就可生产含N_2量少甚至几乎不含N_2的产品气，具有独特的技术优势。但是国内外的DFBG工作几乎全部针对生物质燃料，直到2006年由日本的IHI株式会社开始利用DFBG开展煤炭气化技术的研发(称为TIGAR气化炉)[62,63]。同IHI株式会社合作，作者的研发团队也在类似时间开展煤炭双流化床气化的一些工作[64,65]，包括燃料气化动力学、技术中试和过程模拟验证等方面。本节将总结相关方面的研究进展，并在最后简要介绍日本IHI公司的TIGAR气化炉技术现状。

5.4.1 气化反应基础

国内外已开展大量流化床煤气化的反应基础研究，但相关数据难以直接应用于DFBG的气化反应器的设计，而且关于煤的DFBG研究本身十分缺乏，没有针对DFBG的气化反应动力学或实现给定气化效率所需要的反应时间等方面的数据。为了设计确保较高气化效率的DFBG气化反应器，本部分针对DFBG煤气化生产工业煤气的目的，实验研究以“空气+水蒸气”作为气化介质的烟煤气化反应为基础。选定烟煤具有一定的偶然性，但基于烟煤的反应基础数据设计的后述中试装置也适用于褐煤、长焰煤气化，开展其气化效果的中试验证。在小型流化床气化反应器中模拟实际的DFBG气化反应器中可能的反应条件，系统地研究气化温度、煤进料方式、气化剂中水蒸气与O_2含量、煤料粒径等因素对煤气化行为随时间变化的影响规律，归纳分析所实现的C和H转化率随气化进程的变化特性，并以此确立最适合DFBG的煤气化反应条件和实现给定气化效率所必需的气化反应时间。

1. 实验装置与方法

采用如图5.37所示的电加热石英流化床反应器，加热炉可实现不高于1173K

的反应温度。石英反应器内径 60mm、高 700mm，使用粒径为 212～380μm 的石英砂作为流化介质，颗粒静床高根据需要调整。使用 N_2、O_2和水蒸气混合气作为气化介质和流化气体，其中 N_2和 O_2由钢瓶供给，质量流量计监控流量；水蒸气通过小型蒸汽发生器产生，通过柱塞水泵调控水流量而控制蒸汽发生量。反应温度下的气体流率为 1.15mL/min（约为最小流化速度的 2 倍），以保证反应器内颗粒的完全流化。气化实验均以间歇方式测定。

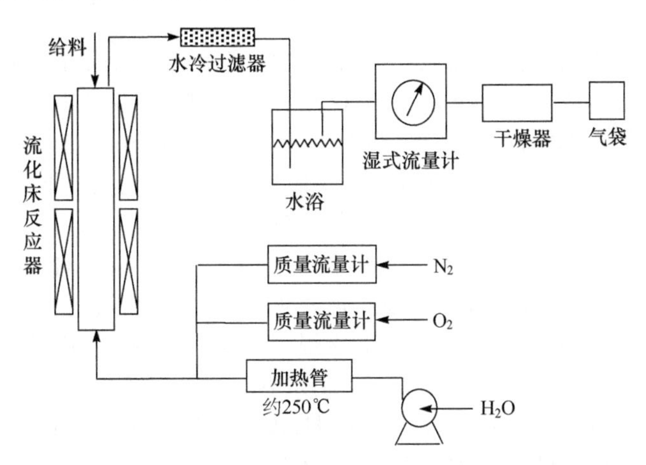

图 5.37　小型流化床间歇煤气化实验装置流程图[64]

实验用烟煤的粒径为 0～8mm，通过筛分一种链条锅炉用煤获得。表 5.16 汇总了实验用煤的基本性质和粒度分布，由表可见，实验用煤为含挥发分 31.2%、灰 18.2%和固定碳 48.9%的低水分烟煤。而且，60%煤样的粒径小于 4mm。

表 5.16　实验室气化研究用煤的煤质分析[64]

煤种	工业分析/%（质量分数，空干基）				元素分析/%（质量分数，空干基）					HHV/（MJ/kg，空干基）
	M	V	FC	A	C	H	N	S	O	
烟煤	1.71	31.21	48.8	18.82	64.58	4.08	1.1	0.62	9.71	25.84
烟煤[研究用煤的粒径分布（筛分）（质量分数）]	0～2mm：44.5%，2～4mm：16.6%，4～6mm：37.5%，6～8mm：1.4%									

实验方法如下。首先在无气体通过反应器的条件下升温至 873K 左右，然后通入 N_2使床内颗粒流化，并继续升温。反应温度升至设定值后，将 N_2切换为气化剂。在温度稳定后，将约 2g 的烟煤从流化床反应器上部的加料口瞬间加入，煤颗粒在反应器内与流化的石英砂及气化剂相互作用，发生热解气化反应。反应生成气先后经过 278K 的水冷过滤器、273K 的冰水浴多级洗气瓶及圆筒滤纸，脱除焦

油、可溶性硫化物及固体颗粒物。被净化的生成气通过湿式体积流量计测定体积流量,并经硅胶和 $CaCl_2$ 干燥,用气袋在预先设定的时刻采集气体样品,其摩尔组成通过微型气相色谱(Agilent 3000)分析。每一次大约持续 40min 左右,当样品气中的含 C 成分组成低于 0.5%时停止实验。

2. 结果讨论

1) 进料方式影响

流化床气化反应器的煤原料可以供入到流化颗粒的内部或上部,因此首先考察了床上进料和床表面以下进料对气化反应的影响,结果如图 5.38 所示。床上进料是指煤被加入到距流化床内颗粒床层以上约 200mm 的空间,在下落过程中发生一定程度的热解后才进入流化的石英砂床层中。床表面以下进料是指煤被加入到被流化的颗粒上层表面之下,使之与石英砂迅速混合。从图 5.38 所示结果可以看出,床表面以下进料比床上进料更有利于煤气化反应,两种情形的 C 转化率最大值分别为 84.6%和 77.7%。根据有关文献,60%的 C 转化率大致对应于所希望实现的 DFBG 的 65%~70%的最低冷煤气效率。可见,达到 C 转化率为 60%所需要的反应时间对应床上和床表面以下进料分别为 705s 和 831s。计算煤气化生成的可燃气体(H_2、CO、CH_4、C_2H_4、C_2H_6、C_3H_6 和 C_3H_8)的热值,发现床表面以下进料得到的可燃气体在标准态下的总热值为 $4.77\times10^3kJ/m^3$,高于床上进料得到的可燃气体的总热值 $4.64\times10^3kJ/m^3$。由于床表面供料可以使煤样更快速有效地与热石英砂充分混合,缩短了颗粒加热的时间,加快了煤气化反应,所以达到相同 C 转化率床表面之下进料比床上进料所需要的时间短。由于床表面以下进料能够增大煤样在床内的停留时间,减少由于气体夹带而造成的粉煤损失,而且可以使煤样与热石英砂颗粒充分混合而抑制焦油生成,所以最终的 C 转化率高于床上进料。此外,两种进料方式所得到的煤气热值相差不大。这些结果表明在 DFBG 中采用床表面以下供料的方式比较合适。

2) 气化剂中 O_2 浓度影响

DFBG 可以使用纯蒸汽为气化剂,使得生成气中的 N_2 浓度极低。为强化气化反应,同时降低焦油生成,可以采用"空气+水蒸气"(生产燃气)或"氧气+蒸汽"作为气化剂(生产合成气)。这里以生产燃气为目的考虑,加入空气中的 O_2 可加快气化反应速度,但其携带的 N_2 会大大降低气化生成气的热值,所以有必要考察气化剂中 O_2 浓度对 C 转化速率随时间的变化特性和转化为气体的最大 C 转化率的影响,结果如图 5.39(a)所示。在所开展的实验中,由于必然产生焦油,仅以测量生成的气体获得的最终 C 转化率不能达到 100%,与其差越大,证明生成的焦油越多。当然,反应器中可能发生部分石墨化倾向,使碳不能在低 O_2 浓度气氛及流化床反应温度下完全转化。从图中可看出,随着气化剂中 O_2 浓度的增加,气化速率提高、C 转化率增大,转化为气体的最大(最终)C 转化率提高,C 转化率达到 60%

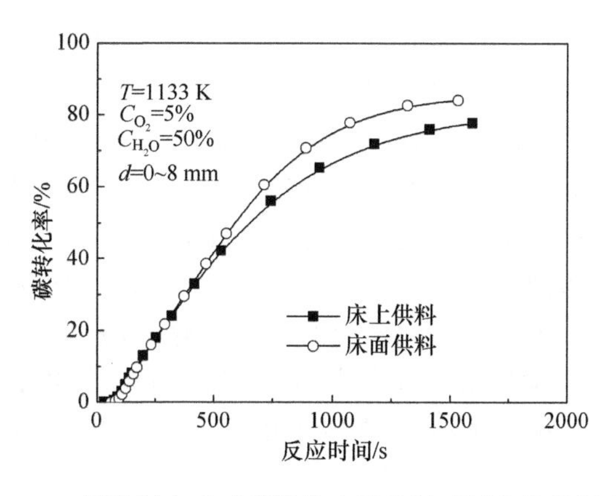

图 5.38　煤进料方式对碳转化率及其随时间变化的影响[64]

需要的时间逐渐缩短。计算发现，随着 O_2浓度的增加，生成气的热值逐渐降低，反应剂中 O_2体积分数为 1%、5%、10%和 15%时生成气体的热值分别为 6.9×10^3 kJ/m^3、4.6×10^3 kJ/m^3、3.7×10^3 kJ/m^3 和 3.4×10^3 kJ/m^3。从图 5.39(a)还可看出，O_2浓度从 1%增加到 5%时反应速率增加幅度最大，O_2浓度继续增大，气化速率变高，但最终达到的最大转化率的差异变小，C 转化率为 60%时所需要的反应时间随 O_2浓度增加而减少的幅度变小。考虑到 O_2浓度增大(即空气量增加)会导致气化生成气的热值明显降低，建议 DFBG 煤气化的气化反应器的气化剂 O_2浓度为 5%～10%比较合适。

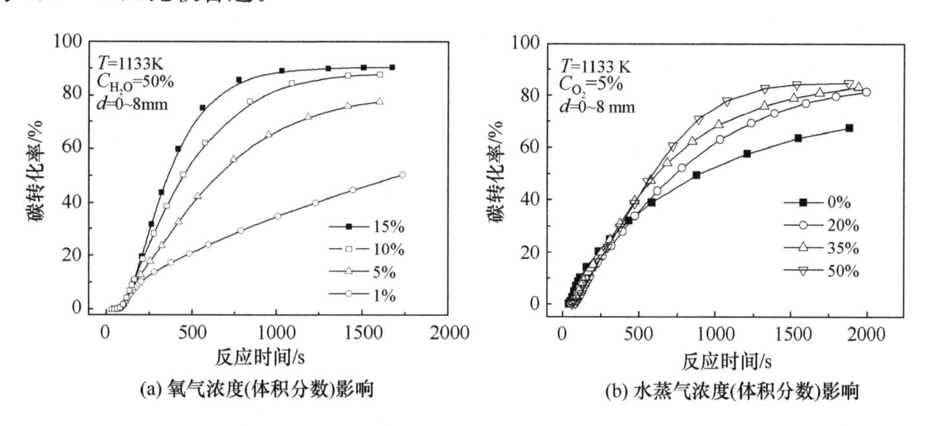

图 5.39　气化剂中氧气浓度和水蒸气浓度对碳转化率及其随时间变化的影响[64]

3) 气化剂中水蒸气浓度影响

考察气化剂中水蒸气浓度对 DFBG 条件下煤气化反应的影响结果如图 5.39 所示。当相对气化剂总体积的水蒸气体积分数增加时，煤气化反应速率先增大，C 转化率达到 60%所需要的时间缩短，转化为生成气的最终 C 转化率增加，可能由于更多的煤焦油与水蒸气反应生成了产品气。但是，当水蒸气体积分数增大到

35%以后，实现的最大 C 转化率基本保持不变。此外，随着水蒸气体积分数的增加，煤气化反应生成气的热值增高，水蒸气体积分数为 0、20%、35%和 50%的生成气热值分别为 3.8MJ/Nm^3、4.1MJ/Nm^3、4.4MJ/Nm^3 和 4.8MJ/Nm^3。

有水蒸气存在时，水蒸气和 O_2同时与 C 发生反应，蒸汽浓度增加促进了水煤气反应，提高了生成气中 H_2的组成和干煤气产率，生成煤气的总热值增大。但水蒸气的制备是一个强吸热过程，反应后又难以完全回收蒸汽的潜热。因此，过量水蒸气作为气化剂必然降低整个气化系统的冷煤气效率，表明气化剂中的水蒸气浓度应优化选择。结合实验结果综合考虑，建议水蒸气的体积分数为 20%～35%，既能明显强化反应[图 5.39(b)]，又不致于造成大量使用蒸汽而降低整体气化过程的气化效率。

4）燃料粒径影响

采用颗粒床层表面以下加料方式考察了煤料粒径对流化床中煤气化反应行为的影响，结果见图 5.40。为防止细煤颗粒粘壁和随流化气流被夹带，本实验采用不锈钢网包裹实验煤样，确保针对不同粒径的结果可比较。图示表明，反应速率随煤粒径的增大而减小，C 转化率达到 60%所需的时间增加，转化为气体的最大 C 转化率降低。由于煤粒径增大后比表面积减小，与气化剂接触面积缩小，不利于气化反应的进行。图中 0～2mm 和 2～4mm 的气化数据差异较小，反应速度较快，这表明 0～4mm 的煤样受粒径影响较小。在实际应用中，煤颗粒通常被分级为 5mm 或 10mm 以下的尺寸类别，因此建议 DFBG 采用 5mm 以下的煤颗粒，更大的煤颗粒将明显降低气化反应速率。与图 5.39 中的反应速率相比可以发现，采用不锈钢网包裹实验煤样后的反应速率变慢，说明包裹煤样会阻碍反应进行。图 5.40揭示了 4mm 以下煤样比 4～6mm 煤样的反应速率加快了 30%左右，但图 5.39中 8mm 以下煤达到 60%的 C 转化率需反应时间约为 800s，可以推测利用 5mm 以下煤样实现相同的 C 转化率所需的反应时间应在 600s 左右，该数据可以作为设计 DFBG 气化反应器的基础。

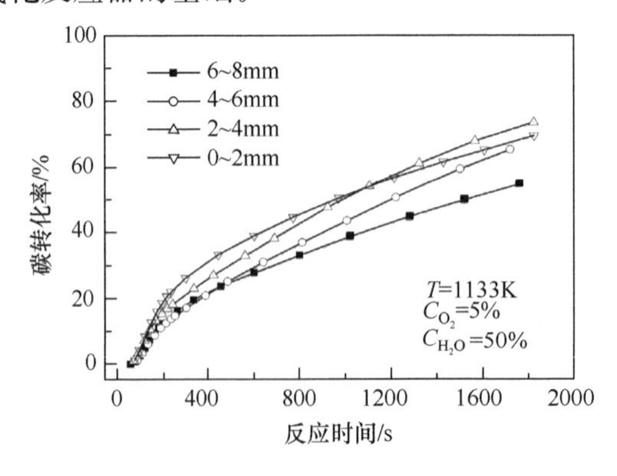

图 5.40 小型流化床气化中煤料粒径对碳转化率及其随时间变化的影响[64]

5.4.2　中试试验研究

1. 中试工艺概述

基于上述气化反应基础数据，设计了如图5.41所示煤DFBG气化中试的工艺流程，实际装置则如图5.42所示的中试试验平台，利用其开展了1000t/d煤双流化床气化中试试验[65]。中试装置主要包括长方形截面的流化床气化器、圆形截面提升管燃烧器、U形返料阀、螺旋供料器、焦油重整炉、旋风除尘器、气体冷却器、填料塔和过滤器等。气化器内部截面尺寸为1200mm×800mm，燃烧器内径为240mm，高为10m，整个装置占地面积约300m^2。该中试装置和图5.3所示的电加热DFBG试验系统的工艺流程大致相同，差别主要在于这里使用Loopseal返料阀。

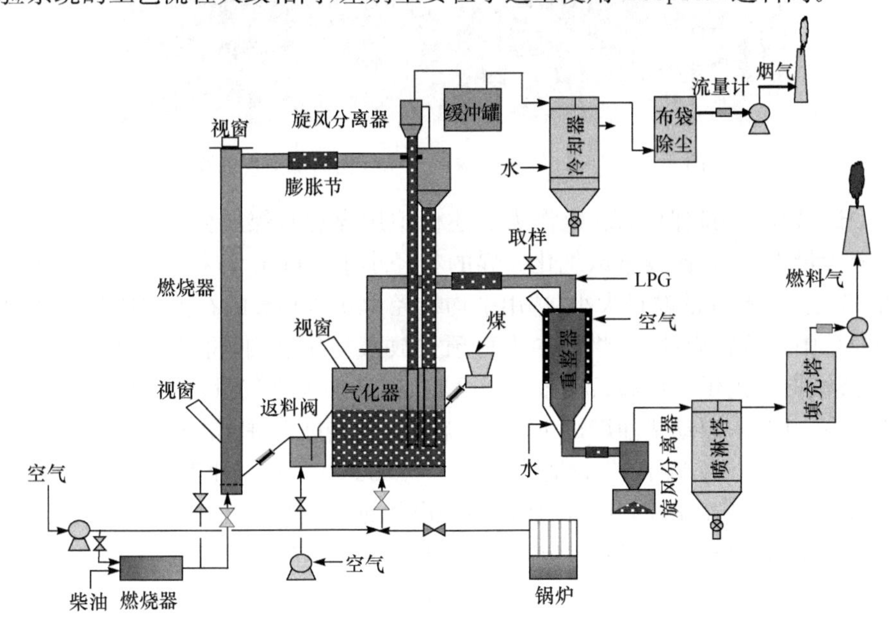

图5.41　1000t/d煤双流化床气化中试平台工艺流程[65]

煤由螺旋供料器连续供入流化床气化器，空气或空气与水蒸气的混合气作为气化剂和流化气体从流化床气化器底部供入。生成的气化气含有焦油，进入焦油重整炉经过与在此供入的空气作用，形成高温使焦油重整生成H_2和CO等。重整后气体经过旋风除尘、冷却器降温和填料塔吸附后得到洁净的产品气。产品气在中试期间通过天灯燃烧后排空。另外，气化器中形成的半焦和热载体石英砂经过返料阀流入燃烧器，半焦在燃烧器中燃烧释放的热量部分传递给石英砂升高其温度，被加热的石英砂经旋风被捕集后返回气化器，全部或部分为其中发生的燃料升温、脱水、热解、气化等反应提供其所需的反应热。被旋风分离的高温热烟气则经缓冲罐、热交换器和袋式除尘器后排放到大气环境中。

图 5.42　1000t/d 级煤双流化床气化中试平台装置

中试试验选用陕西烟煤(也作为后述模拟用煤种),煤质分析见表 5.17,可见挥发分含量不太高,比较难以气化。煤的粒径小于 10mm,粒径大于 2.0mm 的煤约占 55%。根据煤的粒径大小,选用平均粒径为 0.25mm 的石英砂作为循环热载体颗粒。中试装置启动时,将煤和木材预先放入气化器内,将其点燃并正常燃烧后,再逐渐向炉内供入煤和石英砂的混合物,逐渐加大供气量,使气化器内颗粒呈流化状态。同时,启动柴油燃烧机,使燃烧的热烟气进入进而预热燃烧器。当燃烧器内温度达到 300℃以上、气化器内温度达到 800℃时,使气化器、返料阀和燃烧器耦合运行,开始颗粒循环,并继续通过燃烧煤加热系统和提升管反应器温度。待燃烧器和气化器内温度达到设定的温度值并稳定后,供入水蒸气、加大供煤量,使气化器的反应由燃烧逐渐切换为气化,并在气化运行稳定后,用微型气相色谱(Agilent GC3000,USA)在线分析气化器出口的产品气组成(H_2、O_2、N_2、CH_4、CO、CO_2、C_2H_4、C_2H_6和 C_3H_6)。在 DFBG 的中试循环系统中设有足够的测压点和测温点,其测量数据通过软件在电脑中实时记录。

表 5.17　双流化床煤气化中试试验用煤煤质分析[65]

工业分析 /%(质量分数,空干基)				元素分析 /%(质量分数,干燥无灰基)					HHV /(MJ/kg,干燥无灰基)
M	V	FC	A	C	H	N	S	O	
5.0	15.41	62.49	17.0	71.69	3.60	0.9	1.47	5.34	31.69

2. 中试试验结果

利用上述中试装置开展了大量调试运行工作，下面简述获得的两组典型气化结果。表 5.18 概括了这两组实验的工况和条件。向气化反应器供入了一定量的空气，使循环的热载体颗粒仅提供部分气化反应器所需要的热量，便于双床系统的灵活调控。在表 5.18 所示工况 1 条件下，即供煤量 230kg/h、气化反应器过量空气系数为 0.089、向气化器及燃烧器内供入的空气量分别约为 $120Nm^3/h$ 和 $302Nm^3/h$，连续运行和测试了上述 DFBG 中试装置气化煤生产燃气的特性。图 5.43为气化器与燃烧器温度随运行时间的变化，表明在连续稳定运行的 16h 内，气化器及燃烧器内的平均温度分别约为 900℃和 980℃。图 5.44 为气化器出口产品气中主要成分的体积浓度及其高位热值随运行时间的变化。产品气中 H_2、CO、CH_4和 CO_2的平均浓度（体积分数）分别为 22.3%23.3%2.66%和 10.3%左右，对应的煤气热值约为 $1680kcal/Nm^3$，因而证明了使用煤炭能稳定运行 DFBG，而且仅利用空气即可有获得预期高热值的煤气。结果还表明，在双床气化反应中利用空气作为气化剂能很好结合热载体颗粒对反应热的提供，总体上降低系统的过量空气比，从而获得更高热值的燃气。

表 5.18　试验工况与条件参数设置[65]

工况	当量空气比	煤进料量 /(kg/h)	气化水蒸气量 /(kg/h)	气化空气量 /(Nm^3/h)	燃烧空气量 /(Nm^3/h)
工况 1	0.089	230	0	120	302
工况 2	0.085	180	150	90	325

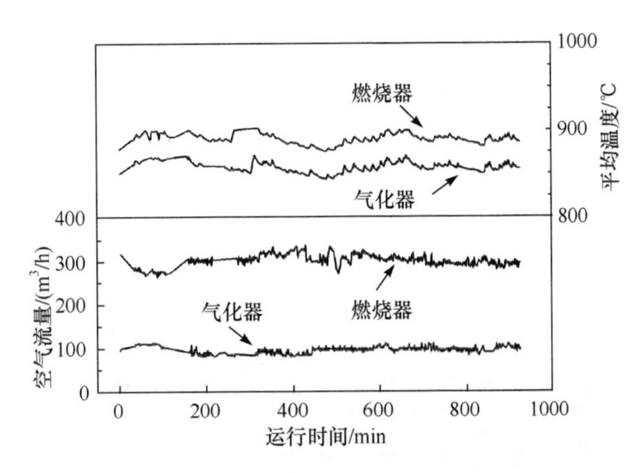

图 5.43　中试试验工况 1 的气化器和燃烧器内空气流量与温度随运行时间的变化[65]

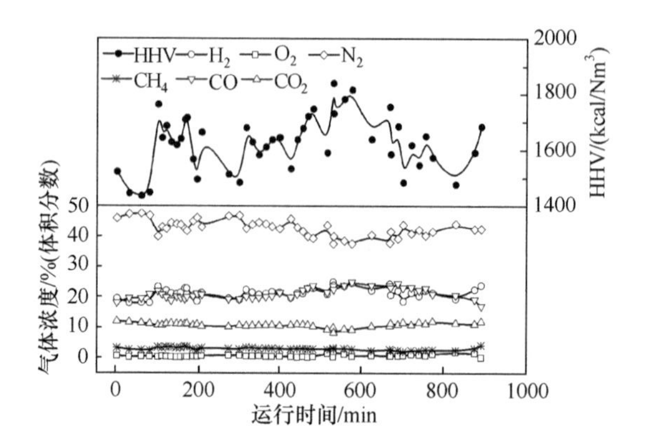

图 5.44　试验工况 1 所产煤气主要气体组分浓度及对应热值随运行时间的变化[65]

为了考察水蒸气对气化特性的影响，通过表 5.18 所示工况 2 开展向气化反应器供入温度为 110℃(实验值)的水蒸气的双流化床煤气化中试试验。以水蒸气与空气的混合气作为气化剂，供煤量为 180kg/h，水蒸气用量为 150kg/h，或蒸汽/煤质量比为 0.83，当量空气比为 0.085，此时实现的气化器与燃烧器内的平均温度分别约为 830℃和 900℃，其随运行时间的变化特性类似图 5.43。图 5.45 表示了该试验所生成的煤气中主要组分体积浓度及对应的产品气热值随运行时间的变化。生成气中 H_2、CO、CH_4 和 CO_2 的平均体积浓度分别为 28.8%、12.0%、3.87%和 18.5%，对应的煤气热值平均达到 1710kcal/Nm^3，高于上述实验工况 1 条件下的产品气热值，说明在气化剂中加入水蒸气并相应减少当量空气比可以进一步提高煤气的热值。图示进一步表明，H_2 浓度为 CO 浓度的两倍多，说明水蒸气的加入加快了水蒸气变换反应($CO + H_2O \rightarrow H_2 + CO_2$)。尽管在试验工况 1 和工况 2 的条件下生成的煤气之热值未达到 2000kcal/Nm^3，但对比分析两组试验结果可以看出，采取在气化剂中加入水蒸气，相应减少当量空气比(ER)可以调控 DFBG 生产中热值产品气的品质，即热值，在技术上完全可行。

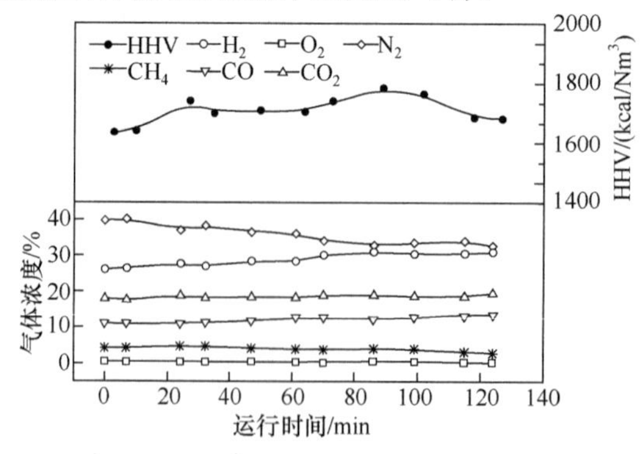

图 5.45　试验工况 2 所产煤气中主要气体组分浓度及对应热值随运行时间的变化[65]

3. 流程模拟验证

1）中试与模拟对比

为了建立技术放大方法，利用 Aspen Plus 对上述煤 DFBG 过程进行了模拟。所应用的流程模型如图 5.46 所示，包括煤分解 RYIELD、半焦气化 RGIBBS、半焦燃烧 RSTOIC 和热烟气与热载体分离 SSPLIT 等模块。煤进入 RYIELD 模块后被分解为单元素分子（C、H、O、N 和 S）和灰，与气化剂一起进入气化反应器。在给定的碳转化率下，与来自分离器 SSPLIT 的热载体颗粒（石英砂）进行热交换，与供入气化反应器的空气和水蒸气相互作用，依据 Gbbis 自由能最小化原则进行气化，生成产品气（含水）、未反应半焦和飞灰。产品气（含蒸汽）作为产品排出气化反应器，而未反应半焦、飞灰与经过换热后的热载体颗粒则混合形成颗粒流，进入燃烧器与供入该反应器的空气作用发生未反应半焦的燃烧反应，形成烟气和燃烧灰。其生成的反应热则加热来自气化反应器的热载体颗粒及混合的煤灰，提升其温度，进而在 SSPLIT 模块通过旋风分离器将烟气、飞灰和石英砂分离。烟气和灰自分离器排走，被升温的热载体颗粒石英砂则返回气化器继续为半焦气化反应提供热量。这里，煤分解模块不涉及热量交换，仅是元素分解。

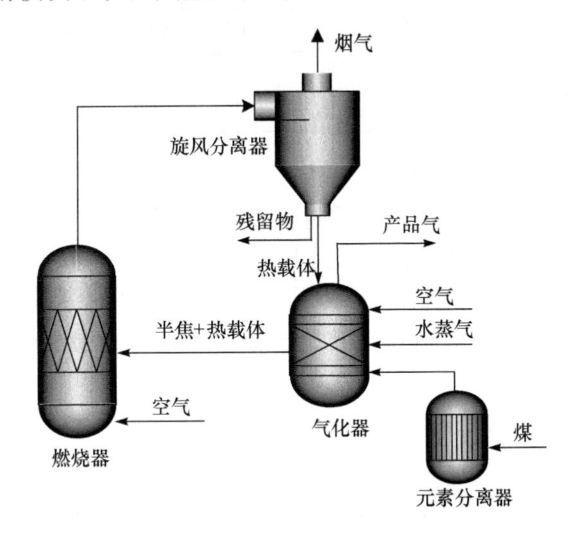

图 5.46 双流化床气化流程模拟的 Aspen Plus 模型[65]

理论上，Aspen Plus 模拟认为，半焦气化中的气体均相反应达到 Gibbs 自由能最小的化学平衡，而气固之间的反应由于扩散原因没有完全达到类似的化学平衡。RGIBBS 模块采用“限制平衡法”，通过限制某个反应的反应程度或接近平衡的程度而限制反应系统中的平衡。根据该办法的模拟结果与实际偏差较大。于是，在实验数据可信并且具有一定规律性的前提下，通过在气化模块 RGIBBS 后又加一个

RSTOIC 模块的方法，限制了 $CO+H_2 \longrightarrow CH_4+H_2O$ 和 $CO+H_2O \longrightarrow CO_2+H_2$ 两个反应的进度，调整了 CO_2 和 CH_4 的生成量。

针对图 5.41 所示"气化器—返料阀—燃烧器—旋风分离器—气化器"的中试流程开展模拟的条件与表 5.18 所示中试试验工况 1 的试验条件基本相同，表 5.19对比了流程模拟与中试试验的条件和得到的产品气主要成分。在固定反应器温度和 ER 的前提下（没有水蒸气供入），流程模拟计算假设完全 C 转化（气化+燃烧），以求得维持气化与燃烧反应器间能量与物质平衡的颗粒循环倍率和气化与燃烧 C 的分配比例为目标，进而求算对应的生成气特性，评价气化行为。可以看出，模拟的 CO、CH_4 和 CO_2 浓度与中试试验结果基本一致，但 H_2 和 N_2 浓度有些偏差。H_2 浓度存在差异的原因可能是：Aspen Plus 模拟是假定产物只有 H_2、CO、CH_4、CO_2、N_2、H_2S、H_2O 和灰，而实际过程中还会产生 C_2H_4、C_2H_6、C_3H_6 和 C_3H_8 等低分子碳氢化合物及焦油，这些物质中都含有 H 元素。在模拟中很难完全考虑这些复杂因素，但总体上表 5.19 的结果表明利用模型和方法可以初步认识煤双流化床气化的行为变化。

表 5.19　中试结果与模拟结果的比较[65]

项目	ER	T_g /℃	T_c /℃	气体组成/%（体积分数）					HHV /（kcal/Nm^3）
				H_2	CO	CH_4	CO_2	N_2	
中试	0.089	900	980	22.3	23.3	2.7	10.3	40.3	1680
模拟	0.089	900	980	36.5	21.1	2.7	7.9	31.4	2005

2）参数影响研究

为了预测大型煤 DFBG 工艺的可能运行状态，以水蒸气与空气的混合物作为气化剂，通过变化当量空气比，利用上述模型计算分析了 10t/h 系统的气化行为。气化器和燃烧器的温度分别固定为 850℃和 920℃，详细的模拟条件列于表 5.20。过量空气系数 ER 和水蒸气/煤质量比为基于中试运行经验而确定的几组典型组合，即 ER 高则水蒸气/煤比低，最高水蒸气/煤质量比定为 0.85。模拟计算中仍假设 C 完全转化，方法同上述。

表 5.20　10t/h 双床气化模拟条件[65]

	工况 1	工况 2	工况 3	工况 4
过量空气系数	0	0.10	0.20	0.30
给煤量/（t/h）	10	10	10	10
供入气化器空气量/（Nm^3/h）	0	6288	12576	18864
供入燃烧器空气量/（Nm^3/h）	44308	32935	23409	13809
水蒸气/煤/（kg/kg）	0.85	0.48	0.35	0.20
气化器温度/℃	850	850	850	850
燃烧器温度/℃	920	920	920	920

图 5.47 表示计算模拟的产品气主要成分体积浓度及对应的气体热值随表 5.10所示当量空气比 ER 的变化(供入蒸汽量也按照表 5.20、蒸汽温度同实验值 110℃)。随 ER 从 0 增加至 0.3,生成气的 H_2、CO_2和 CH_4浓度及对应热值(HHV)逐渐减小,而 CO 和 N_2的含量则逐渐增大。例如,当 ER 为 0,也即纯水蒸气气化时(蒸汽供入量最大),H_2和 CO 的体积浓度分别为 60.5%和 16.3%,而 ER 为 0.10 时它们分别变为 38.2%和 17.6%,对应的产品气热值从 2939kcal/Nm³ 降为 2037kcal/Nm³。ER 大于 0.30 时,产品气热值低于 1400kcal/Nm³。因此,为了生产 HHV 在 1500kcal/Nm³ 以上中热值燃气,ER 应该控制在 0.1 左右,此时,气化反应器必须通过循环热载体颗粒弥补反应热的不足。

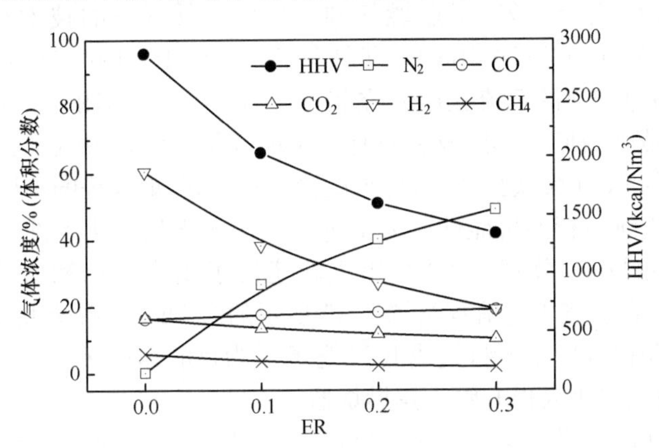

图 5.47　煤双流化床气化产品气的主要组分和热值及其随 ER 的变化[65]

图 5.48 表示了对应实现的气化反应器的碳转化率、冷煤气效率和针对煤处理量 10t/h 的产品气(煤气)产量。在计算的 ER 变化范围内(<0.3),所产煤气量和

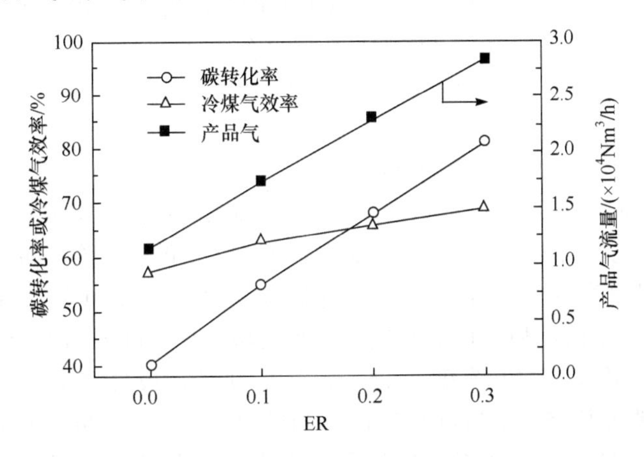

图 5.48　煤处理量 10t/h 双流化床气化产气量和碳转化率及其随 ER 的变化[65]

碳转化率均随着 ER 的增加而增加。ER 为 0 时它们分别为 $11324Nm^3/h$ 和 40.0%，而在 ER 0.3 时分别增加到 $28302Nm^3/h$ 和 81.3%。对应 ER=0.1，所产煤气的热值约为 $2000kcal/Nm^3$，产能约为 18 000Nm^3/h。在计算条件下实现的冷煤气效率，即 C 转化率随 ER 的增加而递增，57%～70%变化。

5.4.3 TIGAR^{R}技术进展

日本 IHI 株式会社，原石川岛播磨重工业株式会社是目前世界上唯一大力投入研发煤的双流化床气化技术的单位。其基本思考是，基于公司拥有的循环流化床燃烧技术，研发建立低成本、不需要空分、利用低阶煤大规模生产合成气及燃气的气化技术，以应用合成氨、工业燃气和还原气。其开发的技术被公司冠名为 TIGAR^R，意为 Twin Ihi GAsifieR。其研发工作开始于 2000 年年初，在实验室试验了 10kg/h 级电加热的双流化床研究装置后（如图 5.3 与图 5.4 所示），2005 年在 IHI 横滨事业所（神奈川县）改造原有的循环流化床燃烧中试平台，形成了双流化床气化本体的 6t/d 级试验平台，初步试验了对褐煤、烟煤等的不同气化特性，验证了在工艺上连续运行的可能性。为了进一步深入优化气化条件、配套开发气化产品气焦油脱除技术，公司于 2009 年重新建设了集成气化和气体净化的 6t/d TIGAR^{R}中试平台。其工艺流程与图 5.41 所示的煤 DFBG 系统大致相同，但 IHI 的技术研发以获得合成用原料气或低 N_2 还原气为目的，对气化反应器仅使用了水蒸气气化剂，空气仅进入提升管半焦燃烧器。

针对褐煤和次烟煤，IHI 公司在 TIGAR^{R}中试平台上开展了大量中试试验，各种各样试验条件下的累积运行时间达到 700 多小时，单次最长连续运行时间 1 周以上，展示了较好的稳定性[66]。图 5.49 表示了公司公开的针对褐煤气化的稳定运行试验结果，但公司的没有给出具体的相关数据。根据 DFBG 的基本特点，应该为燃烧器大致 1000℃，气化器（850～950℃），而气化的 C 转化率为 60%，冷煤气效率约为 70%。图示数据验证了 TIGAR^{R}系统的连续运行稳定性，展示了在工艺上技术的可行性。其报道介绍到，燃烧器排放烟气中的 CO 浓度低于 100×10^{-6}%（体积分数），说明提升管燃烧器实现了很好的燃烧。采用褐煤时，生成的产品气中 H_2、CO_2、CO、CH_4 和 C_mH_n 的体积浓度分别达到 51%、19%、18%、9%及 3%，其干基高位热值超过 $14000kJ/Nm^3$，表明热气化与燃烧两反应器间很好地隔离了气体流动。

IHI 公司认为 TIGAR^{R}具有以下优点：①实现多联产。除了可以获得合成气外，还可以通过燃烧器生产蒸汽，用为气化炉本身的气化剂，并驱动蒸汽轮机发电，如作为公用工。②投资和运行费用低。现有大型气化炉都采用深冷空分装置生产纯氧，以提高气化剂中 O_2 浓度，而空分装置的固定投资和运行费用都很高，TIGAR^{R}不需要使用空分装置即可生产相当的合成气（N_2 含量低），有望大大降低固定投入和运行费用。③燃料适应性强。由于基于循环流化床燃烧，TIGAR^{R}能够处理很多燃料，包括低阶煤（褐煤和次烟煤）、生物质、塑料垃圾、有机污泥以及其

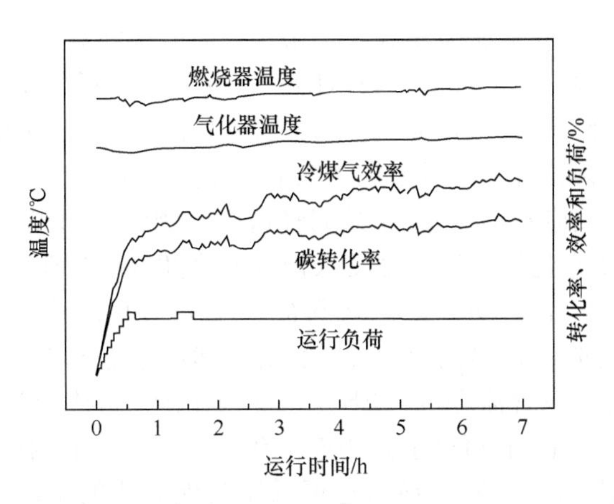

图5.49 TIGAR[R]中试系统典型运行数据(保密考虑IHI公司未公开温度和效率数据)[66]

他有机废弃物。④高可靠性。TIGAR[R]气化技术建立在成熟的循环流化床锅炉技术基础上,尤其IHI公司本身技术先进,工业基础好,易放大,可实现可靠的稳定运行,且没有高成本易损坏部件,因此运行成本也将很低。

另具有关消息报道[67],为了推进TIGAR[R]气化炉的产业化应用,IHI株式会社2010年申请获得了日本经济产业省的研究开发补助金支持,利用现地产褐煤在印度尼西亚的P. T. Pupuk Kujang国营肥料工厂建设和运行50t/d的TIGAR[R]示范气化炉,制备合成NH_3和肥料生产需要的H_2,自2013年中期开始建设,计划2014年内实现运行。为了实施该示范项目,IHI株式会社在印度尼西亚的Cikampek市设立了IHI Gasification Indonesia新公司,具体负责示范装置的建设和运行试验。

同其他DFBG技术一样,IHI的TIGAR[R]气化炉必然同样面临所产合成气或燃气中焦油和碳氢化合物(CH_4、C_2H_4、C_2H_6等)含量高、气化温度偏低、C完全转化难等问题,要求严格的气体净化和气体重整下游流程,且由于一个系统同时具有气化气和烟气两股气体流产品,需要的净化和污染处理设施投资较大,虽然相比加压气流床气化炉可能仍然成本低。因此,煤的双流化床气化应该集成或发展炉内脱硫、低NO_x燃烧等技术,以减少对燃烧烟气净化的投资。同时发展气化炉内焦油脱除和产品气提质技术,如使用特定的热载体颗粒,以降低气化生成气净化的复杂度和投资,同时减少可能造成的酚水污染。

5.5 两段双流化床气化

5.5.1 两段双流化床气化原理

本书第1章提到,解耦热转化的方法有"隔离"和"分级"两种,并且在有的热转化技术中可以同时采用这两种方法,本节要介绍的两段双流化床气化就是这样一种很典型的解耦热转化技术。图5.50(a)示意了常规DFBG系统(N-DFBG)的流程，其燃料的热解和气化通常发生在一个密相鼓泡或湍动流化床中，产生的产品气经过流化床的密相颗粒层上部的颗粒沉降区(freeboard)后排出气化器，其中缺乏气固的充分接触和作用，导致产品气中通常含有较高的焦油。同时，生成气体及未反应气化剂直接经颗粒沉降区排出也将携带未完全反应的小燃料颗粒造成燃料损失。能否采取改变反应器结构，避免或减轻这些问题？我们提出了利用两段流化床(TFB)替代单段流化床，构建两段双流化床气化(T-DFBG)的工艺方法，如图 5.50(b)所示[68]。在 T-DFBG 中，燃料被供入 TFB 反应器的下段(或第一段)，而循环热载体首先进入 TFB 的上段(或第二段)然后通过溢流再进入下段。因此，连接旋风分离器的下降管需埋入 TFB 上段的颗粒床内，或经过其他隔离旋风与 TFB 上段的料封装置后与 TFB 上段相连。在 TFB 的上、下两段之间是一根埋入 TFB 下段颗粒床层内的颗粒溢流管(也可采用其他方式的溢流，但原理和目的一样)。T-DFBG 的提升管燃烧器与 T-DFBG 的下段相连，使 TFB 的下段实际上相当于 N-DFBG 的流化床气化反应器。显然，在这个新设计的流程中，既保留了半焦燃烧产热与燃料转化生成气体的两类反应的相互隔离，又在气体生成反应阶段发挥了反应分级的作用，即将燃料热解气化产生气体的反应过程通过 TFB 分为其下段的热解气化和上段的裂解/重整提质两级进行。

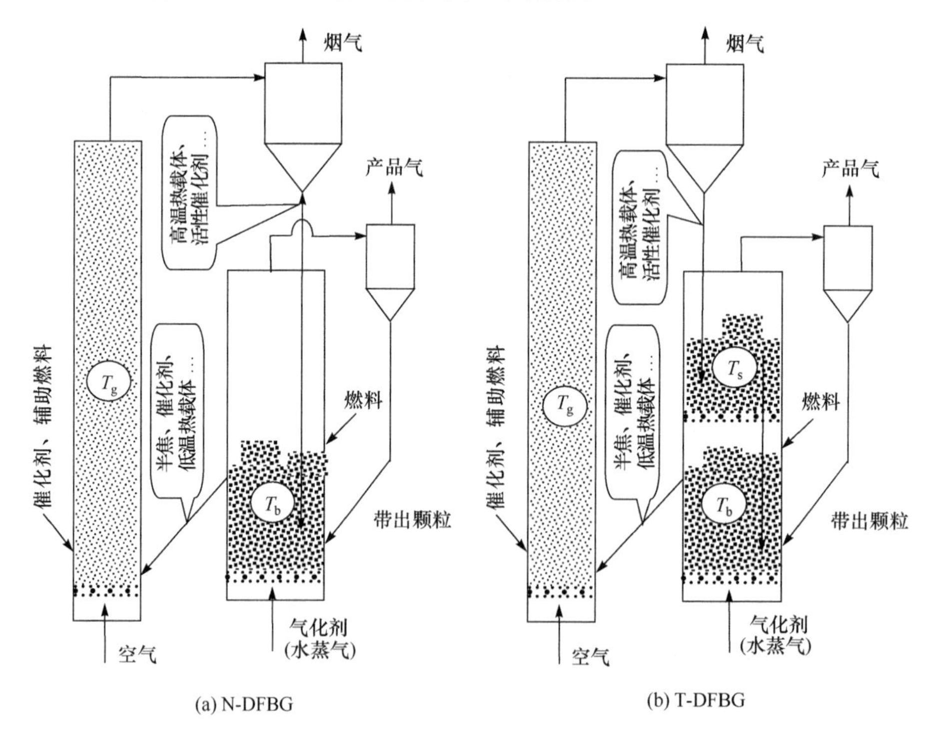

图 5.50 常规双流化床气化(N-DFBG)和两段双流化床气化(T-DFBG)流程示意图[68]

在TFB的下段,燃料通过与高温热载体颗粒接触获取热量发生热解反应,同时与气化剂(空气和水蒸气)发生气化反应,产生的产品气和未消耗的气化剂混合后,经过上层分布板进入TFB的上段,与上段热颗粒接触后发生一些气体提质反应,如焦油和C_mH_n的裂解重整反应和水气变换反应等。因为上段中没有强烈的吸热反应,其颗粒温度T_s应该接近于燃烧器的温度T_c,肯定明显高于TFB下段温度T_g,使焦油和C_mH_n的裂解重整和水气变换等反应更易在上段进行。同时,这些气体改质反应并不会使热载体颗粒的温度大幅度降低,从而在其进入下段后,仍然能够为燃料热解和半焦气化反应提供其所需的反应热。

与N-DFBG直接使高温热载体颗粒循环进入燃料气化器不同,在T-DFBG中先利用热载体颗粒提升产品气质量,再把热颗粒送入TFB下段的强吸热反应区。因此,气体改质反应会得以强化,增大焦油转化为气体的转化率,促进水气变换反应,从而提高气化效率并使产品气中含有更少的焦油和C_mH_n,更多H_2。进一步,当对热载体颗粒添加或直接使用一种具有催化性能的床料(如Ca基矿石)时,所有这些强化和改进效果将会更加明显。在TFB的上段,不仅催化床料对重整和水汽变换反应具有可能最强的催化活性(因为催化剂在燃烧器中刚被激活),而且上段的高温也有利于催化反应的进行。TFB的上段也阻止了细小燃料颗粒直接被气流带出气化器。与常规鼓泡流化床气化器不同,这种效果相当于发挥了对流化床反应器的颗粒床内给料,必然会促进气化反应,减少产品气中的焦油[45],但针对T-DFBG的给料更容易,因为燃料实际上被给入了TFB下段的稀相沉降区(free-board)。

总的来说,T-DFBG有望成为一种更先进的DFBG技术,通过它可提高气化效率、抑制焦油产生和提升产品气质量。下面将要通过实验展示T-DFBG的这些优点及其可行性。

5.5.2 两段双流化床气化性能

1. 实验装置与方法

为了验证5.5.1节对T-DFBG气化性能的分析结论,开展了T-DFBG与N-DFBG的对比实验[68]。N-DFBG的实验装置(5.0kg/h)如图5.3所示,测量方法也与之前提到的有关DFBG的实验相同。T-DFBG的实验装置是改造N-DFBG实验装置建立的。具体是,把DFBG中的流化床气化器改为TFB反应器,其下段作为燃料气化器。因此,整体上,所用的T-DFBG和N-DFBG具有基本相同的系统构成,所构建的TFB的下段和上段尺寸分别为$(80\times370\times980)mm^3$和$(180\times370\times700)mm^3$。

T-DFBG所涉及的实验程序和测量方法除了在与TFB相关的操作以外,其余都与前述针对N-DFBG的实验相同。燃料通过精确定量的氩气输送被供入TFB

的下段，而 673K 的水蒸气也被供入 TFB 的下段。实验中测量了从 TFB 上段排出气体中的焦油和成分。

本实验所用燃料(咖啡渣)的性质如表 5.2 所示。为了研究 Ca 基添加剂的催化作用，本实验还选用了混有 5%(质量分数)CaO 的该咖啡渣燃料。根据前面对 T-DFBG 原理的介绍，加入 CaO 后的促进效果应该更显著。CaO 的混合比例是任意选择的，选择的原则是使这个比例尽量低(文献[23]中采用了很高的混合比例)。实验选用的 CaO 是轻度煅烧的 $CaCO_3$ 矿石，颗粒堆积密度为 1050kg/m^3，平均粒径为 70μm，比表面积为 2.0～5.0m^2/kg。

表 5.21 列出了对比实验的所有工况和条件参数。表中的 TE1 和 TE2 是指按照 T-DFBG 开展的两个实验，而 NE1 和 NE2 是按 N-DFBG 的实验，其中 TE2 和 NE2 是指添加 CaO 的实验。在所有的实验中，燃料供给速度都为 4.0kg/h，并且燃烧器和气化器的温度(T_c和 T_g)都分别为 1103K 和 1093K。在流化床气化器温度 T_g下，气化反应器中的表观气速 U_g为 0.2m/s 左右。表 5.21 展示按照 T-DFBG 开展的实验中的燃烧器表观气速 U_c明显要比 N-DFBG 高很多，这会导致 T-DFBG 实验具有更高的颗粒循环速率以及燃料颗粒在气化器中更短的平均停留时间 t_r。即 T-DFBG 中更快的颗粒循环速率一方面能使 TFB 上段的颗粒迅速更新，以达到更好的气体提质效果，另一方面会缩短 TFB 下段中的燃料颗粒的气化反应时间，从而使结果的比较更利于说明 T-DFBG 的技术优势。在 TE1 和 TE2 实验中，TFB 上段的温度 T_s控制在接近于 T_g的数值。

表 5.21 N-DFBG 和 T-DFBG 对比实验工况和条件参数[68]

No.	Ca 的混合比例①	F② /(kg/h)	S/F /(kg/kg)	T_g /K	T_s /K	T_c /K	U_g /(m/s)	U_s /(m/s)	U_c /(m/s)	t_r /s
TE1	5 %	3.65	1.10	1093	1093	1093	0.21	0.10	5.80	110
TE2	—	4.27	0.93	1090	1093	1100	0.25	0.10	5.90	110
NE1	5 %	3.67	1.31	1095	—	1103	0.25	—	2.65	1000
NE2	—	3.70	0.92	1103	—	1113	0.18	—	2.55	1000

供入气化器的氩气：10.6NL/min；供入返料阀的 N_2：3.0NL/min
燃烧器中相对于 30%的燃料的过量空气系数：NE1 & NE2：约 1.2，TE1 & TE2：3.0
石英砂的总存量：TE1 & TE2：40kg，NE1 & NE2：24kg

① 指 Ca 与湿燃料的质量比。

② 指不包括 Ca 基添加剂的燃料给料。

2. 实验结果分析

图 5.51 比较了通过 N-DFBG 和 T-DFBG 实验实现的燃料元素(C 和 H)转化

率 X_C和 X_H、冷煤气效率 η_e和产品气中的焦油含量(无示踪气)，其中图 5.51(a)为不添加 CaO 的纯咖啡渣气化实验 NE2 和 TE2 的结果，图 5.51(b)为添加 CaO 的咖啡渣实验 NE1 和 TE1 的结果。同时，表 5.22 也给出了相应工况下的产品气的主要组分浓度、摩尔浓度 H_2/CO 比及根据气体组分计算的 HHV 值，其中的气体组分浓度是经过归一化的值，目的是为了使各个组分的浓度之和为 100%。

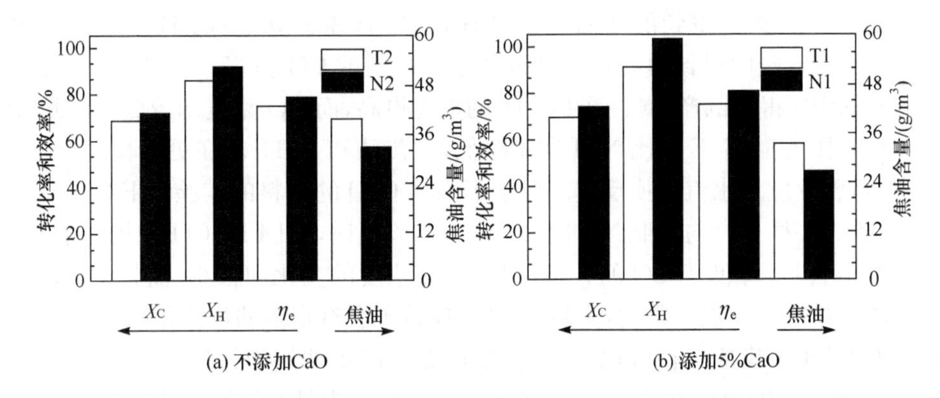

图 5.51　N-DFBG 和 T-DFBG 实现的燃料元素转化率、冷煤气效率和产品气中焦油含量[68]

表 5.22　对应图 5.51 的产品气组分摩尔浓度、H_2/CO 物质的量比和 HHV[68]

No.	归一化气体摩尔浓度/%							H_2/CO	HHV① /(kcal/Nm³)
	H_2	CO	CO_2	CH_4	C_2H_4	C_2H_6	C_3H_6		
TE1	31.2	28.2	17.3	13.6	6.32	3.23	0.06	1.106	3640
TE1	23.7	36.6	12.4	15.8	7.56	3.84	0.11	0.648	3750
TE1	25.4	33.7	14.2	15.7	6.68	3.40	0.13	0.754	3890
NE2	22.1	37.4	12.3	17.8	6.82	3.55	0.09	0.596	3920

① 包含示踪氩气及少量 N_2和 O_2的粗煤气的热值。

由表 5.22 可知，无论对于哪种燃料，N-DFBG 都比 T-DFBG 具有更长的停留时间 t_r(1000s 对 110s)，相同或略高的 S/F 比和反应温度 T_g(约 1093K)。然而，图 5.51显示了 T-DFBG 却具有明显较高的 C 和 H 转化率和冷煤气效率，所产气体中的焦油含量也明显较低。与 N-DFBG 相比，对于不添加 CaO 的纯咖啡渣燃料，采用 T-DFBG 能使 X_C、X_H和 η_e分别提高约 3.5、5.0 和 4.0 个百分点，而对于添加 5%CaO 的咖啡渣，采用 T-DFBG 则可以提高 4.5、14.0 和 6.0 个百分点。对于两种燃料，产品气中的焦油含量都降低了 7.0g/m³左右。根据 5.3.3 节关于停留时间影响的分析，如果能够延长 TFB 气化反应段内燃料的停留时间，利用 T-DFBG 将有望获得更高的气化效率和更低的焦油含量。

T-DFBG 提高燃料转化率和气化效率的主要原因可能是其抑制了燃料颗粒被带出反应器，而降低产品气中的焦油含量的主要原因应归于其促进了焦油裂解重整及其他的焦油破坏反应。通过比较表 5.22 中 T-DFBG 和 N-DFBG 产品气成分浓度可推知这两个原因到底哪个起主要作用。表 5.22 中的数据显示，燃料通过 T-DFBG 得到的产品气中具有更高含量的 H_2，但具有更低含量的 CO 和较高的 H_2/CO 物质的量比（参看表中 TE1 和 TE2 的数据），从而导致略低的产品气 HHV。所有这些效果在对燃料添加 CaO 后都变得更加明显（参看 TE1 和 NE1 的数据）。TE1 实验中得到的产品气中含有 31.2%（体积分数）的 H_2 和 28.2%的 CO，而 NE1 实验中得到的产品气中却含有 33.7%的 CO 和 25.4%的 H_2。同时，通过 N-DFBG 得到的产品气中的 C_mH_n 的浓度更高，而 CO_2 浓度却较低。因此，在 TE1 实验中，尽管 S/F 要比 NE1 实验略低，但焦油和 C_mH_n 却在更大程度上发生了裂解重整反应及水汽变换反应。对于不添加 CaO 的燃料的实验（TE2 和 NE2）情况就不太一样了。与按照 N-DFBG（NE2）实验相比，T-DFBG（TE2）提高了产品气中的 H_2 含量，降低了 CO 的含量，但 CO_2 的浓度的变化却很小，而且 C_mH_n（除 CH_4）的含量略高一点。因此，实验 TE2 中应该不会有很多的焦油和 C_mH_n 发生了催化裂解及重整反应。相应地，一定程度被促进的焦油热裂解反应（生成 C_mH_n，但很难裂解为 CH_4）可能是无 Ca 添加情形的产品气中具有较低焦油和 CH_4 含量，但较高 C_mH_n 含量的主要原因。

以上实验证实了 Ca 基添加剂确实能够促进焦油和 C_mH_n 的裂解重整反应和水气变换反应，从而提高 T-DFBG 的气化效率，强化其脱除焦油的效果。煅烧后的 Ca 基矿石对这些反应的催化效果已在很多其他文献中得到了证实[46-48]。在 T-DFBG中，于燃烧器中再生的 Ca 基添加剂在具有更高温度的 TFB 上段（反应温度 $T_s \approx T_c > T_g$）能够发挥其可能最强的活性。在 N-DFBG 中，Ca 基添加剂被直接循环进入气化器，不仅添加剂的温度会迅速从 T_c 降低到 T_g，而且添加剂上的活化中心可能迅速被灰和积碳堵塞。如果没有任何催化材料的加入，T-DFBG 中的 TFB 只为产品气提供了另外一个高温反应空间（即 TFB 的上段），可以获取的促进效果也只局限于促进焦油和 C_mH_n 的热裂解反应上。

虽然如此，TE1 实验得到的产品气中的焦油含量仍然很高。有关文献研究表明，与燃料进行物理混合的 Ca 基添加剂可以使产品气中的焦油含量减少到数 g/Nm^3 的水平[46,48]，但是在这些研究中，添加剂的量通常高于床内物料的 30%（质量分数），而添加剂本身也可能是其他比 CaO 活性更高的材料，如白云石、橄榄石甚至一些经过严格设计挑选的催化剂[46]。因此，低的混合比例（仅 5%，质量分数）和轻烧 $CaCO_3$ 的低催化活性，再加上使用了高焦油产量的咖啡渣生物质燃料，造成了本实验获得的产品气中的焦油含量依然高达 25～40g/Nm^3。但是，无论如何，实验采用的 5%（质量分数）的 CaO 混合比例的确说明了 T-DFBG 的效果。

尽管 T-DFBG 有前面提到的技术优点，但使用 TFB 会增加系统的压降。如果 TFB 上段的颗粒床高为 300～400mm，压降可能会增加 3000～5000Pa。在实际的流化床系统中，克服这个增加的压降是不难的。T-DFBG 的另一个关键问题可能是：在运行过程中，TFB 上段的气体分布板可能会被细颗粒、焦油堵塞，造成 TFB 难以稳定运行。在上述实验中这个问题并没有出现。图 5.52 表示了 TFB 下段自由沉降区与上段分布板上 50mm 之间的压力差随运行时间的变化。在给料前的升温和连续给料的 2h 操作中，压降维持在一个平均值附近，这说明上段分布板没有被堵塞。实验中还曾采用其他燃料，在所有的情况中 TFB 的上段分布板都能稳定在一个动态稳定状态。在给料过程中，该压降有时或出现一些忽高忽低的情况，这可能是由一些细颗粒被气体携带通过上段分布板上的喷嘴(内径 1.4mm)所致，但令人担忧的喷嘴堵塞问题却从没有发生过。

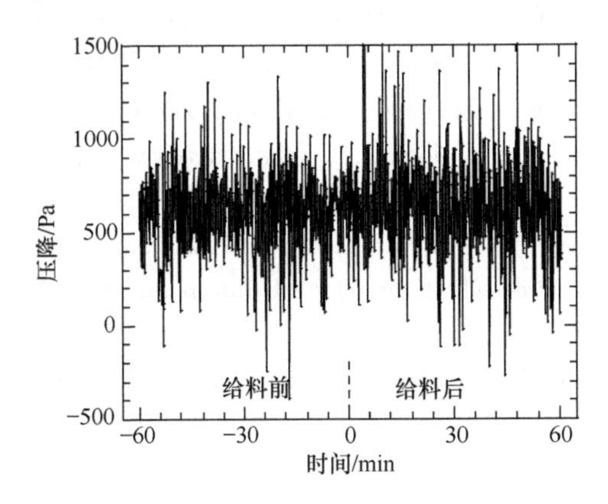

图 5.52　实验 TE1 中在升温(时间 0 之前)和给料期间 TFB 的上段气体分布板压降[68]

5.6　本 章 小 结

本章汇总了通过隔离气化和燃烧反应的解耦气化技术，双流化床气化(DFBG)的有关基础研究和对生物质、煤燃料的应用中试的试验结果，包括反应器组合优化、过程模拟、气化条件优化、燃料改性等。为了提高产品气的质量和降低其中的焦油含量，本章还概述了通过改造 DFBG 的气化反应器结构所形成的两段双流化床气化(T-DFBG)新技术。DFBG 最大的特点就是通过隔离气化和燃烧反应而避免燃烧烟气中 N_2 和 CO_2 稀释产品气，从而 100% 使用空气也能生产中热值(如大于 2000kcal/Nm^3)的燃气，甚至通过完全水蒸气气化生产不含 N_2 的化学转化原料气。如本章所述，DFBG 既可以气化生物质，也可以处理煤，但其属于流化床气化、反应温度较低(900～1000℃)的特点使得只有高反应性燃料，如生物质、褐煤才适合通过 DFBG 获得具有实际意义的转化效率。与固定床气化相比，DFBG 能够处理小粒径燃料(小于 10mm)，更易于大型化，有望应用于大中型的工业和民用煤气站和原料气站。不过，DFBG 技术的产业化应用还需要突破相应的气体净化，包括焦油脱除、流化床反应器放大等关键技术，并通过实际的示范工程验证其经济性和技术优势。另外，DFBG 所基于的双流化床技术还有很多其他应用，如燃料热解和化学链燃烧，因此，双流化床燃料转化基础及其新应用将在很长时间内保持为能源领域的研发热点。

参考文献

[1] Kagayama M, Igarashi M, Hasegawa M, et al. Gasification in a dual fluidized bed reactor. ACS Symposium, Washington DC, 1980.

[2] Igarashi M, Hayafune Y, Sugamiya R, et al. Pyrolysis of municipal solid waste in Japan. Journal of Energy Resources Technology, 1984,(106): 377-382.

[3] Lelan A, Magne P, Deglise X. Fast pyrolysis of wood wastes to medium energy gas. In-Thermochemical Processing of Biomass. London: Butterworth, 1989: 159.

[4] Paisley M. Biomass gasification system and method: US Patent, WO 02/50214 A2, 2002.

[5] Paisley M A, Overend R P. The SILVAGAS process from future energy resources-a commercialization success. Proceedings of the 12th International Conference on Biomass, Amsterdam, 2002: 975-978.

[6] Italenergie. Biomass gasification plant for the production of a medium heating value gas. Technical Report, 2003.

[7] Fonzi F. Electrical energy from biomass. Pyrolysis & Gasification, Proceedings of the International Conference, Luxembourg, 1989: 264-273.

[8] Löffer G, Kaiser S, Bosch K, et al. Hydrodynamics of a dual fluidized-bed gasifier-part I: simulation of a riser with gas injection and diffuser. Chemical Engineering Science, 2003, 58: 4197-4213.

[9] Kaiser S, Löffer G, Bosch K, et al. Hydrodynamics of a dual fluidized-bed gasifier. part II: Simulation of solid circulation rate, pressure loop and stability. Chemical Engineering Science, 200358: 4215-4223.

[10] Kaushal P, Pröll T, Hofbauer H. Model development and validation: Co-Combustion of residual char, gases and volatile fuels in the fast fluidized combustion chamber of a dual fluidized bed biomass gasifier. Fuel, 2007, 86: 2687-2695.

[11] Proll T, Hofbauer H. H_2 rich syngas by selective CO_2 removal from biomass gasification in a dual fluidized bed system-process modeling approach. Fuel Process Technology, 2008, 89: 1207-1217.

[12] Pfeifer C, Puchner B, Hofbauer H. Comparison of dual fluidized bed steam gasification of biomass with and without selective transport of CO_2. Chemlcal Engineering Science, 2009, 64: 5073-5083.

[13] Pfeifer C, Rauch C, Hofbauer H. In-bed catalytic tar reduction in a dual fluidized bed biomass steam gasifier. Industrial and Engineering Chemistry Research, 2004,(43): 1634-1640.

[14] Hofbauer H, Rauch R, Bosch K, et al. Biomass CHP plant guessing—A success story. Pyrolysis and Gasification of Biomass and Waste. Newbury UK: CPL Press, 2003.

[15] Kotik J, Rauch R, Hofbauer H, et al. 8. 5 MWth CHP plant in Oberwart, Austria — based on DFB steam gasification of solid biomass. The 20th European Biomass Conference and Exhibition, Milan, 2012, Session: 2BV. 2. 10:1033-1037.

[16] Bolhàr-NordenkampfM, Rauch R, Bosch K, et al. Biomass CHP plant Güssing — Using gasification for power generation. http://members. aon. at/biomasse/thailand. pdf. 2011.

[17] Schmid J C, Pröll T, Kitzler H, et al. Cold flow model investigations of the countercurrent flow of a dual circulating fluidized bed gasifier. Biomass Conversion Biorefinery, 2012,(2): 229-244.

[18] Yao J Z, Wang F M, Li Y, et al. A new equipment for producing medium-Btu gas from sawdusk. The 5th International Conference on Circulating Fluidized Beds, Beijing, 1996.

[19] Xu G W. Towards applied technologies in IPE for energy and porous carbon production from industrial biomass waste. The Frontier of Green Technology Training Workshop, Beijing, 2013.

[20] Zhang J W, Wu R C, Zhang G Y, et al. Recent studies on chemical engineering fundamentals for fuel pyrolysis and gasification in dual fluidized bed. Industrial and Engineering Chemistry Research, 2013,19:6283-6302.

[21] Corella J,Toledo J M, Molina G. A review on dual fluidized bed biomass gasifiers. Industrial Engineering Chemistry Research, 2007,46: 6831-6839.

[22] Wei L, Xu S, Liu J,et al. Hydrogen production in steam gasification of biomass with CaO as a CO_2 absorbent. Energy & Fuels 2008, 22(3): 1997-2004.

[23] Zou W J, Song C C, Xu S P,et al. Biomass gasification in an external circulating countercurrent moving bed gasifier. Fuel,2013, 112:635-640.

[24] Fushimi C, Guan G, Nakamura Y,et al Mixing behaviors of cold-hot particles in the downer of a triple-bed combined circulating fluidized bed. Powder Technology, 2012, 221: 70-79.

[25] Cheng Y, Lim E W C, Wang C-H,et al. Electrostatic characteristics in a large-scale triple-bed circulating fluidized bed system for coal gasification. Chemical Engineering Science, 2012, 75(0):435-444.

[26] 金涌,祝京旭,汪展文,等. 流态化工程原理. 北京:清华大学出版社, 2000.

[27] Xu G W, Murakami T, Suda T, et al. The superior technical choice for dual fluidized bed gasification. Industrial and Engineering Chemistry Research,2006,45: 2281-2286.

[28] Iwadate Y, Toyoda S, Nishiura F, et al. A Comprehensive circulating fluidized bed gasifier:Japan Patent, No. 176486. 2003.

[29] Zschetzsche A, Hofbauer H, Schmidt A. Biomass gasification in an internally circulating fluidized bed. Proceedings of the Eighth European Conference on Biomass for Agriculture and Industry,1998: 1771-1777.

[30] Koppatz S, Pfeifer C, Rauch R, et al. H_2 rich product gas by steam gasification of biomass with in situ CO_2 absorption in a dual fluidized bed system of 8 MW fuel input. Fuel Processing Technology, 2009, 90: 914-921.

[31] Cen K F, Ni M J, Luo Z Y, et al. Circulating fluidized bed syngas-steam co-production technique and apparatus: China Patent, No. 92100503. 2. 1992.

[32] Yao J Z, Wang F M, Li Y C, et al. Pyrolytic gasification of biomass with medium particle circulation: China Patent, No. 96209381. 5. 1996.

[33] Zhang X W, Chen Y T, Qi M Z, et al. Syngas-steam co-production with two fluidized bed gasifiers: China Patent, No. 977227686. 6. 1997.

[34] Xu G W, Murakami T, Suda T, et al. Reactor siphon and its control of particle flow rate when integrated into a circulating fluidized bed. AICHE Journal, 2005, 44: 9347-9354.

[35] Xu G W, Murakami T, Suda T. Apparatus for measuring particle flow rate: Japan Patent (in Japanese). No. 2005-295036. 2005.

[36] Murakami T, Xu G W, Suda T, et al. Some process fundamentals of biomass gasification in dual fluidized bed. Fuel, 2007, 86: 244-255.

[37] 许光文，纪文峰，万印华，等. 轻工业纤维素生物质过程残渣能源化技术. 化学进展 2007, 19: 1164-1176.

[38] 姚常斌，汪印，董利，等. 白酒糟双床解耦燃烧模拟实验研究. 过程工程学报, 2011, 11: 283-288.

[39] Mito Y, Komatsu N, Hasegawa I, et al. Slurry dewatering process for biomass//International Conference on Coal Science and Technology. London: IEA-Clean Coal Center, 2005.

[40] Shigehisa T, Mito Y. The slurry dewatering of biomass with high moisture. Kobe Steel Engineering Reports, 2006, 56: 59.

[41] Umar D F, Daulay B, Usui H, et al. Characterization of upgraded brown coal (UBC). Coal Preparation, 2005, 25(1): 31-45.

[42] Sugita S, Deguchi T, Shigehisa T. UBC (upgraded brown coal) process development. Kobe Steel Engineering Reports, 2003, 53: 41-45.

[43] Xu G W, Murakami T, Suda T, et al. Gasification of coffee grounds in dual fluidized bed: Performance evaluation and parameter influence. Energy Fuels, 2006, 20: 2695-2704.

[44] Xu G W, Murakami T, Suda T, et al. Particle circulation rate in high-temperature CFB: measurement and temperature influence. AICHE Journal, 2006, 52: 3626-3630.

[45] Corella J, Herguido J, Alday F L. Research in Thermochemical Biomass Conversion. London: Elsevier Applied Science, 1988: 384-397.

[46] Delgado J, Aznar M P, Corella J. Calcined dolomite, magnesite, and calcite for cleaning hot gas from a fluidized bed biomass gasifier with steam: Life and usefulness. AICHE Journal, 1996, 35: 3637-3643.

[47] Delgado J, Aznar M P, Corella J. Biomass gasification with steam in fluidized bed: Effectiveness of CaO, MgO, and CaO-MgO for hot gas cleaning. AICHE Journal, 1997, 36:

1535-1543.

[48] Gil J, Caballero M A, Martín J A, et al. Biomass gasification with air in a fluidized bed: Effect of in-bed use of dolomite under different operation conditions. AICHE Journal, 1999,38: 4226-4235.

[49] Curran G P, Clancey J T, Scarpiello D A, et al. Carbon dioxide acceptor process. AICHE Journal, 1966,62: 80-86.

[50] Lancet M S, Curran G P. Process for gasification using a synthetic CO_2 acceptor: US Patent, No. 4231760. 1980.

[51] Lin S, Harada M, Suzuki Y, et al. Development of hydrogen production from coal by reaction integrated novel gasification with CO_2 recovery (HyPr-RING). Journal of the Japan Institute of Energy, 2003, 82(12): 901-906.

[52] Xu G W, Murakami T, Suda T, et al. Distinctive effects of CaO additive on atmospheric gasification of biomass at different temperatures, AICHE Journal 2005,44: 5864-5868.

[53] Lang R J, Neavel R C. Behaviour of calcium as a steam gasification catalyst. Fuel, 1982, 61(7): 620-626.

[54] Ohtsuka Y, Asami K. Highly active catalysts from inexpensive raw materials for coal gasification. Catal Today, 1997, 39(1-2): 111-125.

[55] Clemens A H, Damiano L F, Matheson T W. The effect of calcium on the rate and products of steam gasification of char from low rank coal. Fuel, 1998, 77(9-10): 1017-1020.

[56] Ohtsuka Y, Tomita A. Calcium catalysed steam gasification of Yallourn brown coal. Fuel, 1986, 65(12): 1653-1657.

[57] Salinas-Martínez de Lecea C, Almela-Alarco′nh M, Linares-Solano A. Calcium-catalysed carbon gasification in CO_2 and steam. Fuel, 1990, 69(1): 21-27.

[58] Shibaoka M, Ohtsuka Y, Wornat M J, et al. Application of microscopy to the investigation of brown coal pyrolysis. Fuel, 1995,74: 1648-1653.

[59] Xu G W, Murakami T, Suda T, et al. Efficient gasification of high water content biomass residue to produce middle caloric gas. Particuology, 2008(6): 376-382.

[60] Xu G W, Murakami T, Suda T, et al. Enhancing high water content biomass gasification with impregnated Ca in fuel drying. AICHE Journal, 2006,52: 3555-3561.

[61] Xu G W, Murakami T, Suda T, et al. Enhanced conversion of cellulosic process residue into middle caloric fuel gas with Ca impregnation in fuel drying. Energy Fuels, 2008,22: 3471-3478.

[62] Takafuji M, Hamada K, Fujiyoshi H, et al. Demonstration of twin IHI gasifier (TIGAR®) for lignite coal. The Second International Symposium on Gasification and Its Application, Fukuoka, 2012.

[63] Suda T, Liu Z H, Takafuji M, et al. Gasification of lignite coal and biomass using twin IHI gasifier (TIGAR®). IHI Engineering Review, 2012,45: 15-20.

[64] 张晓方,金玲,刘云义. 煤燃烧解耦双流化床气化反应基础研究. 化学反应工程与工艺,

2009, 28(24): 193-198.
[65] Wang Y, Dong W, Dong L, et al. Production of middle caloric fuel gas from coal by dual-bed gasification technology. Energy Fuels, 2010, 24: 2985-2990.
[66] Watanabe S. Dual bed gasifier TIGAR®. In CCT Workshop 2012, Japan. http://www.jcoal.or.jp/activity/seminarEventHoukoku.html#120615. 2012.
[67] IHI Press Release, 褐炭から肥料の原料ガスを製造する二塔式ガス化炉(TIGAR®)の実証プラントをインドネシアに建設～未利用資源の低品位炭を燃料とする本格的実証プラントを建設～. http://www.ihi.co.jp/ihi/all_news/2012/press/2012-12-10/index.html, 2012-12-10.
[68] Xu G W, Murakami T, Suda T, et al. Two-stage dual fluidized bed gasification: Its conception and application to biomass, Fuel Processing Technology, 2009, 90: 137-144.

符号说明

A	提升管的横截面面积，m^2
C_{Ar}	产品气中氩气浓度
F	燃料给料速率，kg/s
G_s	热载体颗粒的循环量，$kg/(m^2 \cdot s)$
HHV	产品气的高位发热量，kJ/m^3 或 $kcal/m^3$
HHV_f	燃料的高高位发热量，kJ/m^3 或 $kcal/m^3$
M_{if}	单位质量的燃料中元素 i 的物质的量，mol/kg
M_{ig}	单位体积的产品气中元素 i 的物质的量，mol/m^3
M_t	从样品气中提取的干焦油质量，g 或 mg
P	产品气的产率，m^3/s
Q	流化床气化器中的颗粒存量，kg
Q_{Ar}	失踪氩气的体积流量，m^3/s
t_r	颗粒的平均停留时间，s
T	样品气中的焦油含量，g/Nm^3 或 mg/Nm^3
V	样品气在标准状态下的总体积，Nm^3
X_I	燃料中的 I 元素转化率，%
η_e	冷煤气效率，%

第 6 章　煤炭双流化床热解气化

如第 5 章所述，双流化床气化的基本原理是：在气化炉内将大部分煤转化为煤气，在燃烧炉内将剩余半焦燃烧并通过固体热载体将部分燃烧热输送到气化炉为气化提供热源。双床气化有两个完全不同的气体产物，即煤气和烟气，煤炭双床气化技术必然要求成本较高的烟气净化装置。在双床气化中，虽然煤气中会含有少量的焦油，但其是在有氧的高温下产生的，以重质组分为主，可利用价值很低，常作为燃气或合成气污染物而需要脱除。另外，煤中富含的高价值芳香环结构在燃烧和气化过程中被完全转化为 H_2、CO_2、CO、H_2O 和 C1～C3 烃类等小分子气体，造成了芳香环结构资源的浪费。本章介绍双床热解气化技术工艺，以集成煤炭热解生产焦油与半焦气化制备合成气两过程，从而实现联产煤焦油与合成气的煤分级转化与高值利用。本章将首先概述典型的气化副产焦油技术研发现状，然后通过流程模拟对双床热解气化工艺的热量平衡、生成气组成与热值、碳转化率等参数进行理论计算与分析，进而对流化床热解制备焦油和热解半焦气化产合成气集成工艺进行基础分析，在此基础上汇报双床热解气化中试装置的建立与运行结果，初步证明煤炭热解气化工艺的可行性。

6.1　气化副产焦油技术研发现状

在煤气化过程中副产焦油工业化应用最多的是德国鲁奇加压气化技术，日本的 ECOPRO 加氢热解气化技术开发到了 20t/d 的中试规模，中国科学院过程工程研究所提出的双流化床热解气化技术做到了 2t/d 的中试规模，本节简要介绍前两种气化副产焦油技术的原理、技术特点及研发或应用现状。

6.1.1　鲁奇气化炉

鲁奇气化炉[1,2]是德国鲁奇煤和石油技术公司在 1926 年开发的一种加压移动床煤气化装置，迄今已有 80 多年的发展历史，发展历程见表 6.1。从第一阶段的 MK-1 型单台炉产气量 800Nm^3/h 发展到现阶段的第五代 Mark-5 炉型，单台炉产气量可达 100 000Nm^3/h，炉内径为 5.0m，已在美国、德国、捷克、中国和南非得到应用。其中最著名的工业应用当属南非萨索尔（Sasol）公司利用鲁奇气化炉煤气化技术生成合成气，然后通过费-托合成（Fischer-Tropsch）液体燃料，以及大量基本的化工原料。我国主要利用鲁奇工艺生产城市燃气、合成氨以及氢气等。由于气化气中较高的甲烷含量(10%～15%),鲁奇加压气化技术在替代天然气与城市燃气生产方面具有较大的优势。同时,鲁奇气化技术是一项非常成熟的气化副产焦油技术,炉型工艺设计合理,热利用效率高。

表 6.1　鲁奇气化技术的发展历程

项目	发展阶段					
	第一阶段	第二阶段		第三阶段	第四阶段	第五阶段
炉型	MK-1 型	MK-2 型	MK-3 型	MK-4 型	MK-5 型	熔渣气化
年份	1936～1954 年	1952～1965 年		1969～1978 年	1978～1990 年	1990 年至今
煤种	褐煤	弱黏结性煤	非黏结性煤	多种煤	多种煤	多种煤
气化能力①/(m^3/h)	800	14000～17000	32000～45000	35000～50000	75000～100000	35000～50000

①折标准态的干煤气。

除了在炉型方面不断改进外,鲁奇气化炉在排渣方面也进行了改进,拥有传统的固态排渣和改进的液态排渣两种方式,如图 6.1 所示。

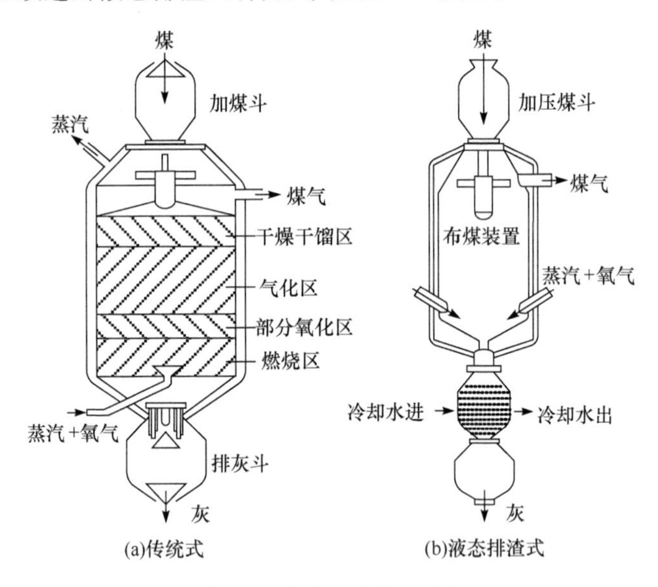

图 6.1　鲁奇气化炉示意图

鲁奇气化炉为立式圆筒形结构,固体颗粒与气体垂直逆向流动,炉体由耐热钢板制成,有水夹套副产蒸汽。煤自上而下移动先后经历干燥、干馏、气化、部分氧化和燃烧等几个区域,未气化的半焦燃烧变成灰渣,由转动炉栅排入灰斗,再减至常压排出。气化剂则由下而上通过煤床,依次通过燃烧区与气化区,在部分氧化和燃烧区氧气与半焦进行燃烧生成 CO_2,并且反应放热使温度达到最高点。生成的

CO_2 与水蒸气继续上行在气化区与煤进行气化反应生成包含 CO、H_2 与 CH_4 等组分的粗煤气，并将热量提供给气化、干馏和干燥所用，粗煤气最后从炉顶引出炉外。煤在炉中停留时间为1～3h，炉内压力为2.0～3.0MPa，可以使用褐煤、弱黏结性煤、非黏结性煤及多种混合煤，煤的粒度在6～50mm。粗煤气出炉温度一般为250～500℃，因此在气化炉内充分利用了所产合成气的显热，使得热量利用率高、冷煤气效率高、气化剂氧耗低。表6.2中给出了采用褐煤、烟煤以及无烟煤等三种代表性煤种的传统式鲁奇气化炉气化数据[2]。

表6.2 传统式鲁奇气化炉典型的气化数据[2] （单位：%）

数据		典型煤种		
		褐煤	烟煤	无烟煤
元素组成（质量分数，干燥无灰基）	C	69.50	77.30	92.10
	H	4.87	5.90	2.60
	S	0.43	4.30	3.90
	N	0.75	1.40	0.30
	O	24.45	11.10	1.10
粗煤气组成（体积分数，干基）	CO_2+H_2S	30.4	32.4	30.8
	CO	19.7	15.2	22.1
	H_2	37.2	42.3	40.7
	CH_4	11.8	8.6	5.6
	C_nH_m	0.4	0.8	0.4
	N_2	0.5	0.7	0.4

对于传统式鲁奇气化炉而言，炉内的煤层最高温度点必须控制在煤的灰熔点以下，气化剂中 H_2O/O_2 比例主要取决于煤的灰熔点的高低。熔渣式鲁奇气化炉是在传统炉型的基础上开发的，并在20世纪90年代在德国建立了第一套工业化应用装置。液态排渣式鲁奇气化炉上部与传统炉型基本相同，主要区别是在下部设置熔渣冷却部分。液态熔渣在冷却室内通过水冷并固化，然后通过煤灰连锁装置排出炉外。与传统式鲁奇气化炉相比，熔渣式气化炉能够处理低灰熔点的煤，同时降低水蒸气用量以及相应的冷凝气体产物，同时能够提高单炉处理量以及气化气中 CO 和 H_2 的产量（当然以降低 CO_2 与 CH_4 产量为代价）。表6.3给出了两种类型鲁奇气化炉典型的粗煤气组成。由表可见，液态排渣鲁奇气化炉气化所产生的气体中 CO_2 的含量相比传统式鲁奇气化炉大幅下降，同时气体中甲烷的含量也下降一半左右。

表 6.3　两种类型鲁奇气化炉典型的煤气组成[2]　　(单位:%)

粗煤气组成(干基,体积分数)	传统式鲁奇气化炉	液体排渣式鲁奇气化炉
CO_2	30.89	3.46
CO	15.18	54.96
H_2	42.15	31.54
CH_4	8.64	4.54
C_nH_m	0.79	0.48
N_2	0.68	3.35
H_2S+COS	1.31	1.31
NH_3	0.36	0.36

鲁奇气化炉的技术特点可总结如下:

(1) 氧耗低,鲁奇气化炉气化工艺是目前各种采用纯氧为气化剂工艺中氧耗最低的。

(2) 冷煤气效率高,冷煤气效率代表了煤中的热量转化为煤气中热量的程度,加上气化副产物,鲁奇炉冷煤气效率最高可达 93%,高于其他的煤气化技术。

(3) 鲁奇气化炉生产的合成气中甲烷含量高(8%～10%,体积分数),配备甲烷分离装置可以生产 CH_4,其污水排放中含有较多可回收的高价值焦油、酚类和氨,需要配备较复杂的污水处理及回收装置,因此生产流程长,环保处理费用较高。但是,焦油副产品价值的增加通常可抵消环保费用。

(4) 只能适用 6mm 以上粗颗粒煤,不能处理 6mm 以下小颗粒原料。

具体应用实例:中煤龙化煤化工有限公司共有 5 台鲁奇加压气化炉,属于第 2 代鲁奇气化炉,其中 3 台是从德国引进,1992 年试车,1993 年运行,其余 2 台 1994 年由太原重型机械制造厂生产。气化炉外径为 4m,内径为 3.7m,炉体高 10.4m,炉内安装水夹套,正常操作时炉内压力为 2.8MPa。单台气化炉的生产能力为 23000Nm^3/h,耗煤量为 250t/d。原料用煤为弱黏结性的长焰煤和褐煤,粒径为 6.3～50mm,小于 6.3mm 的不超过 3%(质量分数),水分含量小于 10%(质量分数),灰分含量小于 40%(质量分数),煤的灰熔点大于 1450℃。进料方式采用两级煤锁,第一级煤锁用氮气吹扫,第二级用水蒸气吹扫。气化剂为水蒸气和氧气,水蒸气(千克)/氧气(标准立方)为 4.6/1,气化炉采用三层布风,气化剂进气化炉前预热到 300℃。气化炉顶部出口气体的温度为 527℃,经过直接水洗激冷后温度降为 202℃左右,经废热锅炉(间冷)后温度降为 186℃,出口气体中焦油含量为 6%～7%(质量分数)。采用宝塔式灰盘,经锥阀排到下方的灰锁内,灰中碳含量为 3%～5%(质量分数)。

6.1.2　日本 ECOPRO 技术

由日本新日铁公司开发的 ECOPRO(efficient co-production with coal flash partial hydro-pyrolysis technology)技术是一种气流床热解气化工艺[3-5]，在上下连接的两个反应单元内实现半焦熔渣气化和煤的快速部分加氢热解，半焦可回送到下部气化单元进行熔渣气化。图 6.2 表示 ECOPRO 的技术工艺，可见其热解单元和气化单元通过一个缩颈整合形成单一反应器。在气化单元内，外部添加的粉煤和来自热解单元的循环半焦在 2.0～3.0MPa 下与氧气和水蒸气在 1500～1600℃剧烈反应，生成主要含一氧化碳和氢气的高温合成气(或混合煤气)。在热解单元内下部，粉煤和循环氢气被一同加入，与来自气化单元的高温混合煤气在 2.0～3.0MPa、700～900℃实现快速部分加氢热解。在气流上升过程中，未反应的煤粒/半焦及热解生成的焦油与氢气会与水蒸气继续发生气化及重整反应，生成氢气、一氧化碳、甲烷和轻质焦油。部分加氢热解反应单元内的气体停留时间为 1～2s，在高温下快速完成热解反应。高温物流从热解单元流出后，经过旋风分离器气固分离，被分离的半焦可全部送往气化单元，气体产物经热量回收、气体净化、轻油捕集后，一部分作为合成气产品(主要成分：H_2、CO 和 CH_4，H_2/CO 约为 1)，另一部分经过水蒸气变换反应(CO ⟶ H_2)和脱碳，实现氢气富集后被送往热解单元提供 H_2。

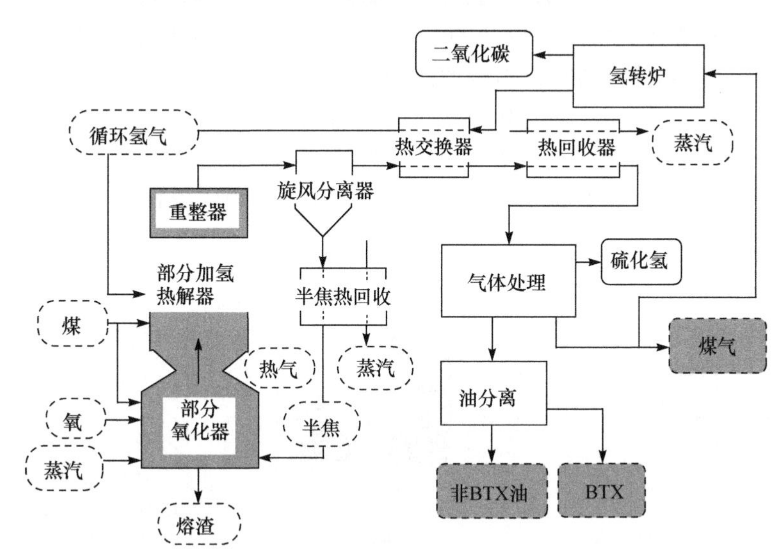

图 6.2　ECOPRO 煤部分加氢快速热解气化技术工艺流程图[4]

ECOPRO 工艺目前已经完成了加氢单元基础研究(1996～1999 年，1kg/d)，系统集成研究(2002～2003 年，1t/d)和中试规模验证(2003～2008 年，20t/d)。

表 6.4为利用煤处理量 1t/d 装置试验的不同操作条件，主要区别在于加氢热解温度不同。

表 6.4　ECOPRO 技术 1t/d 装置的典型操作条件[4]

条件		工况	
		1	2
煤种		印度尼西亚煤	印度尼西亚煤
热解反应器操作参数	压力/MPa	2.0	2.0
	温度/℃	700～800	900～950
	氢气浓度/%(体积分数)	31	33
	气体停留时间/s	2	2
气化器操作参数	压力/MPa	2.0	2.0
	温度/℃	1550～1650	1550～1650
	气体停留时间/s	2	2

图 6.3 表示了热解反应器的产物产率变化，气体（CO 和 CH_4）产率随温度的升高而增加，特别是 CO 产率显著增加。在工况 1 条件下，生成了除甲烷外的烃类气体（C_2H_4 和 C_2H_6），而在工况 2 条件下，升高热解反应器温度到 900～950℃没有明显的 C_2H_4 和 C_2H_6 生成。随着反应温度的升高，液体产物中 BTX（苯、甲苯、二甲苯）的产率增高，而 BTX 以外的油（non-BTX oil）产率下降，可能是因为随着温度的升高有一部分焦油转化为轻油。当热解反应温度进一步到 1050℃或更高，焦油中除 BTX 外的所有组分都消失了，这说明几乎所有的焦油组分都可以转化为气体。BTX 中含量最高的物质是苯，而甲苯和二甲苯的含量很少。反应温度升高后，半焦的产率下降，其下降的程度与 CO 的产率增高程度大致相符。

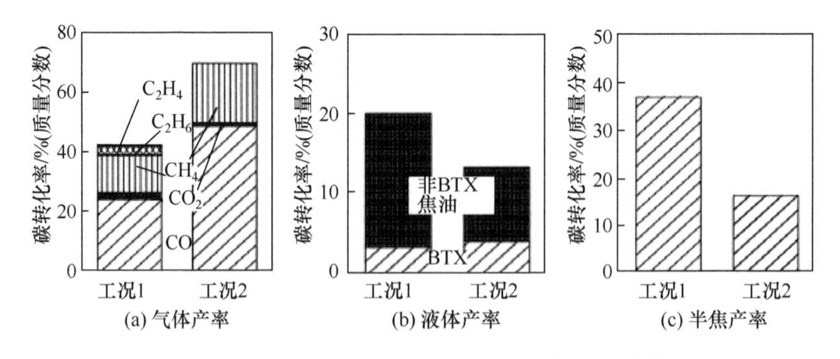

图 6.3　ECOPRO 技术的热解气化产物收率[4]

图 6.4 为工况 1 条件下得到的焦油模拟蒸馏曲线。相对于炼焦炉产生的焦油，工况 1 得到的非 BTX 焦油的蒸馏温度要低一些，而且大部分是轻组分（<360℃组

分的质量分数约90%)。蒸馏曲线中的水平段表示萘的蒸馏,说明得到的焦油中萘含量较高。

图6.5为部分氧化气化反应器的试验结果,气体中H_2和CO(除N_2)的质量分数含量之和大于70%,对应估算的碳转化率为90%,冷煤气效率为60%。得到的合成气(煤气)的热值约为14.65MJ/Nm^3,气体和液体(轻油和焦油)产率的质量分数之和大于70%。可见,通过调节热解温度(600~900℃)或者煤种可以调节ECOPRO技术的油气产品产率。

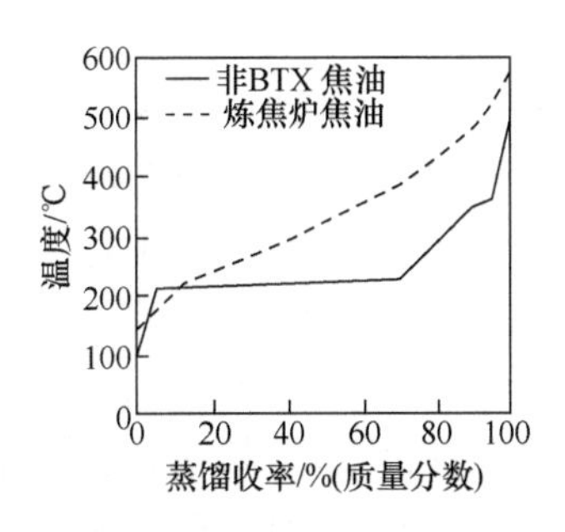

图6.4 ECPRO产生焦油的蒸馏曲线[4]

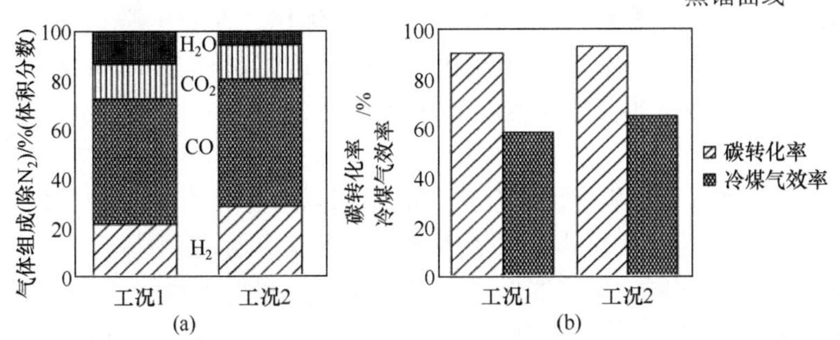

图6.5 部分氧化气化反应单元的反应性能[4]

原理上,ECOPRO工艺拥有高效、灵活的产品调控机制,它可以通过调节热解单元上部温度和氢气输入量而控制气/油产物的产出比,从而满足不同应用场合的特殊需求。此外,ECOPRO的轻油主要是由1~2个芳环的苯、萘等组成,可进一步加工为化学产品或液体燃料,具有较高的经济价值。但是ECOPRO要求粉煤进料,高温粉焦的输送和高压下气化炉的循环也有较大的困难。同时,在拥有热解液体产物时,粉煤输送床热解的旋风气固分离将难以使收集的热解液体的尘含量达到很低的水平,如何实现高温下的深度气固分离是另一个技术挑战。可能正是由于这些技术难题,ECOPRO通常被认为更适合气化运行模式。但是,无论气化模式还是热解模式,该技术目前都未能实现产业化应用。

6.2 煤炭双床热解气化技术

6.2.1 技术原理

中国科学院过程工程研究所提出了“煤拔头”技术思想,即在煤燃烧前通过热解提取其中富含的高价值化学结构物质(即热解焦油),进而燃烧生成半焦[6,7]。本质上,“煤拔头”技术思想是实现煤炭热解与半焦燃烧反应的分离,在燃烧过程中副产焦油。早期的煤拔头工艺过程通过在普通循环流化床锅炉的返料料腿上耦合一个热解反应器而实现，来自提升管燃烧器的煤灰与半焦作为热载体颗粒，通过其循环将热量携带到热解反应器，为热解反应提供所需的反应热。热解反应器的形式可以是移动床[8,9]、下行床[10,11]或流化床[12-14]。Liang 等[8]在实验室研究的基础上，采用神木烟煤，在 75t/h 的蒸汽锅炉上耦合了移动床煤热解反应器，600℃下热解烟煤的焦油产率达 6.0%(质量分数)[9]。Wang 等[10]在煤处理量为 8kg/h 的下行床热解反应器与提升管燃烧反应器的耦合系统中试验发现，粒径小于 280μm 的次烟煤的最佳热解温度为 660℃，焦油产率可达 14.5%(质量分数)。他们进一步在河北省建立了下行床煤热解与 75t/h 蒸汽锅炉的耦合工业试验装置，初步测试得到了满意结果，但发现工艺条件等需要进一步优化。方梦祥等[14]在 75t/h 的循环流化床(CFB)蒸汽锅炉上耦合了流化床热解反应器，研究淮南烟煤的热解。在约 540℃热解和常规的半焦燃烧温度下，该联产系统运行平稳，煤焦油产率为 11%(质量分数)左右。

因此，煤炭热解与半焦燃烧耦合工艺必须通过双床技术实现，如图 6.6 所示。双床反应系统主要包括煤炭热解与半焦燃烧两个反应器，其中热解器可以采用移动床或者流化床等不同的反应器形式。煤炭通过热解得到热解油气与半焦，热解油气通过气固分离、净化等过程分别获得焦油与热解气产品。与此同时，热解产生的半焦与固体热载体(包括产生的煤灰与外加热载体，如石英砂、石灰石等)被输送到燃烧器内进一步发生燃烧反应，得到高温烟气并再次加热固体热载体。燃烧反应器可以采用提升管或者输送床等形式，从而能够将产生的高温固体热载体高效率循环返回热解反应器，提供煤炭热解反应所需的热量。

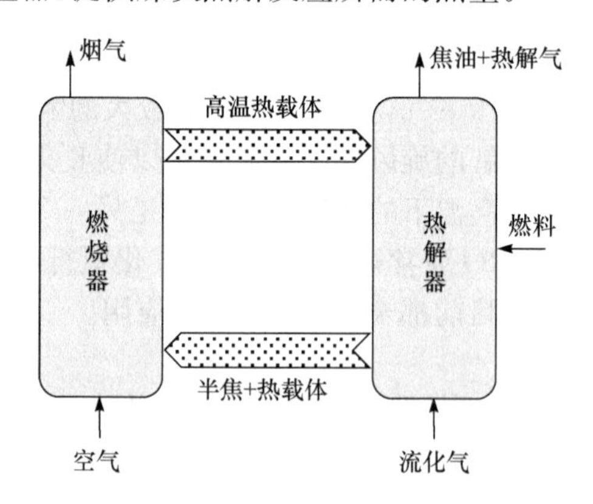

图 6.6　煤拔头或双床热解燃烧的技术原理图

在煤气化过程中也可以类似副产煤焦油，即将燃料的热解和半焦的气化反应过程相互隔离，同时生产热解气、热解油(焦油)和半焦气化产生的合成气，形成煤炭热解-气化的分级联产。中国科学院过程工程研究所开发的煤炭双床热解气化技术[15]基于上述耦合热解与燃烧的“煤拔头”技术基础，是煤热解燃烧技术的进一步延伸。即采用半焦气化反应器代替“煤拔头”工艺的半焦燃烧反应器，形成热解耦合气化的新工艺，其技术原理如图 6.7 所示。煤首先被供入热解器进行热解(可以使用不同的形式反应器)，热解所需热量由半焦气化器循环的高温固体热载体提供。热解产生的油气挥发分产物经分离冷凝后，得到热解油气产品，未反应半焦和低温固体热载体进入半焦气化器，与气化剂(含氧)作用发生半焦气化，同时将部分热量传递给固体热载体实现原料加热。在热解气化工艺中，气化反应器为提升管或输送床，生成气经换热净化后用作合成气或原料气。

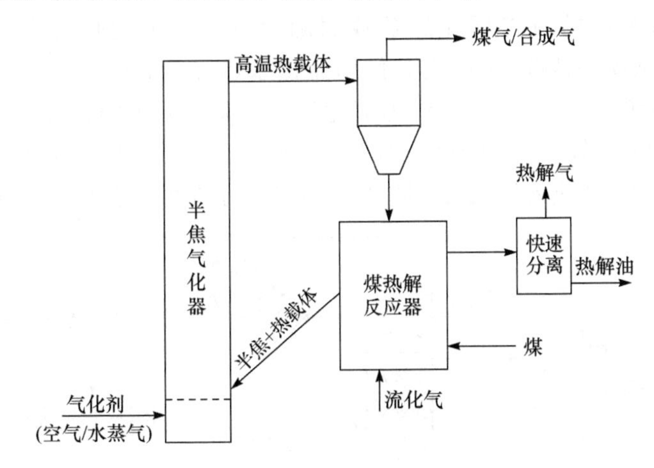

图 6.7　双床热解气化原理示意图

上述工艺原理表明，双床热解气化具有以下潜在的技术特点：

(1) 通过联产热解油和燃气或合成气实现煤的高价值分级利用，与鲁奇气化炉的联产效果类似，但可以使用粉煤作为原料。

(2) 焦油类物质仅仅存在于热解气相产物中，而鲁奇气化炉的焦油包含于气化生成气中，热解气化技术的气体总量降低，便于焦油回收，酚水发生量大大降低。

(3) 双流化床气化除净化产品气外，还需烟气净化，而双床热解气化工艺中半焦气化合成气易于净化，其可与回收焦油后的热解气混合使用。

(4) 由于热解产物的温度低于双流化床气化的产品气温度，双床热解气化的氧气消耗量低于双流化床气化。

(5) 在双床热解气化工艺中，煤热解和半焦气化的隔离使气化过程中半焦颗粒周围没有热解气存在，有利于半焦气化过程的进行[16]。

由于这些技术优势，著者认为“双床热解气化”代表着有前景的煤炭分级利用新技术方向，将具有类似于鲁奇气化炉的潜在应用价值，但需要克服流化床加压操作的难题和挑战。

6.2.2 流程模拟与可行性分析

为从理论上验证所提出的双床热解气化技术工艺的可行性，使用 Aspen Plus 对热解气化进行过程模拟计算。根据气化原理，运用 Gibbs 自由能最小化气化反应模型，如图 6.8 所示。该模型主要包括煤热解和半焦气化两个模块，其他还包括气固旋风分离器、热交换器、气液分离与混合器等模块。煤首先在分解模块中被分解成元素（如 H、C、O、N 和 S 等）、灰分和水分，进而与来自气化器的热载体颗粒混合被加热到 600℃后进入热解反应模块。由于 Aspen Plus 中没有煤热解模型，所以基于实验室测试的府谷烟煤热解数据确定过程模拟的热解模块产物收率。表 6.5为府谷烟煤的特性，小试实验使用流化床热解反应器[17]，以石英砂为热载体颗粒，热解温度为 600℃，氮气作为流化气。实验结果表明，热解焦油、热解气、半焦和热解水的产率（质量分数）分别为 11.74%、8.10%、72.93%和 7.23%。通过热解模块产生的半焦进入气化反应器，挥发分进入分离器，得到煤焦油和热解气。

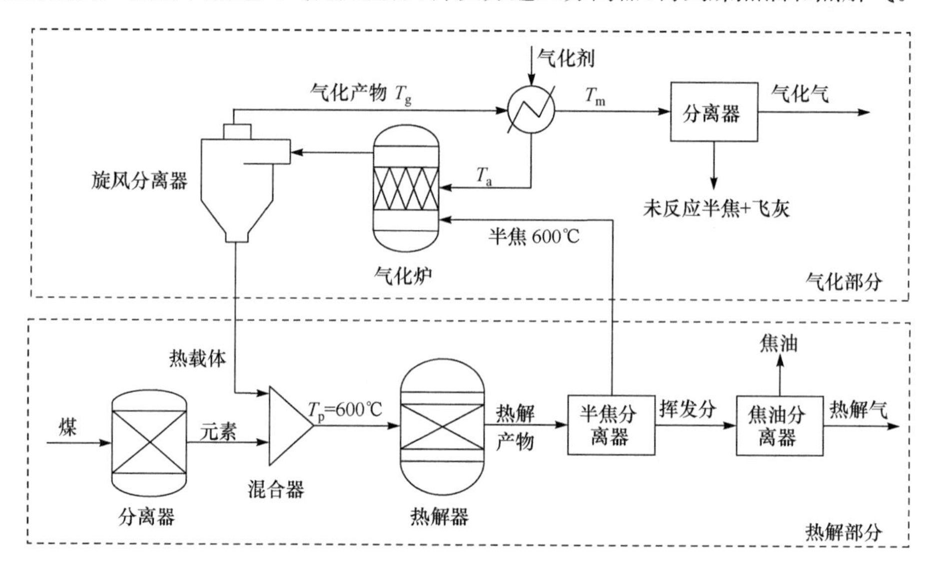

图 6.8 双床热解气化工艺的 Aspen Plus 模拟模型[15]

表 6.5 实验的府谷烟煤特性

烟煤	元素分析/%（质量分数，干燥无灰基）					工业分析/%（质量分数，空干基）				HV/(MJ/kg)
	C	H	N	S	O	M	A	V	FC	
府谷烟煤	82.92	4.66	1.26	0.22	10.94	4.57	4.44	33.75	57.24	31.90

在气化模块中半焦与预热的气化剂反应，生成燃气，被加热的热载体颗粒通过旋风分离器分离循环回热解反应器。表 6.6 列举了过程模拟中考虑的半焦气化可能反应，但未考虑 S 和 N 元素，其对涉及的 C、H 和 O 反应的质量和热量流影响很小。在半焦气化反应器中采用 RGibbs 和 RStoic 模型模拟半焦气化反应。半焦与气化剂（O_2、CO_2 和水蒸气）的非均相反应导致反应 1～3 分别发生，其产生的气体同时会与气化剂发生均相反应，其中水煤气变换反应处于化学平衡状态，用以调整最终气体产物的组成[18]。由表 6.6 可知，碳元素可以通过连续两个步骤与氧气发生反应，第一步生成 CO，第二步 CO 与氧气反应生成 CO_2。假设煤的灰分在热解过程中完全转移到半焦中，半焦气化之后，高温煤灰可作为热载体颗粒，与石英砂颗粒一起提供热解反应热，以确保热解-气化系统的能量平衡。

表 6.6　Aspen Plus 模拟半焦气化过程可能涉及的反应[15]

	反应	焓变①/(kJ/mol)
非均相反应	反应 1：$C+0.5O_2 \longrightarrow CO$（焦炭气化）	−111
	反应 2：$C+CO_2 \longrightarrow 2CO$（碳歧化反应）	+172
	反应 3：$C+H_2O \longrightarrow CO+H_2$（碳-水蒸气气化）	+131
均相反应	反应 4：$CO+0.5O_2 \longrightarrow CO_2$（CO 燃烧）	−283
	反应 5：$H_2+0.5O_2 \longrightarrow H_2O$（$H_2$ 燃烧）	−242
	反应 6：$CO+H_2O \longrightarrow CO_2+H_2$（水蒸气变换）	−41
	反应 7：$CO+3H_2 \longrightarrow CH_4+H_2O$（甲烷化反应）	−206

①正号代表吸热反应，负号代表放热反应。

1. 空气气化剂的过程模拟

如图 6.8 所示，首先以空气作为半焦气化剂进行模拟分析，然后通入水蒸气优化半焦的气化反应及产物组成。假设双床热解气化系统的能量损失为进入气化反应器中半焦能量的 2.0%，热解温度为 600℃，气化反应器中的 O_2/C（物质的量比，下同）随固体热载体循环速率而改变，而热载体循环速率通过式（6.1）的质量比率 R_c 计算：

$$R_c=\frac{G_s\times A}{F_f} \tag{6.1}$$

式中，G_s 为固体颗粒循环速率，单位为 $kg/(m^2 \cdot s)$；A 为热解反应器横截面积，单位为 m^2；F_f 为煤进料速率，单位为 kg/s。

图 6.9(a) 为空气作为气化剂模拟得到的气化温度 T_g（热解反应温度 T_p 固定为 600℃）和质量比率 R_c 随 O_2/C 值变化的关系。增加气化反应器中空气供给量会使气化温度升高，热载体循环质量比率 R_c 降低。气化温度升高意味着更高温热

载体颗粒进入热解器，为保证热解器温度维持 600℃不变，需要降低固体颗粒循环速率 G_s，使固体热载体颗粒与煤的比率 R_c 降低。由图可见，当 O_2/C 为 0.35 时，气化温度为 860℃，对应的 R_c 为 3.5，这对于循环流化床是很容易实现的。

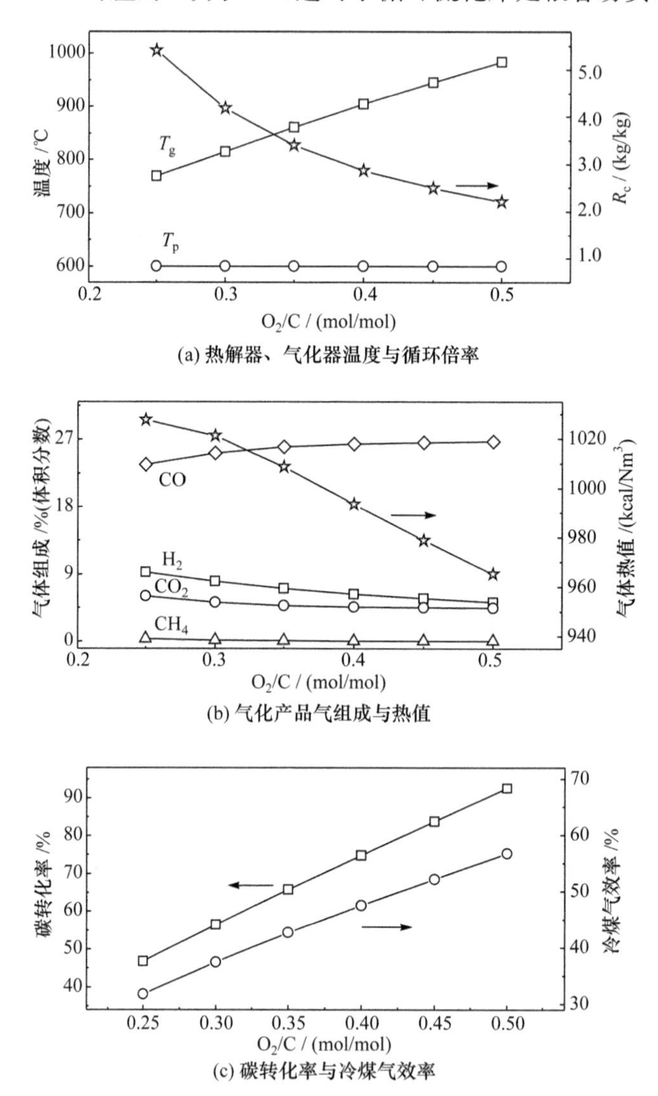

图 6.9 半焦气化特性参数随 O_2/C 比的变化关系[15]

图 6.9(b)给出了对应图 6.9(a)条件的气化气组成。增大 O_2/C 值，H_2 和 CO_2 体积分数略微下降，但 CO 的体积分数增大。H_2 体积分数下降的原因是 O_2/C 的增大导致 H_2 燃烧反应(反应 5)加剧，但气化温度升高会提高碳与二氧化碳气化反应速率(反应 2)，致使 CO 体积分数增大。半焦气化过程中，没有水蒸气存在时

H_2 的体积分数很低，会抑制甲烷化反应（反应 7）。当 O_2/C 从 0.25 增加到 0.50 时，气化气的高位热值从 1030kcal/Nm^3 降低为 965kcal/Nm^3，说明增大空气量所致氮气稀释气化气的影响比高 O_2/C 下增加 CO 的影响更大。图 6.9(b) 表明，空气作为气化剂时，为保证半焦气化气高位热值大于 1000kcal/Nm^3，O_2/C 值应低于 0.35。

图 6.9(c) 表明 O_2/C 值增大导致冷煤气效率（cold gas efficiency，CGE）和碳转化率 χ_C 升高。这里的 CGE 是指气化气与半焦的高位热值之比，C 和 H 等元素的转化率定义为这些元素从半焦中转移到气化产品气中的百分比。在气化反应器中通入更多的空气，可以促进半焦气化，导致碳转化率 χ_C 增大。当 O_2/C 为 0.50 时，χ_C 超过 90%，但由于产品气热值较低，CGE 仅为 57%。如表 6.7 所示，半焦空气气化生成的可燃气体的主要成分是 CO 和 H_2，H_2 体积分数仅有 5%，表明半焦空气气化主要发生反应 1 和反应 2。

表 6.7　实验室小试的热解气体组成和过程模拟的气化气体组成对比[15]

热解气组成/%（体积分数）					
H_2	CH_4	CO	CO_2	C_nH_m	HHV/(kcal/Nm^3)
26.17	41.71	15.50	7.22	9.19	6773

气化气组成/%（体积分数）						
	H_2	CH_4	CO	CO_2	CGE/%	HHV/(kcal/Nm^3)
工况 a①	5.18	0.07	26.69	4.46	56.76	965
工况 b②	7.91	0.65	27.41	4.24	67.19	1076

①仅用空气作为气化剂，O_2/C=0.50；

②空气和水蒸气作为气化剂，O_2/C=0.50，水蒸气/C=0.10。

图 6.9 的结果表明，即使仅用空气作为气化剂，双床热解气化技术仍然切实可行，但很难实现半焦的完全转化。对于半焦气化，水蒸气气化反应 3 和水煤气变换（water gas shift）反应 6 很少发生，因此产生的 CO_2 也很少。反应 2 不能完全利用反应 1 剩余的碳，当 O_2/C 值为 0.50 时，碳转化率低于 93%，产生气体的高位热值低于 965kcal/Nm^3，水蒸气在双床热解气化工艺中对半焦完全气化非常重要。

2. 水蒸气存在的过程模拟

保持 O_2/C 值为 0.50 不变，改变水蒸气/C（物质的量比，下同）对热解气化过程进行模拟分析（C 指半焦中的碳）。图 6.10(a) 表明，当水蒸气/C 值从 0 增大到 0.25 时，气化反应器的温度从 984℃降至约 750℃，而水蒸气/C 为 0.25 时 R_c 接近于 7，增大为无蒸汽时的 3 倍。半焦气化的最低温度应为 900℃，对应的最大可能水蒸气/C 值为 0.1 左右，否则气化温度会过低。当然，这与输入的热解数据有关，改变热解程度，水蒸气的量也会改变。所要求的 $R_c=7$ 很容易通过调控颗粒循环而实现，因为基于 CFB 的煤燃烧或气化系统的循环倍率通常都在 10 以上。

水蒸气存在时，半焦的气化与 H_2 的产生密切相关(涉及反应 3、5、6 和 7)。随着水蒸气加入量的增大，气化气中的 H_2 浓度显著上升。如图 6.10(b)示，水蒸气/C 值从 0 增至 0.25 时，H_2 浓度从 5%升高到 10%。CO 体积分数略有下降，H_2 和 CO_2 的浓度增大，这与水蒸气气氛下促进气体变换反应 6 有关。表 6.7 中工况 b 是水蒸气存在下半焦气化产生的气体组成，气化气的高位热值相应增大，特别是水蒸气/C 为 0.1 时，高位热值达到 1076kcal/Nm³，与无水蒸气存在时 O_2/C=0.5 下的结果相比，气体热值相对提高了 12%。

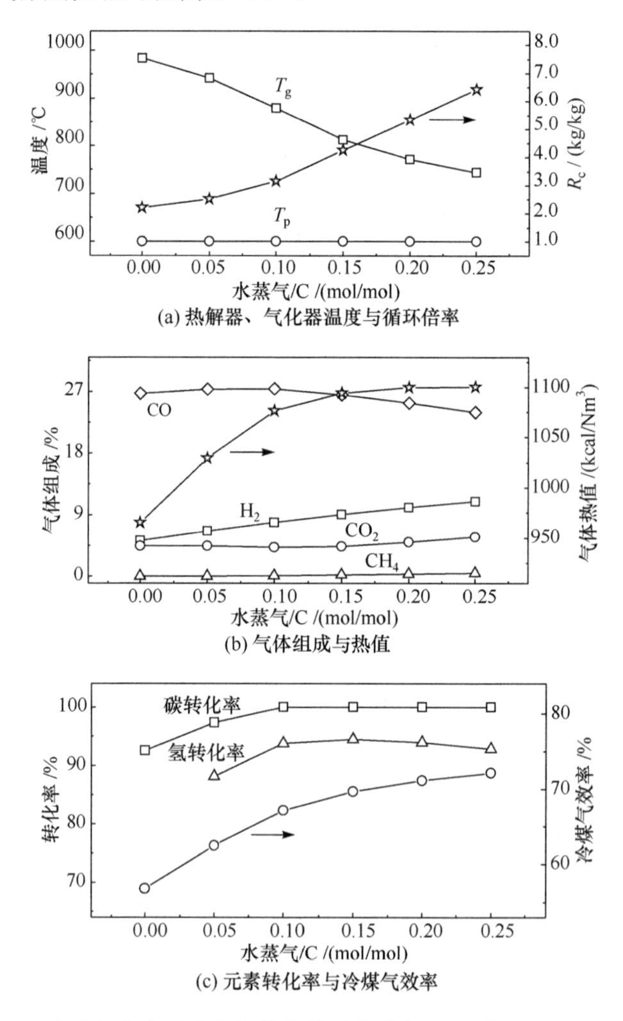

图 6.10　水蒸气存在时半焦气化参数随水蒸气/C 变化(O_2/C=0.50)[15]

如图 6.10(c)所示，在模拟当水蒸气/C 高于 0.10 时，半焦中的碳能够完全转化，H 转化率 χ_H 约为 90%，其中 χ_H 定义为水蒸气中氢元素转化到气化产品气中的比例：

$$\chi_H=\frac{\text{产品气中氢元素物质的量}-\text{半焦中氢元素物质的量}}{\text{水蒸气中氢物质的量}} \tag{6.2}$$

从热力学角度分析，该结果表明模拟条件下的大部分水蒸气中的 H 都能转化到气化产品气中。与图 6.9(c)空气作为气化剂时的碳转化率相比，在半焦气化过程加入水蒸气有利于碳的水蒸气气化反应 3 的进行。在模拟的热解反应条件下，O_2/C 为 0.5、水蒸气/C 为 0.1 时理论上足够促成煤中的碳完全转化。在水蒸气/C 为 0.15 时，H 转化率最高，达到 94%，随后略有降低，因为已经没有碳进一步用于水蒸气气化。冷煤气效率 CGE 随着水蒸气/C 增大而升高。实际操作中，气化温度可能超过 900℃，在水蒸气/C 小于 0.10 的范围内，有效冷煤气效率将会在 57%～67%变动(对应 O_2/C=0.5)。与普通的直接煤气化相比，这一冷煤气效率相对较低，而 O_2/C 值相对较高，这是因为双床热解气化系统的半焦气化炉要向热解器提供热量，因此要求更高的氧消耗。

对比分析图 6.9 和图 6.10 的结果可知，通过双床热解气化技术同时制备热解产物(煤焦油和热解气)和气化产品气是可行的。当气化剂是空气或者空气与水蒸气的混合气时，气化产品气(生成气)可以作为燃气，而当气化剂是纯氧气或者纯氧气与水蒸气或 CO_2 的混合气时，产品气可作为合成气。双床热解气化包含了没有内水的热态半焦的气化过程，导致半焦完全转化需要更高的 O_2/C，因为没有来自于燃料的水参与碳气化反应，得到的气化产品气的热值较低，因此“空气＋水蒸气”混合气作为气化剂是较为合适的操作条件。例如，在图 6.9 和图 6.10 中，半焦气化的主要操作参数是 O_2/C 约为 0.5，水蒸气/C 约为 0.1，热载体颗粒与原料煤的质量比 R_c 为 3.0。对应的气化温度约为 900℃，煤热解温度约为 600℃，理论上碳完全转化时的冷煤气效率高达 67%，产品气高位热值为 1076kcal/Nm^3。当然，这些反应条件和气化行为会随煤种和热解中的质量/能量分布的不同而变化。

3. 能量分布和利用分析

图 6.11 为双床热解气化工艺煤炭在热解与气化反应过程中产物与能量分布，其中条件(a)O_2/C=0.50，水蒸气/C=0；条件(b)O_2/C=0.50，水蒸气/C=0.10。供煤 100kg/h 的能量(3190MJ/h)在热解反应器中被转移到四种产物中：热解气、热解水、焦油和半焦。气化半焦中含有的能量(显热和化学能)又进一步分解为几个能量流，其中的化学能表现为冷煤气效率。需要指出的是，图 6.11中显示的百分数对于煤炭热解单元以原料煤作为计算基准，对于半焦气化单元则以半焦为计

算基准。由于对热解的输入是固定的实验数据，两种情况下热解能量分布没有变化。整个系统的能量损失只考虑了气化反应器的热损失，约占半焦能量的 2.0%。对于条件(b)，计算过程中没有考虑水蒸气带入的能量。

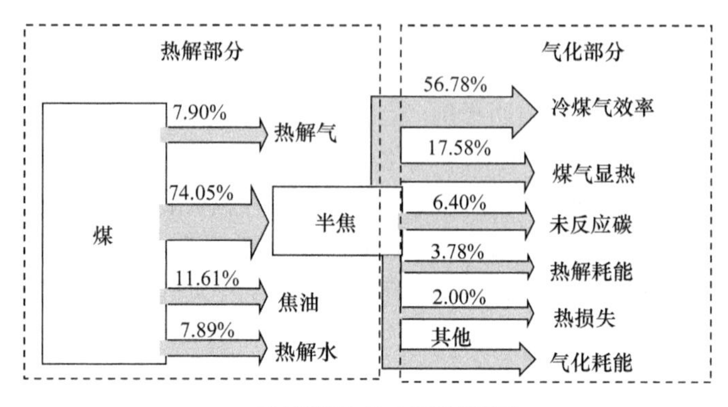

(a) 空气/(O_2/C=0.50)为气化剂

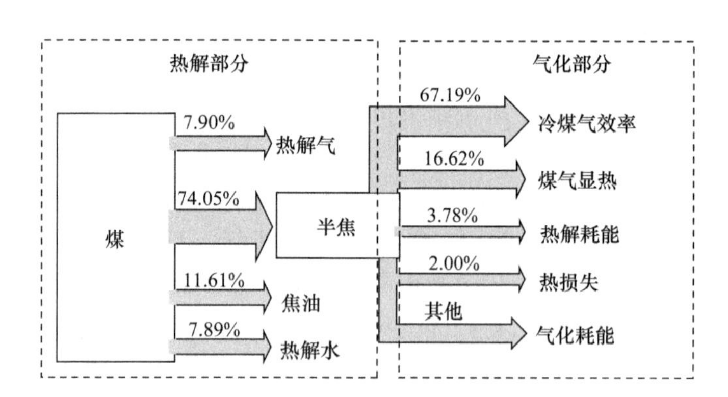

(b) 空气与水蒸气(O_2/C=0.50,水蒸气/C=0.10)为气化剂

图 6.11 双床热解气化转化中煤能量分布(热解和气化温度分别为 600℃和 850℃)[15]

通过热解，煤能量的 74.05%转移到半焦中，7.90%的能量以热解气的形式存在。对于条件(a)，冷煤气效率和气化气的显热分别为半焦能量的 56.78%和 17.58%。煤热解过程所需的能量占 3.78%，主要包括两方面：预热煤到指定的热解温度和断裂大分子化合物的化学键所要求的能量。在没有水蒸气加入情况下，未反应半焦能量占总半焦的 6.40%。对于条件(b)，加入水蒸气后所有的半焦都被转化，冷煤气效率增加了 10%，达到 67.19%。由于条件(b)中气化温度较低(约 900℃)，而条件(a)的气体温度为 1000℃，因此其气化气的显热略低于条件(a)。

对于图 6.11 的条件(a)和(b)，气化反应器中消耗的"其他"能量包括预热气化剂和颗粒，以及为半焦气化反应提供的反应热。这是因为在条件(b)中没考虑高温水蒸气带入的热量，难以准确界定这部分能量所占的百分比。通常，对于条件(b)其内部消耗的能量要高一点，但这部分能量有些来自水蒸气本身的潜热和显热。

图 6.11 表明气化气显热量较大，利用气化产品气的显热是有价值的。因此，图 6.12 揭示了预热气化剂(空气＋水蒸气)对气化性能的影响。其模拟条件与图 6.10 相同，例如，O_2/C＝0.5 不变，只改变水蒸气/C，但是用气化气的显热将气化剂预热到 400℃，同时产品气本身的温度从 T_g 下降到 T_m。图 6.12 表明：水蒸气/C 为 0.25 时，T_m 高于 500℃，并且随着水蒸气/C 的增加，T_g 与 T_m 的差值从 250℃ 增加到 260℃。

与图 6.10 相比，图 6.12 表明利用预热的气化剂可以将气化温度提高 110℃，能够在水蒸气/C＝0.15 时将气化反应温度维持在所期望的 900℃。图 6.10 显示，如果不预热气化剂为了保证气化温度 900℃，水蒸气/C 最高只能为 0.10。这说明利用气化气的显热预热气化剂可以拓宽半焦气化的操作范围。相同水蒸气/C下图 6.12(c)的冷煤气效率比图 6.10(c)对应的效率约高 1.0%。因此水蒸气/C为 0.15 时的冷煤气效率达到 72%，这是保持气化温度为 900℃的最大水蒸气/C值。碳转化率在水蒸气/C 大于 0.1 时已经达到了 100%，所以冷煤气效率随着水蒸气/C 进一步升高归因于水蒸气中的 H 转移到了气化产品气中。需要指出的是，在计算冷煤气效率时没考虑水蒸气带入的能量，否则，CGE 可能不增加。模拟结果显示，预热气化剂不会使气化气的组成和热值有较大的改变，尽管考虑水蒸气变换反应的热力学平衡可以推知 H_2 的体积分数和气体热值应略微增加，但是模拟结果仅考虑了热力学平衡，而没有考虑反应动力学限制。

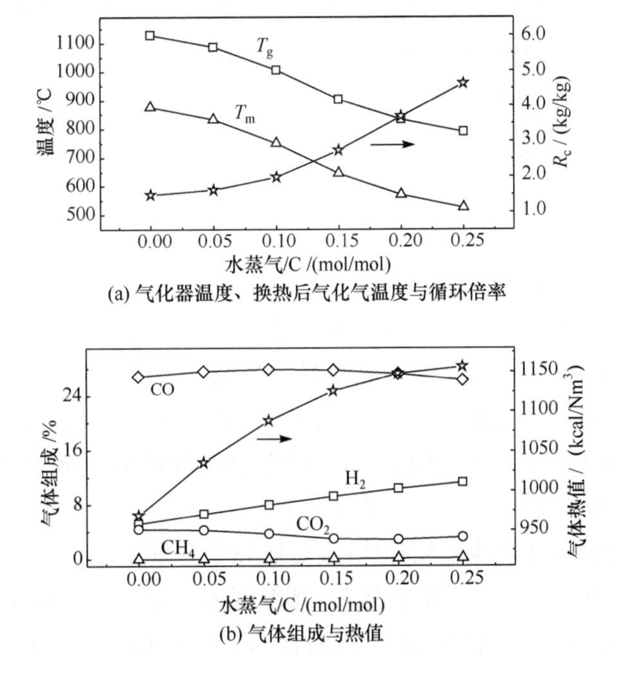

(a) 气化器温度、换热后气化气温度与循环倍率

(b) 气体组成与热值

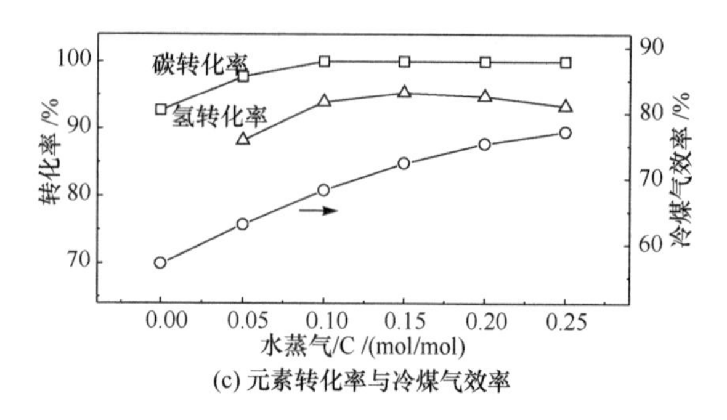

(c) 元素转化率与冷煤气效率

图 6.12　气化剂预热时半焦气化特性随水蒸气/C 比变化[15]

O_2/C=0.50,水蒸气预热至 400℃

6.3　固体热载体流化床煤热解基础

热解既是煤热化学转化利用技术(气化、燃烧和液化等)过程的第一步化学反应,又代表实现煤直接转化分级综合利用的支撑技术。作为转化技术,热解可将煤转化为富含甲烷热解气、热解液体(焦油)和固体燃料(半焦)。从热解反应器形式分类,热解技术可分为流化床热解、固定床热解、回转窑热解等。从使用的传热介质区分,可分为气体热载体热解和固体热载体热解两大类。本章提出的煤炭双床热解气化技术是以流化床热解为基础,利用循环的高温固体颗粒作为热载体,因此是以“固体热载体流化床热解”为热解的基本技术选择。本节将汇报固体热载体流化床煤热解实验研究所获得的结果。

6.3.1　实验与分析方法

1. 实验煤种

流化床煤热解基础实验研究中使用了两种煤,云南小龙潭褐煤(XLT)和山西烟煤(SX),使用的 XLT 煤和 SX 煤的粒径都为 4～6mm。实验前,将煤样置于鼓风干燥箱中在 383K 烘干 3h,置于干燥器中备用。表 6.8 分别汇总了干燥后的 XLT 褐煤和 SX 烟煤的工业分析和元素分析结果。可见褐煤的挥发分含量(质量分数)在 40%以上,高于烟煤的 31%。褐煤和烟煤的固定碳分别约为 33%和 49%,烟煤的灰含量较高,达 18%,褐煤为 13%。XLT 煤的 S 含量较高。为模拟双床热解气化的循环热载体颗粒特性,实验研究中分别采用石英砂和来自循环流化床锅炉的煤灰作为流化床反应器床料,其粒度为 0.21～0.38mm。煤灰的 XRF 分析结果见表 6.9,煤灰中富含 SiO_2,同时含 Al_2O_3、CaO 和 Fe_2O_3 等。

表 6.8　实验用煤的工业分析和元素分析

煤种	工业分析/%(质量分数,空干基)				元素分析/%(质量分数,空干基)				
	M	V	A	FC	C	H	S	N	O
SX 烟煤	1.71	31.21	18.2	48.88	64.58	4.08	0.62	1.1	9.71
XLT 褐煤	4.44	48.96	13.40	33.20	56.38	3.57	1.56	1.30	19.35

表 6.9　循环流化床锅炉煤灰 XRF 分析

组分	SiO_2	Al_2O_3	CaO	Fe_2O_3	SO_3
含量/%(质量分数)	41.17	20.70	18.15	7.23	6.51

2. 实验装置及方法

图 6.13 为实验装置流程示意图,主要由流化床热解反应器、配气系统、冷凝系统、气体收集系统组成。其中,气体收集系统包括直接与反应器出口连接的冷凝管、冰水浴丙酮洗涤管和纤维过滤筒。流化床热解反应器为外加热式石英反应器,内径 60mm、高 700mm,详细结构见图 6.14,煤料由反应器顶端 1 或 2 加料口加入,采用二段可独立控制的电加热炉加热反应器,最高操作温度为 1173K,热电偶通过 3 插入床层内部用于监测床层温度。使用 N_2、H_2、CO、CO_2、CH_4 单组分气体或混合组分作为热解气氛进行实验,气体流量由质量流量计调控。煤热解实验温度为 723K 时,对应的流化气体表观速度为 0.068m/s,能够保证反应器内的颗粒完全流化。

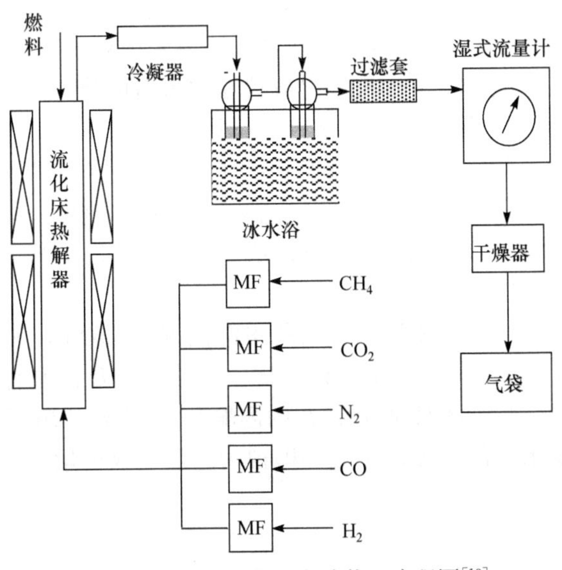

图 6.13　流化床热解实验装置流程图[13]

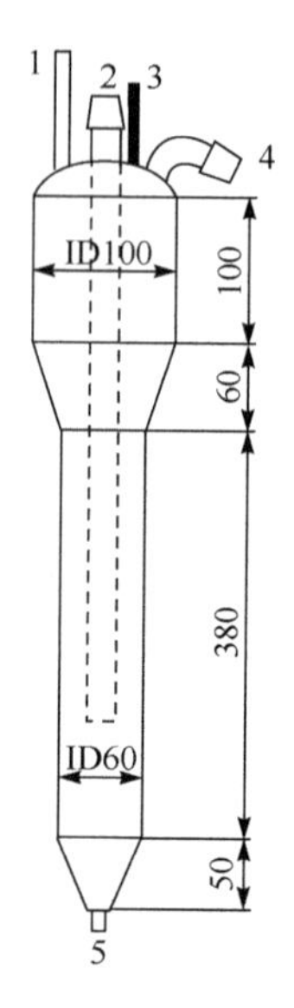

1. 床面加料管; 2. 床内加料管; 3. 热电偶入口; 4. 气体出口; 5. 流化气入口

图 6.14　使用的流化床反应器结构图(单位:mm)

具体实验方法为:装入床料后(石英砂或煤灰),在没有气体通入反应器的条件下将流化床反应器升温至 673K,然后通入一定量 N_2 使床内颗粒流化,继续升温并将反应器温度稳定在需要的反应温度(如 873K)。达到指定温度后将氮气切换为所需要的热解气氛。当床内温度稳定后,将约 10g 的煤样通过进料阀瞬间加入反应器内,煤颗粒在反应器内与流化气体及热载体相互作用,发生热解反应。反应生成气及气态焦油首先经过水冷凝管,焦油在冷凝管中被一次冷凝(含有大部分被携带固体颗粒物),未被冷凝的油气通过放置在冰水浴内装有丙酮溶剂的洗气瓶进一步捕集热解气中的焦油,并脱除可溶性硫化物,然后气体经纤维过滤圆筒将气体中残留的焦油及固体颗粒物捕集。被净化的生成气通过湿式体积流量计计量,并经硅胶和 $CaCl_2$ 干燥,用气袋在给定的时刻采集生成气,剩余气体侧线放空。所采集的气体样品通过微型气相色谱分析其组成。气体取样时间代表实验的热解反应时间,但略晚于煤样加料时间。

将冷凝的液态焦油与丙酮洗涤管道所得溶液混合,该混合液经过滤及旋转蒸发分离(318K),得到含少量丙酮的焦油液体。焦油液体及拦截有残余焦油的圆筒滤纸经 318K 的真空干燥处理,脱除残留的丙酮及水,大约 12h 后取出并称重。最终的焦油液体与滤纸上的焦油质量之和即视为总焦油收集量。

3. 分析方法

热解过程中采集的气体样品采用微型气相色谱(Agilent Micro 3000)分析其

中 N_2、H_2、O_2 及 C1～C3 的摩尔组成。焦油采用热重-傅里叶红外光谱(TG-FT-IR)联用分析其组成变化。具体过程为：以流量为 80mL/min 的高纯 N_2 作载气，将定量的煤焦油放置在 Netzsch STA-449C 型热分析仪坩埚上从室温升温至 1173K，升温速率为 30K/min。从热分析仪逸出的气体经过处理后进入傅里叶红外光谱仪实时检测，扫描分析从热分析仪炉温为 373K 开始，至 1273K 时结束。通过校正红外光谱特征峰出峰时间与热分析仪温度，以及对测试焦油样品质量进行归一化处理，得到各特征官能团吸收强度随热重温度的变化情况。表 6.10 为红外吸收特征峰及其对应的官能团。

表 6.10　红外吸收特征峰及其官能团

波数/cm^{-1}	官能团	特征物质
1355～1395，1430～1470	$—CH_3$	甲基
1405～1465	$—CH_2$	亚甲基
1500	C═C	单环芳烃
1740	C═O	羧酸类
2800～3100	CH_4	甲烷
2000～2250	CO	一氧化碳
2250～2400	CO_2	二氧化碳
2920	$—CH_3$，$═CH_2$，≡C—H	脂肪烃
3673	—O—H	自由羟基，醇类

本章后述相对干燥无灰基煤质量的焦油收率(Y_{oil}，%，质量分数)以及气体产率(Y_{gas}，L/g)定义如下：

$$Y_{oil}=\frac{m_{oil}}{m_{coal}\times(100-M_{ad}-A_{ad})}\times100\% \tag{6.3}$$

$$Y_{gas}=\frac{22.4\times\sum_{i}\int_{0}^{t}F_{mt}C_i\mathrm{d}t}{m_{coal}\times(100-M_{ad}-A_{ad})}\times100\% \tag{6.4}$$

式中，Y_{oil} 为 0～t 时刻内累计焦油产率；M_{ad}、A_{ad} 为煤中的水分和灰分(质量分数)，单位为%；m_{oil} 为 0～t 时刻内累计生成的焦油质量，单位为 kg；m_{coal} 为实验初始加入煤样的质量，单位为 kg；C_i 为热解气中气体组分 i 的浓度(体积分数)，单位为%；t 为热解反应时间或焦油收集时间，单位为 s；F_{mt} 为 t 时刻气体的摩尔流量，单位为 mol/s。

6.3.2　热解条件优化

为了最大化焦油产率以及认识焦油组成，实验中采用不同煤种考察了热解时间、热解温度以及热解气氛对焦油产率及组成的影响。

1. 热解反应时间的确定

采用 4～6mm 的 SX 烟煤，热解温度为 923K、N_2 热解气氛中考察热解最优反应时间(或加入煤样起计的时间)。图 6.15 和图 6.16 为热解气与焦油随热解(反应)时间的变化。实验分别考察了颗粒静床高 85mm、350mm 两种情况，但本小节讨论只限于静床高 350mm 的热解气与焦油随热解时间的变化。

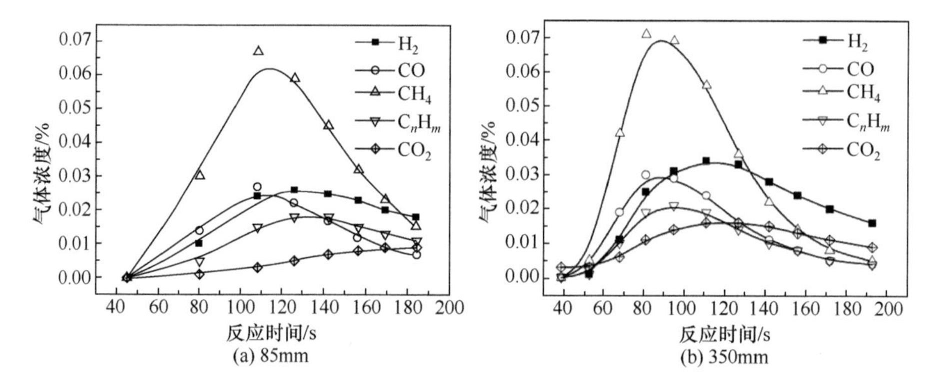

图 6.15　不同床层高度下气体浓度(体积分数)随时间的变化

热解温度为 923K；N_2 浓度为 100%；颗粒直径为 4～6mm

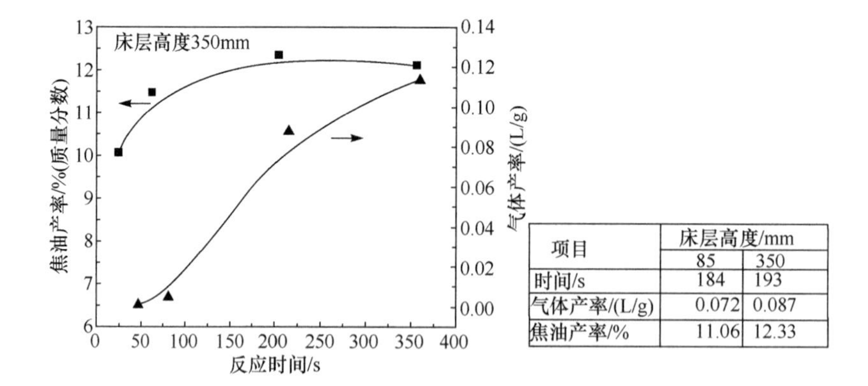

项目	床层高度/mm	
	85	350
时间/s	184	193
气体产率/(L/g)	0.072	0.087
焦油产率/%	11.06	12.33

图 6.16　焦油及气体产率随反应时间的变化

热解温度为 923K；N_2 浓度(体积分数)为 100%；颗粒直径为 4～6mm

由图 6.15 可见，随着热解时间的增加，热解气中所有气体组分(除 N_2 外)的浓度均经历了先增大后减小的变化趋势。反应初期，随着热解反应程度的快速加剧，气体浓度呈现逐渐增大的趋势，并达到浓度最大值。当热解反应即将结束时，热解气体浓度随反应时间而减小。从图中气体浓度变化趋势可以判断，针对热解温度 923K，反应时间达到 200s 时煤中的大部分挥发分已释放完全，热解反应基本结束。

同时，热解气中 CH_4 浓度最高，CO 与 H_2 浓度次之，CO_2 浓度最低。除 CH_4 以外的气态烃浓度介于 CO_2 与 CO、H_2 的浓度之间。此外，热解气中各气体组分浓度达到最大值的时间也有所不同，按时间先后依次为 CH_4、CO、C_nH_m(除 CH_4)、H_2、CO_2。热解气中各气体组分浓度的变化和释放特性反映了其在煤热解反应过程中的生成机理。煤在热解反应过程中 H 键断裂形成 H 自由基，H 自由基间经聚合反应后生成 H_2。脂肪族及含有脂肪侧链的芳香族分子经裂解后生成气态烃，而含有甲基官能团的脂肪族及芳香族化合物裂解产生—CH_2 及—CH_3，它们与 H 自由基反应后生成 CH_4，主要参与反应式(6.5)～式(6.7)。煤热解过程中气体产物中 CO_2 主要来自于煤中含氧杂环，包括醚醌类物质的高温裂解，而脂肪族化合物以及芳香类、羧基类物质的弱键在高温下断裂、裂解生成 CO，断裂后的羧基同样也可以与 O 发生反应生成 CO_2。

$$H—H \longrightarrow 2H \tag{6.5}$$

$$R—CH_2—R' \longrightarrow R—R' + CH_2 \tag{6.6}$$

$$CH_2 + 2H \longrightarrow CH_4 \tag{6.7}$$

将图 6.15 与前述的热解反应途径相关联结果表明，在热解反应过程中，侧链更容易断裂形成 CH_4，从而最早释放出 CH_4。H 则可能要先与其他活性基团发生反应，因此 H_2 在更高温度下才产生。CO_2 几乎从热解反应开始即生成，这可能与醚类物质更易裂解有关。但醌类物质的裂解需要更为苛刻的条件，因此热解气中 CO_2 浓度较低且随反应时间的延长增加缓慢。脂肪族化合物的裂解反应可能在较为温和的温度下发生，因此 CO 及气态烃的生成早于 H_2，晚于 CH_4，且浓度在 CH_4 与 H_2 之间。

图 6.16 中显示了在静床高 350mm 时热解气与焦油产率随热解时间的变化规律。煤样加入热解反应器后，焦油及热解气产率均随时间的延长迅速增加。当热解时间为 200s 时，焦油产率达到最大值，而气体产率在 200s 以后增加幅度减慢，之后释放的气体仅为总气量的 20%。气体产率的变化与图 6.15 中气体释放规律一致，热解气中的各组分在 200s 以后基本释放完全。由此可以得出，为了使焦油产率最大化，热解时间应选为 3min，3min 以后热解反应虽仍在继续进行，但热解产物主要为含碳物质二次裂解、聚合后产生气体。

因此可知，焦油在热解初期迅速大量生成，随着热解时间的延长，大量的焦油发生二次裂解反应，产率随之下降。由图 6.16 可知，当采用 4～6mm SX 烟煤、热解温度为 923K、N_2 热解气氛时，焦油的干燥无灰基产率可以达到 12.3%（质量分数），气体产率为 0.09L/g。图 6.16 中的附表结果表明，当采用 85mm 静床高开展热解实验时，热解时间 3min 同样可以确保最大的焦油产率。

2. 热解时间对反应产物的影响规律

为了进一步研究气体产物随时间的生成规律，分别在静床高 85mm 与 350mm 下进行实验。由图 6.15 可见，静床高对热解气的析出规律没有影响，但气体组分浓度达到最大值的时间有所不同。比较(a)、(b)两种不同床层的影响，流化床床层升高有利于反应过程中气体的逸出，各气体组分浓度达到最大值所需时间有所提前。如 CH_4 与 CO 在静床高 85mm、350mm 时，浓度达到最大值所需要的时间分别为 85s、110s。这主要是由于增加静床高，使得煤颗粒被固体热载体加热的速度和强度增加，反应物料的温度得到迅速增加，从而保证了煤在流化床内发生快速热解反应。在实际工业应用中，颗粒静床高取决于反应器内允许的压力降。在本研究中，静床高达到 350mm 及以上时，既可以保证快速热解又可以满足压降的要求。

图 6.16 中也比较了两种不同颗粒静床高对焦油及热解气产率的影响。为保证焦油产率最大化，选择反应时间 190s 进行实验。结果表明，静床高较低时，热解产生的焦油及热解气产率也较低，这表明较高的床层高度可以有效地加快物料颗粒的加热速度，床层高度降低时，流化床内气体流动的自由空间变大，焦油在床层内停留时间延长，加剧了焦油的二次反应，从而使得焦油产率降低，气体产率有所增大，但焦油的二次反应对气体产率的影响并不大。图 6.16 结果表明，在低床层高度时，热解产生的气体产率也随之降低。

采用 TG-FTIR 分析在不同热解时间的焦油组成特性，表 6.10 为焦油挥发分的红外吸收特征峰，红外吸收强度反映了某时刻焦油挥发分浓度。通过对比红外光谱谱图中各特征官能团的吸收强度可以看出不同操作条件对焦油组成的影响规律。热解过程中，煤中的多种官能团经裂解生成了焦油及气体产物。本实验中分析了酚羟基(—OH)、醇羟基(—OH)、脂肪烃类($—CH_3$，$═CH_2$，≡CH)、羧酸类(C═O)、单环芳烃类化合物(C═C)的红外吸收光谱随温度的变化趋势。图 6.17 为不同反应时间的焦油 FTIR 三维红外光谱图。由于三维红外光谱图很难准确分析各官能团物质的变化特性，以红外吸收峰的吸光度对焦油热解进行定性或半定性分析，通过校正 FTIR 红外光谱出峰时间与对应的热重温度，并对焦油样品进行质量归一化处理，得到热解时间分别为 25s 与 180s 时的焦油特征红外吸收随热重温度的变化特征图 6.18(a)和(b)。不同热解反应时间的焦油具有相似的 FTIR 谱图，如脂肪烃类($-CH_3$,$=CH_2$,$\equiv CH$)与单环芳烃类(C=C)化合物均具有两个明显的吸收峰,而羧酸类(C=O)只出现一个峰值。

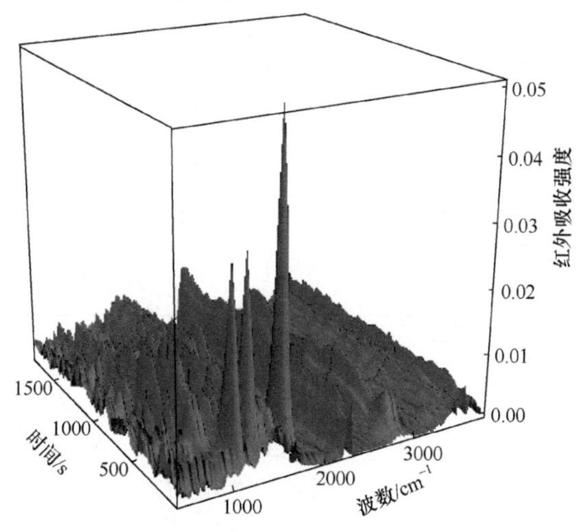

(a) 热解时间:25s

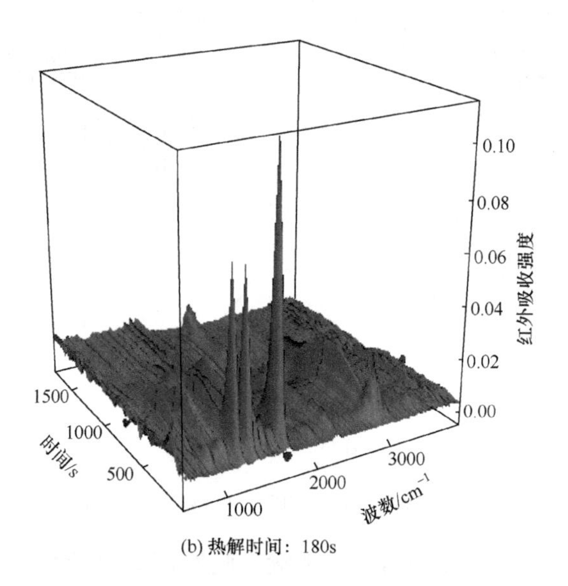

(b) 热解时间:180s

图 6.17 不同反应时间收集煤焦油的 TG-FTIR 三维红外光谱图

如图 6.18 的红外吸收光谱所示,热解时间 180s 产生的焦油中脂肪烃、酚羟基化合物含量较高,而羧酸类、单环芳烃类、醇羟基物质的浓度较热解时间为 25s 时的焦油有所降低。这表明在热解反应开始阶段,由煤大分子结构的端部、侧链及芳香稠环的断裂分解生成气态烃及液体产物。随着热解反应的持续,二次裂解反应加剧,产物组成随之发生变化。热解时间为 180s 时,大量一次挥发分产生,而当热

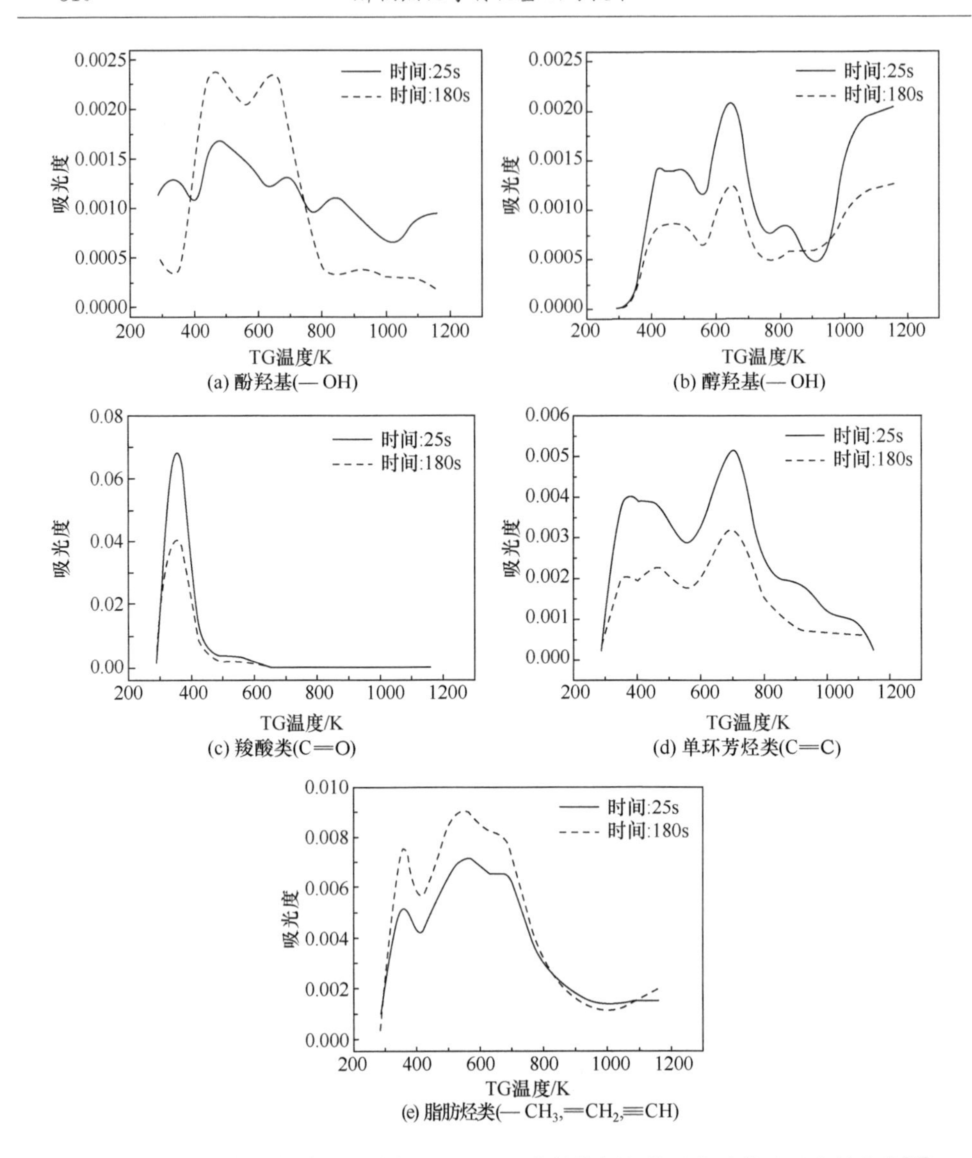

图 6.18　不同热解时间产生焦油的 TG-FTIR 分析特征红外吸收随热重温度的变化[12]

解时间为 25s 时,一次裂解的过程仍在继续。此外,实验用烟煤中富含脂肪烃类化合物。因此,由以上分析可以说明,反应时间为 180s 时,焦油中高浓度物质,如脂肪烃类化合物,主要是来源于煤大分子结构的一次裂解。随着时间的延长,二次裂解发生,造成焦油中的羧酸类、单环芳烃类、醇羟基物质浓度有所降低。同时,较高浓度的脂肪族化合物可以降低热解焦油中其他物质的含量。为了更深入地分析图 6.18 中相关的反应机理,仍需要后续的基础研究作支撑。

3. 热解温度影响

热解反应温度是影响热解产物分布的重要参数，许多学者均研究了热解反应温度对焦油与气体产率的影响[19-21]。在床层高度为 350mm，进料反应时间为 180s 时，考察热解温度对流化床热解焦油及气体产率的影响的结果如图 6.19 所示。在实验温度范围内，气体产率随热解温度的升高而增大，而焦油产率则随热解温度升高首先增大，并在 923K 时出现最大值。王鹏等[20]在 N_2 气氛下研究了温度对协庄煤热解的影响，发现焦油产率在 873K 时达到最大值，873K 以上焦油产率下降。崔银萍等[21]研究认为，通常在 673～973K 范围内焦油的收率最大。

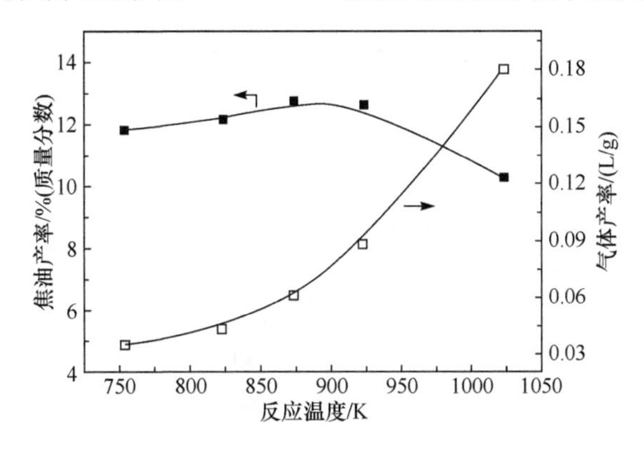

图 6.19 反应温度对焦油及气体产率的影响

N_2 体积浓度 100%；热解时间为 180s；颗粒直径为 4～6mm

焦油产率随热解温度的升高出现最大值是一次裂解与逐渐加剧的二次裂解相互竞争的结果。温度较低时，煤热解主要发生分解、解聚，反应自由基聚合成较大分子，析出大量的焦油和气体，焦油产率增加。随着温度继续升高，生成的焦油发生裂解和重整反应，二次裂解加剧并成为主要反应，焦油产率随之下降。以上两种反应均增加了气体产物的释放，因此气体产率随热解温度的升高而不断增加。在焦油的二次裂解过程中，环烷烃与极性大分子芳香族化合物首先发生二次裂解，随着温度的进一步升高，开环的芳香族化合物开始发生裂解反应。二次裂解的同时，聚合反应也增加了半焦和重质焦油的产率。由以上分析可知，为了获得较高产率的轻质焦油，热解温度的选择应尽量接近并低于最大焦油产率的热解温度，选择在 873～923K 的温度范围内进行煤热解，可以得到较高的焦油产率。

图 6.20 为热解温度为 873K 与 1023K 时焦油特征红外吸收强度随热重温度的变化谱图。通过对比可以看出，低温热解时焦油各特征官能团的红外吸收强度均远远高于高温下的吸收强度，如图中所示的脂肪烃类、酚羟基、醇羟基及单环芳烃类物质。以上实验结果进一步验证了为获得高品质焦油产品，煤热解不宜在高温下进行。此外，图 6.20 结果还表明，在低热解温度下焦油中的单环芳烃类、羧酸

类、酚羟基以及醇羟基类物质呈现出多个吸收峰，这表明对于同一种特征物质可能具有多种不同的分子结构。

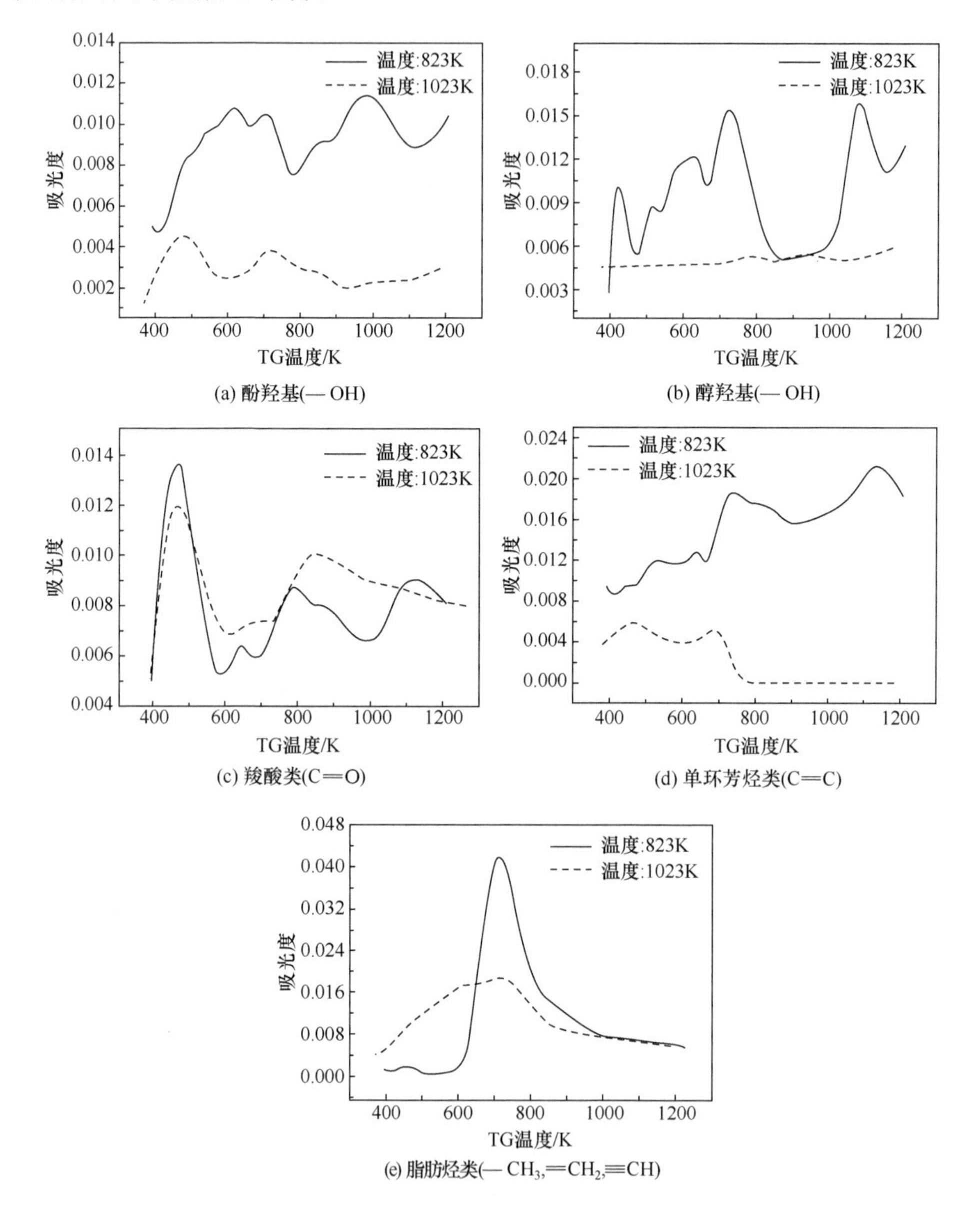

图 6.20　热解焦油 TG-FTIR 红外吸收随热解温度变化[12]

综上所述，热解温度对于生成焦油的产率和组成均有很大的影响。在本研究中，当热解温度达到 873～923K 时，焦油产率最大，同时焦油中脂肪烃和环烷烃系氢化芳香族化合物的浓度也较大。较高的热解反应温度不仅加剧了二次裂解反应,导致焦油产率下降,同样也降低了焦油中有价值产物的含量。因此,对于流化床热解,为了实现焦油产率最大化的同时获得高品质焦油,需控制在相对较低的热解温度范围。

6.3.3 煤灰热载体对热解的影响

煤热解气化工艺中,循环的热煤灰可以用来向原煤热解提供热量,此处选用普通循环流化床燃煤锅炉的煤灰作为流化床料,考察了煤灰对煤热解特性的影响。煤灰的 XRF 和 XRD 分析结果分别见表 6.9 和图 6.21。煤灰中含有大量的金属氧化物(如氧化铝、氧化钙、氧化铁及四氧化三铁)和硫酸钙,它们可能会对煤的热解产生较大影响。

图 6.22 对比了 SX 烟煤和 XLT 褐煤在石英砂和煤灰床料中的热解焦油收率。当煤灰替代石英砂作为流化床床料时,两种煤的热解焦油收率都明显降低。焦油收率的降低可归结为氧化钙对焦油二次裂解的催化作用,Lin 等[22]的研究表明,氧化钙对焦油的二次裂解具有强烈的催化作用,从而大大降低了焦油收率。Howard 等[23]也发现采用碳酸钙和氧化钙处理煤时,热解焦油收率降低。

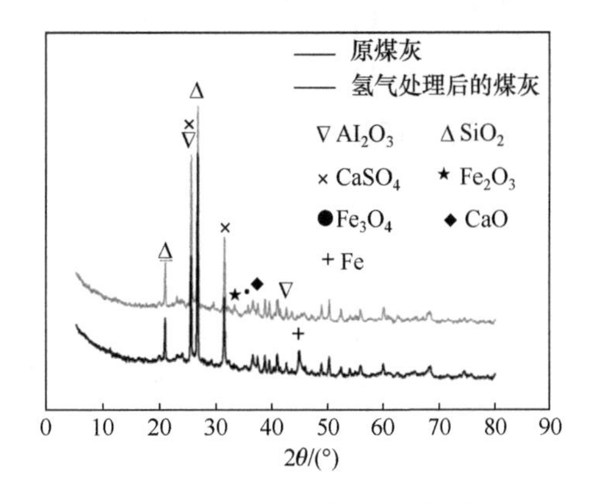

图 6.21 煤灰的 XRD 分析

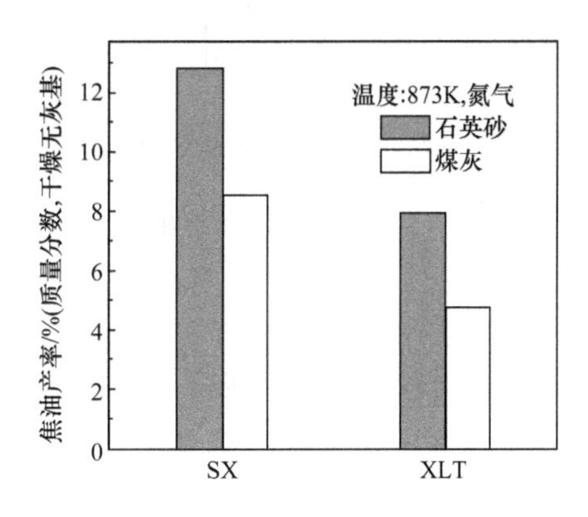

图 6.22 不同床料的流化床热解焦油收率

图 6.23 和图 6.24 结果表明,焦油二次裂解会产生气体产物。与在石英砂中的热解相比,两种煤在煤灰中热解的气态产物所有组分的收率均明显下降。为了揭示这一现象,对煤灰在不同反应气氛(N_2,H_2,CO,CO_2,CH_4)中进行热重分析。图 6.25 显示煤灰在二氧化碳气氛下,首先从 600K 开始有一个明显的增重,接着在 1100~1200K 有一个快速失重过程。进一步实验表明,煤灰在二氧化碳气氛中的热重曲线与氧化钙在二氧化碳气氛下的表现完全吻合,这充分说明煤灰作为流化床床料时,二氧化碳气体产率的减少是由其与氧化钙反应生成碳酸钙造成的,这一点在 Lin 等[22]的研究中也得到了证实。

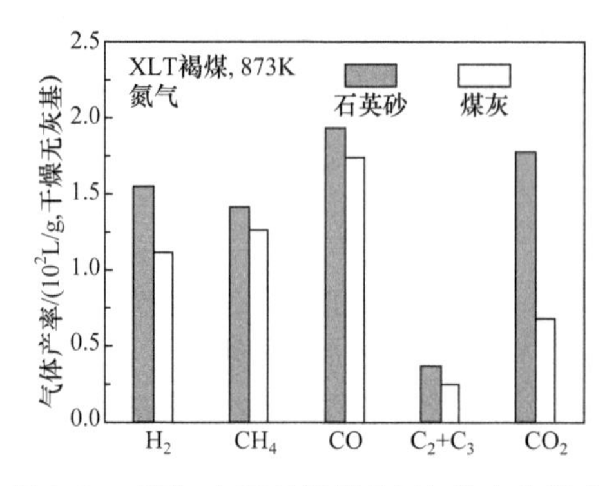

图 6.23 煤灰对 XLT 褐煤热解气体产物影响

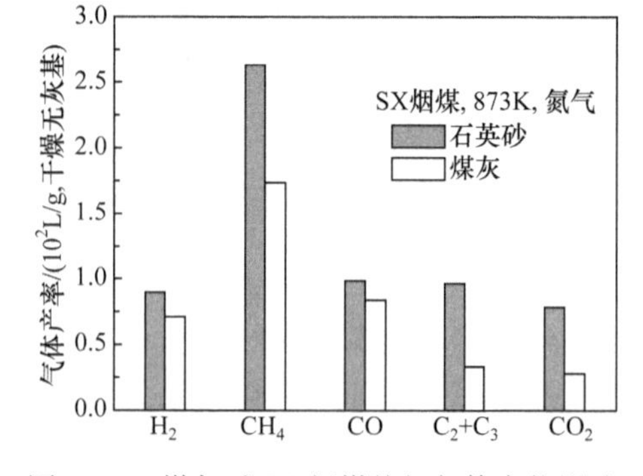

图 6.24 煤灰对 SX 烟煤热解气体产物影响

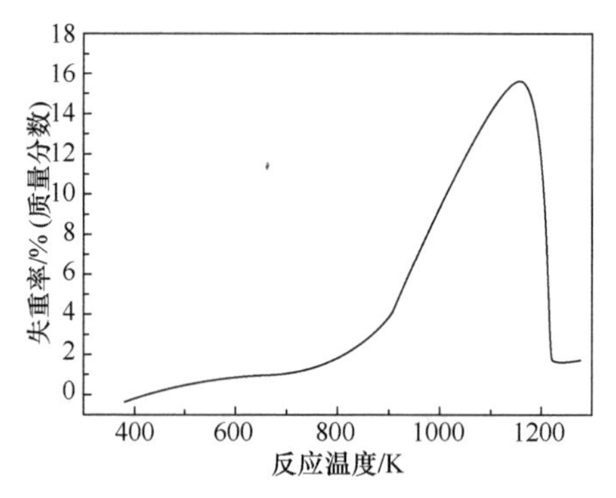

图 6.25 氧化钙在二氧化碳气氛中的热重分析曲线(10K/min)

在氢气、一氧化碳和甲烷气氛中，煤灰在 800～1200K 内经历了大幅度的失重，但在氮气环境下样品重量没有明显变化。对图 6.26 中的热重曲线进行微分分析，可以得到如图 6.27 所示的样品失重速率对温度的关系图。结果表明，在氢气、一氧化碳和甲烷气氛中，在 800～1200K 煤灰有两个失重速率峰值，这说明煤灰在还原性气氛下的失重是由处于两个不同温度区间的不同反应所致。为了进一步揭示这两类煤灰的失重机理，图 6.21 中将原煤灰和经低温(873K)氢气中处理的煤灰 XRD 图像进行了对比。可见，原煤灰中含有氧化铝、二氧化硅、硫酸钙、氧化钙和铁氧化物(氧化铁和四氧化三铁)，而处理后的煤灰却不含铁的氧化物，但含有单质铁。这一结果表明原煤灰中铁的氧化物被氢气还原了，而部分氢气也因此被消耗生成了水。图 6.28 中的照片展示了各气氛下热重实验前后样品的颜色变化。由图可见，样品在氮气和二氧化碳气氛下的颜色保持不变，而在三种还原性气氛下的样品的颜色变成了黑色。黑色是单质铁的颜色，进一步说明氧化铁在还原性气氛下被还原。此外，在甲烷气氛下，样品的表面有碳沉积，颜色与其余两种黑色不一样，这是由于甲烷在高温下发生了裂解。正因为如此，图 6.26 中当温度高于 1200K 时，在甲烷气氛下观察到了急剧的增重现象。

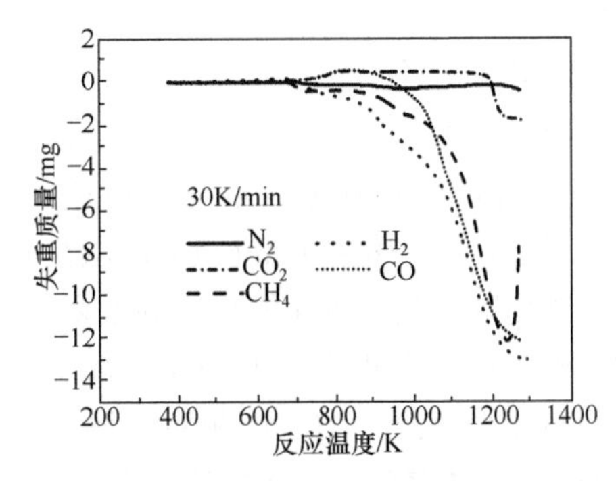

图 6.26　煤灰在不同气氛下的热重曲线

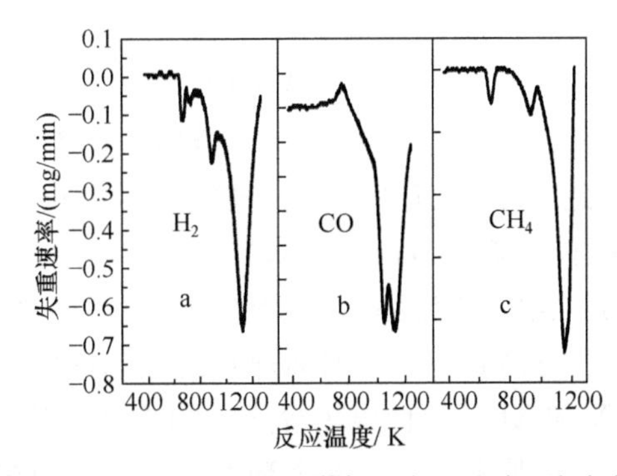

图 6.27　还原性气氛下煤灰的失重及随温度变化

综上所述，图 6.26 中还原性气氛下，800～1200K 范围内的第一个失重速率峰值是由铁的氧化物被还原导致，其具体机理如下：

$$Fe_xO_y + H_2 \longrightarrow Fe + H_2O \quad (6.8)$$

$$Fe_xO_y + C_xH_y \longrightarrow Fe + CO_2 + H_2O \quad (6.9)$$

$$Fe_xO_y + CO \longrightarrow Fe + CO_2 \quad (6.10)$$

综合图 6.21 和表 6.9 分析可知，煤灰中含有大量的硫酸钙，这部分硫酸钙是钙基脱硫剂在循环流化床锅炉中与燃烧产生的硫氧化物反应生成的。图 6.29 为硫酸钙在还原性气体氢气和惰性气体氮气中的热重曲线。在氢气气氛中，硫酸钙在 1100～1200K 有一个大幅的失重，而在氮气气氛中，硫酸钙在 1300K 的高温下一直很稳定。

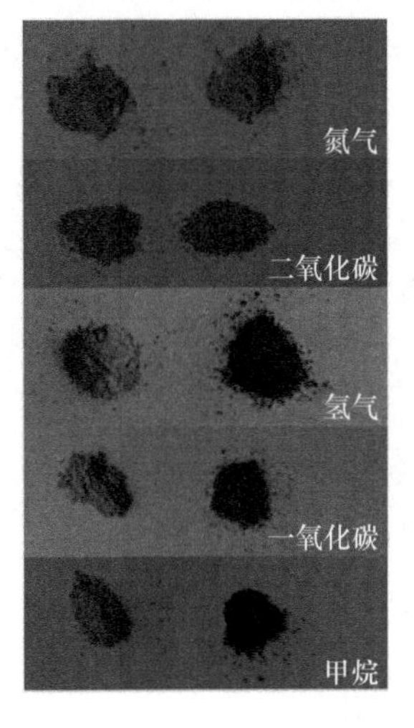

图 6.28　不同气氛下煤灰热重实验前后的颜色比较

研究[24-26]表明，硫酸钙在氢气、甲烷、一氧化碳等还原性气氛中存在如下反应：

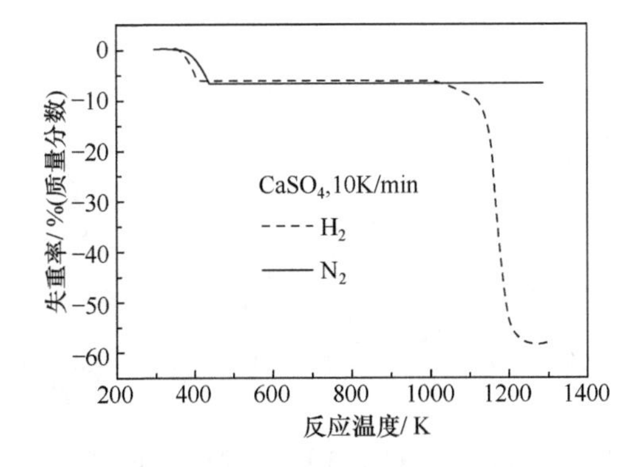

图 6.29　硫酸钙在不同气氛中的热重曲线

$$CaSO_4 + H_2 \longrightarrow CaS + H_2O \tag{6.11}$$

$$CaSO_4 + C_xH_y \longrightarrow CaS + CO_2 + H_2O \tag{6.12}$$

$$CaSO_4 + CO \longrightarrow CaS + CO_2 \tag{6.13}$$

因此,煤灰在还原性高温气氛下的失重应该是由硫酸钙被还原为硫化钙造成的。总体上,煤在以煤灰为床料的流化床中热解时,热解气体中各还原性组分的减少是由氧化铁和硫酸钙反应造成的,而二氧化碳的减少则为其与氧化钙反应的结果。

煤灰作为床料时对煤热解焦油性质的影响分析结果如图 6.30 所示。煤灰对 SX 和 XLT 两种煤热解产生的焦油性质的影响几乎完全一致。煤灰对两种煤焦油中的脂肪 C—H 和芳环 C═C 官能团在加热下的释放行为基本没有影响,但是却对焦油中的含氧官能团影响很大。两种煤的结果都显示,煤灰作为流化床床料时热解制得的煤焦油在受热时释放的二氧化碳和一氧化碳量远小于在石英砂床中

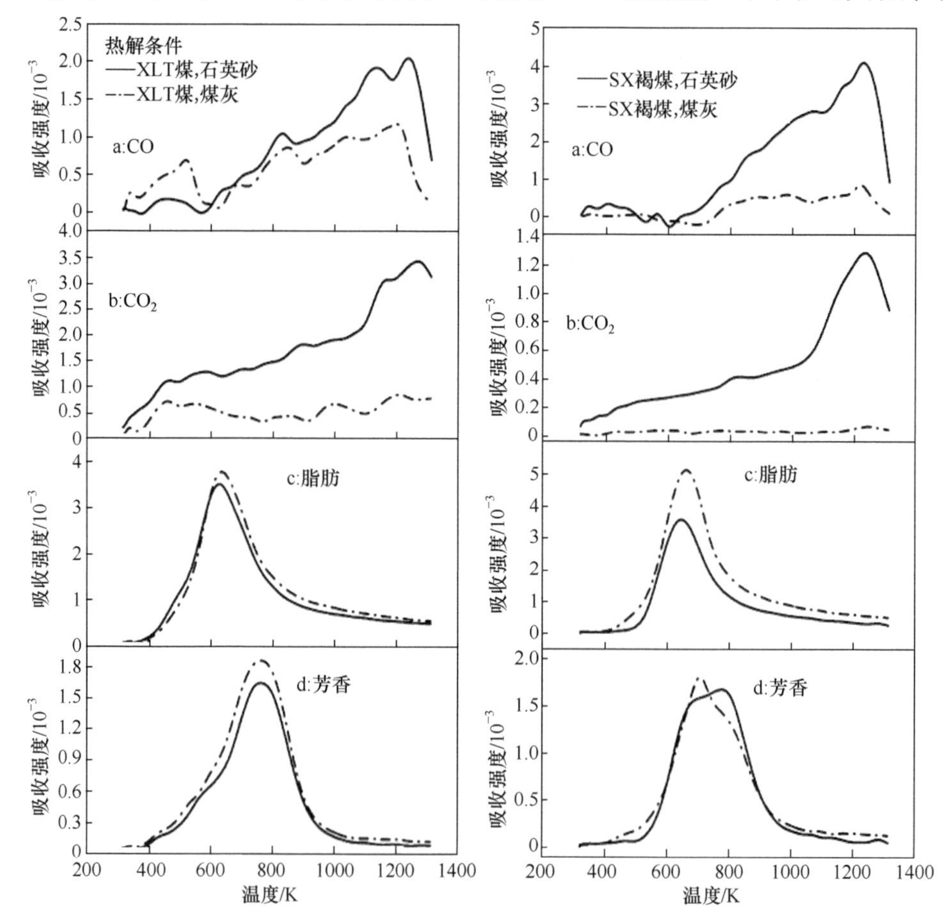

图 6.30 利用不同床料制备的煤焦油 TG-FTIR 分析[13]

热解制得的煤焦油的热分解情形。这可能是由煤灰中金属化合物对煤和焦油中的含氧官能团的催化裂解作用所致。煤中难以裂解的含氧官能团(如含氧杂环)在石英砂床中热解时会很大部分被保留于焦油中,但是在煤灰床料中其金属化合物的催化作用使它们更容易被裂解,生成气态产物。

6.3.4　热解气氛对热解产物的影响

热解气氛对煤热解的影响报道多见于煤加氢热解方面的研究。煤加氢热解能有效提高焦油产率并产生低硫半焦,但由于传统加氢热解工艺中需要制氢、气体循环与净化等复杂工艺,增加了成本和投资,很难用纯氢气进行煤加氢热解。因此,许多学者研究用廉价的富氢气体,如焦炉气或合成气等替代纯氢进行加氢热解,得到了一些有益的结果[27,28]。焦炉气是煤通过隔绝空气高温热解煤得到的气体产物,其中 60%以上的组分为 H_2,因此在焦炉气气氛下热解旨在用廉价而又富含 H_2 和 CH_4 的焦炉煤气代替纯氢进行加氢热解,以降低纯氢环境的成本和投资。此外,崔银萍等[21]总结了文献中关于惰性气体、H_2、CO_2 及水蒸气等不同热解气氛对产物组成与煤焦反应性等性质影响;高梅彬等[29]研究了褐煤在甲烷气氛下的热解特性;王俊琪等[30]采用 TGA/SDTA 851 型热天平,研究了 N_2、O_2、CO_2 气氛下煤的快速热解反应特性。

结果表明,目前对于 CO_2、CH_4 等气氛下的煤热解研究多采用纯气体进行,采用热解气作为热解气氛的研究尚无相关报道。为了模拟热解气化工艺中利用热解气作为热解反应气氛的运行模式,研究了焦油产率随表 6.11 中所示的各种热解气氛的变化规律。热解气氛共分为 8 种,分别为纯 N_2、N_2 中添加 H_2、CO_2、CO、CH_4、水蒸气以及热解气与水蒸气的混合气氛。

表 6.11　多种热解气氛的气体组成

热解气氛	气氛组成/%(体积分数)					
	N_2	H_2	CO_2	CO	CH_4	水蒸气
G1	100	0	0	0	0	0
G2	85	15	0	0	0	0
G3	65	20	15	0	0	0
G4	45	20	15	20	0	0
G5	0	20	15	20	45	0
G6	0	11.44	13.60	14.60	10.56	50
G7	80	0	0	0	0	20
G8	50	0	0	0	0	50

图 6.31 为针对表 6.11 中的 G1～G5，于 753K 和 873K 两个温度下获得的热解气氛对焦油产率的影响结果，煤种为 SX 烟煤。随着向热解气氛逐次加入 H_2、CO_2、CO 和 CH_4，焦油的产率呈现先降低后增加的趋势。N_2 气氛(G1)下焦油产率(质量分数)为 12.77%，H_2 加入后(G2)降为 11.23%，CO_2 的加入(G3)使焦油产率进一步降低为 10.78%，CO 加入后(G4)焦油产率上升为 11.98%，而模拟热解气的反应气氛时(G5)焦油产率达到最大 13.21%。

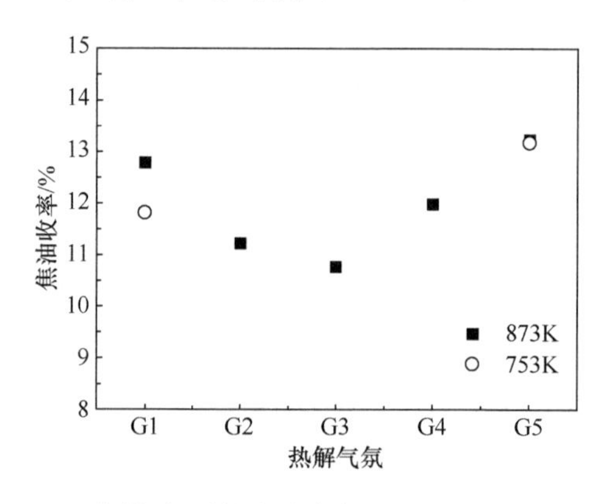

图 6.31　不同气氛下的焦油产率(t_P=180s，d=4～6mm)

向热解气氛中加入 H_2、CO_2 不利于焦油产率的提高，这与它们作为反应剂、强化了热解油加氢反应有关。廖洪强等[31]在总压 3MPa 下选用云南先锋褐煤在固定床反应器内分别以焦炉煤气、H_2、合成气以及 N_2 作为热解气氛考察了热解气氛对先锋褐煤热解产品的影响。结果表明，加氢热解较惰性气氛下热解焦油收率有显著增加，其中焦油收率顺序依次为：H_2>合成气>焦炉气>N_2。氢气在焦油生成两个阶段的三个反应中起作用：煤发生一次裂解产生焦油蒸气(第一阶段)中的加氢和聚合反应，第二阶段的焦油蒸气二次裂解反应。在第一阶段，煤受热裂解产生大量自由基和大分子碎片，氢能够稳定这类基团与其发生加氢反应，从而生成焦油，否则这类基团便会发生聚合反应形成半焦或焦炭结构。在第二阶段，氢气的存在会促进焦油蒸气的二次裂解生成气体产物，特别是甲烷，从而减少焦油收率。因此，加氢热解是一个较为复杂的过程，煤加氢热解焦油产量是由加氢反应和聚合作用相互竞争的结果。对此过程众多学者得出了不一致的结论。廖洪强[31]、Canel[32]、Cyprès[33]等的研究表明，大量 H_2 的存在增加了煤焦的反应性，有利于 C1～C3 烃类气体物质的产率增加；而 Yabe[5]、Xu[34]等在研究中得出了与本书一致的结论：认为 H_2 的存在可以有效地提高煤转化率，改善焦油质量，但焦油产率随着气氛中 H_2 浓度的增大而降低。前人的研究成果表明：氢气的作用随反应条件而不同，反应器类型及加热速率对其实现的焦油产率均有影响。采用固定床反应器在较低的加热速率下氢的存在提升了热解焦油的产率[31-33]；而在输送状态下的较高加热速率下致使加氢的作用相反[5,34]。本研究采用流化床反应器,加热速率可能接近1000K/s(属高加热速率),因此得到了加氢热解抑制焦油产量的结果。不过,这种现象值得进一步研究和验证。

热解气氛中CO_2的加入促使煤发生了热解和气化反应,CO_2会与C直接发生反应生成CO,降低了焦油的产率,使煤样进行热裂解反应的同时,还发生了均相和非均相的气化反应[35]。CO_2气氛下,煤热解反应比较复杂,CO_2的存在消耗了一定数量的C,气体产率增大,焦油产率下降。

CO的加入有利于CH_4和H_2的产生,大大提高了焦油产率,由以$N_2+H_2+CO_2$混合气作为热解气氛时的10.78%(质量分数)增大到11.98%(质量分数)。CO的加入抵消了CO_2和H_2对焦油生成的抑制作用,有利于焦油的产生。当采用模拟热解气作为热解气氛时,焦油产率达到了最大值13.21%,这表明热解气氛中CH_4的加入对焦油产率的增加有很大的促进作用。关于这种现象,高梅彬等[29]研究褐煤在CH_4气氛下的热解特性时指出,在低于400℃时,甲烷对煤热解过程没有促进作用,而在400~780℃范围内CH_4气氛在一定程度上促进了煤热解反应的进行。但是,另外一些学者[36,37]也认为,CH_4易裂解生成甲基和二甲基,提供氢活性基,从而提供了更多的H,在一定程度上降低了焦油产量。可见,煤种差异对这种现象也有较大的影响,不同的煤种需要有针对性地加以具体研究。

1. H_2热解气氛对焦油组成的影响

表6.11中的G1和G2气氛中热解煤产生的焦油通过TG-FTIR分析的各特征官能团红外吸收随TG温度的变化趋势如图6.32所示。不同热解气氛中焦油的TG热解产物析出特性有明显的差别,其中单环芳烃类产物均呈现不规则上升趋势,且含量基本相同。N_2+H_2气氛下焦油中脂肪类、羟基和酚羟基类化合物在750K左右出现最大值,羧基类物质在500K附近出现最高峰。

比较N_2和N_2+H_2两种不同热解气氛中焦油的FTIR变化趋势可以得出,N_2+H_2气氛下焦油中的羧基、代表H_2O的羟基(—OH)及酚羟基(—OH)类化合物含量有明显的增加,单环芳烃类物质与N_2气氛下的情况基本一致,随着TG温度的升高不规则增加,而脂肪族化合物含量则明显减少。这表明H_2浓度为15%(体积分数)时,H_2的加入有利于焦油中酚羟基、酸酮类物质含量的增大,有更多的自由羟基断裂生成H_2O,同时H_2的加入也促进了脂肪族化合物的进一步裂解反应。

2. CO及CO_2热解气氛对焦油组成的影响

在N_2+H_2的基础上,加入CO_2和CO两种碳氧化物(即表6.11中的G2和G4),煤热解产生的焦油的TG-FTIR分析结果如图6.33所示。CO_2和CO的加

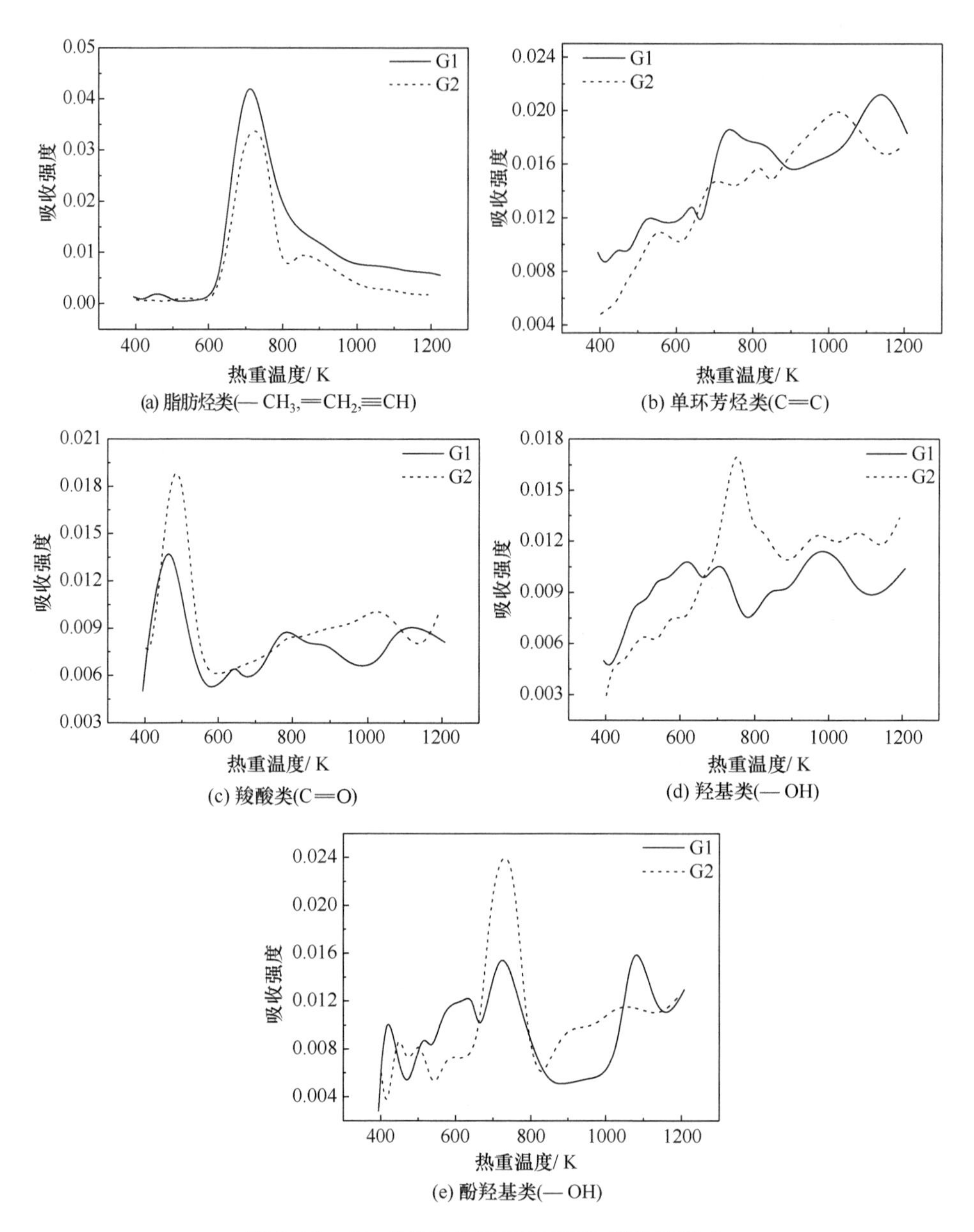

图 6.32 H_2 对热解焦油 TG-FTIR 谱线的影响

入使得焦油中的脂肪烃类、单环芳烃类、酚羟基类化合物的浓度大幅度降低，而只有酸酮类物质浓度与 N_2+H_2 气氛基本相同(没变化)。脂肪类物质的红外吸收峰较未加入 CO 及 CO_2 提前了 200K 左右，最高峰的形状也较 N_2+H_2 气氛时矮小。酸酮类化合物红外吸收峰的出现提前了 50K，单环芳烃类、羟基和酚羟基类化合物的红外吸收强度减小，均呈现缓慢的上升趋势。这些表明 CO 的加入可以有效地增大焦油产率，但在热解气氛中加入 CO 及 CO_2 后焦油组成中脂肪类、单环芳烃类等物质的浓度大幅度下降。不过，对组成的这种影响取决于 CO 还是 CO_2 有待进一步验证。

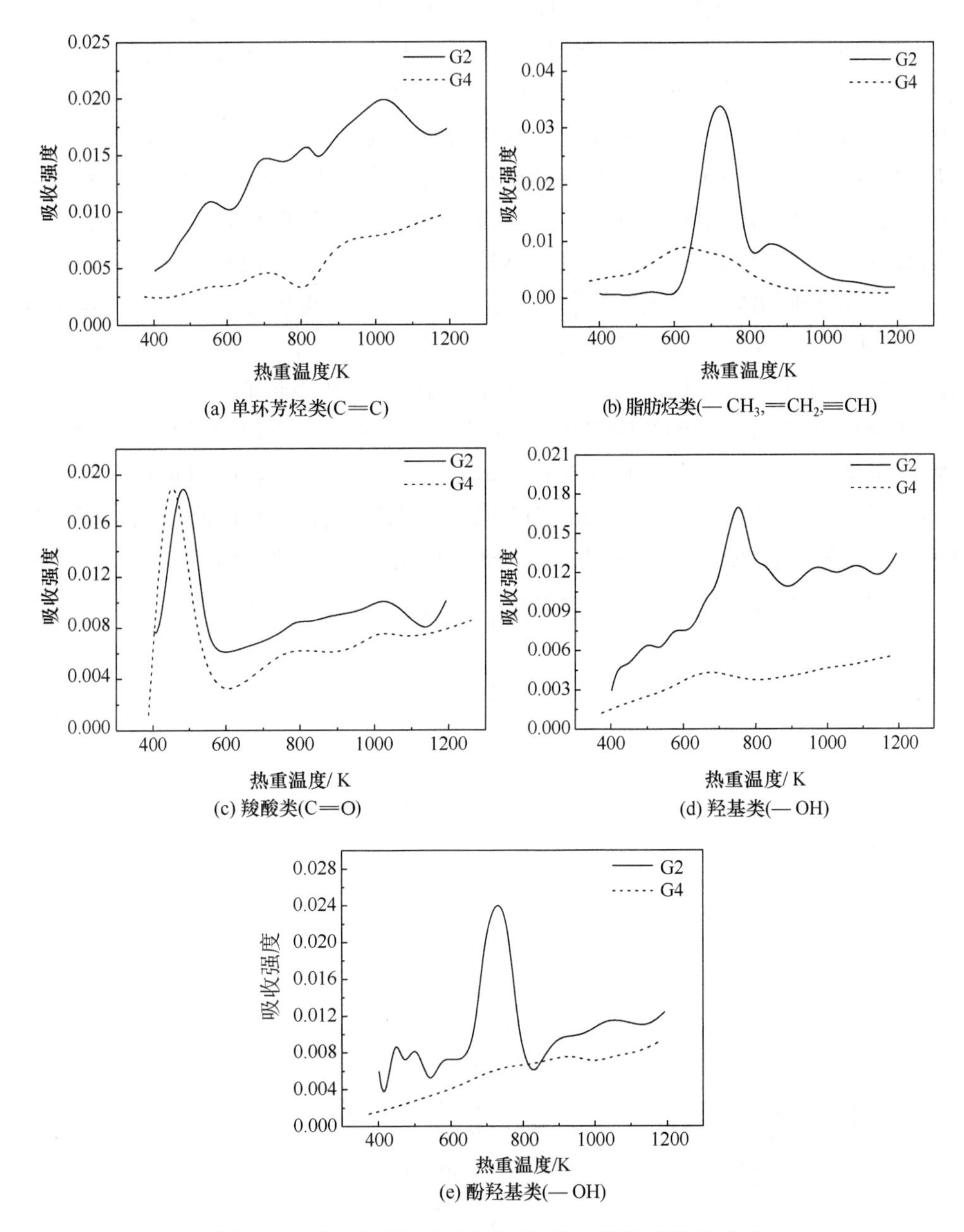

图 6.33　CO 及 CO_2 对热解焦油 TG-FTIR 谱线的影响

3. 模拟热解气对焦油组成的影响

为了模拟热解气化生产热解油工艺，采用表 6.11 中 G5 所示的模拟热解气作为热解气氛，在反应温度 873K 时制备焦油，通过 TG-FTIR 分析考察了该条件下产生的焦油组成。如图 6.34 所示，比较 N_2、$N_2+H_2+CO_2+CO$ 及模拟热解气三种反应气氛下焦油的红外吸收光谱可以看出，当模拟热解气作为热解气氛时，焦油中的脂肪类、单环芳烃类、羟基及酚羟基类物质浓度降低，酸酮类物质浓度有所提高。与以 $N_2+H_2+CO_2+CO$ 作为热解气氛时的情况相比，CH_4 的加入使脂肪类物质的红外吸收峰强度由原来的 0.008 提高到了 0.024，单环芳烃类、酸酮类、羟基及酚羟基类物质浓度也有所增大。这些表明 CH_4 有利于提高焦油中单环芳烃类、酚类等物质的浓度。廖洪强等[27]在研究煤-焦炉气共热解特性时发现焦炉气中的 CH_4 和 CO 可以提高焦油产率，并且有利于改善焦油质量，实现焦油的轻质化，且 CH_4 作用更为明显。这与本书所研究的热解气作为热解气氛时 CH_4 和 CO 对焦油产率及组成影响的结论相吻合。此外，刘佳禾等[38]在研究催化热解中也发现，气氛中 CH_4 和 CO_2 的加入，有利于焦油产率的增大。因此，以模拟热解气作为热解气氛可以消除 CO_2 对焦油的分解作用，提高焦油产率，同时也增加了焦油中单环芳烃类、脂肪烃类及酚羟基类化合物的含量，改善了焦油质量。

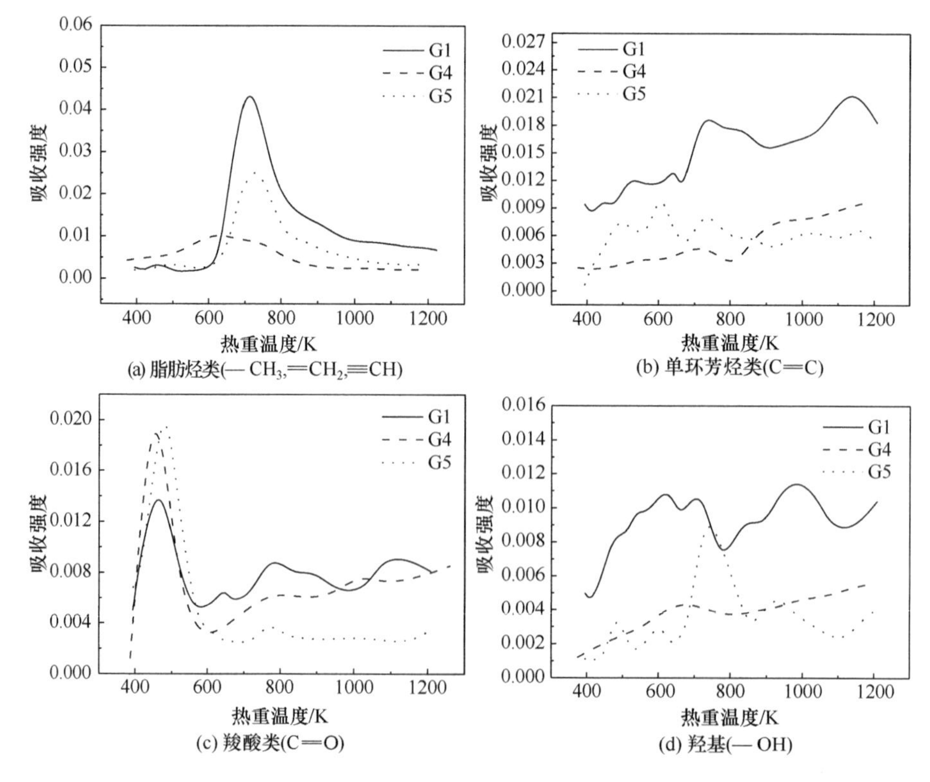

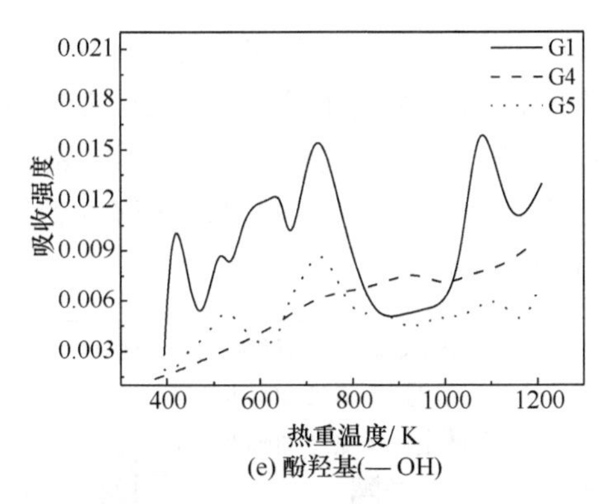

图 6.34　不同反应气氛下热解焦油的 TG-FTIR 谱线

6.3.5　水蒸气对热解的影响

在双床热解气化工艺的现实应用中，热解器中的气体组分势必含有大量的水蒸气。因此，水蒸气的存在对热解过程的影响也需要进一步澄清。在此，含有水蒸气 20%(体积分数)和 50%(体积分数)的水蒸气/氮气混合气被用作 XLT 褐煤热解流化气，在 873K 时考察了水蒸气对热解气液产物收率的影响。在表 6.11 中所示 G6 的热解气氛下，即反应气氛为 50%水蒸气和 50%模拟热解气组成的模拟气氛，于 873K 的热解温度下考察了循环流化床锅炉煤灰作为床料时对 XLT 褐煤和 SX 烟煤的焦油产率的影响，实验结果如图 6.35 所示。两种煤的焦油收率均比它们在煤灰床料的氮气气氛中热解的焦油收率高，但是低于石英砂床料氮气气氛中的焦油收率，这可能是由于模拟工况下热解气的作用促进了焦油生成。图 6.35 也显示，XLT 褐煤的焦油收率超过了 6.5%(质量分数)，SX 烟煤更是超过了 11.4%(质量分数)。因此可以预见，在实际的煤灰作为固体热载体的热解过程中，尽管存在煤灰对焦油的催化作用，但仍可以获得较高的焦油收率。

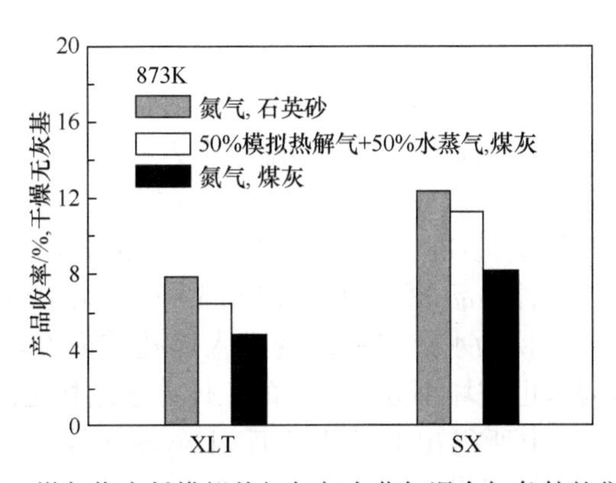

图 6.35　煤灰作床料模拟热解气与水蒸气混合气条件的焦油收率

图 6.35 为模拟热解气与水蒸气混合气对煤热解焦油收率的联合影响，其中的水蒸气对热解焦油收率的确切影响尚不清楚。为此，在氮气中分别加入了 20%（体积分数）和 50%（体积分数）的水蒸气作为热解气氛（表 6.11 中 G7 和 G8），在 873K 考察了水蒸气对 XLT 褐煤热解气液收率及热解气各组分收率的影响，其结果分别如图 6.36 和图 6.37 所示。

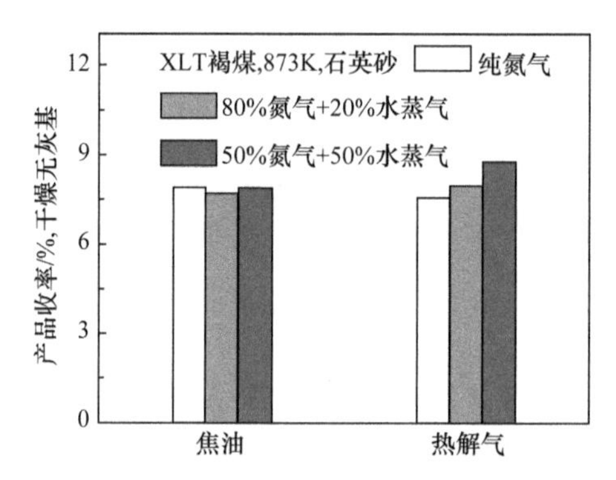

图 6.36　水蒸气对 XLT 褐煤热解气液收率的影响

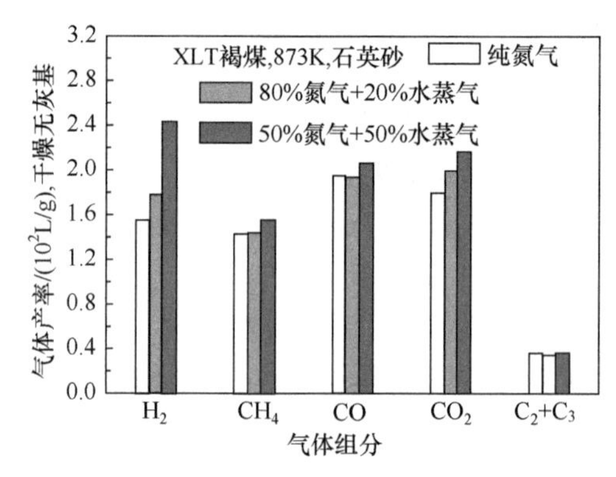

图 6.37　水蒸气对 XLT 褐煤气体产物组成的影响

对于水蒸气在固定床和下行床中对煤热解焦油收率的影响，前人已经给出了自己的结果。Ekinci 等[39]在固定床中以升温速率为 10K/min，终温为 1073K 下热解四种次烟煤，结果显示四种煤焦油收率在水蒸气气氛下高于氮气气氛下收率。同样的，Minkova 等[40,41]也是在固定床中以 10K/min 的升温速率到终温 773K 热解褐煤、烟煤和油页岩三种样品，得到了与 Ekinci 等[39]相同的结论。对此，Ekinci 等[39]和 Minkova 等[40,41]认为水蒸气能渗透进入煤孔道内部，加速小分子结构的解吸附和扩散作用，同时也破坏小分子与煤的主体分子结构之间的连接，从而增加了焦油收率。与固定床中所得出的结果相反，Hayashi 等[42]在下行床中以大于 103K/s 的加热速率迅速加热煤样到 1073K 和 1173K 下热解，发现随着载气氮气中的水蒸气浓度不断提高，焦油收率不断下降，二氧化碳和一氧化碳总量不断上升，且这一趋势在 1173K 下比 1073K 时的趋势更加明显。Hayashi 等[42]认为水蒸气对焦油的气化重整导致了这一结果。

但是，本研究中如图 6.36 所示水蒸气的加入对 XLT 褐煤热解的焦油收率影响不大。相比文献中的固定床和下行床的研究结果，这种差异主要来自于两个方面的原因。首先，在固定床的低升温速率下，煤的热解过程很缓慢，水蒸气有足够的时间扩散到煤的孔道中发挥作用，但本研究中流化床升温速率高达 1000K/s 左右，煤的热解是在很短的时间内完成的，水蒸气往孔内扩散的速度跟不上煤中热解产生的小分子再次聚合形成半焦或焦炭结构的速度，导致在本研究中水蒸气难以发挥像 Ekinci 等[39]提到的作用。其次，本研究中热解温度为 873K，远低于 Hayashi 等[42]实验的温度，焦油与水蒸气发生重整的可能性较小。综上所述，水蒸气对煤热解焦油产率的影响是由具体的实验条件决定的，本研究中，水蒸气的存在对焦油产率影响较小。图 6.37 为水蒸气存在对 XLT 褐煤热解气体产物组成的影响，可见水蒸气的加入对氢气和二氧化碳的收率影响较大，对其他组分影响较小，这是水蒸气与热半焦发生半焦气化和水蒸气变换反应导致的结果。总的来说，在实验所考察的条件下水蒸气的存在对褐煤热解的影响不大。

6.4　流化床热解半焦气化特性

在双床热解气化过程中，半焦在提升管气化器中的气化反应性对整个系统的碳转化率、灰渣含碳量以及气化器的设计与运行负荷都有重要的影响。因此，对热解半焦的气化活性进行深入研究具有重要的意义。本节利用自主研制的微型流化床反应分析仪对热解半焦的气化活性进行了评价，求算了反应动力学参数。

6.4.1　原料制备与实验方法

热解半焦的原煤为新疆吉木萨尔县次烟煤，其工业分析和元素分析结果如表 6.12所示，含挥发分约 30%(质量分数)。制备半焦的实验室装置为一套连续进出料的流化床热解反应装置，装置的详细描述参见第 7 章流化床煤热解基础研究部分(图 7.7)。热解温度为 600℃，热解气氛为 N_2，生成热解半焦经 N_2 气冷却至室温后密封保存待用。

表 6.12　新疆吉木萨尔县次烟煤及其热解半焦工业分析和元素分析

项目	工业分析/%(质量分数，ad)				元素分析/%(质量分数，daf)				
	M	V	A	FC	C	H	S	N	O
煤	14.5	29.2	7.6	48.7	76.9	4.2	0.3	1.1	17.5
半焦	0	14.8	10.4	75.8	88.1	2.42	0.6	1.3	7.8

注：ad 为空气干燥基；daf 为干燥无灰基。

半焦气化反应的评价和研究利用自主研制的微型流化床反应分析仪(micro-fluidized bed reactor analyzer，MFBRA)，其工作原理如图 6.38 所示，详细描述及实际仪器照片可参见第 10 章相关内容。取前述制得的热解半焦，经研磨筛分为 300～600 目，于 110℃干燥 2h 作为 MFBRA 的试验样品。微型流化床的床料颗粒为 180～200 目的石英砂。以 CO_2 为气化剂，流化载气和反应气都为 CO_2，体积流量保持 1.4L/min。待微型流化床内温度升至并稳定在设定值，如 900℃后，将预先称量好并预置于进样器内的半焦样品瞬间脉冲注入微型流化床内，启动半焦 CO_2 气化反应，生成气(CO 和 CO_2)采用在线电化学传感器和过程质谱同时监测其浓度，还可以通过旁路采样利用色谱更准确地分析气体浓度。装置的操作和数据采集都由计算机软件控制完成。

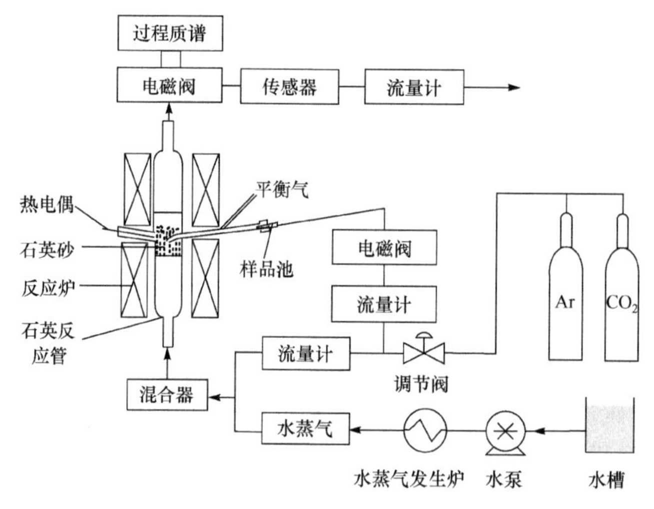

图 6.38　微型流化床反应分析仪结构与原理示意图

MFBRA 利用质谱在线获得的各生成气浓度随时间的变化来分析反应特性和求算动力学。对于半焦 CO_2 气化反应，由于 CO 是唯一产物气体，假设反应结束时其生成率为 100%，对应的半焦转化率也可等价为 100%。任何时刻的 CO 气体生成率依据积分到该时刻的质谱峰面积与该气体的整体质谱峰积分面积之比而计算，其也可等价为该时刻的半焦转化率 X。本节汇报的转化率即根据上述方法而确定，实际上是相对反应完成时的 100%的转化率，根据质谱峰积分面积比例而计算。因此，MFBRA 的数据分析方法不同于热重所采用的方法，详细的数据处理和解析方法将在第 10 章中阐述。大量应用 MFBRA 的研究已从理论和实践上证明了利用前述方法定义的转化率可正确求算反应的活化能。

6.4.2　半焦的 CO_2 气化反应动力学

1. 半焦气化反应速率

图 6.39 和图 6.40 分别表示在 760～1000℃测试得到的半焦等温 CO_2 气化

(100% CO_2 气氛)的半焦转化率与反应时间、气化反应速率与转化率间的关系。半焦气化是强吸热反应,受温度影响大。转化率曲线清楚地表明,半焦气化过程随温度升高而逐渐加快。在 820℃以下的低温时半焦的气化反应速率小,使达到相同半焦转化率所需要的时间很长。基于各转化率曲线的对比可知,气化反应速率随温度升高而增大的幅度随温度升高而显著变小,即低温下变化温度的影响更为显著。另外,反应速率的变化曲线表明,所有曲线在最开始均具有一个反应速率快速升高的过程,实质上代表供入微型流化床反应器的半焦样品的被加热过程。在实验的温度范围内,该样品加热过程均可在半焦转化率小于 0.2 的范围内结束,出现最大气化速率。这与热重测试结果不同,其最大气化反应速率通常出现在转化率为 0.3~0.6 时,实质上代表反应气的切换所造成的非稳定反应过程,说明热重中的扩散影响更为严重。为此,通过热重分析获得的半焦气化动力学数据应该难以直接用于流化床气化炉的研究和设计。

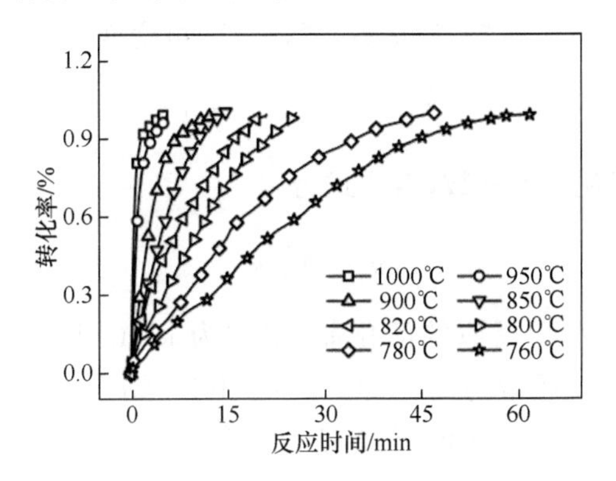

图 6.39　不同反应温度下 MFBRA 测试的半焦转化率随反应时间的变化

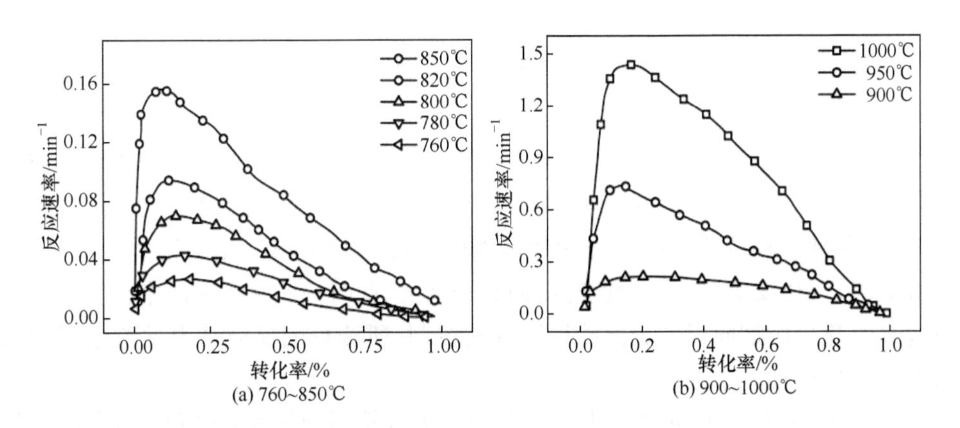

图 6.40　不同温度下的气化反应速率随转化率的变化

2. 半焦气化反应动力学参数求算

对于半焦气化反应，由式(6.14)表示的未反应收缩核模型是最具代表性的简单动力学描述模型，一直被用来解析其转化率 X 与反应时间 t 的关系：

$$\frac{dX}{dt}=kP_{CO_2}^{n}(1-X)^{\frac{2}{3}} \tag{6.14}$$

以未反应收缩核模型为基础，基于 MFBRA 测试的反应数据求算半焦 CO_2 气化动力学参数。积分方程(6.14)，可得到 $1-(1-X)^{1/3}$ 与 t 的线性关联式(6.15)：

$$1-(1-X)^{\frac{1}{3}}=\frac{1}{3}kP_{CO_2}^{n}t \tag{6.15}$$

在反应压力恒定的条件下，$P_{CO_2}^{n}$ 为常数，式(6.15)可变换为

$$1-(1-X)^{\frac{1}{3}}=k_a t \tag{6.16}$$

式中，k_a 为反应的表观速率常数，表达式为

$$k_a=A\mathrm{e}^{-\frac{E}{RT}} \tag{6.17}$$

其中，A 为频率因子；E 为反应的活化能，单位为 kJ/mol；T 为反应温度，单位为 K；R 为气体普适常数，通常为 8.314J/(mol · K)。结合式(6.16)和式(6.17)，可以得到式(6.18)，进一步关联曲线求算动力学参数：

$$\ln\left(\frac{dX}{dt}\right)=\ln A-\frac{E}{RT}+\ln[(1-X)^{\frac{2}{3}}] \tag{6.18}$$

图 6.41 给出前述 MFBRA 测试的半焦气化反应速率自然对数值 $\ln R$ 对反应温度倒数 $1/T$ 的关联曲线。针对测试的反应温度，展示了两个明显不同的气化反应阶段：低温段(760～850℃)和高温段(850～1000℃)。由于在微型流化床反应分析仪中能有效消除外扩散的影响，在低温段其较低的气化反应速率应该是限速因素，在该条件下测得的反应动力学数据能够更能反映半焦气化的化学本征特性。在高温段，气化反应速率随温度升高而显著增大，此时的实际反应速率受表面化学反应和气化反应剂向反应表面的扩散共同控制，所测得的反应动力学数据因此为表观气化反应动力学数据。

表 6.13 和表 6.14 汇总了基于式(6.18)而计算得到的低温段和高温段的半焦 CO_2 气化反应对应不同转化率的动力学数据。在各转化率下的线性方程的拟合度都较好。在低温段，半焦 CO_2 气化反应活化能的平均值为 294.55kJ/mol，而高

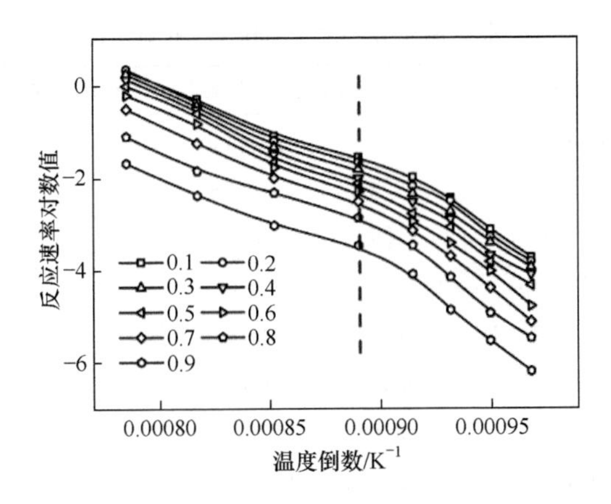

图 6.41　不同温度下 MFBRA 测试的半焦气化反应速率 $\ln R$ 与反应温度倒数 $1/T$ 的关联

温段的平均活化能为 175.06kJ/mol，比低温段的活化能小得多。对比不同温度段下的频率因子发现，高温下气化反应的频率因子较低温下要高一个数量级，说明高温下的气化反应明显更快。高温段具有较低的反应活化能正好说明该区域的半焦 CO_2 气化反应显著受到了气体扩散影响。这一结果也揭示：虽然微型流化床反应器能最小化外部扩散对反应的影响，但难以完全克服反应物料颗粒内部的气体扩散影响，致使在化学反应较快的条件下测试的反应动力学数据仍然受到扩散的影响。因此，利用 MFBRA 测试和求算反应本征动力学也应该选取反应速率较低、致使扩散影响可以忽略的条件进行。

表 6.13　根据式(6.18)求算低温段(760～850℃)不同转化率的反应动力学数据

转化率 X	线性拟合方程	拟合度	活化能/(kJ/mol)	平均活化能/(kJ/mol)	频率因子/s^{-1}
0.1	$Y=-33487.7X+29.0$	0.9951	280.90		
0.2	$Y=-33839.4X+28.9$	0.9844	281.35		
0.3	$Y=-33094.64X+28.1$	0.9966	275.16		
0.4	$Y=-34394.5X+29.1$	0.9536	285.97		
0.5	$Y=-33882.2X+28.4$	0.9685	281.71	294.55	1.76×10^{14}
0.6	$Y=-35097.7X+29.24$	0.9923	291.82		
0.7	$Y=-37363.0X+31.1$	0.9971	310.65		
0.8	$Y=-38260.0X+31.5$	0.9896	318.11		
0.9	$Y=-39120.9X+31.6$	0.9954	325.27		

表 6.14 根据式(6.18)求算高温段(850～1000℃)不同转化率的反应动力学参数

转化率 X	线性拟合方程	拟合度	活化能(kJ/mol)	平均活化能/(kJ/mol)	频率因子/s^{-1}
0.1	$Y=-20670.9X+16.5$	0.9822	172.18		
0.2	$Y=-21133.5X+16.9$	0.9653	175.71		
0.3	$Y=-22308.2X+17.7$	0.9786	185.48		
0.4	$Y=-23440.92X+18.5$	0.9536	194.89		
0.5	$Y=-23178.6X+18.2$	0.9753	192.71	175.06	1.57×10^{15}
0.6	$Y=-22222.2X+17.2$	0.9824	184.76		
0.7	$Y=-20305.6X+15.4$	0.9841	163.83		
0.8	$Y=-18522.6X+12.6$	0.9812	154.00		
0.9	$Y=-18244.1X+12.6$	0.9714	151.69		

6.4.3 半焦水蒸气气化反应动力学

实际气化过程必然涉及水蒸气与半焦的气化反应。相对于 CO_2 气氛，半焦与水蒸气气化的影响因素多，动力学研究较少，而且常规热重也难以研究和测试水蒸气参与的反应。主要困难在于水蒸气的介入影响仪器的稳定性，且水蒸气切换过程造成的非稳定反应过程或时间可能过长。文献报道的半焦水蒸气气化反应主要利用自制固定床反应器，集中在低温反应段(<900℃)，但反应的微分化很难得到保障。MFBRA 可提供适合水蒸气反应的良好测试条件。如上所述，在流化床中的半焦颗粒升温过程快，而稳定的水蒸气反应气氛可在半焦供入反应器前形成，因此可测试水蒸气气氛的等温微分反应特性，从而求算反应动力学参数。

利用 MFBRA 测试半焦水蒸气气化时的样品供给量仍为 10mg 左右。气化反应的表征同样依据对生成气体的组成和各组分气体的生成量的检测而进行。基于在线质谱测得的各气体的 MS 曲线，求得某个气体组分 i 在各时刻 t 的质谱峰积分面积(0-t 积分)与反应结束后的该组分整体质谱峰的总积分面积(0-t_e 积分)的比值，其实质上代表了相对于该气体 i 的总生成量在时刻 t 的相对生成量百分比。进而，通过气袋全量收集反应生成气，利用气相色谱(安捷伦 Micro-3000)分析收集气体的摩尔组成。再假设气袋收集的气体总量(体积)约为流化气与脉冲气之和，即忽略 10mg 左右样品气化产生的气体对总气体量的影响，可以获得各组分气体的总生成量。结合利用基于质谱分析求得的相对生成量比例(对于总生成量)与基于气袋采样测得的各组分总生成量，便可得到每个组分气体在时刻 t 的绝对生成量，基于此可开展反应动力学的分析和计算。由于质谱在线分析不影响气袋采集的气体量，对于同一实验可以完成上述两种气体测试。

半焦水蒸气气化的主要生成气包括 H_2、CO 和 CO_2。图 6.42 为利用 MFBRA

测得的一个半焦水蒸气气化的典型生成气质谱图，可见在反应的初期还有少许CH_4生成，其应该来自于半焦中残留的挥发分。表 6.12 也表明使用的半焦样品确实含有约 15%的挥发分，因此可以忽略 CH_4 的生产。根据上述数据分析方法，利用 MFBRA 测试的数据既可以获得每个主要生成气组分（H_2、CO 和 CO_2）的生成量随反应时间的变化，还可以综合计算 C 的总生成量，也即半焦 C 的气化量或转化量随反应时间的变化，进而计算半焦 C 转化（气化）的动力学。本节以后者为重点，为此按式(6.19)和式(6.20)分别计算碳转化率 X_C 和反应速率 R：

$$X_C=\frac{W_C^t}{W_C^e}=\frac{\int_0^t(m_{CO}+m_{CO_2})\mathrm{d}t}{\int_0^{t_e}(m_{CO}+m_{CO_2})\mathrm{d}t} \tag{6.19}$$

$$R=-\frac{1}{W_C^e}\frac{\mathrm{d}W_C^t}{\mathrm{d}t}=\frac{\mathrm{d}X_C}{\mathrm{d}t} \tag{6.20}$$

式中，W_C^t 为反应开始到任意时间 t 时生成气体中总 C 量，单位为 mol；W_C^e 为反应开始到反应结束生成气体中 C 的总量，单位为 mol；m_{CO}为任意时刻 t 生成 CO 的物质的量，单位为 mol；m_{CO_2} 为任意时刻 t 生成 CO_2 的物质的量，单位为 mol；t_e 为反应结束的时间，单位为 s。

图 6.42 所示的半焦水蒸气气化生成气的质谱在线分析数据表明，半焦水蒸气气化生成气的 H_2、CO、CO_2 在很短的时间内（<2s）达到其各自最大值，之后平稳下降。这与文献报道的半焦-水蒸气在固定床中气化时气体释放分为缓慢上升段、快速气体生成段和下降段的实验结果明显不同[43]。二者的差异主要因为两个反应器对半焦的加热速率、气化剂对半焦的混合扩散速率、半焦颗粒与气化剂的作用强度完全不同。MFBRA 中半焦被快速加热，使其在 1s 内达到设定的温度，同时与气化剂充分作用而发生气化反应，为此快速达到其瞬间反应强度的最大值，获得

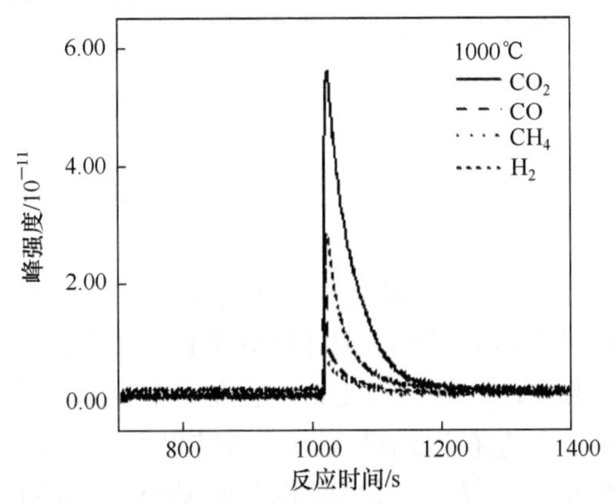

图 6.42　MFBRA 中半焦水蒸气气化生成气的质谱在线分析典型结果

实验温度为 1000℃，气氛为 35%水蒸气+75%Ar(体积分数)

最快的气体生成。在温度不变的条件下，反应的不断进行致使反应表面逐渐减少、半焦本身反应性逐渐降低等，生成气的释放逐渐变慢，直至反应结束。图示也表明，煤半焦水蒸气气化即使在微型流化床中[900℃，50%水蒸气+50%Ar 气氛(体积分数)]完全反应也需要 20min，表明确实是煤气化的速率决定反应。

图 6.43 为在 750～1100℃利用 MFBRA 测试半焦水蒸气气化反应所获得的总 C 转化率(或生成率)与反应时间的关系(反应结束时转化率为 100%)，其中内嵌图放大表示了三个最高温度下的转化率曲线。显然，反应越高，反应越快，完成反应所需要的时间越短，在 1100℃时半焦能在 2min 以内完全反应。大体上，温度每升高 100℃，完成反应的时间缩短一半左右，但温度大于 950℃后，升高温度对反应的加快作用明显较低温时有所降低，因为气化的化学速度已经达到较高的值，扩散等作用开始越来越明显影响反应速度。

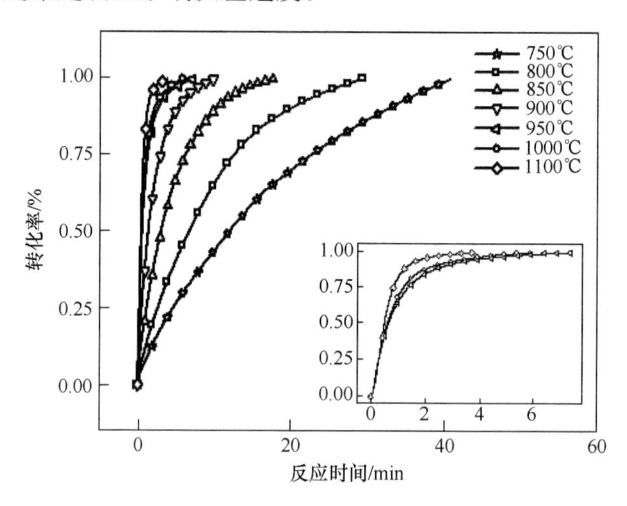

图 6.43　MFBRA 中不同温度下半焦水蒸气气化总 C 转化率与反应时间关系

气氛为 35%水蒸气+75%Ar，体积分数

基于图 6.43 的转化率数据，图 6.44 表示了求算的半焦水蒸气气化反应速率随实现的总 C 转化率的变化，同样揭示了反应速率随气化温度升高而加快的结果。在低温(750～950℃)和高温(950～1100℃)时的气化反应速率与转化率的关联曲线的形状存在明显差异。低温时，气化速率没有明显的初始反应阶段，气化速率在接近 0 转化率时最大，随着反应时间单调降低。随着温度升高，初始最高反应速率增大，但在反应温度在 1100℃以上时，呈现一个反应速率少许增加的初期反应阶段，在转化率为 0.15 左右达到最大值。该结果可能与半焦在高温下发生的微观结构变化有关。水蒸气不仅是气化剂，也是碳基材料的活化剂。足够高温下的反应初期，水蒸气同时发挥扩孔和增加比表面的作用，使得半焦的反应表面加大，进而使总体气化反应速率增大。在较低温度下，这种扩孔作用不显著，因此未能观

察到初期的反应速率增大现象。

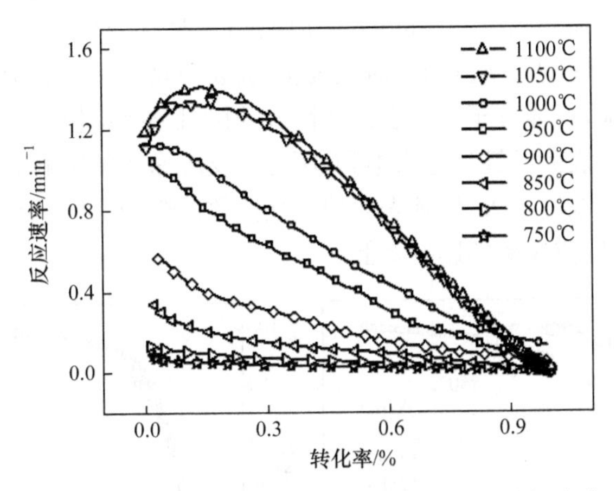

图 6.44　半焦水蒸气气化反应速率随 C 转化率的变化

根据未反应缩核模型推导的式(6.18)，图 6.45 线性拟合了上述实验数据的反应速率对数值 $\ln R$ 与反应温度 $1/T$。可见，测试反应数据明显分为两个区域，低温 750～950℃内的拟合曲线斜率明显大于高温 950～1100℃内的拟合曲线斜率。对应求出的半焦与水蒸气气化反应的活化能分别为：低温段约 166.94kJ/mol、高温段为 77.10kJ/mol。这种不同温度段的不同活化能值说明气化反应处于不同的控制机制区。即低温时反应速率较慢，扩散作用不易显现，表面的化学反应速率是整个过程的速度控制步骤；随着温度的升高，表面反应速率迅速加快，使得气化剂对反应表面的扩散或生成气脱离反应表面的扩散的影响加大，控制机制由表面化学反应控制逐步过渡到反应和扩散共同控制。

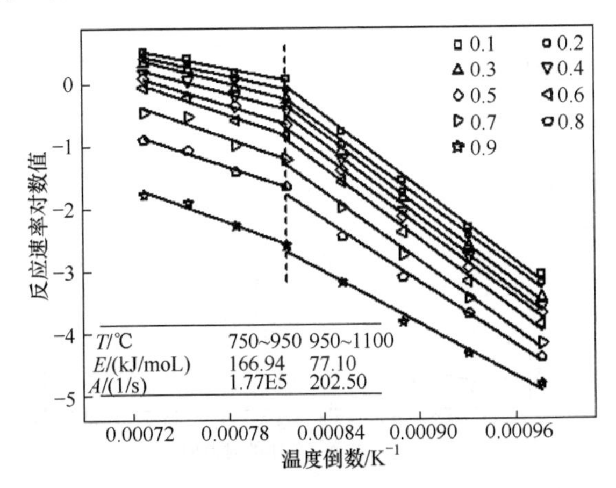

图 6.45　反应速率 $\ln R$ 与温度 $1/T$ 的线性拟合

图 6.46 考察了 850℃和 1000℃下，水蒸气分压(0.02MPa、0.04MPa、0.06MPa、

0.08MPa)对半焦气化的影响。相同温度下,随着水蒸气分压的增加,反应速率加快,达到相同转化率所需要的反应时间明显加快;当水蒸气分压达到0.04MPa时,继续增加分压对气化反应的影响减弱。研究表明,碳表面具有一定数量的反应活性位,随着水蒸气分压增加,气体分子与碳表面活性位的接触频率加快,从而增加了煤焦的反应速率。低压下碳表面活性位远未饱和,压力对反应速率的影响显著;较大压力下虽然气体反应物分子浓度增大,但碳表面的活性位数已饱和,其接受反应物分子的能力有限,因此压力对反应速率的影响降低。

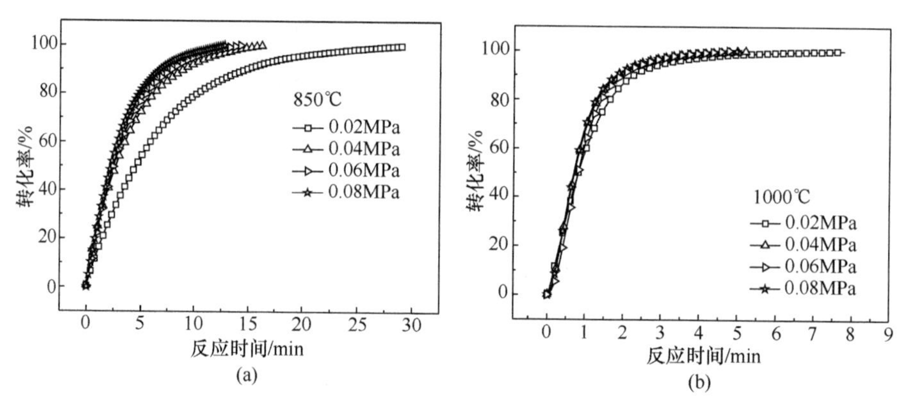

图 6.46　水蒸气分压对 MFBRA 中半焦-水蒸气气化的影响

图6.47进一步考察了低温段(850℃)和高温段(1000℃)蒸汽分压对反应速率常数的影响。通过对水蒸气反应速率的对数值和水蒸气分压的对数值作图,求出850℃下的反应级数 n 为0.57,1000℃高温下的 n 为0.60,高温和低温下求得的数值接近,可取 n 值为0.58。

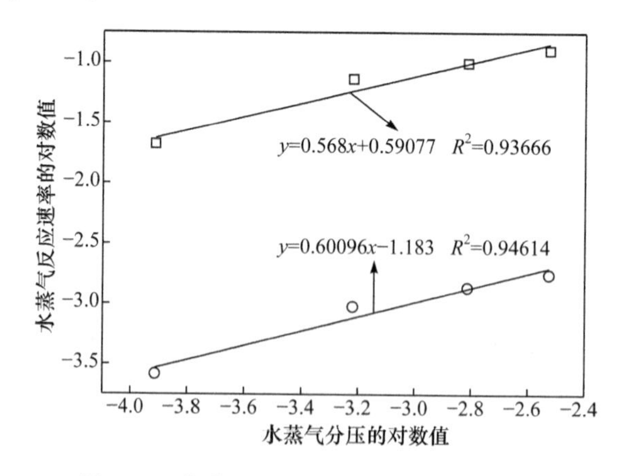

图 6.47　气化反应速率与水蒸气分压的关系

在确定反应级数 n 后,考虑到采用的是体积模型来描述水蒸气气化反应行为,故有不同反应温度区间的反应速率表达式分别如下：

$$750\sim950℃:\quad \frac{dX}{dt}=3.0\times10^{5}\times\exp\left(-\frac{130.76}{RT}\right)\times P_{H_2O}^{0.58}\times(1-X) \tag{6.21}$$

$$950\sim1100℃:\quad \frac{dX}{dt}=1.38\times10^{3}\times\exp\left(-\frac{71.18}{RT}\right)\times P_{H_2O}^{0.58}\times(1-X) \tag{6.22}$$

上述结果表明，微型流化床反应分析仪 MFBRA 提供了研究水蒸气作为反应剂的化学反应的有效方法和工具。为了揭示 MFBRA 测试结果与其他分析手段所得结果的关系，表 6.15 比较了利用不同反应器测得的煤半焦水蒸气气化活化能。MFBRA 测定的活化能与固定床反应器、单颗粒反应器、TGA 测得的煤半焦水蒸气气化活化能非常接近，进一步验证了 MFBRA 对表征半焦水蒸气气化反应的适用性和可靠性。

表 6.15　文献报道的半焦水蒸气气化活化能数据

样品	温度范围/℃	反应器类型	水蒸气分压	活化能/(kJ/mol)	反应级数	文献
次烟煤半焦	750～900/950～1100	MFBRA	35%	130.76/78.18	0.58	本研究
次烟煤半焦	900～1050	固定床	30%	196	0.59	[44]
褐煤半焦	900～1050	固定床	30%	196	0.54	[44]
半无烟煤半焦	900～1050	固定床	30%	183	0.58	[44]
低阶煤半焦	714～892	单颗粒反应器	100%	157.3	—	[45]
次烟煤半焦	850～925	TGA	100%	150.4	0.35	[46]
无烟煤半焦	850～925	TGA	100%	166.2	0.42	[46]
次烟煤半焦	880～980	流化床	40%	158.8	0.45	[47]
褐煤半焦	880～980	流化床	40%	119.3	0.58	[47]
无烟煤半焦	880～980	流化床	40%	174.3	0.70	[47]
无烟煤半焦	920～1050	TGA	60%	239	0.46	[48]

6.5　煤炭双流化床热解气化中试

6.5.1　中试流程概要

基于前述煤热解与半焦气化的基础研究，本节设计并建立了煤处理量 100kg/h 的双床热解气化中试装置，工艺流程如图 6.48 所示。该装置主要由流化床热解反应器、输送床(或提升管)半焦气化反应器、返料阀、给料系统、焦油收集系统、气化生成其换热器、布袋除尘器、空气预热及供气系统构成。流化床热解反应器的截面尺寸为 730mm(长)×340mm(宽)，旋风分离器的料腿位于热解反应器颗粒溢流口下面的

160mm 处，以在实现颗粒循环的同时避免气体从热解反应器反串进入料腿。输送床气化器的总高度为 8800mm，下部内径为 370mm，上部内径为 200mm。该双床热解气化中试装置的热解和气化反应器上的温度和压力测量点布置如图 6.49 所示，图 6.50 为建成的中试装置的外观图片。

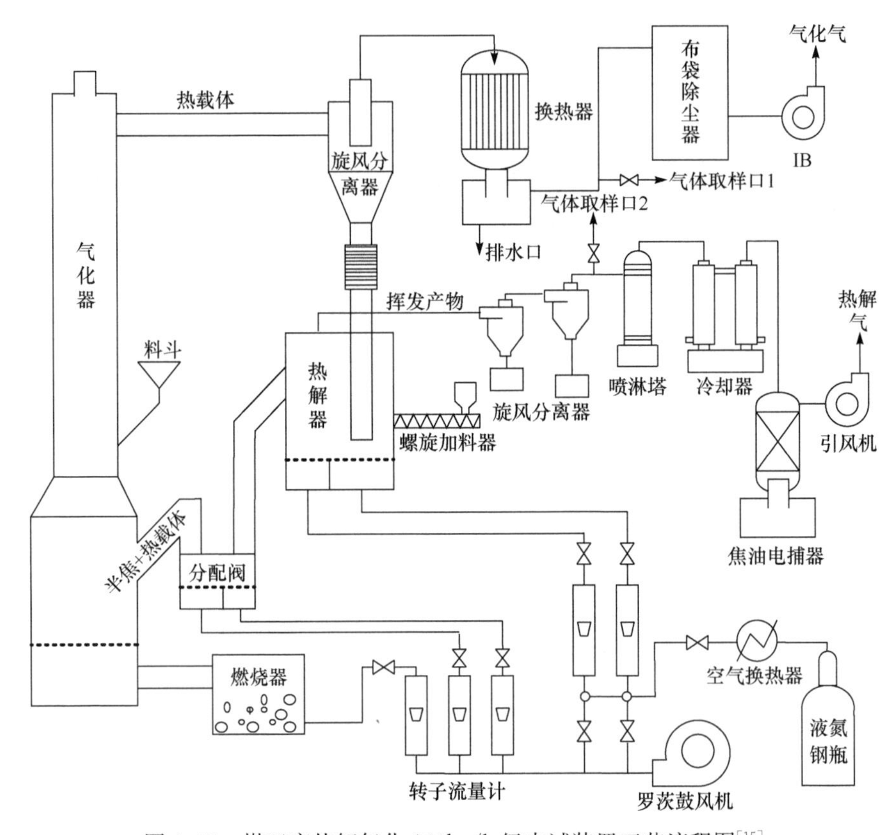

图 6.48 煤双床热解气化 100kg/h 级中试装置工艺流程图[15]

试验过程如下。向流化床热解器、返料阀和提升管半焦气化器内装入一定量的固体热载体颗粒，即平均粒径为 500μm 的石英砂，顺序启动布袋除尘器后的引风机和系统鼓风机，再启动连于提升管分布板下的柴油燃烧器，产生热烟气供入提升管预热其中石英砂。当提升管中石英砂温度升至 500℃以上时，由提升管侧的两级料斗向其加煤，通过煤燃烧继续升高提升管温度，并在煤正常燃烧后关闭柴油燃烧器，向提升管鼓入常温空气。当提升管中部温度升至 850℃，启动返料阀鼓风机、热解气引风机，并将一定量空气供入热解器内作为其流化气体，实现整个双床系统内的颗粒循环。待流化床热解器的温度被由提升管循环来的热石英砂预热到约 400℃时，开始由螺旋供料器向流化床热解器内供煤(煤颗粒尺寸小于 8.0mm)，使热解器内温度很快升到 600℃左右。此时，将热解器内的空气切换为氮气，将热解

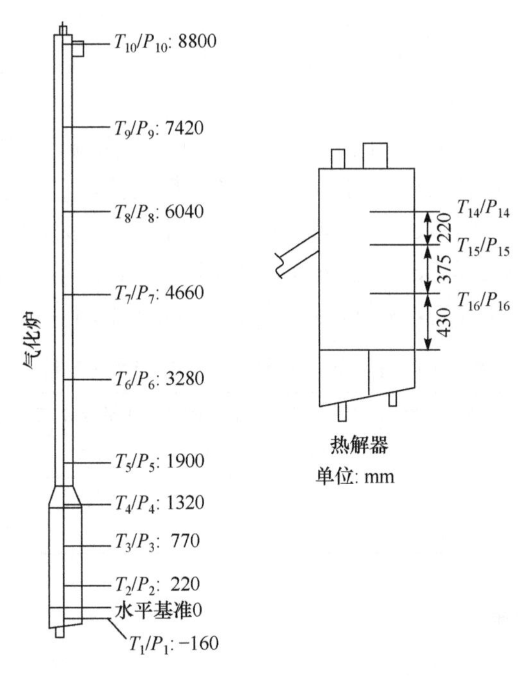

图 6.49　双床热解气化 100kg/h 级中试装置热解和气化反应器上温度压力测点布置

图 6.50　双床热解气化 100kg/h 级中试装置外观照片

反应器环境转换为无氧热解气氛，实施供入反应器的煤的热解。来自热解器的含尘气相热解产物经两级高效旋风除尘后，进入水洗塔被洗涤降温，流出水洗塔的热解气首先经间壁换热冷凝器冷凝热解气中的焦油成分，未被冷凝的焦油成分经电捕焦油器被捕集，而净化的热解气直接点天灯排空。由热解反应器溢流出的半焦和石英砂经返料阀后进入提升管气化器，在气化剂即空气的作用下发生半焦的部分氧化气化反应。提升管内气固反应产物经旋风分离器将高温石英砂和未转化的半焦分离后,使其循环进入热解反应器,提供热解反应所需反应热,而气化生成气经水冷却、布袋除尘后被排放。

中试研究针对表6.16所示的府谷烟煤和内蒙古褐煤,其中,府谷烟煤的挥发分高达33%(质量分数,收到基)、且其灰分水分都较低,仅4%左右。试验用内蒙古褐煤的水分也仅为16%,因为在运输和准备过程中大部分水分已被脱除。该收到基褐煤的挥发分含量为33%,但灰分高达16%。褐煤具有更低的固定碳含量和C元素含量,更高的O含量,达24%,远高于府谷烟煤的11%。

表6.16　中试试验煤种工业分析和元素分析

煤种	元素分析/%(质量分数,干燥无灰基)					工业分析/%(质量分数,空干基)				HHV/(MJ/kg)
	C	H	N	S	O	M	A	V	FC	
府谷烟煤	82.92	4.66	1.26	0.22	10.94	4.57	4.44	33.75	57.24	31.90
内蒙古褐煤	69.24	4.16	0.87	1.89	23.84	16.5	12.12	32.52	38.86	19.35

6.5.2　典型运行结果

1. 反应器内温度

以内蒙古褐煤为燃料、氮气为热解器的流化气、空气为提升管气化剂、石英砂为循环固体热载体,在平均供煤速率为100kg/h条件下开展中试装置运行研究,累计平稳操作时间超过200h。图6.51表示了典型的一次试验中所监测记录的热解反应器温度[图6.51(a)]和气化反应器温度[图6.51(b)]数据,图中所示高度指电偶位置离反应器底部气体分布器的距离。

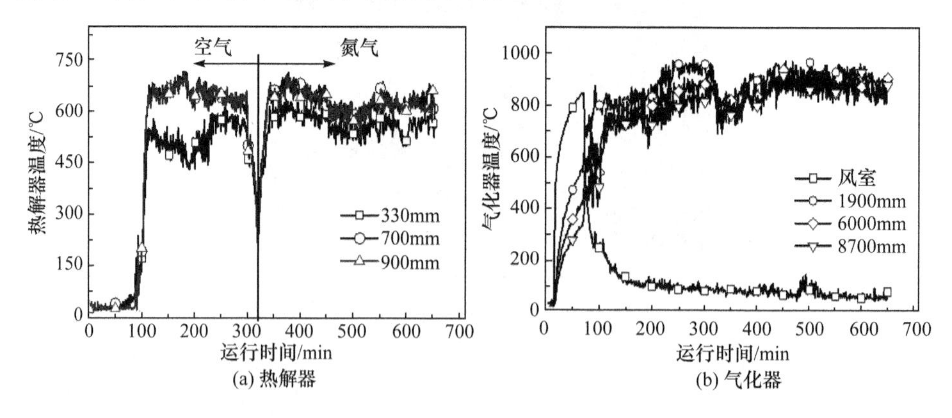

图6.51　典型中试运行中热解和气化反应器内温度随运行时间的变化[15]

当通过燃烧柴油预热气化反应器时,装置内颗粒不循环。热解反应器首先通过空气作为流化和反应气，直到其提升温度后切换为氮气将反应由燃烧变为热解。因为液氮产生的 N_2 温度低于空气，在 320min 将热解器的流化气由空气转换为氮气时显著降低了热解反应器温度约 200℃。由热解反应器中温度较低的颗粒流入提升管气化器，又造成提升管内温度的略微下降。热解和气化反应器温度分别保持在 600℃和 850℃左右平稳运行了 500min。图 6.51(b)为气化器风室温度急剧下降指示停止柴油燃烧，煤开始供给，其燃烧使炉内温度急剧升高到 800℃。在对应的时间内，热解反应器内温度急剧升高至 600℃以上，说明高温石英砂颗粒从提升管循环进入了热解反应器。但是，低温的 N_2 流化气导致了热解反应器温度在底部比顶部稍低。热解反应器温度在气体分布板以上 500mm 以上几乎均匀，稳定在 600℃左右。不过，图 6.51 表明两反应器的温度都展现了一定程度的波动，正反映了流化床热解与气化的特点。

2. 气体产品分析

供入热解器的流化气是氮气，使热解气体产物实际上是与氮气的混合气。图 6.52 表示不含 N_2 的热解气(a)和气化气(b)的典型组成及其对应的高位热值。热解气中甲烷浓度很高，达 31.4%(体积分数)，其他烃类 C_nH_m 浓度为 14.9%，H_2 浓度为 24.5%，特别是烃类气体(包括 CH_4 和 C_nH_m)的总浓度达 46.3%，对应的高位热值为 6200kcal/Nm^3，表明热解过程发生了甲基链，如—C_xH_y(<600℃)的断键、加氢反应及煤中大分子的系列复杂反应(600～800℃)。

图 6.52(b)表明，气化气中 CO 含量相对较高，但是甲烷和其他烃类的浓度较低，这是半焦空气气化的产品气特点。试验发现，气化气中基本没有焦油类物质，有利于直接在气化炉的下游设置换热器回收燃气显热。但是，当 O_2/C 物质的量比为 0.35、气化温度为 860℃时，气化气的高位热值仅为 510kcal/Nm^3，远低于模拟计算值 1009kcal/Nm^3，主要原因可能在于气化温度偏低，在反应器中空气与半焦的接触时间较短(仅有 1.5s)，导致实际 C 转化率低。事实上，根据产生的产品气组成和体积估算，该试验的半焦气化 C 转化率仅 43%，证实了上面的分析预测。

为进一步证实上述分析，在 600℃下氮气气氛中对颗粒尺寸 0.5～1.0mm 的同一种煤半焦进行了实验室流化床连续气化实验，使未反应半焦连续流出反应器。虽然半焦在密相床中平均停留时间计算为 30min，但反应器仅提供 1.0～2.0s 的空气与半焦的接触时间。结果发现，O_2/C 比为 0.35 时，稳定产生的气体的热值约为 600kcal/Nm^3。进一步考虑到实验室装置为电加热，中试是自供热，可以肯定上述中试研究中空气和半焦的反应时间过短是产生气体热值较低的原因。促进半焦气化的可能途径包括升高反应温度，延长空气与半焦作用时间，使用更细半焦颗粒，或增大反应器中的半焦密度等[49]。在商业输送床反应器中，上述几个方法在一定程度上都可以实现，可能使得实际气化过程与理论模拟更加接近。

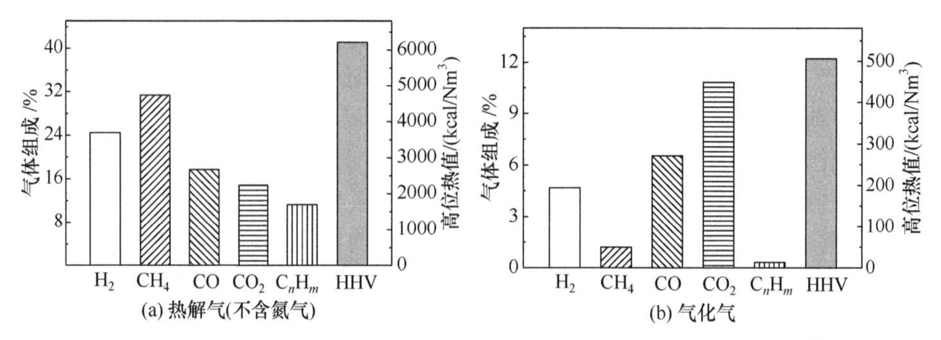

图 6.52 针对褐煤的典型中试试验得到的热解气与气化气组成及热值[15]

3. 焦油收集与表征

热解系统的煤焦油主要存在于间接换热的焦油冷凝器、电捕焦油器、水洗塔水池中的焦油悬浮液以及水洗塔到电捕焦油器间的连接管。为充分回收煤焦油，试验后利用丙酮溶液清洗了热解反应器后从水洗塔到电捕焦油器之间的所有连接管。将得到的焦油洗涤液体混合，取其中少量经过连续过滤、脱水和丙酮蒸发等处理过程，称量三回收的焦油的质量。焦油产率定义为回收的焦油与干基煤的质量比。对于烟煤的中试试验，煤焦油产率(质量分数)达到了 8.4%，比实验室小试得到的 11.7%结果偏低。而褐煤由于本身焦油含量低，中试焦油收率更低。中试和实验室小试在焦油收率上的差别可能主要源于中试中热解反应时间较短和循环载体的影响。实验室小试为间歇反应，没有颗粒循环，不受反应时间限制，可充分热解，因此能最大限度地热解产生焦油。图 6.53 是利用 GC-MS 分析中试煤焦油的结果，图中列出了浓度(面积百分数)大于 1.0%(质量分数)的所有化合物，主要种类包括了酚及其衍生物(6)、萘及其衍生物(8)赫菲及其衍生物(11)。文献报道，利用类似的烟煤为原料，采用移动床耦合 75t 蒸汽锅炉的循环流化床固体热载体热解装置，在 600℃下的煤焦油收率(质量分数)为 6.0%，焦油中 20%为轻油和酚类[51]。

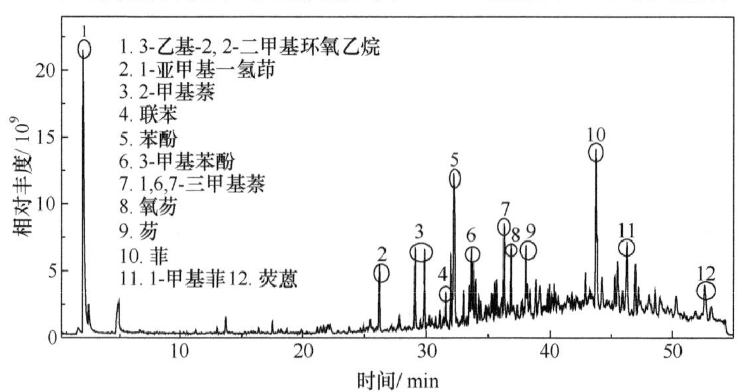

图 6.53 针对褐煤的典型中试试验得到的煤焦油 GC-MS 分析谱图[15]

6.5.3 元素迁移与酚水回用

1. 重金属元素迁移行为

利用图 6.50 所示中试装置，针对表 6.17 中的烟煤、褐煤及其混合煤开展了多次试验，表 6.18 汇总了所开展的几次中试试验所使用的煤及热解温度。在针对褐煤及褐煤与烟煤的混合煤开展热解气化试验时，对煤中的重金属汞、砷、硒及氯的迁移规律还进行了研究。具体方法是，在稳定操作时采取双床试验的热解反应器的各主要物料流的样品，测量其中的重金属含量，再根据各物料流的流量或产生量，计算对象元素对各物流的分配迁移比例。

表 6.17　针对褐煤及其与烟煤的混合煤的中试试验热解工况

试验工况	流化床热解温度/℃	混合煤组成(质量比)
1	550	褐煤 75：烟煤 25
2	575	褐煤 75：烟煤 25
3	600	褐煤 75：烟煤 25
4	630	褐煤 75：烟煤 25
5	600	褐煤 100

1）汞元素的迁移

表 6.18 所示结果表明，不同的热解温度对汞释放率有一定的影响，混合煤热解与纯褐煤热解过程中汞排放特性也不相同。比较而言，热解中混合煤的汞释放率大于纯褐煤。煤种不同，汞的组成和含量存在不同程度的差异，所以导致热解产物中汞的分布不同，因而影响汞的排放特性。在各个工况下的实际热解中汞在半焦、焦油、飞灰中的含量之和与煤中汞含量的相对误差为±7%。

表 6.18　不同工况下汞在煤热解产物中的分布及对半焦产品的汞脱除率

试验工况	热解气/%	半焦/%	焦油/%	飞灰/%	脱除率%
1	70.71	19.99	8.23	1.07	80.01
2	69.58	20.19	8.83	1.40	79.81
3	74.15	13.58	11.04	1.23	86.42
4	71.48	16.17	10.56	1.79	83.83
5	80.00	14.61	3.76	1.63	85.39

表中数据表明，自煤中释放的汞主要分布在热解气相产物（煤气）和固相产物

(半焦)中,但是液相产物焦油中也有部分汞残留。热解温度在550～630℃的焦油产率较大,但此温度区内温度变化对汞向热解气中的释放迁移影响不大,有69.58%～74.15%的汞迁移进入热解气中。半焦中汞占煤中汞总量的13.58%～20.19%,焦油中汞含量为8.23%～11.04%,1%～2%的汞进入热解飞灰中。在600℃热解混合煤时半焦中汞残存率最低,即通过热解对固相汞的脱除率最高,达86.42%。热解气中汞含量占总汞的比例为74.15%,半焦、焦油和飞灰中汞分别约占煤中汞的13.58%、11.04%和1%。相同条件下,600℃褐煤热解的热解气中汞含量占总汞量的80%,对半焦产品而言汞的脱除率达85.39%。这些结果说明,热解中煤中大部分汞被挥发为气相汞,主要进入热解气,少部分进入焦油。

2) 硒元素的迁移

表6.19给出了各个工况煤热解过程中的硒在热解产物中的分配比例和对半焦产品计算的硒脱除率。温度为550～630℃时,混合煤(工况1～4)热解半焦的硒脱除率为72.21%～80.85%,随热解温度升高硒脱除率稍微增大,在630℃时达到最高,为80.85%。褐煤600℃时的硒脱除率为75.59%,略低于相同条件下混合煤的脱除率。与汞的迁移类似,在各种热解条件下硒主要迁移进入热解气和半焦,即其迁移进入热解气、半焦和焦油的硒分别约为60%、20%～30%和5%～10%。与小型固定床热解实验结果对比还发现,无论纯褐煤热解还是混合煤热解,流化床热解时硒的脱除率都大大高于固定床。

表6.19 不同工况下硒在煤热解产物中的分布及对半焦产品的硒脱除率

试验工况	热解气/%	半焦/%	焦油/%	飞灰/%	脱除率%
1	59.15	27.79	8.55	4.51	72.21
2	57.62	26.34	10.20	5.85	73.66
3	63.93	20.12	10.31	5.64	79.88
4	69.11	19.15	6.19	5.55	80.85
5	65.87	24.41	6.54	3.19	75.59

3) 砷元素的迁移

表6.20给出了各个试验工况下的煤热解中砷在热解产物中的分配比例。温度为550～630℃时,混合煤热解中对半焦计算的砷脱除率为75.18%～84.01%,随着温度的升高,脱除率略有增高。褐煤600℃时的砷脱除率为85.70%,稍高于相同条件下混合煤热解的砷脱除率。因此,在各种热解条件下砷主要迁移进入热解气和半焦,其进入热解气、半焦和焦油的砷分别为60%～80%、15%～25%和4%～7%。

表6.20 不同工况下砷在煤热解产物中的分布及对半焦产品的砷脱除率

试验工况	热解气/%	半焦/%	焦油/%	飞灰/%	脱除率/%
1	65.37	24.82	6.02	3.79	75.18
2	69.00	22.28	4.45	4.28	77.72
3	72.30	17.00	5.83	4.88	83.00
4	75.10	15.99	4.26	4.65	84.01
5	80.57	14.30	4.33	0.80	85.70

4）氯元素的迁移

表6.21给出了各个工况下的煤热解中氯元素在热解产物中的分配比例。煤的变质程度的不同决定了煤中氯的不同赋存形态，因此决定了有机态、离子态、无机盐氯的比例。在前述实验条件下，温度区间为550～630℃时混合煤热解中对半焦计算的氯脱除率在77.96%～83.54%变化。对于相同煤，氯脱除率随热解温度升高先增大再降低。600℃时，混合煤热解半焦的氯脱除率最高为83.54%，而褐煤热解的氯脱除率为87.22%。焦油中残留氯很低，仅1%左右，而75%～84%的氯迁移进入热解气，半焦中残留的氯为12%～25%。

表6.21 不同工况下氯在煤热解产物中的分布及对半焦产品的氯脱除率

试验工况	热解气/%	半焦/%	焦油/%	飞灰/%	脱除率/%
1	75.23	22.04	0.90	1.83	77.96
2	77.16	19.93	1.00	1.90	80.07
3	78.62	17.29	1.54	2.55	82.71
4	78.68	16.46	1.59	3.27	83.54
5	83.76	12.78	0.76	2.70	87.22

2. 热解酚水循环利用

减少酚水发生量是煤热解技术的重要需求。为了探索酚水循环利用、从而实现减量化的可能性，利用热解过程产生的酚水作为图6.54所示水洗塔的洗涤用水，测试了酚水各种生化性质参数，包括pH、氨氮、化学需氧量(COD)、挥发酚含量等，随着循环利用次数或时间的变化，结果如表6.22所示。可见，随着循环时间的增长，酚水的pH、氨氮、COD以及挥发酚含量均呈上升趋势。比较运行5h和13h的酚水生化性质参数的变化表明，酚水pH上升，逐渐趋于碱性；氨氮由31.3mg/L增加到524.3mg/L，上升了约16倍；COD由585.5mg/L上升到7335.3mg/L，增加了约11.5倍；挥发酚含量由63.6mg/L上升到692.9mg/L，增加了约10倍。同时观察到的一个表观现象是：酚水循环利用时间越长，水洗塔的水储罐表面形成的泡沫越多，最终导致循环水泵输送性能的下降及对泵体与管路的腐蚀。这些结果表明，在酚水循环利用过程中，要采取措施降低不断增加的pH，如加入酸性物质或添加清水，或者定期定量置换储罐内的酚水，将储罐中酚水的生化性质稳定在可以循环利用的水平。通过该试验表明，经过一定的技术措施，一定程度上循环酚水作为热解气的冷却洗涤用水是可能的。这一方面降低了新鲜水的使用量，另一方面提高了酚水的含酚量、COD等，便于下游对这种高浓度酚水的资源化利用。

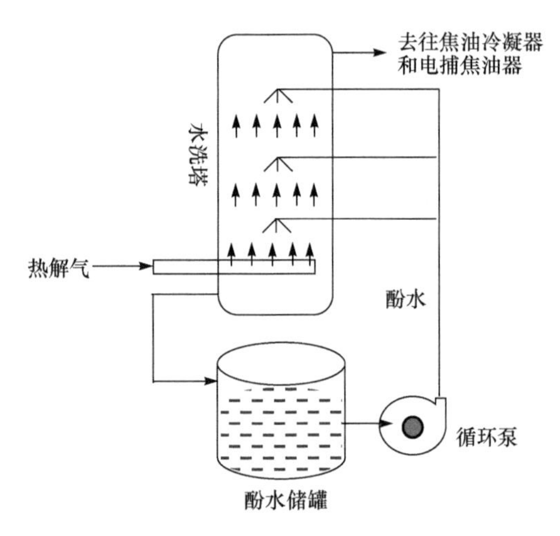

图 6.54　热解气洗涤/冷却用酚水循环利用示意图

表 6.22　酚水循环利用中生化性质参数随循环时间的变化

运行时间/h	pH	氨氮/(mg/L)	COD/(mg/L)	挥发酚/(mg/L)
5.0	7.2	31.3	585.5	63.6
8.0	8.4	293.5	2919.3	449.2
13.0	9.3	524.3	7335.3	692.9

为了研究酚水中是否含有对环境以及动植物有危害的重金属离子，采用电感耦合等离子体-原子发射光谱仪(ICP-AES)对上述酚水中的Cr、Mn、Zn、Cu、Cd等进行了测定，结果表明煤热解酚水中几乎不含这些重金属离子。

6.6　本章小结

双流化床热解气化是中国科学院过程工程研究所提出的耦合煤热解与半焦燃烧的煤拔头技术思想的进一步拓展，是基于对热解与气化反应解耦形成的新技术工艺，以实现热解产物，如焦油、热解气与合成气(燃气)的联产。本章对作者新研发的双流化床热解气化技术从流程模拟、热解基础研究、半焦气化动力学与技术工艺中试几方面汇报了相关的研究结果。通过流程模拟分析了热解气化整体工艺过程的热量与能量平衡，考察了半焦气化反应温度、气化产品气组成及热值、碳转化率、冷煤气效率等参数随使用不同气化剂的变化规律，理论上验证了工艺的可行性。利用实验室流化床反应器，开展不同煤种热解制备油气产品的基础研究，考察了床层高度、热解温度、反应时间以及热解气氛等对焦油收率与组成的影响，以提高焦油产率为目标优化了热解条件，揭示了煤灰作为固体热载体在模拟热解气的反应气氛中，褐煤与烟煤在合适的温度下热解均能获得较为理想的焦油收率。利用自主研发的 MFBRA，研究了煤炭热解半焦在 CO_2 与水蒸气反应气氛中的气化反应特性，求算了反应动力学参数，奠定了气化反应器设计的基础。同时发现，MFBRA 提供了研究水蒸气参与反应的很好方法和仪器，并揭示了半焦气化在较低温度受化学反应控制，但在较高温度下，如 850℃以上同时受扩散作用的影响。基于系列基础研究，开发了 100kg/h 级煤双床热解气化中试装置，实现煤炭热解与半焦气化耦合的整体工艺的稳定操作与连续运行，验证了技术工艺的可行性，掌握了反应调控、系统运行、焦油收集、固体热载体循环调节等关键技术，为进一步技术放大奠定了工程基础和经历。因此，本章充分证明了通过解耦煤热解和半焦气化反应创新煤炭分级高值转化技术的可能性。另外，虽然本章对双流化床热解气化新技术进行了较系统的研究，但相关很多关键技术和成套工艺还需要进一步突破和优化，如煤热解反应器的进一步优化，以抑制粉尘夹带、最小化重质组分生成等。中试验证也需要针对更多的煤种开展大量的实验，同时需要长时间连续稳定运行的考核。

参 考 文 献

[1] 贾春友，魏利梅. 鲁奇加压气化工艺优化设计. 煤化工，2003，5：30-35.

[2] Higman C，van der Burgt M. Gasification(Second Edition). Burlington：Elsevier，2008.

[3] Japan Coal Energy Center. Efficient co-production with coal flash partial hydropyrolysis technology(ECOPRO). Clean Coal Technologies in Japan-Technology Innovation in the Coal Industry，2007.

[4] Namiki Y. Development of coal partial hydro-pyrolysis process. Clean Coal Day in Japan，2007，(L-15)：1-17.

[5] Yabe H，Kawamura T，Kozuru H，et al. Development of coal partial hydropyrolysis process. Nippon Steel Technical Report，2005，382：8-15.

[6] 姚建中，郭慕孙. 煤炭拔头提取液体燃料新工艺. 化学进展，1995，7：206-210.

[7] Kwauk M. Coal topping process//The 9th Member Forum of Academia Sinica. Beijing：Academic Press，1998：202-204.

[8] Liang P，Wang Z，Bi J. Process characteristics investigation of simulated circulating fluidized

bed combustion combined with coal pyrolysis. Fuel Processing Technology, 2007, 88: 23-28.

[9] Qu X, Liang P, Wang Z, et al. Pilot development of polygeneration process of circulating fluidized bed combustion combined with coal pyrolysis. Chemical Engineering Technology, 2011, 34: 61-68.

[10] Wang J, Lu X, Yao J, et al. Experimental study of coal topping process in a downer reactor. Industrial Engineering Chemical Research, 2005, 44: 463-470.

[11] Zhu W, Song W, Lin W. Effect of the coal particle size on pyrolysis and char reactivity for two types of coal and demineralized coal. Energy Fuels, 2008, 22: 2482-2487.

[12] Zhang X, Dong L, Zhang J, et al. Coal pyrolysis in a fluidized bed reactor simulating the process conditions of coal topping in CFB boiler. Journal of Analytical and Applied Pyrolysis, 2011, 91: 241-250.

[13] Xiong R, Dong L, Yu J, et al. Fundamentals of coal topping gasification: Characterization of pyrolysis topping in a fluidized bed reactor. Fuel Processing Technology, 2010, 91: 810-817.

[14] 方梦祥，岑建孟，石振晶，等. 75 t/h 循环流化床多联产装置试验研究. 中国电机工程学报，2010, 30: 9-15.

[15] Zhang Y, Wang Y, Cai L, et al. Dual bed pyrolysis gasification of coal: Process analysis and pilot test. Fuel, 2013, 112: 624-634.

[16] Bayarsaikhan B, Sonoyama N, Hosokai S, et al. Inhibition of steam gasification of char by volatiles in a fluidized bed under continuous feeding of a brown coal. Fuel, 2006, 85: 340-349.

[17] Zeng X, Wang Y, Yu J, et al. Coal pyrolysis in a fluidized bed for adapting to a two-stage gasification process. Energy Fuels, 2011, 25: 1092-1098.

[18] Doherty W, Reynolds A, Kennedy D. The effect of air preheating in a biomass CFB gasifier using ASPEN plus simulation. Biomass Bioenergy, 2009, 33: 1158-1167.

[19] Cui L J, Lin W G, Yao J Z. Influences of temperature and coal particle size on the flash pyrolysis of coal in a fast-entrained bed. Chemical Research in Chinese Universities, 2006, 22: 103-110.

[20] 王鹏，文芳，步学朋，等. 煤热解特性研究. 煤炭转化，2005, 28: 8-13.

[21] 崔银萍，秦玲丽，杜娟，等. 煤热解产物的组成及其影响因素分析. 煤化工，2007, 129: 10-15.

[22] Lin S Y, Harada M, Suzuki Y, et al. Comparison of pyrolysis products between coal, coal/CaO, and coal/$Ca(OH)_2$ materials. Energy Fuels, 2003, 17: 602-607.

[23] Howard D, Franklin W A, Peters J, et al. Mineral mateer effects on the rapid pyrolysis and hydropyrolysis of a bituminous coal. 1. Effects on yields of char, tar and light gaseous volatiles. Fuel, 1982, 61: 155-160.

[24] 沈来宏，肖军，肖睿，等. 基于 $CaSO_4$ 载氧体的煤化学链燃烧分离 CO_2 研究. 中国电机工程学报，2007, 27: 69-74.

[25] Song Q L, Xiao R, Deng Z Y, et al. Chemical-looping combustion of methane with $CaSO_4$ oxygen carrier in a fixed bed reactor. Energy Conversion and Management, 2008, 49:

3178-3187.

[26] Shen L H, Zheng M, Xiao J, et al. A mechanistic investigation of a calcium-based oxygen carrier for chemical looping combustion. Combustion and Flame, 2008, 154: 489-506.

[27] 廖洪强,孙成功,李保庆. 焦炉气氛下煤加氢热解研究进展. 煤炭转化, 1997, 20: 38-43.

[28] 廖洪强,李保庆,张碧江,等. 煤-焦炉气共热解特性研究: Ⅳ. 甲烷和一氧化碳对热解的影响. 燃料化学学报, 1998, 26: 13-17.

[29] 高梅彬,张建民,罗鸣,等. 褐煤在甲烷气氛下热解特性及硫析出规律研究. 煤炭转化, 2005, 28: 7-10.

[30] 王俊琪,方梦祥,骆仲泱,等. 煤的快速热解动力学研究. 中国电机工程学报, 2007, 17: 18-21.

[31] 廖洪强,孙成功,李保庆,等. 富氢气氛下煤热解特性的研究. 燃料化学学报, 1998, 26: 114-118.

[32] Canel M, Lu Z M, Sinag A. Hydropyrolysis of a Turkish lignite (Tuncbilek) and effect of temperature and pressure on product distribution. Energy Conversion and Management, 2005, 46: 2185-2197.

[33] Cyprès R, Furfari S. Fixed-bed pyrolysis of coal under hydrogen pressure at low heating rates. Fuel, 1981, 60: 768-778.

[34] Xu W C, Matsuoka K, Akiho H, et al. High pressure hydropyrolysis of coals by using a continuous free-fall reactor. Fuel, 2003, 82: 677-685.

[35] 熊源泉,刘前鑫,章名耀. 加压煤热解反应动力学实验研究. 动力工程, 1999, 19: 77-84.

[36] 范晓雷,张薇,周志杰. 热解压力和气氛对神府半焦气化活性的影响. 燃料化学学报, 2005, 23: 530-534.

[37] Egiebor N O, Gray M R. Evidence for methane reactivity during coal pyrolysis and liquefaction. Fuel, 1990, 69: 1276-1282.

[38] 刘佳禾,胡浩权,靳立军. Effect of catalyst and reaction conditions on intergrated coal pyrolysis with CO_2 reforming of methane. 第五届全国化工年会大会, Beijing, 2008: 120-126.

[39] Ekinci E, Yardim F, Razvigorova M, et al. Characterization of liquid products from pyrolysis of subbituminous coals. Fuel Processing Technology, 2002, 77-78: 309-315.

[40] Minkova V, Razvigorova M, Goranova M, et al. Effect of water vapor on the pyrolysis of solid fuels: 1. Effect of water vapor during the pyrolysis of solid fuels on the yield and compositions of the liquid products. Fuel, 1991, 70: 713-719.

[41] Minkova V, Razvigorova M, Goranova M, et al. Effect of water vapor on the pyrolysis of solid fuels: 1. Effect of water vapor during the pyrolysis of solid fuels on the formation of the porous structure of semicoke. Fuel, 1992, 71: 263-265.

[42] Hayashi J I, Takahashi H, Iwatsuki M, et al. Rapid conversion of tar and char from pyrolysis of a brown coal by reactions with steam in a drop-tube reactor. Fuel, 2000, 79: 439-447.

[43] Xu Q X, Pang S S, Tana L. Reaction kinetics and producer gas compositions of steam gasification of coal and biomass blend chars, Part 1: Experimental investigation. Chemical Engi-

neering Science,2011,66:2141-2148.

[44] Fermoso J,Gil M,Garciía S,et al. Kinetic parameters and reactivity for the steam gasification of coal chars obtained under different pyrolysis tempers and pressures. Energy & Fuels,2011,25:3574-3580.

[45] Ye D P,Agnew J B,Zhang D K. Gasification of a south Australian low-rank coal with carbon dioxide and steam:Kinetics and reactivity studies. Fuel,1988,77:1209-1219.

[46] Huo W,Zhou Z,Wang F,et al. Experimental study of pore diffusion effect on char gasification with CO_2 and steam. Fuel,2014,131:59-65.

[47] Yan Q,Huang J,Zhao J,et al. Investigation into the kinetics of pressurized steam gasificationof chars with different coal ranks. Journal of Thermal Analysis and Calorimetry,2014,116:519-527.

[48] Zhang L,Huang J,Fang Y,et al. Gasification reactivity and kinetics of typical Chinese anthracite chars with steam and CO_2. Energy & Fuels,2006,20:1201-1210.

[49] Xu W,Akira T. Effect of temperature on the flash pyrolysis of various coals. Fuel,1987,66:632-636.

[50] Huang Y,Jin B,Zhong Z,et al. Effect of operating conditions on gas components in the partial coal gasification with air/steam. Korean Journal Chemical Engineering, 2007, 24:698-705.

[51] Qu X,Liang P,Wang Z,et al. Pilot development of polygeneration process of circulating fluidized bed combustion combined with coal pyrolysis. Chemical Engineering Technology,2011,34:61-68.

第 7 章　煤与生物质低焦油两段气化

在我国，煤/生物质制备工业燃气的前景广阔、市场需求量大，且可以大大降低以石油和天然气为燃料的陶瓷、钢铁、耐火材料等企业的燃料成本，提高企业的竞争力。目前，我国用于煤/生物质制备工业燃气的气化技术落后，主要以固定床气化炉为主，具有生产规模小，放大困难；采用大粒径的块状颗粒原料，原料成本高；生成气体中焦油含量高，气体净化困难，容易带来酚水等二次污染等问题。因此，为燃气行业开发能处理廉价小粒径原料、放大容易、燃气中焦油含量低甚至无焦油的气化技术具有非常重要的意义。中科院过程工程研究所提出了新型低焦油两段气化工艺，该工艺基于解耦思想，将传统的气化过程分成原料热解和半焦气化两个子过程，并分别在上游的流化床反应器和下游的下吸式固定床反应器中进行。由于充分整合了流化床气化在传递和放大、下吸式固定床气化在催化裂解焦油方面的优势，该工艺适合处理低阶碎煤，具有放大容易、气体中焦油含量低等优势。本章以研发这一新型的低焦油两段气化技术为主要内容，研究了煤/生物质在含氧/含蒸汽气氛下的高温热解行为、半焦床层对焦油的催化重整作用、半焦－CO_2气化动力学，并在 50kg/h 的两段气化中试平台上开展了焦油脱除效果验证实验。相关的实验室和中试研究均将为该新型两段气化技术的开发和放大提供必要的技术依据和数据支撑。

7.1　气化过程焦油控制技术概述

7.1.1　焦油的生成、性质和危害

在热解、气化过程中，焦油主要是通过裂解反应产生。首先是煤/生物质受热分解，挥发分大量析出，形成了大量的初次热解产物[初级焦油，400～600℃，见方程(7.1)]。其次是初次热解产物受高温和部分氧化作用的影响，发生一系列二次热解反应[见方程(7.2)]，生成二次热解产物，包括二级焦油或高温焦油。

$$\text{煤/生物质} + O_2/H_2O \longrightarrow H_2 + CO + CO_2 + C_nH_m + \text{焦油} + \text{半焦} + \text{灰} \quad (7.1)$$

$$C_nH_m + O_2/H_2O \longrightarrow CO + CO_2 + CH_4 + \cdots + \text{积炭} \quad (7.2)$$

焦油是一种具有刺激性臭味的黑色或黑褐色黏稠状液体，其在高温时呈气态，与气态产品均匀混合，通过低温时(＜300℃)冷凝，易与水、焦炭等黏结一起[1]。通常认为焦油是烃类物质的复杂混合物，组分非常复杂，已被鉴定的约有 500 种。但

是大多数组分含量很少，其中含量超过1%的组分只有12种，如萘、氧芴、芴、苊、蒽、菲、咔唑、荧蒽、芘、甲酚及这些物质的异构体[2,3]。根据焦油中化合物分子量的大小，研究者将焦油分为五类，见表7.1[4]。

表7.1 焦油中化合物分类[4]

类别	名称	特性	代表化合物
1	杂环类芳烃化合物	易溶于水	吡啶、苯酚、甲酚、喹啉、异喹啉
2	单环芳烃	易溶解水，不易冷凝	甲苯、乙苯、二甲苯、苯乙烯
3	轻质多环芳烃	低温下容易冷凝	茚、萘、联苯、苊、芴、菲、蒽
4	重质多环芳烃	高温下即可凝结	荧蒽、芘、二萘嵌苯、晕苯
5	色谱检测不到的物质	组分重，高温下凝结	沥青质

注：轻质多环芳烃的苯环数小于等于3；重质多环芳烃的苯环数大于3。

气化过程中产生的焦油遇冷而凝结，易堵塞管路，腐蚀设备，降低气化效率，甚至使连续操作困难，对气化工艺产生十分不利的影响，是气化技术开发和广泛应用的瓶颈，亟待解决[5]。因此脱除气化过程中产生的焦油或将其转化为可燃气，对推广和应用气化技术具有重要意义。虽然研究人员已经开展了大量的相关工作，然而高效、经济的焦油脱除技术尚有待开发，特别是针对生物质气化。

7.1.2 焦油脱除技术介绍

一般而言，若非高温、高压气化，直接从气化炉排出的工业燃气很难达标，必须净化。目前，焦油的主要脱除方法有物理脱除法、热裂解法、催化裂解法、部分氧化法、等离子体法[6-8]。

1. 物理脱除法

物理脱除法主要包括湿法、干法、静电除尘法等[9,10]。其中湿法脱除是工业上最常见的方法，包括水洗和水滤法，最常用的湿式净化设备是喷淋塔。该方法具有结构简单、操作方便、成本低等优点，是气体净化初期采用的一种方法，其主要缺陷在于净化焦油需要大量的水，造成水资源的大量浪费，且带来酚水等二次污染。干法净化常采用过滤技术净化燃气，当燃气穿过床内的强吸附材料或穿过装有滤纸、陶瓷芯和金属过滤器时，其中的焦油被过滤[11,12]。该法可有效避免湿法净化带来的水污染问题，但在实际操作过程中，具有运行寿命较短，操作费用较高等问题。静电除尘器对0.01～1μm焦油灰尘微粒有很好的分离效率，具有阻力损失小，燃气处理量大，难以被堵塞等优点，但该方法设备造价和运行费用高，对操作管理的要求也较其他方法高。Hasler等[13]总结了各种机械方法脱除焦油和颗粒的效率，见表7.2。总之，物理脱除法只能捕捉或脱除气化气中的焦油，不是将焦油真正破坏，而仅将焦油从气相转移到了冷凝相，不能真正地解决焦油脱除问题，焦油的能量未转化到气化气中。下面讨论的热裂解法和催化裂解法则能将产生的焦油转化为可燃性小分子气体而将焦油的能量转化到燃气中。

表 7.2　各种物理方法脱除颗粒和焦油的效率[13]

方法	颗粒脱除率/%	焦油脱除率/%
砂床过滤器	70～99	50～97
喷淋塔	60～98	10～25
文丘里洗刷器	—	50～90
湿式静电除尘器	>99	0～60
纤维过滤器	70～95	0～50
旋风分离器	85～90	30～70
固定床焦油吸收器	—	50

2. 热裂解法

热裂解是在高温下使焦油中的大分子化合物通过断键脱氢、脱烷基及其他一些自由基反应而转变为小分子气态化合物和其他产物的过程。升高温度不仅增加了焦油的裂解反应，同时也促进了焦油裂解后大分子物质的缩聚，使焦油转变成焦。该方法一般在 1000～1200℃下才可能取得较好的裂解效果[14-16]，在实际应用中，如何获得这样的高温成为挑战(除非使用氧气内部燃烧)，对设备材质和保温效果都有较高的要求，也大大增加了工艺能耗，经济上一般不可行。

3. 催化裂解法

为进一步裂解焦油，研究者提出利用催化剂降低焦油转化所需的活化能的思想。实验证明，达到同样的焦油转化率，采用催化剂能使裂解温度降低为 700～900℃。因其高效性和高选择性，催化裂解已成为很有潜力的焦油脱除方法，是该领域基础研究的重点[17]。

目前常用的催化剂有镍基催化剂、碱金属催化剂、天然矿物催化剂、活性炭等[18,19]。镍基催化剂活性高，在 900℃时即可获得 90%以上的焦油转化率，并能提高气体中 CO 和 H_2的含量；但该催化剂在焦油裂解重整过程中容易造成积碳，引起催化剂快速失活，且价格比较昂贵[20,21]。碱金属催化剂主要包括碱金属碳酸盐、碱金属氯化物和碱金属氧化物等，能有效促进焦油裂解。但颗粒的团聚和积碳容易引起失活，导致焦油的转化率往往不高。天然矿石催化剂包括白云石、橄榄石、石灰石、黏土矿石等，是最常用、最廉价的焦油脱除催化剂。但是由于它们有的强度有限和积碳失活等原因，在实际的使用过程中，天然矿石催化剂常被作为昂贵金属催化剂的保护床[22,23]，并不单独使用。半焦和活性炭属于非金属催化剂，其催化性能与其孔径尺寸、比表面积大小、粉尘和矿物质含量有关。用半焦进行焦油脱除具有以下优势：原料可以直接在气化炉中生成，来源广泛且价格低廉；一旦失活可以送入气化炉中直接气化，不用考虑再生；可以避免硫、氯和金属元素等物质引起的催化剂中毒。在实际的应用过程中，考虑到新鲜半焦的来源，应与燃料气化反应相结合，形成一体化工艺。

4. 部分氧化法

部分氧化法是在低过量空气系数时，通过燃烧部分气化气造成的高温和因氧化而生成的自由基而脱除焦油的方法。该方法由 Brandt 和 Henriksen 提出[24]，随后一些研究者如 Jensen、Azenarmp 、Ranzi 等也发现了类似的现象[25-27]，他们主要是从焦油、焦油模型化合物的动力学模型并结合实验进行分析，研究了温度和过量空气系数对焦油含量的影响。当空气/燃料比率小于 0.2 时，焦油含量最低，焦油脱除率可达到 90%。经部分燃烧后，焦油转化为不凝结气体、炭黑及焦油。

5. 等离子体法

近年来，一些研究团队成功演示了利用电晕放电来分解焦油的实验。在操作温度为 400～800℃、能量密度为 0～1900kJ/m^3条件下研究发现：焦油转化率随能量密度增加而缓慢提高，随反应器温度升高而连续增加。除了能有效捕捉焦油颗粒外，等离子体技术还能在高温下操作，只需对装置加以改进即可使用[28]。

6. 各种焦油脱除技术的评价

物理脱除法能减少 40%～99%的焦油，却不能将焦油的能量转化为燃气的能量，也容易带来二次污染。热裂解需要很高的温度才能达到理想的焦油脱除效果，提高了操作成本，降低了系统的热效率。催化裂解能在低温下有效脱除焦油，提高气体中有效气体的组分，然而仍存在着诸多难以克服的缺点，如商业化的镍基和碱金属催化剂容易受积碳和 H_2S 中毒而导致失活，天然矿石类催化剂活性有限、寿命短、且受热易粉碎。等离子技术虽然能大大减少气化中焦油的形成，且能有效脱除飞灰、NO_x 和 SO_2 等，但离实际应用还有较长的距离。部分氧化法是一种新型、高效的脱除焦油技术，能将大量焦油裂解为可利用的小分子化合物，但多少造成气体热值的下降。上述各种脱除焦油的方法各有优劣，其适用性仍需进一步考察。因此，开发高效、经济的焦油脱除技术一直是中低温气化的研究重点。

7.2　典型低焦油两段气化技术进展

鉴于单一气化技术在生产燃气方面存在的问题,20 世纪末,两段气化技术一经提出就迅速成为研究的热点。燃料气化过程实际是一个先热解后气化的复合过程,原料进入气化反应器后要经过干燥、热解(脱挥发分)、半焦气化、形成灰渣等子过程,几乎在同一区域内完成,这不利于过程的优化。两段气化技术利用解耦思想,将气化过程中的子过程分开进行研究。现有两段气化的研究结果充分证明了该工艺在焦油脱除方面的优势和对清洁燃气生产的可行性[29-32]。

目前文献报道的两段气化技术大致可以分为两类:①将气化器和高温焦油重整器相结合,利用重整器内的高温、部分氧化、催化剂的催化作用来脱除焦油。代表性工艺有加拿大学者 Soni 设计的肉骨粉两段气化装置、韩国学者 Tae-Young Mun 设计的城市污泥两段气化装置、日本东京工业大学(Tokyo Institute of Technology,TIT)开发的生物质两段气化工艺。②将原料气化过程解耦为原料热解和半焦气化两个子过程,并分别在两个反应器中进行,充分利用热解半焦的催化作用来脱除焦油。代表性工艺有丹麦科技大学(Technical University of Denmark,DTU)的两段气化工艺、上海交通大学研发的两段气化工艺、中科院过程工程研究所的两段气化工艺。

7.2.1　加拿大萨斯克彻温大学两段气化技术

Soni 等[33]设计了小型两段气化装置用来处理肉骨粉,其工艺流程见图 7.1。该装置由上下两段固定床反应器组成,原料在上段反应器内气化(650～850℃,过量空气系数为 0.15～0.3),生成的高温气体和焦油进入下段反应器内,利用高温、部分氧化和延长焦油蒸汽在下段反应器中的停留时间等方法而充分裂解焦油(650～850℃,过量空气系数为 0.15～0.3)。研究表明,该装置能将气体产率(质量分数)从 50.66%增加到 54.60%,焦油产率(质量分数)从 18.6%降低到 14.2%。然而由于其试验的下段操作温度较低,即使通入氧气也不能非常有效地完全脱除焦油。

7.2.2　韩国首尔大学开发的两段气化技术

Mun 等[34]利用一分布板将流化床反应器的稀相区和扩大段隔开,构成了两段气化装置,见图 7.2。该装置主要用来处理污泥和木屑。实验采用床内给料,原料在密相流化区内气化,生成的气体和焦油通过放置有活性炭的扩大段,利用具有较大比表面积的活性炭来吸附焦油,促进其裂解/重整,达到裂解焦油的目的。研究

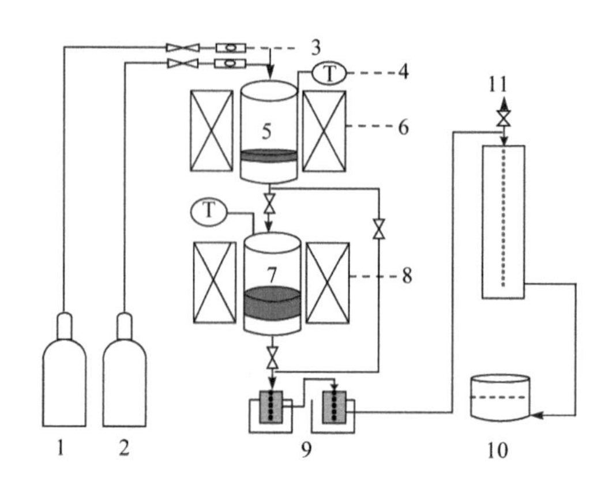

1. N_2钢瓶；2. O_2钢瓶；3. 气体控制系统；4. 热电偶；5. 上段反应器；6. 电炉；
7. 下段反应器；8. 电炉；9. 冷凝器；10. 气囊；11. 放空阀

图 7.1　肉骨粉两段气化流程[33]

表明，该装置能有效脱除焦油，气体出口处的焦油含量可降低到 50mg/m^3 以下。由于未能充分利用实验过程中产生的半焦，而是采用商业化的活性炭，无疑增加了原材料费用。而且，在实际的工业化运行过程中如何及时更换失活的活性炭也是值得考虑的问题。

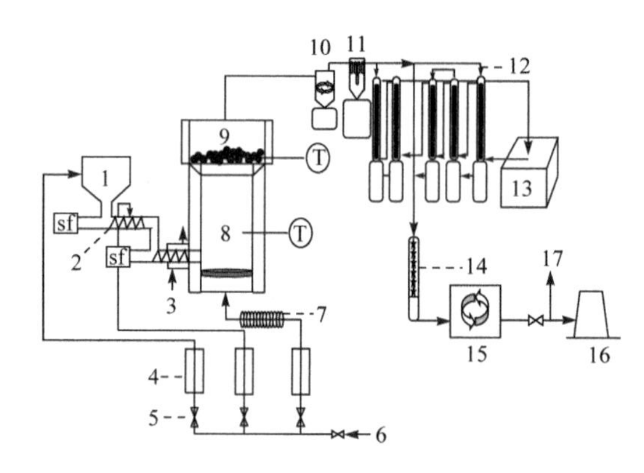

1. 料仓；2. 螺旋加料器；3. 水冷夹套；4. 质量流量计；5. 针形阀；6. 空气；7. 换热器；
8. 气化炉；9. 活性炭层；10. 旋风分离器；11. 热过滤器；12. 冷凝器；13. 冷却装置；
14. 电捕装置；15. 气体流量计；16. 天灯；17. 采样口

图 7.2　污泥两段气化流程[34]

7.2.3　东京工业大学开发的生物质两段气化技术

该技术由日本东京工业大学开发[35]，工艺流程见图 7.3。其主要用来处理碎木片，整体工艺由上吸式固定床气化器和下吸式焦油重整器组成。原料在气化炉中气化，产生的含焦油气化生成气从炉顶进入重整反应器里，利用高温空气和水蒸气对焦油进行重整。研究表明，重整器温度升高到1000℃以上时能有效脱除焦油。该技术适合处理块状生物质物料，然而采用上吸式气化炉使其放大比较困难，不适合大型化生产。

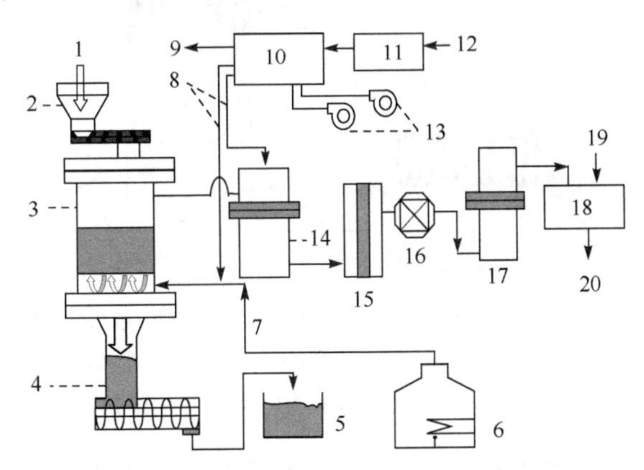

1. 燃料；2. 加料器；3. 气化炉；4. 灰渣；5. 灰渣罐；6. 蒸汽发生器；7. 热蒸汽；8. 预热空气；9. 尾气；10. 热交换器；11. 燃烧器；12. 柴油；13. 风机；14. 焦油重整器；15. 陶瓷过滤器；16. 换热器；17. 水洗塔；18. 热电联供装置；19. 油；20. 电

图 7.3　东京工业大学生物质两段气化流程[35]

7.2.4　丹麦科技大学开发的两段气化技术

该技术由丹麦科技大学开发[36,37]，其工艺流程见图7.4。生物质在热解炉内进行热解，通过调节螺旋加料器的转速可以控制热解的停留时间，生成的高温焦油、热解气、半焦全部进入下吸式气化器内，通过在固定床内的高温部分氧化和热态半焦高温催化作用而脱除焦油。该工艺在75kW的中试装置上已成功运行2000h，能将生成气的焦油含量降低至50mg/Nm^{3}以下，而下吸式气化炉的温度不超过900℃。该技术的不足之处在于：原料适应性较差，只适合处理块状/颗粒状物料。由于热解器内的原料采用螺旋推进，难以应用于大型过程和系统。

7.2.5　上海交通大学开发的两段气化工艺

借鉴丹麦科技大学两段气化工艺的理念，上海交通大学设计了针对秸秆、玉米秆等农业废弃物的新型两段式固定床气化炉，其工艺流程见图7.5[38]。该工艺把热解和气化分开，生物质在外热转筒式热解器内热解，热量由气化气和内燃机的废热来提供，在热解和气化段之间通入高温富氧气体，部分热解气在缩口处燃烧产生局部的高温(1000℃)，促进焦油高温裂解成小分子气体。产生的气体经冷却、除

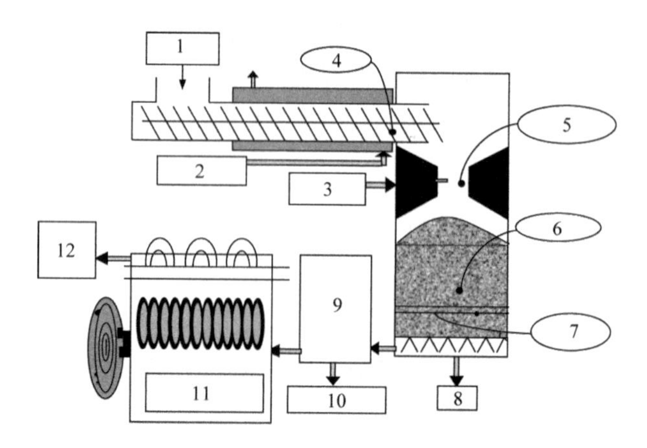

1. 原料；2. 废气加热；3. 预热空气；4. 热解器；5. 部分氧化区；6. 半焦床层区；7. 炉排；8. 灰渣；9. 气体净化器；10. 飞灰；11. 电机；12. 电

图 7.4　丹麦科技大学生物质两段气化工艺[36]

尘、过滤后直接用作内燃机燃料。由于对加料系统进行了改进，该工艺原料适用性较好，然而由于受到热解器自身的限制，仍然难以应用于大型过程和系统。

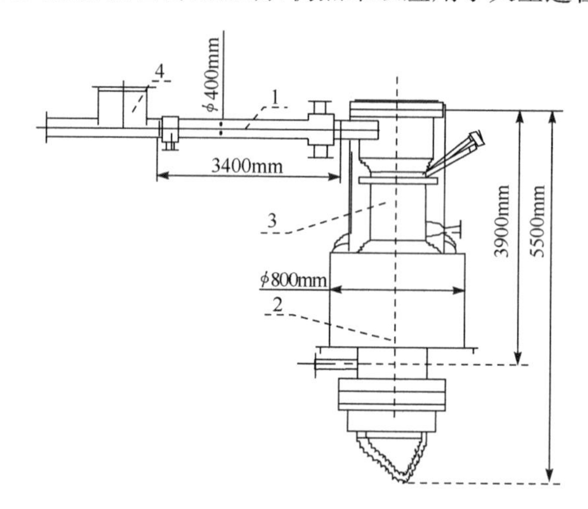

1. 热解器滚筒；2. 气化室；3. 喉口；4. 加料口

图 7.5　上海交通大学开发的两段式气化炉结构图[38]

综上所述，现有的两段气化工艺主要用在处理颗粒状生物质，原料适应性较差；反应器多为两个固定床(或一个固定床一个移动床)，处理量非常有限；大多数工艺仍然处于实验室研究或小试阶段，放大比较困难；在很多工艺中还要借助商业化的活性炭或催化剂来进一步降低焦油，未能充分利用实验过程中产生的半焦来脱除焦油。因此有必要进一步开发一种新的两段气化装置。

7.3　流化床热解两段气化基础

根据反应器类型的不同可以将煤/生物质气化工艺分为:固定床/移动床气化技术、流化床气化技术、气流床气化技术。固定床气化技术是最传统的气化工艺,其结构简单可靠、易于操作、投资较少,但固定床气化炉生产规模小、不适合粉状或小颗粒原料(小于10mm)、原料成本较大、且容易带来酚水等二次污染等。根据物料和气体在炉内流动方向的不同,又可以将固定床气化炉分为上吸式、下吸式和横吸式(错流式)三种类型。上吸式固定床气化炉由于燃气不经过高温区、燃气中焦油含量高;下吸式固定床气化炉燃气经过高温炭层,出口气体中焦油含量低,但床层上部传热慢,床体利用率低。流化床气化炉内混合充分、气固接触良好、传热速度快、炉内温度较高且容易控制、可使用粒径小于10mm的颗粒或粉状原料、气化强度和生产规模较固定床大,适合中型及大型应用。但其生成气体中灰尘和焦油含量较下吸式固定床高、燃气热值偏低、且投资较大。气流床气化技术操作温度和压力高,属于高温气化,通常要求富氧气化剂而获得1400～1700℃的高温,由于使用空分、设备投资高、操作复杂,一般不适合于燃气生产,虽然其碳转化率高,气体中几乎不含焦油。气流床气化技术通常应用于处理量和生产规模大的转化过程,如煤化工,流化床、固定床(移动床)仍然是燃气生产气化技术的最适宜反应器。

7.3.1　流化床热解两段气化原理及其特点

1. 技术原理

考虑到现有两段气化技术的局限性及流化床气化炉和下吸式固定床气化炉各自的特点,可以设想将这两个反应器合理组合,以达到优势互补的效果。为此,中国科学院过程工程研究所提出了新型的流化床热解两段气化技术工艺[39]。该技术基于解耦思想,将传统气化过程分成原料热解和半焦气化两个子过程,并分别在前置的流化床热解器和下游的下吸式固定床气化炉中进行。燃料在流化床热解器中进行干燥、热解和部分气化,生成的未经分离的半焦和含焦油的热解气在高温状态下被输送到下游的下吸式固定床气化炉中进行半焦完全气化,同时利用高温裂解、部分氧化,尤其是气化炉内半焦床层的催化裂解和重整作用有效脱除焦油,从而生产焦油含量较低的洁净燃气。图7.6为中国科学院过程研究所提出的两段气化技术工艺原理图。在流化床热解器和下吸式固定床内进行的主要反应见表7.3[40,41]。

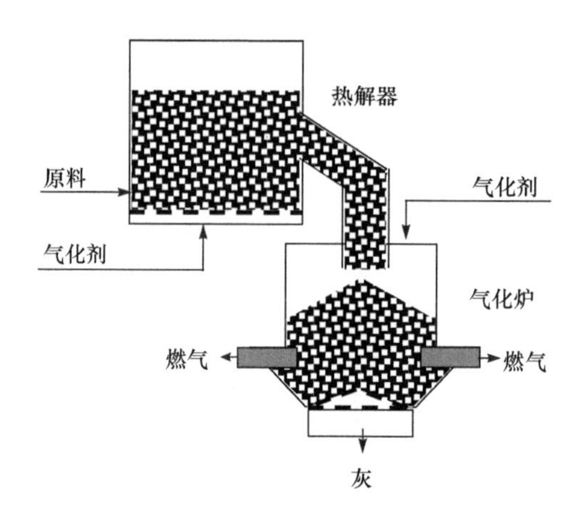

图 7.6　中科院过程工程研究所提出的两段气化原理图

表 7.3　热解器和气化炉内的主要化学反应[40,41]

反应器	反应	反应方程	反应热 /(kJ/mol)
热解器	热解反应	燃料⟶半焦＋焦油＋热解气(H_2,CO,CO_2,CH_4,C_2H_4＋…)	
	氧化反应	$C + O_2 \longrightarrow CO_2$	−405.8
	部分氧化反应	$C + 0.5O_2 \longrightarrow CO$	−110.7
	焦油二次裂解反应	焦油⟶$CO_2 + CO + H_2 + CH_4 + C_2H_4 + \cdots$	
气化炉	氧化反应	$C + O_2 \longrightarrow CO_2$	−405.8
	部分氧化反应	$C + 0.5O_2 \longrightarrow CO$	−110.7
	碳与 CO_2 反应	$C + CO_2 \longrightarrow 2CO$	＋172.1
	碳水蒸气反应	$C + H_2O \longrightarrow CO + H_2$	＋131.3
	水气转化反应	$CO + H_2O \longrightarrow CO_2 + H_2$	−41.2
	焦油裂解反应	焦油⟶$CO_2 + CO + H_2 + CH_4 + C_2H_4, \cdots$	
	焦油重整反应	焦油＋$O_2 \longrightarrow CO_2 + CO + H_2O$ 焦油＋$H_2O \longrightarrow CO + H_2 + C_2H_4, \cdots$	

注:反应热中−代表放热反应;＋代表吸热反应。

2. 技术特点

由于充分整合了流化床反应器和下吸式固定床反应器各自的优势,又弥补了两者的不足,因此,该工艺具有以下突出特点。

(1) 设备构造简单,操作方便。流化床热解器内气速可调,生成的热解产品全部进入下游的固定床气化炉内,不需要进行气-固分离,便于操作;下游的固定床气化炉接收来自上段的高温半焦和热解气，避免了常见的下吸式固定床气化炉上部升温缓慢、温度低、反应器利用率低、反应速率慢等问题。

(2) 灵活的燃料处理量。流化床热解器操作灵活，放大容易，适合大型化生产。为了防止单个气化炉内较高的床层压降及较大的原料处理量，可以在一个气化炉下边平行连接多个固定床气化炉。

(3) 气体中焦油含量少，净化投资少。在流化床内燃料实际上发生部分气化或有氧热解，高温与氧气的介入使得煤颗粒中的焦油得到充分释放，并在该反应器内得到部分裂解及重整，降低了生成气中的焦油含量；在高温、有氧的下吸式固定床内，残余的焦油将进一步被高温裂解、部分氧化，尤其是经半焦床层的催化裂解与重整，含量得到进一步降低。

(4) 燃料适用性强。任何可被流化的小粒径燃料都适合该技术，除常规的煤、生物质、石油焦、废弃物(如污泥、城市垃圾)等固体燃料外，还能用来处理高含水燃料(如污泥)，甚至加水调节后的高含水燃料。

综上所述，流化床热解两段气化技术可在相对较低的温度下大规模处理小粒径或粉状含碳固体原料，有望实现半焦气化和焦油催化裂解/重整的同步进行，并具有燃料处理量灵活、焦油含量少等特点。该技术有助于改善我国碎煤和生物质原料生产工业燃气的技术现状，符合我国煤炭/生物质高值化、高效、清洁利用的发展方向，是先进的技术工艺。

7.3.2　高温有氧流化床煤热解特性

1. 热解产物的分布规律

考虑到实际的自热式流化床热解器内往往是一个高温有氧环境，所需高温靠燃烧部分原料获取的热量进行维持。因此，有必要在高温、有氧气氛下研究煤在流化床反应器内的热解特性和产物分布规律[42]。

实验用原料为新疆吉木萨尔县次烟煤，其工业分析、元素分析、煤灰的XRD分析见表7.4。经破碎、筛分后，选取粒径为0.5～1.0mm的煤颗粒为实验原料。实验前煤在105℃的空气干燥箱内处理2h。

表7.4　实验用煤的工业分析、元素分析和灰分分析

项目	工业分析/%(质量分数,ad)				元素分析/%(质量分数,daf)				低位热值/(MJ/kg)
	水分	灰分	挥发分	固定碳	碳	氢	硫	氧	
煤分析	14.5	7.6	29.2	48.8	76.9	4.2	0.3	17.6	26.33
灰分析/%(质量分数)	CaO	SO_3	SiO_2	Al_2O_3	MgO	Fe_2O_3	Na_2O	P_2O_5	TiO_2
	20.4	23.1	19.3	14.4	6.4	7.3	6.4	3.4	2.8

注：ad为空气干燥基；daf为干燥无灰基。

实验在一个小型电加热流化床反应器装置上进行，其流程见图 7.7。该装置主要包括加料系统、电炉、流化床反应器、气体供应和预热系统、焦油采集和气体分析系统。流化床反应器由气体预热段（内径为 50mm、长度为 250mm）、反应段（内径为 50mm，长度为 300mm）和扩大段（内径为 100mm，高为 150mm）三部分组成，在反应器出口安装有气体和焦油采样口。实验采用螺旋加料器连续供料，最大加料量为 1.5kg/h。实验过程中，当反应器内温度和气体流量稳定后，将螺旋加料器打开并调节到适当的加料速率，煤由料仓加入到流化床反应器的密相区内，在流化床内充分热解，生成的半焦通过反应器溢流管流入半焦储罐内。

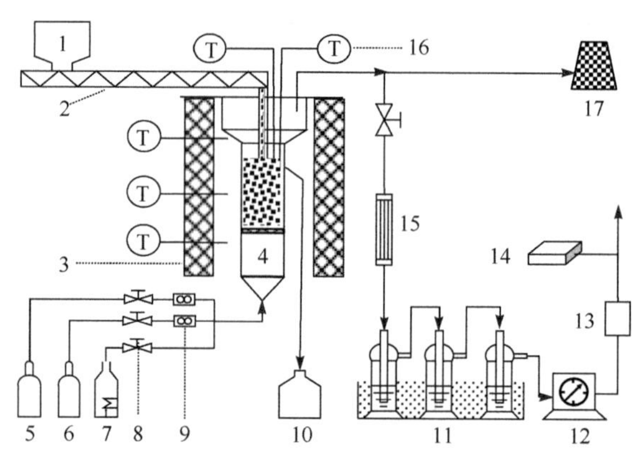

1. 料仓；2. 螺旋加料器；3. 电炉；4. 流化床热解器；5. N_2 钢瓶；6. O_2 钢瓶；7. 蒸汽发生器；8. 针形阀；9. 质量流量计；10. 半焦储罐；11. 洗气瓶；12. 湿式气体流量计；13. 气体采样泵；14. 微型气相色谱；15. 冷凝器；16. 温度传感器；17. 天灯

图 7.7　有氧高温流化床煤热解装置流程图[42]

实验重点考察了热解温度、过量空气系数（excessive air ratio，ER，定义为单位原料实验用空气量与单位煤完全燃烧理论上所需要的空气量之比）、蒸汽与煤质量比（S/C）等因素对热解产物分布、气体组成、半焦形态和气化活性、焦油特性等的影响。实验后的气体产物通过微型气相色谱（Agilent 3000A）进行分析，半焦形态通过扫描电镜（JEOL JSM-840）进行分析，半焦的微孔结构采用氮吸附（quanta chrome autosorb-1，NOVA1200）研究，焦油的组成和热裂解活性通过热重和傅里叶红外联用分析仪 TG-FTIR（NETSCH SRG409＋NeXUS670，氩气为载气）分析，半焦与 CO_2 的气化活性在热重分析仪（Nano SⅡ 6300）上进行。

图 7.8 考察了不同温度下 N_2 气氛对煤热解产物分布和气体组成的影响，实验时螺旋加料器的加料速率为 5.0g/min。在 N_2 气氛下[见图 7.8(a)]，随热解温度的增加，煤中挥发分析出速率加快、析出量增加，因此气体产率增加迅速，导致半焦产率急剧下降。实验发现焦油的产率在 600～750℃、850℃以上时对温度的依赖性较强。气体组分中[见图 7.8(b)]，H_2、CO 增加明显，这主要与热解过程中各气体的产生途径有关。研究表明，热解过程中，H_2 主要源于长链碳氢化合物的裂解、

环化、芳构化反应[43]；CO主要是由羰基裂解（≤400℃）、含氧杂环化合物裂解（≥500℃）、大分子化合物交联（≥600℃）等反应所产生[44]；CO_2主要来自羧基的裂解反应（≤400℃）[45,46]；而CH_4主要形成于煤和焦油中甲基侧链的裂解和加氢反应（≥600℃）[47]。

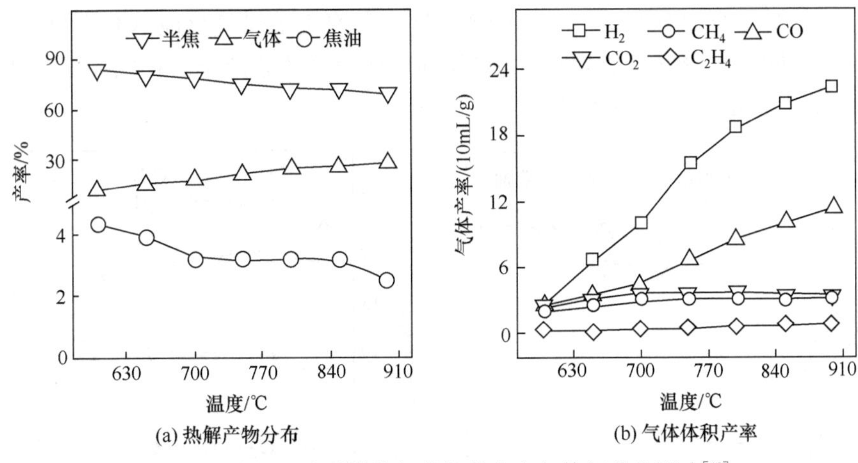

图7.8 热解温度对煤热解产物分布和气体组分的影响[42]

实际的自热式流化床热解器是一个有氧的环境（需要燃烧部分原料维持温度），因此有必要考察煤在含氧气氛下的热解行为。图7.9考察了相同温度下含氧气氛对煤热解产物分布和气体组成的影响。通入氧气后，随ER的增加，热解气氛中的氧含量增加，半焦产率急剧下降；气体产率增加迅速，尤其是CO和CO_2，而H_2、CH_4含量有所下降；焦油含量在ER较小时变化不大，当其增加到一定程度后，焦油产率急剧下降。实验表明，含氧气氛下，半焦、焦油、可燃性气体（H_2、CH_4）都发生不同程度的部分气化反应。

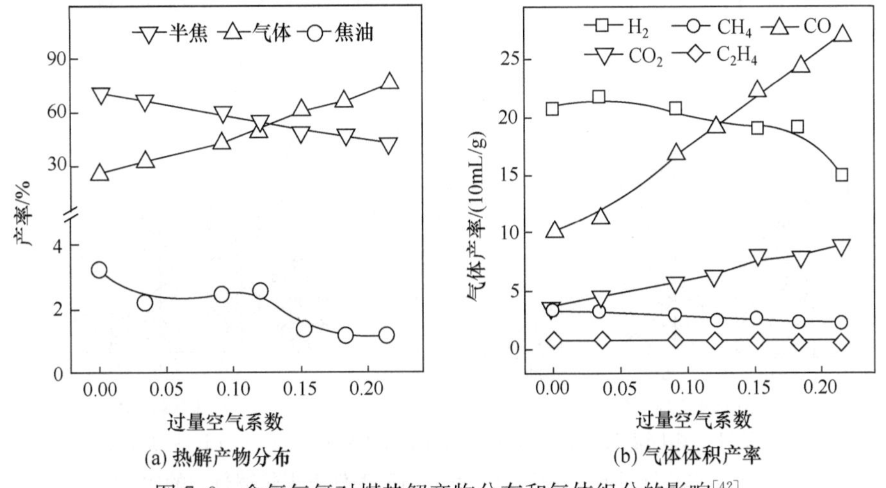

图7.9 含氧气氛对煤热解产物分布和气体组分的影响[42]

考虑到实际热解工艺中的原料都含有一定量的水分，特别是褐煤，而水分的存在将会对热解产物的分布和产物特性产生较大的影响。图 7.10 考察了相同温度下含氧和含蒸汽气氛对煤热解产物分布和气体组成的影响。随着 S/C 的增加，气体产率增加明显，但是焦油和半焦产率变化不大。蒸汽的引入导致生成更多的 H_2 和 CO_2，而 CO 的量有所减少，这可能主要发生均相水煤气反应（$CO+H_2O═H_2+CO$），同时水蒸气可能导致气化等反应，增加气体总产率。在实验条件下，生成气的 CH_4 含量变化并不明显。

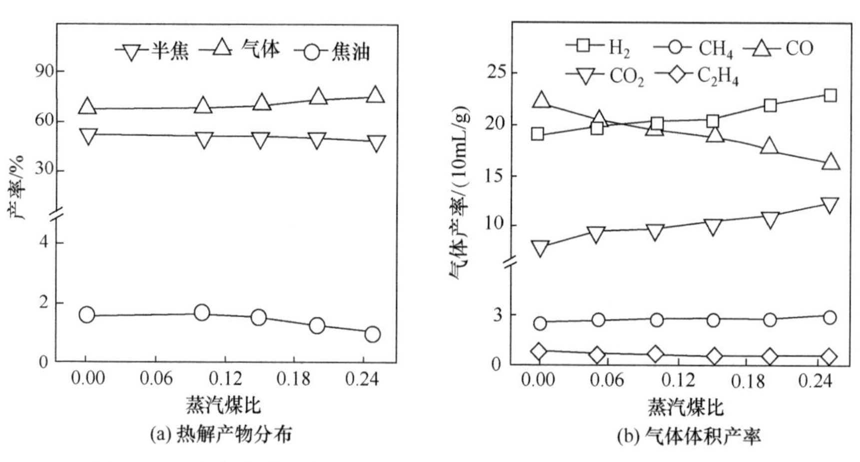

图 7.10　含氧含蒸汽气氛对煤热解产物分布和气体组分的影响[42]

图 7.11 更加清楚地展示了相同温度下（850℃）、三种不同气氛（N_2，N_2+O_2，N_2+O_2＋水蒸气）对煤热解行为的影响。结果显示，相对于纯 N_2 气氛，氧气和蒸汽气氛更能增加气体产率，尤其是（CO 和 CO_2），降低焦油和半焦的产率。三种气氛下，煤热解产物分布的差异将严重影响到热解产物的物理和化学特性。

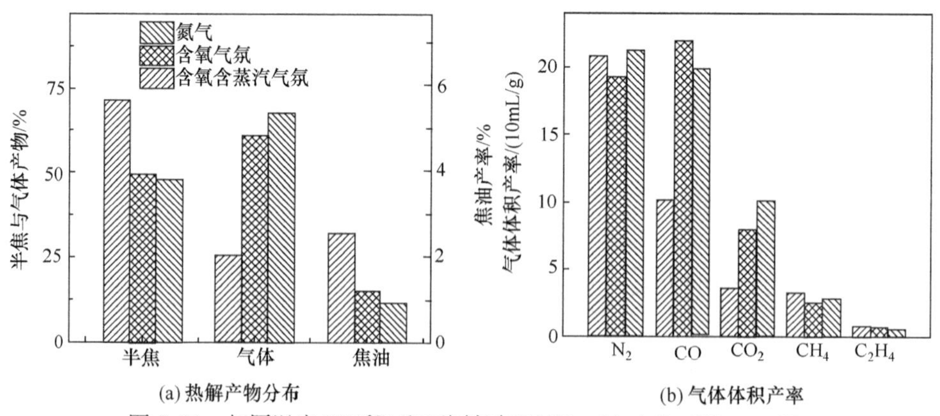

图 7.11　相同温度（850℃）和不同气氛下（N_2；N_2+O_2、ER＝0.15；N_2+O_2＋水蒸气、ER＝0.15、S/C＝0.15）条件下煤热解行为的比较[42]

2. 煤和半焦形貌

图7.12显示了原煤和相同温度、不同气氛下制得半焦的扫描电镜照片。由图可得，原煤呈现了类似纤维素的中空管束状结构，经过850℃、纯N_2气氛热解后，煤中的挥发分大量析出，原有的管状结构被破坏，半焦表面呈现出许多不规则的孔结构；通入少量氧气后，由于半焦的部分氧化，其表面的孔径变大、变深，孔壁上出现小孔；进一步引入蒸汽后，半焦表面的孔结构更加发达，呈现出类似蜂窝状的多孔结构。

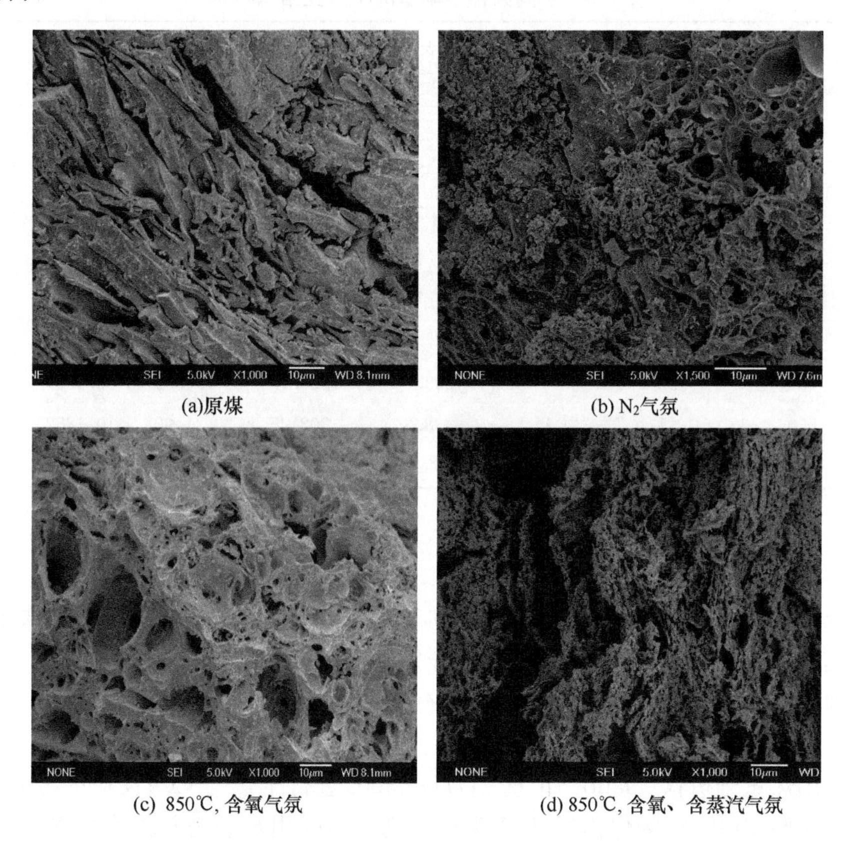

图7.12　煤和不同热解条件下制得半焦的扫描电镜照片[42]

表7.5进一步显示了操作条件对半焦孔结构和比表面积的影响，在N_2气氛下，低温半焦的比表面积非常小，平均孔径较大。随着制备温度的升高，半焦的比表面积和孔体积增加，平均孔径变小。加入O_2后半焦的微孔结构变得发达，造成其比表面积迅速增加，平均孔径明显变小。例如，当ER为0.03时，半焦的比表面积达到了93.76m^2/g。随着ER的增加，制得半焦的比表面积和孔体积也继续增加，如ER为0.22时，比表面积和孔体积分别达到299.7m^2/g和0.167mL/g。水

蒸气加入后，煤中的碳与水蒸气反应抑制了焦油在半焦表面活性位置的沉积，使挥发分更容易析出，半焦的微孔结构进一步变得发达[48,49]。例如，当 S/C 为 0.15 时，半焦的比表面积和微孔比表面积分别达到最大值 338.3m^2/g 和 303.4m^2/g。水蒸气的大量加入会使半焦中已形成的微孔合并或坍塌，导致其比表面积减少，但同时也引起介孔数目及其比表面积的增加。例如，当 S/C 由 0.15 增加到 0.25 时，半焦的比表面积由 338.3m^2/g 减少到 253.5m^2/g，介孔表面积则由 34.9m^2/g 增加到 41.8m^2/g [42]。

表 7.5　不同条件下制备的半焦孔结构特性

序号	制备条件			总比表面积/(m^2/g)	微孔比表面积/(m^2/g)	介孔比表面积/(m^2/g)	孔体积/(mL/g)	平均孔径/nm
	温度/℃	过量空气系数	蒸汽煤比					
1	650	—	—	1.857	—	1.857	0.0058	12.60
2	750	—	—	3.423	—	3.423	0.0088	10.27
3	850	—	—	5.593	—	5.521	0.0112	7.991
4	900	—	—	11.19	—	11.19	0.0175	6.245
5	850	0.03	—	93.76	57.02	36.74	0.0568	2.423
6	850	0.15	—	285.0	249.9	35.10	0.1589	2.231
7	850	0.22	—	299.7	263.7	36.09	0.1671	2.230
8	850	0.15	0.15	338.3	303.4	34.90	0.1852	2.190
9	850	0.15	0.25	253.5	211.6	41.80	0.1565	2.470

3. 半焦气化活性

半焦气化活性对下游固定床气化反应器的设计、运行有着至关重要的作用，是本书提出的新气化方法和气化炉研制、开发的重要依据之一。半焦的气化活性与很多因素有关，如半焦的粒径、孔结构和石墨化程度以及半焦中无机矿物质的催化作用等[50,51]。

利用热重分析仪(Nano SⅡ TG/DTG 6300)进行半焦与 CO_2 反应的等温非催化气化实验，利用 N_2 为保护气、CO_2 为气化剂。实验用半焦为新疆次烟煤，在前述流化床热解器中通过前述优化条件下的热解实验而制得。实验前半焦经过干燥(2h)、研磨、筛分处理后密封保存。实验时，热重程序升温到 105℃，并停留 30min 以除去半焦中的水分，然后以 100℃/min 的升温速率加热到 1000℃，当热重运行稳定后将 N_2 切换成高纯 CO_2 气体(500mL/min)，开始半焦气化反应，待失重完全后停止实验。半焦气化反应的转化率和气化活性指数由式(7.3)和式(7.4)计算得到。其中，w_0、w_i、w_{ash} 分别为半焦开始反应的重量、半焦气化反应中任意时刻的重量、反应结束时半焦中灰分的重量。$\tau_{0.5}$ 为半焦气化反应转化率为 50%时所需要的反应时间，R_s 越大，半焦与 CO_2 反应的气化活性越高。

$$X=\frac{w_0-w_i}{w_0-w_{ash}} \tag{7.3}$$

$$R_s=\frac{0.5}{\tau_{0.5}} \tag{7.4}$$

图 7.13 对比了不同制备条件下半焦 CO_2 气化活性。随制备温度和 ER 的升高，气化活性增加。在 850℃和 ER 为 0.15 时，气化活性达最大值，这与其比表面积逐渐增加相一致。然而在过高的温度(900℃)和 ER(0.22)下，半焦的反应活性反而降低。这可能与半焦的碳结构发生石墨化有关。为了验证这一猜测，对制得的半焦进行了 XRD 分析，结果如图 7.14 所示。通过对比脱灰半焦和原始半焦的 XRD 分析结果，发现原始半焦同时出现 SiO_2 和石墨的衍射峰；而经过脱灰处理的半焦，只有石墨的衍射峰，这说明在高温(900℃)、ER 较大(0.22)条件下制得的半焦出现了石墨化，导致了半焦气化活性的降低。

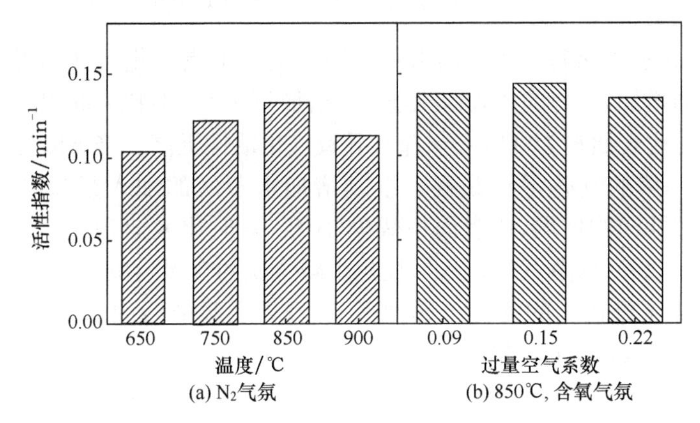

图 7.13　不同条件下制备的半焦气化活性对比[42]

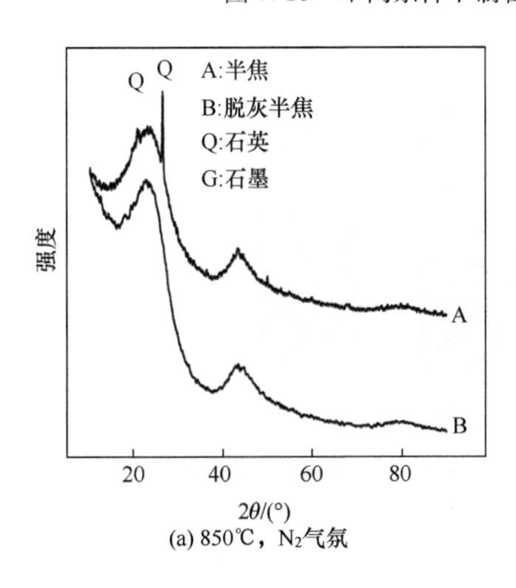

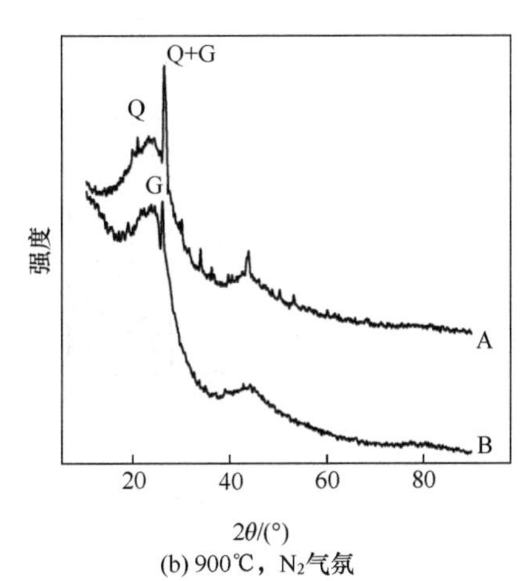

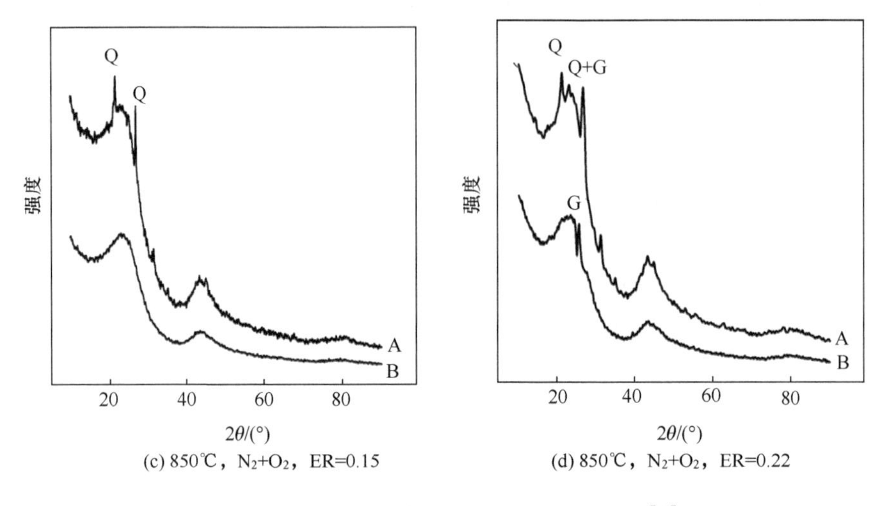

图 7.14　不同制备条件下的半焦 XRD 分析[42]

图 7.15 显示了热解过程中的水蒸气加入量对半焦气化活性的影响。随着水蒸气加入量的增加，半焦的比表面积进一步增加(S/C=0 时比表面积为 285.0m^2/g；S/C=0.15 时比表面积为 338.3m^2/g)，导致气化活性提高。当 ER 为 0.15 及S/C 为 0.15 时，半焦的气化活性最高。继续增加水蒸气的加入量(S/C 从 0.15 到 0.25)，半焦中孔结构坍塌，比表面积减少(S/C=0 时比表面积为 253.5m^2/g)，气化活性降低。此外，水蒸气的通入对煤焦中碱金属的含量及其分布也有影响，特别是 Na、K 等金属氧化物的含量。通过 XRF 分析实验前后的灰分发现，在 S/C=0.25 时，灰分中 Na_2O 的含量明显减少，下降了 18.4%。

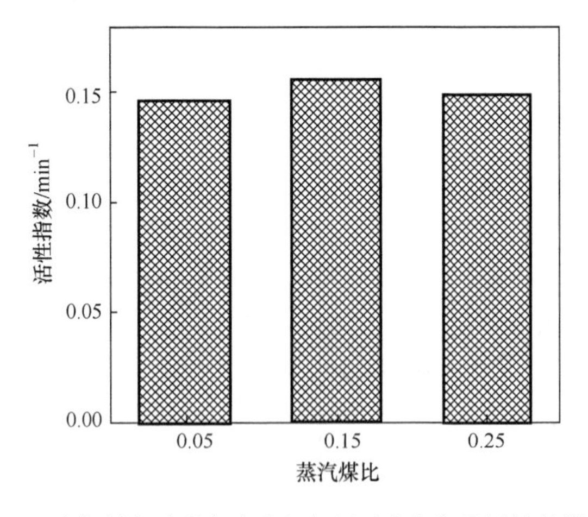

图 7.15　半焦制备过程中水蒸气气氛对半焦气化活性的影响[42]

图 7.16 进一步比较了相同温度下(850℃)、不同热解气氛对半焦气化活性的影响。可以发现,纯 N_2 气氛下制备的半焦气化活性最低,在含氧、含蒸汽气氛中制得的半焦气化活性最高。这充分说明了热解气氛对半焦气化活性的重要影响,为下吸式固定床反应器的设计提供了重要参考。

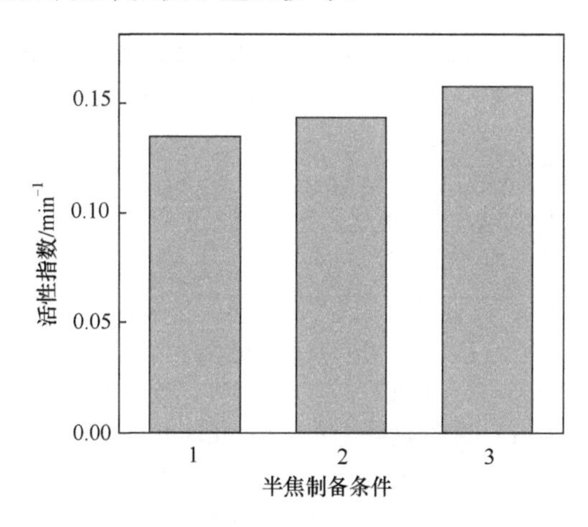

1. 氮气气氛; 2. 含氧气氛,ER=0.15; 3. 含氧含蒸汽气氛,ER=0.15,S/C=0.15

图 7.16　不同气氛下半焦的气化活性比较[42]

热解操作条件对焦油的热裂解活性及其组分的影响很大,收集的焦油采用 TG-FTIR 进行分析。通过热重分析可以认识焦油的热裂解活性,通过 FTIR 分析焦油中官能团的含量变化,进而得到不同制备条件下焦油的性质和焦油组分随操作条件改变的变化规律,这对两段气化工艺中的焦油脱除条件优化具有指导意义。

图 7.17 显示了相同温度、不同气氛下收集的焦油热重分析结果。由 TG 数据可知,在含氧气氛下制备的焦油热裂解活性较差,在含蒸汽气氛下制备的焦油热裂解活性最好。从 DTG 出峰对应的时间和出峰个数可以判定,含蒸汽气氛下制备的焦油轻质组分较多,而在含氧气氛下制备的焦油重质组分较多。含氧气氛下生成的焦油轻质组分很容易被氧化,生成小分子气体化合物(H_2、CO、CO_2 等)。在含蒸汽气氛中由于蒸汽对焦油的重整作用,焦油中轻质组分增多。

通过 FTIR 分析焦油中主要官能团[脂肪烃类(C—H)、酚类(—OH)、酮类(C═O)和单环芳烃类(C═C)]的含量变化,实验结果如图 7.18 所示。在纯 N_2 气氛下,随热解温度的升高,单环芳烃化合物(C═C)和酮类(C═O)化合物的含量降低,焦油中脂肪烃类和酚类化合物含量升高,在 750℃达到最大值后开始降低。Qin 等[52]研究发现,随热解温度的升高,脱羟基、脱羧基、脱氧、再聚合反应增强,芳烃的烷基衍生物含量减少。酚类物质主要在 700～800℃形成,脂肪烃主要是在 700℃下由单环芳烃的脱烷基化反应生成。当反应温度高于 700℃时,脂肪烃会进一步发生裂解,生成小分子不凝气体,从而降低焦油中脂肪烃的含量。

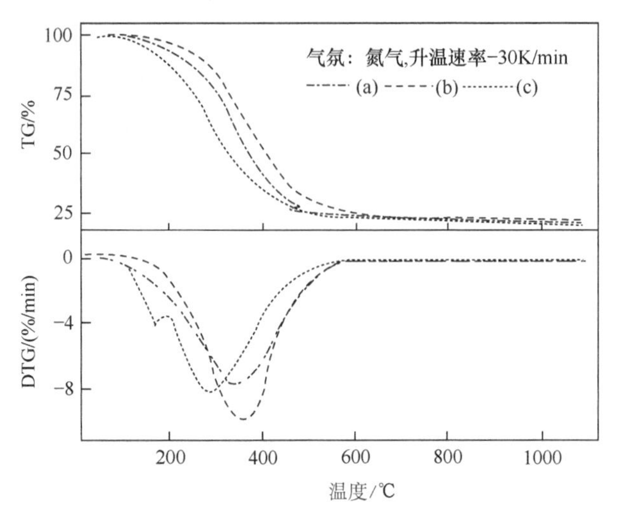

(a) 850℃,N_2；(b) 850℃,N_2+O_2,ER=0.15；(c) 850℃,N_2+O_2+水蒸气,ER=S/C=0.15

图 7.17 不同热解气氛下生成焦油的热重分析[42]

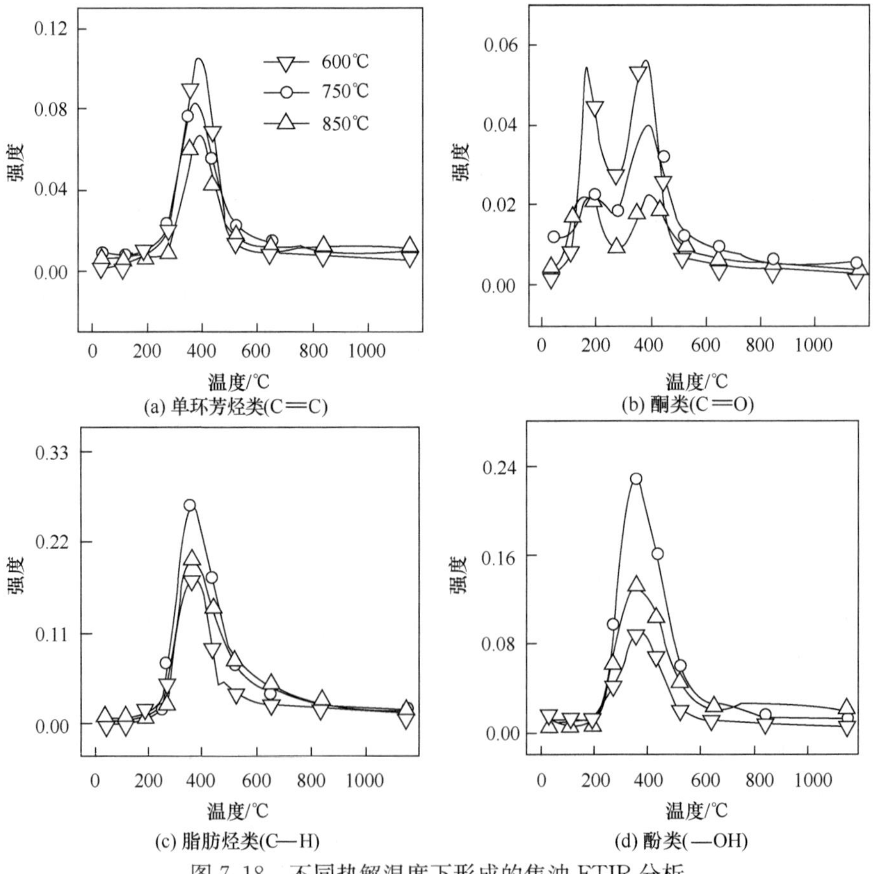

图 7.18 不同热解温度下形成的焦油 FTIR 分析

图 7.19 展示了 850℃下、不同过量空气系数条件下的热解生成的焦油 FTIR 分析。通入少量氧气后，焦油中单环芳烃的含量明显减少，脂肪烃类的含量随着 ER 的增大而增加，酮类物质的含量变化不太明显。研究表明，氧气的存在促进了单环芳烃的聚合，而含氧气氛下产生的 · H、· O、· OH 等自由基，促进了含氧化合物的分解，生成 CO 和脂肪烃，使得酚类的含量降低，脂肪烃含量升高。

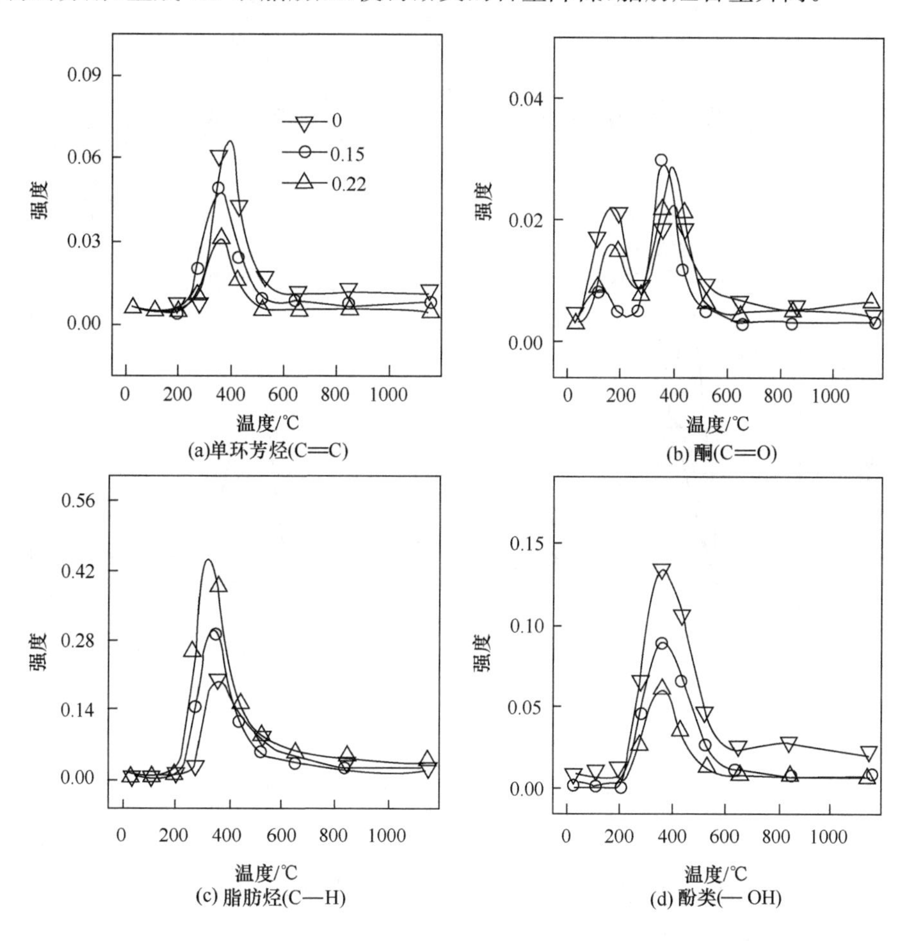

图 7.19　有氧热解过量空气系数对焦油组分的影响[42]

图 7.20 展示了 850℃下、有氧热解的过量空气系数为 0.15 时，不同水蒸气煤比条件下生成的焦油 FTIR 分析结果。通入少量氧气后，随着水蒸气的加入，四类组分的含量明显减少，尤其是单环芳烃和酚类物质减少。高温下单环芳烃主要发生聚合反应形成积碳或开环形成脂肪烃，水蒸气的加入抑制了芳烃的聚合，反应的选择性增强，焦油中难分解组分减少，有利于焦油被裂解或重整。由此可见，在 O_2 和水蒸气共存气氛中煤热解产生的焦油中轻质组分多、利于被进一步裂解/重整，

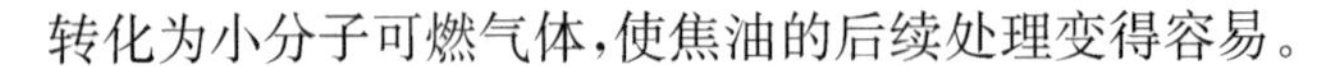
转化为小分子可燃气体，使焦油的后续处理变得容易。

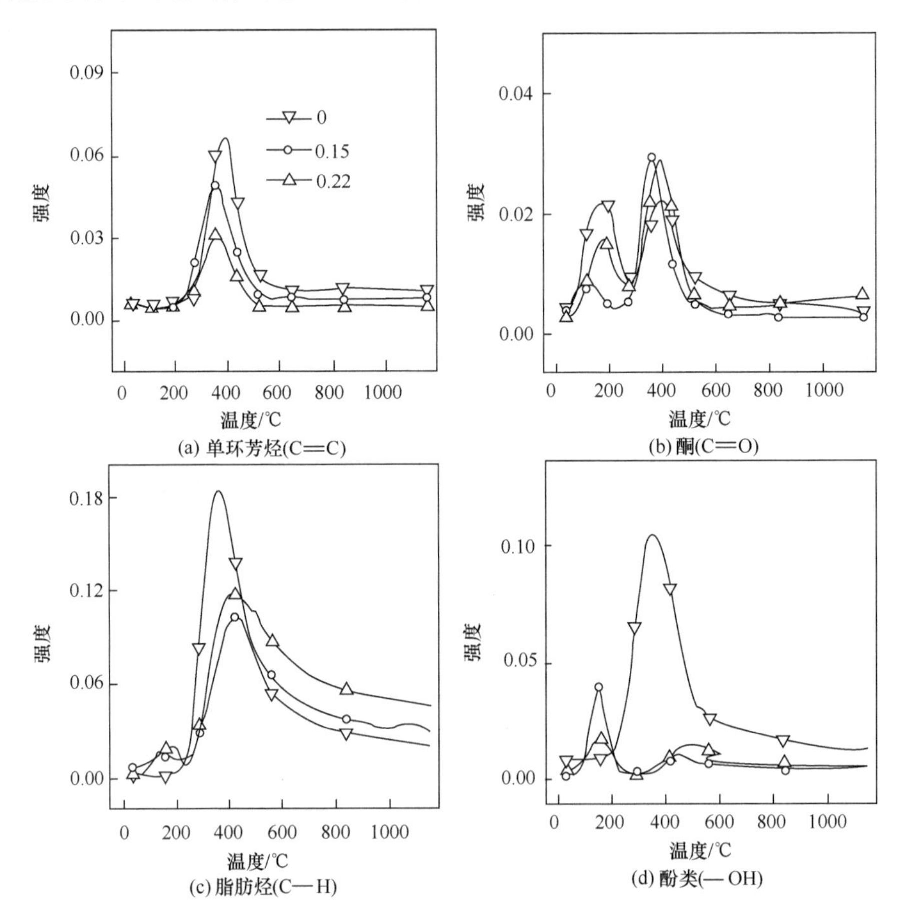

图 7.20　含蒸汽气氛对焦油组分的影响[42]

通过上述对流化床热解温度和热解气氛对热解产物分布规律、半焦结构与活性、焦油热裂解活性及其组分演变规律的研究，并结合两段气化的工艺特点可以推知：对于实际的自热式两段气化工艺，其上游流化床有氧热解的最佳条件为：850℃、ER=0.15 及 S/C=0.15。

7.3.3　煤两段气化焦油脱除

在两段气化工艺中，下吸式固定床气化炉的操作条件对焦油脱除具有重要意义。在第一段流化床的反应条件保持不变的情况下(热解温度 850℃、ER 和 S/C 都为 0.15)，重点考察第二段固定床反应器内反应条件的变化对焦油脱除及相应燃气组成的影响[53]。焦油脱除实验在一个实验室规模的两段气化炉中进行，煤在第一段反应器内进行热解、生成的焦油和气体通入到下游的下吸式固定床中进行焦油重整，第二段反应器为刚玉材质，采用高温电炉加热，实验温度 900～1300℃，其流程如图 7.21 所示。所用半焦由第一段反应器热解生成，实验考察了第二段温度、ER、半焦层高度、不同比表面积的半焦等因素对焦油脱除效果的影响[53]。

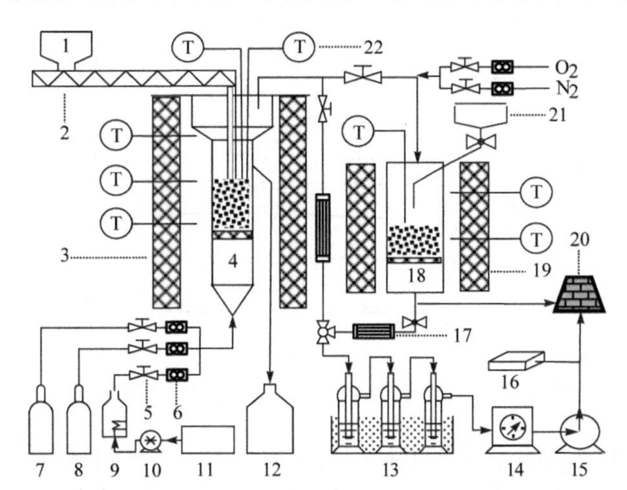

1. 料仓；2. 螺旋加料器；3. 电炉；4. 流化床热解器；5. 针形阀；6. 质量流量计；7. N_2钢瓶；8. O_2钢瓶；9. 蒸汽发生器；10. 蠕动泵；11. 水箱；12. 半焦储罐；13. 冰水浴；14. 湿式气体流量计；15. 采样泵；16. 微型气相色谱；17. 冷凝器；18. 下吸式固定床反应器；19. 高温电炉；20. 天灯；21. 半焦料仓；22. 温度传感器

图 7.21　实验室两段气化装置流程图[53]

1. 焦油脱除的影响因素

图 7.22 考察了高温热裂解对焦油脱除和气体组分的影响。随热裂解温度的升高（1000～1200℃）。焦油中轻质组分裂解生成小分子化合物，重质组分再聚合生成多环芳烃，甚至炭黑，使得第二段气体出口处焦油的含量大幅减少。随热裂解温度的升高，第二段气体出口处 H_2 的含量增加明显，CO 含量变化不大，CO_2 先增大后减小（当反应温度为 1100℃时达到最大值），CH_4 和 C_2H_4 等随反应温度的增加而降低。生成的 H_2、CO、CO_2 主要来自焦油中烷烃类物质和含氧杂化类化合物的高温热裂解反应、脱氢环化反应、芳烃芳构化反应等[54,55]。此外，均相水煤气反应（$CO+H_2O = H_2+CO$）和 Boudouard 反应（$C+CO_2 = 2CO$）也在一定程度上促进了 H_2 和 CO 的生产。低链烷烃类物质 CH_4、C_2H_4 主要来自焦油中含甲氧基和脂肪烃侧链的化合物热裂解（<1000℃）。在更高的温度下，低链烷烃类化合物将会进一步发生裂解反应（$C_nH_m \longrightarrow \frac{m}{2}H_2+nC$），生成积碳。

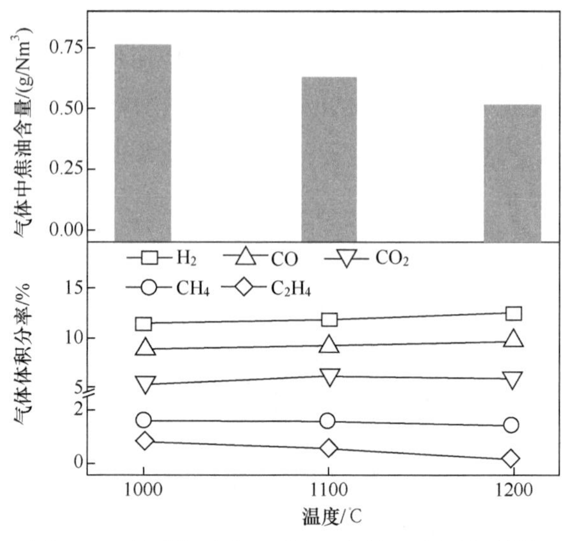

图 7.22 热裂解对焦油脱除和气体组成的影响[53]

图 7.23 考察了部分氧化作用对焦油脱除和气体组成的影响。在第二段反应器中通入少量的氧气后,气体中的焦油含量明显减少,这充分说明了实验温度条件下部分氧化对焦油脱除的作用。随 ER 的增大(0～0.06),气体中 CO、CO_2 含量增加明显,而 H_2 和 C_2H_4 含量先增加后减少,在 ER＝0.04 时有最大值。通入氧气后焦油、CH_4、C_2H_4 等将发生部分氧化反应导致 CO、CO_2 含量增加。过量的氧气将不可避免地造成 H_2、CH_4 燃烧反应加剧,导致产品气中的有效气体成分减少,燃气热值降低。所以通入的氧气量要控制在合理的范围之内。

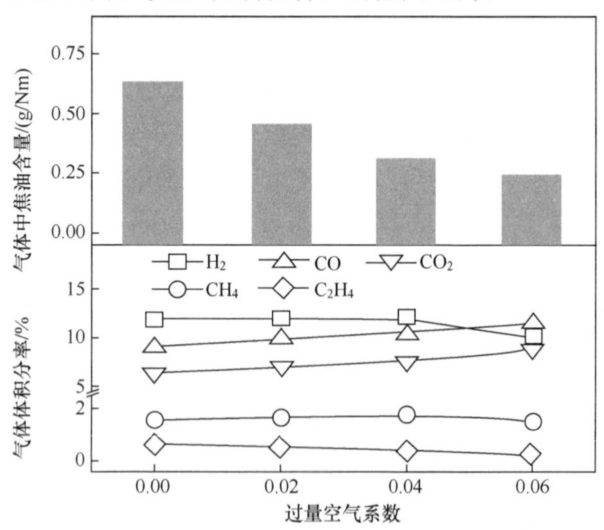

图 7.23 部分氧化作用对焦油脱除和气体组分的影响[53]

图 7.24 考察了半焦催化重整作用对焦油脱除和气体组成的影响。半焦对焦油的催化重整作用通过改变固定床内半焦床层的高度而实现。实验时固定床反应器的温度为 1100℃、ER=0.04，半焦床层高度在 0～11cm 范围内改变，对应的气体停留时间在 0.60～1.30s 范围内变化，使用半焦的性能如表 7.6 所示（半焦样品 3）。实验发现，半焦对焦油的催化重整作用非常明显，停留时间为 1.3s 时，焦油含量降低至 0.071g/Nm^3。一般认为，比表面积大的半焦将充分吸附高温下呈气态的焦油液滴，增加其在反应器内的停留时间，为焦油的热裂解、部分气化、催化重整提供更多的机会。半焦中含有的众多矿物质，如碱金属、碱土金属等对焦油有催化作用，能够使焦油得到更充分的裂解/重整，对气体中焦油的含量和气体品质的改善都有较大的影响[56]。随着半焦床层的增加，产生的气体中 H_2、CO、C_2H_4（尤其是 H_2）增加明显，而 CH_4的含量反而有所下降。

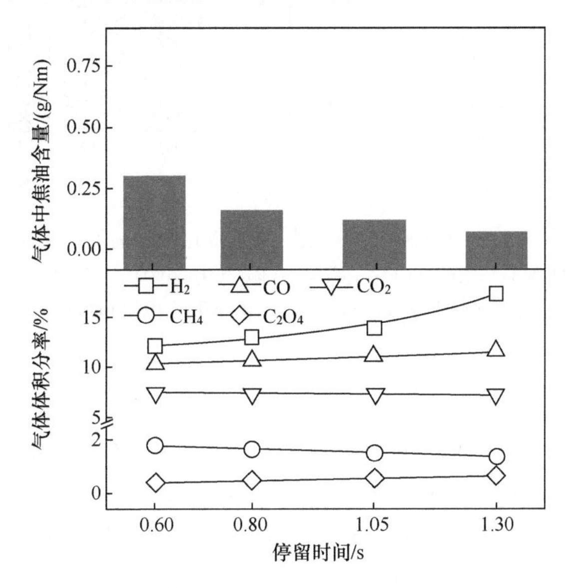

图 7.24　停留时间对焦油脱除和气体组分的影响

表 7.6　半焦在焦油催化裂解/重整前后的微孔结构对比

序号	制备条件			总比表面积/(m^2/g)	微孔比表面积/(m^2/g)	介孔比表面积/(m^2/g)	孔体积/(mL/g)	平均孔径/nm
	温度/℃	ER	蒸汽煤比					
1	850	—	—	5.593	—	5.521	0.0112	7.991
1#	850	—	—	19.02	—	19.02	0.0335	2.659
2	850	0.135	—	285.0	249.9	35.10	0.1589	2.231
2#	850	0.15	—	158.4	98.80	62.59	0.0898	2.269
3	850	0.15	0.15	338.3	303.4	34.90	0.1852	2.190
3#	850	0.15	0.15	222.3	120.2	102.1	0.1284	2.311

图 7.25 对比了相同反应温度 1100℃时，热裂解、部分气化(ER＝0.04)、半焦床层高 11cm 对应的催化裂解/重整对焦油含量和气体品质的影响。相对于热裂解，部分氧化和半焦催化裂解/重整作用更加有效，尤其是引入半焦后，气体中焦油的含量急剧减少，且生成了更多的 H_2 和 CO，提高了气体品质，这充分说明了半焦对焦油的脱除反应具有明显的催化作用。

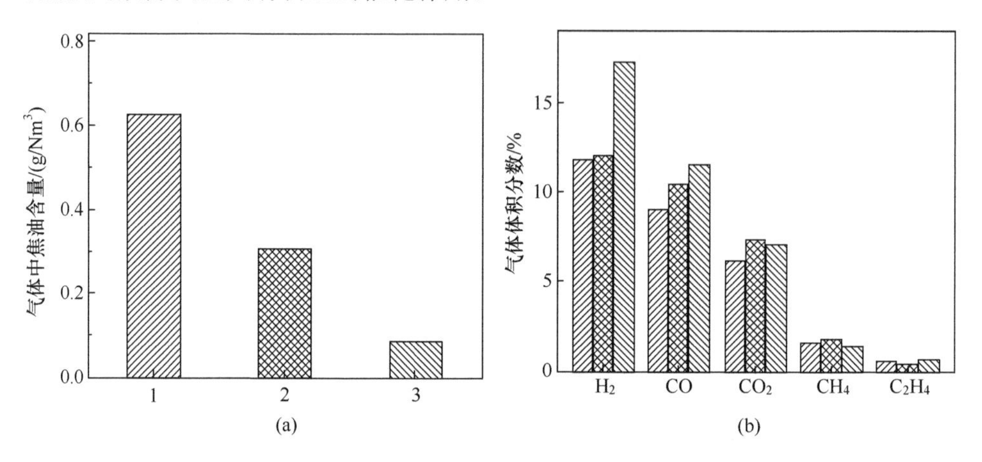

图 7.25　相同温度下热裂解、部分氧化、半焦催化脱除的效果及气体组成变化

实验 1：热裂解，1100℃；实验 2：部分气化，1100℃，ER＝0.04；

实验 3：半焦催化，1100℃、ER＝0.0，半焦层中停留时间 1.3s

2. 焦油组成变化

流化床热解器生成的焦油经热裂解、部分氧化、半焦催化裂解/重整处理后其组成可能发生很大变化。处理前后的焦油组成经 GC-MS(氩气为载气)检测，结果见图 7.26。图 7.26(a)表明，流化床热解器第一段生成的焦油组分众多，包括含氧化合物(氧芴、苯甲酮、邻苯二甲酸)、1～4 个苯环的芳香烃及其衍生物等。经过 1100℃高温裂解后，焦油组分的种类和峰强明显减弱，如图 7.26(b)所示。尤其是焦油中的含氧组分和萘，而苯类物质的变化很不明显。高温下，焦油中的大多数轻质组分(如萘和联苯)将变为单环芳烃和不凝性气体，而焦油中的重质组分(苯环大于 3)由于缩聚、脱氢、脱羟基等反应将形成炭黑的前驱体[57]。图 7.26(c)揭示了，在下吸式固定床中通入少量氧气后，焦油中的芴、含氧组分(氧芴、苯甲酮、邻苯二甲酸)、芳香烃的烷基衍生物(甲基菲、甲基蒽)含量将大大减少，而苯、联苯、菲、荧蒽的含量没有太大的变化。这些说明部分氧化对焦油脱除具有一定的选择性。高温和有氧环境下，气体和焦油的氧化产生更多的自由基，促进了含氧化合物、含烷基侧链化合物的裂解，同时也使得芳烃的缩聚反应受到了抑制[57,58]。加入半焦后，如图 7.26(d)所示，焦油组分中的苯、联苯、菲的含量几乎没有，蒽的含量变化较小。这充分显示了半焦对焦油裂解/重整催化作用的选择性。研究表明,半焦对焦油的催化裂解/重整作用与焦油所含芳香环的个数有关。焦油中重质组分往往发生脱氢缩聚反应,生成大量的自由基;而轻质组分往往发生催化开环反应,生成 CO 和 C_2H_4。

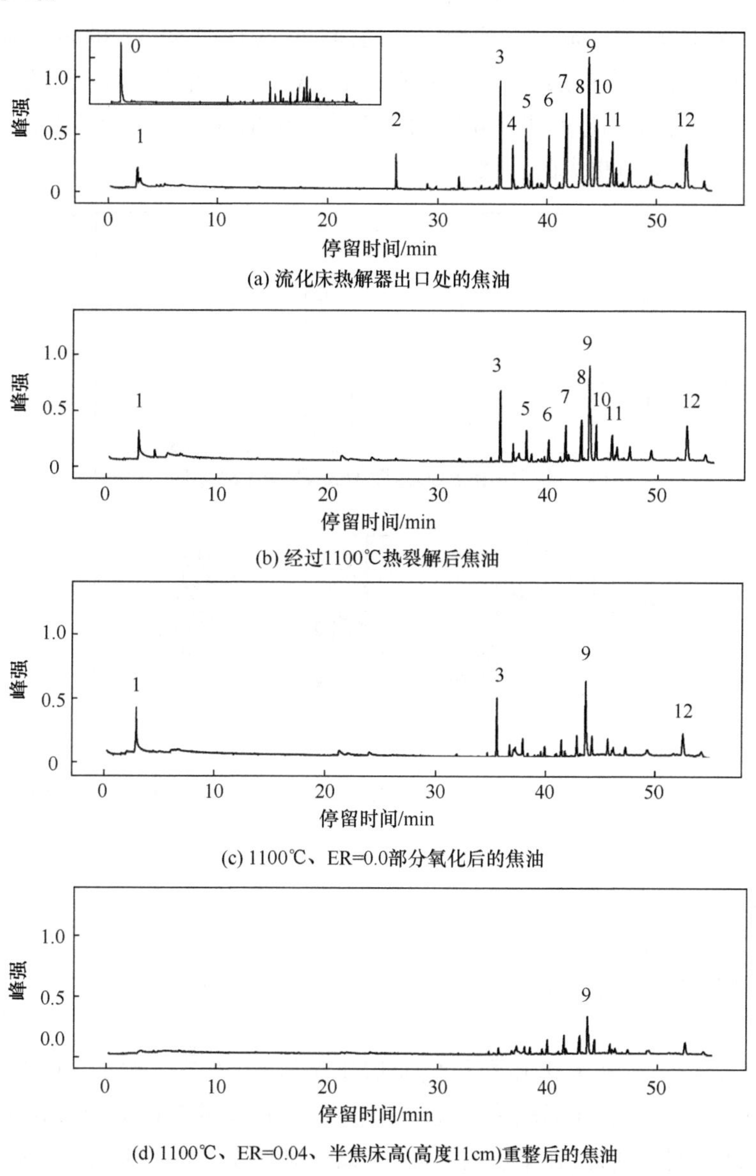

0. 丙酮;1. 苯;2. 萘;3. 联苯;4. 氧芴;5. 芴;6. 苯甲酮;7. 邻苯二甲酸;8. 蒽;9. 菲;10. 甲基菲;11. 甲基蒽;12. 荧蒽

图 7.26 不同条件下制备的焦油 GC-MS 分析结果[53]

图 7.27 显示了当下吸式固定床温度为 1100℃、ER＝0.04、半焦床层高度为 5cm 时，采用不同孔结构的半焦对焦油裂解/重整和气体组成的影响。实验用半焦由流化床热解器制备，半焦的条件和使用前的微孔结构见表 7.6。随着使用半焦比表面积的增加，焦油的含量迅速降低，气体组分中 H_2、CO、CO_2 的含量增加明显，而 CH_4 和 C_2H_4 的含量变化很小。焦油通过半焦层时被半焦的多孔结构吸附，比表面积越大，焦油在半焦中的停留时间越长，增加了焦油与半焦活性位点间的结合能力，促进了焦油的进一步催化脱除。实验结果也进一步显示了微孔和介孔对焦油的催化重整具有更大的贡献。

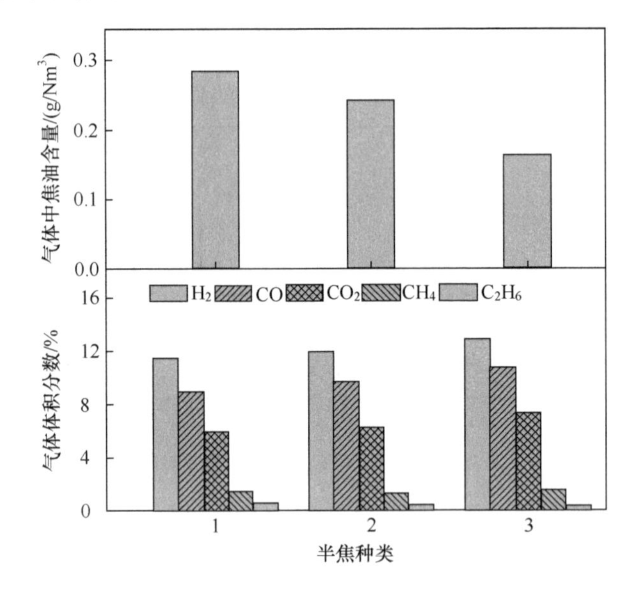

图 7.27　半焦特性对焦油脱除和气体组成的影响(图中 1～3 对应表 7.6 中半焦)[53]

对比新鲜半焦的孔结构，参与催化裂解/重整后的半焦微孔面积和总比表面积减少，而介孔的比表面积普遍增加，尤其是 3 号半焦，介孔的比表面积增加了近 3 倍。一般而言，在高温含氧氛围下半焦的微孔结构可能发生坍塌，形成介孔。此外，吸附的焦油被催化裂解/重整后形成的碳也容易堵塞半焦的微孔结构，导致半焦的比表面积减少[53]。

图 7.28 对比新鲜半焦和参与焦油催化裂解/重整后半焦的 SEM 照片。可见，参与反应后半焦表面形成了大且深的空穴，并且孔壁变得更加薄和光滑，半焦上的孔更加规则。此外，在半焦的表面，可以看到碳沉积的现象，这也进一步证明了焦油催化裂解/重整后重质组分形成了积碳的结果。

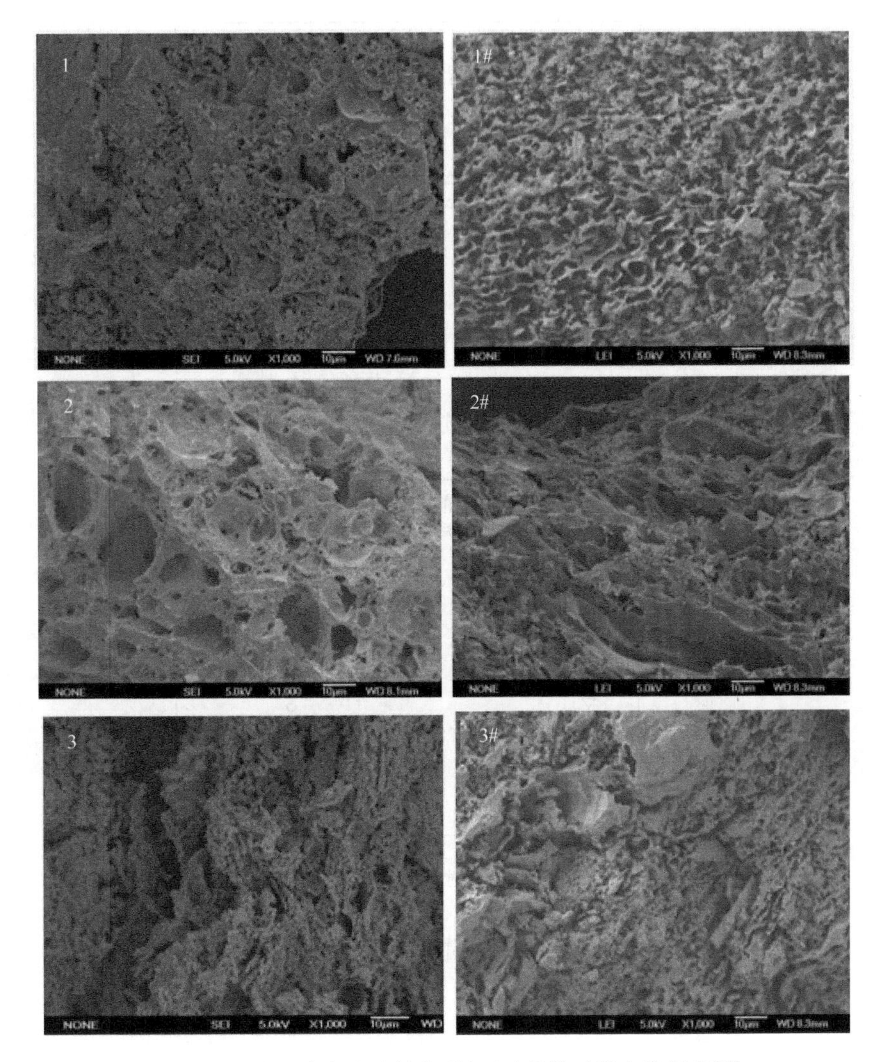

图 7.28　半焦参与焦油催化裂解/重整前后的电镜照片[53]

1、2、3 为使用前;1＃、2＃、3＃为使用后

考虑到半焦参与催化裂解/重整后孔结构的改变和表面的严重碳沉积,有必要研究半焦在催化焦油裂解/重整后的气化活性变化。以表 7.6 中的 3 号实验半焦样品为例,图 7.29 显示了用热重检测的半焦与 CO_2 的等温(1000℃)气化反应活性实验结果。对比新鲜半焦,催化焦油裂解/重整后半焦的气化活性有所降低,但并不明显。这对实际两段气化工艺设计具有指导意义,说明在焦油催化裂解/重整过程中半焦的活性并没有显著降低,保证了半焦在气化的同时可以催化脱除焦油。

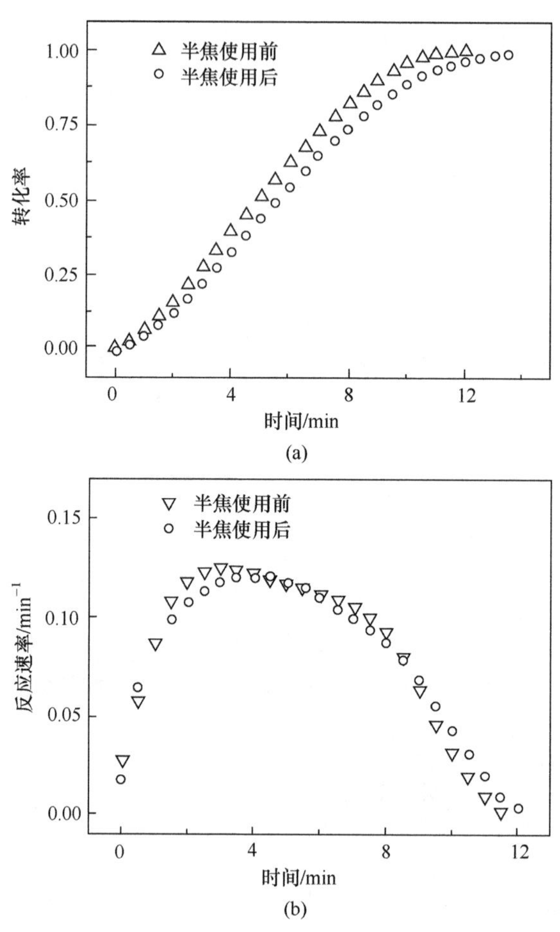

图 7.29　半焦对焦油催化重整前后气化活性的对比[53]

3. 金属氧化物的影响

半焦对焦油的催化裂解/重整作用除了与半焦的微孔结构有关外，还与半焦含有的金属氧化物(尤其是碱金属氧化物)的种类和含量有关。目前，关于半焦中碱金属对焦油催化脱除的作用研究还较少。图 7.30 比较了第二段固定床温度为 1100℃、ER=0.04、半焦层高度为 5cm 时，脱灰半焦负载不同金属氧化物后对焦油脱除能力和气体组成的影响。半焦用 HCl 和 HF 脱灰后采用浸渍法负载不同种类的金属化合物[$Ca(NO_3)_2$、$Fe(NO_3)_3$、$Mg(NO_3)_2$、$NaNO_3$]，负载量为 5%，负载后的半焦在 800℃、N_2气氛下焙烧。实验结果表明，金属氧化物对焦油的催化重整能力依次为：钙氧化物>铁氧化物>钠氧化物>镁氧化物。对比气体组成可以发现，钙氧化物和铁氧化物催化焦油裂解/重整后，气体中 CO 和 H_2的含量增加较多，而其他气体的成分变化不大。

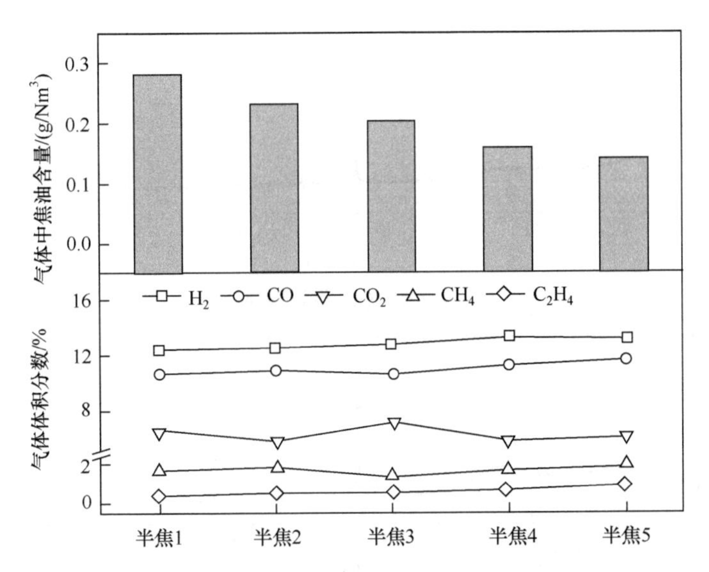

图 7.30　负载不同种类金属氧化物半焦对焦油脱除作用的比较[53]

半焦 1:脱灰半焦;半焦 2:负载 MgO 半焦;半焦 3:负载 NaO 半焦;

半焦 4:负载 Fe_2O_3 半焦;半焦 5:负载 CaO 半焦

钙氧化物对焦油裂解/重整具有较高的催化性能,主要由于其能够使半焦孔结构变得更加发达,致使吸附到半焦上的焦油大分子化合物难以释放,从而促进了这些大分子化合物的聚合反应。此外,钙氧化物的活性位点影响了芳烃类化合物 π-电子云的稳定性,进而促进其分解。此外,钙氧化物能够促进酚类化合物和其他含氧大分子化合物的裂解,从而促成 CO 的增加[59,60]。

通过对负载铁氧化物和镁氧化物的半焦在其催化焦油裂解/重整前后的形态进行 XRD 分析(图 7.31)可见,参与焦油催化裂解/重整后,负载镁氧化物的半焦中 MgO 出现了烧结,势必降低其对焦油催化脱除的能力;负载 Fe_2O_3 的半焦反应后其铁氧化物的形态也发生了变化,出现了 Fe_3O_4 峰。研究表明,Fe_3O_4 对焦油的催化能力较弱,从而降低了 Fe_2O_3 对焦油的催化脱除能力[61]。

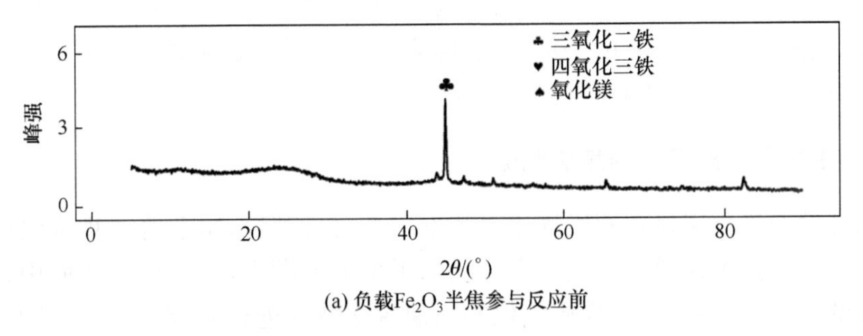

(a) 负载 Fe_2O_3 半焦参与反应前

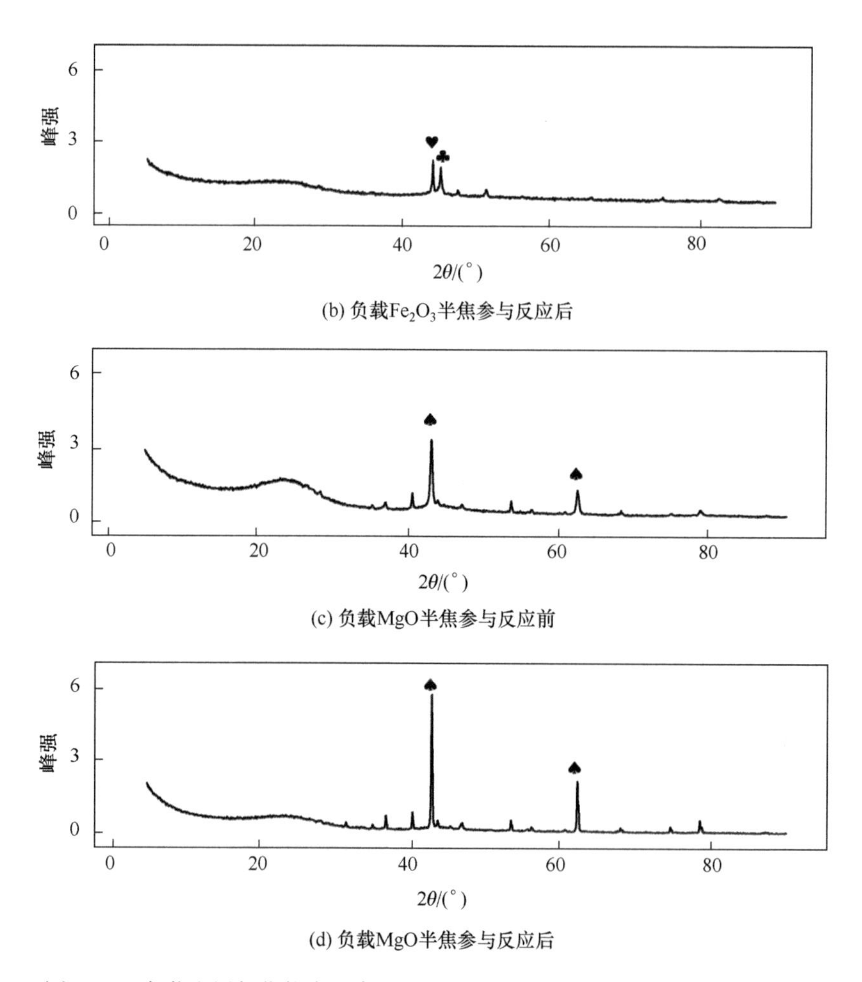

(b) 负载Fe_2O_3半焦参与反应后

(c) 负载MgO半焦参与反应前

(d) 负载MgO半焦参与反应后

图 7.31　负载金属氧化物半焦参与焦油催化脱除反应前后 XRD 图谱比较[53]

因此,上述利用实验室两段反应装置的小试研究结果充分说明了两段气化在脱除焦油方面的可行性和优势,同时也说明了半焦表面及孔结构对催化脱除焦油的影响。综合研究表明,两段气化的下吸式固定床脱除焦油气化炉的合适操作条件为:反应温度 1100℃、ER＝0.04,来自第一段有氧热解炉的初级产品气(热解气)在半焦床层中的停留时间约为 1.3s。

7.3.4　生物质两段气化的焦油脱除

新开发的流化床热解两段气化工艺不仅适合处理煤,也适合处理生物质等高含水原料。该技术在脱除煤焦油方面显示了极大的潜力,鉴于原料不同引起的焦油品质的差异,有必要对生物质气化的焦油脱除特性进行研究。所用生物质燃料为河南省某企业提供的中药渣，其经粉碎、筛分后制备粒径为2～3mm的实验原料，在真空干燥箱中105℃下烘干2h后密封保存备用。空干基的中药渣工业分析及元素分析结果见表7.7。

表7.7 中药渣工业和元素分析结果

项目	工业分析/%（质量分数，ad）			元素分析/%（质量分数，daf）			
分析内容	挥发分	灰分	固定碳	碳	氢	氮	氧
数值	83.0	2.82	14.18	42.40	6.20	1.86	47.39

实验在图7.32所示小型两段气化装置上进行。上下两段由两个带布风板的不锈钢反应器组成（内径为26mm，高为500mm），分别由两个电炉加热。两段气化实验时，先对反应器预热升温，当温度达到设定值后（如上段600℃、下段1000℃），迅速将预先在上段反应器内制得的半焦由加料口加入到第二段反应器内，当热电偶监测到加入半焦的温度升高到设定值后，迅速将中药渣原料加入到第一段热解反应器内，产生的热解气与焦油在载气的携带下进入第二段反应器，同时经上下两段连接管路之间的三通向第二段反应器通入气化剂（水蒸气/氧气），发生半焦对焦油催化脱除和半焦气化等反应。整个实验过程中都通入500mL/min氮气作为载气及提供惰性气氛[62]。

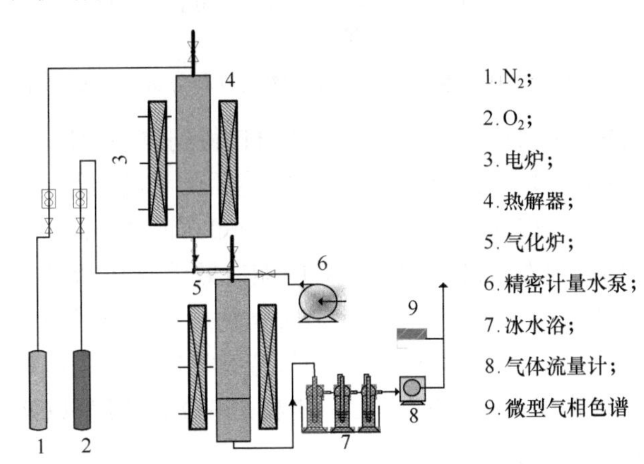

图7.32 生物质两段气化实验装置流程图

1. 两段气化整体效果

通过变化第一段热解生成气在第二段半焦床层的停留时间可以考察两段气化的整体效果。维持上段热解器的温度为600℃、上段反应器的加料量为20g、下段反应器温度为900℃，将预先在600℃下制备的半焦加入第二段反应器，并通过改变半焦层高度（0～9cm）进而改变上段气体在下段反应器床层内的停留时间（0～

0.95s)，考察停留时间对焦油脱除及气化效果的影响。此试验对第二段没有任何气化剂(氧气/水蒸气)供给。由图 7.33 所示结果可以看出，随着停留时间的增加，燃气产率增加，质量产率从停留时间 0s 时的 42%增加到 0.95s 时的 67.9%。同时，燃气中焦油含量大幅降低，从 0s 时的 382.5g/Nm^{3}降低到 0.95s 时的 31.1g/Nm^3，减少幅度为 91.9%。另外，增加床层高度，半焦的碳转化率仅略有增加，说明无气化剂的条件下，第二段中的半焦转化程度很小(约 10%)。

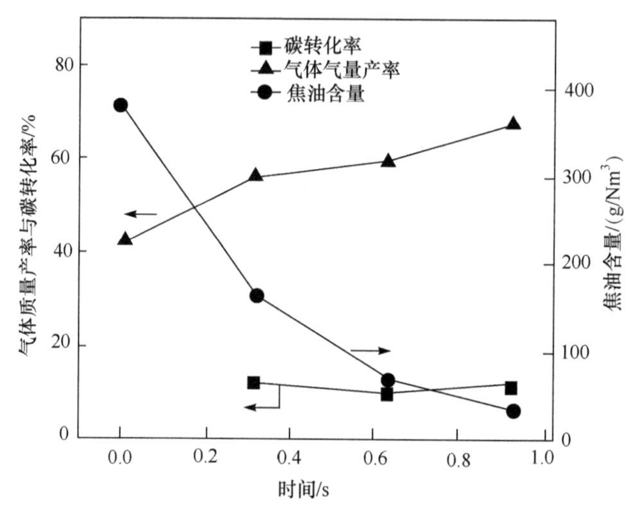

图 7.33　第二段中气体停留时间对气体组分和焦油含量的影响[62]

图 7.34 为不同停留时间下第二段反应器出口得到焦油的傅里叶红外(FTIR)谱图。可以看出，随着停留时间增长，焦油中官能团的种类逐渐减少，特别是当停留时间增加到 0.63s 时，焦油中—OH、C—H、C—O、C ═O 和 C ═C 官能团含量显著减少，说明增加焦油在裂解段的停留时间能有效消除包括羟基、烷烃类甲基、C—O、羰基和烯烃基在内的诸多官能团。芳香类物质在停留时间较短时含量变化较小，但当停留时间从 0.63s 增加到 0.95s 时，芳香类物质含量迅速增加。谱图显示焦油中主要含芳烃类 C ═C、芳烃类 C—H 和 C—O 官能团，以及少量甲基和羟基，它们可能是芳香环上的取代基。

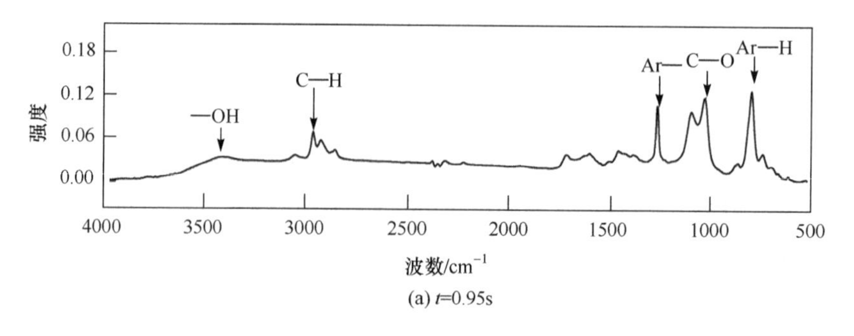

(a) t=0.95s

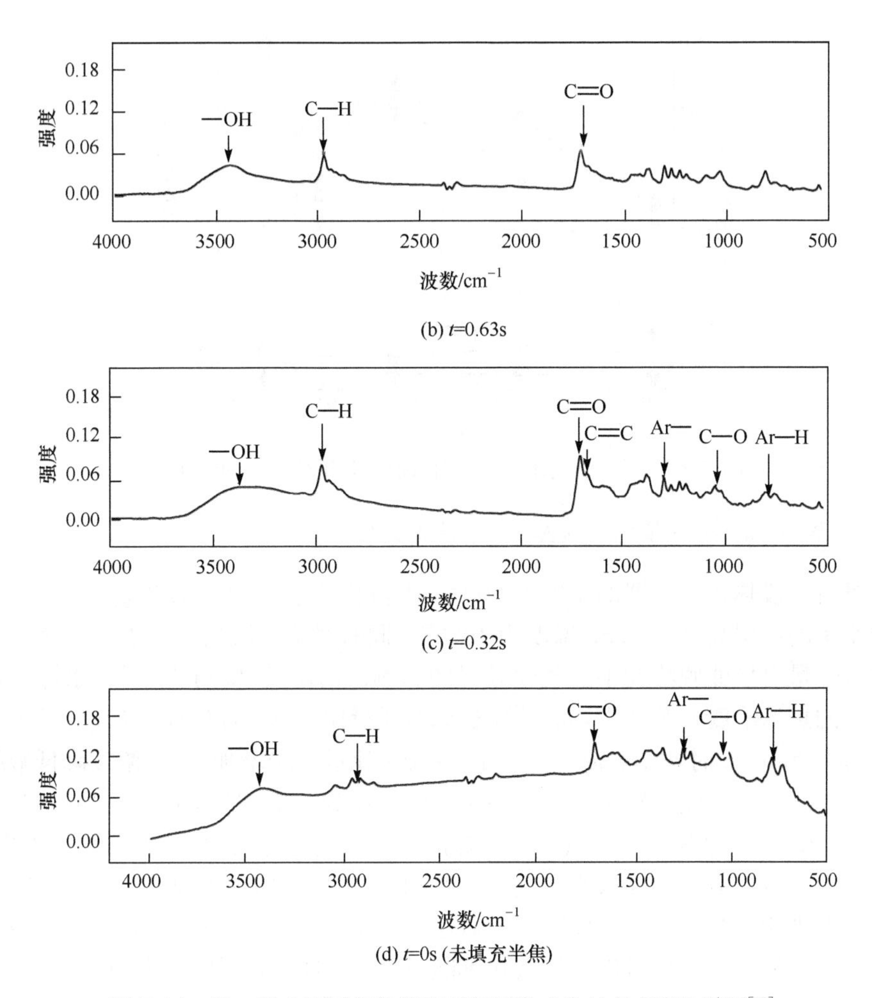

(b) t=0.63s

(c) t=0.32s

(d) t=0s (未填充半焦)

图 7.34　第二段中不同气体停留时间下生成焦油的 FTIR 谱图[62]

图 7.35 所示为停留时间对第二段反应器出口燃气各组分产率的影响。除 CH_4 和 C_nH_m 产率变化较小外，其他燃气组分产率均有较大增加，如 H_2 产率(质量分数)从 0.75%增加到 3%，CO 从 17.1%增加到 30%。CO_2 产率只是在最初增加较快(约 10%)，但之后仅略有增加。半焦层越厚，焦油在半焦中的停留时间就越长，对焦油的催化裂解/重整越有利，焦油中—OH、C—H、C—O、C ═O、C ═C 等官能团含量因此显著减少(图 7.34)。这些官能团物质被转化为 H_2、CO 等小分子气体，导致其产率增加。因此，在下面的实验中将第二段反应器中的半焦添加量设为 6g 左右，目的是增加焦油气体在半焦中的停留时间。

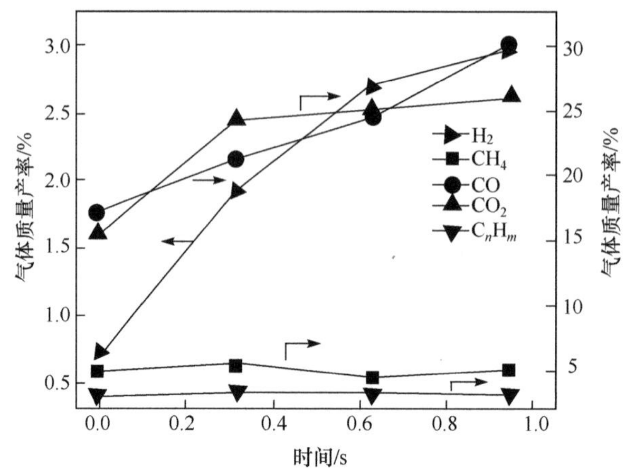

图 7.35 第二段气体停留时间对燃气各组分产率的影响[62]

2. 焦油脱除及半焦气化随蒸汽/原料比变化

维持上段热解反应器的温度为 600℃、上段反应器加料量为 20g、第二段反应器内半焦的床层高度为 9cm、温度为 1000℃，同时对第二段反应器引入水蒸气，考察水蒸气量对焦油脱除和半焦气化效果的影响。由图 7.36 可得，引入水蒸气后，燃气中的焦油浓度显著减少，如由蒸汽/原料质量比(S/C)为 0 时的 31.4g/Nm^3减少到 S/C 为 0.59 时的 13.4g/Nm^3。但当 S/C 比进一步增加，焦油浓度降低减缓。S/C 为 0.94 时，焦油浓度为 11.1g/Nm^3，与 S/C 为 0.59 时的 13.4g/Nm^3 相比仅降低了 17.1%。这说明水蒸气对提高焦油重整的能力有限，与前人研究结论也一致。但第二段反应器中加入水蒸气后，燃气的质量产率增加迅速，即从未加蒸汽时的 70%增加到 S/C 为 0.94 时的 106%，这主要由半焦中所含的碳及焦油与水蒸气发生反应所导致。这也可以从碳转化率随 S/C 的增加而增加得到旁证，即半焦中碳转化率从 S/C 为 0 时的 9.8%增加到 S/C 为 0.94 时的 94.9%。

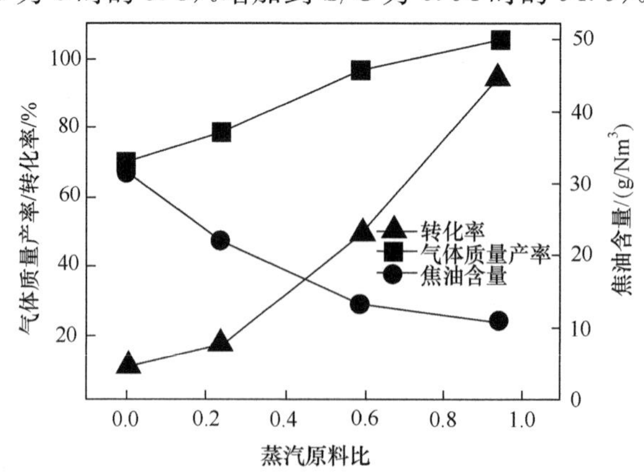

图 7.36 水蒸气/原料比 S/C 对焦油脱除、碳转化率及气体产物分配的影响[62]

图 7.37 为不同 S/C 时，第二段反应器出口收集焦油的 FTIR 红外谱图。当 S/C 从 0 增加到 0.24 时，焦油中芳香烃类官能团明显增多，这与许多研究者得出的结论类似，如 Corella 等[63]认为，在气化中加入水蒸气后会形成更多难裂解的产物。图 7.37 还表明，水蒸气加入反应器后 C—O 和羟基—OH 含量也有所增加，即当用水蒸气重整焦油时会生成更多的酚类和 C—O—C 键。当 S/C 从 0.24 增

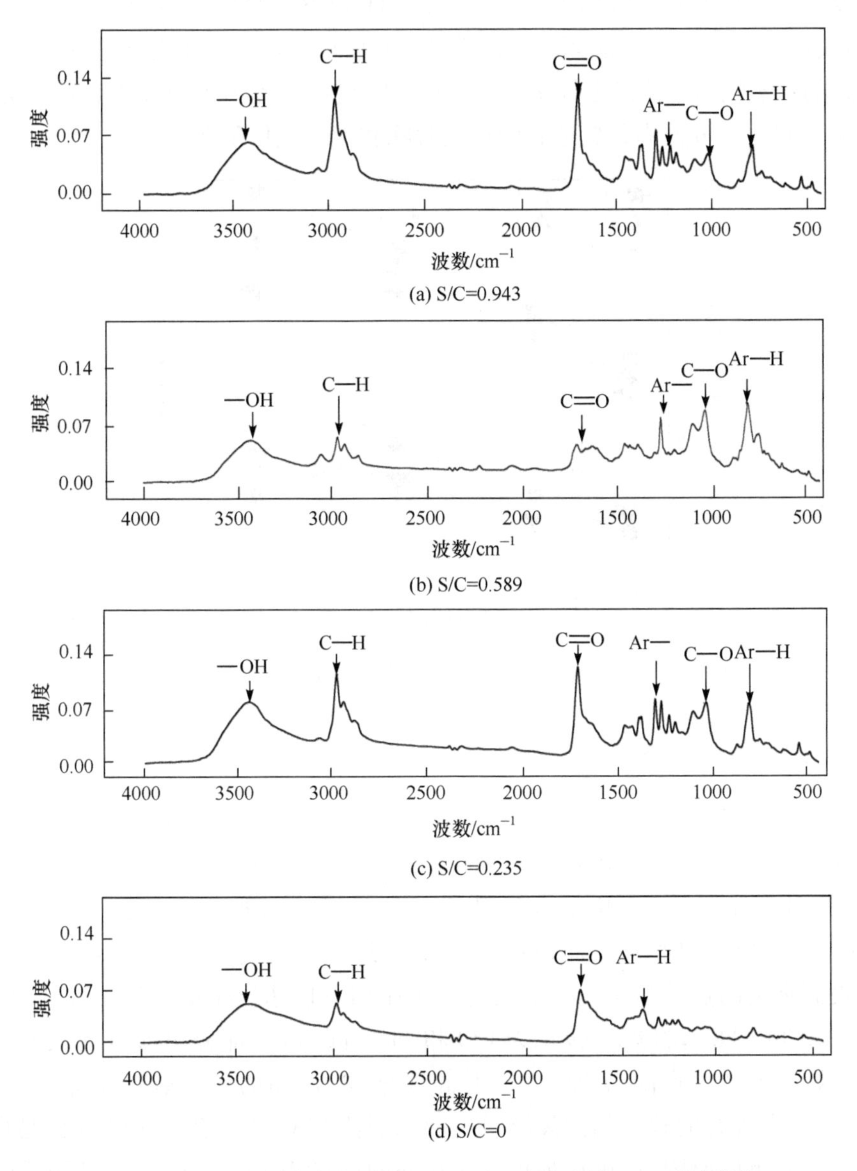

图 7.37　不同水蒸气/原料比 S/C 下生成焦油的 FTIR 谱图[62]

加到 0.59 时，谱图上各官能团没有太大变化，但当 S/C 继续增加到 0.94 时，发生了很大变化。羰基 C═O、C═C、C—O、C—H 和羟基—OH 含量迅速降低，芳烃类大量增多，说明大量水蒸气可以使部分羰基 C═O、C—O、C—H 和羟基—OH 脱除，但对难裂解的芳烃类物质的重整能力仍有限。

图 7.38 表明，S/C 在 0 和 0.59 间增大时，各燃气组分的质量产率几乎以相同的幅度增加。当 S/C 继续增大到 0.94 时，CH_4 产率几乎保持不变，而 C_nH_m 产率减小，其他气体组分产率继续随 S/C 的增大而增加。这些气体组分的变化主要是由前述的水蒸气与半焦发生气化反应及焦油的裂解/重整反应而引起。综合分析，质量比 S/C 为 0.6 左右是较适宜的焦油脱除和半焦气化条件。

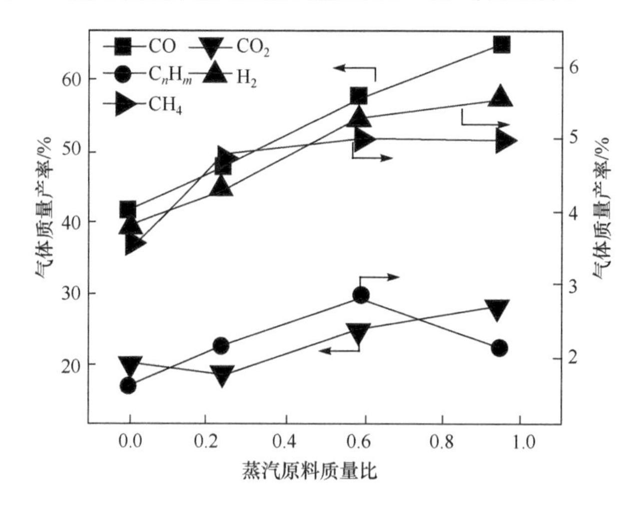

图 7.38　水蒸气/原料比 S/C 对燃气各组分产率的影响[62]

3. ER 对焦油脱除/气化效果的影响

在第二段反应器中加入 600℃冷态热解半焦的同时通入适量氧气，研究第二段反应器的过量空气比(ER)对焦油脱除和半焦气化的影响，结果如图 7.39 所示。随着 ER 的增加，燃气中焦油含量几乎呈线性减小，ER＝0 时为 31.4g/Nm^3，当 ER 增加到0.25 时，在实验范围内未检测到焦油。这是由于通入氧气后，被半焦表面吸附的焦油与氧气在半焦的催化作用下快速发生部分氧化反应(O_2＋焦油⟶CO＋H_2)，将焦油转化为 CO 和 H_2。同时，一部分焦油可能被燃烧所消耗。燃气的产率也随着 ER 值的升高而增加，焦油的氧化裂解是原因之一。另外，半焦中含有的碳及焦油裂解时生成的炭黑与 O_2 反应生成 CO 等也是燃气产率增加的重要原因，这可从半焦炭转化率的逐渐升高(从9.81％到76.76％)

得到验证。

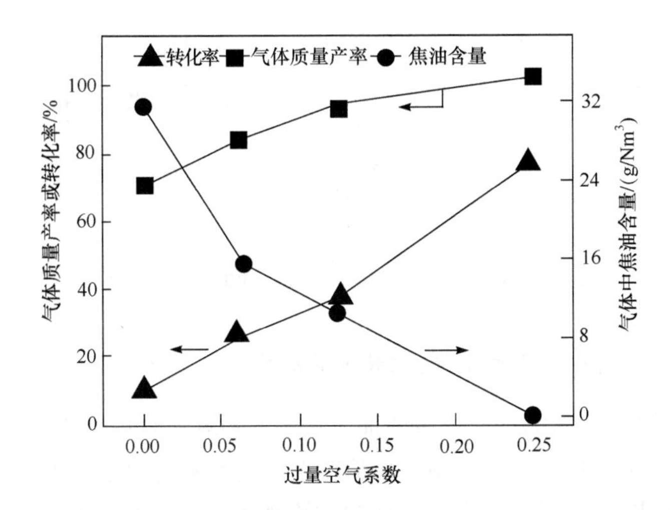

图 7.39　第二段 ER 对焦油脱除、碳转化率及气体产物分配的影响[62]

图 7.40 所示为不同 ER 时第二段反应器出口收集的焦油的 FTIR 红外谱图。比较 ER 为 0 和 0.063 的条件可以发现，焦油中羟基—OH、C—H、羰基 C＝O、C＝C和 C—O 变化不大，但芳烃类物质明显增多。当 ER 从 0.063 增加到 0.13 时，焦油中 C—H、羰基 C＝O 和 C＝C 明显减少，而羟基—OH 相对含量有所增加，使焦油组分以酚类和芳香类物质为主。

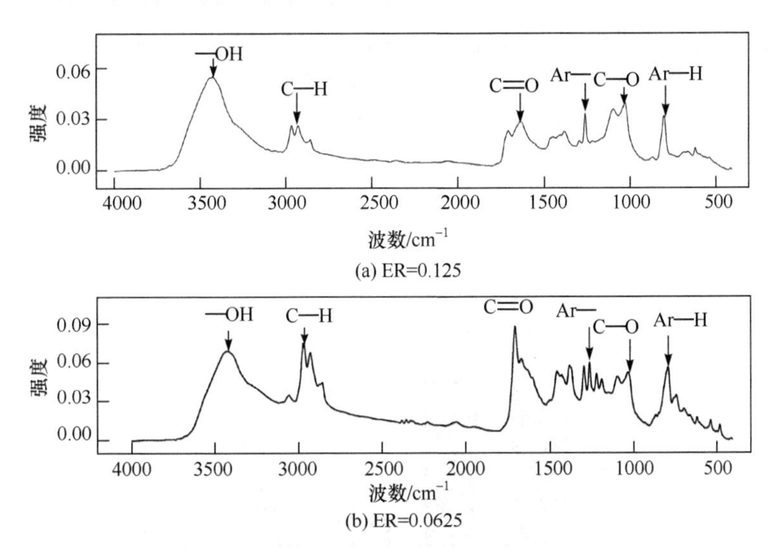

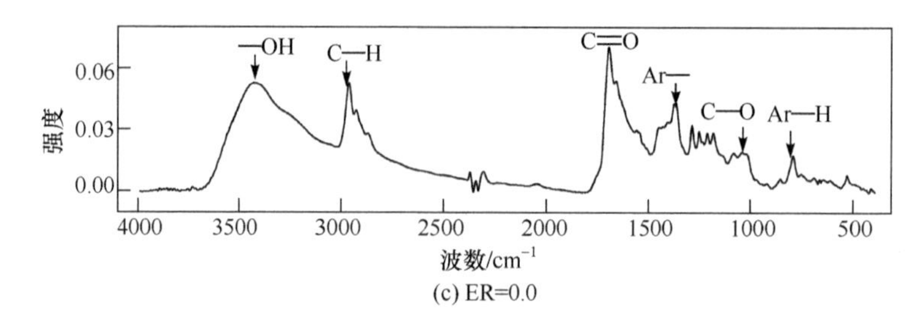

图 7.40　第二段不同 ER 下生成焦油的 FTIR 谱图[62]

4. 复合气化剂对焦油脱除/气化效果的影响

前面单独考察了向第二段反应器加入水蒸气和氧气对焦油脱除和半焦气化效果的影响，得到了较适宜的 S/C 和 ER 值范围。而实际气化过程中，需要同时通入水蒸气和氧气或空气。为此，本节考察同时添加这两种气化剂对焦油脱除和半焦气化的影响。实验时，维持上段反应器的温度为 600℃、加料量为 20g，第二段反应器内温度为 1000℃、S/C 为 0.60、ER 为 0.13、半焦床层高度为 9cm。实验结束后，观察到焦油洗瓶中丙酮的颜色没有变化，说明燃气中的焦油浓度极微量，无法定量，可能已经接近完全脱除的效果，这需要后续长时间稳定运行实验验证。此条件下半焦中的碳转化率为 90.6%。图 7.41 显示，焦油和半焦转化后生成气中以 H_2 和 CO 为主，体积浓度分别为 45% 和 41%，CH_4 和 CO_2 浓度较低，C_nH_m 浓度在 1.0%左右。以上结果说明，向装有半焦的第二段反应器内同时通入水蒸气和氧气或空气，在半焦的催化作用下，气化剂同时引起重整及气化反应，使来自第一段反应器的焦油几乎被完全裂解/重整，而较高活性的半焦也可能被完全气化，表明中药渣通过两段气化转化为清洁燃气技术上可行。

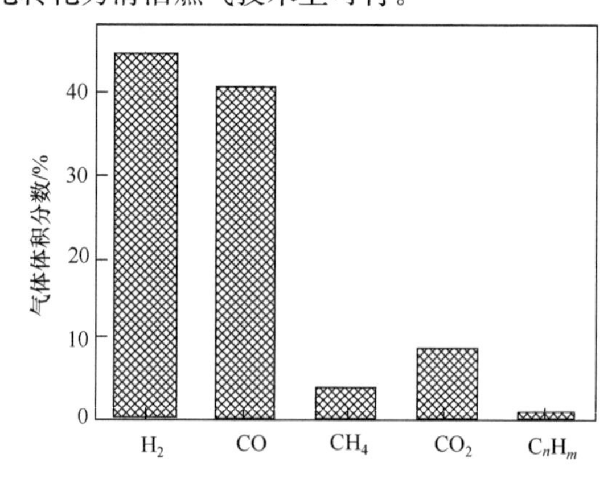

图 7.41　第二段使用复合气化剂（水蒸气+O_2）时的燃气的组成[62]

综上所述，以中药渣为原料，在实验室两段气化实验装置上系统地考察了中药渣半焦和气化剂种类（水蒸气/氧气）在第二反应段对来自第一段热解焦油的催化裂解、重整及气化作用。结果表明，第二段反应器温度为 1000℃、半焦床层高度为 6cm、蒸汽/半焦质量比 S/C 为 0.60、针对半焦的过程氧气/空气系数 ER 为 0.13 时，燃气中的焦油含量很少，定量起来非常困难，接近完全脱除的程度，充分说明了半焦对生物质焦油的重整作用。此时，半焦的碳转化率为 90.6%（质量分数），表明半焦本身也能较高转化率地被气化。

7.3.5　煤半焦气化动力学

煤气化过程包括煤的热解和半焦气化两部分，其中热解反应是一个快速反应，而半焦的气化反应相对较慢，是整个气化过程的速率控制步骤。半焦气化反应是典型的气-固反应，通常必须经过如下 7 个步骤：① 反应气体从气相扩散到固体表明（外扩散）；② 反应气体再通过颗粒的孔道进入小孔的内表面（内扩散）；③ 反应气体分子吸附到固体表面上，形成中间络合物；④ 吸附的中间络合物之间或吸附的中间络合物和气相分子间进行反应，为表面反应步骤；⑤ 吸附态的产物从固体表面脱附；⑥ 产物分子通过固体的内部孔道扩散出来（内扩散）；⑦ 产物分子从颗粒表面扩散到气相中（外扩散）。

以上步骤中，①、②、⑥、⑦为扩散过程，③、④、⑤为吸附、表面反应和脱附过程，因为吸附和脱附都涉及化学键的变化，所以这三个步骤都属于化学过程范畴，故称为表面过程或化学动力学过程。各个步骤的阻力不同，反应的总速率可能由外扩散、内扩散或化学反应控制。

考虑到两段气化工艺中第一段反应器内进行的是有氧热解/部分气化过程，在第二段反应器内进行的是完全气化过程，因此有必要研究半焦在固定床内的气化动力学，从而为新型的两段气化炉的设计开发提供重要的基础数据。

半焦与 CO_2 的等温非催化气化实验在热重分析仪上进行。为了尽可能消除半焦气化过程内扩散的影响，实验应该选用比表面积较小的半焦。实验半焦由 7.3.2 节中新疆次烟煤在流化床热解器中热解制备而成。使用前半焦经真空干燥（2h）、研磨、筛分后密封保存。实验在 N_2 气氛下以 100℃/min 的升温速率加热到 1000℃，当热重稳定后将 N_2 切换成高纯 CO_2 气体（500mL/min），开始半焦气化反应。待失重完全后停止实验。半焦—CO_2 气化的反应速率由式（7.5）计算：

$$R=-\frac{1}{W_t}\frac{\mathrm{d}W_i}{\mathrm{d}t}=\frac{\mathrm{d}X_i}{\mathrm{d}t} \tag{7.5}$$

图 7.42 展示了在 1000℃下，TGA 中半焦加料量、气化剂流量、坩埚高度、半焦粒径等因素对气化反应的影响。实验结果表明，增大通过热重的气体流量，减小半焦的加料量、坩埚高度和半焦粒径，能有效加快气体到半焦表面的扩散，缩短达

到相同转化率所需的气化反应时间，有利于气化反应的进行。实验得到的最佳操作条件为：半焦加料量为 0.5～0.8mg、气化剂流量大于 350mL/min、坩埚高度为 2mm、半焦粒径为 23～44μm。为了进一步消除外扩散的影响，实验用气体的流量确定为 500 mL/min。在此条件下，半焦气化受扩散的影响最小，所求动力学数据可能最大限度接近本征动力学，即近本征动力学参数[64]。

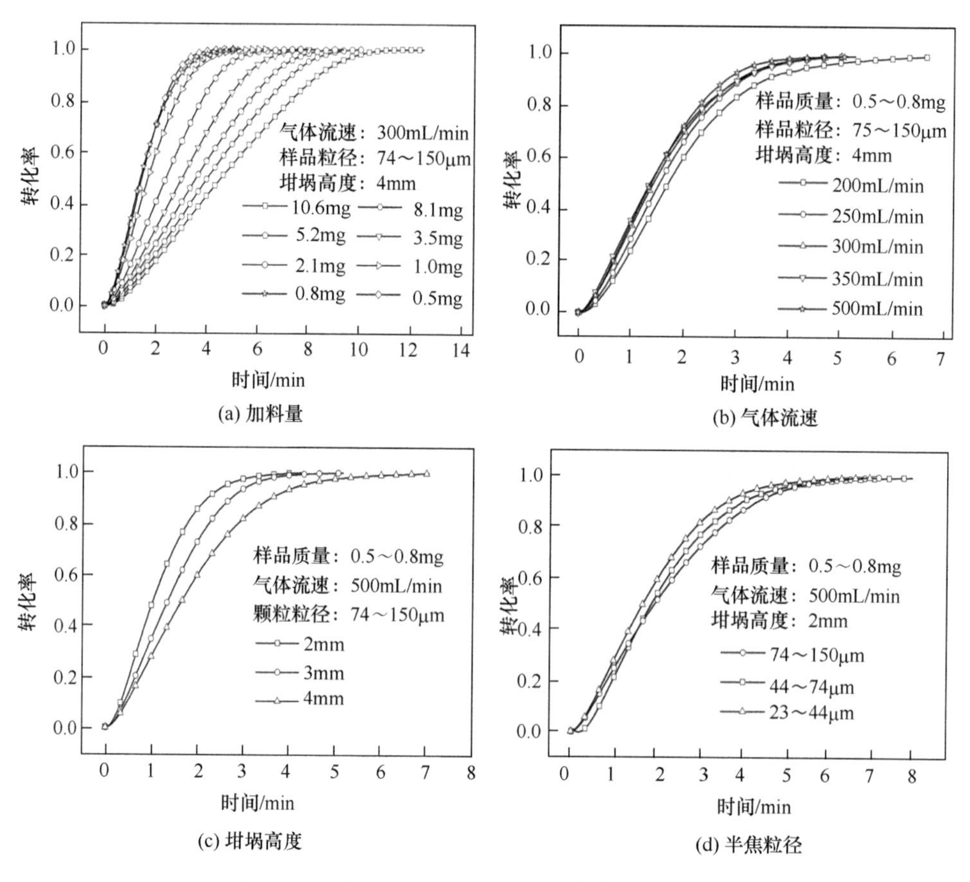

图 7.42　操作条件对半焦在 TGA 中气化的影响[64]

图 7.43 考察了 760～1000℃温度范围内，TGA 中半焦等温气化反应过程中转化率与反应时间、反应速率及转化率的关系。半焦气化反应是一个强吸热过程，受温度的影响很大。低温下(≤850℃)，半焦气化的反应速率小，达到相同转化率需要的时间很长；高温下(≥850℃)，温度对气化反应的影响非常明显，达到相同转化率需要的时间较短，半焦的气化速率较大，且随温度的升高增加很快。

为了描述半焦的等温气化行为，采用缩核模型对半焦的气化反应进行研究。其反应速率表达式为[65,66]

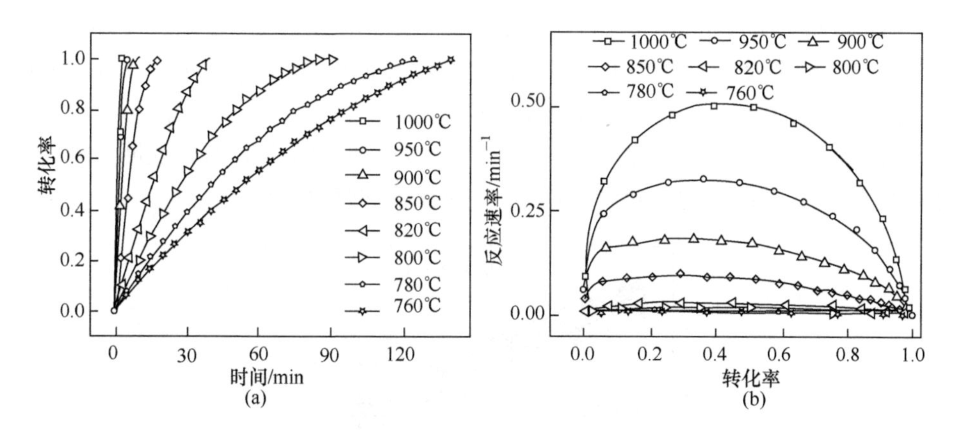

图7.43 不同温度下半焦在TGA中转化率与时间、反应速率与转化率的关系[64]

$$\frac{dX}{dt}=kP_{CO_2}^{n}(1-X)^{2/3} \tag{7.6}$$

对式(7.6)进行积分，得到$1-(1-X)^{1/3}$-t的线性关系式为

$$1-(1-X)^{1/3}=\frac{1}{3}kP_{CO_2}^{n}t \tag{7.7}$$

在反应气体压力恒定下，$P_{CO_2}^{n}$为常数，式(7.7)变为

$$1-(1-X)^{1/3}=k_a t \tag{7.8}$$

式中，k_a为反应的速率常数，可由式(7.8)求出。气化反应的活化能和指前因子可以由阿伦尼乌斯公式$k=A\exp[-E/(RT)]$求出。

图7.44给出了760～1000℃温度范围内半焦CO_2气化行为的缩核模型描述，可以看出，在该温度范围内，当转化率处于0.1～0.9，缩核模型能够很好地描述所研究的煤半焦气化行为，这充分说明了该模型在半焦气化反应上的适用性。

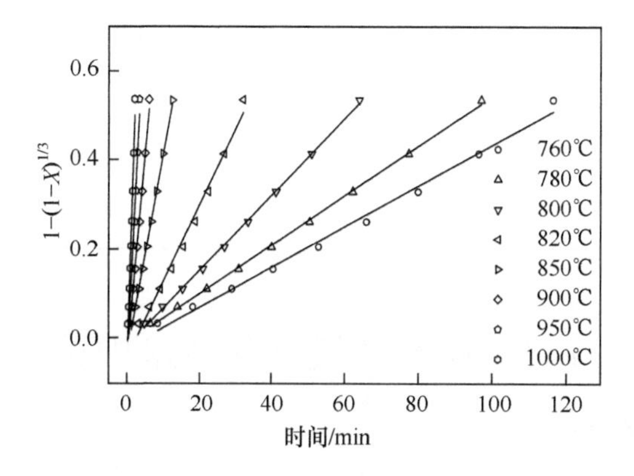

图7.44 不同温度条件下煤半焦在TGA中气化反应过程的$1-(1-X)^{1/3}$-t关系[64]

根据反应速率与转化率的关系和缩核模型的相关方程，对不同转化率下反应速率的对数值(ln$R$)和温度的倒数(1/T)进行线性拟合，实验结果如图7.45所示。在实验温度范围内，该线性拟合关系出现明显分区：在760～820℃内拟合曲线的斜率明显大于820～1000℃拟合曲线的斜率，拟合曲线斜率的不同说明了在不同的温度范围内，扩散阻力与化学反应阻力之间的比例存在差异[67]。

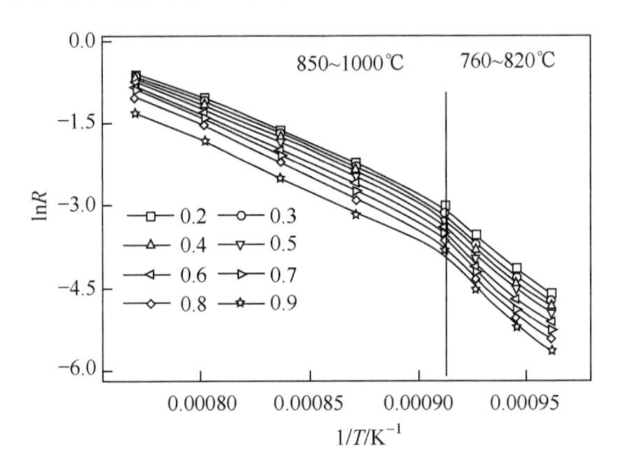

图7.45 TG中半焦CO_2气化的ln$R$与1/T关系[64]

表7.8显示了用等转化率法计算得到的低温段(760～820℃)和高温段半焦气化的动力学数据，并由此推导出各自的气化动力学方程。

$$\frac{dX}{dt}=8.69\times10^{11}\times e^{-\frac{285.46}{RT}}\times(1-X)^{\frac{2}{3}} \tag{7.9}$$

$$\frac{dX}{dt}=1.2576\times10^{12}\times e^{-\frac{138.5977}{RT}}\times(1-X)^{\frac{2}{3}} \tag{7.10}$$

表7.8 TGA求取的半焦气化动力学数据比较

温度/℃	活化能/(kJ/mol)	频率因子/s^{-1}
760～820	285.46	3.91×10^{11}
820～1000	138.60	2.09×10^{5}

7.4 煤炭两段气化技术中试

7.4.1 中试装置概要

中试用煤为内蒙古胜利煤田的褐煤，其工业分析和元素分析如表7.9所示。煤使用前，经机械粉碎、风干处理后脱去部分水分，并筛分选用粒径为1.0～

3.5mm 的颗粒作为试验原料，其粒径分布如表 7.10 所示。

表 7.9　试验用煤的工业分析、元素分析和灰分分析

工业分析/ %				元素分析/ %				低位热值/(MJ/kg)
水分	灰分	挥发分	固定碳	碳	氢	硫	氧	
12.5	14.6	31.7	41.2	75.1	4.3	1.1	19.5	26.33

注：工业分析为空气干燥基；元素分析为干燥无灰基。

表 7.10　试验用煤粒径分布

粒径/mm	<0.5	0.5～1	1～2	2～3	3～4
质量分数 /%	2.5	5.3	29.7	22.6	40.0

根据基础实验研究结果及技术放大的要求，确立 50kg/h 的中试装置的工艺流程和试验平台分别如图 7.46(a)和(b)所示。该中试装置主要由流化床热解器、下吸式固定床气化炉、加料系统、供气系统、温度-压力监测与控制系统、气体和焦油采样装置、天灯等部分组成。试验用煤由螺旋加料器输送到流化床热解器内，热解器和气化炉所需风量由空气压缩机供给，采用木炭引燃的方式进行点火，产生的燃气在烟囱中点燃后排放。

试验时，先在流化床热解器和下吸式固定床气化炉内放置木炭或机制炭，并将其引燃、烘炉，待流化床热解器和下吸式固定床气化炉内达到较高的温度并稳

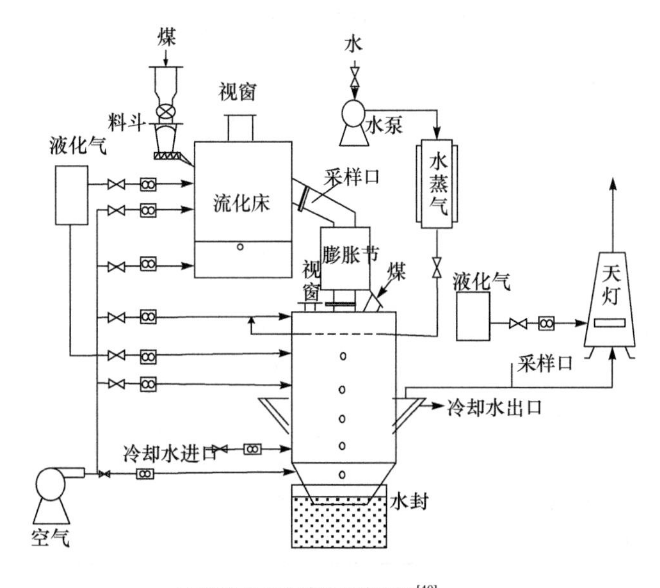

(a) 两段气化中试装置流程图[40]

(b) 两段气化中试装置照片

图 7.46　50kg/h 新型两段气化中试装置流程图和照片[40]

定后,封闭反应器的加料口,开始调节上下两段反应器的供风量,并通过螺旋加料器将煤颗粒输送进流化床热解器的密相区内。煤经过充分热解后,生产的全部热解产物输送到下游的下吸式固定床气化炉内,半焦进行完全气化,同时利用半焦对焦油的催化重整作用脱除焦油。每次试验进行一天,稳定运行 10h 左右,累计运行超过 100h。

7.4.2　中试运行过程中炉内的温度和压力变化情况

表 7.11 列举了两次典型试验的具体操作条件。两次试验中螺旋加料器的加料速率均为 50kg/h,由于供风量的不同,流化床热解器和固定器气化炉的温度和压力产生较大的差异。

表 7.11　典型试验的操作条件

项目	试验 1	试验 2
加料速率/(kg/h)	50	50
进入反应器的空气温度/℃	10	10
热解器内的空气流速/(m^3/h)	50	46
气化炉内的空气流速/(m^3/h)	23	25
热解器内反应温度/℃	860	800
气化炉内的反应温度/℃	1100	1000

图 7.47 展示了两次典型试验中热解器和气化炉稳定运行过程中的炉内温度变化。试验开始时，随着流化床热解器内加料速率的增加，炉内温度略有下降，并最终达到稳定。煤在流化床内充分热解，生成的全部高温热解产物输送到下游的固定床反应器内，并与通入到气化炉内的气化剂反应。试验过程中，试验 1 中流化床和固定床内的主要反应温度分别为 860℃和 1100℃，试验 2 中流化床和固定床的主要操作温度维持在 800℃和 1000℃左右。

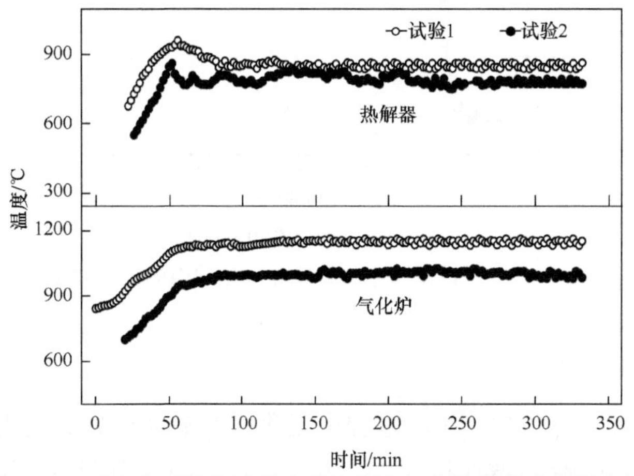

图 7.47　两次典型试验过程中热解器和气化炉内的典型温度[40]

图 7.48 展示了试验 1 中流化床和固定床内的压降变化情况。试验开始时，随着流化床内空气流速和炉内颗粒料层的增加，炉内压降迅速增加并最终稳定在 1.2kPa 左右。固定床气化炉内部的压降随着床内半焦层厚度的增加而快速增加，达到 0.5kPa 压降增速变缓。这主要是由于在试验过程中固定床气化炉内没有正常的排灰装置，生成的灰渣不断在炉排上堆积，类似现象对于正常排渣的工业化气化炉可以避免，使得炉内的压降达到稳定。

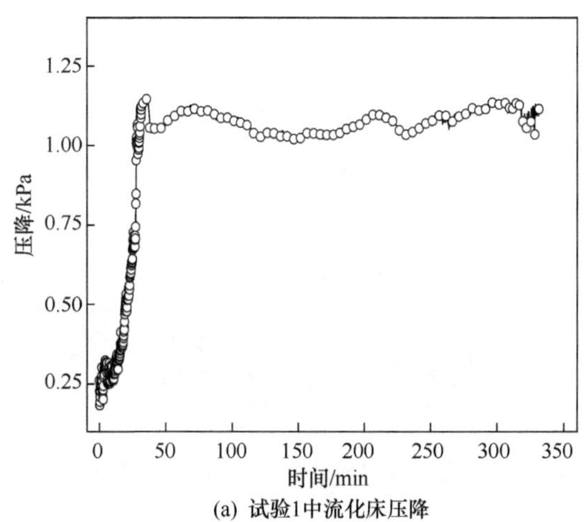

(a) 试验1中流化床压降

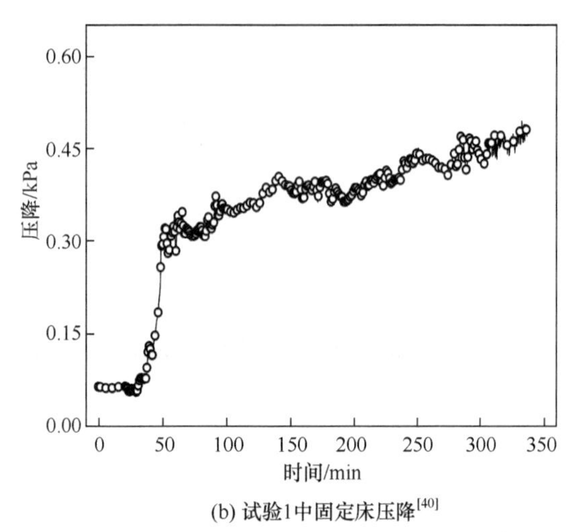

(b) 试验1中固定床压降[40]

图 7.48　中试试验中热解器和气化炉内的压降变化

7.4.3　典型运行结果

图 7.49 显示了两次典型试验过程中流化床热解气组分的变化情况。随着热解温度从 800℃(试验 2)增加到 860℃(试验 1),热解气中 H_2 和 CO 的含量减少,而 CH_4 和 CO_2 的含量增加。高温下,煤热解反应和挥发分的二次反应加剧,理应生成更多的 H_2、CO、CH_4、CO_2、H_2O、C_2H_4 等。然而对于自热式流化床热解器而言,系统的热量依靠燃烧部分原料来维持,在保证加料速率一定的情况下,过高的温度意味着流化床内需要供入更多的气化剂,这使得原料、半焦与气化剂的氧化反应加剧,从而影响了生成气体的成分和热值。

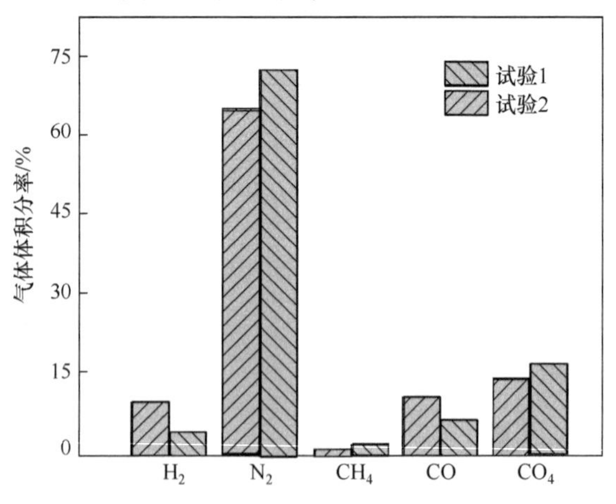

图 7.49　两次典型中试试验中热解气体组成的比较[40]

图 7.50 显示了两次典型中试试验的固定床气化炉出口气体的组成及其热值。随着气化温度的升高，半焦气化速率加快，气化进行得比较完全，气体中 CO、CO_2 的含量增加，CH_4 的含量明显减少，H_2 的含量稍有减少。稳定时段内两次典型试验的平均气体组分和热值见表 7.12。对比典型试验 1 的流化床(图 7.49)和固定床(图 7.50)出口处 H_2 的含量发现，H_2 组分增加明显，充分说明了固定床内半焦床层对焦油的催化重整作用。由于中试装置气化剂缺乏预热、装置保温效果较差、热损失较大，生成气体的热值偏低，低于 4.186MJ/Nm^3。在实际的工业化气化炉中，气体的热值将会被进一步提高。

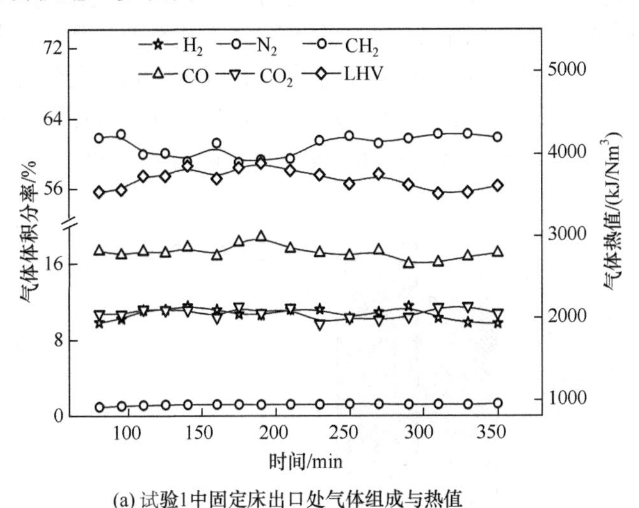

(a) 试验1中固定床出口处气体组成与热值

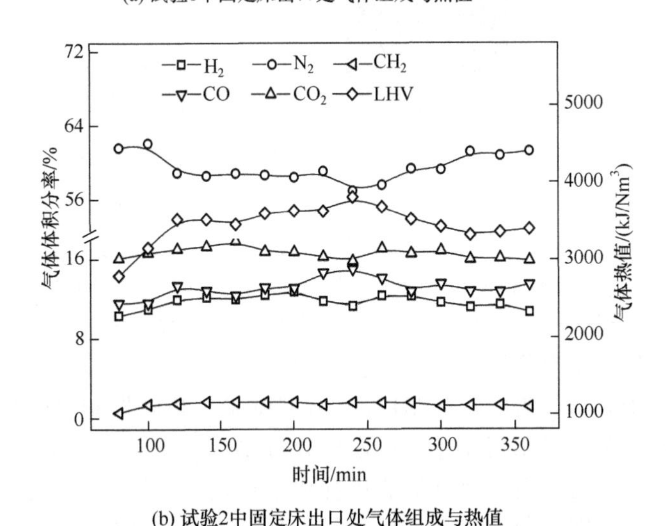

(b) 试验2中固定床出口处气体组成与热值

图 7.50 两次典型中试试验的气化生成气(第二段)组成及对应热值[40]

表 7.12 典型中试试验的气化生成气平均组成和热值

试验	H_2/%	N_2/%	CO/%	CO_2/%	CH_4/%	LHV/(MJ/Nm^3)
试验 1	10.90	58.92	18.43	10.65	1.10	3.898
试验 2	11.82	58.98	13.34	16.52	1.50	3.507

图 7.51 比较了两次典型中试试验的流化床出口和下吸式固定床出口的气体中焦油含量。试验发现,典型试验 1 中流化床和固定床出口处的气体中的焦油含量都明显较试验 2 低。在流化床中,高的热解温度和过量空气系数将加速焦油的二次裂解反应,降低热解气中焦油的含量,也降低了下游固定床气化炉脱除焦油的负荷。经过下吸式固定床的高温裂解、部分氧化、催化重整作用后气体中的焦油含量明显降低,两次试验的气化气焦油浓度低于 $130mg/Nm^3$,充分说明了两段气化技术对焦油脱除的有效性。在较高的试验 1 固定床操作温度下(1100℃)焦油含量更少,焦油含量约为 $94mg/Nm^3$,焦油的脱除效率达到 90%以上。

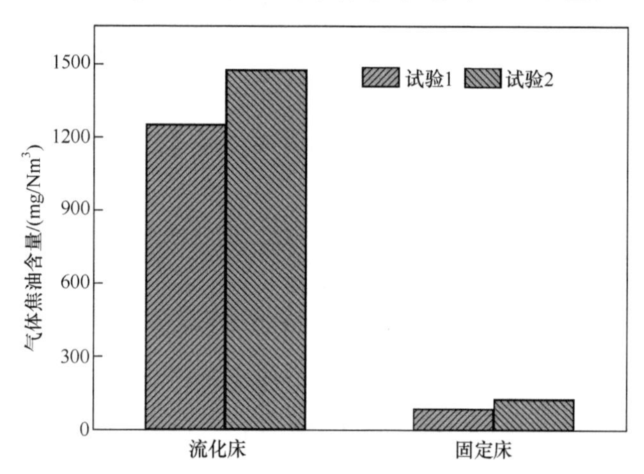

图 7.51 两次典型中试试验中热解及气化生成气焦油含量[40]

为了更直观地说明两次典型操作过程中焦油浓度的变化,图 7.52 比较了热解器和气化炉气体采样口处采集到的焦油引起丙酮溶液的颜色。一般而言,颜色越重,说明丙酮溶液中含有的焦油量越大,每个样品被洗涤的气体体积是一定的。可见,经过半焦床层的催化重整作用后,固定床出口处收集到的焦油颜色很淡,这进一步说明了半焦床层对焦油的催化重整作用。

为了进一步分析收集的焦油组成,对典型试验 1 热解器和气化炉出口处收集的焦油利用模拟蒸馏专用气相色谱仪进行分析,结果如图 7.53 所示。试验用模拟蒸馏分析仪利用具有一定分离度的非极性色谱柱,在线性程序升温条件下将各组分按照沸点的不同次序分离,同时进行切片积分,获得对应的累加面积以及相应的保留时间。经过温度-时间的内插校正,就可以得到对应百分收率的温度,即馏程。其中,累加面积百分数即收率。

图 7.52　两次典型试验气体采样口出口收集到的焦油溶液[40]

(a) 试验 1 热解器出口焦油含量，1128mg/Nm³；(b) 试验 1 气化炉出口焦油含量，94mg/Nm³；(c) 试验 2 热解器出口焦油含量，1230mg/Nm³；(d) 试验 2 气化炉出口焦油含量 124mg/Nm³

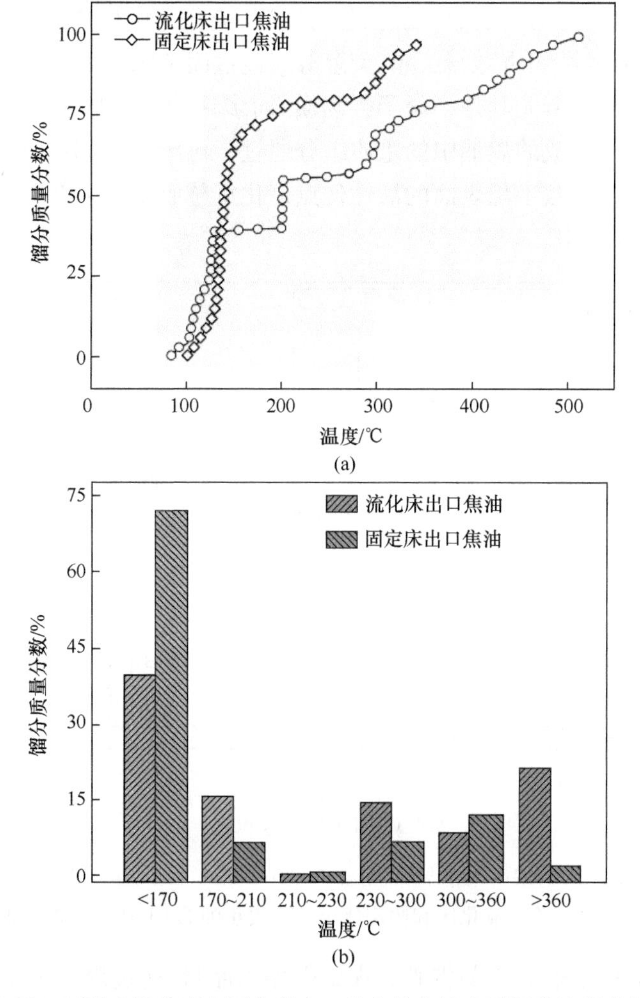

图 7.53　试验 1 流化床和固定床出口收集的焦油主要组分流程分析[40]

流化床出口收集的焦油主要含四个馏程，按沸点分为：≤170℃，200～210℃，280～360℃和≥360℃。经过固定床内半焦的催化重整后收集的焦油主要含两个馏程：≤170℃，280～360℃，其中小于170℃的组分占75%左右，远远大于未经重整焦油中的该组分，充分说明了半焦催化重整使得焦油变得轻质化，更加有利于进一步脱除。图7.53(b)进一步比较了各流程中主要组分的变化规律，与热解生成的焦油相比，经过催化重整后焦油中的轻油、蒽油明显增加，而酚油、洗油和沥青质的组分明显减少。焦油中主要组分的演变将会对两段气化工艺的优化和半焦脱除焦油的机理提供重要的数据支持。

为了进一步考察焦油中轻质组分的演变规律，对典型试验1中收集到的焦油进行GC-MS分析，试验结果如图7.54所示。为了更清楚地比较焦油组分的改变，图7.54消除了溶剂丙酮的峰值。分析发现，流化床中生成的焦油的轻质组分中主要含多环芳烃类物质，如蒽、菲、荧蒽等。经过固定床内半焦的催化重整后，焦油中组分的种类增多，尤其是小分子类物质，而多环芳烃类物质的含量明显下降。事实上，当热解器生成的焦油中的重质组分通过半焦床层时，很容易被吸附到半焦表面或其孔道中，并被半焦表面的活性位点催化重整成小分子物质，剩余的重质组分被留在半焦表面中。

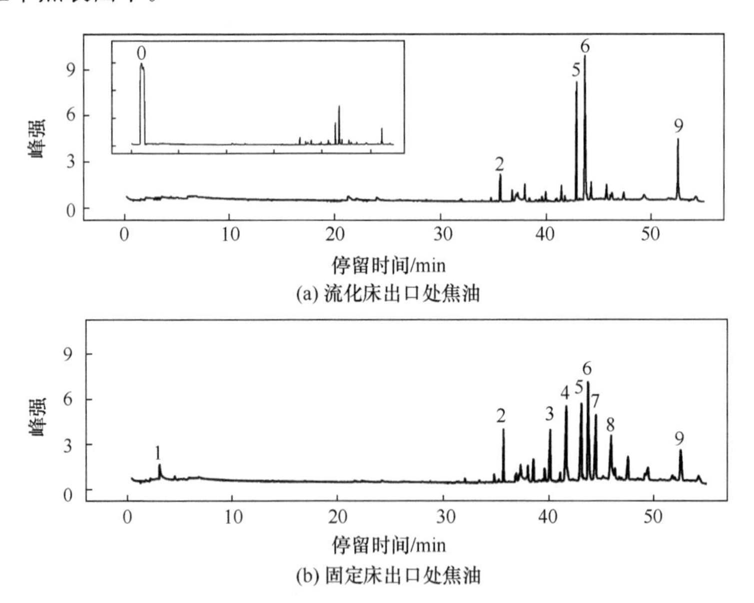

0. 丙酮；1. 苯；2. 萘；3. 联二苯；4. 氧芴；5. 蒽；6. 菲；7. 甲基菲；8. 甲基蒽；9. 荧蒽

图7.54 试验1流化床和固定床出口收集焦油的GC-MS分析结果[40]

以空气为气化剂，以内蒙古胜利煤田褐煤为原料，通过煤处理量50kg/h的自热式两段气化中试研究，充分验证了两段气化工艺在脱除焦油方面的优势和对生产工业燃气的工业可行性，为该工艺的进一步放大提供了技术保障。

7.5 本章小结

本章围绕中科院过程工程研究所提出的用于生产工业燃气的新型两段低焦油气化技术工艺，有针对性地开展系统研究工作，包括新疆次烟煤在高温、含氧、含蒸汽气氛的实验室规模流化床反应器中热解产物的分布及产物特性、固定床操作条件和半焦性能对焦油脱除和气体品质的影响、半焦气化动力学、生物质半焦对焦油的催化重整作用等，充分验证了半焦对焦油的催化效果，并对流化床热解和半焦催化焦油的实验条件进行了优化。在实验室基础研究的基础上，设计建立了煤处理量为50kg/h的自热式碎煤两段气化小试装置，并开展了一系列试验，对两段气化工艺进行验证。小试的结果充分说明了两段气化生产洁净燃气的可行性和优势，然而在试验运行过程中，也发现下吸式固定床气化炉内的床层压降可能会对工艺放大产生影响，该工艺仍需要进一步优化。

参考文献

[1] 尤彪，詹俊怀. 固定床煤气化技术的发展及前景. 中氮肥，2009，23(5)：1-8.
[2] 刘卫平. 煤气化技术的发展和现状. 氮肥技术，2007，28(5)：7-12.
[3] 俞光明，薛江涛. 热解和气化过程焦油析出的影响因素分析. 能源工程，2006，25(1)：1-10.
[4] Li C S，Suzuki K. Tar property，analysis，reforming mechanism and model for biomass gasification-an overview review. Renewable and Sustainable Energy Reviews，2009，13(3)：594-604.
[5] Nunes S M，Paterson N，Dugwell D R，et al. Tar formation and destruction in a simulated downdraft，fixed-bed gasifier：Reactor design and initial results. Energy & Fuels，2007，21(5)：3028-3035.
[6] Anis S，Zainal Z A. Tar reduction in biomass producer gas via mechanical，catalytic and thermal methods：A review. Renewable and Sustainable Energy Reviews，2011，11(5)：2335-2377.
[7] 杜卡帅，杨国华，于春令. 生物质或煤气化焦油脱除研究进展. 环境工程，2011，29(6)：65-68.
[8] 鲍振博，靳登超，刘玉乐，等. 生物质气化中焦油的产生及处理方法. 农机化研究，2011，27(8)：172-176.
[9] Phuphuakrat T，Namioka T，Yoshikawa K. Absorptive removal of biomass tar using water and oily materials. Bioresource Technology，2011，102(2)：543-549.
[10] 胡景辉. 生物质流化床解耦气化研究. 郑州：郑州大学硕士学位论文，2006.
[11] 杨玉琼，梁杰，宣俊. 生物质焦油处理方法的国内研究现状及进展. 化工进展，2011，30(1)：411-413.

[12] 张存兰. 不同吸附剂对生物质焦油脱除效果的影响. 安徽农业科学，2009，37(1)：8663-8665.

[13] Hasler P, Nussbaumer T. Gas cleaning for IC engine applications from fixed bed biomass gasification. Biomass and Bioenergy, 1999, 16(6): 385-395.

[14] 孙云娟，蒋剑春. 生物质气化过程中焦油的去除方法综. 生物质化学工程，2006，40(2)：31-35.

[15] Narváez I, Orío A, Aznar M P, et al. Biomass gasification with air in an atmospherec bubbing fluidized bed: Effect of six operational variables on the quality of the produced raw gas. Industrial & Engineering Chemistry Research, 1996, 35(7): 2110-2120.

[16] Seshadri K S. Effects of temperature, pressure and carrier gas on the cracking of coal tar over a char dolomite mixture and calcined dolomite a fixed bed reacto. Industrial & Engineering Chemistry Research, 1998, 37(10): 3830-3837.

[17] 侯斌，吕子安. 生物质热解产物中焦油的催化裂解. 燃料化学学报，2001，29(1)：70-75.

[18] El-Rub Z A, Bramer E A, Brem G. Review of catalysts for tar elimination in biomass gasification processes. Industrial & Engineering Chemistry Research, 2004, 43(22): 6911-6919.

[19] Wen W Y, Cain E. Catalytic pyrolysis of a coal tar in a fixed-bed reactor. Industrial and Enrgineering Chemistry Product Research and Development, 1984, 23(4): 627-637.

[20] Simell P, Kurkela E, Ståhlberg P, et al. Catalytic hot gas cleaning of gasification gas. Catalysis Today, 1996, 27(1-2): 55-62.

[21] Wang T J, Chang J, Lu P M. Novel catalyst for cracking of biomass tar. Energy & Fuels, 2005, 19(1): 22-27.

[22] Simell P A, Hirvensalo E K, Smolander V T, et al. Steam reforming of gasification gas tar over dolomite with benzene as a model compound. Industrial & Engineering Chemistry Research, 1999, 38(4): 1250-1257.

[23] Gusta E, Dalai A K, Uddin M A, et al. Catalytic decomposition of biomass tars with dolomites. Energy & fuels, 2009, 23(4): 2264-2272.

[24] Brandt P, Henriksen U. Decomposition of tar in pyrolysis gas by partial oxidation and thermal craking. Proceedings of the Ninth European Bio-energy Conference, Kopenhagen, 1996: 336-1340.

[25] Jensen P A, Larsen E, Jrgensen K H. Tar reduction by partial oxidation. Proceedings of the 9th European Bioenergy Conference, Copenhage(DK), Pergamon, Oxford, 1996: 1371-1375.

[26] Azenarmp P, Corella J, Gil J, et al. Biomass gasification with steam and oxygen mixtures at pilot scale and with catalytic gas upgrading part I: Performance of the gasifier. Developments in Thermochemical Biomass Conversion, London, 1997: 1194-1208.

[27] Ranzi E, Faravelli P G, Sogaro A. Low-temperature combustion: Automatic generation of primary oxidation reactions and lumping procedures. Combustion and Flame, 1995, 102(1-2): 179-192.

[28] 吴文广，罗永浩，陈韩，等. 生物质焦油净化方法研究进展. 工业热，2008，37(2)：1-5.

[29] Hamel S, Hasselbach H, Weil S, et al. Autothermal two-stage gasification of low-density waste-derived fuels. Energy, 2007, 32(2): 95-107.

[30] Toshiro T, Yoshiki T, Hironori I. Two-stage thermal gasification of polyolefins. Chemical Feedstock Recycling, 2001, 6(1): 2-7.

[31] Saeed L, Tohka A, Haapala M, et al. Pyrolysis and combustion of PVC, PVC-wood and PVC-coal mixtures in a two-stage fluidized bed process. Fuel Processing Technology, 2004, 85(14): 1565-1583.

[32] Brandt P, Larsen E, Henriksen U. High tar reduction in a two-stage gasifier. Energy & Fuels, 2000, 14(4): 816-819.

[33] Soni C G, Wang Z, Dalai A K, et al. Hydrogen production via gasification of meat and bone meal in two-stage fixed bed reactor system. Fuel, 2009, 88(5): 920-925.

[34] Mun T Y, Kang B S, Kim J S. Production of a producer gas with heating values and less tar from dried sewage sludge through air gasification using a two-stage gasifier and activated carbon. Energy & Fuels, 2009, 23(6): 3268-3276.

[35] Wang Y, Yoshikawa K, Namioka T, et al. Performance optimization of two-staged gasification system for woody biomass. Fuel Processing Technology, 2007, 88(3): 243-250.

[36] Ahrenfeldt J, Henriksen U, Jensen T K , et al. Validation of a continuous combined heat and power (CHP) operation of a two-stage biomass gasifier. Energy & Fuels, 2006, 20(6): 2672-2680.

[37] Henriksen U, Ahrenfeldt J. The design, construction and operation of a 75kW two-stage gasifier. Energy, 2006, 31(10-11): 1542-1553.

[38] 陈亮, 苏毅, 陈祎, 等. 两段式秸秆气化炉中当量比对气化特性的影响. 中国电机工程学报, 2009, 29(29): 102-107.

[39] 许光文, 刘新华, 高士秋. 制备无焦油产品气的贫氧流化燃烧下吸式气化方法及装置: 中国, ZL200510086256. X. 2009-09-23.

[40] Zeng X, Wang F, Yu J, et al. Pilot verification of a low-tar two-stage coal gasification process with a fluidized bed pyrolyzer and fixed bed gasifier. Applied Energy, 2014, 115(1): 9-16.

[41] Arena U. Process and technological aspects of municipal solid waste gasification. A review. Waste Management, 2012, 32: 625-639.

[42] Zeng X, Wang Y, Yu J, et al. Coal pyrolysis in a fluidized bed for adapting to a two-stage gasification process. Energy & Fuel, 2011, 25: 1092-1098.

[43] McKendry P. Energy production from biomass (part 3): Gasification technologies. Bioresource Technology, 2002, 83: 55-63.

[44] Ye D P, Agnew J B, Zhang D K. Gasification of a South Australian low-rank coal with carbon dioxide and steam: Kinetics and reactivity studies. Fuel, 1998, 77(1): 1209-1219.

[45] Wiktorsson L P, Wanzl W. Kinetic parameters for coal pyrolysis at low and high heating rates-a comparison of data from different laboratory equipment. Fuel, 2000, 79(6): 701-716.

[46] 赵融芳,黄伟,常丽萍,等. 三种不同煤阶煤的模拟热解实验研究——气态产物组成特性及其演化规律. 煤炭转化,2000,23(4):37-41.

[47] 朱学栋,朱子彬,韩崇家,等. 煤的热解研究Ⅲ——煤中官能团与热解生成物. 华东理工大学学报,2000,26(1):14-17.

[48] Xiong R,Dong L,Yu J,et al. Fundamentals of coal topping gasification:Characterization of pyrolysis topping in a fluidized bed reactor. Fuel Processing Technology,2010,91(8):810-817.

[49] Xu W C,Tomita A. Effect of temperature on the flash pyrolysis of various coals. Fuel,1987,66(5):632-636.

[50] Nga S H,Funga D P C,Kim S D. Study of the pore structure and reactivity of Canadian coal-derived chars. Fuel,1988,67(5):700-706.

[51] Minkova V,Razvigorova M,Bjornbom E,et al. Effect of water vapour and biomass nature on the yield and quality of the pyrolysis products from biomass. Fuel Processing Technology,2001,70(1):53-61.

[52] Qin Y H,Feng J,Li W Y. Formation of tar and its characterization during air-steam gasification of sawdust in a fluidized bed reactor. Fuel,2010,89:1344-1347.

[53] Zeng X,Wang Y,Yu J,et al. Gas upgrading in a downdraft fixed-bed reactor downstream a fluidized bed pyrolyer. Energy & Fuel,2011,25:5242-5249.

[54] Wang Y,Namioka T,Yoshikawa K. Effects of the reforming reagents and fuel species on tar reforming reaction. Bioresource Technology,2009,100(24):6610-6614.

[55] Zhang Y,Kajitani S,Ashizawa M,et al. Peculiarities of rapid pyrolysis of biomass covering medium- and high-temperature ranges. Energy & Fuels,2006,20(6):2705-2712.

[56] Li C S,Suzuki K. Tar property,analysis,reforming mechanism and model for biomass gasification-An overview. Renewable and Sustainable Energy,2009,13(3):594-604.

[57] Liu X B,Li W Z,Xu H Y,et al. A comparative study of non-oxidative pyrolysis and oxidative cracking of cyclohexane to light alkenes. Fuel Processing Technology,2004,86(2):151-167.

[58] Beretta A,Forzattil P,Ranzi E. Production of olefins via oxidative dehydrogenation of propane in autothermal conditions. Journal of Catalysis,1999,184(2):469-478.

[59] Wornat M J,Nelson P F. Effects of ion-exchanged calcium on brown coal tar composition as determined by Fourier transform infrared spectroscopy. Energy & Fuels,1992,6(2):136-142.

[60] Franklin H D,Peters W A,Howard J B. Mineral matter effects on the rapid pyrolysis and hydropyrolysis of a bituminous coal-Effects on yields of char,tar and light gaseous volatiles. Fuel,1982,61(2):155-160.

[61] Jia Y B,Huang J J,Wang Y. Effects of calcium oxide on the cracking of coal tar in the freeboard of a fluidized bed. Energy & Fuels,2004,18(6):1625-1632.

[62] 汪印,刘殊远,任明威,等. 基于流化床热解的中药渣两段气化基础研究. 燃料化学学报,

2013,41(3):294-301.
[63] Corella J, Alberto O, Aznar P. Biomass gasification with air in fluidized bed: Reforming of the gas composition with commercial steam reforming catalysts. Industrial & Engineering Chemistry Research, 1998, 37(12):4617-4624.
[64] 王芳,曾玺,韩江则,等. 微型流化床与热重测定煤焦-CO_2气化反应动力学的对比研究. 燃料化学学报,2013,1(4):407-413.
[65] 赵辉,周劲松,曹小伟,等. 生物质半焦高温水蒸气气化反应动力学的研究. 动力工程,2008,28(3):453-458.
[66] 米铁,陈汗平,唐汝江,等. 生物质半焦气化的反应动力学. 太阳能学报,2005,26(6):765-771.
[67] Ishida M, Wen C Y. Comparison of kinetic and diffusional models for solid-gas reaction. American Institute of Chemical Engineers Journal, 1968, 14(2):311-316.

第 8 章　煤炭低 NO_x 解耦燃烧

煤是由可燃的有机物与成灰的无机物组成的复杂混合体。在燃烧过程中，不同组分的逸出及燃烧特性差别很大。传统的燃烧技术没有考虑到这种阶段性，因此在燃烧过程中，NO_x 与 CO、SO_2 等污染物的生成之间存在相互耦合。由于这种耦合作用，很难采用调整燃烧的方式同时降低不同污染物的排放。

根据煤在燃烧过程中的转化特性，中国科学院过程工程研究所提出了煤炭解耦燃烧技术。该技术依据煤炭在燃烧过程中所具有的阶段性，利用分级转化的方法，解除污染物生成过程中的耦合关系，有利于脱硝、脱硫和燃烧在各自最佳的反应条件下进行。解耦燃烧技术的原理是将煤炭燃烧过程分为两个阶段，第一个阶段是煤炭热解生成热解气与半焦；第二个阶段是热解气和半焦耦合燃烧，利用煤炭自身的热解产物抑制煤炭燃烧过程中污染物的生成，实现同时降低 NO_x、CO 和 SO_2 等污染物的排放。

本章简要介绍适用于中小型燃煤锅炉低 NO_x 燃烧技术发展现状，从基础到应用重点阐述解耦燃烧降低 NO_x 排放的机理、燃烧方式与煤种对降低 NO_x 排放的作用、循环流化床煤炭解耦燃烧以及煤炭解耦燃烧技术的应用与锅炉放大，为煤炭解耦燃烧技术的进一步研究与应用提供参考。

8.1　中小型燃煤锅炉低 NO_x 燃烧技术发展现状

煤炭是我国的主要能源，约占一次能源消费总量的 2/3，年消费量已超过 30 亿 t。我国的煤炭利用主要以直接燃烧为主，约占总用煤量的 80%以上。中小型燃煤工业锅炉是我国除电站锅炉以外的主要用煤设备，总数接近 60 万台，占目前在役工业锅炉总数的 85%，年消耗煤炭 6 亿 t 以上，约占全国煤炭消费总量的 20%[1,2]。工业锅炉能源消耗和污染排放均位居全国工业行业第二，仅次于电站锅炉，煤炭消耗量远高于钢铁、石化、建材等高耗能工业行业，给全国重点城市造成的污染排放已经超过了电站锅炉[3]。工业锅炉集中在供热、冶金、造纸、建材、化工等行业，主要分布在工业和人口集中的城镇及周边等人口密集地区，以满足居民采暖和工业用热水和蒸汽的需求为主。由于工业锅炉的平均容量小，排放高度低，燃煤品质差、差异大，治理效率低，污染物排放强度高，对城市大气污染贡献率高达 45%～65%[4]。

燃煤工业锅炉量大面广，单台锅炉容量较小，尽管平均容量逐年上升，但单机容量仍然较小。容量小于等于 35t/h 的锅炉数量约占工业锅炉总台数的 96%，其中容量小于等于 10t/h 的占 80%[5]。我国在用燃煤工业锅炉以层燃链条炉排锅炉为主，往复炉排锅炉次之。虽然我国工业锅炉行业经过几十年的发展，特别是近 10 年来取得了长足的进步，形成了适合我国国情的产品和技术特色，但整个行业的整体技术水平和产品性能等方面与国外同行业相比仍有一定差距[6]。据估计，我国锅炉长期实际运行热效率普遍比设计热效率低至少 5%～15%。在"十一五"期间，我国燃煤工业锅炉平均运行热效率仅为 65% 左右，比国际先进水平低 15%～20%，能源浪费相当严重，有约 7000 万 t 标准煤的节能潜力[7]。

与大型电站燃煤锅炉相比，燃煤工业锅炉的突出问题是效率低、污染重，与当前的科技和经济发展极不相称，大大低于其他领域现代工业技术水平。中小型燃煤锅炉污染控制手段落后，大多无控制排放，二氧化硫、氮氧化物及粉尘的排放浓度高，并且由于其数量多、分布广、烟囱低，且与机关、企业及居民生活区混杂，更容易造成严重的局部大气污染[8]。因此，开发适用于中小型燃煤锅炉的高效低污染燃煤新技术和新设备，对于提高煤炭能源的利用效率、降低污染物排放具有重要意义。

目前，对于大型电站燃煤锅炉的脱硫、脱硝和除尘都已有了较为成熟的技术。脱硫主要采用钙基湿法脱硫法；脱硝普遍采用低 NO_x 燃烧技术，再匹配选择性催化还原(SCR)法进行烟气脱硝；除尘主要采用布袋、静电除尘器。这些技术的优点是脱硫、脱硝及除尘效率高，可以达到 90% 以上的效率；缺点是设备投资高、运行费用昂贵，对湿法脱硫来说，耗水量大并存在二次污染。但从技术和经济上考虑，这些技术并不适用于中小型燃煤锅炉。而国外发达国家几乎都采用石油、天然气等清洁能源，如日本燃煤工业锅炉仅占总数的 1%，美国和西欧国家也不过是 1%～3%。对于中小型燃煤锅炉，目前还没有形成有效的技术用于其污染控制。

我国从 2002 年起实施的适用于中小型锅炉的《锅炉大气污染物排放标准》(GB 13271—2001)中，分年限规定了燃煤锅炉烟气中烟尘、二氧化硫的最高允许排放浓度和烟气黑度的排放限值；但由于中小型燃煤锅炉的氮氧化物排放控制技术尚不成熟，燃煤锅炉的氮氧化物的最高允许排放浓度还是空白。目前，多数燃煤工业锅炉的污染物排放控制技术水平低，所采用的除尘设施效率不到 70%，烟尘排放超标。由于脱硫设备的投资和运行成本较高，小型燃煤锅炉基本没有配套脱硫装置，SO_2 排放普遍超标。现有湿式除尘脱硫一体化装置实际脱硫效率一般为 30%～60%，投资和脱硫成本都较高，用户不愿使用，环保部门很难监督[5]。

随着经济、技术的发展和对环境质量要求的日益提高，环境保护部决定修订锅炉大气污染物排放标准。2013 年 8 月在环境保护部网站上公布了最新的征求意见稿，2014 年 5 月 16 日发布了修订后的《锅炉大气污染物排放标准》(GB 13271—2014)，该标准自 2014 年 7 月 1 日起实施，适用于以燃煤、燃油和燃气为燃料的单台出力 65t/h 及以下蒸汽锅炉、各种容量的热水锅炉及有机热载体锅炉，各种容量的层燃炉、抛煤机炉。对燃煤锅炉烟气中烟尘、二氧化硫的最高允许排放浓度给出了更严格的规定，并首次把氮氧化物和汞及其化合物排放限值列入燃煤锅炉标准。燃煤锅炉的氮氧化物排放限值对新建锅炉为 $300mg/m^3$，对重点地区为 $200mg/m^3$。

从现有的针对中小型燃煤设备的烟气净化技术来看，烟尘控制技术最为成熟，可采用与燃煤电厂相近的技术和设备，包括布袋除尘器、静电除尘器和电袋复合除尘器。我国对适用于中小型燃煤锅炉的烟气脱硫技术也进行了大量的研究和实践，开发了一些有价值的实用技术，包括石灰石—石膏法、氧化镁法、氨法、钠碱法、双碱法等湿法脱硫工艺，采用石灰为脱硫剂的半干法脱硫技术以及湿法脱硫除尘一体化技术等，但从整体上看中小型燃煤设备的脱硫技术落后于燃煤电厂的技术水平。目前，工业锅炉 NO_x 的控制存在一些困难，燃煤工业锅炉运行负荷变化较大，炉内工况较为复杂，是 NO_x 治理技术的攻关难点。此外，大多数燃煤工业锅炉都没有预留改造空间，场地较为紧张。减排 NO_x 的成本过高，有关专家称，现行的脱硫成本在 800 元/t 左右，而脱硝需要近 2000 元/t[4]。总体来讲，我国对工业锅炉氮氧化物的控制尚处于起步阶段，现在的氮氧化物控制技术基本都是针对电站锅炉的，而火电厂的烟气脱硝技术不能直接应用于工业锅炉和炉窑。

众所周知，氮氧化物是形成酸雨、光化学烟雾、破坏臭氧层的主要物质，是大气的主要污染源之一。中小型燃煤锅炉数量多、分布广，由于其规模小，配置烟气脱硝装置显然在经济上是不合理的。针对我国的国情，根据燃烧过程中 NO_x 的生成特点，改进燃烧模式是经济、有效地降低 NO_x 排放量的最佳方法。因此，积极研究开发适用于中小型燃煤锅炉的低 NO_x 燃烧技术已是当务之急，应该引起充分重视。

燃烧过程中生成的氮氧化物中 NO 占 95%以上，可在大气中氧化生成 NO_2，NO_2 比较稳定。在煤的燃烧过程中，NO_x 的生成有三种途径，即热力型 NO_x、快速型 NO_x 和燃料型 NO_x。热力型 NO_x 是高温下空气中的氮气和氧气反应生成的，当温度低于 1300℃时，NO_x 的生成量很少；在温度高于 1300℃时，NO_x 的生成量才逐渐增多。快速型 NO_x 也是由空气中的氮生成的，在燃料富集区通过煤燃烧时碳氢化合物分解产生的 CH、CH_2 等自由基与氮气反应生成氰化物，氰化物进而被氧化生成 NO_x，快速型 NO_x 通常不到 NO_x 生成总量的 5%。燃料型 NO_x 是燃料中的氮经氧化生成的，燃料氮又可分为在煤燃烧时随挥发分析出的挥发分氮和残留在焦炭上的焦炭氮。对于中小型燃煤锅炉，燃烧温度比较低，形成的 NO_x 主要是燃料型 NO_x。因此，对于中小型燃煤锅炉，低 NO_x 燃烧技术主要是控制和减少燃料型 NO_x 在燃烧过程中的产生。

燃料型 NO_x 的生成一般认为与煤的热解产物和氧气浓度及其分布密切相关。

为了尽可能地减少燃料型 NO_x 的生成，既要抑制燃烧过程中 NO_x 的生成，又要还原已经生成的 NO_x。与大型电站煤粉锅炉的低 NO_x 燃烧技术类似，适用于中小型燃煤锅炉的低 NO_x 燃烧技术主要有低氧燃烧技术、烟气再循环燃烧技术、空气分级燃烧技术、燃料再燃烧技术等。

8.1.1　低氧燃烧技术

对于中小型燃煤锅炉，减少 NO_x 生成的简单方法是适当降低炉内过量空气系数(α)[9-11]，即采用低氧燃烧技术。低氧燃烧是使燃烧过程尽可能地在接近理论空气量的条件下进行，烟气中过剩氧的减少可以抑制 NO_x 的生成，这是一种最为简便经济地降低 NO_x 排放的方法。对于每一个具体锅炉，过量空气系数对 NO_x 的影响也不尽相同，因而采用低氧燃烧方法降低 NO_x 程度也不相同。一般说来，采用低氧燃烧方法可以降低 NO_x 排放 15%～20%[12]。

采用低氧燃烧方式，不仅可以降低 NO_x 的排放，而且锅炉排烟热损失减少，对提高锅炉热效率有利。但如果氧气浓度过低，排烟中 CO、C_mH_n 和烟黑等有害物质也相应增加，大大增加化学不完全燃烧损失，同时飞灰含碳量增加，导致机械不完全燃烧损失增加，锅炉燃烧效率降低。此外低氧浓度会使得炉膛内某些区域成为还原性气氛，从而会降低灰熔点，引起炉壁的结渣和腐蚀。因此在确定过量空气系数范围时要全面考虑燃烧效率、NO_x 的排放等问题。一般锅炉运行时保证过量空气系数在 1.25～1.30，则 CO 浓度不会太高，NO_x 的排放也会比较低[12,13]。对于过量空气系数较高的锅炉，适当降低过量空气系数可以达到在减少 NO_x 排放量的同时减少排烟热损失，提高锅炉热效率的效果。

8.1.2　烟气再循环燃烧技术

烟气再循环方法是将部分低温烟气直接送入炉内，或与空气(一次风或二次风)混合后送入炉内，降低炉内的温度和氧气含量，使燃烧速度也降低，因而 NO_x 排放量降低[14]。烟气再循环法的效果与燃料的种类和再循环烟气量有关。一般当烟气循环率增加时，NO_x 减少，其减少程度与炉型有关。烟气循环率太大，炉温降低太多，燃烧不稳定，化学与机械燃烧热损失增加，因此烟气再循环比例一般不超过 30%。烟气再循环方法可以在一台锅炉上单独使用，也可以和其他低 NO_x 燃烧方法配合使用。烟气再循环的缺点是需要增加再循环风机，由于大量烟气流过炉膛，缩短了烟气在炉内的停留时间，并使电耗增加[13]。在燃用着火困难的煤时，受到炉温和燃烧稳定性降低的限制，故不宜采用[15]。

俄罗斯在中小型锅炉上应用简易烟气再循环系统，通过减少过量空气系数，有效降低了 NO_x 的排放[16,17]。该系统的特点是不需要另装引风机，从引风机出口烟道上抽取占总烟量 10%～15%的小股低温烟气通入送风机吸入侧风道输入炉内。

在对锅炉额定蒸发量为 4～35t/h 的燃气工业锅炉的实验表明，在投用 5%～20% 的再循环烟量时，NO_x的排放体积分数降低 30%～70%[17]。国内对燃煤层燃锅炉的运行实践也表明，由于烟气与空气预先混合，穿过炉排和煤层的流速增加，使扰动和混合能力增强，因而可适当降低过量空气系数，生成 NO_x的体积分数由无烟气循环的$(250～480)\times10^{-6}$降低到$(100～300)\times10^{-6}$[9]。烟气再循环量越多，则 NO_x排放浓度下降越多，但是烟气的再循环量受到风机出力和煤粉燃尽率的限制[18]。

8.1.3 空气分级燃烧技术

空气分级燃烧是目前使用最为普遍的低 NO_x燃烧技术之一。空气分级燃烧的基本原理是将燃料的燃烧过程分阶段来完成。在第一阶段，将从主燃烧区供入炉膛的空气量减少到总燃烧空气量的 70%～75%（相当于理论空气量的 80%左右），使燃料在缺氧的富燃料条件下燃烧。此时第一级燃烧区内过量空气系数 $\alpha<1$，因而降低了燃烧区内的燃烧速率和程度，不但延迟了燃烧过程，而且在还原性气氛中降低了 NO_x的生成速度，抑制了 NO_x在这一区域的生成量。为了完成其余未燃尽物质的燃烧，在主燃烧器上方通过专门的空气喷口给炉膛送入二次空气，与第一燃烧区 $\alpha<1$ 条件下产生的烟气混合，在 $\alpha>1$ 的条件下完成整个燃烧过程。由于空气是分两级供入炉内，故该方法称为空气分级燃烧法。空气分级燃烧技术的原理如图 8.1 所示[15]。

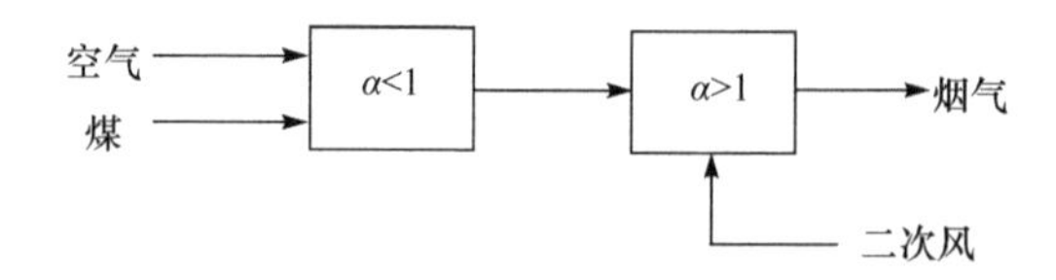

图 8.1 空气分级燃烧技术原理

在第一燃烧区内燃料先在缺氧条件下燃烧，燃料中的氮分解成 NH、HCN、CN、NH_3等含氮小分子，它们有可能相互反应生成 N_2。

含氮燃料在分级燃烧时的单相及多相催化反应很重要。CO 的存在可以导致 NO 快速减少，在灰及焦炭的催化下有可能发生下列反应

$$CO+NO \longrightarrow CO_2+1/2N_2 \tag{8.1}$$

$$CO+C(O) \longrightarrow CO_2+C(\ ) \tag{8.2}$$

$$C(\ )+NO \longrightarrow C(O)+1/2N_2 \tag{8.3}$$

式中，C( )和 C(O)分别表示碳表面和吸附氧的碳表面。

多相催化的 NO 还原作用取决于灰的含量和灰成分，随燃料的种类不同而不同。采用空气分级燃烧一般有两类：一类是燃烧室的分级燃烧；另一类是单个燃烧

器的分级燃烧，也就是在燃烧器上实现分级燃烧，这种燃烧器也称为低 NO_x 燃烧器。流化床锅炉采用燃烧室内的分级燃烧，分级燃烧中一次风和二次风的比例可高达 1∶1。而悬浮燃烧方式两者都可采用，但一般分级系数较小，一次风的比例为 80%[13]。

空气分级燃烧技术投资低，可取得较好的减排 NO_x 的效果。但不适合所有锅炉，存在炉膛结渣和腐蚀可能，控制不好的情况下可降低燃烧效率。

8.1.4　燃料再燃烧技术

燃料再燃烧技术是目前被广泛研究的一种有前景的 NO_x 排放控制技术。燃料再燃烧技术将整个炉膛沿高度分为三个燃烧区，分别为主燃区、再燃区和燃尽区。对层燃炉来说，主燃区就是煤层的燃烧区，在此区内过量空气系数大于 1，80%～85%的燃料在此区内燃烧并生成 NO_x。在再燃区内，剩余的 15%～20%的燃料在过量空气系数小于 1 的条件下燃烧，形成很强的还原性气氛，使得在主燃区内生成的 NO_x 在再燃区内被还原成氮气，同时抑制新的 NO_x 生成。由于再燃区在缺氧条件下燃烧，有一定量的 CO 及其他未完全燃烧产物生成，在再燃区上面还要布置三次燃烧区，即燃尽区，喷入二次风，使得燃尽区在空气过量系数大于 1 的条件下运行，以保证再燃区中生成的未完全燃烧产物的燃尽。燃料再燃烧技术的原理如图 8.2 所示[15]。

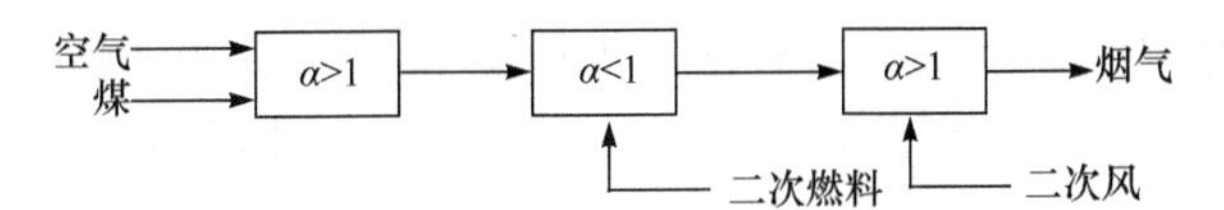

图 8.2　燃料分级燃烧技术原理图

在再燃区内，NO 与 CO、H_2、C 以及 C_mH_n 会发生还原反应生成 N_2，这些反应的总反应方程式为[19]

$$4NO+CH_4 \longrightarrow 2N_2+CO_2+2H_2O \tag{8.4}$$

$$2NO+2C_mH_n+\frac{2m+1}{2n-1}O_2 \longrightarrow N_2+2mCO_2+nH_2O \tag{8.5}$$

$$2NO+2CO \longrightarrow N_2+2CO_2 \tag{8.6}$$

$$2NO+2C \longrightarrow N_2+2CO \tag{8.7}$$

$$2NO+2H_2 \longrightarrow N_2+2H_2O \tag{8.8}$$

燃料再燃烧技术的特点是将燃烧分为三个区，因此该方法又称为三次燃烧法或者燃料分级燃烧法。一般认为空气分级简便易行，但要达到非常低的 NO_x 排放效果不容易。这主要是由于焦炭氮会从第一级携带到燃尽段。燃料分级燃烧方法由于在第一段中空气过剩能导致第一段的燃料燃尽，因此减少 NO_x 排放的潜力较大，单独使用燃料再燃技术可以降低 NO_x 排放 35%～65%，如果该技术与其他低 NO_x 燃烧技术，如空气分级燃烧技术、低 NO_x 燃烧器等结合使用，可以降低 NO_x 排放约 85%[20]。

燃料分级时所使用的二次燃料可以与一次燃料相同，如煤粉炉可以利用煤粉作为二次燃料。但目前煤粉炉应用更多的是碳氢类气体或者液体燃料作为二次燃料。这是因为与空气分级燃烧相比较，燃料分级燃烧在炉膛内还需要三级燃烧区，这使得燃料和烟气在再燃区内的停留时间相对较短，所以二次燃料应该选用容易着火和燃尽的气体或者液体燃料，如天然气等。同时，从提高再燃区内还原 NO_x 的效果考虑，气体作为再燃燃料最为合适。1994 年美国天然气再燃示范项目证明，天然气再燃技术可在满负荷运行时使 NO_x 排放量降低约 70%[21]。钟北京等[22]研究发现甲烷是最好的再燃燃料，计算发现当再燃区的过量空气系数小于 0.7 时可以达到较好的再燃效果。郑国耀等[23]的研究证实了国产链条炉排燃煤锅炉采用“气煤混燃”的气体再燃烧技术可以提高锅炉热效率，降低 NO_x 等污染物的排放。

再燃过程受到很多因素的影响，季俊杰等[24]分析了若干因素对层燃炉气体再燃降低 NO_x 的影响。主燃烧区过量空气系数是主要影响因素，过量空气系数减小，NO_x 的排放浓度降低。但是主燃区的一次风量过小，将会导致不完全燃烧损失加剧，燃烧过程变慢，从而使灰渣含碳量增大。增加再燃燃料，NO_x 的排放浓度减少，但再燃燃料增加到一定量时，NO_x 排放的减少相当有限，一般再燃燃料的发热量占总发热量的 15%～20% 比较合适。季俊杰等[25]对分级燃烧降低层燃炉 NO_x 排放的效果进行了实验研究，结果显示，空气分级和燃料分级分别能达到 28% 和 55% 的 NO_x 减排效果。冯琰磊等[26]研究了结合再燃技术的层燃炉降低 NO_x 的排放特性，通过实验得出再燃技术可使层燃炉 NO_x 排放量降低约 60%，并且考察了再燃燃料停留时间、再燃燃料量等因素对降低 NO_x 排放的影响。常兵[27]研究了不同配风方式对层燃炉内 NO_x 生成的影响，实验表明推迟配风可以增强还原气氛，使 NO_x 排放量远低于提前和均匀配风两种工况。

由于天然气资源的短缺，煤粉、水煤浆、焦炉煤气以及生物质等作为再燃燃料受到广泛关注。金晶[28]的研究表明煤粉粒径为 20μm 时，NO_x 的还原效果可以达到 70% 左右。郭永红[29]的研究表明超细粉再燃能有效降低出口 NO_x 的排放，与常规燃烧相比 NO_x 脱除率在 50% 以上。Zarnescu 等[30]利用水煤浆再燃技术在 147kW 沉降炉反应试验中，取得了 NO_x 降低 40%～55% 的效果。候祥松等[31]利用焦炉煤气再燃脱硝，发现 NO_x 的脱除率能达到 60%，但在试验中出现燃烧效率下降等问题。李戈等[32]在小型滴管炉内采用木屑、橘皮和稻壳作为再燃燃料进行还原 NO_x 的实验，在一定条件下可使 NO_x 减排 50% 以上。江鸿等[33]提出了煤粉部分气化制气再燃降低 NO_x 排放技术，在一定条件下可以达到 45% 的 NO_x 减排效果。还有学者提出了先进再燃的概念[34, 35]，这种技术是将尿素或氨作为还原剂喷入再燃区或燃尽区。研究表明，先进再燃技术可以使 NO_x 排放量降低 90%以上。

8.1.5　煤炭低 NO_x 解耦燃烧技术

除了 8.1.1～8.1.4 节中介绍的对现有中小型燃煤锅炉进行燃烧方式的改进来降低氮氧化物外，研究开发高效、低污染物排放的新型中小型燃煤锅炉作为替代产品，逐步淘汰现有技术落后设备，是符合中国能源结构，彻底解决燃煤污染问题的良好途径。

煤是由可燃的有机物与成灰的无机物组成的混合体。在燃烧过程中，不同组分的逸出及燃烧特性差别很大。传统的燃烧技术没有考虑到这种阶段性，因此在燃烧过程中，各种污染物的生成相互耦合。在煤炭燃烧过程中，随着燃烧温度和氧量的提高，煤更易充分燃尽，烟气中可燃物(未燃尽碳和 CO)的含量降低。但同时高温富氧又会使燃烧过程中生成的 NO_x 大幅提高；另外，燃烧温度和氧量降低通常有利于抑制 NO_x 生成，但燃料则不易燃尽，导致烟气中可燃物含量增高。因此，在燃烧过程中可燃物与 NO_x 排放存在耦合关系，即高温富氧环境下可燃物更易充分燃尽，但同时又会使燃烧过程中生成的 NO_x 大幅提高；燃烧温度和氧量降低有利于抑制 NO_x 生成，但燃料却不易燃尽，造成烟气中飞灰可燃物和 CO 排放浓度高。在另一方面，脱硫与脱硝过程也存在耦合效应，循环流化床锅炉中加入石灰石脱硫往往造成 NO_x 排放浓度增加。由于 NO_x 与可燃物、CO 以及 SO_2 之间的耦合效应，人们在治理燃烧中产生的 NO_x 排放时，总是受这种耦合排放问题的困扰，采用调整燃烧的方式同时降低不同污染物的排放比较困难。

根据煤在燃烧过程中的转化特性，中国科学院过程工程研究所提出了煤炭解耦燃烧技术，并获得了中国发明专利[36]。煤炭解耦燃烧技术根据煤炭在燃烧过程中所具有的阶段性，利用分级转化的方法，解除污染物生成过程中的耦合关系，有利于脱硝、脱硫和燃烧在各自最佳的反应条件下进行。解耦燃烧技术的原理是将煤炭燃烧过程分为两个阶段：第一个阶段是煤炭热解生成热解气与半焦；第二个阶段是热解气和半焦耦合燃烧，利用煤炭自身的热解产物抑制煤炭燃烧过程中污染物的生成。

解耦燃烧技术在小型民用燃煤设备上可用较为简单的结构实现。图 8.3 是使用这种燃烧技术抑制 NO_x 生成的小型煤炭解耦燃烧炉结构示意图[8]。炉膛分为高温燃烧区和低温热解区两部分。原煤首先加到热解区，煤炭经干燥、在缺氧条件下热解，析出挥发分变成半焦，煤中的一部分 N 将转化为 N_2，另一部分 N 以 NH_3、HCN 形式释放出来，同时形成一些还原性物质如 CO、H_2、C_mH_n 等。在热解区形成的半焦在重力作用下被逐渐送到高温燃烧区燃尽。一部分热解气接触到上部的半焦层进行缺氧燃烧，生成 N_2 和 NO_x，当通过高温半焦层时，这部分 NO_x 被半焦还原为 N_2。另一部分热解气受到炉内负压的作用进入燃烧区，挥发分中还原性物质如 NH_3、CO、C_mH_n 等与焦炭燃烧生成的 NO_x 进行选择性非催化还原反应，

将 NO_x 还原成 N_2。这样通过缺氧热解、缺氧燃烧、半焦还原以及热解气还原的共同作用使得煤炭解耦燃烧方式与传统燃烧方式相比，氮氧化物的排放可降低 40% 左右。此外，由于热解产生的可燃物质如炭粒、烟黑和 CO 等必须通过高温富氧燃烧区，因而可以得到充分燃烧，提高了锅炉热效率，同时显著降低了烟尘的排放。

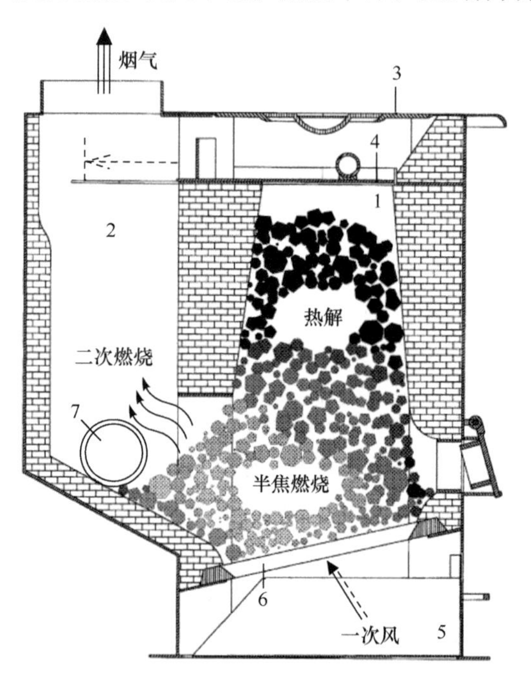

1. 热解室；2. 燃烧室；3. 铸铁盖；4. 燃烧方式切换板；5. 灰箱和一次风进口；6. 铸铁炉箅；7. 二次风进口

图 8.3　小型煤炭解耦燃烧炉结构示意图[8]

图 8.4 是额定功率为 60kW 抑制 NO_x 排放的解耦燃煤炉在传统燃烧方式与解耦燃烧方式下排烟中 CO、NO 排放情况对比[37]。从图中可以看出，在抑制 NO_x 的解耦燃烧方式下，烟气中 NO 的含量较传统燃烧方式有明显降低，CO 的含量降低更为明显，CO 的含量几乎接近为零。

图 8.5 为抑制 NO_x 排放的解耦燃煤炉与传统燃煤炉 NO 排放的实验结果比较[38,39]。在实验室进行的对比燃烧实验表明，在燃用同一煤种时，烟气中 NO 的排放浓度较传统燃烧方式降低 30%～40%，CO 排放浓度降低约 90%，并同时实现了烟煤的无烟燃烧。

以下各节将从基础到应用重点介绍解耦燃烧降低氮氧化物排放的机理、燃烧方式与煤种对降低 NO_x 排放的作用、循环流化床煤炭解耦燃烧以及煤炭解耦燃烧技术的应用与锅炉放大。

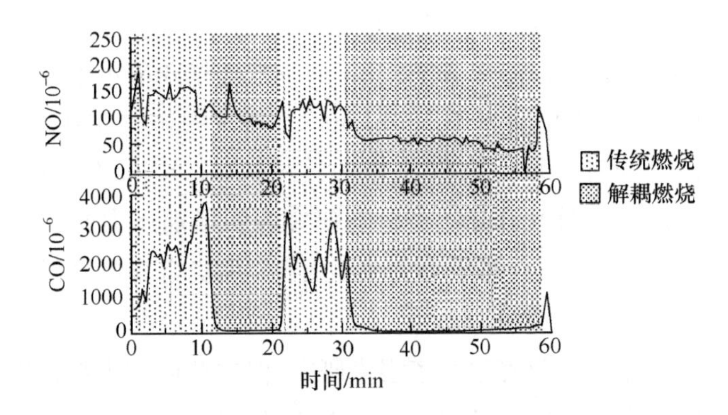

图 8.4 传统燃烧方式与解耦燃烧方式下排烟中 CO、NO 排放情况对比[37]

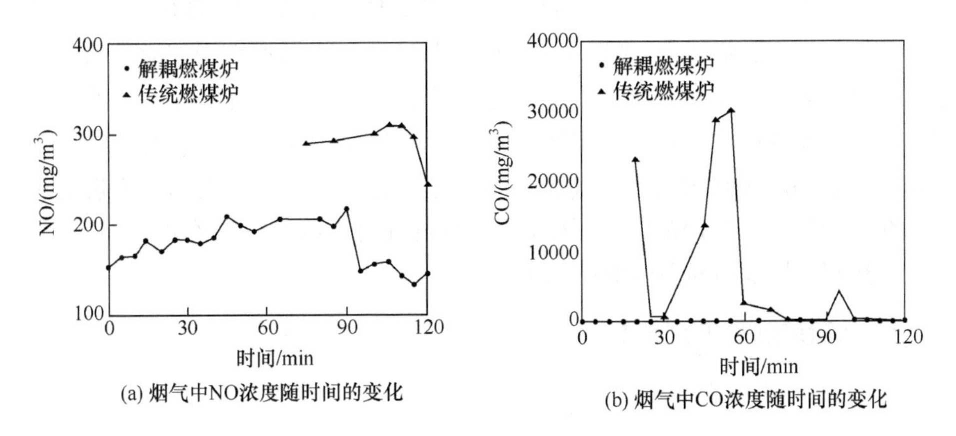

图 8.5 传统燃烧方式与解耦燃烧方式下烟气中 NO 和 CO 排放浓度对比[38]

O_2浓度为 7%

8.2 煤炭解耦燃烧降低 NO_x排放机理

从 8.1.5 节中小型燃煤炉的实验结果可以看到，解耦燃烧具有显著降低 NO_x 排放的效果，但是由于在实际燃煤炉中，各种影响因素混杂在一起，很难区分各种因素的影响。为模拟实际解耦燃烧炉中发生的各种燃烧过程，何京东等[40,41]建立了双层床燃烧实验装置，系统研究了解耦燃烧降低 NO_x的效果和机理。

煤燃烧过程中 NO_x的生成和还原是同时进行的，煤燃烧最终 NO_x排放是这两个过程共同作用的结果。煤燃烧由热解气燃烧和焦炭燃烧这两个过程组成，本节模拟燃煤炉中热解气和焦炭的燃烧条件，分别研究热解气和焦炭在燃烧过程中对 NO_x的还原作用，提出了解耦燃烧过程中 NO_x的还原机理。

前人已经对有关焦炭对 NO_x 的还原反应进行了大量研究[42-53]，一般认为：NO—焦炭反应是一级反应，温度低于 850K 时该反应活化能小于 100kJ/mol，温度高于 1025K 时该反应活化能大于 150kJ/mol。焦炭中矿物质和金属元素如 K、Ca、Fe、Co、Ni、Cu 等对该反应有催化作用[54-66]，CO、O_2、H_2O、SO_2 以及脱硫剂 CaO 也都对该反应具有催化作用[67-70]。有研究表明增加压力能加快 NO-焦炭反应[71]，但也有研究发现该反应与压力关系不大[69]，焦炭自身性质对 NO-焦炭反应影响显著[55]。

虽然对焦炭还原 NO_x 已经进行了很多研究，但这些研究大都在惰性气氛或者有少量 O_2（体积分数小于 2%）条件下研究 NO_x-焦炭反应，在燃烧过程中对 NO_x-焦炭反应的研究很少[45]。在实际锅炉炉膛中总有一定量的 O_2 存在，所以焦炭大部分时间是处于燃烧状态，焦炭处于燃烧状态时对 NO_x 还原作用才能反映出实际燃煤炉中焦炭对 NO_x 的还原作用。因此本节首先研究在没有氧气的条件下焦炭对 NO 的还原特性，然后模拟燃煤炉中焦炭燃烧条件，进行焦炭在燃烧时对 NO 还原作用实验，揭示燃煤炉中焦炭对降低 NO 排放的作用。同样，热解气在燃烧时对 NO 的还原作用才能反映出实际燃煤炉中热解气对 NO 的还原作用，因此本节也研究了热解气燃烧时对 NO 的还原作用。

8.2.1 实验装置和实验方法

1. 实验用煤和焦炭

本节实验所用煤样为内蒙古上湾烟煤，将煤样破碎后筛分，取粒度在 0.5～0.9mm 的部分。

实验中所用焦炭制备方法和条件与国家标准中测定挥发分方法和条件相似。首先将 1g 煤样放到坩埚内，盖好盖子后将坩埚放到 920℃的马弗炉中加热 7min，然后取出在室温下冷却 20min，坩埚内剩余物为煤热解后的焦炭，经过该方法制得的焦炭质量产率约为 60%，在焦炭燃烧实验和焦炭还原 NO 实验中均采用该焦炭。煤样和焦炭的工业分析和元素分析结果见表 8.1。

表 8.1 煤样和焦炭的工业分析和元素分析

样品	工业分析 w_d/%①			元素分析 w_d/%①				
	灰分	挥发分	固定碳	碳	氢	氮	硫	氧②
煤	4.18	39.14	56.68	71.09	4.68	1.25	0.21	18.59
焦炭	6.51	3.30	90.19	87.21	0.89	1.27	0.16	3.96

①干基；②差值。

2. 实验装置

双层床燃烧实验装置如图 8.6 所示[40,41]。该装置主要由双层床反应器、双温区温控电炉、供气系统和在线烟气分析仪组成。双层床反应器由石英玻璃制成，由外反应管、上反应管、反应管上盖、下反应管四部分组成。外反应管内径为 36mm、长为 1380mm，上下两端呈锥状，内有磨口；上反应管内径为 26mm、长为 820mm，上端呈锥状，其内外部均有磨口，外磨口与外反应管上端磨口配合密封，内磨口与反应管上盖磨口配合密封，上反应管中部设有一个 40 目石英砂制成的烧结板；下反应管内径为 26mm，长为 610mm，下端呈锥状，其外部有磨口，与外反应管下端磨口配合密封，下反应管上部也设有一个 40 目石英砂制成的烧结板，下部有一顶端密封的插管，可插入热电偶测量下反应区的温度。反应管上盖外磨口与上反应管顶部内磨口配合，反应管上盖有一下端密封的盲管，可插入热电偶测量上反应管内反应区温度。反应管上盖还有一进气口，实验中该进气口可用来加入煤样或者通入反应气体。采用双温区温控电炉分别控制上、下两个反应管内的温度，电炉的升温速度可在 0～30℃/min 的范围内调整，电炉最高工作温度为 1100℃。

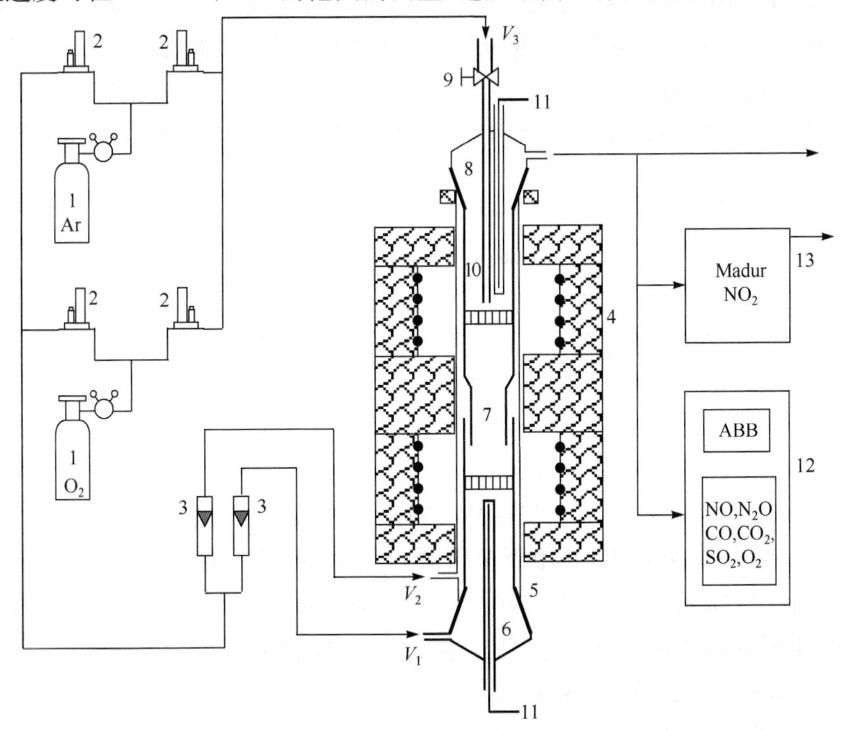

1气体钢瓶；2. 质量流量计；3. 转子流量计；4. 电炉；5. 外反应管；6. 下反应管；7. 上反应管；8. 上盖；9. 阀门；10. 样品注射管；11. 热电偶；12. 烟气分析仪；13. 便携式烟气分析仪

图 8.6　双层床燃烧实验系统示意图[40,41]

供气系统由钢瓶气体、质量流量计和转子流量计组成。一般情况下，燃煤炉中产生的NO_x主要是燃料型NO_x，占90%以上。因此本节主要对燃料型NO_x的生成和抑制机理进行研究。为了避免热力型和快速型NO_x生成的影响，本章的燃烧实验中所采用的气体为：O_2(99.999%)，Ar(99.999%)和NO(体积分数为1896×10^{-6}，载气为Ar)。钢瓶气体经过减压阀后保持0.3MPa左右的压力进入质量流量计，与Ar连接的两个质量流量计的量程分别为0～1.5L/min和0～3.0L/min，与O_2连接的两个质量流量计的量程分别为0～0.6L/min和0～0.3L/min。通过质量流量计调节O_2和Ar的流量，可以控制进入反应器的气体流量和气体组成。通过调整气瓶、质量流量计和转子流量计之间的连接方式可以形成不同的供气方式。

采用ABB公司生产的AO2020型烟气分析仪对燃烧实验的烟气成分进行在线检测，该分析仪可以检测烟气中NO、N_2O、SO_2、CO、CO_2和O_2六种成分。其中O_2传感器为化学传感器，其他传感器为红外传感器。采用Madur GA-40烟气分析仪对烟气中NO_2的含量进行了在线测量。该仪器的传感器均为电化学传感器。可以测量烟气中的NO、NO_2、SO_2、CO、CO_2和O_2六种成分。在本章中，只利用该仪器测量烟气中的NO_2含量，其他成分含量由ABB烟气分析仪测量，其中NO_2体积分数的测量量程为$(0\sim200)\times10^{-6}$，精度为1×10^{-6}。通过实验发现在本研究中烟气所含NO_2的体积分数小于5×10^{-6}，可以忽略，因此本节对NO_2不做研究。

3. 实验步骤和方法

实验中煤或焦炭样品可以分别放到上下反应管的布风板上，然后再将上下反应管与外反应管组合在一起。反应系统的进气方式和气体流向以及样品的放置位置可以根据实验需要进行调整，通过改变进出口的位置实现惰性气氛下焦炭对NO的还原、焦炭燃烧过程中对NO的还原以及热解气燃烧对NO的还原过程，如图8.7所示。

1) 惰性气氛下焦炭对NO的还原

将实验系统按图8.7(a)组装，用胶塞将外反应管进气口密封，将焦炭(1.0g)放入上反应管的布风板上；从上反应管通入V_1(NO/Ar)混合气体(气体流量为1.6L/min，NO体积分数为260×10^{-6})，混合气体通过焦炭层后由下反应管排出。实验中，由低到高调整电炉温度，测定各温度下反应管出口处NO浓度。

2) 燃烧过程中焦炭对NO的还原

将实验系统按图8.7(b)组装，将电炉温度升高到预定温度后，上反应管通入V_1(NO/O_2/Ar)，外反应管通入V_2(O_2/Ar)；待反应管出口各种气体浓度达到稳定后，由反应管上盖进样管加入焦炭。焦炭在上反应管与V_1内的O_2相遇后燃烧，

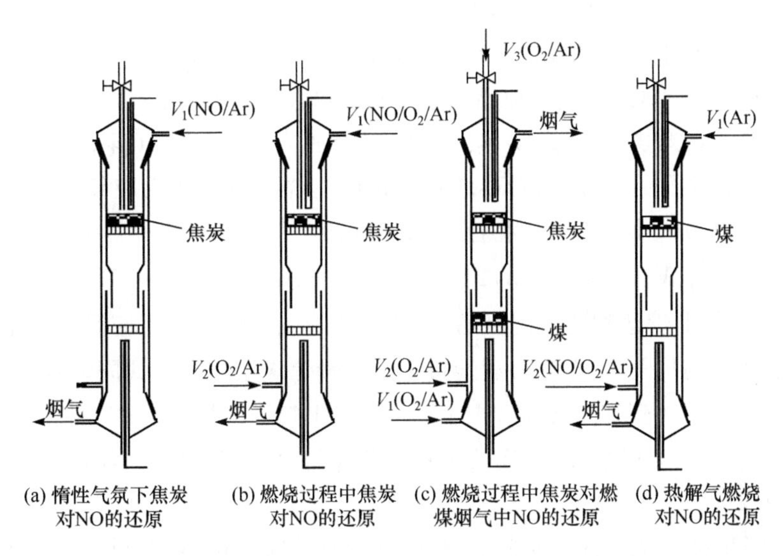

图 8.7　焦炭和热解气还原 NO 实验系统示意图

同时燃烧的焦炭与 NO 进行反应，未燃尽的气体在下反应管中遇到 V_2后燃尽。

焦炭在燃烧过程中能还原一定量的 NO，但同时焦炭燃烧也生成一定量的 NO，作为对比，进行了相同条件下焦炭燃烧过程中的 NO 排放实验（O_2/Ar＋焦炭），具体实验条件见表 8.2。

表 8.2　焦炭燃烧过程中还原 NO 的实验条件

实验	半焦质量/g	电炉温度/℃	V_1			V_2		总气量(V_1+V_2)		
			流量/(L/min)	O_2/%	NO/10^{-6}	流量/(L/min)	O_2/%	流量/(L/min)	O_2/%	NO/10^{-6}
NO/O_2/Ar＋焦炭	0.5	800	0.5	21	850	1.0	21	1.5	21	283
NO/O_2/Ar＋焦炭	0.5	800	0.5	21	510	1.0	21	1.5	21	170
O_2/Ar＋焦炭	0.5	800	0.5	21	0	1.0	21	1.5	21	0

3）燃烧过程中焦炭对燃煤烟气中 NO 的还原

本章 8.1.5 节中的煤解耦燃烧实验表明，解耦燃烧能显著降低 NO_x 排放，在实际解耦燃煤炉中，不仅有热解气燃烧产生的烟气通过焦炭层，还有煤燃烧产生的烟气通过焦炭层，为此进行了焦炭在燃烧过程中对煤燃烧烟气中 NO 的还原实验。在该实验中使煤燃烧产生的烟气全部通过了焦炭层，然后比较这种燃烧方式下煤燃烧产生的 NO 物质的量和煤单独燃烧产生的 NO 物质的量，就可以得到焦炭对煤燃烧产生烟气中 NO 的还原作用。采用图 8.7(c)所示的反应管，分别进行了煤和焦炭共同燃烧实验、焦炭单独燃烧实验和煤单独燃烧实验。

(1) 煤和焦炭共同燃烧实验。上反应管放入焦炭 0.5g(混合 7.5g 粒度为 0.5～0.9mm 的石英砂，加入石英砂是防止煤在烧结板上或反应管壁上结焦或结渣)，下反应管放入煤样 0.5g(混合 7.5g 石英砂)。分别通入 V_1[0.5L/min，21% O_2/(O_2＋Ar)]、V_2[0.5L/min，21% O_2/(O_2＋Ar)]和 V_3[0.5L/min，21% O_2/(O_2＋Ar)]，待电炉达到要求温度后，上下反应管同时插入外反应管中。下反应管煤炭燃烧产生的烟气和 V_2混合后通过上反应管焦炭层与焦炭共同燃烧，未燃尽成分在上反应管中遇到 V_3后燃尽，产生的烟气由上反应管排出，进入烟气分析仪。

(2) 焦炭单独燃烧实验。实验步骤和条件与(1)完全相同，不同之处在于下反应管不放煤样。

(3) 煤单独燃烧实验。实验步骤和条件与(1)完全相同，不同之处在于上反应管不放焦炭。

4) 热解气燃烧对 NO 的还原

首先将反应管组装成图 8.7(d)所示的方式，将电炉升温到预定温度。将称量好的 0.5g 煤样与 7.5g 石英砂(粒度为 0.5～0.9mm)混合好后放入上反应管的布风板上。盖上反应管上盖，并从上反应管上盖通入 V_1(Ar)，从外反应管通入 V_2(NO/O_2/Ar)混合气体。将上反应管从上部插入外反应管并用弹簧夹固定，上反应管内的煤受热后产生的热解气在 V_1推动下进入下反应管，在下反应管内遇到 V_2后开始燃烧，产生的烟气经过下反应管排出；一部分进入 ABB 烟气分析仪进行在线分析，一部分排入大气。热解气燃烧实验中热解气在 O_2/Ar 混合气体的作用下燃烧，热解气燃烧还原 NO 实验中，热解气在 NO/O_2/Ar 混合气体作用下燃烧。通过不同背景气氛实验中 NO 排放的差别来分析燃烧过程中热解气对 NO 的还原作用，实验条件见表 8.3。

表 8.3　热解气燃烧实验条件

编号	煤重量/g	电炉温度/℃	V_1(Ar)	V_2(NO/O_2/Ar)			总气量(V_1+V_2)		
			流量/(L/min)	流量/(L/min)	O_2/%	NO/10^{-6}	流量/(L/min)	O_2/%	NO/10^{-6}
1						0			0
2	0.5	800	0.2	1.3	24.2	127	1.5	21	110
3						323			280

4. 实验数据处理

1) 燃烧过程开始和结束的判定

在本节中通过烟气中 CO_2 的含量来判定燃烧实验的起始和结束时间。ABB 烟气分析仪对 CO_2 的有效测量下限值为 0.13%，因此当烟气中的 $CO_2>0.13\%$时认为燃烧开始，当 $CO_2<0.13\%$时认为燃烧过程结束。

2) 烟气中 NO 排放量计算

在 $t_0 \sim t_1$ 时间段内，烟气中 NO 的排放量用式(8.9)计算：

$$M_{NO} = \frac{1}{22.4 \times 10^{-3}} \int_{t_0}^{t_1} VC_{NO} \, dt \tag{8.9}$$

式中，M_{NO} 为烟气中 NO 的物质的量，单位为 mol；C_{NO} 为烟气中 NO 的体积分数；V 为标准状态下烟气的体积流量，单位为 Nm^3/s；t_0 为计算开始时间，单位为 s；t_1 为计算结束时间，单位为 s；22.4×10^{-3} 为标准状态条件下(1atm，0℃)理想气体的摩尔体积，单位为 Nm^3/mol。

式(8.9)中的烟气流量在本章中假设等于实验中进入反应器的气体流量。事实上两者并不完全相同，但煤样中 H 的含量较低，因此燃烧烟气中 H_2O 的冷凝所造成的差异很小，经计算可知两者相差不到 1%，因此忽略该假设带来的计算误差。

3) 燃料 N 向 NO 的转化率

本节采用 O_2 和 Ar 作为反应气体，因此可以忽略实验中的热力型 NO_x 和快速型 NO_x 的产生，认为烟气中所有的 NO_x 都是燃料型 NO_x。同时在本节的实验中烟气中的 NO_2 和 N_2O 的浓度都非常低(平均值不超过体积分数 5×10^{-6})，因此可以认为烟气中的 NO 代表了全部 NO_x。煤中燃料 N 向 NO 的转化率 α_{NO}，由式(8.10)计算：

$$\alpha_{NO} = \frac{M_{NO}}{mW_N/14} \tag{8.10}$$

式中，M_{NO} 为烟气中 NO 的物质的量，单位为 mol；m 为样品的质量，单位为 g；W_N 为样品中 N 的质量分数。

4) 燃烧过程中 C 转化率

煤燃烧后煤中的 C 大部分以 CO_2 和 CO 的形式进入烟气中，极少部分形成烟黑，或者存在于灰渣之中。在本章中忽略烟黑 C 以及灰渣中未燃尽 C 的数量。根据实验过程中烟气中的 CO_2 和 CO 浓度和气体流量，可由式(8.11)计算出燃烧过程中 C 转化的物质的量，将其与燃烧前煤中 C 的物质的量之比称为燃烧过程中 C 转化率 α_C

$$\alpha_C = \frac{\frac{1}{22.4 \times 10^{-3}} \int_{t_0}^{t_1} (C_{CO_2} + C_{CO}) V \, dt}{mC_{ad}/12} \tag{8.11}$$

式中，α_C为燃烧实验中 C 的转化率；C_{CO_2}为烟气中 CO_2 的体积分数；C_{CO}为烟气中 CO 的体积分数；m 为煤样质量，单位为 g；C_{ad}为煤元素分析中 C 的质量分数。

用 α_C可以表示煤燃尽的程度以及实验本身的误差，α_C越接近于 1 说明实验过程中 C 转化程度越高，燃烧进行完全，实验可靠程度越高，在本节中所有实验的 α_C 都在 0.94～0.98。

5）燃烧过程中 C 相对转化率计算

每一个煤样燃烧实验中，实验时间的长短不尽相同，因此不能用燃烧时间来表示燃烧进行程度。本章中用该燃烧实验中某一时刻 t 时 C 的转化率与该实验最终 t_1时 C 转化率的比值 $\beta_C(t)$来表示实验进度，$\beta_C(t)$称为 C 相对转化率，由式(8.12)计算

$$\beta_C(t)=\frac{\int_{t_0}^{t}(C_{CO_2}+C_{CO})V\mathrm{d}t}{\int_{t_0}^{t_1}(C_{CO_2}+C_{CO})V\mathrm{d}t}\times 100\% \tag{8.12}$$

6）燃烧过程中 NO 即时产率计算

本章所进行的实验室规模的燃烧实验为间歇非稳态实验，在实验过程中煤样质量不断减少，煤燃烧的速度也不断变化，因此烟气中 NO 浓度不能反映相同燃烧速度下的 NO 排放情况，在本节中采用 NO 即时产率(η_{NO})来评价燃烧过程中 NO 排放情况，燃烧过程中 η_{NO}通过式(8.13)计算[72]

$$\eta_{NO}=\frac{C_{NO}}{\left(\frac{M_N}{M_C}\right)_F(C_{CO_2}+C_{CO})} \tag{8.13}$$

式中，C_{NO}为某一时刻烟气中 NO 的体积分数，表示该时刻 NO 的生成量；C_{CO_2}和 C_{CO}为同一时刻烟气中 CO_2和 CO 的体积分数；$(M_N/M_C)_F$为燃料中 N 和 C 的物质的量之比，单位为 mol/mol。

在本研究中，η_{NO}表示了相同(CO_2＋CO)体积分数的条件下 NO 的相对排放量，如果认为各时刻参与反应燃料中$(M_N/M_C)_F$与反应前燃料中$(M_N/M_C)_F$相同，则分母项表示在同一时刻因燃烧而参与转化的燃料中 N 原子的数量，则两者之比表示该时刻燃料 N 向 NO 的转化率。

7）惰性气氛下焦炭对 NO 的还原率

在惰性气氛下焦炭还原 NO 实验中 NO 还原率 f_{NO}由式(8.14)计算

$$f_{NO}=\left(1-\frac{C_{NOout}}{C_{NOin}}\right)\times 100\% \tag{8.14}$$

式中，C_{NOout}为反应进行平稳时离开反应管中气体的 NO 体积浓度；C_{NOin}为进入反应管中气体的 NO 体积浓度。

8）燃烧过程中焦炭对 NO 的还原率

燃烧过程中焦炭对 NO 的还原率 f_{char} 由式(8.15)计算

$$f_{char}=\left(1-\frac{C_{NOout}-C_{NOchar}}{C_{NObg}}\right)\times 100\% \tag{8.15}$$

式中，C_{NOout} 为某一时刻反应器出口烟气中 NO 体积分数；C_{NOchar} 为相同反应条件下，相同反应时刻在进气中没有 NO 存在时焦炭燃烧产生的 NO 体积分数；C_{NObg} 为按进气总量计算的进气中 NO 体积分数。

9）热解气燃烧对 NO 的还原率

热解气燃烧时对燃烧气氛中 NO 还原率 f_v 由式(8.16)计算

$$f_v=(1-\frac{C_{NOout}-C_{NOgas}}{C_{NObg}})\times 100\% \tag{8.16}$$

式中，C_{NOout} 为某一时刻反应器出口烟气中 NO 的体积分数；C_{NOgas} 为相同反应条件下，相同反应时刻在进气中没有 NO 存在时热解气燃烧时烟气中的 NO 体积分数；C_{NObg} 为按进气总量计算的进气中 NO 体积分数。

10）燃烧气氛中的 NO 对热解气燃烧生成 NO 的抑制率

燃烧气氛中的 NO 对热解气燃烧生成 NO 的抑制率 p_v 可由式(8.17)计算

$$p_v=\left(1-\frac{\alpha_{gNO}}{\alpha_{gair}}\right)\times 100\% \tag{8.17}$$

式中，α_{gNO} 为在燃烧气氛中存在 NO 时热解气燃烧燃料 N 向 NO 的转化率；α_{gair} 为热解气在空气中燃烧时燃料 N 向 NO 的转化率。

8.2.2 惰性气氛下焦炭对 NO 的还原

采用图 8.7(a)所示的实验装置获得了惰性气氛下温度对 NO-焦炭反应的影响规律，如图 8.8 所示[40]。从图中可以看出当温度低于 550℃时，焦炭对 NO 的还原作用不明显，NO 还原率 f_{NO} 约在 10%以下；温度超过 550℃时，温度对 NO-焦炭

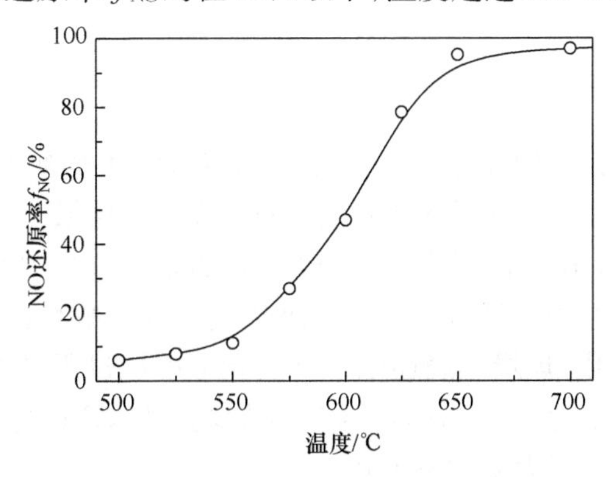

图 8.8 惰性气氛下温度对 NO-焦炭反应的影响[40]

反应影响十分显著，随温度升高 NO 还原率也随之快速增加。温度超过 650℃以后，NO 还原率随温度升高增加缓慢；当温度达到 700℃时，NO 还原率 f_{NO} 超过 98%。该实验说明焦炭在惰性气氛中（无 O_2 存在）对 NO 有较强的还原能力，其还原能力随温度升高而提高。

焦炭还原 NO 反应首先是 NO 在 C 表面吸附形成表面含氮基团和含氧基团[73]

$$NO+2C(\ )\longrightarrow C(N)+C(O) \tag{8.18}$$

$$C(\ )+C(O)+NO\longrightarrow C(O_2)+C(N) \tag{8.19}$$

上式中 C( )、C(N)和 C(O)分别表示焦炭表面 C 活性点、含氮基团和含氧基团。NO 与 C 表面含氮基团反应生成 N_2[45,53]，表面含氧基团分解生成 CO 和 CO_2[73]

$$C(N)+NO\longrightarrow N_2+C(O) \tag{8.20}$$

$$C(O)\longrightarrow CO \tag{8.21}$$

$$C(O_2)\longrightarrow CO_2 \tag{8.22}$$

也有研究认为焦炭表面含氮基团相互作用形成 N_2[43,44]

$$2C(N)\longrightarrow N_2+2C(\ ) \tag{8.23}$$

在以上反应中有 CO 生成，在焦炭表面的催化作用下，CO 能将 NO 还原为 N_2[46]

$$2CO+2NO\longrightarrow N_2+2CO_2 \tag{8.24}$$

同时 CO 对 C-NO 还原反应具有催化作用，主要原因在于 CO 与焦炭表面的C(O)反应使得焦炭表面生成更多的 C( )，加快了 NO 还原反应(8.18)的反应速度[73]

$$CO+C(O)\longrightarrow CO_2+C(\ ) \tag{8.25}$$

但焦炭表面 C( )的数量会随温度的提高而增加

$$C(O)\longrightarrow CO+C(\ ) \tag{8.26}$$

高温下反应(8.25)的重要性降低，CO 的催化作用减弱，反应(8.26)变得更加重要。

8.2.3　燃烧过程中焦炭对 NO 的还原

采用图 8.7(b)所示的实验装置进行了燃烧过程中焦炭对 NO 的还原实验。图 8.9～图 8.11 是焦炭在不同 NO 浓度中的燃烧实验结果[40]。

由图 8.9 可以看出三个不同浓度 NO 气氛的燃烧过程中 CO_2 和 O_2 曲线非常接近，这说明燃烧气氛中 NO 浓度对焦炭燃烧过程的影响可以忽略。根据燃烧过程中 CO_2 和 O_2 的变化，焦炭燃烧还原 NO 实验中燃烧过程可以分为三个阶段：燃烧开始阶段，C 转化率为 0～5%；然后是稳定燃烧阶段，C 转化率为 5%～45%；最后是燃尽阶段，C 转化率为 45%～100%。

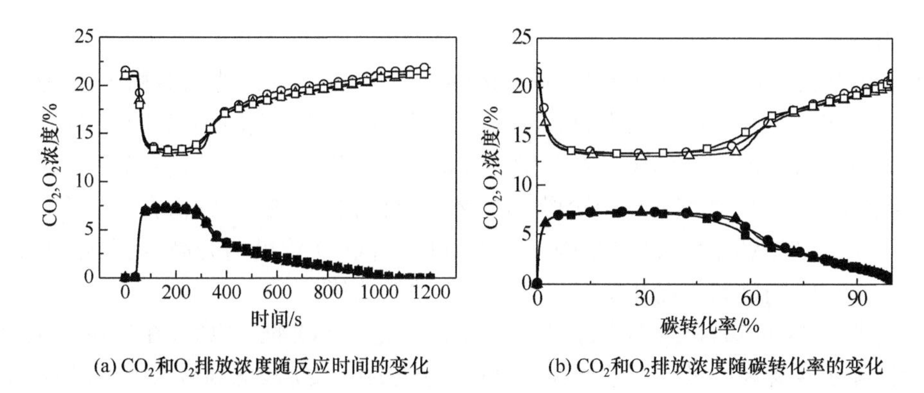

(a) CO_2和O_2排放浓度随反应时间的变化　　(b) CO_2和O_2排放浓度随碳转化率的变化

图 8.9　焦炭在不同背景 NO 浓度中燃烧实验时的 CO_2 和 O_2 的排放浓度[40]

○,● 21% O_2;△,▲ 21% O_2+170×10^{-6} NO;□,■ 21% O_2+283×10^{-6} NO;

空心:O_2排放浓度;实心:CO_2排放浓度

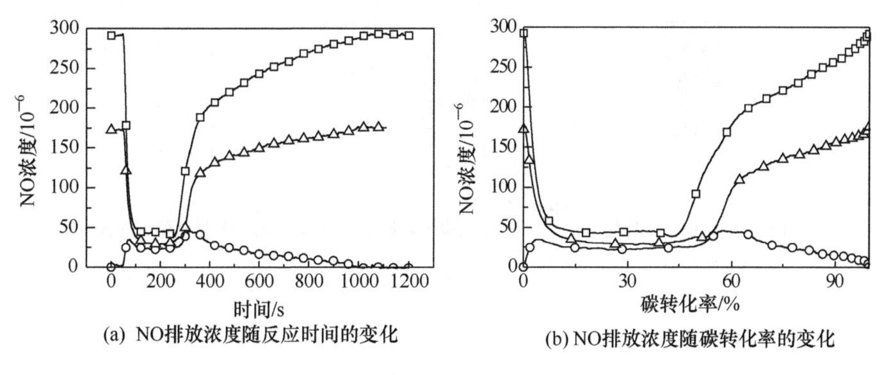

(a) NO排放浓度随反应时间的变化　　(b) NO排放浓度随碳转化率的变化

图 8.10　焦炭在不同背景 NO 浓度中燃烧实验时的 NO 排放浓度[40]

○ 21% O_2;△ 21% O_2+170×10^{-6} NO;□ 21% O_2+283×10^{-6} NO

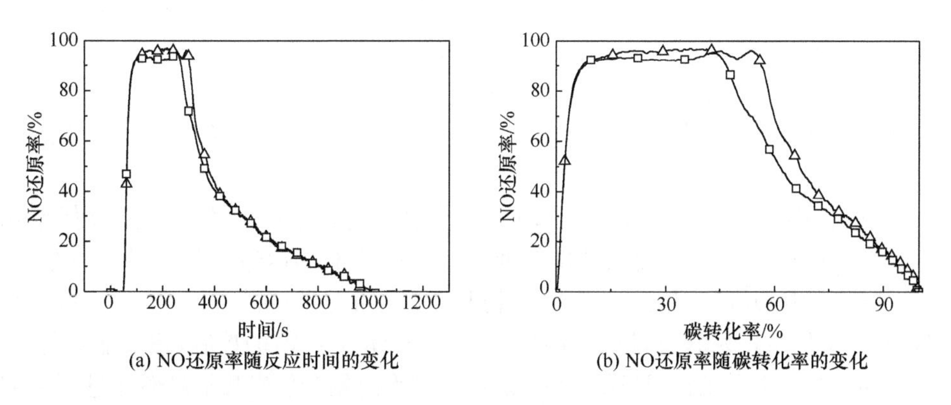

(a) NO还原率随反应时间的变化　　(b) NO还原率随碳转化率的变化

图 8.11　焦炭在不同背景 NO 浓度中燃烧实验时对背景气氛中 NO 的还原率[40]

△ 21% O_2+170×10^{-6} NO;□ 21% O_2+283×10^{-6} NO

由图 8.10 可知，在背景气氛中 NO 浓度为 0 的焦炭燃烧实验中(O_2/Ar+焦炭)，在燃烧开始阶段 NO 开始升高；在燃烧平稳阶段，NO 保持相对稳定；在燃尽阶段 NO 出现先升高后降低现象。在焦炭燃烧还原 NO 实验中(NO/O_2/Ar+焦炭)，背景气氛中的 NO 体积分数分别为 283×10^{-6} 和 170×10^{-6}，燃烧开始阶段，NO 浓度迅速下降；在燃烧平稳阶段，NO 浓度保持相对稳定，NO 值在这三个阶段中最小；在焦炭燃尽阶段，NO 值随 CO_2 浓度的降低(O_2 浓度的升高)而不断升高；在燃烧最后时刻达到燃烧开始时背景气氛中的初始值。

由图 8.11 可知，焦炭燃烧过程中对背景气氛中 NO 的还原率，在焦炭燃烧第一阶段随焦炭燃烧的进行快速增加；在焦炭燃烧的第二阶段达到最大值，并稳定不变；在焦炭燃烧的第三阶段逐渐减小，最终随着焦炭的燃尽趋近于零。

焦炭燃烧过程 CO_2 和 NO 排放特性可以用图 8.12 来说明[40]。

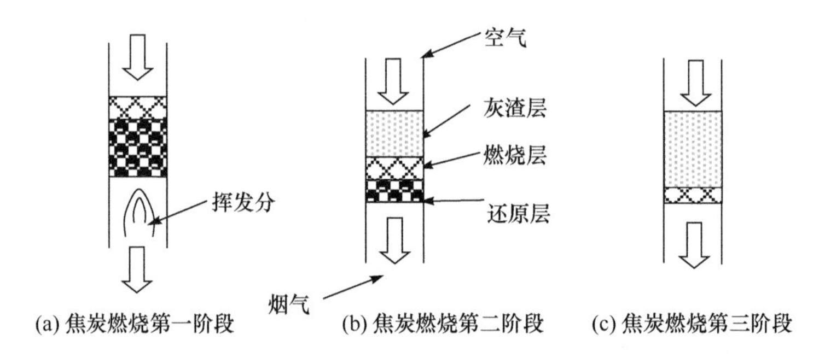

图 8.12　焦炭在固定床中燃烧过程示意图[40]

(1) 在焦炭燃烧第一阶段[图 8.12(a)]，以焦炭中残留热解气析出后的燃烧为主，焦炭燃烧为辅。随着燃烧的进行，热解气析出量不断变小逐渐变成以焦炭燃烧为主，焦炭温度迅速上升并开始燃烧；随温度升高，燃烧速度不断加快，因此 CO_2 浓度不断增加。在该阶段，随焦炭温度升高，焦炭对燃烧气氛中 NO 的还原能力也迅速增加，因此在背景气氛中含有 NO 时(NO/O_2/Ar+焦炭)，反应管出口处的 NO 浓度迅速下降；而对于背景气氛中 NO 浓度为 0 时(O_2/Ar+焦炭)，由于燃烧气氛中没有 NO 存在，因此只有 NO 的产生没有 NO 的还原，NO 浓度在该阶段迅速升高。

(2) 在焦炭燃烧第二阶段[图 8.12(b)]，燃烧过程中产生的 CO_2、NO 保持相对稳定，CO_2、O_2 和 NO 的排放浓度都处于稳定状态，CO_2 达到最大值，在 7%左右，恰好等于 V_1 中 O_2 流量占反应管中全部进气量的百分数(0.5×21%/1.5=7%)。该阶段处于焦炭过剩状态，燃烧过程受到进口气体流量 V_1 的控制，焦炭能够与 V_1 中的全部 O_2 反应生成相同量的 CO_2，说明反应管内剩余焦炭数量对燃烧过程影响很小。反应管内焦炭层从下至上可以分为还原层、燃烧层和灰渣层，该阶段燃烧层厚度受到一次风量的控制，保持不变，还原层厚度逐渐变小，灰渣层厚度逐渐增加。该阶段焦炭燃烧产生的 NO 和 CO_2 在经过还原层时会被还原成 N_2 和 CO，CO 在遇到二次风中的 O_2 后又被氧化成 CO_2，而 N_2 却不会被氧化成 NO。由于焦炭过剩，因此该阶段焦炭对 NO 还原率也最高，在燃烧气氛中 NO 的体积分数为 170×10^{-6} 和 283×10^{-6} 时，该阶段平均 NO 还原率分别为 93.4% 和 92.6%，相应的 NO 排放体积分数也就最低，分别为 34×10^{-6} 和 46×10^{-6}。

(3) 在焦炭燃烧第三阶段[图 8.12(c)]，随着燃烧的进行，反应管内的焦炭数量不断减少，一次风过量，燃烧速度受焦炭数量的控制，燃烧层变薄，还原层消失，反应管中所剩余的焦炭不足以与 V_1 中的 O_2 全部反应，出现 O_2 过量现象，焦炭燃烧产生的 CO_2 浓度下降。由于还原层的消失和燃烧层的变薄，使得焦炭在燃烧过程中对自身燃烧产生 NO 的还原降低，同样 V_1 中的 NO 与焦炭的反应速率也随焦炭数量的减少而不断降低，NO 还原率不断降低。因此该阶段出现 CO_2 浓度降低，NO 浓度与 O_2 浓度同步增高的现象。该实验现象说明还原层对 NO 的排放起到非常重要的作用，要降低 NO 排放，在焦炭层中保持一定厚度的还原层是十分重要的。

8.2.4　燃烧过程中焦炭对燃煤烟气中 NO 的还原

采用图 8.7(c)所示的实验装置获得了燃烧过程中焦炭对燃煤烟气中 NO 的还原规律。为便于对比，以燃烧过程中碳相对转化率为横坐标，以燃烧过程 NO 的排放浓度和 NO 即时产率 η_{NO} 为纵坐标作图，如图 8.13 所示[40]，其中 C 相对转化率由式(8.12)计算，η_{NO} 由式(8.13)计算，在计算 η_{NO} 过程中 $(M_N/M_C)_F$ 取定值，即为燃烧开始前反应器中燃料的 N/C 比。

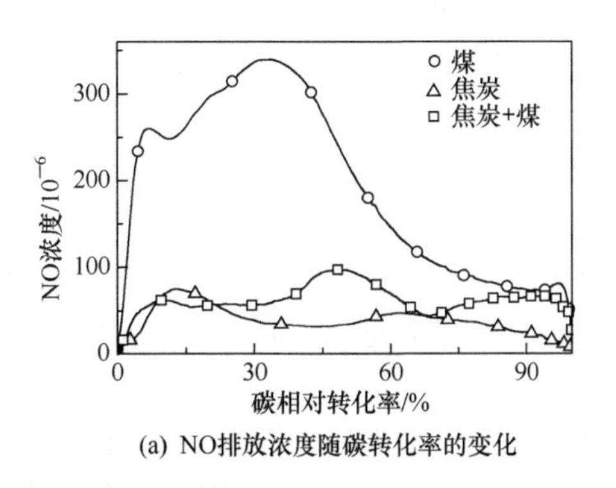

(a) NO排放浓度随碳转化率的变化

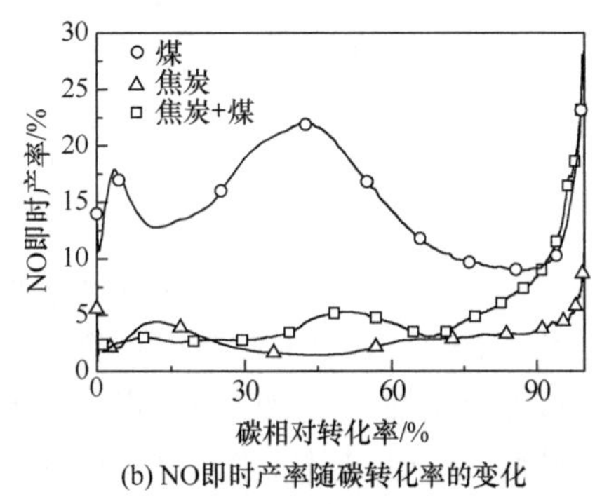

(b) NO即时产率随碳转化率的变化

图 8.13　煤、焦炭以及煤和焦炭共同燃烧过程中 NO 排放浓度及即时产率变化[40]

从图 8.13(a)可以看出，在煤和焦炭共同燃烧实验中 NO 排放要远低于煤单独燃烧 NO 排放，要稍稍高于焦炭本身燃烧 NO 排放。煤单独燃烧实验中 NO 排放体积分数最高达到 350×10^{-6}，煤和焦炭共同燃烧实验中 NO 排放体积分数最大不超过 120×10^{-6}，这说明焦炭与煤共同燃烧过程中煤燃烧产生的 NO 很大一部分被焦炭还原。从图 8.13(b)中 NO 即时产率 η_{NO}曲线来看，焦炭与煤共同燃烧实验中 η_{NO}略高于焦炭单独燃烧，远小于煤炭单独燃烧，但在燃烧末期，三者的 η_{NO}都有显著升高的趋势，焦炭与煤共同燃烧实验中 η_{NO}升高趋势出现最早，这主要是在燃烧结束阶段，由于焦炭的燃尽而导致其对煤燃烧烟气中 NO 还原作用下降，所以 η_{NO}迅速升高。

各燃烧过程中 NO 排放总量在表 8.4 中列出。如果假定焦炭在各燃烧实验中 NO 排放量不变，那么在煤和焦炭共同燃烧实验中煤燃烧产生的 NO 量为 1.41－0.39＝1.02mg，与煤单独燃烧产生 1.84mg 相比较，在焦炭和煤共同燃烧实验中煤燃烧产生的 NO 降低了 44.6%。该实验结果证明了焦炭在燃烧过程中能对煤燃烧烟气中的 NO 起到非常大的还原作用。

表 8.4　各燃烧实验中 NO 排放量

实验	NO 排放量/mg
0.5g 煤＋0.5g 焦炭燃烧	1.41
0.5g 煤燃烧	1.84
0.5g 焦炭燃烧	0.39

8.2.5　热解气燃烧对 NO 的还原

传统层燃炉中大部分热解气在焦炭层上方燃烧，炉膛烟气中 NO_x 有机会和热解气相互作用被还原为 N_2。采用图 8.7(d)所示的实验装置进行了热解气燃烧对 NO 的还原实验。如表 8.3 所示，煤热解产生的热解气在 NO 体积分数分别为 0、110×10^{-6}和 280×10^{-6}的背景气氛中燃烧，通过 NO 排放的差别来分析燃烧过程中热解气对 NO 的还原作用。

图 8.14 是不同进气 NO 浓度条件下热解气燃烧过程中 CO_2 和 NO 排放情况[40,41]。图 8.14(a)中各燃烧实验 CO_2 排放曲线几乎完全相同，可认为燃烧气氛中 NO 浓度对热解气燃烧过程没有影响。

热解气在燃烧过程中对气氛中的 NO 有一定还原作用，同时热解气燃烧产生的 NO 也受到燃烧气氛中 NO 的影响而降低，在热解气燃烧过程中这两个作用同时存在，这两种作用的最终结果是等效的，实验中很难将这两个作用分开。为了便于讨论，首先忽略燃烧气氛中 NO 对热解气燃烧过程中燃料 N 向 NO 转化的影响，即认为各燃烧实验中热解气燃烧时 NO 的排放浓度相同，用热解气在不同燃烧

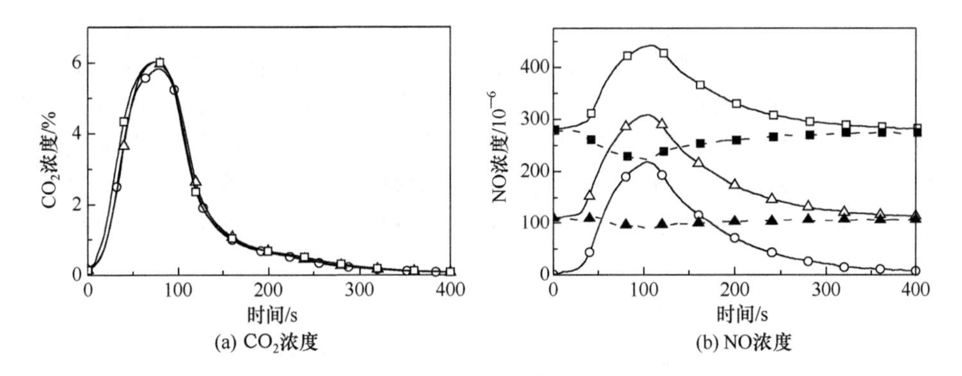

图 8.14　不同进气 NO 浓度下热解气燃烧时 CO_2 和 NO 的排放浓度随时间的变化[40,41]

○ 21% O_2；△ 21% O_2+110×10^{-6} NO；□ 21% O_2+280×10^{-6} NO；▲背景气氛中 NO 体积分数为 110×10^{-6} 和 0 时热解气燃烧的 NO 排放体积分数之差；■背景气氛中 NO 体积分数为 280×10^{-6} 和 0 时热解气燃烧的 NO 排放体积分数之差

气氛中燃烧时 NO 排放浓度减去热解气在空气中燃烧时 NO 排放浓度，就会得到热解气燃烧过程中燃烧气氛中 NO 的变化，如图 8.14(b)中两条虚线所示。从图中可以看到，忽略燃烧气氛中 NO 对热解气燃烧过程中燃料 N 向 NO 的转化，热解气燃烧过程中背景气氛中的 NO 浓度低于原始的 NO 浓度，即热解气燃烧过程中会对背景气氛中的 NO 起还原作用。

由式(8.16)计算出 NO 的还原率 f_v。图 8.15 给出了不同进气 NO 浓度下热解气燃烧过程中对燃烧气氛中 NO 的还原率 f_v随时间的变化[40,41]。实验过程中热解气的产生量和燃烧速度都在不断变化，热解气燃烧过程中对燃烧气氛中 NO 的还原率也不断变化，对于背景气氛中 NO 体积分数为 110×10^{-6}和 280×10^{-6}的燃烧实验，对燃烧气氛中 NO 的最大还原率分别为 18.5%和 20.1%，平均还原率分别为 7.1%和 7.8%。

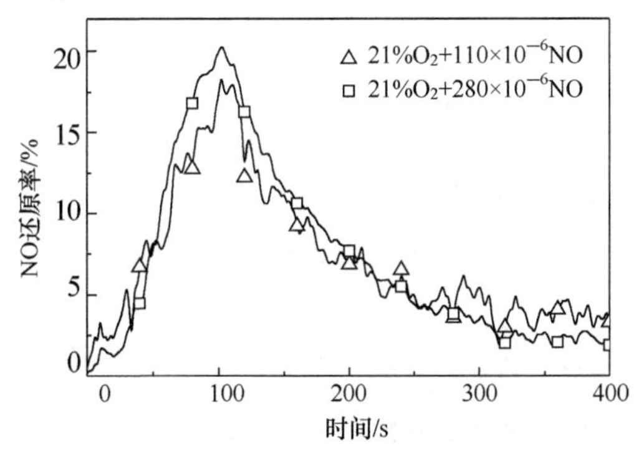

图 8.15　不同进气 NO 浓度下热解气燃烧对 NO 的还原率[40,41]

如果忽略热解气燃烧对燃烧气氛中 NO 的还原作用，即认为各燃烧实验中燃烧气氛中的 NO 不受热解气燃烧影响，不同背景下热解气燃烧 NO 排放值就等于 NO 实际的测量值与背景值之差，如图 8.16 所示[40]。从图中可以看出热解气在 21%O_2 中燃烧时产生的 NO 浓度最高，当燃烧气氛中有 NO 存在时，热解气燃烧产生的 NO 浓度下降，也就是燃烧气氛中的 NO 抑制了热解气燃烧 NO 的产生，并且燃烧气氛中 NO 浓度越高，热解气燃烧时 NO 的排放浓度越低，其抑制作用越大。

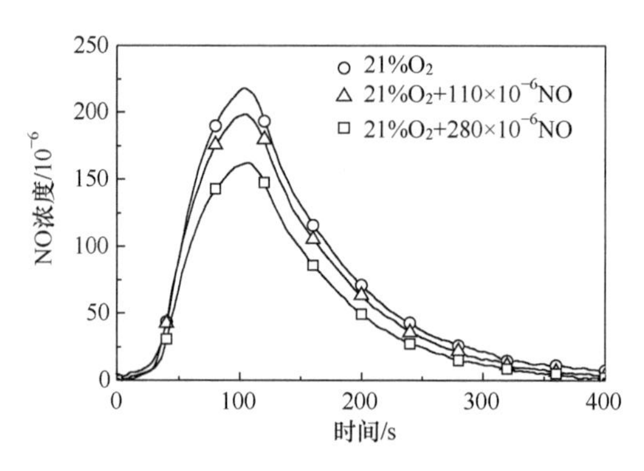

图 8.16 不同背景 NO 体积分数下热解气燃烧所产生的 NO 浓度[40]

根据式(8.17)计算出燃烧气氛中 NO 体积分数为 110×10^{-6} 和 280×10^{-6}，对热解气燃烧 NO 排放的降低率分别为 10%和 30%，这说明燃烧气氛中 NO 体积分数越高，对热解气燃烧 NO 的抑制能力越强，相应热解气燃烧时燃料 N 向 NO 转化率越低。该试验结果也可以说是热解气对燃烧气氛中 NO 还原量相当于热解气在空气中燃烧 NO 产生量的 10%～30%。

热解过程煤中 N 以 NO_x 前驱体的形式进入热解气中，热解气的主要成分有 CO、CO_2、H_2、H_2O 和 C_mH_n(烃类)。热解温度越高，热解时间越长，热解气中 N 所占的比例越大。这些 N 在热解气中大部分以 HCN 和 NH_3 的形式存在。

热解气中的 CO 在焦炭等催化作用下能与 NO 发生如下反应[74]：

$$CO+NO\xrightarrow{\text{焦炭}}CO_2+\frac{1}{2}N_2 \tag{8.27}$$

H_2、C_mH_n 和 NH_3 还原 NO 的反应如下：

$$H_2+NO\longrightarrow H_2O+\frac{1}{2}N_2 \tag{8.28}$$

$$2NO+2C_mH_n+\frac{2m+1}{2n-1}O_2\longrightarrow N_2+2mCO_2+nH_2O \tag{8.29}$$

$$4NH_3+4NO+O_2\longrightarrow 6H_2O+4N_2 \tag{8.30}$$

热解气中的 HCN 通过下列反应还原烟气中的 NO：

$$HCN+O\longleftrightarrow NCO+H \tag{8.31}$$

$$HCN+O \longleftrightarrow NH+CO \tag{8.32}$$

NCO 进一步与 H 反应生成 NH 与 N：

$$NCO+H \longleftrightarrow NH+CO \tag{8.33}$$

$$NH+H \longleftrightarrow H_2+N \tag{8.34}$$

N 与 NO 反应生成 N_2：

$$N+NO \longleftrightarrow N_2+O \tag{8.35}$$

热解气中的碳氢化合物也能首先和 NO 发生反应生成 HCN：

$$CH+NO \longleftrightarrow HCN+O \tag{8.36}$$

然后，HCN 再通过反应方程式(8.31)～式(8.35)将 NO 还原成 N_2。

从上面的一系列反应方程式可以看出，热解气中 CO、H_2、NH_3、HCN 及其进一步反应的产物 NH 和 CN 等都有还原 NO 的作用。如果增加燃烧气氛中 NO 浓度，燃烧气氛中的 NO 能通过式(8.30)和式(8.35)的反应促使热解气中的 N 和 NH_3 向 N_2 的转换，有利于降低热解气燃烧时的燃料 N 向 NO 的转化率。

8.2.6　解耦燃烧降低 NO_x 的机理

解耦燃烧过程中热解气燃烧的烟气通过燃烧的焦炭层后才能最终排放。根据 8.2.3 节的实验结果可知，在含有 NO_x 的烟气通过焦炭层的过程中，其中的 NO_x 能够被焦炭有效还原，其还原率可达到 93%，相当于热解气燃烧 NO_x 排放降低 93%。正如 8.1.5 节中的叙述，在实际解耦燃煤炉中一部分热解气在通过焦炭层之前燃尽，燃烧后的烟气穿过焦炭层后排出，在此过程中热解气燃烧产生的 NO_x 被焦炭层还原；另一部分热解气穿过焦炭层后燃烧，根据 8.2.5 节的实验结果可知，热解气对焦炭燃烧产生的 NO_x 也有一定的还原作用。解耦燃烧中 NO_x 排放较低，其主要原因在于焦炭对烟气中的 NO_x 的还原率非常高。焦炭燃烧时对 NO_x 的还原率与焦炭性质和反应温度有关，在燃烧过程中形成的焦炭活性越强，表面积越大，反应温度越高，焦炭层越厚，焦炭层对 NO_x 的还原能力越强，NO_x 排放越低。一般来说，当煤种和燃煤炉的燃烧温度确定后，其形成的焦炭性质也就确定，焦炭对 NO_x 的还原率主要受到焦炭层厚度的影响，因此增加焦炭对 NO_x 的还原率，降低 NO_x 排放的一个有效方法就是增加燃烧中焦炭层的厚度。

基于 8.2.2 节至 8.2.5 节的实验结果，通过对解耦燃烧炉中的燃烧过程进行分析，煤炭解耦燃烧降低 NO_x 排放的途径可归纳为图 8.17 所示[40,41]。在解耦燃烧过程中主要有两条 NO_x 还原途径：①半焦还原，煤热解后产生的半焦对热解气和部分半焦燃烧产生的 NO_x 的还原作用；②热解气还原，煤热解后产生的还原性气体对焦炭燃烧产生的 NO_x 的还原作用，类似于选择性非催化还原(SNCR)作用。同时热解气和半焦在远离炉排进气口处的缺氧燃烧使得燃料 N 部分生成了 N_2，也起到了降低 NO_x 生成的作用。综上所述，解耦燃烧降低氮氧化物的途径是半焦还原、热解气还原和缺氧燃烧的协同作用，其中半焦还原作用是最主要因素。

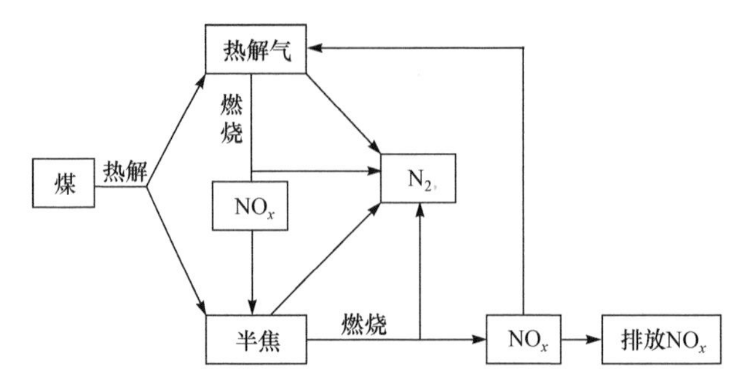

图 8.17　煤炭解耦燃烧降低 NO_x 排放的途径[40,41]

根据前面讨论的解耦燃烧过程影响因素和解耦燃烧机理可以知道，在解耦燃烧过程中要降低 NO_x 排放，应使热解气在穿过焦炭层之前尽可能燃尽，充分利用焦炭层对 NO_x 的还原作用，降低热解气燃烧 NO_x 排放，增加焦炭层厚度能提高焦炭层对 NO_x 的还原率，可以降低整个燃烧过程中 NO_x 的排放。同时，如果能在解耦燃烧过程中降低热解气燃烧过程和焦炭燃烧过程中燃料 N 向 NO 的转化率，可以降低整个解耦燃煤过程中燃料 N 向 NO_x 的转化率。降低热解气和焦炭燃烧燃料 N 向 NO_x 转化率比较方便可行的方法是使热解气和焦炭先在缺氧的条件下燃烧，然后再加入二次风使其燃尽。如果降低热解区 O_2 浓度，就能实现热解气首先在缺氧条件下燃烧然后再充分燃烧，达到降低热解气燃烧 NO_x 排放的目的。

根据解耦燃烧降低 NO_x 的机理，在设计低 NO_x 排放解耦燃煤炉时应该遵循以下原则：①尽可能使热解气在通过焦炭层之前燃尽，充分利用焦炭层对 NO_x 的还原作用降低 NO_x 排放；②在炉膛中增加燃烧过程中焦炭层的厚度，既有利于降低焦炭本身燃烧生成 NO_x 的排放，又能提高焦炭层对热解气燃烧生成 NO_x 的还原率；③降低解耦燃煤炉热解区的氧气浓度，使热解气首先在缺氧条件下燃烧，可有效降低热解气燃烧过程 NO_x 的排放。

8.3　燃烧方式与煤种对降低 NO_x 排放的作用

8.2 节中对解耦燃烧降低 NO_x 排放的机理进行了比较详细的研究。煤炭解耦燃烧技术是将煤炭燃烧过程分解为热解和燃烧两部分，煤首先热解生成热解气和半焦，然后通过热解气和半焦在燃烧过程中的还原作用降低 NO_x 的排放。

何京东等[40,41]采用 8.2.1 节中所示的实验装置，使用内蒙古上湾烟煤研究了四种燃烧方式，即热解气和焦炭分别在燃烧、传统燃烧、空气分级燃烧以及解耦燃烧方式下 NO 的排放特性。通过实验发现煤的热解气和焦炭分别燃烧、传统燃烧、空气分级燃烧和解耦燃烧方式中燃料 N 向 NO 转化率分别为 15.3%、13.8%、11.6%和 8.5%。与传统燃烧相比，热解气和焦炭分别燃烧方式增加 NO 排放约 11%，空气分级燃烧方式降低 NO 排放约 16%。解耦燃烧方式是降低 NO 排放最有效的燃烧方式，与传统燃烧方式相比降低 NO 排放约 39%。在这些燃烧方式中，热解气和焦炭分别燃烧方式燃料 N 向 NO 的转化率最高，其原因在于由于热解气燃烧和焦炭燃烧这两个过程相互独立，因此燃烧过程中热解气和焦炭对燃烧产生的 NO 都没有还原作用。分级燃烧能降低 NO_x 的原因是分级燃烧降低了煤燃烧时的过量空气系数，使燃烧产生的 NO_x 降低。解耦燃烧方式降低 NO_x 排放主要原因是解耦燃烧过程中煤炭热解后产生的半焦对热解气燃烧产生的 NO_x 起到了还原作用。

在解耦燃烧原理的基础上，许光文等[75,76]提出了在层燃锅炉前增设热解气化室，利用煤的热解气化气的再燃烧作用来降低层燃锅炉的 NO_x 排放。郝江平等[77]提出将解耦燃烧的原理与热解气化气的再燃作用相结合，使煤热解气化产生的热解气化气一部分在通过半焦层之前燃尽，利用半焦的还原作用降低 NO_x 的排放；热解气化气的另一部分在半焦层的上方燃烧，通过热解气化生成气的再燃作用降低半焦燃烧生成的 NO_x。贾靖华等[78]的模拟计算表明，在一定条件下采用煤热解气再燃可以使层燃锅炉烟气中的 NO_x 排放降低约 14.6%。

本节对 8.2 节中的双层床两段燃烧实验装置进行了改进，采用五种煤模拟实际燃烧装置中发生的不同燃烧过程，对传统燃烧、空气分级燃烧、热解气再燃烧、部分气化气再燃烧以及解耦燃烧方式的 NO_x 排放规律进行了对比研究[79,80]，揭示了不同燃烧方式与煤种对降低 NO_x 排放的效果。

8.3.1　实验装置和实验方法

1. 实验煤种及样品制备

实验所用的煤样为云南小龙潭褐煤(XLT)、陕西神府烟煤(SF)和神木烟煤(SM)以及两种新疆不粘煤(XJ1 和 XJ2)。将煤样破碎后筛分，取粒度在 0.5～0.7mm 的部分作为本研究的所用煤样。为减小实验误差，实验前煤样放入烘箱内在 105℃下干燥 120min，实验中所用的半焦在反应器中根据热解气化气再燃烧和解耦燃烧的实验条件制得。煤样的工业分析和元素分析结果见表 8.5。

表 8.5　煤样的工业分析和元素分析

煤样	工业分析 w_d/%①			元素分析 w_{daf}/%②				
	灰分	挥发分	固定碳	碳	氢	氮	硫	氧③
小龙潭褐煤(XLT)	17.53	43.46	39.01	68.18	3.47	1.89	3.08	23.38
神府烟煤(SF)	28.04	28.49	43.46	78.65	5.18	1.24	0.92	14.01
神木烟煤(SM)	18.13	32.03	49.84	80.17	5.07	1.28	0.34	13.14
新疆不粘煤 1(XJ1)	6.46	24.96	68.58	75.95	4.14	1.09	0.30	18.52
新疆不粘煤 2(XJ2)	4.97	32.72	62.32	75.29	3.15	0.62	0.48	20.46

①干基；②干燥无灰基；③差值。

2. 实验系统

模拟不同燃烧方式的燃烧实验系统如图 8.18 所示[79,80]。该系统由两段反应器、双温区温控电炉、供气系统和在线烟气分析仪组成。

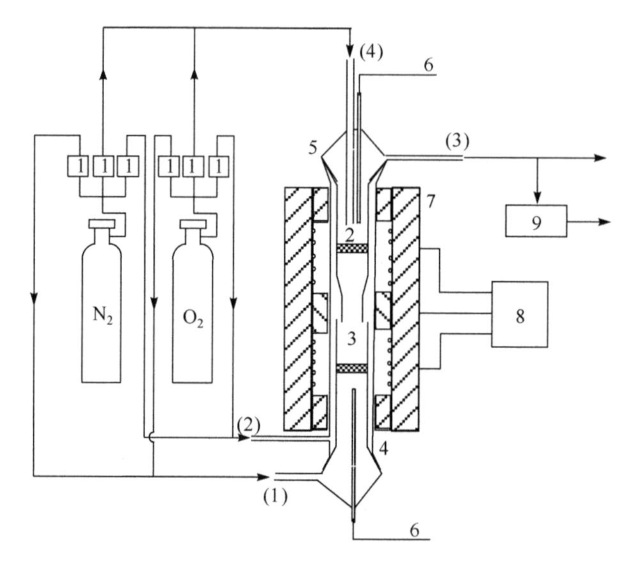

(1)、(2)、(3)、(4)为进气口或出气口

1. 质量流量计；2. 上反应管；3. 下反应管；4. 外反应管；5. 上反应管上盖；

6. 热电偶；7. 双温区温控电炉；8. 温控仪；9. 烟气分析仪

图 8.18　实验系统示意图[79,80]

两段反应器包括石英玻璃制成的外反应管(内径为 36mm,长 1380mm)、上反应管(内径为 26mm,长 820mm,中部放有用 40 目石英砂制成的烧结板)、下反应管(内径为 26mm,长 610mm,中部放有用 40 目石英砂制成的烧结板)和上反应管上盖。双温区温控电炉内部有上下两个温控区,程序升温速度可在 0～30℃/min 的范围内调整,电炉最高工作温度为 1100℃。实验中供气系统由高纯 N_2(99.999%)钢瓶和高纯 O_2(99.999%)钢瓶组成。采用德国德图公司生产的 Testo-350XL 便携式烟气分析仪,在线检测烟气中的 NO、NO_2、SO_2、CO、CO_2 和 O_2浓度。热解气化气体成分分析采用美国安捷伦公司生产的 Agilent 3000A 气相色谱,分析气体中 O_2、CO、CO_2、H_2、C_mH_n的浓度。

3. 实验步骤和方法

通过改变两段反应器的进出口的位置和气体流向模拟各种燃烧过程,实现传统燃烧、空气分级燃烧、热解气和部分气化气再燃烧以及解耦燃烧过程,如图 8.19 所示[80]。为便于比较,五种燃烧方式实验中保持燃烧的煤量和通入的混合气中

N_2和O_2的总量相等。实验过程中，每种条件下的实验均进行三次以上，实验结果取平行实验的平均值，实验误差在 2%以内。实验发现，0.5g 煤反应 10min，烟气中 CO_2体积分数小于 0.1%，可确认反应结束，因此各种燃烧方式的反应时间均保持为 10min。

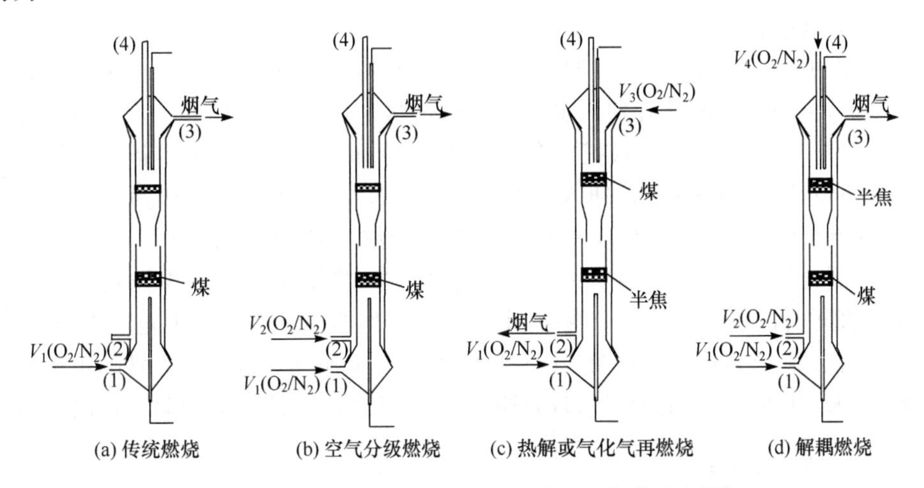

图 8.19　各种燃烧方式中两段反应器的气体流向[80]

1）传统燃烧

采用图 8.19(a)所示反应器，在下反应管中加入 0.5g 煤，从进口(1)通入 1.5L/min的 N_2 和 O_2 的混合气[$O_2/(N_2+O_2)=21\%$，体积分数]，待电炉升到指定温度后迅速将下反应管插入外反应管中进行传统燃烧实验，烟气从出口(3)排出检测。

2）空气分级燃烧

采用图 8.19(b)所示反应器，在下反应管中加入 0.5g 煤，从进口(1)通入 1.0L/min 的 N_2和 O_2的混合气[$O_2/(N_2+O_2)=21\%$，体积分数]，从进口(2)通入 0.5L/min 的 N_2和 O_2的混合气[$O_2/(N_2+O_2)=21\%$，体积分数]，待电炉升到指定温度后迅速将下反应管插入外反应管中进行空气分级燃烧实验，烟气从出口(3)排出检测。

3）热解气或部分气化气再燃烧

采用图 8.19(c)所示反应器，先在下反应管中放入 0.5g 煤，在进口(1)通入 0.2L/min 的 N_2或 N_2和 O_2的混合气[$O_2/(N_2+O_2)=5\%\sim15\%$，体积分数]，待电炉升到指定温度后迅速将下反应管插入外反应管中进行热解或部分氧化气化反应，在气体再燃烧的实际反应条件下反应 10min，然后将反应管拔出在 N_2保护下冷却到室温制得半焦备用。将 0.5g 煤装入上反应管，从进口(3)通入 0.2L/min 的 N_2或 N_2和 O_2的混合气[$O_2/(N_2+O_2)=5\%\sim15\%$，体积分数]，进口(1)通入

1.3L/min 的 N_2 和 O_2 的混合气[$O_2/(N_2+O_2)=22\%\sim24.2\%$，体积分数]，将上反应管和预先制得半焦的下反应管同时迅速插入外反应管中，上反应管中煤热解或部分氧化气化产生的气体和下反应管中半焦燃烧产生的烟气在外反应管的中部混合燃烧实现燃料再燃，烟气从出口(2)排出检测。

4）解耦燃烧

采用图 8.19(d)所示反应器，先在上反应管中放入 0.5g 煤，从进口(4)通入 0.2L/min 的 N_2，待电炉升到指定温度后迅速将上反应管插入外反应管中进行热解反应 10min，然后将反应管拔出在 N_2 保护下冷却到室温制得半焦备用。将0.5g煤装入下反应管，从进口(1)通入 0.2L/min 的 N_2，进口(2)通入 0.8L/min 的 N_2 和 O_2 的混合气[$O_2/(N_2+O_2)=26.3\%$，体积分数]，进口(4)通入 0.5L/min 的 N_2 和 O_2 的混合气[$O_2/(N_2+O_2)=21\%$，体积分数]，将下反应管和预先制得半焦的上反应管同时迅速插入外反应管中，下反应管产生的热解气遇到从进口(2)通入的气体开始燃烧，燃烧后的产物及未燃尽的热解气向上流动穿过上反应管的半焦层混合燃烧，未燃尽的气体遇到从进口(4)通入的气体后燃尽，烟气从出口(3)排出检测。

4. 实验数据处理

本实验的反应温度为 800℃，因此可以忽略实验中热力型 NO_x 和快速型 NO_x 的产生，认为烟气中所有的 NO_x 都是燃料型 NO_x。煤中燃料 N 向 NO_x 的转化率 α_{NO_x} 用式(8.37)计算

$$\alpha_{NO_x}=\frac{[NO_x]_{mol}}{[\text{Fuel-N}]_{mol}}\times100\% \tag{8.37}$$

式中，$[NO_x]_{mol}$ 为单位质量燃料燃烧生成的 NO_x 的物质的量，单位为 mol/g；$[\text{Fuel-N}]_{mol}$ 为单位质量燃料中燃料氮物质的量，单位为 mol/g。

在煤热解和部分气化气再燃烧实验过程中，还原性气体量随着通入气体氧气体积分数的变化而变化。还原性气体量采用式(8.38)计算

$$V_{RG}=(x_{CO}+x_{H_2}+x_{CH_4})\times V \tag{8.38}$$

式中，V_{RG} 为还原性气体量，L；x_{CO}、x_{H_2}、x_{CH_4} 分别为热解和部分氧化气化生成气体中 CO、H_2 和 CH_4 的体积分数；V 为通入的总气量，单位为 L；由于通入的总气量较大可以忽略煤热解和气化释放的气体量。

8.3.2 不同燃烧方式降低 NO_x 排放的效果

图 8.20 为五种煤在不同燃烧方式下烟气中 NO_x 浓度(体积分数)随时间的变化[80]。可以发现在燃烧的前 250s，五种不同燃烧方式下 NO_x 排放有显著差别。传统燃烧方式的 NO_x 排放的最高体积分数最高，达到 600×10^{-6} 左右；空气分级燃烧方式的 NO_x 排放体积分数比传统燃烧方式低，为$(300\sim500)\times10^{-6}$；热解气再

燃烧方式的 NO_x 排放体分数在 $200\times10^{-6}\sim400\times10^{-6}$；部分气化气再燃烧方式的 NO_x 排放体积分数只有 $150\times10^{-6}\sim300\times10^{-6}$，明显低于前两种燃烧方式；解耦燃烧方式的 NO_x 排放体积分数在 $100\times10^{-6}\sim200\times10^{-6}$，是最有效的低 NO_x 燃烧方式。从图中可以看出，在传统燃烧和空气分级燃烧方式下，从 NO_x 排放浓度曲线能够明显看出分为热解气燃烧和半焦燃烧两个阶段，而在热解气化气再燃烧和解耦燃烧方式下，热解气燃烧和半焦燃烧这两个阶段融合为一个阶段，使得热解气燃烧和半焦燃烧阶段相互作用，可以充分利用热解气化气和半焦的还原作用，从而使 NO_x 的排放浓度得到不同程度的降低。

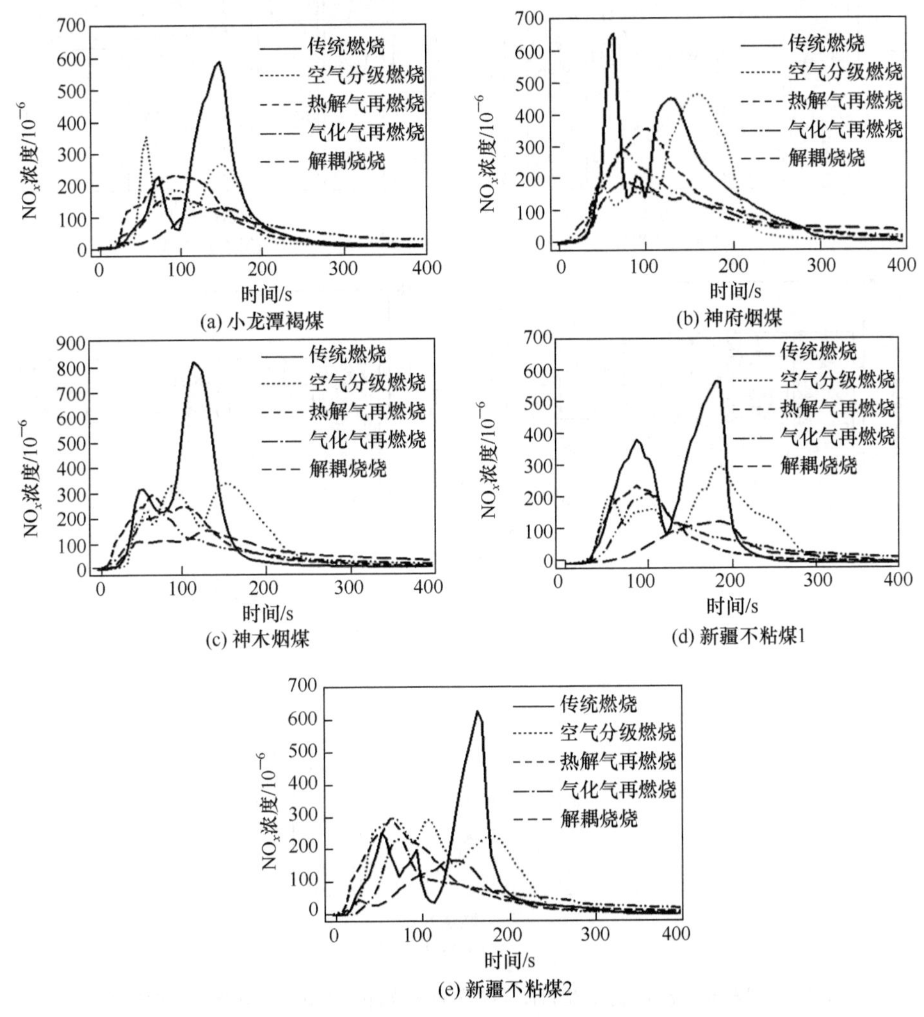

图 8.20　五种煤在不同燃烧方式下烟气中 NO_x 浓度随时间的变化[80]

$V=1.5\text{L/min}, T=800^{\circ}\text{C}$

图 8.21 表示五种煤样在不同燃烧方式下燃料 N 向 NO_x 的转化率，并以传统燃烧方式的燃料 N 向 NO_x 转化率为基准，对各种燃烧方式的燃料 N 向 NO_x 转化率进行了比较[80]。将传统燃烧 NO_x 的排放基准定为 100%，可以看出与传统燃烧相比，空气分级燃烧、热解气再燃烧、部分气化气再燃烧和解耦燃烧方式可降低 NO_x 排放分别为 10%～14%、16%～27%、26%～31%和 32%～37%。部分气化气再燃烧方式和解耦燃烧方式都有比较好的降低 NO_x 排放效果，解耦燃烧方式抑

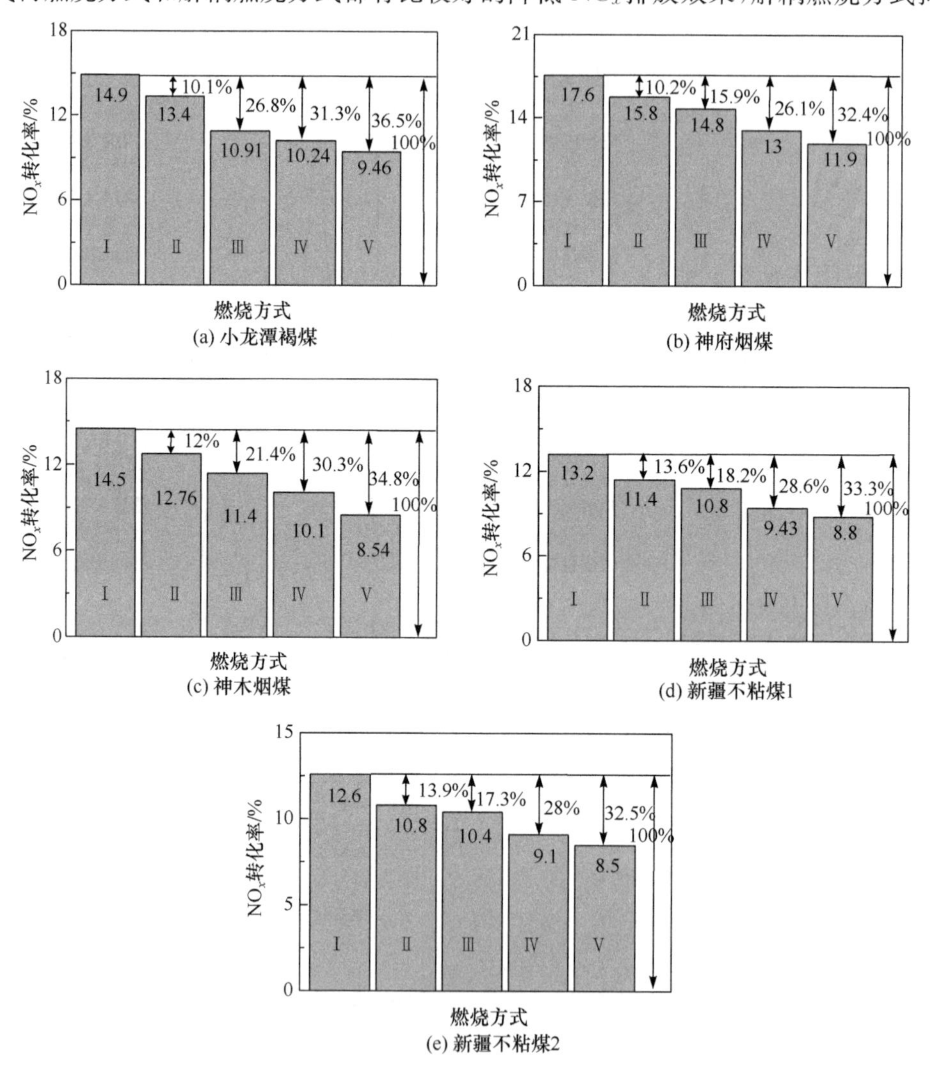

Ⅰ. 传统燃烧；Ⅱ. 空气分级燃烧；Ⅲ. 热解气再燃烧；Ⅳ. 气化气再燃烧；Ⅴ. 解耦燃烧

图 8.21 五种煤在不同燃烧方式下燃料 N 向 NO_x 转化率及脱硝效率[80]

V=1.5L/min；T=800℃

制 NO_x 生成的效果最为显著。在热解气和部分气化气再燃烧方式下，利用煤热解气化产生的还原性气体对半焦燃烧产生的 NO_x 进行还原，使得煤中燃料 N 向 NO_x 的转化率明显降低。在解耦燃烧方式下，热解气燃烧产生的 NO_x 经过燃烧中的半焦层，通过半焦的还原作用降低 NO_x 的排放。由 8.2 节可知，焦炭对 NO 的还原率能够达到 90%以上。本节的实验结果也证明了半焦的还原作用比热解气和部分气化气再燃烧作用具有更好的降低 NO_x 排放的效果。

8.3.3　煤种对降低 NO_x 排放的影响

由图 8.20 和图 8.21 可知，在不同低 NO_x 燃烧方式中煤种不同降低 NO_x 排放的程度不同。为了考察煤种对脱硝效率的影响，图 8.22 给出了 FR/FN 的变化对热解气再燃、部分气化气再燃和解耦燃烧降低 NO_x 排放的影响[80]。图中脱硝效率为与传统燃烧相比三种燃烧方式降低 NO_x 的百分数(来自图 8.21)。FR 为以干燥无灰基为基准的燃料比(固定碳/挥发分)[81,82]，即 FR= FC/VM，FN 为煤样中的 N 含量，FR/FN 表示煤样中的单位氮含量所对应的燃料比。可以看到热解气再燃、部分气化气再燃和解耦燃烧方式的脱硝效率随燃料比的减小而增加，也就是说煤中的挥发分含量越高，在低 NO_x 燃烧方式下燃料氮向 NO_x 转化的转化率就越低[81-83]。

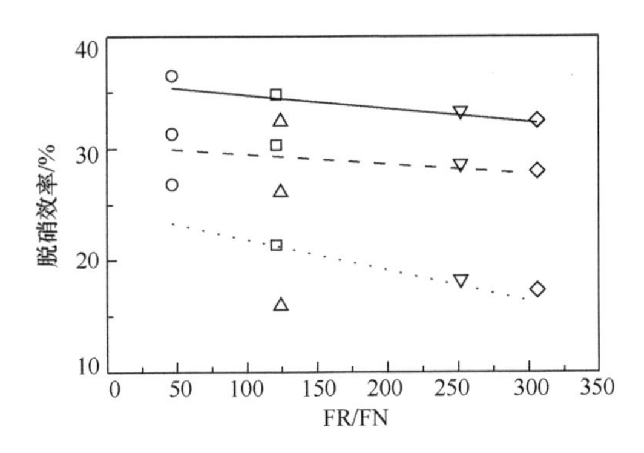

— 解耦燃烧；--- 气化气再燃；··· 热解气再燃

○小龙潭褐煤；△神府烟煤；□神木烟煤；▽新疆不粘煤 1；◇新疆不粘煤 2

图 8.22　FR/FN 对不同燃烧方式下脱硝效率的影响[80]

8.3.4　热解气化气再燃降低 NO_x 排放的最佳条件

从前述结果可以看出热解气再燃烧和部分气化气再燃烧方式也有较好的抑制 NO_x 生成的效果。其主要原因是半焦燃烧产生的 NO_x 被热解气化气还原为 N_2。煤在热解气化过程中产生的热解气中主要成分 CO、H_2 和 C_mH_n 对还原 NO_x 起主要作用[84,85]，如反应式(8.27)～反应式(8.29)所示。

显然,煤在热解气化过程中产生的还原性气体的量和组成对 NO_x 的还原具有关键作用。图 8.23 给出了在部分氧化气化过程中氧气体积分数的变化对煤气中还原性气体量[即按式(8.38)计算得到的主要气体 CO、H_2 和 C_mH_n 的总量]和再燃过程中燃料氮向 NO_x 转化率的影响[80],图中氧气浓度为 0 时为单纯的热解过程。值得注意的是实验中氧气浓度的变化代表了实际连续操作过程中过量空气系数的变化。从图中可以看出,不同煤种在部分气化生成气再燃烧过程中气化段需要的通氧量存在最佳值,在一定的氧气浓度下气化生成气的产生量越多,对应的燃料氮向 NO_x 转化率越低,在氧气浓度为 8%～10%时,对应的燃料氮向 NO_x 转化率最低,为 9%～13%。氧气浓度的增加对气化过程存在两个方面的影响:一方面,随着氧气浓度的增加,部分氧化气化区的温度升高,促进了气化反应以及焦油二次裂解反应的进行,使得 CO、H_2 和 CH_4 的百分含量有所上升,提高了煤气中还原性气体的比例;另一方面随着氧气浓度的增加,炭参加燃烧的份额增加,同时参加燃烧的 CO、H_2 和 CH_4 份额增加,使煤气中 CO、H_2、CH_4 量降低和煤气中无效成分 CO_2 的浓度升高,同时气流速度增加,生成的 NO_x 与热解气化气在再燃区内的停留时间缩短,使得对 NO_x 的还原作用降低。在部分氧化气化过程中,必须选择合适的过量空气系数[86-88]才能得到有效的气化气。因此,为了获得最佳的脱硝效果,在部分氧化气化气再燃降低 NO_x 排放过程中,需要选择合适的空气燃料比以达到还原 NO_x 的最佳效果。

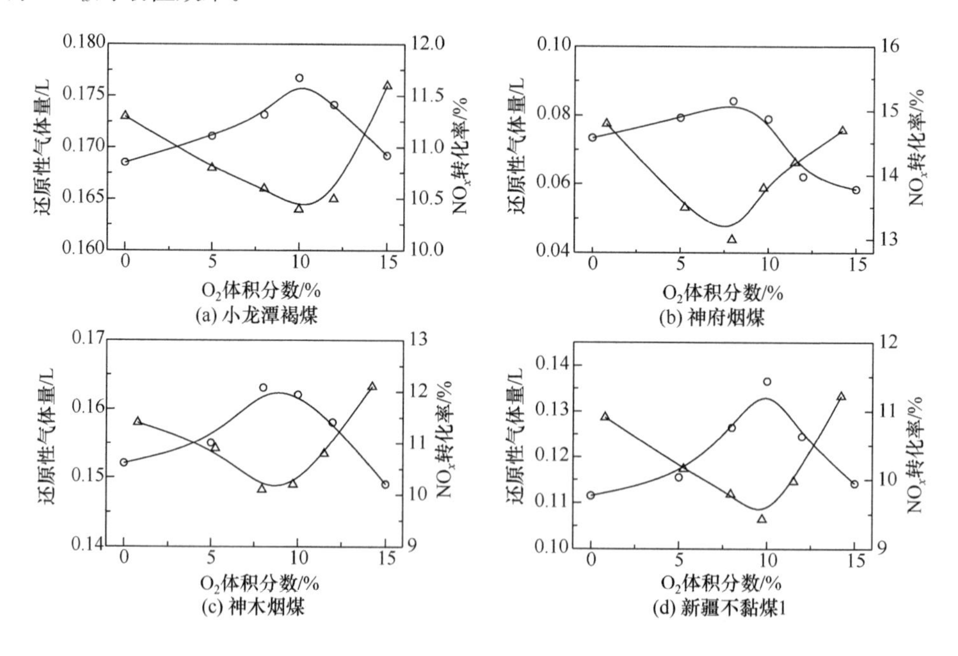

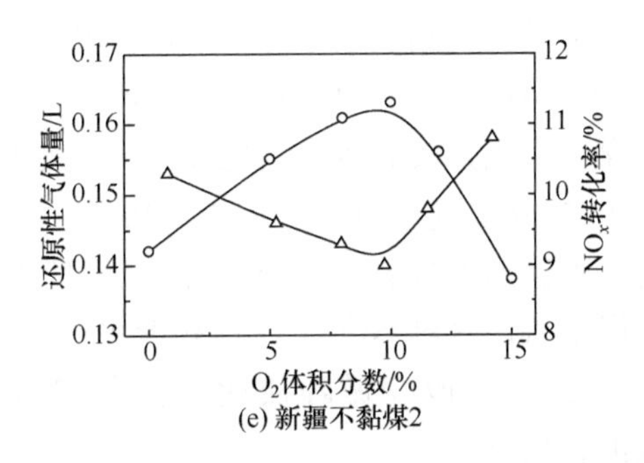

○ 还原性气体量；△ 燃料氮向 NO_x转化率

图 8.23　气化剂中氧气体积分数对生成的还原性气体量和燃料氮向 NO_x转化率的影响[80]

$T=800℃, V_1=1.3L/min; V_3=0.2L/min$

图 8.24 表示煤气中还原性气体量与再燃过程中燃料氮向 NO_x转化率的关系[80]。可以看到，部分气化过程中产生的还原性气体的量随煤种不同而不同，小龙潭褐煤的产生还原性气体的量最多，神府烟煤产生的还原性气体的量最少。对于考察的五种煤，燃料氮向 NO_x转化率随着还原性气体量的增大而降低，神府煤的燃料氮向 NO_x转化率最高，而对于其他四种煤，燃料氮向 NO_x转化率基本上处于同一范围之内。因此，还原性气体量并不是决定气体再燃脱硝效果的唯一因素，不同的煤经部分气化得到的气体组成也是影响气体再燃脱硝效果的一个重要因素。这是因为在热解和气化气中，不仅 CO、H_2、CH_4，而且焦油、C2 以上的碳氢化合物也具有还原 NO_x的作用。

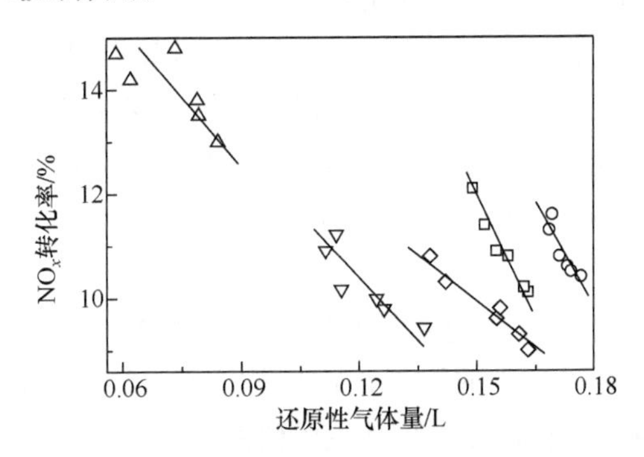

○ 小龙潭褐煤；△ 神府烟煤；□ 神木烟煤；▽ 新疆不黏煤 1；◇ 新疆不黏煤 2

图 8.24　还原性气体量与燃料氮向 NO_x转化率的关系[80]

8.4　循环流化床煤炭解耦燃烧

循环流化床(CFB)燃烧技术因燃料适应性强，具有 NO_x和 SO_2排放低等优点，已被广泛应用于煤、生物质及废弃物的燃烧。循环流化床可在较低温度(一般800～900℃)下燃烧，几乎没有热力型 NO_x 的生成，NO_x 排放低；由于燃烧温度较低，循环流化床锅炉中煤炭燃烧排放的 N_2O 浓度较高，一般为(20～250)×10^{-6}左右，远高于煤粉锅炉 N_2O 排放浓度(一般为 0～5×10^{-6})[89,90]。循环流化床可采用石灰石、生石灰等钙基脱硫剂进行炉内脱硫，炉内温度处于脱硫的最佳温度段，脱硫效率高且成本低；但是氧化钙对 NO_x 生成具有催化作用，使得在脱硫的同时，NO_x 的排放量增加。由此可见，改变循环流化床操作参数很难达到同时降低 NO_x、N_2O 及 SO_2 排放的目的[90,91]。

基于解耦燃烧技术的基本原理，李静海等提出了循环流化床解耦燃烧系统及其脱硫与脱硝方法，并获得了国家发明专利[92]。图 8.25 表示了循环流化床解耦燃烧系统的结构示意图。该系统由燃烧室、干馏室和气固分离装置三部分组成。燃烧室的上部为稀相段脱硝区和燃尽区，下部为密相段脱硫区和半焦燃烧区。煤供入干馏室，与来自气固分离器的高温灰接触升温，热解得到半焦和含有 H_2、CO、C_mH_n、NH_3 和 HCN 的还原性热解气。煤热解得到的半焦进入燃烧室下部燃烧，热解气则进入燃烧室上部的脱硝区进行气体再燃烧，由于热解气中 H_2、CO、C_mH_n、NH_3 和 HCN 的还原作用[反应式(8.27)～式(8.36)]，可将半焦燃烧产生的 NO_x 还原，降低 NO_x 的排放。脱硫剂(石灰石)加入到流化床底部的半焦燃烧区，与半焦燃烧生成的 SO_2 反应后生成硫酸钙，达到脱硫的目的。在热解气引入口上方通入二次风，使在脱硝区内没有燃尽的可燃物完全燃烧并使温度升高，可促进 N_2O 的分解，达到抑制 N_2O 排放的目的。

循环流化床解耦燃烧技术采用煤炭分级转化的思路使脱硫、脱硝反应在循环流化床不同区域内进行，有望解决燃烧过程中各污染物排放的耦合关系。利用解耦燃烧技术设计的循环流化床燃煤锅炉不仅可以解决脱硫和脱硝的矛盾，进一步提高脱硫剂的利用率、降低 NO_x 排放，而且可以解决现有循环流化床锅炉燃烧中 NO_x 和 N_2O 排放之间的耦合而产生的矛盾，同时降低 N_2O 的排放。

谢建军等[93-95]和张磊等[96]建立了循环流化床燃烧实验装置，研究了循环流化床传统燃烧和解耦燃烧过程中的氮氧化物排放规律，实验验证了循环流化床解耦燃烧降低 NO_x 的效果，本节简要介绍其主要研究结果。

8.4.1 实验装置和实验方法

1. 实验用煤

本节中实验所用煤样为新疆铁厂沟(XJ)煤、山西大同(DT)煤和内蒙古上湾(SW)煤，煤样的工业分析和元素分析见表 8.6。三种煤均粉碎为 0.154～0.600mm，实验前在 110℃烘箱中干燥 4h 以上。采用粒径为 0.224～0.280mm 的

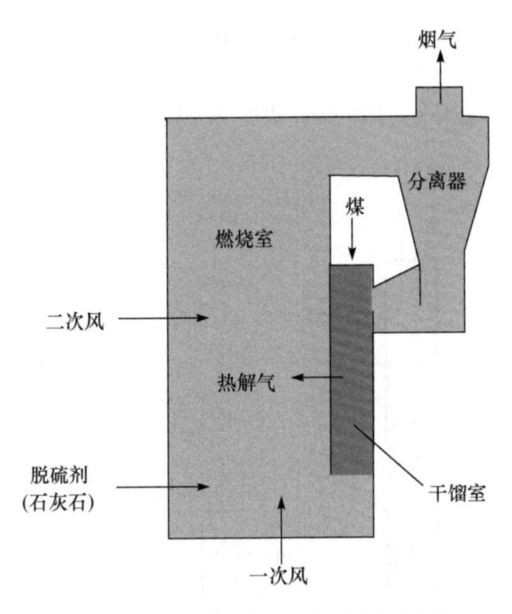

图 8.25 循环流化床解耦燃烧原理图

石英砂为 CFB 热载体，颗粒密度为 2600kg/m³，每个燃烧工况添加石英砂 5kg 作为热载体。

表 8.6 煤样的工业分析和元素分析

煤样	工业分析 w_d/%①			元素分析 w_d/%①				
	灰分	挥发分	固定碳	碳	氢	氮	硫	氧②
新疆煤(XJ)	18.4	30.7	50.9	65.8	4.2	1.2	1.6	8.8
大同煤(DT)	13.1	26.4	60.5	73.0	3.7	1.2	0.6	8.4
上湾煤(SW)	5.5	36.2	58.3	72.4	4.6	1.3	0.5	15.7

①干基；②差值。

2. 实验装置

建立 30kW 规模的循环流化床燃烧实验装置，如图 8.26 所示[93-96]。该装置的所有反应器均采用不锈钢制造，主要包括提升管(内径为 86mm，高为 6.63m)、下行床(内径为 39mm，高为 3m)、加料器、控温仪、烟气成分分析系统和数据采集系统 6 部分。下行床自上而下依次有旋风分离器、热载体料仓、蝶阀、快速混合器、下行床本体(热解反应器)、返料 U 阀。加料器包括螺旋给料机和气力输送装置，加煤量由螺旋给料机的调速电机控制，并由气力输送系统输送至加煤口处，最大加煤量为 10kg/h。为了对比研究 CFB 传统燃烧和解耦燃烧，该装置设置两个加煤口，分别位于提升管分布板上方 0.2m 处(以 R 处代表，在传统燃烧工况下操作)和下行床的气固快速混合器上部(以 D 处代表,在解耦燃烧工况下操作)。一次空气预热至 200℃后经风室和分布板引入提升管,二次空气从分布板上方 1.7m 处引入。该装置的提升管和下行床分别由 6 个功率为 5kW 的电阻丝加热,由控温仪控制加热。

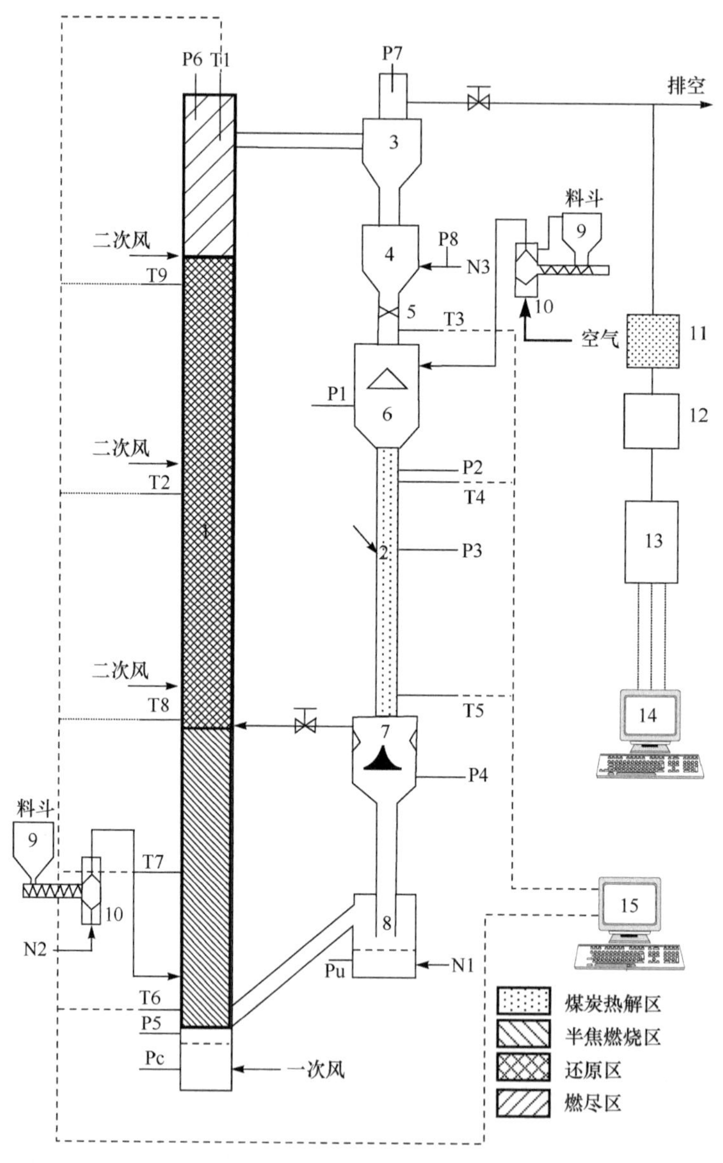

1. 燃烧器(提升管);2. 下行床;3. 旋风分离器;4. 颗粒存储料斗;5. 蝶阀;6. 固固混合器;7. 气固分离器;8. U 阀;9. 螺旋加料器;10. 气动加料器;11. 过滤器;12. 低温冷凝干燥器;13. 气体分析仪;14. 气体浓度采样计算机;15. 温度采样计算机

图 8.26 30kW 循环流化床燃烧实验装置示意图[93-96]

在提升管和下行床自下而上分别有 6 支和 3 支 K 形测温热电偶，提升管 6 个测温点 T6、T7、T8、T2、T9 和 T1 分别位于分布板上方 0.15m、1.6m、2.8m、4.0m、5.2m 和 6.43m 处。由数据采集系统以 10s 为时间步长同步采集提升管和下行床的温度。沿提升管和下行床自下而上分别有 4 个和 6 个测压口，压力由 U 形压差计测得。采用 ABB-AO2020 型多组分烟气分析仪测量烟气出口的 NO、N_2O、SO_2、CO、CO_2 和 O_2 浓度值。

3. 实验步骤和方法

系统内加入 5kg 石英砂热载体，当提升管和下行床加热到指定温度(提升管 880℃，下行床 750℃)时，引入预热的一次空气、二次空气、U 阀流化风、煤粉气力输送载气和料仓松动风。在热载体石英砂循环作用下，当提升管和下行床温度稳定、并保证加煤口温度大于煤着火温度后，开启螺旋给料机控制加煤量约为 3.0kg/h 进行循环流化床煤的燃烧实验。每个实验工况持续时间为 0.5～2h，实验为常压操作，燃烧反应在提升管中进行，提升管操作气速为 3～5m/s，温度范围为 807～877℃，过量空气系数为 1.0～1.8，一次空气化学计量比为 0.7～1.2。下行床进行热载体、未燃尽半焦和部分飞灰的循环。

图 8.26 所示的循环流化床中固体循环速率主要由位于下行床中的蝶阀开启度来控制。影响固体循环速率的因素除了蝶阀开度外还有蝶阀前后的气体压力和固体颗粒物料组成。在不考虑蝶阀前后气体压力变化和固体物料组成的条件下，蝶阀开启度与石英砂循环速率的关系如图 8.27 所示[93,95]。显然图 8.27 所示的蝶阀开度和固体循环速率的关系与实际粉煤燃烧条件下的固体循环速率不完全一致，但一般具有良好的对应关系。

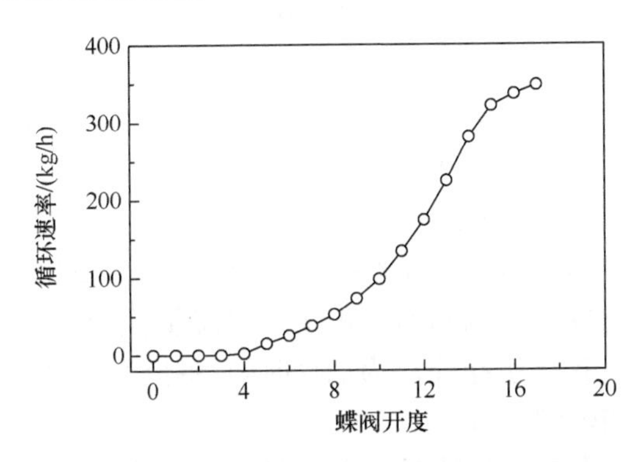

图 8.27　蝶阀开度和石英砂循环速率之间的关系[93,95]

ABB-AO2020 多组分气体分析仪包括过滤器、低温冷凝干燥器(3℃)、气体采样泵(流量为 0.8L/min)，可在线测量烟气中的 NO、N_2O、SO_2、CO、CO_2 和 O_2 浓度，测量误差不大于量程的 1%。但测量值需转换到固定氧含量的数据才能直接进行对比。按 GB 13223—2003“火电厂大气污染物排放标准”的规定，实测的污染物排放浓度需要按过量空气系数 $\alpha=1.4$（氧气体积分数为 6%）进行折算，采用式(8.39)计算：

$$C=C'\times(\alpha'/\alpha) \tag{8.39}$$

式中，C 为折算后的污染物排放浓度，单位为体积分数 10^{-6}（或 mg/m^3）；C' 为实测的污染物排放浓度，单位为体积分数 10^{-6}（或 mg/m^3）；α 为规定的过量空气系数；α' 为实测的过量空气系数。

过量空气系数定义为燃料燃烧时实际空气供给量与理论空气需要量的比值，本节中由风机的进气量除以理论空气量得到过量空气系数。而式(8.39)中实测的过量空气系数可根据烟气中实测的氧含量由式(8.40)计算：

$$\alpha'=\frac{21}{21-C_{O_2}} \tag{8.40}$$

式中，21 为空气中的氧含量；C_{O_2} 为烟气中实测的氧气含量。

与过量空气系数的定义类似，一次空气化学计量比为一次空气供给量与理论空气需要量的比值。本节中所给出的 NO 和 N_2O 等气体浓度均按式(8.39)和式(8.40)换算成烟气中含 O_2 体积分数为 6%时的干烟气浓度值。除了采用烟气中 NO 和 N_2O 的浓度来表征氮氧化物的排放量外，考虑到煤中燃料 N 的含量，本节也采用煤中 N 转化为 NO 和 N_2O 的转化率来作为评价指标。煤中 N 转化为氮氧化物的转化率 η(%)由下式计算：

$$\eta_i=\frac{\dfrac{P}{R(273+3)}\displaystyle\int_0^t C_i(t)\times10^{-6}Q_{out}(t)\,dt}{\dfrac{r_{cf}t\times10^3\times W_N}{M_N}}\times100\% \tag{8.41}$$

式中，i 代表 NO 或 N_2O；P 为压力，单位为 Pa，本实验条件下为常压，数值为 1.013×10^5 Pa；R 为理想气体常数，数值为 8.314J/(mol · K)；$C_i(t)$ 指 t 时刻 NO 或 N_2O 的体积分数，式中为乘以 10^6 后的数值；$Q_{out}(t)$ 指 t 时刻烟气出口体积流量，由于烟气分析仪的低温冷凝干燥器的温度为 3℃，实测的烟气中 NO 或 N_2O 浓度为 3℃下的体积分数，因此将烟气出口体积流量换算成 3℃下的值，单位为 m^3/h；r_{cf} 为加煤速率，单位为 kg/h；t 为加煤时间，单位为 h；W_N 为煤中氮的质量分数；M_N 为 N 原子量，单位为 g/mol。

总 N 转化率定义为煤中燃料 N 向 NO 和 N_2O 的总转化率，由于 N_2O 中包含两个 N 原子，因此总 N 转化率由下式计算：

$$\eta_N=(\eta_{NO}+2\eta_{N_2O}) \tag{8.42}$$

式中，η_N 为煤中燃料 N 向 NO 和 N_2O 的总 N 转化率；η_{NO} 为煤中燃料 N 向 NO 的

转化率；η_{N_2O}为煤中燃料 N 向 N_2O 的转化率。

8.4.2　循环流化床煤炭传统燃烧

在如图 8.26 所示装置上进行了新疆(XJ)、大同(DT)和上湾(SW)三种煤的传统燃烧实验，加煤口位于提升管分布板上方 0.2m 处，加煤量分别为 3.15kg/h、2.55kg/h 和 2.85kg/h。考察了过量空气系数、一次空气化学计量比、固体颗粒循环速率等因素对 NO 和 N_2O 排放的影响。典型的操作参数及烟气分析结果如表 8.7所示。

表 8.7　CFB 煤炭传统燃烧操作参数和烟气分析结果

项目	工况 1	工况 2	工况 3
煤	新疆	大同	上湾
煤加料速度/(kg/h)	3.15	2.55	2.85
Q_1/(m^3/h)①	22.4	20.2	18.4
Q_2/(m^3/h)	0	3.0	7.5
$T1$/℃	790	813	786
$T2$/℃	835	831	828
$T6$/℃	795	678	655
O_2/%	5.5	5.5	5.2
CO_2/%	13.3	13.4	14.2
CO/10^{-6}	409	372	206
NO/10^{-6}	70	79	109
N_2O/10^{-6}	192	137	63
表观气速/(m/s)	3.9	4.5	4.5

①Q_1包括一次风、载气和 U 阀流化气。

1. 提升管轴向温度分布

本节测定的三个燃烧工况下沿提升管高度方向 6 个测量点温度的变化如图 8.28所示[93]。在本节研究条件下，沿提升管高度 6 个温度之间差别较大，靠近分布板的温度 $T6$ 比提升管中部的温度 $T2$ 小 40～50℃，特别是大同煤燃烧时 $T6$ 比 $T2$ 小 153℃。提升管上部的温度 $T1$ 也比 $T2$ 小约 30℃。$T6$ 偏低是由于该测温点靠近分布板，经风室引入预热到 200℃的一次空气有强烈的降温作用；并且由

U 阀返回的循环物料温度比燃烧管中部温度 $T2$ 低约 150℃，这两种因素导致了 $T6$ 与燃烧管中部温度 $T2$ 相差较大。燃烧管上部的温度 $T1$ 测温点离该装置顶部仅 0.2m，由于散热作用造成 $T1$ 比 $T2$ 低。在稳态操作条件下，比较三个工况之间的 $T7$、$T8$、$T2$、$T9$ 值可以发现它们呈现比较均匀的分布，在本节进行数据处理时，取它们的平均值为提升管内煤燃烧温度。

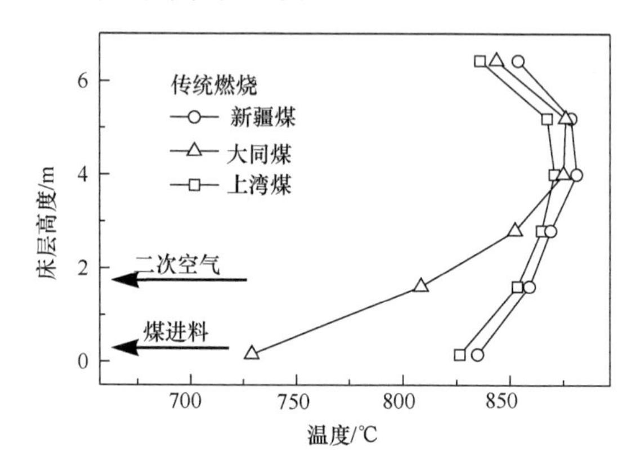

图 8.28　CFB 煤炭传统燃烧提升管内轴向温度分布[93]

2. 过量空气系数对氮氧化物排放的影响

将新疆、大同和上湾煤燃烧时的二次风量占理论空气总量的值分别固定为 45%、50%和 60%，通过调节一次风量考察过量空气系数对 NO 和 N_2O 排放浓度的影响，结果如图 8.29 所示[93]，反应温度为(827±13)℃。由图可知，随着过量空气系数的增加，三种煤 NO 排放浓度均呈现上升的趋势，这与前人的研究结果相吻合[97,98]；新疆和上湾煤燃烧产生的 N_2O 排放浓度呈现上升的趋势，大同煤燃烧产生的 N_2O 略有下降。

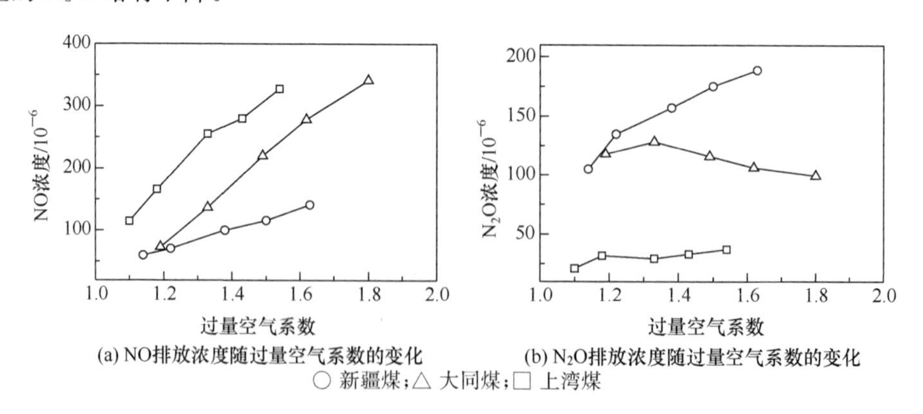

图 8.29　煤炭 CFB 传统燃烧过量空气系数对 NO 和 N_2O 排放浓度的影响[93]

随着增加一次风量使总风量变大，提升管内氧气浓度上升，特别是在下部浓相区内，由于氧气浓度的增加强化了挥发分和半焦的燃烧，燃料 N 参与氧化反应的份额增多，使得 NO 和 N_2O 排放量同时增加。同时，由于燃烧强度增加使床内半焦和生成的 CO 浓度均降低，削弱了两者对 NO 和 N_2O 的还原作用。半焦氮在 O_2 富集的气氛里氧化既有助于生成 NO，也有助于生成 N_2O。Krammer 等[99]发现，通过向流化气体中添加不同浓度的 NO 和 O_2，尾气中生成 N_2O 量也随着上升；当切断氧气供应时，N_2O 的生成量降为零，这说明扩散到半焦表面的 O_2 在煤氮开环断裂氧化过程中起着关键的作用，并且 NO 的存在也是生成 N_2O 的前提之一。大同煤燃烧 N_2O 降低现象可能与下列因素有关：①由表 8.6 可见，大同煤挥发分含量较另两种煤低，由挥发分燃烧产生的 N_2O 份额减少；②加煤量较少，半焦与挥发分在提升管下部迅速燃烧完全，N_2O 主要在提升管浓相段生成，在提升管上部 N_2O 生成量减少且 N_2O 热分解作用占主要地位。

3. 一次空气化学计量比对氮氧化物排放的影响

当过量空气系数控制在 1.3～1.38，燃烧温度为(827±13)℃，一次空气化学计量比在 0.7～1.2 间变化时，三种煤 CFB 传统燃烧 NO 和 N_2O 的排放浓度的实验结果如图 8.30 所示[93]。由图可知，随着一次空气化学计量比的降低，三种煤传统燃烧产生的 NO 排放量呈现不同程度的降低。空气分级对 N_2O 排放的影响程度还与煤种有关，随着一次空气化学计量比增加，新疆煤的 N_2O 略有上升；上湾煤的 N_2O 排放基本保持不变；而大同煤的 N_2O 排放呈现下降的趋势。这说明煤种不同，空气分级对 N_2O 生成的影响程度不同。

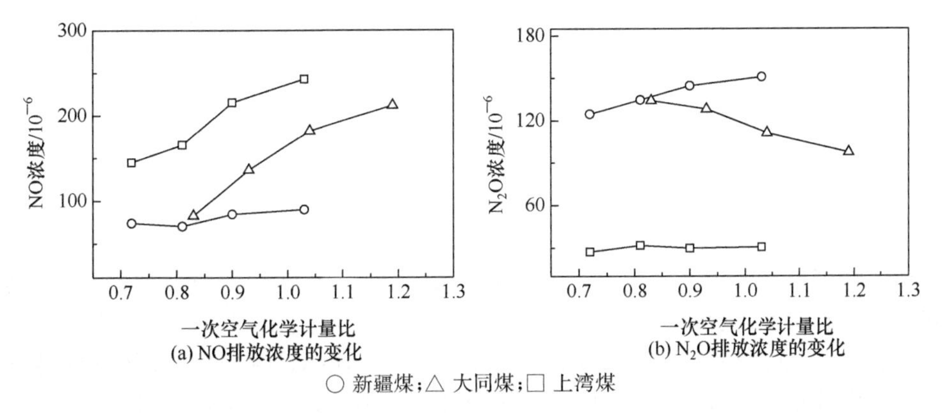

图 8.30　煤炭 CFB 传统燃烧一次空气化学计量比对 NO 和 N_2O 排放浓度的影响[93]

4. 固体循环速率对氮氧化物排放的影响

为了考察固体循环速率对 NO 和 N_2O 排放的影响，将蝶阀开度从 8 增加到 17，进行了一次空气化学计量比为 0.81 时的三种煤燃烧实验，其他条件与上述实验相同，实验结果如图 8.31 所示[93]。固体循环速率随蝶阀开度的增加而增加(图 8.27)，当蝶阀开度由 8 增加到 12 时，NO 排放浓度呈近似线性减小，N_2O 排放浓度上升；而蝶阀开度从 12 进一步增加到 17 时，NO 排放浓度略有上升，N_2O 排放浓度略有下降。

影响氮氧化物浓度变化的因素有燃烧温度、提升管单位体积内的半焦质量和氧气浓度等。在实验过程中，随着蝶阀开度的增加，固体循环速率增加，燃烧温度上升，通过下降管循环至提升管燃烧室的半焦质量增加，半焦燃烧需要额外的氧气使床内局部氧气浓度下降。此阶段半焦对 NO 和 N_2O 的还原、温度上升对 NO 和 N_2O 生成的影响、低氧燃烧对 NO 和 N_2O 生成的影响共同作用，烟气中 NO 和 N_2O 排放浓度交替上升和下降。

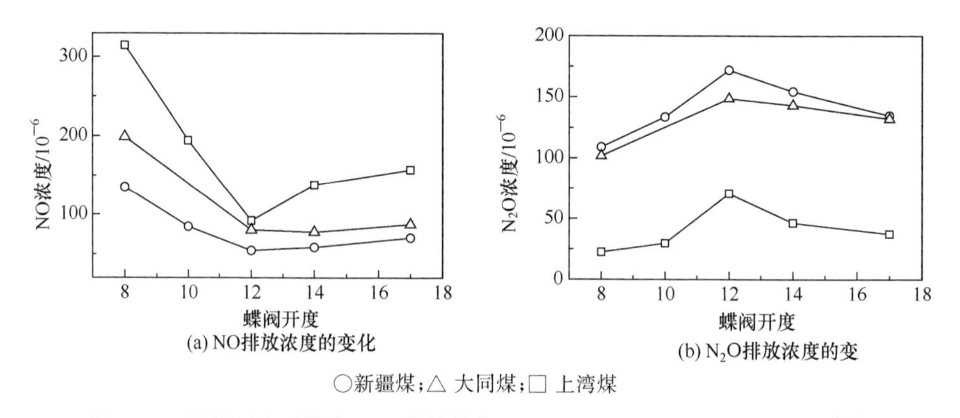

图 8.31 蝶阀开度对煤炭 CFB 传统燃烧过程 NO 和 N_2O 排放浓度的影响[93]

8.4.3 循环流化床煤炭先热解后燃烧

如图 8.26 所示，当 CFB 运行时下行床气氛通过 U 阀处料封与提升管隔离，本小节将煤于下行床气固快速混合器上部加入，煤炭在气固快速混合器与循环热载体石英砂快速混合进行热解；由于此时下行床压力高于提升管底部压力，热解半焦、热解气及加煤载气 N_2 经 U 阀返料风作用，一起运动到提升管底部进行燃烧，二次风由分布板上方 1.7m 处引入。本节考察了新疆、大同、上湾三种煤先热解后燃烧过程燃烧温度、过量空气系数、一次空气化学计量比、固体颗粒循环料率、煤种、二次风引入位置等因素对出口烟气中 NO 和 N_2O 浓度的影响。典型的操作参数及烟气分析结果如表 8.8 所示。

表 8.8　CFB 煤炭先热解后燃烧操作参数和烟气分析结果

项目	工况 1	工况 2	工况 3	工况 4
煤	新疆	大同	大同	上湾
煤加料速率/(kg/h)	3.15	2.55	2.55	2.85
蝶阀开度	17	17	12	17
Q_1/(Nm^3/h)①	21.7	19.2	21.4	23.6
Q_2/(Nm^3/h)	5.4	5.3	5.3	0.0
$T1$/℃	848	815	843	845
$T2$/℃	871	847	859	880
$T6$/℃	1070	1036	928	839
$T7$/℃	844	807	756	872
$T8$/℃	860	833	805	879
$T9$/℃	871	836	852	880
O_2/%	6.6	4.8	6.3	3.5
CO_2/%	12.4	14.2	12.7	15.3
CO/10^{-6}	349.2	327.4	298.0	470.6
NO/10^{-6}	116.7	81.3	157.7	226.2
N_2O/10^{-6}	145.4	132.2	129.4	25.1
SO_2/10^{-6}	600.5	522.3	508.8	5.8
表观气速/(m/s)	6.5	5.7	6.1	5.8
燃烧效率/%	84.3	93.1	90.7	94.6

①Q_1包括一次空气、载气和 U 阀流化气。

1. 提升管轴向温度分布

本节测定的三个燃烧工况下沿提升管高度方向 6 个测量点温度的变化如图 8.32所示[93]。由图可见，在本节条件下，沿提升管高度上 6 个温度之间差别较大，特别是靠近分布板的温度 $T6$ 比提升管中部的温度 $T2$ 小 37～73℃，提升管上部的温度 $T1$ 也比 $T2$ 小约 35℃。在稳态操作条件下，比较三个工况之间的 $T7$、$T8$、$T2$、$T9$ 值可以发现它们呈现比较均匀的分布，与上节类似，在本节进行数据处理时，仍取它们的平均值为提升管内煤燃烧温度。

2. 过量空气系数对氮氧化物排放浓度的影响

采用新疆、大同和上湾三种煤，分别在固定二次空气量而改变一次空气量时考察了过量空气系数对 NO 和 N_2O 排放浓度的影响，结果如图 8.33 所示[93]。将新

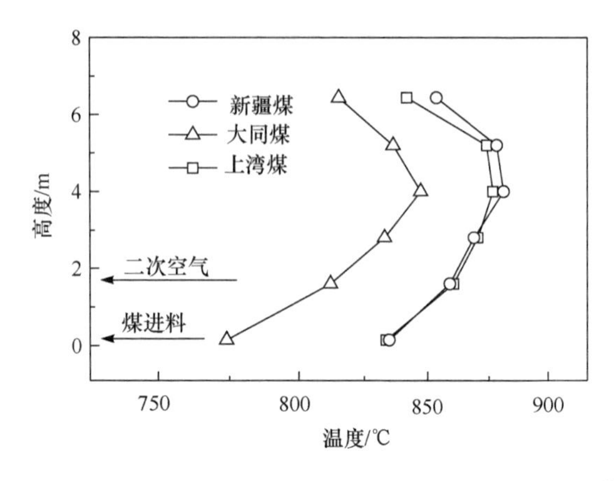

图 8.32　CFB 煤炭先热解后燃烧提升管内轴向温度分布[93]

疆、大同和上湾三种煤的二次空气量占理论空气总量的值分别固定为 0.22、0.26 和 0.22，反应温度依次为(854±12)℃、(799±13)℃和(867±10)℃。

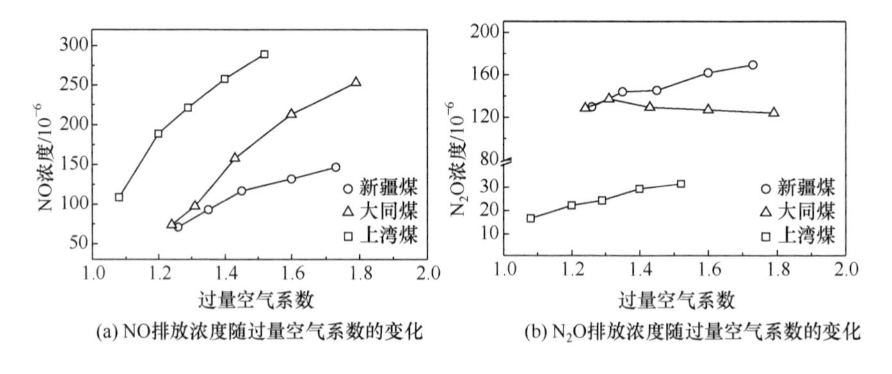

图 8.33　CFB 煤炭先热解后燃烧过程中过量空气系数对 NO 和 N_2O 排放浓度的影响[93]

由图 8.33 可见，随着过量空气系数的增加，三种煤燃烧的 NO 排放浓度均呈现上升的趋势；N_2O 的排放趋势不尽相同，新疆和上湾两种煤 N_2O 逐渐上升，但小于 NO 的上升幅度，大同煤燃烧产生的 N_2O 基本保持不变。随着增加一次空气量使总空气量上升，燃烧管内氧气浓度上升，在提升管内特别是下部浓相区内，强化了挥发分和半焦的燃烧，使得 NO、N_2O 排放量增加。由 O_2 浓度增加造成的燃烧状况的改变使床内半焦和生成的 C_mH_n、CO 浓度均降低，削弱了两者对 NO 和 N_2O 的还原作用。半焦 N 在 O_2 富集的气氛里氧化既有助于生成 NO，也有助于生成 N_2O。大同煤燃烧的 N_2O 排放趋势与前人的研究结果不一致[98,100-102]，这可能是因为大同煤固定碳含量较高，燃烧时提升管内可能会生成较多的半焦，从而在提升管悬浮段，半焦对 N_2O 的还原分解作用使 N_2O 总生成量在增大过量空气系数的过程中保持不变。

3. 一次空气化学计量比对氮氧化物排放浓度的影响

控制新疆、大同和上湾三种煤的过量空气系数分别为 1.16、1.31 和 1.13，一次空气化学计量比在 0.72～1.19 变化时，燃烧温度分别稳定在(855±9)℃、(820±13)℃和(875±2)℃，空气分级对三种煤在燃烧时 NO 和 N_2O 的排放浓度的影响如图 8.34 所示[93]。由图可知，随着一次空气化学计量比的减少，三种煤的 NO 排放量呈现不同程度的降低。当一次空气化学计量比由 1.03 下降为 0.72 时，上湾和新疆煤的 NO 的排放体积分数分别从 226×10^{-6} 和 114×10^{-6} 变为 141×10^{-6} 和 81×10^{-6}，分别下降了 37.6%和 28.9%。这表明在相同条件下空气分级对挥发分较高的上湾煤的 NO 排放影响程度较大一些，说明煤中挥发性 N 的迁移转化对空气分级的变化比较敏感，挥发性 N 可能参与了还原 NO 的反应。空气分级对 N_2O 排放的影响程度还与煤种有关，随着一次空气化学计量比的减少，上湾和新疆煤的 N_2O 排放略有下降，而大同煤的 N_2O 排放基本保持不变。

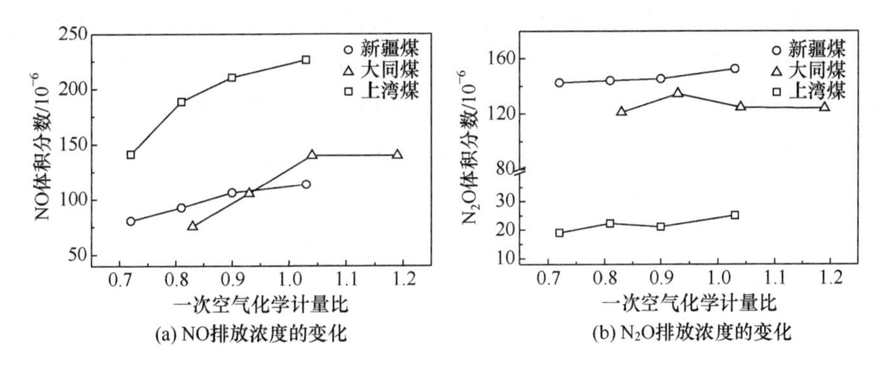

图 8.34　CFB 煤炭先热解后燃烧过程中一次空气化学计量比对 NO 和 N_2O 排放浓度的影响[93]

4. 固体循环速率对氮氧化物排放浓度的影响

为了考察固体循环速率对 NO 和 N_2O 排放的影响，进行了新疆、大同和上湾煤的过量空气系数分别为 1.16、1.31 和 1.13，一次空气化学计量比分别为 0.81、0.93 和 0.81 的煤燃烧实验，其他条件与上述实验相同，即新疆、大同和上湾煤的加煤量分别为 3.15kg/h、2.55kg/h 和 2.85kg/h，实验结果如图 8.35 所示[93]。由图可知，随着蝶阀开度由 8 增加到 17，固体循环速率增加，三种煤的 NO 浓度逐渐减少，其中减少幅度最大范围出现在蝶阀由 8 改变到 12 这一阶段，此后增大蝶阀开度对 NO 浓度影响不大；而 N_2O 浓度随着蝶阀开度的增加略有上升或基本保持不变。

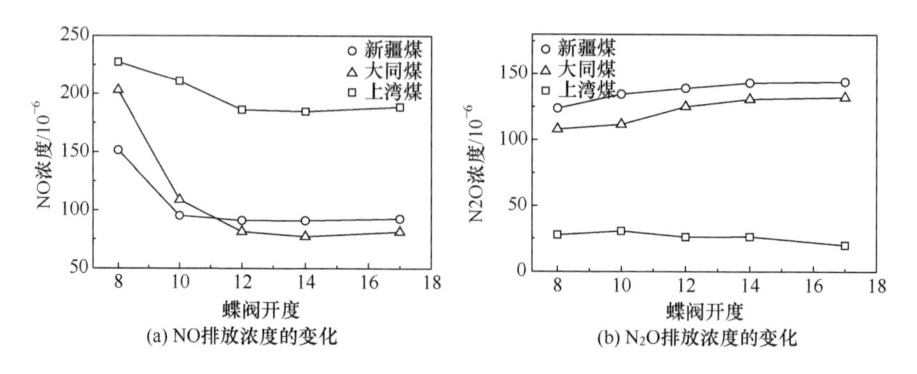

图 8.35　CFB 煤炭先热解后燃烧过程中蝶阀开度对 NO 和 N_2O 排放浓度的影响[93]

影响氮氧化物浓度变化的因素有燃烧温度、提升管单位体积内的半焦质量和 O_2 浓度等，同时提升管中温度受石英沙和半焦的循环、煤和半焦燃烧等因素的影响。图 8.36 表示了煤炭先热解后燃烧过程中蝶阀开度对燃烧温度、烟气中氧气浓度和提升管压降的影响[93]。如图 8.36(a)所示，床层温度在蝶阀开度增加过程中略有降低但变化不大，新疆、大同和上湾煤燃烧时的床层温度分别为(873±10)℃、(840±10)℃和(881±8)℃，温度对 NO 和 N_2O 的影响基本可以忽略。蝶阀开度改变后燃烧烟气中 O_2 浓度的变化如图 8.36(b)所示，当蝶阀开度从 8 改变到 10，O_2 浓度下降；蝶阀开度继续增大，O_2 浓度变化较小。这是因为蝶阀开度增大的初始阶段，提升管内固体颗粒浓度增加引起单位床层体积的半焦浓度也随之增加，半焦在提升管内燃烧消耗了部分 O_2。从图 8.36(c)可以得到，蝶阀开度增加引起 CFB 固体颗粒循环料率增加，使得提升管内压降逐渐增大；当蝶阀开度继续增大到 14 以上时，床内压降趋于稳定。

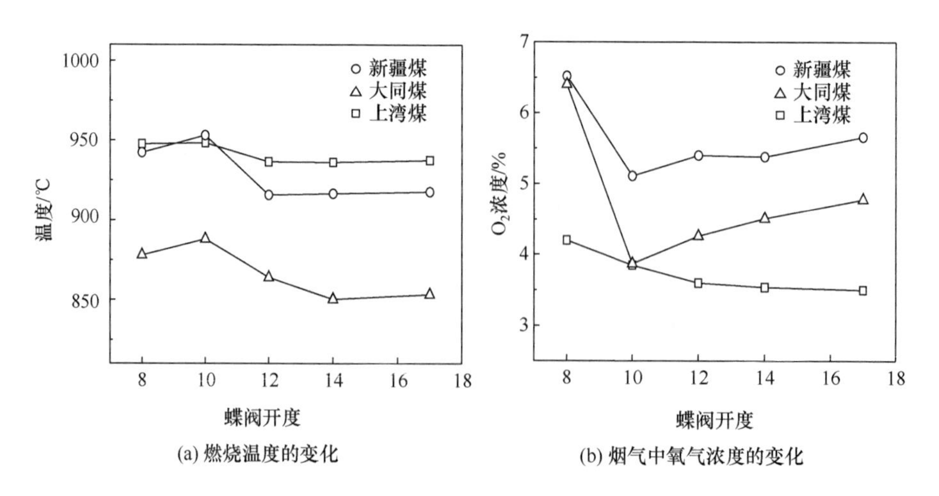

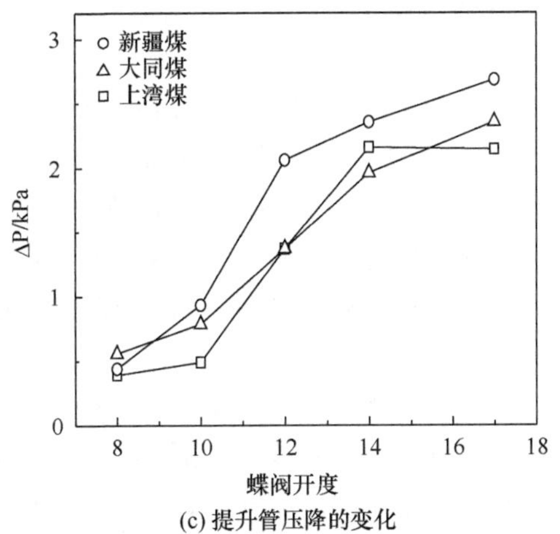

(c) 提升管压降的变化

图 8.36　CFB 煤炭先热解后燃烧过程中蝶阀开度对燃烧温度、烟气中氧气浓度和提升管压降的影响[93]

蝶阀开度改变引起 NO 和 N_2O 排放浓度变化可能归因于 CFB 操作参数的变化。蝶阀开度加大，通过下行床循环至提升管燃烧室的半焦质量增加，半焦燃烧需要额外的 O_2 使床内局部 O_2 浓度下降，此阶段半焦对 NO 和 N_2O 的还原反应、半焦的氧化反应、低氧燃烧对 NO 和 N_2O 生成的影响共同作用。Thomas 等[42] 和 Wang 等[103] 通过 TGA-MS 证实了式(8.43)所示半焦还原 NO 生成 N_2O 的反应的存在，

$$2NO + \text{半焦} \longrightarrow N_2O + (-CO) \tag{8.43}$$

Liu 等[104] 认为 CFB 燃烧过程中半焦 N 氧化生成 N_2O 的量和式(8.43)所示反应大致处于相同的数量级。本实验过程中 N_2O 缓慢增加也可能与式(8.43)所示反应有关。实验中 N_2O 浓度升高值小于 NO 浓度下降值，说明提高床内固体颗粒浓度可降低煤 N 向 NO 和 N_2O 的总转化率。

8.4.4　循环流化床煤炭解耦燃烧

8.4.2 节和 8.4.3 节分别在 CFB 装置上进行了煤炭传统燃烧及煤炭先热解后燃烧两种煤炭燃烧方式的实验，本小节将给出 CFB 煤炭解耦燃烧的实验结果，即热解气还原半焦燃烧产生的 NO 与 N_2O。解耦燃烧的实现过程为：煤炭在下行床中进行热解生成热解气和半焦，半焦被气固快速分离器分离，分离后的半焦经 U 阀返回到提升管底部进行燃烧；热解气引入到提升管中部位置参与还原 NO 和 N_2O 的反应，二次风作为燃尽风在提升管某一高度位置引入。

本小节研究采用的 30kW 循环流化床燃烧装置如图 8.26 所示，为了实现煤炭解耦燃烧本节对此装置主要进行了如下改动：①在下行床内部设置挡板以增加煤颗粒在下行床停留时间，促使煤挥发分最大限度以气体形式逸出；②改造下行床气

固分离器，增加气固分离器半径，以提高气固分离器分离效率；③作为下行床热解气引入提升管的通道，在气固分离器出口与提升管之间连接一根内径为 12mm 的不锈钢管，并在该热解气引入管外铺设炉瓦、电炉丝及保温层，电炉丝功率为 1.5kW，实验过程中将此热解气引入管加热并保持在 600℃以避免焦油在管壁冷凝；④在热解气引入管两端分别设置一个测压点，监测解耦燃烧实验过程热解气流动状况。设备经改造后有利于煤充分热解，提高热解气与半焦的分离效率，为热解气从下行床顺利引入到提升管提供有利条件，并利于监测热解气引入管气体流动方向。

本小节在进行煤炭热解气还原半焦燃烧产生的 NO 和 N_2O 实验时仅采用大同煤为燃料。首先考察了热解气引入管连接前后 CFB 流动结构的变化，在此基础上，研究了煤炭 CFB 解耦燃烧过程过量空气系数、一次空气化学计量比、二次风引入位置等因素对 NO 和 N_2O 排放浓度的影响。

1. 解耦燃烧操作条件及提升管轴向温度分布

热解气引入管连接后可能会引起 CFB 流动结构发生改变，热解气能否顺利从下行床进入提升管中部位置是 CFB 燃烧条件下实现热解气还原半焦燃烧产生的 NO 和 N_2O 的关键所在。这主要取决于热解气引入管提升管侧和下行床侧压力的相对大小。首先在不加煤的热态循环条件下考察了热解气引入管连接前后 CFB 压力与温度的变化。在热解气引入管断开时，随固体颗粒循环量不同，热解气引入管下行床侧压力较提升管侧压力高 1100～2000Pa；在热解气引入管连通时，二者之间压力差与固体颗粒循环量无关，各操作工况下热解气引入管下行床侧压力均高于提升管侧压力约 150Pa，表明在实际操作时热解气可顺利由下行床引入提升管。

解耦燃烧实验时加煤量为 2.83kg/h，加煤载气为氮气，载气流量为 2.0Nm^3/h，载气携带煤以切向方向进入下行床固固混合器上部，煤颗粒与热载体石英砂在混合器迅速混合并加热至 810℃，稳态操作条件下下行床的气氛通过 U 阀的料封与提升管隔绝。煤在下行床中热解生成热解气和半焦，半焦和热解气被气固分离器分离，半焦与热载体石英砂一起经 U 阀循环至提升管底部，半焦燃烧反应主要在提升管底部浓相区进行，热解产生的还原性气体经热解气引入管以约 20m/s 的表观气速进入提升管轴向位置 1.7m 处。本实验设置的 3 个二次风引入位置分别距分布板 1.7m、2.8m 和 4.0m。提升管内热解气引入管上方及二次风风口下方的中间区域是 NO 和 N_2O 还原区，在此区域内半焦燃烧产生的烟气与热解气相遇发生还原反应。二次风口以上区域是完全燃烧区，未燃尽半焦、飞灰和石英砂输送至提升管顶部，经旋风分离器分离后返回至下行床参与新一轮的循环，燃烧尾气中污染物浓度由 ABB-AO2020 测量。每个实验工况在烟气中各组分浓度波动不大的情况下稳定操作 0.5～1h,得到的数据是稳定操作时间段内的平均值。

一次风量为 20Nm^3/h,二次风量为 5Nm^3/h 以及不同二次风引入位置条件下,大同煤解耦燃烧提升管轴向温度分布如图 8.37 所示[93]。由图可见,解耦燃烧过程轴向温度分布更趋一致。二次风引入位置对 $T7$、$T8$、$T2$ 三者影响较大,尤其是 $T8$ 处于 2.8m 处,当二次风从 2.8m 位置处引入时,温度下降约 150℃,如此大幅度降温现象除了与二次风未经预热直接引入到提升管内以外,还有一个更重要的原因是上述三个测温点位置与二次风引入位置基本位于同一轴向高度上,尤其是 $T8$,测温点正对着二次风引入方向,所以降温幅度更明显。提升管内除了上述几个局部位置温度较低外,大部分区域温度值比较均匀。故下文进行数据处理时取 $T6$、$T7$、$T9$、$T1$ 四者的平均温度作为燃烧温度值。

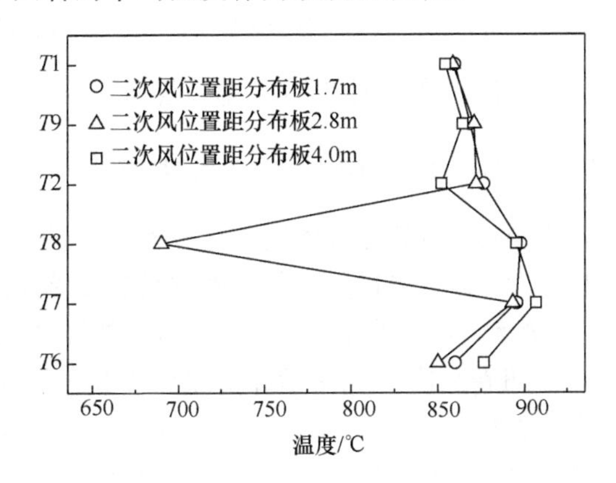

图 8.37　CFB 煤炭解耦燃烧过程中提升管轴向温度分布[93]

2. 过量空气系数对氮氧化物排放浓度的影响

采用大同煤,在固定二次空气量而改变一次空气量时考察了过量空气系数对 NO 和 N_2O 排放浓度的影响,结果如图 8.38 所示[93]。在热解气引入管导通状态下,将二次空气量占理论空气总量的值固定为 25%,二次风引入位置分别位于 1.7m、2.8m 和 4.0m,燃烧温度为(884 ± 10)℃,加煤载气为空气,加煤量为 2.83kg/h。

由图可见,随过量空气系数增加,NO 与 N_2O 排放浓度均呈现上升的趋势,且 NO 浓度上升幅度较大。如二次风位置位于 1.7 m 时,当过量空气系数从 1.05 升高到 1.35,NO 与 N_2O 的体积分数分别从 64×10^{-6} 与 30×10^{-6} 上升到 202×10^{-6} 与 59×10^{-6},分别增加了 215%和 97%。当二次风位置位于 2.8m 和 4.0m 时,NO 浓度升高幅度较为平缓。上述因过量空气系数增加引起 NO 和 N_2O 排放浓

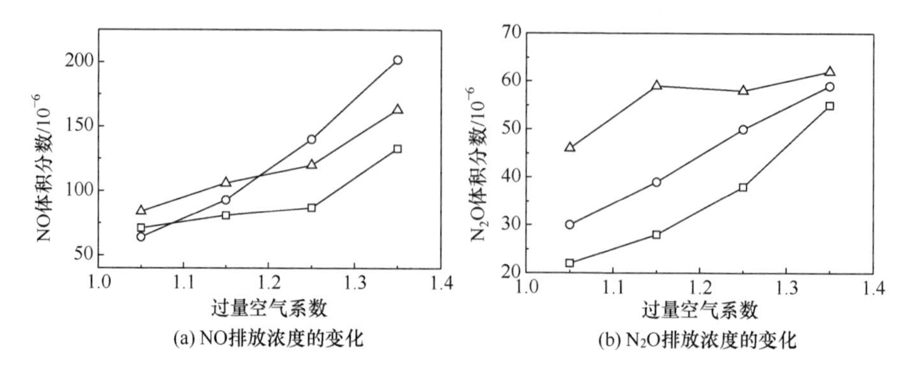

图 8.38 CFB 煤炭解耦燃烧过量空气系数对 NO 和 N_2O 排放的影响[93]

○ 二次风位置距分布板 1.7m；△ 二次风位置距分布板 2.8m；□ 二次风位置距分布板 4.0m

度上升的现象与 CFB 煤炭传统燃烧时的 NO_x 排放规律一致。

3. 一次空气化学计量比对氮氧化物排放浓度的影响

图 8.39 表示的是大同煤在解耦燃烧过程中一次空气化学计量比对 NO 和 N_2O排放浓度的影响[93]。实验中将过量空气系数保持在 1.25，改变一次风空气量与二次风空气量的比例大小，加煤量为 2.83kg/h，空气作载气，燃烧温度为(884±10)℃。由图可见，随着一次空气化学计量比从 0.8 增加到 1.0，燃烧烟气中 NO 浓度变化不大；继续增加一次空气化学计量比到 1.1，NO 排放体积分数出现较大上升趋势。随一次空气化学计量比从 0.8 增加到 1.0，N_2O 排放体积分数略有下降；一次空气化学计量比大于 1.0 后，N_2O 排放体积分数维持不变或有上升趋势。这表明当一次空气化学计量比在小于 1.0 的条件下，解耦燃烧有利于同时降低 NO 与 N_2O 浓度。

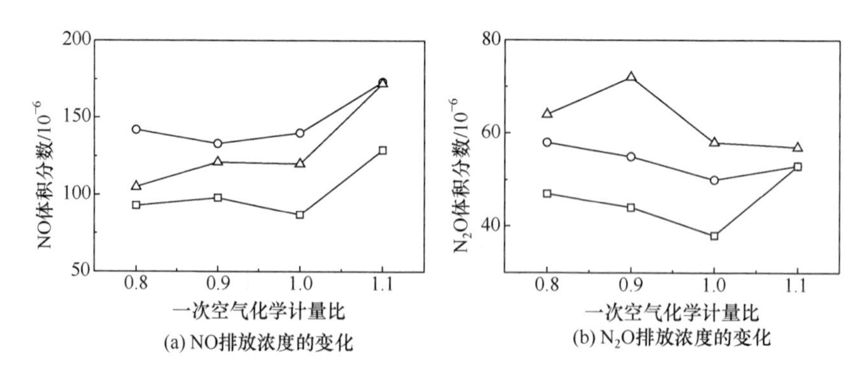

图 8.39 CFB 煤炭解耦燃烧一次空气化学计量比对 NO 与 N_2O 排放浓度的影响[93]

○ 二次风位置距分布板 1.7m；△ 二次风位置距分布板 2.8m；□ 二次风位置距分布板 4.0m

较低的一次空气化学计量比有利于热解气引入后在提升管内形成还原区，利于提升管热解气引入口以上位置发生 NO 和 N_2O 的还原反应，从而降低两者的排放量。相反，当一次空气化学计量比大于 1，由于半焦燃烧所消耗的氧气量只有煤燃烧所消耗氧气量的 60%～70%，氧气过剩约 40%，加之在提升管底部浓相区半焦不可能 100%燃尽，这些剩余的氧气与热解气混合，在提升管内可发生可燃气体及含氮前驱体 HCN 和 NH_3 的氧化反应，从而使 NO 浓度急剧上升。

4. 二次风引入位置对氮氧化物排放浓度的影响

图 8.38 和图 8.39 同时也表示了大同煤解耦燃烧过程中改变二次风引入位置对 NO 和 N_2O 排放浓度的影响。

由图 8.38 可知，低过量空气系数下，改变二次风引入位置对 NO 排放浓度影响不大；当过量空气系数大于 1.15 后，提高二次风引入位置可使 NO 浓度明显降低。例如，过量空气系数为 1.35 时，改变二次空气引入位置从最低位置 1.7m 处分别移动到 2.8m 处及最高位置 4.0m 处，NO 排放体积分数由 202×10^{-6} 分别降低到 163×10^{-6} 和 133×10^{-6}，降低幅度较明显。随过量空气系数增加 N_2O 排放浓度的变化趋势因二次风位置而异：二次风从 1.7m 处提高到 2.8m 处引入时，N_2O 排放体积分数升高；继续提高二次风位置到 4.0m 处，N_2O 浓度降低，且明显低于从 1.7m 处引入二次风，随过量空气系数的不同，N_2O 降低百分比在 12%～53%变化。

图 8.39 所示为不同二次风引入位置下，NO 与 N_2O 排放体积分数的变化。与二次风引入位置位于 1.7m 比较，提高二次风引入位置到 4.0m 处可降低 NO 排放 25%～35%。改变二次风位置 N_2O 排放浓度随一次空气化学计量比的变化趋势与过量空气系数对 N_2O 排放浓度的影响趋势相似。

煤炭解耦燃烧过程中，煤从下行床加入产生约 2.5Nm^3/h（根据加煤量和挥发分计算）的热解气。当二次风由 1.7m 处引入，此热解气与二次空气在二次风出口处迅速混合，当一次空气化学计量比较小（如等于 0.8 时），由于在下行床底部半焦燃烧或已部分燃烧，二次空气量为 9Nm^3/h，与热解气理论需氧量比较，此时氧气过剩约 60%，这种情形下类似于半焦与热解气单独燃烧，故 NO 来自半焦氮与挥发分氮的分别氧化，所以如图 8.39(a)所示，二次风由 1.7m 处引入时 NO 浓度最高。在过量空气系数为 1.05 时，如图 8.38(a)所示，提升管底部浓相区处于缺氧状态，且二次风引入后总风量相对较少，氧气浓度较低，在低氧燃烧以及热解气还原效应的共同作用下，NO 生成量较少，故改变二次风引入位置对 NO 的浓度影响较小。

如图 8.39(a)所示，提高二次风引入位置到 2.8m 处，热解气引入口到二次风口相距 1.1 m，此区域内的还原性气体以及含氮前驱体 HCN 和 NH_3 可与 NO 发

生反应生成 N_2，故 NO 排放体积分数降低，此区域气体表观气速约为 8.0m/s，气体停留时间为 0.14s 左右。当二次风引入位置位于 4.0m 时，还原区气体停留时间约为 0.29s，NO 排放体积分数进一步降低。若继续提高二次风引入位置，NO 浓度还有下降空间，但需要保证烟气在燃尽区有足够的停留时间以燃尽还原区未燃尽气体及半焦。

如图 8.38(b)和图 8.39(b)所示，二次风引入位置在 2.8m 处时 N_2O 出现升高的现象，可能与热解气未反应完全的含氮前驱体如 HCN 和 NH_3 在二次风口以上区域被氧化有关。另一个可能的原因是二次风位于 2.8m 时，CFB 轴向温度测点 *T*8 降低约 150℃(图 3.37)，低温燃烧时可导致 N_2O 生成。

8.4.5 循环流化床三种燃烧方式污染物排放比较

不同二次风位置下煤炭传统燃烧与解耦燃烧对 NO 和 N_2O 排放浓度的影响如图 8.40 所示。如图 8.40(a)所示，将二次风位置从 2.8m 提高到 4.0m 虽然减少了 N_2O 的排放，但 NO 排放浓度却有所升高，亦即 NO 和 N_2O 排放之间存在“此消彼长”的关系，说明传统燃烧条件下，很难通过改变二次风位置达到同时减少 NO 和 N_2O 排放的目的。而如图 8.40(b)所示，采用解耦燃烧方式，改变二次风位置能够同时降低 NO 与 N_2O 的排放，并且解耦燃烧效果以二次风位置在 4.0m 处最佳，这说明适当延长热解气再燃的还原停留时间可强化解耦燃烧过程，降低氮氧化物的排放。

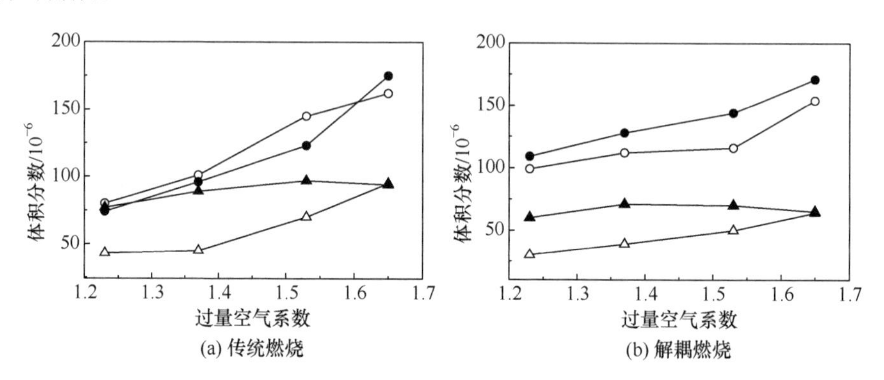

图 8.40 不同二次风位置下传统燃烧和解耦燃烧对 NO 和 N_2O 排放浓度的影响

○,● NO; △,▲ N_2O

空心:二次风位置距分布板 4.0m;实心:二次风位置距分布板 2.8m

图 8.41 为在传统燃烧方式下二次风从 1.7m 位置处引入，解耦燃烧方式下二次风从 1.7m、2.8m 和 4.0m 位置处引入时，一次空气化学计量比对燃料氮向 NO、N_2O 及总 N 转化率的影响[93]。当一次空气化学计量比为 1.0 时，二次空气引入位置位于 1.7m 处时传统燃烧方式 NO、N_2O 及总 N 转化率分别为 9.1%、6.0%

和 21.1%；而在解耦燃烧方式下，二次空气引入位置处于 3 个不同位置时，NO、N_2O及总 N 转化率都有大幅度降低，当二次空气引入位置处于 4.0m 处时，NO、N_2O 及总 N 转化率分别降为 4.0%、1.7%和 7.4%，与传统燃烧方式相比分别下降了 56.0%、71.7%和 64.9%。

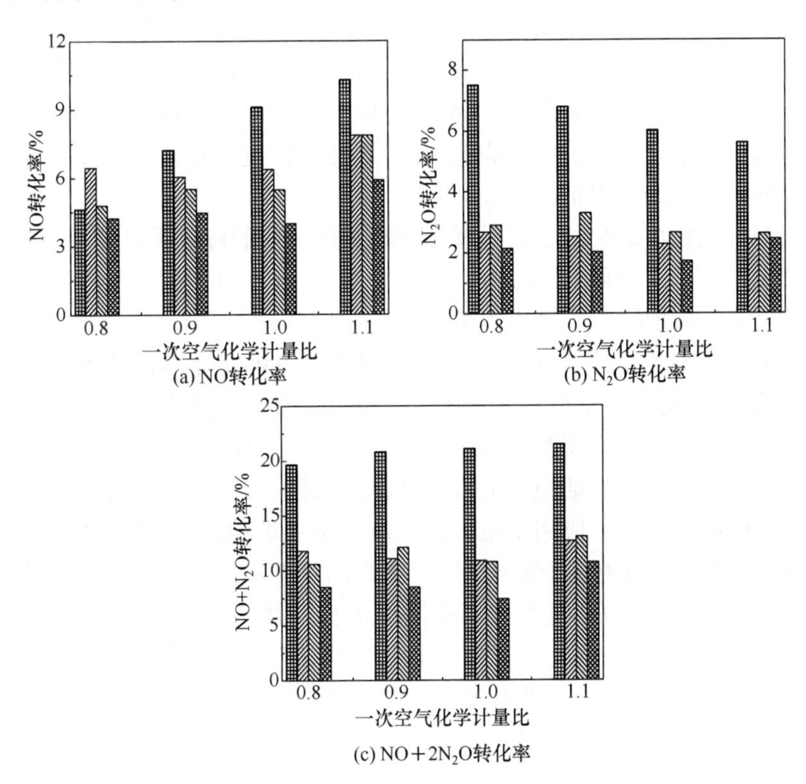

图 8.41　解耦燃烧与传统燃烧方式 NO、N_2O 及总氮转化率的比较[93]

传统燃烧，二次风位置 1.7m；解耦燃烧，二次风位置 1.7m；

解耦燃烧，二次风位置 2.8m；解耦燃烧，二次风位置 4.0m

从图 8.41 中还可以看出相同二次风位置 1.7m 的条件下，解耦燃烧和传统燃烧过程中燃料 N 向 NO、N_2O 及总 N 转化率的比较。在一次空气化学计量比为 0.8 的条件下，解耦燃烧的 NO 转化率略高于传统燃烧，但解耦燃烧的 N_2O 转化率显著低于传统燃烧；而在一次空气化学计量比为 0.9、1.0 和 1.1 的条件下，解耦燃烧的 NO、N_2O 及总 N 转化率都显著低于传统燃烧。以上结果表明，解耦燃烧与传统燃烧相比可以降低氮氧化物的排放，特别是在较高过量空气系数时效果更好，较高的二次风位置可进一步降低 NO 及 N_2O 排放浓度，从而降低总 N 转化率。

8.5 煤炭解耦燃烧技术的应用与锅炉放大

解耦燃烧技术经过多年的开发，目前已经成功地应用于家用燃煤炉和小型层燃锅炉，控制氮氧化物、CO、烟黑等污染物的排放，并实现了烟煤的无烟燃烧。虽然煤炭解耦燃烧技术应用到小型燃煤设备上已经比较成熟，但放大应用于较大规模燃煤层燃工业锅炉时还存在一些困难，主要是受传热速度的限制，煤炭在热解室中的热解速度低于在燃烧室的燃烧速度，导致热解速度与燃烧速度的不匹配以及燃烧过程的均匀性难以保证。

使煤部分气化再燃烧的方式是增加解耦燃烧负荷的有效手段之一。同时煤部分气化产生的煤气以再燃方式进入炉膛上部燃烧，也可还原半焦燃烧产生的 NO_x。在手动机械炉排解耦燃烧锅炉成功应用的基础上，将解耦燃烧原理应用于较大容量的燃煤工业锅炉，采用自动机械炉排实现解耦燃烧，结合热解气化煤气分段燃烧方式，较好地解决了以往解耦燃烧锅炉热解速度较慢的问题。

中科院过程工程研究所基于解耦燃烧原理，设计制造了 1.4MW(2t/h)解耦燃烧工业锅炉样机并实现长期稳定运行，并成功试制了 2.1MW(3t/h)的解耦燃烧工业锅炉。将解耦燃烧技术应用于量大面广的链条锅炉的改造，通过在传统层燃锅炉前部设置热解气化预燃室，分别对燃用烟煤的 7MW(10t/h)链条工业锅炉和燃用褐煤的 14MW(20t/h)往复炉排工业锅炉进行了技术改造并实现了稳定运行。在此基础上，将解耦燃烧技术原理进一步应用到煤粉解耦燃烧，提出了煤粉解耦燃烧的技术方案，目前已完成对燃用劣质烟煤的 300MW(1025t/h)电站煤粉锅炉的燃烧器实施解耦燃烧器的改造并投入运行，验证了解耦燃烧用于煤粉锅炉的可行性。以下对煤炭解耦燃烧技术的应用和锅炉放大进行简要总结。

8.5.1 小型煤炭解耦燃烧层燃锅炉的应用

中科院过程工程研究所早在 20 世纪 90 年代就开始了煤炭解耦燃烧技术的研究，成功地应用于控制小型燃煤设备氮氧化物的排放。与企业合作研制了 0.2t/h 热水锅炉、0.5t/h 蒸汽工业锅炉、民用采暖炉和用于蔬菜温室供暖的热水锅炉等系列产品。对已研制的民用暖炊炉、小型茶炉、0.2t/h 热水锅炉和 0.5t/h 工业锅炉燃煤时的 NO_x 排放进行了测试，结果表明本技术与传统燃煤方式相比具有节能、低烟尘污染且能有效地控制 NO_x 和 CO 排放的优点。该技术不仅在民用燃煤炉、小型燃煤锅炉上应用取得了成功，而且还成功地应用到窑炉，在窑炉改造中也取得了良好的效果[105]。

在以上研发基础上，2003 年以来已成功研制了 0.7MW(1t/h)以下小型固定炉排和手动机械炉排解耦燃烧常压热水锅炉产品，并得到了成功应用，如图 8.42

所示。开发的系列产品包括 20kW 以下(10kW、12kW、15kW、18kW、20kW)的 D 形民用燃煤炉(供热面积在 $200m^2$ 以下);25kW 和 35kW 的 EA 形锅炉(供热面积为 $250\sim350m^2$),可应用于别墅采暖;50kW、70kW、100kW、140kW 和 200kW 的 F 形锅炉(供热面积为 $500\sim2000m^2$),0.28MW、0.35MW、0.5MW 和 0.7MW 的 G 形锅炉(供热面积为 $2800\sim7000m^2$),主要应用于采用中小型集中供热的城乡结合地区和农村。一般对于传统的居民住宅,供暖单位负荷大多在 $60\sim100W/m^2$,供暖面积一般按 1kW 可供暖平房 $10m^2$,楼房 $15m^2$ 估算。

图 8.42　各种型号的煤炭解耦燃烧炉

由于煤质和用户使用经验的限制,中小型解耦燃煤锅炉在实际应用中普遍存在一些问题,如煤质较差时,会由于结渣影响运行的稳定性,清渣不及时造成过量空气系数偏大,使节能环保效益下降等。目前容量较大的 F 形和 G 形解耦燃煤锅炉通过改进结构设计,采用强制通风等措施,可使得煤种适应性提高。当采用理想的煤种或特制型煤时,可在无人干预的条件下连续稳定运行 4h 以上,过量空气系数保持低于 1.8,锅炉效率可以达到 80%以上,达到工业锅炉的较高水准。

8.5.2　煤炭解耦燃烧层燃锅炉的试制与放大

本节重点对 1.4MW(2t/h)解耦燃烧工业锅炉样机的设计方案和运行效果进行简要介绍。

1. 双向往复机械炉排

为了将解耦燃烧原理应用于较大容量的燃煤工业锅炉,中科院过程工程所研制了适用于解耦燃烧锅炉的双向往复机械炉排,并获得了国家发明专利的授权[106]。图 8.43 为双向往复机械炉排及底座的总体设计图。

研制的双向往复机械炉排的特点如下:

(1) 通过一套传动机构和一个整体框架带动两个运动方向相反的往复炉排分

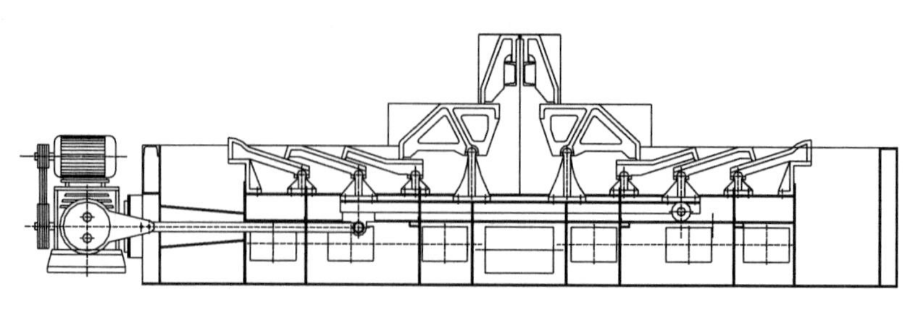

图 8.43　双向往复机械炉排及底座的总体设计图

别工作，以较低的成本实现了中间加煤、两侧燃烧的机械炉排燃烧，在较小占地面积下，增加了解耦燃烧的空间和强度。

(2) 充分利用传统往复炉排成熟的主要部件和结构，将新开发的活动和固定中间炉排片与之有机结合，实现了热解气化室的立体通风布局。

(3) 为产生足够的热解气化强度和实现分段燃烧过程，炉排下的供风通过炉排分隔的风室分段供给。半焦燃烧区、焦炭燃烧区和燃尽区下部风室设有独立的调风门，通过调节供风，实现空气的分级燃烧。

(4) 炉排下采用水封分隔风室，不仅可避免炉排下积灰，提高炉排的寿命，同时也可起到防止煤气爆燃造成炉膛内超压。

(5) 炉排底座采用环形风道，可使部分冷空气将炉膛的辐射热带走，即通过预热空气回收热量，保护了底座不过热损坏。

2. MW 解耦燃烧工业锅炉的设计和研制

根据解耦燃烧技术机理，采用研制的双向往复机械炉排，中科院过程工程研究所提出了解耦燃烧锅炉的基本结构，并获得了国家发明专利的授权[77]。解耦燃烧锅炉的工作原理见图 8.44[79,80]，解耦燃烧工业锅炉的设计充分利用解耦燃烧技术

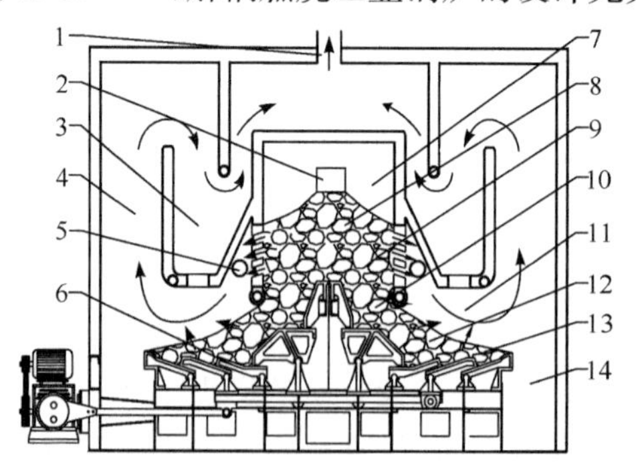

1. 烟囱；2. 加煤口；3. 热交换区；4. 烟道；5. 调节风进口；6. 双向往复炉排；7 热解和气化室；8. 热解区；9. 部分气化区；10. 半焦燃烧区；11. 气体再燃区；12. 焦炭燃烧区；13. 燃尽区；14. 排渣口

图 8.44　解耦燃烧锅炉的工作原理

原理并有机结合热解气化气再燃烧过程，使得解耦燃烧的负荷能力大大提升。解耦燃烧锅炉采用左右对称结构，采用双向往复炉排实现中间加煤两侧燃烧，炉排的末端为排渣口，炉排下的供风通过炉排分隔的风室分段供给。

煤从加煤口 2 进入热解气化室 7 中，煤首先在热解区 8 中干燥和热解，然后进入到部分气化区 9 中部分氧化气化，生成半焦和热解气化气。一部分热解气化气在通过半焦层之前燃尽，燃烧后的烟气穿过半焦层后排出，在这过程中热解气燃烧产生的 NO_x 被半焦还原；另一部分热解气通过热解气化室两侧煤气输出通道，进入到焦炭层上方燃烧，再通过调节风口 5 补充适量空气使热解煤气在还原性气氛下燃烧，形成炉膛内的燃料再燃。煤热解气化后的半焦经半焦燃烧区 10、焦炭燃烧区 12 和燃尽区 13 燃尽后进入排渣口 14 排出。

1.4MW 解耦燃烧工业锅炉样机的总体设计方案和锅炉照片如图 8.45 和图 8.46所示。设计的 1.4MW 解耦燃烧工业锅炉具有如下技术特点：

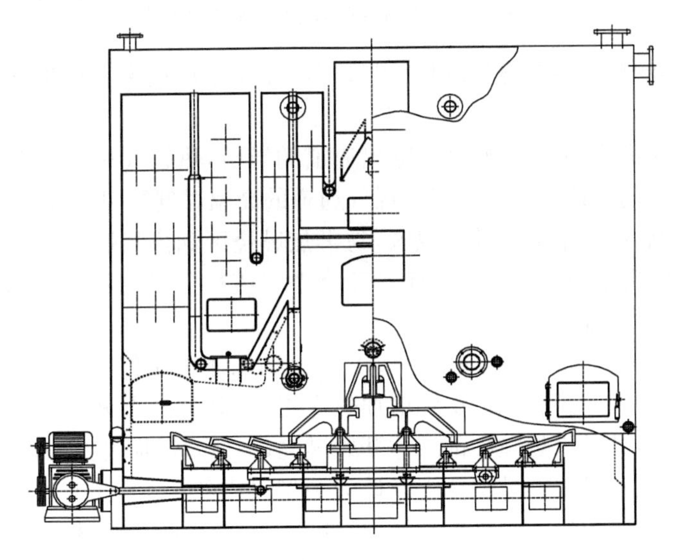

图 8.45　1.4MW 解耦燃烧工业锅炉样机的总体设计图

(1) 充分利用解耦燃烧原理并有机结合气化燃烧过程，使得解耦燃烧的负荷能力大大提升。煤热解气化与半焦燃烧的一体化设计，提高了气化室上部煤层温度，缩短了煤气行程，通过煤热解气化后输送的高温半焦作为煤气点火续燃的值班火焰，解决了传统气化燃烧炉点火源不稳定、焦油清堵困难和对煤质要求高的缺点。

(2) 炉排下的供风通过炉排分隔的风室分段供给，通过调节供风，实现空气的分级燃烧。过量空气由末级风室穿过炉排引入炉膛，与侧面引入二次风相比，不仅布风和混合更加均匀，而且过量空气穿过未燃尽的焦炭层和灰渣层进入炉膛空间，

图 8.46　1.4MW 解耦燃烧工业锅炉样机照片

然后与未燃尽的煤气混合，这样可使得机械不完全燃烧损失和化学不完全燃烧损失都减少。

(3) 由于热解气化室两侧煤气输出通道的导引，热解气化室产生的煤气均为由上至下流动，调风口吹入的空气在煤气通道的高温煤气区引入，使部分煤气在缺氧条件下燃烧后进入下部炉膛高温区，与半焦燃烧区和焦炭燃烧区产生的高温烟气混合，不仅实现了分段燃烧(兼有空气分级和燃料分级的特点)降低 NO_x 的目的，也更有利于煤气的充分燃尽。

(4) 解耦燃烧工业锅炉点火和消烟的燃烧方式不同于传统的机械炉排炉。传统的机械炉排炉采用炉膛和炉拱辐射加热煤层上部的“上点火”方式，煤层最下部的煤在随炉排运动进入炉膛中部后才开始燃烧，不仅漏煤损失大，而且炉排在炉膛中部与高温煤层接触很容易烧坏。设计的炉型采用的是“下点火”方式，由于增大了解耦燃烧过程中煤气的燃烧量，同时减少了固态半焦的燃烧量，并且在半焦进入燃烧区前，大部分粉煤在部分气化中已燃尽或结成较大渣粒，因此该燃烧过程能够大大减少炉排的漏煤损失，同时可降低烟尘的排放。

(5) 由于热解气化室中的煤可在低温下稳定热解、气化和部分燃烧，通过控制通风量，可控制气化室温度维持在易于脱硫的最佳条件。另外，气化室存煤量较大，脱硫时间较长，可以提高脱硫剂的利用率。

(6) 由于采用热解加气化的解耦燃烧方式，大大提高了可燃物在空间燃烧的比例，锅炉占地面积大幅度减小。由于煤气易于在空间燃尽，该炉型的炉膛尺寸设计显著小于传统的锅炉。同时该炉型的外形尺寸比传统锅炉也显著减小。

(7) 解耦燃烧炉的热解气化室的空间较大，燃烧条件好，可燃用各类生物质和垃圾等大小不等、形状不规则的燃料，增加了燃料的适应性和应用范围。

3. 解耦燃烧锅炉与传统燃烧锅炉的 NO_x 的排放浓度对比

1.4MW 解耦燃烧锅炉样机经过在锅炉生产厂内的测试后，安装在石家庄市某花木场，为约 1.2 万 m^2 的塑料大棚供暖。图 8.47 为 1.4MW 解耦燃烧工业锅炉样机在锅炉房内安装后的照片。

为了考察解耦燃烧锅炉降低 NO_x 排放的效果，选取了采用传统燃烧方式的 1.4MW 立式锅炉进行了对比测试，该锅炉的照片见图 8.48。

图 8.47　1.4MW 解耦燃烧工业锅炉样机

图 8.48　1.4MW 传统立式锅炉

采用表 8.5 所示的神府烟煤对解耦燃烧锅炉和传统燃烧锅炉进行了统一测试。在锅炉运行稳定后，采用 Testo-350XL 便携式烟气分析仪测量锅炉出口烟气排放浓度，测量时间为 60min。按 GB 13271—2001"锅炉大气污染物排放标准"的规定，实测的 45.5MW(65t/h)以下燃煤锅炉的污染物排放浓度应按规定的过量空气系数 1.8 进行折算。当过量空气系数为 1.8 时，由式(8.40)计算得到 O_2 参考值浓度为 9.33%，测量值只有转换至 O_2 参考值浓度的数据才能直接进行对比。基于国家标准，按式(8.44)对 NO_x 实测值进行折算。

$$NO_x\ (mg/m^3)\text{折算值}=\frac{21-9.33}{21-O_2\ \text{实测值}}\times(NO+NO_2)\text{实测值}(10^{-6})\times 2.05 \tag{8.44}$$

图 8.49 为 1.4MW 解耦燃烧锅炉与传统立式锅炉在同等工况条件下运行时 NO_x 排放浓度的数据对比[80]。实验结果表明，在立式锅炉进行的传统燃烧方式的 NO_x 排放平均浓度为 385.4mg/m^3，解耦燃烧锅炉 NO_x 排放平均浓度为258.3mg/m^3，

解耦燃烧与传统燃烧相比 NO_x 排放浓度降低约 33%，与小试实验的结果基本一致。结果表明，研制的解耦燃烧锅炉结合了半焦还原和热解气化气再燃降低 NO_x 排放的原理，在实际运行中可以达到降低 NO_x 排放 30%以上的效果。

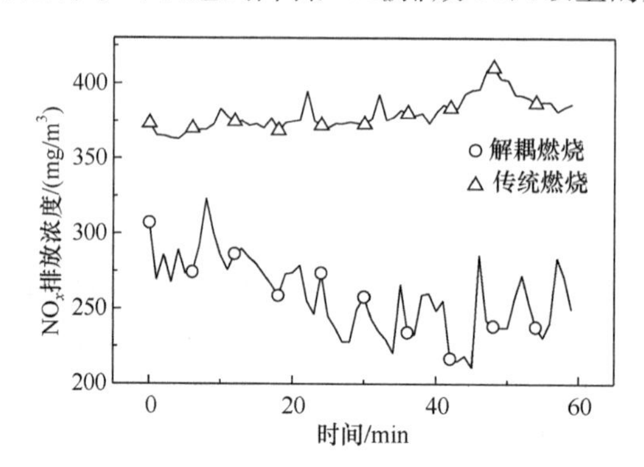

图 8.49 1.4MW 解耦燃烧锅炉与传统立式锅炉 NO_x 排放浓度的对比[80]

1.4MW 解耦燃烧锅炉样机已成功稳定运行多年，效果良好。在此基础上设计开发了 2.1MW(3t/h)的解耦燃烧锅炉，并得到了实际应用。

8.5.3 基于解耦燃烧原理对链条锅炉的技术改造

传统的机械炉排锅炉采用炉膛和炉拱辐射加热煤层上部的“上点火”方式，由于通风是从下往上，而传热是从上向下，致使煤层加热速度慢，着火距离长，煤层最下部的煤在随炉排运动进入炉膛中后部后才开始燃烧。而且为了容易点火，炉排前面很长一段不能通风，以进行煤的预热，这样不仅漏煤损失大、炉排尺寸长，而且炉排在炉膛中部与燃烧的高温煤层直接接触很容易烧坏。特别是对难燃的煤种，采用分层给煤装置时，粒度较大的煤在煤层下部最后点燃，更难以燃尽，使炉渣含碳量增加，反而使机械不完全燃烧损失增大。上部点火方式，由于上层煤首先燃烧，然后逐渐向下层燃烧，氧气从下部上行，燃烧区始终在上部，没有较强的还原气氛，煤中的燃料氮容易被氧化，因而燃烧产生的 NO_x 浓度较高。

“下点火”引燃方式由于传热条件好，下部煤层供氧充分，有利于层燃炉的稳燃，不仅提高了炉排利用率，对燃料的适应性也增强。中科院过程工程研究所将解耦燃烧原理应用于量大面广的链条锅炉的改造，通过预燃室炉排和预燃室的结构设计，实现了“下点火”引燃方式，并利用煤炭热解气化生成的热解气化气再燃降低 NO_x 排放，链条锅炉的技术改造方案已经申请了国家发明专利[107]。

在传统链条锅炉前部设置了热解气化预燃室，采用独立控制的往复炉排，配分层给煤装置，块煤落在炉排下部，粉煤落在炉排上部，上下两层炉排的行程不同，上层炉排的行程小，留住底火，下层炉排的行程大，将经热解和部分气化后的半焦推到链条锅炉的炉排上，实现煤的“下点火”方式。与传统的机械炉排炉的“上点火”方式不同，“下点火”方式由于传热条件好，下部煤层供氧充分，从炉排首端就燃烧剧烈，因而燃料更易快速燃烧和充分燃尽，不仅提高了炉排利用率，对燃料的适应性也增强。“下点火”方式燃烧时，由于增大了解耦燃烧过程中煤气的燃烧量，同时减少了固态半焦的燃烧量，并且在半焦进入燃烧区前，大部分粉煤在部分气化中已燃尽或结成较大渣粒，一开始在低温区炉排上就形成灰渣层，不仅漏煤损失减少，炉排寿命也得到提高。“下点火”方式对于解耦燃烧来说，可建立起与炉膛隔离、独立运行的还原性气氛燃烧区，实现分区燃烧，为降低 NO_x 的排放提供了基础。另外，解耦燃烧锅炉可简化传统炉膛设计，完整的解耦燃烧链条锅炉将去掉前拱，缩短和简化前后拱的结构，变为半开式炉膛，可减少炉体长度。

1. MW 链条锅炉的解耦燃烧技术改造方案

依据该方案对 7.0MW(10t/h)的传统链条锅炉进行了技术改造，图 8.50 是 7.0MW 链条工业锅炉的改造方案图。煤炭首先通过分层给煤装置送入预燃室，煤炭由热半焦从下部引燃，进行下部氧化，上部半焦还原的部分燃烧，提供热量使煤炭在预燃室中热解气化，产生热解气化气和半焦；预燃室中生成的热解气化气和半焦在还原性气氛下部分燃烧，以抑制 NO_x 的生成；热解气化气部分燃烧后进入主燃烧室在过量空气系数小于 1 的条件下进行燃烧，产生气体再燃烧效果，降低 NO_x 的排放；再燃产生的烟气与主燃烧室的高温富氧空气混合后继续燃烧，使还原

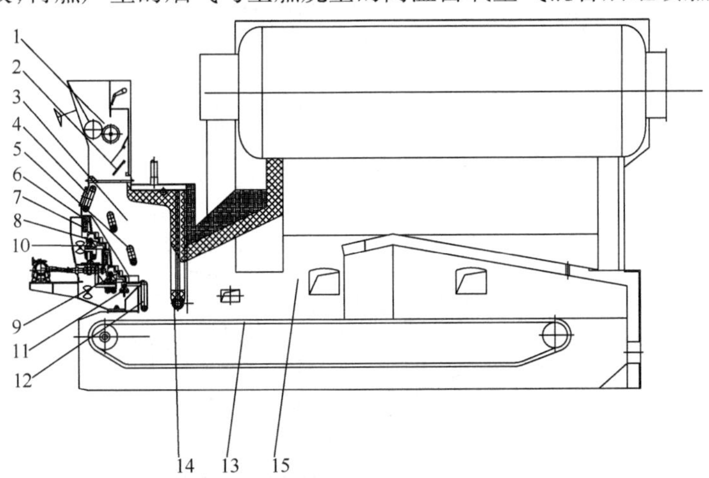

1给煤装置；2. 煤栅栏；3. 预燃室；4. 上部水冷管；5. 中部水冷管；6. 固定炉排片；7. 固定炉排支撑钢梁；8. 活动炉排片；9. 破焦炉排片；10. 活动炉排支撑钢梁；11. 固定梁支架；12. 下部水冷管；13. 主炉排；14. 煤层控制钢梁；15. 燃烧室

图 8.50　链条工业锅炉的解耦燃烧技术改造方案

性气氛下再燃产生的CO和烟黑燃尽；半焦由独立控制的预燃室机械炉排输送到主燃烧室燃尽；生成的NO_x在穿过上部半焦层过程中，由于半焦的还原作用抑制了氮氧化物的生成。

图8.51是链条工业锅炉前部热解气化预燃室的结构示意图。该预燃室采用了双速(可多速)往复炉排结构，形成燃烧速度依次递增的多个燃烧段，实现下点火引燃方式，较好地解决了预燃室稳燃的问题。预燃室采用倾斜往复炉排和中隔墙的组合来控制预燃室煤的燃烧进程，倾斜往复炉排与水平夹角为40°～80°。中隔墙位于炉排的上方，采用依分层布置的炉排而分层分段的布置，各中隔墙之间留有间距，各中隔墙上还设有通风孔。分层给煤装置10在预燃室15的前、上部，使得预燃室炉排运行时，更多的大颗粒煤留在炉排上，而更多的小颗粒煤沿炉排上煤层较快下滑。预燃室往复炉排上产生的半焦煤层16落在主炉排1上，并随之运动进入主燃烧室18。燃烧室分隔墙17将预燃室15和主燃烧室18分割为两部分，各燃烧室保持独立的燃烧控制。预燃室产生的半焦和烟气分别从燃烧室分隔墙17的下部和上部进入主燃烧室18。燃烧室分隔墙17还可以缓冲主炉排与预燃炉排的不同步，改变分隔墙17距主炉排1的高度，可调节主炉排上的煤层厚度。预燃室往复炉排由炉排运动机构3带动，各层炉排通风由独立的进风室供给。各层活动炉排的往复行程不同，上活动炉排的行程小于下活动炉排，上层至下层的活动炉排的往复行程依次增大。活动炉排上表面采用阶梯形式，中隔墙与倾斜炉排的表面夹角为下张口。

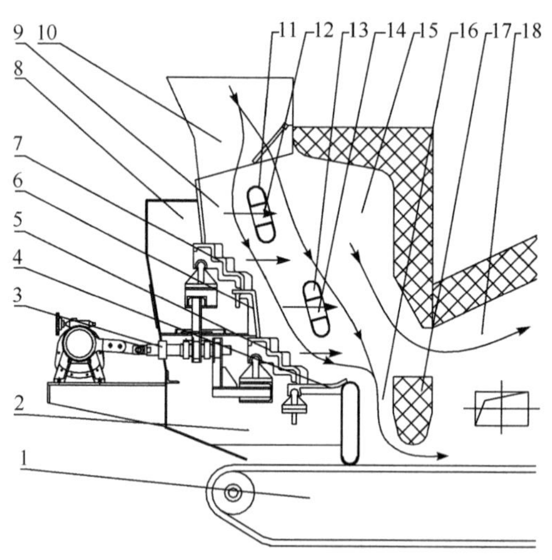

1. 主炉排；2. 下进风室；3. 炉排运动机构；4. 下固定炉排；5. 下活动炉排；6. 上固定炉排；7. 上活动炉排；8. 上进风室；9. 预燃煤层；10. 分层给煤装置；11. 上中隔墙；12. 上中隔墙通气孔；13. 下中隔墙；14. 下中隔墙通气孔；15. 预燃室；16. 半焦煤层；17. 燃烧室分隔墙；18. 主燃烧室

图8.51 解耦燃烧链条锅炉预燃室结构示意图

煤炭经分层给煤装置 10 进入预燃室 15，落在炉排已燃烧的预燃煤层 9 上，由于分层给煤装置 10 的作用和炉排的向前推动，颗粒大的煤基本在下层，颗粒小的煤在上层。在上活动炉排 7 上已燃烧煤的引燃下，下层颗粒大的煤粒首先燃烧，再逐渐引燃上层煤粒，实现下引燃的燃烧方式。随着预燃室炉排运动机构 3 的带动，活动炉排往复推动，燃烧的煤经上固定炉排 6、下活动炉排 5 和下固定炉排 4 逐级下行到半焦煤层 16，在主炉排 1 的带动下从燃烧室分隔墙 17 的下部进入主燃烧室 18 燃尽。上进风室 8 的空气穿过上活动炉排 7 和上固定炉排 6，下进风室 2 的空气穿过下活动炉排 5 和下固定炉排 4，分别给其上的煤层提供燃烧用的空气。形成的烟气通过上中隔墙 11 和下中隔墙 13 之间的间隙以及上中隔墙通气孔 12 和下中隔墙通气孔 14 进入预燃室 15，保持在还原性气氛下继续燃烧，之后从燃烧室分隔墙 17 的上部进入主燃烧室 18 燃尽。

采用分层给煤装置给煤，颗粒大的煤粒进入炉排和中隔墙之间，直接从煤栅栏漏下的粒度小的煤粒始终覆盖在粒度大的煤层上部。由于煤粒下大上小的分层布置，下部煤层的通风条件改善，也减少了小颗粒煤的漏煤损失。上部煤粒堆积到一定量，则会向下流动到主炉排的煤层上，以解决主辅炉排的输煤量匹配问题。传统机械炉排炉上部点火方式，煤层加热速度慢，着火距离长，下部煤层燃尽困难，特别对难燃的煤种，采用分层给煤装置反而使机械不完全燃烧损失增大。而解耦燃烧链条锅炉的下点火方式则可更充分发挥分层给煤装置的作用。

预燃式机械炉排解耦燃烧炉的燃烧方法，通过预燃室炉排和预燃室的结构设计，实现了利用煤炭热解气化生成的半焦还原和热解气化气再燃的解耦燃烧，可降低 NO_x 等污染物的排放，与现有层燃燃烧方法相比具有以下特点。

(1) 经分层给煤装置进入预燃室的煤炭，不同于传统机械炉排炉的煤层上部受辐射加热引燃，而是由已燃烧的热半焦从下部引燃，进行下部氧化、上部还原的部分燃烧，提供热量使煤炭在预燃室中热解气化，产生热解气化气和半焦。

(2) 煤炭在预燃室中热解气化，产生的热解气化气在预燃室还原性气氛下部分燃烧以降低 NO_x 排放。

(3) 热解气化气进入主燃烧室在局部缺氧的条件下进行燃烧，产生气体再燃烧效果，可进一步降低 NO_x 排放。

(4) 热解气化气再燃产生的烟气与主燃烧室的高温富氧空气混合后继续燃烧，使还原性气氛下再燃产生的 CO 和烟黑燃尽，提高燃烧效率。

(5) 半焦由独立控制的预燃室机械炉排输送到主燃烧室燃尽；生成的 NO_x 在穿过上部半焦层过程中，由于半焦的还原作用降低了 NO_x 的生成。

预燃室中的独立控制的往复炉排也是多级的，与传统往复炉排相比主要特点是：

(1) 各层活动炉排的往复行程不同，上活动炉排的行程小于下活动炉排，上层至下层的活动炉排的往复行程依次增大，输煤速度逐次增大。这样既有利于增加新煤的点燃时间，避免炉排运行较快时燃烧中断，又可给主炉排输送足量的煤，提高解耦燃烧炉在大负荷下的运行能力。另外，炉排刚上煤时，炉排的活动行程小，也可减少未燃烧煤的漏煤损失。

（2）活动炉排上表面采用阶梯形式，活动炉排片设有一定长度的水平段，其上的煤粒运动速度远低于上层下落的煤粒速度，有利于延长炉排上已燃烧煤粒的停留时间，可确保预燃炉炉排上始终稳定地存在火源，不断将其上流经的煤粒加热到着火温度，保持燃烧的火种，防止下部引燃的燃烧方式中断。

（3）炉排倾角较大，一般与水平夹角为40°～80°，这样可以充分利用煤的自重沿炉排下行。远离炉排表面的煤层下滑速度快，由于颗粒小，逐级加热到着火点的速度也快，这样可在不中断燃烧的前提下，保障预燃输煤速度与主炉排运行速度的同步，预燃炉最终可提供足量的已稳定燃烧的半焦煤粒，使主炉排的燃烧稳定，避免主炉排拉空断燃。

（4）各层活动炉排驱动连杆采用空行程可调的结构，以适应不同煤种的燃烧特性。对于难燃的无烟煤可减小上层炉排的有效行程，增加煤粒的燃烧时间，保障燃烧的连续性。

（5）与分层给煤装置配合，预燃室炉排运行时可使更多的大颗粒煤留在炉排上，而更多的小颗粒煤沿炉排上煤层较快下滑，这样不仅提高了预燃室的通风和燃烧强度，也可使大颗粒煤在预燃室中进行充分的热解气化反应和延长燃尽时间。

预燃室是链条锅炉解耦燃烧技术改造的关键装置，其设计具有以下特点。

（1）预燃室由往复炉排、中隔墙和分隔墙构成。分隔墙使预燃室与锅炉主炉膛隔离，以保持预燃室的还原性气氛。

（2）预燃室需不断向主燃烧炉输送已稳定燃烧的煤粒，预燃室的负荷必须与主燃烧炉的负荷匹配，因而预燃室采用独立控制。

（3）预燃室产生的半焦随主炉排运动，通过一个煤层厚度控制闸板进入炉膛，以使煤层厚度变得均匀可调。

（4）炉排上方设有上中隔墙，依分层布置的炉排而采用分层分段布置，以维持炉排上煤层的最佳厚度和倾角，保证煤层合适的燃烧速度和上部产生理想的热解气化。中隔墙上设有上通气孔，可以提高煤层通风能力，中隔墙之间的间隙既可以通风，又可以检查煤层燃烧状况和清理焦渣；中隔墙的设置既便于煤粒的自然向下流动，又可使炉排对煤粒的下行速度进行有效控制。

（5）预燃室的炉排和中隔墙与水平面的夹角较大，便于煤粒的自然向下流动。预燃室的炉排与中隔墙夹角为下张口，可减轻结焦渣的堵塞，便于煤层向下输送。

2. MW 链条锅炉经解耦燃烧技术改造后降低 NO_x 排放的效果

改造的原锅炉为单锅筒纵向链条炉(DZL 7.0),有两台该型号锅炉为石家庄市某小区供暖。图 8.52 为增加热解气化室,改造后的链条锅炉的照片。

图 8.52　解耦燃烧技术改造后的 7.0MW 链条锅炉

对改造后的链条锅炉和原有的同型号的链条锅炉的污染物的排放进行了现场实际测试,改造后,锅炉稳定运行,实现了“下点火”的燃烧方式,灰渣含碳量显著降低。两个锅炉用煤统一采用烟煤,其工业和元素分析见表 8.9。

表 8.9　烟煤的工业分析和元素分析

工业分析 w_{ad}/%①				元素分析 w_{ad}/%①				
水分	灰分	挥发分	固定碳	碳	氢	氮	硫	氧②
12.2	15.92	28.12	43.76	57.63	3.64	0.92	0.24	9.45

①空干基;②差值。

基于国家标准,按式(8.44)对 NO_x 排放的实测浓度按规定的过量空气系数 1.8 进行折算,改造后的 7MW 链条锅炉与传统链条锅炉的 NO_x 排放浓度对比如图 8.53 所示。其中传统链条锅炉 NO_x 排放浓度的平均值为 550mg/m^3,改造后的锅炉 NO_x 排放浓度平均值为 385mg/m^3,NO_x 排放浓度降低约 30%,说明传统链条锅炉经技术改造后采用解耦燃烧方式,通过半焦的还原和热解气化气的再燃作用具有降低烟气中 NO_x 排放浓度的效果。

8.5.4　煤粉解耦燃烧技术开发

电力行业是我国的第一耗煤大户,煤炭年消费量中燃煤发电用煤比例超过 50%,燃煤工业锅炉紧随其次[1]。目前燃煤发电占我国总发电量的 75%左右,因此电力行业的节能降耗具有重要意义。在我国燃煤发电领域,主要采用煤粉锅炉。

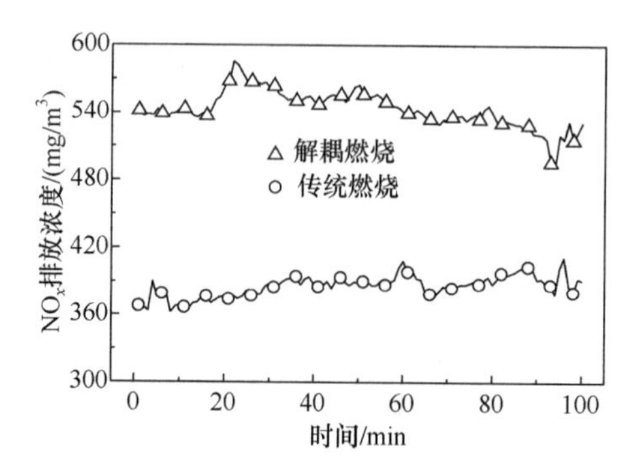

图 8.53 改造后的 7MW 链条锅炉与传统链条锅炉的 NO_x 排放浓度对比

对于大型的煤粉锅炉，在烟气脱硝前进行低 NO_x 燃烧是煤粉燃烧降低 NO_x 排放的最佳途径。

目前，应用较广的煤粉低 NO_x 燃烧技术主要是采用低 NO_x 燃烧器和空气分级燃烧技术。采用浓淡分离燃烧方式的燃烧器在燃用烟煤时抑制 NO_x 生成的效果十分显著，但这些低 NO_x 燃烧器的煤粉浓缩程度和煤粉气流加热速度都还难以满足燃烧低挥发分煤的要求，在燃烧初期的挥发分析出阶段没有能够形成足够的还原性气氛，因而不能有效利用煤自身热解气的强还原性。传统空气分级燃烧注重控制浓度场。在炉膛形成大范围还原性气氛，以同时抑制燃料型和热力型 NO_x 的生成。由于还原区均匀性差，为有效降低 NO_x 排放，需要较大的、平均过量空气系数较低的还原性区域，因而需大量的燃尽风（火上风），并且需要使燃尽风与主燃烧区保持较大距离。由于富氧燃烧的阶段拖后，极难燃尽的焦炭和半焦推迟到离炉膛出口较近的低温燃烧区去燃尽，致使飞灰可燃物的含量增高，锅炉效率下降。

当前煤粉锅炉采用的低 NO_x 燃烧技术存在降低 NO_x 排放与飞灰含碳量高的矛盾，对于无烟煤、贫煤等难燃煤种问题更为严重。解决煤粉燃烧的飞灰可燃物与 NO_x 排放控制的耦合问题是燃烧领域中长期存在的技术难点。过程工程研究所根据解耦燃烧原理开发了煤粉解耦燃烧技术，以解决煤粉锅炉中控制 NO_x 排放和飞灰含碳量高的矛盾问题，为解耦燃烧技术在煤粉燃烧锅炉中的应用奠定基础。

1. 煤粉解耦燃烧器

煤粉燃烧器是煤粉锅炉燃烧设备的关键部件，其主要作用是向炉膛内输送燃料和空气，并组织合理的混合与燃烧。燃烧器的主要评价指标是使煤粉气流能够稳定着火、燃尽，并防止结焦。随着目前环境污染的压力增大，燃烧器的污染物控制（特别是 NO_x 生成量的控制）也已成为燃烧器性能的重要考察指标[108]。

目前已开发的煤粉低氮燃烧器多采用煤粉浓缩后燃烧的方式，一定程度上可

降低 NO_x 的排放，但由于浓缩效率不高，浓缩后的浓煤粉气流的空气质量与煤粉质量的比值多在 0.8～1.3，特别是对于挥发分低于 20%的煤，该气流中煤粉燃烧时的空气量依然高于或接近煤中挥发分燃烧所需的空气量，挥发分与氧气的气相反应速度较快，因而该燃烧条件必然会使得煤中热解出的氮容易与氧气结合，转化成 NO_x。已生成的 NO_x 虽然可通过控制空气的供给过程，使之在后续的还原性气氛中来部分还原，但该阶段以 C、CO 等为主的还原剂反应活性较低，且气流进入炉膛空间扩大后，反应物的扩散速度和浓度都较低，因而在炉膛内还原反应难以充分完成，降低 NO_x 排放的效率较低。

控制煤粉燃烧初期热解气化产生的挥发分氮的转化过程是解耦燃烧抑制 NO_x 排放的关键。该过程主要在一次风内部、二次风混合前的较小空间范围进行，一次风与二次风混合后即开始燃尽阶段。该过程属于微观上的分级燃烧，只是机理不同于宏观上的空气分级燃烧，解耦燃烧的还原剂充分利用了热解气化产物，反应活性更高。中科院过程工程研究所提出了一种低氮氧化物排放煤粉解耦燃烧器及煤粉解耦燃烧方法[109]，实现较小尺度上径向前后分级燃烧的方案。图 8.54 为该燃烧器的结构示意图。

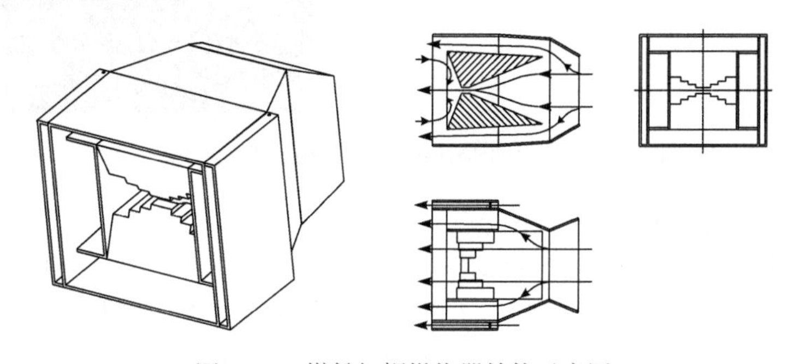

图 8.54　煤粉解耦燃烧器结构示意图

该燃烧器喷口入口设有两级变截面管，喷口中心设有一对集粉稳焰器。在变截面管管壁和集粉稳焰器挤压和导流的作用下，进入喷口的煤粉气流发生转向，实现两级的惯性风粉分离，并且在集粉稳焰器后部的浓粉气流两侧形成高温烟气回流，实现浓粉气流的高速加热。由于一对集粉稳焰器截面的阶梯形结构，形成的浓煤粉气流特性也呈阶梯式分布。

图 8.55 和图 8.56 为该煤粉解耦燃烧器的模拟计算图。图中分别显示了从风道、燃烧器到炉膛整个计算区域内计算得到的气相速度场和颗粒相质量浓度。从图中可以看出气相携带煤粉从风道进入，到达燃烧器后，气相由于内部结构的影响，燃烧器四周流量较大，而燃烧器中心流量较小，并且在喷口后和内部存在气体回流；固相由于质量大造成惯性大，使得大部分颗粒从燃烧器中心通过，中部气流的煤粉浓度大幅提高，而四周煤粉浓度降低。

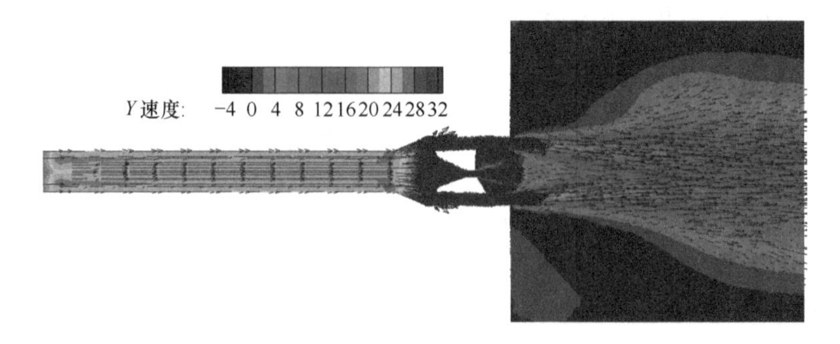

图 8.55　气体轴向速度云图和气体速度矢量图(单位:m/s)

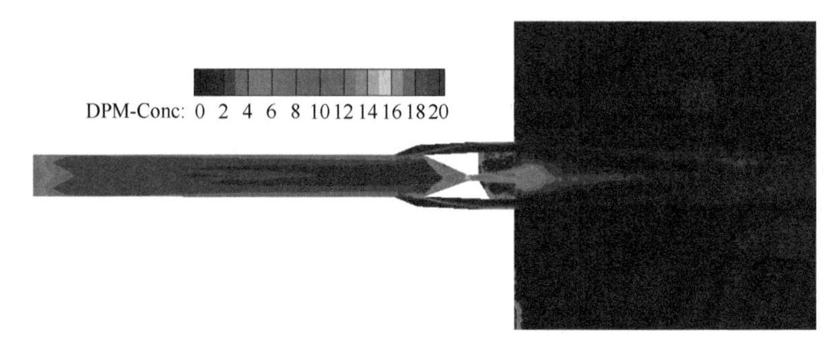

图 8.56　固相质量浓度的分布图(单位:kg/m^3)

该煤粉解耦燃烧器具有以下特点。

(1) 煤粉浓缩和稳燃设计一体化。通过集粉稳焰器和变截面管的组合,使一次风分流成中间一路浓粉气流和周边多路淡粉气流。浓淡分离周界长,气流转向小,因而煤粉浓缩效率高,而设备压降小。燃烧器设计将卷吸热烟气回流的空间从炉膛延伸至燃烧器喷口内,浓缩煤粉气流上下两侧同时卷吸加热,加热速度和深度成倍提高。

(2) 由内到外逐级燃烧。煤粉气流卷吸能力(流速)、浓缩率、回流空间、相对滑移速度和传热传质速度呈阶梯式分布,中部核心煤粉气流的厚度最薄,着火温度最低、着火所需热量最小、火焰传播速度最快,而加热能力最强,散热最慢,因而极易着火,随后中部两侧浓粉气流及外围淡粉气流再相继逐级燃烧。淡粉离开喷口一定距离后才能着火,燃烧器外壳形成膜式冷却,燃烧器寿命更高。

(3) 实现微观空气分级燃烧,抑制 NO_x 的生成。煤粉高度浓缩和高速加热,实现快速热解、气化,可使挥发分氮比例大幅提高,并产生大量强还原性气体,气相高速反应使大部分 NO_x 转化成稳定的 N_2。淡粉气流逐步燃烧后,焦炭也已相继燃烧,对氧气的消耗增大,贫氧燃烧的条件可维持到大部分挥发分燃烧完全。

(4) 易于优化炉膛动力场、浓度场和温度场,燃烧效率高。降低宏观空气分级的“火上风”量,可避免最难燃尽的焦炭推后在低温燃烧区燃烧,以降低飞灰含碳量和排烟温度。同时减少还原性气氛范围,减轻水冷壁高温腐蚀和结焦,也有利于防止煤粉离析。

(5) 煤种适应强,性能稳定。根据煤质等燃烧条件的变化,通过调节燃烧器向火侧的侧边风量,可调节燃烧器附近的温度,保持最佳燃烧状态;通过调节背火侧侧边风量,可调节水冷壁附近的含氧量和气流强度,减轻水冷壁的结焦和高温腐蚀。

该燃烧器的集粉稳焰器原理可应用于不同类型的燃烧器喷口,如对传统浓淡型低 NO_x燃烧器,可在喷口浓侧设置一对集粉稳焰器,以使浓侧煤粉气流特性形成类似前述燃烧器的阶梯式分布,同样可以产生更高浓度和更强回流加热的核心煤粉气流。如果改变集粉稳焰器的截面,将一对集粉稳焰器的最狭窄端设置在喷口向火侧的边缘,则卷吸入喷口的回流烟气的温度更高。

2. 切圆燃烧的煤粉解耦燃烧方法

在煤粉锅炉燃烧设备中,需要根据煤质特性,选择合适的燃烧器形式和布置方式,才能达到高效低污染燃烧。对于传统四角切圆燃烧锅炉,将燃烧器布置在温度较低的四角,在燃用低挥发分和低热值等难燃煤时,对稳定燃烧和抑制 NO_x 的排放都十分不利。另外,目前采用的一次风反切低 NO_x 燃烧技术,使一次风和二次风喷口布置在一条垂直线上,且紧紧相邻,由于二次风动量远大于一次风,一次风较早地卷吸入二次风,减小了一次风中煤粉在强还原性气氛中的燃烧时间,抑制生成燃料型 NO_x(特别是焦炭氮)的能力下降。

煤粉燃烧抑制 NO_x 排放的过程中,在不同几何尺度上遵循的原理既有相似性也有差异。系统内多个尺度过程和多个物理场相互作用与耦合,需要针对不同尺度过程从宏观到微观逐级分区解决。根据解耦燃烧机理的研究,煤粉解耦燃烧应该有效利用煤自身热解产物,强化较小尺度和中等尺度的深度分级燃烧,减小对宏观尺度分级燃烧的依赖。通过形成多个尺度不同燃烧气氛的分区,更细致、均匀地控制浓度场和温度场,以抑制燃料型、控制热力型 NO_x 的生成。降低火焰中心,提高炉膛利用率,将可燃物在高温区燃尽,从而降低 NO_x 的同时保障燃烧效率。中科院过程工程研究所在解耦燃烧原理和煤粉燃烧器的基础上,结合煤粉燃烧的特点,提出煤粉解耦燃烧的技术方案,设计了一种多角切圆多尺度煤粉解耦燃烧装置,并申请了国家发明专利[110]。图 8.57 为煤粉解耦燃烧装置布置的俯视图和侧视图。

该方案采用了多尺度的多区分级燃烧方法。较小尺度上利用解耦燃烧器一次风喷口的高度浓缩和高速加热特性,使燃烧器喷口射向炉膛的气流在前后分别形成强还原性和弱还原性区域,实现多区径向前后分级燃烧;在中等尺度通过角部二

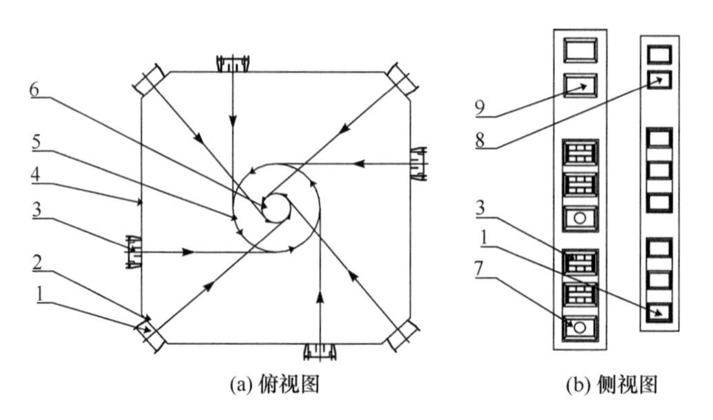

1. 二级二次风喷口；2. 炉膛角墙；3. 一次风喷口；4. 炉膛侧墙；5. 一次风假想切圆；6. 二级二次风假想切圆；7. 一级二次风喷口；8. 外周燃尽风喷口；9. 中心燃尽风喷口

图 8.57　煤粉解耦燃烧装置布置的俯视图和侧视图

次风与上游一次风混合前后分别形成还原性区域和弱还原性或弱氧化性区域，实现多区周向水平左右分级燃烧；在宏观尺度上通过在大炉膛上部设置燃尽风，使炉膛下部整体和上部整体分别形成还原性区域和氧化性区域，实现竖向垂直上下空气分级燃烧。

在燃烧初期较小尺度上，通过对一次风煤粉气流的高度浓缩和高速加热等手段来创造抑制燃料型 NO_x 生成的有利条件，重点是促使产生更多的挥发分氮并向 N_2 转化。在燃烧中期，重点通过控制混合气流的含氧量来控制浓度场和温度场，来进一步抑制燃料型 NO_x 的生成，促使焦炭氮向 N_2 的转化；同时避免出现产生大量热力型 NO_x 的高温富氧条件。通过前述手段，已使大部分燃料氮转化为稳定的 N_2，在燃烧的中后期，可通过在炉膛内炉温较高的区域及时送入燃尽空气，并混合均匀，使可燃物有充分燃尽的条件，来降低烟气中飞灰可燃物的含量。

由此可见，多尺度的多区分级燃烧，是根据煤粉燃烧特性和物质转化规律，在不同尺度和区域重点解决不同问题，在确保安全性的条件下，解决煤粉燃烧耦合排放的问题，实现同时降低飞灰可燃物和 NO_x 排放的解耦燃烧。多角切圆多尺度煤粉解耦燃烧装置及燃烧方法具有以下特点。

(1) 通过多尺度的多区分级燃烧，较早地完成 NO_x 向 N_2 的转化，二次风及时补充，让煤粉及时发生高温富氧反应，延长在炉膛充分燃烧的时间，从而充分燃尽，降低烟气中飞灰可燃物、CO 的含量。由于燃烧的多区性，增加了在炉膛内燃烧的均匀性，从而有利于避免出现局部燃料和氧气过于集中的环境，产生过大的高温富氧的燃烧峰值，有利于抑制热力型 NO_x 的生成。通过多尺度的多区分级燃烧抑制 NO_x 的生成，可减小对传统大炉膛空气分级燃烧所需要的大还原区的依赖，减小燃尽区到主燃烧区的距离来增加燃尽区的温度和空间，增加燃尽速度和燃尽时间，从而实现同时降低飞灰可燃物和 NO_x 排放的解耦燃烧。

(2) 一次风喷口相对集中布置在距火焰中心较近炉膛温度很高的区域，不仅有利于难燃煤的稳燃，而且有利于提高一次风射入炉膛的煤粉的热解气化速度，可增加燃烧初期对 NO_x 还原性较强的煤炭自身的热解气化产物的浓度，同时挥发分快速析出也可增大挥发分氮的比例，降低焦炭氮的比例，为解耦燃烧抑制 NO_x 的生成创造了更好的条件。

(3) 部分二次风喷口布置在炉膛的角部，在一次风的下游与一次风混合助燃，这样可在炉膛内沿气流方向从一次风到二次风喷口之间，形成多个区域较大的局部还原性燃烧区，延长了煤粉在还原性气氛下的燃烧时间，从而增强抑制燃料型和热力型 NO_x 的生成能力，降低 NO_x 的排放。

(4) 角部二次风助燃上游一次风后，与下游一次风混合前含氧量已降低，并且被加热到很高温度，结合一次风喷口的相对集中布置，充分实现了高温空气燃烧的条件，既有利于同时抑制燃料型和热力型 NO_x 的生成，也可实现稳燃。

(5) 与四角切圆燃烧相比，一次风射流更远离炉墙，通过调节二次风喷口的风量，可在炉膛内二次风下游靠近炉墙附近的易结焦范围内，形成二次风包围一次风的旋转动力场，不仅有利于实现降低 NO_x 排放的逐级燃烧，也有利于防止炉墙的结焦和高温腐蚀。

(6) 侧墙二次风喷口和侧墙燃尽风喷口距离炉膛中心较近，气流贯穿到炉膛中心的能力较强，因而可加强包括炉膛中部在内的整个炉膛空间的风粉混合，使煤粉及时燃尽，有利于降低飞灰含碳量，增强解耦燃烧的效果。

(7) 通过水平和垂直摆动二次风喷口组合来调节炉膛内的动力场、温度场和浓度场，一次风喷口可以不随二次风喷口一起摆动，从而可以减小一次风喷口的磨损速度，提高使用寿命。将摆动机构分解为多种，部分仅需进行简单的手动调节，仅保留部分调节比较频繁的喷口通过远程调控机构执行调节，这样可以减小摆动机构的复杂性和工作负荷，降低该机构的故障率。

(8) 多角切圆多尺度煤粉解耦燃烧装置及燃烧方法除了有可靠的解耦燃烧技术性能，还有较好的稳燃能力、防结焦和易调节等燃烧性能，不仅对难燃煤和易结焦煤及其他劣质煤等有更好的适应性，同时，由于燃烧区布置较为集中，相对传统煤粉锅炉，也有利于减小炉膛设计高度，降低制造和安装成本。

3. W 形火焰炉的煤粉解耦燃烧方法

W 形火焰炉是解决难燃煤种稳燃和降低飞灰含碳量的主要炉型。由于其燃烧器喷口位置接近炉膛中心，因而烟气回流温度很高，有利于改善稳燃条件。使煤粉下冲后再上行的 W 形火焰可延长煤粉在炉内行程，有利于煤粉的燃尽；其分级配风结构使一二次风混合距离较易拉开，有利于抑制燃料型 NO_x 的生成。但该炉型的下炉膛动力场、浓度场和温度场复杂，较难控制，很容易失去前述的结构优势。

目前运行的 W 形火焰炉存在较多问题。由于燃烧器的燃烧特性不佳，不能及时送配二次风，难以实现真正意义的分级燃烧，所以 W 形火焰炉的燃料型 NO_x 的生成量很大。由于其燃烧不稳定影响下炉膛的合理配风，燃烧推后，在下炉膛出口局部区域产生温度峰值高于 1500℃的氧化性环境，致使热力型 NO_x 大量生成。对于 NO_x 排放很高的大部分现有 W 形火焰炉，其生成的 NO_x 中热力型 NO_x 往往占据主导。而对于 NO_x 排放不太高的 W 形火焰炉，其炉温峰值通常不太高，生成的 NO_x 中仍然以燃料型 NO_x 为主。

控制温度场只能控制热力型 NO_x 的生成。传统分级燃烧注重控制浓度场，在下炉膛形成大范围还原性气氛，以同时抑制燃料型和热力型 NO_x 的生成。如果单纯强化燃烧、简单的空气分级供给和降低炉膛温度，虽然一定程度上都可使 NO_x 排放降低，但其飞灰含碳量将会显著提高，锅炉效率和安全性急剧下降。NO_x 与飞灰可燃物的耦合排放问题已成为 W 形火焰炉的突出问题。

中科院过程工程研究所针对现有 W 形火焰炉普遍存在的问题，根据解耦燃烧原理，提出了 W 形火焰炉煤粉解耦燃烧技术方案，并申请了国家发明专利[111]。图 8.58为 W 形火焰炉煤粉解耦燃烧装置的主视图和侧视图。

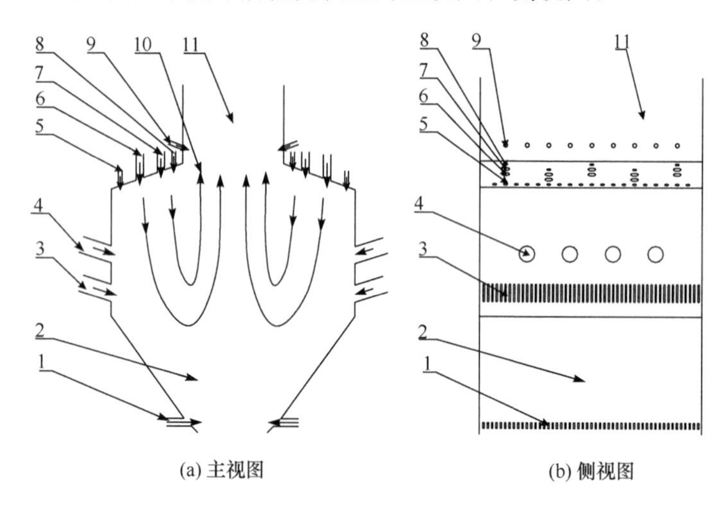

1. 底部边界风喷口；2. 下炉膛；3. 侧墙下二次风喷口；4. 侧墙上二次风喷口；5. 贴壁二次风喷口；6. 淡一次风喷口；7. 浓一次风喷口；8. 超浓一次风喷口；9. 上炉膛燃尽风喷口；10. 烟气流；11. 上炉膛

图 8.58 W 形火焰炉煤粉解耦燃烧设备主视图和侧视图

W 形火焰炉煤粉解耦燃烧技术的机理为：

(1) 通过解耦燃烧器和优化二次风配风方式，确保煤粉能够及时着火和快速燃烧，为实现真正的分级配风奠定基础。

(2) 一次风燃烧初期周围的空气量较少，除自身携带的空气外，主要由拱顶二次风和下炉膛内回流烟气的过量空气提供助燃，还原性气氛浓，且持续时间较长，因而对于抑制燃料型 NO_x 的生成十分有利。增加一次风下冲行程，二次风与一次风逐级混合，以始终保持较高的炉温和适量空气量，将燃烧中心范围向下炉膛扩大，同时可以提高火焰充满度，使下炉膛温度场更为均匀，避免下炉膛出口区域温度峰值过高，在提高燃烧强度的同时减少热力型 NO_x 的生成。

(3) 燃尽阶段起始于下炉膛，使大部分燃尽风在下炉膛就及时进入，以提高高温的下炉膛利用率，降低飞灰含碳量。

W 形火焰炉煤粉解耦燃烧技术的具体实施方案为：

(1) 采用多通道煤粉解耦燃烧器，布置在下炉膛拱上，垂直向下喷入下炉膛。该燃烧器射流速度高，煤粉下冲能力较强，以形成饱满的 W 形火焰。多个一次风喷口的间隔布置，加大了一次风卷吸高温烟气的表面积，有利于燃烧器稳燃。同时使得煤粉在下炉膛较大的空间范围内燃烧，提高火焰充满度和均匀性，既可降低下炉膛局部温度峰值，也可使煤粉在下炉膛燃烧充分。超浓一次风喷口离下炉膛的出口高温区较近，极易稳燃。浓一次风喷口和淡一次风喷口依次由炉膛中心往炉膛前后墙排列。淡粉气流煤粉细度较细，在背火侧温度较低的区域也相对容易着火。超浓煤粉气流、浓粉气流、淡粉气流由浓到淡相继燃烧，对氧气的消耗逐级增大，始终保持燃烧过程的还原性气氛，有利于降低 NO_x 的生成。

(2) 二次风依照煤粉气流的燃烧过程交错配风送入炉膛。下炉膛拱上布置的贴壁二次风可使下炉膛中部的高温烟气向侧墙深度回流，以提高燃烧器着火区域和前后墙附近的炉温，促进燃烧器及时着火，改善下炉膛温度场的均匀性，并避免炉墙的结焦和高温腐蚀。拱顶二次风还可增加下行风的总动量，并及时向着火的一次风补充助燃空气。侧墙上二次风喷口与各组一次风喷口交错排列，从前述各组一次风喷口射流间隔的缝隙斜向下射入下炉膛。其射程贯穿到下炉膛的中部，为从炉底反转上行的煤粉在炉膛中部燃尽提供过量空气。侧墙下二次风喷口，主要为已燃烧的煤粉提供助燃的空气，同时将下行煤粉托住，并携带其上行，避免煤粉冲刷冷灰斗结焦。

(3) 靠近下炉膛出口的上炉膛的前后墙设置有下倾的上炉膛燃尽风喷口，主要为控制下炉膛出口附近的过量空气。另外，也可提高上炉膛前后墙附近的含氧量，改善一次风和二次风分层流动造成的浓度场不均。

8.6　本章小结

我国的能源消费以煤炭为主，许多城市具有普遍性的冬季煤烟型大气污染的特点，小型燃煤锅炉是大气污染的主要诱因之一。小型燃煤锅炉的突出问题是效率低、污染重。近年来，一些城市尝试拆并小型燃煤锅炉，采用集中供热等方式对大气污染进行治理,取得了初步成效。但是,对于集中供热管线没有覆盖的城乡结合部及偏远地区,强行拆除小锅炉是不现实的。因此,开发节能环保的新型燃煤锅炉替代传统的燃煤锅炉,是解决小型燃煤锅炉污染的有效途径。

解耦燃烧技术是中科院过程工程研究所研发的具有自主知识产权的技术。该技术利用煤炭自身产生的热解气化气和半焦,通过控制燃烧过程和条件来解除污染物生成过程中的耦合关系,实现同时降低 NO_x、CO 和烟尘等污染物的排放。通过系统研究揭示了解耦燃烧降低氮氧化物的途径是半焦还原、热解气还原和缺氧燃烧的协同作用,其中半焦还原作用是最主要因素。过程工程研究所在成功开发的 0.7MW(1t/h)以下固定炉排解耦燃烧锅炉的基础上,将解耦燃烧和热解气化气再燃原理应用于工业锅炉的研制,实现了解耦燃煤锅炉的容量放大。研制了适应解耦燃烧特点的双向往复机械炉排,采用中间加煤两侧燃烧,设计研制了 1.4MW(2t/h)解耦燃烧锅炉样机并实现长期稳定运行,并成功试制了 2.1MW(3t/h)的解耦燃烧工业锅炉。采用设有预燃室的下点火燃烧方式,对 7.0MW(10t/h)的链条锅炉进行了解耦燃烧技术改造并实现了稳定运行。目前通过对燃用褐煤的14MW(20t/h)往复炉排工业锅炉的技术改造,也进一步证实了该技术的可行性。采用解耦燃烧方式的中小型燃煤锅炉能够实现煤的高效率、低污染解耦燃烧,对于中小型燃煤工业锅炉的升级换代具有重要意义。

采用解耦燃烧技术生产高效低污染的解耦燃烧锅炉,以增加较少的成本和付出较小的代价实现煤炭的洁净燃烧,有望解决中小型燃煤锅炉的污染严重问题。由于解耦燃烧锅炉体积小,制造成本低,占地面积小,燃料适应性好,运行操作简单,再加上有着高效、节能、环保的性能优势,因而有着广阔的应用前景。采用解耦燃烧炉,由于煤炭燃烧完全,热效率高,同时解耦燃烧锅炉的污染物排放量低,不仅具有较好的经济效益,而且在节能减排方面具有巨大的社会效益。

经济发展与环境保护协调是 21 世纪能源发展的主导方向。经济有效地降低燃煤过程中氮氧化物的排放对于控制大气污染具有重要的意义。随着环保要求的不断提高,现有的低 NO_x 燃烧技术很难满足控制中小型燃煤锅炉 NO_x 排放的要求,发展适合我国国情的低成本低 NO_x 燃烧技术具有良好的前景。解决中小型燃煤锅炉的污染问题对于降低烟气污染物排放,提高环境质量具有积极的现实意义。通过中小型燃煤锅炉的技术创新,以污染小、成本低、耗水耗能少以及新型实用为侧重点,大力研究开发新型高效、低污染排放的中小型燃煤锅炉应是今后的发展方向。

对于大型的煤粉锅炉,在烟气脱硝前进行低 NO_x 燃烧是煤粉燃烧降低 NO_x 排放的最佳途径。当前煤粉锅炉采用的低 NO_x 燃烧技术存在降低 NO_x 排放与飞灰含碳量高的矛盾,对于无烟煤、贫煤等难燃煤种问题更为严重。解决煤粉燃烧的飞灰可燃物与 NO_x 排放控制的耦合问题是燃烧技术领域中长期存在的技术难点。

过程工程研究所根据解耦燃烧原理开发了新型煤粉解耦燃烧技术，有望解决煤粉锅炉中控制 NO_x 排放和飞灰含碳量高的矛盾，可为煤粉燃烧锅炉减低 NO_x 排放提供一条可行途径。

参考文献

[1] 范玮. 粉煤工业锅炉产业发展现状及投资分析. 洁净煤技术，2012，18(4)：4-6，12.

[2] 韩崇刚，茹圣峰，徐尧. 煤粉工业锅炉燃烧器研究进展. 中国化工装备，2013，(5)：16-19，22.

[3] 赵钦新，周屈兰. 工业锅炉节能减排现状、存在问题及对策. 工业锅炉，2010，(1)：1-6.

[4]《锅炉大气污染物排放标准》编制组.《锅炉大气污染物排放标准》(征求意见稿)编制说明. 2013. 中华人民共和国环境保护部网站.

[5] 余洁. 中国燃煤工业锅炉现状. 洁净煤技术，2012，18(3)：89-91，113.

[6] 王善武，吕岩岩，吴晓云，等. 工业锅炉行业节能减排与战略性发展. 工业锅炉，2011，(1)：1-9.

[7] 徐通模. 中小容量燃煤锅炉的燃烧特性分析及应注意的问题. 工业锅炉，2012，(1)：14-18.

[8] 高士秋，宋文立，何京东，等. 中小型燃煤锅炉低 NO_x 燃烧技术//全国氮氧化物污染控制研讨会论文集. 北京，2003：187-194.

[9] 高易冰. 工业锅炉中 NO_x 的生成及降低措施. 起重机，2000，(1)：45-46.

[10] 王广盛，王一恒，高汉英. 工业锅炉的 NO_x 污染及防治. 中国设备工程，2003，(4)：47-48.

[11] 王占义. 锅炉烟气中 SO_2 和 NO_x 的控制途径. 应用能源技术，2001，(4)：39-40.

[12] 赵惠富. 污染气体 NO_x 的形成和控制. 北京：科学出版社，1993：48-161.

[13] 苏亚欣，毛玉如，徐璋. 燃煤氮氧化物排放控制技术. 北京：化学工业出版社，2005：70-118.

[14] Baukal C E. Industrial Combustion Pollution and Control. New York：Marcel Dekker，Inc.，2004：247-325.

[15] 曾汉才. 燃烧与污染. 武汉：华中理工大学出版社，1992：66-112.

[16] 黄少鹗. 中小型锅炉采用简易烟气再循环减少氮氧化物污染气体排放. 环境技术，1998，16(5)：38-40.

[17] 黄少鹗. 俄国治理燃气工业与供暖锅炉氮氧化物排放的技术措施. 环境技术，2000，18(5)：31-38.

[18] 聂其红，吴少华，孙绍增，等. 国内外煤粉燃烧低 NO_x 控制技术的研究现状. 哈尔滨工业大学学报，2002，34(6)：826-837.

[19] 毛键雄，毛键全，赵树民. 煤的清洁燃烧. 北京：科学出版社，1998：209-285.

[20] Smoot L D，Hill S C，Xu H. NO_x control through reburning. Progress in Energy and Combustion Science，1998，24(5)：305-408.

[21] John P，Joel B. Natural gas reburn：Cost effective NO_x control. Power Engineering，1994，98(5)：47-50.

[22] 钟北京，傅维标. 气体燃料再燃对 NO_x 还原的影响. 热能动力工程，1999，14(84)：419-424.

[23] 郑国耀，李道林，陈明强，等. 工业锅炉实行“气煤混燃”的节能与环保效益. 上海节能，2003，(2)：4-6.

[24] 季俊杰，罗永浩，陆方. 若干因素对层燃炉气体再燃降低 NO_x 的影响. 工业锅炉，2002，(5)：7-10.

[25] 季俊杰，罗永浩，陆方，等. 分级燃烧对层燃炉 NO_x 减排的效果研究. 锅炉技术，2006，37(增刊)：50-53.

[26] 冯琰磊，罗永浩，陆方，等. 层燃炉低 NO_x 再燃烧技术的实验研究. 动力工程，2004，24(1)：29-32.

[27] 常兵. 配风方式对层燃炉燃烧特性影响的试验研究. 上海：上海交通大学博士学位论文. 2007：59-60.

[28] 金晶. 超细煤粉再燃的模拟计算与试验研究. 中国电机工程学报，2004，24(10)：215-218.

[29] 郭永红. 超细粉再燃低 NO_x 燃烧技术的数值模拟与实验研究. 北京：华北电力大学博士学位论文，2006.

[30] Zarnescu V，Pisupati S V. The effect of mixing model and mixing characteristics on NO_x reduction during reburning. Energy & Fuels，2001，15(2)：363-371.

[31] 候祥松，张海. 焦炉煤气再燃降低 NO_x 排放技术研究. 煤炭转化，2007，30(1)：39-42.

[32] 李戈，池作和，斯东波，等. 生物质废弃物再燃降低 NO_x 排放的实验研究. 热力发电，2004.(2)：41-44.

[33] 江鸿，金晶，刘瑞，等. 部分气化煤制气再燃低 NO_x 燃烧技术气化方案探讨. 上海电力，2009，(1)：68-70.

[34] Folsom B A，Payne R，Moyeda D，et al. Advanced reburning with new process enhancements//EPRI/EPA 1995 Joint Symposium on Stationary Combustion NO_x Control. Kansas City：US Department of Energy，1995：5.

[35] Tree D R，Clark A W. Advanced reburning measurements of temperature and species in a pulverized coal flame. Fuel，2000，79(13)：1687-1695.

[36] 李静海，许光文，杨励丹，等. 一种抑制氮氧化物的无烟燃煤方法及燃煤炉：中国专利，95102081. 1. 1995-03-07.

[37] 徐有宁. 抑制氮氧化物无烟燃煤技术及其应用. 北京：中国科学院化工业冶金研究所博士学位论文，2000.

[38] Li J，Bai Y，Song W. NO_x-suppressed smokeless coal combustion technique. Proceedings of International Symposium on Clean Coal Technology，Xiamen，1997：344-349.

[39] Song W，Yong L，Bai Y，et al. Configuration optimization of NO_x-suppressed smokeless stoves for burning coal in undeveloped areas. The 4th World Congress on Recovery，Recycling and Re-integration，Geneva，Switzerland，1999，2：135-138.

[40] 何京东. 煤炭解耦燃烧 NO 抑制机理实验研究. 北京：中国科学院过程工程研究所博士学位论文，2006.

[41] He J，Song W，Gao S，et al. Experimental study of the reducyion mechanisms of NO emission in decoupling combustion of coal. Fuel Processing Technology，2006，87(9)：803-810.

[42] Thomas K M，Grant K，Tate K. Nitrogen-doped carbon-13 materials as models for the release of NO_x and N_2O during coal char combustion. Fuel，1993，72(7)：941-947.

[43] Tullin C J, Goel S, Morihara A, et al. NO and N_2O formation for coal combustion in a fluidized bed: Effect of carbon conversion and bed temperature. Energy and Fuels, 1993, 7(6): 796-802.

[44] Thomas K M. The release of nitrogen oxides during char combustion. Fuel, 1997, 76(6): 457-473.

[45] Johnsson J E. Formation and reduction of nitrogen oxides in fluidized-bed combustion. Fuel, 1994, 73(9): 1398-1415.

[46] Tomita A. Suppression ofnitrogen oxides emission by carbonaceous reductants. Fuel Processing Technology, 2001, 71(1-3): 53-70.

[47] Chan L K, Sarofim A F, Beer J M. Kinetics of the NO-carbon reaction at fluidiezed ed combustor conditions. Combustion and flame, 1983, 52: 37-45.

[48] Furusawa T, Tsunoda M, Tsujimura M, et al. Nitric oxide reduction by char and carbon monoxide: Fundamental kinetics of nitric oxide reduction in fluidized bed combustion of coal. Fuel, 1985, 64(9): 1306-1309.

[49] Li Y H, Lu G Q, Rudolph V. The kinetics of NO and N_2O reduction over coal chars in fluidized-bed combustion. Chemical Engineering Science, 1998, 53(1): 1-26.

[50] Aarna I, Suuberg E M. A review of the kinetics of the nitric oxide-carbon reaction. Fuel, 1997, 76(6): 475-491.

[51] Garijo E G, Jensen A D, Glarborg P. Reactivity of coal char in reducing NO. Combustion and Flame, 2004, 136(3): 249-253.

[52] Zhong B J, Shi W W, Fu W B. Effects of fuel characteristics on the NO reduction during the reburning with coals. Fuel Processing Technology, 2002, 79(2): 93-106.

[53] Schönenbeck C, Gadiou R, Schwartz D. A kinetic study of the high temperature NO-char reaction. Fuel, 2004, 83(4-5): 443-450.

[54] Chambrion P, Orikasa H, Suzuki T, et al. A study of the C-NO reaction by using isotopically labeled C and NO. Fuel, 1997, 76(6): 493-505.

[55] Illán-Gmez M J, Raymundo-Piñero E, García-García A, et al. Catalytic NO_x reduction by carbon supporting metals. Applied Catalysis B: Environmental, 1999, 20: 267-275.

[56] Illan-Gómez M J, Linares-Solano A, Radovic L R, et al. NO Reduction by activated carbons, 1. The role of carbon porosity and surface area. Energy & Fuels, 1993, 7(1): 146-154.

[57] Illan-Gómez M J, Linares-Solano A, Radovic L R, et al. NO Reduction by activated carbons, 2. Catalytic effect of potassium. Energy & Fuels, 1995, 9(1): 97-103.

[58] Illan-Gómez M J, Linares-Solano A, Radovic L R, et al. NO Reduction by activated carbons, 3. Influence of catalyst loading on the catalytic effect of potassium. Energy & Fuels, 1995, 9(1): 104-111.

[59] Illan-Gómez M J, Linares-Solano A, Radovic L R, et al. NO Reduction by activated carbons, 4. Catalysis by calcium. Energy & Fuels, 1995, 9(1): 112-118.

[60] Illan-Gómez M J, Linares-Solano A, Radovic L R, et al. NO Reduction by activated carbons,

5. Catalytic effect of iron. Energy & Fuels, 1995, 9(3): 540-548.

[61] Illän-Gómez M J, Linares-Solano A, Lecea C S. NO Reduction by activated carbons, 6. Catalysis by transiton metals. Energy & Fuels, 1995, 9(6): 976-983.

[62] Illän-Gómez M J, Linares-Solano A, Radovic L R, et al. NO Reduction by activated carbons, 7. Some Mechanistic aspects of uncatalyzed and catalyzed reaction. Energy & Fuels, 1996, 10(1): 158-168.

[63] Zhao Z, Li W, Qiu J, et al. Influence of Na and Ca on the emission of NO_x during coal combustion. Fuel, 2006, 85(5-6): 601-606.

[64] García-García A, Illän-Gómez M J, Linares-Solano A, et al. Thermal treatment effect on NO reduction by potassium-containing coal briquettes and coal-chars. Fuel Processing Technology, 1999, 61(3): 289-297.

[65] Zhao Z, Qiu J, Li W, et al. Influence of mineral matter in coal on decomposition of NO over coal chars and emission of NO during char combustion. Fuel, 2003, 82(8): 949-957.

[66] Zhao Z, Qiu J, Li W, et al. Catalytic effect of Na-Fe on NO-char reaction and NO emission during coal char combustion. Fuel, 2002, 81(18): 2343-2348.

[67] Schoderböck P, Lahaye J. The influence of impurities contained in quartz sand on the catalytic reduction of nitric oxide by carbon monoxide. Applied Surface Science, 1996, 93(2): 109-118.

[68] Berger A, Rotzoll G. Kinetics of NO reduction by CO on quartz glass surfaces. Fuel, 1995, 74(3): 454-455.

[69] Arenillas A, Rubiera F, Parra J B, et al. Influence of char structure on reactivity and nitric oxide emissions. Fuel Processing Technology, 2002, 77: 103-109.

[70] Tomeczek J, Gil S. Influence of pressure on the rate of nitric oxide reduction by char. Combustion and Flame, 2001, 126(1-2): 1602-1606.

[71] Vix-Guterl C, Lahaye J, Ehrburger P. The catalytic reduction of nitric oxide by carbon monoxide over silica. Fuel, 1996, 76(6): 517-520.

[72] Laughlin K M, Gavin D G, Reed G P. Coal and char nitrogen chemistry during pressurized fluidized bed combustion. Fuel, 1994, 73(7): 1027-1033.

[73] Molina A, Eddings E G, Pershing D W, et al. Char nitrogen conversion: implications to emisssions from coal-fired utility boilers. Progress in Energy and Combustion Science, 2000, 26(4-6): 507-331.

[74] Visona S P, Stanmore B R. Modeling NO_x release from a single coal Particle, Ⅱ Formation of NO from char-nitrogen. Combustion and Flame, 1996, 106(3): 207-218.

[75] 许光文，高士秋，刘新华. 燃煤锅炉的燃烧方法及燃烧装置：中国，ZL200610011353. 7. 2006-02-23.

[76] 许光文，郝江平，高士秋，等. 煤热解层燃装置及其燃烧方法：中国，ZL200710120221. 2. 2007-08-13.

[77] 郝江平，高士秋，李静海，等. 解耦燃烧炉及解耦燃烧方法：中国，ZL200810117937. 1. 2008-

08-15.

[78] 贾靖华,董利,高士秋,等. 热解燃烧链条炉低 NO_x 排放特性的数值模拟. 过程工程学报,2010,10(5):842-848.

[79] 尚校,高士秋,汪印,等. 不同煤燃烧方式降低 NO_x 排放比较及解耦燃烧应用. 燃料化学学报,2012,40(6):672-679.

[80] Cai L,Shang X,Gao S,et al. Low-NO_x coal combustion via combining decoupling combustion and gas reburning. Fuel,2013,112:695-703.

[81] Lee B H,Song J H,Kim R G,et al. Simulation of the influence of the coal volatile matter content on fuel NO emissions in a drop-tube furnace. Energy & Fuels,2010,24(8):4333-4340.

[82] Kurose R,Ikeda M,Makino H,et al. Pulverized coal combustion characteristics of high-fuel-ratio coals. Fuel,2004,83(13):1777-1785.

[83] 刘艳华,张晓燕,刘银河,等. 再燃煤粉的 NO 还原特性研究. 燃料化学学报,2007,35(5):523-527.

[84] Williams A,Pourkashanian M,Bysh P,et al. Modeling of coal combustion in low-NO_x p. f. flames. Fuel,1994; 73(7):1006-1019.

[85] Smoot L D,Hill S C,Xu H. NO_x control through reburning. Progress in Energy and Combustion Science,1998,24(5):385-408.

[86] 周宏仓,金保升,仲兆平,等. 流化床部分煤气化实验研究. 热能动力工程,2004,19(3):252-256.

[87] 肖睿,金保升,欧阳嘉,等. 空气鼓风流化床煤部分气化炉煤气成分与热值试验. 动力工程,2004,24(3):416-420.

[88] 张荣光,常万林,那永杰,等. 空煤比对循环流化床煤气化过程的影响. 煤炭科学技术,2006,34(3):46-49.

[89] Li Y H,Lu G Q,Rudolph V. The kinetic of NO and N_2O reduction over coal chars in fluidised-bed combustion. Chemical Engineering Science,1998,53(1):1-26.

[90] Wojtowicz M A,Pels J R,Moulijn J A. Combustion of coal as a source of N_2O emission. Fuel Processing Technology,1993,34(1):1-71.

[91] Johnsson J E. Formation and reduction of nitrogen oxides in fluidized-bed combustion. Fuel,1994,73(9):1398-1415.

[92] 李静海,郭慕孙,白蕴茹,等. 解耦循环流化床燃烧系统及其脱硫与脱硝方法:中国,ZL97112562. 7. 1997-06-25.

[93] 谢建军. 循环流化床煤炭解耦燃烧过程氮转化规律研究. 北京:中国科学院过程工程研究所博士学位论文,2007.

[94] Xie J,Yang X,Zhang L,et al. Emissions of SO_2,NO and N_2O in a circulating fluidized bed combustor during co-firing coal and biomass. Journal of Environmental Sciences,2007,19(1):109-116.

[95] 谢建军,杨学民,张磊,等. 循环流化床燃煤过程 NO、N_2O 和 SO_2 的排放行为研究. 燃料化

学学报,2006,34(2):151-159.

[96] 张磊,杨学民,谢建军,等. 粉煤和石灰石加入位置对循环流化床燃煤过程 NO_x 与 N_2O 排放的影响. 中国电机工程学报,2006,26(21):92-98.

[97] Stenger Jr H G,Meyer E C. Laboratory scale coal combustor for flue gas emission studies. Energy & Fuels,1992,6(3):277-286.

[98] Zhao J,Grace J R,Lim C J,et al. Influence of operating parameters on NO_x emissions from a circulating fluidized bed combustor. Fuel,1994,73(10):1650-1657.

[99] Krammer G F,Sarofim A F. Reaction of char nitrogen during fluidized bed coal combustion-Influence of nitric oxide and oxygen on nitrous oxide. Combustion and Flame,1994,97(1):118-124.

[100] Stenger Jr H G,Meyer E C. Laboratory scale coal combustor for flue gas emission studies. Energy & Fuels,1992,6(3):277-286.

[101] Lohuis J A O,Tromp P J J,Moulijn J A. Parametricstudy of N_2O formation in coal combustion. Fuel,1992,71(1):9-14.

[102] Wongtanakicharoen S,Tatiyakiatisakun T,Rirksomboon T,et al. Kinetics of C-NO and C-N_2O reactions. Energy & Fuels,2001,15(6):1341-1346.

[103] Wang W X,Thomas K M,Cai H Y,et al. NO release and reactivity of chars during combustion:The effect of devolatilization temperature and heating rate. Energy & Fuels,1996,10(2):409-416.

[104] Liu H,Kojima T,Feng B,et al. Effect of heterogeneous reactions of coal char on nitrous oxide formation and reduction in a circulating fluidized bed. Energy & Fuels,2001,15(3):696-701.

[105] 徐有宁,宋文立,白蕴茹,等. 抑制氮氧化物排放的无烟燃煤技术及其在窑炉改造中的应用. 过程工程学报,2001,1(1):95-98.

[106] 郝江平,高士秋,李静海. 一种往复炉排及其工作方法:中国,ZL200910081827. 9. 2009-04-10.

[107] 郝江平,高士秋,李静海,等. 一种预燃式机械炉排解耦燃烧炉及其燃烧方法:中国,ZL201110322136. 0. 2011-10-21.

[108] 王庆. 我国煤粉锅炉直流与旋流燃烧器的发展概况及特点分析. 长沙大学学报,2008,22(2):40-43.

[109] 郝江平,高士秋,李静海,等. 低氮氧化物排放煤粉解耦燃烧器及煤粉解耦燃烧方法:中国,ZL201110033811. 8. 2011-01-31.

[110] 郝江平,李静海,刘新华,等. 一种多角切圆多尺度煤粉解耦燃烧装置及其解耦燃烧方法:中国,ZL201110374539. x. 2011-11-22.

[111] 郝江平,李静海,高士秋,等. 一种 W 形火焰解耦燃烧炉及解耦燃烧方法:中国,ZL201110174601. 0. 2011-06-27.

第 9 章　生物质低 NO_x 解耦燃烧

针对生物质热转化过程中 NO_x 的抑制目前一般都参考煤基 NO_x 控制技术，广泛应用的主要有烟气再循环、空气分级燃烧、燃料分级燃烧、流化床燃烧、低 NO_x 燃烧器以及烟气脱硝等技术。与煤燃料的氮主要来自于半焦氮不同，生物质的大部分燃料氮存在于挥发分中，占 66%～75%，导致煤的 NO_x 抑制技术在很多情况下难以直接适用于生物质燃烧。针对生物质燃烧挥发分燃料氮含量高，易形成 NO_x 的特点，借鉴分级燃烧、再燃、流化床燃烧等技术的原理，提出了符合生物质清洁转化的解耦燃烧技术。该技术通过分级转化，能有效解除生物质燃烧中不同污染物生成过程的相互耦合，解离形成 NO_x 的不同单元过程，包括热解、挥发分燃烧、半焦燃烧、NO_x 形成及还原，通过单元重组形成新的生物质燃烧方法，提高燃烧效率的同时有效降低 NO_x 形成，为一种有效的低 NO_x 燃烧技术。中科院过程工程研究所在实验室开展了系列基础研究，包括热解产物分布、不同热解产物的 NO_x 释放规律、半焦燃烧特性、半焦还原 NO_x 机理、双层固定床解耦燃烧机理等，且利用数值模拟平台完成了工艺的可行性论证，利用中试平台完成了技术验证和工艺参数优化，开发适用于农业生物质小型解耦燃烧锅炉以及适用于工业生物质废弃物的万吨级工业示范。其中，农业废弃物的层燃解耦燃烧技术充分考虑了农业废弃物资源量分散、收集半径大、运输成本高、处理规模小的特点；而针对工业生物质废弃物的量大集中、处理规模大、富氮高含水的特点，开发了工业生物质废弃物循环流化床解耦燃烧技术。本章旨在论述将解耦燃烧技术应用于农业和工业生物质废弃物燃烧过程中 NO 控制的科学与技术问题，为进一步开发新型、高效、低 NO_x 排放生物质解耦燃烧技术与设备提供方法和理论支持。

9.1　生物质低 NO_x 燃烧技术现状

生物质燃烧产生的 NO_x 主要来源于生物质本身含有的氮，即燃料型 NO_x。与煤不同，生物质燃烧 NO_x 主要来自于挥发分氮的氧化。针对生物质燃烧的 NO_x 抑制技术一般都参考煤燃烧的相关技术，应用较多的有燃料分级燃烧、流化床燃烧、低 NO_x 燃烧器等技术。这些技术都未能完全有效解决农业和工业生物质燃烧，特别是中小规模燃烧的 NO_x 排放问题。为此，中科院过程工程研究所分别开发了适用于农业生物质废弃物的层燃解耦燃烧技术和适用于工业生物质废弃物的循环流化床解耦燃烧技术，以通过燃烧控制本身有效降低 NO_x 排放。

9.1.1 高氮生物质燃烧特性

由于生物质种类、产地以及成长过程的不同，生物质中含氮功能团也不同，但对生物质的含氮功能团的定量分析仍然较难[1]。生物质中氮元素的主要来源是蛋白质，蛋白质中的氨基酸结构对生物质热解中固体、气体产物之间氮的分配以及气体产物中 NH_3/HCN/HNCO 的比值有很大的影响[2]。燃烧过程中，生物质的燃料氮分为半焦氮和挥发分氮。表 9.1 给出了几种典型生物质燃料的氮分布特点，表明生物质的大部分燃料氮存在于挥发分中，占 66%～75%[3]。

表 9.1 生物质中燃料氮的分配[3]

项目	云杉	山毛榉	桦木	稻壳	泥煤	麦糠
N/%(质量分数)	0.22	0.11	0.26	0.43	1.74	4.99
挥发分-N/%(质量分数)	75	68	71	66	70	74
半焦-N/%(质量分数)	25	32	29	34	30	26

生物质挥发分中的含氮物质主要包括 HCN、NH_3 和 HNCO，而生成的 HCN 可以与燃料及热解气相产物中的 H 反应转化为 NH_3[式(9.1)和式(9.2)][4]。

$$HCN+2[H]\longrightarrow NH_3+[C] \tag{9.1}$$

$$2HCN+H_2\longrightarrow HCN+NH_3+[C] \tag{9.2}$$

HNCO 和 HCN 与挥发分中氧接触后先转化为中间产物 NCO，随后与 NO 反应生成 N_2O，成为 N_2O 的主要来源[式(9.3)～式(9.5)]，而 NH_3 被氧化的主要产物是 NO[式(9.6)～式(9.11)][5-8]。生物质在热解过程中会有大量的焦油生成，随着挥发分的进一步燃烧，挥发分中的一部分焦油会发生热裂解，焦油中的氮会分解成为 HCN 和 NH_3[9,10]。此外，由于生物质中 O/N 比例较高，热解过程中一些燃料氮会直接转化为 NO[11]。在一定的反应条件下，挥发分中的一些物种，如 NH_3、HCN、H、OH 等会还原所生成的 NO_x[5]，如式(9.12)～式(9.17)所示，因而挥发分氮的转化与燃料特性、燃烧温度、转化路径等都紧密相关，其向 NO_x 转化的路径较为复杂。

$$HCN+O\longrightarrow NCO+H \tag{9.3}$$

$$HNCO+O\longrightarrow NCO+OH \tag{9.4}$$

$$NCO+NO\longrightarrow N_2O+CO \tag{9.5}$$

$$NH_3+OH\longrightarrow NH_2+H_2O \tag{9.6}$$

$$NH_2+OH\longrightarrow NH+H_2O \tag{9.7}$$

$$NH+OH\longrightarrow HNO+H \tag{9.8}$$

$$NH_2+O\longrightarrow HNO+H \tag{9.9}$$

$$HNO+OH\longrightarrow NO+H_2O \tag{9.10}$$

$$NH+O \longrightarrow NO+H \tag{9.11}$$
$$NH_2+NO \longrightarrow N_2+H_2O \tag{9.12}$$
$$NH_2+NO \longrightarrow NNH+OH \tag{9.13}$$
$$NNH+NO \longrightarrow N_2+HNO \tag{9.14}$$
$$NCO+NO \longrightarrow N_2O+CO \tag{9.15}$$
$$N_2O+H \longrightarrow N_2+OH \tag{9.16}$$
$$N_2O+OH \longrightarrow N_2+HO_2 \tag{9.17}$$

根据以上分析，Winter 等[3]给出了生物质挥发分氮燃烧过程中的转化路径，如图 9.1 所示。相对于挥发分氮的转化，生物质半焦氮的转化较为简单，燃烧过程中，半焦氮主要转化为 NO 和 N_2，其转化为 N_2O、NH_3 和 HCN 的可能性较低[3]。

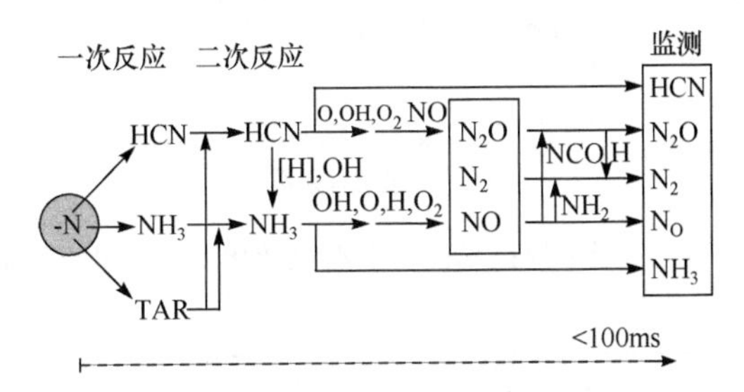

图 9.1　生物质挥发分氮在热解过程中的转化[3]

9.1.2　生物质低 N 燃烧技术

生物质燃烧与煤燃烧的特点尽管差别较大，但目前针对生物质的 NO_x 控制技术一般都参考煤的 NO_x 控制技术，包括烟气再循环、空气分级燃烧、燃料分级燃烧等，其技术原理已在前面章节阐述，本节主要概述这些技术应用于生物质燃烧时存在的问题。流化床燃烧技术和低 NO_x 燃烧器的原理将在本节进行简述。

1. 烟气再循环

一般而言，烟气再循环技术适用于含氮量少的燃料，或生成的 NO_x 中热力型 NO_x 比例较高情形。此时，烟气再循环技术的减排效果较好，但随着燃料氮含量的增加，烟气再循环的减排效果逐渐减弱[12]。生物质着火温度低，采用烟气再循环技术对生物质着火稳定性的影响不会较大，针对一些氮含量较低的燃料可以减少 NO_x 生成量。

2. 空气分级燃烧

生物质挥发分含量高，其中 NH_3 和 HCN 等含氮物质浓度较高，采用空气分级燃烧技术可有效降低 NO_x 排放。Purvis 等[13]通过空气分级燃烧，有效降低了燃用木屑的下饲炉的 NO_x 排放，降低约 43%，图 9.2 是其采用空气分级燃烧技术前后燃料氮向 NO 的转化率。随着过量空气系数增加，采用空气分级燃烧技术前后的燃料氮向 NO_x 的转化率差值增大，使空气分级燃烧降低 NO_x 效果更明显。Staiger 等[14]在一台 450kW 层燃炉中燃用高水分（28%）生物质的研究表明，在热负荷不同的范围内（100～450kW），采用空气分级燃烧技术都可以明显降低 NO_x 和 CO 排放，NO_x 减少量在 10%～20%，如图 9.3 所示。

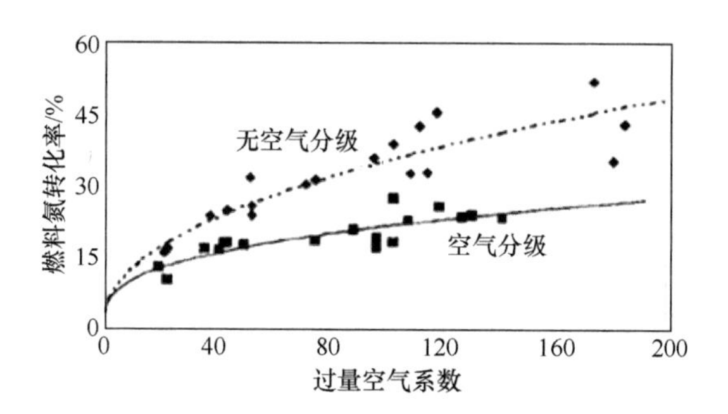

图 9.2　采用空气分级燃烧技术前后燃料氮转化率与过量空气系数关系[13]

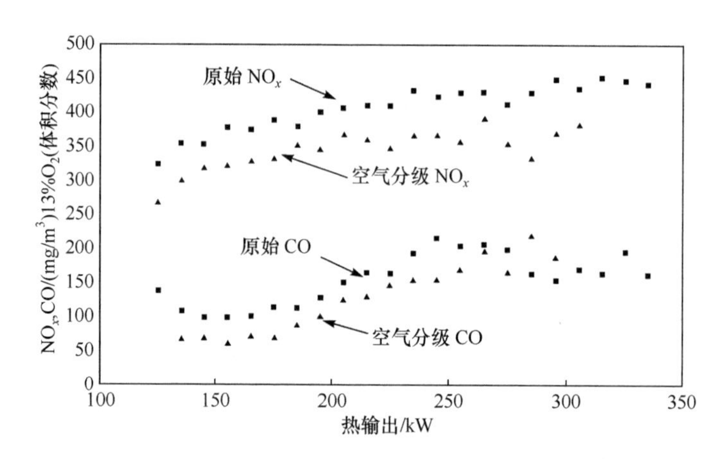

图 9.3　层燃炉采用空气分级燃烧技术前后的 NO_x 和 CO 排放对比[14]

3. 燃料分级燃烧

生物质的挥发分使得燃料分级技术也能有效降低 NO_x 排放[15-18]。在一台 75kW 双层下饲炉中，Salzmann 等[19]燃用含氮量较高纸板燃料，研究了燃料分级燃烧对 NO_x 排放的抑制效果。图 9.4 是分别采用燃料分级燃烧技术和空气分级燃烧技术时的 NO_x 排放对比，可见燃料分级燃烧时其 NO_x 排放明显低于空气分

级燃烧时的 NO_x 排放，而且燃料分级燃烧过程的 NO_x 排放对再燃区(即空气分级燃烧的主燃区)内空气/燃料化学当量比的敏感程度低于空气分级燃烧。随着再燃区的空气/燃料化学当量比的降低，燃料分级燃烧的 NO_x 排放更低。

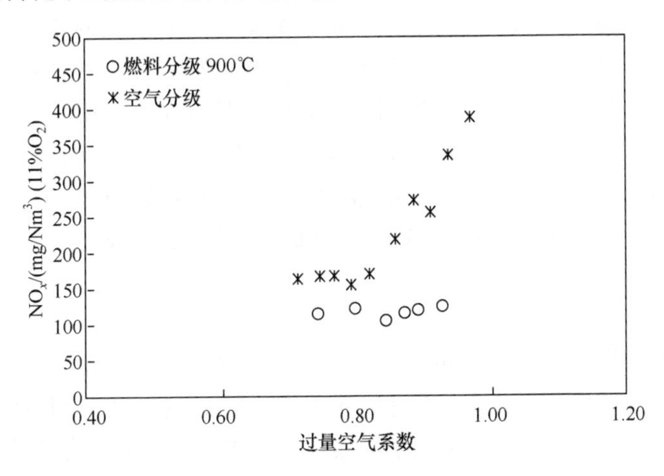

图 9.4　燃料分级和空气分级燃烧的 NO_x 排放对比及其与还原区过量空气系数的关系[19]

4. 流化床燃烧

流化床燃烧对 NO_x 排放的抑制作用包括均相气-气反应和异相气-固反应两个方面，因而在流化床燃烧过程中燃料氮的转化比较复杂，表 9.2 列出了流化床燃烧方式下氮氧化物生成/还原的一些主要化学反应[12]。

表 9.2　流化床燃烧的 NO_x 生成/还原反应[12]

	均相反应	异相反应
NO_x 生成	$HCN+O \longrightarrow NCO+H$ $NCO+OH \longrightarrow NO+CO+H$ $NCO+NO \longrightarrow N_2O+CO$ $N+OH \longrightarrow NO+H$ $NH+O \longrightarrow NO+H$ $NH+NO \longrightarrow N_2O+H$	$O_2+(C)+(CN) \longrightarrow (CO)+(CNO)$ $(CNO) \longrightarrow NO+(C)$ $(CN)+(CNO) \longrightarrow N_2O+2(C)$ $NO+(C) \longrightarrow NCO$ $NCO+NO \longrightarrow N_2O+CO$ $NO+(CN) \longrightarrow N_2O+(C)$ $NO+(CNO) \longrightarrow N_2O+CO$
NO_x 还原	$NH_2+NO \longrightarrow N_2+H_2O$ $N_2O+H \longrightarrow N_2+OH$ $N_2O+OH \longrightarrow N_2+HO_2$	$NO+2(C) \longrightarrow (CN)+(CO)$ $2(CN) \longrightarrow N_2+2(C)$ $NO+CO \longrightarrow 1/2N_2+CO_2$ $N_2O+(C) \longrightarrow N_2+(CO)$

流化床燃烧主要包括鼓泡流化床和循环流化床燃烧。对于鼓泡流化床燃烧，燃料在密相区内热解，产生的挥发分先在贫氧的密相区内缓慢燃烧，然后再到含氧量较高的自由空间区燃烧，而半焦颗粒主要是在密相区内燃烧。由于鼓泡流化床的密相区内燃料过剩，燃烧产生的 NO_x 可以被未燃烧的半焦颗粒以及挥发分中的 NH_3、NCN、CN 和 CO 等还原性物质还原，NO_x 排放较低。在循环流化床中，燃料颗粒的循环增长颗粒在炉内的停留时间，对 NO_x 具有还原作用的半焦颗粒分布于整个炉内，与烟气中 NO_x 接触反应时间较长，因而循环流化床的 NO_x 排放比鼓泡流化床中的 NO_x 排放更低[12]。此外，流化床燃烧温度较低(1123～1123K)，燃烧过程基本不会生成热力型 NO_x[20]进一步降低了 NO_x 的生成。

5. 低 NO_x 燃烧器

在煤粉炉中燃用生物质时可采用低 NO_x 燃烧器，从空气动力学角度控制燃料与空气及燃烧气体之间的混合，通过局部范围内形成贫氧区抑制 NO_x 生成，促进 NO_x 的还原及分解。低 NO_x 直流燃烧器是一种典型低 NO_x 燃烧器，一般通过调整各层燃烧器中燃料与空气的比例，使一部分燃料在贫氧条件下燃烧，另一部分燃料在富氧条件下燃烧而降低 NO_x 生成。贫氧燃烧中燃料由于供氧不足，燃料氮向 NO_x 的转化率较低，而在富氧条件下燃烧的燃料由于空气量较大，火焰温度有所降低，可以减少热力型 NO_x 的生成，从而使这种燃烧器可明显降低 NO_x 的生成量。在燃烧器切圆布置的燃烧锅炉中，还可以通过调整直流燃烧器喷射角度在炉膛内实现燃料/空气的浓淡分布，在炉膛中心形成贫氧区域，进一步降低 NO_x 排放。燃煤锅炉采用直流燃烧器喷口的浓淡布置方式时，NO_x 可降低 20%～37%。

9.1.3 生物质低 NO_x 解耦燃烧

我国生物质资源量丰富，种类繁多，不同种类生物质资源在分布、物性等方面差异性很大。农业废弃物收集半径大、资源分散、要求燃烧锅炉规模相对较小；工业废弃物分布集中、成分复杂、含水量高，燃烧锅炉规模相对较大。因此，针对农工生物质废弃物中科院过程工程研究所分别开发了适用于农业生物质的层燃解耦燃烧技术和适用于工业生物质废弃物的循环流化床解耦燃烧技术。

1. 层燃解耦燃烧

生物质与煤相比，挥发分含量较高，燃烧过程中存在以下问题：①挥发分析出迅速，着火温度低，燃烧过程中点火容易，但燃烧速度较难控制；②生物质挥发分与半焦的燃烧明显分成两个阶段，挥发分的析出燃烧快，而半焦燃烧缓慢，燃尽程度较差。

在中小型燃烧设备中，生物质挥发分燃烧结束后的炉温会迅速下降，机械不完全燃烧损失较为严重，常常会出现高 CO 排放、冒黑烟的现象。运行过程中，为了降低由于燃烧速度过快造成不完全损失，燃用生物质燃料锅炉一般都采用相对较多的空气量，但燃烧区内相对较高的过量空气系数不利于减少 NO 排放，特别是燃用燃料氮较高的生物质时。因此，采用传统燃烧方式利用生物质过程存在两个主要矛盾：降低 CO 排放与抑制 NO 生成之间的矛盾、挥发分与半焦燃烧速度不匹配矛盾。空气分级燃烧技术作为一种能够有效降低燃烧过程中 CO 和 NO 排放的方法被广泛应用于生物质的燃烧。然而，我国生物质利用最为广泛的地区是农村，其生物质燃烧设备规模较小，空气分级燃烧技术应用于中小型燃烧设备通常会降低炉内燃烧温度，影响燃烧效率，不太适合应用于这种中小型燃烧设备。

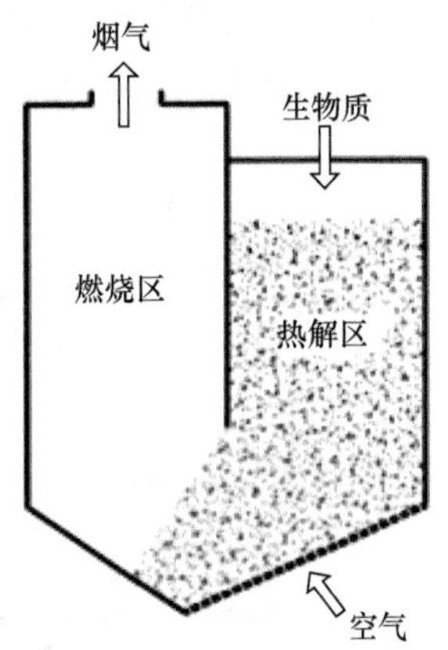

图 9.5　小型解耦燃煤炉结构示意图图

解耦燃烧技术是中科院过程工程研究所根据生物质燃烧过程中 NO_x 主要来源于挥发分燃烧的特性而提出的新型低 NO_x 燃烧技术。该技术打破传统燃烧技术对生物质热解和半焦燃烧的相互耦合，提高了生物质利用的清洁度和效率。层燃式解耦燃烧设备的炉膛由热解区和燃烧区组成(图 9.5、图 9.6)，热解区下部与燃烧区相通。生物质首先进入温度较低、缺氧的热解区加热，干燥和析出挥发分，生成的挥发分和半焦进而在下部的炉排进一步燃尽。实验研究表明，与传统的燃烧方式相比，解耦燃烧技术可有效降低生物质燃烧的 CO 和 NO_x 排放。

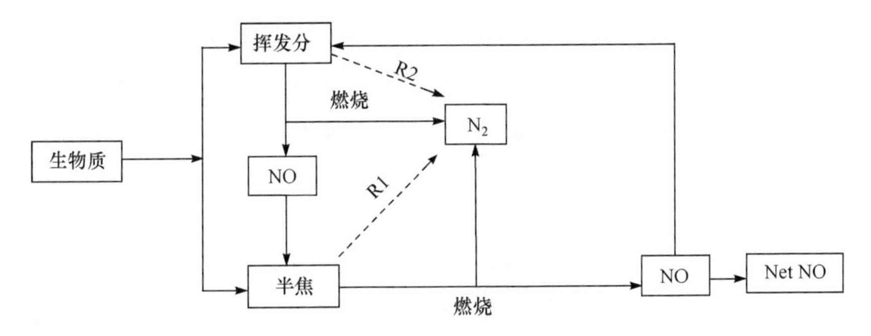

图 9.6　小型生物质解耦燃烧炉中 NO 还原机理

2. 循环流化床解耦燃烧

基于类似的解耦燃烧原理，中科院过程工程研究所同时开发了一种适合高含水生物质的循环流化床解耦燃烧技术，原理如图 9.7 所示。其基于循环流化床或双流化床反应器系统，由一个流化床热解器和一个提升管燃烧器构成。高含水的富 N 燃料，如白酒糟首先被送入流化床热解器进行干燥热解，产生的固体产物（低水）进入提升管底部实现稳定燃烧，产生的热解气产物（如 H_2、CO、CH_4）进入提升管中部通过再燃和提升管中的半焦还原作用协同降低 NO_x 的生成。燃烧产生的热量一部分用于加热在两床之间循环的固体热载体颗粒，如石英砂，其余热量被回收利用产生蒸汽。在该循环流化床解耦燃烧系统中，只需将燃料中的水分部分移除即可保证提升管的稳定燃烧，因此对高含水燃料的适应性强，同时实现高 N 生物质燃料的低 NO_x 燃烧。

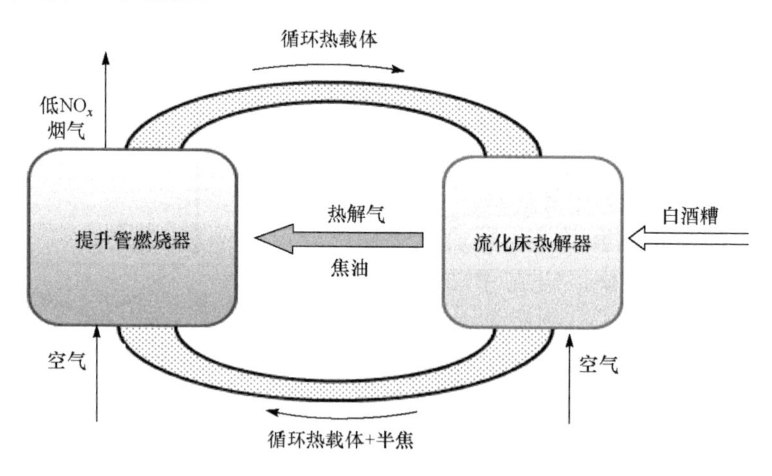

图 9.7 基于循环流化床或双床的解耦燃烧技术原理示意图

这种低 NO_x 燃烧技术的优势在于：它避免了高水分燃料直接燃烧带来的点火困难、燃烧难以稳定、燃尽率低等问题。通过解离干燥热解过程与燃烧过程，消除了水分对点火和半焦燃烧的影响；再通过热载体循环，为干燥热解提供热量，从而达到解离传统燃烧过程的反应耦合效应，可以重组和优化热解与燃烧反应之间的相互作用，确保高水分燃料的稳定和清洁燃烧。另外，将热解器产生的气体，包括不可凝热解气、焦油等组分，直接引入提升管中部而在提升管的中段形成了还原区，将半焦燃烧已形成的 NO_x 还原，获得低 NO_x 效果。后述将总结重组高含水、含氮典型工业生物质白酒糟的燃烧过程，实现稳定清洁燃烧的相关基础研究及技术放大与示范结果。

9.2 农村生物质低 NO_x 解耦层燃基础

生物质层燃解耦燃烧降低 NO 排放的主要机理在于：通过解耦发挥生物质半焦对 NO 的还原作用，因此研究不同反应条件及反应气氛下生物质半焦与 NO 的反应行为对提高 NO 还原率,优化生物质解耦燃烧设备设计具有重要意义。本节针对三种生物质半焦与 NO 之间的反应进行了还原特性与还原动力学的研究,考察热解温度、半焦粒度等反应条件以及 CO、O_2 等气体对生物质半焦还原 NO 行为的影响。

选用四种来自中国黑龙江省的生物质,包括木屑、稻壳、玉米秸和高粱秸,作为研究的对象燃料,山西大同烟煤作为比较燃料。实验过程中,生物质和煤破碎、筛分后选取粒度为 0.45～0.90mm 的燃料颗粒在恒温鼓风干燥箱内烘干 3h 后备用,烘干温度为 383K。表 9.3 和表 9.4 分别表示了原始燃料及其在所示温度下用图 9.8 所示装置在氮气气氛下制得半焦的工业分析与元素分析结果。显然,生物质的挥发分含量远远高于煤,同时生物质的 O 含量远高于煤,N 元素含量以高粱秸秆为最高。考虑到研究燃烧反应,因此热解均在 800℃以上的温度进行,且经过 30min 充分热解以最大限度释放挥发分。可见,热解半焦的固定 C 含量明显提高(30%左右)、O 含量显著降低(低于 5%)。后者也证明生物质燃料发生了充分热解。除锯末外,所试验的生物质半焦均含 50%左右的灰。对比的煤半焦与锯末半焦具有类似的较低灰含量(约 15%)。半焦的 N 含量以煤最高、高粱秸秆次之(大于 1%),其他均在 0.5%程度。

表 9.3　燃料工业分析和元素分析结果

燃料	工业分析/%(质量分数)				元素分析/%(质量分数,daf)					VN[2]
	M	V	FC	A	C	H	N	S	O[1]	
锯末	8.2	78.1	12.2	1.6	49.35	6.05	0.35	<0.10	42.55	0.27
稻壳	7.5	64.2	13.9	14.5	39.60	5.68	0.55	<0.10	38.39	0.35
玉米秸	8.8	74.0	12.5	4.7	43.84	5.43	0.84	<0.10	44.64	0.62
高粱秸	7.5	74.0	14.3	4.2	43.92	5.56	1.07	<0.10	45.15	0.79
大同煤	4.4	25.3	57.9	12.5	69.48	3.78	0.98	0.60	12.08	0.25

①差值;②依据式 (2.5)计算得到。

表 9.4　实验燃料的半焦工业分析和元素分析结果

半焦[1]	工业分析/%(质量分数)				元素分析/%(质量分数,daf)				
	M	V	FC	A	C	H	N	S	O[2]
稻壳/1073K	7.4	7.3	34.8	50.6	39.29	0.47	0.52	< 0.05	5.03
稻壳/1173K	7.6	6.9	33.1	52.4	39.66	0.42	0.50	< 0.05	2.66
稻壳/1223K	7.0	6.4	29.7	52.9	37.59	0.34	0.40	< 0.05	4.7
稻壳/1253K	7.4	7.0	33.1	52.4	37.49	0.27	0.52	< 0.05	5.08
锯末/1223K	14.4	9.1	53.5	14.2	81.85	0.55	0.63	0.36	0.08
玉米秸秆/1223K	14.1	8.1	34.3	41.5	48.21	0.44	1.06	0.13	1.84
大同煤/1223K	7.1	3.8	74.2	14.8	80.65	0.50	1.29	0.69	0.94

①在所示温度下的 N_2 气氛中固定床热解 30min 制得;②通过差值求得。

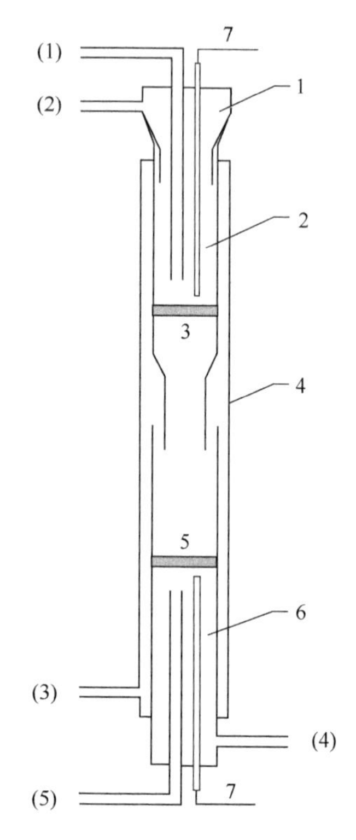

1. 上盖；2. 上内反应管；3. 上分布板；4. 外管；5. 下分布板；6. 下内反应管；7. 热电偶；(1)～(5) 进口/出口

图 9.8　双层固定床石英反应管结构示意图

实验研究使用双层固定床石英反应管，与 8.2 节的煤炭解耦燃烧降低 NO_x 排放的机理研究所用实验装置相同，如图 9.8 所示。主要由外反应管、上内反应管、下内反应管和上反应管上盖四部分组成。下内反应管下端设有两个气体通口(4)和(5)，其中气体通口(5)中的气体从下石英砂烧结板下方 20mm 处送入。上反应管上盖设有两个气体通口(1)和(2)，其中通过气体通口(1)的气体从反应管的上石英砂烧结板上方 50mm 处送入。

外反应管上下两端均有内磨口，上内反应管上端具有内、外磨口，上反应管上盖具有外磨口，下内反应管下端具有外磨口。反应管组装过程中，内、外反应管以及上反应管上盖之间通过磨口配合实现密封，上、下内反应管可以分别从外反应管的两端取出，便于加料、冷却等操作。上、下内反应管中分别设有端口密封的热电偶插管，分别距上反应管石英砂烧结板 20mm 和距下反应管石英砂烧结板 10mm，内置热电偶以测量上、下反应管内反应区温度。整个石英管反应器具有五个气体通口，通过调节送气方式、管内气体流向以及燃料放置位置可以模拟多种燃烧方式，具体见各小节详细介绍。

本研究中的烟气成分由德国 ABB 公司的 AO-2000 在线烟气分析仪检测，可同时检测烟气中 O_2、CO_2、CO、NO、N_2O 和 SO_2 浓度。双层固定床石英反应器由双温区温控电路加热。

9.2.1　生物质半焦还原 NO_x 基础

燃烧过程中，燃料中含氮官能团与氧气接触后可以被氧化成 NO，而热解形成的半焦、焦油、CO、NH_3、HCN 等还原性物质在一定条件下又能将 NO 反应转化为 N_2，因此燃烧过程中 NO 的形成过程非常复杂。半焦作为一种重要的热解产物，对 NO 的还原作用与燃烧过程中 NO 排放有密切关系。近年来，煤基半焦与 NO 之间的反应已有较多研究，但对生物质半焦与 NO 之间反应的研究较少。本小节在双层固定床中研究了热解温度、半焦粒度等反应条件对生物质半焦还原 NO 活性的影响。

1) 实验方法

只有下层电炉启动，双层固定床石英反应器的气体通口(3)和(4)分别作为供气口和烟气出口，其他三个气体通口封堵不用。实验过程中，半焦被置于下内反应管的石英砂烧结板上，Ar 和 NO/Ar 混合气体按照一定比例混合后从气体通口(3)送入，自下而上沿下内反应管与外反应管之间的环形夹层逐渐被加热后进入反应区，穿过下石英砂烧结板上的半焦层后从气体通口(4)排出，排出气体一部分进入 AO-2020 烟气分析仪中在线分析，另一部分排入大气。供气系统增设了真空玻璃三通阀和气体旁路(bypass)，反应气体可以在旁路和反应管之间瞬间切换。反应气体 Ar 和 NO/Ar 流量分别由两个质量流量计控制，送入反应管的反应气体中的 NO 入口浓度可调。

反应管中的气体流量为 1.5L/min，NO 入口浓度为 100～1500ppm，反应温度为 973K、1073K、1123K 和 1173K。当研究半焦特性、反应条件等对生物质半焦与 NO 反应的影响时，选用稻壳半焦作为生物质半焦的代表。半焦还原 NO 实验分为以下三个阶段。

第一阶段：待炉温升至设定温度后，将 0.15g 或 0.2g 半焦与 4g 石英砂均匀混合后置于下内反应管的石英砂烧结板上，打开控制 Ar 的质量流量计，当流量稳定后快速将下内反应管插入外反应管中，使半焦在氩气的保护下被加热，以减少热效应对半焦活性的影响。

第二阶段：当半焦被加热 5min 后，利用真空玻璃三通阀将 Ar 转换到气体旁路中，同时打开控制 NO/Ar 的质量流量计，向气体旁路中送入 NO/Ar 混合气体，并检测气体旁路中混合气体中 NO 浓度。

第三阶段：当混合气体中的 NO 浓度稳定后(约 4min 后)立刻再次转换真空玻璃三通阀，将含有设定 NO 浓度的 NO/Ar 混合气体从气体通口(3)送入反应管中与半焦反应，反应后的气体从气体通口(4)中排出，由烟气分析仪在线检测。

2) 实验结果

(1) 反应温度的影响。

图 9.9 是 NO 入口浓度为 800ppm 时，反应温度(973～1173K)对木屑、稻壳、玉米秸和大同烟煤半焦对 NO 还原转化率的影响关系。随着反应温度的升高，半焦对 NO 的还原能力增大，特别是木屑半焦，当反应温度从 973K 升高到 1173K 时，NO 还原转化率从 29.3%提高到 94.5%。半焦对 NO 的还原主要包括以下化学反应[21,22]：

$$2NO + C \longrightarrow N_2 + CO_2 \tag{9.18}$$

$$NO + C \longrightarrow \frac{1}{2}N_2 + CO \tag{9.19}$$

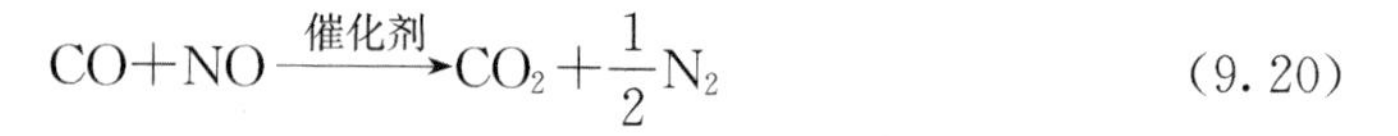

$$CO+NO \xrightarrow{\text{催化剂}} CO_2+\frac{1}{2}N_2 \tag{9.20}$$

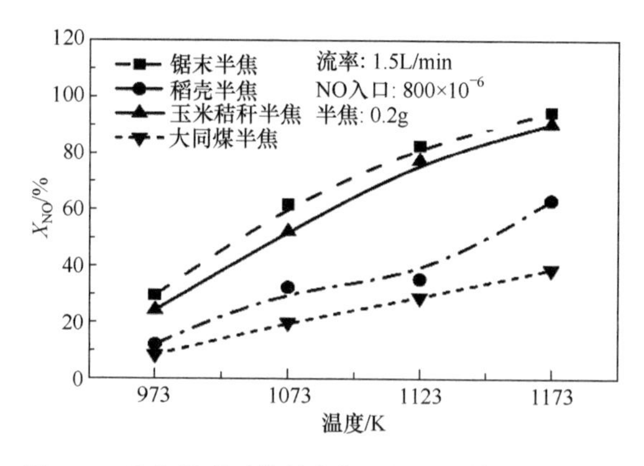

图 9.9　反应温度对燃料半焦还原 NO 转化率的影响

在不同反应温度下半焦与 NO 反应具有不同的机理[23]：当反应温度较低时（小于 950K），NO 首先被吸附到半焦表面上，形成碳氧络合物 C(O)，其作为活性中间体参与对 NO 的还原，反应(9.18)是主要反应，产物主要为 CO_2 和 N_2；而在高温下（大于 950K），NO 直接与半焦表面上的碳原子反应，并发生瞬间脱附生成 CO，反应(9.19)成为主要反应，主要产物是 CO 和 N_2。随着反应温度的增加，反应产物中的 CO_2 逐渐减少，CO 逐渐增多，而 CO 在半焦表面的催化作用下也可以还原 NO[21]，如反应(9.20)所示，使部分 NO 能够被 CO 在半焦的表面催化作用下还原为 N_2。因此，当反应温度升高时，半焦以及反应产物 CO 的共同作用进一步提高了对 NO 的还原转化。

(2) NO 入口浓度的影响。

在 NO 入口浓度为 100～1500ppm 的范围内对比研究了 1073K 时 NO 入口浓度对半焦还原 NO 的影响。图 9.10 和图 9.11 分别给出了四种半焦（木屑、稻壳、玉米秸和大同烟煤）对应不同 NO 入口浓度时的 NO 还原转化率 X_{NO} 及其对 NO 的还原选择性 S_{NO}。可以看出，随着 NO 入口浓度的增加，所用各种半焦对 NO 的还原转化率均逐渐降低，但其对 NO 的还原选择性随之增加。这是因为，随着 NO 入口浓度的增加，单位时间内通过反应床层的 NO 气体增多，半焦颗粒表面 NO 浓度变化梯度增加，有利于 NO 气体向半焦内孔的扩散，使更多的 NO 可以与半焦颗粒接触反应并被还原成 N_2，导致半焦对 NO 的还原选择性增加。然而，随着 NO 入口浓度的增加，尽管半焦对 NO 的还原选择性增加，使得半焦能够还原的 NO 数量大大增加，但在有限的接触反应时间内，半焦对 NO 的还原量相对于 NO 入口浓度的增加有所减少，半焦对 NO 的还原转化率逐渐降低。因此，半焦与 NO 的反应过程中，半焦对 NO 的还原转化率与 NO 入口浓度之间的关系并不是线性地按照化学当量比发生变化，而是随着 NO 入口浓度的增加而降低。

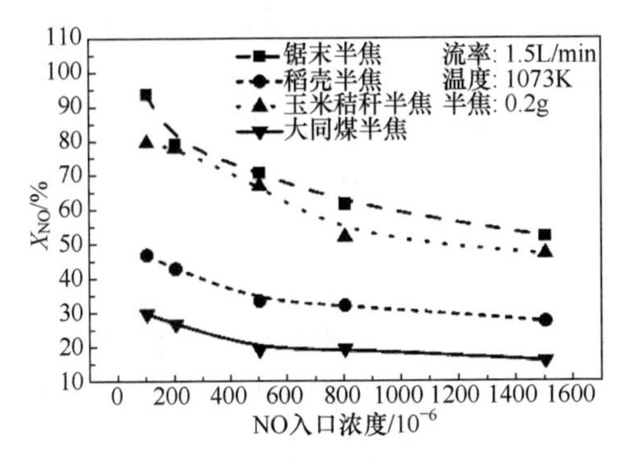

图 9.10　不同 NO 入口浓度时半焦对 NO 还原转化率的影响

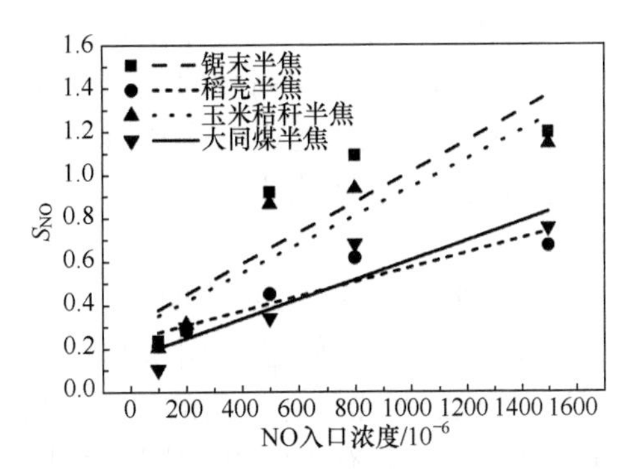

图 9.11　不同 NO 入口浓度半焦对 NO 的还原选择性的变化

(3) 反应床层高度的影响。

通过调整混入半焦的石英砂质量考察了反应床层高度对半焦-NO 反应的影响。实验过程中床层高度为 5.4～26.8mm，稻壳半焦质量固定为 0.15g。图 9.12 给出了反应床层高度对稻壳半焦-NO 还原转化率的影响。可以看出，在反应床层高度为 5.4～26.8mm 的范围内，随着反应床层高度的增加，稻壳半焦的 NO 还原转化率先增加后减少，在 16.1mm 附近存在 NO 还原转化率的最大值。

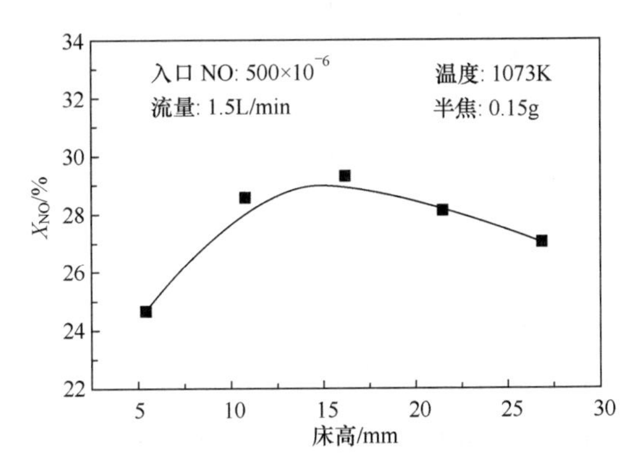

图 9.12　反应床层高度对 NO 还原转化率的影响

增加反应床层高度后，反应气体在床层中的停留时间延长，导致 NO 与半焦颗粒接触反应时间增长。尽管床层高度增加后半焦质量不变，单位床层体积内半焦颗粒数量有所降低，但是当反应床层高度在 5.6～16.1mm 时，NO 与半焦反应时间的延长对 NO 还原转化率具有更强的影响，因此随着反应床层高度的增加，稻壳半焦对 NO 的还原转化率增大。当反应床层高度大于 16.1mm 时，单位床层体积内的半焦颗粒大大减少，反应气体通过床层时与半焦颗粒接触的机会有所降低，虽然气体在反应床层中的停留时间增加，但与半焦接触概率降低，因此 NO 还原转化率随着反应床层高度的增加反而降低。总之，反应床层高度对生物质半焦的 NO 还原转化率的影响受到两个因素的影响：反应气体在床层中停留时间和它与单位床层体积内半焦颗粒之间相互作用概率，二者相互协调形成图 9.12 的结果。

(4) 半焦制备温度的影响。

制备半焦的热解温度不同时，生物质的热解反应发生方式如挥发分析出速度不同，形成的半焦具有不同的组织结构特点[24,25]。因此，在不同热解温度下制备的生物质半焦具有不同的反应活性，其对 NO 的还原能力也不同[26]。本小节对比研究了 1073K、1173K、1223K 和 1253K 热解温度下制备的稻壳半焦对 NO 的还原能力。图 9.13 给出了不同热解温度下制备的稻壳半焦的 NO 还原转化率。随着热解温度从 1073K 增加到 1223K，稻壳半焦对 NO 的还原能力逐渐下降，NO 还原转化率从 39.4%下降到 27.4%。

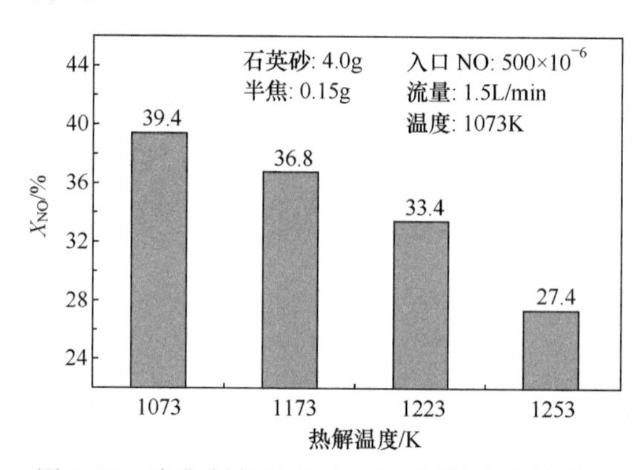

图 9.13　半焦制备温度对 NO 还原转化率的影响

Illán-Gómez 等[27,28]认为，半焦的比表面积对半焦-NO 反应具有很大影响，比表面积越大，半焦对 NO 的还原能力越强。当生物质在较高温度下热解时，生物质表面的金属物质容易熔化形成玻璃状结构，堵塞半焦表面的微孔，减少半焦颗粒的比表面积[29]，因此，当热解温度从 1073K 升高到 1253K 时，半焦比表面积逐渐降低，如表 9.5 所示，从而降低 NO 还原转化率。另外，较高的热解温度会增加半焦中碳原子的结晶程度，减少半焦中边缘原子和其他不规则结构的数量，这些也是半焦-NO 反应中的主要活性点[30]。当稻壳在 1143K 进行热解时，稻壳中的硅将从β-石英转化为α-鳞石英，而α-鳞石英是一种非常不稳定的结构，很容易吸收碳原子形成稳定的 C—Si 键。在 1473K 的高温下燃烧，C—Si 键都不会断裂，使所连接的碳原子被氧化，导致半焦中可以参与半焦-NO 反应的碳原子数量减少，也会降低生物质半焦对 NO 的还原能力。因此，随着生物质热解温度的升高，所制备的半焦的比表面积、表面活性点数量以及可以参与反应的碳原子减少，从而降低了其对 NO 的还原能力。

表 9.5　不同制备温度下稻壳半焦的比表面积

热解温度/K	比表面积* /(m^2/g)
1073	296.7
1173	270.0
1223	258.1
1253	222.7

* 半焦比表面积在 473K 用氮吸附测量获得。

(5) 半焦粒度的影响。

气-固反应中，固体颗粒的反应性主要与固体颗粒表面的体积扩散、内扩散以及表面化学活性有关，而这些均与固体颗粒的粒度有关[31]。图 9.14 给出了不同粒度稻壳半焦的 NO 还原转化率。从图中可以看出，当半焦颗粒大于 0.90mm 时，随着半焦颗粒的增大，NO 还原转化率明显降低；当半焦颗粒小于 0.90mm 时，NO 还原转化率较高，而且半焦粒度的变化对 NO 还原转化率的影响很小，NO 还原转化率几乎不变。Matos 等[32,33]在研究煤基半焦粒度对其还原 NO 的影响时也曾给出类似结论：当半焦颗粒直径小于 1mm 时，半焦颗粒对 NO 的还原能力较高；而直径大于 1mm 的半焦颗粒对 NO 的还原能力较弱。当半焦颗粒大于 0.90mm 时，孔内扩散阻力较大，半焦颗粒外表面到内孔表面的 NO 浓度衰减很快，还原 NO 的有效半焦面积减少，随着半焦颗粒粒度的增加，半焦内孔表面利用率减弱，因此 NO 还原转化率随之下降。然而，当半焦颗粒粒度小于 0.90mm 时，内扩散的阻力相对较小，几乎可以忽略不计，内孔表面利用率较高，因此半焦颗粒对 NO 的还原能力较强，而且随着半焦颗粒直径的变化，NO 还原转化率的变化较小。

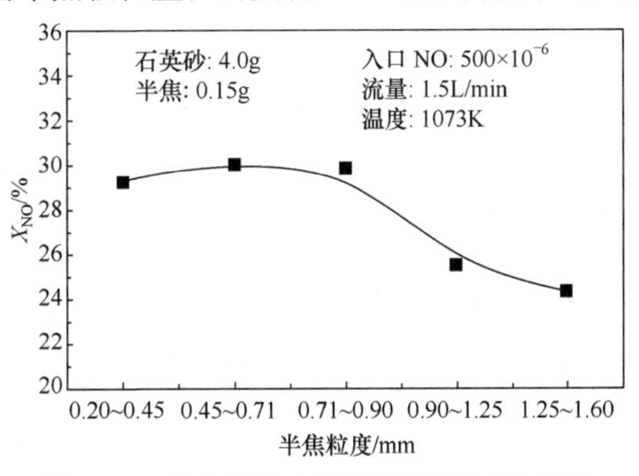

图 9.14　半焦粒度对 NO 还原转化率的影响

(6) 半焦量的影响。

考察了不同稻壳半焦加入量对还原 NO 的影响。实验过程中,半焦加入量为 0.05～0.25g,由于 4.0g 石英砂与半焦混合,反应床层高度变化几乎不变,可以忽略反应床层高度对实验结果的影响。图 9.15 给出了稻壳半焦加入量对半焦 NO 还原转化率的影响。可以看出,随着半焦加入量的增加,反应床层单位体积内的半焦颗粒数量增多,NO 与半焦表面活性点的接触频率增加,而且参与还原 NO 反应的半焦有效面积增多,因此随着半焦加入量的增加,越来越多的 NO 在流过反应床层后可以被还原成 N_2,使 NO 还原转化率增高。

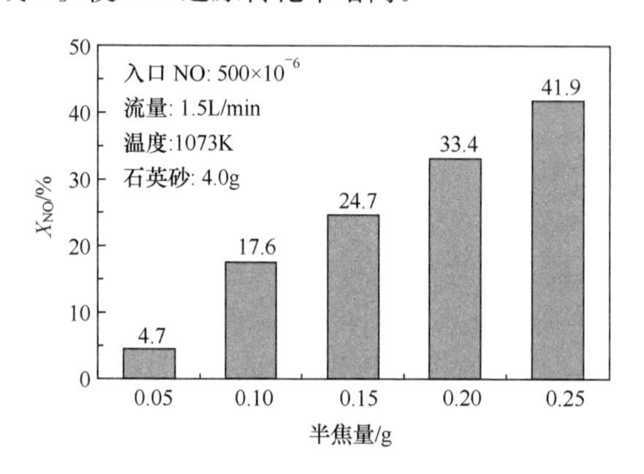

图 9.15 半焦量对 NO 还原转化率的影响

9.2.2 层燃解耦燃烧低 NO_x 效果

1. 实验系统

在双层固定床燃烧实验装置中模拟生物质解耦燃烧包含的两个子过程,即半焦制备和解耦燃烧两过程。针对这些不同过程,实验台的组合方式不同。

半焦制备:实验装置的组合方式如图 9.16 所示,燃料被置于下内反应管的石英砂烧结板上。双层固定床石英反应管的气体通口(1)和(4)封堵,气体通口(3)和(5)作为供气口,而气体通口(2)作为烟气出口,整个反应管内的气流流向为由下向上。利用两个转子流量计将已通过质量流量计精确定量的氩气按照 1∶2 的比例分配,其中 1/3 氩气从气体通口(5)送入,而另外 2/3 氩气与氧气混合后从气体通口(3)送入,由下向上流经外反应管与下内反应管之间的环形空气夹层进入反应管中部。在半焦制备过程中,下内反应管中充满氩气,而上内反应管中氧气和氩气混合比例为 21∶79,总气体流量为 3L/min。燃烧产生的烟气从气体通口(2)排出,一部分进入 AO-2020 烟气分析仪分析,另一部分排入大气。

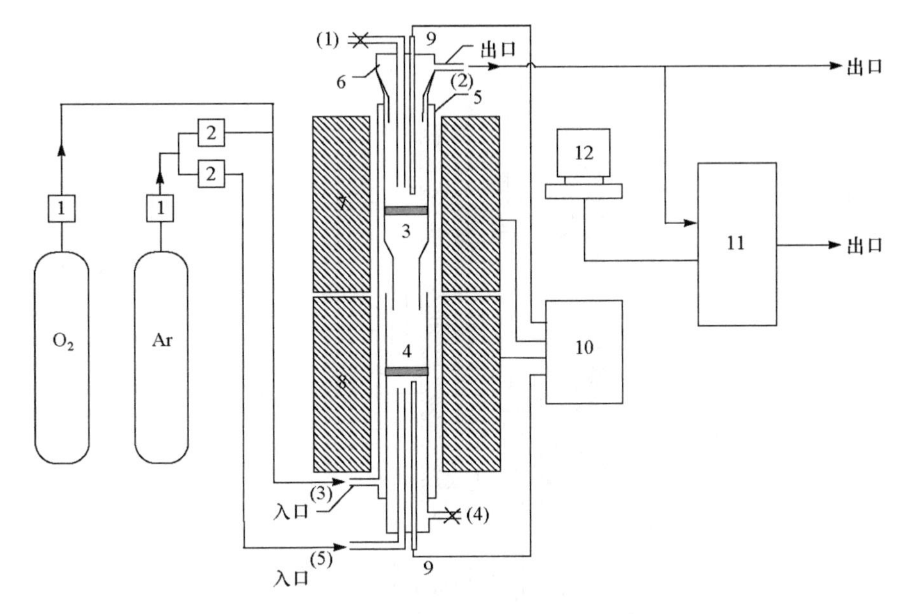

图 9.16　制备半焦实验的双层固定床操作流程示意图

解耦燃烧:实验装置的组合方式如图 9.17 所示,燃料被置于上内反应管的石英砂烧结板上,而上述半焦制备过程中制作的半焦置于下内反应管的石英砂烧结板上。双层固定床石英反应管的气体通口(1)和(5)封堵,气体通口(2)和(3)作为供气口,而气体通口(4)作为烟气出口,整个反应管内的气流流向为由上向下。利用两个转子流量计将已通过质量流量计精确定量的氩气按照 1∶2 的比例分配,其中 1/3 氩气从气体通口(2)送入,而另外 2/3 氩气与氧气混合后从气体通口(3)送入,由下向上流经外反应管与下内反应管之间的环形空气夹层进入反应管中部。解耦燃烧过程中,上内反应管中充满氩气,而下内反应管中氧气和氩气混合比例为 21∶79,总气体流量为 3L/min。燃烧产生的烟气从气体通口(4)排出,一部分进入 AO-2020 烟气分析仪分析,另一部分排入大气。

为了比较生物质在空气分级燃烧和解耦燃烧两种方式下的 NO 排放特性,在双层固定床燃烧实验装置中进行了空气分级燃烧实验,实验装置的组合方式是:在图 9.17 所示的实验装置组合方式的基础上,将气体通口(3)作为另一个送风口,即气体通口(3)和(4) 为供气口,气体通口(2)作为烟气出口,气体通口(1)和(5)被封堵,整个反应管内的气流流向为自下向上。利用两个转子流量计将已通过质量流量计精确定量的 O_2/Ar 混合气体按照一定比例分配(二次风风量占一次风风量的 25%和 50%),一部分从气体通口(4)送入(称为一次风),另一部分从气体通口(3)送入(称为二次风)。分级燃烧过程中,燃料被置于下内反应管的石英砂烧结板上,反应管内氧气和氩气的混合比例为 21∶79,总气体流量为 3L/min。

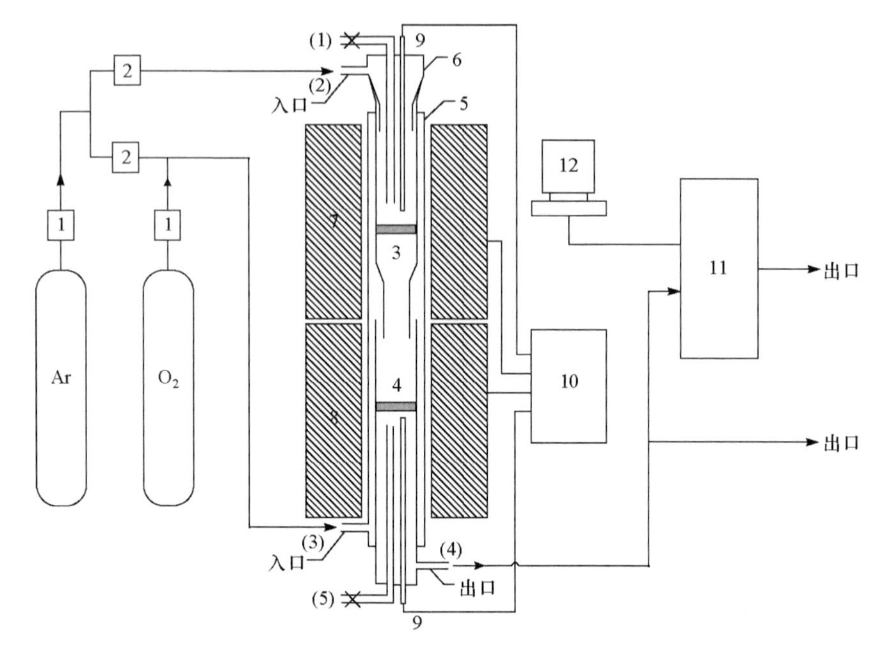

图 9.17　解耦燃烧实验的实验的双层固定床操作流程示意图

2. 实验方法

在 1173K，O_2/Ar 流量为 3L/min 的燃烧条件下，0.4g 大同煤的燃尽时间约为 8min，因此将解耦燃烧实验过程中的半焦制备时间和解耦燃烧时间均定为 9min，以保证燃料全部燃尽。在数据处理过程中，解耦燃烧的有效时间仍利用烟气中 CO_2 浓度确定，即当 CO_2 浓度小于 0.1%时认为燃烧结束。

在双层固定床燃烧实验装置中进行解耦燃烧实验的步骤因此包括半焦制备和解耦燃烧两个子过程。其中半焦制备的操作为：

(1) 将双温区温控电炉加热至设定温度(973K 或 1173K)，上、下温区的温度相同。

(2) 将上内反应管、上反应管上盖插入外反应管中，并封堵气体通口(1)和(4)。

(3) 将 0.4g 燃料与 10g 石英砂充分混合后置于下内反应管的石英砂烧结板上。

(4) 打开质量流量计和转子流量计，待下内反应管中基本充满氩气和气体流量稳定后，快速将下内反应管插入外反应管中，半焦制备过程计时开始。

(5) 由于反应管中的气流流动方向由下向上，下内反应管中燃料热解产生的半焦在氩气的保护下不会燃烧，而产生的挥发分向上流动至反应管中部后与从气体通口(3) 中送入的 O_2/Ar 混合气体接触后开始燃烧，以减少半焦制备过程产生的气态热解产物对反应管内壁面的污染，燃烧产生的烟气从气体通口(2)排出。

(6) 计时 9min 后，将上、下反应管拔出冷却，关闭氧气质量流量计。由于有氩气从下内反应管的气体通口(5)持续送入，下石英砂烧结板上的半焦在氩气的保护下不会与空气接触燃烧，冷却时间为 15min。

进而，按如下操作针对制得的半焦实施解耦燃烧试验。

(1) 待上内反应管冷却至室温后，将 0.4g 的相同燃料与 10g 石英砂充分混合后置于上内反应管的石英砂烧结板上。

(2) 打开质量流量计和转子流量计，待上内反应管中基本充满氩气和气体流量稳定后，且下内反应管中的半焦在氩气的保护下冷却 15min 后，同时快速将上、下内反应管插入外反应管中，解耦燃烧过程计时开始。

(3) 解耦燃烧过程中反应管中的气流流动方向为由上向下，上内反应管中燃料热解产生的半焦在氩气的保护下不会燃烧，而产生的挥发分向下流动至反应管中部后与从气体通口(3) 中送入的 O_2/Ar 混合气体接触后开始燃烧，燃烧产生的烟气以及未燃尽的挥发分向下流动，穿过下内反应管石英砂烧结板上的半焦层并与半焦共同燃烧，燃烧产生的烟气从气体通口(4)排出，一部分进入 AO-2020 烟气分析仪分析，另一部分排入大气。

(4) 计时 9min 后，将上、下反应管拔出，并关闭质量流量计，结束实验。

3. 结果与讨论

1) 生物质解耦燃烧的 NO 排放

图 9.18 给出了三种生物质燃料(木屑、稻壳和玉米秸秆)及大同烟煤分别在解耦燃烧和传统燃烧方式下的 NO 排放量。解耦燃烧方式使所有燃料产生的 NO 排放量都比传统燃烧方式明显降低(除玉米秸秆)，而生物质燃料的 NO 降低程度更为明显。在传统燃烧方式中，O_2/Ar 从燃料下方送入，穿过料层后与挥发分混合燃烧，而在解耦燃烧过程中，上反应管中的燃料产生的挥发分首先与氧气接触燃烧，由产生的烟气以及未燃烧的挥发分形成的混合气体通过下反应管石英筛板上的半焦层，与半焦共同燃烧，由于烟气必须经过高温燃烧的半焦层，烟气中的 NO 可以被半焦还原成 N_2，因此减少了 NO 排放量。

图 9.19 对比了解耦燃烧和传统燃烧的生物质燃料氮向 NO 的转化率。解耦燃烧时各燃料的燃料氮向 NO 的转化率都明显降低(除玉米秸秆)，与煤相比生物质燃料的燃料 N 转化率的降低更为明显，降低了 15%以上。尽管生物质挥发分含量较高，挥发分氮在燃料氮中占比例较高，但是生物质燃料在解耦燃烧方式下的燃料氮向 NO 的转化率小于煤的燃料氮向 NO 的转化率。传统燃烧时生物质燃料氮向 NO 的转化率比煤高。

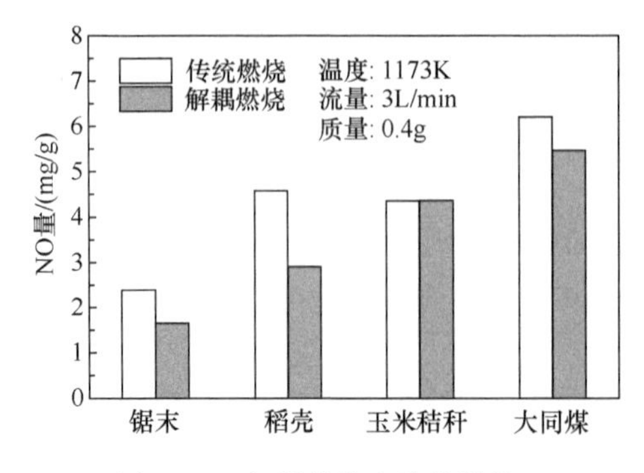

图 9.18　解耦燃烧和传统燃烧方式下生物质的 NO 排放图

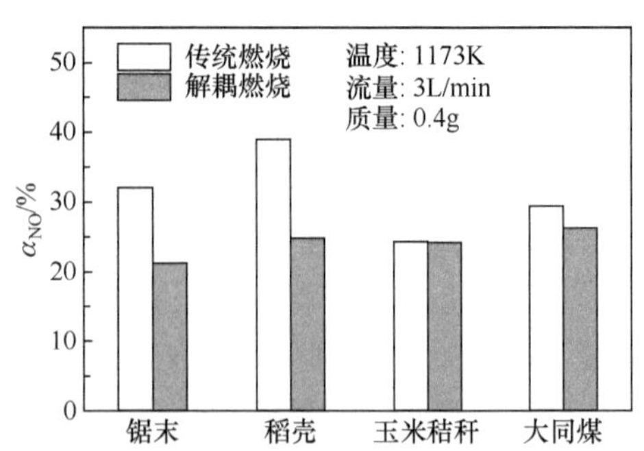

图 9.19　解耦燃烧和传统燃烧方式下生物质燃料氮向 NO 的转化率

对于玉米秸秆，图 9.18 和图 9.19 中都给出了较为例外的结果，即玉米秸秆在解耦燃烧方式下的 NO 排放并没有比传统燃烧方式下的 NO 排放明显降低，这可能是因为在 1173K 的燃烧温度下，燃料氮含量较高的玉米秸秆在传统燃烧方式中产生了所谓的“最佳温度区间”现象，使其挥发分中浓度较高的含氮物质(NH_3、HCN 等)还原了部分 NO，降低了 NO 排放。

为进一步比较玉米秸秆在传统燃烧和解耦燃烧方式下的 NO 排放量，在 973K 进行了玉米秸秆的燃烧实验，结果如图 9.20 所示。在 973K 时，玉米秸在传统燃烧方式下的 NO 排放为 7.34mg/g，燃料氮向 NO 的转化率为 40.79%，而玉米秸秆在解耦燃烧方式下的 NO 排放量明显低于传统燃烧的 NO 排放量，仅 4.06mg/g，燃料氮向 NO 的转化率也明显降低为 22.58%。因此，对于燃料氮含量较高的生物质燃料，采用解耦燃烧可以更有效地降低 NO 排放。

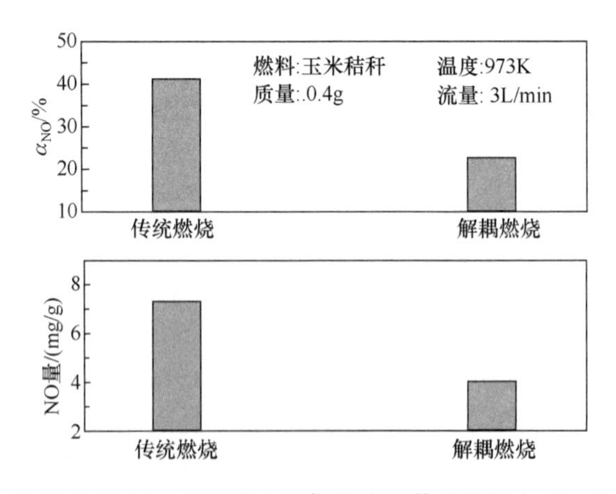

图 9.20　温度 973K 时玉米秸秆在解耦燃烧和传统燃烧方式下的 NO 排放

图 9.21 对比了解耦燃烧和传统燃烧时生物质燃料中氮含量与 NO 排放量间的关系。在解耦燃烧方式下，随着燃料氮含量的增加，生物质燃烧释放的 NO 逐渐增多，但对应相同燃料氮含量时的 NO 排放量均比传统燃烧的 NO 排放低。图 9.22 是两种燃烧方式下燃料氮向 NO 的转化率随生物质燃料中氮含量的变化。在传统燃烧方式中，燃料氮向 NO 转化率随着燃料氮含量的增加而降低，但是在解耦燃烧方式下，随着燃料氮含量的增加，燃料氮向 NO 的转化率基本保持不变，这是因为随着生物质含氮量的增加，半焦中氮含量的变化小于挥发分中氮含量的变化，而在解耦燃烧方式下，虽然挥发分燃烧产生的 NO 随燃料氮含量的增加而增多，但在通过半焦层时 NO 浓度越高，被还原的 NO 越多，即半焦对 NO 的还原是降低 NO 排放的主要原因。由此导致燃料氮含量对燃料氮向 NO 转化率的影响较小。

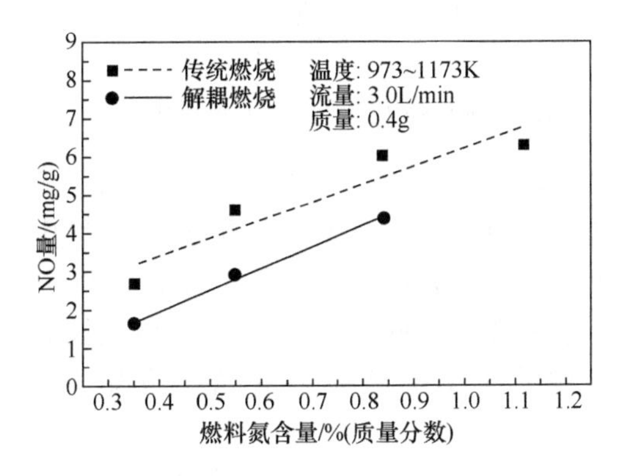

图 9.21　解耦燃烧和传统燃烧时生物质燃料中氮含量对 NO 排放量的影响

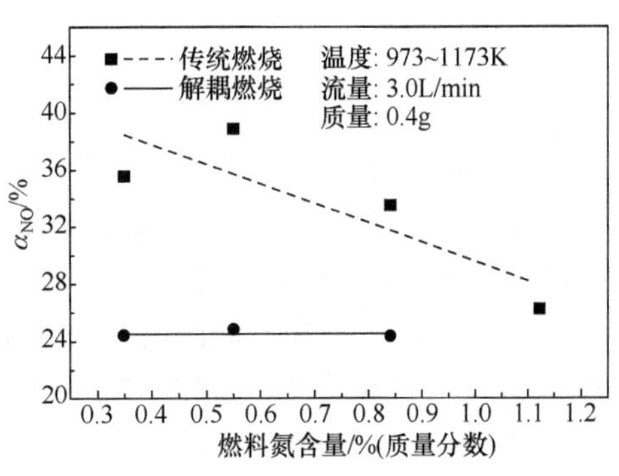

图 9.22　两种燃烧方式下燃料氮向 NO 的转化率随生物质燃料中氮含量的变化

图 9.23 对比了稻壳分别在传统燃烧、空气分级燃烧和解耦燃烧过程中的 NO 排放量。试验的生物质燃料在三种燃烧方式下的 NO 排放高低次序为：传统燃烧＞空气分级燃烧＞解耦燃烧。当采用空气分级燃烧时，随着二次风与一次风比值的增大，NO 排放降低，但在二次风为一次风的 50％时，其 NO 排放仍高于解耦燃烧，因此解耦燃烧可以更有效地降低生物质燃烧的 NO 排放。总体上，解耦燃烧可以减少 36％的 NO 排放。

2）解耦燃烧降低 NO 排放机理分析

生物质的燃料氮分为挥发分氮和半焦氮。燃烧过程中半焦氮的转化相对简单，主要转化为 NO 和 N_2。挥发分氮主要包括 NO、NH_3 和 HCN 等物种，其中 NH_3、HCN 等含氮物质一方面可以被氧化为 NO，另一方面可以与烟气中的 OH、O 和 H 等反应后转化为 N_2。在一定的反应条件下，挥发分中的 NH_3、HCN、H_2 和 CO 等气体以及半焦是还原 NO_x 的还原剂。

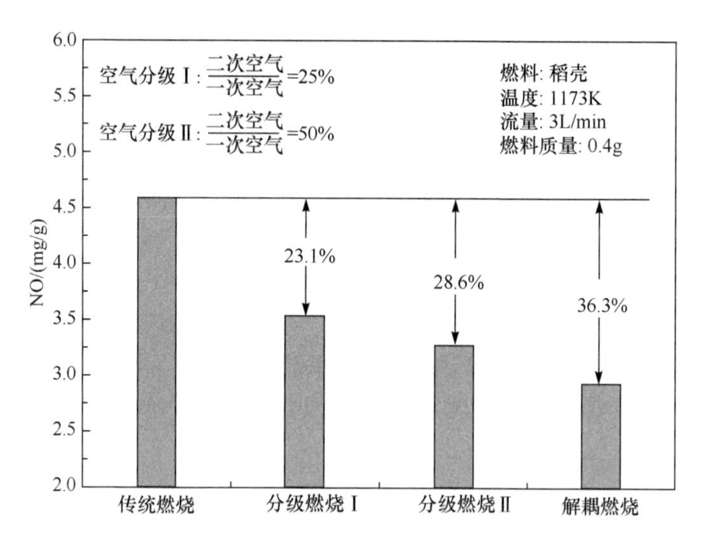

图 9.23　稻壳生物质燃料在不同燃烧方式下燃烧过程中的 NO 排放量对比

生物质燃料在传统燃烧中氮的转化路径如图 9.24 所示。燃烧空气先与半焦层接触，随后穿过半焦层与挥发分混合，挥发分的燃烧在半焦层上方进行，烟气中的 NH_3、HCN、H_2 和 CO 等对 NO 的还原是该情形下降低 NO 排放的主要原因。由于 NH_3、HCN 等在不同的反应气氛中的转化路径不同，既可以作为 NO 的还原剂，又可以被氧化为 NO，因而传统燃烧中燃烧气氛对燃料氮向 NO 的转化影响较大。在贫氧燃烧气氛中，烟气中含有较多的 OH、O、H 以及 NH_3、HCN、H_2 和 CO 等物质，在这些物质的还原作用下，挥发分氮向 NO 的转化率较低。但在富氧气氛中，NH_3、HCN 更趋向于被氧化成 NO，而且烟气中的 NH_3、HCN、H_2 和 CO 等含量少，对已生成的 NO 的还原作用减弱，从而使 NO 排放量增加。所以，传统燃烧过程中采用较大的空气量时，NO 排放会明显增加。

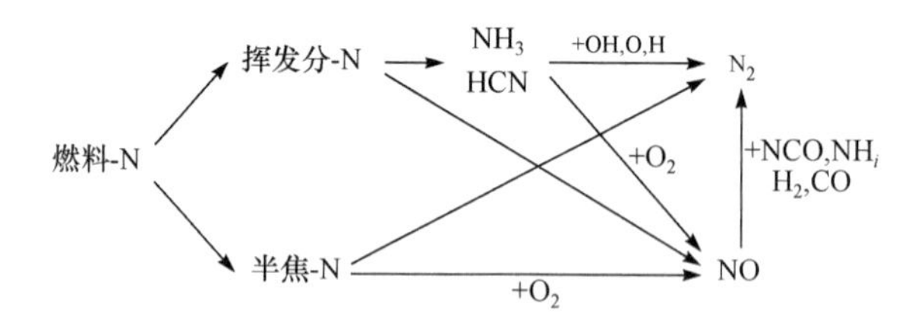

图 9.24　生物质燃料在传统燃烧中氮的转化路径

与传统燃烧相比，解耦燃烧中燃料挥发分的析出与半焦燃烧被分开，挥发分首先与送入的氧气混合燃烧，产生的烟气以及未燃烧的挥发分随后再穿过已存在的半焦层并与半焦共同燃烧。对煤基半焦还原 NO 的研究表明，煤基半焦对 NO 具有较强的还原能力[34]。当温度高于 673K 时，煤基半焦与 NO 会发生如式(9.21)、式(9.22)所示异相反应，将 NO 还原为 N_2。

$$C+2NO \longrightarrow CO_2+N_2 \tag{9.21}$$

$$C+NO \longrightarrow CO+\frac{1}{2}N_2 \tag{9.22}$$

煤基半焦对 NO 的异相还原作用是流化床燃烧低 NO 排放的主要原因之一[5]。在流化床燃烧中，由于大量煤基半焦颗粒在炉内循环并与炉内烟气充分混合，增强了燃烧形成的 NO 与半焦颗粒的接触，NO 被还原为 N_2 的机会因此大大增加，减少了 NO 排放。何京东等[35]的实验研究认为，在煤的解耦燃烧过程中，NO 的还原途径存在两条，即半焦对挥发分燃烧产生的 NO 的还原和挥发分对半焦燃烧产生的 NO 的还原，其揭示了半焦对 NO 的还原是降低解耦燃烧 NO 的主要原因。因此，在生物质解耦燃烧中，当挥发分燃烧产生的烟气穿过半焦层时，不仅烟气中的 NH_3、HCN、H_2 和 CO 等物质可以还原已生成的 NO，更主要的是热解产生的半焦也参与了对 NO 的还原，如图 9.25 示。当生物质在富氧气氛中燃烧时，尽管挥发分燃烧会生成大量 NO，但当其穿过生物质半焦时，半焦对 NO 的强还原能力可将 NO 还原，说明生物质半焦对 NO 的还原也是生物质解耦燃烧降低其 NO 排放的主要原因。综合而言，采用解耦燃烧技术实质上解除了生物质燃烧在降低 CO 排放与减少 NO 生成之间的耦合矛盾，可实现生物质燃料的低 NO、高效燃烧。

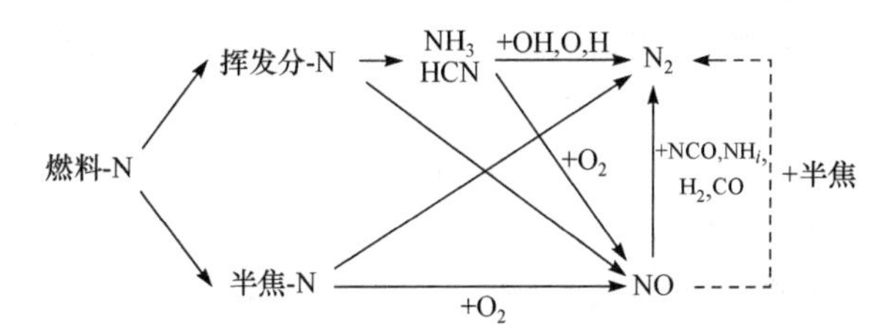

图 9.25　生物质燃料在解耦燃烧中氮的转化路径

9.2.3　半焦还原 NO_x 动力学

本小节从反应动力学角度考察了三种生物质半焦以及煤基半焦对 NO 的还原反应，实验得出了四种半焦与 NO 反应的速率常数和活化能。针对气-固反应，固体反应物相对于气体反应物可以被考虑为无穷多，因此反应速率通常通过气体反应物的浓度表示。对于半焦-NO 反应，反应速率 r 由式(9.23)表示：

$$r=-\frac{dC_{NO}}{dt}=kC_{NO}^{n} \tag{9.23}$$

式中，C_{NO} 为反应过程中 NO 的浓度，单位为 mol/m^3；n 为反应级数；k 为反应速率常数，单位为 mol$^{(1-n)}$ · m$^{3(n-1)}$/s。假设反应管中的流动为活塞流，对式(9.23)积

分可得

$$
\begin{cases}
X_{\mathrm{NO}} = 1 - \mathrm{e}^{-kt_{\mathrm{r}}}, & n = 1 \\
X_{\mathrm{NO}} = 1 - [1 - (1-n) \times k \times C_{\mathrm{NO,i}}^{(n-1)} \times t_{\mathrm{r}}]^{\frac{1}{(1-n)}}, & n \neq 1
\end{cases}
\tag{9.24}
$$

$$
X_{\mathrm{NO}} = \frac{C_{\mathrm{NO,i}} - C_{\mathrm{NO,o}}}{C_{\mathrm{NO,i}}} \times 100\% \tag{9.25}
$$

其中，X_{NO}为半焦对 NO 的还原率；$C_{\mathrm{NO,i}}$为 NO 入口浓度，单位为 mol/m^3；$C_{\mathrm{NO,o}}$为 NO 出口浓度，单位为 mol/m^3；t_{r} 为气体 NO 在半焦层中的停留时间，单位为 s，其可计算为

$$
t_{\mathrm{r}} = \frac{AL\varepsilon T_0}{q_{\mathrm{v}} T} \tag{9.26}
$$

式中，A 为内反应管截面面积，单位为 m^2；L 为半焦层高度，单位为 m；ε 为半焦层孔隙率；T_0 为环境温度，单位为 K；T 为反应温度，单位为 K；q_{v} 为气体流量，单位为 m^3/s。

1）反应级数的确定

目前，根据实验结果得到的煤基半焦-NO 反应的总反应级数相对于 NO 浓度为一级或小数级($n<1$)[36]。因此，通过实验方法确定选用的四种半焦与 NO 反应的总反应级数，其对应的反应温度为 973～1173K。首先，假设以上四种半焦与 NO 反应的总反应级数对于 NO 浓度为一级反应（即 $n=1$），根据式(9.24)分别计算得到了四种半焦在 973K、1073K、1123K 和 1173K 时对应不同 NO 入口浓度（100ppm、200ppm、500ppm、800ppm 和 1500ppm）的反应速率常数 k，如图 9.26所示。从图中可以看出，对应每个反应温度，四种半焦与 NO 反应的反应速率常数 k 均随 NO 入口浓度的增加而降低。根据一级反应定义可知，当反应为一级反应时，对应于任何 NO 入口浓度时的反应速率常数应该基本保持不变。因此本实验表明选用的四种半焦与 NO 的总反应级数对于 NO 浓度的反应级数不是一级。

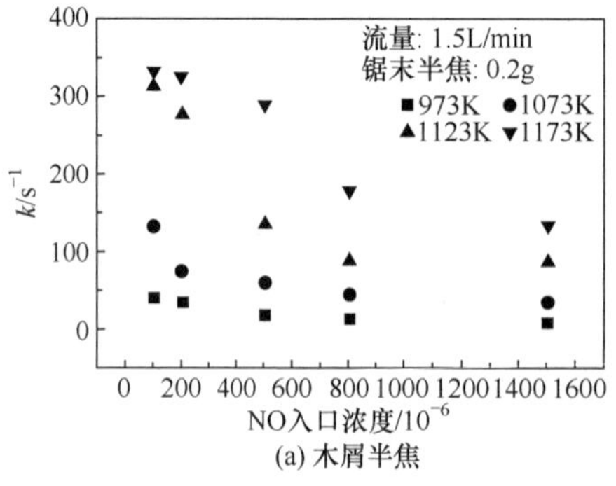

(a) 木屑半焦

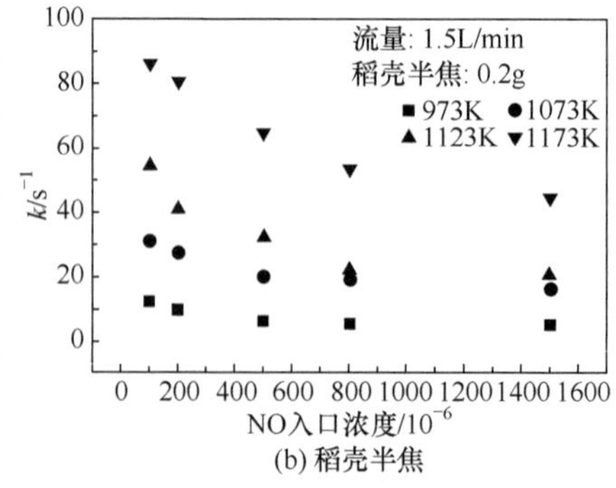

(b) 稻壳半焦

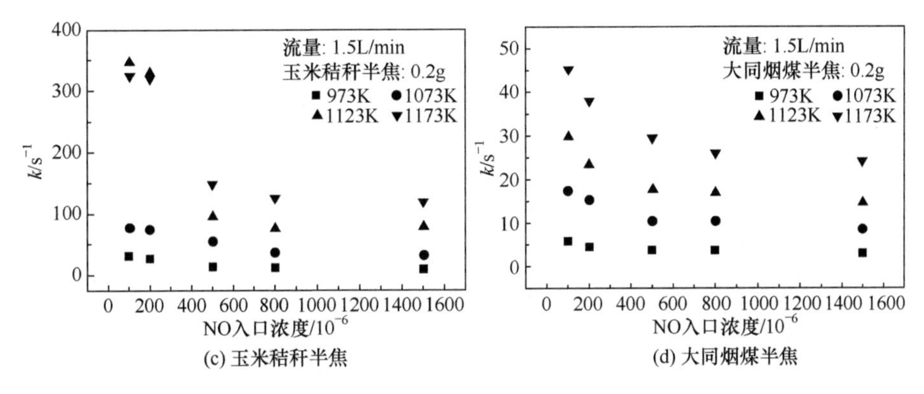

图 9.26　假设一级反应时生物质半焦与 NO 反应的反应速率常数

根据 Garijo 等[37]的研究，麦秸半焦和木屑半焦与 NO 反应的总反应速率常数分别为 0.3 和 0.45，本研究中假设所选用的四种半焦与 NO 反应的总反应级数为小数级($n<1$)，并采用“尝试法”确定反应级数。即对应每个反应温度，利用式(9.24)计算每个 NO 入口浓度下的反应速率常数 k。当不同 NO 入口浓度时的反应速率常数接近同一常数时，认为这个常数为所对应的反应温度的反应级数。表 9.6给出了利用“尝试法”得出的 973～1173K 的四种半焦与 NO 反应的总反应级数。从表中可以看出，在 973～1173K 范围内，对于每种实验的半焦，各个反应温度下的反应级数 n 相差不大，可以取其平均值作为该半焦在 973～1173K 时的总反应级数。

表 9.6　生物质半焦还原 NO 的反应级数

项目	木屑半焦	稻壳半焦	玉米秸秆半焦	大同烟煤半焦
973K	0.58	0.69	0.61	0.77
1073K	0.65	0.74	0.69	0.75
1123K	0.66	0.71	0.63	0.75
1173K	0.71	0.79	0.72	0.78
平均 n	0.65	0.73	0.66	0.76

2）活化能和频率因子的确定

将表 9.6 中得到的对应不同半焦的平均反应级数 n 重新代入式(9.24)，可计算得到这四种半焦与 NO 反应的总反应速率常数 k，并通过 $\ln k$ 对 $1000/T$ 作图得到四种半焦与 NO 反应的 Arrhenius 图，如图 9.27 所示。利用图中由线性拟合得到的四条直线可分别估算出四种半焦的表观活化能 E_a 和频率因子 k_0，如表 9.7 所示。综合集成，可建立如下四种实验半焦与 NO 反应的总反应速率常数 k 的表达式：

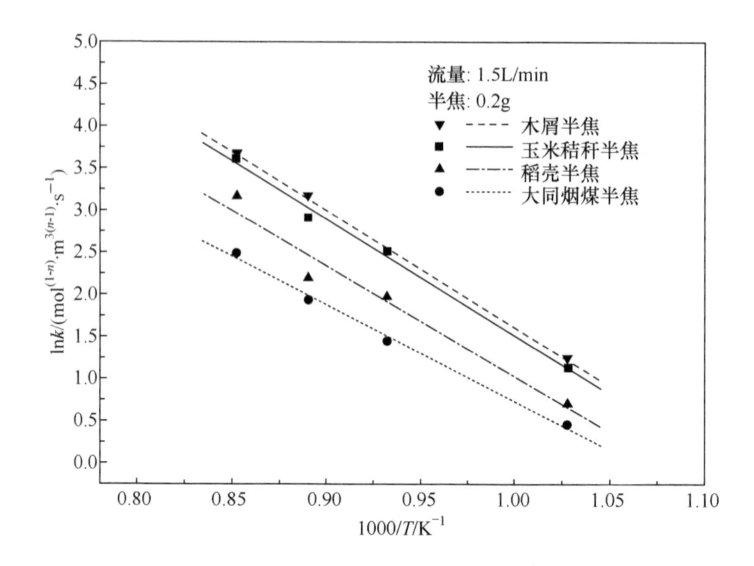

图 9.27　生物质半焦与 NO 反应的 Arrhenius 图

木屑半焦：$n=0.65$　　$k=5.33074\times10^{6}\times\exp(-13867/T)$　　(9.27)

稻壳半焦：$n=0.73$　　$k=1.40423\times10^{6}\times\exp(-13107/T)$　　(9.28)

玉米秸秆半焦：$n=0.66$　　$k=4.38193\times10^{6}\times\exp(-13760/T)$　　(9.29)

大同烟煤半焦：$n=0.76$　　$k=1.88905\times10^{5}\times\exp(-11401/T)$　　(9.30)

表 9.7　半焦-NO 反应动力学参数值

半焦	温度/K	E_a/(kJ/mol)	k_0/$mol^{(1-n)}\cdot m^{3(n-1)}\cdot s^{-1}$	n
木屑	973～1173	115.2	5.33×10^{6}	0.65
稻壳	973～1173	108.9	1.40×10^{6}	0.73
玉米秸秆	973～1173	114.3	4.38×10^{6}	0.66
大同烟煤	973～1173	94.7	1.89×10^{5}	0.76

根据式(9.27)～式(9.30)对各个温度下的 NO 还原转化率进行了计算，图 9.28给出了所用四种半焦的 NO 还原转化率实验值与计算值之间的对比。可见，利用式(9.23)～式(9.26)计算所得的 NO 还原转化率与实验值十分相近，可以认为上述四种半焦与 NO 反应的总反应速率常数表达式是合理的。另外，对比分析图 9.27 的结果可知，研究选用的四种半焦对 NO 的还原能力依次为：木屑半焦>玉米秸秆半焦>稻壳半焦>大同烟煤半焦，且生物质半焦的反应活性比煤基半焦的反应活性强，具有较高的 NO 还原能力。

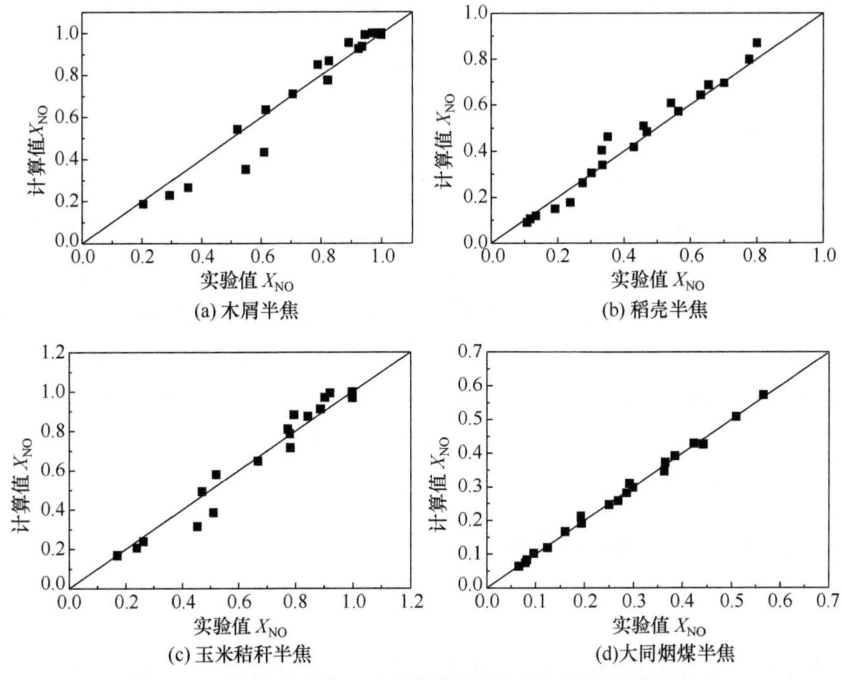

图 9.28　生物质半焦-NO 还原转化率实验值与计算值比较

Sørensen 等[38]和 Garijo 等[37]认为:生物质半焦具有较强的反应活性是因为生物质含有较多的催化活性物质,并且具有较大的比表面积参与反应。表 9.8 列出了本实验采用的四种半焦的比表面积,可以看出,三种生物质的比表面积均比大同煤半焦大,木屑半焦的比表面积甚至比大同煤半焦大一个数量级。对于生物质半焦,其比表面的大小顺序与其反应活性相同,因此,在半焦-NO 反应过程中,半焦比表面积的大小具有非常重要的意义。Illán-Gómez 等[27,28]也曾指出:对于半焦-NO 反应,半焦的比表面积具有非常重要的作用,半焦表面获得的比表面积越多,其还原 NO 的能力越强。此外,生物质中钾、钠等碱性元素含量较多,一般吸附在生物质纤维素、木质素的羧基、含氧官能团和半纤维素糖醛酸的羧基上[39]。热解过程中由于这些物质的热不稳定性使其倾向于进入挥发分中,生成的生物质半焦具有较多的活性点,而且这些碱性元素对半焦-NO 反应具有一定的催化活性作用[40],可以促进生物质半焦对 NO 的还原。所有这些因素使得生物质半焦还原 NO 的反应活性比煤基半焦强。

表 9.8　生物质半焦比表面积

半焦样品	木屑	稻壳	玉米秸秆	大同烟煤
比表面积①/(m^2/g)	854.8	258.1	680.9	95.5

① 半焦比表面积在 473K 用氮吸附测试。

9.3　工业生物质循环流化床解耦燃烧基础

针对工业生物质量大集中、处理能力大的特点，中科院过程工程研究所开发了由热解气化器和提升管燃烧器组成的循环流化床解耦燃烧技术。在该工艺系统中，物料首先进入流化床热解器进行干燥热解，富氮高含水工业生物质分解成挥发分和半焦，半焦进入提升管底部燃烧，挥发分进入提升管中部进行再燃，同时降低 NO_x 生成。富氮高含水工业生物质残渣干燥热解是循环流化床解耦燃烧的基础，目前关于工业生物质热解行为研究报道较少，本节针对工业生物质循环流化床解耦燃烧技术研发的需求，以白酒糟作为富氮高含水工业生物质废弃物的典型代表，利用实验室自建流化床和固定床热转化平台，开展工业生物质热解行为特性和热解组分再燃还原 NO_x 机理的基础研究。

9.3.1　高水高 N 生物质热解基础

1. 实验方法

实验用白酒糟由泸州老窖股份有限公司提供，其工业分析与元素分析如表 9.9所示。白酒糟的主要填充料是稻壳，原始含水量约 60%，干基含氮量为 3.42%。为便于对比，表 9.9 还给出了对稻壳的分析结果，可见稻壳与白酒糟的工业分析组成(干基)和元素组成非常类似，印证了泸州老窖的白酒糟的填充料主要为稻壳。

表 9.9　白酒糟和稻壳工业分析和元素分析

燃料	工业分析(干基)			元素分析(干基)			
	挥发分	灰	固定碳	碳	氢	氮	氧+硫
白酒糟	70.38	12.70	16.92	43.80	6.31	3.42	33.77
稻壳	68.28	14.66	17.06	39.81	5.39	0.85	39.29

热解研究所用实验装置如图 9.29 所示，由流化床反应器、气体收集系统、电加热炉和焦油收集系统组成。流化床反应器内设有气体分布板，反应温度由插在反应器中间的 K 型热电偶测量，热解反应温度通过电加热炉调控。实验所用载气为工业分析用氮气，流量通过质量流量计控制。每次实验均在设定热解温度下由反应器顶端瞬间加入 2g 含水白酒糟进行。

焦油收集系统由两部分构成：三个由 5℃水冷却的冷凝管和三个放置在冰水混合物中的丙酮洗瓶。热解气体中大部分水在经过三个冷凝管时被冷凝，冷凝液体收集于锥形瓶中，用于测试可溶性化学组分和 COD。气体中的焦油被丙酮吸收，体积由湿式体积流量计测量。经过硅胶净化的热解气用气袋收集，进而通过微型气相色谱分析其组成。

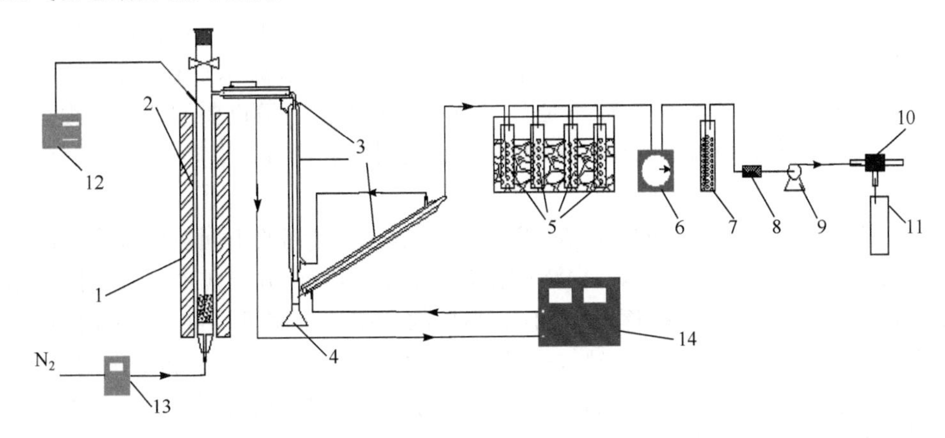

1. 电炉；2. 石英管反应器；3. 冷凝管；4. 三角瓶；5. 洗瓶；6. 湿式流量计；7. 干燥剂；8. 过滤套；9. 微型真空泵；10. 三通阀；11. 气袋；12. 热电偶；13. 质量流量计；14. 循环水泵

图 9.29　生物质热解实验装置示意图

2. 结论与讨论

1) 基本特性

图 9.30 为在氮气气氛中原始白酒糟热解(含干燥)的 TG 和 DTG 曲线随热解温度的变化趋势。升温速率为 40K/min，终温为 1200K。在 TG 曲线上存在三个明显的失重过程。第一个失重过程从室温到 523K，占样品质量的 56%，代表白酒糟的干燥过程，与白酒糟的含水量相符。第二个失重过程发生于 523～673K，占样品质量的 20%；而第三个过程在 673～923K，占样品质量的 16%。第二个和第三个失重过程代表白酒糟有机质的热解。大量研究已经表明，生物质含有的半纤维素、纤维素和木质素在不同的温度区间发生热解，表明其热解行为与半纤维素、纤

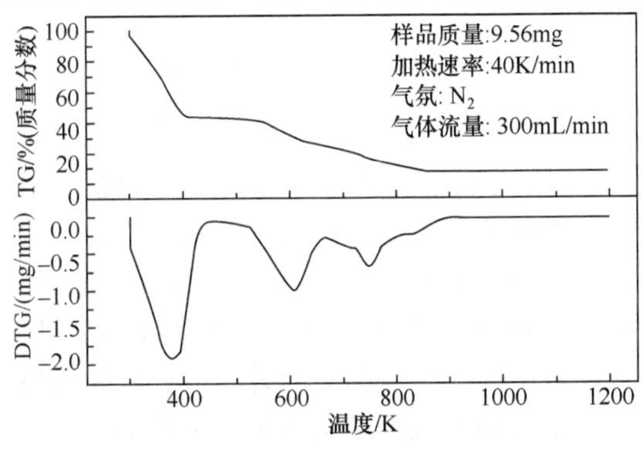

图 9.30　湿白酒糟热解的 TG 和 DTG 曲线随热解温度的变化

维素和木质素的含量有关[41-43]。图 9.30 中的第二个失重过程主要代表半纤维素和纤维素的热解，而第三个失重过程则反映木质素的热解。温度高于 923K 时几乎没有明显的失重，表明在该温度以前大部分挥发分已经析出，只剩余半焦。与 TG 曲线一致，DTG 曲线存在三个峰值。第一个峰值代表脱水过程，这个峰值要比其他两个峰值大很多，说明脱水是热解高水分白酒糟中最重要的变化过程。脱水需要大量的热量和较长的相互作用时间，这使得白酒糟难以点燃和稳定燃烧，从而降低燃烧效率[44]。

将流化床热解反应器的温度在 523～923K 变化，得到的不同热解温度下的热解产物的分布如图 9.31 所示。白酒糟在 523K 开始热解，并有焦油生成。随着温度的升高，气体和水的产率逐渐增加，而半焦的产率逐渐降低。在 723K 时，焦油产率达到最大值，占原料的 6.5%，这是焦油生成与裂解相互竞争和平衡的结果。白酒糟热解水应该包括干燥水分和热解过程的生成水，根据称量的半焦、焦油质量和计算的气体产物质量按物料平衡而确定。如图 9.31 所示，热解水产率高于 65%，明显大于燃料中的水含量 59.8%，说明多生成的水分是由热解反应形成的。事实上，一些化学结构脱水和焦油裂解都会形成热解水，随着热解温度的升高，热解水产率逐渐增高，可能是由脱氢和裂解反应的加剧而导致的。

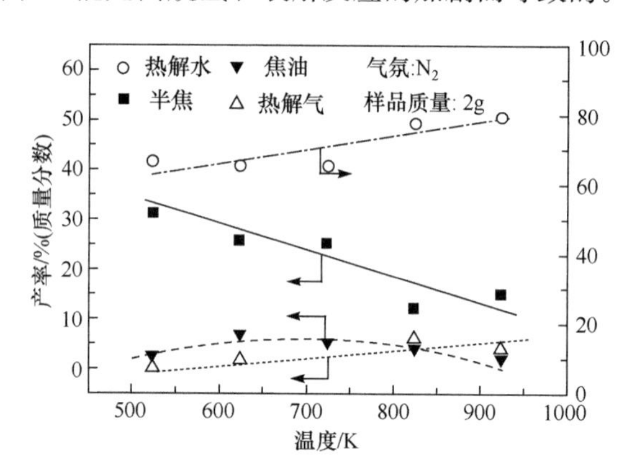

图 9.31　不同温度下的热解产物分布

如图 9.32 中所示的热解气主要成分 CO、CO_2、CH_4 和 H_2 随热解温度而发生变化。523K 时的热解气体量不足以进行准确的定量分析，图中没有数据。623K 时，CO_2 含量超过 50%(体积分数)，成为热解气的主要成分。表 9.9 中显示白酒糟的干基含氧量为 38.7%(质量分数)。生物质的氧多以羧基形式存在，容易在较低温度下以 CO_2 形式释放。同时，在低温半焦表面 CO_2 难以转化为 CO[45]。因此，低温热解时产生的 CO_2 较多。随着热解温度的升高，羰基、氢键的断裂以及 CO_2 和 C 之间的反应都容易形成 CO，使其成为热解气的主要成分。因此，在 623～923K 时热解温度越高，CO 生成就越多，CO_2 含量相应降低。同时，高温容易加剧氢键和甲基的断裂，使热解气中的 H_2 和 CH_4 含量增加。大量研究也证明：CO、CH_4 和 H_2 等热解气组分可作为燃烧 NO 的还原剂[46,47]。在循环流化床解耦燃烧中，热解气组分在提升管燃烧器的中部形成再燃还原区，有利于还原底部半焦燃烧形成的 NO_x。因此，提高热解气体中 CO、CH_4 和 H_2 等还原性组分的含量对循环流化床解耦燃烧还原 NO 是有利的。

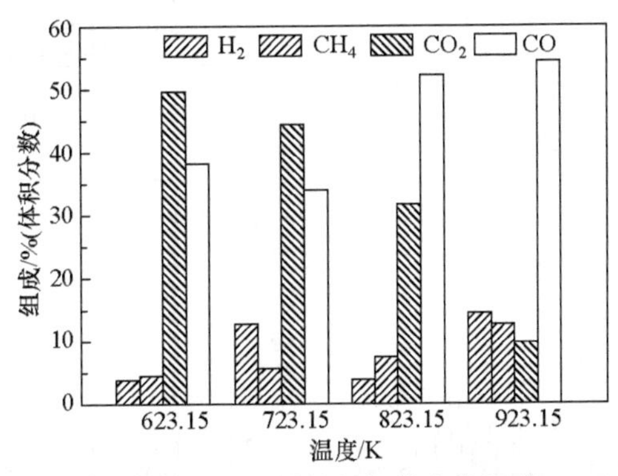

图 9.32　白酒糟热解气体产物组成

2) 焦油分析

图 9.33 为在不同热解温度下收集的白酒糟热解焦油的 GC-MS 分析图谱。温度 923K 热解时收集的焦油最多，湿基质量产率为 6.5%。在循环流化床解耦燃烧系统中，为避免焦油冷凝沉积进而堵塞向提升管燃烧器输送热解气的管路，产生的焦油量应以少为宜。

由于实验中用丙酮溶解焦油，所有的 GC-MS 图谱中都出现了十分明显的丙酮吸收峰，且都显示了焦油中残存的水分。通过 GC-MS 分析所能识别的主要焦油成分列于表 9.10 中，表中数字编号与图 9.33 标注的特征峰号相一致。很明显，523K 热解产生的焦油组分要明显少于其他温度下产生的焦油。这种低温下产生的焦油的主要组成是酚类和蒽。在 623K 时产生的焦油中，环己酮、丙酮和乙酸已成为主要的化学组分，而酚类相对减少。进一步升高热解温度使得焦油组分变得更加复杂，致使更多化学组分被识别。在 723K 热解时，丁醇(butanol)、戊酮(pentanone)、哌啶酮(piperidone)和苯酚(phenol)成为焦油的主要化学成分。而当温度达到 923K 时，所得焦油中的酚(phenol)种类和含量明显减少，其他重质组分则明显增多，表明在该温度下焦油在其形成过程中发生了显著的聚合反应。针对这种重质组分含量较高焦油，GC-MS 分析因为分辨率的限制很难识别出表 9.10 中标注的其他化学成分。综合比较可以看出，在 723～823K 热解产生的焦油中含有更多的轻质组分，特别是酚类，这种焦油可经过精炼制备高附加值化学品。

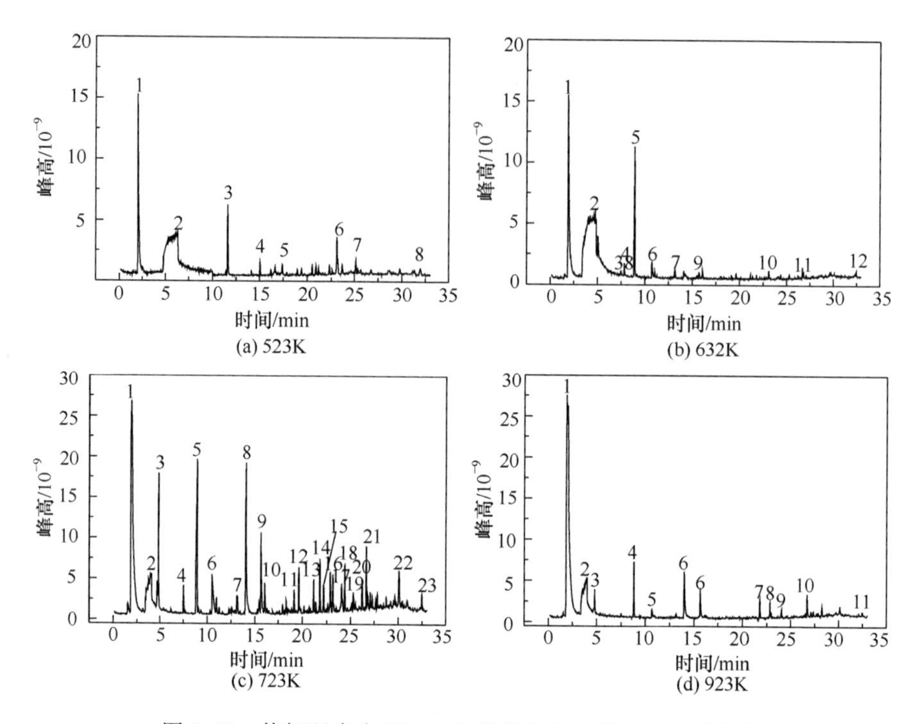

图 9.33　热解温度为 250～650℃收集焦油的 GC-MS 图谱

表 9.10　对应图 9.35 焦油 GC-MS 图谱的特征组分标示

	反应温度/K			
	523	623	723	923
1	丙酮	丙酮	丙酮	丙酮
2	水	水	水	水
3	苯酚	环已酮	1-丁醇	1-丁醇
4	苊烯	羟丙酮	环已酮	4-甲基-4-羟基-2-戊酮
5	芴	4-甲基-4-羟基-2-戊酮	4-甲基-4-羟基-2-戊酮	乙酸
6	蒽	乙酸	乙酸	2,2,6,6-四甲基哌啶酮
7	十六酸	丙酸	丙酸	苯酚
8	荧蒽	2,2,6,6-四甲基哌啶酮	2,2,6,6-四甲基哌啶酮	3-甲基苯酚
9		糠醇	2,2,6,6-四甲基哌啶酮	3-乙基苯酚

续表

	反应温度/K			
	523	623	723	923
10		环丙基甲醇	糠醇	丁氧基苯
11		丁氧基苯	2-羟基-3-甲基-2-环戊烯	十六酸
12		环丙基甲醇	2-甲氧基苯酚	
13			2-甲氧基-4-甲基-苯酚	
14			苯酚	
15			4-乙基-2-甲氧基-苯酚	
16			3-甲基苯酚	
17			3-乙基苯酚	
18			2-甲氧基-4-乙烯基苯酚	
19			2,6-二甲氧基-苯酚	
20			(E)-2-甲氧基-4-(1-丙烯基)-苯酚	
21			2,3-二氢苯并呋喃	
22			1,2-苯二酚-十六酸	

3）冷凝液组分特性

热解实验时冷凝气体产物所得到的液体量明显高于原始白酒糟中的含水量(59.8%)，说明热解中原料的 H 和 O 反应生成了额外的热解水。为提高循环流化床解耦燃烧系统效率，可以考虑将热解气体冷凝，去除产物中的部分水分后再入炉燃烧的工艺方法。因此，有必要研究图 9.29 中锥形瓶 4 收集的冷凝液体的 COD 及其化学组成。图 9.34 为不同热解温度下收集到的冷凝液体的 COD 的变化。随着热解温度的升高，COD 先增加后减小，723K 时达到最大值 50000mg/L。在 523K 以下时，COD 维持在很低水平：440～1100mg/L，表明在低温下发生白酒糟物理脱水，其中仅有很少量的有机物质释放。温度达到 523K 后，随着热解温度的继续升高，COD 逐渐下降，表明在较高温度下可溶性焦油组分在减少，因为生成了更多重质组分。综合分析，在 523～723K 可冷凝的水溶性化学物质，如醇类和脂类，随着热解温度的升高而增加，从而导致 COD 随温度升高而逐渐增高。

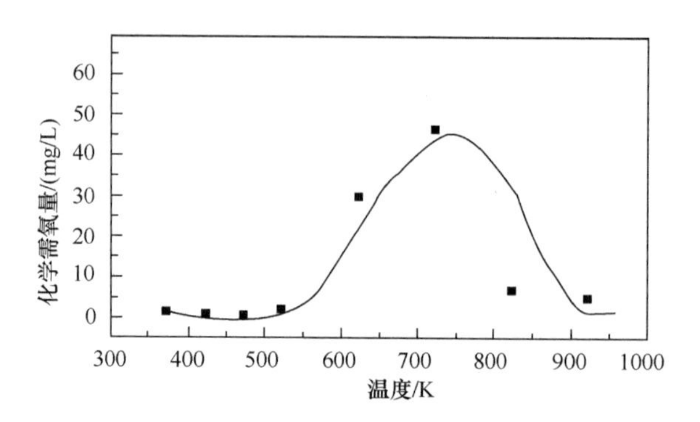

图 9.34　热解冷凝液体(含可溶性化学物质)的 COD 随热解温度的变化

锥形瓶中收集到的冷凝液体的 GC-MS 图谱分析结果如图 9.35 所示。图中的主要化学组分的标示列于表 9.11 中。温度在 523K 以下,收集的液体中几乎没有焦油组分,这与图 9.34 所示的其低 COD 相一致。高于 623K 的热解所收集的液体中有很多可溶性有机物质,包括酮类、酚类和羧基类物质。而且,图 9.35 明显表明 723K 及 923K 的可凝性液体中含有的化学物质种类比 623K 热解时多。

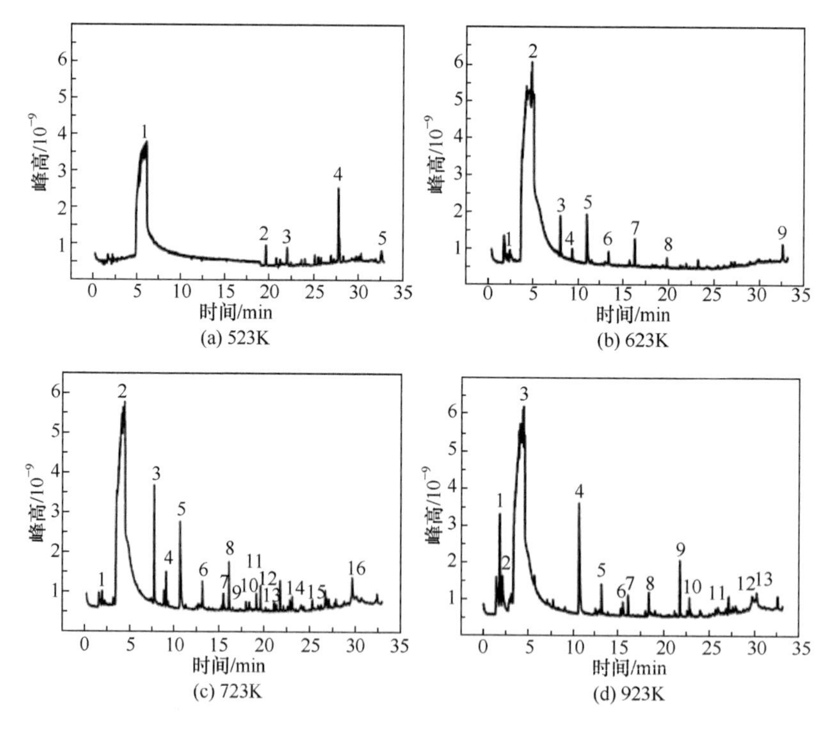

图 9.35　热解温度为 250～650℃时收集的冷凝液体的 GC-MS 图谱

表 9.11　热解冷凝液体 GC-MS 分析中鉴别的化学物质

	反应温度/K			
	523	623	723	923
1	水	甲醇	丙酮	丙酮
2	苊	水	水	甲醇
3	芴	羟丙酮	羟丙酮	水
4	蒽	1-羟基-2-丁酮	1-羟基-2-丁酮	乙酸
5	荧蒽	乙酸	乙酸	丙酸
6		丙酸	丙酸	2-丙酸
7		2-呋喃甲醇	丁内酯	2-呋喃甲醇
8		2-甲氧基-苯酚	2-呋喃甲醇	乙酰胺
9		十六烷酸	2(5H)-呋喃酮	苯酚
10			2-羟基-3-甲基-2-环戊烯-1-酮	4-甲基-苯酚
11			2-甲氧基-苯酚	3-吡啶
12			苯酚	1,2-苯二醇
13			3-甲基-苯酚	十六烷酸
14			2,6-二甲氧基-苯酚	
15			4-叔丁氧基苯乙烯	
16			十六烷酸	

4）半焦特性表征

半焦特性分析对开发循环流化床解耦燃烧系统十分关键，下面主要讨论半焦元素组成和特征官能团随热解温度的变化趋势。表 9.12 列出了白酒糟和不同热解温度下制得的半焦工业分析与元素分析结果。正如理论预测，随着热解温度升高，半焦中挥发分逐渐减少，而灰含量逐渐增加。元素分析显示，H 元素含量随着温度升高而降低，这与高温下更多挥发分析出相一致。在实验温度区间内，干燥无灰基半焦的热值随着热解温度的升高而升高，这主要是由热解温度升高、半焦中 C 相对含量增加而引起的。热解后半焦的 N 含量仍然维持在 4%左右，表明热解半焦仍是高 N 燃料。

表 9.12 白酒糟和不同温度半焦的元素分析和工业分析

样品	工业分析 /%(质量分数,db)			元素分析/%(质量分数,daf)				HHV /(MJ/kg)(daf)
	挥发分	固定碳	灰	C	H	N	O+S	
酒糟	70.38	16.92	12.70	50.20	7.20	3.90	38.70	20.99
523K 半焦	50.00	19.94	30.06	52.80	6.17	4.00	37.03	20.66
623K 半焦	32.51	28.15	39.35	65.73	4.40	4.11	25.76	24.39
723K 半焦	21.02	36.77	42.21	68.03	3.13	3.63	25.20	23.48
923K 半焦	13.72	38.32	47.96	76.95	1.44	2.82	18.79	25.17

图 9.36 对比了不同热解温度的半焦 FT-IR 图谱,主要显示了六种官能团:O—H、脂肪族 C—H、C═O、芳烃环、C—O 和芳香族 C—H。在白酒糟图谱的 900~1300cm^{-1}处,存在明显的多糖 C—OH 官能团的振动峰。这些多糖官能团在热处理中非常容易分解生成 CO、CO_2 和碳氢化合物[48,49]。图 9.36 显示,523K 的热解半焦的 FT-IR 图谱和白酒糟的很类似,表明白酒糟在此温度下只进行了轻微热解。热解温度的升高导致半焦中 O—H、C—H、C═O、芳烃环、C—O 等官能团的强度下降。C—O 和 C═O 官能团通常裂解成 CO,同时芳香环(aromatic rings)和 C—H 断裂转化成 CH_4 和 H_2[48]。因此,CO、CH_4 和 H_2 产率随着热解温度的升高

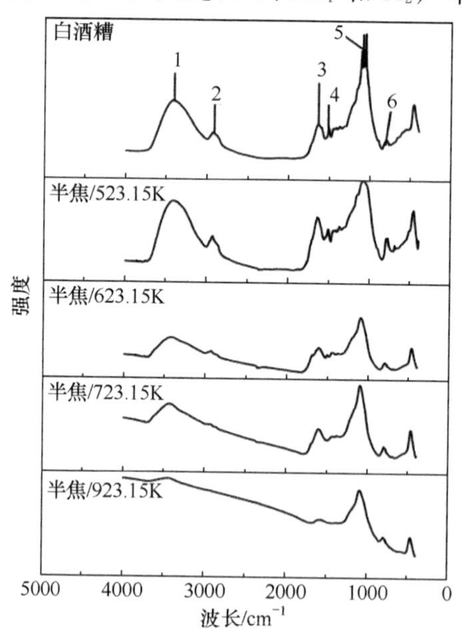

1. O—H;2. 脂肪族 C—H;3. C═O;4. 芳香环;5. C—O;6. 芳香基 C—H

图 9.36 白酒糟和不同温度热解制得半焦的 FT-IR 图谱

而增加。在 923K 热解形成的半焦红外图谱中，仅有 C—O 官能团比较明显，这与高温下挥发分大量析后 C 和 O 成为半焦中主要成分的事实相一致。

9.3.2　循环流化床解耦燃烧降低 NO_x 效果

白酒糟流化床燃烧的 NO_x 排放利用文献报道的实验装置进行测量[50]。图 9.37表示不同温度下白酒糟流化床燃烧烟气中的 NO 浓度（折算成体积浓度 6%的含氧量）。由于实验所用白酒糟量较少且白酒糟样品的组分不均一，测得的不同燃烧温度下的烟气中 NO 浓度波动较大。但可以看到，随着燃烧温度的升高烟气中 NO 浓度呈上升趋势。在 1123K 下的 NO 排放浓度大于 800mg/m³。

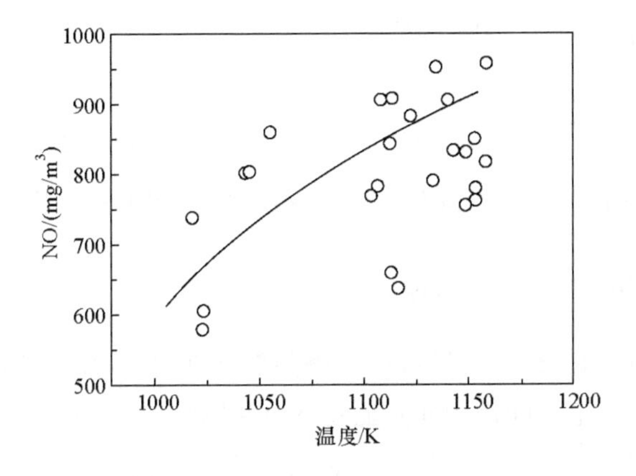

图 9.37　白酒糟流化床燃烧的烟气 NO 浓度

图 9.38 所示为采用双层固定床对比白酒糟传统燃烧和解耦燃烧的烟气中 NO 排放浓度。烟气中 NO 浓度通过烟气分析仪在线测得。传统燃烧条件下的 NO 排放存在两个峰，分别代表挥发分燃烧生成的 NO 和半焦燃烧生成的 NO，而解耦燃烧条件下只有一个较小的峰。传统燃烧条件下挥发分燃烧生成的 NO 峰远大于半焦燃烧的 NO 生成峰，峰值达到 1600ppm 以上，说明生物质燃烧的 NO_x 主要来自挥发分燃烧，半焦贡献较小。解耦燃烧条件下挥发分燃烧生成的 NO 峰值在 60ppm 以下，大部分 NO 来自于半焦燃烧。对比原料氮转化为 NO 的转化率 α_{NO} 也可以说明，解耦燃烧可以明显降低 NO 排放，降低幅度达 50%以上。由于解耦燃烧时挥发分中氮元素没有像传统燃烧那样高比例转化为 NO，而且挥发分中的还原性组分（如 H_2、CO、CH_4）甚至发挥了还原半焦燃烧生成的 NO 的作用，如按式(9.31)～式(9.33)所示的反应，从而有效降低了白酒糟燃烧生成的 NO。

$$4NO+CH_4 \longrightarrow 2N_2+CO_2+2H_2O \tag{9.31}$$

$$2NO+2CO \longrightarrow N_2+2CO_2 \tag{9.32}$$

$$2NO+2H_2 \longrightarrow N_2+2H_2O \tag{9.33}$$

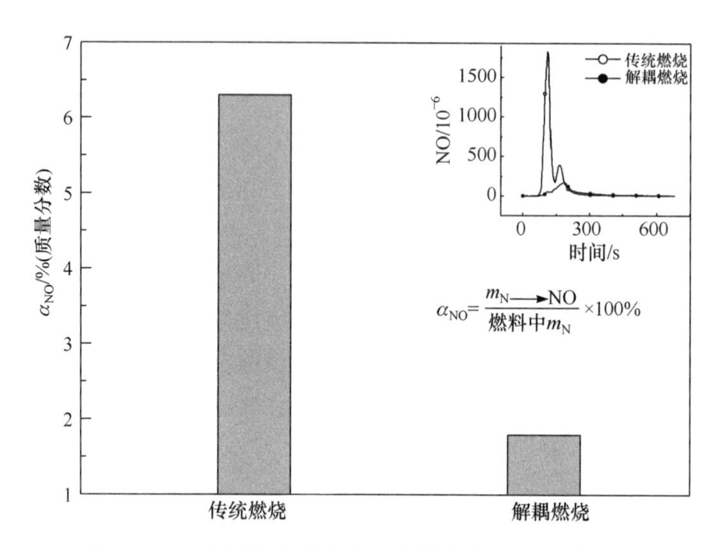

图 9.38　白酒糟传统燃烧与解耦燃烧的 NO_x 排放对比

9.3.3　挥发分再燃还原 NO_x 机理

循环流化床解耦燃烧主要通过白酒糟热解产生的半焦、焦油和热解气与半焦燃烧产生的 NO_x 发生协同作用而降低总 NO_x 排放。这三种典型热解产物都能有效还原 NO_x。国内外对半焦还原 NO_x 进行了大量研究，但半焦异相还原 NO_x 的机理还有待进一步澄清。普遍认为，在惰性气氛下半焦主要通过扩散、吸附、表面反应、脱附四个过程原位还原 NO，主要基元反应如式(9.34)～式(9.37)所示[12]。有氧气存在时，半焦异相还原 NO 主要是通过生成 CO 使半焦表面上形成 C 原子活性位，从而加速 NO 的化学吸附和还原，一般存在最佳氧气浓度值使半焦还原 NO 的效率最大[51]。

$$NO+2(C)\longrightarrow(CN)+(CO) \tag{9.34}$$

$$2(CN)\longrightarrow N_2+2(C) \tag{9.35}$$

$$2NO+2CO\longrightarrow N_2+2CO_2 \tag{9.36}$$

$$NO_2+(C)\longrightarrow N_2+(CO) \tag{9.37}$$

$$CH_i+NO\longrightarrow HCN+\cdots \tag{9.38}$$

$$HCCO+NO\longrightarrow HCNO+\cdots \tag{9.39}$$

关于生物质热解气再燃还原 NO_x 的研究主要集中在热解气中单组分对 NO_x 还原效率的研究。于海洋等[52]认为，热解气主要通过 CH_i+NO 按式(9.38)和 HCCO+NO 按式(9.39)两个反应还原 NO。其中，O 和 OH 为诱发反应产生的主要自由基。很多学者对生物质热解气中 CO 和 H_2 还原 NO 的效率进行了研究，认为在温度低于 1500K 的条件下，CO 和 H_2 单独作为再燃燃料时的 NO 还原效率很低[53]。Fan 等[54]考察了生物质燃气的成分组成、再燃温度、停留时间、烟气初始 NO 浓度以及平衡比等条件对 NO 还原效果的影响。焦油的性质不稳定，结构成分复杂，对于焦油还原 NO_x 研究多限于焦油模拟物。Rüdiger[17]对含和不含焦油的煤气化气开展再燃实验的结果表明，煤焦油对还原 NO 具有十分明显的效果。段佳[55]通过开展含和不含焦油的生物质热解气再燃实验研究也得到了同样结论。

本节将采用连续沉降炉研究白酒糟半焦、焦油及热解气三种热解产物还原 NO 的能力，以揭示循环流化床解耦燃烧中三种产物如何还原 NO_x，为解耦燃烧装置设计提供支撑。

1. 实验方法

针对泸州老窖股份有限公司提供的白酒糟（表 9.9），首先通过热解制备半焦，其方法为：将干燥的白酒糟置于卧式反应管中，在氮气气氛下升温至 873K 并保持 30min，然后在氮气保护下冷却至室温保存以备使用。而焦油样品的制备方法为：在制备半焦时，用丙酮吸收产生的热解气中的焦油，然后在真空度 0.08 MPa、温度 293K 于旋转蒸发仪中初步蒸脱丙酮，再用无水硫酸镁吸收焦油中水分，真空过滤无水硫酸镁，最后得到无水焦油。实验所用热解气样品为按照 873K 白酒糟热解的气体产品组成而配制，模拟气的组分及体积含量为：5.8% H_2、12.0% CH_4、26.9%CO、13.1% CO_2、0.71% C_2H_6、0.09%C_3H_8 和 41.4%Ar。

实验使用图 9.39 所示的高温沉降炉反应系统。沉降炉反应管中主要包括预热区、反应区和进样区，而实验装置由反应器、加热炉、送风配气系统、温度测量与控制系统、烟气处理与分析系统等构成。沉降炉反应区由内径为 100mm 的刚玉管构成，有效高度为 1680mm，且由硅钼棒通过程序升温加热。反应区由上至下设有 5 个取样通道，通过改变取样枪的取样位置而表征不同停留时间下的燃烧及产物特性，相邻取样枪之间的距离为 260mm。预热区采用硅碳棒通过程序升温加热。气体中的 NO_x、CO、CO_2、O_2 等浓度由德国 Testo 350XL 烟气分析仪在线检测记录。实验所需热解气体积通过模拟实际燃烧条件折算求得。由于热解产物对反应器进出口气体体积影响不大，反应过程中气体体积几乎不发生变化，因此可以将反应器出口端 NO 与进入反应器 NO 总量比值定义为 NO 的还原效率 η。

$$\eta=([NO]_{in}-[NO]_{out})/[NO]_{in}\times 100\% \tag{9.40}$$

$$\eta_E=\eta/M_i\times[M_i] \tag{9.41}$$

式中，$[NO]_{in}$、$[NO]_{out}$分别为反应管入口和出口的 NO 浓度；M_i为干燥无灰基半焦或无水焦油或纯热解气的质量流量；$[M_i]$为 M_i 的量纲；η_E为单位质量的半焦、焦油和热解气的脱硝效率，即比脱硝效率，即实验结果通过转化为单位质量还原剂的还原能力而使针对不同还原剂的结果可以相互比较。

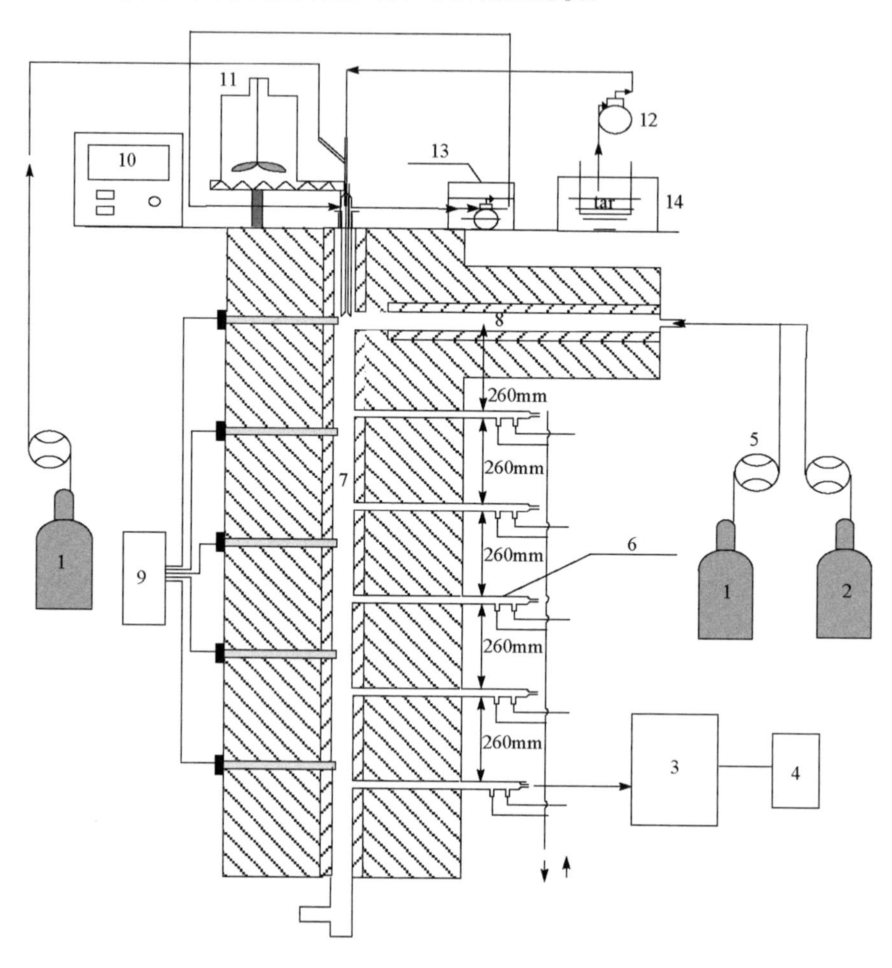

1. 氩气气瓶；2. NO 气瓶；3. 烟气净化装置；4. 烟气分析仪；5. 流量计；6. 样品枪；7. 反应区；8. 预热区；9. 电柜；10. 控制面板；11. 给料螺旋；12. 蠕动泵；13. 循环水泵；14. 恒温水浴锅

图 9.39　实验所用沉降炉反应装置示意图

2. 结果与讨论

循环流化床解耦燃烧的提升管再燃反应区中的反应复杂，利用上述沉降炉模拟实际反应区的典型操作条件，如反应温度、气体停留时间等揭示热解产物还原 NO 的影响规律。图 9.40 为不同反应温度下半焦、焦油和热解气的比脱硝效率的变化。三种热解产物对 NO 都有明显的脱除效果。同一温度下，焦油比脱硝效率最高，热解气次之，半焦最低。随着反应温度的升高，半焦、焦油和热解气的比脱硝效率都逐渐增加。反应温度从 1073K 升高到 1323K 时，半焦、焦油和热解气的比脱硝效率分别提高了 16.3%、37.9%和 20.4%，说明焦油与 NO_x 的反应对温度的响应最为敏感。焦油在较高温度下裂解产生大量可对 NO_x 发挥还原作用的简单烃类、非烃类分子和自由基(如 C1-2 烃类分子，CO、H_2等非烃类分子和 CH_i、C_2H、HCCO、H 等自由基)[56]。同时，其中的简单烃类分子和自由基也会发生聚合反应，因此减弱比脱硝效率[5]。当温度高于 1123K 时，焦油比脱硝效率增长速度变缓。对热解气而言，热解气中存在一些活化能较高的重要反应，如 H_2、CO 对 NO 的还原反应。只有继续升高反应温度这些还原 NO 的反应的作用才能得以体现[57]。对半焦而言，半焦还原 NO 属于气化吸热反应，升高温度更有利于气化反应进行，有利于增高比脱硝效率。反应温度高于 1223K 时，半焦灰分中的钠、钾等具有催化作用的金属元素会逐渐汇集半焦表面，从而催化半焦与 NO_x 的反应[58]，因此高温会加速半焦还原 NO 的过程。

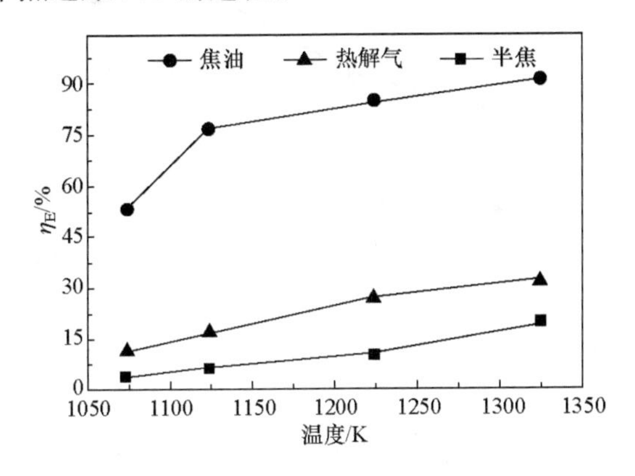

图 9.40　反应温度对热解产物比脱硝效率的影响

沉降炉稳定运行时，可通过由上至下沿炉体设置的取样枪在不同位置取样监测烟气的 NO 浓度变化，以考察不同气体停留(反应)时间下半焦、焦油和热解气的比脱硝效率。如图 9.41 所示，在反应区温度为 850 ℃的条件下，与半焦和热解气相比，焦油表现出了更强的 NO_x 还原能力。随停留时间的增长，三种热解产物的比脱硝效率都呈现增长趋势，但在不同的停留时间值范围内，比脱硝效率的增加速率存在明显的差异。当停留时间由 1.7s 增加到 3.4s 时，焦油比脱硝效率增加速度远远高于热解气和半焦的比脱硝率的增大，而且最先完全反应，3.4s 时达到最大脱硝率，即焦油表现出了高的还原 NO 的能力和更快的反应动力学特性。热解气与焦油相似，还原 NO 都属于气相均相反应，都存在依托还原性小分子物质的还原能力，但在相同停留时间条件下，热解气的比脱硝效率明显较焦油低。可以推测，焦油裂解过程产生了大量还原性自由基，如 H、C_2H、HCCO 等，在焦油还原 NO 的过程中发挥了主要作用。相对而言，半焦的比脱硝效率最低。一方面，半焦-NO 属于非均相反应，当参与反应半焦数量较少时，NO 与半焦 C 的接触不充分，反应效率较低；另一方面，半焦通过气化还原 NO 的反应需要较长时间[59]。当停留时间由 3.4s 增加到 4.3s 时，焦油裂解完全，比脱硝效率几乎不变。热解气中未完全反应的小分子继续缓慢还原 NO，比脱硝效率仅增加了 0.6%。半焦反应活性随停留时间的增加而缓慢增加，比脱硝效率的变化不明显。在本研究的实验条件下，半焦和焦油的最佳停留时间为 3.4s。超过 3.4s 半焦和焦油的比脱硝效率几乎不再增加，但是热解气的比脱硝效率依然呈增加趋势。因此，增加白酒糟析出组分中焦油含量有利于提升再燃还原 NO 的效率。根据白酒糟热解规律，723K 焦油含量达到最大，解耦燃烧系统中热解气化器温度最优控制在 723K，有利于发挥最优的热解气再然降低 NO_x 生成的效果。

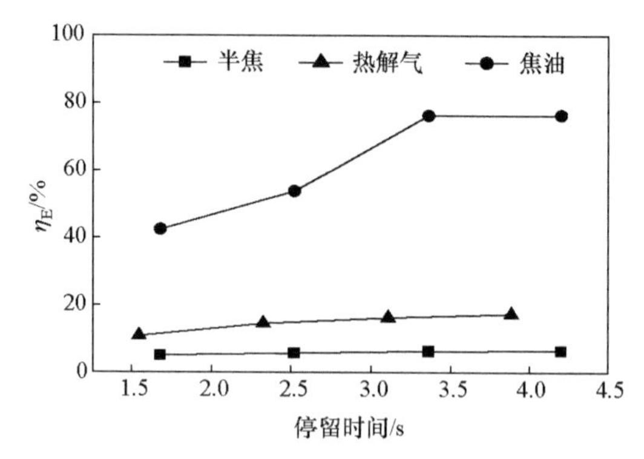

图 9.41　反应时间对热解产物比脱硝效率的影响

9.4　农村生物质小型解耦层燃炉

我国农村生物质具有分散半径大、收集成本高特点，目前露天焚烧方式不仅污染环境，同时浪费资源。根据农村生物质自身特点，开发适用于农村的小型解耦层燃锅炉可以将废弃生物质转化为农村可利用的热能，同时降低污染物排放。本节主要从进风方式、炉膛结构、炉排形式、再燃区设计等方面优化层燃炉结构与工艺参数，提升燃烧效率，降低污染物排放。

9.4.1　小型层燃炉设计

10kW 生物质解耦燃烧实验炉结构见图 9.42(a)，其主要特点为：

(1) 燃烧炉炉膛被隔板分为两部分，即热解区和燃烧区；

(2) 采用倾斜炉排和旋转阀，燃烧过程中燃料可以依靠自身重力在炉排上移动，自动下料，倾斜炉排与水平面的夹角根据燃料(稻壳)的流动特性确定为 45°；

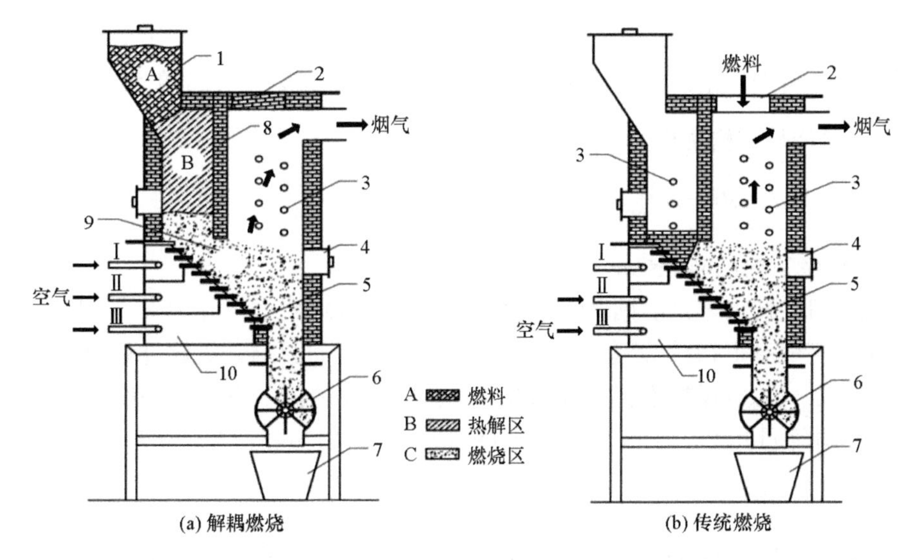

1. 料斗;2. 手孔;3. 多功能孔;4. 火门;5. 格栅;6. 旋转阀;7. 灰仓;8. 隔板;9. 火嘴;10. 气室

图 9.42 生物质层燃解耦燃烧实验炉结构示意图

(3) 炉排下方设置三个独立风室,可通过调节各风室风量来研究沿炉排分段送风对解耦燃烧及其 NO_x 形成的影响;

(4) 在热解区和燃烧区两侧壁面的不同位置开设了多功能孔,用于测量炉内温度和研究热解区送风以及空气轴向分级对解耦燃烧及其 NO_x 形成的影响;

(5) 隔板位置可调,从而改变热解区和燃烧区的体积比。

层燃炉解耦燃烧过程中,燃料从料斗进入燃烧炉后将依次经历热解、燃烧的解耦和耦合两个过程。首先,燃料在温度较低的热解区[图 9.42(a)的 B 区]内缓慢地析出挥发分,挥发分析出与半焦及挥发分燃烧分开进行(解耦);进而,产生的热解气和半焦沿炉排方向进入燃烧区[图 9.42(a)的 C 区]与炉排下方送入的空气接触后共同燃烧(耦合)。

解耦燃烧实验中,燃料由稻壳与大同烟煤(燃料工业分析和元素分析见第二节)按照质量比 1∶1 混合而成,实验炉燃料消耗量为 4.5kg/h,空气消耗量为 $30m^3/h$,按照不同分配比例从三个风室分别送入。为了比较稻壳与煤混合燃料在传统燃烧和解耦燃烧方式下的实际燃烧情况,对上述解耦燃烧实验炉进行了改造,以实现混合燃料在传统燃烧方式下的燃烧。改造得到的传统燃烧实验炉如图 9.42(b)所示,从燃烧口将热解室和风室Ⅰ封堵,混合燃料从燃烧区上方的操作孔送入,加料频率为 15min/次,燃烧空气分别从图 9.42(b)所示风室Ⅱ和风室Ⅲ送入。改造后得到的传统燃烧实验炉炉膛缩小为解耦燃烧炉的 2/3,为了保持传统燃烧实验炉和解耦燃烧实验炉中的燃料量与空气量之比不变,传统燃烧过程中的燃料消耗量为 3.0kg/h,燃烧空气量为 $20m^3/h$。燃烧产生的烟气从燃烧炉上部的烟气通道排出，一部分进入 AO-2020 烟气分析仪在线分析，另一部分排入大气。实验结果分析中所给出的烟气排放值均是折算到 O_2 浓度为 7%时的结果。

9.4.2 燃烧炉结构优化

1. 燃烧口结构对燃烧的影响

1）燃烧口高度对燃烧的影响

燃烧口结构尺寸是解耦燃烧炉设计中一个非常重要的设计因素，本小节考察了燃烧口高度对生物质解耦燃烧中 CO 和 NO 排放的影响。实验过程中，送入炉内的燃烧空气总量保持不变（$30m^3/h$），分别从倾斜炉排下方三个一次风风室Ⅰ，Ⅱ，Ⅲ平均等量送入，研究的三个燃烧口高度为 100mm、130mm 和 160mm，如图 9.43所示。

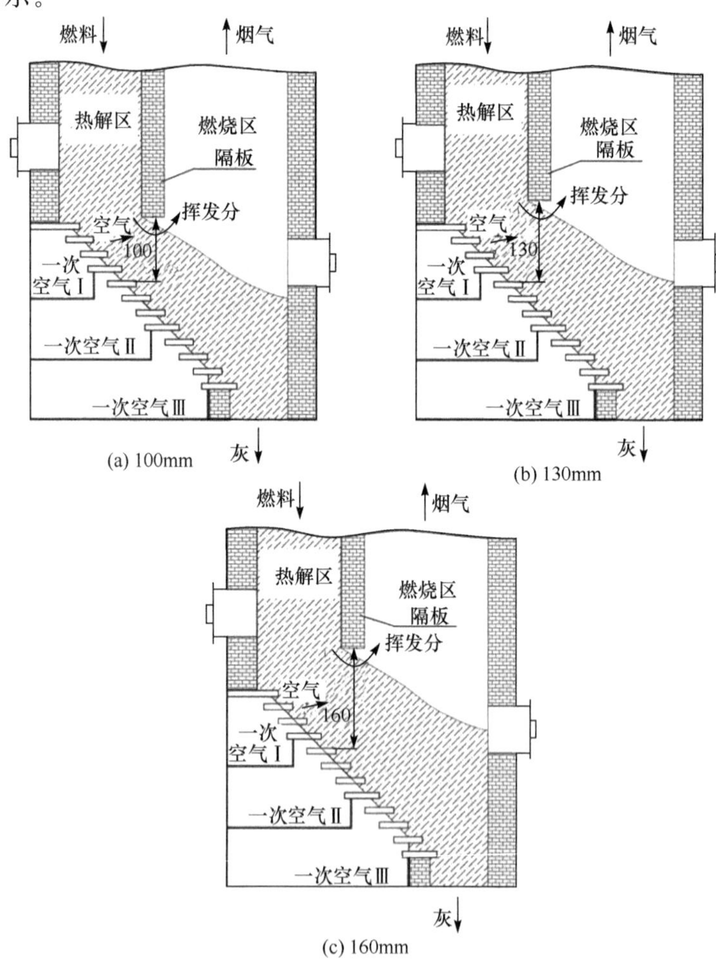

图 9.43　层燃解耦燃烧炉不同燃烧口高度示意图

图 9.44 是分别采用三个燃烧口高度时烟气中 CO 和 NO 的平均排放值。可以看出,随着燃烧口高度的增加,烟气中 CO 和 NO 平均排放浓度都有所增加。随着燃烧口高度增加,燃烧炉中分隔热解区和燃烧区隔板长度相对减少,形成的热解区高度降低,当燃烧口高度从 100mm 增大到 160mm 时,热解区高度由 450mm 减少到 390mm,这导致燃料从料斗进入热解区后经历的干燥和热解时间相对缩短,燃料的热解程度较低,很多燃料的挥发分还没有完全析出就进入了温度较高的燃烧区,挥发分析出过程加快,燃烧炉内空气量相对不足,CO 排放增加。此外,燃烧口高度增加后,炉排上燃料层的厚度随之增加,不仅增大了燃烧空气从炉排下方送入时的阻力,而且炉排上半焦燃烧所消耗的空气份额有所增加,进一步加深了燃烧区内空气的缺乏程度,增大了烟气中 CO 排放浓度。

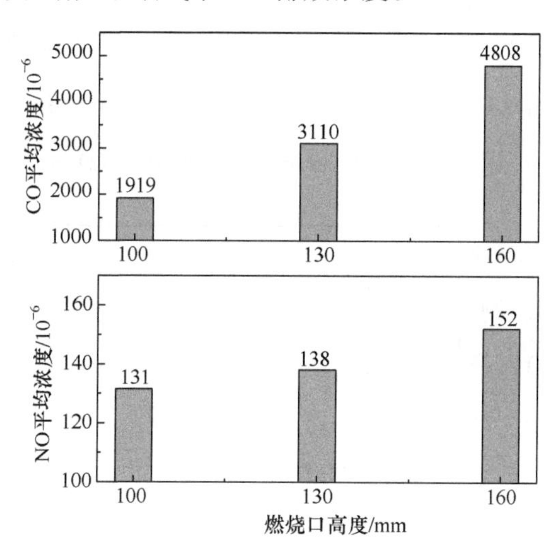

图 9.44　燃烧口高度对 CO 和 NO 排放的影响

2) 火焰挡板安装角度对燃烧的影响

在燃烧口增设火焰挡板可以改变燃烧口附近气体的流动,其不同的安装位置对燃烧口附近的燃烧有很大的影响。本小节考察了两种火焰挡板安装位置,即火焰挡板与隔板之间的夹角分别为 90°和 135°时的燃烧情况。实验过程中,火焰挡板的长度一致,均为 35mm,三个一次风风室的风量均为 $10m^3/h$,火焰挡板的具体安装情况如图 9.45(a)和(b)所示。图 9.46 是两种火焰挡板安装位置及没有安装火焰挡板时的 CO 和 NO 平均排放浓度的对比。

从 CO 排放对比结果可以看出,火焰挡板与隔板的夹角为 90°时,CO 平均排放量较高,为 3545.34ppm;火焰挡板与隔板的夹角为 135°时,CO 排放最低,为 1049.50ppm,低于没有安装火焰挡板时的 CO 排放量。如图 9.45(a)所示,当火焰挡板与隔板的夹角为 90°时,火焰挡板与料层之间有一定的空间,热解区内气体在

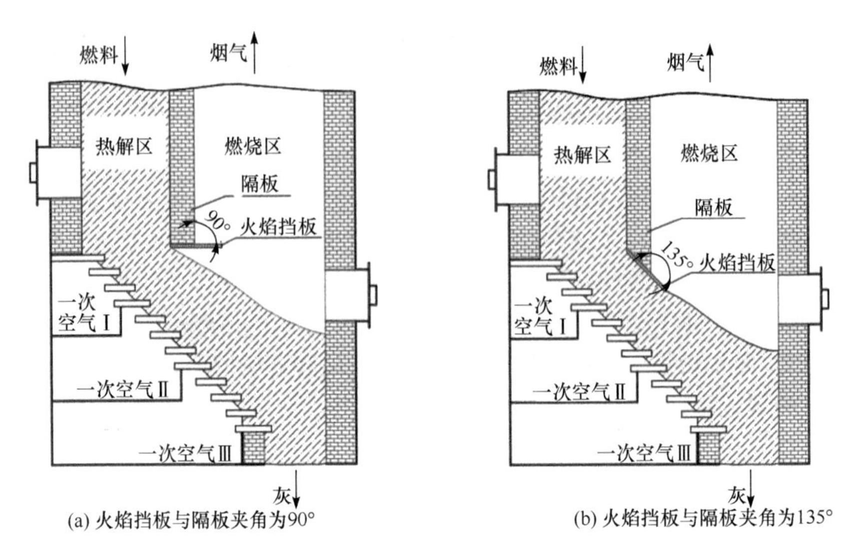

图 9.45　层燃炉火焰挡板安装位置示意图

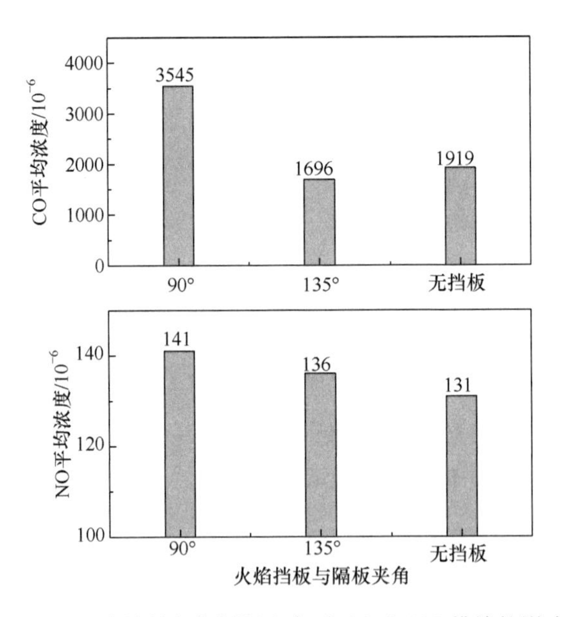

图 9.46　火焰挡板与隔板夹角对 CO 和 NO 排放的影响

燃烧口附近料层中的流动以及停留时间几乎没有受到火焰挡板的影响，但火焰挡板部分遮挡了燃烧区内火焰对燃烧口的热辐射，燃烧口附近料层的温度相对较低，不利于挥发分的燃尽。此外，增设火焰挡板后，烟气在燃烧区内流动速度加快，烟气在高温区内的停留时间减少，因此采用与隔板夹角为 90°的火焰挡不利于降低烟气中 CO 排放。当采用与隔板夹角为 135°的火焰挡板时[图 9.45(b)]，挡板与料层之间紧密接触，挥发分等在绕过火焰挡板进入燃烧区时必须要流经挡板下方的燃料层，增加了挥发分和烟气等在料层中的停留时间，而且一次风风室Ⅰ送入的空气与挥发分可以很好的预混燃烧，进一步有利于挥发分的燃尽。尽管火焰挡板部分遮挡了燃烧区火焰对燃烧口附近料层的热辐射，而且会加速燃烧区上部烟气流速，但烟气中 CO 排放明显降低。

图 9.47 表明，当燃烧口附近设置火焰挡板后，NO 排放都有所增加。尽管设置火焰挡板可以增加挥发分及烟气在料层中的停留时间，但火焰挡板会部分遮挡燃烧区内火焰对燃烧口的热辐射，燃烧口附近料层温度相对较低，半焦对 NO 还原能力降低，烟气在穿过半焦层时被还原的 NO 减少。此外，从图 9.45 可以看出，设置火焰挡板后，燃烧区下部截面变小，燃烧区下部烟气与空气混合程度增强，混合烟气的燃烧强度增加，强化了 NO 生成。

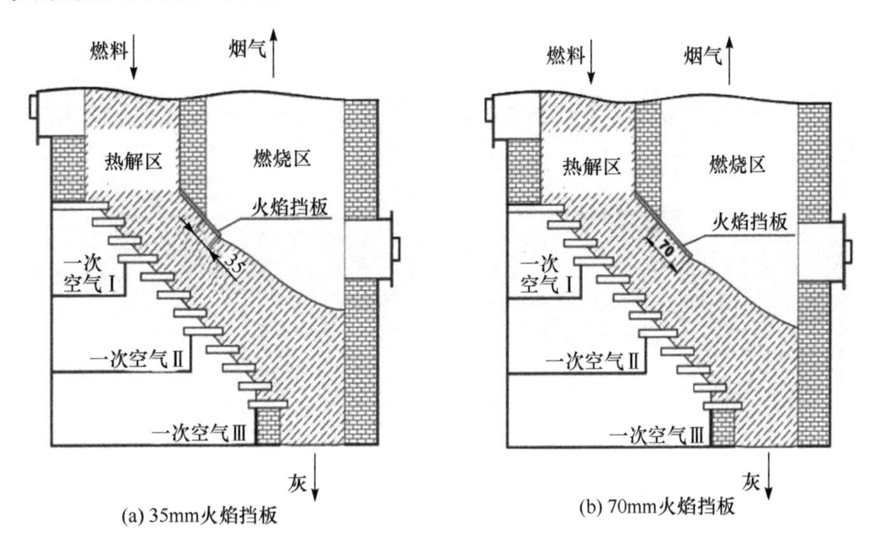

图 9.47　火焰挡板长度示意图

因此，在解耦燃烧设备中设置火焰挡板不利于降低 NO 排放，但是当火焰挡板的位置与炉排平行或与炉排上的料层能够紧密接触时，设置火焰挡板可降低 CO 排放。

3）火焰挡板长度对燃烧的影响

火焰挡板长度对燃烧口附近气流流动以及燃烧有较大影响，通过实验考察延长火焰挡板长度对燃烧的影响：以火焰挡板与隔板交角为 135°，火焰挡板长度从 35mm 增加为 70mm 为例，具体如图 9.47 所示。

由图 9.47 可以看出，将火焰挡板由 35mm 延长为 70mm 后，燃烧区炉排面积减小，燃烧区下方空间截面随着火焰挡板长度的增加而减小。燃烧过程中，由于炉排下方送入空气量不变，挥发分以及烟气从燃烧区下方通过，缩小的截面使气流流速增加，一些炉排上的燃料，特别是稻壳半焦会被气流携带到燃烧区上部。实验运行 30min 后，烟气出口会被大量不完全燃烧的稻壳半焦堵塞，无法正常运行。该实验过程表明：延长火焰挡板增加了炉排下方的送风阻力，如果燃烧设备采用自然通风方式，应增加炉膛出口负压以保证炉排下方进风量；如果采用的是机械送风，较长的火焰挡板会导致炉膛截面缩小，气流速度过高，携带大量固体颗粒进入燃烧区上部，增加不完全燃烧损失，甚至影响运行。

2. 热解区/燃烧区体积比对燃烧的影响

解耦燃烧炉中，热解区/燃烧区体积比 R 是非常关键的结构因素，这里 $R=V_p/V_c$，其中 V_p、V_c 分别是热解区与燃烧区体积。当采用不同的热解区/燃烧区体积比时，燃料在热解区的热解程度以及产生的挥发分量不同，从而对燃烧有较大的影响。实验考察了两种热解区/燃烧区体积比[图 9.48(a)和(b)]对燃烧的影响。因为实验炉采用 45°倾斜炉排，为保持燃烧口高度不变，将热解区宽度扩大 50mm 时，热解区隔板的高度随之增加 50mm。因此，实验结果也是同时改变热解区宽度和高度后的结果。

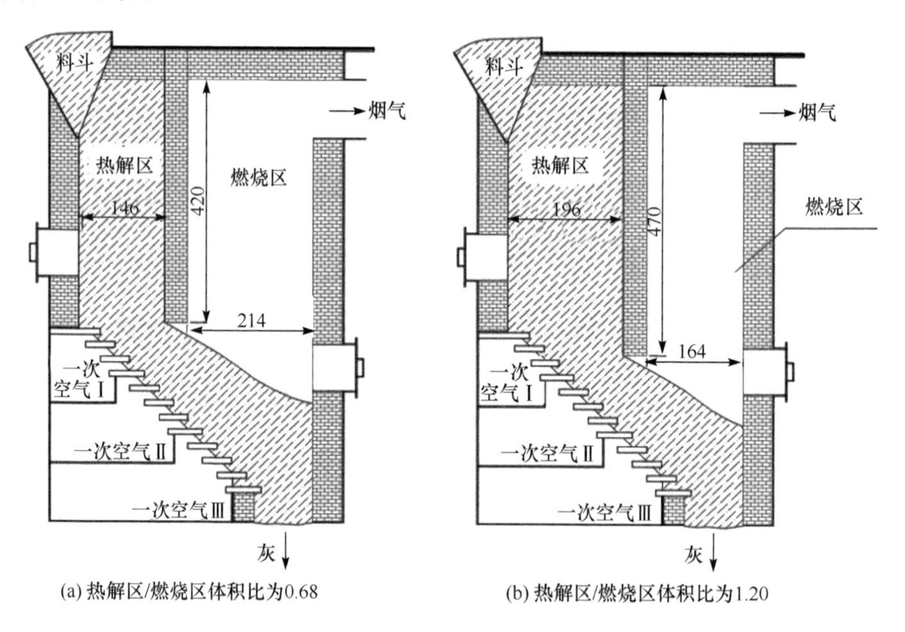

图 9.48 层燃炉不同热解区/燃烧区体积比例示意图

图 9.49 是两个热解区/燃烧区体积比时烟气中的 CO 和 NO 平均排放浓度。从图中可以看出，增加热解区/燃烧区体积比可以显著降低 CO 排放，但 NO 排放增加。由图 9.48 可以看出，增加热解区/燃烧区体积比时，热解区宽度以及隔板一侧高度都增加了 50mm，由于热解区的热量大部分是从燃烧区通过隔板传递而来

的，越是靠近隔板的燃料其热解程度越高，而远离隔板的地方温度相对较低，燃料热解缓慢。因此，随着热解区宽度的增加，尽管热解区截面上燃料较多，但能够热解并析出挥发分的燃料并没有随着热解区宽度的增加而增多。

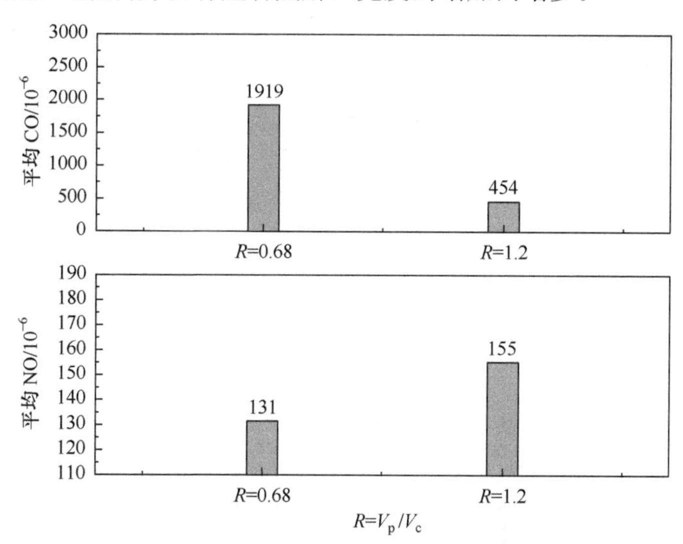

图 9.49　热解区/燃烧区体积比对 CO 和 NO 排放的影响

但是，随着热解区/燃烧区体积比的增加，热解区下部的送风面积相对增大，进入热解区下部的空气有所增加，有利于挥发分与空气在半焦层中的混合燃烧，降低进入燃烧区中的不完全燃烧成分。此外，因为热解区隔板一侧的高度相应增加了50mm，热解析出的挥发分在热解区中的停留时间增加，更有利于提高燃料的热解程度，进入燃烧区的燃料不会释放大量的挥发分，燃烧过程相对稳定，烟气中 CO 等不完全燃烧成分较少。

然而，随着热解区/燃烧区体积比的增加，热解区宽度增加，热解区下方供风面积增加，热解区下方料层中的氧气量增加有利于半焦对已生成的 NO 的还原。但从图 9.49 中可以看出，增加热解区/燃烧区体积比后 NO 平均排放浓度反而增加，这是因为：增加热解区/燃烧区体积比，燃烧区截面面积相应减少，燃烧区下部气流速度增大，进入燃烧区内的部分挥发分及烟气与下部送入的空气形成较强的混合，燃烧区内的温度由 1212K 上升为 1234K，从而导致进入燃烧区内的含氮物质容易被氧化成 NO，NO 排放值有所增加。

综上所述，增加热解区/燃烧区体积比有利于降低 CO 排放，但会导致 NO 排放有所增加，因此热解区/燃烧区体积比应尽量小于 1，且燃烧区截面面积不能太小，以减小燃烧区内的气流速度，降低 NO 排放。

3. 沿炉排分段送风对燃烧的影响

为了考察炉排下方不同区域送风及其送风量对燃烧及污染物排放的影响，在总风量不变的情况下($30m^3/h$),对比研究了从解耦燃烧实验炉倾斜炉排下方三个风室Ⅰ、Ⅱ、Ⅲ按照不同比例送风对 CO 和 NO 排放的影响,具体实验条件见表 9.13。图 9.50 给出了表 9.13 列出的四种沿炉排分段送风方式下解耦燃烧过程中的 CO 和 NO 排放情况。从图中可以看出:增加风室Ⅰ的送风量占总风量的比例可以明显降低 CO 排放,而 NO 排放量略有降低。

表 9.13　沿炉排分段送风影响研究实验条件

实验	空气Ⅰ/(m^3/h)	空气Ⅱ/(m^3/h)	空气Ⅲ/(m^3/h)	空气Ⅰ、Ⅱ、Ⅲ比值
实验 1	15	10	5	3∶2∶1
实验 2	10	10	10	1∶1∶1
实验 3	5	10	15	1∶2∶3
实验 4	0	10	20	0∶1∶2

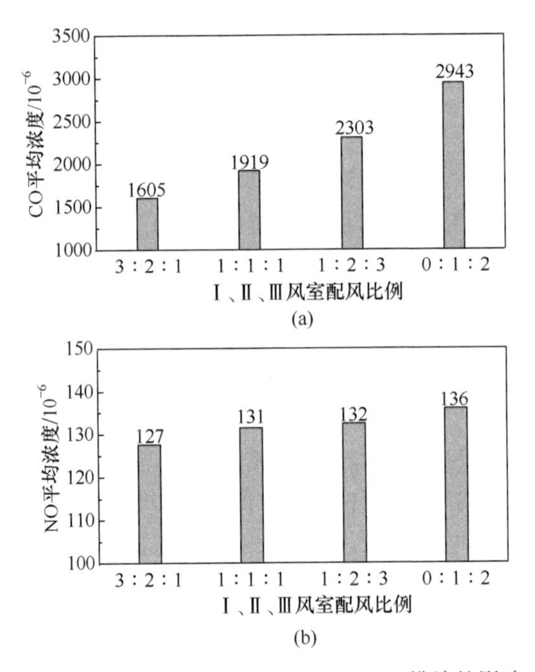

图 9.50　沿炉排分级送风对 CO 和 NO 排放的影响

风室Ⅰ位于热解区下方[图 9.42(a)],当风室Ⅰ、Ⅱ、Ⅲ送风量之比为 3∶2∶1 时,热解区下方送入空气量增多,燃料在进入燃烧口之前可以接触到较多空气,挥发分和半焦在热解区下方就开始燃烧,炉排上燃料层燃烧温度较高。当挥发分穿过热解区下部和燃烧口进入燃烧区时,其与燃烧空气在高温区内接触时间增加,因此增加风室Ⅰ送风量时,CO 排放量降低。当风室Ⅰ、Ⅱ、Ⅲ的送风量之比为 1∶2∶3 或 0∶1∶2时,热解区下部挥发分和半焦由于严重缺氧燃烧缓慢,温度较低,挥发分在高温区域的停留时间减少，大量挥发分进入燃烧区，虽然使燃烧区下方空气量有所增加，但空气与烟气之间的混合较弱，不完全燃烧损失相对较多，烟气中 CO 浓度较大。

前面的实验研究结果表明：半焦还原 NO 反应中，增加反应温度以及增加反应气氛中的氧气浓度都有利于提高半焦对 NO 的还原转化率。当风室Ⅰ、Ⅱ、Ⅲ的送风量之比为 3∶2∶1 时，热解区下方料层中的氧气含量增加，而且由于大量挥发分会在热解区下方燃料层中开始燃烧，半焦层温度较高，料层中半焦对 NO 的还原能力有所提高，从而减少了 NO 排放量。当风室Ⅰ、Ⅱ、Ⅲ的送风量之比为 1∶2∶3 或 0∶1∶2 时，一方面，热解区下方料层中缺少空气，燃烧温度较低，半焦对 NO 的还原能力相对较弱；另一方面，由于大量空气从燃烧区下部送入，燃烧区处于富氧状态，进入燃烧区的挥发分中的含氮物质在富氧条件下更容易转化成 NO，因此减少风室Ⅰ送风量，增加风室Ⅲ送风量会使 NO 排放呈现增加的趋势。

在本实验研究中，由于炉膛体积较小，炉排长度较短，按照不同分配比例从三个风室送风对 NO 排放的影响并不明显，但其结果仍能表明，增加热解室下方的送风比例可以减弱燃烧过程中 CO 和 NO 生成的耦合作用，降低残余 CO 的同时减少 NO 排放。因此，在设计生物质解耦燃烧设备时，应适当增大热解区下方空气量占总风量的比例，进一步降低烟气中 CO 和 NO 的排放浓度。

4. 热解区送风对燃烧的影响

对比研究热解区送风以及从热解区不同位置(图 9.51 所示的 H_1 和 H_2，H_1＝

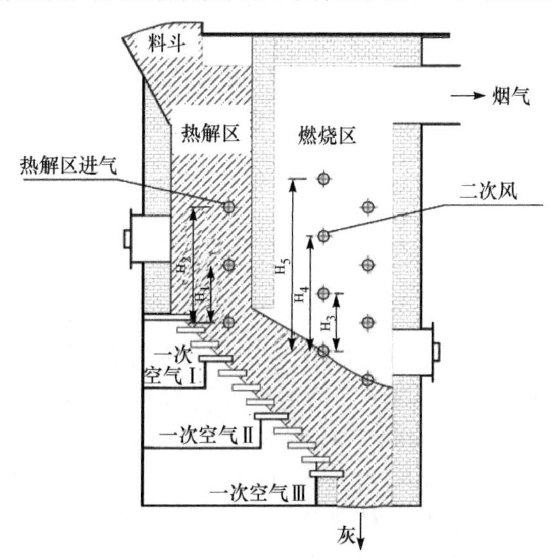

图 9.51　热解区送风及二次风分布情况

100mm, H_2=200mm)送风对解耦燃烧 CO 和 NO 排放的影响,具体实验条件见表 9.13,而图 9.52 是对应表 9.14 给出的三种燃烧条件下的 CO 和 NO 平均排放浓度。比较可以看出,将 1/3 燃烧空气从热解区的 H_1 或 H_2 位置高度送入后,烟气 CO 和 NO 平均排放浓度在不同程度上都有所减少,随着热解区送风位置高度的增加,CO 和 NO 排放降低程度增大。

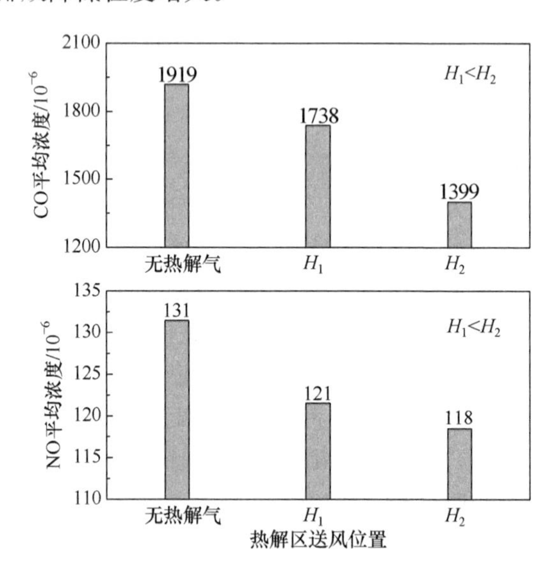

图 9.52　热解区送风对 CO 和 NO 排放的影响

表 9.14　热解区送风影响研究的实验条件

条件	空气Ⅰ/(m^3/h)	空气Ⅱ/(m^3/h)	空气Ⅲ/(m^3/h)	热解气/(m^3/h)	
				H_1=100mm	H_2=200mm
无热解气	10	10	10	—	—
H_1	—	10	10	10	—
H_2	—	10	10	—	10

当热解区内没有送入空气时,燃料只在热解区下部与空气接触,而当从图 9.51所示的热解区的 H_1 或 H_2 位置高度送入空气后,燃料与空气的接触位置分别提前 100mm 和 200mm,热解区内温度分别为 623K 和 973K,由于生物质挥发分析出和着火温度较低,热解区内燃料与空气接触后逐渐燃烧,提高了热解区内温度,从而延长了空气与燃料在高温燃烧区内的停留时间,有利于挥发分的燃尽,降低 CO 排放。随着热解区送风位置的上移,燃料热解燃烧时间提前,空气与燃料在高温区域内的停留时间增长,更有利于降低 CO 排放。

另外,由于生物质挥发分析出和着火温度较低,在热解区内送入部分空气后,燃料在热解区内开始热解燃烧，热解区内温度增加，对 NO 具有较强还原能力的半焦层增厚，增强了生物质半焦对 NO 的还原，所以在热解区送入部分燃烧空气可以进一步促进半焦对 NO 的还原，从而降低 NO 排放。

上述实验结果表明，在热解区内送入部分燃烧空气能够同时降低 CO 和 NO 的排放，更好地解除 CO 和 NO 生成过程的耦合，从而也进一步说明半焦对 NO 的还原是生物质解耦燃烧降低 NO 排放的主要原因。然而，当从热解区送入部分燃烧空气时，热解区内压力会有所增加，加料以及运行过程中会有少量挥发分从料斗以及炉门处泄漏，所以应适当增大料斗体积，增强燃料的料封作用，此外还要加强热解区的密封性，防止热解区内气体泄漏。

5. 轴向空气分级对燃烧的影响

轴向空气分级燃烧技术是目前广泛应用的降低 NO_x 排放的技术之一，本小节实验研究了层燃解耦燃烧设备中采用轴向空气分级对 CO 和 NO 排放的影响。本研究中，将从炉排下方三个风室送入的燃烧空气称为一次风，从燃烧区上方送入的燃烧空气称为二次风，一次风比例是指一次风的风量占总风量的比例。图 9.53 给出了采用不同一次风比例时的 CO 和 NO 平均排放量的对比情况，对应的具体实验条件如表 9.15 所示。随着一次风比例的减小，CO 排放量明显降低，而 NO 排放逐渐增加。一次风比例较小时，从炉排下方送入的一次风风量较少，尽管主燃区

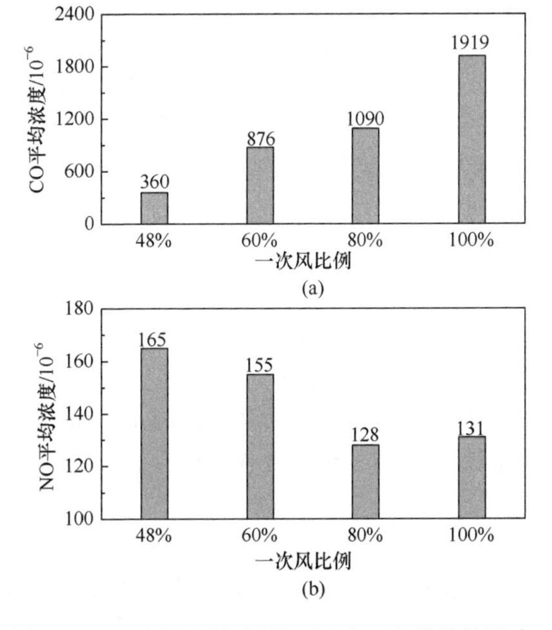

图 9.53 一次风比例对烟气 CO 和 NO 排放的影响

内的缺氧程度增加，进入燃烧区的不完全燃烧成分增多，但相对较高的二次风的送风可以强化在燃烧区上部的气流扰动，燃烧区上部烟气与空气的混合与作用增强，有利于烟气中不完全燃烧成分的燃尽。因此，当一次风比例从100%降低为48%时，烟气的CO平均排放浓度从1919ppm减少为360ppm。在传统燃烧炉中采用空气分级燃烧技术时，随着一次风比例增加，NO的排放存在最佳值。

表 9.15 不同一次风比例时的实验条件

一次风比例	一次风Ⅰ	一次风Ⅱ	一次风Ⅲ	二次风
48%	4	5	5	16
60%	6	6	6	12
80%	8	8	8	6
100%	10	10	10	0

采用较低的一次风比例时，炉内主燃区的还原性气氛增强，有利于抑制主燃区内的NH_3和HCN等含氮物质的氧化，减少NO生成。但一次风比例过低会导致次燃区内的氧气量增加，增大了进入次燃区的NH_3和HCN等含氮物质被氧化成NO的可能，使生成的NO增多，但NO总排放量小于一次风比例为100%(不采用空气分级燃烧)时的情形。在解耦燃烧炉中采用空气分级燃烧技术时，随着一次风比例的减少，烟气中的NO平均排放浓度先略有降低，在一次风比例为80%时NO排放略低，随后逐渐升高。当一次风比例小于80%时，NO排放量甚至超过了一次风比例为100%时的NO排放量。这是因为：当一次风比例大于80%时，主燃区燃烧温度变化不大，而还原性气氛略有增强，有利于抑制主燃区内的NH_3和HCN等含氮物质的氧化，NO排放略有降低。当一次风比例小于80%后，一方面因为随着一次风比例的减少，次燃区内的氧气量会有所增加，增大了进入次燃区的NH_3和HCN等含氮物质被氧化成NO的可能，生成的NO反而会有所增加；另一方面是因为随着一次风比例的减小，从炉排下方送入的一次风量减少，主燃区的燃烧温度会下降，降低了解耦燃烧炉中热解区下方和燃烧口附近的半焦层温度。前面的研究表明，半焦层温度越高，半焦对NO的还原能力越强，因此在解耦燃烧实验炉中采用较小的一次风比例时，主燃区内半焦层温度的降低是NO排放增大，甚至高于一次风比例为100%时NO排放的主要原因，从而也进一步表明：半焦对NO的还原是生物质解耦燃烧降低NO排放的主要作用机理。

6. 解耦燃烧锅炉设计原则

根据生物质解耦燃烧降低NO排放机理，生物质层燃解耦燃烧设备的设计应着重考虑以下三方面因素。

(1) 确保半焦层具有较高的燃烧温度。提高半焦层温度不仅可以增强其对半焦的还原能力，还有助于热解区产生的挥发分及燃烧区不完全燃烧成分在半焦层中燃尽，减少 CO 排放。

(2) 尽量使燃烧空气与挥发分的混合燃烧在半焦层中进行。穿过半焦层的 NO 浓度越高，半焦对 NO 的还原选择性越高。当挥发分的燃烧、燃尽发生在半焦层中时，其生成的 NO 可以更多地被半焦还原转化为 N_2，降低 NO 排放。

(3) 具有足够的半焦层厚度。增加半焦层厚度，挥发分和不完全燃烧产物在高温半焦层中的燃烧时间增长，不仅有利于挥发分和不完全燃烧成分在穿过半焦层之前燃尽，还能使更多的 NO 在穿过半焦层时被还原。

结合作者在解耦燃烧实验炉在设计和实验过程中遇到的问题，可总结归纳中小型生物质层燃解耦燃烧设备的设计与优化过程需要的注意事项。

1) 料斗的设计优化

(1) 生物质燃烧速度快，应采用较大的料斗体积以减少燃烧过程中的加料频率，并增强对热解区的料封作用。

(2) 生物质挥发分析出温度和着火温度较低，热解区与料斗连接处应设置活动挡板等隔离装置，以减少热解区内热量向料斗的传递，减少安全隐患。

2) 热解区的设计优化

(1) 不同生物质燃料的特性不同，应依据燃料特性确定热解区尺寸。对于粉碎后的生物质原料，由于体积密度小，流动性不好，容易搭桥，热解区截面面积应根据燃料粒度适当增大；对于生物质成型燃料，因其体积密度大，流动性较好，热解区截面面积可适当减小。

(2) 生物质热解析出挥发分后，燃料质量会减少，特别是粉碎后的生物质，依靠其自身重力在热解区内的流动性变差，应考虑采用炉内半焦机械或手动输送方式。

(3) 热解区内的热量主要来自通过隔板从燃烧区内传来的热量，对于单面受热的热解区结构，当热解区截面宽度较大时，来自燃烧区的热量并不能有效传递到热解区远离隔板的一侧，不利于提高燃料的热解程度。因此，单面受热的热解区截面宽度不应过大，对于 10～20kW 的生物质层燃解耦燃烧炉，热解区宽度应小于 150mm。

(4) 为了保证生物质在热解区内的充分热解，热解区内温度应大于 573K，但为了更好地实现热解速度与半焦燃烧速度之间的匹配，生物质在热解区内的热解温度不能太高，如应低于 1073K。

(5) 为了使燃料进入燃烧区之前具有较高的热解程度，减少燃料进入燃烧区后由于快速析出挥发分造成的冒黑烟情况发生，热解区应具有一定高度。热解区高度与燃烧区内温度有关，当燃烧区内温度较高时，热解区的高度可适当减少，对于 10～20kW 的小型生物质层燃解耦燃烧炉，热解区高度应大于 400mm。

(6) 增大热解区/燃烧区体积比可加强挥发分与空气在半焦层中的混合燃烧，降低进入燃烧区中的不完全燃烧成分，减少烟气中的 CO 排放。但是，燃烧区体积缩小和截面面积减小都会导致燃烧区内烟气混合程度加强，燃烧强度增大，生成较多的 NO。因此，热解区/燃烧区体积比应小于 1，且燃料的挥发分含量越多，设计采用的热解区/燃烧区体积比应越小。

3) 隔板设计优化

(1) 生物质层燃解耦燃烧炉的隔板上尽量不要布置过多的受热面，以确保热解区内温度足够高。对于小型燃烧炉，采用适当厚度耐火材料(耐火水泥等)即可，如厚度为 30～50mm。

(2) 隔板上不应开设连通孔，以确保热解区与燃烧区之间的隔离，防止热解区生成的挥发分从燃烧口以外的地方直接短路进入燃烧区，降低燃烧口附近的燃烧强度并减弱燃烧口附近半焦对 NO 的还原。

4) 炉排的设计优化

(1) 生物质层燃解耦燃烧炉可采用的炉排主要包括：固定炉排、间歇活动炉排和机械炉排。小型 10～20kW 燃烧炉根据燃料特性可采用水平或倾斜固定炉排以及间歇活动炉排。

(2) 当采用机械炉排或其他手段推动料层在炉排上移动时，建议使用具有向上倾角的倾斜炉排，以增加燃烧口附近料层厚度，延长挥发分和烟气在料层中的停留时间，有利于燃烧并发挥半焦层还原作用而减少 NO 排放。

(3) 生物质成型燃料以及生物质与煤混合燃料的体积密度较大，设计中可以采用固定倾斜炉排(向下倾斜)，依靠燃料自身重力实现其在炉排上的流动。生物质成型燃料的流动性好，炉排倾斜角度应较小(如与水平面夹角小于 30°)。生物质与煤混合燃料的流动性较差，炉排与水平面的夹角应为 30°～45°，随着混合燃料中煤的质量比的减少，炉排与水平面的夹角应适当增大。如果混合燃料中生物质的质量比例超过 50%，不建议采用固定炉排。

(4) 粉碎后的生物质的体积密度小，流动性较差，应采用间歇活动炉排或机械炉排，若采用固定炉排，应在炉排附近安装推动装置以促进燃料在炉排上的移动。

(5) 生物质挥发分含量高，燃烧速度快，而半焦燃烧缓慢，应保证燃烧区底部的炉排长度，增加半焦在炉内的燃烧时间，减少半焦的不完全燃烧损失。

(6) 生物质燃料粒度较小，料层阻力大，炉排上料层厚度不应太厚，小型生物质层燃解耦燃烧炉(10kW 左右)的燃料层厚度应为 80～100mm。

(7) 部分生物质燃料的灰含量高(如稻壳)，燃烧过程中生成的灰渣较多，应及时清理炉排上或炉内的灰渣，设计中应考虑采用自动出灰或定时出灰措施。

5) 燃烧口的设计优化

(1) 增大燃烧口高度，可改善燃料在炉排上的流动，但燃烧口过大，炉排上燃料层厚度会增加，烟气中的CO和NO排放浓度较高，因此应综合考虑。针对采用倾斜固定炉排、依靠燃料自身重力流动的小型燃烧炉，当燃用流动性较差的燃料时，燃烧口高度应适当增大，为100～150mm。对于流动性较好的燃料或者采用活动炉排时，燃烧口高度可适当减小，如80～100mm。

(2) 设置火焰挡板会阻挡燃烧区内火焰对燃烧口附近的热辐射，降低燃烧口附近料层以及热解区内的温度，不利于降低NO排放，但由于延长了挥发分及烟气在料层中的停留时间，CO排放会减少。

(3) 设计火焰挡板时应尽量使其与料层接触，使挥发分及烟气穿过火焰挡板下的料层，有助于降低NO和CO排放。

(4) 设置火焰挡板会增加炉排下方的送风阻力，对于自然通风的小型生物质层燃解耦燃烧炉(10～20kW)应尽量不设置火焰挡板。

(5) 设置火焰挡板会使燃烧区局部截面面积缩小，使烟气流速增大，火焰挡板面积不应超过燃烧区截面面积的1/5。

6) 燃烧区的设计优化

(1) 生物质燃烧火焰较长，燃烧区应具有一定的高度，防止火焰直接进入烟道。对于10～20kW的小型生物质层燃解耦燃烧炉，燃烧区的高度应大于550mm。

(2) 可以通过在燃烧区内设置烟气导流板加强烟气与空气之间的混合，延长烟气在高温区域的停留时间，提高燃尽程度，降低CO排放，但设置烟气导流板会增大烟气的流动阻力，在烟道设计上应给予考虑。

(3) 燃烧区内的受热面应尽量布置在燃烧区上部，燃烧区底部受热面面积不应过多，避免受热面吸热过多导致燃烧温度较低，增加不完全燃烧损失和降低半焦层对NO的还原。

7) 送风方式的选择优化

(1) 生物质解耦燃烧设备采用沿炉排分段送风，调节送风比例可以优化燃烧，降低烟气中CO和NO排放浓度。沿炉排分段送风时，建议热解区下方、燃烧口以及燃烧区下方的送风量依次为：热解区下方＞燃烧口＞燃烧区下方。

(2) 在热解区中下部送入适量空气(小于总风量的1/3)，可以减少CO和NO排放，随着热解区内送风位置的提高，烟气中的CO和NO平均排放浓度降低，但由于在热解区内送风会提高热解区温度，燃料在热解区内开始燃烧，送风位置不应太高，以防止火焰倒窜进入料斗，而且在热解区内送入部分空气，增加了热解区内压力，易发生热解区和料斗烟气泄漏现象，在设计中应该注意密封问题。

(3) 对于小型生物质层燃解耦燃烧炉，尽量不要采用空气轴向分级送入，即不设置二次风。因为小型生物质层燃解耦燃烧炉体积较小，送入二次风会降低主燃区燃烧温度，减弱半焦对NO的还原能力，不利于降低NO排放。如果采用轴向空气分级送入，二次风占总风量的比例不应大于20%。

9.4.3 解耦燃烧低 NO_x 效果验证

1. 层燃解耦燃烧锅炉

根据上述生物质层燃解耦燃烧炉设计准则,设计开发了燃用生物质成型燃料的小型层燃解耦燃烧炉,如图 9.54 所示,其结构特点如下:

(1) 采用上倾角度的倾斜固定炉排,燃料在热解区下方螺旋输送器的推动下在炉排上均匀移动,给料速度可控。

(2) 热解区周围设置了烟气夹层,热解区内热量来自炉膛热量和烟气热量两部分,四面均有热量传递,热解区内燃料受热均匀。

(3) 燃料燃烧产生的灰渣在螺旋输送器推动下从炉排前方落入下方的灰斗中,可以燃用灰分较高的生物质燃料。

(4) 热解区上方设有可推动的滑板,通过推拉滑板可实现料斗中燃料与热解区中燃料的隔离或部分隔离,控制进入热解区的燃料量以及减少进入料斗的热量。

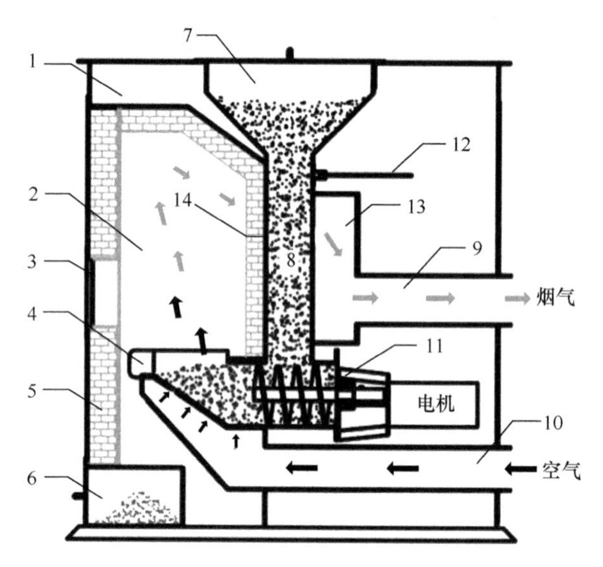

1. 炉体;2. 燃烧区;3. 可视窗;4. 倾斜炉排;5. 炉门;6. 灰斗;7. 料斗;8. 热解区;9. 烟气通道;10. 风道;11. 螺旋输送器;12. 滑板;13. 烟气夹层;14 烟气导流板

图 9.54 生物质成型燃料解耦燃烧炉示意图(倾斜炉排)

该小型燃烧炉的燃烧过程如下:

(1) 生物质成型燃料从料斗 7 进入热解区 8,在燃烧区 2 内热量以及流经热解区 8 外部烟气夹层 13 的烟气热量的加热下,热解区 8 内的生物质成型燃料在低温、无氧条件下缓慢热解生成挥发分和半焦。

(2) 热解生成的挥发分从热解区 8 下部进入燃烧区 2，穿过炉排 4 上的半焦层与半焦共同燃烧；热解生成的生物质半焦在螺旋输送器 11 的输送下移动到炉排 4 上，与炉排 4 下方送入的燃烧空气接触后开始燃烧。

(3) 炉排 4 上的料层在螺旋输送器 11 的推动下缓慢均匀移动并逐渐燃尽，生成的灰渣逐渐被推到炉排 4 前端，落入燃烧区 2 下方的灰斗 6 中。

(4) 燃烧产生的烟气绕过燃烧区 2 上部的烟气导流板 14 流出燃烧区 2，经过烟气夹层 13 后再穿过烟气通道 9 排出。

该燃烧炉在运行过程中，除了间隔 3～4h 向料斗中加料之外，不需要其他操作，方便、清洁，而且在炉门 5 上设置了可视窗 3，可直接观察燃烧区内的燃烧情况。

2. 低 NO_x 效果验证

我们对比研究了燃用相同生物质成型燃料时解耦燃烧炉和一台市售 8kW 下饲燃烧炉的燃烧运行情况，烟气排放结果均折算到 O_2 浓度为 7% 的数值。该下饲炉的燃烧示意图如图 9.55 所示，燃料从燃烧层下方供给，由下向上移动并逐渐燃烧，燃烧空气从燃烧层四周送入，产生的灰渣从燃烧层上方溢出并排出。

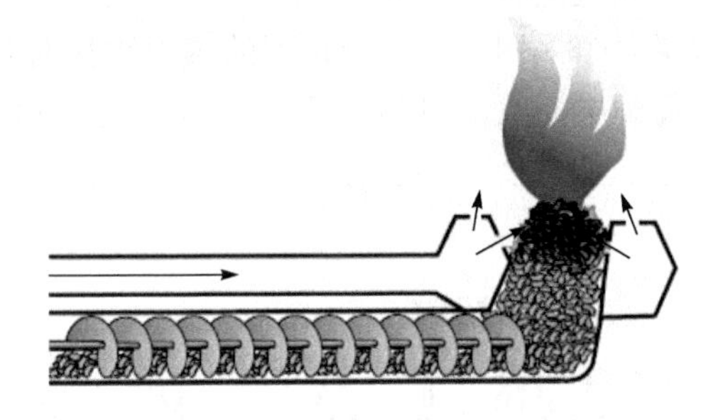

图 9.55　下饲炉燃烧示意图

图 9.56 给出的是两台燃烧炉的 CO 排放对比情况，可以看到：下饲燃烧炉的 CO 排放具有较大的波动，CO 排放较高，CO 平均排放浓度为 2078ppm，而生物质成型燃料解耦燃烧炉烟气中的 CO 排放浓度较低，平均仅为 454ppm，降低了 78%，且 CO 排放波动较小。运行过程中，生物质成型燃料解耦燃烧炉烟气出口处的过量空气系数较小，其平均值为 2.8，而下饲燃烧炉烟气出口处的平均过量系数为 3.6。这进一步说明在解耦燃烧炉中，生物质成型燃料的挥发分与半焦燃烧分开进行可以缓解燃烧过程中送风匹配方面的矛盾，在较低的过量空气系数下燃烧生物质时烟气中的 CO 排放浓度仍较低。

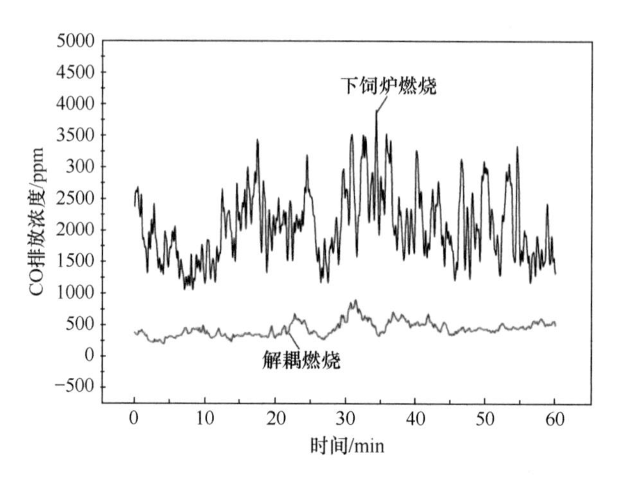

图 9.56　生物质成型燃料在解耦燃烧炉与下饲炉中燃烧的 CO 排放

图 9.57 是两台燃烧炉的 NO 排放对比情况，可以看出，采用解耦燃烧技术的生物质成型燃料燃烧炉的 NO 排放较低，其平均排放浓度为 117ppm，比下饲燃烧炉的 NO 平均排放浓度 130ppm 降低了约 10%。在下饲燃烧炉中，燃料从燃烧层下方送入，燃烧层中的半焦也能参与还原下方新燃料燃烧产生的挥发分及烟气中 NO 的反应，但其半焦层对于采用具有上倾角度的倾斜炉排时较薄，不能还原较多的 NO。此外，下饲燃烧炉中的空气量相对较多，也会引起 NO 排放的增加。

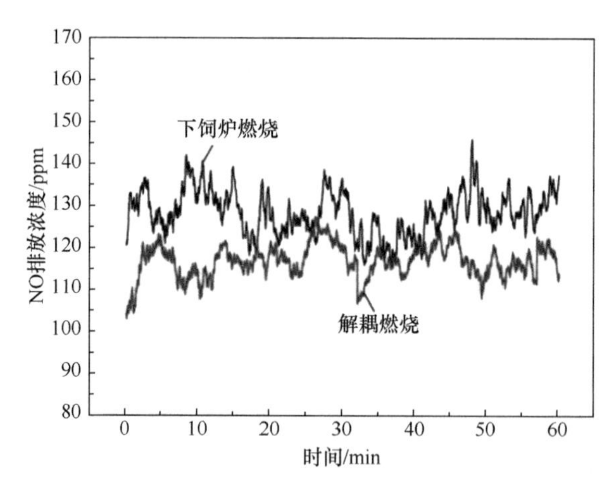

图 9.57　生物质成型燃料在解耦燃烧炉与下饲炉中燃烧的 NO 排放

通过以上对比结果可以说明：解耦燃烧技术在燃用生物质成型燃料上具有较大的优势，能够实现生物质成型燃料在较低过量空气系数时的稳定、高效、低污染燃烧。

9.5　工业生物质循环流化床解耦燃烧中试

针对高含水富氮工业生物质废弃物，中科院过程工程研究所开发了循环流化床解耦燃烧技术。9.3 节已经以白酒糟为工业生物质废弃物典型代表研究了其热解、再燃降低 NO_x 排放等基础。在此基础上，本节主要从工艺流程模拟和千吨级中试两方面研究工业生物质废弃物循环流化床解耦燃烧技术可行性并进行工艺优化研究。

9.5.1　工艺过程模拟与技术可行性

以白酒糟为典型工业生物质废弃物，通过 Aspen Plus 过程模拟分析计算不同含水率白酒糟在双流化床解耦燃烧系统中的燃烧温度和可产生的蒸汽量，以揭示该技术可行性和优势。模拟的单元过程主要包括白酒糟干燥、热解、燃烧以及烟气换热。燃烧采用 Gibbs 自由能最小原理，热解根据 Ryield 模型。模拟条件是：白酒糟干基热值为 15.15MJ/kg，理论过量空气系数为 1.2，空气被预热至温度 423K，锅炉用水温度为 298K，产生 16 atm 的饱和蒸汽，烟气排放温度为 423K。假设系统热散失、燃烧不完全等导致的热损失为白酒糟热值的 10%，即输入系统有效热值为 13.64MJ/kg。

如图 9.58 所示，模拟解耦燃烧工艺主要包括热解器、提升管燃烧器、旋风分离器、除尘器、分配阀、换热器以及预热器等单元设备。针对热解器采用三个模块分别代表白酒糟的干燥、热解、热解气半焦分离过程。提升管燃烧器主要由 Gibbs 燃烧器和代表炉内部换热的换热器构成。白酒糟进入热解器和热载体河砂混合、升温并干燥热解；热解气进入提升管中部燃烧，半焦和河砂被送入提升管底部燃烧。燃烧产生的热烟气携带热载体经过旋风分离器后，热载体被旋风捕集循环。热烟气经空预器预热空气后排空。

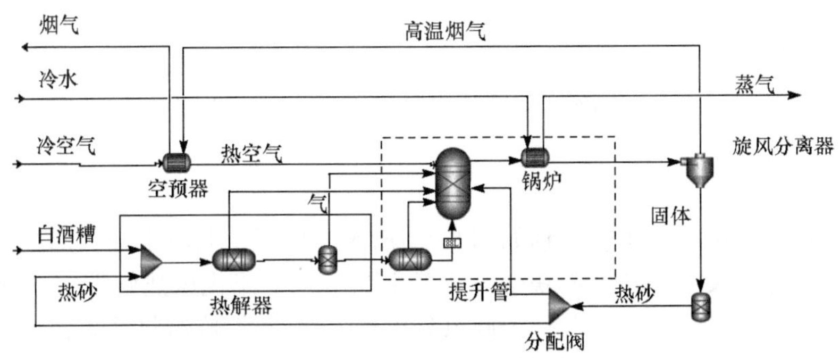

图 9.58　白酒糟循环流化床解耦燃烧流程模拟模型

针对不同含水量的白酒糟计算出了对应的提升管绝热燃烧温度、产生的烟气量和16atm的饱和蒸气量。模拟结果如图9.59所示。随着含水率的增加，白酒糟的绝热燃烧温度逐渐降低，但绝对值依然维持较高。例如，含水率为50%时(质量)，燃烧温度高于1193K，即使55%的含水率，燃烧温度依然可达1133K。这些说明，利用解耦燃烧可直接稳定燃烧高水分白酒糟。但是，单位质量湿白酒糟解耦燃烧产生的烟气量和换热产生的蒸气量随白酒糟含水率的升高而降低。在模拟计算的条件范围内，白酒糟含水率从零增加到60%时，单位质量湿白酒糟解耦燃烧产生的烟气质量和16atm饱和蒸气质量比例值分别由8下降到3.8、4下降到1。同时，随着白酒糟含水量的增加，烟气中水蒸气含量也逐渐增高，导致排烟热损失逐渐增多，锅炉效率逐渐下降。因此，为确保合适的锅炉效率，白酒糟含水率不宜太高。

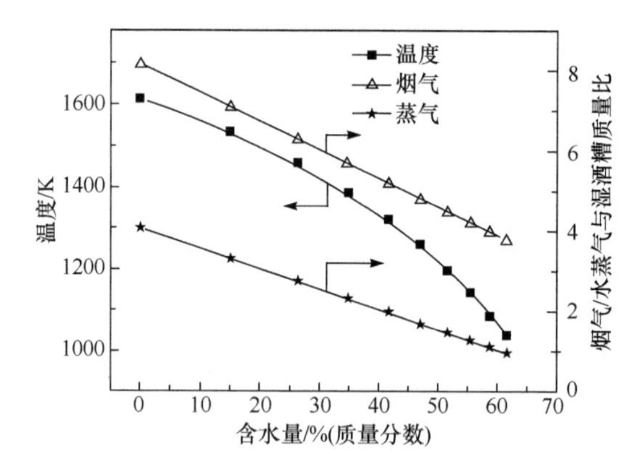

图9.59　不同含水量白酒糟解耦燃烧温度和产生的烟气及蒸气量与湿酒糟质量比

9.5.2　循环流化床解耦中试流程

基于系列基础研究，设计改造了1000t/a的双流化床中试装置，开展了循环流化床解耦燃烧中试试验研究。重点考察了不同操作条件和燃料含水量对提升管燃烧器稳定燃烧及NO排放的影响。一方面从装置稳定运行角度验证了循环流化床解耦燃烧的可行性，另一方面可为该技术的工业装置设计提供基础数据。

1. 中试装置

所使用的中试装置工艺流程如图9.60所示。根据工艺需求，通过改造前面章节中提及的煤拔头气化装置而获得。装置主要由一个流化床热解器、一个输送床(提升管)燃烧器、一个返料阀、一个旋风分离器、一套双螺旋给料系统、一个烟气换热器、一个布袋除尘器、两个罗茨鼓风机、一套液氮气化系统、热烟气发生系统及热解气与烟气分析系统组成。

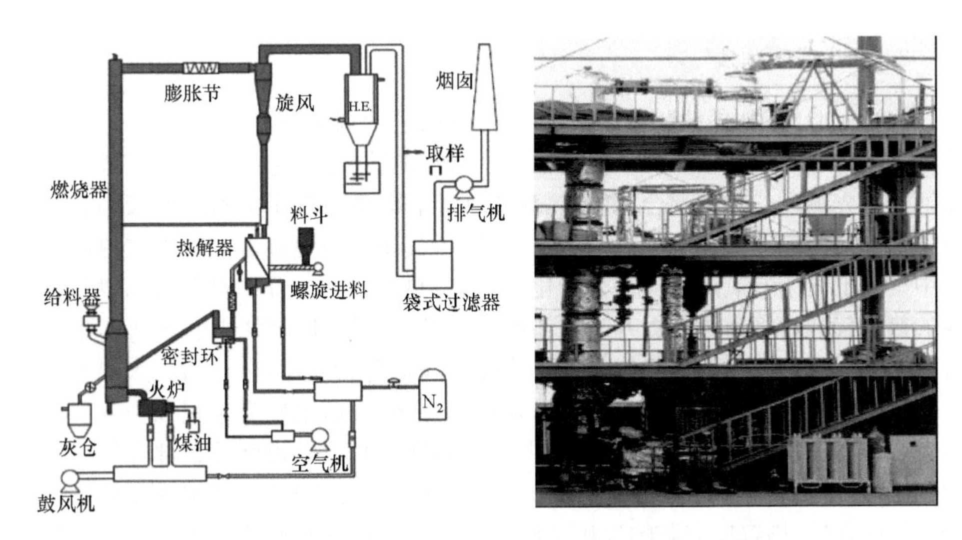

图 9.60　1000t/a 循环流化床解耦燃烧中试装置工艺流程及装置照片

热解过程所采集的热解气样品通过微型气相色谱(Agilent 3000)分析其 H_2、CO、CH_4、CO_2、O_2、N_2、C_2H_4、C_3H_6、C_3H_8 体积浓度，而半焦燃烧烟气成分 CO、NO_x、O_2、CO_2、SO_2 等由 Testo 350XL 在线烟气分析仪测定。中试装置运行中重点检测了提升管燃烧器和流化床热解器的温度和压力变化，热电偶及压力传感器的安装位置如图 9.61 所示。提升管燃烧器在垂直高度方向上共设 10 个温度与压力测点，热解器共设 3 个温度压力测点。

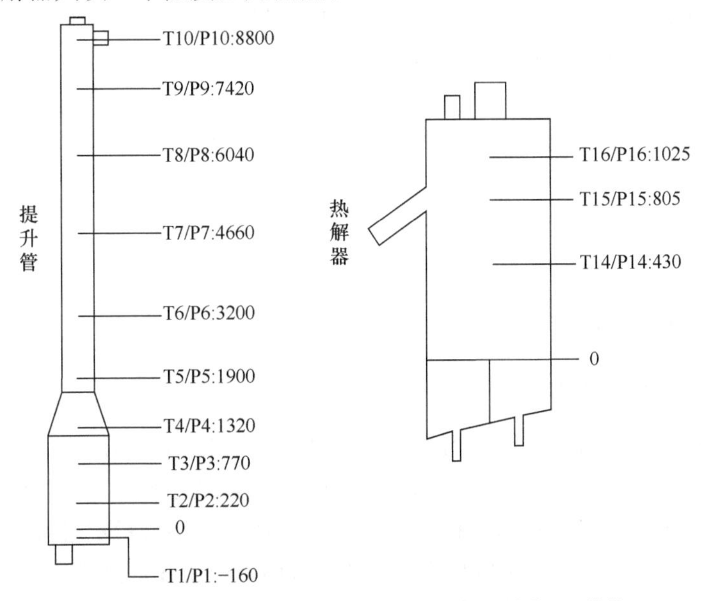

图 9.61　提升管与热解器的温度及压力测点相对位置(单位:mm)

2. 中试试验方法

中试试验所用白酒糟由泸州老窖股份有限公司提供，白酒糟的不同水分通过掺混不同比例的水分而实现。白酒糟通过双螺旋供料器由料仓送入热解器与热载体河砂等先循环热颗粒混合，利用热载体热量干燥并热解，进而供入该反应器的由空气引起白酒糟或其热解产物的燃烧，以维持甚至获得更高温度。即在热解反应器中实际上发生有氧热解或部分气化，热量由热载体和内部燃烧两方面供给。形成的热解气通过管道进入提升管中部进行再燃，同时还原烟气中的 NO_x。来自热解器的固体半焦和循环热载体通过返料阀进入提升管底部，半焦与供入提升管的空气反应而燃烧。半焦应大部分在提升管底部被燃烧，未燃完半焦和中部通入的热解气协同作用，还原底部半焦燃烧生成的 NO_x。提升管燃烧器顶部经旋风捕集的固体颗粒经过下料管进入热解器，为含水白酒糟提供其干燥及热解所需的部分热量，同时也提供热解反应器的流化介质。分离器后烟气在换热器中与冷水换热降低其温度，来自换热器的 150℃以下热烟气经布袋除尘后由引风机排至烟囱。

该中试装置的启动方法是：预先在热解器、提升管和返料阀内添加适量的石英砂作床料，首先启动柴油燃烧器，利用产生的高温热烟气预热提升管，包括里面的河砂。当提升管下部的温度达到 500℃左右时，向提升管内加入煤，使其着火燃烧并在燃烧稳定后关闭柴油燃烧器，维持煤燃烧直到提升管内温度升高至 800℃左右。然后，向热解器和返料阀内分别供入流化空气，从提升管输送出、经旋风分离捕集的高温河砂被送入热解器和返料阀，逐渐预热这两个反应器，最终被循环到提升管，形成系统整体的颗粒循环。当热解器内温度达到 400℃以上时，经螺旋供料器向热解器供入白酒糟，其与高温河砂热载体接触被干燥、热解。热解气相产物（含不凝气、气态焦油、水蒸气）被导入提升管中部，半焦经返料阀进入提升管底部并被空气燃烧和向上输送，进而在中部与热解气再燃协同，还原 NO_x。实验中为防止热解器温度过热以及调控热解器温度，利用液氮罐产生的氮气代替部分空气作为热解器的流化气体。针对热解气和燃烧烟气分别设置了净化和采样系统，以分析它们的组成。

9.5.3 典型运行结果

1. 解耦燃烧自热运行

利用表 9.16 所示的含水率为 10.0%、32.5%和 43.8%的白酒糟为原料，开展了中试试验研究，结果如图 9.62～图 9.65 所示。虽然不同燃料水分含量使提升管内的温度不同，但在试验的燃料水分范围内燃烧器能维持稳定燃烧。例如，含水率 10%（图 9.62）和 32.5%（图 9.63）的白酒糟热解产物在提升管内稳定燃烧温度都在 973K 左右。这两个条件对应的提升管燃烧温度较低的原因是：提升管内供入的空气量相对较多，气体在提升管内的停留时间太短，热解气和半焦未能充分燃烧就被排出提升管燃烧器，导致温度较低。在试验 2 的条件下，提升管底部供入的空气量为 320m³/h，使得其下部和上部的气速分别为 2.5m/s 和 21.4m/s，这时提升管内的气体停留时间仅为 1.13s，热解气和半焦的燃烧未能充分保证。

表 9.16　不同水分白酒糟解耦燃烧中试试验条件

项目	试验 1	试验 2	试验 3	试验 4
含水率/%(质量分数)	10.0	32.5	32.5	43.8
湿基白酒糟/(kg/h)	113	100	100	128
热解器气量/(m³/h)	165	190	180	155
提升管气量/(m³/h)	350	320	160	160
提升管下部、上部气速/(m/s)	2.6、21.1	2.5、21.4	1.9、17.1	1.8、17.5
提升管内气体平均停留时间/s	1.14	1.13	1.51	1.56
总过量空气系数	0.80	1.16	0.80	0.74

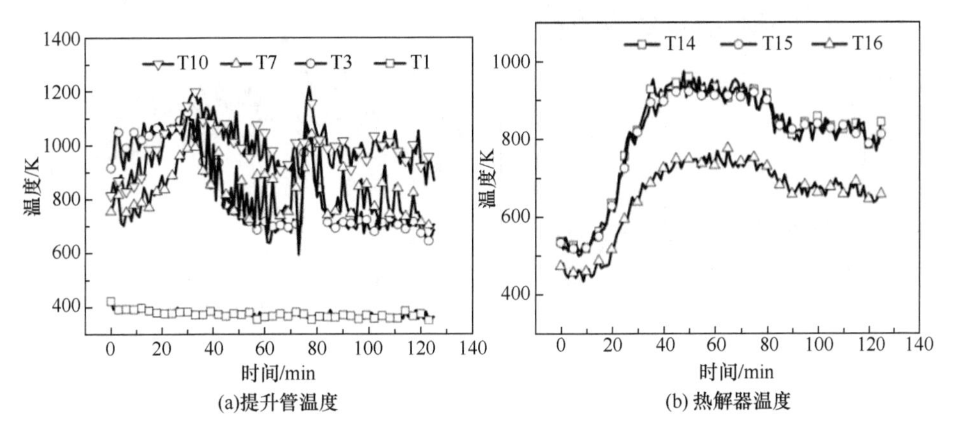

图 9.62　含水率 10%的白酒糟的热解与燃烧温度

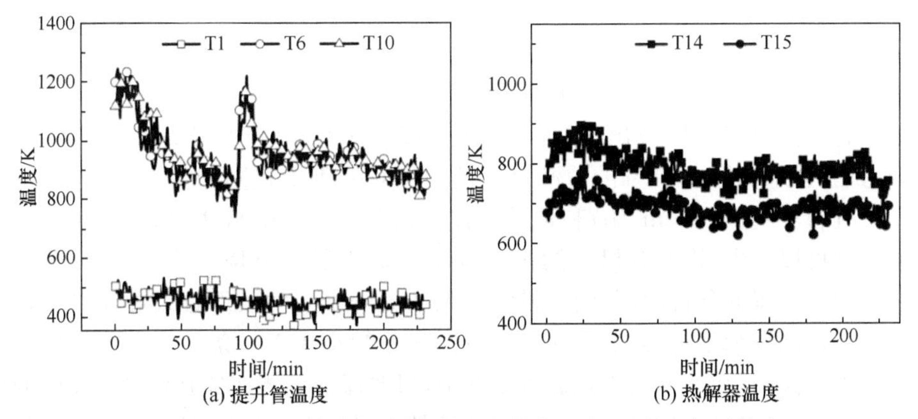

图 9.63　含水率 32.5%的白酒糟的热解与燃烧温度(过量空气系数为 1.16)

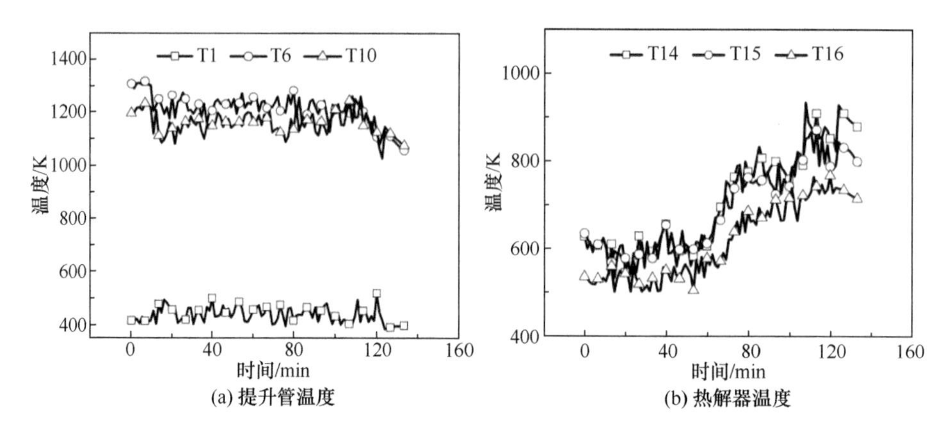

图 9.64　含水率 32.5%的白酒糟的热解与燃烧温度(过量空气系数为 0.8)

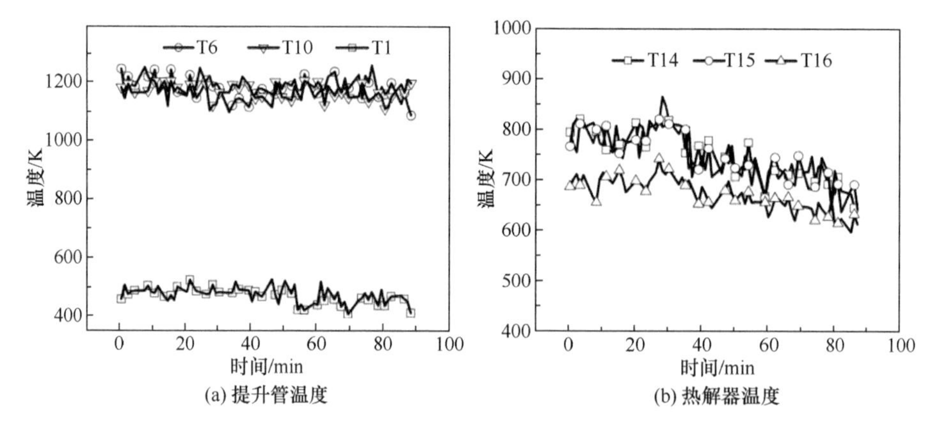

图 9.65　含水率为 43.8 %的白酒糟的中试试验热解与燃烧温度

为使提升管能够在较高的温度下稳定燃烧，可以通过降低通入提升管的空气量，即降低提升管内气速、延长气体在提升管内的停留时间而实现。如试验 3 条件所示，提升管底部供入的空气量减少至 $160m^3/h$，提升管下部和上部的气速分别降至 1.9m/s 和 17.1m/s，这时提升管内的气体停留时间延长为 1.51s。从图 9.63 所示提升管内温度可以看出，燃烧器可在 1173K 附近稳定燃烧。基于此试验结果，在试验含水率为 43.8%的白酒糟解耦燃烧时采用了相同的技术方法，即降低供入提升管空气量($160m^3/h$)和延长气体停留时间(1.56s)，从图 9.64 所示的提升管温度可以看出，提升管可在约 1193K 的高温下稳定燃烧。综合而言，虽然受改造的中试装置的条件限制，使过量空气系数大于 1.0 的条件难以确保提升管燃烧器的合理高温和稳定燃烧，但从在过量空气系数小于 1.0 条件下实现的稳定燃烧结果可以推断，在实际的工业装置设计中，只要保证气体在提升管燃烧器内的充足停留时间，在过量空气系数大于 1.0 的条件下是完全可以实现试验的高水分白酒糟稳定燃烧。

图 9.66 所示为含水率为 43.8%的白酒糟解耦燃烧时提升管和热解器内的压力变化情况。可以看出，反应器内压力的轴向分布特性与理论分析相符合，即提升管内压力自下而上是逐渐降低的，压降约 4kPa；热解反应器的床料内部压力比自由空间压力高，压降为 2kPa。在其他燃烧条件下的压力分布与此十分类似，从而证明试验的循环流化床解耦燃烧技术在燃烧和物料流动方面的可行性。

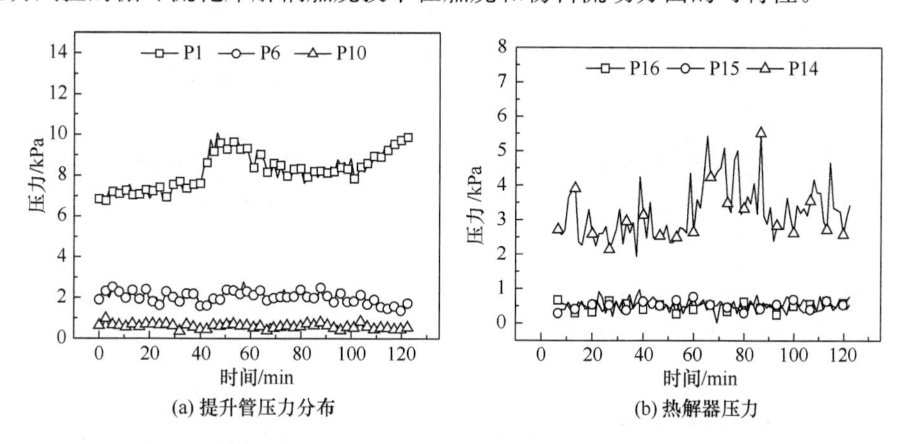

图 9.66　含水率为 43.8%的白酒糟中试试验提升管与热解反应器内压力变化

2. 解耦燃烧排放特性

上述完全自热的中试运行试验结果证明了解耦燃烧技术对高水分燃料的适应性，下面对比解耦燃烧和传统燃烧的烟气排放特性，揭示解耦燃烧技术对抑制 NO_x 排放的作用，并同时分析针对不同水分白酒糟燃料的解耦燃烧烟气特性。

针对含水率为 43.8%的白酒糟，实施解耦燃烧试验的条件与表 9.16 中的试验 4 相同，而传统燃烧指供入热解器内的白酒糟几乎未热解就直接进入提升管的燃烧方式，且提升管内的温度、燃料供给量与总空气量均几乎相同。根据 GB 13223—2003 方法将燃烧烟气 NO_x 浓度折算为过量空气系数为 1.4 的排放值，图 9.67 和图 9.68 表示试验结果。可以看出，由解耦燃烧排放的烟气中 NO 浓度为 100ppm 左右，而传统燃烧情况下的 NO 浓度为 850ppm，也即烟气 NO_x 的排放降低率达到 80%以上，充分证明循环流化床解耦燃烧可以有效抑制高 N 燃料燃烧的 NO_x 排放技术优势。这一结果与前述小试实验获得的结果也相符合，说明为了抑制高 N 燃料的 NO_x 的排放，采用解耦燃烧技术非常必要而且有效。

图 9.69 和图 9.70 表示对应表 9.16 的试验 4 的白酒糟循环流化床解耦燃烧烟气排放特性及提升管燃烧器的温度。该条件下，提升管内温度稳定在 920℃、总

过量空气系数为 0.74，燃烧烟气中的 NO、O_2、CO、CO_2浓度都相对较稳定，即 CO_2体积分数为 20%，CO 为 30000ppm，O_2为 3%，NO 为 100ppm。CO 浓度高的原因是总的过量空气系数不到 1.0，且气体在提升管燃烧器内的停留时间仅有 1.56s，太短不能确保 CO 的完全燃烧。

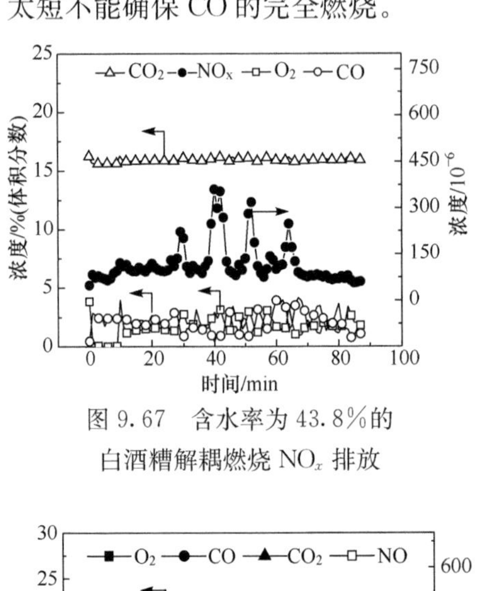

图 9.67　含水率为 43.8%的白酒糟解耦燃烧 NO_x 排放

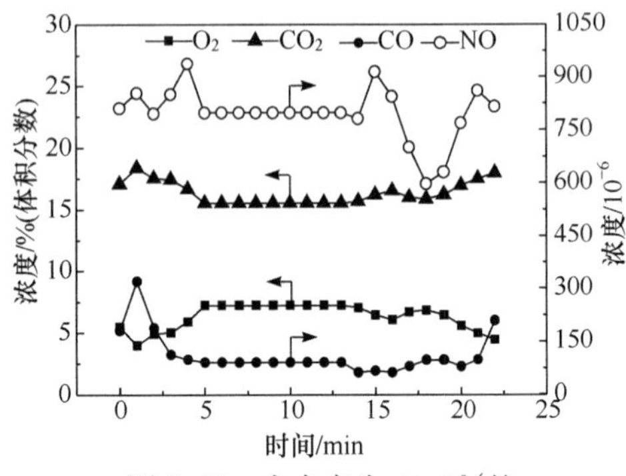

图 9.68　含水率为 43.8%的白酒糟传统燃烧 NO_x 排放

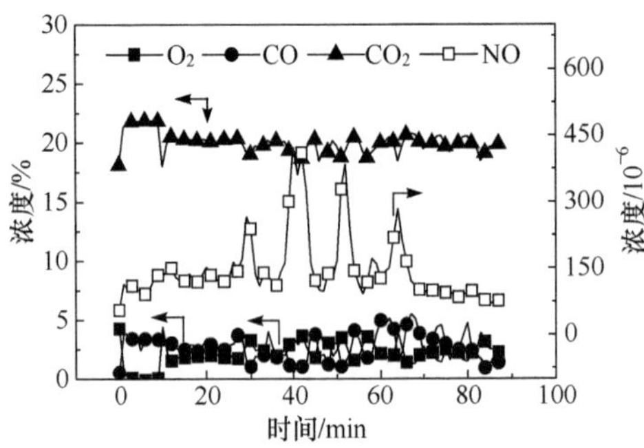

图 9.69　含水率为 43.8%的白酒糟解耦燃烧烟气排放特性

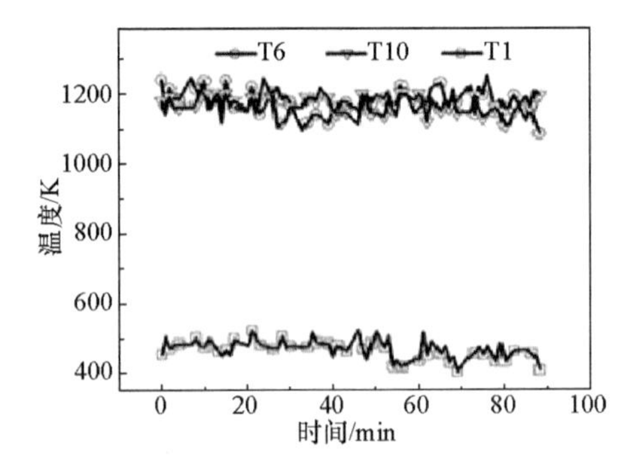

图 9.70　含水率为 43.8%的白酒糟解耦燃烧提升管燃烧器温度变化

上述含水率为 43.8%的白酒糟的解耦燃烧虽然能够在很高的温度下稳定运行，但由于试验装置条件的限制，总空气过量系数小于 1.0，不能完全反映烟气的真实排放特性。为此，使用含水率为 32.5%的白酒糟，将总空气过量系数调整为 1.15，湿白酒糟供料速率为 100kg/h，烟气排放特性及提升管内温度如图 9.71 和图 9.72 所示。由图 9.71 可以看出，燃烧烟气中的 NO、O_2、CO、CO_2浓度（体积分数）有一定的波动，CO_2在 5%～18%、CO 在 30000ppm 以下、O_2在 5%～14%的范围内变化。在 1173K 的高温条件下的 NO 浓度可接近 400ppm，即使这样，也比传统燃烧时的 NO 排放浓度（800ppm 以上）降低 50%。因此，通过解耦燃烧，可降低高 N 燃料循环流化床燃烧的 NO_x 排放 50%以上。

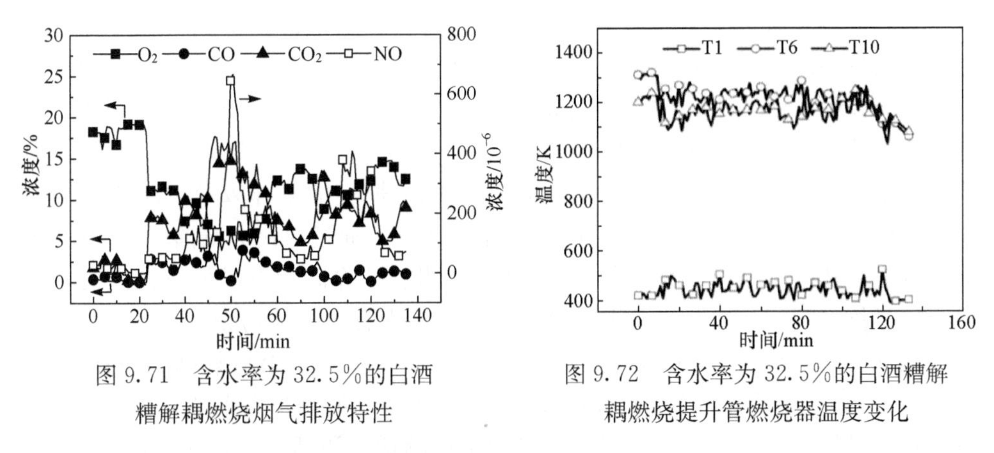

图 9.71　含水率为 32.5%的白酒糟解耦燃烧烟气排放特性

图 9.72　含水率为 32.5%的白酒糟解耦燃烧提升管燃烧器温度变化

9.5.4　生物质燃烧灰肥料化利用

通过循环流化床解耦燃烧利用白酒糟会同时产生大量的白酒糟燃烧灰。从白酒糟工业分析也可看出，白酒糟含有大量灰分，如果不加以利用会形成二次污染。从物质循环利用和循环经济角度来看，研究白酒糟燃烧灰的特性、探讨其可利用技术具有重要意义。在白酒糟的热解气化、耦合燃烧的基础研究和中试研究的基础上，通过分析中试白酒糟燃烧灰的理化特性、元素组成、粒度、元素溶出性等，提出了白酒糟灰肥料化思路，对比研究了盆栽条件下不同土壤中油菜作物发芽和生长情况，揭示了白酒糟燃烧灰作为肥料的可行性。

1. 白酒糟燃烧灰理化特性

表 9.17 表示白酒糟燃烧灰的 XRF 分析结果。其含大量 SiO_2，而硅元素是地球上含量第二多的元素，普遍存在于地壳中，对植物正常生长有益[60]。对植物硅的吸收主要来源于土壤，缺少硅的土壤对植物生长，尤其是硅含量较高的禾本科植物生长具有很强的抑制作用，因此将灰分还田有利于土壤修复。除 SiO_2 外，白酒糟燃烧灰同时还含有较高浓度的植物生长所需的 P、K 等营养元素，与一般堆肥、沤肥[61]等相比要高很多。

表 9.17　白酒糟灰 XRF 分析(质量分数)

成分	Na_2O	MgO	Al_2O_3	SiO_2	P_2O_5	SO_3	Fe_2O_3
所占比例/%	0.38	2.32	6.88	59.80	4.79	8.21	4.68
成分	Cl	K_2O	CaO	TiO_2	MnO	其他	
所占比例/%	0.55	3.42	7.91	0.58	0.22	0.26	

在不同温度条件下利用实验室马弗炉灼烧白酒糟至恒重得到的灰分通过 X 射线衍射仪(XRD)的分析结果如图 9.73 所示。可见，在 650℃、750℃制备的灰在 2θ 角为 20.904°、20.686°、39.522°、50.227°、60.095°、68.475°都有特征衍射峰，与标准衍射峰谱图比较表明，在低温 550℃、600℃、650℃、750℃燃烧白酒糟的灰中产生 a-石英型二氧化硅，而在 800℃、850℃、900℃燃烧的灰样以及试验所用的中试白酒糟灰中形成了石英型二氧化硅，发生了相变。通过对比标准谱图也发现，所有温度下的燃烧并没有产生其他晶型物质，说明灰中除硅元素以外其他金属元素没有以晶体的形式存在。这种非晶体形态金属元素有利于植物吸收。

图 9.74 为分析中试试验燃烧灰粒度分布的结果，表明白酒糟灰颗粒的尺寸小于 150μm，颗粒平均尺寸为 31.68μm，其中 15～80μm 的颗粒占大部分。相对于土壤颗粒，这样的颗粒尺寸属于细颗粒，有利于白酒糟灰渗透到土壤中，如与土壤充分混合可直接提供肥力。同时，这样的细颗粒能改变黏性土壤的可耕性，使土壤更有利于农业种植。

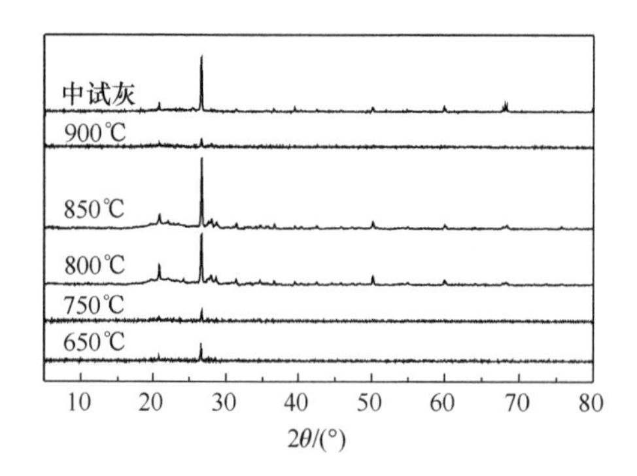

图 9.73 不同温度燃烧的酒糟灰 XRD 曲线

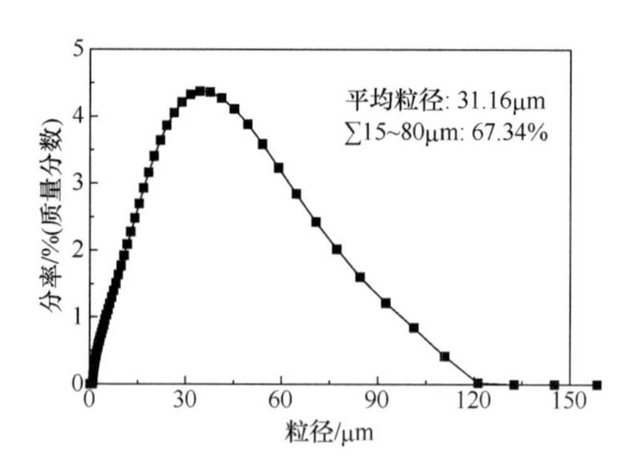

图 9.74 典型酒糟灰的粒度分布

通过使用不同 pH 盐酸溶液淋洗白酒糟燃烧灰，模拟不同环境下白酒糟灰中元素的溶出特性，考察了燃烧灰中钾、钠、钙、镁等金属及非金属磷的溶出行为。实验取 5g 白酒糟灰溶于 50mL 溶液中，振荡 1h，过滤，取滤液进行测定。其中金属元素溶出性采用电感耦合等离子体-原子发射光谱法(inductively coupled plasma-atomic emission spectrometer，ICP-AES)测定，磷元素采用分光光度法测定，波长为 660nm。

图 9.75 表示不同 pH 盐酸溶液洗涤白酒糟燃烧灰形成溶液的各种金属离子的质量浓度。其中钙在两种不同 pH 条件下都有很高的溶出浓度，分别达到 143.6mg/L(pH:7)和 172.15mg/L(pH:5，HCl)，而且在低 pH 时溶出浓度更大。Mg、Na 元素溶出率也随着溶液 pH 降低而加大，使得溶出浓度升高，但 Mg 的涨幅(129.71%)比 Ca(19.88%)和 Na(44.70%)的都更显著。元素 K 却呈现随着溶

液 pH 降低，溶出浓度降低的趋势，针对 pH7 和 pH5 的降幅为 23.35%。滤液的水溶性磷浓度为 5.01mg/L、枸溶性磷（溶液为 0.1mol/L 柠檬酸）浓度为 25.38mg/L，因此酸性条件下磷元素溶出浓度明显增加。总体上，营养元素溶出性呈现随着溶液的 pH 降低溶出量增加的趋势。元素的溶出比率普遍不高，说明元素大部分以难溶的形态存在，如长石[62]、磷酸钙盐[63]等。大量的非晶矿物形式可能随着风化淋溶等作用，缓慢提供植物必需的矿物质元素，使得酒糟灰的肥效具有持久性。

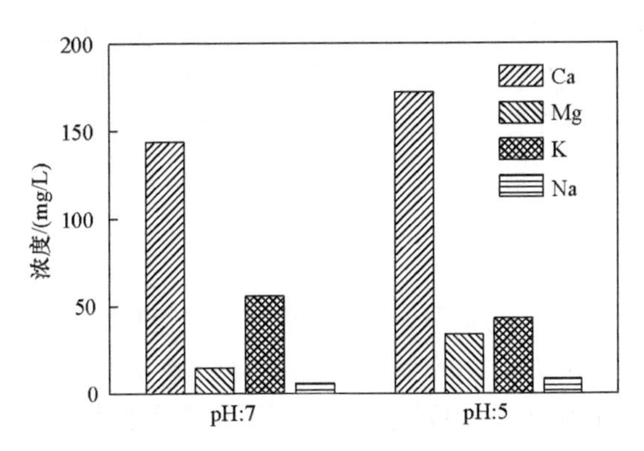

图 9.75 不同 pH 盐酸溶液洗涤白酒糟燃烧灰的金属离子质量浓度

2. 栽培实验

本实验共采用五种土壤，分别为泸州国窖红土壤（Guojiaohong Turang，GT），泸州青稞土壤（Qingke Turang，QT），景观土壤（Jingguan Turang，JT），富阳土壤（Fuyang Turang，FT）和培养土壤（Peiyang Turang，PT）。土壤过 2mm 筛，去除石块等杂质，其分析指标见表 9.18。GT、QT、FT 是典型的黏质土壤，含沙粒少，土壤透水通气性差。FT 虽然含有大量有利于植物生长的有机质，但由于 pH 较低，土壤肥力可能会较差。由于充分腐熟，JT 和 PT 作为壤质土壤，都适宜植物生长。

表 9.18 实验土壤的特性指标

土壤	GT	QT	JT	FT	PT
有机质/(g/kg)	10.66	12.14	2.99	32.62	45.13
总氮/(g/kg)	0.74	0.80	0.49	1.64	2.28
总磷/(g/kg)	0.44	0.51	0.47	0.38	1.38
酸碱度(pH)	7.80	7.45	8.61	4.46	8.25

实验选取生长对 K、P 需求量大的白菜型油菜为种植品种，种子来自北京南无

科贸有限责任公司。实验所用氮肥为尿素(N 的质量分数为 46%)。

实验所用白酒糟燃烧灰取自前述白酒糟解耦燃烧中试装置。取不同土壤与白酒糟燃烧灰(以 A 表示)或者尿素(以 N 表示)按一定比例混掺均匀后放入育苗盘，用于植物栽培。具体混合比例以 FT 为例说明，如 5FT+A 代表富阳土 FT、白酒糟燃烧灰 A 的质量比为 5∶1。油菜植株生长分为两个阶段：发芽阶段和生长阶段。在发芽阶段，油菜出芽后每天测量一次植株高度、室温、土温以及空气湿度。针对每种处理水平取 10 株平行样，测量结果取平均值。植株幼苗生长到一定高度后，选取高度、质量相近的植株进行移植栽培，研究植株生长阶段的生长特性。每天监测室温、土温以及空气湿度，测量植株高度，每种处理水平取 5 株平行样，结果取平均值。每天正常田间管理，不再施加其他肥料。植株收获后，测量土上部分的质量，同时采集土样进行分析。

3. 白酒糟灰分肥效

图 9.76 为一天中典型的室温、土温以及空气湿度的变化曲线，基本是油菜典型的生长环境条件。可以看出，室温与土温变化趋势大体一致，早晨低，然后随着太阳照射逐渐升高，到中午 14:00 左右到达峰值，然后逐渐下降，到晚上又降到低温，但土温的变化幅度要比室温变化幅度大。而空气湿度的变化却相反，呈现早晨、晚上高，白天低的趋势，主要是因为日间太阳强烈照射。

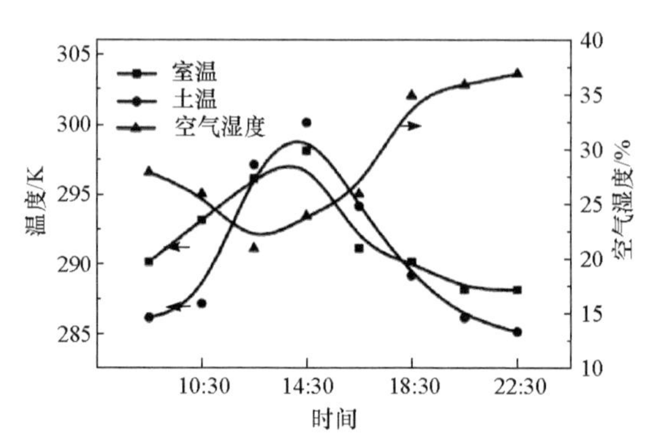

图 9.76　一天中典型的室温、土温以及空气湿度变化曲线

1) 土质影响

图 9.77 显示油菜在五种不同土壤中发芽和生长阶段的生长曲线。可以看出，土壤特性对植物生长有很强烈的影响。在发芽阶段，五种土壤的油菜高度都随时间的增加而增加，但是增长速度却不同，这说明土壤特性已经开始影响油菜生长。GT 油菜高度最高，QT、JT、PT 油菜长势水平相似，但 FT 油菜高度明显较低。例如，在第 20 天，GT 油菜高度是 45mm，而 FT 油菜只有 25mm。在生长阶段所有五种油菜都明显增长，但是增长速度是不同的。例如，在第 27 天，油菜在 GT、

QT、JT、FT、PT 五种土壤中生长的净增量分别是 37.2mm、46mm、42.4mm、24.2mm 和 55.8mm。尤其是在 PT 中，油菜高度在 17 天以后增长速度明显高于其他土壤中的，其净增量也最高。这可能是因为土壤 PT 具有良好的通透性和养分保蓄性，土壤中大量有机质慢慢分解，肥效缓慢释放，持续时间长，使得油菜在生长后期供肥充足，即土壤 PT 能够提供更长肥力。另外，在发芽和生长阶段，FT 中油菜高度增长速度和净增量都是最低的，这可能是由于 FT 的酸性特性，这种低 pH 性质的土壤明显抑制了油菜植株生长，土壤需要改良。同时也看出，GT 和 QT 中油菜生长一般，是由于黏质土肥效短，养分释放快导致的，需要考察添加肥料后对油菜生长的影响。

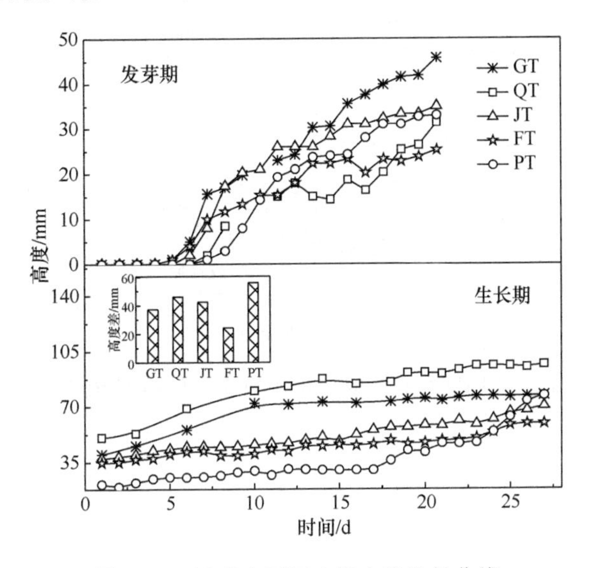

图 9.77　油菜在不同土壤中的生长曲线

2）肥料影响

图 9.78 显示在 JT 和 FT 中添加白酒糟燃烧灰或者尿素对发芽阶段油菜生长的影响。可以看出，对于 JT 土壤，第 27 天的原土以及添加白酒糟燃烧灰或尿素的土中的油菜生长高度分别为 43.7mm、15.0mm 和 32.3mm，添加白酒糟燃烧灰或者尿素后油菜高度都比原土中的低，说明 JT 原土中不论添加白酒糟燃烧灰或者尿素，都对发芽阶段的油菜生长有抑制作用。这可能是由植物发芽阶段土壤提供的养分过量造成的。然而，对于 FT 土壤，从曲线 D 和 E 的对比看出，第 21 天油菜高度明显从原土中的 25.3mm 提高到添加白酒糟燃烧灰以后的 48.0mm，说明 FT 原土中添加白酒糟燃烧灰有利于发芽阶段油菜生长。但从曲线 D 和 F 对比看出，添加尿素依然对发芽阶段油菜生长有抑制作用。这些结果表明添加白酒糟燃烧灰对不同土壤中油菜的生长有不同影响：对 FT 这类酸性黏质土有明显改善作

用，有利于油菜生长；而对 JT 这类壤质土壤有负作用，不利于油菜生长；尿素不适于在油菜发芽阶段施用。有研究表明，稻壳气化灰对植物的发芽和生长总体上优于单纯施加化学肥料的情况[64]。因此，后续有必要进一步考察白酒糟燃烧灰的添加量对黏质土的改良效果。

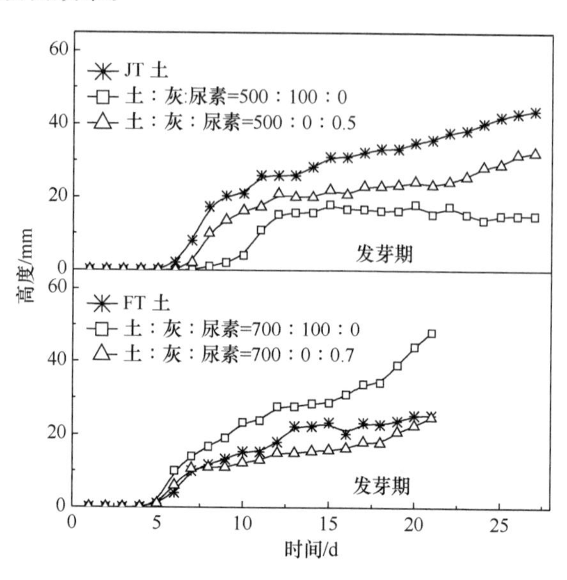

图 9.78　不同肥料对 JT 和 FT 中油菜在发芽阶段生长的作用

3）灰分的影响

图 9.79 显示在 GT 土壤中添加不同量的白酒糟燃烧灰对油菜发芽和生长阶段的影响规律。可以看出，在发芽阶段，不添加白酒糟燃烧灰的 GT 原土中油菜处于较低生长水平，加入白酒糟燃烧灰后（土壤：灰＝20：1），明显促进了油菜的生长，但随着白酒糟燃烧灰量的增加（土壤：灰＝10：1），油菜植株生长速度变慢，尤其是当土壤：灰＝5：1 时，添加白酒糟燃烧灰反而抑制了油菜的生长，这说明在油菜发芽阶段，GT 中施加白酒糟燃烧灰的量不易过高。但从生长阶段的曲线可以看出，随着掺灰量的增加，油菜的生长高度也在增加，而且其净增长高度也增加（如图 9.79 中的柱状图）。例如，在第 27 天，掺杂灰分土壤和土壤：灰分别为 20：1、10：1、5：1 时的油菜高度分别为 78mm、93mm、106mm 和 122mm，净增量分别为 37mm、45mm、52mm 和 67mm。图 9.80 为不同加灰量情况下 GT 土壤中油菜生长的实物照片。表 9.19 所示为生长结束收获后的油菜的品质分析结果。可以看到，随着掺灰量的增加，GT 油菜质量从原土中的 0.76g 逐渐增加到土壤：灰＝5：1 时的 5.14g，植株全氮含量从原土中的 23.70g/kg 增加到土壤：灰＝5：1 时的 36.50g/kg，同时植株有机质含量也保持在较高水平。这说明随着白酒糟燃烧灰添加量的增加，油菜的生长更加旺盛，光合作用和固氮作用效率都明显提高，其中

土壤：灰=5：1 的油菜质量和有机质指标已经超过 PT 土中的油菜，全氮指标也很接近。同时，白酒糟燃烧灰的加入可以改善黏质土壤通透性，促进油菜根系生长，扩大须根根系的吸收面积，提高根系活力[65]。

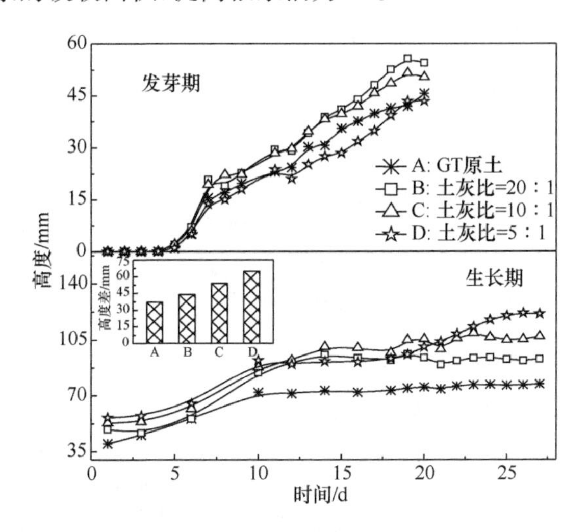

图 9.79　不同加灰量对 GT 中的油菜生长影响

图 9.80　不同加灰量对 GT 中的油菜生长影响照片

图 9.81 显示在 QT 土壤中添加不同量的白酒糟燃烧灰对油菜发芽和生长阶段的影响规律。可以看出，在发芽阶段，QT 原土中油菜生长情况相较于添加白酒糟燃烧灰情况是最差的，而添加白酒糟燃烧灰能明显促进油菜在发芽阶段的生长，但不同的比例效果有差别。例如，第 20 天时，土壤：灰=20：1 时油菜高度为 31.3mm，土壤：灰=10：1 时的高度为 54.7mm，但添加比例增加到土壤：灰=5：1 时，增长高度下降到 37.8mm，虽然仍比 QT 原土中的油菜高，但说明在发芽阶段白酒糟燃烧灰的施加量不易过高。在生长阶段的长势与 GT 土壤中的情况类似，

随着白酒糟燃烧灰添加量的增加，油菜的生长高度和净增量也随着增加。其质量和全氮水平也显示出是随着白酒糟燃烧灰添加量的增加而增加，其有机质水平已超过 PT 中的油菜。由于 GT 和 QT 土壤都来自四川泸州地区，可见添加白酒糟燃烧灰可以显著提高泸州地区黏质土壤的品质。

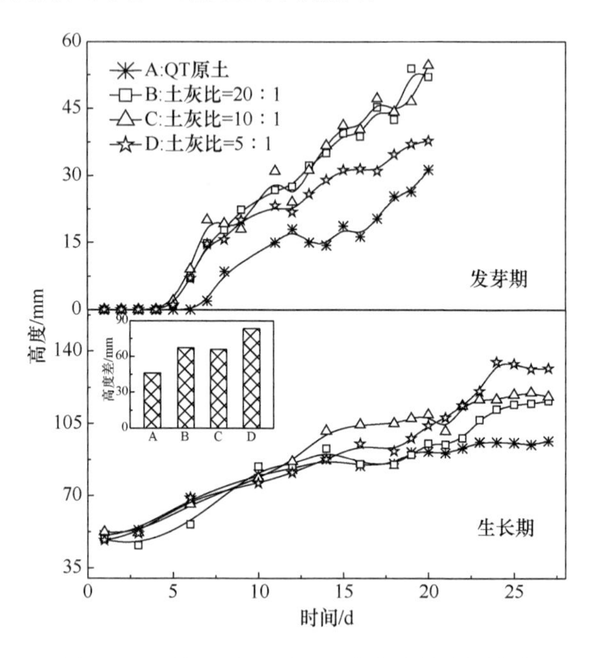

图 9.81　不同加灰量对 QT 中的油菜生长影响

图 9.82 显示在 FT 土壤中添加不同量的白酒糟燃烧灰对油菜生长阶段的影响规律。从结果可知，FT 原土是不适宜油菜生长的，但是随着加入白酒糟燃烧灰，油菜增长高度和净增高度明显增加，而且随着掺灰量的增加越发显著。例如，在第 27 天，FT 原土、土壤：灰分别为 10：1、7：1 以及 5：1 的土壤中油菜的净增长量分别为 24.2mm、32.8mm、53.9mm 和 63.8mm。同时，与不添加白酒槽灰分的土壤相比，油菜的重量和全氮水平呈现显著增高的趋势(表 9.19)。对比相同添加比例的 GT 和 FT 土壤中油菜与其原土的净增量百分比，如土壤：灰＝5：1 与原土的情况，FT 土壤中油菜净增量的百分比达到 163.6%，明显高于 GT 土壤中的 80.1%。QT 土壤中的 80.9%，这是因为添加碱性白酒糟燃烧灰(pH＝10.00)能使酸性 FT 土壤趋于中性，有利于有机质的分解和植物的生长。这说明碱性白酒糟燃烧灰能中和酸性土壤来促进植物生长。这与生物质气化灰能中和碱性土壤的结论是一致的[60]。

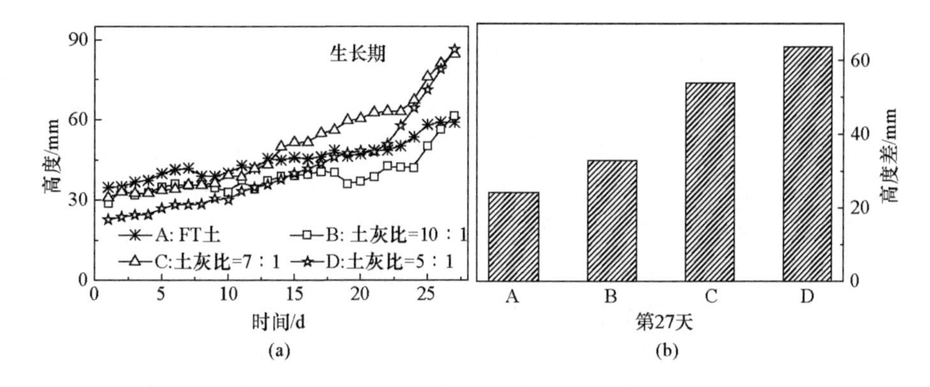

图 9.82　不同加灰量对 FT 中的油菜生长影响

表 9.19　不同土壤与肥料条件种植的油菜品质

土壤+肥料	质量/g	有机质含量/(g/kg)	总 N/(g/kg)
PT	3.16	508	44.20
GT	0.76	763	23.70
20GT+A	2.13	723	27.62
10GT+A	3.25	740	30.46
5GT+A	5.14	669	36.50
QT	2.34	725	26.59
20QT+A	4.47	679	38.83
10QT+A	6.20	721	40.19
5QT+A	6.00	718	39.42
FT	1.02	637	30.10
10FT+A	2.19	703	43.20
7FT+A	4.33	548	31.40
5FT+A	3.71	631	49.00

4) pH 的影响

土壤酸碱性是土壤的一个重要属性，也是影响土壤肥力的一个重要因素，酸碱度不同，其供肥和植物生长发育状况会有差异，还会严重影响土壤养分的有效性[66]。本研究试验中同时监测了土壤的 pH 变化，前后共取样三次，第一次为土壤与白酒糟燃烧灰混合播种时的原土 pH，第二次为发芽阶段结束移苗以后的发芽后 pH，第三次为油菜收获后的生长后 pH。由表 9.20 所示结果可以看出，白酒糟燃烧灰能使土壤 pH 增大，且加入越多 pH 增加越大。对酸性的 FT 土壤来说，加入白酒糟燃烧灰后土壤的 pH 趋近于中性，油菜净增长量也从原土时的

24.2mm 增加到 5FT+A 的 63.8mm，植株的质量以及全氮大幅增加。这可能是因为酸性土壤能促进白酒糟燃烧灰中营养元素的释放，如金属元素钾虽不是细胞内有机化合物的固定组分，但钾离子非常活跃，在细胞的胶体效应、渗透调节、气孔运动、酶的活化、蛋白质合成及碳水化合物代谢和运转等方面均起着重要作用，因而它的释放可以增加产量、增强植物的抗逆性[67]。酸性土壤与碱性白酒糟燃烧灰的中和既有利于腐殖酸的分解，又使土壤趋向油菜生长适宜的中性环境转变，这和用硫黄[68]改善碱性土壤效果相同，也符合中国地带性土壤表层有机质含量随 pH 升高而降低的趋势[69]。对于中性偏碱的 GT 与 QT 来说，加入白酒糟燃烧灰并没有显著增大土壤 pH，说明这类土壤本身具有一定的缓冲能力。而且可以看出不同的土壤在植物的作用下表现出了逐渐趋于中性的趋势，这与李粉茹等[70]关于设施菜地土壤的 pH 变化研究结果相同。同时 pH 也会影响土壤有效性铁、锰、铜等其他元素[63]，这需要进一步研究。

表 9.20　白酒糟燃烧灰对土壤 pH 的调节作用

条件	土壤	发芽后	长成后
GT	7.80	8.12	8.01
20GT+A	8.20	8.22	7.98
10GT+A	8.40	8.20	7.82
5GT+A	8.55	8.13	7.87
QT	7.29	7.96	7.70
20QT+A	7.84	7.97	7.68
10QT+A	8.10	7.68	7.63
5QT+A	8.32	8.02	7.81
FT	4.46	—	7.74
10FT+A	5.93	—	6.97
7FT+A	6.53	—	7.41
5FT+A	6.81	—	7.39

4. 主要结论

通过直接施用白酒糟循环流化床解耦燃烧后的灰作为肥料，开展在五种土壤中种植白菜型油菜的试验研究，初步揭示了利用白酒糟燃烧灰作为肥料(或其添加剂)的可行性。可以得出以下结论：

(1) 白酒糟解耦燃烧灰含有大量植物生长所必需的 K、P 等营养元素，具有作为肥料的组成特性。

(2) 油菜在不同土壤的原土环境中的生长情况有差异，试验的景观土壤原土与培养土壤原土更适合油菜生长；在油菜发芽阶段，尿素不适合在景观土壤及富阳土壤中施用，添加白酒糟燃烧灰对壤质土中油菜显示了抑制作用，但明显改善了黏质土中油菜的生长。

(3) 添加适量的白酒糟燃烧灰显著促进了泸州国窖红土壤、泸州青稞土壤及富阳土壤中油菜生长阶段的生长，使油菜产量显著提高，三种土壤中油菜净增量分别为 80.1%、80.9%和 163.6%。

(4) 白酒糟燃烧灰可以通过提高酸性土壤的 pH，使土壤环境转变为中性(pH 6.97～7.74)，同时酸性土壤也能促使酒糟燃烧灰中营养元素的释放，促进腐殖酸分解和植物的生长。

9.5.5　循环流化床解耦燃烧工业示范

基于前述以白酒糟为典型代表的工业生物质废物解耦燃烧基础研究和千吨级中试验证结果，结合泸州老窖股份有限公司对白酒糟能源化利用的需求，多方合作对循环流化床解耦燃烧技术进行了工业放大，形成白酒糟处理量 4 万 t/a 级的工业示范设计，并在四川省泸州市泸州老窖股份有限公司的罗汉酿酒园区建设了 4 万 t/a 工业示范装置。整体工艺由白酒糟降水、输料、热解气化、燃烧、换热、脱硝(备用)、除尘收集等工段构成。图 9.83(a)表示了示范工程的总体流程，重点展示了热解气化与燃烧部分的流程。2013 年 10 月，高约 30m 的循环流化床解耦燃烧装置在泸州老窖建成，2014 年 5 月正式投入使用。图 9.83(b)和图 9.83(c)分别再现了示范装置建设过程中的情形和最终建成的解耦燃烧示范装置。

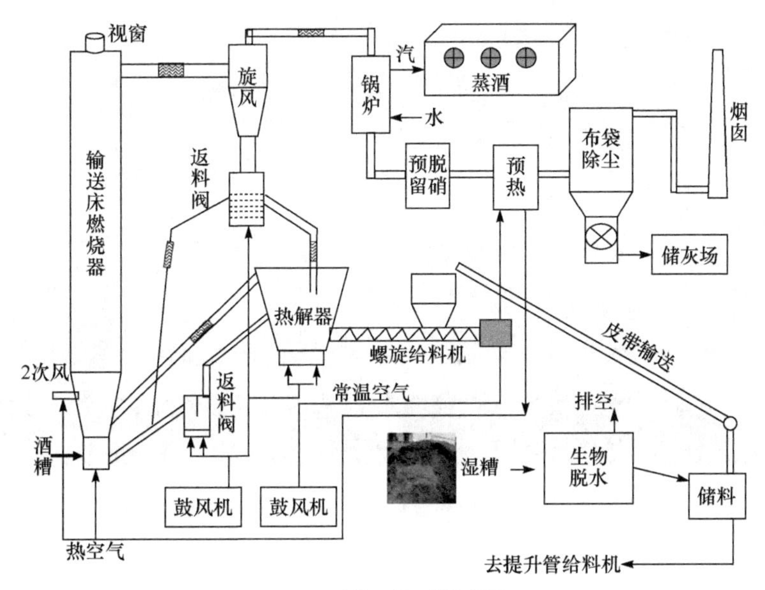

(a) 示范工程工艺流程图

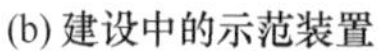
(b) 建设中的示范装置

(c) 建成后的热解燃烧装置

图 9.83　建于泸州老窖的示范装置

热解气化与燃烧基于循环流化床实现，其中燃烧在提升管反应器、热解气化在(鼓泡式)流化床中进行，提升管中采用床下点火方式启动，使得启动过程明显缩短。整套系统采用 DCS、通过中控室集中联合控制显示(图 9.84，即附录中图 6)，在线更新数据，可清晰判断整体装置的运行状态，极大地缩短了现场工人的劳动强度。同时，对于这种首次投入使用的技术示范装置，设置的控制点监测点比较多，通过 DCS 可以显著减少现场劳动定员。进而，通过在关键点设置运行过程的预警信号，可简单在中控室跟踪甚至排除潜在问题风险。

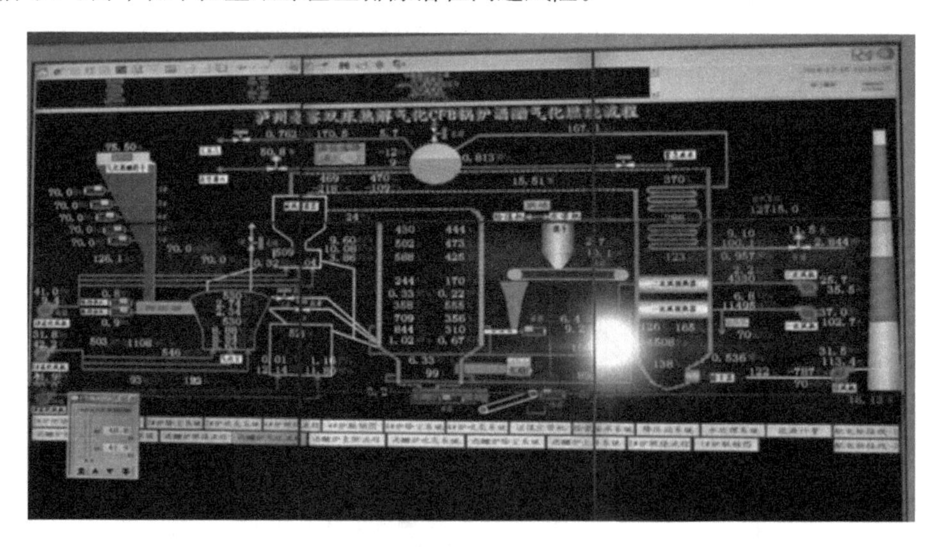

图 9.84　泸州老窖白酒糟循环流化床解耦燃烧示范工程 DCS 控制系统

1. 循环流化床燃烧模式调试

该白酒糟循环流化床解耦燃烧示范工程并列有两种运行模式：常规的循环流化床燃烧模式和基于双床的循环流化床解耦燃烧模式。两种模式通过顶部分配阀实施切换控制。在示范装置调试初期，以煤炭为燃料首先调试运行了循环流化床燃烧模式，即循环物料不经过热解气化反应器直接经分配阀进入提升管燃烧器。图 9.85 是循环流化床燃烧模式运行的一段典型温度曲线。可见，提升管温度在 750～800℃稳定运行，最终烟气的温度在 100℃左右，而锅炉负荷为 12t/h 蒸气，达到了工程设计值的要求，验证了循环流化床燃烧系统的成功工程放大和工程建设。

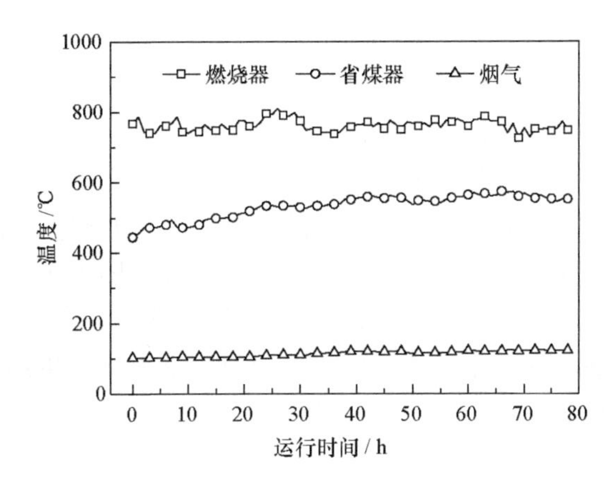

图 9.85　以煤为原料的循环流化床燃烧模式的典型运行温度曲线

2. 循环流化床解耦燃烧模式调试

在循环流化床燃烧模式的成功调试与运行的基础上，调试运行了基于双流化床系统的循环流化床解耦燃烧模式。双流化床体系与单床体系的不同之处主要在于：使用分配阀使得循环的高温颗粒进入热解气化反应器，通过热解气化反应器再进入提升管燃烧器。因此，在调控运行时，要同时控制鼓泡床热解器和输送床燃烧器的稳定运行，实现两反应器参数的优化配比。重要的参数是双床系统的循环量及其对热解器和燃烧器的分配。同时，为了控制热解气化反应器的温度，对热解气化反应器设置了蒸气供给。因此，该模式的调试运行主要控制颗粒循环量、分配阀对颗粒的分配，以及根据热解气化反应器的温度控制热解气化反应器的水蒸气用量，以使热解气化反应器操作在合适的温度范围内，如 700℃以下。同时，提升管燃烧器温度在类似循环流化床燃烧模式，其温度控制在 850℃左右（图 9.86）。

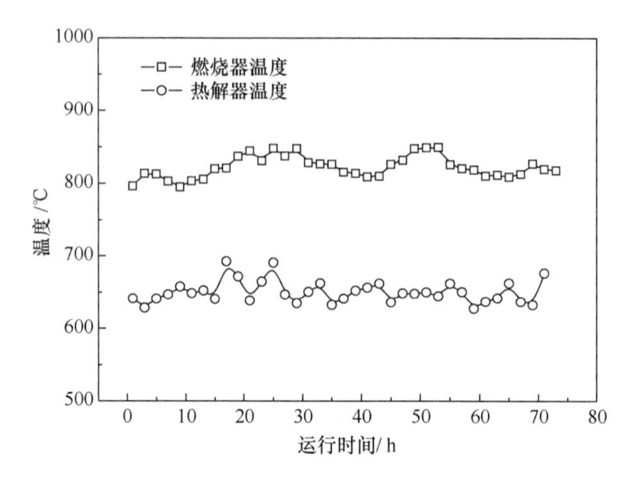

图 9.86　循环流化床解耦燃烧模式燃烧与热解气化反应器典型温度

图 9.87 为解耦燃烧模式稳定运行 75h 的燃气与烟气的组成变化，可见系统稳定运行。图 9.87(a)表示了连续运行的热解气组成变化，主要由 CO、CO_2、H_2、CH_4 构成。由于对热解器投入了一定量的空气，一方面促进流化，另一方面稳定和均匀化床温，同时使燃气产生的二氧化碳浓度较高。图示表明燃气的热值随运行时间逐渐升高，最终稳定在 8～9MJ/Nm^3，这是由燃气中的 CO 浓度逐渐升高所形成的结果(图中的浓度不是归一的)。图 9.87(b)表示烟气的组成。运行初期由于对热解气化器的供料不稳定，两反应器之间参数不匹配，导致提升管中气速较高，热解气化器形成的燃气组分难以在燃烧器完全燃尽，导致尾气中 CO 浓度偏高。经过长时间运行，优化调控二次风和一次风的配比，降低提升管的气速，增加气体燃烧时间，CO 浓度缓慢下降。烟气数据表明，O_2 浓度在 6%～8%，NO 浓度不高，维持在较低水平。因此，循环流化床解耦燃烧可以有效降低高 N 燃料的 NO 排放，从而证明解耦燃烧的技术优势。

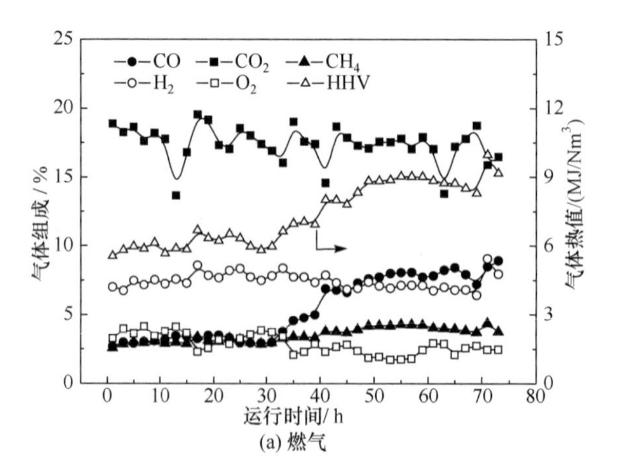

(a) 燃气

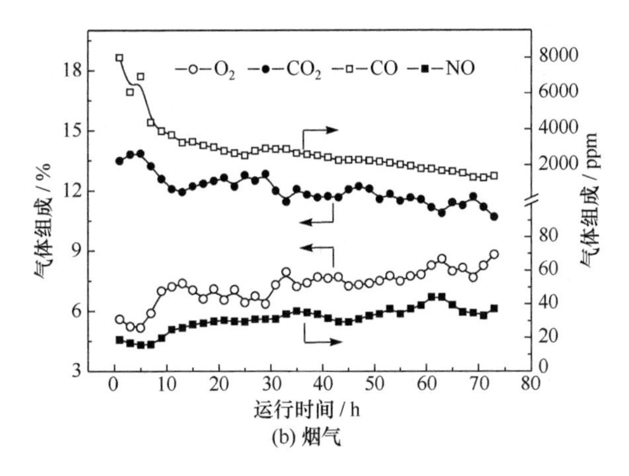

图 9.87　循环流化床解耦燃烧模式连续运行的热解气与烟气组成变化

9.6　本章小结

生物质燃料氮含量较高,挥发分在燃烧过程中可能形成大量氮氧化物。同时,生物质燃烧前段会形成大量含有还原性组分的热解产物,包括热解气、半焦以及焦油。这些热解组分可有效还原氮氧化物。基于 NO_x 形成机理和热解产物的还原特性,借鉴分级燃烧、循环流化床燃烧、双流化床气化等技术,中国科学院过程工程研究所开发了适用于高氮生物质低 NO_x 排放的解耦燃烧技术。结合农业废弃物资源量分散、设备规模小的特点,开发了适用于农业废弃物的层燃解耦燃烧炉;结合工业生物质废物量大集中、设备规模较大及废弃物本身富氮高含水等特点,开发了适用于工业生物质废物的循环流化床解耦燃烧技术,利用热解气化(部分气化)产生的热解气、半焦和焦油等热解产物还原半焦燃烧形成的 NO_x。

层燃解耦燃烧炉利用层燃链条上部较厚半焦层,烟气通过半焦层充分还原其 NO_x。本章首先利用实验室自制双层固定床开展了生物质半焦在复杂气氛的不同条件下还原 NO_x 的基础研究,证实了生物质半焦能够有效还原降低 NO_x。结合解耦燃烧原理,在双层固定床上模拟层燃解耦燃烧,通过对比几种生物质在传统燃烧和解耦燃烧方式下的 NO_x 排放,验证了解耦燃烧技术的低 NO_x 排放特性,同时提出了生物质半焦还原 NO 的动力学。进而针对农业废弃物的小规模利用,开发了 10kW 生物质解耦燃烧实验炉。在优化燃烧炉的进口高度、一次风二次风布风方式、燃烧区/热解区比例等因素后,归纳了适用于层燃解耦燃烧锅炉的设计规则,依据其设计的小型层燃锅炉与传统下饲炉相比,能够明显降低 NO_x 排放。针对大中型应用的循环流化床解耦燃烧技术由一个流化床热解器和一个提升管燃烧器构成。燃料在热解器中热解(可有 O_2 存在)产生半焦、焦油和热解气。半焦进入提升管底部燃烧，焦油和热解气进入提升管中部通过再燃同来自提升管底部的半焦协同作用，抑制 NO_x 生成。本章以白酒糟为工业生物质的典型代表，在小型双层固定床反应器中验证了解耦燃烧与传统燃烧相比显著降低 NO_x 排放的特点。进而，在高温连续沉降炉中对比研究了三种典型热解产物还原 NO_x 的差别，得出焦油的比脱硝效率（单位质量还原剂）最高。在 1000t/a 循环流化床解耦燃烧中试平台上，实现了含水率为 44%的白酒糟稳定燃烧，与普通循环流化床燃烧相比，NO 排放降低了 50%以上。以白酒糟灰进行油菜栽培试验证实了酒糟灰分中的 K、P 等组分能够有效被植物吸收，作为植物肥料而被利用。循环流化床解耦燃烧技术已在四川泸州市泸州老窖股份有限公司建成运行了 4 万 t/a 示范装置。

参考文献

[1] Leppälahti J, Koljonen T. Nitrogen evolution from coal, peat and wood during gasification: Literature review. Fuel Processing Technology, 1995, 43(1): 1-45.

[2] Hansson K-M, Åmand L-E, Habermann A, et al. Pyrolysis of poly-l-leucine under combustion-like conditions. Fuel, 2003, 82(6): 653-660.

[3] Winter F, Wartha C, Hofbauer H. NO and N_2O formation during the combustion of wood, straw, malt waste and peat. Bioresource Technology, 1999, 70(1): 39-49.

[4] Bassilakis R, Zhao Y, Solomon P R, et al. Sulfur and nitrogen evolution in the argonne coals. Experiment and modeling. Energy & Fuels, 1993, 7(6): 710-720.

[5] Johnsson J E. Formation and reduction of nitrogen oxides in fluidized-bed combustion. Fuel, 1994, 73(9): 1398-1415.

[6] Kilpinen P, Hupa M. Homogeneous N_2O chemistry at fluidized bed combustion conditions: A kinetic modeling study. Combustion and Flame, 1991, 85(1-2): 94-104.

[7] Wargadalam V J, Löffler G, Winter F, et al. Homogeneous formation of NO and N_2O from the oxidation of HCN and NH_3 at 600-1000℃. Combustion and Flame, 2000, 120(4): 465-478.

[8] Ledesma E B, Li C-Z, Nelson P F, et al. Release of HCN, NH_3, and HNCO from the thermal gas-phase cracking of coal pyrolysis tars. Energy & Fuels, 1998, 12(3): 536-541.

[9] Glarborg P, Jensen A D, Johnsson J E. Fuel nitrogen conversion in solid fuel fired systems. Progress in Energy and Combustion Science, 2003, 29(2): 89-113.

[10] Zhang H, Fletcher T H. Nitrogen transformations during secondary coal pyrolysis. Energy & Fuels, 2001, 15(6): 1512-1522.

[11] Zhou H, Jensen A D, Glarborg P, et al. Formation and reduction of nitric oxide in fixed-bed combustion of straw. Fuel, 2006, 85(5-6): 705-716.

[12] 新井纪男. 燃烧生成物的发生与抑制技术. 北京：科学出版社，2001.

[13] Purvis M R I, Tadulan E L, Tariq A S. NO_x control by air staging in a small biomass fuelled underfeed stoker. International Journal of Energy Research, 2000, 24(10): 917-933.

[14] Staiger B, Unterberger S, Berger R, et al. Development of an air staging technology to reduce NO_x emissions in grate fired boilers. Energy, 2005, 30(8): 1429-1438.

[15] Harding N S, Adams B R. Biomass as a reburning fuel: A specialized cofiring application. Biomass and Bioenergy, 2000, 19(6): 429-445.

[16] Kicherer A, Spliethoff H, Maier H, et al. The effect of different reburning fuels on NO_x-reduction. Fuel, 1994, 73(9): 1443-1446.

[17] Rüdiger H, Kicherer A, Greul U, et al. Investigations in combined combustion of biomass and coal in power plant technology. Energy & Fuels, 1996, 10(3): 789-796.

[18] Vilas E, Skifter U, Jensen A D, et al. Experimental and modeling study of biomass reburning. Energy & Fuels, 2004, 18(5): 1442-1450.

[19] Salzmann R, Nussbaumer T. Fuel staging for NO_x reduction in biomass combustion: Experiments and modeling. Energy & Fuels, 2001, 15(3): 575-582.

[20] Suksankraisorn K, Patumsawad S, Vallikul P, et al. Co-combustion of municipal solid waste and thai lignite in a fluidized bed. Energy Conversion and Management, 2004, 45(6): 947-962.

[21] Furusawa T, Tsunoda M, Tsujimura M, et al. Nitric oxide reduction by char and carbon monoxide: Fundamental kinetics of nitric oxide reduction in fluidizedbed combustion of coal. Fuel, 1985, 64(9): 1306-1309.

[22] Teng H, Suuberg E M, Calo J M. Studies on the reduction of nitric oxide by carbon: The nitric oxide-carbon gasification reaction. Energy & Fuels, 1992, 6(4): 398-406.

[23] Jones J M, Patterson P M, Pourkashanian M, et al. Approaches to modelling heterogeneous char NO formation/destruction during pulverised coal combustion. Carbon, 1999, 37(10): 1545-1552.

[24] Shu X, Xu X. Study on morphology of chars from coal pyrolysis. Energy & Fuels, 2001, 15(6): 1347-1353.

[25] Cetin E, Moghtaderi B, Gupta R, et al. Influence of pyrolysis conditions on the structure and gasification reactivity of biomass chars. Fuel, 2004, 83(16): 2139-2150.

[26] Arenillas A, Rubiera F, Pis J J, et al. The effect of the textural properties of bituminous coal chars on NO emissions. Fuel, 1999, 78(14): 1779-1785.

[27] Illán-Gómez M J, Linares-Solano A, de Lecea Salinas-Martinez C, et al. Nitrogen oxide (NO) reduction by activated carbons. 1. The role of carbon porosity and surface area. Energy & Fuels, 1993, 7(1): 146-154.

[28] Calo J M, Suuberg E M, Aarna I, et al. The role of surface area in the NO-carbon reaction. Energy & Fuels, 1999, 13(3): 761-762.

[29] Sakintuna B, Yürüm Y, Çetinkaya S. Evolution of carbon microstructures during the pyrolysis of turkish elbistan lignite in the temperature range 700-1000℃. Energy & Fuels, 2004, 18(3): 883-888.

[30] Aarna I, Suuberg E M. A review of the kinetics of the nitric oxide-carbon reaction. Fuel, 1997, 76(6): 475-491.

[31] Wells W F, Smoot L D. Particle size dependence of coal char reactivity. Combustion and Flame, 1987, 68(1): 81-83.

[32] Matos M A A, Pereira F J M A, Ventura J M P. Kinetics of NO reduction by anthracite char in a fluidized bed reactor. Fuel, 1990, 69(11): 1435-1439.

[33] Arlindo M, Matos A, Pereira F J M A, et al. Internal area determination of reactive particles using kinetic measurements. Fuel, 1991, 70(1): 38-43.

[34] Rodriguez-Mirasol J, Ooms A C, Pels J R, et al. NO and N_2O decomposition over coal char at fluidized-bed combustion conditions. Combustion and Flame, 1994, 99(3-4): 499-507.

[35] He J, Song W, Gao S, et al. Experimental study of the reduction mechanisms of NO emission in decoupling combustion of coal. Fuel Processing Technology, 2006, 87(9): 803-810.

[36] Schönenbeck C, Gadiou R, Schwartz D. A kinetic study of the high temperature NO-char reaction. Fuel, 2004, 83(4-5): 443-450.

[37] Garijo E G, Jensen A D, Glarborg P. Kinetic study of NO reduction over biomass char under dynamic conditions. Energy & Fuels, 2003, 17(6): 1429-1436.

[38] Sørensen C O, Johnsson J E, Jensen A. Reduction of NO over wheat straw char. Energy & Fuels, 2001, 15(6): 1359-1368.

[39] Lee H S, Volesky B. Interaction of light metals and protons with seaweed biosorbent. Water Research, 1997, 31(12): 3082-3088.

[40] García-García A, Illán-Gómez M J, Linares-Solano A, et al. NO_x reduction by potassium-containing coal briquettes. Effect of preparation procedure and potassium content. Energy & Fuels, 2002, 16(3): 569-574.

[41] Lv D, Xu M, Liu X, et al. Effect of cellulose, lignin, alkali and alkaline earth metallic species on biomass pyrolysis and gasification. Fuel Processing Technology, 2010, 91(8): 903-909.

[42] Gani A, Naruse I. Effect of cellulose and lignin content on pyrolysis and combustion characteristics for several types of biomass. Renewable Energy, 2007, 32(4): 649-661.

[43] Yang H, Yan R, Chen H, et al. In-depth investigation of biomass pyrolysis based on three major components: Hemicellulose, cellulose and lignin. Energy & Fuels, 2005, 20(1): 388-393.

[44] Woodfield P L, Kent J H, Dixon T F. Computational modelling of combustion instability in bagasse-fired furnaces. Experimental Thermal and Fluid Science, 2000, 21(1-3): 17-25.

[45] Yan R, Yang H, Chin T, et al. Influence of temperature on the distribution of gaseous products from pyrolyzing palm oil wastes. Combustion and Flame, 2005, 142(1-2): 24-32.

[46] Dagaut P, Lecomte F. Experiments and kinetic modeling study of NO-reburning by gases from biomass pyrolysis in a jsr. Energy & Fuels, 2003, 17(3): 608-613.

[47] Fan Z L, Zhang J, Sheng C D, et al. Experimental study of noreduction through reburning of biogas. Energy & Fuels, 2006, 20(2): 579-582.

[48] Yang H, Yan R, Chen H, et al. Characteristics of hemicellulose, cellulose and lignin pyrolysis. Fuel, 2007, 86(12-13): 1781-1788.

[49] Yang H, Yan R, Chen H, et al. Mechanism of palm oil waste pyrolysis in a packed bed. Energy & Fuels, 2006, 20(3): 1321-1328.
[50] 别如山，吕响荣，李诗媛. 有机化学实验室废液 NO_x、SO_2 和 HCl 的排放特性. 燃烧科学与技术与技术，2005，11(2)：4.
[51] 赵宗彬，李保庆. 半焦制备条件对其还原反应性的影响. 煤炭学报，2002，27(2)：179-183.
[52] 于海洋，杨石，张海. 生物质再燃还原 NO_x 的机理分析. 电站系统工程，2008，24(1)：1-4.
[53] Glarborg P, Kristensen P G, Dam-Johansen K, et al. Nitric Oxide reduction by non-hydrocarbon fuels. Implications for reburning with gasification gases. Energy & Fuels, 2000, 14(4): 828-838.
[54] Fan Z L, Zhang J, Sheng C D, et al. Experimental study of NO reduction through reburning of biogas. Energy & Fuels, 2006, 20(2): 579-582.
[55] 段佳，生物质气化焦油还原 NO 的实验研究. 上海交通大学博士学位论文，2008.
[56] Zhang R Z, Liu C Y, Yin R H, et al. Experimental and kinetic study of the NO-reduction by tar formed from biomass gasification, using benzene as a tar model component. Fuel Processing Technology, 2011, 92(1): 132-138.
[57] 徐莹，孙锐，栾积毅. 生物质热解气及其成分气再燃还原 NO 的数值模拟与机制分析. 中国电机工程学报，2009，29(35)：7-14.
[58] Xiong Z B, Gao P. Experimental study of NO reduction by biomass reburning. China Environmental Science, 2011, 31(3): 361-366.
[59] Lu P, Xu S R, Zhu X M. Study on NO heterogeneous reduction with coal in an entrained flow reactor. Fuel, 2009, 88(1): 110-115.
[60] 周秀杰，赵红波，马成仓，等. 硅提高作物抗逆性的研究. 安徽农业科学，2006，34(12)：2769-2778.
[61] 陆欣. 土壤肥料学. 北京：中国农业大学出版社，2001.
[62] 余春江，骆仲泱，张文楠，等. 碱金属以相关无机元素在生物质热解中的转化析出. 燃料化学学报，2000，28(5)：6.
[63] 杨丽娟，李天来，付时丰，等. 长期施肥对菜田土壤微量元素有效性的影响. 植物营养与肥料学报，2006，12(4)：549-553.
[64] 周雪花，杨茹，杨群发，等. 生物质气化灰的肥效试验研究. 安全与环境学报，2008，8(6)：56-59.
[65] 李梦梅，龙明华，黄文浩，等. 生物有机肥对提高番茄产量和品质的机理初探. 中国蔬菜，2005，4：18-20.
[66] 赵艺，施泽明，师刚强. 土壤 pH 值与土壤养分有效态关系探讨——以内江市白马镇为例. 四川环境，2009，28(6)：81-83.
[67] 郑诗樟，胡红青，庄光泉. 施用不同钾肥对土壤钾的转化和植物钾有效性影响机理的研究进展//中国土壤学会. 中国土壤学会第十一届全国会员代表大会暨第七届海峡两岸土壤肥料学术交流研讨会论文集. 北京，2008：309-316.

[68] 吴曦,陈明昌,杨治平. 碱性土壤施硫磺对油菜生长、土壤 pH 和有效磷含量的影响. 植物营养与肥料学报,2007,13(4):671-677.
[69] 戴万宏,黄耀,武丽,等. 中国地带性土壤有机质含量与酸碱度的关系. 土壤学报,2009,46(5):851-860.
[70] 李粉茹,于群英,邹长明. 设施菜地土壤 pH 值、酶活性和氮磷养分含量的变化. 农业工程学报,2009,25(1):217-222.

第 10 章　等温微分气固反应分析

前面章节已述及，煤或生物质燃料在解耦热转化过程中涉及复杂的气固热化学反应并与反应器的传质传热紧密关联。研究这些气固反应及其动力学的近本征特性对于开发新工艺具有重要的理论意义和应用价值。实际上，气固反应广泛存在于各种物质转化过程，除能源外，还包括如化工、环境、冶金、材料等众多领域，其反应特性及动力学测试一直是自然科学和工程研究的重要内容、应用技术开发不可欠缺的基础支撑。反应分析与动力学测试虽然是传统学科，但一直未停止发展和创新探索。几乎所有的化工、能源、材料、环境、工程等领域的学术杂志都将动力学(kinetics)作为其可发表的独立内容，充分反映了反应动力学研究的重要性，其核心是反应测试与动力学分析的方法、仪器及其应用。随着高性能计算机的发展，数值模拟正逐步成为一种研究反应、设计和优化实际工业装置的重要手段。动力学参数，如活化能及指前因子更成为模拟燃烧、气化等气固反应必不可少的基础数据，直接影响数值模拟的准确度。在此背景下中国科学院过程工程研究所开发了应用于气固反应分析的微型流化床反应分析方法与仪器，通过利用微型流化床作为反应器，在最小化扩散影响的条件下耦合微量试样在线供给和快速加热技术，实现反应的等温微分化，并结合快速气体检测形成了尤其适合于快速复杂气固反应的新型测试方法与分析仪器。本章在概述气固反应分析方法与仪器的技术现状的基础上，提出和论证了微型流化床等温微分反应分析方法，再现了仪器及软件的研发过程，并重点介绍了运用该仪器分析多种典型反应的结果，最后总结了该仪器方法与热重分析仪的优势和劣势，定位其为并列于以程序升温为特点的热重分析仪的一种新型等温微分热分析仪。

10.1　气固反应分析方法与仪器现状

10.1.1　气固反应分析仪及应用现状

气固反应分为非催化气固反应与催化气固反应两类，反应动力学的研究方法有诸多不同。二者相比，非催化气固反应与催化气固反应的典型差别有三个突出特点，如表 10.1 所示。可见，催化气固反应中固相催化剂颗粒宏观物理特性变化极小，反应仅发生于颗粒和孔道表面活性位，而非催化剂气固反应，如煤颗粒的燃烧气化的固体颗粒本身一般都参与反应，在反应过程中颗粒本身在质量、尺度、组成等方面发生显著变化，其自身的扩散和混合直接影响反应。

表 10.1 催化与非催化气固反应动力学的不同特点

反应类型	反应位	过程特性	传质影响程度
催化	表相反应	稳态过程	传质影响限于外(膜)扩散及孔扩散
非催化	体相反应	非稳态过程	传质影响除了膜、孔扩散外，固相本身扩散突出

催化气固反应表征与动力学研究手段比较成熟，通常采用原位红外研究稳态催化剂表面吸附物种的吸收谱图的变化规律，反应通常发生于固定床中和低转化率条件，在线监测气体产物组成与浓度的变化。根据催化剂表面吸附物种的变化、催化剂对反应物的吸附及微分反应体系的气体成分与浓度变化关系等建立催化反应动力学模型，分析相应的催化机理。对于流化床中进行的气固化学反应，如何表征流化状态下气固反应特性、催化剂活性、失活及再生动力学，目前还没有形成基于流化床反应器的催化反应分析系统。

非催化气固反应通常深入到固体晶粒内部，直到固体组分全部消耗为止，本质上属于体相反应。随着反应过程的进行，参与反应的固体颗粒中由外向里不断形成产物层或产物层脱落使颗粒尺度本身逐渐变小，颗粒反应物的质量与固定床出口气体反应物浓度都随时间变化，二者都为反应时间的函数。因此，在热重装置及固定床流动反应装置中，分别出现了转化率-时间(x-t)变化曲线和产物流出曲线(含穿透曲线)的表征，成为非催化气固反应动力学研究的重点。

同时，从测量方法方面分析，传统的气固反应测试工具大多采用程序升温方法测试固体表面的形态、质量等变化，或是与气体在线检测设备连接，监控产物的释放规律，从而计算反应在不同温度下的反应速率，求算相应的动力学参数。表 10.2 列举了现有应用于气固反应热分析研究的主要实验技术与仪器。其中，XRD 和 EM 实际上为固体反应物表面观测仪器，可以捕捉反应导致的固体反应物表面的变化，也是反应表征的重要内容，但难以获得产物或反应的定量信息。TGA/DSC 是至今使用最广泛的仪器，通过测试反应过程中反应物的质量变化特性而解释和定量反应行为，下节将详细分析该类仪器的特点。TPD/TPR 实际上是在温度控制、扩散传递影响等方面与热重类似的仪器，但测量生成气体的组成特性及生成量变化而表征反应行为。因此，除测量的参数不同，它与热重属于同类型反应研究与表征仪器，提供程序升温，但其同样存在后述热重存在的升温速度慢、受扩散影响严重、对于热不稳定物质难以应用等问题。

表 10.2 热分析方法及仪器的分类

实验方法及技术(简称)	特点/优点	缺点/不足
X 射线衍射分析(XRD) 电子显微技术(EM)	直接观测固体表面反应	难以实现信息定量化
差示扫描量热法(DSC) 热重分析法(TGA)	定量监测反应物的质量及热量变化,精度高,操作简单、技术成熟	反应物不能瞬时进样,难以消除传热及扩散影响,难以应用于热不稳定物质
微分固定床(TPD/TPR) 网格反应器 居里点反应器	定量分析生成的气体产物变化,网格及居里点反应器加热速度快	反应物不能瞬时进样,明显受传热及扩散的影响,未能规范化、标准化
微型流化床等温微分反应分析仪	定量分析生成的气体产物变化,瞬时在线颗粒进样,加热快,实现等温,扩散影响小,可应用于热不稳定物质	进样精度低、受制于产物气体的测量手段、理论方法基础较薄弱,未能规范化和标准化

相对于热重分析仪(TGA)、差示扫描量热仪(DSC)、微分固定床(TPO/TPR),表 10.2 中提到的网格反应器[1,2]、居里点反应器[3,4]代表典型的快速升温反应测试手段,其目的在于克服上述 TG、DSC、TPD/TPR 等程序升温微型反应器存在的升温速度慢、所发生反应为非等温反应的缺陷。由于升温速度快,固体物料的反应可以确保在设定的等温条件发生,因此为等温反应器。除了表述的网格反应器和居里点反应器外,有不少研究者开发和自制了流化床反应器[5,6]及层流炉[7]等实现对颗粒反应物料的快速加热及物料等温反应。从分析的参数方面,所有这些快速加热反应分析仪或装置均基于对气相产物的测试而研究和表征反应行为,包括求算反应动力学参数。因此,表 10.2 将 TPD/TPR 作为了非热重反应分析仪,与网格反应器、居里点反应器并列为同类分析仪(非热重分析仪)。

上述各种快速加热反应器及基于其开发的反应研究仪器或装置已在煤、生物质等的热转化反应研究中得到了较多应用,以获得利用 TG 及 TPD/TPR 为代表的程序慢速升温条件下难以获得、且更反映实际过程特性的反应数据。但是,在加热和温度控制、反应测试精度等方面,这类分析方法都存在自身不可避免的缺陷。居里点裂解器利用铁磁性材料作为加热元件,将它置于高频电场中,利用电磁感应对样品加热,达到居里点温度并稳定维持。某一特定组成的磁性材料具有唯一的居里点温度,难以获得任意的反应终端温度及加热速率。金属网格加热器是将样品置于金属网格中,通过强电流加热样品,实现固体样品的快速升温,也难以控制升温速率和终端温度。传统流化床反应器与层流炉等属于较大型的实验装备,快速升温和等温反应条件通过固体物料颗粒与床料之间的混合及高温炉壁的热辐射作用而实现,至今未能切实实现反应的微分化。同时,如何快速精确定量测定气相产物，尤其是针对快速反应，从而定量表征反应和求算动力学参数是非热重方法普遍存在的一个挑战，有待发展快速气体鉴别与定量新技术。

因此，现存各种快速升温反应器在一定程度上弥补了 TG/DSC 及 TPD/TPR 分析仪研究热不稳定物质反应及高气速条件反应存在的不足，但仍存在反应温度受加热材料限制（居里点加热）或反应温度可控性差（金属网格加热）或偏离微分反应特性（传统流化床）等缺陷，这些使得它们对气固反应研究的应用仍不具普适性。Murakami 等[8]还试验了利用可升降的加热炉提升热重分析的升温速率的方法，但可实现的反应升温速率较前述各种快速加热的反应器慢很多。因此，基于快速升温的等温反应分析仪器与装备的发展仍处于没有规范化、标准化的初级水平，有待进一步创新发展。

10.1.2 典型程序升温方法及仪器分析

以 TG/DSC 为代表的程序升温分析方法仅需微量样品（微分反应器），样品质量的准确监测和加热器升温速率的准确控制使其在气固反应、尤其是非催化领域得到了广泛应用。其通过测量反应试样在程序升温过程中的质量变化而解析反应特性、求算反应动力学，具有运行稳定性好、质量变化测量精度高等优点。TG 分析仪主要由天平、样品池、加热炉组成。加热炉体可以自由升降或平移，便于放置固体样品，气体在炉管中通过，提供反应气或保护气氛。立式热重分析仪的制作加工比较成熟，但在升温过程中难以实现大气速，因气体膨胀容易导致天平的称量受浮力影响出现波动。因此，已有国外公司，如日本 SEIKO、德国 NETZSCH 等公司开发了卧式热重分析仪，有效地减弱了由气体膨胀所导致的烟囱效应（浮力）。差式扫描量热仪通过在反应过程中测试样品端与参比端之间产生的温度差（热流差）判断反应的进行程度。

TG/DSC 分析仪采用程序升温的方式研究气固反应，通过考察固体样品质量与体系热量随温度（时间）的变化关系，利用非等温动力学计算方法求算反应动力学参数。而对非稳定物质在等温条件下进行的反应，如煤、生物质的热转化，包括热解、气化、燃烧，$Ca(OH)_2$捕集 CO_2 等热不稳定物质的反应，这种程序加热分析手段不能测试该反应在定点温度下的反应特性，包括反应完成时间与动力学参数求算[9]。对于强放热反应，如炸药热分解、高温燃烧等，反应过程中样品的温度容易偏离温度设定值[10,11]；受热重稳定性与结构的限制，其本身难以应用于在高气速、腐蚀性、甚至含水蒸气的气氛中发生的气固反应分析[12]。

例如，作为能源材料的煤和生物质，采用热重分析仪研究其气化或燃烧反应，严重偏离实际的工业反应过程。气化或燃烧在实际工业装置中包括了高温快速热解、残余的高温半焦原位发生燃尽或者气化等多个复杂的反应阶段。对类似热转化的这种气固多阶段反应体系的解耦分析、测试及动力学求算是工业反应过程研究及放大的重要任务。目前采用的热重气体切换法存在气氛切换引起的不稳定反应过程及在该过程中半焦样品本身的变化。利用传统反应装置研究煤和生物质复杂化学反应时必定基于分阶段测试的方法，其测试的半焦样品实际上是完全不同于实际过程的半焦，即为热态原位活性半焦经冷却、储存的惰性半焦。

通过预先热解而冷却收集半焦样品的方法在半焦降温、放置中半焦本身的结构发生显著改变，同时在空气中与周围气体发生吸附等，也会使半焦的理化特性发生改变，失去样品的原位性。这种失去原位性的半焦实际上难以真实替代实际反应过程中的热态原位半焦，因此获得的燃烧、气化等特性与实际过程也存在很大差异。有研究者将一定量的煤样置于固定床反应器中，在惰性气氛下慢速热解得到半焦样，再变更气氛使生成的焦样发生氧化反应。为使燃烧阶段的生成气可测，通入的氧化气体一般为氧气和惰性气体的混合气，其氧体积浓度小于 21%。利用这种装置研究燃烧、气化反应具有一定的优点，但慢速热解过程时间较长，远远大于实际工业过程中的快速反应时间。Zolin 等[13]发现，煤焦的热钝化会导致煤焦的活化能降低，从而使得煤焦反应性随温度变化的敏感性降低。Russell 等[14]发现，高温热钝化会导致煤焦结构重组，形成更规则和不活泼的碳矩阵结构。热解生成的半焦在较高温度下停留会发生热钝化现象，热钝化现象使得半焦的反应性大大降低，远远脱离真实煤燃烧和气化过程的半焦。此类慢速热解装置与 TGA 内的反应过程类似，较适合表征低温慢速热解反应，如研究工业链条炉中的煤块燃烧的热解，其求解的动力学参数通常不能替代真实工业装置中几秒内完成的煤快速热解、气化和燃烧反应过程的半焦反应特性及其动力学。

为了获得诸如煤、生物质燃烧和气化等具有多阶段反应的原位反应动力学参数，必须使第 N 阶段反应完成时的固态生成物(如半焦)不在时间上滞留、不在具有温差的空间上转移，立即进入第 $N+1$ 阶段的气氛和条件进行反应，保证半焦的热态原位特性。亦即，确保反应器内的气氛及反应条件能瞬时切换，为此使得求算的动力学参数更逼近实际工业反应过程情形。同时，热重分析方法受扩散的影响严重，对于高能物质的吸热或放热反应还易导致温度偏离，对于非稳定物质不能测试任意定点温度的反应特性。

在动力学解析方法方面，基于热重分析仪测试的数据必须采用非等温方法求算反应动力学，要求对反应的温度函数近似积分，求算过程复杂，也难以唯一确定反应模型函数。因此，以气固相为代表的流固相化学反应分析领域一直致力于建立可以分离温度函数与反应模型函数的等温微分反应分析仪，但至今仍没有商业化的标准型等温微分反应测试仪器。这也成为各国研究者自行设计了各种形式的等温反应测试装置，包括利用实验室流化床的反应装置的重要原因之一。但是，非标准型的流化床反应装置本身随研究者的差异很大，未能实现反应的微分化，致使众多研究者所求算的动力学参数不尽相同，难以形成统一结论。

文献报道的反应动力学参数存在由分析仪器、测量手法等的不同而造成的巨大偏差，使得科学研究和技术开发者均倾向于采用各自的方法获得其所研究的各类化学反应的反应特性与动力学参数，进一步加剧数据报道的零散性、不系统性、差异大等问题。例如，测试同一生物质燃料干燥咖啡渣在700～800℃的完全热分解反应，利用网格加热器仅需2～5s，但在内径为80mm、高为1.0m的流化床中则要求30～40s，在分解速度上前者比后者高10倍以上。这种反应速度的差异不可能源于实验误差，而是由于采用了不同反应器。通过比较在热重、网格反应器和居里点三种不同反应器中测量的煤热解数据，Wiktorsson等[15]也发现几种反应器的结果互不相同，不能等同使用。同时，根据不同实验方法获得的数据，基于其求算的动力学参数也各不相同，如某反应的活化能的文献报道值范围可达20～200kJ/mol。不同反应器具有不同的燃料加热速率被认为是主要原因。

10.1.3 微型流化床反应分析仪提出

为测试在线固/液反应物添加的化学反应，如前面提到的燃烧、气化、炭化、裂解、脱硫、催化剂再生、矿物煅烧等在任意温度和气体氛围条件下的反应特性和反应速度，多种不同的方法和装置被设计和试用，如基于前述表10.2的各种反应器的仪器及装置。根据测量原理和方法上它们仍分为两大类。一类是基于热重分析法测量反应物质量变化的原理而设计，可允许高温反应炉快速纳入装有反应物样品的样品池的特殊反应天平。例如，Naruse等[16]采用一种可上下移动的加热炉，该炉首先在气氛条件下预先升温至设定的温度，然后使炉瞬间快速上移将装有反应物料的反应样品池纳入加热炉中，加热样品而启动化学反应。由于反应样品池本身不运动，该方法因此可通过测量样品池中物料质量的变化来分析反应动力学。另一类仪器或装置则为通过分析反应后气体生成物的变化而解析反应特性和动力学参数的微小型反应器。这类仪器可在任意温度下实施定点测量，包括了流化床反应器[17]和沉降炉[18]。但是，至今所报道的这两种设备在严格意义上均不是微分反应器，也不能保证反应在定点温度下进行。另外，居里点和网格加热反应器也被长期用来研究燃料的快速热分解特性，但它们难以用于测试任意温度下的反应动力学参数。

综上所述，现在只有前述的特殊反应天平、实验室规模流化床反应器和下降管反应器可用于测试要求在线添加固、液态反应物的化学反应特性，进而求算动力学参数(包括测量完成反应所需要的时间)。在这三种反应装置中，只有流化床反应器可通过调节反应物料的粒度和流化气体速度，最大限度地抑制扩散所导致的对反应的影响，而且可提供变化范围足够大的反应时间，适应完成各种不同反应对时间的要求(有的很短、有的很长)。相比而言，下降管反应器只能提供有限的反应测试时间和有限的传递影响控制手段。为此，利用流化床可望使扩散的影响最小化，同时实现固体颗粒试样在给定温度下的在线供给、快速混合和快速升温，促成在设定温度的等温反应条件形成。

但是，至今所使用的实验室规模流化床反应器通常都具有较大的尺寸，如直径30～100mm、高 500～1000mm 等[19]，未能实现被测试反应的微分化。在这类大尺度反应器中存在的气体混合、扩散等过程必定引起测量数据的较大误差，抵消流化床本身抑制扩散影响所带来的优势。而且，大尺度反应器本身要求的反应物料量大，无法实现瞬间均匀混合、分散，不能形成等温反应条件。对于低速化学反应，这种源于宏观尺度的气体混合、扩散，以及低速升温的影响可能不至于使测试数据完全失去其有效性，但对于类似生物质热分解的快速反应，该影响可能导致正确反应速度的测试不可能，使得测试本身失去科学意义。不同的研究者通常采用不同尺寸的反应器(因为还无统一的反应器尺寸标准)，其测试结果必将随研究者的不同而不同，导致实验数据的严重分散。

因此，非催化气固反应非常复杂，受很多物理和化学因素影响。首先，它为非均相反应，反应不仅在固体表面进行，而且深入到固体颗粒内部，在反应进行过程中颗粒粒径和比表面积都会发生变化，尤其是多孔颗粒，其本质上属于体相反应。其次，它是一非稳定过程，随着反应的进行，反应速率通常不恒定，随反应物本身的变化而变化，同时样品的几何形状的非规整性及反应理化性质的多变性常常导致实际动力学与理论推导的机理不相符合。最后，不同气固反应的反应速率变化规律一般难以统一描述，即使同一反应在不同的反应器中，由于传质传热影响的不一致，最终得到的结果也大相径庭。同时，也由于传质传热因素的存在，获得本征反应动力学参数在实际上几乎不可能，因为很难完全消除对实际测试的气固反应中的传质、传热影响。

为了获得可最大限度接近本征反应特性的动力学参数，本书提出利用微型流化床作为测试和分析气固或流固相反应的反应器。一方面克服已广泛使用的上述实验室非标准流化床反应器不能确保反应微分化的问题，同时解决网格反应器、居里点反应器在多样性控制反应温度方面的困难，在确保最小化气体扩散混合影响和对颗粒反应物快速混合和加热的条件下测试微分气固反应。同时，微型流化床反应器中的气体返混可被大大消除[20]，从而最大限度地确保其气体流动接近平推流，最小化气体产物返混对反应测试的影响。微型流化床反应器还有可能被规范化，突破流化床反应分析装置难以标准化为通用分析仪器及方法的难题。后者可以在充分研究微型流化床的科学定义的基础上，规范化尺寸和结构参数实施定型制备而予以保障。这种利用微型流化床反应器的反应分析仪器必须通过测试反应气体产物特性而表征反应特性、分析反应机理、求算反应动力学等。因此，从测试的参数归类它属于与表 10.2 所示利用网格反应器、居里点反应器、微型固定床反应器及自制流化床反应器及层流炉的同类非热重分析仪器。从其实现的加热速率和反应过程中的温度特性，它又属于不同于 TG/DSC、微型固定床反应器 TPD/TPA 的等温微分反应分析仪。后者实际上为反应分析领域一直致力于建立的反应分析方法与仪器，但目前仍没有商业化的一般仪器及其方法。因此，其研发建立具有重要科学意义，拥有宽广应用前景。

10.2 气固反应动力学理论与方法

气固反应分析通常依据热分析方法进行动力学解析。不考虑气体在固体颗粒反应物内部与表面的传质影响，引用相对转化率 x 的概念替代应用化学动力学分析的产物浓度 c 的近似处理方法，即热分析动力学方法，用过程函数 $f(x)$ 代表复杂的反应控制函数关联关系，于是有

$$\frac{\mathrm{d}x}{\mathrm{d}t}=k(T)\times f(x) \tag{10.1}$$

式中，动力学方程中的速率常数 $k(T)$ 与温度 T 存在密切的关系。对于等温反应 $k(T)$ 是一常数，借鉴 Arrhenius 公式可有下述表达式：

$$k(T)=A\exp\left(-\frac{E}{RT}\right) \tag{10.2}$$

式中，E 为活化能；A 为指前因子；T 为热力学温度；R 为普适气体常量。该式在均相反应中对几乎所有的基元反应都适用，也适合大多数复杂反应。在非均相体系的反应动力学方程研究中基本上原封不动地引入了上述 Arrhenius 公式，尽管对其适用性和引入的活化能和指前因子的物理意义有待深入研究澄清。将式(10.2)代入式(10.1)便得到常用的热分析动力学方程表达式：

$$\frac{\mathrm{d}x}{\mathrm{d}t}=A\exp\left(-\frac{E}{RT}\right)\times f(x) \tag{10.3}$$

反应动力学研究的目的在于求算描述某反应速率变化的“动力学三因子”(Kinetic Triplet)[21,22]，即指前因子 A、活化能 E 和反应机理模型函数 $f(x)$。

早期的等温动力学研究通常在恒温固定床中采用手动加入反应物料或是采用加热炉的快速升降温度而实现，由于实验数据受样品升温过程及气体混合扩散的影响，实验数据精度差。到 20 世纪初，由于热重分析方法与仪器的推广，开始尝试非等温法跟踪非均相反应速率的方法。但是，用这种方法获得的结果进行动力学评价的工作直到 20 世纪 30 年代才开始[23]。它常采用恒定升温速率方法，即假设升温速率 $\beta=\mathrm{d}T/\mathrm{d}t$ 是个常数，在等温动力学方程中进行 $\mathrm{d}t=\mathrm{d}T/\beta$ 的替换得到非等温动力学方程(10.4)：

$$\frac{\mathrm{d}x}{\mathrm{d}T}=\frac{A}{\beta}\exp\left(-\frac{E}{RT}\right)\times f(x) \tag{10.4}$$

式中，t 和 T 分别为反应时间和反应温度；β 为升温速率(一般为常数)。对

式(10.3)和式(10.4)进行变换处理,即可求解前述反应动力学方程的三参数。

从等温到非等温动力学方法,虽然在实验手段上更加容易,但反应升温速率在动力学方程中如何影响反应速率常数与模型函数成为众多研究者重点考虑的问题。同时,对动力学方程本身的意义和由此导致的方程适用性也存在疑问,非等温动力学方程在其处理过程中还会引入难解的温度积分问题。相对而言,等温反应动力学在方法论上比非等温反应动力学更加简单,且准确度更高。故开发实现真正等温反应的实验技术是求解可靠的反应动力学参数的关键。

为使非均相热分析的动力学方法中采用转化率 x 代替均相反应中的反应物浓度 c、利用 $f(x)$ 代替复杂非均相反应机理成为普遍接受的分析方法,前人通过对大量非均相反应进行研究,总结了如表 10.3 所示的常用气固反应模型机理函数 $f(x)$ 及其相应的 $G(x)$ 形式[24-26]。这里 $G(x)$ 代表 $f(x)$ 的积分函数,表达式为

$$\frac{\mathrm{d}x}{\mathrm{d}T}=\frac{A}{\beta}\exp\left(-\frac{E}{RT}\right)\times f(x) \tag{10.5}$$

式中,x 为反应转化率;T 为反应温度;A 为反应的指前因子;β 为升温速率;R 为气体常数;$f(x)$ 为反应模型函数。本章的后述研究中将基于表 10.3 总结的模型机理函数及积分函数求解各种实验反应的活化能 E。

表 10.3　常用气固反应动力学机理模型函数

函数名称	机理	$f(x)$	$G(x)$
抛物线法则	一维扩散	$\frac{1}{2x}$	x^2
Valensi 方程	二维扩散	$[-\ln(1-x)]^{-1}$	$x+(1-x)\ln(1-x)$
Ginstling-Broushtein 方程	三维扩散(圆柱形对称)	$\frac{3}{2[(1-x)^{-1/3}-1]}$	$\left(1-\frac{2}{3}x\right)-(1-x)^{2/3}$
Jander 方程	三维扩散(球形对称)	$\frac{3(1-x)^{2/3}}{2[1-(1-x)^{1/3}]}$	$[1-(1-x)^{1/3}]^2$
Aurami-Erofeev 方程	成核与生长($n=1$)	$1-x$	$-\ln(1-x)$
Aurami-Erofeev 方程	成核与生长($n=1.5$)	$\frac{2}{3}(1-x)[-\ln(1-x)]^{1/3}$	$[-\ln(1-x)]^{2/3}$
Aurami-Erofeev 方程	成核与生长($n=2$)	$2(1-x)[-\ln(1-x)]^{1/2}$	$[-\ln(1-x)]^{1/2}$
Aurami-Erofeev 方程	成核与生长($n=3$)	$3(1-x)[-\ln(1-x)]^{2/3}$	$[-\ln(1-x)]^{1/3}$
Aurami-Erofeev 方程	成核与生长($n=4$)	$4(1-x)[-\ln(1-x)]^{3/4}$	$[-\ln(1-x)]^{1/4}$
相界面反应	收缩几何形状(圆柱形对称)	$2(1-x)^{1/2}$	$1-(1-x)^{1/2}$

续表

函数名称	机理	$f(x)$	$G(x)$
相界面反应	收缩几何形状（球形对称）	$3(1-x)^{2/3}$	$1-(1-x)^{1/3}$
相界面反应	收缩几何形状(片状)	1	x
MampelPower 法则		$2x^{1/2}$	$x^{1/2}$
2 级	化学反应	$(1-x)^2$	$(1-x)^{-1}-1$
1 级和 1.5 级	化学反应	$(1-x)^{3/2}$	$6(1-x)^{-1/2}$
2 级	化学反应	$(1-x)^2$	$(1-x)^{-1}$
Anti-Jander 方程		$\frac{1.5(1+x)^{2/3}}{(1+x)^{1/3}-1}$	$[(1+x)^{1/3}-1]^2$
Zhuralev, Lesokin, Tempelman 方程		$\frac{1.5(1+x)^{4/3}}{1/(1+x)^{1/3}-1}$	$\{[1/(1-x)]^{1/3}-1\}^2$
MampelPower 法则		$3x^{2/3}$	$x^{1/3}$
MampelPower 法则		$4x^{3/4}$	$x^{1/4}$
1 级和 1.5 级		$(1-x)^{3/2}$	$(1-x)^{-1/2}$
Prout-Tompkings 枝状核		$x(1-x)$	$\ln[x/(1-x)]$

10.3 等温微分反应分析实现方法

基于静态试样的程序升温反应分析形成了目前最为成熟的非等温气固反应分析仪器的基础，但这些仪器在测试复杂、快速、强吸放热、不稳定物质的气固反应时，难以反映化学反应的本征过程或使温度偏离预先设定的升温程序。而且，非等温数据的动力学计算过程存在近似积分、计算过程复杂，造成动力学参数误差较大。因此，大量的气固反应分析尝试采用快速升温的等温实验方法，以简化动力学数据的处理过程，使测试的气固反应更接近实际工业反应，以及动力学参数与反应机理更具有代表性。

10.3.1 传统等温反应分析方法

传统快速升温的等温反应器(图 10.1)，如居里点裂解器(a)、金属网格加热器(b)、流化床反应器(c)及层流炉等，在能源物质(煤、生物质)的热转化过程的研究中逐渐得到了应用。居里点裂解器利用铁磁性材料作加热元件，将它置于高频电场中，利用电磁感应对其加热，达到居里点温度并维持稳定。某一特定组成的磁性材料具有唯一的居里点温度，因此，它难以任意设定裂解反应的终端温度及调节加温速率。金属网格加热器是将样品置于金属网格中，通过强电流加热样品，实现固体样品的快速升温，但难以控制升温速率和终端温度。传统流化床反应器与层流炉等属于较大型的实验装备，快速升温和等温反应条件分别通过固体样品物料（颗粒）与床料之间的混合及高温炉壁的热辐射作用而实现。

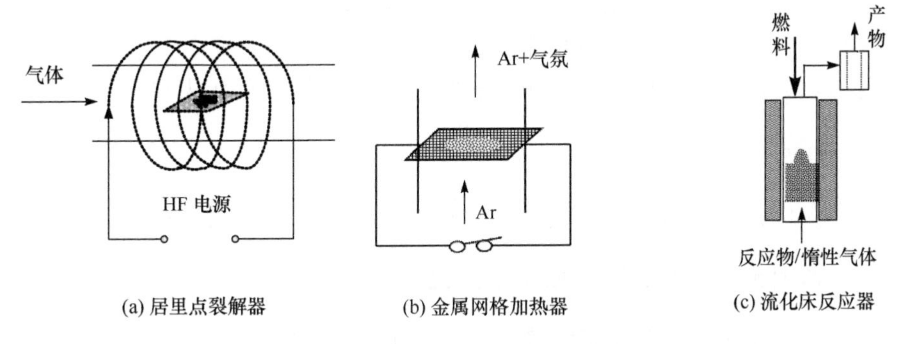

图 10.1 传统快速升温等温反应器

这些快速升温反应器在一定程度上弥补了非等温反应分析仪对不稳定物质与高气速条件反应在研究方法上的不足，但仍存在反应温度受加热材料限制（居里点加热）、反应温度可控性差（金属网格加热）、操作复杂且偏离微分反应（传统流化床）等缺陷，使其对气固反应研究的普适性受到制约。

因此，现阶段还不存在标准化的等温微分气固反应测试仪器可以同时实现等温、低扩散的反应特性，导致气固等温分析所得到的同一反应动力学参数与反应机理很难统一，缺乏可信度。由此可见，建立真正意义上的等温微分反应分析方法对于实现本征反应动力学数据的测量和反应机理的推导具有十分重要的科学与实际意义。

10.3.2 微型流化床等温微分反应分析方法

中科院过程工程研究所通过结合催化科学领域应用于催化机理研究的脉冲微型反应器与化工领域广泛应用的流化床反应器的优势和特点，提出利用微型流化床反应器实现气固反应的等温微分测试与分析的思想方法。并利用该思想研制通用的微型流化床反应分析仪（micro fluidized bed reaction analyzer，MFBRA）[27]。

该分析方法利用流化床反应器强化样品、流化介质（床料颗粒）及气体之间的传热与传质，最大限度降低外扩散的抑制作用与反应器温度的不均匀性；并通过对微型流化床结构进行优化，采用双段浅层结构，实现流化介质与样品在有限区域的全混，但流化气与气体产物近似平推流的气固流动特征（后续详细介绍），确保了在微型流化床内发生反应的近本征特性；通过采用微型的流化床反应器与基于瞬态气体脉冲的微量(5～50mg)微细反应物射流进样，实现了流化床中的反应微分化和定温下反应物样品与床料的快速均匀混合与快速作用(是对供入反应物实现等温微分的重要保证)；进一步集成快速过程质谱(采样频率：10～100ms/次)的毛细管探针采样，实现了对气体产物的在线快速分析，确保对生成气体产物的低延迟准确测量。利用上述方法与手段，在微型流化床内实现了气固反应等温微分反应特征，该反应分析方法和分析仪系我国自主创新，鉴定意见为"国内外首创、水平国际领先"。而其对包括热不稳定物质的非均相反应，甚至大量物理变化过程的高度适应性又使该仪器不仅具有重要的科学意义，而且存在广阔的推广应用前景，其市场将类比热重分析仪，成为并列于热重(非等温反应分析仪)的等温微分反应分析测试仪。

10.4　微型流化床反应器特性及分析仪研制

10.4.1　微型流化床反应器中气固流化特性

在微型流化床中的颗粒流化容易受到壁面效应而区别于传统流化床规律，为开发适合仪器稳定运行的微型流化床，必须了解微型流化床中气固流化特性，以便确定微型流化床用于反应分析测试的反应器结构与可操作范围。

Liu 等[28]以石英砂为流化介质，研究了 10～30mm 微型流化床内颗粒初始流化特性，实验在如图 10.2(a)所示装置中进行，一定流量的压缩空气作为流化床的流化气体，使床内颗粒进行流化。在流化床气体进出口端连接压差传感器，监测流化过程中进出口压力波动情况。流化床直径分别选择 12mm、20mm 和 32mm，静态床高 20～50mm。流化颗粒的粒度分布如图 10.2(b)所示，颗粒相关参数列于图中的附表中，平均粒径分别为 96μm、242μm 和 460μm。

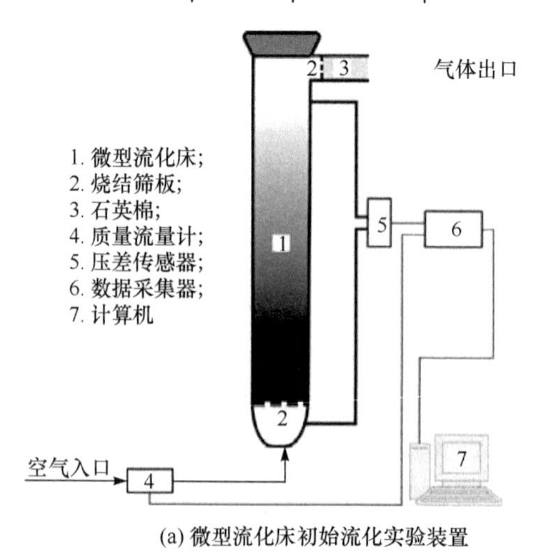

(a) 微型流化床初始流化实验装置

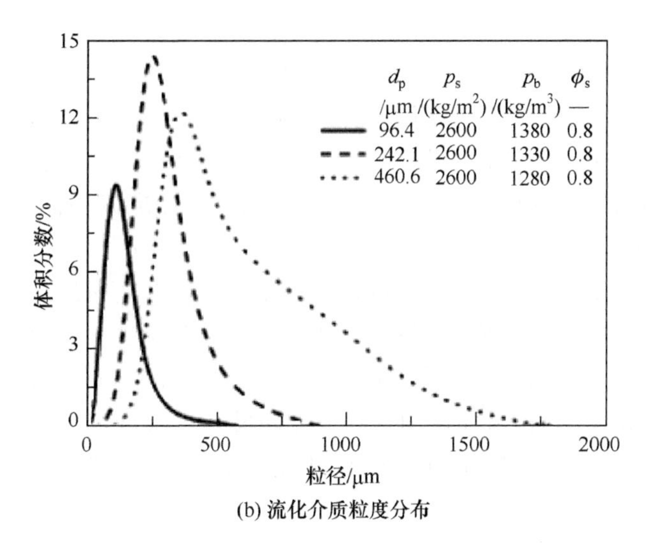

(b) 流化介质粒度分布

图 10.2　微型流化实验装置及流化颗粒粒度分析

空白管的压差随气速的变化关系如图 10.3(a)所示。随着气速的增加，进出口的压差呈逐渐增加的趋势，这与玻璃烧结板的空隙结构有关。随着气速的增加，其阻力呈逐渐增加的趋势，且管径越大，其增加趋势越明显。

$$\sigma_P = \left[\frac{1}{n-1}\sum_{i=1}^{n}(\Delta P_{Bi} - \Delta \bar{P}_B)\right]^{0.5} \tag{10.6}$$

式中，σ_P 为压降波动标准偏差；ΔP_{B_i} 为床层压降；$\Delta\bar{P}_B$ 为床层平均压降。

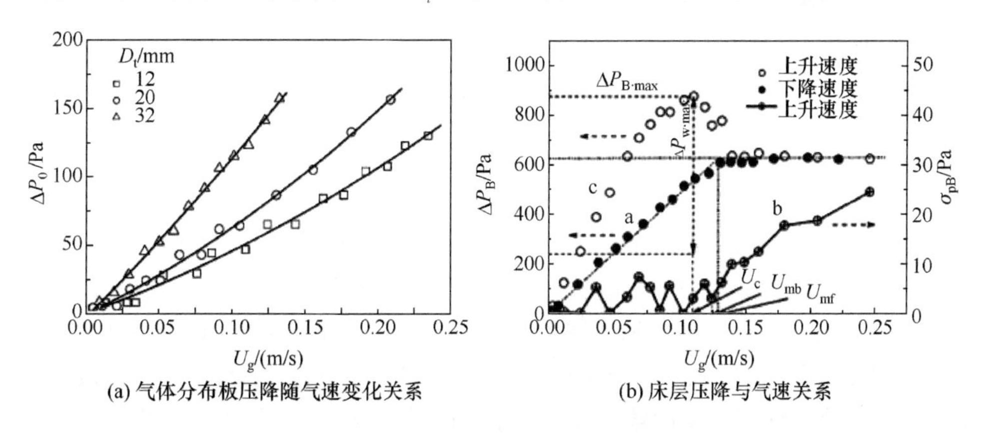

(a) 气体分布板压降随气速变化关系　　(b) 床层压降与气速关系

图 10.3　分布板阻力降、初始流化及鼓泡流化速度的确定

D_t=12mm，d_p=1+60.6μm，H_s=50mm，D_t 为反应器直径；d_p 为流化颗粒直径；H_s 为静态床高；$\Delta P_{w\cdot max}$为最大壁面效应压降；$\Delta P_{B\cdot max}$为床层最大压降

针对微型流化床中初始流化参数的确定，以床径为 12mm、流化颗粒尺寸为 460μm、静态床高为 50mm 的微型流化床在不同流速下的压降为计算依据。根据 Loezos 的定义[29]，最小流化速度 U_{mf} 为固定床条件下对应的压力降曲线与流化床水平压力降曲线的交叉处。根据图 10.3(b)所示，该条件下的初始流化速度为 0.13m/s。通常根据式(10.6)进行计算，通过压降的标准偏差值可以得出，即从图 10.3(b)中曲线 b 可以得出其鼓泡流化速度约为 0.15m/s。

研究内径为 12mm、20mm、32mm 的微型流化床内气固流化均匀性与初始流化状态结果如图 10.4 所示。图示表明，流化床直径过小容易形成节涌和气泡，直径过大则不易形成微分反应效果。选择直径为 20mm 的流化床、200μm 的石英砂为流化介质时，流化床内的颗粒流动最为均匀，有效地降低了反应器的边壁效应，提高了流化床操作的稳定性，流化质量和微分反应性可满足动力学分析的要求。

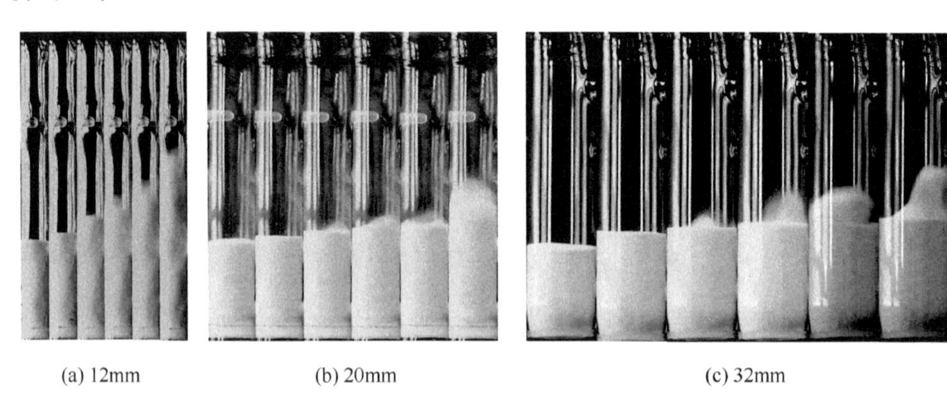

(a) 12mm　(b) 20mm　(c) 32mm

图 10.4　不同尺寸微型流化床的颗粒流化过程

不同直径流化床的起始流化速度和起始鼓泡流化速度如图 10.5 所示。在静态床高 50mm，床径小于 20mm 时，流化床的壁面效应显著，导致初始流化速度增加，结合图 10.4 的摄像结果表明，小床径容易产生节涌现象。流化颗粒粒径变小时，起始流化速度随床层高径比的增加变化不明显；而随着流化颗粒粒径的增加，起始流化速度随高径比的增加而增大。在 12～20mm 床径范围内，最小鼓泡速度随床径增加呈显著降低趋势，当床径大于 20mm 后，鼓泡速度变化不明显，表明在 12mm 的微型流化床内壁面效应较为严重。通过欧根公式计算可知壁面效应随着床径的增加而降低，在床径约为 20mm 的微型流化床内颗粒尺寸与静态床高之间关联性最低，因此，比较适合作为仪器的核心反应部件。

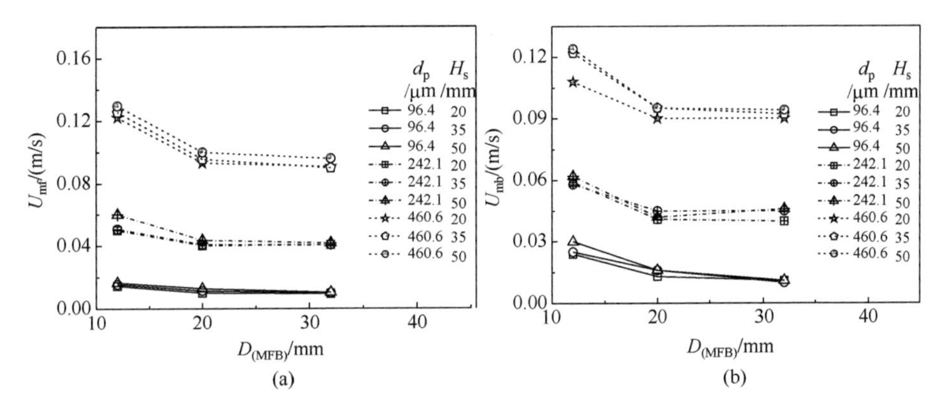

图 10.5　不同床径与颗粒的初始流化特性

Guo 等[30]也研究了微型流化床内（Φ 为 4.3～25.5mm）FCC 催化剂（A 类颗粒，d_p为 83μm）的流化特性，如图 10.6 所示。与传统流化床相比，随着床层高度的增加，流化床层压降呈显著增加趋势，而且其压降与采用 Ergun 方程的计算值之间的差异随微型流化床床径增加而变小。在大尺寸流化床初始流化速度的经验 Leva 方程表达式(10.7)的基础上，建立了适合反应器直径（Φ 为 4.3～25.5mm）与 FCC 颗粒的微型流化初始流化速度经验表达式(10.8)，表达式中引入了颗粒的初始静态床高与床径对初始流化速度的影响。

$$u_{mft}=\frac{7.169\times10^{-4}d_p^{1.82}(\rho_p-\rho_f)^{0.94}g}{\rho_f^{0.06}-\mu^{0.88}} \tag{10.7}$$

$$u_{mft}=\frac{H_s}{d_p}\exp\left(-6.312+\frac{242.272d_p}{D_t}+1\right)\frac{7.169\times10^{-4}d_p^{1.82}(\rho_p-\rho_f)^{0.94}g}{\rho_f^{0.06}-\mu^{0.88}} \tag{10.8}$$

式中，H_s 为静态床高；d_p 为颗粒粒径；D_t 为反应器直径；ρ_p 为颗粒密度；ρ_f 为流化气体密度，μ 为气体黏度。

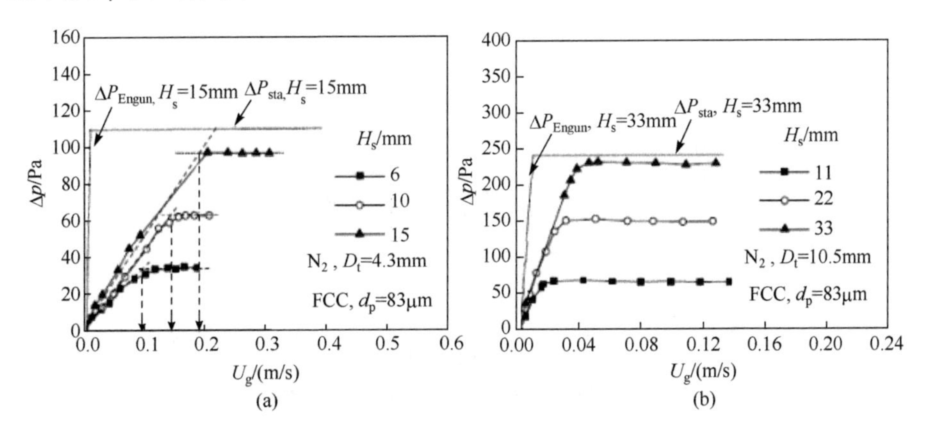

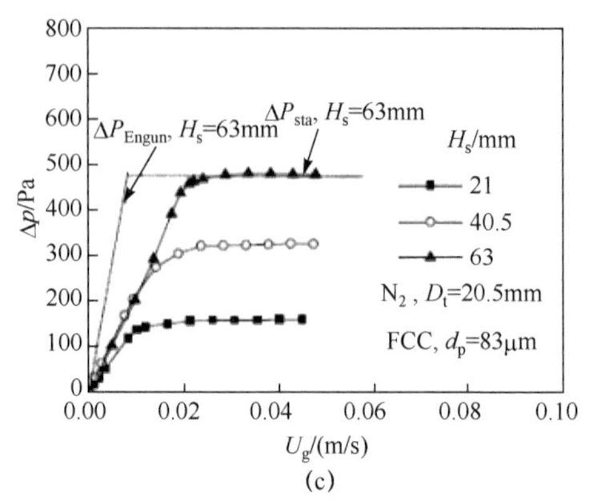

图 10.6　微型流化床内 FCC 颗粒流化压差与床高、床径、粒径的关系[30]

而在同样尺寸微型流化床内考察石英砂流化介质（A 类，d_p 为 51μm）的流化特性，区别于 FCC 颗粒流化，在小床径（4.3mm）内很难流化，而在床径为 5.5mm 时，初始流化出现节涌，这与前面的石英砂颗粒流化结论相一致，说明对于石英砂颗粒形状的不规则性，其与微型流化床壁之间的壁面效应要比 FCC 颗粒更加明显。

Wang 等[31]研究了二维微型流化床（0.7～5mm）内 FCC 颗粒（A 类，d_p 为 53μm）气固流化特性，通过高速摄像观察气泡变化过程，以及微压差计测量气速变化过程床内压力波动等参数，并根据流化过程变化、流型转变、床层膨胀、壁面摩擦、气泡尺寸与破碎、节涌等现象具体分析了壁面效应与微型流化床直径的关联，同样证明了微型流化床内初始流化及鼓泡速度要远大于大尺寸流化床及基于传统经验方程的计算值。针对该流化介质，依据不同床径与气速的关系，作出了流型转变区域图（图 10.7）。图示表明，微型流化床内流型转变与传统流化床差别很大，散式流化至湍流床过渡区域的流速范围缩小，特别是鼓泡与湍流区域之间容易出现节涌。而且，快速流化气速范围扩大，表明在微型流化床内更容易实现颗粒的快速输送状态。

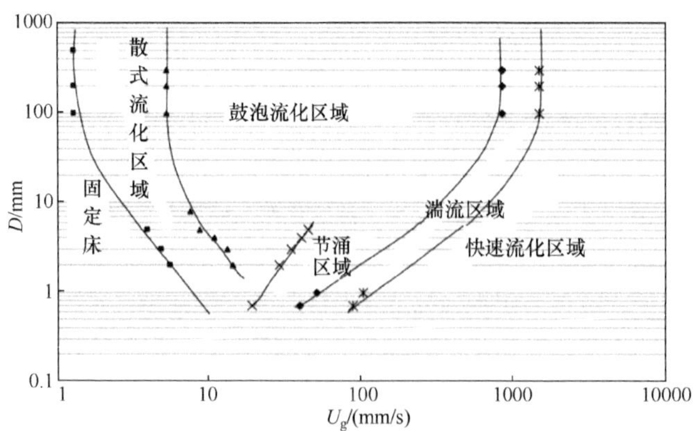

图 10.7　FCC 颗粒微型流化床流型转化图[31]

上述研究结果表明，为在微型流化床中实现良好的传热传质性能，应选择流化床床径在 10～25mm，鼓泡或湍动流化状态的操作范围，以达到稳定气固流化、提高气固反应的等温特性与测试的重复性。

10.4.2　微型流化床中气体返混特性

流化床中气体返混主要由流化中颗粒下降过程所产生的夹带及壁面效应等因素造成。耿爽等[32]通过示踪气体脉冲方法定性与定量研究了床径为 10～30mm 范围微型流化床内气体返混，以期优化微型流化床内气体近似平推流的床结构特征及操作参数，确保等温微分反应分析的实现。

1. 气体返混定性研究

采用手动注射方式在微型流化床的气体入口注入微量示踪气体，采用过程质谱检测得到示踪气体停留时间分布，分析了停留时间分布曲线对应的峰高与半峰宽的比值随操作条件的变化关系，定性分析了气体的返混程度。

1）单分布板微型流化床流化现象

当流化床内径为 10mm 时，气泡较大且容易发生节涌（图 10.8），尤其在 272.5μm 粗颗粒床层中，节涌更易发生，且气泡尺寸随着初始床高与粒径的增加而逐渐增大。在 0.1m/s 表观气速下，使用初始床高为 15mm 的 272.5μm 粗颗粒床料时，出现约为床径 1/3 大小的气泡；初始床高为 30mm 时，出现占据整个床面的气体节，长度小于管径。使用 103.4μm 细颗粒床料时，气泡尺寸均小于粗颗粒床层，在 0.1m/s 表观气速下，初始床高达到 30mm 时，开始出现气体节。在 15～35mm 内径床中，在 0.1～0.25m/s 表观气速下所有初始床高范围内（≤69mm）并未出现节涌，且气泡尺寸小于 10mm 内径床中的气泡。

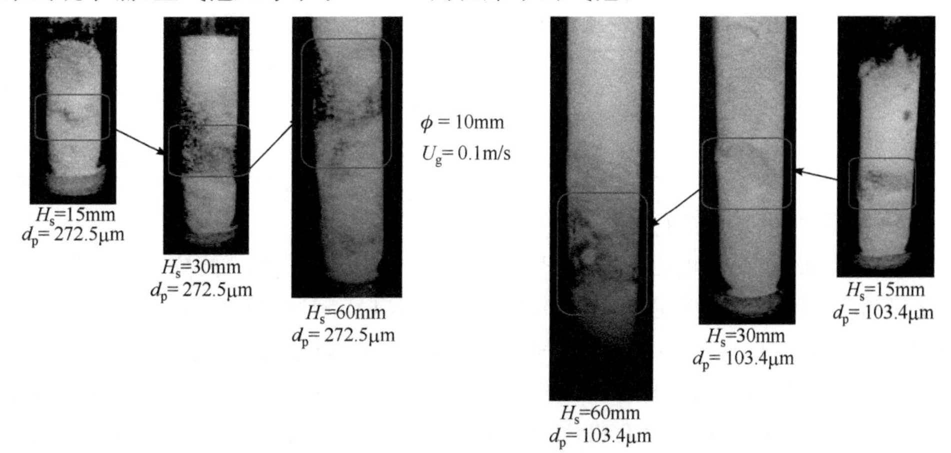

图 10.8　微型流化床内颗粒流化节涌图

2）固定床、空床与流化床的比较

固定床、空床与流化床平均停留时间(RTD)测试条件列于表 10.4，结果如图 10.9 所示，在 10mm 内径微型流化床中，使用粗颗粒床料且初始床高低于 30mm 时，流化床、固定床与空床的 RTD 曲线很近似，表明气体返混程度非常小。同时根据图中数据计算所得不同条件下的平均停留时间与方差列于表 10.5 中，可知固定床、空床与流化床相应的值非常接近，也证明了微型流化床内低返混特性。

表 10.4　固定床、空床与流化床 RTD 测试条件

实验条件	□	○	△	◇	☆
H_s/mm	0	15	15	30	30
U_g/(m/s)	0.1	0.1	0.1	0.1	0.1
d_p/μm	—	272.5	272.5	272.5	272.5
Φ/mm	10	10	10	10	10
床型	空床	流化床	固定床	流化床	固定床

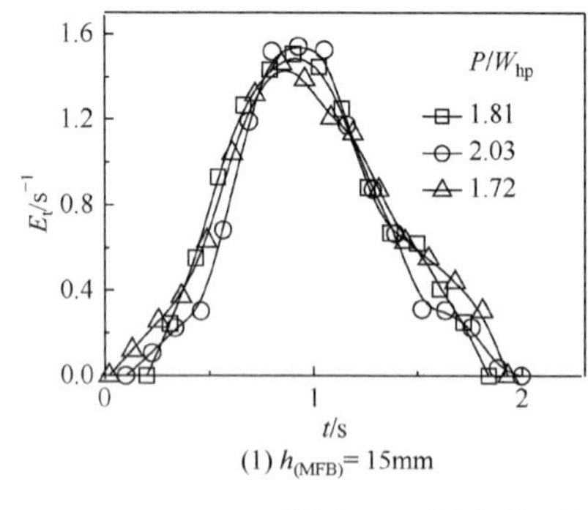

(1) $h_{(MFB)}$= 15mm

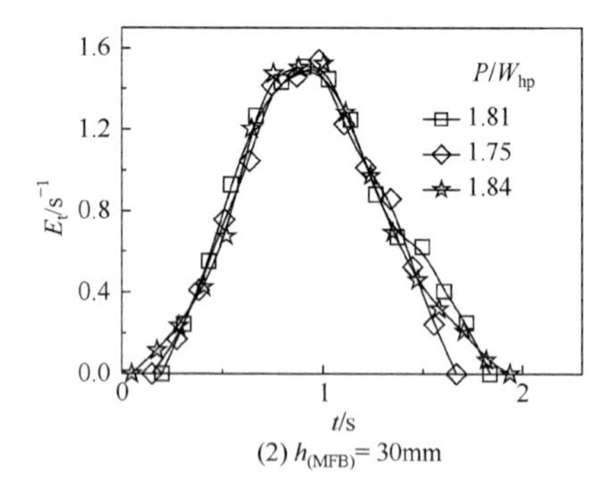

(2) $h_{(MFB)}$= 30mm

图 10.9　固定床、空床与流化床的 RTD 曲线

表 10.5　固定床、空床与流化床 RTD 曲线的平均停留时间和方差

实验条件	0mm 空床	15mm 流化床	15mm 固定床	30mm 流化床	30mm 固定床
t/s	0.77	0.79	0.82	0.78	0.77
δ_t^2/s^2	0.09	0.11	0.11	0.09	0.09

3）多分布板微型流化床

多分布板指保持颗粒总填装高度不变的条件下，将装填的颗粒层高度均分到多层分布板上。颗粒单分布板与多分布板床 RTD 测试条件见表 10.6，结果如图 10.10 所示，在 0.2m/s 的表观气速下，装填 32mm 初始床高的细颗粒(Φ=103.4μm)床料时，10mm 与 20mm 内径的单分布板与双分布板床的 RTD 曲线均非常相似，而三分布板床的 RTD 曲线明显更尖锐；四分布板流化床的 RTD 曲线比三分布板床则略大。相应地，10mm 与 20mm 内径单分布板与双分布板床的

RTD 曲线的平均停留时间与方差较为近似，而三分布板床的平均停留时间与方差均减小，四分布板床则进一步略微减小。说明随着分布板数目的逐步增加，气体返混逐渐被抑制。

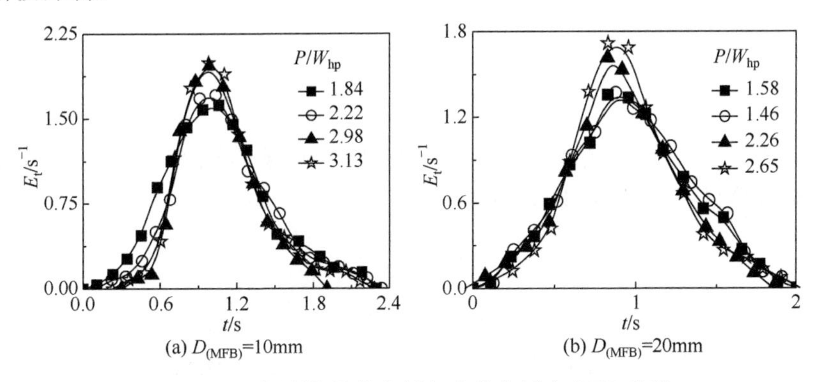

图 10.10　细颗粒单分布板与多分布板床 RTD 曲线

观察发现，两分布板之间的颗粒与上层分布板的下表面剧烈碰撞。因此认为分布板个数增加使气体返混减小的原因应是由分布板破坏了床层的总体循环运动，从而使得气体被夹带至上游的概率减少所致。如前所述，与加入分布板的作用相似，许多学者利用加入内构件乃至设计特殊的床结构来破坏床料颗粒循环流动的方法达到降低甚至消除气体返混的目的。Zhang 等[33]对比了无内构件的流化床与添加多层百叶窗式挡板的流化床，发现使用三层百叶窗式挡板后，固体由于惯性大而难以通过挡板，从而难以形成循环流动，因此气固返混被强烈地抑制。因此，采用多分布板结构的微型流化床作为气固反应分析能有效地降低气体的返混，增加反应分析的近本征特性。

表 10.6　细颗粒单分布板与多分布板床 RTD 测试条件

实验条件	■	○	▲	☆
H_s/mm	32	32	32	32
U_g/(m/s)	0.2	0.2	0.2	0.2
d_p/μm	103.4	103.4	103.4	103.4
分布板数	1	2	3	4

2. 气体返混定量研究

以 G3 的玻璃分布板微型流化床为研究对象，通过扣除测量仪器响应时间以得到准确的停留时间分布曲线起点的方法，采用定量气体脉冲示踪实验得到了不同操作条件(表观气速、初始床高、床料粒径)与床径下的气体停留时间分布曲线，定性比较了各因素对气体返混程度的影响后，计算了平均停留时间与方差，并利用一维轴向扩散模型定量计算气体的轴向扩散系数与轴向彼克列数。

1）计算方法

为了定性比较气速的影响，计算无因次 RTD 曲线（E_θ-θ 曲线），无因次平均停留时间 θ 与无因次停留时间分布密度函数 E_θ 计算公式为

$$\theta=\frac{t}{\bar{t}} \tag{10.9}$$

$$E_\theta=\bar{t}E_t \tag{10.10}$$

由于所用的 MFB 的结构简单且管径微小，因此忽略气体径向扩散，采用一维轴向扩散模型描述得到 RTD 曲线：

$$\frac{\partial C}{\partial t}=D_{\mathrm{a,g}}\frac{\partial^2 C}{\partial z^2}-u\frac{\partial C}{\partial z} \tag{10.11}$$

由于上下部分的锥形段正好组成了闭合系统，而脉冲入口与出口测量点都处于锥形段较大端的末尾，因此采用闭式系统的边界条件，由上述模型方程导出的下述方程（10.13）以试差求取彼克列数，进一步通过方程（10.11）求取轴向扩散系数 $D_{\mathrm{a,g}}$：

$$Pe_{\mathrm{a,g}}=\frac{U_{\mathrm{g}}L}{D_{\mathrm{a,g}}} \tag{10.12}$$

$$\delta_\theta^2=\frac{2}{Pe_{\mathrm{a,g}}}-\frac{2}{Pe_{\mathrm{a,g}}{}^2}\left(1-\mathrm{e}^{-Pe_{\mathrm{a,g}}}\right) \tag{10.13}$$

2）平均停留时间（RTD）曲线

内径 10mm 微型流化床的部分气体 RTD 测试条件见表 10.7。由图 10.11 可见，各 RTD 曲线均接近于标准的高斯分布，没有出现多峰现象，表明没有出现沟流、短路及循环流等较复杂的流动，且 RTD 曲线均仅有很短拖尾，表明气体返混程度较小。

表 10.7　内径 10mm 微型流化床的部分气体 RTD 测试条件

实验条件	□	●	▽
H_{s}/mm	10	20	30

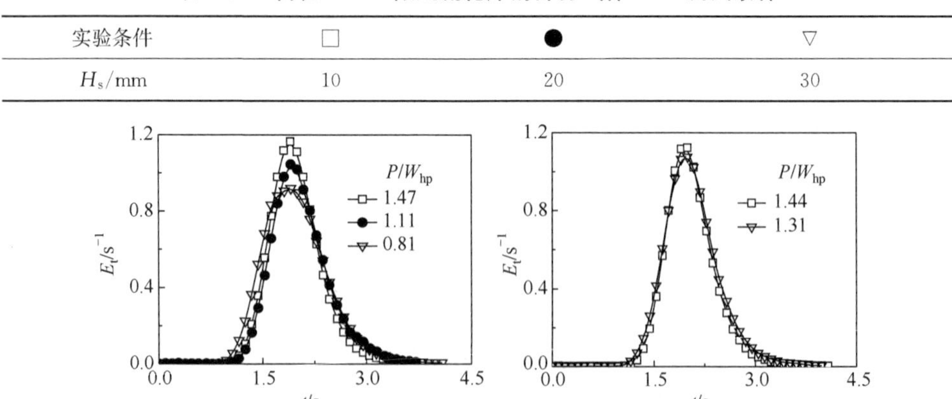

图 10.11　内径 10mm 微型流化床的部分气体 RTD 曲线

随初始床高增加，当使用细颗粒床料时，气体 RTD 曲线的峰值变小，峰宽增加，对应的峰高与半峰宽度之比减小。使用粗颗粒为床料时，随初始床高的增加，气体 RTD 曲线的峰值变化微小，表明粗颗粒床层造成的气体返混非常小。当实验条件不变(表 10.7)，随着流化床管内径从 10mm 增大到 21mm(图 10.12)，RTD 曲线峰高变小，展宽增大，峰高与半峰宽度之比明显降低，表明气体返混程度随着管内径增加而增大。

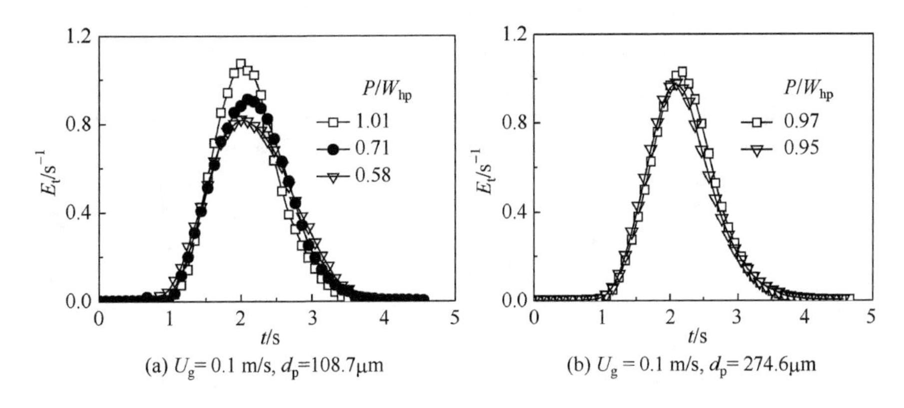

图 10.12　内径 21mm 微型流化床的部分气体 RTD 曲线

随着表观气速增加，气体返混程度随气速增加的变化可以通过无因次停留时间分布图观察得到。然而如图 10.13 所示，气速增大时虽然峰高变低，峰宽增加，但变化幅度很小，因此气速对气体返混的影响需要由定量计算得出。

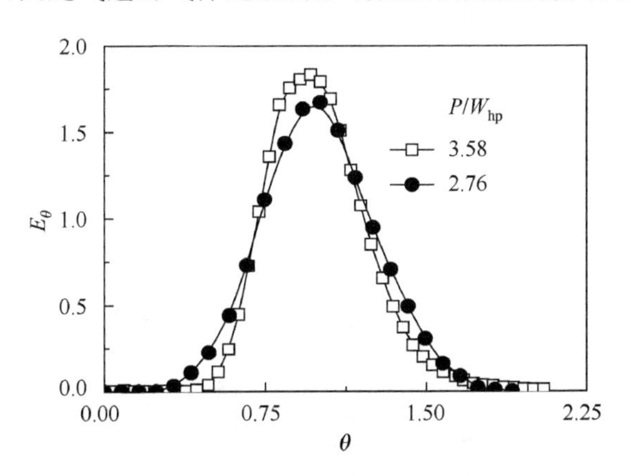

图 10.13　无因次 RTD 曲线随气速的变化

h=30mm，$D_{(MFB)}$=10mm；表观气速：0.1m/s，0.25m/s

3) 平均停留时间、轴向扩散系数与彼克列数

通过实验计算发现(图 10.14,实验条件见表 10.8),气体平均停留时间随着表观气速增加逐渐减小,且与平推流时的平均停留时间相差逐步增大;粗颗粒床料流化床的平均停留时间总体上短于细颗粒床料流化床的平均停留时间,并与平推流更为接近。值得注意的是,10mm 内径流化床中使用 274.6μm 粗颗粒石英砂作为床料时,其气体平均停留时间与平推流所用时间非常接近,表明气体返混程度很小。随着管径从 10mm 增加到 21mm,平均停留时间增加。

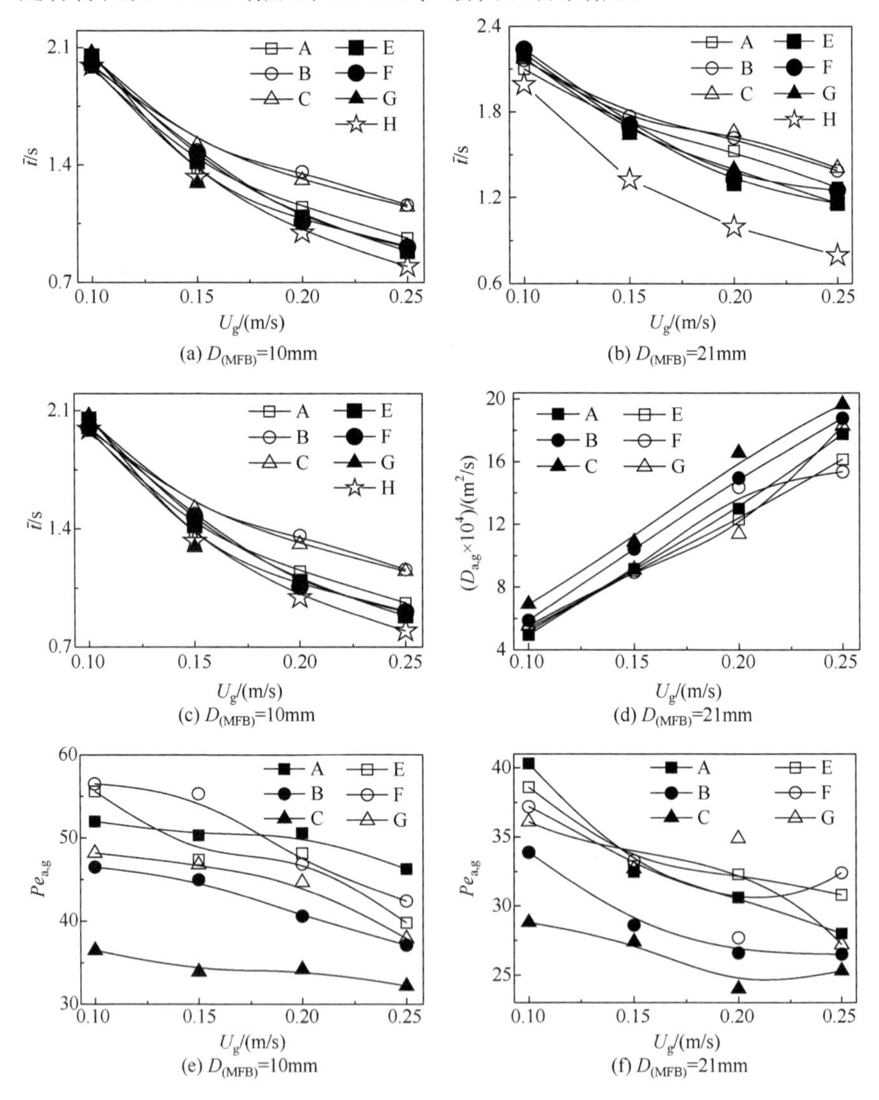

图 10.14 平均停留时间、轴向扩散系数与彼克列数的变化

H 为平推流时气体平均停留时间计算值

随表观气速增加，气体的轴向扩散系数基本呈线性增加。粗颗粒床料流化床各初始床高之间的轴向扩散系数相差较小并混合在一起，而细颗粒床料流化床的轴向扩散系数则随初始床高增加明显增加，且粗颗粒床层的轴向扩散系数小于细颗粒床料。管径由 10mm 增加为 21mm 时，轴向扩散系数明显增大。

随表观气速增加，彼克列数明显降低。随着初始床高逐渐增加，细颗粒床料流化床的彼克列数逐步明显降低，而粗颗粒床料流化床各初始床高之间的彼克列数差距较小，且总体高于细颗粒床料流化床的彼克列数。彼克列数随管径增大而减小。10mm 内径流化床中使用 274.6μm 粗颗粒石英砂为床料时，其彼克列数在 40～65 范围内变化，表明气体返混程度很小，气体流型接近平推流(彼克列数大于 50 可认为是平推流[20,34,35])。

以上计算表明随表观气速增加，气体返混程度增大。由于在所考察范围内，流化床处于鼓泡流化状态，因此认为气速的增加一方面使得气泡增大，运动变得更加剧烈，促进了气体的轴向扩散；另一方面导致床层波动较大，使气固两相间的搅动和相互作用力增大，气相受固相向下的曳力和挟带作用更强，并且使得气体与反应器器壁的作用力增加，气相的返混程度增大。Anderson 等[36]认为气体返混程度随气速变化而显著增加，其中由于气速变化导致的气体扩散程度的变化是次要的，主要原因是因为气体作为连续相，其返混主要是由分散相即固相在下落过程中的夹带导致，因此气速变化会导致固相的流速变化，致使气体返混程度发生变化。

上述平均停留时间的变化与轴向扩散系数、彼克列数的变化趋势一致，表明选用的轴向扩散模型适宜于描述微型流化床中的气体返混。计算与实验得到的 RTD 曲线变化趋势基本一致，采用的在总体时间内扣除系统耗时的方法较适用于微型流化床中的气体返混计算。

表 10.8　平均停留时间、抽向扩散系数与彼克列数测试条件

实验条件	A	B	C	E	F	G
H_s/mm	10	20	30	10	20	30
$d_{p/}\mu$m	108.7	108.7	108.7	274.6	274.6	274.6

参考 Bi 等[37]提出的经验方程方程[式(10.14)]，将管内径与操作条件通过无因次准数阿基米德数 Ar、雷诺数 Re 等表示，并与实验得到的彼克列数进行关联。其中，阿基米德数表征固体颗粒性质，雷诺数表征流化气体性质，得到如下气体轴向彼克列数与各无因次数的关联式：

$$Pe_{a,g}=35.17012Ar^{0.044609}Re^{-0.2406}\left(\frac{H}{\phi}\right)^{0.393003}\left(\frac{H_s}{\phi}\right)^{-0.15033} \tag{10.14}$$

其中，H 为床体高度，在文中为 199mm；H_s 为初始床高，Ar 与 Re 的计算公式为

$$Ar=\frac{gd_p^3\rho_g(\rho_s-\rho_g)}{\mu^2} \tag{10.15}$$

$$Re=\frac{\rho_g U_g \varphi}{\mu} \tag{10.16}$$

上述方程(10.14)的线性相关系数为 0.87。

使用 Bi 等[37]与 Cho 等[38]提出的经验方程分别在文中管径与操作条件下进行计算，与式(10.13)计算所得数据进行对照，列于图 10.15。可见其他方程计算的数据总体上均比本书数据小，这应是由它们均基于较大内径流化床的试验数据而建立，且初始床高较高所致(表 10.9)。

表 10.9　文献研究的实验条件总结

研究者	d_p/μm	ρ_s/(kg/m³)	H_s/mm	Φ /mm	H_g/mm	U_g/(m/s)
Bi	55.0～362.0	—	—	90～600	—	0.10～2.50
Cho	772.0	720	250，360，650	70，300	250，360，650	0.30～0.90

Bi 等与 Cho 等提出的经验方程分别为式(10.17)与式(10.18)：

$$Pe_{a,g}=3.47Ar^{0.149}Re^{0.0234}Sc^{-0.231}\left(\frac{H}{\phi}\right)^{0.285} \tag{10.17}$$

$$Pe_{a,g}=0.002437U_g^{0.19}\phi^{1.65}d_p^{-1.21}h^{-1.25}H\left(\frac{\mu}{\rho_g}\right)^{1.81} \tag{10.18}$$

其中，Sc 按公式(10.19)计算：

$$Sc=\frac{\mu}{\rho_g D_{He\text{-}Air}} \tag{10.19}$$

式中，$D_{He\text{-}Air}$为氦气在空气中的分子扩散系数，其数值为 0.21 m²/s。

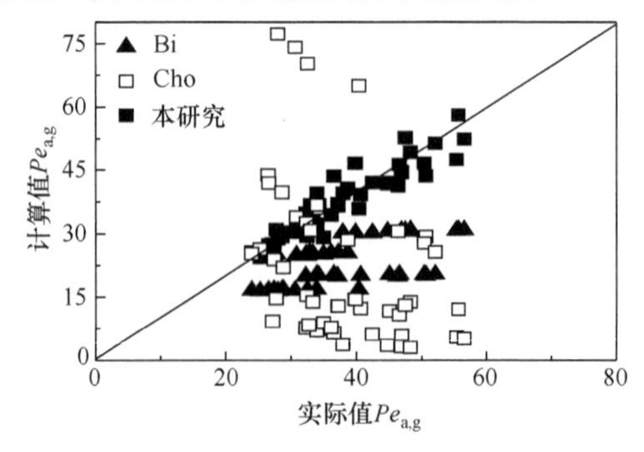

图 10.15　拟合方程计算与实验数据比较

综上所述,微型流化床内气体返混的定量研究结果表明:

(1) 在微型流化床中,随着管内径从 21mm 减小至 10mm,气体返混程度减小;使用 108.7μm 石英砂为床料的流化床与使用 274.6μm 石英砂的流化床相比,粗颗粒床中的气体返混程度更小;在研究范围内,轴向彼克列数($Pe_{a,g}$)大于 27,特别是当床径 10mm 采用粗颗粒为流化介质时,$Pe_{a,g}$超过 50,表明气体返混程度小,气体近似平推流。

(2) 在 0.1～0.25m/s 的表观气速范围内,随着表观气速的增加,气体返混呈现减小的趋势。这是因为气速的增加一方面使得气泡增大,运动变得更加剧烈,促进了气体的轴向扩散;另一方面导致床层波动较大,使气固两相间的搅动和相互作用力增大,气相受固相向下的曳力和挟带作用更强。

(3) 在 10mm 与 21mm 内径微型流化床中,0.1～0.25m/s 表观气速下,使用 274.6μm 的高纯石英砂为床料且初始床高为 30mm 以下时,气体返混程度较小,气体流型接近平推流,因此可能较为适宜于微型流化床反应分析仪(MFBRA)的使用。但结合微型流化床内的流化特性,选择稳定的流化为宜,微型流化床的直径选择 10～20mm 为最佳。

(4) 拟合得到了气体轴向彼克列数与管内径和操作条件的经验方程,与其他学者的数据和公式比较发现,微型流化床的经验方程计算得到的彼克列数较大,即气体返混程度较小、表明微型流化床由于管径小、床层浅,因此气体返混程度低。

(5) 通过多层流化床内气体返混特性与单层流化床内气体轴向扩散的经验方程关联表明,多段浅层微型流化床内气体返混小,接近气体平推流,将大大降低气体产物返混所造成的反应分析对本征过程的偏离,可以用作构建气固反应动力学分析仪的核心反应单元。

10.4.3　瞬态供样固固混合研究

细微颗粒的瞬态供样是仪器实现快速升温的有力保障,前期曾尝试采用柱塞、机械推动等方式进样,发现细微颗粒进样不彻底、细微颗粒与床料的混合慢等问题,无法实现快速升温的测试要求。通过反复试验,采用电磁阀控制、微量压缩气体驱动喷射进样,可使细微颗粒的进样速度超过 10m/s,以期达到反应物料快速混合、快速升温实现等温反应的目的。因此,通过数值模拟的方式优化进样器的结构与相关操作参数,强化微型流化床内细微样品与流化介质之间的混合尤为重要。

微型流化床内颗粒混合数值模拟采用双流体模型,该模型是当前对流化床模拟主要采用的方法之一。双流体模型把离散的颗粒处理为拟流体[39-41]，认为颗粒与流体是共同存在且相互渗透的连续介质，气固相运动遵循基于平均方法的数学上严格的质量、动量和能量守恒方程。它的计算量可以不随颗粒数目的增多而加大，可以在一定范围内调节网格数目以实现工业反应器的仿真计算，因此在工业反应器的模拟上得到了广泛的应用。本节将根据杨旭等[42]基于均匀假设的曳力模型进行反应器模拟方法，结合高速摄像与数值模拟方法对微型流化床内细微样品与流化颗粒之间的射流混合进行研究。

1. 计算模型

气固相连续性方程：

$$\frac{\partial}{\partial t}(\varepsilon_g\rho_g)+\nabla\cdot(\varepsilon_g\rho_g\vec{u}_g)=0 \tag{10.20}$$

$$\frac{\partial}{\partial t}(\varepsilon_s\rho_s)+\nabla\cdot(\varepsilon_s\rho_s\vec{u}_s)=0 \tag{10.21}$$

式中，ε_g为空隙率；ε_s为固相体积分率；ρ为密度，单位为kg/m^3；$\vec{u}$为微元速度，单位为 m/s；下标 g、s 分别表示气体和颗粒。

气固相动量守恒方程：

$$\frac{\partial}{\partial t}(\varepsilon_g\rho_g\vec{u}_g)+\nabla\cdot(\varepsilon_g\rho_g\vec{u}_g\vec{u}_g)=-\varepsilon_g\nabla p+\nabla\cdot\bar{\bar{\tau}}_g+\varepsilon_g\rho_g\vec{g}+\beta(\vec{u}_s-\vec{u}_g) \tag{10.22}$$

$$\frac{\partial}{\partial t}(\varepsilon_s\rho_s\vec{u}_s)+\nabla\cdot(\varepsilon_s\rho_s\vec{u}_s\vec{u}_s)=-\varepsilon_s\nabla p-\nabla p_s+\nabla\cdot\bar{\bar{\tau}}_s+\varepsilon_s\rho_s\vec{g}+\beta(\vec{u}_g-\vec{u}_s) \tag{10.23}$$

其中，气体的应力张量为

$$\bar{\bar{\tau}}_g=\varepsilon_g\mu_g(\nabla\vec{u}_g+\nabla\vec{u}_g^{\mathrm{T}})-\frac{2}{3}\varepsilon_g\mu_g(\nabla\cdot\vec{u}_g)\bar{\bar{I}} \tag{10.24}$$

式中，P 为气相压力，单位为 Pa；P_s为固相压力，单位为 Pa；μ_g为气体黏度，单位为 Pa · s；μ_s为固体黏度，单位为 Pa · s。

固相应力采用颗粒运动理论进行封闭，颗粒温度方程选用代数形式求解，模型的具体表达及动力学方程可参见文献[40]。气固相间作用主要考虑曳力，由于该反应器主要操作在鼓泡或者湍动床状态，故采用基于实验的曳力关联式，表达式如下：

$$\beta=\begin{cases}\dfrac{3}{4}C_D\dfrac{\rho_g\varepsilon_g\varepsilon_s\left|\vec{u}_g-\vec{u}_s\right|}{d_p}\varepsilon_g^{-2.65}, & \varepsilon_s\leqslant 0.35\\ 150\dfrac{\varepsilon_s^2\mu_g}{\varepsilon_g d_p^2}+1.75\dfrac{\rho_g\varepsilon_s\left|\vec{u}_g-\vec{u}_s\right|}{d_p}, & \varepsilon_s>0.35\end{cases} \tag{10.25}$$

其中

$$C_D=\begin{cases}\dfrac{24}{Re}(1+0.15\,Re^{0.687}), & Re<1000\\ 0.44, & Re\geqslant 1000\end{cases} \tag{10.26}$$

式中，C_D为曳力系数；d_p为颗粒直径，单位为 m；Re 为雷诺数，$Re=(\varepsilon_g\rho_g d_p\times\left|\vec{u}_g-\vec{u}_s\right|)/\mu_g$。

2. 模拟对象及条件

1）对象及参数

结合微型流化床反应分析仪近本征动力学参数测定的要求，以其中连接脉冲射流进样器的圆筒形微型流化床这一关键部件为研究对象，采用欧拉-欧拉模型进行三维数值模拟。脉冲进样器将试样送入反应器内，在 900℃高温环境下与密相床中流化颗粒接触混合，通过优化进样器喷口结构，进而实现细微试样颗粒与大量床料快速均匀混合，以确保反应器等温微分条件。调整喷口的轴径向位置以及入射方向，采用图 10.16 所示五种喷口结构。每次脉冲气体射入量控制在 3～5mL，进样时间为 20ms。试样总量为 25～30mg，粒度及密度与床料一致。在 FLUENT 6.3.26 平台上进行计算，计算所采用各参数值如表 10.10 所示。底部及脉冲气入口根据实验中所取流量值设置为给定速度的塞状流动，床上部出口为压力出口，气体采用不可压缩模型。采用相耦合的 SIMPLE 算法来求解两相流模型，动量和空隙率方程离散格式均选用一阶迎风格式，连续性方程、速度及空隙率的求解收敛标准设定为 0.001。

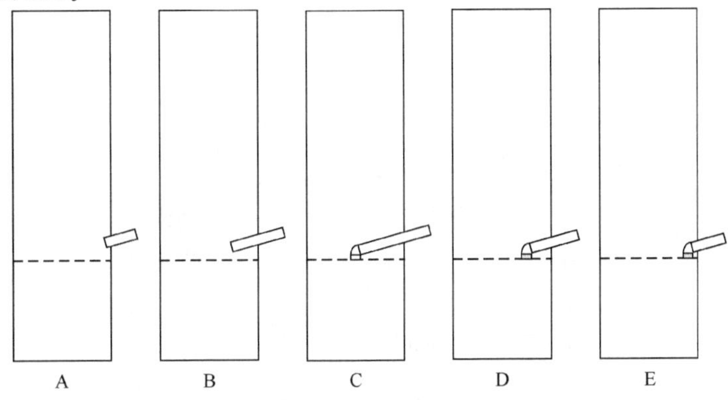

图 10.16　五种喷口结构平面示意图

表 10.10　模拟计算参数汇总

参数	数值
床径 D/mm	20
床高 H/mm	70
进样管管径 d/mm	2
进样管倾斜角 Θ/(°)	15
床料直径 d_p/μm	180
床料密度 ρ_s/(kg/m³)	2600
床料初始高度 h/mm	20
初始堆积密度	0.5
颗粒弹性恢复系数	0.9
流化气体积流量 Q/(L/min)	0.37
流化气密度 ρ_g/(kg/m³)	0.41
流化气黏度 μ/(Pa·s)	6.2×10^{-5}
时间步长 Δt/s	10^{-4}

2）网格尺度筛选

计算网格的划分是影响计算结果的重要因素之一。为尽量提高数值模拟计算的精确度，以结构 C-中心垂直喷为基础算例，考察网格无关的界限，确定合适的网格尺寸。由于模拟区域尺寸较小，体系在 2s 后已达到动态平衡状态，取 2～10s 时均数据进行时均统计和定量分析。图 10.17 为不同网格尺度下全床床料浓度在轴向的时均分布。由局部放大轴向床料浓度分布图可以看出，网格数量为 38 093 和 49 592 的床料浓度变化趋势已基本一致。进一步观察高度在 0.02m 处径向床料浓度分布，如图 10.18 所示，发现在较粗网格尺度下床料浓度存在一定的波动，而较细网格体系 38 093 和 49 592 的床料浓度分布在径向上的变化趋势基本达到一致。考虑计算耗时因素，在数值模拟中网格尺度以 38 093 个网格为标准进行计算，即网格大小约为 5.77×10^{-10} m³。

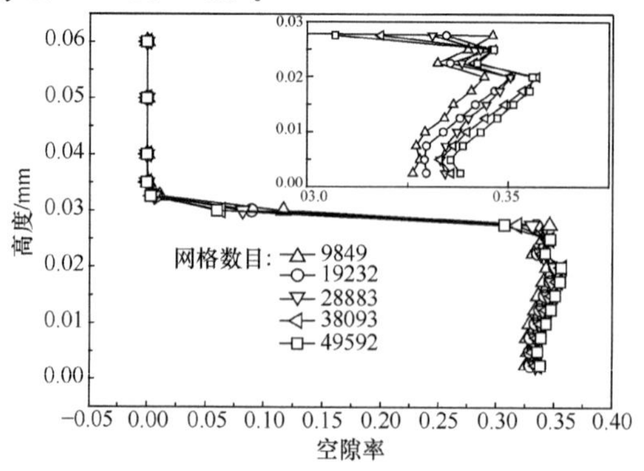

图 10.17　不同网格数量下床料浓度轴向分布

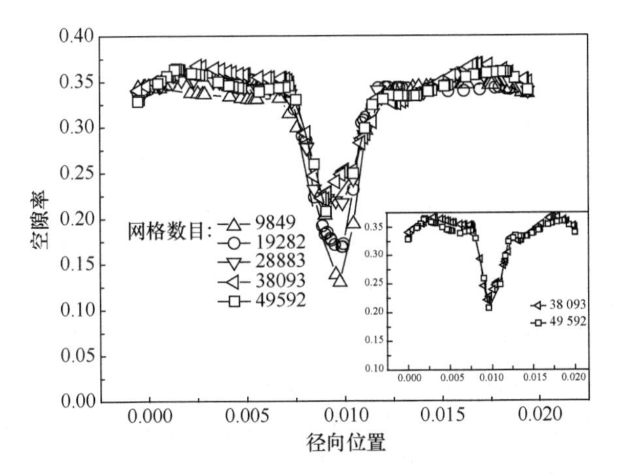

图 10.18　不同网格数量下床料浓度径向(H=0.02m)分布

3) 模拟方法可靠性验证

在常温条件下进行冷态脉冲进样实验，旨在观察微量试样与大量床料混合情况，定性比较实验操作与模拟计算的结果，验证模拟计算方法的可靠性。冷态实验中给定流化气体积流量为 1.4L/min，模拟计算参数与实验完全一致，相对应流化气密度为 1.62kg/m^3，流化气黏度为 2.1×10^{-5} Pa·s。实验过程中使用高速摄像设备 Phantom v7.3 记录进样前床料流化状态及进样后床料与煤样的混合过程，采样频率为 200 帧/s，图片分辨率为 800×600。图 10.19 显示了 B 结构进样后反应器壁面混合情况，图上部为实验中高速摄像机所采集瞬时快照，反应器内白色颗粒为床料，黑色颗粒为试样，图下部为数值模拟计算显示的试样浓度分布云图。上下对比可以看出，冷态条件下的进样混合过程，其模拟浓度分布与实验结果较为吻合，这在一定程度上验证了本书模拟计算的合理性。

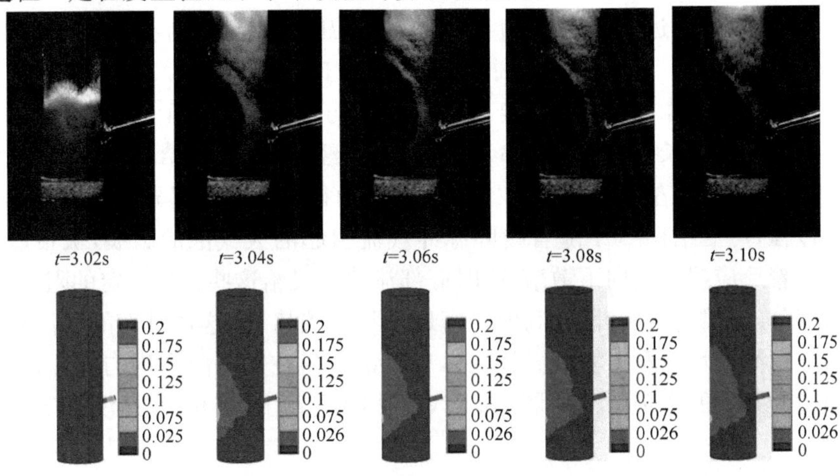

图 10.19　脉冲进样后试样瞬时浓度分布的实验与模拟对照

3. 进样器喷口结构优化

1）系统瞬态流动分析

按照表 10.6 参数条件，对图 10.16 中几种进样器结构与位置进行模拟计算，待反应器内床料流化达到稳定状态后，第 3s 开始进样。图 10.20 为各算例在脉冲进样后相同时刻(t=3.04s)床料浓度的瞬时分布云图。高速射入的气流对反应器内原有的流体近平推流的流动状态有很大影响，五种喷口结构产生影响的程度不同。C、D、E 喷口结构中脉冲气体是垂直于床层表面喷出，A 和 B 结构是倾斜喷出。从图中可以看出，垂直喷出的脉冲气流使床层瞬间产生一个大气泡，随喷口位置沿床径向边壁移动，气泡更大更长。而倾斜喷出的脉冲气流对床料顶层有一定的影响，脉冲气流喷出位置越靠近边壁，影响越小。

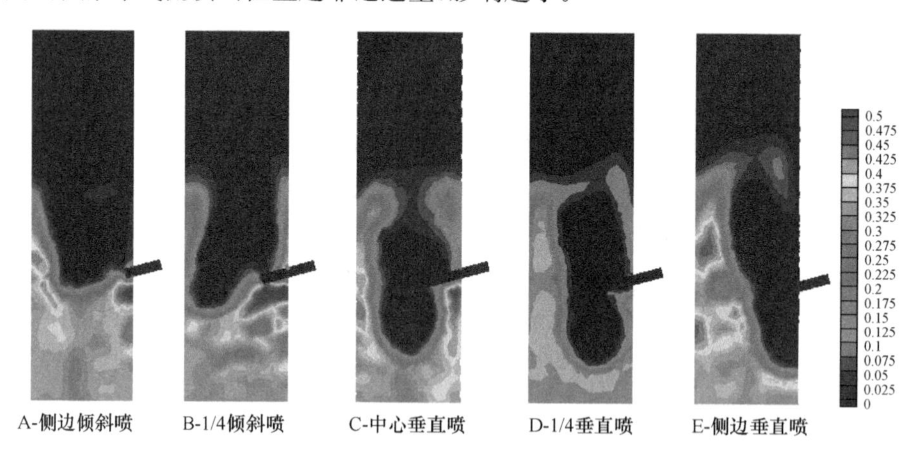

图 10.20　不同喷口结构的床料瞬时(t=3.04s)浓度分布

重复 10 次脉冲进样操作，统计全床床料颗粒的平均重心高度随时间的变化曲线，如图 10.21 所示。大气泡主要持续在瞬间快速进样后的 0.1s 内，可以明显看出脉冲气流垂直于床层喷出导致全床物料的平均重心变化高于倾斜喷出，并且恢复过程持续时间较长，结构 A 和 B 在 0.1s 内已经基本恢复，结构 C、D、E 恢复时间需要持续到 3.4s 左右。图 10.22 的 A 和 C 两种结构的浓度分布云图显示了瞬时喷料过程，可见结构 C 中随着瞬间脉冲气流引起的大气泡的破裂，被带起的床料颗粒沿着反应器内壁向下散落，同时底部流化气又给这些颗粒一定的阻力，从而导致大部分床料颗粒在一段时间内较密地堆积在喷口处，这种过大的气泡和过浓的床料堆积结构均不利于实现微量试样与大量床料在短时间内均匀混合，即不利于等温微分条件的实现。而从图 10.22(a)很明显看出，结构 A 并没有出现上述情况。

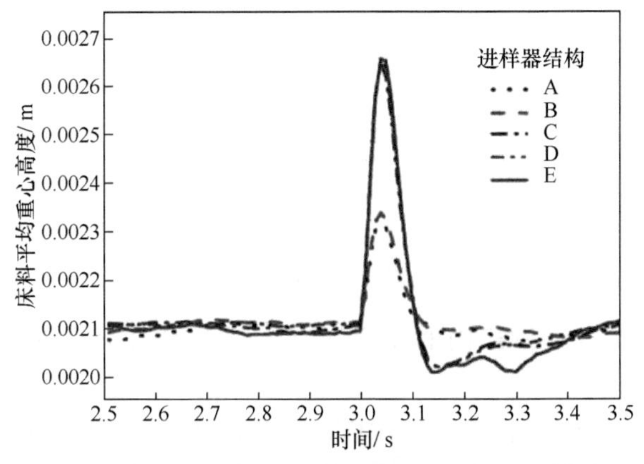

图 10.21　床料全床平均重心高度随时间变化曲线

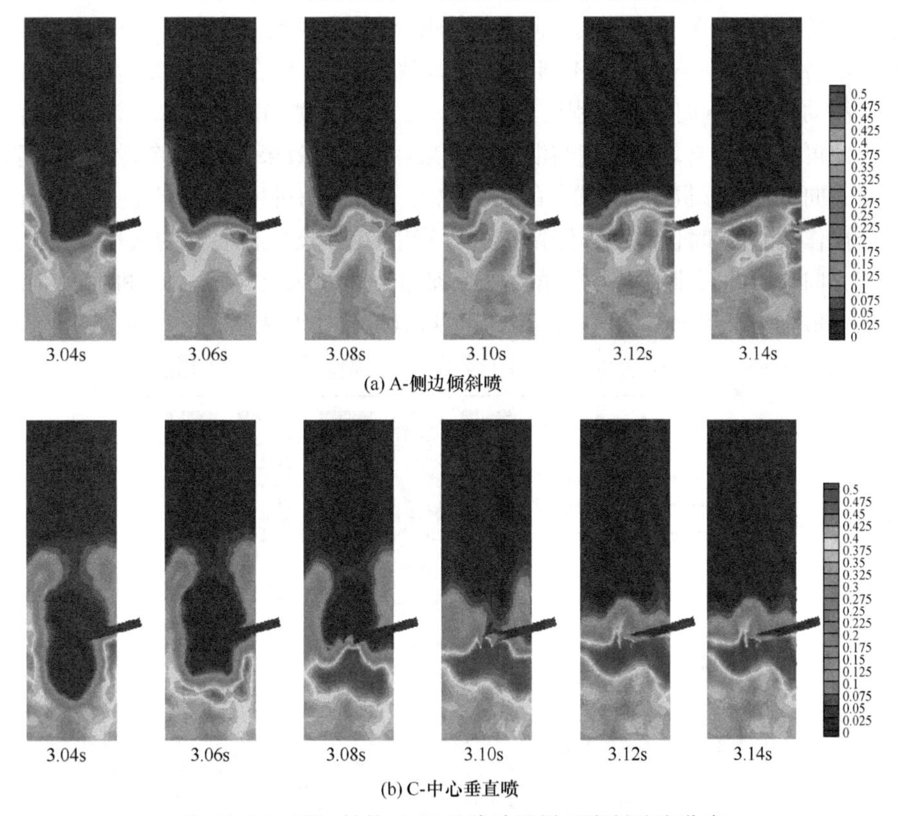

图 10.22　喷口结构 A 和 C 脉冲进样后床料浓度分布

2）物料混合情况分析及喷口结构优化

研究中通常采用混合区浓度的相对标准偏差(RSD)来表征混合质量。即采用试样浓度的标准偏差(σ)来衡量试样与床料的混合均匀程度。

$$\mathrm{RSD} = \frac{\sigma}{\bar{C}} \tag{10.27}$$

$$\sigma = \sqrt{\frac{\sum_{i=1}^{N} (\bar{C} - C_i)^2}{N-1}} \tag{10.28}$$

$$\bar{C} = \sum_{i=1}^{N} C_i \tag{10.29}$$

式中，C_i 为试样在第 i 个网格内的体积分数；$\bar{C}$ 为试样在全床的平均体积分数；N 为网格总数。

图 10.23 显示，瞬间脉冲进样操作后，五组喷口结构中 A 和 B 的试样浓度标准偏差值最小，即表明微量试样与大量床料混合较为均匀。而且，在趋于各自的标准偏差最小值的过程中，A 和 B 所用时间最短，即试样与床料混合较快，而 D 和 E 喷口在进料 1s 之后，才达到 A 和 B 喷口相似的混合效果，喷口 C 在 3.1～3.4s 时间段还有一定的波动，进料 1s 时的混合程度还远远不及 A 和 B 喷口在进料 0.1s 时的混合程度。由此可见，以混合均匀程度与混合速度来评价混合效果，试样倾斜喷出方式明显优于垂直向下喷出。同时，从试样的瞬时浓度分布云图可以看到，C、D、E 结构在脉冲进样操作后 0.8s 时仍有试样停留在进样管中，由于反应器底部的流化气进入后，其主流方向与脉冲气流喷出方向逆向相对，阻止试样进入反应器，并且进样管喷口处的弯曲构造容易聚集微量的试样。由此可见，微量试样以脉冲方式高速射入反应器，气流喷出方向垂直于床层表面并不利于实现固体颗粒的快速均匀混合。

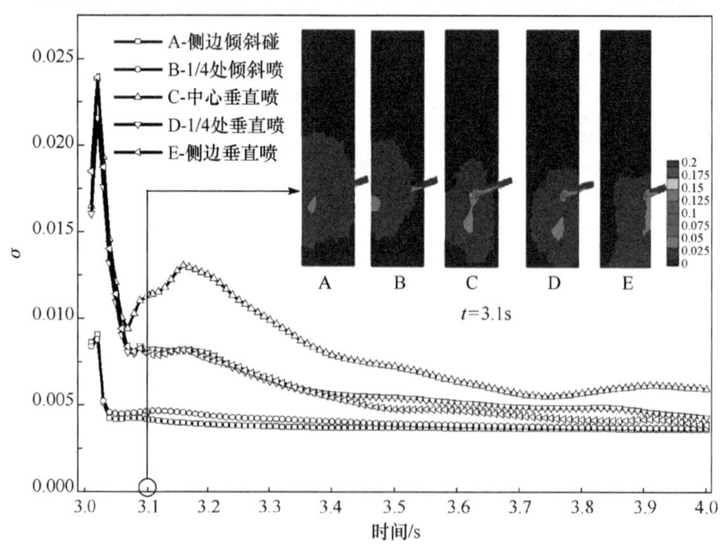

图 10.23　床料与试样全床平均混合浓度的标准偏差随时间变化曲线

右上插图：t=3.1s 时刻不同喷口结构下的试样浓度分布

A 和 B 结构的差别在于喷管深入反应器内的长度，从图 10.24 可以看出，喷管倾斜深入反应器过长，微量试样容易直接被喷到侧壁上，影响试样与床料的充分接触。并且考虑微型流化床反应分析仪的分析测试用途，需要在反应结束后取下进样器喷管称重，所以应尽量缩短喷管深入反应器的长度，在混合过程中尽可能避免床料黏结在喷管管壁。综合以上脉冲气流喷出方向及喷口径向位置的分析，A 为较适宜的进样管结构。

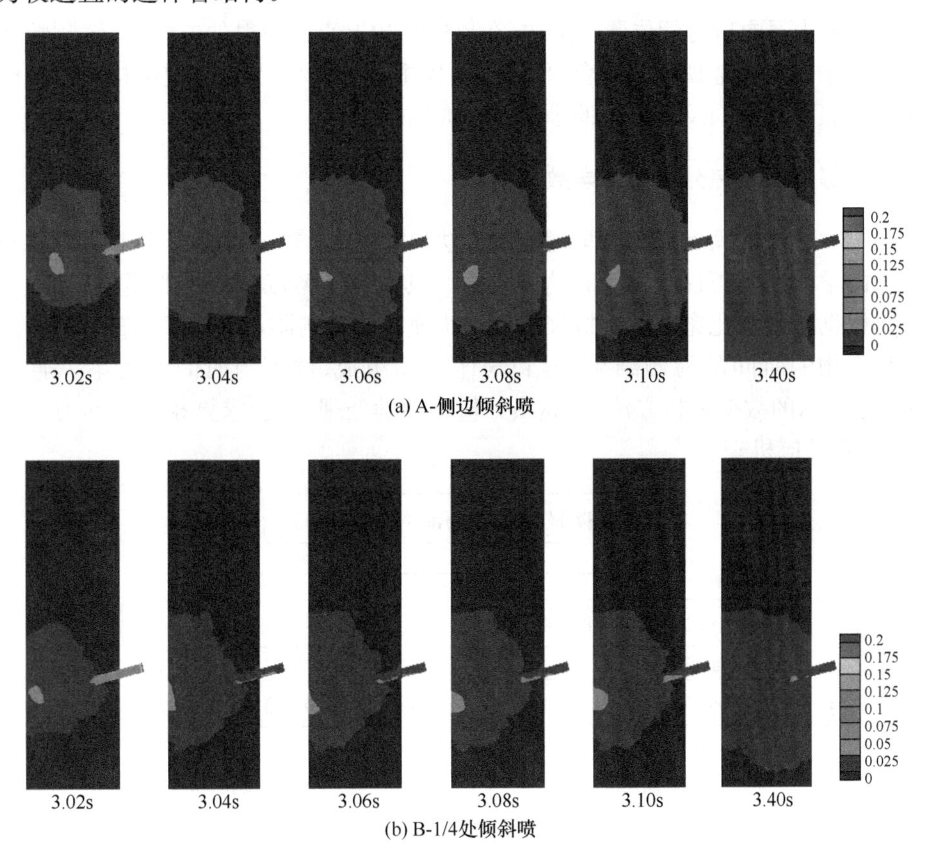

图 10.24　喷口结构 A 和 B 脉冲进样后试样瞬时浓度分布

4. 小结

细微颗粒瞬态进样技术是确保微型流化床等温微分反应特性的关键之一，采用数值模拟手段与高速摄像相结合的方式，揭示了热态实验过程试样与流化介质快速混合特性，可对用于气固反应分析的倾斜角 15°的微型进样器结构的优化提出指导性建议。

(1) 通过冷态实验与模拟结果对比，证明采用基于欧拉多流体模型的三维数值模拟方法能很好地再现微型流化床内试样与流化介质的动态混合过程。

(2) 脉冲进样喷出气流方向与反应器底部流化气流逆向相对,容易引起床料在喷口处较大范围的紧密堆积,不利于微量试样与大量床料的均匀混合,即试样喷出方向不宜垂直于床层表面。

(3) 进样细管的弯角喷口容易导致细微颗粒试样堆积滞留,延长了混合时间。而进样管深入反应器过长,则容易导致试样与反应器壁的碰撞黏附而影响与流化介质的混合。

(4) 对比不同喷射管位置与结构,在反应器边壁直接喷射的方式,细微颗粒样品在床层中能更快地现均匀混合,且床层整体重心波动小,为最稳定结构。该结构可作为等温微分气固反应分析的进样器标准结构。

10.4.4 等温微分热分析动力学数据求算

在 10.2 节"气固反应动力学理论与方法"中介绍了热分析动力学中非等温与等温动力学的发展历程及典型的模型介绍。具体到微型流化床中的等温反应,本小节将根据微型流化床反应分析仪匹配的快速气体检测器,如过程质谱、电化学传感器的产物随时间的检测结果,得到气体产物组成、浓度与时间的关系。通过图 10.25所示的数据解析方法(等温热分析动力学处理方法)求算相应的动力学参数,并推测反应机理。

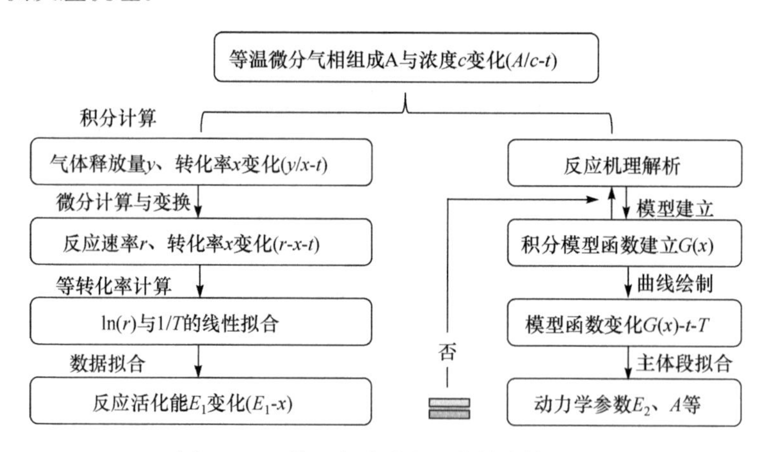

图 10.25 等温微分动力学参数计算方法

为了得到物质有关的动力学数据,样品在指定条件下等温反应,获得转化率 x 对时间 t 的曲线,然后根据等温法的动力学方程积分式(10.30),将一组某个实验温度下 x-t 曲线代入选取出来的可能的动力学机理模型函数 $G(x)$式中,根据 $G(x)$-t 的线性关系,进行一次函数拟合,斜率为 $k(T)$,选取线性相关系数最大的 $G(x)$为最可能的机理函数。

$$\frac{\mathrm{d}x}{\mathrm{d}t}=k(T)\times f(x)=A\cdot\exp\left(-\frac{E}{RT}\right)f(x) \tag{10.30}$$

采用同样步骤在不同温度下反应获得一系列转化率 x 对时间 t 的曲线，从而求算得到一组 $k(T)$ 值，由 $\ln k(T)=-E/(RT)+\ln A$ 式可知，作 $\ln k(T)$-$1/T$ 图得到一条直线，由斜率和截距可分别得到活化能 E 和指前因子 A 的数值。具体求算步骤如下：

基于热分析的气固反应速率描述方程的基本微分和积分形式如式(10.30)和式(10.31)、式(10.32)所示：

$$G(x)=\int k(T)\mathrm{d}t=\int A\exp\left(-\frac{E}{RT}\right)\mathrm{d}t \tag{10.31}$$

$$G(x)=\int_0^{\alpha}\frac{\mathrm{d}x}{f(x)} \tag{10.32}$$

式中，x, A, E, R, T, $f(x)$ 和 $G(x)$ 分别是反应转化率、指前因子、活化能、气体常数、绝对反应温度、微分和积分动力学方程的模型函数。

对前述式(10.28)取对数得到：

$$\ln\frac{\mathrm{d}x}{\mathrm{d}t}=-\frac{E}{RT}+\ln(A)+\ln f(x) \tag{10.33}$$

如果反应在等温条件下进行，则模型函数与反应速率常数可以分离，从而根据式(10.33)求算在不同转化率条件下的活化能，将其外推或是平均化处理后即可求得该反应的活化能。

此时，机理模型函数的确立基于式(10.32)

$$G(x)=k(T)\times t \tag{10.34}$$

将常见的机理模型函数代入式(10.34)，考察不同温度下 $G(x)$ 与反应时间 t 的线性关系，根据线性区间范围和线性度的高低筛选机理模型函数。进而，根据式(10.34)的线性关系求算反应活化能与指前因子，依据该活化能与等转化率条件下求算的活化能的接近程度判定反应模型函数。因此，由上述的等温动力学求算过程可知，由于实现了温度函数与模型函数的有效分离，动力学求算大大简化，有助于提高动力学求算的准确度。

10.4.5　微型流化床反应分析仪研制历程与功能指标

1. 仪器发展历程

鉴于现有的气固反应分析手段存在的诸多不足，中国科学院过程工程研究所集成催化领域用于研究催化机理的脉冲微型反应器与流化床反应分析的优势，创新研制了微型流化床反应分析方法与分析仪(micro fluidized bed reaction analysis/analyzer,MFBRA),以用于非催化气固反应特性研究和动力学解析。在2005年申请科学院科研装备研制项目,提出采用微型流化床进行气固反应动力学测量作用,并开发相应的微型流化床反应分析仪。在2007年完成微型流化床雏形机的研制,如图10.26(a)所示。该反应器采用两段式电加热器对微型流化床进行加热及气体脉冲细微固体进样系统。在完成雏形机研制后,进一步对微型流化床及分析软件进行开发,如图10.26(b)所示。通过耦合红外镜面加热炉与过程质谱,形成了第一代微型流化床反应分析仪。

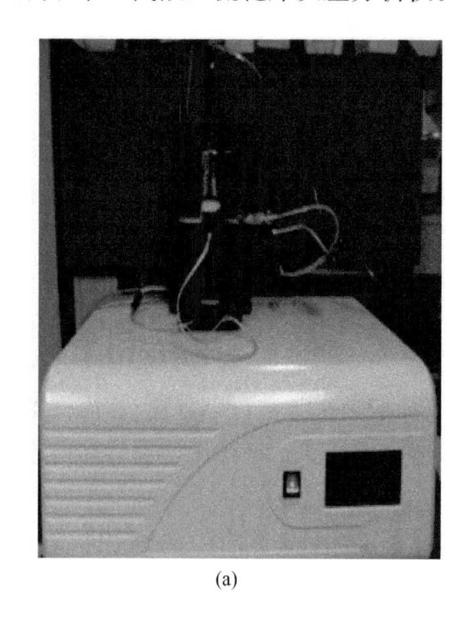

(a)

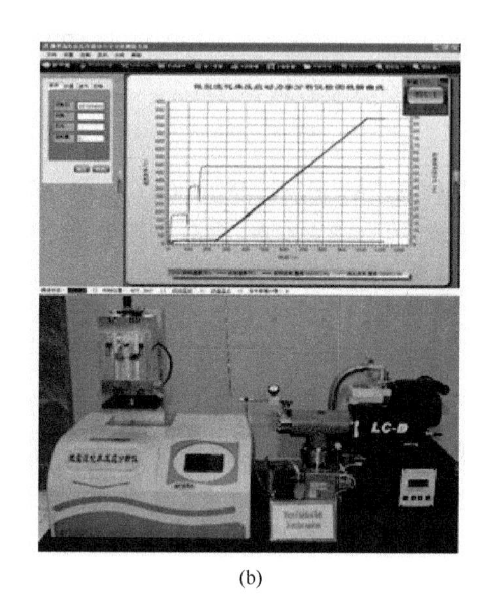

(b)

图10.26 微型流化床反应分析仪前期研制产品

MFBRA原理与最新的实物如图10.27所示。如图10.27(a)所示,该分析仪由微型流化床反应器、微型加热炉、流量与压力控制、细微固体样品进样、产物气体净化及数据采集与控制等部分及子系统构成。该分析仪利用流化床强化样品、流化介质(床料)及气体之间的传热与传质,最大限度地降低外扩散抑制作用和反应温度的不均匀性;通过采用微型反应器与瞬态气体脉冲输送微量(5~50mg)细微(10~200μm)颗粒样品,实现反应的微分化和定温下样品与床料的均匀混合;结合快速过程质谱(采样频率:10~100 ms/次)的毛细管探针对气体产物的在线分析和气体的低延迟准确测量,实现气固相反应的等温微分测试,同时最小化扩散和混合的影响,使得测试结果更接近本征特性。

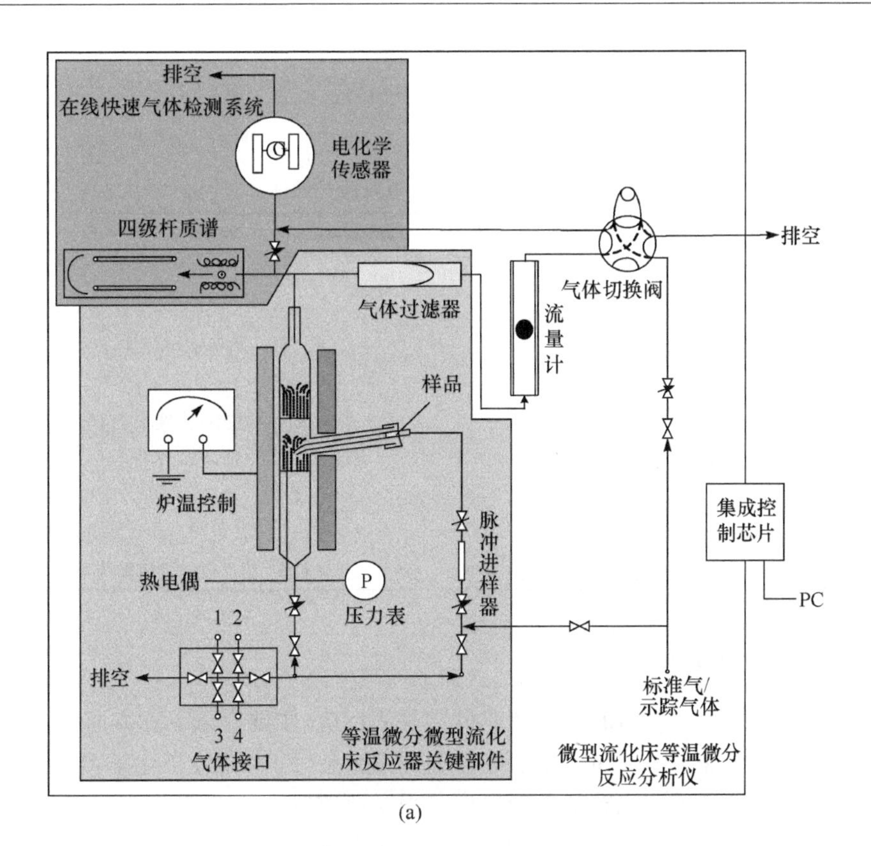

(a)

(b)

图 10.27　微型流化床反应分析仪原理及外观图

2. MFBRA 技术指标

MFBRA 的相关技术指标列于表 10.11。

表 10.11 MFBRA 相关技术指标

指标	信息
加热炉最高可加热温度	≤1200℃
颗粒反应物供给时间	<1.0s
颗粒反应物进料量	5～50 mg
系统延迟时间	<5.0s
反应器尺寸	内径 20mm 左右，高度小于 150mm
颗粒床料	石英砂或催化剂，粒径为 200～300mm
测量重复性误差	<3.0%
流化气量	取决于流化介质的起始和终端流化速度
与质谱仪的联用	操作稳定、质谱仪的灵敏度约 1ppm

3. 仪器应用领域

适用于颗粒物料参与的催化及非催化气固反应，主要有以下五方面。

(1) 化工方面的化学品分解、氧化、还原、加氢等，如高分子化学品的分解机理、动力学参数的求算、积碳催化剂再生动力学研究等。

(2) 冶金中的矿石还原、焙烧等，如具有工业应用价值的氧化铁还原动力学、硫化物焙烧动力学等。

(3) 煤、生物质热解、气化、燃烧等能源领域，如测定煤、生物质热化学转化中气体释放特性，根据释放特性研究反应机理与求算反应动力学参数，为反应器设计提供依据。

(4) 材料领域中的发射药、炸药分解、爆炸这些属强放热的反应，采用微型流化床反应分析仪可以实现等温微分反应，求算分解动力学参数。

(5) 环境方向的固废热解、燃烧、气化，废气吸收、氧化、吸附等，如 SO_2、CO_2 吸收，可以实现流化床中原位反应动力学与吸附材料活性评价研究。

10.5 微型流化床反应分析特性

10.5.1 快速升温

能源物质如生物质、煤的热解反应对反应器的升温速率提出了较高的要求，高的升温速率能够使物质中焦油组分快速释放，并增加焦油等挥发性物质的产率。目前用来研究快速热解反应的装置主要有网格加热器、居里点加热器、层流加热器等。这些反应器可以实现 $5\times(10^3\sim10^4)$K/s 的加热速率，在研究中使用非常广泛。

微型流化床 MFBRA 中的反应存在多种热量的传递方式，如流化介质与细微反应物料之间的热传导就大大增加了反应物料的升温速率[43]。根据流化床中单颗粒的升温速率的通用计算方法[44]，通过考虑流化介质与样品之间的热传导、气固对流传热与加热壁的辐射传热，计算了不同粒径石墨颗粒的升温速率，结果如图 10.28 所示。由图可知，当粒径小于 50μm 时，石墨颗粒的升温速率约为 5×10^4℃/s，且随着反应温度增加，升温速率增加。根据颗粒的升温速率推导冷物料在 MFBRA 中的升温时间约为 0.02s。具有比其他快速加热反应器相似或更高的升温速率，因此，微型流化床中固体升温速率可适用于绝大部分快速反应的等温反应测试要求。

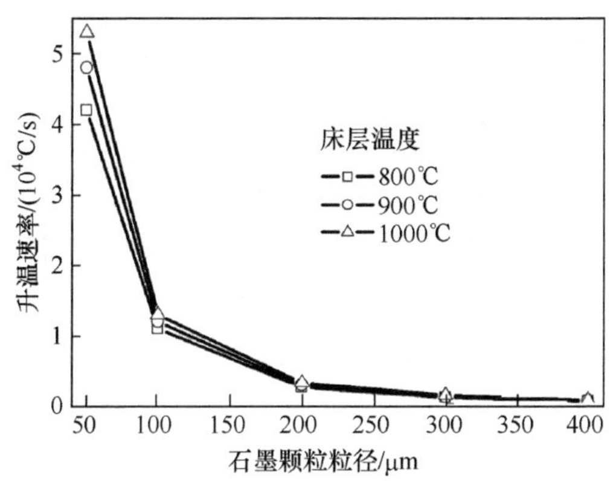

图 10.28　微型流化床内样品的升温速率[44]

10.5.2　低扩散抑制

传统气固反应分析仪器受反应器结构的限制，无法实现高的反应气速，导致反应(特别是快速反应)速率受外扩散抑制严重，很难得到本征反应过程相关动力学参数。微型流化床反应分析仪可选择不同直径的流化介质，在低于流化介质终端速度的条件下，可任意选择载气的线速度。根据 10.4 节的研究结果，选择直径为 10～20mm 的石英管作为反应器，200μm 的石英砂作为流化介质，其终端速度约为 0.19m/s。在绝大多数情况下可消除外扩散对反应的抑制效应。因此，微型流化床反应器具有与其他快速加热反应器相似的升温特性及无法比拟的低扩散抑制特性。

为证明微型流化床反应器与 TG 相比对扩散抑制的削弱，采用 CO 还原氧化铜的实验进行证明[44]。在 N_2 保护条件下装载有一定质量样品的 TG 升温至 600℃，稳定后，切换为等体积流量的 CO，测量还原过程中样品的质量变化过程。在相同温度条件下，MFBRA 中采用 CO 作为流化气体，通过在定点温度下瞬时供入一定质量的 CuO 样品进行还原反应，通过检测气体中 CO_2 的浓度变化，计算反应速率。TG 与 MFBRA 的实验对比结果如图 10.29 所示。图示表明，TG 分析仪采用气体切换的方式测量的氧化铜的还原反应速率随氧化铜样品量的减少而增加，但由于 TG 称量误差及样品池中气流扩散的影响，当样品量减至 5mg 时，反应速率的变化已不明显，达到了 TG 测量 CuO 还原的极限速度。而采用 MFBRA 测量 CuO 的还原速率却发现即使在大剂量反应条件下，CuO 的还原速率依然超过了 TG 的极限反应速率，证明在 MFBRA 中具有传统 TG 无法实现的低扩散抑制特性。

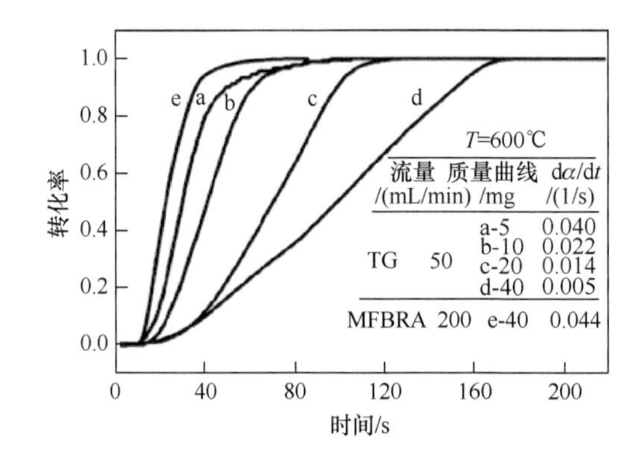

图 10.29　热重与微型流化床内 CuO 还原速率对比

10.5.3　等温微分

微型流化床反应分析仪已经实现了样品的瞬时升温、快速测量的功能，但能否实现真正的等温反应，并列于现有的热重非等温分析手段，将是微型流化床核心特征。石墨碳在燃烧反应过程中无内扩散，在最大限度消除外扩散影响前提下，其反应过程就是化学反应控制，不同仪器与方法测试的动力学参数应具有一致性，这将证明微型流化床等温微分反应特性。

石墨在 MFBRA 中的燃烧反应转化率随反应时间的变化如图 10.30 所示，当温度从 700℃升至 850℃时，反应时间从 500s 减少到 20s 左右，温度达到 950℃后，反应在 6s 内完成。根据图 10.30 的数据，基于等温方法方程[式(10.33)]选取不同转化率下的反应速率的对数与温度的倒数拟合，结果如图 10.31 所示。对该图中各转化率对应的 $\ln(\mathrm{d}\alpha/\mathrm{d}t)$ 与 $1/T$ 进行线性拟合，由直线斜率求算不同转化率条件下的反应活化能。在转化率为 0.2～0.9 的范围内，活化能在 154～179kJ/mol 中变化，平均值为 165.3kJ/mol，与文献报道的结果类似[45]，表明所测得的石墨燃烧动力学参数准确可靠。这说明微型流化床反应分析仪中的石墨燃烧反应完全符合等温微分反应要求，证明该仪器具有等温微分反应特性。

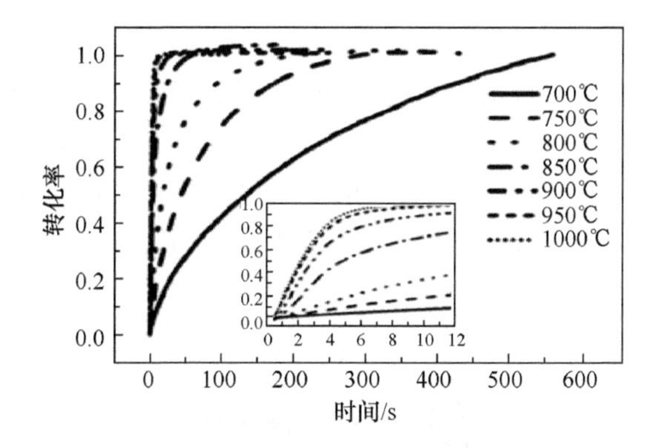

图 10.30　石墨燃烧转化率与时间关联[43]

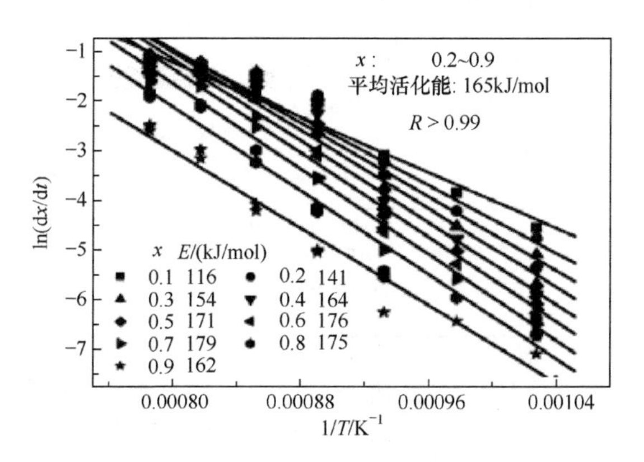

图 10.31　石墨燃烧活化能拟合与计算[43]

10.5.4　快速直接反应

除上述提及的微型流化床所具有的相关反应特性，对于不稳定物质，如生物质、煤、高分子化合物以及在加热过程容易发生分解或是结构变化的物质，直接反应特性的测试也是气固反应仪器发展的必然要求。微型流化床反应分析仪在不稳定物质的快速直接反应测试中的技术优势[46]将采用 $Ca(OH)_2$ 与 CO_2 的高温反应进行证明。

将 $Ca(OH)_2$ 粉末置于低温样品管中，待微型流化床中温度升至设定值，且流化状态稳定后，采用微量压缩气体瞬间将 $Ca(OH)_2$ 样品喷射入微型流化床中进行反应。

图 10.32 为不同温度下产物气体的释放特性，对比图中 550℃和 610℃的 CO_2 吸收与 H_2O 释放曲线可以看出，CO_2 吸收先于 H_2O 的释放，初始阶段 CO_2 浓度快速降低后升高至一定值，缓慢增加至初始浓度。这表明 CO_2 的吸收与 H_2O 的释放反应不是同步进行，很可能 CO_2 先储存在固体吸附剂内，而后置换出产物 H_2O。

CO_2与H_2O释放的不一致性说明$Ca(OH)_2$与CO_2的直接反应存在新的反应机理,即$Ca(OH)_2$与CO_2的直接反应存在中间产物。Montes-Hernandez 等[47]通过原位红外表征在低温条件下$Ca(OH)_2$和CO_2的反应也发现在该过程中存在中间未知产物,验证了在微型流化床中的直接捕集反应存在新的反应机理及微型流化床反应分析仪可应用于不稳定物质的直接反应分析中。

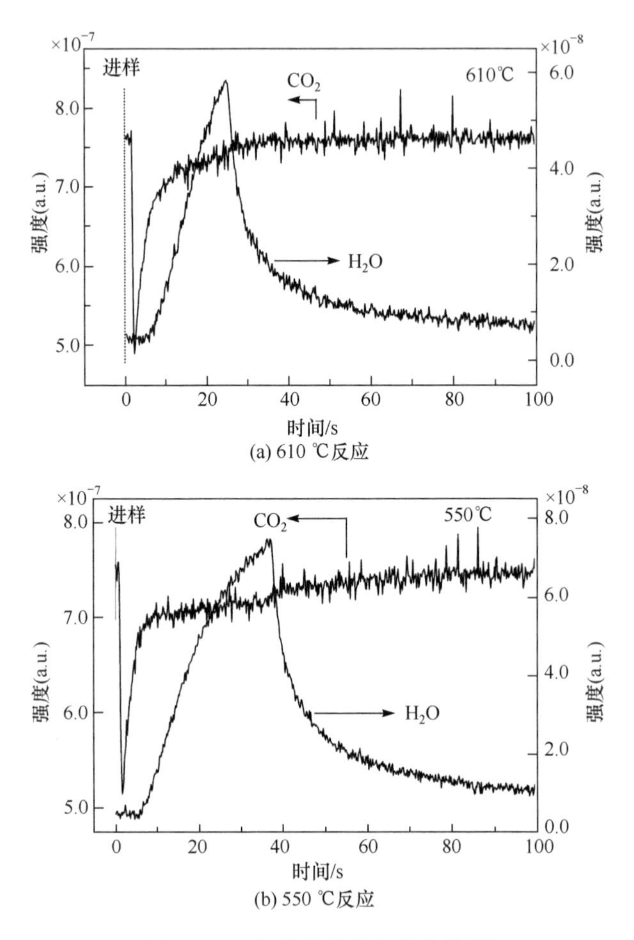

(a) 610 ℃反应

(b) 550 ℃反应

图 10.32　气体产物的释放曲线[46]

通过微型流化床内升温速率的计算、石墨燃烧活化能、CuO 还原速率对比及$Ca(OH)_2$高温捕集CO_2的反应特性表明,在微型流化床中进行的气固反应具有快速升温、低扩散、等温微分及直接反应特性,特别适合不稳定物质、复杂、快速气固反应的反应机理与动力学分析,将在能源物质热转化过程中产生重要应用,在下一节中将进行详细的介绍。

10.6　微型流化床反应分析在燃料热转化中的应用

10.6.1　生物质热解产物分布与动力学

生物质热解不仅是生物质利用方式之一，而且是生物质燃烧与气化过程必须发生的反应，对其开展热解机理与动力学研究十分重要。生物质热解过程涉及传热、传质及复杂的化学反应，通常采用一级反应动力学模型分析，利用热重仪器在给定升温速率下测得的样品质量及系统热量随时间或温度的变化而推导反应动力学参数[49,50]，或在较大尺寸的流化床反应器中通过测定气体、半焦及焦油在不同温度下的产率求算动力学函数或推导反应机理[51,52]。反应方式的差异，将有可能造成生物质这种结构不稳定物质的热解动力学的差异性。

前已述及 MFBRA 具有快速升温特性、低扩散抑制特性、等温微分与直接反应特性，可以应用于生物质热解反应的反应特性与动力学分析。余剑等[53]利用微型流化床反应分析仪（MFBRA）匹配的气体检测器可以对酒糟生物质热解进行研究，根据产物随时间的释放特性，利用热解反应缩核动力学模型求算针对单组分及整体挥发分的动力学参数，并根据气体释放特性推导反应机理。具体研究工作介绍如下。

1. 实验材料及方法

生物质热解的实验方法为：利用氩气作为流化和进样气体，流量均为 300mL/min。流化介质取筛分后 65～80 目（0.20～0.25mm）的石英砂，并用盐酸浸洗和高温焙烧处理后使用。生物质样品为酒糟，其工业分析与元素分析结果如表 10.12 所示，质量控制在20～25mg；粒径为 120～200 目（0.075～0.125mm），以忽略内扩散对动力学参数的影响。反应温度为 400～900℃；生成气体的 H_2、CH_4、CO、CO_2信号由质谱检测，并用气袋收集反应所产生气体，采用气相色谱外标法定量气体产物总量，从而依次对应求出不同时刻质谱强度所对应的浓度值。

表 10.12　酒糟工业分析和元素分析结果

物种	工业分析/%（质量分数）			元素分析/%（质量分数）			
	V_d	A_d	FC_d	C_d	H_d	N_d	O_d+S_d
酒糟	79.9	3.93	16.17	48.74	6.73	4.58	38.95

2. 反应温度与气体释放的关系

图 10.33 表示酒糟在 500℃下快速热解生成的气体组分的浓度变化，主要气

体组分开始释放的顺序是 CO_2、CO、CH_4 和 H_2。优先生成 CO_2 表明生物质化学结构支链上的羧酸基团脱羧反应较其他反应易发生[54,55]。各种气体具有的不同释放时间表明其生成的难易程度各不相同。800℃条件下气体释放曲线图与500℃相比，气体的释放序列的差别明显减小，CO、CH_4 和 H_2 几乎在同一时间生成，表明在高温条件下，生物质的升温速率增加，使得各种物质的热解难易程度的差别消失；整个反应时间为10s，远小于文献报道的小型流化床中的热解时间45s[56]，说明在MFBRA中具有更高的反应速率。

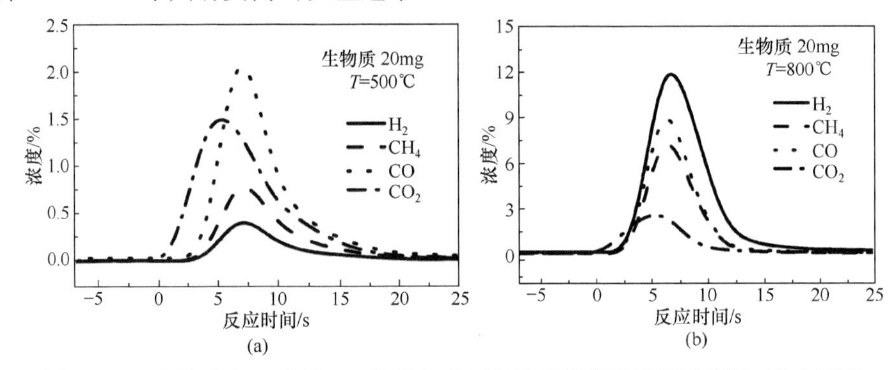

图 10.33 生物质在500℃和800℃热解主要气体释放顺序及其浓度随时间的变化

表10.13为不同温度下主要气体组分的产率随反应温度的变化。随反应温度的增高，热解程度加深，气体生成物增多。在低温反应区，气体产率增加主要由CO生成所致，而在高温区则主要归因于 H_2 的贡献。CO_2 产率随反应温度的变化小于其他气体组分，表明 CO_2 的生成在较低温度下即可完成，主要由一次反应产生。CO与 CH_4 的产率在温度增加过程均出现最大值，分别在600℃与700℃。CO主要源于含氧杂环与酮类化合物的二次裂解[57]，温度越高二次裂解反应越显著。同时，升温速率随温度升高而增大，导致酮类化合物更易发生脱氢缩聚反应，降低CO生成，同时增加 H_2 产率。而且，高温条件下反应器中气速大，一次产物停留时间缩短，二次裂解程度降低。这些过程的综合作用导致CO产率先增加后减少。

表 10.13 主要气体组分及固定碳产率随温度的变化

主要气体组分及固定碳产率/%	温度/℃			
	600	700	800	900
H_2	0.10	0.32	0.75	1.67
CO	7.45	19.90	23.70	31.32
CO_2	6.22	7.81	9.10	8.01
C1～C3	4.71	11.64	11.68	10.49
总气体	18.48	39.67	45.23	51.49
固定碳	10.23	9.49	6.40	5.84

CH_4变化趋势与炭化过程中的—OCH_3基团在不同温度下的形成有关。低温段主要来自热裂解初期炭化过程中芳香族的甲氧基团的断裂，而高温区内二次反应中碳骨架重整炭化过程更易发生，析出 CH_4，但 CH_4高温裂解生成氢气的概率也同时增加，二者的竞争作用导致 CH_4产率随温度升高先增加后降低。生成气中 H_2产率随温度升高而明显增加，除与高温导致热解效率增加外，还与前述在高温段 CO 生成机理及 CH_4裂解有关。总热解气体释放量随反应温度增加而增加，而残余半焦中固定碳含量随着反应温度增加急剧降低，且远小于测试样品(酒糟)中固定碳的含量(16%，质量分数)。

3. 气速对热解反应的影响

反应中考察了反应温度在 800℃条件下，气体流量对反应速率的影响。从图 10.34 中可以看出，气速增加反应速率增加，热解时间缩短。当载气流量增加至 300NmL/min(0.05m/s)时，反应速率(曲线斜率)增加不再明显。表明在该条件下，外扩散对热解反应的抑制作用可以忽略。

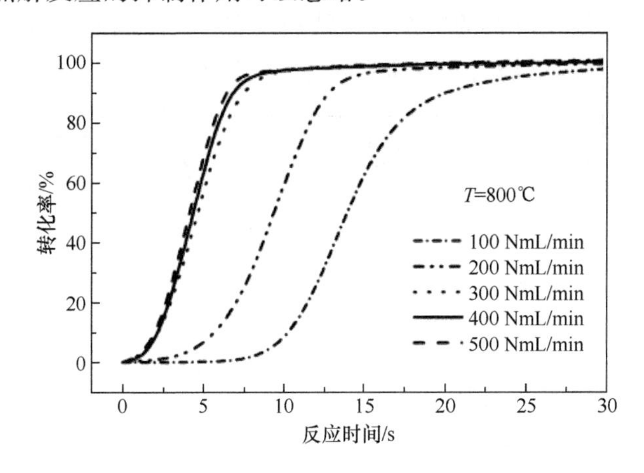

图 10.34　反应温度 800℃下气体流量对整体反应速率的影响

4. 主要气体组分生成动力学

反应条件控制气速为 300NmL/min，粒径为 0.075～0.125mm，基本上可以消除扩散对反应动力学参数的影响。通过分别测定微型流化床中不同温度下反应产物浓度随反应时间的变化关系，计算反应速率与转化率的关系而推导反应动力学模型函数及表观活化能。生物质快速热解反应符合缩核颗粒反应模型[51]，反应速率与未反应颗粒的表面积有关。式(10.35)、式(10.36)和式(10.2)分别代表生物质热解转化率、反应模型函数及 Arrhenius 方程：

$$x = \frac{\int_{t_0}^{t} C_i \times u \mathrm{d}t}{\int_{t_0}^{t_e} C_i \times u \mathrm{d}t} \times 100\% \tag{10.35}$$

$$\frac{\mathrm{d}x}{\mathrm{d}t} = k(T)(1-x)^n \tag{10.36}$$

式中，C_i为反应出口气体 i 组分的体积分数；u 为出口气体体积流量；x 为 t 时刻的反应相对转化率；t_0为反应开始时刻；t_e 为反应结束时刻；$k(T)$为温度 T 下的反应速率常数；n 为反应级数；A 为指前因子；E 为表观活化能。

图 10.35 是各温度下四种主要气体组分的相对转化率随反应时间的变化。图中曲线斜率表明：随温度升高四种气体组分的平均反应速率均呈现增加趋势，既说明温度升高促进了反应的本征反应速率，同时，高温下反应器内气体速度提高，加速了气体产物扩散，进一步加快了反应速率。但是，对于不同气体组分的反应速率增加的幅度各不相同，其中，温度对 H_2 速率的影响最大，对 CO_2 速率的影响最小，说明了生物质热解反应过程的复杂性。特别是 CO 在高温时，反应速率反而有所降低，可能与高温反应下快的升温速率和传质性能有关。

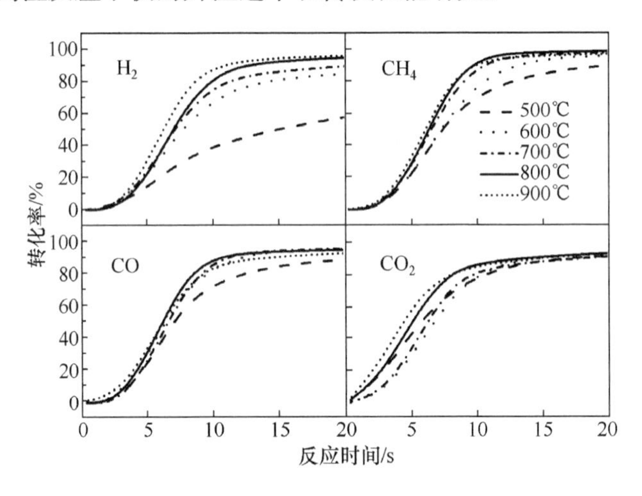

图 10.35　不同温度下各气体产物相对转化率随时间的变化

图 10.36 是根据[式(10.36)]取自然对数后，四种主要组分气体在不同温度下的 $\ln(\mathrm{d}x/\mathrm{d}t)$与 $\ln(1-x)$的关系图。从图中看出，酒糟在 MFBRA 中的热解反应可分为三个阶段、快速升温阶段、化学反应控制阶段以及内扩散控制阶段。快速升温与表面反应同步进行，微量的样品与大量的热载体石英砂颗粒瞬间混合，快速达到反应温度进行等温反应，继而反应处于化学反应控制阶段，此阶段曲线线性关系

最好，能反映热解本征过程。当反应接近完成时，ln(dx/dt)出现拐点，反应变成内扩散控制。化学反应控制阶段是生物质热解反应的主体，且体现了流化床能最大限度消除传热传质的影响，是热解动力学函数的拟合区域。

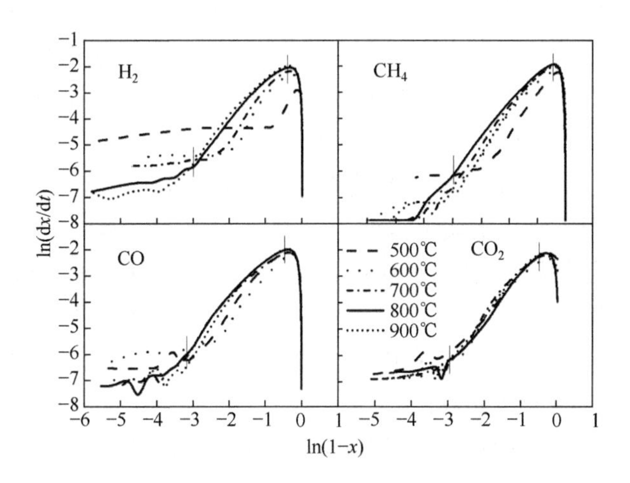

图10.36　不同温度下主要气体产物生成的 $\ln(dx/dt)$ 与 $\ln(1-x)$ 的关系

对图10.37中的化学反应控制阶段进行线性拟合，结果列在表10.10中，分别代表各气体组分在不同温度下的反应级数 n 和 $\ln k(T)$。各气体生成的反应级数随温度的变化各有不同，其中 H_2 的反应级数随温度变化最大，表明氢气在不同的反应温度下具有不同的生成机理。图10.35进一步拟合各温度下的 $\ln k(T)$ 值与 $1/T$，以确定如图10.35中所示的各气体生成反应的指前因子和表观反应活化能。可见，其值按 H_2、CH_4、CO、CO_2 的顺序依次减小，验证了各种气体在热解反应中生成的难易程度不同：活化能越大，所需反应温度越高，即生成 CO_2 的活化能最小，在热解反应中最容易生成。

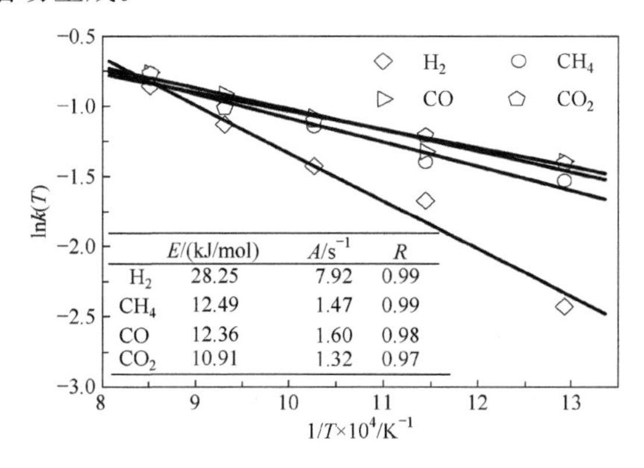

	E/(kJ/mol)	A/s⁻¹	R
H_2	28.25	7.92	0.99
CH_4	12.49	1.47	0.99
CO	12.36	1.60	0.98
CO_2	10.91	1.32	0.97

图10.37　主要气体组分的 $\ln k(T)-1/T$ 线性拟合

5. 挥发分析出整体动力学

热解反应动力学分析通常将 H_2、CH_4、CO、CO_2 的混合气体作为对象，通过上述同样的方法求算挥发分析出整体反应的动力学参数。以混合挥发分为对象的相对转化率与反应时间的关系如图 10.38 所示。图 10.39 对应拟合了挥发分混合物析出在不同温度下的 $\ln(\mathrm{d}x/\mathrm{d}t)$ 与 $\ln(1-x)$。基于化学反应控制段的拟合表明针对气体混合物形成的反应级数 n 均在 1.62 附近，吸收了表 10.13 所示针对不同组分的反应级数差异，且拟合相关系数均在 0.99 以上(表 10.13)。结合表 10.14 中不同温度对应的反应级数实质上说明，H_2、CH_4、CO 等气体组分间可能存在相互耦合反应，致使不同温度下整体反应级数较单组分具有更好收敛性。图 10.40 通过 Arrhenius 方程拟合，确定混合气体析出反应的表观活化能与指前因子分别为 11.77kJ/mol 和 1.45s^{-1}。该活化能与指前因子略小于文献报道的循环流化床生物质快速热解反应动力学参数值[46]，即 15.12～24.45kJ/mol 和 4.81s^{-1}，但远小于热重分析结果[57-59]，即 120～235kJ/mol 与(3.29～5.98)$\times10^4 s^{-1}$。这些动力学参数比较表明，MFBRA 具有较循环流化床更好的传质传热效率，其测定的动力学参数更接近本征化学反应过程，求算结果具有良好的重复性。

表 10.14 主要气体组分生成及整体反应的动力学参数

气体组分	T/℃	$\ln k(T)$	n	R
H_2	500	−2.43	2.42	0.99
	600	−1.67	1.59	0.98
	700	−1.43	1.65	0.99
	800	−1.13	1.53	0.99
	900	−0.86	1.60	0.99
CH_4	500	−1.53	1.54	1.00
	600	−1.40	1.33	0.99
	700	−1.14	1.34	0.99
	800	−1.01	1.26	0.99
	900	−0.89	1.46	0.99
CO	500	−1.39	1.56	0.99
	600	−1.32	1.75	0.99
	700	−1.08	1.52	0.99
	800	−0.91	1.65	0.99
	900	−0.76	1.71	0.99

续表

气体组分	T/℃	$\ln k(T)$	n	R
CO_2	500	−2.01	1.71	1.00
	600	−1.40	1.53	0.99
	700	−1.21	1.72	0.99
	800	−1.10	1.71	0.99
	900	−1.01	1.85	1.00
混合气	500	−1.47	1.86	1.00
	600	−1.22	1.62	0.99
	700	−1.07	1.62	0.99
	800	−0.98	1.52	0.99
	900	−0.82	1.62	0.99

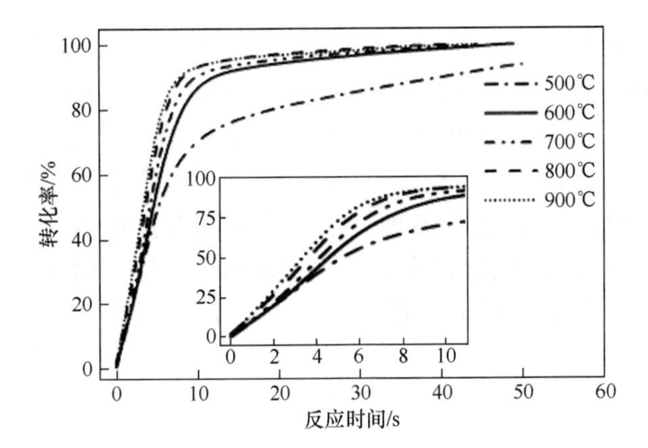

图 10.38　热解混合气体的相对转化率随时间的变化

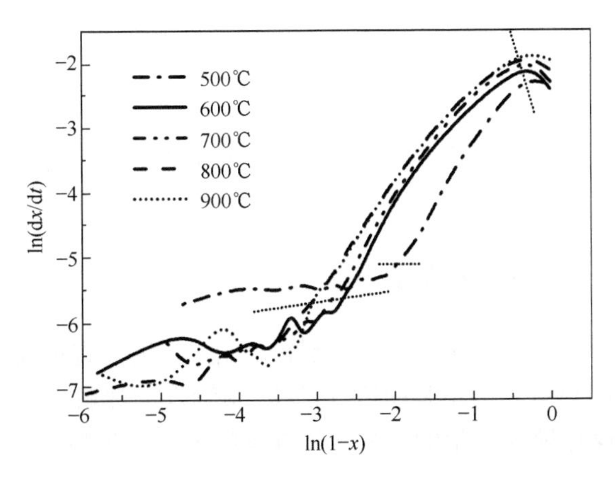

图 10.39　混合气体形成的 $\ln(\mathrm{d}x/\mathrm{d}t)$ 与 $\ln(1-x)$ 关联

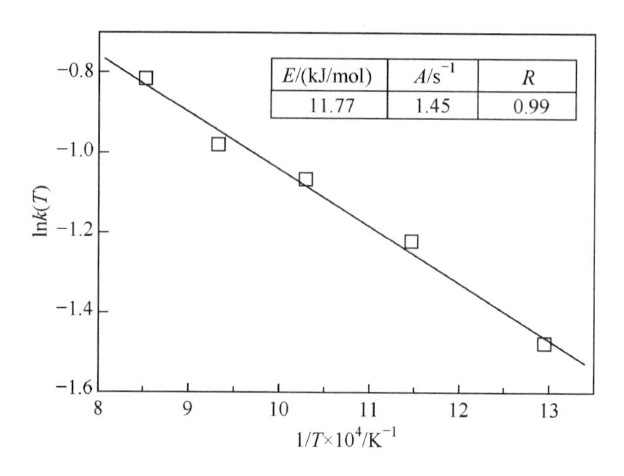

图 10.40　热解气混合物生成反应的 ln $k(T)$与 $1/T$ 线性关系

应用微型流化床反应分析仪(MFBRA)测试生物质热解反应,实现了物料在线供给与气体产物在线分析。发现生物质在 800℃的热解时间为 10s,远小于传统文献报道值。热解过程气相产物总产率随反应温度的增加而增加,而 CO 与 CH_4 产率分别在 600℃和 700℃出现最大值,CO_2 产率在整个温度范围内变化不大。根据不同温度下各种气体释放量随时间的变化,求算 H_2、CH_4、CO、CO_2 的形成反应活化能分别为 28.25kJ/mol、12.49kJ/mol、12.36kJ/mol 和 10.91kJ/mol。热解过程形成各组分气体的活化能差异揭示了气体生成的不同难易程度,且与热解过程中各气相组分的释放顺序相关联。同时,根据单气体组分生成反应级数随反应温度的变化(表 10.10)以及各气体组分的产率随温度的变化(表 10.9),即 H_2、CO、CH_4 的生成耦合了不同的反应过程,存在较复杂的形成机理。以热解形成的混合气体为对象所求算的反应级数为 1.62,活化能与指前因子分别是 11.77kJ/mol 和 1.45s^{-1},其活化能略小于利用小型循环流化床反应器的测试结果,但远小于文献中报道的热重实验结果,表明 MFBRA 具有较高的传质传热效率,其测定的反应动力学参数更接近化学反应的本征过程,可为快速复杂气固反应动力学参数的测试与分析提供有效的仪器和方法。

10.6.2　煤热解反应产物分布与动力学

煤的热解因对后续热转化过程,如燃烧、气化、液化等有重要影响而被人们广泛研究[60,61]。煤的热解动力学是研究煤结构、预测煤的热解挥发分组成及含量的重要手段。研究煤热解动力学的意义在于探索挥发分析出机理,建立反应时间、反应温度与反应进度的关系，为热解反应器的设计提供基础数据，并为研究热解对气化、燃烧的影响打下基础。大量的煤热解工作基于传统的热重分析或是快速升温分析方法，样品往往处于静态，通过质量或是气体产物的释放求算相应的动力学。由于采用的煤种、反应器、操作条件不同，不同的研究者得出的不同升温速率的动力学参数相差很大，缺少相互比较的基础。微型流化床反应分析仪是具有等温微分反应特性的气固反应分析仪器，可以应用于煤炭物质热转化反应的测试。蔡连国等[62]采用微型流化床反应分析仪研究了不同煤种的热解反应动力学，并与传统煤热解动力学参数进行了比较，分析了产生差别的原因，为煤慢速热解和快速热解动力学参数的确定提供了理论指导。

1. 实验部分

实验所用煤样为内蒙古胜利褐煤（SL）、新疆准东不粘煤（ZD）、陕西府谷烟煤（FG）、宁夏银川烟煤（YC）和内蒙古通辽无烟煤（TL），煤的工业分析和元素分析见表 10.15。煤样的粒度选择为 45～74μm，氩气流量为 605NmL/min，计算得表观气速为 0.0322m/s。实验前煤样在干燥器中 105℃条件下干燥4h，以除去煤中的水分。而等温快速热解动力学参数的计算方法参考上节生物质热解动力学的求算过程。

表 10.15　煤样的工业分析和元素分析

煤种	工业分析/%(ad,质量分数)				元素分析%/(daf,质量分数)				
	M	V	A	FC	C	H	O	N	S
SL	12.52	31.66	14.6	41.22	74.29	4.27	19.24	1.08	1.13
ZD	11.58	26.54	7.57	54.31	77.95	3.98	16.28	0.74	1.05
FG	4.57	33.75	4.44	57.24	82.92	4.66	10.94	1.26	0.22
YC	15.22	28.96	4.68	51.14	79.23	4.33	14.57	0.95	0.92
TL	1.97	7.9	11.77	78.36	91.54	3.2	3.64	1.25	0.37

2. 非等温与等温煤热解气体释放特性

针对属于不同煤阶的五种煤（SL 褐煤、ZD 次烟煤、FG 和 YC 烟煤、TL 无烟煤）进行了微型流化床的慢速与快速热解实验，以下以 FG 煤为例给出具体实验结果和数据处理过程。

为了考察挥发分气体的析出顺序，预先将煤与石英砂混合加入到微型流化床反应器中，在气量为 605NmL/min，煤样量为 0.5g，升温速率为 10℃/min，终温为

900℃的情况下，考察了 FG 煤在程序升温条件下的挥发分析出特性（图 10.41）。从图中可以看出，在程序升温条件下，随着时间的延长，反应器内温度逐渐升高，煤热解挥发性气体析出的先后顺序为 CO_2、CO、CH_4 和 H_2，开始析出温度分别约为 260℃、400℃、450℃和 600℃，反映了煤在不同温度下发生的热解反应不同，大于 200℃时，褐煤和年轻烟煤中的羧基开始分解生成 CO_2；温度继续升高时，含氧杂环或羰基反应生成 CO；此后煤中的脂肪侧链发生脱落生成 CH_4；温度大于 600℃时，开始发生缩聚反应，放出 H_2[63]。

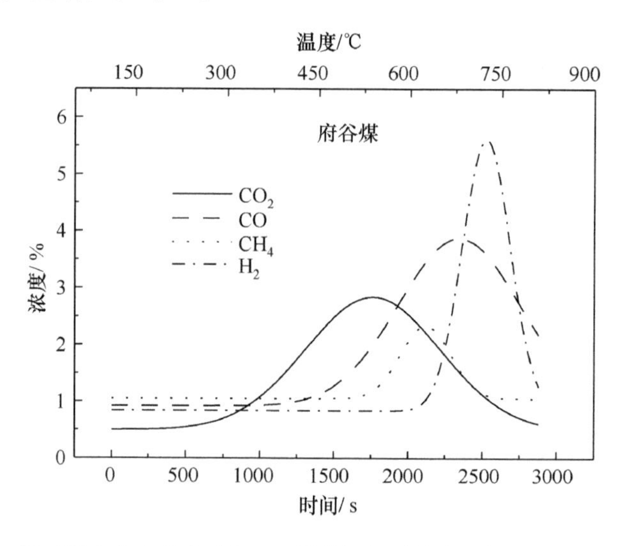

图 10.41　微型流化床中程序升温 FG 煤热解得到的主要挥发分气体的析出特性

在 650～800℃范围内，通过在高温下瞬态进样的方式考察了 FG 煤的等温热解特性，结果如图 10.42 所示。对比图 10.41 不难发现，程序升温时，CO_2、CO、CH_4 和 H_2 依次析出，等温快速热解时各气体的析出次序差别不如程序升温时明显，且随反应温度升高，这种差别呈减小趋势，但是 CO_2 和 CO 的析出次序先于 CH_4 和 H_2 的析出次序。在等温快速热解条件下，煤粉的升温速率很高，达到 10^4℃/s，因而产物析出的初始时间差别随着升温速率的升高而减小。程序升温时 H_2 在 600℃有明显析出，而等温反应时 H_2 在 650℃时才有明显析出（煤在 600℃的等温热解反应数据图中没有给出），并且 H_2 的析出有一个拖尾。这是因为随着升温速率的提高，煤的挥发分的初释温度也相应提高[64]。从反应所需的时间来看，生成 CO_2 的反应时间最短，其次为 CO 和 CH_4，但生成 CO 的反应开始和结束时间都早于生成 CH_4 的反应，生成 H_2 所需时间最长。

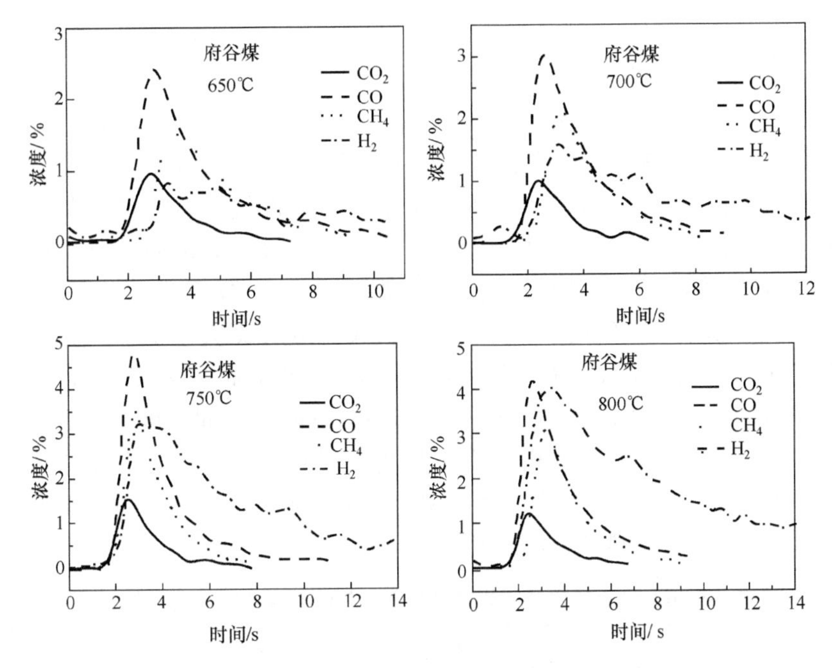

图 10.42　不同温度下微型流化床中 FG 煤热解得到的主要挥发分气体的析出特性

3. 煤等温快速热解挥发分产率

计算得到的挥发分气体及混合气总量的产率数据见图 10.43。从图中可以看出，在 650～800℃温度范围内，气体产率均随温度升高而有不同程度的增加。H_2 的产率最高且产率随温度增加最快，一般认为 H_2 由缩聚反应产生，随温度升高缩聚反应加剧导致更多的 H_2 产生。CO_2 的产率最低，随温度升高的变化幅度也比较小，说明生成 CO_2 的羧基碳在较低温度下就可反应完毕。CO 和 CH_4 的产率及随温度的变化幅度介于 CO_2 和 H_2 之间，说明生成这两种气体的反应对温度的敏感性高于生成 CO_2 的反应，但是低于生成 H_2 的反应。

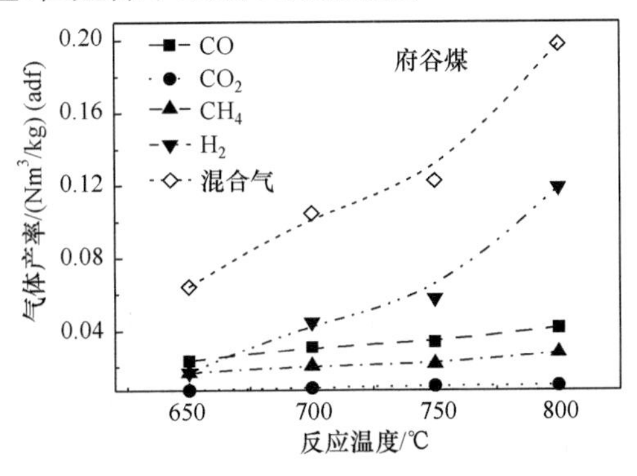

图 10.43　微型流化床中府谷煤热解得到的挥发分产率与温度的关系

4. 等温热解动力学参数的确定

根据等温动力学计算过程、煤热解反应进行热解动力学参数计算。得到四种主要挥发分气体产物和混合气的反应级数 n 和 $\ln(k)$，见表 10.16。生成 CO_2、CO 的反应级数 n 值在 0.97 和 1.20 之间，接近于 1，可近似认为宏观上煤热解生成 CO_2 和 CO 的反应是一级反应，与文献[64]和[65]所报道的结果一致。同一种气体的 $\ln(k)$ 随温度的升高而增大，说明随着温度的升高，反应速率有所加快；对不同的气体，同一温度下 CO 的 $\ln k$ 小于 CO_2 的，CH_4 的 $\ln k$ 大于 H_2 的，说明在同一温度下，CO_2 的生成速率大于 CO 的生成速率，CH_4 的生成速率大于 H_2 的生成速率；但三个温度下 H_2 的反应级数 n 有较大差别，可能与不同温度下，H_2 生成的机理不同有关。所有气体的拟合相关系数 R 均大于 0.9，从变化趋势上来说，H_2 的拟合相关系数最小为 0.94，其他气体的拟合相关系数均值大于 0.95，说明所用模型机理函数适合描述煤热解析出挥发分的行为。

表 10.16 主要挥发分气体产物和混合气的反应级数和速度常数

气体	T/℃	$\ln k$	n	R
CO	650	−0.59	1.16	0.99
	700	−0.57	1.03	0.99
	750	−0.34	1.20	0.99
	800	−0.31	1.15	0.99
CO_2	650	−0.21	0.97	0.99
	700	−0.16	1.17	0.96
	750	−0.12	1.09	0.97
	800	−0.08	1.13	0.98
CH_4	650	−0.81	0.82	0.98
	700	−0.39	1.18	0.99
	750	−0.23	1.05	0.98
	800	−0.18	1.27	0.95
H_2	700	−1.71	1.49	0.99
	750	−1.51	1.70	0.97
	800	−0.83	1.42	0.94
气体混合物	650	−0.79	0.98	0.99
	700	−0.65	1.07	0.98
	750	−0.54	1.22	0.99
	800	−0.41	1.23	0.99

图 10.44 为主要挥发分气体产物和混合气的 ln$k$ 对 $1/T$ 的线性拟合结果。从图中可以看出，CO_2和 CO 的实验点线性相关度均较高，这与它们的生成机理有关：CO_2和 CO 的生成分别与脱羧基和脱羰基反应对应，从表 10.12 的数据也可以看出，CO_2和 CO 的反应级数与 1 偏差较小，说明煤中生成这两类气体的前驱体比较单一[66]。CH_4和 H_2的实验点与拟合直线相对来说更分散，这主要是由于它们的生成机理比较复杂[67]。CH_4的生成与甲基关系密切，包括氧杂原子连接的脂碳断裂、短链脂肪烃官能团断裂和长链脂肪烃的二次裂解、与芳香核直接相连的甲基断裂、脂肪类物质的芳香化。而热解中 H_2主要来源于氢化芳香结构的脱氢、C 和 CO 与水的反应、脂肪链烷烃环化、环烷烃芳构化及热解后期芳香烃的缩聚这五类反应。生成 CH_4和 H_2的前驱体随着反应温度升高发生变化，各种反应发生的难易程度各异，相互叠加，从而造成 ln(k)和 $1/T$ 线性相关性差。从表 10.12 也可以看出，H_2和 CH_4的反应级数波动较大，也说明了这一点。

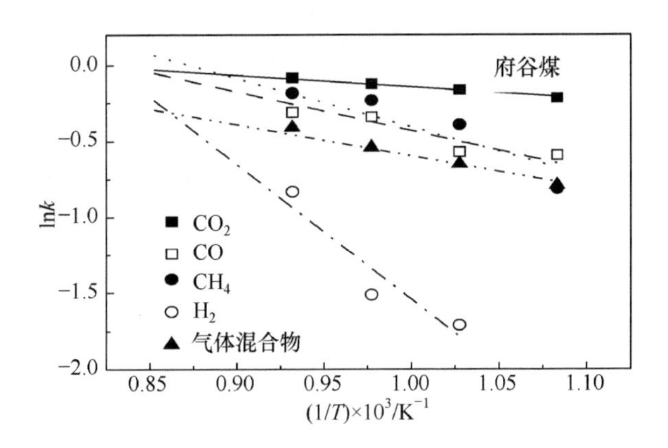

图 10.44　主要挥发分气体产物和混合气的 ln$k$ 对 $1/T$ 的线性拟合

表 10.17 给出了五种煤的快速热解动力学参数与文献数据的对比，挥发分气体总量析出的活化能为 17～35kJ/mol，明显小于文献报道的 TG 程序升温热解得到的数值。这是因为煤中存在一定数量的低分子化合物，这些化合物以游离、镶嵌或其他弱相互作用存在于煤的大分子网结构中[68]，主要为烃类和含氧化合物。在快速热解条件下，煤粒的受热速率很快，低分子化合物的脱附和一定数量的化学反应几乎同时交叠发生，故其活化能反映了两者的综合效果，所以微型流化床反应器中的挥发分总量的活化能明显小于 TG 数据，并与下降管中快速热解的活化能数据相当[68]，CH_4、H_2的活化能数据也与有些研究者热解得到的碳氢化合物的活化能相差较小[70]。CO_2、CO、CH_4、H_2的活化能逐渐升高，说明发生析出这些气体的反应所需的能量逐渐递增，与微型流化床程序升温得到的挥发分气体析出次序(图

10.41)相对应。CO_2和CO的活化能和气体总量的活化能与下降管中等温热解反应得到的数据相当[69,71]，说明在快速热解反应时，不同反应器得到的活化能具有一致性，CH_4、H_2的活化能与姚昭章等[72]得到的数据有一定程度的重合。

表 10.17 五种煤的快速热解动力学参数与文献数据对比

方法	来源	样品	气体	温度/℃	E/(kJ/mol)	A/s^{-1}
微型流化床	本研究	SL褐煤	CO_2	650～800	7.06	2.01
			CO		12.14	2.32
			CH_4		46.97	127.74
			H_2		53.96	142.59
			气体混合物		17.62	3.28
		ZD次烟煤	CO_2	650～800	5.84	1.73
			CO		16.32	1.81
			CH_4		40.23	67.76
			H_2		65.24	799.51
			气体混合物		19.83	2.94
		FG烟煤	CO_2	650～800	6.32	1.86
			CO		21.37	8.49
			CH_4		26.60	16.28
			H_2		73.66	1510.20
			气体混合物		17.04	4.26
		YC烟煤	CO_2	650～800	9.12	5.53
			CO		20.53	6.55
			CH_4		31.26	17.81
			H_2		49.14	603.69
			气体混合物		17.12	5.87
		TL无烟煤	CO_2	650～800	24.15	8.47
			CO		27.61	9.83
			CH_4		39.34	16.73
			H_2		50.61	112.84
			气体混合物		34.15	18.73
流化床	Bar[70]	褐煤、烟煤	碳氢化合物	500	36.7～47.7	—
沉降炉	Bradley[69]	褐煤、次烟煤	气体混合物	600～1600	10.49～16.76	2.71～5.29
沉降炉	Shapatina[71]	褐煤	气体混合物	<1060	4.18～15.88	0.37～11

利用微型流化床等温微分反应性质对不同类型煤热解特性的测试表明，不同的气体具有不同的释放活化能，这与相对应的反应难易程度有关。且不同煤种的热解动力学参数呈现一定程度的差异，可能与煤种的煤化程度及含有的官能团关

系密切,同时对煤的测试表明,微型流化床在煤的热转化,如煤的气化、燃烧及催化转化方面具有应用前景。

10.6.3 多孔炭氧化反应特性与动力学

多孔介质气固反应涉及化学、化工、能源、环境、材料等诸多行业,如冶金和化学工程常采用多孔物质作为反应介质,多相催化反应所采用的催化剂也常为多孔介质[73],此外还涉及非催化气固反应的能源物质热转化过程等。在上述研究领域,多孔介质的高比表面与微孔结构使得反应具有特殊性,反应动力学的测试与求算方法受到广泛的关注。

多孔介质反应分析测试大多采用热分析仪器进行测试,辅助显微成像、光谱分析等手段[74,75]研究反应动力学;或是采用各种自制的固定床反应器匹配气体在线分析手段对此类反应进行研究。其中热分析技术凭借其快速、简便、样品用量少等特点,成为最主流的气固反应动力学分析方法。大量的研究者采用上述仪器对多孔介质反应特性进行了研究。Hurt 等[76]研究了五种煤焦的高温燃烧动力学,并引入了碳燃尽动力学模型描述了煤焦的燃烧行为;Gumming[77]认为燃烧过程为一级动力学反应,即使对于同一种煤粉,在不同的燃烧阶段,其反应机理不同,各阶段的动力学参数也不同,并提出加权平均活化能的概念;Weisz 等[78]对热重分析仪中铝硅系催化剂积碳燃烧运用缩核模型研究了反应动力学规律;向银花等[79]发现两段 DAEM 模型能准确地描述部分气化煤焦的燃烧行为;Raymond 等[80]采用热重分析仪研究了随机孔模型对富含矿物质和惰性煤素质的煤焦燃烧的内扩散控制动力学规律的适用性。

刘文钊[81]利用微型流化床反应分析仪研究多孔炭燃烧反应,通过气体产物的释放特性,分别采用等温热分析动力学方法与气固反应的随机孔模型方法,求算相应的动力学参数,建立了适合于微型流化床中多孔介质气固反应测试与动力学参数计算方法。主要研究内容介绍如下。

1. *动力学计算方法*

热分析等温动力学采用等转化率方法,参见 10.2 节和 10.4.4 节。

应用化工动力学方法中随机孔模型(RPM)是 1980 年由 Bhatia 和 Perlmutter 提出的经典孔结构模型[82]。该模型基于等温反应对气体反应物为一级,对固体反应物为零级,且以反应只在产物层和未反应固体相交的界面处进行为前提。认为反应速率与微孔表面积成正比,而微孔表面积是孔扩容和孔合并效应相互竞争的结果,孔扩容效应使微孔的总表面积增大,而孔重叠效应则导致总表面积减小。在燃烧反应初期,孔扩容效应占优势,内孔总表面积不断增大,反应速率随之上升;达到一定转化率 X_{max}后,孔重叠效应开始占优势,内孔总表面积呈下降趋势,反应速率在该转折点处达到最大。Bhatia 等通过模型预测出了最大反应速率时 X_{max} 的范围，即 $0<X_{max}<0.393$。总孔比表面积 $S(x)$ 随转化率 x 的变化可以表达为

$$S = S_0(1-x)\sqrt{1-\psi\ln(1-x)} \tag{10.37}$$

反应速率表达式为

$$\frac{dx}{dt} = (1-x)\sqrt{1-\psi\ln(1-x)} \tag{10.38}$$

积分式(10.35)得到反应转化率随时间的表达式为

$$x = 1-\exp[-t_f t(1+\psi t_f t/4)] \tag{10.39}$$

$$\psi = 4\pi L_0(1-\varepsilon_0)/S_0^2 \tag{10.40}$$

$$t_f = k_s C_{A0} S_0/(1-\varepsilon_0) \tag{10.41}$$

式中，S 为单位体积颗粒因为孔重叠而减小的比表面积，单位为 m^2；S_0 为单位体积未反应固体颗粒的真实孔比表面积；Ψ、L_0、ε_0 分别为未反应固体颗粒的孔结构参数、孔长度和孔隙率；t_f 为时间因子；k_S 为表面反应速率常数，即 $k_S \propto \exp[-E/(RT)]$；$C_{A0}$ 为初始反应气体 A 的浓度。

2. 微型流化床中多孔碳等温燃烧试验

1) 外扩散抑制作用消除

为消除外扩散的影响，在 MFBRA 中，反应颗粒粒径为 200～250μm，反应温度为 900℃，选择气体流量分别为 0.22L/min、0.56L/min、0.83L/min、1.03L/min、1.23L/min（对应线速度分别为 0.046m/s、0.117m/s、0.173m/s、0.215m/s、0.257m/s），考察不同气速条件对反应速率的影响。同时对比该温度下考察热重气体切换所得到的氧化反应转化率随反应时间关系（0.5L/min），结果如图 10.45 所示。

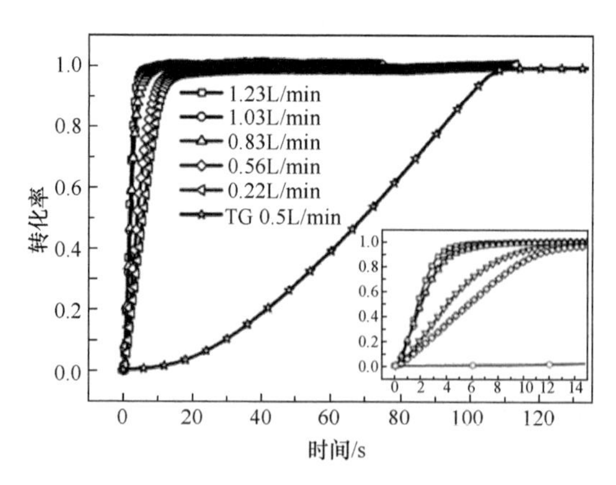

图 10.45 不同气速下转化率随时间变化曲线

图示表明，随气速的增加，MFBRA 中燃烧反应完成的时间由 18s 降低到 5s，表明平均反应速率逐渐增加。当流量增加至 0.83L/min 后，反应时间降低趋势不明显，表明在大于该气速条件下微型流化床中外扩散抑制作用可以忽略。而 TG 中的气体切换的等温燃烧反应，反应时间远大于微型流化床中所有气速下的反应时间，其值将近 2min。说明对于同等条件的试验，TG 中等温反应速率极其缓慢，明显受到扩散抑制作用，在同等温度条件下难以实现化学反应控制。

2）内扩散影响最小化

为减小内扩散对反应的抑制作用，在 MFBRA 中，空气流量为 1.3 L/min，反应温度为 700℃和 800℃，分别考察颗粒粒径为 250～200μm、105～98μm、25～15μm、5～0μm 的反应转化率随反应时间的变化关系。结果如图 10.46 所示。

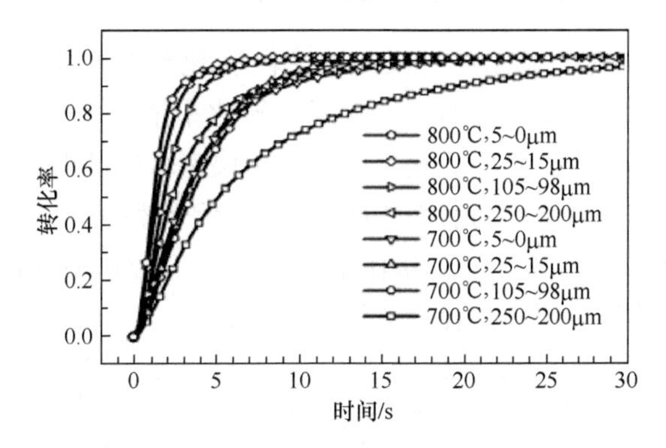

图 10.46 不同粒径颗粒转化率随时间变化曲线

图示表明，700℃和 800℃下，粒径为 250～200μm 的颗粒反应时间明显要长于其他小粒径颗粒的反应，表明该粒径颗粒反应受到了内扩散抑制作用。当粒径从 100μm 降至 5μm 以下时，反应完成时间逐步减小，但减小幅度远小于从 250μm 降至 100μm 的反应时间变化。即不同粒径下反应速率的变化表明内扩散对反应的抑制随粒径的减小在减弱，但粒径减小至 100μm 后，反应速率增加趋势并不明显。这说明对于类似于活性炭的多孔物质，粒径的减小可以减弱或者消除样品中大孔对气体内扩散的贡献，但对气体在微孔中内扩散的消除却缺乏有效的实验手段。

3. 热分析等温动力学方法——等转化率法

对燃烧过程中产物 CO_2 浓度与时间关系进行积分处理，即颗粒燃烧的转化率随时间的变化关系如图 10.47 所示。随着反应温度的升高，反应时间的变化分别是 17s 减小到 2s。尤其是在 700～850℃，反应时间快速降低；温度超过 850℃后，反应时间变化不明显。表明随着反应温度的增加，反应速率快速增加，扩散则逐渐起到了明显的抑制作用，弱化在高温区间温度的敏感性。

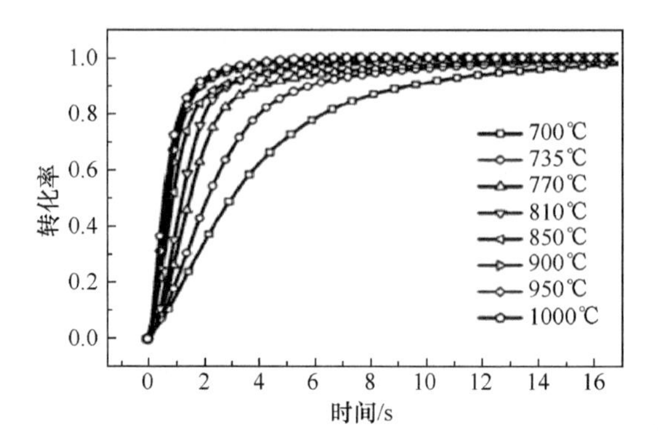

图 10.47　不同温度反应转化率与反应时间关系

根据图 10.47 求算不同温度下反应速率随转化率的变化关系如图 10.48 所示。由图可知，不同温度下反应速率均随反应转化率增加出现先增加后降低的趋势，表明反应存在快速升温阶段或是反应表面积快速增加过程，而后期由于燃烧反应进行，存在碳颗粒孔道烧失与表面积减少，而使反应速率逐步降低。反应速率的峰值均出现在转化率为 0.2～0.3，对比不同温度下反应速率峰值可以发现，随着反应温度的升高，该值呈现不同程度的增加趋势。

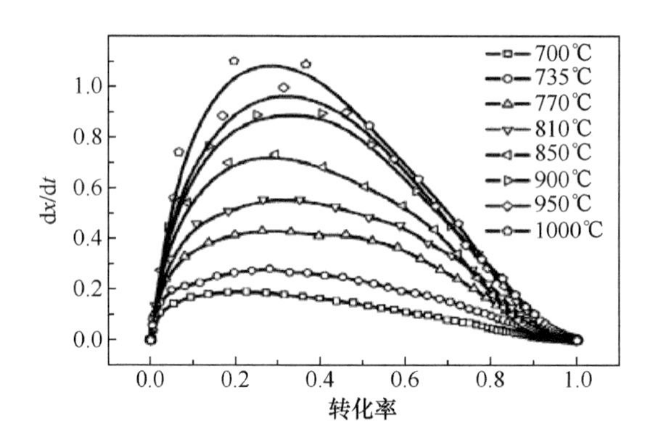

图 10.48　不同温度反应速率随转化率变化曲线

根据图 10.48 中反应速率与转化率的关系和反应速率与温度的线性关系，选取不同转化率下反应速率的对数 $\ln(\mathrm{d}x/\mathrm{d}t)$ 和温度的倒数 $1/T$ 线性拟合，结果如图 10.49 所示。图示表明，该线性拟合关系出现明显分区，在 700～810℃ 内的拟合曲线斜率明显大于 810～1000℃ 拟合曲线斜率值，表明在这两个温度范围内，扩散阻力与化学反应阻力之间比例存在差异。由直线的斜率求算不同温度范围和转化率下的活化能。

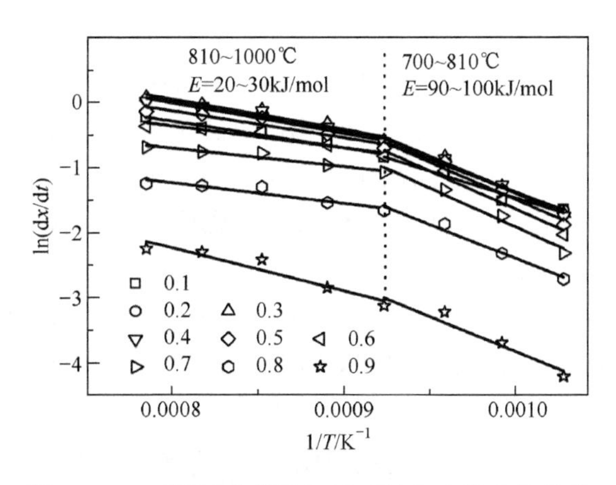

图 10.49 不同转化率下 ln(dx/dt)与 1/T 变化关系

除去升温阶段(x<0.3)的活化能值外,不同温度段活化能存在显著差异,700～810℃的活化能为 90～100kJ/mol,850～1000℃反应活化能为 20～30kJ/mol。不同温度段活化能的区别说明反应处于不同的阻力控制区域。高温阶段反应活化能值小说明反应对温度的敏感性降低,气体外扩散对反应具有显著的抑制作用。这与之前在 900℃测试(粒径为 250～200μm)的消除外扩散抑制试验结果存在矛盾,说明随粒径减小后,反应内扩散阻力变小、颗粒升温速率增加,使扩散阻力与化学反应阻力之间比例关系发生变化,而使小颗粒在高温阶段反应易处于扩散控制。而对于多孔介质气固反应而言,随温度的升高,本征化学反应速率迅速增大,反应速率经历着由化学反应控制、化学反应和颗粒内气体内扩散的共同控制、内扩散控制,到内外扩散共同控制,直至最终反应进入外扩散控制区的不同反应阶段[83]。反应受内扩散控制时,表观活化能略高于本征活化能的一半,差值来自于扩散活化能[84]。而高温区反应活化能小于 30kJ/mol,表明反应对温度的敏感性变低,即当温度高于 850℃后,反应速率增加后反应处于外扩散控制区。因此,利用等温等转化方法无法消除内扩散对反应的抑制,直接求算多孔介质的气固反应动力学参数困难。

4. 应用化工等温动力学——孔结构模型分析

活性炭为高比表面多孔介质,其氧化过程为典型的多孔介质反应,气体在微孔内的扩散不可忽略。图 10.48 反应速率随转化率的变化趋势与随机孔模型所描述的反应前期孔扩容与后期孔重叠所导致的反应速率先增加后减小的变化规律相吻合,故可尝试采用该模型来研究多孔碳燃烧反应的动力学。

对图 10.50 中反应转化率随时间的变化关系采用式(10.38)进行非线性拟合可得到孔结构参数 Ψ 和时间因子 t_f 列于图 10.51 的嵌入表中。为减少高温区扩散对反应的抑制作用，拟合处理仅限于低温区的反应数据。图 10.50 的数据点与拟合曲线在初始反应阶段重合性好，而在反应结束阶段出现一定偏差可能与活性炭中存在少量的灰分有关。根据拟合得到不同温度下的孔结构参数 Ψ 基本一致，在 0.17m^{-3} 左右。将不同温度下的 t_f 值依据式(10.40)对数值进行线性拟合，得到如图 10.51 所示的 $\ln t_f$ 和 $1/T$ 线性关系，求得反应活化能为 178kJ/mol，该值约为等温等转化率法求得的低温段活化能数值的两倍。与文献中总结及测试的纯碳燃烧的本征活化能为 180kJ/mol 的数据非常接近。

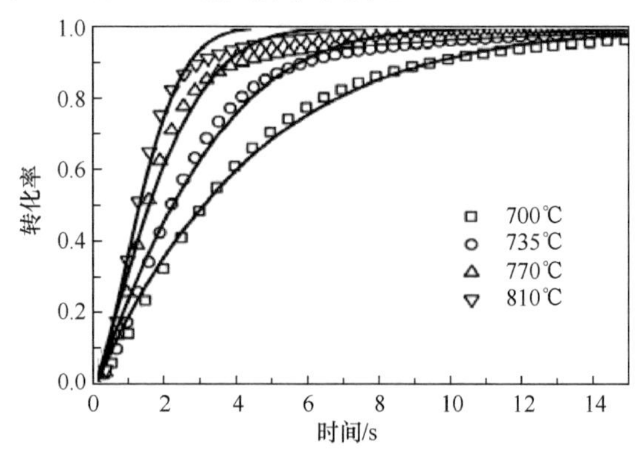

图 10.50　随机孔模型拟合转化率随时间变化图

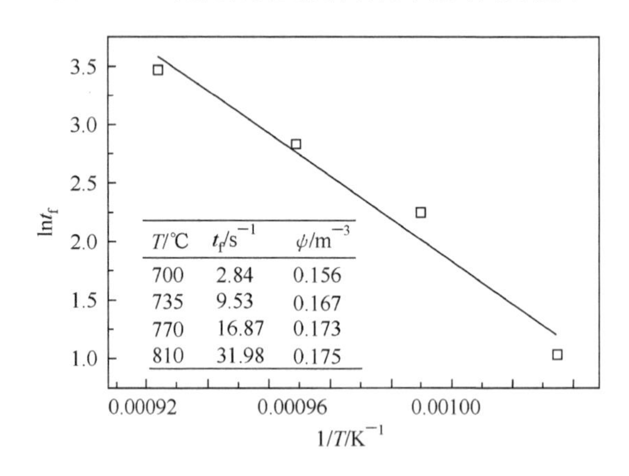

图 10.51　随机孔模型求解活化能 E

5. 动力学参数差异性分析

针对同一组微型流化床中活性炭燃烧的实验数据，两种动力学参数计算方法分别得到了不同的等温动力学参数：利用热分析等温等转化率方法求得 700～810℃的活化能约为 95kJ/mol，高温段活化能在 20～30kJ/mol；应用化工等温动力学的随机孔模型方法求得 700～810℃等温燃烧活化能为 178kJ/mol。上述活化能的差异说明多孔物质气固反应动力学计算的复杂性。

从热分析等温等转化率动力学求算过程不难看出，单以固体转化率为变量建立模型函数，构建速率方程，在等温等转化率下使模型函数为常数，从而根据速率与活化能之间的线性关系求算动力学参数的方法，是基于反应处于表面反应控制，与固体接触的气膜中反应气浓度与气相主体浓度一致的前提下推导的动力学表达式。因此，通过该方法求算高温下反应活化能（20～30kJ/mol）明显处于外扩散控制区反应所具备的反应特征；而在低温阶段活化能（95kJ/mol）则代表内扩散控制阶段化学反应与内扩散共存时的反应特征，而无法得到化学控制区的近本征动力学参数。

采用应用化工等温动力学求算方法，考虑微孔的扩容与重叠塌陷的反应速率正比于表面积的随机孔模型，通过对转化率与反应时间的非线性拟合，以及时间因子与 $1/T$ 的线性关系，计算得到的反应活化能值约为 178kJ/mol。该值约为热分析等温等转化率计算值的两倍，且与等温微分验证中采用微型流化床测试石墨燃烧活化能 170kJ/mol 接近，表明石墨碳与无定形碳燃烧反应活化能具有一致性。证明等温动力学计算方法对于高比表面快速反应只能得到内扩散控制阶段反应活化能。

6. 小结

针对活性炭在微型流化床反应分析仪（MFBRA）中的等温燃烧反应，分别应用基于固体转化率的热分析等温等转化率动力学计算方法与基于气体在微孔内扩散与反应并存的应用化工等温动力学随机孔模型方法求算了反应活化能，得到以下结论。

（1）根据 MFBRA 中反应释放气体的浓度变化，通过热分析等温动力学的等转化率方法计算得到低温段（700～810℃）内扩散控制区的反应活化能为 90～100kJ/mol，在高温段（800～1000℃）外扩散控制区的反应活化能为 20～30kJ/mol。

（2）根据 MFBRA 中反应释放气体浓度的变化，通过考虑气体在微孔内扩散及微孔的扩容与重叠，采用随机孔模型对低温区数据拟合，得到孔结构参数在 0.17m^{-3}左右，反应活化能为 178kJ/mol，与文献总结的纯炭燃烧活化能值相一致。

(3) 不同动力学计算模型导致的活性炭燃烧活化能的差异表明，对于多孔物质的气固反应，不考虑气体在孔内扩散的热分析动力学方法往往难以得到准确的动力学参数，而应用微型流化床反应分析仪测试的等温多孔炭燃烧数据，通过随机孔模型方法考虑孔内扩散的作用所得到的动力学参数更接近本征反应过程。

10.6.4 CO_2高温捕集反应机理与动力学

近年来由于能源消耗量的逐步上升，各国对CO_2的排放量已达成一致共识，采用碳关税的方式鼓励各国进行CO_2的减排控制。中国以煤炭为主的能源结构无形之中增加了CO_2减排的难度。因此，开发经济可行的CO_2捕集技术是现阶段CO_2减排的关键，也是目前温室气体治理研究的热点。将碱金属或碱土金属氧化物或氢氧化物粉末直接喷入燃烧尾气中与CO_2反应是现阶段经济可行的CO_2捕集技术，大量的文献报道了与之相关的工艺研究[85-87]。$Ca(OH)_2$廉价、吸收效率高且具有一定的强度，是CO_2捕集反应优选的吸附剂。但由于$Ca(OH)_2$的不稳定性，传统的实验手段与仪器还不能模拟或测试实际工业应用中的直接反应过程，研究该反应机理与动力学。

Yu 等[47]利用微型流化床等温微分反应分析仪测试不稳定物质$Ca(OH)_2$对CO_2的捕集反应，考察在微型流化床内捕集反应的CO_2吸收与H_2O释放特性，并根据释放特性，研究直接反应机理，采用等转化率方法计算反应动力学参数，佐证反应机理。

1. 实验部分

利用浓度为10%(体积分数)的CO_2/Ar混合气体作为流化和进样气体，流量均为800mL/min(0.2m/s)，反应温度为500～610℃。流化介质取筛分后65～80目(0.20～0.25mm)的石英砂，并用盐酸浸洗和高温焙烧处理后使用。$Ca(OH)_2$样品为日本AIST提供，其$Ca(OH)_2$含量为95%，质量控制在20～25mg，粒径为120～200目(0.075～0.125mm)，以忽略内扩散对动力学参数的影响。产物气体中的CO_2与H_2O浓度由质谱检测，采用外标法定量气体浓度。

将等温微分反应分析仪设定反应温度并达到稳定后，在固体样品进样器中添加细微样品，调节气速使微型流化床中的流化介质均匀流化，快速质谱在线监测尾气中CO_2与H_2O的浓度曲线，通过微量压缩气体快速将细微样品瞬间注入微型流化床中与高温流化介质均匀混合而实现冷物料的快速升温和等温化。同时测试气体浓度变化，根据等转化率法求算反应活化能。

将 $Ca(OH)_2$注入 CO_2气氛中，在固体表面将发生式(10.42)～式(10.45)的反应，这些反应有些分阶段进行，如反应(10.43)主要在高温阶段进行；而其他反应则在测试温度下有可能同时发生，且相互之间存在联系，使得分别求算各个反应的活化能变得困难。

$$Ca(OH)_2 + CO_2 \longrightarrow CaCO_3 + H_2O \tag{10.42}$$

$$Ca(OH)_2 \longrightarrow CaO + H_2O \tag{10.43}$$

$$CaO + CO_2 \longrightarrow CaCO_3 \tag{10.44}$$

$$CaCO_3 \longrightarrow CaO + CO_2 \tag{10.45}$$

2. 产物气体释放与速率

对比 10.5.4 节中图 10.32 中不同温度下 CO_2的吸收与 H_2O 的浓度曲线形状可以发现，在捕集反应前期，CO_2的浓度(强度)快速降低至最低值后升高至某一浓度后，后期缓慢增加至初始浓度，表明在反应后阶段存在严重的扩散抑制作用，降低了反应速率。而 H_2O 的产生随反应温度增加，释放时间缩短，但 H_2O 浓度的增加与降低明显呈现不对称，H_2O 的浓度(强度)快速增加至峰值，陡然降低。

将图 10.32 中浓度变化趋势所对应的数据进行数学处理后，绘制 CO_2与 H_2O 的反应速率与转化率的关系。如图 10.52 所示，在化学反应控制区内，CO_2的吸收速率随着反应温度的增加而增加，CO_2的吸收量也从 10% (500℃)增加至 30% (610℃)。从反应速率随转化率的变化关系可以看出，在初始转化阶段(转化率低于 0.02)，反应速率存在快速增加过程。而通常情况下，缘于活性表面变少的因素，反应速率随反应的进行而逐步降低。因此，反应速率在初始阶段的快速增加表明冷物料瞬间喷射入微型流化床中存在快速升温阶段，通过计算不难得到在微型流化床中冷态细微颗粒的升温速率可达 10^4℃/s。而后，随着转化率的增加，反应速率呈线性降低。将此线性外推至转化率为零处可得到初始反应速率值列于图中。同时以初始反应速率及转化率为纵坐标，反应温度为横坐标进行绘图，得到相应的曲线。由该图可知，初始反应速率及反应转化率随温度的增加均呈现先增加后降低的变化趋势，表明该捕集反应在温度较低阶段属于化学反应控制，而在高温阶段逐渐转化为反应平衡控制，使得反应转化率受平衡转化率的影响，随温度增加而降低。以该速率为计算依据，根据方程[式(10.33)]的线性关系可以计算该反应的初始反应活化能约为 40kJ/mol。如图 10.52(a)所示，当转化率进一步增加时，反应速率变化平缓，数据呈一定幅度的震荡，表明反应受到产物层所导致的内扩散抑制作用。

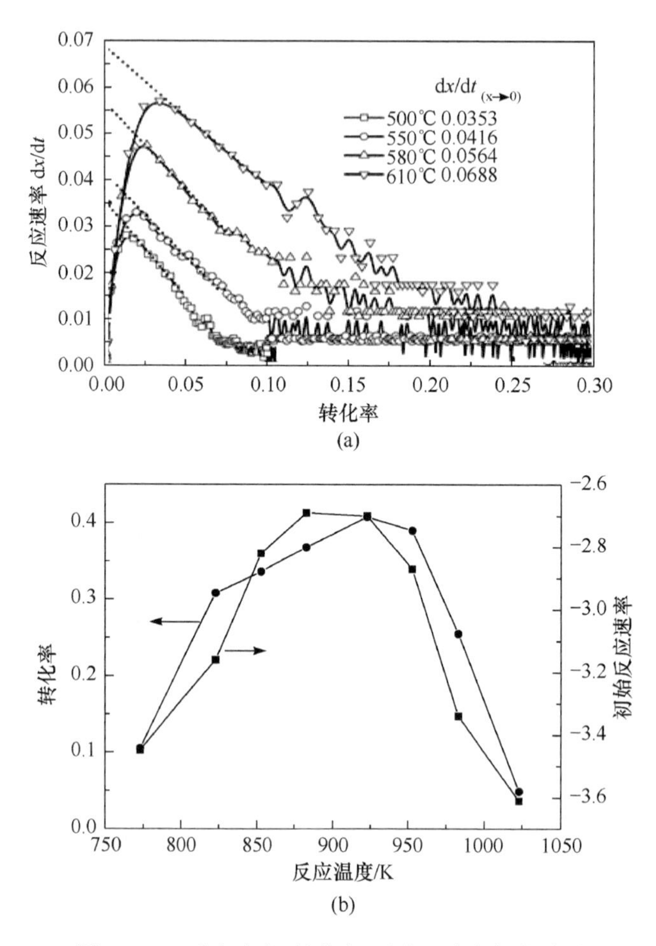

图 10.52　反应速率、转化率、反应温度之间的关系

通过对不同转化率下的反应速率对温度的拟合关系，可以计算出该反应活化能随转化率的变化关系，从图 10.53(b)中可以看出，随着反应转化率的增加，反应活化能呈逐步增加趋势，当转化率超过 0.15 后，反应活化能缓慢降低至最大值的一半。结合初始阶段活化能的推算(40kJ/mol)可知该反应分为三个阶段：① $Ca(OH)_2$与 CO_2直接反应(活化能为 40kJ/mol)；② $Ca(OH)_2$分解后 CaO 与 CO_2反应的活化能(150kJ/mol)；③ 反应进行到颗粒内部，受内扩散抑制控制，活化能约为反应(CaO 与 CO_2)活化能的一半(75kJ/mol)。这也间接证实了 $Ca(OH)_2$捕集 CO_2反应的复杂性及微型流化床反应分析仪对不稳定物质反应的适应性。

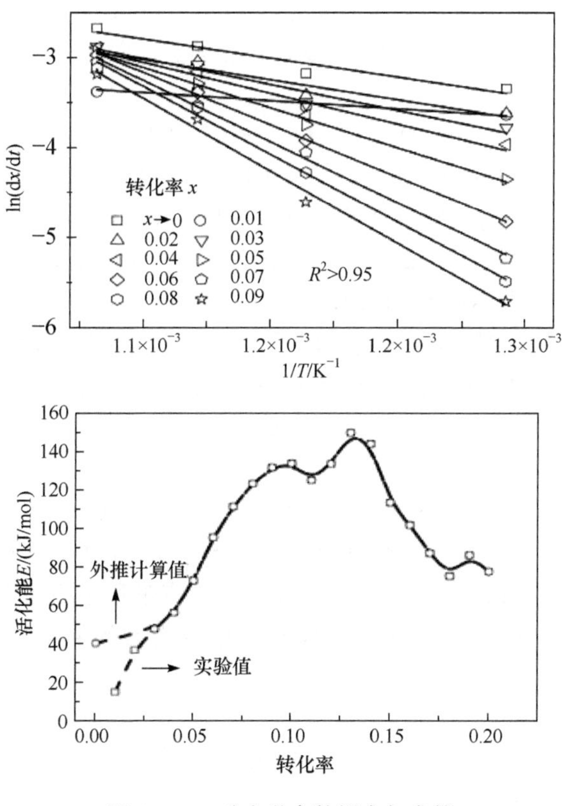

图 10.53　动力学参数拟合与求算

3. 反应机理探讨

根据在微型流化床中 CO_2 捕集反应的特性及文献报道的结果，不难发现反应式(10.42)很可能由反应式(10.46)和式(10.47)组成。即 $Ca(OH)_2$ 和 CO_2 首先生成 $Ca(HCO_3)_2$ 的中间产物，而后 $Ca(HCO_3)_2$ 分解成 $CaCO_3$、H_2O 和 CO_2。根据该反应机理，CO_2 吸收先于 H_2O 的释放，与图 10.32 中的实验现象完全相符。

从反应(10.47)的产物释放可以看出，碳酸氢钙的分解同时产生 H_2O 和 CO_2，反应产生的 CO_2 使得固体内部形成孔道并保持畅通，有利于该反应和反应(10.43)中 H_2O 的释放。且相比于反应(10.45)中碳酸钙的分解，碳酸氢钙分解更容易进行。因此，反应(10.47)中水的释放速率要大于反应(10.43)中水的释放速率。从水的释放速率增加趋势(图 10.32)不难看出，反应前期水的释放主要是固体表面形成的碳酸氢钙的分解，而随着反应的进行，$Ca(OH)_2$ 的分解反应随之发生，并逐渐成为水生成反应的主导地位。且由于碳酸氢钙在反应过程中逐渐消耗，反应速率的增加趋于平缓；当碳酸氢钙完全消耗时，已无法生成 CO_2 形成新的水蒸气通道，使得水的释放速率[$Ca(OH)_2$ 的分解]瞬间降低，与实验中水的释放曲线形状完全一致。

$$Ca(OH)_2 + 2CO_2 \longrightarrow Ca(HCO_3)_2 \tag{10.46}$$

$$Ca(HCO_3)_2 \longrightarrow CaCO_3 + H_2O + CO_2 \tag{10.47}$$

因此，从反应机理与实验特征的一致性可知 $Ca(OH)_2$ 与 CO_2 反应的中间产物即 $Ca(HCO_3)_2$。结合图 10.52 中采用外推法得到的初始反应速率，计算得到的反应活化能 40 kJ/mol 即为反应(10.46)的反应活化能。

等温微分气固反应分析仪采用双段浅层微型流化床作为反应器，实现气体近似平推流、样品与床料全混流的气固流动特征，集成了气体快速质谱检测，使在微型流化床中的反应具有近本征反应特性，弥补了传统程序升温与快速升温热分析工具的不足。

采用微型流化床等温微分气固反应分析仪测试 $Ca(OH)_2$ 与 CO_2 的反应特性，不仅首次发现了 CO_2 吸收与 H_2O 释放的差异性，而且根据该差异性建立了以 $Ca(HCO_3)_2$ 为中间产物的新反应机理，对整个反应过程进行了分割，可以分别求算不同反应的动力学参数，证明该仪器对不稳定物质的复杂反应具有很好的适应性。

10.7　本章小结

本章通过阐述微型流化床反应分析的方法、仪器及其对典型热转化反应分析测试的应用，表明了微型流化床内气体近似平推流、固体全混流的气固流动特征，使之具有应用于气固反应分析的优势。在能源物质热转化中的典型应用，表明该仪器具有等温微分反应特性、低扩散抑制特性及直接反应特性，能很好地适应于复杂、快速及不稳定物质气固反应分析。与传统的程序升温热分析方法的主要特征对比见表 10.18。

表 10.18　等温微分反应分析与传统热特征对比

对比参数	热重/差热(TGA、DSC)	等温微分反应分析
样品量	10mg	10mg 在线供给
升温速率	<100K/min	约 1000K/s
监测方法	质量变化、反应吸放热	气体产物浓度
外扩散	抑制严重	抑制最小化
实际过程	明显差别	相似度高
适应对象	慢速反应	快速反应

不难发现微型流化床等温微分分析方法在应用于快速、复杂及热不稳定物质的反应分析方面具有明显的优势，可以与热重的非等温热分析方法形成有效互补，不仅可进一步完善热分析的仪器与方法，还可以在模拟实际工业等温反应过程动力学分析方面进行拓展，成为热转化研究领域主要的分析仪器之一。该仪器将在能源、环境、冶金、材料及化工领域产生重要影响，将可能成为解耦热转化过程动力学分析的重要手段，为反应器的设计、数值模拟研究及工业化的实施提供可靠的基础数据。微型流化床的气固流动特征决定了该反应器不只在气固反应分析仪器中产生应用，微小尺度上的流态化已成为流态化领域的热点研究方向，中科院过程工程研究所及美国俄亥俄州立大学等的研究者正在积极推动微型流化床在工业应用中的拓展与转型。

参考文献

[1] Solomon P R, Serio M A, Carangelo R M, et al. Very rapid coal pyrolysis. Fuel, 1986, 65(2): 182-194.

[2] Prins M J, Lindén J, Li Z S, et al. Visualization of biomass pyrolysis and temperature imaging in a heated-grid reactor. Energy & Fuels, 2009, 23(2): 993-1006.

[3] Henk L C M, Alice M H, George R H, et al. Characterization and classification of rocky mountain coals by curie-point pyrolysis mass spectrometry. Fuel, 1984, 63(5): 640-652.

[4] Royston G, Beverley S, Richard J G, et al. detection of the dipicolinic acid biomarker in bacillus spores using curie-point pyrolysis mass spectrometry and fourier transform infrared spectroscopy. Analytical Chemistry, 2000, 72(1): 119-127.

[5] Brown A L, Dayton D C, Nimlos M R, et al. Design and characterization of an entrained flow reactor for the study of biomass pyrolysis chemistry at high heating rates. Energy & Fuels, 2001, 15(5): 1276-1285.

[6] Pan Y G, Velo E, Roca X, et al. Fluidized-bed co-gasification of residual biomass/poor coal blends for fuel gas production. Fuel, 2000, 79(11): 1317-1326

[7] 易维明，柏雪源，李志合，等. 层流炉气流温度的检测与控制. 可再生能源，2003，5：7-11.

[8] Murakami T, Naruse I. Prediction of evolution characteristics of alkali metal compounds in coal combustion/gasification from coal properties. Journal of Chemical Engineering of Japan, 2001, 34(7): 899-905.

[9] Nickle S K, Meyers K O, Nash L J, et al. Shortamings in the use of TGA/DSC techniques to evaluate in-srtu combustion. SPE Annual Technical Conference and Exhibition, Dallas, 1987.

[10] Parkes G M B, Barnes P A, Charsley E, et al. High-performance evolved gas analysis system for catalyst characterization. Analytical Chemistry, 1999, 71: 5026-5032.

[11] 邢晓玲，赵凤起，胡荣祖. 热分析法测定含能材料自加速分解温度的研究进展. 化学推进剂与高分子材料，2009，7(4)：21-25.

[12] Mohlen H-J, Sulimma A. High temperature, high pressure thermogravimetry of coal gasifi-

cation-apparatus, data acuisition and numerical evaluation. Thermochim ica Acta, 1986, 103 (1): 163-168.

[13] Zolin A, Jensen A D, Jensen P A, et al. Experimental study of char thermal deactivation. Fuel, 2002, 81(8): 1065-1075.

[14] Nigel V R, Jon R G, Jim W. Structural ordering in high temperature coal chars and the effect on reactivity. Fuel, 1999, 78(7): 803-807.

[15] Wiktorsson L P, Wanzl W. Kinetic parameters for coal pyrolysis at low and high heating rates-a comparison of data from different laboratory equipment. Fuel. 2000, 79(6): 701-716.

[16] Naruse I, Higuchi A, Yanagino H. Emission and de-chlorination characteristics in refuse-derived fuel ambustion//化学工学论文集, 2001, 27: 604-609.

[17] 电力中央研究所. NEDO 高含水生物质气化研究项目第三回研究开发推进委员会资料. NEDO, 2004.

[18] Hayashi J-I, Takahashi H, Iwatsuki M, et al. Rapid conversion of tar and char from pyrolysis of a brown coal by reactions with steam in a drop-tube reactor. Fuel, 2000, (79): 439-447.

[19] Megarities A, Zhou Y, Messenböck R, et al. Coal pyrolysis yields from fast and slow heating in a wire-mesh apparatus with a gas sweep. Energy & Fuels, 1988, 12: 144-151.

[20] Deshmukh S A R K, Laverman J A, Cents A H G, et al. Development of a membrane-assisted fluidized bed reactor. 1. Gas phase back-mixing and bubble-to-emulsion phase mass transfer using tracer injection and ultrasound experiments. Industrial and Engineering Chemistry Research, 2005, 44(16): 5955-5965.

[21] Vyazovkin S. Alternative description of process kinetics. Thermochimica Acta, 1992, 211 (1): 181-187.

[22] Sestak J, Berggren G. Study of the kinetics of the mechanism of solid-state reactions at increasing temperatures. Thermochimica Acta, 1971, 3(1): 1-12.

[23] Andrzej P. Recent developments in dispersive kinetics, A personal account. Journal of Molecular Liquids, 2000, 86(1-3): 3-12.

[24] 杨正权, 胡荣祖, 梁燕军, 等. 用单一非等温 DSC 曲线确定 2,6-二硝基苯酚热分解反应的最可几机理函数和动力学参数. 物理化学学报, 1986, 2(1): 13-21.

[25] Ozawa T. A modified method for kinetic analysis ofthermoanalytical data. Journal of Thermal Analysis and Calorimetry, 9(3): 369-373.

[26] Bagchi T P, Sen K P. Combined differential and integral method for analysis of non-isothermal kinetic data. Thermochimica Acta, 1981, 51(2-3): 175-189.

[27] 刘新华, 许光文, 高士秋. 气固反应动力学参数分析仪: 中国, 200610171515. 3, 2006-12-30.

[28] Liu X H, Xu G W, Gao S Q. Micro fluidized beds: Wall effect and operability. Chemical Engineering Journal, 2008, 137(2): 302-307.

[29] Loezos P N, Costamagna P, Sundaresan S. The role of contact stresses and wall friction on fluidization. Chemical Engineering Science, 2002, 57(24): 5123-5141.

[30] Guo Q J, Xu Y Q, Yue X H. Fluidization characteristics in micro-fluidized beds of various inner diameters. Chemical Engineering technology, 2009, 32(12): 1992-1999.

[31] Wang F, Fan L S. Gas-solid fluidization in mini- and micro-channels. Industrial &Engineering Chemistry Research, 2011, 50, 4741-4751.

[32] 耿爽. 微型流化床内气体返混研究. 北京: 中国科学院过程工程研究所硕士学位论文, 2012.

[33] Zhang Z G, Scott D S, Silveston P L. Steady-state gasification of an alberta subbituminous coal in a micro-fluidized bed. Energy&Fuels, 1994, 8(3): 637-642.

[34] Narvaez P C, Sanchez F J, Godoy-Silva R D. Continuous methanolysis of palm oil using a liquid-liquid film reactor. Journal of American oil Chemists Society, 2009, 86(4): 343-352.

[35] Sylvie V, Julien C, Pierre C, et al. Upgrading biomass pyrolysis gas by conversion of methane at high temperature: Experiments and modelling. Fuel, 2009, 88(5): 834-842.

[36] Anderson W J, Pratt H R C. Wake shedding and circulatory flow in bubble and droplet-type contactors. Chemical Engineering Science, 1978, 33(8): 995-1002.

[37] Bi H T, Ellis N, Abba I A, et al. A state-of-the-art review of gas-solid turbulent fluidization. Chemical Engineering Science, 2000, 55(21): 4789-4825.

[38] Cho h II, Chung C-H, Han G Y, et al. Axial gas dispersion in a fluidized bed of polyethylene particles. Korean Journal of Chemical Engineering, 2000, 17(3): 292-298.

[39] Gidaspow D. Multiphase Flow and Fluidization: Continuum and Kinetic Theory Description. New York: Academic Press, 1994.

[40] Anderson T B, Jackson R. A fluid mechanical description of fluidized beds: equations of motion. Industrial & Engineering Chemistry Fundamental, 1967, 6: 527.

[41] Ishii M. Thermo-Fluid Dynamic Theory of Two-Phase Flow. Paris: Eyrolles, 1975.

[42] 杨旭, 刘雅宁, 余剑, 等, 微型流化床内混合特性的数值模拟. 化工学报, 2014, 65: 3323-3330.

[43] Yu J, Zeng X, Xu G W. Isothermal differential characteristics of gas-solid reaction in micro-fluidized bed reactor. Fuel, 2013, 103: 29-36.

[44] Hou Q Z, Chen C H. The discussion on the temperature increasing rate of coal pulverized particles into industrial flames. Heilongjiang Electric Power, 1998, (20): 339-342.

[45] Guo W M, Xiao H, Yasuda E. Non-isothermal oxidation kinetics and mechanisms of polycrystalline graphite. International Journal of Inorganic Materials, 2007, (22): 991-995.

[46] Yu J, Xi Z, Xu G W. Kinetics and mechanism of direct reaction between CO_2 and $Ca(OH)_2$ in micro fluidized bed. Environmental Science and Technology, 2013, 47(13): 7514-7520.

[47] Montes-Hernandez G, Pommerol A, Renard F, et al. In situ kinetic measurements of gas -solid carbonation of $Ca(OH)_2$ by using an infrared microscope coupled to a reaction cell. Chemical Engineering Journal, 2010, 161(1-2): 250-256.

[48] Manya J J, Velo E, Puigjaner L. Kinetics of biomass pyrolysis: A reformulated three-parallel-reactions model. Industrial & Engineering Chemistry Research, 2003, 42(3): 434- 441.

[49] Teng H, Wei Y C. Thermogravimetric studies on the kinetics of rice hull pyrolysis and the influence of water treatment . Industrial & Engineering Chemistry Research, 1998, 37(10): 3806-3811.

[50] Fassinou W F, van de Steene L, Toure S, et al. Pyrolysis of pinus pinaster in a two-stage gasifier: Influence of processing parameters and thermal cracking of tar. Fuel Processing Technology, 2009, 90(1): 75-90.

[51] Lv P M, Chang J, Wang T J, et al. A kinetic study on biomass fast catalytic. Energy Fuels, 2004, 18(6): 1865-1869.

[52] Ren Z H, Xu Q, Chen M Q, et al. Fast pyrolysis of biomass in fluid bed to produce liquid fuel. Acta Energiae Solaris Sinic, 2002, 23(4): 462-466.

[53] Yu J, Yao C, Zeng X, et al. Biomass pyrolysis in a micro-fluidized bed reactor: Characterization and kinetics. Chemical Engineering Journal, 2011, 168(2): 839-847.

[54] Jakab E, Faix O, Till F. Thermogravimetry/mass spectrometry study of six lignins within the scope of an international round robin tese. Journal of Applied Polymer Science, 1995, 35: 167-179.

[55] 邵震宇. 生物质热裂解行为的研究. 济南：山东轻工业学院硕士学位论文，2008.

[56] Xu G W, Murakami T, Suda T, et al. Dual fluidized bed gasification of coffee grounds: Performance evaluation and parameter influence . Energy & Fuels, 2006, (20): 2695-2704.

[57] Banyasz J, Li S, Lyons-Hart J, et al. Gas evolution and the mechanism of cellulose pyrolysis. Fuel, 2001, 80: 1757-1763.

[58] Garcia-Perez M, Chaala A, Yang J, et al. Co-pyrolysis of sugarcane bagasse with petroleum residue. Part I: Thermogravimetric analysis. Fuel, 2001, 80: 1245-1258.

[59] Aboulkas A, El Harhi K, El Bouadili A, et al. Pyrolysis kinetics of olive residue/plastic mixtures by non-isothermal thermogravimetry. Fuel Processing Technology, 2009, 90: 722-728.

[60] Jüntgen H. Review of the kinetics of pyrolysis and hydropyrolysis in relation to technical constitution of coal. Fuel, 1984, 63(6): 731-737.

[61] Bar H, Ikan R, Hizenshtat Z. Comparative study of the isothermal pyrolysis kinetic behaviour of some oil shales and coals. Journal of Analytical and Applied Pyrolysis, 1988, 14(1): 49-71.

[62] 蔡连国. 煤热解挥发分主要气体析出模型与 Aspen Plus 模拟应用. 北京：中国科学院过程工程研究所博士学位论文，2012.

[63] 谢克昌. 煤的结构和反应性. 北京：科学出版社，2002.

[64] 吕太，张翠珍，吴超. 粒径和升温速率对煤热分解影响的研究. 煤炭转化，2005，28(1)：17-20.

[65] 陈彩霞，孙学信，马毓义. 煤粉热解的挥发分组分析出模型. 自然科学进展，1995，5(1)：183-90.

[66] 朱学栋，朱子彬，张成芳，等. 煤的热解研究. Ⅳ官能团热解模型. 华东理工大学学报，2001，27(2)：113-116.

[67] 凌丽霞，赵俐娟，章日光，等. 苯甲酸和苯甲醛热解机理的量子化学研究. 化工学报，2009，60(5)：1224-1230.

[68] 段春雷. 低中变质程度煤的结构特征及热解过程中甲烷、氢气的生成机理. 太原：太原理工

大学硕士学位论文,2007.

[69] Bradley L C,Miller S F,Miller B G,et al. A study on the relationship between fuel composition and pyrolysis kinetics. Energy & Fuels,2011,25(5):1989-1995.

[70] Bar H,Ikan R,Aizenshtat Z. Comparative study of the isothermal pyrolysis kinetic behaviour of some oil shales and coals. Journal of Analytical and Applied Pyrolysis,1988,14(1):49-71.

[71] Shapatina E A,Kelyuzhnyi V V,Chukanov Z F. Technological utilization of fuel for energy, 1. Thermal treatment of fuels. Reviewed by Badzioeh S. BCURA Month Bu11,1961,25:285-301.

[72] 姚昭章,韩永霞. 不同煤化度煤的热解动力学参数. 煤化工,1994,2:34-39.

[73] 林瑞泰. 多孔介质传热传质引论. 北京:科学出版社,1995.

[74] 胡荣祖,高胜利,赵凤起. 热分析动力学. 北京:科学出版社,2001.

[75] Bamford C H,Tipper C F H. Comprehensive Chemical Kinetics(Vol. 22):Reactions in the Solid State. NewYork:Elsevier Scientific Publishing Company,1980:156.

[76] Hurt R,Sun J K,Lunden M. A kinetic model of carbon burnout in pulverized coal combustion. Combustion and Flame,1998,113(1):181-197.

[77] Gumming J W. Reactivity assessment of coals via a weighted mean activation energy. Fuel, 1984,63(10):1436-1440.

[78] Weisz P B,Goodwin R B. Combustion of carbonaceous deposits within porous catalyst particles I. Diffusion-controlled kinetics. Journal of Catalysis,1963,2(5):397-404.

[79] 向银花,王洋,张建民,等,部分气化煤焦燃烧动力学的活化能分布模型研究. 燃烧科学与技术,2003,9(6):566-570.

[80] Raymond C E,Hein W J P,Neomagus R K. The random pore model with intraparticle diffusion for the description of combustion of char particles derived from mineral- and inertinite rich coal. Fuel,2011,90:2347-2352.

[81] 刘文钊. 微型流化床气固反应动力学研究. 北京:中国科学院过程工程研究所硕士学位论文,2012.

[82] Bhatia S K,Perlmutter D D. A random pore model for fluid-solid reactions:I. Isothermal,kinetic control. AICHE Journal,1980,26(3):379-386.

[83] 郭汉贤. 应用化工动力学. 北京:化学工业出版社,2003:377.

[84] 傅维镳,煤燃烧理论及其宏观通用规律. 北京:清华大学出版社,2003.

[85] Liu W Q,Low N WL,Wang G X,et al. Calcium precursors for the production of CaO sorbents for multicycle CO_2 capture. Environmental,Science & Technology,2010,44:841-847.

[86] Liu W Q,Feng B,Wu Y Q,et al. Synthesis of sintering-resistant sorbents for CO_2 capture. Environmental Science & Technology,2010,44:3093-3097.

[87] Hughes R W,Lu D,Anthony E J,et al. Improved long-term conversion of limestone-derived sorbents for in situ capture of CO_2 in a fluidized bed combustor. Industrial & Engineering Chemistry Research,2004,43(18):5529-5539.

符 号 说 明

r　反应速率

C　反应物浓度

x　反应转化率

k　反应速率常数

t　反应时间,s

R　颗粒半径,m

N_A　反应量

$f(x)$　反应模型函数

$G(x)$　反应积分函数

¢$_s$　颗粒球形度

Ar　阿基米德数

C_t　示踪剂浓度,%

$D_{a,g}$　气体轴向扩散系数,m^2/s

$D_{He\text{-}Air}$　氦气在空气中的分子扩散系数,m^2/s

d_p　床料颗粒的平均粒径,μm

E_t　停留时间分布密度函数,s^{-1}

θ　无因次停留时间

E_θ　无因次停留时间分布密度函数

g　重力加速度,m^2/s

H　流化床的管长,m

h　初始床料堆积高,简称初始床高,mm

I_t　质谱测量得到的示踪剂强度,Count/s

m　示踪剂的注入量,m^3

$Pe_{a,g}$　气体轴向彼克列数

Q　流化气体的流量,m^3/s

Re　雷诺数

Sc　施密特数

t　时间,s

t_0　扣除系统耗时后的 RTD 曲线起始时刻,s

$\bar{t}$　气体的平均停留时间,s

$\bar{t}$　系统耗时,s

U_g,u_g　表观气速,m/s

U_{mf}　最小流化速度,m/s

z　竖直高度,m

δ_t^2		方差,s^2
δ_θ^2		无因次方差
μ		黏度,Pa·s
ρ_g		气体密度,kg/m^3
ρ_s		颗粒真密度,kg/m^3
Φ		流化床内径,m
	t	时间
	a	轴向
下角标	θ	无因次时间
	g	气体
	s	固体

第 11 章　解耦方法的其他热转化应用

解耦热化学转化的本质是将燃料热化学转化过程的各阶段中涉及的子反应进行隔离或将隔离的子反应的产物和热量与其他阶段的反应进行重组，调控反应间的相互作用。由于热化学转化反应网络包括诸多代表某类反应属性的子反应，或称属性反应(attribution reaction)，如燃料热解、气化或燃烧等典型热化学转化过程涉及的干燥、热解(又可分为轻度热解、深度热解等)、加氢热解、气化、氧化或燃烧、重整等属性反应。因此，反应解耦技术必然有多种不同的组合形式，在热化学转化技术的研发中有着非常广泛的发展空间。当前，基于反应解耦发展新型热化学转化技术的研发非常活跃，在很多方面也获得了很好进展。本章将简要概述已经公开报道、但在前述章节中没有提及的其他几种基于反应解耦而发展的燃料热转化技术的原理、特点和研发及应用现状，进一步展示反应解耦对创新燃料热化学转化技术的有效性和潜力，并最后展望燃料热化学转化的反应解耦基础与转化技术的发展方向。

11.1　解耦方法其他应用概述

燃料热转化中的反应解耦以实现某一反应调控目标而发展。如前面章节所述，煤炭拔头为实现煤转化过程的油气热电多联产，双流化床热解气化旨在利用空气生产中热值燃料气、避免高成本空分，两段气化以生产低焦油燃气为目的，解耦燃烧则为显著降低燃烧过程的 NO_x 排放等。除本书前述章节论及的解耦热转化基础研究与技术开发工作外，国内外还有很多其他工作创新了很多典型的燃料热转化技术与工艺，取得了很好的反应调控、进而对宏观转化过程的调控效果，有的甚至在工程应用上取得了成功。例如，日本部分加氢热解气化(partial hydropyrolysis gasification，PHG)也称为“气化分级煤炭部分加氢热解技术”(efficient co-production with coal flash partial hydro-pyrolysis technology ECOPRO)[1]，它被证明能显著改善热解油气产品的质量，且获得的燃料气中焦油含量低，富含氢气。再如，煤炭预氧化气化技术(pre-oxidation gasification，POG)，包括美国开发的 KRW 气化炉[2]和中国正在研发的射流预氧化气化 JPFBG 技术[3]，它们都能大大改善流化床气化对煤种的适用性，特别是能适用于在普通流化床气化中难以处理的黏结性煤。

热化学转化过程的反应解耦很多时候能同时实现多种目标，如获得改善产品质量、提高过程能效、减少污染物排放等多种效应。耦合多种解耦方式是实现多种解耦效果的有效途径。以焦煤预处理技术为例,除了本书第 2 章论及的焦煤分级调湿(CCMC)外,提高焦化效率、改善焦炭品质的预处理技术还有焦煤预热解与成型技术,日本研发的面向 21 世纪高效环保超级焦炉技术(super coke oven for productivity and environmental enhancement toward the 21st century,SCOPE21)就是基于耦合焦煤调湿、预热解、成型等多种预处理方式而发展的[4-8]。再如,在本书第 5 章双床气化所论述的两段双流化床气化技术实际上耦合了燃烧与气体生成反应的隔离、燃料热解与生成气提质反应的分级两种解耦方法。

表 11.1 列举了基于反应解耦而创新研发的其他几种文献报道的燃料解耦热转化技术。前述章节主要汇总了作者直接开展的有关解耦热转化基础研究与技术开发方面的工作,本章将简要概述表中的其他解耦热转化技术的原理、特点和研发及应用现状,并最后展望针对燃料热化学转化的反应解耦方法基础与技术的发展重点。

表 11.1 其他基于反应解耦的典型燃料热化学转化技术

转化过程	被解耦反应	解耦效果	典型技术	发展阶段	文献
热解	干燥、轻度热解(分级)	煤快速预热及轻度热解,利用弱黏煤炼焦,缩短反应时间,从而提高效率、大幅增产节能	SCOPE21	商业应用	[4]~[8]
	干燥、轻度热解(分级)	热解分为温度不同的多级,通过多个反应器利用不同温度热解间相互作用改善油收率与品质	COED	工程示范	[9],[10]
	半焦气化(分级)	输送床中利用半焦气化提供煤热解气氛及热量,实现部分加氢热解效果	ECOPRO	工业示范	[1]
	轻度热解、气化(分级)	多段流化床中利用半焦气化提供热解气氛及不同温度热解间相互作用提质热解产物	MSFB	小试	[11]
气化	氧化热解(分级)	氧化热解破除煤的黏结性,使流化床气化适合黏结性煤	KRW, JPFBG	工程示范及中试	[2]
	热解、半焦燃烧及气化(隔离)	在循环流化床中隔离燃料热解、半焦气化与半焦燃烧,产生热解气、半焦气化气及燃烧烟气	TBCFBG	小试	[12]
	燃料热解(分级)	在流化床中分级燃料热解与半焦气化,在半焦气化中实现焦油脱除与气体提质	FBTSG	工业示范	[13]

11.2 快速轻度热解预处理焦化

快速轻度热解预处理焦化技术，又称面向 21 世纪高效环保超级焦炉(SCOPE21)，是新日铁公司(Nippon Steel Corporation)在 20 世纪末研发的一种先进煤焦化技术，其流程如图 11.1 所示。技术实质是在煤炭送入焦炉前，对经粉碎的焦煤经过干燥后(通常流化床，类似第 2 章所述 CMC)，再经过输送床实施快速轻度热解(约 350℃)，以提高入炉煤温度，并依靠轻度热解提高煤的热塑性。细煤粉经轻度热解后通过热压成型，进而与经轻度热解的较大颗粒煤原料混合一同装入焦炉。如前所述，焦煤调湿 CMC 通过降低入炉煤水分、减少炉内水分蒸发所需时间和能量而提高生产效率、降低焦化能耗，同时也通过其形成装炉煤密度的增加而提高所产焦炭的品质。SCOPE21 进一步引入干燥煤的低温轻度热解，提高装炉煤的热塑性，进一步提升其温度，使焦炭生产可利用弱黏结性烟煤，且生产效率由于入炉煤温提升 300℃左右而成倍增大，生产过程所需时间和能耗进一步大幅度降低[4-8]。

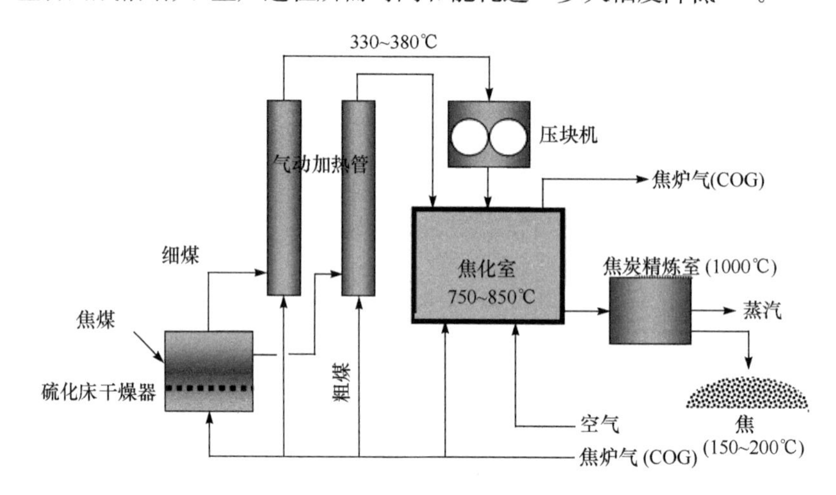

图 11.1 新型煤焦化技术 SCOPE21 的流程示意图

图 11.1 表明，根据 SCOPE21 的炼焦流程包括：粉碎后焦煤的流化床干燥、干燥煤的输送床轻度热解(一个用于细粉)、细粉煤的挤压成型和焦炉焦化。焦化炉的间接加热速率限制于 3℃/min 以内，传统焦化过程对焦煤的加热必须在焦炉内从室温开始，仅加热至 1000℃也需要耗时 6h 左右，更不用说慢速的煤水分蒸发。对于 SCOPE21 流程，焦煤在流化床预热干燥(至约 200℃)和输送床轻度热解(330～380℃)中的升温速率远高于 3℃/min，可达 10^3℃/min。因此，焦煤经历快速的初始升温和脱水过程，并致使进入焦炉的煤温达 300℃以上，大大缩短其在焦炉中的反应历程和时间[6]。在 330～380℃的快速煤热解不仅提升了入炉煤温度，而且

显著增高了其热塑性[7]而增强焦化对弱黏煤的适应性。

表 11.2 SCOPE21 技术和常规焦化过程的性能比较

性能参数	常规焦化	SCOPE21
装煤温度/℃	25	330
煤表观密度/(t/m^3)	0.37	0.72
JIS 转鼓强度指数	82.3	84.7
焦化历时/h	17.5	7.4
弱黏性煤混合比例/%(质量分数)	20	50
容积利用率/%(体积分数)	137	324
能耗/%	100	79

表 11.2 对比了 SCOPE21 技术和传统焦炉(产能 4000t/d)的主要性能参数。对于 SCOPE21,表征焦炭强度的日本工业标准(JIS)转鼓强度指数(drum index)提高了 2.5 点,焦化历时缩短 10.1h(通常 20h),能耗降低 21%。同时,使用 SCOPE21 提高了弱黏煤容许混合比例至 50%以上,显著提高了焦化对煤的适用性。这些充分展示了分级焦煤干燥和轻度热解对提升焦炉的焦化性能的作用,也证实了反应解耦对焦化过程的有效性。

先进煤焦化技术 SCOPE21 于 1996～2005 年完成开发,2009 年在新日铁公司的 Oita 钢铁厂建立运行了商业运行装置[6]。运行数据表明较相同产能(4000t/d 焦炭)的传统焦炉其减少焦化能耗 20%、每年降低 CO_2 排放 40 万 t。目前该工业装置运行稳定,使用非黏结性煤的混合比例达到了 50%以上,实际的焦化时间为 13h。虽然没有达到预期的 7.4h,但改善效果已经非常明显。

可见,SCOPE21 集成包括流化床煤调湿、输送床轻度热解、粉煤热压成型和焦炉焦化等一系列先进技术,因此系统复杂度大大增高,这无疑可能降低系统的可靠性。因此,长时间的稳定示范是其进一步广泛应用的前提。

11.3 多段分级流化床热解技术

11.3.1 多级流化床煤热解

多级流化床煤炭热解(char oil energy development,COED)由美国在 20 世纪 70 年代研发[9,10],如图 11.2 所示,它将煤的热解过程分成 4 个相互连接的流化床反应过程,且每个流化床工作在不同的温度和气氛条件。该 COED 热解流程的设计充分利用对燃料热解过程所发生的基本反应步骤的解耦和重组。如图 11.3 所示,燃料的热解实际上包含干燥、不同温度下发生的不同程度的挥发分析出反应和热解产物燃烧等不同的子反应[11-13]。从反应解耦的观点分析,不仅干燥、挥发分析出和燃烧之间存在相互耦联和相互作用，针对挥发分析出其不同阶段的反应之间也存在相互作用。因此，也可针对不同温度或不同程度的挥发分析出反应根据“解耦”思想进行反应分离与重组，优化燃料热解整体过程。图 11.2 所示 COED 流程实际上解耦了燃料干燥、挥发分析出和半焦气化三个反应阶段，并进一步将挥发分析出反应分级为低温轻度热解和高温深度热解两阶段。被解耦的反应在不同的流化床反应器中进行，下游的高温半焦气化(Ⅵ)生成气为高温深度热解(挥发分析出)反应(Ⅲ)提供反应气氛和反应热，而深度热解的气相产物又进一步为低温轻度热解反应(Ⅱ)提供反应气氛和反应热。热解气相产物取自于低温热解反应器Ⅱ，而煤干燥反应器Ⅰ相对独立，其产生的干燥蒸汽独立排出系统。因此，COED 过程中涉及了反应“隔离”和反应“分级”两种解耦模式，其固体物料自低温向高温、也即反应器Ⅰ向反应Ⅳ顺次流动。该相互分离而关联的技术流程希望充分利用各反应段的气相产物作用于上一段所发生的热解反应，优化生成的热解产物的收率与品质，如将重质组分吸附于系统内部裂解，而自反应器Ⅱ收集的为富含轻组分的热解油产品，而经过反应器Ⅰ的预干燥期望实现类似焦化过程的 CMC 技术的功能，有效减少下游酚水生成，并通过控制原料煤水分而提高热解过程效率。

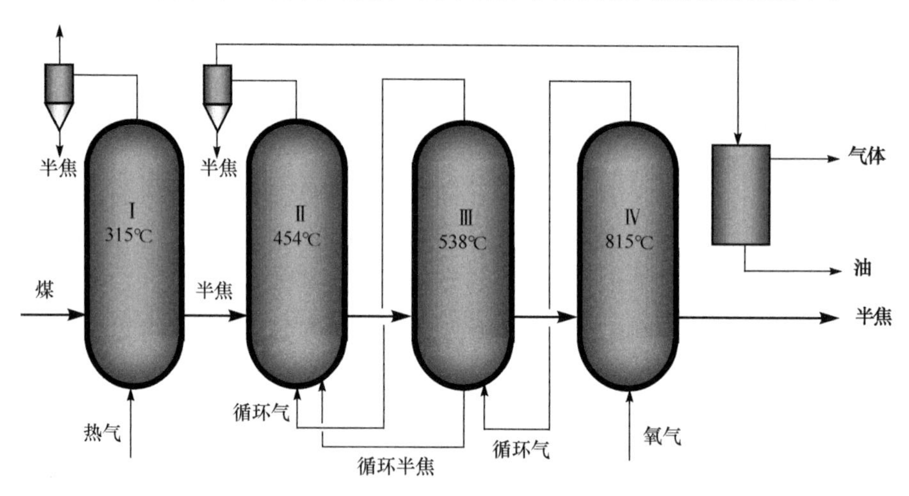

图 11.2 燃料热解 COED 技术流程示意图

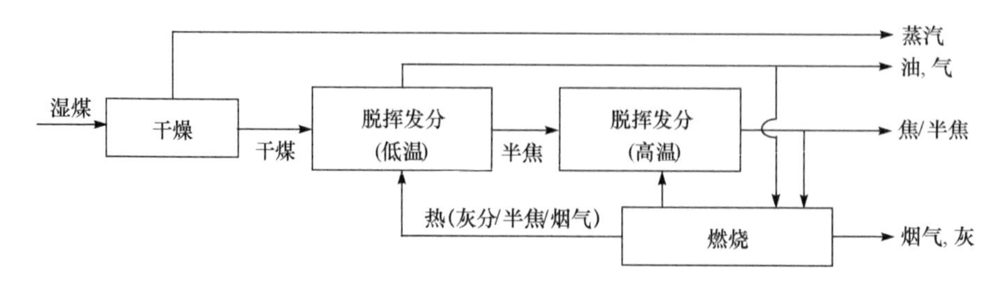

图 11.3 燃料热解过程涉及的基本反应步骤(热来自燃烧部分热解产物)

有关 COED 的研究结果显示，通常难以在单级流化床热解器中处理的黏结性煤能有效通过 COED 技术实施热解。为保持固体物料，如煤及其不同热解阶段的半焦顺畅地自上游向下游流动，每段反应的温度要求低于煤及半焦的软化温度，以防止结焦或黏结。研究表明，黏结性煤经过低温热解气环境的预处理可以明显提高其软化温度[14,15]，这可能是 COED 较单级流化床更加适合处理黏结性煤的机制所在。即在反应器Ⅱ中，其低的运行温度不足以造成煤颗粒的软化黏结，相反作为预处理工序，提高了黏结性煤的软化黏结温度，使其进入更高温度的反应器Ⅲ中不再发生软化黏结。

COED 热解工艺中半焦与热解气相产物逆流在各反应器中传输与流动，实现了半焦自低温向高温、热解气相产物自高温向低温的对向流动。因此，热解气相产物中的重组分在流入低温的下游反应器时，能被低温半焦有效捕获(capture or adsorption)，并随半焦被再次带入上游高温反应器，实现有效裂解。因此，从低温热解反应器Ⅱ收集的热解焦油应该含有较高的轻质组分。同时，COED 流程的燃料热解利用半焦气化气(Ⅲ)及高温热解生成气(Ⅱ)作为热解反应气氛，这些气氛中所含有的各种气体组分能有效促进热解气态产物的提质反应，如焦油组分的加氢重整和裂解等[16,17]，有利于形成高品质热解产物。所有这些表明，COED 充分利用了气化与热解以及不同温度热解反应之间的相互作用而调控热解产物的特性，是基于反应解耦而发展的典型热解技术。

图 11.2 显示了四阶段 COED 过程的具体流程和典型的反应条件。作为典型，自反应段Ⅰ到Ⅳ的操作温度分别大约是 315℃、454℃、538℃和 815℃。反应器Ⅰ的第一阶段将难以形成大量的气相有机物，主要释放燃料水分和易断裂碳氧官能团生成 CO_2。反应器Ⅳ实际上为来自反应器Ⅲ的半焦的气化反应器，它也可能操作在更高的温度下，但必须最小化其生成气中的 O_2 含量，否则 O_2 会流入反应器Ⅲ中显著降低高温热解反应的焦油生成量。热解反应器Ⅱ和Ⅲ的温度也可以在一定范围内变化，且针对不同的煤两级反应温度应有一定差异，但将热解过程解耦为高温和低温两阶段，使热解气相产物从高温向低温流动是优化热解产物二次反应与温度场分布之间匹配关系的关键因素，是热解反应过程选择性地最大限度裂解重组分、形成富含轻组分焦油的重要保障。在图 11.2 所示 COED 工艺条件下，美国的研发机构通过 36t/d 的中试规模装置对不同煤种进行了试验，包括高挥发烟煤、次烟煤及褐煤均取得了令人满意的结果。例如，对伊利诺伊州的 6＃煤(一种强黏结性的高挥发烟煤)所获得的典型结果汇总于表 11.3 中[18]，可见焦油收率高达 19％以上(质量分数，相对于空干基煤)。

表 11.3 利用 COED 热解伊利诺伊州 6#煤获得的数据

产品	产率/%(质量分数)	产量
半焦	59.12	588.5kg/t
焦油	19.61	182.4L/t
液体产物	5.53	29.6L/t
煤气	15.74	253.9×10^3L/t

注:煤气取自 COED 反应器,不含 N_2、水蒸气、CO_2 及 H_2S。

11.3.2 多层流化床热解

基于同样的反应解耦原理与方法,本节提出了利用多层流化床(multi-stage fluidized bed,MSFB)调控热解反应过程的煤等燃料的热解新工艺,如图 11.4 所示[19]。其目标是优化利用热解反应过程的不同阶段反应之间的相互作用,实现对热解产品,主要包括焦油和半焦品质的调控。在图 11.2 中,其反应器Ⅱ、Ⅲ与Ⅳ之间的相互作用等价于图 11.4 中的上段Ⅰ、中段Ⅱ与底部气化段Ⅲ之间的相互作用,但后者仅使用一个反应器,因此在工艺构成上更简单。两种工艺方法均实现了煤及半焦颗粒自低温向高温,热解气相产物自高温向低温的对向流动,因此期待类似反应解耦调控热解产物特性的效果。对比图 11.2 所示多级流化床热解工艺,图 11.4 示意的多段流化床热解工艺要求对原料的干燥单独处理,即前者集燃料的脱水干燥为一体,而后者接受经过干燥的原料。

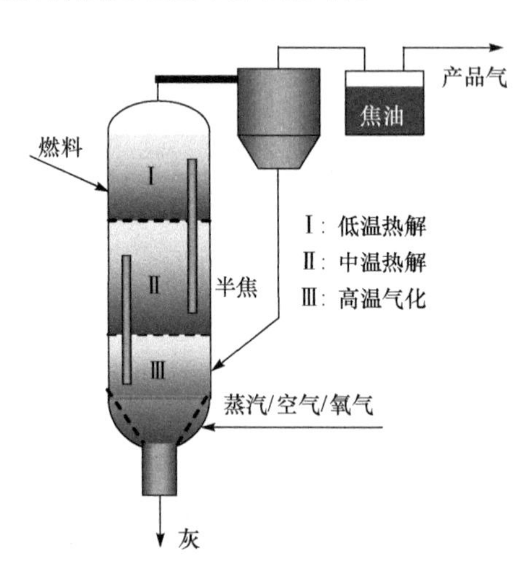

图 11.4 多层流化床(MSFB)燃料热解工艺反应器流程图

图 11.5 表示了利用实验室多段层流化床热解反应器热解一种中国内蒙古褐煤获得的典型结果[20]。实验装置为三段,直径为 100mm,高度为 1.8m,实验煤粒

径为 0.2～0.5mm，其干基挥发分、固定碳和灰含量（质量分数）分别为 37.3%、54.9%和 7.8%。自Ⅰ至Ⅲ的三段反应温度分别为 550℃、650℃和 900℃，给煤速率约为 12g/min，每一层的固体物料的停留时间为 40min。实验中采用水蒸气和氧气的混合物作为气化剂，从多段流化床反应器的底部供入，对应所示结果的水蒸气/煤质量比为 0.09、过量氧气比（ER）为 0.2。从图示结果可以看出，多段流化床热解明显提高了热解气产率，一定程度上增加了焦油产量[图 11.5(a)]；生成的焦油在多段流化床热解条件下具有更高的轻油组分，且主要为轻油和酚油[图 11.5(b)]；生成的褐煤半焦通过热重评价氧化（即空气燃烧）反应性，发现多层流化床热解所得半焦具有更低的反应性[图 11.5(c)]，并且更难着火和燃烧[图 11.5(d)]，因此具有更好的抗自燃能力。所有这些结果表明，多段流化床煤热解工艺具有提高热解焦油品质，提高所得半焦燃点的技术优势，尤其适合褐煤的提质。

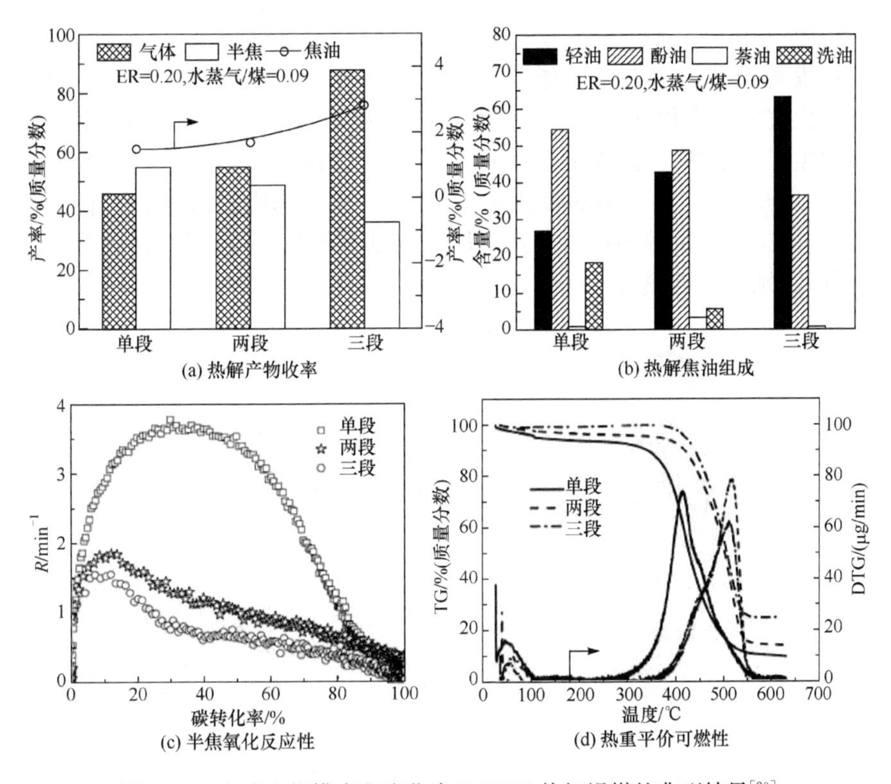

图 11.5　实验室规模多段流化床(MSFB)热解褐煤的典型结果[20]

无论是 COED 还是 MSFB 热解，上述结果均表明通过发挥不同温度（程度）热解反应之间、热解（挥发分析出）与半焦气化反应之间的相互作用，可有效地提高热解过程轻质油的收率，抑制半焦产品的自燃倾向性，并且由于在分段或分级的反应中有效利用了热解及气化生成气体的显热，过程热效率较高。虽然 COED 和

MSFB 工艺具有明显的技术优势，但是通过 COED 的 36t/d 技术中试和 MSFB 热解小试均发现，热解气相产物的粉尘携带及携带的粉尘对生成的热解油的污染是这两个工艺都难以回避的问题。因为是流化床反应器，细小粉尘必然被带入热解气相产物，在冷却收集过程中混入焦油，严重时导致焦油粉尘含量（质量分数）高达 10%～20%。处理易粉化的褐煤，粉尘夹带与焦油污染的问题将更加严重。因此，COED 工艺至今仍没有产业化，生产轻油含量高、粉尘含量低的热解油的煤热解技术仍需要进一步创新。

11.4 气化分级煤部分加氢热解

由日本新日铁公司开发的气化分级煤炭部分加氢热解技术（efficient co-production with coal flash partial hydro-pyrolysis technology，ECOPRO）核心是利用半焦气化生成气作为反应气氛实现部分加氢热解（partial hydropyrolysis）。实现方法是将煤炭/半焦气化反应从燃料热解过程分离，利用煤炭/半焦气化生成气及其与从气化气中分离得到的氢气的混合气作为煤热解反应气氛，以利用煤热解产物与气化生成气中各组分，如 H_2、CO、CH_4 等之间的协同作用，提高热解焦油和气体产物的品质[见图 11.6(b)的解耦原理示意[12]]。最为代表的典型作用为反应气氛中的 H_2 对热解产物的各种组分发生加氢或部分加氢反应，因此命名为“部分加氢热解”以区别于常规热解。

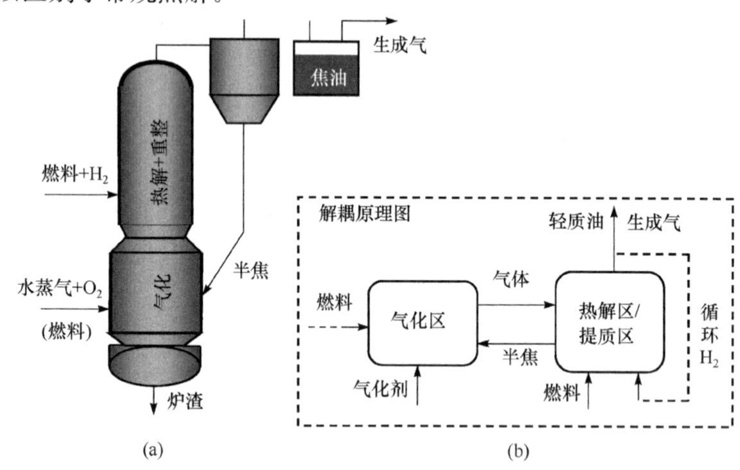

图 11.6 加氢热解典型过程流程与解耦原理示意图[11]

如图 11.6(a)示意了日本新日铁公司根据上述解耦原理设计的 ECOPRO 过程[11]。其由一个气化区（或氧化区）和一个加氢热解区（含重整区）构成，采用气流床反应器，因此下部的半焦气化为高温熔渣气化工艺。燃料供入上部的热解/重整段，下部提供 O_2 和水蒸气作为气化剂。根据工艺运行要求，上部热解段供入气化气中分离出来的 H_2。半焦熔渣气化产生的气化气向上进入热解与重整区，形成其中的热解及重整的反应气氛并提供反应热。在该部分加氢热解区，煤经气化生成气加热发生热解，生成的焦油和气体组分通过与气化生成气中的组分，主要是 H_2 发生作用，使热解产物发生重整反应，提高油气品质。其涉及的反应主要包括气氛中的氢对自由基的稳定、重焦油的氢化等。通过该过程，希望得到富含热解气体组分，特别是 CH_4 的生成气和轻质油。如图 11.6 所示解耦半焦气化与燃料热解，并利用气化生成气作为气氛的目的就在于发挥气化气对热解反应的作用（主要为加氢），特别是在 ECOPRO 所采用的高温、高压气流床反应器中，其作用应比上述 COED 及 MSFB 热解工艺中的常压、低温流化床热解反应更为显著，因此可望获得高品质的热解液体。由于有效利用气化气的显热发生热解，这种解耦转化过程的能效也较高。

图 11.7 表示了新日铁公司的 Yabe 等利用其建立的煤处理量为 1t/h 部分加氢热解加压中试装置开展试验所获得的一组典型数据[1]。在该中试装置上，上部热解形成的半焦没有真正循环，而是对底部气化段供入了煤粉，其由氧携带喷入气化器，在 1550～1650℃ 发生熔渣气化，形成的气化气上行通过热解器。燃料灰熔化后从底部以熔渣形式排出。另外一部分煤由氢气携带喷入上部热解器，利用来自下部气化的生成气的显热在 700～800℃ 进行加压加氢热解和热解产物重整提质。从装置顶端收集的产物包含不凝气体、焦油和半焦。试验用煤为表 11.4 所示的高挥发分(45.4%)、低灰(2.7%)、低水含量(3.8%)优质次烟煤。试验条件汇总于表 11.5 中，操作压力为 2.0MPa，气体/颗粒在气化及热解段中的停留时间约为 2.0s（因为气流床颗粒/气体停留时间相当），上部加氢热解段的反应气氛中 H_2 浓度为 31%（体积分数），下部气化段对气氛组成无要求，但供入的 O_2 量为配合喷入的煤量、以能维持所希望的气化段温度为原则而调控。

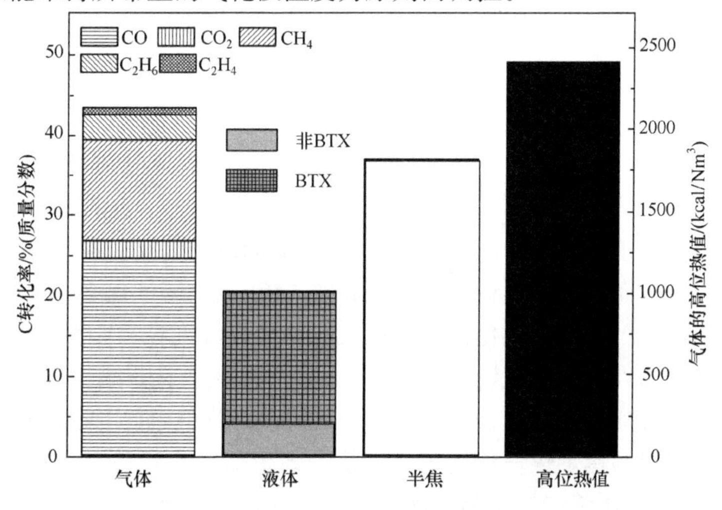

图 11.7　1t/h 加压加氢热解中试装置的热解产物产率与品质[1]

表 11.4 试验用次烟煤的工业分析和元素分析数据

项目	工业分析/%(质量分数,干燥灰基)			元素分析/%(质量分数,干燥无灰基)			
成分	M	V	A	C	H	N	S
数据	3.8	45.4	2.7	76.4	5.6	1.8	0.1

表 11.5 1t/h 加压加氢热解中试试验参数

反应条件	气化器	热解器
压力/MPa	2.0	2.0
停留/反应时间/s	2.0	2.0
反应温度/℃	1550~1650	700~800
气氛 H_2/%(体积分数)	—	31

由于外部供入了 H_2,自上部热解器收集的产物均以碳(C)为基准计算产率。依据图示数据计算的结果为:半焦、CO、H_2和 BTX 的 C 转化率(质量分数)分别是 36.9%、24.6%、12.5%和 16.9%。与其他热解技术相比,该加氢热解确实获得了较高的 BTX 产率,展示了通过反应解耦希望获得的有益效果之一。图示的气体产品中 CH_4 含量大约为 12.5%(体积分数),因此燃料气/合成气的热值高达 2400kcal/Nm^3 以上。由于较高收率的焦油生成,生产气体的冷煤气效率仅约为 60%。如果等价生成气中的 H_2部分循环回热解器,对应计算的总体能源回收效率高达 88%[1]。因此,联产富含 CH_4的合成气和富含 BTX 的焦油是 ECOPRO 可能实现的技术效果,而基于反应解耦形成的部分加氢是保证该效果的根本所在。

11.5 煤射流预氧化流化床气化

流化床操作中颗粒黏结失流会导致系统无法运行,对于处理煤炭、生物质等碳氢燃料的流化床热转化反应器,黏结失流的可能性要么发生于低温下颗粒具有的黏结性,要么发生于高温下的灰熔融。因此,一般的流化床反应器难以处理具有黏结性的燃料颗粒,而为避免燃料灰熔融引起的失流,流化床气化必须操作在低于灰软化点的较低温度,如对于流化床煤气化反应器最高温度在 1000℃左右。实际应用中,有许多要求处理黏结性燃料的需要,如有的地区缺乏非黏结性煤,必然要求气化黏结性煤;又如在焦化过程中气化其劣质煤生产煤气,而用该煤气可以替代焦炉煤气,使被替代的焦炉煤气应用于非燃烧的高价值转化过程。一种可以气化黏结性煤的技术必然比不能气化黏结性煤的技术具有更宽的燃料适应性。气流床气化可以处理低灰的黏结性煤,但对于生产工业煤气、还原原料气等许多应用,气流床气化炉由于系统复杂、投资高，并不适用于中小规模的应用场合。因此，十分有必要发展可气化黏结性煤的先进流化床气化技术，以适应工业煤气、还原气应用的需求。

11.5.1　KRW 气化炉

目前，世界上可以处理粘黏性煤的流化床气化技术十分有限。最早的代表技术是由美国 Kellog Rust Synfuels 和 Westing House Company 合作开发的 KRW 气化炉[2][图 11.8(a)]。它采用含氧气流喷射进料方式，将煤颗粒喷射进入高温的气化炉，并在该喷射过程中发生煤颗粒与喷射气体中 O_2 间的反应，包括高温下的煤热解和可燃物的贫氧燃烧，形成射流火焰，使煤颗粒快速被预氧化，大幅度降低颗粒表面由于覆盖溢出的胶质体而相互黏结的可能性。从反应解耦的角度分析，KRW 将气化过程解耦为射流(预)氧化热解和半焦气化两个阶段或区域的原理[12][图 11.8(b)]。根据图示解耦方法和原理，射流预氧化形成的气相产物同半焦气化产物相互混合，在高温射流火焰中和射流预氧化区内最大限度地破坏焦油、提质生成气，并最终从射流预氧化区之后排出。半焦气化形成的高温生成气进入射流区也部分提供了射流煤颗粒发生预氧化热解所需的热量。这种以预氧化(热解)为特征的气化因此称为预氧化气化(pre-oxidation gasification，POG)。

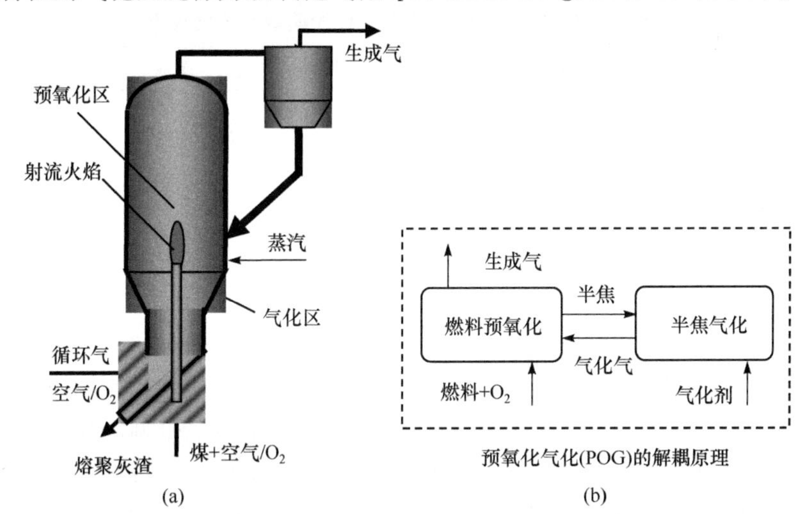

图 11.8　KRW 气化炉流程与预氧化气化解耦原理示意图

图 11.8 显示出 KRW 气化炉实现了预氧化热解与半焦气化解耦和热解/气化分级重组的具体方式[11]。可见，其含氧气流的煤颗粒射流通过一根穿过底部高温颗粒流化床内部的同轴射流管而形成，在流化床密相床层表面之上形成射流，从而使颗粒射流火焰和预氧化区正好形成于紧邻密相床层上表面的空间。被射流供入

的煤颗粒在射流火焰中和预氧化区被预氧化热解后，大部分依靠自身重力掉入底部密相床层中，并与进入流化床的空气/O_2及水蒸气发生半焦气化，同时保证密相床层表面上能维持可以引起煤颗粒射流快速发生预氧化热解的高温。经过射流预氧化形成的半焦被大大降低了表面黏结性，使其在进入流化床中可与其他非黏结性煤一样被气化。即煤的射流预氧化使 KRW 不但可高效气化非黏结性煤，也可气化黏结性煤。

KRW 气化技术于 1974 年建成 35t/d、压力 2.0MPa 的中试试验厂，开展了大量试验，到 1985 年的运行时间总数达到了 11500h。表 11.6 汇总了利用 KRW 中试装置获得的典型数据(压力为 1.57～1.67MPa)[21]。流化床气化一般只能应用于黏结性低、反应活性高的褐煤和次烟煤。数据表明，KRW 气化炉很好地处理了烟煤、次烟煤和褐煤。这些结果验证了希望通过实施预氧化热解所达到的解耦效果，即利用煤在进入流化区之前的预氧化作用，显著提高了流化床气化的原料的适应性。KRW 气化技术不仅可采用空气气化，还可采用富氧气化，气体产物富含 H_2和 CO，H_2和 CO 之和在空气气化时达到 30%(体积分数)，富氧气化时达到 60%(体积分数)以上，烃类(如 CH_4)的含量不高，因此适合作为合成气及燃气。同时，由于预氧化火焰温度高(1150～1260℃)，报道显示生成气中的焦油含量少[21]。

表 11.6　KRW 气化炉对不同煤种的典型运行结果[21]

燃料类型	气化剂	供料速率/(t/d)	气体组成/%(体积分数，干燥基)					低位热值/(kJ/Nm³)
			CO	CO_2	CH_4	N_2	H_2	
烟煤	空气	12.0	21.6	13.5	1.2	51.8	11.9	4375
烟煤	O_2	14.0	42.5	36.4	1.9	0.4	17.9	7580
次烟煤	空气	18.7	16.2	16.9	2.2	53.3	11.4	4185
次烟煤	O_2	24.0	35.0	34.2	5.3	0.3	25.1	8835
褐煤	O_2	24.0	40.0	30.9	4.3	0.4	24.2	8920

KRW 气化炉的另外一个过程特点是：在其底部密相床层中，采用了灰熔聚(ash agglomeration)方式排渣，灰颗粒以及一些未反应的半焦颗粒从气化炉的底部通过部分熔融或软化灰而形成团聚排出。因此，KRW 的运行温度必须在煤灰的软化和融化温度之间，较常规排渣流化床气化炉具有更高的反应温度，有利于实现高的碳转化率和深度脱除氧化热解生成的焦油，但必须严格控制以实现稳定排渣。与其他流化床气化一样，被夹带的细颗粒向上通过喷射区，在气化炉的稀相区被气化后形成飞灰。

采用 KRW 气化工艺的美国派龙派因(Pinon Pine)100MW IGCC 示范电站于 1997 年建成，设计处理能力为煤 881t/d，采用加压空气气化，冷煤气效率和碳转化率的设计值分别为 80%～85%和 95%,但至今未能实现商业化运行。针对气化炉,采用射流预氧化热解有效扩展了对黏结性煤的适应性,但灰熔聚排渣方式使得气化炉的操作温度窗口较窄,难以控制,系统波动容易引起不稳定。实际上,世界上目前还没有成功商业运行的灰熔渣方式流化床气化炉。而且,KRW 的射流管穿过密相流化床,也会妨碍熔渣的稳定形成和顺畅排出。

11.5.2 JPFBG 工艺

为利用焦化过程洗中煤制备工业煤气,替代焦炉煤气作为焦炉燃料,笔者提出了如图 11.9(a)所示的黏结性煤射流预氧化流化床气化(jetting pre-oxidation fluidized bed gasification,JPFBG)技术工艺[3,22]。其解耦原理与方法类似于 KRW 气化炉[图 11.8(b)],但区别在于 JPFBG 工艺采用非熔聚的干粉排渣,并将煤颗粒的射流设置于底部流化颗粒床层的表面之上,通过斜向上的喷射形成煤颗粒的射流。这里,煤颗粒的射流管相当于锅炉的煤粉燃烧器,因此可根据需要对向设置射流,强化射流之间的相互作用,可能有助于在射流区形成更高温的射流火焰和气固作用更强烈的预氧化区。由于射流管不再通过底部密相床层,射流管将更易布置,对其材质要求也将大大降低,不需要耐高温及避免高温(1000℃左右)下颗粒对其的磨蚀,同时避免对密相床层内的流动、反应以及底部排渣的影响。采用非熔聚排渣可以增宽气化炉的操作温度窗口和抗温度波动的能力,易于在较宽的条件范围内维持流化床的稳定操作,虽然气化温度可能比 KRW 低 100℃左右,但系统稳定性和灵活调控性能可望大大增强,以克服 KRW 在产业化过程遇到的技术难题。

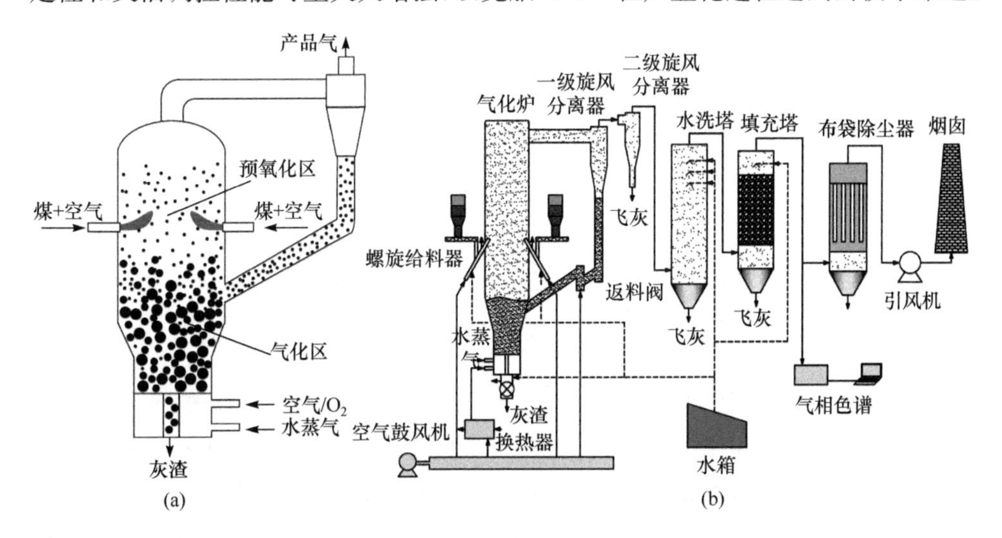

图 11.9　射流预氧化流化床气化 JPFBG 原理示意及中试装置流程图

在系统开展关于预氧化破黏、煤颗粒射流输送等基础研究之后，2011 年在河南安阳建立了如图 11.9 右侧所示煤处理量 1000t/a 级 JPFBG 工艺的中试试验装置。装置的高度为 10 m，对向设置两个喷射口。利用该中试装置对焦化过程的洗中煤、四川达州地区烟煤等具有一定黏结性且高含灰的煤开展了空气及富氧常压气化试验研究（工业燃气生产通常采用常压气化），验证了所开发的预氧化技术可有效抑制煤在气化炉中的黏结，从而使 JPFBG 能应用于黏结性指数 30 以下煤的常压气化[3]，以满足利用洗中煤等具有一定黏结性的劣质煤气化生产工业煤气的技术需求。

作为中试试验及其结果的典型代表，图 11.10 表示了空气气化四川达州烟煤（表 11.7）所获得的结果。达州烟煤的灰分接近 30%（质量分数），黏结指数高达 30，挥发分含量较低，证明其为反应性较差的低劣煤，一定程度上也可代表洗中煤的特性。气化条件示于图 11.10(a)，煤处理量为 140kg/h，用于煤颗粒射流的空气（或 O_2）量约为总气化空气总量的 1/3，在所示试验中没有使用水蒸气作为气化剂。

表 11.7　黏结性烟煤的工业分析和元素分析数据

项目	工业分析/%（质量分数，干燥基）				元素分析/%（质量分数，干燥无灰基）					高位热值/(MJ/kg)	黏结指数
	M	V	A	FC	C	H	N	O	S		
数据	1.49	24.38	29.11	45.02	82.05	4.90	1.44	10.89	0.72	23.15	30

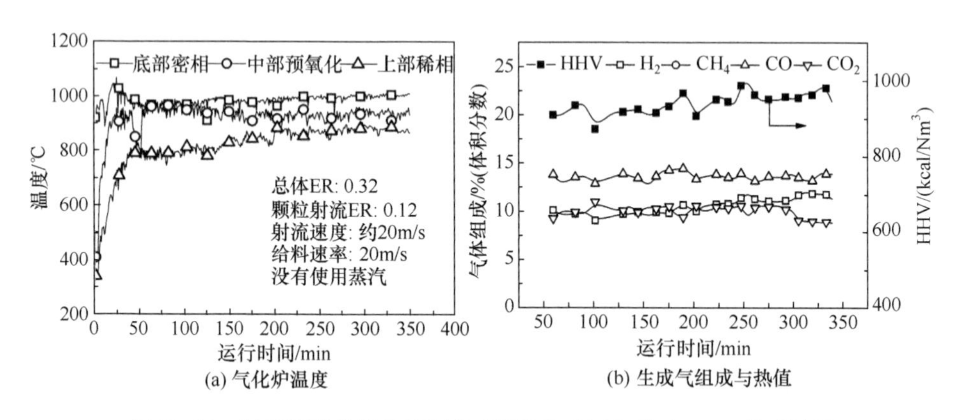

图 11.10　射流预氧化流化床气化(JPFBG)中试气化表 11.6 典型结果

图 11.10(a)表明，在连续一天的运行中（稳定时间约 6h），气化炉中的温度稳定，自底部向上温度逐渐稍许降低，其中上部温度表现了最明显的随时间而慢速升高的趋势，特别是在 200min 之前，反应器上部由于缺少生成热量的反应生成，使得气化炉有在明显的热散光。气化炉的底部密相床中、中部射流区中或之上温度在 950～1000℃内基本稳定，顶部的温度稍低，最终稳定于接近 900℃。稳定的床

层温度表明系统很好地气化了表 11.6 所示的黏结性烟煤，床内没有发生黏结失流，试验结束后气化炉内没有发现任何大尺寸的黏结性颗粒团聚体。因此，图 11.10(b)表示的气化生成气的组成也维持了较好的稳定性，CO 和 H_2的浓度之和维持在 25%（体积分数）左右，CO_2 含量约 10%（体积分数），燃气的热值接近 1000kcal/Nm^3。可以相信，对于大规模工业 JPFBC，由于系统热损失大大减少，将更易使用黏结性煤，具有更高气化效率和生成气热值。因此，JPFBC 可能成为克服 KRW 在排渣和射流管磨蚀等方面存在缺陷的一种新型射流预氧化气化技术。

11.6　解耦热转化发展展望

显然，本书通过前述章节所主张的燃料热化学转化中的"解耦"是以调控热转化过程中代表某一类子过程的化学反应间的相互作用为基础和目标的。包括干燥、热解、半焦气化、半焦燃烧、焦油裂解或重整等子过程所对应的化学反应，在本质上不同于表达化学反应机制和基础途径的基元反应(elemental reaction)，而基元反应的代表例子是各种自由基的生成与聚合反应，溶液中的离子反应，以及固体表面的 C—H、C—O 微观反应等。相对于这些发生于分子、离子和微观活性位上的基元反应，本书关注热化学转化过程中代表某一子过程的反应，它们实际上表述了各类子过程的特性或属性，因此我们也称这类反应为"属性反应(attrition reaction)"[11]，以表示其与微观尺度的基元反应、宏观尺度的转化过程之间的区别。本书所论述的"解耦"为针对燃料热化学转化过程中的各种属性反应之间的相互作用的调控，不针对微观尺度上的基元反应间的相互作用。这种反应解耦实质上代表介观尺度上的反应调控，介于表面/微观原位反应与宏观转化过程之间，针对中间尺度上的反应及其相互作用。

为创新基于反应解耦的燃料热化学转化技术，其关键是认识和发掘各种属性反应之间的相互作用，并基于此构建满足反应调控目标需求的反应解耦方法。有的反应间相互作用已获得了充分的研究和认识，如在本书的第 1 章中所述。但这些已开展的研究还远没有充分认识原料热转化过程的复杂反应体系及其中的反应间相互作用，仍须深化对属性反应间相互作用的研究，同时发展推动燃料热解、气化和燃烧等技术创新的解耦方法和思路。尤为重要的是使发展的解耦方法能直接服务于工业解耦热转化新技术的开发设计。

可见，反应解耦为包括热解、气化和燃烧在内的热化学转化技术的创新提供了一种有效的思路和方法。因此，"解耦热化学转化(decoupled thermochemical conversion)"可确立为区别于其他热转化的专有术语。2013 年，作者与澳大利亚 Curtin 大学的 Chun-zhu Li 教授合作，在国际杂志 *Fuel* 成功编辑出版了名为 *Decoupled thermochemical conversion*(2013 年 10 月，第 112 卷)的特辑，又于同年于国际杂志*Energy & Fuel* 发表了题为 *Technical review on thermochemical conversion based on decoupling for solid carbonaceous fuels* 的综述论文[11]，都标志了这一专业术语及其反应解耦调控方法得到了国内外同行的认可。

从本书的前述各章节的内容可看出，通过反应解耦而实现的效果包括过程高效化（低能耗）、产品高质量化（提高燃气热值、焦炭硬度等）、燃料高适应性（如黏结性煤的气化）、污染物减排（减少热解过程废水、燃烧过程 NO_x）和实现联产（如拔头燃烧、裂解气化）等。本书论述的各种解耦热转化技术，如加氢热解、预氧化气化、解耦燃烧等几乎都按预期实现了良好的调控效果，有的还获得了成功工业应用，从而证实了在介观尺度上通过“反应解耦”对属性反应及转化过程最终产物的有效调控。通过反应解耦调控燃料热转化过程，不同于通过改变转化系统温度、压力、电场磁场等外场反应条件、反应器形式等宏观作用手段，也不同于通过改变反应物、催化剂和溶剂种类和特性，从分子、界面或表面等微观尺度影响反应的调控方法。这些充分反映了燃料热转化过程的多尺度反应调控本质。

基于反应解耦的燃料热转化技术要么使用两个以上反应器，要么基于两级以上的反应分级，在系统构成和控制上必然增加复杂度。但如石油催化裂化，为这种基于两个或两级以上反应器的燃料解耦热转化技术的可靠性和优势提供了很好的工业应用实际案例。另外，煤和生物质的各种解耦热转化新技术的发展与应用推广也还需要更深入的基础研究、工程开发和应用示范支撑。例如，双流化床转化技术中必须涉及的具有连续颗粒流的鼓泡流化床反应器的放大就还缺乏有效的方法和技术。曾经深入研究的鼓泡流化床的放大规律针对没有颗粒连续流动的密相流化床反应器，重点在于确保反应器放大过程中气固间相互作用，如气泡尺寸特性相似。对于双流化床转化中的颗粒连续流反应器，关键需要确保颗粒停留时间的相似，因此仍然缺乏方法。同时，燃料解耦热转化系统在集成、控制等方面要求很多不同的部件和操作流程，因此需要大量工程开发。

基于反应解耦的双床、多床或分级热转化新技术在世界范围内仍不断涌现。作为新近报道的技术代表，对应表 11.1 所列的三床循环流化床气化（Triple-bed combined CFB gasification，TBCFBG）[23,24]和两段流化床气化（fluidized bed two-stage gasification，FBTSG）[25]，图 11.11 表示了这两种新技术的反应流程示意图。两种新技术设计均以双流化床气化 DFBG 为基础。其中，TBCFBG 由日本东京大学和产业技术综合研究所的研究者等提出，其进一步将燃料气化分解为下行床热解和流化床半焦气化，生成的热解气与气化气单独排出，以最小化热解气对半焦水蒸气气化的抑制作用[26,27]。从半焦气化器排出的未反应半焦混合热载体颗粒（砂子）被送入提升管燃烧器，在这里燃烧未气化半焦，加热热载体颗粒。因此，TBCFBG 中的热载体颗粒循环类似 DFBG，但其首先进入下行床为热解反应提供反应热。该技术希望在 DFBG 实现的解耦效果的同时，最小化热解（气）对半焦水蒸气反应的抑制作用。Matsuoka 等通过电加热的工艺试验装置,验证了通过三床工艺隔离热解气与半焦气化确实在温度 900℃以下观察到了明显的促进半焦气化的效果[28]。

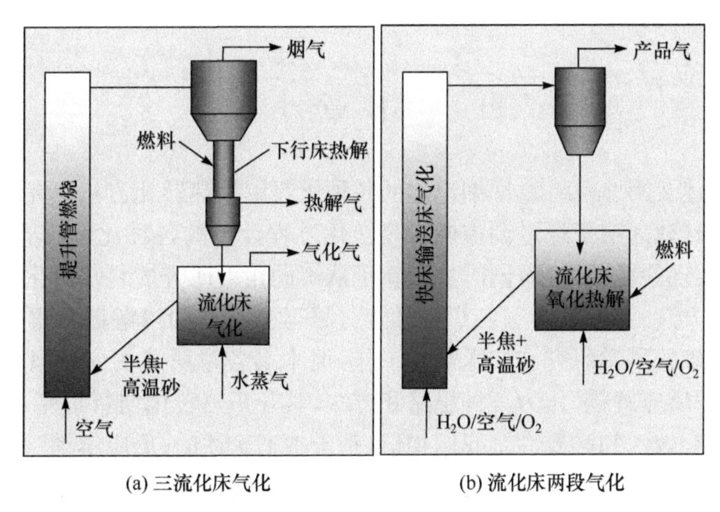

图 11.11　几种新近报道的燃料解耦热转化技术的反应流程示意图

双流化床气化 DFBG 的优势在于不需要空分而制备几乎不含 N_2 的中热值燃气或原料气,但它具有烟气和产品气两个气体出口。针对类似煤的含 S、N 原料,必须要求两套气体净化装置,导致系统复杂、投资高、运行控制难度高等问题。同时,DFBG 的气化基于燃料热解和部分半焦气化,在通常的流化床气化器中其生成气必然含有较高焦油,下游焦油脱除负荷重,而且极难达到化学合成等的要求。在气化系统内最大限度脱除焦油对于工业化 DFBG 十分关键。为了解决这些问题,笔者通过结合双流化床气化 DFBG 和两段低焦油气化(two-stage gasification, TSG)的技术优势,创新了如图 11.11(b)所示的流化床两段气化(FBTSG)反应工艺[11,25]。该反应工艺中,燃料和部分气化剂(含 O_2)供入流化床氧化热解或部分气化反应器中,燃料颗粒很快升温达到 1000℃左右的高温,同时快速释放挥发分(包括焦油)。氧化热解的半焦和气体产物被送入快速床或称输送床,在那里进一步与另外的大部分气化剂作用,同时实现半焦气化和焦油裂解/重整等。由于快速床中半焦同时作为焦油脱除的催化剂,FBTSG 可望利用小颗粒燃料,如碎煤生产低焦油燃气或原料气(后者要求使用富氧气化剂)。显然,相对于 DFBG、传统两段气化(应用于生物质、半焦气化采用移动床)以及循环流化床气化,图 11.11(b)所示 FBTSG 代表了显著的技术进步,具有系列技术优势,包括仅生产产品气,系统大大被简化;使用流化床形成两段气化,解决移动床两段气化压降高、难放大、对碎煤适应性差等问题;产生的气化气焦油含量低,可大大简化净化过程,增加系统稳定性;

可利用燃料自身水分作为气化剂，对高水分碎煤适应性强，过程效率高等。经过中试验证，该 FBTSG 已经应用于河南某企业的中药渣气化制备燃气应用工程，并正在着手应用于低阶碎煤气化制备工业煤气（常压）和还原气（加压），有望尽快实现技术的广泛推广和应用。

11.7 本章小结

本章简述及第 2～10 章详细论述的各种燃料解耦热转化方法研究与技术开发的结果都很好地证明了通过调控燃料热转化过程涉及的各种化学反应（称为属性反应）所能实现的技术效果，同时也创新了从不同角度研究燃料热转化相关科学基础的思路和方法。显然，本书各章不可能穷尽至今开展的以解耦和重组各种热化学反应为基础的科学研究和技术开发工作，但本书各章所述的应用案例足以充分展示和验证“反应解耦”作为一种思路和方法，其开拓热转化创新研究、发展新型热转化技术的有效性和必要性。我们相信，基于本书论述的“反应解耦”思想与方法，将不断涌现新的高效燃料热转化技术、工艺及核心装备，逐步完善燃料热转化的科学基础。但同时也应该看到，包括本书涉及的各种解耦热转化技术在内，大部分仅完成了中试验证，实现了真正工业化的应用不多。因此，针对煤炭、生物质等大宗碳氢燃料的解耦热转化科学与技术的未来发展重点应是：加强对有前景的技术的工业放大，实现产业化应用，同时开展有关基础研究，支撑技术放大和示范应用，并创新先进转化方法与技术。如前所述，基础研究的重点应集中在：关键反应器与设备的放大化工基础，热化学转化复杂反应体系的各种属性反应间的相互作用规律深入认识和以此为基础的解耦热转化技术及工艺的创新。

参考文献

[1] Yabe H, Kawamura T, Kozuru H, et al. Development of coal partial hydropyrolysis process. Nippon Steel Technical Report, 2005, 92: 8-15.

[2] Schwartz C W, Rath L K, Freier M D. Westinghouse gasification process. Chemical Engineering Progress, 1882, 78(4): 55-63.

[3] Zhang J, Zhao Z, Zhang G, et al. Pilot study on jetting pre-oxidation fluidized bed gasification adapting to caking coal. Applied Energy, 2013, 110: 276-284.

[4] Taketomi H, Nishioka K, Nakashima Y, et al. Research on coal pretreatment process of SCOPE21. Proceedings of the 4th European Coke and Ironmaking Congress, Paris, 2000: 640-645.

[5] Suyama S, Nishioka K, Yamada T, et al. Development of SCOPE21 cokemaking process. 1st China International Coking Technology and Coke Market Congress, Beijing, 2002: 122-132.

[6] Miwa T. Development of iron-making technologies in Japan. Proceedings of the 5th Interna-

tional Congress on the Science and Technology of Iron-making, Shanghai, 2009: 14-19.

[7] Kenji K, Makoto M, Masaki S, et al. Effect of rapid preheating treatment on coal thermoplasticity and its evaluation method. Nihon Enerugi Gakkaishi, 2004, 83: 868-874.

[8] Nishioka K. Challenge for innovative cokemaking process in Japan. Proceedings of the 3rd International Cokemaking Congress, Gent, 1996: 285-290.

[9] Strom A H, Eddinger R T. COED plant for coal conversion. Chemical Engineering Progress, 1971, 67(3): 75-80.

[10] Shearer H A. Coal gasification: The COED process plus char gasification. Chemical Engineering Progress, 1973, 69(3): 43-49.

[11] Zhang J, Wu R, Zhang G, et al. Recent studies on chemical engineering fundamentals for fuel pyrolysis and gasification in dual fluidized bed. Industrial & Engineering Chemistry Research, 2013, 52(19): 6283-6302.

[12] Zhang J, Wang Y, Dong L, et al. Decoupling gasification: Approach principle and technology justification. Energy & Fuels, 2010, 24(12): 6223-6232.

[13] Zhang J, Wu R, Zhang G, et al. Technical review on thermochemical conversion based on decoupling for solid carbonaceous fuels. Energy & Fuels, 2013, 27(4): 1951-1966.

[14] Fong W S, Khalil Y F, Peters W A, et al. Plastic behaviour of coal under rapid-heating high-temperature conditions. Fuel, 1986, 65(2): 195-201.

[15] Yu J L, Lucas J A, Wall T F. Formation of the structure of chars during devolatilication of pulverized coal and its the rmoproperties: A review. Progress in Energy and Combustion Science, 2007, 33(2): 135-170.

[16] Xiong R, Li D, Yu J, et al. Fundamentals of coal topping gasification- characterization of pyrolysis topping in a fluidized bed reactor. Fuel Process Technology, 2010, 91(8): 810-817.

[17] Ariunaa A, Li B Q, Li W, et al. Coal pyrolysis under synthesis gas, hydrogen and nitrogen. Journal of Fuel Chemical Technology, 2007, 35(1): 1-4.

[18] Grant D W. Coal tar research association. Rep. No. 0511, 1972.

[19] 高士秋，许光文，周琦，等. 一种固体燃料的多段分级热解气化装置和方法：中国，ZL201110027951. 4. 2011-01-26.

[20] Zhou Q, Zou T, Zhong M, et al. Lignite upgrading by multi-stage fluidized bed pyrolysis. Fuel Processing Technology, 2013, 116: 35-43.

[21] 贺永德. 现代煤化工技术手册. 北京：化学工业出版社，2004.

[22] 董利，张聚伟，汪印，等. 射流预氧化热解流化床气化含碳固体燃料的方法及装置：中国，ZL201010033974. 1. 2010-01-07.

[23] Matsuoka K, Hosokai S, Kato Y, et al. Promoting gas production by controlling the interaction of volatiles with char during coal gasification in a circulating fluidized bed gasification reactor. Fuel Process Technology, 2013, 116: 308-316.

[24] Guan G, Fushimi C, Ishizuk, M, et al. Flow behaviors in the downer of a large-scale triple-bed combined circulating fluidized bed system with high solids mass fluxes. Chemical Engi-

neering Science,2011,66:4212-4220.

[25] 许光文,汪印.曾玺,等.一种用于宽粒径分布燃料的两段气化方法及其气化装置:中国,201210144562.4.2012-05-10.

[26] Lussier M G,Zhang Z,Miller D J. Characterizing rate inhibition in steam/hydrogen gasification via analysis of adsorbed hydrogen. Carbon,1998,36:1361-1369.

[27] Bayarsaikhan B,Sonoyama N,Hosokai S,et al. Inhibition of steam gasification of char by volatiles in a fluidized bed under continuous feeding of a brown coal. Fuel,2006,85:340-349.

[28] Matsuoka K,Hosokai S,Kato Y,et al. Promoting gas production by controlling the interaction of volatiles with char during coal gasification in a circulating fluidized bed gasification reactor. Fuel Processing Technology,2013,116:308-316.

附录　研发的典型解耦热转化技术概要

1. 微型流化床反应分析仪(MFBRA)

微型流化床反应分析仪(MFBRA)是著者研制的新型流固相反应分析仪,相对于基于程序升温的热重分析仪,具有快速升温、等温微分、低扩散抑制等优点,适合快速复杂的流固相反应。MFBRA 于 2010 年被中科院鉴定为"该成果创新性强、达到国际领先水平",并荣获 2010 年中国分析测试协会科学技术奖一等奖、2010 年及 2012 年国际实验室仪器与装置展览会自主创新金奖。目前,已形成水蒸气气氛、质谱集成、双床解耦、在线颗粒采样等 MFBRA(图 1～图 4),并在国内外应用,销售了十余套,对外测试服务数十家。

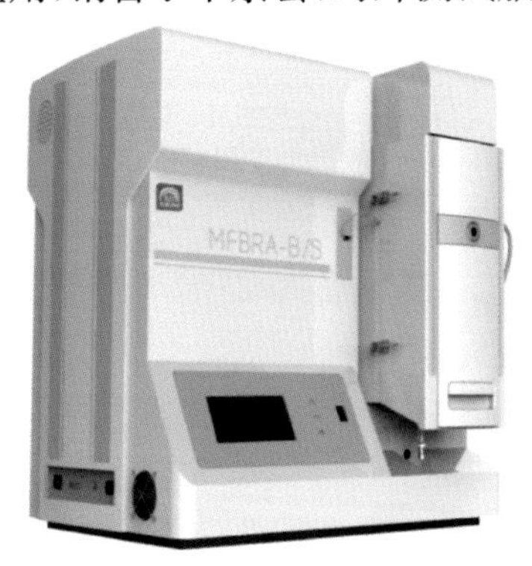

图 1　水蒸气微型流化床反应分析仪(MFBRA-B/S)

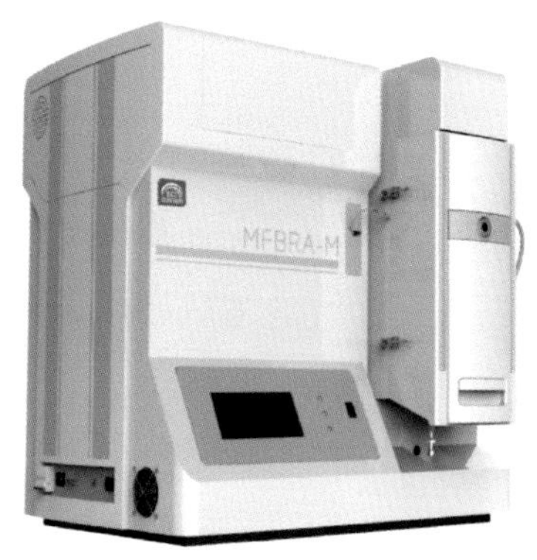

图 2　质谱集成微型流化床反应分析仪(MFBRA-M)

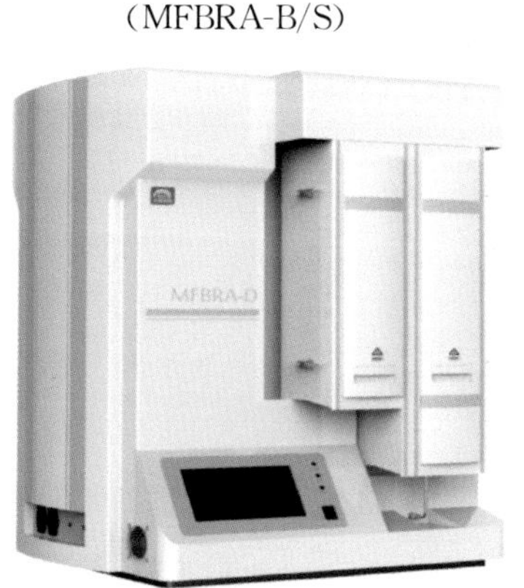

图 3　双床解耦微型流化床反应分析仪(MFBRA-D)

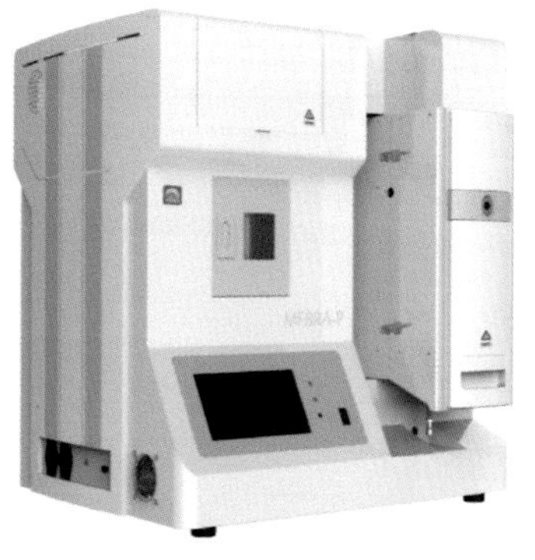

图 4　在线颗粒采样微型流化床反应分析仪(MFBRA-P)

2. 白酒糟循环流化床解耦燃烧技术 5 万 t 工业示范

工业发酵过程废弃物通常高含 N、高含水，传统燃烧难以实现稳定燃烧、且可能 NO_x 排放高。中国科学院过程工程研究所开发的循环流化床解耦燃烧通过耦合提升管燃烧与利用循环固体热载体进行干燥和热解，其产生的含蒸汽热解气被送入提升管燃烧器形成再燃的解耦燃烧方式（热解与燃烧解耦），有效克服了高含N、高含水生物质废物燃烧和能源化利用的上述难题。该技术首先应用于白酒酿造产生的白酒糟，在四川泸州的泸州老窖集团建立和运行白酒糟处理量 5 万 t/年的应用示范装置，于 2014 年建成并投入使用（图 5、图 6）。运行结果表明：其氮氧化物排放量通常在 100ppm 左右，相对于直接的循环流化床燃烧降低 NO_x 的排放量在 50%以上。同时，该装置可直接处理含水量高达 35%（质量分数）的高含水白酒糟，有效验证了循环流化床解耦燃烧技术的优势和特点。

图 5　建于泸州老窖的热解燃烧装置

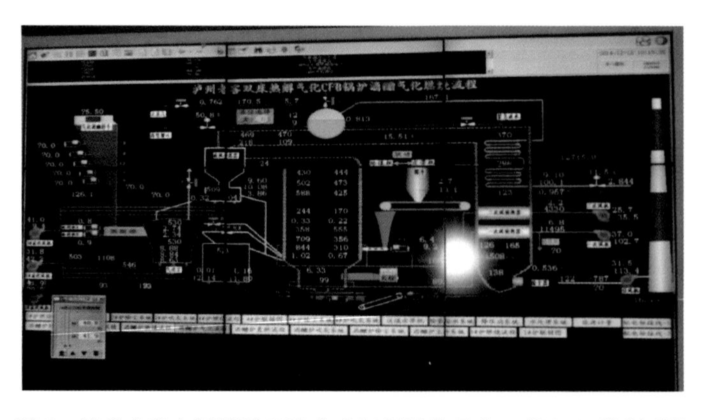

图 6　泸州老窖白酒糟循环流化床解耦燃烧示范工程 PCS 控制系统

3. 中药渣流化床两段气化生产洁净燃气万吨示范

生物质气化的燃气通常焦油含量高，引起严重的装置运行问题和环境污染。解耦热解并使热解气通过半焦气化层的两段气化被认为是最大程度降低燃气焦油含量的最有效方法，但至今的两段气化通常都使用了固定床反应器，不能适合小颗粒燃料。中国科学院过程工程研究所开发了在流化床中实现两段流程的新型气化过程：流化床两段气化。其特点是集成两段气化和双流化床气化的技术优势，使燃料热解、半焦气化及焦油于半焦输送床中的重整裂解均在流化床中发生，可适用于高水分小颗粒燃料。该技术首先被应用于高含水的中药渣，在河南宛西制药有限公司建成了万吨/年级示范工程(图 7)。该工程于 2014 年 4 月建成并调试运行，同年年底完成现场验收。示范工程利用空气作为气化剂，其生产的气体热值达 1200kcal/Nm^3、气化炉出口处焦油含量小于 0.5g/Nm^3、燃气焦油含量远远小于一般流化床气化和上吸式固定床气化所生产的燃气。

图 7　河南宛西制药万吨/年级中药渣流化床两段气化示范工程

4. 煤分级预热调湿及 50t/h 工业试验装置

洗选焦煤含水通常在 10%(质量分数)以上，高出焦化过程所要求的水分含量，造成高能耗、低效率，利用焦炉烟气余热降低入炉煤水分的过程被称为焦煤预热调湿，是焦化过程的重点节能技术。根据煤水分主要存在于小颗粒中的事实，著者开发了集成粒度分级与煤调湿的复合床煤分级调湿技术，与青岛利物浦环保科技有限公司合作，2012 年在青岛建立并运行了 50t/h 的工业规模试验装置(图 8、图 9)，针对大型化、工业化需要，在供料、排料、细粉收集等方面创新设计，实现了显著的技术先进性。适合水分 11～14.2%(质量分数)的焦化原煤，处理后煤的水分达到 7%(质量分数)，并有效分级为粒径<3mm 和>3mm 的两种组分，前者直接入炉、后者进磨煤工段。

图 8　煤处理量 50t/h 煤分级预热调湿工业试验装置

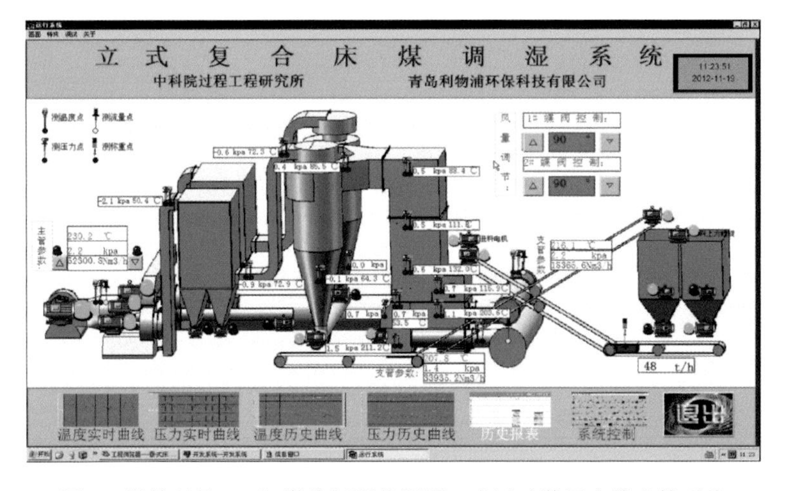

图 9　煤处理量 50t/h 煤分级预热调湿工业试验装置在线监控系统

5. 中科院过程所河南鹤壁能源环境技术中试基地

中科院过程所河南鹤壁能源环境技术中试基地(简称鹤壁中试基地)基于研究所的先进能源技术课题组的技术支持，与河南鹤壁国家技术经济开发区合作而建立，目的是为中国科学院过程工程研究所研发的创新技术提供中试研究和验证条件。鹤壁中试基地占地 25 亩，于 2011 年开始征地建设，位于鹤壁市淇滨区金山工业区。至今，鹤壁中试基地已为内构件移动床热解、流化床两段气化、污泥菌渣水热脱水、工业生物质废物固态消化等工艺技术，以及宽工作温度脱硝催化剂生产技术(图 10、图 11)建成和运行了中试装置或流程，其中的热解、气化和宽工作温度脱硝催化剂技术正在实施产业化。鹤壁中试基地同时对外提供技术中试装置和平台的建设及调试服务。

图 10　中科院过程工程研究所河南鹤壁能源环境技术中试基地

图 11　宽工作温度脱硝催化剂中试试验装置

6. 河北廊坊 3000t/年煤拔头中试平台

煤拔头指基于固体热载体热解的多联产技术，其通过热解生产煤焦油及燃气，产生的热半焦同时在集成的提升管中燃烧生产蒸汽并发电。循环于热解器与燃烧器间的固体颗粒，包括燃烧灰和未燃尽半焦同时工作为煤热解提供反应热的热载体。基于多年的实验室及模式研究成果，2011 年 11 月，中国科学院过程工程研究所在廊坊园区建立了 3000t/年（10t/天）的煤热解中试平台（图 12），占地面积 2057m^2，研发验证了多项具有自主知识产权的技术及方法。该煤热解中试平台主要由备煤、热解、燃烧、油气分离等工序组成，可以煤、生物质、油页岩等为原料，与循环的高温热灰及未燃半焦快速混合、快速传热，发生热解反应，产生热解油、热解气和固体半焦。热解气经一级旋风分离器和二级颗粒床过滤而除尘，并进入下一级油气分离。热解产生的固体半焦连同热灰通过返料螺旋返回循环流化床锅炉燃烧产生蒸汽。热解焦油经多级冷却处理得到焦油产品。

图 12　河北廊坊 3000t/年煤热解中试平台

彩　图

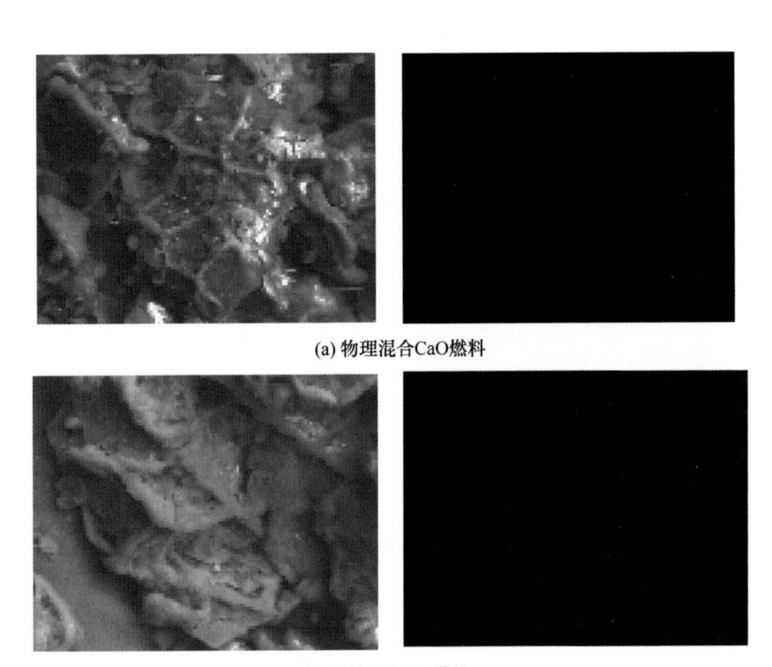

(a) 物理混合CaO燃料

(b) 负载$Ca(OH)_2$燃料

图 5.34　物理混合和脱水中负载含 Ca 组分的咖啡渣燃料的 SEM-EDX 照片(×1000)

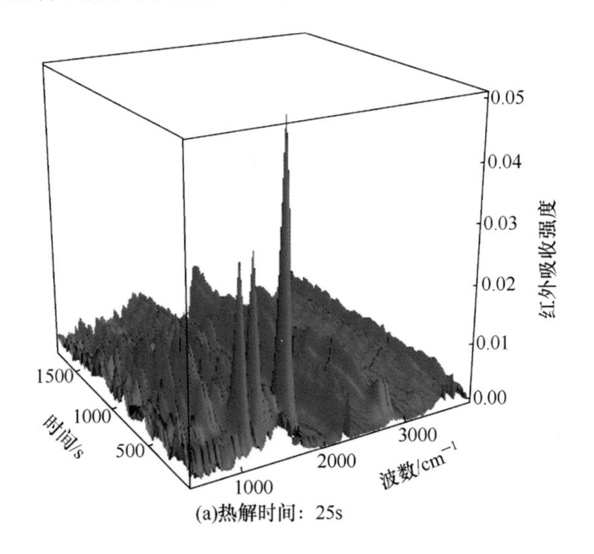

(a)热解时间：25s

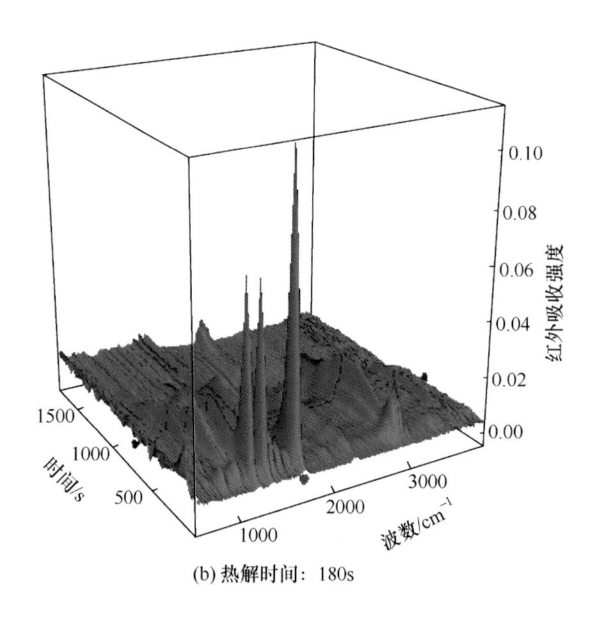

图 6.17　不同反应时间收集煤焦油的 TG-FTIR 三维红外光谱图

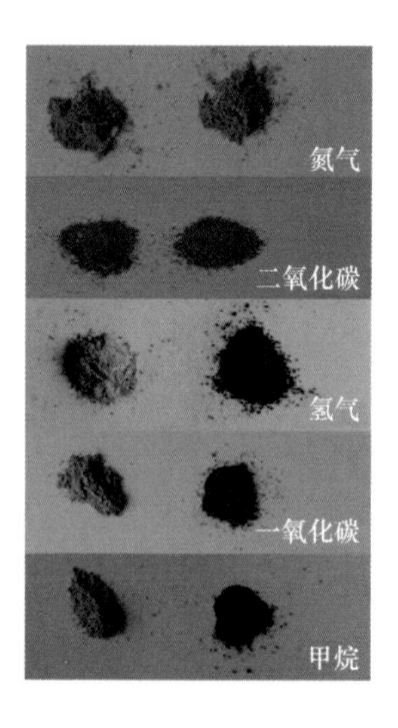

图 6.28　不同气氛下煤灰热重实验前后的颜色比较